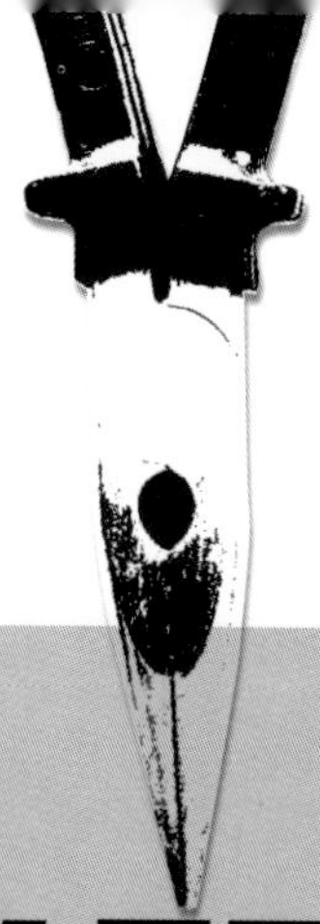

电工手册

主　编　王其红　何乐如　吴润燕
副主编　刘春阳　李红星　徐有升

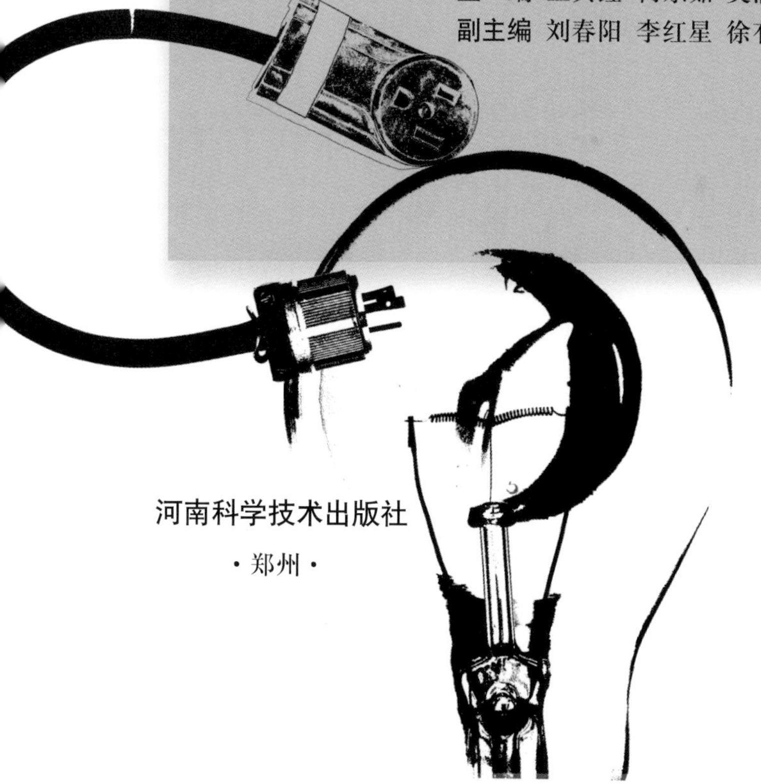

河南科学技术出版社
·郑州·

内 容 提 要

本书从实用出发重点介绍电气设备和电工技术，全书包括14部分：低压电器，异步电动机，常用设备配电及电力无功补偿，电力变压器，高压电器，直流电源及交流不停电电源系统，电能计量，晶闸管及其应用，照明灯具，常用电热元器件，接地、防雷及电气安全技术，电线、电缆及户内外电气线路，常用电工材料，电气图形符号标识及单位换算。

本书特别注意介绍近几年电工新产品的技术特性和应用，力图全面准确地介绍相关资料数据，实现知识更新。本书可供具有中学文化程度以上的广大电气工程技术人员使用。

图书在版编目（CIP）数据

电工手册/王其红，何乐如，吴润燕主编．—郑州：河南科学技术出版社，2010．7（2011.7 重印）

ISBN 978－7－5349－4602－8

Ⅰ.①电…　Ⅱ.①王…　②何…　③吴…　Ⅲ.①电工－技术手册　Ⅳ.①TM－62

中国版本图书馆 CIP 数据核字（2010）第 109338 号

出版发行：河南科学技术出版社

地址：郑州市经五路 66 号　　邮编：450002

电话：（0371）65737028

网址：www. hnstp. cn.

责任编辑：冯　英

责任校对：柯　姣

封面设计：霍胤良

印　　刷：河南省瑞光印务股份有限公司

经　　销：全国新华书店

幅面尺寸：140mm×202mm　印张：39.5　　字数：1200 千字

版　　次：2010 年 7 月第 1 版　2011 年 7 月第 2 次印刷

定　　价：70.00 元

《电工手册》编委会

主　编　王其红　何乐如　吴润燕

副主编　刘春阳　李红星　徐有升

编　委：

关红锦　李昌喜　李新友　钱永森　滑道衡
吴建民　王汴亮　张建波　牛中宏　周继伟
朱东坡　李一兵　裴良鑑　张继军　胡东海
刘春艳　楚国瑞　王志武　陈百胜　刘祖喜
袁新明　贾永红　武　杰　王志娟　侯建波
张志军　薛　凯　赵广亮　娄艳珍　王红梅
王现法　梁　辉　程　磊　韩永刚　王琦英
刘　炼　吴同宁　胡　敏　王昭慧　郝艳春
王丽娜　陈双奇　李　榕　王　菲　闫　恒
王建志　刘艳彦

前　言

随着我国经济发展，科技进步，电气技术电工产品也在飞速发展，不断地推陈出新、更新换代，并且实现了与国际标准化电工产品的接轨。在这样的形势下，我们再度编写《电工手册》，以最大限度地实现知识更新。

我们的目标是：面向电工行业从业面最广的群体，选择覆盖面最大的电工产品，选择最实用的专业技术知识，更新、充实最新的设备元器件，重数据、重图示，便于读者查找应用，用最短的时间获得最大的收获。

例如本书第1章推出了最新的低压电器。我国的低压电器产品发展经历了三个阶段：一是20世纪60~70年代的统筹产品，结构庞大，材料消耗多，性能指标不稳定，产品规格也不齐全。到了70~80年代，引进开发了第二代产品，产品技术指标明显提高，结构上也适应了成套设备的要求，是我国低压电器产品的支柱产品。到了20世纪90年代，以DW40、DW45、DZ40、S、CJ40、M、F、3TF等产品为代表，跟踪国外新技术新产品，开发试制了第三代新产品。不仅产品性能优良、工作可靠，并且可实现电子化、智能化、组合化、模块化，总体技术性能达到或接近国外先进国家20世纪90年代初的水平。在此基础上，必须继续大力发展第三代电器产品，才能尽快提高我国电力系统、自动控制系统、自动监测系统的自动化水平，满足各行各业的需求。预计“十二五”期间每年需要低压万能式断路器65~70万台，塑壳式断路器2700~3000万台，小型断路器36000~40000万台（极），交流接触器7500~8000万台，热继电器1800~2200万台（含电子式热继电器），各种漏电断路器4500~5000万台，其他各类低压电器产品的市场需求更是相当可观，“十二五”期间，预计平均每年增长 10% 左右。

从上述数字可以看出低压电器的发展正面临着市场和人才的竞争。本书的编写，在电工产品龙头企业德力西电气集团的支持下，用很大的篇幅介绍现代化的低压电气设备以及最新产品应用技术，以满足各行业之急需。

同时我们也对传统电气设备、电工材料、电气技术相关内容和资料进行了充实及更新。此处就不再列举了。总之，我们希望这本《电工手册》能对广大电工技术人员有所帮助，成为同行们比较喜欢的工具书。

由于时间短，又限于经验及水平，书中缺点在所难免，如果书中有疏漏错误及不当之处，恳请批评指正。

在编委会成员的支持配合下，本书执笔：第 1 章何乐如；第 2 章吴润燕，朱东坡，黄海平；第 3 章刘春艳；第 4 章、第 5 章王其红，李红星；第 6 章白忠敏；第 7 章刘春阳；第 8 章李红星；第 9 章、第 10 章吴立新，朱东坡；第 11 章王丽琴，汪海涛；第 12 章汪海涛、汪海滨；第 13 章马建如。

编　者

目 录

第1章　低压电器

1.1　概述

1.1.1　低压电器的基本用途及发展现状

1. 低压电器的基本用途

低压电器是用于连接额定电压交流不超过1 000V或直流不超过1 500V的电路中起通断、控制或保护等作用的电器。低压电器是电器工业的重要组成部分，在机械行业中是基础配套件，在配电系统中低压成套开关设备主要由各种低压电器元件构成，低压电器元件的性能对低压成套开关设备起着至关重要的作用。发电设备所发出电能的80%以上是通过低压电器分配使用的。每增加1万kW的发电设备，约需4万件的各类低压电器元件与之配套。在工业自动化系统中，也由低压电器构成的各种控制屏、控制台、控制器等。

各行各业对低压电器产品的需求结构不相同，但大体是有如下的规律：第一，框架式断路器与塑壳式断路器用量之比约1∶9。第二，电流等级高的产品用量较小，而100A及以下的产品用量非常大，小型塑壳断路器用量更大。第三，保护电动机用的低压电器产品如启动器、熔断器、接触器、热继电器、信号灯等用量非常大。第四，自控行业、电气传动行业有接触器、熔断器、限位开关、行程开关、按钮、信号灯等用量非常大。第五，矿山、煤炭化工行业用真空断路器产品数量较多。

我们日常生活中用水时，在输送自来水的管路上及各种用水的地方，要装上不同的阀门对水流进行控制和调节。在输送电能的输电线路和各种用电的场合，也要使用不同的电器来控制电路通、断，对电路的各种参数进行调节。只是电能的输送和使用比自来水的输送使用要复杂得多。低压电器在电路中的用途是根据外界信号或要求，自动或手动接通、分断电路，连续或断续地改变电路状态，对电路进行切换、控制、保护、检测以及调节。

2. 低压电器的发展历程

我国低压电器经过50多年的发展，已形成了比较完善的体系，产品的品种、产量、技术性能和品质等方面已基本能满足国民经济的发展需要。我国自行设计的低压电器先后经历了三代产品的开发。第一代产品开发从20世纪50年代末期至70年代中期。主要产品在工业城市（如沈阳、北京、上海等）形成了低压电器科研与生产的格局。此代产品以DW10、DZ10、CJ10为代表，共近百个系列，实现了从无到有，对国民经济的发展起到了重要的推动作用，形成了低压电器产品由一个研究所研制，全行业生产，采用统一型号的模式。第二代产品开发从20世纪70年代中期至80年代末。随着国民经济的不断发展和电器技术的不断进步，原有的低压电器产品已不能满足需求。为此，一机部先后在遵义、沈阳召开低压电器更新换代会议，安排了56项新产品试制任务。同时，80年代初从欧洲及美国、日本等发达国家和地区引进34个系列的低压电器产品，并对国内40个系列产品进行夺标攻关，使产品性能符合IEC标准。上述三条线共完成125个系列，构成了我国第二代低压电器产品。这代产品的开发与生产仍沿用计划经济模式。第二代自行设计产品以DW15、DZ20、CJ20为代表，引进产品以ME、B、TO、TG、3TB、LCD1为代表，产品水平为国外20世纪70年代末至80年代初水平，产品性能有所提高，体积缩小，保护特性较为完善，产品结构适应成套装置要求。第三代产品开发从20世纪90年代初至今。开发方针为跟踪国外先进技术，抓住主要品种。第三代产品主要特征为高性能、小型化、电子化、智能化、模块化、组合化。以DW45、S、SA、CM1、CJ45等产品为代表，产品性能达到国外20世纪80~90年代中期水平。第三代产品开发方式采用政府下达任务，研究所组织相关企业联合设计，然后行业推广的计划经济模式，以及企业根据市场需求，自行开发的市场经济模式。

按照产品生命周期原理，产品有成长期、成熟期和衰退期，我国低压电器结构是两头小中间大。处于成长期及衰退期的产品品种规格少，处于成熟期的产品是大多数，不足之处有两点，其一是处于成长期产品太少、尤其是近几年新产品开发较少。致使企业后劲不足，其二是国家已明令淘汰的技术指标低下、工艺落后、耗能高的产品迟迟淘汰不了，严重影响了低压产品的更新换代。

2009 年受金融危机的影响，我国低压电器行业出口形势严峻，再加上随着 2010 年我国自主研制的第四代低压电器进入市场，产品结构的调整引起的产业结构的调整会使一大批小型低压电器企业退出市场，因此预计 2009 至 2012 年我国低压电器行业生产将继续保持增长，但增幅会相对放缓，整个行业将保持平稳增速。我国低压电器行业产值增速大约为 10% 左右。

3. 低压电器的发展趋势

随着新技术的发展，特别是电子、微电子技术和计算机的迅速发展，将对低压电器元件带来深远的影响，在原有产品继续完善性能、功能、提高质量的同时，将产生一批新型产品。我国未来的低压电器产品技术开发及发展将主要有以下几个趋势：

（1）产品智能化：在现代化电站和工矿企业中，已广泛采用电子计算机监控系统，对与之配套的低压断路器提出了高性能、智能化的要求，并要求产品具有保护、监测、试验、自诊断、显示等功能。“八五”期间已开发的智能化断路器 DW40、DZ40 将进一步完善系列、实现产业化，并在国内重要电力系统中得到应用与推广。

（2）产品电子化：在现代化企业中，采用 PC 控制系统来代替由电气－机械元件组成的系统，已是机械电气控制系统的主流。该系统要求电器产品具有高可靠性、高抗干扰性，还要求触点能可靠接通低电压、弱电流，触头断开时的电弧不能干扰电子电路的正常运行。

（3）产品组合化、模块化：将不同功能的模块按不同的需求组合成模块化组合电器，是当今低压电器产品的发展方向。在接触器的本体上加装辅助触头组件、延时组件、自锁组件、接口组件、机械连锁组件及浪涌电压组件等，可以适应不同场合的要求，扩大产品适用范围，简化生产工艺，方便安装、使用与维修。

（4）提高产品的可靠性和产品质量：我国现有产品技术指标与国外差距不大，但是质量不稳定，运行可靠性差，因此提高产品可靠性及产品质量不仅是用户的要求，也是企业进行国内外竞争的需要。

可以预见，我国低压电器市场容量会稳步增长，前景是乐观的。根据国家政策走向，在今后一段时期内低压电器产品结构还要进一步调整，工艺落后、体积大、能耗高又污染环境的产品将被淘汰，而智能化、机电一体化的产品市场将会不断扩大。

1.1.2 低压电器的分类

低压电器的种类繁多，以下介绍三种分类方式：

1. 按用途和控制对象分

按用途和控制对象不同，可分为配电电器和控制电器

（1）用于低压电力网的配电电器：包括刀开关、转换开关、断路器和熔断器等。对配电电器的主要技术要求是断流能力强、限流效果在系统发生故障时保护动作准确，工作可靠，有足够的热稳定性和动稳定性。

（2）用于电力拖动及自动控制系统的控制电器：包括接触器、起动器和各种控制继电器等。对控制电器的主要技术要求是操作频率高、寿命长，有相应的转换能力。

2. 按操作方式分

按操作方式不同，可分为自动电器和手动电器。

（1）自动电器：常用的自动电器有接触器、继电器等。自动电器是指通过电磁（或压缩空气）做功来完成接通、分断、起动、反向和停止等动作。

（2）手动电器：常用的手动电器有刀开关、转换开关和主令电器等。手动电器是指通过人力做功来完成接通、分断、起动、反向和停止等动作。

3. 按使用场合和工作条件分

按使用场合和工作条件不同，可分为一般工业电器、特殊矿用电器、农用电器、热带用和高原用电器、牵引电器、船用电器和航空电器。另外，按使用场合和工作条件对不同类型的防护型式、耐潮湿、耐腐蚀、抗冲击等低压电器的性能要求也不同。

（1）一般工业电器：适用于大部分工业企业环境。

（2）特殊矿用电器：适用于矿山、冶金、化工等特殊性环境，例如矿用防爆电器和化工用电器。

（3）农用电器：适用农村环境而专门生产的电器。

（4）热带用和高原用电器：适用于热带、亚热带地区以及高原山区而派生的电器。

（5）牵引、船用和航空等电器：适用于电气铁道的牵引电器，船上用电器，航空以及汽车、拖拉机用电器等。

本章节将按用途和控制对象，重点介绍最典型的几类低压电器，如刀开关、熔断器、断路器、接触器、控制继电器、主令电器、起动器等。

1.1.3 低压电器的全型号表示法及代号含义

低压电器产品型号是识别和选择低压电器产品品种与规格的基本标识。推进低压电器产品型号的标准化，对低压电器产品的生产使用、配套协作和维修都具有重要的作用，是维护各方利益的基础性措施。我国对各种低压电器都按 JB/T 2930—91《低压电器产品型号编制方法》规定编制型号。即由类别代号、组别代号、设计代号、基本规格代号和辅助规格代号几部分构成低压电器的全型号。每一级代号后面可根据需要加设派生代号。

低压电器产品生产企业为增强产品的市场占有率和竞争力、保护企业自身利益和知识产权，除按 JB/T 2930 申请正式产品注册型号外，并且允许提出与企业名称、商标等相关联的企业产品型号。

低压电器产品型号意义如下：

[1] [2] [3] [4] [5]/[6] [7]

1 为类组代号，包括类别代号和组别代号，用汉语拼音字母表示，最多 3 位，代表低压电器元件所属的类别，以及在同一类电器中所属的组别。见表 1－1。

2 为设计代号，用数字表示，表示同类低压电器元件的不同设计序列。位数不限，其中二位及二位以上的首位数字为 9 表示船用，7 表示纺织用，6 表示农业用，5 表示化工用。

3 为特殊派生代号，用汉语拼音字母表示，最好一位。表示全系列在特殊情况下变化的特征，一般不采用。

4 为基本规格代号，用数字表示，位数不限，表示同一系列产品中不同的规格品种。

5 为派生代号，用汉语拼音字母表示，最好一位。表示系列内个别变化的特征，另注通用派生字母对照表，见表 1－2。

6 为辅助规格代号，用数字表示，位数不限，表示同一系列、同一规格产品中的有某种区别的不同产品。

7 为热带产品代号。

低压电器全型号各部分必须使用规定的符号或数字表示，类组代号与设计代号的组合表示产品的系列，一般称为电器的系列号。同一系列的电器元件的用途、工作原理和结构基本相同，而规格、容量则根据需要可以有许多种。

表 1-1　低压电器型号类组代号

类别代号及名称		A	B	C	D	G	H	J	K	L	M	P	Q	R	S	T	U	W	X	Y	Z
H	空气式开关隔离器及熔断器组合电器				隔离器	熔断器或隔离器	封闭式负荷开关		开启式负荷开关					熔断器式开关	转换隔离器						组合开关
R	熔断器			插入式			汇流排式			螺旋式	密闭管式				快速半导体元件保护	有填料封闭管式			熔断信号器	其他	自复
D	断路器		小型								灭磁				快速			万能式			塑料外壳式
K	控制器					鼓形						平面				凸轮					
C	接触器					高压		交流	真空		灭磁	中频			时间	通用					直流
Q	起动器	按钮式		电磁式				减压							手动		油浸	无触点	星三角		综合
J	继电器				漏电					电流		频率		热	时间	通用		温度			中间
L	主令电器	按钮						接近开关	主令控制器						主令开关	足踏开关	旋钮	万能转换开关	行程开关	超速开关	
Z	电阻器		板形元件	冲片元件	铁铬铝带元件	管形元件		锯齿电阻元件						非线性电力	烧结元件	铸铁元件			电阻器	硅碳电阻元件	
B	变阻器			旋臂式						励磁		频敏	起动		石墨	起动调整	油浸起动	液体起动	滑线式	其他	
T	调整器				电压								牵引								
M	电磁铁																	起重		液压	制动
P	组合电器																				
A	其他		保护器	插销	信号灯		接线盒	交流接触器节电器		电铃											

表1-2 低压电器产品型号派生代号

派生代号	代表意义
A、B、C、D、E等	结构设计稍有改进或变化
C	插入式、抽屉式
D	达标验证攻关
E	电子式
J	交流、防溅式、较高通断能力型、节电型
Z	直流、防震、正向、重任务、自动复位、组合式、中性接线柱式
W	失压、无极性、外销用、无灭弧装置
N	可逆、逆向
S	三相、双线圈、防水式、手动复位、三个电源、有锁住机构、塑料熔管式、保持式
P	单相、电压的、防滴式、电磁复位、两个电源、电动机操作
K	开启式
H	保护式、带缓冲装置
M	灭磁、母线式、密封式
Q	防尘式、手车式、柜式
L	电流的、折板式、漏电保护、单独安装式
F	高返回、带分励脱扣、多纵缝灭弧结构式、防护盖式
X	限流
G	高电感、高通断能力型
TH	湿热带产品代号
TA	干热带产品代号

1.1.4 低压电器的主要技术指标

为保证电器设备安全可靠地工作，国家对低压电器的设计、制造规定了严格的标准，合格的电器产品具有国家标准规定的技术要求。在使用电器元件时，必须按照产品说明书中规定的技术条件选用。低压电器的主要技术指标有以下几项：

1. 额定工作频率

额定工作频率是用于设计电器且与其他特性值有关的电源频率。

2. 额定工作电压

额定工作电压是在一个与额定工作电流组合共同确定电器用途，保证电器正常工作的电压值，它与相应的试验和使用类别有关。

对于单极电器，额定工作电压一般规定为跨极二端电压。

对于多极电器，额定工作电压规定为相间电压。

3. 额定绝缘电压

额定绝缘电压是一个与介电试验电压和爬电距离有关的电压值，在任何情况下最大的额定工作电压值不应超过额定绝缘电压值。

4. 额定冲击耐受电压

额定冲击耐受电压是在规定的条件下，电器能够耐受而不击穿的具有规定形状和极性的冲击电压峰值，该值与电气间隙有关。电器的额定冲击耐受电压应等于或大于该电器所处的电路中可能产生的瞬态过电压规定值。

5. 额定工作电流

额定工作电流由制造厂规定，额定工作电流的确定应考虑到额定工作电压、额定频率、额定工作制和使用类别等，是保证电器正常工作的电流值。

6. 约定自由空气发热电流

约定自由空气发热电流是不封闭电器在自由空气中进行温升试验时的最大试验电流值。约定自由空气发热电流值应至少等于封闭电器在 8h 工作制下最大额定工作电流值。

7. 约定封闭发热电流

约定封闭发热电流由制造厂规定，用此电流对安装在规定外壳中的电器进行温升试验。

8. 额定不间断电流

额定不间断电流由制造厂规定，在不间断工作制下承载的电流值。

9. 额定短时耐受电流

额定短时耐受电流是在有关产品标准规定的试验条件下电器能够无损地承载的短时耐受电流值。该值由制造厂规定。

10. 额定短路接通能力

额定短路接通能力是在额定工作电压、额定频率、规定的功率因数

（交流）或时间常数（直流）下由制造厂对电器所规定的短路接通能力电流值。在规定的条件下它用最大预期峰值电流表示。

11. 额定短路分断能力

额定短路分断能力是在额定工作电压、额定频率和规定的功率因数（交流）或时间常数（直流）下由制造厂对电器所规定的短路分断能力电流值。在规定的条件下，它用预期分断电流值（对交流，交流分量有效值）表示。

12. 额定限制短路电流

额定限制短路电流是在有关产品标准规定的试验条件下，由制造厂指定的短路保护电器进行保护的电器，在短路保护电器动作时间内能够良好地承受的预期短路电流值，该值由制造厂规定。

13. 绝缘强度

绝缘强度指电器元件的触头处于分断状态时，动静头之间耐受的电压值（无击穿或闪络现象）。

14. 耐潮湿性能

耐潮湿性能指保证电器可靠工作的允许环境潮湿条件。

15. 极限允许温升

极限允许温升指为防止过度氧化和烧熔而规定的最高温升值（温升值=测得实际温度－环境温度）。

16. 操作频率

操作频率指电器元件在单位时间（1h）内允许操作的最高次数。

17. 寿命

寿命包括电寿命和机械寿命两项指标。

（1）寿命：指电器元件的触头在规定的电路条件下，正常操作额定负荷电流的总次数。

（2）机械寿命：指电器元件在规定使用条件下正常操作的总次数。

1.1.5 低压电器正常使用、安装和运输条件

1. 正常使用条件

（1）周围空气温度：周围空气温度上限不超过40℃，且其24h内的平均温度值不超过+35℃，周围空气温度下限不超过－5℃。

（2）海拔：安装地点的海拔不超过2 000m。

(3) 大气条件：最高温度为40℃时，空气的相对湿度不超过50%，在较低的温度下可以允许有较高的相对湿度，例如20℃时达90%。对由于温度变化偶尔产生的凝露应采取特殊的措施。

(4) 污染等级：污染等级与电器使用场所处的环境条件有关。对用在外壳中的电器或本身带有外壳的电器，其污染等级可选用壳内的环境污染等级。一般电器都可用于污染等级3。家用及类似用途的电器一般用于污染等级2的环境。微观环境可分为四个污染等级如下：

① 污染等级1：无污染或仅有干燥的非导电性污染。

② 污染等级2：一般情况仅有非导电性污染，但是必须考虑到偶然由于凝露造成短暂的导电性。

③ 污染等级3：有导电性污染，或由于凝露使干燥的非导电性的污染变为导电性的。

④ 污染等级4：造成持久性的导电性污染，例如由于导电尘埃或雨雪所造成的污染。

(5) 冲击和振动：电器所能承受的标准冲击和振动条件。

注：对不符合以上正常使用条件的，用户可与制造厂协议。

2. 运输和储存条件

电器的运输和储存条件适用于 -25 ~ 55℃，短时间内（24 h 内），可达70℃。

1.1.6 低压电器产品相关的国家标准

我国的低压电器标准主要涉及低压开关设备和控制设备、家用断路器及其类似设备、低压熔断器、低压系统的绝缘配合等范畴内的标准，现有国家标准37个，行业标准31个。常用低压电器国家标准见表1-3。

表1-3 低压电器产品相关的国家标准

标准号	标准名称
GB/T 14048.1—2006	低压开关设备和控制设备 总则
GB 14048.2—2008	低压开关设备和控制设备 低压断路器
GB 14048.3—2008	低压开关设备和控制设备 第3部分：低压开关、隔离器、隔离器开关及熔断器组合开关
GB 14048.4—2003	低压开关设备和控制设备 机电式接触器和电动机起动器

续表

标准号	标准名称
GB 14048.5—2008	低压开关设备和控制设备　第5.1部分：控制电路电器和开关元件　机电式控制电路电器
GB 14048.6—2008	低压开关设备和控制设备　接触器和电动机起动器　第2部分：交流半导体电动机控制器和起动器
GB 14048.7—2006	低压开关设备和控制设备　辅助电器　第1部分：铜导体的接线端子排
GB 14048.8—2006	低压开关设备和控制设备　辅助电器　第2部分：铜导体的保护导体接线端子排
GB 14048.9—2006	低压开关设备和控制设备　多功能电器（设备）　第2部分：控制与保护性开关电器（设备）
GB/T 14048.10—2008	低压开关设备和控制设备　控制电路电器和开关元件　第2部分：接近开关
GB/T 14048.11—2008	低压开关设备和控制设备　第6部分：多功能电器　第1篇：自动转换开关电器
GB 17885—2009	家用及类似用途机电式接触器
GB/T 19334—2003	低压开关设备和控制设备的尺寸在成套开关设备和控制设备中作电器机械支承的标准安装轨
GB/T 4942.3—2008	外壳防护等级IP代码
GB/T 18858.1—2002	低压开关设备和控制设备　控制器—设备接口（CDI）第1部分：总则
GB/T 18858.2—2002	低压开关设备和控制设备　控制器—设备接口（CDI）第2部分：执行器—传感器接口（AS-i）
GB/T 18858.3—2002	低压开关设备和控制设备　控制器—设备接口（CDI）第3部分：DeviceNet
GB 8871—2001	交流接触器节电器
GB 16916.1—2003	家用和类似用途的不带过电流保护的剩余电流动作断路器（RCCB）　第1部分：一般规则
GB 16916.21—2008	家用和类似用途的不带过电流保护的剩余电流动作断路器（RCCB）　第2.1部分：一般规则对动作功能与线路电压无关的RCCB的适用性

续表

标准号	标准名称
GB 16916. 22—2008	家用和类似用途的不带过电流保护的剩余电流动作断路器（RCCB） 第 2. 2 部分：一般规则对动作功能与线路电压有关的 RCCB 的适用性
GB 16917. 1—2003	家用和类似用途的带过电流保护的剩余电流动作断路器（RCBO） 第 1 部分：一般规则
GB 16917. 21—2008	家用和类似用途的带过电流保护的剩余电流动作断路器（RCBO） 第 2. 1 部分：一般规则对动作功能与线路电压无关的 RCBO 的适用性
GB 16917. 22—2008	家用和类似用途的带过电流保护的剩余电流动作断路器（RCBO） 第 2. 2 部分：一般规则对动作功能与线路电压有关的 RCBO 的适用性
GB/Z 6829—2008	剩余电流动作保护电器的一般要求
GB 10963. 1—2005	电气附件 家用及类似场所用过电流保护断路器 第 1 部分：用于交流的断路器
GB 10963. 2—2003	家用及类似场所用过电流保护断路器 第 2 部分：用于交流和直流的断路器
GB 13539. 1—2008	低压熔断器 第 1 部分：基本要求
GB 13539. 2—2008	低压熔断器 第 2 部分：专职人员使用的熔断器的补充要求（主要用于工业的熔断路器）
GB 13539. 3—2008	低压熔断器 第 3 部分：非熟练人员使用的熔断器的补充要求（主要用于家用或类似用途的熔断器）
GB 13539. 4—2009	低压熔断器 第 4 部分：半导体器件保护用熔断器的补充要求

注：低压行业的标准基本都是等同于 IEC 标准，所以修制订标准越来越与国际接轨，每 5 年就能制订一个标准，上述的 GB 14048. 1 标准 2010 年正在修制订，GB 14048. 3 标准 2010 年也将出新标。

1.1.7 低压电器外壳防护等级分类

外壳防护等级应符合 GB/T 4942. 3—2008《低压电器外壳防护等级》和

GB 4208—2008《外壳防护等级（IP 代码）》标准。

1. 电器的外壳防护型式可分两种

第 1 种型式：防止人体触及或接近壳内带电部分和触及壳内的运动部件（光滑的转轴和类似部件等非危险运动件除外）以及防止固体异物进入电器外壳内部。

第 2 种型式：防止水进入电器内部而引起有害的影响。

2. 电器的外壳防护等级

电器防护等级的代号由特征字母“IP”和附加在后的两个特征数字及补充字母组成。常用的防护等级见表 1－4。

第一位特征数字及数后补充字母表示第一种防护型式的各个等级；第一位特征数字及数后补充字母的含义及举例说明见表 1－5。

第二个特征数字表示则表示第二种防护型式的各个等级。第二位特征数字的含义及举例说明见表 1－6。

表 1－4　电器外壳常用的防护等级

第一位表征数字及其数后补充字母的防护	第二位表征数字的防护								
	0	1	2	3	4	5	6	7	8
	防护等级 IP								
0	IP00	—	—	—	—	—	—	—	—
0A	IP0A0	IP0A1	—	—	—	—	—	—	—
1	IP10	IP11	IP12	—	—	—	—	—	—
1B	IP1B0	IP1B1	IP1B2	—	—	—	—	—	—
2	IP20	IP21	IP22	IP23	—	—	—	—	—
2C	IP2C0	IP2C1	IP2C2	IP2C3	—	—	—	—	—
3	IP30	IP31	IP32	IP33	IP34	—	—	—	—
4	IP40	IP41	IP42	IP43	—	—	—	—	—
5	IP50	—	—	—	IP54	IP55	—	—	—
6	IP60	—	—	—	—	IP65	IP66	IP67	IP68

表 1－5　第一位特征数字数后补充字母的含义及举例说明

防止固体异物进入			防止人体接近危险部件
IP	要求	举例	
0	无防护		无防护
1	直径 50 mm 的球形物体不得完全进入，不得触及危险部件	50 	手背
2	直径 12.5 mm 的球形物体不得完全进入，铰接试指应与危险部件有足够的间隙	12.5 	手指
3	直径 2.5 mm 的试具不得进入		工具
4	直径 1.0 mm 的试具不得进入		金属线
5	允许有限的灰尘进入（没有有害的沉积）		金属线

续表

防止固体异物进入			防止人体接近危险部件
IP	要求	举例	
6	完全防止灰尘进入		金属线
A 用于第一位数码为0后面	直径50 mm的球形物体进入到隔板，不得触及危险部件		手背
B 用于第一位数码为0、1	最大为80 mm的试指球进入不得触及危险部件	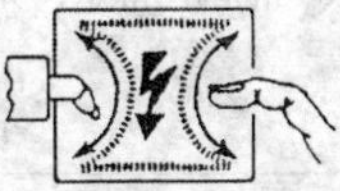	手指
C 用于第一位数码为1、2	当挡盘部分进入时，直径为2.5 mm，长为100 mm的金属线不得触及危险部件		工具
D 用于第一位数码为2、3	当挡盘部分进入时，直径为1.0 mm，长为100 mm的金属线不得触及危险部件		金属线

表 1－6　第二位特征数字的含义及举例说明

防止进水造成有害影响			防水范围
IP	简述	举例	
0	无防护		无防护
1	防止垂直下落滴水，允许少量水滴入		垂直滴水
2	防止当外壳在15°范围内倾斜时垂直下落滴水，允许少量水滴入		与垂直面成15°滴水
3	防止与垂直面成60°范围内淋水，允许少量水进入		少量淋水
4	防止任何方向的溅水，允许少量水进入		任何方向的溅水
5	防止喷水，允许少量水进入		任何方向的喷水
6	防止强烈喷水，允许少量水进入		任何方向的强烈喷水

续表

防止进水造成有害影响			防水
IP	简述	举例	
7	防止 15cm ~1 m 深的浸水影响		短时间浸水
8	防止在有压力下长期浸水		持续浸水

1.1.8 低压电器常见使用类别

低压电器常见使用类别见表 1 –7。

表 1 –7 低电压器常见使用类别的分类

电流种类	使用类别	典型用途	有关产品标准
交流	AC—1	无感或微感负载、电阻炉	GB 14048. 4—2003
	AC—2	绕线式电动机的起动、分断	
	AC—3	笼型感应电动机的起动、运转中分断	
	AC—4	笼型感应电动机的起动、反接制动与反向运转、点动	
	AC—5a	放电灯的通断	
	AC—5b	白炽灯的通断	
	AC—6a	变压器的通断	
	AC—6b	电容器组的通断	
	AC—7a	家用电器和类似用途的低感负载	
	AC—7b	家用电动机负载	
	AC—8a	具有手动复位过载脱扣器的密封制冷压缩机中的电动机控制	
	AC—8b	具有自动复位过载脱扣器的密封制冷压缩机中的电动机控制	

续表

电流种类	使用类别	典型用途	有关产品标准
交流	AC—12	控制电阻性负载和光电耦合隔离的固态负载	GB 14048.5—2001
	AC—13	控制具有变压器隔离的固态负载	
	AC—14	控制小型电磁铁负载（≤72VA）	
	AC—15	控制电磁铁负载（>72VA）	
	AC—20A/B	在空载条件下闭合和断开	GB 14048.3—2002
	AC—21A/B	通断电阻性负载，包括适当的过负载	
	AC—22A/B	通断电阻和电感混合负载，包括适当的过负载	
	AC—23A/B	通断电动机负载或其他高电感负载	
	AC—31A/B	无感或微感负载	GB/T 14048.11—2002
	AC—33A/B	电动机负载或包含电动机、电阻负载和30%以下白炽灯负载的混合负载	
	AC—35A/B	放电灯负载	
	AC—36A/B	白炽灯负载	
	AC—12	控制电阻性负载或光电耦合隔离的固态负载	GB/T 14048.10—2003
	AC—140	控制小电磁负载，承载电流小于0.2A，例如：接触器式继电器	
交流和直流	A	短路情况下，选择性保护无人为短延时，无额定短时耐受电流	GB 14048.2—2001
	B	短路情况下，选择性保护有人为短延时（可调节）。断路器具有额定短时耐受电流	

续表

电流种类	使用类别	典型用途	有关产品标准
直流	DC—1	无感或微感负载、电阻炉	GB 14048. 4—2003
	DC—3	并激电动机的起动、反接制动或反向运转、点动、电动机在动态中分断	
	DC—5	串激电动机的起动、反接制动或反向运转、点动、电动机在动态中分断	
	DC—6	白炽灯的通断	
	DC—12	控制电阻性负载和光电耦合隔离的固态负载	GB 14048. 5—2001
	DC—13	控制电磁铁负载	
	DC—14	控制电路中具有经济电阻的电磁铁负载	
	DC—20A/B	在空载条件下闭合和断开	GB 14048. 3—2002
	DC—21A/B	通断电阻性负载，包括适当的过负载	
	DC—22A/B	通断电阻和电感混合负载，包括适当的过负载（如并激电动机）	
	DC—23A/B	通断高电感负载（如串激电动机）	
	DC—31A/B	电阻负载	GB/T 14048. 11—2002
	DC—33A/B	电动机负载或包含电动机的混合负载	
	DC—35A/B	白炽灯负载	

注：①反接制动与反向运转意指当电动机正在运转时通过反接电动机原来的连接方式，使电动机迅速停止或反转。

②点动意指在短时间内激励电动机一次或重复多次，以此使被驱动机械获得小的移动。

③AC—3 使用类别可用于不频繁的点动或在有限的时间内反接制动，例如机械的移动。在有限的时间内操作次数不超过 1min 内 5 次或 10min 内 10 次。

1.1.9 低压电器常用量的代号、符号和名称

低压电器常用量的代号、符号和名称见表1－8。

表1－8 低压电器常用量的代号、符号和名称

代号和符号	量 名 称
U_n	额定电压
U_e	额定工作电压
U_i	额定绝缘电压（有效值）
U_c	额定控制电路电压
U_s	额定控制电源电压
U_{er}	额定转子工作电压
U_{es}	额定定子工作电压
U_{ir}	额定转子绝缘电压
U_{is}	额定定子绝缘电压
U_{imp}	额定冲击耐受电压
I	额定接通电流
I_n	额定电流
I_c	额定工作电流
I_{th}	约定自由空气发热电流
I_{the}	约定封闭发热电流
Ith_1	短时工作的额定电流
Ith_2	持续电流（8h 工作制下）
I_{cs}	额定运行短路分断能力
I_{cu}	额定极限短路分断能力
I_{cw}	额定短时耐受电流
I_{cn}	额定短路分断电流
I_{cm}	额定短路接通能力
I_{er}	额定转子工作电流
I_{es}	额定定子工作电流
I_{ter}	转子发热电流
I_{tes}	定子发热电流
$T_{0.95}$	达到稳定值的95%时的时间常数（ms）
CTI	相比漏电起痕指数
AC或a. c	交流
DC或d. c	直流

1.2 开关、隔离器、隔离开关和熔断器组合电器

1.2.1 开关、隔离器、隔离开关和熔断器组合电器的选用安装和维护

1. 选用

(1) 刀开关选用时，若用以控制小型电动机，应考虑电动机的起动电流，选用额定电流较大的电器。刀开关的通断能力和其他性能均应符合电器的要求。刀开关断开负载电流时，不应大于允许断开电流值，一般结构的刀开关不允许带负载操作，但装有灭弧室的刀开关，可作不频繁带负载操作。刀开关所在线路的三相短路电流不应超过规定的动、热稳定值。

(2) 选用隔离器时，隔离器只能作隔离用，不允许带负荷操作。

(3) 组合式电器应综合考虑刀开关和熔断器的要求和选择，根据用电设备的容量来正确选择熔断体的等级及熔体的定额。如果组合式电器装设在近电源端作配电保护电器，应选用带高短路分断能力的熔断器的组合电器。如用在负载端，因短路电流较小，可选用带短路分断能力低的瓷插式熔断器的组合电器。如果用于不频繁操作电动机，则须按工作电流计算能控制的电动机容量以及考虑在 AC—3 工作制的能力。

(4) 组合开关选用时应考虑组合开关的层数和接线图应符合电路要求。

(5) 开关的额定电压≥电源额定电压，开关额定电流≥电路工作电流。

2. 安装和维护

(1) 隔离开关与刀开关的安装，应符合下列要求：

①开关应垂直安装。当在不切断电流、有灭弧装置或用于小电流电路等情况下，可水平安装。水平安装时，分闸后可动触头不得自行脱落，其灭弧装置应固定可靠。

②触头与固定触头的接触应良好；大电流的触头或刀片宜涂电力复合脂。

③双投刀闸开关在分闸位置时，刀片应可靠固定，不得自行合闸。

④安装杠杆操作机构时，应调节杠杆长度，使操作到位且灵活；开关辅助接点指示应正确。

⑤开关的动触头与两侧压板距离应调整均匀，合闸后接触面应压紧，刀

片与静触头中心线应在同一平面，且刀片不应摆动。

（2）直流母线隔离开关安装，应符合下列要求：

①垂直或水平安装的母线隔离开关，其刀片均应位于垂直面上；在建筑构件上安装时，刀片底部与基础之间的距离，应符合设计或产品技术文件的要求。当无明确要求时，不宜小于50mm。

②刀体与母线直接连接时，母线固定端应牢固。

（3）转换开关和倒顺开关安装后，其手柄位置指示应与相应的接触片位置相对应；定位机构应可靠；所有的触头在任何接通位置上应接触良好。

（4）带熔断器或灭弧装置的负荷开关接线完毕后，检查熔断器应无损伤，灭弧栅应完好，且固定可靠；电弧通道应畅通，灭弧触头各相分闸应一致。

（5）开关、隔离器、隔离开关和熔断器组合电器的维护，应符合下列要求：

①操作开关前，应先检查断路器是否在断开状态；电流是否超过开关的额定值。

②操作单极开关时，拉开时应先拉开中相，再拉两边相，闭合时顺序相反。

③停电操作时，断路器断开后，先拉隔离侧隔离开关，后拉电源隔离开关，送电时顺序相反。

④一旦发生带隔离断开或闭合隔离开关时，应按以下规定处理。

a. 错拉开关在刀口发生电弧时，应急速合上；如已拉开，则不许再合上，并及时上报。

b. 错合开关时，无论是否造成事故，均不许再拉开，并采取相应措施。

⑤检查刀开关导电部分有无动静触头接触不良、发热、动静触头烧损及导线（体）连接情况，遇有以上情况时，应及时修复。

⑥绝缘连杆、底座等绝缘部件有无烧伤和放电现象。

⑦检查开关操作机构各部件、闭锁装置是否完好，动作是否灵活，断开、合闸时三相是否同期、准确到位。

⑧检查外壳内、底座有无熔丝熔断后造成的金属粉尘，应清扫干净，以免降低绝缘性能；金属外壳应有可靠的保护接地，防止发生触电事故。

1.2.2　开启式、转换式和熔断器式刀开关

1. HD 系列开启式单投刀开关

（1）适用范围：HD 系列开启式单投刀开关适用于交流 50Hz、额定电压至 380V、直流至 440V、额定电流至 3 000A 的成套配电装置中，作为不频繁地手动接通和分断交、直流电路或作隔离开关用。

（2）常用开启式单投刀开关产品型号及主要技术参数：常用 HD 系列开启式单投刀开关产品型号及主要技术参数列于表 1－9。

表 1－9　常用刀开关产品型号及主要技术参数

产品型号	额定工作电压/V	额定工作电流/A	额定短时（1s）耐受电流/动稳定电流峰值/kA	通断能力/A		操作力/N	主要特征
				AC380V	DC220V		
HD11	AC380 DC220 DC440	100	6/15	100	100	≤300	中央手柄式 板前、板后接线极数：1，2，3
		200	10/20	200	200		
		400	20/30	400	400	≤400	
		600	25/40	600	600		
		1 000	30/50	1 000	1 000	≤450	
		1 500	50/—	1 500	1 500		
HD12	AC380 DC220 DC440	100	6/20	100	100	≤300	侧方正面杠杆操作机构式 有灭弧室和无灭弧室二种 极数：2，3
		200	10/30	200	200		
		400	20/40	400	400	≤400	
		600	25/50	600	600		
		1 000	30/60	1 000	1 000	≤450	
		1 500	40/80	1 500	1 500		
HD13	AC380 DC220 DC440	100	6/20	100	100	≤300	中央杠杆操作机构式 有灭弧室和无灭弧室两种 极数：2，3 极
		200	10/30	200	200		
		400	20/40	400	400	≤400	
		600	25/50	600	600		
		1 000	30/60	1 000	1 000	≤450	
		1 500	40/80	1 500	1 500		
		2 000	50/100	2 000	2 000		
		3 000	50/100	3 000	3 000		
HD14	AC380 DC220 DC440	100	6/15	100	100	≤300	侧方手柄式 有灭弧室和无灭弧室两种
		200	10/20	200	200		
		400	20/30	400	400	≤400	
		600	25/40	600	600		

（3）外形及安装尺寸：

①HD11 系列刀开关的外形及安装尺寸见图 1－1 和表 1－10。

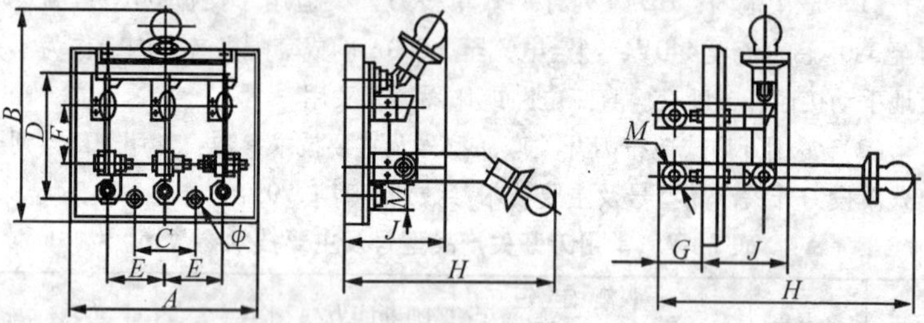

板前接线　　板后接线

图 1－1　HD11 系列刀开关的外形及安装尺寸

表 1－10　HD11 中央手柄式单投刀开关的安装尺寸/mm

产品型号规格		极数	A	B	C	D	E	F	G	H	J	M	φ
板前接线	100	1	120	210	90	140	—	60		220	110	8	7
		2	200	210	160	140	70	60		220	110	8	7
		3	200	210	70	140	70	60		220	110	8	7
	200	1	120	210	90	140	—	60		220	110	8	7
		2	200	210	160	140	70	60		220	110	8	7
		3	200	210	70	140	70	60		220	110	8	7
	400	1	120	270	80	190	—	70		270	131	12	7
		2	200	270	160	190	80	70		270	131	12	7
		3	210	270	80	190	80	70		270	131	12	7
	600	1	140	350	100	140	—	80	—	330	165	16	9
		2	240	350	200	140	100	80		330	165	16	9
		3	260	330	100	140	100	80		310	155	16	9
	1 000	1	160	380	120	140	—	90		380	190	2×12	9
		2	280	380	240	140	120	90		380	190	2×12	9
		3	320	360	120	140	120	90		360	180	2×12	9
	1 500	1	170	410	130	140	—	105		390	190	4×12	11
		2	300	410	260	140	130	105		390	190	4×12	11
		3	360	390	130	140	130	105		370	180	4×12	11

续表

产品型号规格		极数	A	B	C	D	E	F	G	H	J	M	ϕ
板后接线	100	1	100	231	60	160	—	60	43	272	93	8	7
		2	160	231	120	160	70	60	43	272	93	8	7
		3	200	231	60	160	70	60	43	272	93	8	7
	200	1	100	231	70	160	—	60	43	272	93	8	7
		2	160	231	120	160	70	60	43	272	93	8	7
		3	200	231	70	160	70	60	43	272	93	8	7
	400	1	120	277	80	190	—	70	47/60	321	109	12	7
		2	200	277	160	190	80	70	47/60	321	109	12	7
		3	240	277	80	190	80	70	47/60	321	109	12	7
	600	1	150	243	100	220	—	80	55	380	105	16	9
		2	250	243	200	220	100	80	55	385	105	16	9
		3	300	211	100	220	100	80	55	354	87	16	9
	1 000	1	170	382	120	260	—	90	70	434	118	2 × 12	9
		2	290	382	240	260	120	90	70	439	118	2 × 12	9
		3	350	351	120	260	120	90	70	408	105	2 × 12	9
	1 500	1	190	409	130	300	—	105	85	449	128	4 × 12	11
		2	290	409	260	300	130	105	85	449	128	4 × 12	11
		3	390	377	130	300	130	105	85	427	120	4 × 12	11

注：HD11B 型为改进型，其 A、B 尺寸略小一些，其余尺寸都相同。

②HD12、HD13 系列刀开关的外形及安装尺寸见图 1－2 和表 1－11。

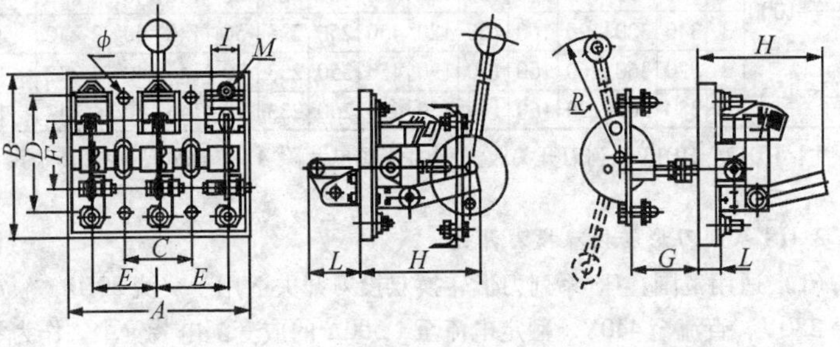

HD12　　HD13

图 1－2　HD12、HD13 系列刀开关的外形及安装尺寸

表 1－11　HD12、HD13 系列刀开关的安装尺寸/mm

产品型号规格	极数	A	B	C	D	E	F	$G_{前}$	$G_{后}$	H	I	K	L	M	ϕ
HD12—100	2	200	200	160	160	80	80	350	—	78	25	146	28	8	7
	3	280	200	80	160	80	80	350		78	25	146	28	8	7
HD12—200	2	200	200	160	160	80	80	350		78	25	146	29	8	7
	3	280	200	80	160	80	80	350		78	25	146	29	8	7
HD12—400	2	220	210	180	160	90	90	350		88	40	146	30	12	7
	3	310	210	90	160	90	90	350		88	40	146	30	12	7
CHD12—600	2	250	300	200	160	100	100	350		94	40	146	33	16	7
	3	330	300	100	160	100	100	350		94	40	146	33	16	7
HD12—1000	2	290	320	240	160	120	120	350		109	50	146	40	12	9
	3	400	320	120	160	120	120	350		109	50	146	40	12	9
HD12—1500	2	320	360	260	160	130	130	350		109	70	146	40	12	11
	3	440	360	130	160	130	130	350		109	70	146	40	12	11
HD13—100	2	200	200	160	160	80	80	450	250	160	25	146	28	8	7
	3	220	200	80	160	80	80	450	250	160	25	146	28	8	7
HD13—200	2	200	200	160	160	80	80	450	250	160	25	146	29	8	7
	3	220	200	80	160	80	80	450	250	160	25	146	29	8	7
HD13—400	2	220	210	180	160	90	90	450	250	184	40	146	30	12	7
	3	250	210	90	160	90	90	450	250	184	40	146	30	12	7
HD13—600	2	250	300	200	160	100	100	450	250	189	40	146	33	16	9
	3	300	300	100	160	100	100	450	250	189	40	146	33	16	9
HD13—1000	2	290	320	240	160	120	120	450	250	228	50	146	40	2×12	9
	3	340	320	120	160	120	120	450	250	228	50	146	40	2×12	9
HD13—1500	2	320	360	260	160	130	130	450	250	233	70	146	40	4×12	11
	3	380	360	130	160	130	130	450	250	233	70	146	40	4×12	11

注：HD12、HD13 系列刀开关改进型的外形尺寸除 A、B 略小一些，其余尺寸都相同。

2. HS 系列刀形转换双投刀开关

（1）适用范围：HS 系列刀形转换双投刀开关适用于交流 50Hz、额定电压至 380V、直流至 440V、额定电流至 1 500A 的成套配电装置中，作为不频繁地手动接通和分断交、直流电路或作隔离开关用。

（2）常用刀形转换双投刀开关产品型号及主要技术参数：常用 HS 系列开启式双投刀开关产品型号及主要技术参数列于表 1－12。

表 1－12　常用刀形转换双投刀开关产品型号及主要技术参数

产品型号	额定工作电压/V	额定工作电流/A	额定短时（1s）耐受电流/动稳定电流峰值/kA	通断能力/A		操作力/N	主要特征
				AC380V	DC220V		
HS11	AC380 DC220 DC440	100	6/15	100	100	≤300	中央手柄式 板前、板后接线 极数：1，2，3
		200	10/20	200	200		
		400	20/30	400	400	≤400	
		600	25/40	600	600		
		1 000	30/50	1 000	1 000	≤450	
		1 500	50/—	1 500	1 500		
HS12	AC380 DC220 DC440	100	6/20	100	100	≤300	侧方正面杠杆操作机构式 有灭弧室和无灭弧室二种 极数：2，3
		200	10/30	200	200		
		400	20/40	400	400	≤400	
		600	25/50	600	600		
		1 000	30/60	1 000	1 000	≤450	
HS13	AC380 DC220 DC440	100	6/20	100	100	≤300	中央杠杆操作机构式 有灭弧室和无灭弧室两种 极数：2，3
		200	10/30	200	200		
		400	20/40	400	400	≤400	
		600	25/50	600	600		

（3）外形及安装尺寸：

①HS11 系列刀开关的外形及安装尺寸见图 1－3 和表 1－13。

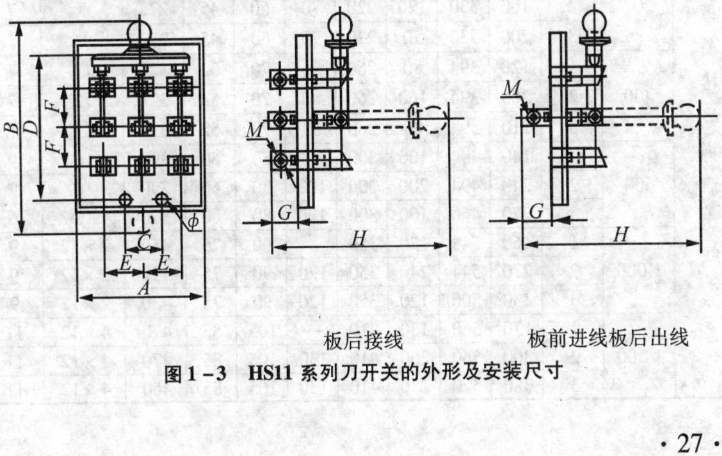

图 1－3　HS11 系列刀开关的外形及安装尺寸

表 1－13　HS11 中央手柄式双投刀开关的安装尺寸/mm

产品型号规格		极数	A	B	C	D	E	F	G	H	M	ϕ
板后接线	100	1	100	330	70	220	—	60	45	272	8	7
		2	160	330	120	220	60	60	45	272	8	7
		3	200	330	70	220	60	60	45	272	8	7
	200	1	100	330	70	220	—	60	45	272	8	7
		2	160	330	120	220	70	60	45	272	8	7
		3	200	330	70	220	70	60	45	272	8	7
	400	1	120	394	80	260	—	70	52	321	12	7
		2	200	394	160	260	80	70	52	321	12	7
		3	240	394	80	260	80	70	52	321	12	7
	600	1	140	494	100	300	—	80	60	390	16	9
		2	240	494	200	300	100	80	60	390	16	9
		3	270	460	100	300	100	80	60	370	16	6
	1 000	1	160	544	120	350	—	90	75	450	2×12	9
		2	270	483	240	350	120	90	75	450	2×12	9
		3	330	500	120	350	120	90	75	430	2×12	9
	1 500	1	170	560	130	410	—	105	85	470	4×12	11
		2	300	560	260	410	130	105	85	470	4×12	11
		3	380	520	130	410	130	105	85	450	4×12	11
板前接线板后出线	100	1	100	330	70	220	—	60	45	272	8	7
		2	160	330	120	220	70	60	45	272	8	7
		3	200	330	70	220	70	60	45	272	8	7
	200	1	100	330	700	220	—	60	45	272	8	7
		2	160	330	120	220	70	60	45	272	8	7
		3	200	330	70	220	70	60	45	272	8	7
	400	1	120	394	80	260	—	70	52	321	12	7
		2	200	394	160	260	80	70	52	321	12	7
		3	210	394	80	260	80	70	52	321	12	7
	600	1	140	494	100	300	—	80	60	390	16	9
		2	240	494	200	300	100	80	60	390	16	9
		3	270	460	100	300	100	80	60	370	16	6
	1 000	1	160	544	120	350	—	90	75	450	2×12	9
		2	270	544	240	350	120	90	75	450	2×12	9
		3	330	500	120	350	120	90	75	430	2×12	9
	1 500	1	170	560	130	410	—	105	85	470	4×12	11
		2	300	560	260	410	130	105	85	470	4×12	11
		3	380	520	130	410	130	105	85	450	4×12	11

②HS12、HS13 系列刀开关的外形及安装尺寸见图 1－4 和表 1－14。

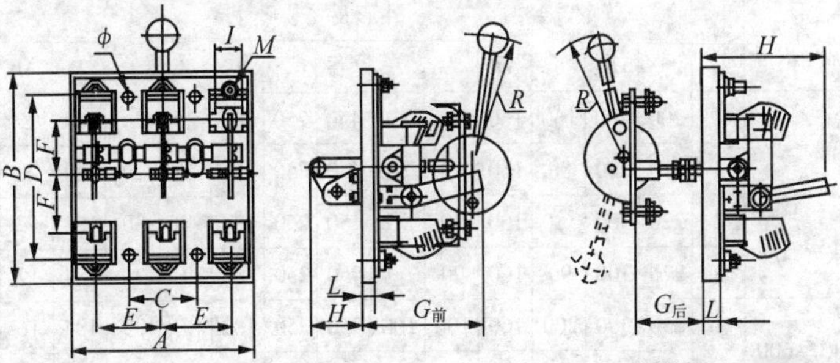

HS12　　HS13

图 1－4　HS12、HS13 系列刀开关的外形及安装尺寸

表 1－14　HD12、HD13 系列刀开关的安装尺寸/mm

产品型号规格	极数	外形及安装尺寸													
		A	B	C	D	E	F	$G_{前}$	$G_{后}$	H	I	L	R	M	ϕ
HS12－100	2	200	280	160	160	80	80	350	—	78	25	28	184	8	7
	3	280	280	80	160	80	80	350	—	78	25	28	184	8	7
HS12－200	2	200	280	160	160	80	80	350	—	78	25	29	184	8	7
	3	280	280	80	160	80	80	350	—	78	25	29	184	8	7
HS12－400	2	220	300	180	160	90	90	350	—	88	40	30	184	12	7
	3	310	300	90	160	90	90	350	—	88	40	30	184	12	7
HS12－600	2	250	300	200	160	100	100	350	—	94	40	33	184	16	9
	3	330	300	100	160	100	100	350	—	94	40	33	184	16	9
HS12－1000	2	290	320	240	160	120	120	350	—	109	50	40	236	12	9
	3	400	320	120	160	120	120	350	—	109	50	40	236	12	9
HS12－1500	2	320	360	260	160	130	130	350	—	109	70	40	236	12	9
	3	440	360	130	160	130	130	350	—	109	70	40	236	12	9
HS13－100	2	200	280	160	160	80	80	450	250	160	25	28	184	8	7
	3	220	280	80	160	80	80	450	250	160	25	28	184	8	7

续表

产品型号规格	极数	外形及安装尺寸													
		A	*B*	*C*	*D*	*E*	*F*	$G_{前}$	$G_{后}$	*H*	*I*	*L*	*R*	*M*	*ϕ*
HS13－200	2	200	280	160	160	80	80	450	250	160	25	29	184	8	7
	3	220	280	80	160	80	80	450	250	160	25	29	184	8	7
HS13－400	2	220	300	180	160	90	90	450	250	184	40	30	184	12	7
	3	220	300	90	160	90	90	450	250	184	40	30	184	12	7
HS13－600	2	250	300	200	160	100	100	450	250	189	40	33	184	16	9
	3	300	300	100	160	100	100	450	250	189	40	33	184	16	9
HS13－1 000	2	290	320	240	160	120	120	450	250	228	50	40	236	12	9
	3	340	320	120	160	120	120	450	250	228	50	40	236	12	9
HS13－1 500	2	320	360	260	160	130	130	450	250	233	70	40	236	12	9
	3	380	360	130	160	130	130	450	250	233	70	40	236	12	9

注：HS12、HS13系列刀开关改进型的外形尺寸除*A*、*B*略小一些，其余尺寸都相同。

3. HR系列熔断器式刀开关

（1）适用范围：HR系列熔断器式刀开关主要用于交流45～62Hz，额定电压660V，预定发热电流至630A的具有高短路电流的配电电路和电动机电路中，作为电源开关、隔离开关、应急开关并作电路保护用，但一般不作为直接开关单台电动机之用。

（2）结构特征：熔断器式刀开关是RT0有填料熔断器和刀开关的组合电器，具有RT0有填料熔断器和刀开关的基本性能，在电路正常供电的情况下，接通和切断电源由刀开关来担任。当线路或用电设备过载或短路时，熔断器式刀开发的熔体烧断，及时切断故障电流。前操作前检修的熔断器式刀开关，中央有供检修和更换熔断器的门，主要供BDL配电屏上安装。前操作后检修的熔断器式刀开关主要提供BSL配电屏上安装。侧操作前检修的熔断器式刀开关可以制成封闭的动力配电箱。

额定电流600A及以下的电流熔断器式刀开关带有安全拦板，并装有灭弧室。灭弧室是由酚醛布板和钢板冲制件铆合而成的。熔断器式刀开关的熔断器固定在带弹簧、锁板的绝缘横梁上，在正常运行时，保证熔断器不脱扣，而当熔断体因线路故障而熔断后，只须按下锁板就可以很方便地更换熔断器。

（3）常用熔断器式刀开关产品型号及主要技术参数：常用熔断器式刀开关产品型号及主要技术参数列于表 1－15。

表 1－15　常用熔断器式刀开关产品型号及主要技术参数

产品型号	额定工作电压/V	额定工作电流/A	熔体额定电流/A	刀开关分断能力/A		熔断器分断能力/A		主要特征
				AC380V	DC440V	AC380V	DC440V	
HR3	AC380 DC440	100	30、40、50、60、80、100	100	100	50 000	25 000	操作方式有：正面侧方杠杆式；正面中央杠杆式；侧面手柄式；无面板侧方杠杆式 极数：2，3
		200	80、100、120、150、200	200	200			
		400	150、200、250、300、350、400	400	400			
		600	350、400、450、500、550、600	600	600			
		1 000	700、800、900、1 000	1 000	1 000	25 000		
HR5	AC380 AC660	100	4～160（NT00）	100	—	50 000	—	熔断信号装置有：有，无 极数：2，3
		200	80～250（NT1）	200				
		400	125～400（NT2）	400				
		630	315～630（NT3）	630				
HR6	AC380 DC660	160	4～160（NT00）	960	480	50 000	—	可装隔离刀片或熔断体，可装接通分断信号装置和断相信号器
		250	80～250（NT1）	1 500	750			
		400	125～400（NT2）	2 400	1 200			
		630	315～630（NT3）	3 780	1 890			
HR11	AC415	100	100	300	—	50 000		有中性接线柱和开启式或封闭式 极数：2，3
		200	200	600				
		315	315	945				
		400	400					

（4）常用熔断器式刀开关的外形及安装尺寸：

①HR3 系列熔断器式刀开关的外形及安装尺寸见图 1－5 及表 1－15。

a. HR3/31 正面侧方杠杆式系列熔断器式刀开关的外形及安装尺寸见图 1－5a 及表 1－16a。

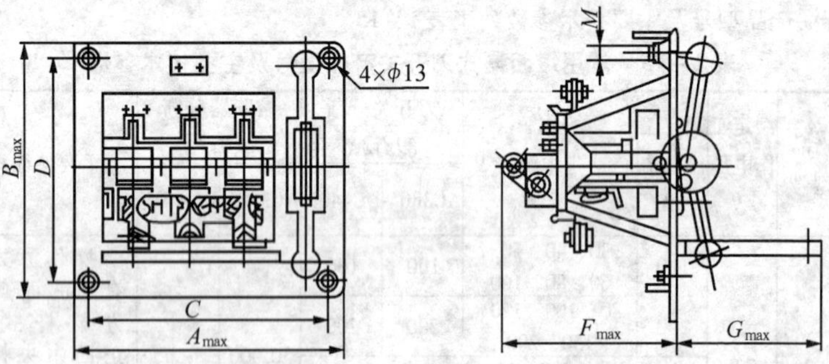

图 1－5a　HR3 正面侧方杠杆式外形及安装尺寸

表 1－16a　HR3 正面侧方杠杆式外形及安装尺寸/mm

产品型号 规格	外形及安装尺寸						
	A	*B*	*C*	*D*	*F**	*G*	*M*
HR3－100/21	350	400	310	360	275	266	8
HR3－100/31	400		360				
HR3－200/21	350	400	310	360	275	266	10
HR3－200/31	400		360				
HR3－400/21	350	400	310	360	275	266	12
HR3－400/31	400		360				
HR3－600/21	400	400	360	360	325	266	16
HR3－600/31	450		410				

注：F* 尺寸为手柄打开 90°使连杆处于最大位置时的尺寸。

b. HR3 正面中央杠杆式系列熔断器式刀开关的外形及安装尺寸见图 1－5b 及表 1－16b。

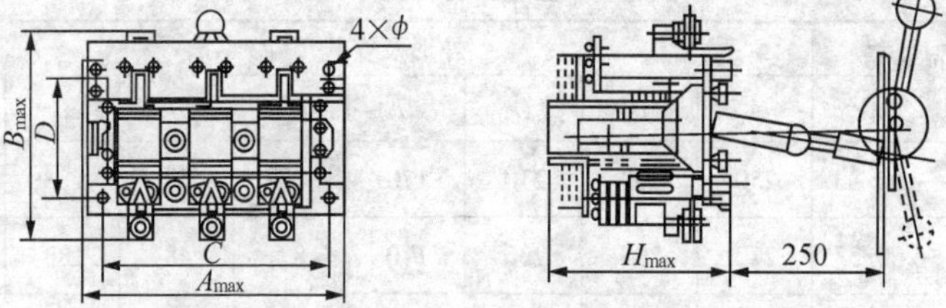

图 1-5b　HR3/32 正面中央杠杆式的外形及安装尺寸

表 1-16b　HR3/32 正面中央杠杆式的外形及安装尺寸/mm

产品型号 规　格	外形及安装尺寸					
	A	*B*	*C*	*D*	*H*	*ϕ*
HR3—100/32	250	185	210	130	180	7
HR3—200/32	270	205	230	130	183	7
HR3—400/32	290	225	250	130	184	7
HR3—600/32	320	265	280	130	203	7
HR3-1 000/32	400	280	320	250	290	11

c. HR3/33 侧面手柄式系列熔断器式刀开关的外形及安装尺寸见图 1-5c 及表 1-16c。

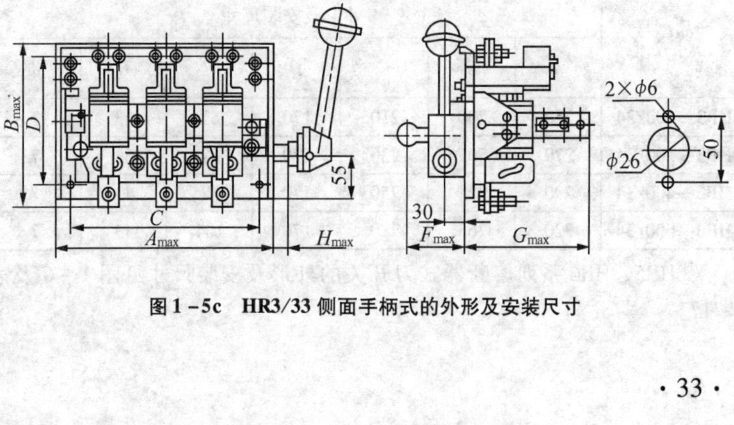

图 1-5c　HR3/33 侧面手柄式的外形及安装尺寸

表 1-16c　HR3/33 侧面手柄式的外形及安装尺寸/mm

产品型号 规　格	外形及安装尺寸							
	A	*B*	*C*	*D*	*F**	*H*	*G*	*ϕ*
HR3—100/33	250	200	210	170	87	68	183	7
HR3—200/33	270	205	230	170	87	48	183	7
HR3—400/33	290	225	250	170	87	51	188	7
HR3—600/33	320	265	280	170	104	43	206	7

d. HR3/34　无面板侧方杠杆式系列熔断器式刀开关的外形及安装尺寸见图 1-5d 及表 1-16d。

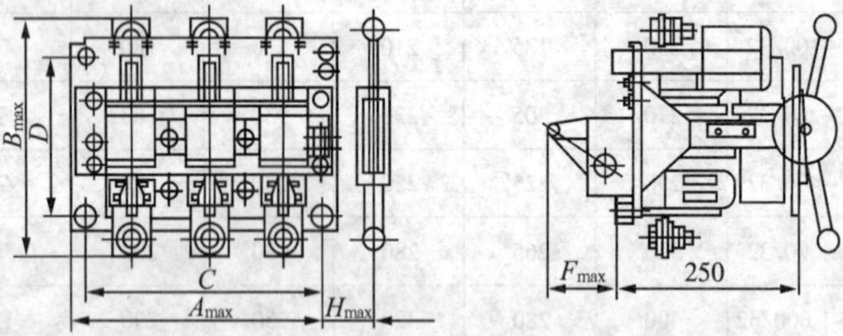

图 1-5d　HR3/34 无面板侧方杠杆式的外形及安装尺寸

表 1-16d　HR3/34 无面板侧方杠杆式的外形及安装尺寸/mm

产品型号 规　格	外形及安装尺寸						
	A	*B*	*C*	*D*	*F**	*H*	*ϕ*
HR3—100/34	250	200	210	170	87	43	7
HR3—200/34	270	205	230	170	87	53	7
HR3—400/34	290	225	250	170	87	43	7
HR3—600/34	320	265	280	170	104	43	7

②HR5、HR6 系列熔断器式刀开关的外形及安装尺寸见图 1-6 及表 1-17。

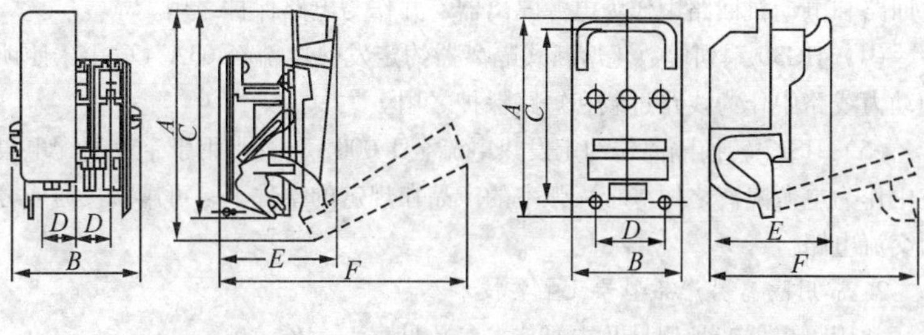

图 1-6　HR5、HR6 系列熔断器式刀开关的外形及安装尺寸

表 1-17　HR5、HR6 系列熔断器式刀开关的安装尺寸

产品型号	A	B	C	D	E	F	ϕ
HR5—100	245	163	229	80	136	278	—
HR5—200	280	220	254	124	193	342	9
HR5—400	280	243	254	140	209	358	9
HR5—630	280	289	254	170	224	373	9
HR6—160	215	138	200	80	142	260	8 ~ 8.5
HR6—250	280	189	260	120	162	360	8 ~ 8.5
HR6—400	300	248	280	160	195	378	8 ~ 8.5
HR6—630	300	248	280	160	195	373	8 ~ 8.5

1.2.3　隔离器

1. 适用范围

适用于交流 50Hz、额定工作电压至交流 380V、直流至 220V，约定发热电流至 1 600A 的工业企业的配电设备中作为电源隔离之用。

（1）HD17 刀形隔离器约定发热电流至 1 600A，主要用于企业的配电设备中作为电源隔离之用。带灭弧室的产品在规定的条件下，可用来接通或分断交流电路。

（2）HD18 系列空气式隔离器约定发热电流至 4 000A，作为无载操作和隔离电源之用。

（3）HG1 系列熔断式隔离器约定发热电流至 63A，具有高短路电流配电回路和电动机回路中作为电源隔离器，并作为电路保护之用。

（4）HG30 系列模数化熔断式隔离器约定发热电流至 63A，适用于照明和动力线路中作为线路过载和短路保护之用。

（5）HS17 转换隔离器约定发热电流至 1 000A，主要用于企业的配电设备中作为电源隔离之用。带灭弧室的产品在规定的条件下，可用来接通或分断交流电路。

2. 常用隔离器产品型号及主要技术参数

常用隔离器产品型号及主要技术参数见表 1－18。

表 1－18　常用隔离器产品型号及主要技术参数

产品型号	产品名称及主要特征		额定工作电压 /V	额定工作电流 /A	额定短时（1s）耐受电流/kA	通断能力 AC 380V/A	配用熔断体		
							型号	电流 /A	短路电流 /kA
HD17	刀形隔离器	手柄式和杠杆式（中央和侧方） 板前、板后接线有灭弧室和无灭弧室二种 极数：1，2，3	AC380 DC220	100	6	100	RT16，NT0	100	50
				200	10	200	RT16，NT1	200	
				400	20	400	RT16，NT2	400	
				600	20	600	RT16，NT3	600	
				1 000	25	1 000	—	—	
				1 600	32	1 500	—	—	
HD18	空气式隔离器	操作方式：手动，电动 极数：1，2，3	AC1 120 DC1 500	2 500	50	2 500	—	—	—
				4 000	80	4 000	—	—	—
HG1	熔断式隔离器	熔断信号装置：有，无； 极数：2，3	AC380	20	6/20	50 000	RT14	2～20	100
				32	10/30			2～32	
				63	20/40			10～63	
HG30 RT18 RT28		模数化结构 极数：1，2，3，4	AC220 AC380	10	—	—	—	10	6
				16				16	
				20				20	20
				32				32	
				63				63	
HS17	转换隔离器	手柄式和杠杆式（中央和侧方） 板前、板后接线有灭弧室和无灭弧室二种 极数：1，2，3	AC380 DC220	100	6	100	NT00	100	50
				200	10	200	NT1	200	
				400	20	400	NT2	400	
				600	20	600	NT3	600	
				1 000	25	1 000	—	1 000	

3. 外形及安装尺寸

（1）HD17 刀型隔离器中央正面杠杆操作机构式外形及安装尺寸见图 1－7和表 1－19。

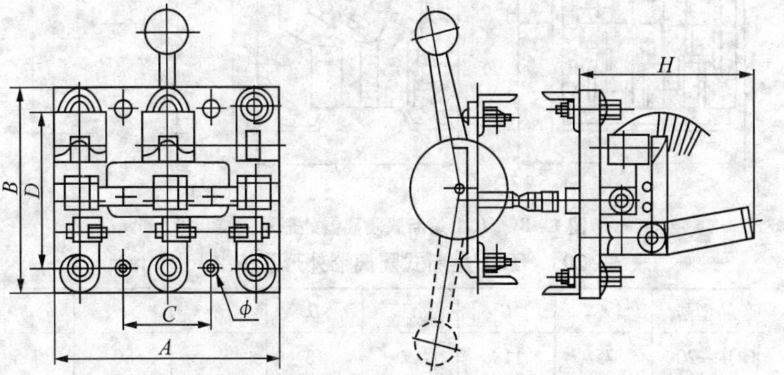

图 1－7　HD17 刀型隔离器中央正面杠杆操作机构式外形及安装尺寸

表 1－19　HD17 刀型隔离器中央正面杠杆操作机构式外形及安装尺寸/mm

型号规格	极数	外形尺寸			安装尺寸		
		A_{max}	B_{max}	$H_{max\,*}$	C	D	ϕ
HD17－100	2	190	180	159.5	160	160	7
	3	210	180	159.5	80	160	7
HD17－200	2	190	180	159.5	160	160	7
	3	210	180	159.5	80	160	7
HD17－400	2	210	206	184	180	160	7
	3	240	206	184	90	160	7
HD17－630	2	236	300	189	200	160	9
	3	260	300	189	100	160	9
HD17－1000	2	276	320	227.5	240	160	9
	3	312	320	227.5	120	160	9
HD17－1600	2	310	360	233	266	160	11
	3	338	360	233	130	160	11

注：* H 是刀片打开到一定角度时的尺寸。

（2）HG1 熔断式隔离器外形及安装尺寸见图 1－8 和表 1－20。

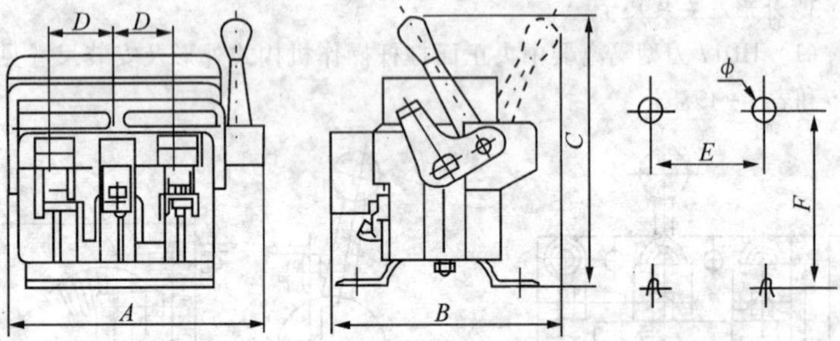

图 1-8　HG1 熔断式隔离器外形及安装尺寸

表 1-20　HG1 熔断式隔离器外形及安装尺寸/mm

产品型号	A	B	C	D	E	F	ϕ
HG1—20	75	118	92	18	—	80	5.5
HG1—32	120	139	139	26	50	110	7
HG1—63	139	139	139	35	65	110	7

(3) HG30 熔断式隔离器外形及安装尺寸见图 1-9 和表 1-21。

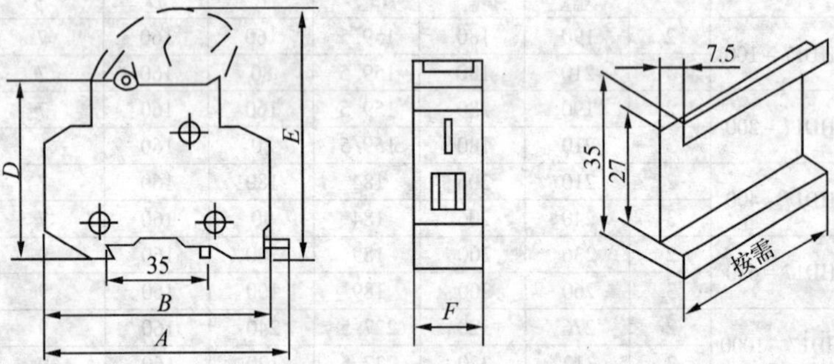

图 1-9　HG30 熔断式隔离器外形及安装尺寸

表 1-21　HG30 熔断式隔离器外形及安装尺寸/mm

产品型号	A	B	D	E	F			
					1P	2P	3P	4P
HG30—32	82	78	60	77	18	36	34	72
HG30—63	106	103	80	110	26	52	78	104

（4）HS17 转换隔离器中央正面杠杆操作式的外形及安装尺寸见图 1-10 及表 1-22。

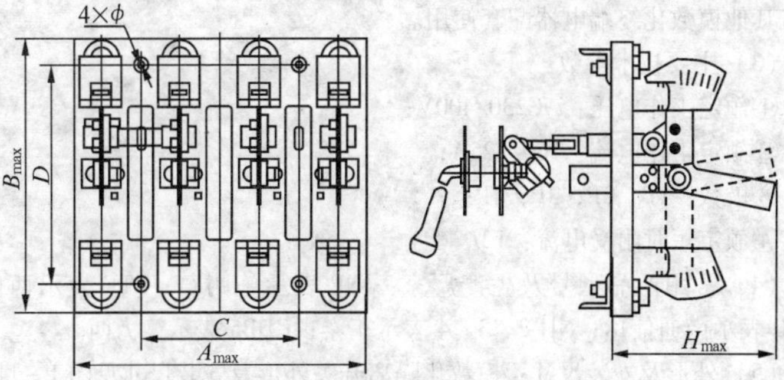

图 1-10　HS17 中央正面杠杆操作式外形及安装尺寸

表 1-22　HS17 中央正面杠杆操作式外形及安装尺寸/mm

型号规格	极数	外形尺寸			安装尺寸		
		A_{max}	B_{max}	H_{max}	C	D	ϕ
HS17-100	2	190	260	159.5	160	240	7
	3	210	260	159.5	80	240	7
HS17-200	2	190	260	159.5	160	240	7
	3	210	260	159.5	80	240	7
HS17-400	2	210	298	184	180	240	7
	3	240	298	184	90	240	7
HS17-603	2	236	400	200	240	189	9
	3	260	400	100	240	189	9
HS17-1000	2	280	440	240	240	228	9
	3	350	440	120	240	228	9

1.2.4 隔离开关及开关熔断器组

1. 模数化隔离开关

（1）适用范围：模数化隔离开关适用于交流 50Hz，额定工作电压为 230V/400V 及以下，额定电流至 100A 的线路中，在负载情况下能接通和断开电路。主要用于工矿企业、高层建筑、商业及家庭等场所。

（2）结构特征：模数化隔离开关外壳采用了高阻燃、高强度的特种塑料，抗冲击能力强、质量轻。具有良好的接触可靠性，适用于导轨安装，并能与其他模数化终端电器配套使用。

（3）主要技术参数：

①额定工作电压：AC230/400V；

②额定工作电流：16～125A；

③极数：1P，2P，3P，4P；

④额定短时耐受电流：$12I_e$。

（4）常用产品型号及生产厂家：INP 表示施耐德；5TE 表示西门子；HL30 表示南通信达；NH 2、3、4 表示正泰；CDB5 表示德力西。

（5）外形及安装尺寸：模数化隔离开关外形及安装尺寸见图 1－11。

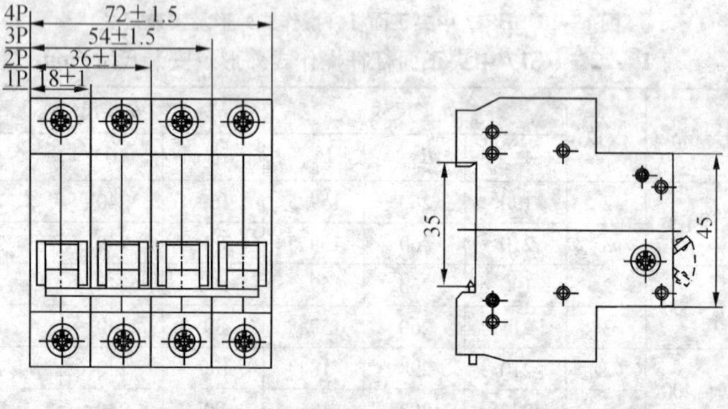

图 1－11 模数化隔离开关外形及安装尺寸

2. 隔离开关熔断器组

适用于具有高短路电流、低功率的供配电电路中，作为手动、不频繁操作的主开关，尤其适用于安装在较高级的抽出式低压成套装置中。国产型号为 QA、QP 和 QSA 系列的隔离开关是引进丹麦 LK－NES 公司的技术。

3. 主要技术参数

常用隔离器产品型号及主要技术参数见表 1－23。

表 1－23　常用隔离开关产品型号及主要技术参数

<table>
<tr><th rowspan="2">产品型号</th><th rowspan="2">额定工作电压/V</th><th rowspan="2">额定工作电流/A</th><th rowspan="2">额定短时(1s)耐受电流/A</th><th rowspan="2">通断能力AC380V/A</th><th colspan="3">配用熔断体</th><th rowspan="2">主要特征</th></tr>
<tr><th>型号</th><th>电流/A</th><th>短路电流(kA)</th></tr>
<tr><td>QA—125</td><td rowspan="6">AC380
AC660</td><td>125</td><td rowspan="3">4 000</td><td rowspan="3">20 000</td><td rowspan="3">—</td><td>200</td><td rowspan="6">50</td><td rowspan="6">由铜导体串联连接，不带熔管的隔离开关
极数：3</td></tr>
<tr><td>QA—160</td><td>160</td><td>200</td></tr>
<tr><td>QA—200</td><td>200</td><td>200</td></tr>
<tr><td>QA—400</td><td>400</td><td rowspan="2">15 000</td><td rowspan="3">50 000</td><td rowspan="3">—</td><td>400</td></tr>
<tr><td>QA—630</td><td>630</td><td>630</td></tr>
<tr><td>QA—1000</td><td>1 000</td><td>50 000</td><td>1 000</td></tr>
<tr><td>QP—250</td><td rowspan="7">AC380
AC660</td><td>250</td><td>8 000</td><td>39 000</td><td rowspan="7">NT</td><td>250</td><td rowspan="3">100</td><td rowspan="7">由铜导体并联连接，电路成为一组熔点的隔离开关
极数：3</td></tr>
<tr><td>QP—630</td><td>630</td><td rowspan="2">32 000</td><td rowspan="2">60 000</td><td>630</td></tr>
<tr><td>QP—1000</td><td>1 000</td><td>1 000</td></tr>
<tr><td>QP—1250</td><td>1 250</td><td rowspan="2">50 000</td><td rowspan="2">85 000</td><td rowspan="4">—</td><td rowspan="4">—</td></tr>
<tr><td>QP—1600</td><td>1 600</td></tr>
<tr><td>QP—2500</td><td>2 500</td><td rowspan="2">80 000</td><td rowspan="2">130 000</td></tr>
<tr><td>QP—3150</td><td>3 150</td></tr>
<tr><td rowspan="6">HH15QSA</td><td rowspan="6">AC380
AC660</td><td>63</td><td rowspan="6">—</td><td rowspan="6">—</td><td rowspan="3">NT00</td><td rowspan="3">160(max)</td><td rowspan="6">100</td><td rowspan="6">无字母—配熔断器，S—双投，无字母—单投，
极数：2，3，4
辅助触头：1，2，0</td></tr>
<tr><td>125</td></tr>
<tr><td>160</td></tr>
<tr><td>250</td><td>NT1</td><td rowspan="2">400(max)</td></tr>
<tr><td>400</td><td>NT2</td></tr>
<tr><td>630</td><td>NT3</td><td>630(max)</td></tr>
<tr><td rowspan="4">HH16</td><td rowspan="4">AC380
AC660</td><td>125</td><td rowspan="4">—</td><td rowspan="4">—</td><td>NT00</td><td rowspan="4">—</td><td rowspan="4">—</td><td rowspan="4">装离隔刀片</td></tr>
<tr><td>250</td><td>NT1</td></tr>
<tr><td>400</td><td>NT2</td></tr>
<tr><td>630</td><td>NT3</td></tr>
</table>

注：①我国各生产企业生产的 HH15 系列隔离开关熔断器组与 QA、QP 和 QSA 系列相似。

②德国西门子公司生产的系列隔离开关熔断器组产品型号分别为 3KL、3KA，3KE、3NP 和 3NJ，型号之间的区别为 3KL 和 3KE 带熔断器，3 极，63～630A；3KA5 不带熔断器；3NP 用于表面安装和开关柜安装；3NJ 安装在低压配电柜、变电站等。

4. 隔离开关熔断器组外形及安装尺寸

（1）HH15（QSA）系列隔离开关的外形及安装尺寸见图 1－12 和表 1－24。

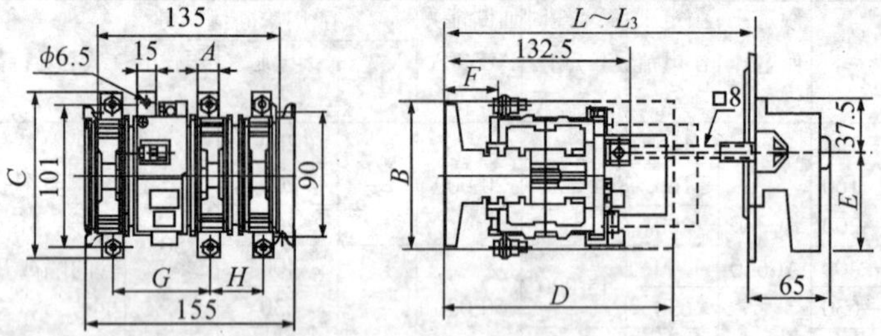

HH15－D　　　HH15－L

图 1－12a　HH15—125 型隔离开关熔断组外形及安装尺寸

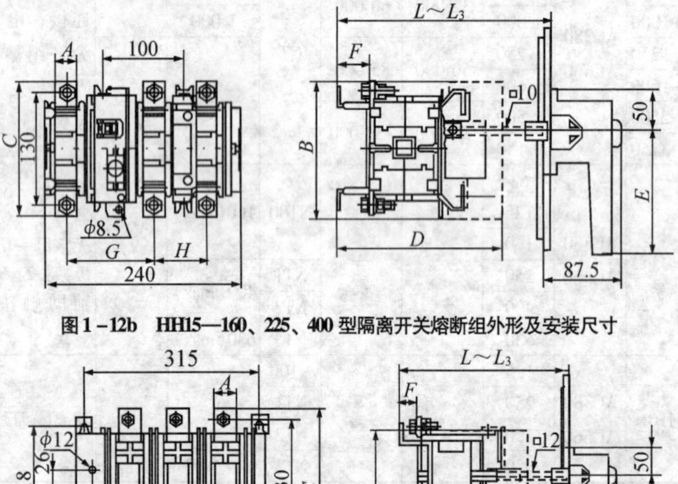

图 1－12b　HH15—160、225、400 型隔离开关熔断组外形及安装尺寸

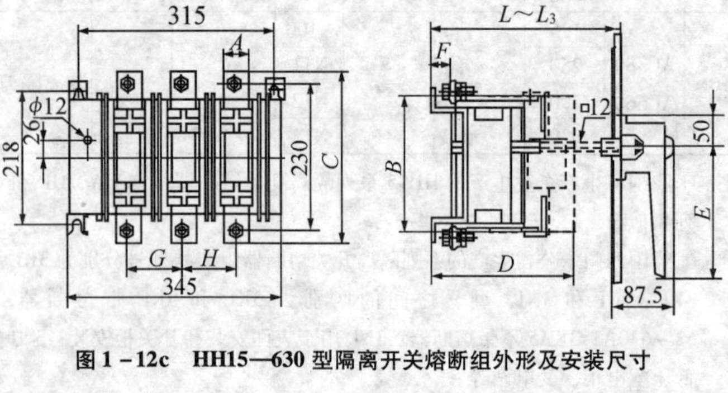

图 1－12c　HH15—630 型隔离开关熔断组外形及安装尺寸

表 1 -24　HH15 系列隔离开关熔断器组外形及安装尺寸/mm

产品型号	外形及安装尺寸											
	A	B	C	D	E	F	G	H	L	L_1	L_2	L_3
HH15 - 125	15	95	116	170	70	38.5	70	40.5	199 ~ 250	250 ~ 301	301 ~ 385	180 ~ 199
HH15 - 160	20	120	146	189	140	44	107	65	226 ~ 284	274 ~ 342	342 ~ 400	–
HH15 - 250	25	160	160	209	140	40	107	65	226 ~ 284	284 ~ 342	342 ~ 400	–
HH15 - 400	25	160	160	209	140	38	107	65	226 ~ 284	284 ~ 342	342 ~ 400	–
HH15 - 630	40	205	270	250	200	33	87	97	260 ~ 295	295 ~ 330	330 ~ 400	400 ~ 500

注：L 为轴的长度，用户可按不同安装深度选择 L_1 或 L_2 或 L_3 或 L。

（2）HH15A（QA）系列隔离开关外形及安装尺寸见图 1 -13 和表 1 -25。

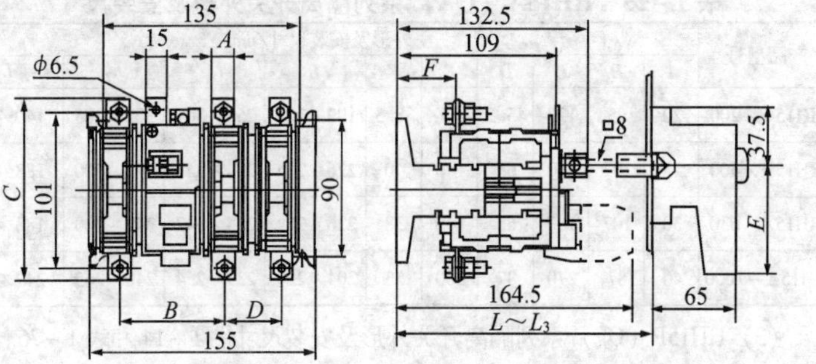

图 1 -13a　HH15A—200 型系列隔离开关外形及安装尺寸

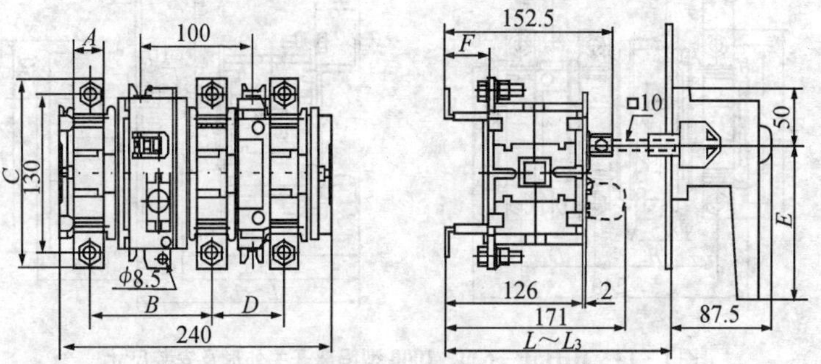

图 1 -13b　HH15A—400、630 型隔离开关外形及安装尺寸

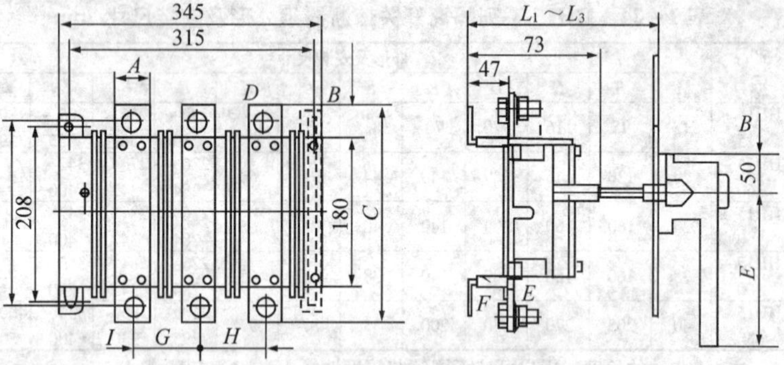

图 1－13c　HH15A—1000 型隔离开关外形及安装尺寸

表 1－25　HH15A（QA）系列隔离开关外形及安装尺寸

产品型号	外形及安装尺寸/mm									
	A	*B*	*C*	*D*	*E*	*F*	*L*	L_1	L_2	L_3
HH15A－200	20	65	127	45.5	70	38.5	199～250	250～301	301～385	149～199
HH15A－400	25	107	160	65	140	40	226～284	284～342	342～400	188～238
HH15A－630	30	107	180	65	140	38	226～284	284～342	342～400	188～238
HH15A－1000	40	87	270	87	200	23	204～229	229～254	240～265	249～529

（3）HH15P（QP）系列隔离开关外形及安装尺寸图 1－14 和表 1－26。

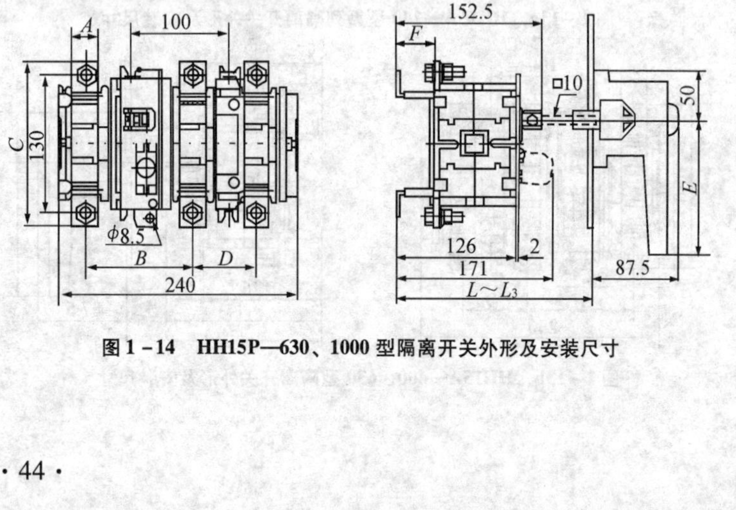

图 1－14　HH15P—630、1000 型隔离开关外形及安装尺寸

表 1－26　HH15P 系列隔离开关外形及安装尺寸

产品型号	外形及安装尺寸/mm									
	A	B	C	D	E	F	L	L_1	L_2	L_3
HH15P－630	30	107	180	65	140	38	226～284	284～342	342～400	188～238
HH15P－1000	40	117	218	80	140	32	226～284	226～342	342～400	188～238
HH15P－1125	50	117	350	87	200	23	208～333	233～258	244～269	249～529
HH15P－1600	90	117	350	87	200	23	208～333	233～258	244～269	249～529
HH15P－2500	80	117	450	100	200	170	374～399	399～424	410～435	419～699
HH15P－3150	100	117	462	87	204	173	374～399	399～424	410～435	419～699

注：①L 为轴的长度，用户可按不同安装深度选择 L_1 或 L_2 或 L_3 或 L。

②图 1－14 已标注的尺寸为 HH15P—630～1000 型的尺寸，HH15P—1125～3150R 的其他尺寸可向制造厂索取。

（4）HH15A、HH15P 系列隔离开关，HH15 系列隔离开关熔断器组面板开孔尺寸见图 1－15。

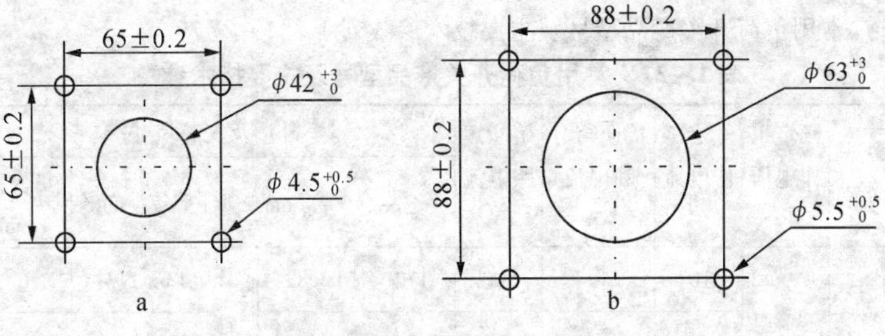

a. HH15A—200 型、HH15P—250 型、HH15—125 型的面板开孔尺寸

b. HH15A—400 型及以上、HH15P—630 型及以上、HH15—160 型及以上的面板开孔尺寸

图 1－15　HH15 系列熔断器组面板开孔尺寸

1.2.5　负荷开关

1. 适用范围

负荷开关分开启式和封闭式两种，开启式负荷开关主要适用于交流 50Hz、额定电压至 380V，额定电流 63A 及以下的交流电路，做一般照明、电热器类等回路的控制开关，不频繁的带负荷操作和短路保护用。封闭式负

荷开关主要适用于交流 50Hz、额定电压至 500V，额定电流 200A 及以下的电器装置和配电设备中做不频繁的带负荷操作和短路保护用，也可做异步电动机的不频繁的直接起动和分断用。

2. 结构特征

封闭式负荷开关在结构上一般设计成侧面旋转操作式，共分四部分，即操作机构、熔断器、铁壳和触头系统。操作机构有快速分断装置，开关的闭合和分断速度与操作者手的动作速度开关，因而保证操作人员和设备的安全。触头系统带灭弧室，触头系统全部装在铁盒之内，完全处于封闭状态，保证人员安全。罩盖关闭后可以与锁扣楔合，当开关在闭合位置时，由于罩盖与操作机构联锁，罩盖不能打开。另外罩盖也可以加锁。

开启式负荷开关由刀开关和熔断丝组合而成的一种电器，装置在一块瓷底板上，上面覆盖胶盖，结构简单，操作方便，熔断丝动作后，只要更换新熔丝仍可继续使用，运行安全可靠。

3. 常用负荷开关产品型号及主要技术参数

常用负荷开关产品型号及主要技术参数列于表 1-27。

表 1-27　常用负荷开关产品型号及主要技术参数

产品型号	额定工作电压/V	额定工作电流/A	接通与分断电流/A	熔断短路电流/A	外形及安装尺寸			
					长×宽×高/mm^3		长×宽/mm^2	安装孔/mm
		10	40	500	172×151×82		43×113	6
		15	60	1 000	224×194×95		122×113	6
		20	80	1 000				
HH3	AC415 AC230	30	120	2 000	170×232×105	3极	118×206	5
		60	240	3 000	390×312×138		107×300	7
		100	250	4 000	440×361×187		230×370	9
		200	300	6 000	512×364×204		254×445	9

续表

产品型号	额定工作电压/V	额定工作电流/A	接通与分断电流/A	熔断短路电流/A	外形及安装尺寸		
					长×宽×高/mm³	长×宽/mm²	安装孔/mm
HH4	AC415	15	60	500	270×220×91	150×80	6
		30	200	1 500	224×194×95	190×120	7
		60	240	3 000	406×316×132	250×150	7
		100	250	3 000	410×340×164	351×240	7
HH12	AC415	20	80	1 500	180×160×70	100×60	5
		32	140		260×220×85	200×106	6
		63	250	2 500	360×300×110	260×140	6
		100	400		430×347×134	320×160	7
		200	800		490×361×143	352×168	7
HK2	AC380 AC220	10/2	40	500	55×132×58	64	5
		15/2	60	500	62×165×66	89	5
		30/2	120	1 000	62×188×64	106	5
		15/3	30	500	84×193×64.5	100×24.5	5
		30/3	60	1 000	100×224×77.5	116×31	5
		60/3	90	1 500	130×280×93	142×40	7
HK4	AC380 AC220	10/2	40	1 000	44×122×47	76	4
		16/2	64	1 500	62×165×50	84	4
		32/2	128	2 000	54×159×56	104	5
		63/2	252	2 500	67×205×70	110	5
		16/3	48	1 500	70×152×50	93×24	4
		32/3	96	2 000	82×174×56	117×28	5
		63/3	189	2 500	108×219×70	130×38	5
HK8	AC380	10/2	40	1 000	40×104×50	88	4
		16/2	64	1 500	44×112×51	94	4
		32/2	128	2 000	52×124×60	108	4
		16/3	48	1 500	63×116×50	99×22.5	4
		32/3	96	2 000	72×150×67	130×25	4
		63/3	189	2 500	100×188×92	166×38	4

1.2.6 组合开关

1. 适用范围

组合开关主要适用于交流 50Hz 或 60Hz、额定工作电压 380V 及以下，直流电压 220V 及以下、额定电流至 100A 的电气线路中，用于不频繁地手动接通、分断与转换交流电阻电感混合负载电路和直流电阻负载电路，也可用作直接控制小容量交流电动机。

2. 常用组合开关产品型号及主要技术参数

常用组合开关产品型号及主要技术参数列于表1－28。

表1－28　常用组合开关产品型号及主要技术参数

产品型号	主要特征	额定工作电压/V	额定工作电流/A	额定控制功率/kW	电寿命/万次	
					配电用	电动机
HZ5	HZ5 可派生 HZ5B 和 HZ5S，定位特征代号：L：0°～60°，M：60°～0°～60°。HZ5B 为结构改进型，其操作方式与操动器位置的组合有9种，其中自复型2种，定位型7种。HZ5S 是在 HZ5 的基础上增加了锁扣装置，使开关使用更安全，可防止误操作，额定电流为10A、20A 和40A	AC380	10	1.7	4	20
			20	4	4	20
			40	7.5	4	15
			63	10	2	10
HZ10	HZ10 可派生 HZ10－MF2 密封防强腐蚀组合开关和 HZ10H 保护式组合开关及 HZ10M 船用气密式组合开关，电路转换型式有二、三、四3种方式，并有可逆控制电动机功能。HZ10－10～100MF2 密封防强腐蚀用于电压 AC380V 和 DC220V。HZ10H 可防止直径大于50mm 的固体异物进入壳内，额定电流10A	AC415	10	2.2	10	0.5
			25	4.0	15	
			60	—	10	—
			100	—	0.5	
HZ12	HZ12 由接触系统、定位机构、操作机构等组成，接触系统采用凸轮控制、触头为双断点桥形、进线端有保护罩。带锁型开关装有锁住机构，可在开关处于“0”位锁住，有16种组合	AC380 AC500	16	—	10	—
			25			
			40			
			50			
			63			

注：型号为3LB 系列万能组合开关是引进德国西门子公司技术，产品采用组合式结构，由定位系统、限位系统、接触系统及面板、手柄等构成，可代替 HZ10、HZ12、LW5、LW6、HZ5、H85－S 等转换开关。

3. 组合开关外形及安装

（1）HZ5 外形及安装尺寸见图 1－16 和表 1－29。

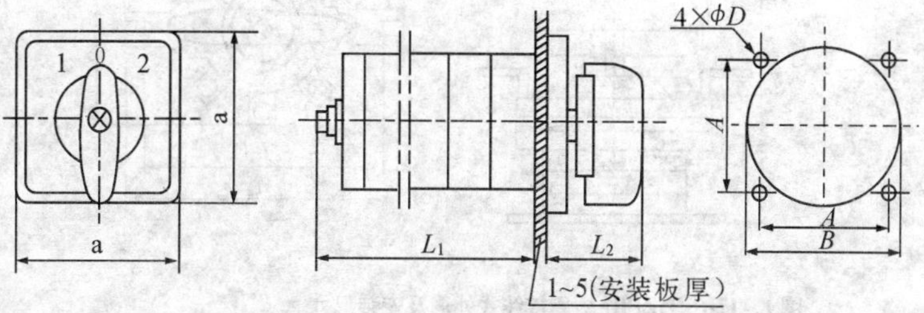

图 1－16　HZ5 外形及安装尺寸

表 1－29　HZ5 外形及安装尺寸/mm

产品型号	A_{max}	B_{max}	C	ϕD	ϕd	E
HZ5－10	32＋1～14n	38	46	52	4. 5	60
HZ5－20	34＋1～13n	38	46	58	4. 5	60
HZ5－40	40＋1～16n	38	57. 5	72	5. 5	75
HZ5－63	73～144	76	67. 5	10	5. 5	102

注：n 为接触系统节数

（2）HZ10D 外形及安装尺寸见图 1－17 和表 1－30。

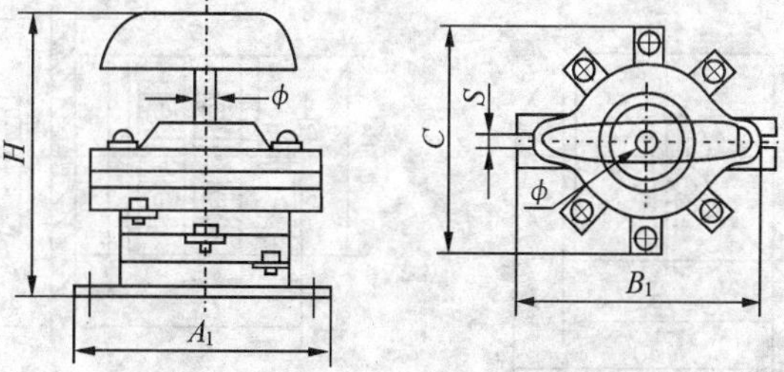

图 1－17a　HZ10D 板前接线式外形及安装尺寸

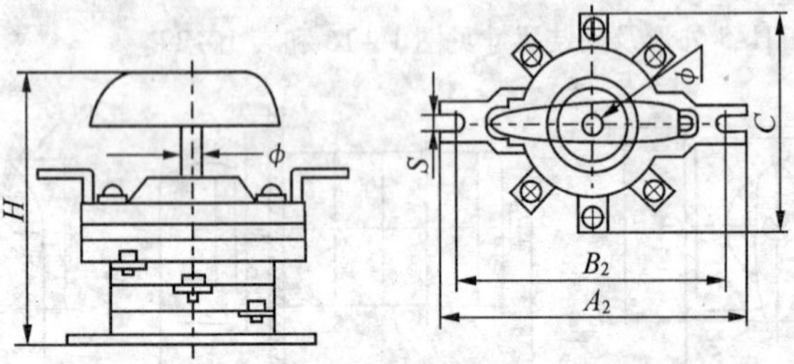

图 1－17b　HZ10D 板后接线式外形及安装尺寸

表 1－30　HZ10D 系列组合开关安装尺寸/mm

产品型号	A		B		C	D	E	φ
	板前	板后	板前	板后				
HZ10D－10/1	65	86	55	154	58	62	5	6
HZ10D－10/2						68		
HZ10D－10/3						74		
HZ10D－25/2	100	114	90	100	92	98	6	8
HZ10D－25/3						108		
HZ10D－60/2	142	153	128	139	154	129	18	9
HZ10D－60/3						144		
HZ10D－100/3					170	152		

（3）HZ12 型组合开关外形及安装尺寸见图 1－18。

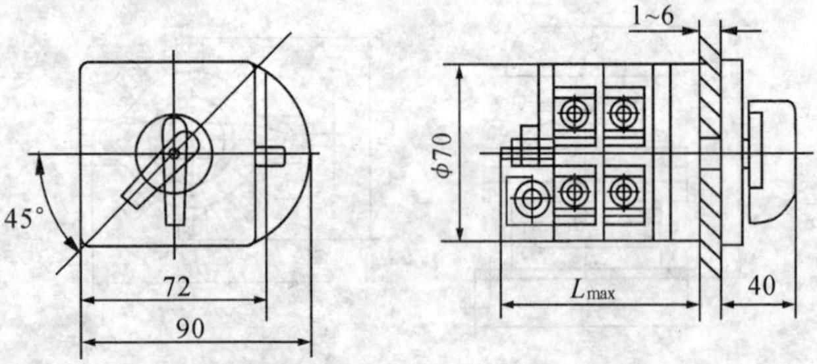

图 1－18　HZ12－□/02 外形及安装尺寸

注：HZ12 型组合开关共有 16 种组合型式，各种组合型式的外形及安装尺寸各有差异，图 1－18 为具有红钮黄盘急停标志的外形。其他型式外形及安装尺寸可向制造厂索取。

1.3 熔断器

1.3.1 熔断器的选用、安装和维护

1. 熔断器的选用

（1）熔断器的选用原则：

①熔断器额定电压应符合电动机的运行电压。熔断器的工作电压与其熔管长度及绝缘强度有关。不能把熔断器用在高于其额定电压的回路中，也不能把大熔片装到小熔断管中。

②熔断器的额定电流应大于电动机回路长期通过的最大工作电流。其壳体的载流部分和接触部分不会因通过工作电流而损坏。熔断器的额定电流不得小于熔件的额定电流。

③熔断器的极限断路电流应大于流过的最大短路电流。用以保证切断故障电流时，不致烧毁熔断器。

④熔断器的保护特性必须与保护对象的过载特性有良好的配合，使其在整个曲线范围内获得可靠的保护。

（2）熔断器熔体的选用原则：由于各种电气设备都具有一定的过载能力，允许在一定条件下较长时间运行；而当负载超过允许值时，就要求保护熔体在一定时间内熔断。还有一些设备起动电流很大，但起动时间很短，所以要求这些设备的保护特性要适应设备运行的需要，要求熔断器在电机起动时不熔断，而在短路电流作用下和超过允许过负荷电流时，才可靠熔断，从而起到保护作用。熔体额定电流选择偏大，负载在短路或长期过负荷时不能及时熔断；选择过小，可能在正常负载电流作用下就会熔断，影响正常运行，为保证设备正常运行，必须根据负载性质合理地选择熔体额定电流。

① 照明电路：熔体额定电流≥被保护电路上所有照明电器工作电流之和。

② 电动机的熔体额定电流：

a. 单台直接起动电动机：熔体额定电流 = （1.5～2.5）×电动机额定电流。

b. 多台直接起动电动机：总保护熔体额定电流 = （1.5～2.5）×各台电

动机电流之和。

c. 降压起动电动机：熔体额定电流 = （1.5 ~ 2）× 电动机额定电流。

d. 绕线式电动机：熔体额定电流 = （1.2 ~ 1.5）× 电动机额定电流。

③配电变压器低压侧：熔体额定电流 = （1.0 ~ 1.5）× 变压器低压侧额定电流。

④并联电容器组：熔体额定电流 = （1.3 ~ 1.8）× 电容器组额定电流。

⑤电焊机：熔体额定电流 = （1.5 ~ 2.5）× 负荷电流。

⑥电子整流元件：熔体额定电流 ≥ 1.57 × 整流元件额定电流。

2. 熔断器的安装

熔断器的安装，应符合下列要求：

（1）熔断器安装前，应检查熔断器的额定电压、额定电流及极限分断能力是否与要求的一致。

（2）熔断器安装前，应核对所保护电气设备的容量与熔体容量相匹配；对后备保护、限流、自复、半导体器件保护等有专用功能的熔断器，严禁替代。

（3）安装时，应保证熔体和触刀及触刀和刀座接触良好，以免熔体温度过高而误动作。同时还要注意不使熔体受到机械损伤。

（4）熔断器安装位置及相互间距离，应便于更换熔体；应注意熔断器周围介质的温度与电动机周围介质的温度尽可能一致，以免保护特性产生误差。

（5）有熔断指示器的熔断器，其指示器应装在便于观察的一侧。

（6）瓷质熔断器在金属底板上安装时，其底座应垫软绝缘衬垫。

（7）安装具有几种规格的熔断器，应在底座旁标明规格。同时安装必须可靠，以免有一相接触不良，出现相当于一相断路的情况，致使电动机断相运行而烧毁。

（8）有触及带电部分危险的熔断器，应配齐绝缘抓手；带有接线标志的熔断器，电源线应按标志进行接线。

（9）螺旋式熔断器的安装，底座严禁松动，电源接在熔芯引出的端子上。

3. 熔断器的运行和维护

熔断器的运行和维护，应符合下列要求：

(1) 熔体在运行过程中熔断时，要认真分析熔断的原因，可能的原因有：

①短路故障或过载运行而正常熔断。

②熔体使用时间过久，熔体因受氧化或运行中温度高，使熔体特性变化而误断。

③熔体安装时有机械损伤，使其截面积变小而在运行中引起误断。

(2) 拆换熔体时，要求做到：

①安装新熔体前，要找出熔体熔断原因，未确定熔断原因，不要拆换熔体试送。

②更换新熔体时，要检查熔体的额定值是否与被保护设备相匹配。

③更换新熔体时，要检查熔断管内部烧伤情况，如有严重烧伤，应同时更换熔管。瓷熔管损坏时，不允许用其他材质管代替。填料式熔断器更换熔体时，要注意填充填料。

(3) 熔断器应与配电装置同时进行维修工作：

①清扫灰尘，检查接触点接触情况。

②检查熔断器外观（取下熔断器管）有无损伤、变形，瓷件有无放电闪烁痕迹。

③检查熔断器，熔体与被保护电路或设备是否匹配，如有问题应及时调查。

④注意检查在TN接地系统中的N线，设备的接地保护线上，不允许使用熔断器。

⑤维护检查熔断器时，要按安全规程要求，切断电源，不允许带电摘取熔断器管。

1.3.2 螺旋式熔断器

1. 适用范围

用于交流50Hz（或60Hz）、额定电压至660V，额定电流至200A的电路中，作为输配电设备、电缆、导线过载和短路保护之用。

2. 结构特征

熔断体由熔管、熔体、填料、指示器等组成；由纯铜片（丝）制成的变截面熔体封装于高强度熔管内，熔管内充满高纯度石英砂作灭弧介质。熔断体端帽上有指示器，熔断时指示器立即弹出，显示熔体已熔断。熔断体熔断指示器与电流的关系是：2A 表示玫瑰，4A 表示棕，6A 表示绿，10A 表示红，16A 表示灰，20A 表示蓝，25A 表示黄，35A 表示黑，50A 表示白，63A 表示铜，80A 表示银，100A 表示红，125A 表示黄，160A 表示铜，200A 表示蓝。

3. 常用螺旋式熔断器产品型号及主要技术参数

常用螺旋式熔断器产品型号及主要技术参数见表 1－31。

表 1－31　常用螺旋式熔断器产品型号及主要技术参数

产品型号	额定工作电压/V	额定电流/A		额定分断能力/kA	额定功率/W	熔断体尺寸/mm	
		支持体	熔断体			L	ϕ
RL1	AC400	15	2，4，6，10，15	25	2.5	32	17
		60	20，25，30，35，40，50，60		5.5	48	27
		100	60，80，100	50	7	62	34
		200	100，125，150，200		20	58	52
RL6	AC500	25	2，4，6，10，16，20，25	80	4	49	22.5
		63	35，50，63		7	49	28
		100	80，100	50	9	56	38
		200	125，160，200		19	56	52
RL7	AC660	25	2，4，6，10，16，20，25	25	6.3	69	22.5
		63	35，50，63		13.4	69	28
		100	80，100		16.8	76	38.5
RL8	AC380	16	2，4，6，10，16	50	2.2	36	11
		63	20，25，35，50，63		5.5	36	15.3
RLS1	AC500	10	3，5，10	50	—	32	17
		50	15，20，25，30，40，50		—	48	27
RLS2	AC500	30	16，20，25，30	50	18	49	22.5
		63	35，(45)，50，63		32.5	49	28
		100	(70)，80，(90)，100		54	56	38

4. 熔断器的支持体外形及安装尺寸

RL 熔断器的支持体外形及安装尺寸见图 1－19 和表 1－32。

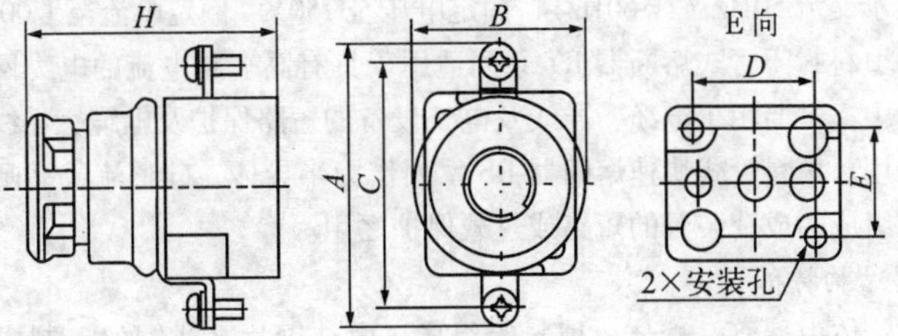

图 1－19　RL1 支持体外形及安装尺寸

表 1－32　RL1 支持体外形及安装尺寸/mm

产品型号 规　格	外形尺寸						
	A	*B*	*C*	*F*	*E*	安装孔	*D*
RL1－15	62	39	54	28	24	ϕ5	62
RL1－60	78	55	66	40	34	ϕ7	77
RL1－100	120	82	100	54	46	ϕ8	105
RL1－200	158	106	135	64	64	ϕ9	116
RL6－25	65	43	—	30	30	4.5×6	80
RL6－63	85	54	—	32.5	32.5	5×6	82
RL6－100	120	75	—	55	55	7×9	115
RL6－200	155	83	—	65	65	7×9	121
RL7－25	62	43	—	30	30	4.5×6	104
RL7－63	85	54	—	32.5	32.5	5×6	105
RL7－100	110	75	—	55	55	7×9	135
RL8－16 RL8－63	27 (80.7 三极)	72 (53 三极)	—	22	20 (64 三极)	—	66

注：RLS1—10 外形安装尺寸同 RL1—15，RLS1—50 外形及安装同 RL1—60；RLS2 外形及安装尺寸同 RL6。

1.3.3 有填料管式熔断器

1. 适用范围

用于交流50Hz（或60Hz）、额定电压至750V、额定电流至1 000A的电路中，填料封闭管式熔断器RT系列适用于具有高短路电流的电力网络或配电装置中，主要用于电缆、导线及电气设备的短路保护及电缆、导线的过载保护之用。填料管式快速熔断器RS系列作为半导体、硅整流或晶闸管元件及其所组成的成套装置的短路或过载保护之用。

2. 结构特征

熔断体由熔管、熔体、填料等组成；由纯铜片（或铜丝）制成的变截面熔体封装于高强度熔管内，熔管内充满高纯度石英砂作为灭弧介质；熔体二端采用点焊与端帽牢固连接，熔断体可带有撞击器，熔断时撞击器动作发出信号。

熔断器支持件由底板、载熔件、插座等组成，由塑料压制的底板装上载熔件、插座后，铆合或螺丝固定而成，为半封闭式结构。

3. 常用填料管式熔断器产品型号及主要技术参数

常用填料管式熔断器产品型号及主要技术参数见表1-33。

表1-33　常用填料管式熔断器产品型号及主要技术参数

<table>
<tr><th rowspan="2">产品型号</th><th rowspan="2">额定工作电压/V</th><th colspan="2">额定电流/A</th><th rowspan="2">额定分断能力/kA</th><th rowspan="2">额定功率/W</th><th rowspan="2">主要特征</th></tr>
<tr><th>熔断器</th><th>熔断体</th></tr>
<tr><td rowspan="6">RT0</td><td rowspan="6">AC380
DC440</td><td>50</td><td>5,10,15,20,30,40,50</td><td rowspan="6">50</td><td rowspan="6">—</td><td rowspan="6">底板接线型式有板前-Q和板后-H二种，熔断体为管式</td></tr>
<tr><td>100</td><td>30,40,50,60,80,100</td></tr>
<tr><td>200</td><td>80,100,120,150,200</td></tr>
<tr><td>400</td><td>150,200,250,300,350,400</td></tr>
<tr><td>600</td><td>350,400,450,550,600</td></tr>
<tr><td>1 000</td><td>700,800,900,1 000</td></tr>
<tr><td rowspan="4">RT12</td><td rowspan="4">AC415</td><td>20</td><td>2,4,6,10,16,20</td><td rowspan="4">80</td><td>3.0</td><td rowspan="4">熔断指示器的位置有正面、侧面和背面三种，熔断体为螺栓连接体</td></tr>
<tr><td>32</td><td>20,25,32</td><td>4.75</td></tr>
<tr><td>63</td><td>32,40,50,63</td><td>7.75</td></tr>
<tr><td>100</td><td>63,80,100</td><td>10.5</td></tr>
</table>

续表

产品型号	额定工作电压/V	额定电流/A		额定分断能力/kA	额定功率/W	主要特征
		熔断器	熔断体			
RT14	AC380	20	2,4,6,10,16,20	100	3	带熔断体的撞击器与隔离器配合后，可作电动机的缺相保护，熔断体为圆筒形帽
		32	2,4,6,10,16,20,25,32		5	
		63	10,16,20,25,32,40,50,63		9.5	
RT15	AC415	100	40,50,63,80,100	80	10.5	熔断指示器的位置有正面、侧面和背面三种，熔断体为螺栓连接体
		200	125,160,200		22	
		315	250,315		32	
		400	350,400		40	
RT16 NT RT17	AC500 AC660	160 NT0	2,4,6,10,16,20,25,35,40,50,63,100,125,160	50 (660V) 120 (500V)	15.2	RT16 系列熔断器是引进德国 AEG 公司的熔断器 NT 产品，NT17、NT00C 都是以 NT 为基础开发的，熔断体为刀形，现型号为 RT36 的熔断器可代替 RT16
		250 NT1	80，100，125，160，200，225,250		18	
		400 NT2	125，160，200，225，250，300,315,355,400		26	
		630 NT3	315,355,400,425,500,600		40	
	AC380	1 000	800,1 000	50	75	
RT19	AC380	16	2,4,6,10,16	—	—	带熔断体的撞击器与隔离器配合后，可作电动机的缺相保护，熔断体为圆筒形帽
		32	2,4,6,10,16,20,25,32			
		63	10,16,20,25,35,40,50,63			
		125	25,32,40,50,63,80,100,125			
RT20	AC500	100	2,4,6,10,16,20,25,35,40,50,63,100	120	7.2	熔断体为刀形，与 RT16 相似
		160	125,160		12	
		250	80，100，125，160，200，225,250		21	
		400	125，160，200，225，250，300,315,355,400		32	
		600	315,355,400,425,500,600		45	

续表

产品型号	额定工作电压/V	额定电流/A		额定分断能力/kA	额定功率/W	主要特征
		熔断器	熔断体			
RS0	AC250 AC500	50	30,50	100	15	为快速熔断器，在110%额定电压，能分断2倍额定电流之间的任何电流。熔断器在额定电流1.1I_e下4h不熔断，额定电流300A以下6I_e，额定电流300A以上10I_e，熔断时间0.02s内动作，RS0用于硅整流保护，RS3用于晶闸管保护
		100	80,100		35	
		200	150,200		50	
		350	200,250,320,350		85	
		480	480		100	
	AC750	320	250,320	10	80	
		350	350		100	
RS3	AC500	50	10,15,30,50	100	20	
		100	80,100		50	
		150	150		60	
		200	200		70	
		300	250,300		85	
		500	500		100	
	AC750	250	200,250		85	
		600	600		140	
		700	700		170	
RS5	AC500	63	32,50,63	50/120	—	主要供半导体器件作过载和短路保护之用
		100	80,100			
		200	(150),160,200			
		300	250,300			
NGT00	AC380 AC800	125	25, 32, 40, 50, 63, 80, 100,125	100	86~27	NGT熔断器是引进德国AEG公司的产品，主要供半导体器件作过载和短路保护之用
NGT1	AC380 AC660 AC1000	250	100,125,160,200,250		34~55	
NGT2		400	200, 250, 280, 315, 355, 400		47~75	
NGT3		630	355, 400, 450, 500, 560, 630		65~105	

4. 熔断器的外形及安装尺寸

熔断器外形及安装尺寸见图1-20和表1-34。

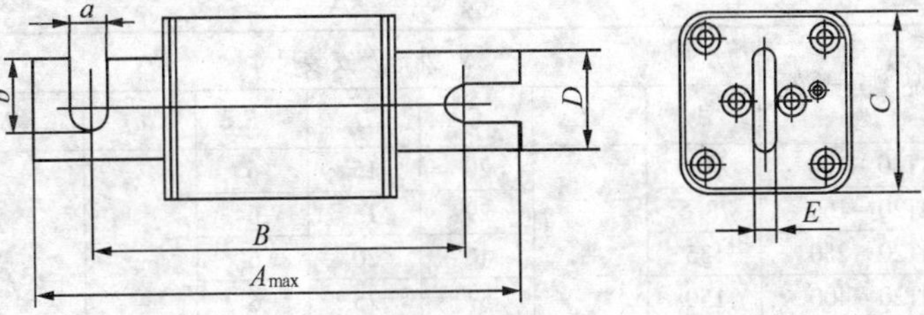

图 1-20　熔断器外形及安装尺寸

表 1-34　熔断器外形及安装尺寸/mm

产品型号规格	外形及安装尺寸						
	A	*B*	*C*	*D*	*E*	*a*	*b*
RT0-50	104	—	25	17	4	—	—
RT0-100	124		40	18	6		
RT0-200	134		46	23	6		
RT0-400	144		55	30	6		
RT0-600	164		65	36	6		
RT0-1000	252		85	45	10		
RT12-20	54	44	14	11	0.8	4.5	6.5
RT12-32	85	73	25	8.5	1.2	5.5	17.5
RT12-63	90		27.5	12	1.2	5.5	18.5
RT12-100	110	93	34.5	19	2.5	8.5	24.5
RT14-20	38	—	10	—	—	—	—
RT14-32	51		14				
RT14-63	58		22				
RT15-100	138	111	37	20	—	8.7	—
RT15-200	138	111	77	20		8.7	
RT15-315	138	111	77	26		8.7	
RT15-400	138	111	83	26		8.7	
NT00C-160	78.5	—	20.5	15	6	—	5
NT00-160	78.5		29	15	6		11.5
NT0-160	126		29	15	6		11.5
NT1	135		48	21	6		12
NT2	150		58	27	6		13
NT3	150		67	33	6		14
RT17-1000	200	150	88	50	8	16	20

续表

产品型号规格		外形及安装尺寸						
		A	*B*	*C*	*D*	*E*	*a*	*b*
RT20－100		78.5	—	20	15	6	—	—
RT20－160		78.5		29	15	6		
RT20－250		135		46	20	6		
RT20－400		150		57	25	6		
RT20－600		150		68	32	6		
RS0－50	500V	135	120	45	25	—	φ7	—
RS0－100		140		43	40		7	10.5
RS0－200		145		50	46		9	13.5
RS0－350		150		60	55		9	13.5
RS0－480		155		72	66		13	19.5
RS0－350	750V	150		60	55		9	13.5
RS0－480		155		72	66		13	19.5
RS3－50	500V	135	120	45	25		φ7	—
RS3－100		140		43	40		7	10.5
RS3－200		145		50	46		9	13.5
RS3－350		150		60	55		9	13.5
RS3－480		155		72	66		13	19.5
RS3－350	750V	150		60	55		9	13.5
RS3－480		155		72	66		13	19.5
RS5－63		135	120	45	25	—	7	7.5
RS5－100		140	120	43	40		7	10
RS5－200		145	120	60	46		9	12.5
RS5－300		150	120	60	55		9	15
NGT00		100	80	29	20	—	9	14.5
NGT1		140	110	48	26		10.6	20.5
NGT2		140	110	58	32		10.6	20.5
NGT3		140	110	67	38		10.6	20.5

注：熔断器底座的外形及安装尺寸可向制造厂索取。

1.4 断路器

1.4.1 断路器的选用、安装和维护

1. 断路器的选用

（1）断路器的选用原则：

① 断路器的额定工作电流≥负载工作电流。

② 断路器脱扣器的额定电流≥负载工作电流。

③ 断路器的额定电压≥电源和负载的额定电压。

④ 断路器极限通断能力≥电路最大短路电流。

⑤ 线路未端单相对地电流/断路器瞬时脱扣整定电流≥1.25。

⑥ 断路器欠电压脱扣额定电压＝线路额外负担整定电压。

（2）不同负载断路器的选用：断路器最常见的负载有配电线路、电动机和家用与类似家用（照明、家用电器等）三大类。以此相对应的便有配电保护型、电动机保护型和家用及类似家用保护型的断路器。这三类断路器的保护性质和保护特性是不相同的。

① 对配电型断路器而言，它有 A 类和 B 类之分：A 类为非选择型，B 类为选择型。所谓选择型是指断路器具有过载长延时、短路短延时和短路瞬时的三段保护特性。万能式（又称框架式）断路器中的 DW15 系列、DW17（ME）系列、AH 系列和 DW45、DW450、DW500 系列中大部分是 B 型，而塑料外壳式断路器 DZ5、DZ15、DZ20、TO、TG、CM1 等系列和万能式断路器 DW15、DW16 的某些规格因仅有过载长延时 、短路瞬时的二段保护，属于非选择型的 A 类断路器。配电（线路）用的过电流保护断路器，其保护特性见表 1－35。

② 对于直接保护电动机的电动机保护型断路器，它只要有过载长延时和短路瞬时的二段保护性能就够了，也就是说它可选择 A 类断路器（包括塑壳式和万能式），DZ5、DZ15、TO、TG、GM1 、TM30、HSM1 及 DW16 等系列除有配电保护的性能外，其 400A 及以下规格均有保护电动机的功能。电动机保护用的过电流保护断路器，其保护特性见表 1－36。对于三极过载脱扣器，在周围空气温度40℃下，从冷态开始三极通以1倍整定电流，在

表 1-35 配电用断路器反时限断开特性

试验电流名称	整定电流倍数	约定时间			起始状态	附注
		$I_n \leqslant 63A$	$63A < I_n \leqslant 225A$	$I_n > 225A$		
约定不脱扣电流	1.05	≥1h	≥2h		冷态	
约定脱扣电流	1.30	<1h	<2h		热态	
返回特性电流	3.0	可返回时间			冷态	适用热脱扣器
		5s	8s	12s		

注：①返回特性试验，只在型式试验时进行。

②热态是指在通以约定不脱扣电流到规定时间的状态。

③配电保护型的瞬动整定电流为 $10I_n$（误差为 ±20%），I_n 为 400A 及以上规格，可以在 $5I_n$ 和 $10I_n$ 中任选一种（由用户提出，制造厂整定）。

2h 内应不脱扣。紧接着当两极的电流增加到 1.25 倍整定电流，且第三极不通电时，应在 2h 内脱扣。三极过载脱扣器仅两极通电时的断开特性见表 1-37。

表 1-36 保护电动机用断路器反时限断开特性

试验电流名称	整定电流倍数	约定时间		起始状态
		$I_n \leqslant 100A$	$100A < I_n \leqslant 400A$	
约定不脱扣电流	1.0	≥2h		冷态
约定脱扣电流	1.2	≤2h		热态
	1.5	≤2min	≤4min	热态
	7.2	$2s < T \leqslant 10s$	$4s < T \leqslant 10s$	热态

注：电动机保护型的瞬动整定电流为 $12I_n$，一般设计时 I_n 可以等于电动机的额定电流。

表 1-37 三极过载脱扣器仅两极通电时的断开特性

试验电流名称	整定电流倍数	约定时间	起始状态
约定不脱扣电流	三极通电 1.0	≥2h	冷态
约定脱扣电流	两极通电 1.25	<2h	热态

③ 家用和类似场所的过电流保护断路器（也称小型断路器或微型断路器），是 A 类断路器，其典型产品有 C45N、PX200C、DZ47、C65 等。家用和类似场所用过电流保护断路器脱扣型式有 B、C、D 三种，B 型脱扣电流的

脱扣范围在 $3I_n \sim 5I_n$ 内，C 型脱扣电流的脱扣范围在 $5I_n \sim 10I_n$ 内，D 型脱扣电流的脱扣范围在 $10I_n \sim 50I_n$ 内。用户可根据保护对象的需要，任选它们中的一种。家用和类似场所用过电流保护断路器的过载脱扣特性见表 1－38。

表 1－38 家用和类似场所用断路器的过载脱扣特性

试验	型 式	试验电流	起始状态	脱扣或不脱扣时间极限	预期结果	附注
A	B、C、D	$1.13I_n$	冷态	$T \geqslant 1h$（$I_n \leqslant 63$ A） $T \geqslant 2h$（$I_n > 63$ A）	不脱扣	
B	B、C、D	$1.45I_n$	紧接着 A 项试验	$T < 1h$（$I_n \leqslant 63$ A） $T < 2h$（$I_n > 63$ A）	脱扣	电流在 5s 内稳定地上升
C	B、C、D	$2.55I_n$	冷态	$1s < T < 60$ s（$I_n \leqslant 32$ A） $1s < T < 120s$（$I_n > 32$ A）	脱扣	
D	B、C、D	$3I_n$ $5I_n$ $10I_n$	冷态	$T \leqslant 0.1s$	不脱扣	闭合辅助开关接通电源
E	B、C、D	$5I_n$ $10I_n$ $20I_n$	冷态	$T < 0.1s$	脱扣	闭合辅助开关接通电源

注："冷态"指试验前没带负载，而且是在基准的校正温度下进行。

2. 断路器附件的选用

（1）断路器附件分为机内附件和机外附件两类：机内附件是安装在断路器内部的附属装置，包括分励脱扣器、欠电压脱扣器、辅助开关和报警开关等四种。通常机内附件须开盖安装，但目前已有新型断路器其附件采用模块化结构，其安装和更换不需开盖，从而确保了断路器的可靠性，也给用户带来了方便；机外附件则是安装在断路器外部的附属装置，包括辅助手柄、外部操作手柄、电操机构、手柄闭锁装置、机械联锁装置、电气联锁装置、板后接线装置、插入式安装和辅助接点装置等。

（2）表示断路器状态的附件：辅助开关和报警开关都是用于显示断路器当前状态的机内附件。辅助开关和报警开关的区别在于：辅助开关是在断路器分、合闸时改变状态，能显示出断路器的接通状态和断开状态，但无法区别断路器是否是故障脱扣，因此辅助开关主要用于断路器的分合状态的显示，通过断路器的分合对其他相关电器实施控制或联锁，例如向信号灯、继电器和逻辑电路等输出信号。而报警开关则是在断路器因故障而断开时改变状态，能显示断路器的故障脱扣状态，报警开关主要用于断路器因故障而断开时的状态显示，在断路器负载发生故障时及时向其他相关电器实施控制或联锁，例如向断路器外的报警装置、信号灯、继电器和逻辑电路等输出信号。总之无论是辅助开关，还是报警开关，只能检测断路器主触头的状态，而不能改变其状态。

（3）实现断路器欠电压保护功能的附件：欠电压脱扣器是一种保护性附件，当电源电压下降到欠电压脱扣器额定电压的35%～70%时，欠电压脱扣器能使断路器脱扣；当电源电压低于欠电压脱扣器额定电压的35%时，欠电压脱扣器能保证断路器不合闸；当电源电压高于欠电压脱扣器额定电压的85%时，欠电压脱扣器能保证断路器正常工作。因此，当受保护电路中电源电压产生一定的电压降时，能自动断开断路器切断电源，使该断路器以下的负载电器或电气设备免受欠电压的损坏。例如，电动机负载、控制线路等。欠电压脱扣器有多种额定工作电压和不同电源频率，可供不同场合、不同电源时选用。用户必须在订购时加以说明。

（4）实现断路器操作功能的附件：包括分励脱扣器、电操机构、辅助手柄和外部操作手柄等。

① 分励脱扣器是一种实现断路器的远距离分闸的附件，当分励脱扣器的外施电压为分励脱扣器额定控制电压的70%～110%时，就能可靠地分断断路器。通常分励脱扣器用于应急状态下对断路器进行远距离分闸操作和作为漏电继电器等保护电器的执行元件。目前较多使用在配电柜开门断电保护电路中。分励脱扣器也有多种额定控制电压和不同电源频率，可供在不同场合、不同电源时选用。

② 电操机构是一种远距离操作断路器的机外附件，既可用来实现断路器的远距离分闸操作，也能实现断路器的合闸操作。当断路器因故障而自由脱扣时，应先进行一次分闸操作使断路器再脱扣，然后便可进行合闸操作。如采用断路器的报警开关或辅助开关的动合触点，在断路器自由脱扣时（人为或过载等引起），由报警开关或辅助开关立即将电操机构的分闸操作电路自动接通，电操机构就会立即进行分闸操作，使断路器实现再扣，以确保远距离对断路器进行“合”、“分”闸操作。

电操机构有电动操作机构和电磁操作机构两种：电动操作机构由电动机驱动，一般适用于400A及以上大容量断路器的操作；电磁操作机构由电磁铁驱动，适用于100A、225A等小容量断路器。

③ 辅助手柄是一种外部加长手柄，直接装于断路器的手柄上，一般用于600A及以上的大容量断路器上，进行手动分合闸操作。

④ 外部操作手柄是一种具有将断路器的上下扳动操作转换成旋转操作功能的机外附件，有逆时针或顺时针方向合闸等多种形式，使断路器更适合用户的各种操作需要。外部操作手柄有旋钮型外操手柄和枪型外操手柄等多种形式。旋钮型外操手柄直接安装在断路器上，其手柄露在配电柜面板或抽屉外；枪型外操手柄的操作机构安装在断路器上，断路器安装在配电柜底板上，而外操手柄的面板安装在配电柜门上。枪型外操手柄的手柄轴长度可调，生产厂备有多种长度尺寸可供选择。

断路器无论是垂直安装、还是左、右侧横向安装，外部操作手柄均能按同一方向指示断路器的分合状态。

（5）实现断路器锁定功能和联锁功能的附件：包括手柄闭锁装置、机械联锁装置和电气联锁装置等。

① 手柄闭锁装置是一种能使断路器操作手柄可靠地处于打开或闭合位置（即分闸或合闸锁定），而在机械上并不影响断路器自由脱扣的保护装置。当断路器负载侧电路需要维修或不允许通电时，可用手柄闭锁装置将断路器锁定在分闸状态，以防被人误将断路器合闸，从而保证维修人员安全或用电设备的可靠使用。同理，当断路器合闸通电时，利用合闸锁定也可防止非操作人员误将断路器断开，而引起停电事故。

② 机械联锁装置是一种保护装置，主要用于双电源供电电路中两台断路器不可同时通电的场合。当A断路器和B断路器实现机械联锁后，若在A断路器合闸状态下需要B断路器送电，这时必须先将A断路器分闸，然后才能使B断路器合闸送电。从而避免了双电源电路因误操作而发生错相短路故障。

③ 电气联锁装置（也称自动电源切换装置）为自动实现切换的双电源保护装置，通常若A断路器为常用电源断路器，则B断路器为备用电源断路器。当A断路器由于故障分闸时，B断路器就自动合闸，而无须人工操作，以确保负载正常供电。在一些不允许电源断电的重要场所都应选用电气联锁装置。

3. 漏电断路器（也称剩余动作电流保护器）的选用

（1）剩余动作电流保护器保护方式有：

① 采用 TT 系统方式运行的，应装设剩余电流总保护和剩余电流末级保护。对于供电范围较大或有重要用户的农村低压电网可增设剩余电流中级保护。

② 剩余电流总保护方式有：安装在电源中性点接地线上；安装在电源进线回路上；安装在各条配电出线回路上。

③ 剩余电流中级保护可根据网络分布情况装设在分支配电箱的电源线上。

④ 剩余电流末级保护可装在接户或动力配电箱内，也可装在用户室内的进户线上。

⑤ TT 系统中的移动式电器、携带式电器、临时用电设备、手持电动器具，应装设剩余电流末级保护（Ⅱ类和Ⅲ类电器除外）。

⑥ 剩余电流动作保护器动作后应自动开断电源，对开断电源会造成事故或重大经济损失的用户，其装置方式按 GB13955 规定执行。

（2）剩余电流保护装置：

① 剩余电流总保护、剩余电流中级保护及三相动力电源的剩余电流末级保护，宜采用具有漏电保护、短路保护或过负荷保护功能的剩余电流断路器，当采用组合式保护器时，宜采用带分励脱扣的低压断路器。

② 单相剩余电流末级保护，应选用剩余电流保护和短路保护为主的剩余电流断路器。

③ 剩余电流断路器、组合式剩余电流动作保护器的电源控制开关，其通断能力应能可靠地开断安装处可能发生的最大短路电流。

④ 组合式剩余电流动作保护器的零序电流互感器为穿心式时，其穿越的主回路导线宜并拢，并注意防止在正常工作条件下不平衡磁通引起的误动作。

⑤ 组合式剩余电流动作保护器外接控制回路的电线，应采用单股铜芯绝缘电线，截面不应小于 1.5mm^2。

⑥ 单独安装的剩余电流断路器或组合式保护器的剩余电流断电器，宜安装在配电盘的正面便于操作的位置。

（3）额定剩余动作电流的选择：剩余电流总保护在躲过低压电网正常

剩余电流情况下，额定剩余动作电流应尽量选小，以兼顾人身间接接触触电保护和设备的安全。剩余电流总保护的额定剩余动作电流宜为固定分档可调，低压电网总保护、二级保护和三级保护时的额定剩余动作电流由表1－39来确定。

表1－39　额定剩余动作电流在各种保护场所的选择

<table>
<tr><td colspan="3">总保护额定剩余动作电流</td><td colspan="2">二级保护额定剩余动作电流</td><td colspan="2">三级保护额定剩余动作电流</td></tr>
<tr><td></td><td>非阴雨季节</td><td>阴雨季节</td><td>总保护</td><td>100～200mA</td><td>总保护</td><td>200～300 mA</td></tr>
<tr><td>较小的电网</td><td>50mA</td><td>200mA</td><td>末级保护</td><td>≤30mA</td><td>中级保护</td><td>60 ～100 mA</td></tr>
<tr><td>较大的电网</td><td>100mA</td><td>300mA</td><td colspan="2" rowspan="2">注：家用电器、固定安装电器、移动式电器、携带式电器及临时用电设备为30mA；手持式电动器具为10mA；特别潮湿的场所为6mA</td><td>末级保护</td><td>≤30mA</td></tr>
<tr><td colspan="3">注：总保护额定剩余动作电流最大可以做到1A，如果线路较长，可选用较大的额定剩余动作电流</td><td colspan="2">注：家用电器、固定安装电器、移动式电器、携带式电器及临时用电设备为30mA；手持式电动器具为10mA；特别潮湿的场所为6mA</td></tr>
</table>

（4）剩余电流动作保护器分断时间：

① 快速动作型保护器，其最大分断时间应符合表1－40的规定。

表1－40　快速动作型保护器分断时间

额定剩余动作电流 $I_{\Delta n}$/A	额定电流 I_n/A	最大分断时间/s		
		$I_{\Delta n}$	$2I_{\Delta n}$	$5I_{\Delta n}$
≥0.03	任何值	0.2	0.1	0.04
	只适用不小于40	0.2	—	0.15

② 低压电网选用时，为确保保护器动作的选择性，总保护和中级保护必须选用延时型剩余电流动作保护器，其相互间的配合应符合表1－41的规定。

表1－41　最大分断时间确定

三级保护	总保护	中级保护	末级保护
额定剩余动作电流 /mA	200～300	60～100	≤30
最大分断时间/s	0.5	0.3	≤0.2

4. 断路器的安装

（1）断路器的安装，应符合产品说明书的规定；当产品说明书无明确规定时，宜垂直安装，其倾斜度不应大于5°。

（2）断路器与熔断器配合使用时，熔断器应安装在电源侧。

（3）断路器操作机构的安装，应符合下列要求：

① 操作手柄或传动杠杆的开、合位置应正确；操作力不应大于产品的规定值。

② 电动操作机构接线应正确；在合闸过程中，开关不应跳跃；开关合闸后，限制电动机或电磁铁通电时间的联锁装置应及时动作；电动机或电磁铁通电时间不应超过产品的规定值。

③ 开关辅助接点动作应正确可靠，接触应良好。

④ 抽屉式断路器的工作、试验、隔离三个位置的定位应明显，并应符合产品说明书的规定。

⑤ 抽屉式断路器空载时进行抽、拉数次应无卡阻，机械联锁应可靠。

（4）断路器的接线，应符合下列要求：

① 裸露在箱体外部且易触及的导线端子，应加绝缘保护。

② 有半导体脱扣装置的断路器，其接线应符合相序要求，脱扣装置的动作应可靠。安装前先检查断路器的规格是否符合要求。

③ 推荐连接导线的截面积与断路器的额定电流相适应（见表1－42和表1－43），以保护断路器正常工作。

表1－42　额定电流为400 A以及下的连接铜导线

额定电流值/A	导线截面积/mm^2	额定电流值/A	导线截面积/mm^2
0～8	1.0	85～115	35
8～12	1.5	115～150	50
12～20	2.5	150～175	70
20～25	4.0	175～225	95
25～32	6.0	225～250	120
32～50	10	250～275	150
50～65	16	275～350	185
63～85	25	350～400	240

注：截面积在35mm^2及以下的导线长度为1m，截面积大于35mm^2的导线长度为2m。

表 1-43　额定电流值大于 400 A 的连接铜导线

额定电流值/A	铜导线或绝缘铜线		外接铜排规格		
	每极根数	导线截面积/mm^2	每极根数	尺寸 mm×mm	截面积/mm^2
400~500	2	150	2	30×5	300
500~630	2	185	2	40×5	400
630~800	2	240	2	50×5	500
800~1 000	—	—	2	60×5	600
1 000~1 250			2	80×5	800
1 250~1 600			2	100×5	1 000
1 600~2 000			3	100×5	1 500
2 000~2 500			4	100×5	2 000
2 500~3 150			3	100×10	3 000
3 150~3 500			3	120×10	3 600
3 500~4 000			4	120×10	4 800
4 000~5 000			5	120×10	6 000
5 000~6 300			6	120×10	7 200

注：①铜排采用其长边处于垂直的位置的布置。如果制造厂同意，铜排可采用置其长边呈水平位置的布置。

②在采用四根铜排时，应分成二组，一组二根，每组中心间的距离不大于 100 mm。

③额定电流值 800A 及以下导线或铜排的任一种都可以采用。

5. 断路器的使用和维护

(1) 断路器使用过程中应进行以下检查：

① 负荷电流是否符合断路器的额定值，过载的整定值与负载电流是否配合。

② 连接线的接触处有无过热现象。

③ 灭弧栅有无破损和松动现象，灭弧栅内是否有因触点接触不良而发生

放电响声。

④ 辅助触点有无烧蚀现象，失压脱扣线圈有无过热现象和异常声音。

⑤ 信号指示与电路分、合状态是否相符。

⑥ 磁铁上的短路环绝缘连杆有无损伤现象。

⑦ 传动机构中连杆部位开口销子和弹簧是否完好。

⑧ 电动机和电磁铁合闸机构是否处于正常状态。

⑨ 端子连接和固定螺钉是否已坚固无松动。

⑩ 操作手柄和绝缘外壳有无破损现象。

(2) 断路器使用过程中应进行以下维护:

① 断开断路器时，必须将手柄拉向“分”或“OFF”字处，闭合时将手柄推向“合”或“ON”字处。若将自动脱扣的断路器重新闭合，应先将手柄拉向“分”或“OFF”字处，使断路器再脱扣，然后将手柄推向“合”或“ON”字处，即断路器闭合。

② 装在断路器中的电磁脱扣器，用于调整牵引杆与双金属片间距离的调节螺钉不得任意调整，以免影响脱扣器动作而发生事故。

③ 当断路器电磁脱扣器的整定电流与使用场所设备电流不相符时，应检验设备，重新调整后，断路器才能投入使用。

④ 断路器在正常情况下应定期维护，转动部分不灵活，可适当加滴润滑油。

⑤ 断路器断开短路电流后，应立即进行以下检查。

a. 上下触点是否良好，螺钉、螺母是否拧紧，绝缘部分是否清洁，发现有金属粒子残渣时应清除干净。

b. 如果触点的厚度小于1mm（银钨合金的厚度），必须更换和进行调整，并保持压力。

c. 灭弧室的栅片间是否短路，若被金属粒子短路，应用锉刀将其清除，以免再次遇到短路时，影响断路器可靠分断。

d. 电磁脱扣器的衔铁，是否可靠地支撑在铁芯上，若衔铁滑出支点，应重新放入，并检查是否灵活。

e. 当开关螺钉松动，造成分合不灵活，应打开进行检查维护。

⑥ 过载脱扣整定电流值可进行调节，热脱扣器出厂整定后不可改动。

⑦ 断路器因过载脱扣后，经1～3min的冷却，可重新闭合合闸按钮继

续工作。

⑧ 因选配不当，采用了过低额定电流热脱扣器的断路器所引起的经常脱扣，应更换额定电流较大的热脱扣器的断路器，切不可将热脱扣器同步螺钉旋松。断路器热脱扣在超过规定的额定值下使用时，将因温升过高而使断路器损坏。

1.4.2 万能式断路器

1．适用范围

万能式断路器适用于交流 50Hz，额定工作电流至 6 300A，额定工作电压至 690V 的配电中，用来防止电能分配和电源设备的过载、欠电压、短路、单相接地等故障的危害以及保护线路。DW40、DW45、DW450 等断路器具有智能化、选择性保护功能，能提高供电可靠性，避免不必要的停电。

2．常用万能式断路器的结构特征

（1）DW15—630 型断路器分固定式和抽屉式两种，抽屉式由断路器本体及抽屉座组成。断路器为立体布置形式，触头系统、瞬时过电流脱扣器和左右侧板安装在一块绝缘板上。上部装有灭弧系统，操作机构可装在正前方或右侧面，有“分”、“合”指示及手动断开按钮机构指示。左上方装有分励脱扣器，背部装有欠电压脱扣器与脱扣半轴相连，速饱和电流互感器或电流电压变换器穿在下母线上，欠电压延时阻容装置、热继电器或电子型脱扣器均分别装在断路器下方。

（2）DW15—1000～4000 型断路器也采用立体布置形式，由底架、侧板、横梁组成框架，每相触头系统安装在底架上，上面装灭弧室。操作机构在断路器右前方，通过主轴与触头系统相连。电动操作机构通过方轴与机构成一体装于断路器下部，作为断路器的储能或直接闭合之用，储能后的闭合由释能电磁铁承担。在左侧板上方装有防回跳机构，以防止断路器在断开时弹跳。各种过电流脱扣器按不同要求装在断路器下方，欠电压、分励脱扣器及电动操作控制部分装在左侧，其中欠电压、分励脱扣器通过脱扣器与放大机构相连，以减少断路器脱扣力。6 对辅助触头供用户连接二次回路用，面板上有显示断路器工作位置的指示牌“I”、“O”和“储能”指示，还有供合闸及分闸用的按钮“I”、“O”（均按下）。DW15—1600 断路器附有手动操作手柄；DW15—2500、4000 断路器附有检修的手动操作手柄（均可卸下）。

（3）DW15HH 断路器是 DW15 的二次开发产品，分固定式和抽屉式两种结构；断路器为立体布置，由侧板、横梁组成框架，每相触头系统安装在框架上，上面装灭弧室。操作机构在断路器右前方，通过主轴与触头系统相连。电动操作机构通过方轴与机构连成一体装于断路器下部，作为断路器的储能或直接闭合之用，储能后闭合由释能电磁铁完成。在左侧板上方装有防回跳机构，以防止断路器在分断时弹跳。欠电压和分励脱扣器经过放大机构与脱扣半轴相连，以减少断路器的脱扣力。面板上有显示断路器工作位置的指示牌“I”“O”及智能控制器，手动操作手柄供手动储能使用（仅指2000壳架）。抽屉式断路器由断路器本体与抽屉座组成，通过断路器本体上的母线与抽屉座上桥型触头的插座接通主回路，具有机械联锁装置，能保证断路器在断开状态下进行主回路转换。控制器由互感器组件、电子部件及执行元件等三部分组成，互感器组件由空心互感器和速饱和互感器组成，直接套在母线上，二次引出线与控制器相连。

（4）DW16万能式断路器主要由自由脱扣机构、触头系统、过电流脱扣器、灭弧系统等组成，触头系统、过电流脱扣器均装在断路器的底板上，触头系统的上面装灭弧系统，右侧装有自由脱扣机构通过主轴与触头系统相连，左侧装辅助开关。触头材料采用特种合金，有良好的抗熔焊性和低接触电阻。灭弧室栅片为平行布置，灭弧壁采用耐弧塑料制成，并配置隔弧板从而提高了断路器短路分断能力。断路器还可根据需要安装电动机、杠杆、电磁铁（只适用于630A以下壳架等级电流）等操作机构。

（5）DW17断路器是采用立体式的积木结构，分为三个壳架电流等级，即630～1 605A一个壳架等级；2 000～2 505A一个壳架等级，3 200～3 205A一个壳架等级。三个壳架电流等级以630～1 605A壳架为基础，其他壳架则根据不同的额定电流采用积木式结构拼装而成。断路器由框架、触头系统、灭弧系统、脱扣器、操作机构、抽屉座、触刀座及二次接线回路组成。总体结构分固定式和抽屉式两种，抽屉式附有加长导轨以利于用户的维修。接线方式有垂直进出线、水平进出线，操作方式有手动操作、电动操作和预储能操作。断路器的过电流脱扣器由瞬时脱扣器、长延时脱扣器和短延时脱扣器组成。用户可根据使用要求进行组合，实现一段、二段或三段保护。

（6）DW45智能型万能式断路器分固定式和抽屉式二种结构。其中固定式断路器主要由触头系统、智能脱扣器、手动操作机构、电动操作机构和安装板组成；抽屉式断路器主要由触头系统、智能脱扣器、手动操作机构、电动操作机构和抽屉座组成。智能型万能式断路器具有结构紧凑、体积小的特点。触头系统封闭在绝缘底板内，其每相触头也都用绝缘板隔开，形成一个个小室，而智能型脱扣器、手动操作机构、电动操作机构依次排在其前面而形成各自独立单元，如其中一个单元坏了，可将其整个拆下换上新的。其中：

① 触头系统：由于采用一挡触头，省去了弧触头（如有弧触头）的转移过程，减少了触头的操作力，加快了短路电流分断的过程。为了降低触头之间的电动斥力，提高触头系统的电动稳定性，触头系统采用多路并联。触头，软连接及母排之间均采用焊接，减少了接触电阻，降低了功耗。

② 灭弧室：灭弧室壁用绝缘材料压制而成，灭弧室中除装有灭弧栅外，还装有灭焰栅，使电弧向上吹入灭弧室。

③ 基座：触头和灭弧系统均位于上下基座之间的空间之中。上下基座均由高强度、电气性能优良的绝缘材料压制而成。每相设计成各自独立的灭弧小室，而触头装在绝缘支架上，杜绝了相间短路的可能性，并且在分断短路电流时所产生的气体不可能向下喷，只能向上喷，这种设计能保证在下进线时分断可靠。

④ 操作机构：操作机构分手动和电动传动机构两种。都装在绝缘基座上，位于断路器的正面。操作机构采用四连杆变五连杆的自由脱扣机构。为满足自动化控制的需要，机构设计成预储能型式。在断路器使用过程中，机构处于预储能位置。只要断路器一接到合闸命令，断路器就能立即闭合，预储能的释放可用释能电磁铁手动来完成，也可实现远程自动控制。

⑤ 智能型脱扣器性能：具有过载长延时反时限、短延时反时限、短延时定时限、瞬时动作等保护功能，可由用户自行设定，组成所需要的保护特性；接地故障保护功能；过载报警功能；试验功能；负载监控功能；显示功能；自诊断功能；MCR 功能；热模拟功能；触头损耗指示；故障记忆功能。如用户需要，可带有可通讯接口功能，要 1km 内通过电脑对断路器实行遥控、遥调、遥测和遥讯四遥功能。

3. 常用万能式断路器产品型号和主要技术参数

常用万能式断路器产品型号和主要技术参数见表 1－44。包括：

(1) M 系列为法国施耐德公司产品，外形与安装尺寸基本与 DW45 相似，施耐德公司新推出的 MT 系列也分三个框架，分别为 1600，4000 和 6300，与 M 系列相比，额定运行短路分断能力与额定短时耐受电流进一步提高，实现 $I_{cu}=I_{cs}=I_{cw}$；产品外形尺寸缩小，保护功能齐全；智能控制器在原保护功能基础上，增加电压、频率和功率的测量，谐波和基波的计算，精确分析电网质量，能与多种现场总线连接等。

（2）F 系列为意大利 ABB 公司生产的产品，ABB 公司新推出的 E_{max} E 系列为 5 个框架尺寸 13 个规格，与原 F 系列相比，额定运行短路分断能力与额定短时耐受电流进一步提高，实现 $I_{cu}=I_{cs}=I_{cw}$；使用 3 种微处理器脱扣器。具有选择性、后备保护及方向性、接地故障、变压器、线路、发电机、异步电动机、电容器等多种完善的保护特性及功能。可使用 Lon Works 和 Modbus 总线进行双向通信联络。

（3）3WN6 为德国西门子公司产品，取代原 3WN5 系列，有 3 极和 4 极，固定式和抽屉式二种，最大额定电流 3 200A，3WN6 断路器的过电流脱扣器可用作时间分段控制，并且具有状态显示和故障原因显示。脱扣信号独立存储而不需外部电源，信号的查询也不需附加的信号装置。对于脱扣器机电参数配置的测试也包含在脱扣器中。根据用户需要，还可以提供报警功能，电流表甚至通讯模块。

西门子公司新推出的 WL1 ~ WL3 系列，与公司原 WN6 系列相比，从 2 个框架增加为 3 个框架，智能控制器功能与 测量精度均有明显提高；电流、电压测量精度从原来 ±3% 提高 ±1%；功率测量精度从原来 ±10% 提高到 ±3%；通信功能可以与多种现场总路线连接，配置了内部总线，区域联锁模块等。

（4）AT 系列是日本寺崎公司推出的新一代产品，与原 AH（北开型号 DW914）系列相比，该系列产品的保护器由 8 位微处理控制，有检测电流有效值的电子过电流继电器（OCR），而 OCR 可以分成三大类：普通配电线路保护、极端反时限特性保护和发电机保护，可实现遥控通信和遥测。

（5）AE—SS 为日本三菱公司 90 年代推出的产品，是在原 AE—S（广州南洋型号 DW18）基础上的二次开发，与 AE—S 相比，体积平均缩小 30%，采用电子脱扣器，可实现智能型保护，还具有监视、显示、预报、自诊断等功能。

（6）Spectronic 系列是美国 GE 公司推出的新一代产品，有选择型 S 和限流型 L 二种，产品保护方式为智能化通信接口，可实现遥控通信和遥测等功能。

表 1－44　常用万能式断路器产品型号和主要技术参数

产品型号	额定工作电压/V	结构段额定电流最大值/A		额定电流/A	长延时脱扣电流/A	短延时脱扣电流/A	瞬时脱扣电流/A	短路分断能力/kA(400V)		短时耐受电流 I_{cw}/kA	飞弧距离/mm
								I_{cu}	I_{cs}		
DW15－630	AC380 AC660 AC1140	200	电磁式	100,160,200	0.64～$1I_n$	—	$10I_n$ 或 $12I_n$	20	20	8 (延时 0.2s)	280
			电子式	100,200	0.4～$1I_n$	3～$10I_n$	10～$20I_n$				
		400	电磁式	315,400	0.64～$1I_n$	—	$10I_n$ 或 $12I_n$	30	30	12.6 (延时 0.2s)	
			电子式	200,400	0.4～$1I_n$	3～$10I_n$	10～$20I_n$				
		630	电磁式	315,400,630	0.64～$1I_n$	—	$10I_n$ 或 $12I_n$				
			电子式	315,400,630	0.4～$1I_n$	3～$10I_n$	10～$20I_n$				
DWX15－630	AC380 AC660 AC1140	200	电磁式	100,160,200	0.64～$1I_n$	—	$10I_n$ 或 $12I_n$	50	20	8 (延时 0.2s)	280
			电子式	100,200	0.4～$1I_n$	3～$10I_n$	10～$20I_n$				
		400	电磁式	315,400	0.64～$1I_n$	—	$10I_n$ 或 $12I_n$	70	30	12.6 (延时 0.2s)	
			电子式	200,400	0.4～$1I_n$	3～$10I_n$	10～$20I_n$				
		630	电磁式	315,400,630	0.64～I_n	—	$10I_n$ 或 $12I_n$				
			电子式	315,400,630	0.4～$1I_n$	3～$10I_n$	10～$20I_n$				
DW15－1600	AC380	1 600		630,800,1 000,1 600	0.7～$1I_n$	3～$6I_n$	10～$20I_n$ 3～$6I_n$	40	30	30 (延时 0.5s)	350
DW15－2500		2 500		1 600,2 000,2 500			7～$14I_n$ 3～$6I_n$	60	40	40 (延时 0.5s)	350
DW15－4000		4 000		2 500,3 000,4 000,5 000			7～$14I_n$ 3～$6I_n$	80	50	50 (延时 0.5s)	400
DW15HH－2000	AC400	2 000		630,800,1 000,1 600,2 000	0.4～$1I_n$	3～$10I_n$	10～$20I_n$	50	40	40 (延时 0.5s)	200
DW15HH－4000		4 000		2 000,2 500,3 200,4 000		3～$6I_n$	7～$14I_n$	80	60	60 (延时 0.5s)	
MT N1	690 415	1 600		630～1 600	$0.4I_n$～$1I_n$	$0.4I_n$～$15I_n$	$2I_n$～$16I_n$	42	42	42/0.5	0
MT H1－2,L1		4 000		800～4 000				65～150	65～150	30～65	
MT H1,H2		6 300		4 000～6 300				100～150	100～150	100	

续表

产品型号	额定工作电压/V	结构段额定电流最大值/A	额定电流/A	长延时脱扣电流/A	短延时脱扣电流/A	瞬时脱扣电流/A	短路分断能力/kA(400V) I_{cu}	短路分断能力/kA(400V) I_{cs}	短时耐受电流 I_{cw}/kA	飞弧距离/mm
DW16 - 630	AC400 AC690	630	100,160,200,250,315,400,630	0.64 ~ $1I_n$	—	1 ~ $3I_n$ 3 ~ $6I_n$	30	25	—	250
DW16 - 2000		2 000	800,1 000,1 600,2 000		—		30	25	—	250
DW16 - 4000		4 000	2 500,3 200,4 000		—		80	50	—	350
DW17 - 1600	AC400 AC690	1 600 可增容至 1 900	630,800,1000 1 250,1 600,1 900	0.4 ~ $1I_n$	3 ~ $8I_n$	1.0I_n ~ 50kA + OFF	50	50	30	250
DW17 - 2500		2 500 可增容至 2 900	2 000,2 500,2 900		8 ~ $12I_n$		80	80	80	350
DW17 - 3200		3 200 可增容至 3 900	3 200,3 900		8 ~ $16I_n$		80	80	80	350
DW17 - 4000		4 000 可增容至 5 000	4 000,5 000		10 ~ $20I_n$		100	100	100	400

注:DW17 系列同德国 AEG 公司引进的原型号 ME 产品

DW45 - 2000	AC400 AC690	2 000	(400),630,800,1 000,1 250,1 600,2 000	0.4 ~ $1I_n$	0.4 ~ $15I_n$	1.0I_n ~ 50kA + OFF	80	50	50 (延时 0.5s)	0
DW45 - 3200		3 200	2 000,2 500,2 900,3 200			1.0I_n ~ 75kA + OFF	80	80	65 (延时 0.5s)	
DW45 - 6300		6 300	4 000,5 000,6 300			1.0I_n ~ 100kA + OFF	120	100	85 (延时 0.5s)	

注:与 DW45 相同的产品型号有:SD1(上科所)、RMW1(上海人民)、MA40(长征)、HA1(上海精益)、CW1(常熟)、SHWT1(上海华通)、DW1(天水长城)、HSW1(之江)、CDW1(德力西)、NA1(正泰)、JKW1(嘉控)、HUW1(环宇)、BYW45(北低)

续表

<table>
<tr><th rowspan="2">产品型号</th><th rowspan="2">额定工作电压/V</th><th rowspan="2">结构段额定电流最大值/A</th><th rowspan="2">额定电流/A</th><th rowspan="2">长延时脱扣电流/A</th><th rowspan="2">短延时脱扣电流/A</th><th rowspan="2">瞬时脱扣电流/A</th><th colspan="2">短路分断能力/kA(400V)</th><th rowspan="2">短时耐受电流 I_{cw}/kA</th><th rowspan="2">飞弧距离/mm</th></tr>
<tr><th>I_{cu}</th><th>I_{cs}</th></tr>
<tr><td>M08～M20</td><td rowspan="3">AC400
AC690</td><td>2 000</td><td>800,1 000,1 250,
1 600,2 000</td><td rowspan="3">0.4～1I_n</td><td rowspan="3">0.4～15I_n</td><td>1.0I_n～50kA
+OFF</td><td>65(H1)
100(H2)</td><td>65(H1)
100(H2)</td><td>65
(延时0.5s)</td><td rowspan="3">0</td></tr>
<tr><td>M32</td><td>3 200</td><td>2 000,2 500,3 200</td><td>1.0I_n～75kA
+OFF</td><td>75(H1)
100(H2)</td><td>75(H1)
100(H2)</td><td>75
(延时0.5s)</td></tr>
<tr><td>M63</td><td>6 300</td><td>4 000,5 000,6 300</td><td>1.0I_n～100kA
+OFF</td><td>100(H1)
150(H2)</td><td>75(H1)
100(H2)</td><td>100
(延时0.5s)</td></tr>
<tr><td>MT N1</td><td rowspan="3">690
415</td><td>1 600</td><td>630～1 600</td><td rowspan="3">0.4～1I_n</td><td rowspan="3">0.4～15I_n</td><td rowspan="3">2～16I_n</td><td>42</td><td>42</td><td>42/0.5</td><td rowspan="3">0</td></tr>
<tr><td>MT H1—2,L1</td><td>4 000</td><td>800～4 000</td><td>65～150</td><td>65～150</td><td>30～65</td></tr>
<tr><td>MT H1,H2</td><td>6 300</td><td>4 000～6 300</td><td>100～150</td><td>100～150</td><td>100</td></tr>
<tr><td>F1</td><td rowspan="6">AC440
AC690
DC250</td><td>2 000</td><td>1 250,1 600,2 000</td><td rowspan="6">0.4～1I_n</td><td rowspan="6">0.4～15I_n</td><td rowspan="6">—</td><td>55(S)
85(H)</td><td>55(S)
85(H)</td><td>50
(延时1s)</td><td>100</td></tr>
<tr><td>F2</td><td>2 500</td><td>2 000,2 500</td><td>65(S)
85(H)</td><td>65(S)
85(H)</td><td>65
(延时1s)</td><td>80</td></tr>
<tr><td>F3</td><td>3 000</td><td>2 000,2 500,3 000</td><td rowspan="2">75(S)</td><td rowspan="2">75(S)</td><td rowspan="2">75
(延时1s)</td><td rowspan="4">150</td></tr>
<tr><td>F4</td><td>3600</td><td>3 200,3 600</td></tr>
<tr><td>F5</td><td>5 000</td><td>3 200,4 000,5 000</td><td>100(S)</td><td>100(S)</td><td rowspan="2">100
(延时1s)</td></tr>
<tr><td>F6</td><td>6 300</td><td>6 300</td><td>120(H)</td><td>120(H)</td></tr>
<tr><td>3WN6—60～64</td><td rowspan="2">AC415
AC500
AC690</td><td>1 600</td><td>630,800,1 000
1 250,1 600</td><td rowspan="2">0.4～1I_n</td><td rowspan="2">0.4～15I_n</td><td rowspan="2">—</td><td>65</td><td>65</td><td>65
(延时0.5s)</td><td rowspan="2">0</td></tr>
<tr><td>3WN6—65～67</td><td>3 200</td><td>2 000,2 500,3 200</td><td>75</td><td>75</td><td>75
(延时0.5s)</td></tr>
</table>

续表

产品型号	额定工作电压/V	结构段额定电流最大值/A	额定电流/A	长延时脱扣电流/A	短延时脱扣电流/A	瞬时脱扣电流/A	短路分断能力/kA(400V)		短时耐受电流 I_{cw}/kA	飞弧距离/mm
							I_{cu}	I_{cs}		
AT06	AC480 AC600 AC690 DC440	630	80,160,320,630	0.8～1.1I_n	1～10I_n	2～16I_n	35	35	35(延时1s)	—
AT12		1 250	320,630,1 250							—
AT16		1 600	320,630,1 250,1 600				65	65	50(延时1s)	—
AT20		2 000	320,630,1 250,1 600,2 000				65	65	65(延时1s)	—
AT25		2 500	250,500,1 000,2 000,2 500						65(延时1s)	—
AT32		3 200	1 600,3 200				85	85	80(延时1s)	—
AT40		4 000	4000							—
AE1600	AC240 AC500 AC690	1 600	630,1 000,1 250,1 600	0.8～1.1I_n	2～10I_n	4～10I_n	65	65	65(延时1s)	—
AE3200		3 200	2 000,2 500,3 200				85	85	65(延时1s)	—
AE6300		6 300	4 000,5 000,6 300				130	130	85(延时1s)	—
S800～S2500	AC240 AC500 AC690	2 500	800,1 000,1 250,1 600,2 000,2 500	0.6～1I_n	3～10I_n	4～12I_n	55	55	55(延时1s)	—
S3200～S4000		4 000	3 200,4 000				65	65	65(延时1s)	—
S5000～S6400		6 400	5 000,6 400				100	100	120(延时1s)	—

4. 常用万能式断路器外形及安装尺寸

（1）DW15 系列万能式断路器外形及安装尺寸见图 1－21 和表 1－45。

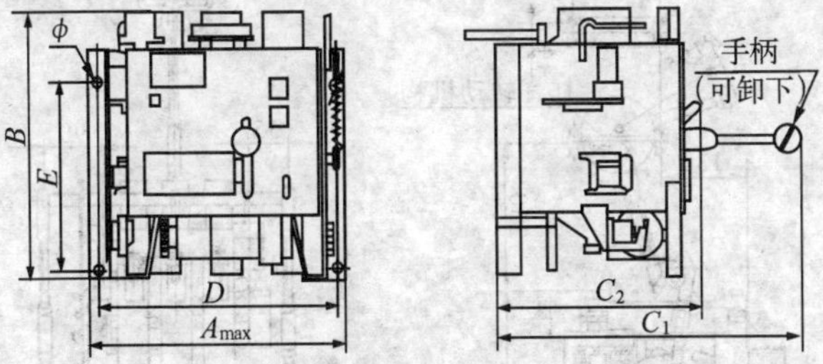

图 1－21　DW15 系列外形及安装尺寸示意图

表 1－45　DW15 系列外形及安装尺寸 /mm

产品型号	外形尺寸				安装尺寸		
	A	B	C1	C2	D	E	ϕ
DW15－630（正面）	240	486	340	277	220	300	11
DW15－630（侧面）	377	486	—	370	220	300	11
DW15－1600	444	516	562	358	400	330	14
DW15－2500	697	575	567	385	660	330	14
DW15－4000/6300	907	575	567	385	870	330	14

（2）DW16 系列万能式断路器外形及安装尺寸：

① DW16—630 直接手动操作和电动机操作外形及安装尺寸见图 1－22。

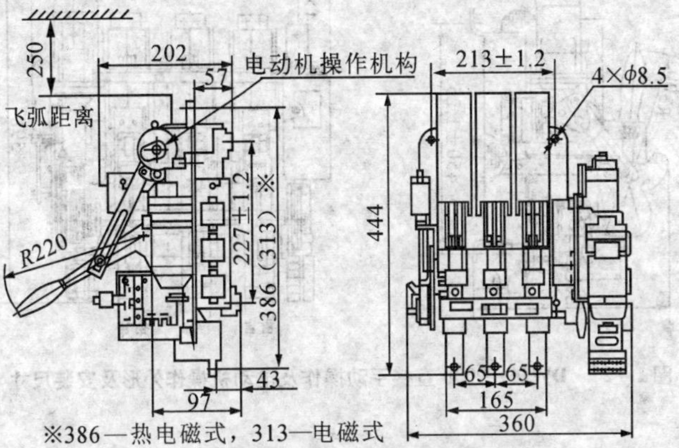

图 1－22　DW16—630 直接手动操作和电动机操作外形及安装尺寸

② DW16—630 杠杆操作外形及安装尺寸见图 1 - 23。

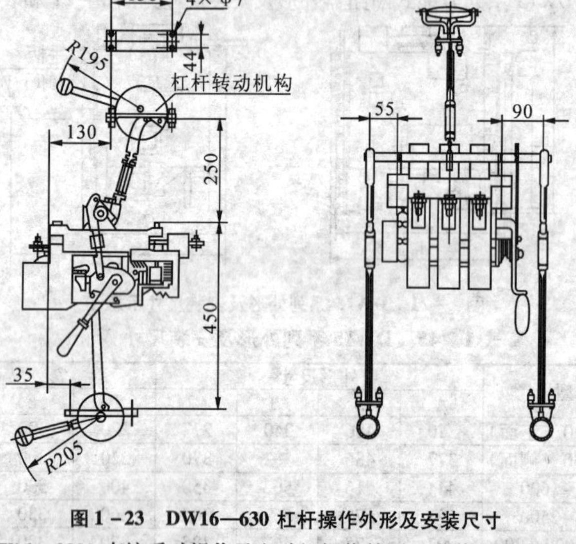

图 1 - 23　DW16—630 杠杆操作外形及安装尺寸

③ DW16—2000 直接手动操作及电动机操作外形及安装尺寸见图 1 - 24。

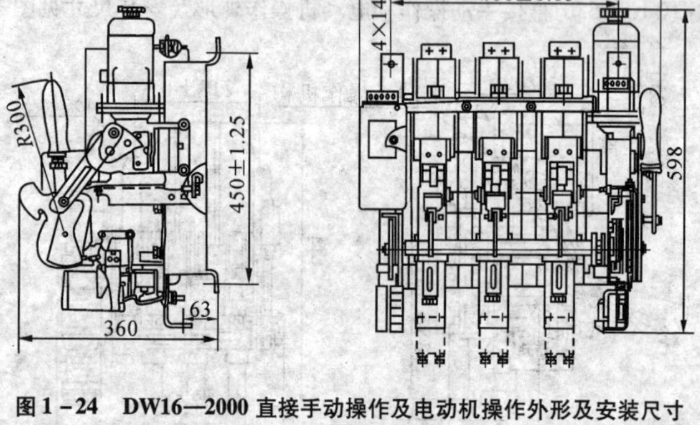

图 1 - 24　DW16—2000 直接手动操作及电动机操作外形及安装尺寸

④ DW16—2000 杠杆操作外形及安装尺寸见图 1－25。

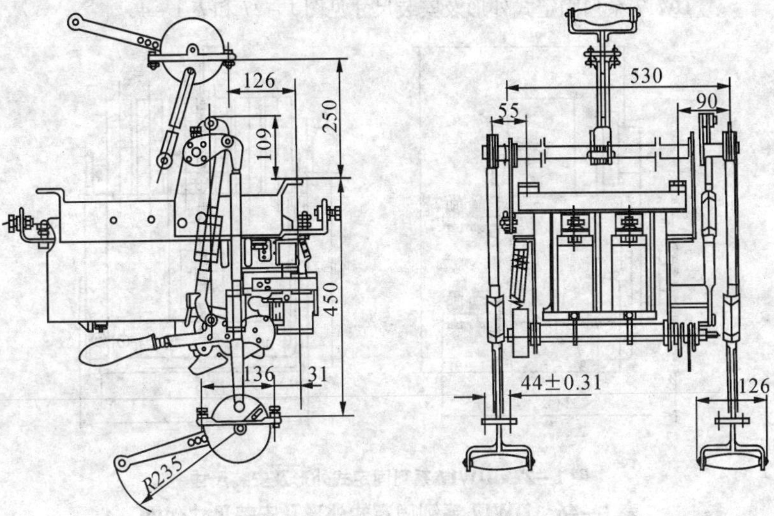

图 1－25　DW16—2000 杠杆操作外形及安装尺寸

⑤ DW16—4000 外形及安装尺寸见图 1－26。

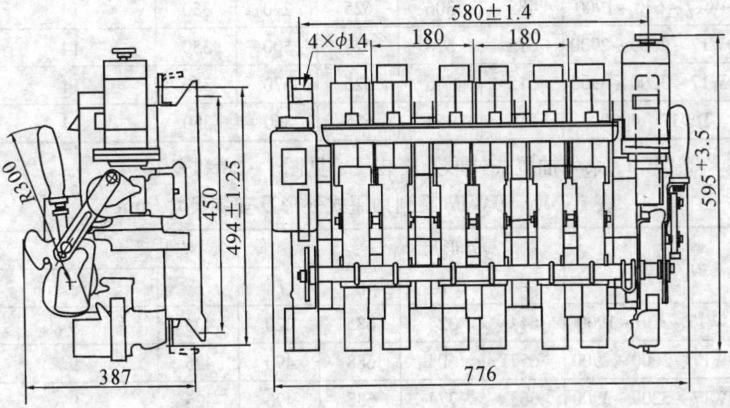

图 1－26　DW16—4000 外形及安装尺寸

(3) DW17 系列外形及安装尺寸：

① DW17 系列固定式外形及安装尺寸见图 1－27 和表 1－46。

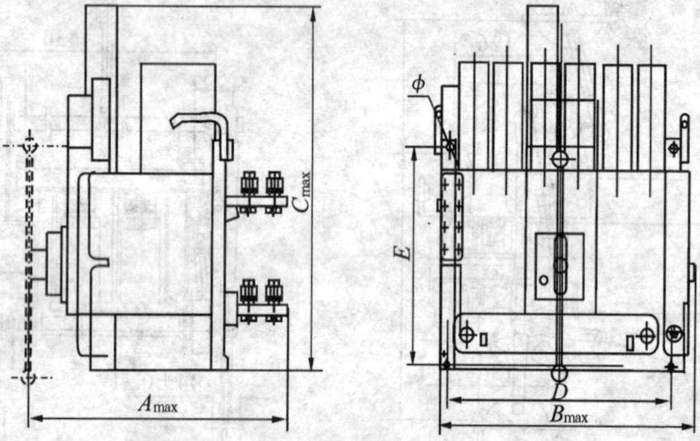

图 1－27　DW17 系列固定式外形及安装尺寸

表 1－46　DW17 系列固定式外形及安装尺寸/mm

产品型号	外形尺寸			安装尺寸		
	A	*B*	*C*	*D*	*E*	ϕ
DW17－630～1900	485	306	625	240	350	14
DW17－2000～2900	515	576	625	500	350	14
DW17－3200～3900	515	746	625	670	350	14
DW17－4000	515	954	625	860	350	14

② DW17 系列抽屉式外形及安装尺寸见图 1－28 和表 1－47。

表 1－47　DW17 系列抽屉式外形及安装尺寸/mm

产品型号	外形尺寸			安装尺寸		
	A	*B*	*C*	*D*	*E*	ϕ
DW17－630～1900	644	324	685	220	425	9
DW17－2000～2900	657	604	688	490	425	9
DW17－3200～3900	663	774	688	490	425	9
DW17－4000	664	1 000	688	840	425	9

（4）DW45 系列万能式断路器外形及安装尺寸：

① DW45 系列固定式外形及安装尺寸见图 1－29 及表 1－48。

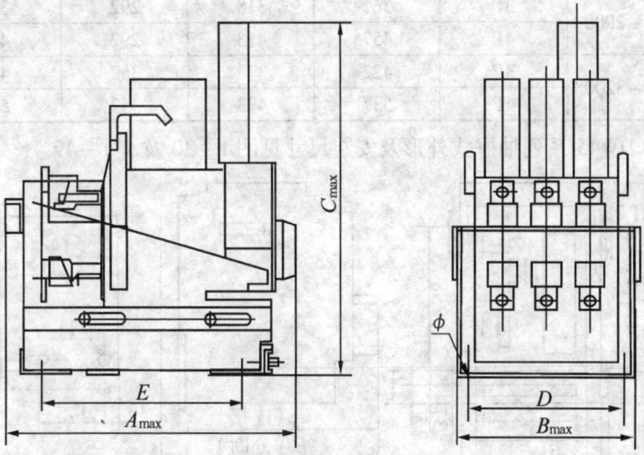

图 1－28　DW17 系列抽屉式外形及安装尺寸

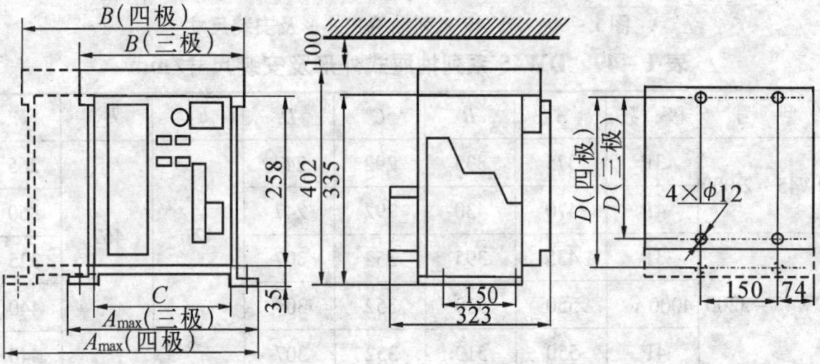

图 1－29　DW45 系列固定式外形及安装尺寸

表 1-48　DW45 系列断路器外形及安装尺寸/mm

型　号	极　数	A	B	C	D
DW45-2000	3P	362	318	292	340
	4P	457	413	292	435
DW45-3200	3P	422	378	352	400
	4P	537	493	352	515

② DW45 系列抽屉式外形及安装尺寸见图 1-30 及表 1-49。

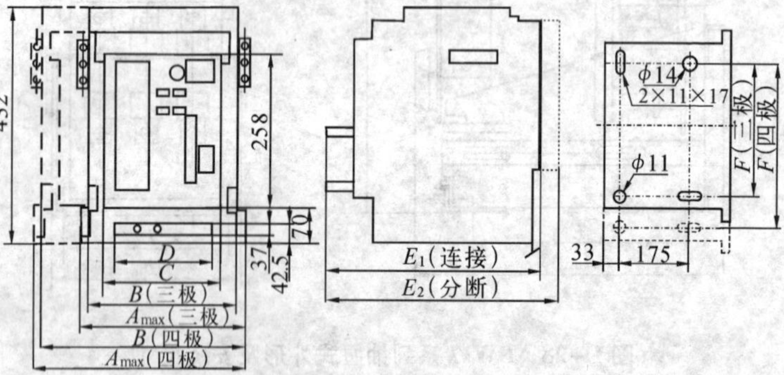

图 1-30　DW45 系列抽屉式外形及安装尺寸

表 1-49　DW45 系列抽屉式外形及安装尺寸/mm

型　号	极　数	A	B	C	D	E_1	E_2	F
DW45-2 000	3P	375	335	292	247	421	467	265
	4P	470	430	292	247			360
DW45-3200	3P	435	395	352	307			325
	4000A*	550	510	352	307			440
	4P	550	510	352	307			440
DW45-6300 4000/5000	3P	813	773	352	307	494	540	703
	4P	928	888	352	307			818
DW45-6300	3P	928	888	352	307			818

注：*DW45—3200 可增容至 4 000A，安装尺寸与 DW45—3200 的 4P 相同。

1.4.3 塑料外壳式断路器

1. 适用范围

塑料外壳式断路器适用于交流50Hz或60Hz，额定电流从6A至2 000A，额定绝缘电压690V，额定工作电压690V及以下的配电中。一般作为配电保护用，壳架等级400A及以下的断路器亦可作为保护电动机之用。在正常情况下，断路器可分别作为线路的不频繁转换及电动机的不频繁起动之用。

配电用断路器，在配电网络中用来分配电能且作为线路及电源设备的过载、短路和欠电压保护。

保护电动机用断路器，在400V配电网络中，用作鼠笼型电动机的起动和运转中分断及其过载、短路和欠电压保护。

带剩余电流保护的断路器还可作为人身触电和设备漏电保护之用，也可用来防止因设备绝缘损坏，产生接地故障电流而引起的火灾危险。

2. 常用塑料外壳式断路器结构特征

塑料外壳式断路器是由触头系统、操作机构、脱扣系统、灭弧系统及绝缘件等组成，当过载电流或短路电流达到或超过其规定值时，断路器能自动跳闸，从而切断电源，保护负载侧的设备。

（1）DZ20系列断路器是以Y型为基础产品，C型、J型和G型断路器是在Y型产品基础上派生设计而成（除C型160A外）。J型断路器是将Y型断路器的触头进行结构改造，达到提高通断能力的目的。G型断路器是在Y型断路器的底板后串联一个平行导体组成斥力限流触头系统，因此能更迅速地限流。C型断路器是为满足630kVA及以下变压器电网中的配电保护之用，能够达到较好的经济效果。DZ20□W无飞弧断路器是DZ20J、Y型的改进型，使断路器在断开时所产生的电弧在灭弧室内冷却、熄灭，不会窜到断路器本体以外，使断路器满足了无飞弧的要求。

（2）CM1系列断路器具有体积小，短路分断能力高，飞弧距离小，抗震动等特点。按照其额定极限短路分断能力（I_{cu}）的高低，分为C型（基本型）、L型（标准型）、M型（较高分断型）、H型（高分断型）四类。断路器可垂直安装，亦可水平安装。

3. 常用塑料外壳式断路器产品型号和主要技术参数

常用塑料外壳式断路器产品型号和主要技术参数见表1－50。

表 1－50　常用塑料外壳式断路器产品型号和主要技术参数

产品型号	额定工作电压 /V	极数	壳架等级额定电流 /A	额定电流/A	短路分断能力级别	短路分断能力 /kA（400V） I_{cu}	I_{cs}	飞弧距离 /mm
DZ15－40	AC220	1	40	6,10,16,20,25,32,40	—	3	3	50
	AC380	2 3						
DZ15－100	AC380	3	100	10, 16, 20, 25, 32, 40,50,63,80,100	—	5	5	70

注：DZ15 可派生漏电断路器，漏电断路器的型号为 DZ15LE，极数 2～4 极，剩余动作电流从 30～300 mA

DZ20－160	AC400	3 4	160	16,20,25,32,40,50,63,80,100,125,160	C	12	12	50
DZ20－100			100	16, 20, 25, 32, 40, 50,63,80,100	Y	18	14	80
					J	35	18	
					G	100	50	
DZ20－250			250	100, 125, 160, 180, 200,225,250	C	15	15	50
DZ20－225			225	100, 125, 160, 180, 200,225	Y	25	19	80
					J	42	25	
					G	100	50	
DZ20－400			400	100,125,160,180,200,250,315,350,400	C	20	20	80
				200, 250, 315, 350, 400	Y	30	23	100
					J	42	25	
					G	100	50	
DZ20－630	AC400	3 4	630	315, 350, 400, 500, 630	Y	30	23	80
					J	42	25	100
					G	100	50	
DZ20－800		3	800	630,700,800	J	65	32.5	120
DZ20－1250			1 250	630,700,800,1 000,1 250	Y	50	25	
				800,1 000,1 250	J	65	32.5	

注：DZ20 系列可派生漏电断路器，漏电断路器的型号为 DZ20LE，以 DZ20C 型为基础，最大额定电流至 630A，极数 3 极/4 极，剩余动作电流从 30～1 000 mA

续表

产品型号	额定工作电压/V	极数	壳架等级额定电流/A	额定电流/A	短路分断能力级别	短路分断能力/kA（400V）		飞弧距离/mm
						I_{cu}	I_{cs}	
SE－160	AC400	3	160	16,20,25,32,40,50,63,80,100,125,(140),160,(225)	—	15	7.5	200
SE－400			400	100, 125, 160, 180, 200, 250,315,350,400	—	25	12.5	250
SE－630			630	315,350,400,500,630	—	30	15	

注：SE为DZ10的改进型，为上科所统一设计型号，外形及安装尺寸同DZ10

产品型号	额定工作电压/V	极数	壳架等级额定电流/A	额定电流/A	短路分断能力级别	I_{cu}	I_{cs}	飞弧距离/mm
CM1－63	AC400 AC690	3 4	63	(6),10,16,20,25,32,40,50,63	L	35	18	50
					M	50	25	
CM1－100		2 3 4	100	(10),16,20,25,32,40,50,63,80,100	C	25	18	50
					L	35	22	
					M	50	35	
					H	85	50	
CM1－225		2 3 4	225	100, 125, 160, 180, 200,225	C	25	18	50
					L	35	22	
					M	50	35	
					H	85	50	
CM1－400		3 4	400	225, 250, 315, 350, 400	C	35	25	100
					L	50	35	
					M	65	42	
					H	100	65	
CM1－630		3 4	630	400,500,630	C	35	25	100
					L	50	35	
					M	65	42	
					H	100	65	
CM1－800		3 4	800	630,700,800	M	75	50	100
					H	100	65	
CM1－1250		3	1 250	700,800,1 000,1 250	–	80	40	100

注：CM1系列塑料外壳式断路器是常熟开关厂自行研制开发的新型的塑料外壳式断路器。RMM1（上海人民）、CDM1（德力西）、NM1（正泰）、SM30（上海华通）、TM30（天低）、ASM1（上海一开）、MB30（长征）等厂的产品与之相似。可派生漏电断路器，漏电断路器的型号为CM1L，最大额定电流至800A，极数3极/4极，剩余动作电流从30～1 000mA；并可派生电子式断路器和智能型断路器。同时常熟开关厂最新推出的CM2塑壳式断路器其性能比CM1更佳

4. 外形与安装尺寸

塑料外壳式断路器外形及安装尺寸见图 1-31 及表 1-51。

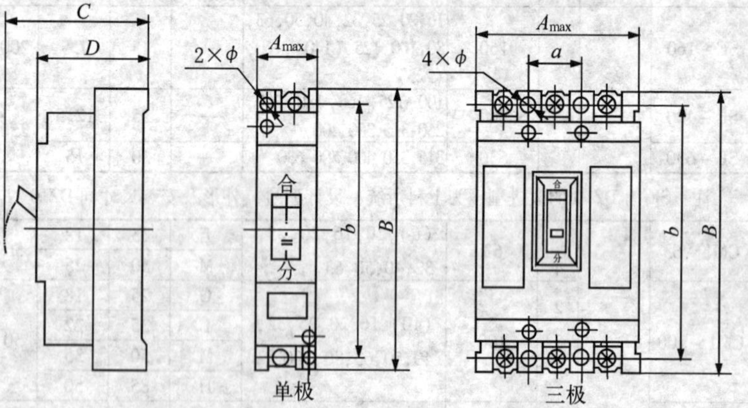

图 1-31　塑料外壳式断路器外形及安装尺寸

表 1-51　塑料外壳式断路器外形及安装尺寸 /mm

产品型号	极数	外形尺寸				安装尺寸		
		A	*B*	*C*	*D*	*a*	*b*	安装孔 ϕ
DZ15-40	1	29	134	88	73.5	—	120	5
	2	55	134	88	73.5	—	120	
	3	80	134	88	73.5	25	120	
DZ15-100	3	96	147	96	80	30	130	7
DZ15LE-40	2	58	212	88	73.5	—	180	5
	3	84	221	88	73.5	25	180	
	4	109	221	88	73.5	30	180	
DZ15LE-100	2	72	230	93	82	—	188	7
	3	102	261	95	80	30	210	
	4	130	261	95	80	60	210	

续表

产品型号	极数	外形尺寸				安装尺寸		
		A	*B*	*C*	*D*	*a*	*b*	安装孔 ϕ
DZ20Y，J－100	3	105	165	103	86.5	35	126	4
	4	140	165	103	86.5	75	126	
DZ20G－100	3	105	165	157	140	35	126	
DZ20C－160	3	108	155	107	84	35	135	4
DZ20Y，J－100	3	110	258	138	103	35	196	4
	4	146	258	138	103	70	196	
DZ20G－225	3	110	258	227	187	35	196	
DZ20C－250	3	110	208	142	104	35	184	4
DZ20C. Y－400	3	156	276	148	110	51	240	6
	4	208	276	148	110	102	240	
DZ20G－400	3	209	276	148	110	70	200	6
DZ20J－400	3	209	268	148	108	70	200	6
DZ20－630	4	387	268	148	108	140	200	6
DZ20－1250	3	209	406	178	123	70	375	8
DZ20LE－160	3	108	225	105	90	35	204	4
	4	143	225	105	90	70	204	4
DZ20LE－250	3	109	276	143	110	35	240	4
	4	144	276	143	110	70	240	4
DZ20LE－400	3	155	360	150	116	51	324	7
	4	206	360	150	116	102	324	7
DZ20LE－630	3	210	360	150	119	70	300	7
	4	280	360	150	119	140	300	7
SE－160	3	109	153	106	87	35	135	4
SE－400	3	155	276	150	108	51	110	6
SE－630	3	210	395	144	106	70	360	7

续表

<table>
<tr><th rowspan="2">产品型号</th><th rowspan="2">极数</th><th colspan="4">外形尺寸</th><th colspan="3">安装尺寸</th></tr>
<tr><th>*A*</th><th>*B*</th><th>*C*</th><th>*D*</th><th>*a*</th><th>*b*</th><th>安装孔 φ</th></tr>
<tr><td>CM1 - 63L</td><td>3</td><td rowspan="2">78</td><td rowspan="3">135</td><td>90</td><td>74</td><td rowspan="3">25</td><td rowspan="3">117</td><td rowspan="3">3</td></tr>
<tr><td>CM1 - 63M</td><td>3</td><td>100</td><td>82</td></tr>
<tr><td>CM1 - 63M</td><td>4</td><td>103</td><td>100</td><td>82</td></tr>
<tr><td rowspan="3">CM1 - 100M/H</td><td>2</td><td>65</td><td rowspan="4">165</td><td rowspan="3">125</td><td rowspan="3">104</td><td>—</td><td rowspan="4">129</td><td rowspan="4">4.5</td></tr>
<tr><td>3</td><td>95</td><td>35</td></tr>
<tr><td>4</td><td>122</td><td>70</td></tr>
<tr><td>CM1 - 100L</td><td>3</td><td>92</td><td>108</td><td>87</td><td>35</td></tr>
<tr><td rowspan="3">CM1 - 225M/H</td><td>2</td><td>75</td><td rowspan="4">165</td><td rowspan="3">125</td><td rowspan="3">104</td><td>—</td><td rowspan="4">126</td><td rowspan="4">5.5</td></tr>
<tr><td>3</td><td>102</td><td>35</td></tr>
<tr><td>4</td><td>142</td><td>70</td></tr>
<tr><td>CM1 - 225L</td><td>3</td><td>102</td><td>108</td><td>87</td><td>35</td></tr>
<tr><td rowspan="2">CM1 - 400</td><td>3</td><td>140</td><td rowspan="2">257</td><td rowspan="2">146</td><td rowspan="2">100</td><td>44</td><td rowspan="2">215</td><td rowspan="2">6.5</td></tr>
<tr><td>4</td><td>184</td><td>88</td></tr>
<tr><td rowspan="2">CM1 - 630</td><td>3</td><td>182</td><td rowspan="2">270</td><td rowspan="2">160</td><td rowspan="2">108</td><td>58</td><td rowspan="2">200</td><td rowspan="2">7</td></tr>
<tr><td>4</td><td>240</td><td>116</td></tr>
<tr><td rowspan="2">CM1 - 800</td><td>3</td><td>210</td><td rowspan="2">280</td><td rowspan="2">146</td><td rowspan="2">103</td><td>70</td><td rowspan="2">243</td><td rowspan="2">7</td></tr>
<tr><td>4</td><td>280</td><td>140</td></tr>
<tr><td>CM1 - 1250</td><td>3</td><td>210</td><td>406</td><td>190</td><td>140</td><td>70</td><td>375</td><td>10</td></tr>
<tr><td rowspan="2">CM1L - 100</td><td>3</td><td>92</td><td rowspan="2">150</td><td>94 (L)</td><td>75 (L)</td><td>30</td><td rowspan="2">129</td><td rowspan="2">4.5</td></tr>
<tr><td>4</td><td>122</td><td>110 (M)</td><td>92 (M)</td><td>60</td></tr>
<tr><td rowspan="2">CM1L - 225</td><td>3</td><td>107</td><td rowspan="2">165</td><td>94 (L)</td><td>72 (L)</td><td>35</td><td rowspan="2">126</td><td rowspan="2">4.5</td></tr>
<tr><td>4</td><td>142</td><td>110 (M)</td><td>90 (M)</td><td>70</td></tr>
<tr><td rowspan="2">CM1L - 400</td><td>3</td><td>182</td><td rowspan="2">257</td><td rowspan="2">146</td><td rowspan="2">100</td><td>44</td><td rowspan="2">215</td><td rowspan="2">6.5</td></tr>
<tr><td>4</td><td>240</td><td>88</td></tr>
<tr><td rowspan="2">CM1L - 800</td><td>3</td><td>210</td><td rowspan="2">280</td><td rowspan="2">146</td><td rowspan="2">103</td><td>70</td><td rowspan="2">243</td><td rowspan="2">7</td></tr>
<tr><td>4</td><td>280</td><td>140</td></tr>
</table>

5. 国外引进的各种型号塑料外壳式断路器

国外引进的各种型号塑料外壳式断路器性能和特点见表 1－52。

表 1－52　国外引进的各种型号塑料外壳式断路器性能和特点

产品型号	额定电流/A	额定电压 /V	脱扣器型式	额定极限短路分断能力 (400V) /kA	额定运行短路分断能力 (400 V) /kA
T_{max} T1	16～160	415 690	可调热磁式	16～36	16～19
T_{max} T2	1～161		可调热磁 电子式	36～85	36～70
T_{max} T3	63～250			36～50	27
T_{max} T4	250～320		可调热磁式	30～200	15～100
T_{max} T5	320～630			30～200	15～100

特点：ABB 公司市场上常见的产品型号为 S 系列，CDM7（德力西）、NM6（正泰）、HSM1（之江）等与 S 系列相似。新推出的 T 系列与原 S 系列相比结构和性能有显著改善，体积缩小，具有热磁式、电子式，电子式可通信脱扣器，可互换；剩余电流模块较大，装于断路器出线端和侧面，与其他模块不可互换；附件齐全，全部模块化结构；触头系统为双断点旋转触头

Sentron VL160X	16～160	415 690	可调热磁式	40～70	40～70
Sentron VL160	26～160			40～100	40～75
Sentron VL250	80～250			40～100	40～75
Sentron VL400	125～400			45～100	45～75
Sentron VL630	252～630			45～100	45～75
Sentron VL800	320～800		电子式	50～100	50～75
Sentron VL1250	400～1250		电子式	50～100	50～75
3VL1600	630～1 600		电子式	50～100	50～75

特点：Siemens 公司（西门子公司）原推出的 3VF 断路器适用于三相配电系统中进线和出线断路器、电动机、发电机、变压器和电容的开关保护。额定电流：16～2 500A，额定电压：690V，有三种不同分断能力，保证系统的开关要求选择最经济的方案。新推出 VL 系列主要特征是带电子式可通信控制器

Compact NS	100～250	415 690	可调热磁 电子式	25～150	25～150
	400～630			45～150	45～150
Compact C	800～1 250			50～150	25～75

特点：Schneider 公司（施耐德公司）采用了专门的限流技术，即旋转双断路技术，可分断短路电流 3 次，分断电流为 100% I_{cu}。降低了热效应和机械效应，延长电气设备的寿命

续表

产品型号	额定电流/A	额定电压/V	脱扣器型式	额定极限短路分断能力（400V）/kA	额定运行短路分断能力（400 V）/kA
NZM4	25 ~ 100	415 690	可调电磁式	22 ~ 100	11 ~ 50
NZM6	40 ~ 200			25 ~ 100	13 ~ 50
NZM9	100 ~ 315			35 ~ 100	18 ~ 50
NZM10，NZM11	250 ~ 630			45 ~ 100	23 ~ 50
NZM12	630 ~ 1 600			65 ~ 85	33 ~ 43
特点：NZM 系列塑料外壳式断路器是金钟—默勒（KM）公司 20 世纪 80 年代的改进型产品。分断能力有标准型（N）、中分断型（S）和高分断型（H）。其中 NZM4 ~ NZM9可适用于440V 直流电压中，全系列都为透明封闭罩壳，防护等级可达 IP55，飞弧距离较小					
NF—C	30 ~ 800	415 690	液压式 热电磁式 电子式	1.5 ~ 36	1.518
NF—S	30 ~ 800			5 ~ 50	5 ~ 35
NF—U	30 ~ 800			125 ~ 200	125 ~ 200
特点：NF 系列塑料外壳式断路器是三菱电机株式会社开发的断路器，全系列额定电流从 30 ~ 4 000A，交流电压 690V，直流电压 250V 及以下，可装各种附件，其报警开关、辅助开关、分励脱扣器均可安装在断路器内，电子式脱扣器能提供精确保护					
SE—S	30 ~ 1 200	415 690	热电磁式 电子式	5 ~ 50	2 ~ 25
EA—E	30 ~ 800			1.5 ~ 35	1 ~ 18
F—F	50，100			—	—
H—H	50 ~ 800			65 ~ 125	17 ~ 63
L—L	50			—	—
特点：S、E、H 系列塑料外壳式断路器是日本富士公司生产，在原有 S 系列断路器的额定电流 30 ~ 1 200A 的基础上，对 30 ~ 800A 进行了改进，改进后的孪生漏电断路器和塑壳外形尺寸相同					

续表

产品型号	额定电流 /A	额定电压 /V	脱扣器型式	额定极限短路分断能力 (400V) /kA	额定运行短路分断能力 (400 V) /kA
SED, SHE	15 ~ 160	415 690	热电磁式 电子式	10 ~ 100	5 ~ 50
SFD, SFE	125 ~ 400			25 ~ 100	13 ~ 50
SGD, SGE	300 ~ 800			25 ~ 100	13 ~ 50
SKD, SKE	600 ~ 1 250			50 ~ 100	13 ~ 50

特点：Spectra 系列产品为美国 GE 公司 1996 年推出的断路器，产品共有四种壳架等级（分别为 160，250，600 和 1 250），有四种分断级别（D 为标准分断型，H 为较高分断型，L 为限流型和 P 为高分断型），产品有固定式和插入式两种，可竖装和横装，而且进出线方向可互换，不影响分断能力

CGWF - 100	16 ~ 100	415 690	热电磁式 电子式	25	13
CFWF - 160 ~ 225	16 ~ 225			40 ~ 100	40 ~ 50
CJWF - 250	125 ~ 160			40 ~ 100	40 ~ 50
CKWF - 400	63 ~ 400			40 ~ 100	40 ~ 50
CLWF - 600 ~ 800	315 ~ 800			40 ~ 100	50
CNWF - 1250	400 ~ 1 250			70 ~ 100	50
CRWF - 2500	800 ~ 2 500			70 ~ 100	50

特点：C 系列塑料外壳式断路器是美国西屋公司的专利，由卡特拉 - 汉莫（苏州）电器有限公产，美国西屋公司原生产的 H 系列塑壳式断路器可以与 C 系列互换，C 系列产品可以用于直流 240V，C 系列壳架 100 ~ 250A 等级装有热磁脱扣器，400 ~ 2 500A壳架等级安装电子脱扣器，电子脱扣器为均方根值（RMS）检测

KTA3 - 160S	40 ~ 160	415 690	热电磁式	65	33
KTA3 - 250S	125 ~ 250				
KTA3 - 400S	200 ~ 400				

特点：KTA3 系列塑料外壳式断路器由美国罗克韦尔自动化集团 A - B 公司生产，产品最大电流至 400A

X100NS	10 ~ 100	415 690	热电磁式	10, 50	5, 25
X225CS	125 ~ 175			7.5, 5	3.8, 3
X400NE	125 ~ 400			65	33

特点：X 系列塑料外壳式断路器是日本寺崎公司新开发的产品，产品最大电流至 400A，寺崎公司原生产的 TO、TG 系列产品，TO 为标准型，TG 为高分断能力型。CDM2（德力西）、DZ253（正泰）与 TO、TG 系列产品相似

续表

产品型号	额定电流/A	额定电压/V	脱扣器型式	额定极限短路分断能力(400V)/kA	额定运行短路分断能力(400 V)/kA
BS-30~225	3~225	660	热电磁式	2.5~50	2.5~50
BS-400~600	250~600	600	热磁可调式	50~65	50~65
BS-800~1200	700~1 200	415	电子式	50~65	50~65
BS-1600~2500	800~2 500	380		85	85
BS-3200	2 500~3 200	220	热磁可调式	85	85

特点：BS系列塑料外壳式断路器由日本松下电工株式会社生产，BS为标准型，额定电流30~3 200A；BM为电动机保护型，额定电流30~225A；BC为415经济型，额定电流30~800A；脱扣器有电磁式、热磁式、热磁可调式和电子式四种，30型为电磁式，型号中N表示600V，C表示500V，H表示较高分断能力，E表示电子式保护

6. 国外引进的各种电动机保护断路器

国外引进的各种电动机保护断路器见表1-53。

表1-53　国外引进的各种电动机保护断路器

产品型号	额定工作电流(400V)/A	电动机额定功率(400V)/kW	过载脱扣器整定范围/A	额定短路分断电流(400V)/kA	备注
PKZM0-0.16	0.16	—	0.1~0.16	100	德国金钟-默勒(KM)生产PKZM系列电动机保护断路器适用于交流50Hz额定工作电压690V，额定工作电流63A，用于电动机过载保护，短路保护及断相保护，也可用作起动和断开电动机的起动器，和额定电流由0.1~63A电路作为线路保护。产品外形图如下 
PKZM0-0.25	0.25	0.06	0.16~0.25	100	
PKZM0-0.4	0.4	0.09	0.25~0.4	100	
PKZM0-0.63	0.63	0.12	0.4~0.63	100	
PKZM0-1	1	0.25	0.63~1	100	
PKZM0-1.3	1.6	0.55	1~1.6	100	
PKZM0-2.5	2.5	0.75	1.6~2.5	100	
PKZM0-4	4	1.2	2.5~4	100	
PKZM0-6.3	6.3	2.2	4~6.3	100	
PKZM0-10	6.6	3	6.3~10	100	
PKZM0-10	10	4	6.3~10	100	
PKZM0-16	16	5.5	10~16	50	
PKZM0-16	16	7.5	10~16	50	
PKZM0-20	20	9	16~20	16	
PKZM0-25	25	12.5	20~25	16	
PKZM4-16	16	5.5	10~16	50	
PKZM4-16	16	7.5	10~16	50	
PKZM4-25	25	12.5	16~25	50	
PKZM4-32	32	15	24~32	50	
PKZM4-40	40	20	32~40	50	
PKZM4-50	50	25	40~50	50	
PKZM4-58	58	30	50~58	50	
PKZM4-63	63	34	55~63	50	

续表

产品型号	额定工作电流（400V）/A	电动机额定功率（400V）/kW	过载脱扣器整定范围/A	备注
3VU13－1B00	0.16	—	0.1～0.16	3VU 系列电动机保护断路器是德国西门子公司新开发设计的，替代3VE（国内型号DZ108）系列，该系列产品由3VU13、3VU16 和 3VF1 组成，它适用于交流 50Hz（60Hz），额定绝缘电压750V，额定工作电压 690V，额定工作电流63A，用于电动机过载保护，短路保护及断相保护，也可用作起动和断开电动机的起动器，和额定电流由0.1～63A 电路作为线路保护
3VU13－1C00	0.24	0.06	0.16～0.24	
3VU13－1D00	0.4	0.09/0.12	0.24～0.4	
3VU13－1E00	0.6	0.12/0.18	0.4～0.6	
3VU13－1L00	10	3/4	6～10	
3VU13－1M00	16	5.5/7.5	10～16	
3VU13－1N00	25	11	16～25	
3VU16－1P00	32	15	22～23	
3VU16－1Q00	40	18.5	28～40	
3VU16－1R00	52	22	36～52	
3VU16－1S00	63	—	45～63	
GV2 系列电动机保护断路器是法国施耐德公司生产的 20 世纪 90 年代新产品，共分三种类型：GV2—M 为按钮控制的电动机带热磁保护断路器；GV2—RS 为转换开关控制的电动机带热磁保护断路器；GV2—LS 为转换开关控制的电动机带磁保护断路器。GV2 系列适用于交流 50/60Hz，电压至 690V，电流 0.1～25A 电路中作为电机过载和短路保护，也可作电机全压起动器来直接起动电机，在配电网络中也可作设备短路及过载保护				
M611 系列是 ABB 公司生产电动机保护断路器，适用于交流电压690V，直流电压至440V 电流为0.1～40A 的电路中，作为三相鼠笼型电动机的过载和短路保护以及不频繁全电压起动和停止操作				
MCS—M 系列电动机保护断路器由美国罗克韦尔自动化集团 A－B 公司生产，包括两个型号：140—MN 和 140—CMN，电流整定范围 0.1～25A 和 16～90A，对 0.02～75kW 以三相电动机实现短路、过载、欠电压故障的保护				
TDL 系列电动机保护断路器是由美国 GE 公司为保护交流 380V/415V，45kW 电动机保护用的，只有一个壳架等级，二个额定电流等级：$I_n=40A$ 和 $I_n=100A$				

1.4.4　小型断路器

1. 适用范围

小型断路器适用于交流 50 Hz 或 60 Hz，额定电压不超过 440V（相间），额定电流不超过 125A，作为线路过载与短路保护之用，亦适用于线路不频繁操作及隔离之用。可广泛用于工矿企业、高层建筑业、商业和民宅等配电系统中作为照明、电动机回路和电源设备等的保护。

和小型断路器拼装的带剩余动作电流保护的断路器（也称漏电断路器）或不带过载保护的剩余动作电流保护器（也称漏电保护器）适用于交流不超过 440V 的电路中，作为对地漏电保护之用，防止人身触电和设备漏电的保护。

2. 结构特征

小型断路器都为模数化结构，1 个模数为 9mm，1 极一般为 2 个模数，即 18 mm，依次类推。安装方式一般为导轨安装，产品体积小，安装方便。

漏电断路器和漏电保护器可分两种类型，即电子式和电磁式，由于设计原理的不同，电磁式比电子式的保护范围更广、更安全。

漏电断路器是由小型断路器与漏电附加器拼装在一起的，所以体积较大，1 极的宽度达 54mm，但可以拼装多极。漏电保护器为整体式，体积小，并只有 2 极和 4 极，2 极的宽度为 36mm，4 极的宽度为 72mm。

3. 常用产品型号和主要技术参数

常用产品型号和主要技术参数见表 1－54 和图 1－32。

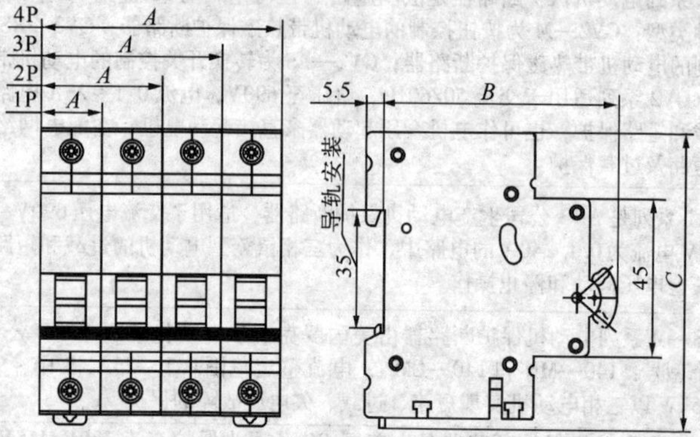

图 1－32　小型断路器外形及安装尺寸示意图

表 1－54　常用产品型号和主要技术参数

产品型号	额定电流/A	额定电压/V	脱扣范围（特性）	额定剩余动作电流 $I_{\triangle n}$/ mA	额定短路分断能力/kA	极数	外形尺寸($A \times B \times C$)/mm
CDB7－63	1～3	230/400	B,C,D	—	6	1,2,3,4	18×76.5×85(1P)
CDB7LE－63	6～63	230/400	B,C,D	30,50,75,100,300	6	1,2,3,4	54×76.5×85(1P)
CDL7－63	10～63	230/400	（A 型,AC 型）	30，100,300	6	2,4	36×76.5×85(2P)

注：CD7 系列为德力西公司开发的小型断路器，CDB7 系列可增加欠电压脱扣器、分励脱扣器、辅助触头等，同时可派生模数化指示灯，交直流小型断路器和 18mm 宽中带 1P＋N 的小型断路器，CDB7LE 为电子式漏电断路器，CDL7 为电磁式漏电保护器

产品型号	额定电流/A	额定电压/V	脱扣范围（特性）	额定剩余动作电流 $I_{\triangle n}$/ mA	额定短路分断能力/kA	极数	外形尺寸($A \times B \times C$)/mm
NB1—63	1～63	230/400	B、C、D	—	6	1,2,3,4	18×77×86(1P)
NB1L—63	6～63	230/400	B、C、D	30,50,75,100,300	6	1,2,3,4	54×77×86(1P)
NL1—63	25,40,63	230/400	（A 型,AC 型）	30，100,300	6	2,4	36×78×84(2P)

注：N 系列为正泰公司开发的小型断路器，NB1 系列小型断路器可增加欠电压脱扣器、分励脱扣器、辅助触头等。NB1L 为电子式漏电断路器，NL1 为电子式漏电保护器

产品型号	额定电流/A	额定电压/V	脱扣范围（特性）	额定剩余动作电流 $I_{\triangle n}$/ mA	额定短路分断能力/kA	极数	外形尺寸($A \times B \times C$)/mm
C65	1～63	230/400	B,C,D	—	6(N 型) 10(H 型)	1,2,3,4	18×70×81(1P) 36×70×81(2P) 54×70×81(3P) 72×70×81(4P)
VigiC65(G)	32,63	230/400	AC	30			
DPN	3～20	230/400	C	—	4.5	1P＋N	18×68×77
DPNvigiG	6～20	230		30AC			36×68×77
NC100HC	63～125	240/415	C,D	—	6	1,2,3,4	27×70×81(1P)

注：C65 系列是 Schneider 施耐德公司的产品型号，原 C45 已不生产，但市场上的型号为 DZ47 的产品与 C45 相同。C65 系列产品的特点是分断能力、冲击电压、电压保护、速闭合等主要技术参数都比 C45 有明显提高，同时也增加了产品品种，以满足不同用户的需求。C65 具有隔离功能，也可用于直流系统；VigiC65 漏电保护具有独立的复位手柄和故障指示，有电磁式和电子式两种，容易安装

续表

产品型号	额定电流 /A	额定电压 /V	脱扣范围（特性）	额定剩余动作电流 $I_{\Delta n}$/ mA	额定短路分断能力/kA	极数	外形尺寸($A \times B \times C$)/mm
S230	6 ~ 63	230/400	B, C	—	3	1,2,3,4 1P + N,3P + N	17.5 × 68 × 90(1P) 35 × 68 × 90(2P) 52.5 × 68 × 90(3P) 72 × 68 × 90(4P)
S250	6 ~ 63	230/400 DC60,110	B, C	—	6		
S270	0.5 ~ 63	230/400 DC60,110	B, C	—	10		
F360	16 ~ 80	230/400 240/415	0.5 至 1.0 × $I_{\Delta n}$	10,30,300	6	2,4	35 × 68 × 90(2P) 70 × 68 × 90(4P)
F370	16 ~ 63	230/400 240/415	0.11 至 1.4 × $I_{\Delta n}$(A 型)， 0.5 至 1.0 × $I_{\Delta n}$(AC 型)	10,30,100, 300,500	6	2,4	35 × 68 × 90(2P) 70 × 68 × 90(4P)
F390	40	230/400 240/415	0.11 至 1.4 × $I_{\Delta n}$(A 型)， 0.5 至 1.1 × $I_{\Delta n}$(AC 型)	300	6	4	70 × 68 × 90
F660	80 ~ 100	230/240 240/415	0.5 至 1.0 × $I_{\Delta n}$	10,30,300	6	2	35 × 68 × 90
DS650	16 ~ 63	230/240 240/415	0.5 至 1.0 × $I_{\Delta n}$	30	6	1 + N,2,4	35 × 68 × 90(2P) 70 × 68 × 90(4P)
DS651	6 ~ 32	230	B, C, K	30	6	1 + N	35 × 68 × 97

S200 系列小型断路器和 F 系列、DS 系列漏电断路器都为 ABB 公司生产的产品，S200 系列小型断路器每极都可用挂锁及相应附件锁定在闭合或分断位置，可装分励脱扣器，也可装信号触头和辅助触头。F 系列不带过电流保护，为整体式，采用了零序电流互感器和电磁式漏电脱扣器、灵敏度相当高，发生接地故障电流时，能迅速断开电路，保护人身不受电击，设备不受火灾危害。DS 系列为电磁式漏电断路器，带过载保护，但只有 1P + N

续表

产品型号	额定电流/A	额定电压/V	脱扣范围(特性)	额定剩余动作电流 $I_{\Delta n}$/ mA	额定短路分断能力/kA	极数	外形尺寸 $(A\times B\times C)$/mm
5SX	0.3～125	AC230/400 DC220/440	A,B,C,D	—	6,10 (包括直流)	1～4P, 1P+N 3P+N	62(60)×90, 76×90
5SM	16～80	230/400	AC,A	10,30,100, 300,500	4.5	2,4	35×68.5×90.5
5SU	6～40	230/400	B,C	10,30,300	4.5,6,10	2,4,1P+N	35×68.5×90.5
5S 为德国西门子公司的产品型号，5S 系列采用了漏斗式组合型接线端子使接线简单可靠；触头系统采用银合金材料（银锡或银石墨），真正做到了无熔焊。5SM 采用漏斗式组合型接线端子使接线简单可靠；并可在下接线端子连接汇流母线排。5SU 除具有漏电保护功能外还具有短路及过载保护功能，并且具有很强的限流能力							
MC，MD	0.5～63	230/400	C，D	—	6	1，2，3，4	18×68×81（1P）
NM	80～100	240/415	C	—	10	1，2，3，4	27×68×81
BD	6～63	230/400	C，D	30	6	2，3，4	70×68×81
U 系列	6～100	230/400	—	30，300	6	2，4	36×68×81（2P）
A 系列	6～32	230	C	30	6	2	35×68×81（2P）
MC、MD、NM 小型断路器为海格公司生产产品，亦可用于直流。U 系列为漏电保护器，只有漏电保护功能，不具有过载和短路功能，A 系列为漏电保护组合器，可以单独对漏电故障进行保护，为电磁式结构。BD 型为漏电附加器代号，只有与小型断路器 MC 或 MD 拼装在一起才能达到漏电保护作用							

续表

产品型号	额定电流 /A	额定电压 /V	脱扣范围(特性)	额定剩余动作电流 $I_{\Delta n}$/ mA	额定短路分断能力/kA	极数	外形尺寸 $(A \times B \times C)$/mm
L7	0.5 ~ 63	AC230/400 DC48(1P)	B,C,D	—	10、15	1 ~ 4P 1P + N 3P + N	17.5 × 71 × 80(1P) 以 17.5 为模数
LH	50 ~ 125	AC230/400 DC60(1P)	C,D	—	25 IEC60947—2)	1 ~ 4P 3P + N	27 × 76 × 90(1P) 以 27 为模数
LS1N	2 ~ 32	AC230/399	B,C	—	4.5,6	1P + N	17.5 × 76 × 90(1P)
F7	16 ~ 80	AC230/400	—	10,30,100,300,500,	10	2,4	35 × 76 × 80 (2P) 53 × 76 × 80 (4P)
FL7	4 ~ 40	230/400	B,C	10,30,100,300,	10	1P + N,2P	35 × 76 × 80
LD7	6 ~ 40	230	B,C,D	30,300	10	1P + N	电子式

注：L7 系列为德国 F&G 和金钟—默勒公司联合生产的产品，L7 系列采用模数化设计，附件完备，具有辅助触头，报警指示触头，分励脱扣器，欠压脱扣器。其设计灵敏，灭弧能力强，因而限流能力强

BH BH—P	70,100	230/400	C	—	3	1,2,3	25 × 57.5 × 95(1P) 以 25 为模数
BH—S M3 ~ M9	5 ~ 60	230/400	B,C,D	—	3,6,9	1,2,3	25 × 57.5 × 95(1P) 以 25 为模数
BH—D6 BH—D10	6 ~ 63	230/400	B,C	—	6 10	1,2,3,4	18 × 44 × 87(1P) 以 18 为模数
NV30—CS	30	230	AC	30	5,2	3	67.5 × 52 × 96
NV50—CP	50	230/440	AC	30,100,500	5,2	3	75 × 68 × 130

注：BH 系列小型断路器是日本三菱电机生产的，可适用于直流 125V 的电路，亦可供照明线路及日常生活用电气设备进行不频繁通断操作及电源隔离之用，BH 为螺丝接线，BH—P 为插入式，BH—S M3 指分断能力为 3kA，M6 为 6kA，M9 为 9kA；NV 系列漏电断路器外形及安装尺寸与塑壳 NF 相同，分断能力有 C 经济型、S 标准型和 H 高分断型

续表

产品型号	额定电流/A	额定电压/V	脱扣范围(特性)	额定剩余动作电流 $I_{\Delta n}$/ mA	额定短路分断能力/kA	极数	外形尺寸 ($A\times B\times C$)/mm
E	2~40	230/400	B,C,D	—	3	1,2,3,4 1P+N 3P+N	18×74×86(1P) 以18为模数
G	2~40	230/40	B,C,D	—	6		18×74×92(1P) 以18为模数
H	40,50,63	230/40	—	—	10		27×79×94(1P) 以27为模数
注:E、G、H 系列小型断路器是 GE 电控集团公司新近为外销欧洲市场而开发的,主要用于照明,动力配电系统作线路的过载及短路保护以及不频繁转换用。E 为经济型,G 为标准型,H 为高分断型							
E4CB	2~125	230/400	B,C,D	—	4.5,6,10	1,2,3,4	18×68×86(IP) 以18为模数
E4EB/M	10~40	240	C	30	6,10	1P+N	35×68×90
E4EL	25,40,63	200/400	C	30,100		2,4	35×68×90
注：E4CB、E4EB、E4EL 系列断路器是澳大利亚奇胜电器公司在原有的基础上，与美国通用电气配电与控制系统有限公司合作，开发的新系列开关电器，在功能、质量等方面又向前迈了一大步。小型断路器 E4CB 用于照明、动力配电系统线路的过载及短路保护，以及线路的不频繁转换之用。E4EB/M、E4EL 系列漏电断路器具有很高的动作灵敏度，能防止人体直接接触相线的电击事故。							
FAZ	1~50	230/400	—	—	1.5,6	1,2,3,4	18×80×59.5(1P) 36×80×59.5(2P) 54×80×59.5(3P) 72×80×59.59(4P)
注：FAZ 系列小型断路器是由沈阳 213 机床厂与德国金钟－默勒电器公司共同组建的沈阳金钟－宏特电器有限公司生产的产品。具有过载、短路两种保护功能，有体积小、分断能力高、安装方便、使用安全可靠的特点							

1.5 接触器

1.5.1 接触器的选用、安装和维护

接触器是一种自动化的控制电器。主要用于频繁接通或分断交、直流电路，具有控制容量大，可远距离操作，配合继电器可以实现定时操作、联锁控制、各种定量控制和失压及欠压保护，广泛应用于自动控制电路，其主要控制对象是电动机，也可用于控制其他电力负载，如电热器、照明、电焊机、电容器组等。

接触器按被控电流的种类可分为交流接触器和直流接触器。交流接触器又可分为电磁式和真空式两种。

1. 交流接触器的选用

（1）交流接触器选用：交流接触器主回路触点的额定电流应大于或等于被控设备的额定电流，控制电动机的接触器还应考虑电动机的起动电流。为了防止频繁操作的接触器主触点烧蚀，频繁动作的接触器额定电流可降低使用。

根据接触器的实际使用类别选用相应的接触器类别，再根据接触器控制对象的工作参量（如工作电压、工作电流、控制功率、操作频繁和工作制等）确定接触器的容量等级。交流接触器的负载分为电动机负载与非电动机负载。

① 电动机负载时的正确选用：电动机负载分为一般任务、重任务和特重任务三类。

a. 一般任务主要运行 AC—3 使用类别，选用交流接触器的额定电流和额定电压大于或等于电动机的额定电流和额定电压即可。

b. 重任务主要运行于包括 90% AC—3 和 10% 以上 AC—4 或 50% AC—1 和 50% AC—2 的混合使用类别，重任务不时点动、反接制动、反向和在低速下分断，或动作频率可达 100 次/h 甚至更高，电机功率一般在 20kW 以下，可按电机额定电流 3 ~4 倍来选择，其寿命可按交流四线制类别的 5 ~ 10 倍粗略计算。

c. 特重任务主要运行于 100% AC—4 或 100% 的 AC—2 的使用类别，特

重任务频繁点动、反接制动和可逆运行，其动作频率可达 600 ~ 1 200 次/h 甚至 3 000 次/h，应特别注意选用较高使用寿命的接触器。应用时，可粗略以电机的起动电流作为接触器的额定电流来选择。

② 非电动机负载时的正确选用控制：非电动机类负载一般有电热设备、照明装置、电焊变压器、电容器等。

a. 电热设备有电阻炉、调温加热器等，一般负载的电流波动范围很小，选用使用类别 AC—1，接触器的约定发热电流等于或大于电热设备的工作电流 1.2 倍即可。

b. 照明装置的类型很多，有白炽灯、混合照明灯、荧光灯、金属卤素灯等，不同类型的照明装置，起动电流和起动时间也不一样，选用使用类别 AC—5a 或 AC—5b，如起动时间短，接触器的约定发热电流等于或大于电热设备的工作电流 1.1 倍即可。如起动时间稍长，可选择约定发热电流更大一些。

c. 电焊变压器一般应按使用类别 AC—6a，额定工作电流不小于变压器的额定工作电流选用。

d. 电容器一般应按使用类别 AC—6b，额定工作电流不小于电容器的额定工作电流选用。

2. 直流接触器的选用

每个系列直流接触器都是按其主要用途进行设计的，提供的重要技术数据是根据不同使用要求的性能经过试验考核的。

在选用直流接触器时，首先要对其使用场合和控制对象的工作参数有全面了解，例如对控制功率、工作电压、电流、操作频率、工作制、控制电路参数和环境条件等。然后，再从适合其用途的各种系列接触器中确定选用的接触器型号和规格。

直流接触器的主要用途可分为控制电动机和电磁铁两大类。

（1）控制直流电动机单相运转：直流接触器控制直流电动机单向运转的接线图见图 1—33。按下起动按钮 SB1，接触器的操作线圈 KM 得电，主触头 KM 闭合，辅助常开触头 KM 闭合自保，电动机 M 运转。如按下停止按钮 SB2，线圈 KM 失电，电动机 M 停转。

（2）控制直流电动机正反转：其接线图见图 1 - 34。按下正转按钮 SB1，正转接触器主触头 KM1 闭合，电动机 M 上端接“ + ”、下端接“ - ”、朝正向转动；按下停止按钮 SB3，主触头 KM1 断开，电动机停转；再按下

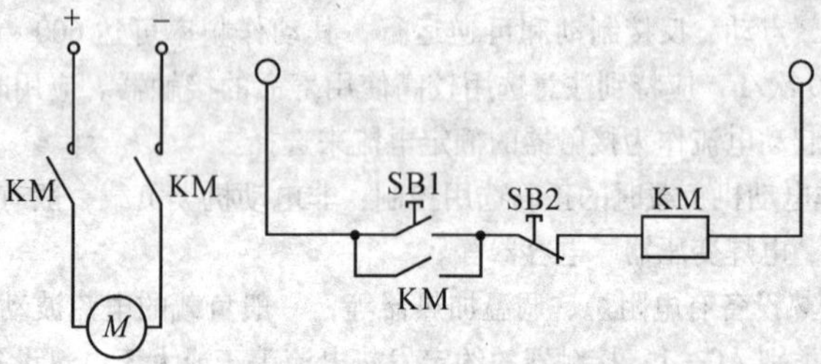

图 1－33　直流电动机单向运转接线图

反转按钮 SB2 反转接触器主触头 KM2 闭合，电动机 M 上端接“－”、下端接“＋”，朝反方向转动。常闭辅助触头 KM2 和 KM1 是起电气连锁的作用，防止正反转两只接触器 KM1 和 KM2 同时闭合而造成电源短路的事故。除了电气连锁之外，一般为了更加安全起见，还同时加装机械连锁。但即使装有机械和电气双重连锁，在突然反转的控制中（如图 1－34，先按 SB2，后按 SB3），如正转接触器 KM1 的燃弧时间太长，在电弧未熄灭时反转接触器 KM2 已经接通，同样也会造成电源短路。故选用控制电动机正反转的直流接触器时，应查阅有关技术数据，进行分析和验算。如存在电源短路的危险，则严禁突然反转控制，不然就要在正反转控制电路中增加中间继电器或延时继电器的环节。

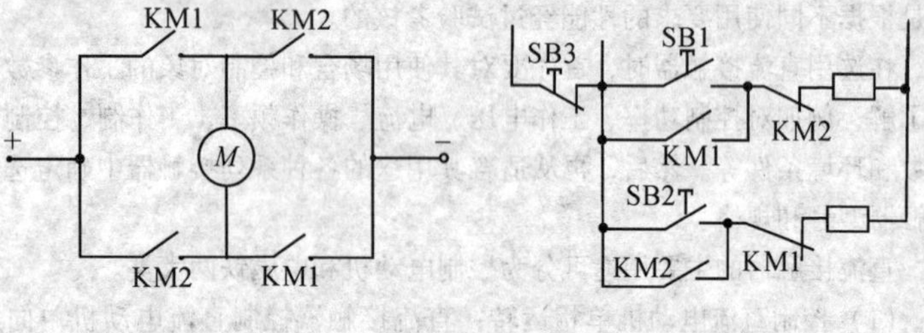

图 1－34　直流电动机正反转接线图

（3）注意事项：

①选用时，首先要弄清电动机实际运行时的主要技术参数。接触器的额定电压、额定电流（或额定控制功率）均不得低于电动机的相应值。应用于反复短时工作制或短时工作制时，接触器的额定发热电流应不低于电动机实际运行的等效有效电流，接触器的额定操作频率也不应低于电动机实际运

行的操作频率。

②必须了解电动机的使用类别，再选择有该使用类别技术数据的接触器系列。若接触器提供有 DC—2 使用类别的技术数据，当需要用于 DC—3 或 DC—2、DC—3 混合使用时，则可按降低约一半容量选用。同理，有 DC—4 技术数据的接触器，如用于 DC—5 或 DC—4、DC—5 混合使用时，也可降容选用。但不宜将只有 DC—2 技术数据而无 DC—4 或 DC—5 使用类别的接触器用于 DC—4 或 DC—5 使用场合中，因为这有可能会出现不能分断甚至发生短路的事故。例如 CZ0 系列直流接触器只提供 DC—2 的技术数据，DC—2 的电寿命为 30 万次，但对于额定电流在 150A 及以下的 CZ0 接触器用于 DC—5 使用类别时，很快就会发生短路事故。不过，同样是 CZ0 系列，但对于额定电流在 250A 及以上的接触器，则可用 DC—3、DC—4 或 DC—5 使用类别中，只要适当降低电寿命次数和操作频率即可。

③由于直流接触器存在临界电流的问题。故降容使用时要特别注意电路中不应要求接触器分断低于其额定电流的 20% 的电流值。现生产的串联磁吹式直流接触器的额定电流最小为 40A（CZ0、CZ18 系列），为了扩大其使用范围，避免出现分断不开的临界电流问题，40A 接触器的串联磁吹线圈的额定电流有 20、10 和 5A（CZ0—40 的还有 2.5 和 1.5A）。对于额定电流小于 40A 的电动机，应选用串联磁吹线圈额定电流略大于电动机额定电流的接触器，建议选用永久磁铁磁吹式直流接触器可以较好地解决临界电流的问题，对于某些用整流装置，特别是用晶闸管整流装置，对直流电动机进行控制的场合，选用控制电流电压为交流操作的 CZ21—16 或 CZ22—63 直流接触器来取代传统的直流操作的直流接触器，可以简化控制线路和节省直流控制电源（包括变压器、整流器等）的费用。

3. 接触器的安装

（1）接触器安装前应注意如下事项：

① 检查产品的铭牌及线圈上的数据（如额定电压、电流、操作频率和负载因数等）是否符合实际使用要求。

② 用于分合接触器的活动部分，要求产品动作灵活无卡住现象。

③ 当接触器铁芯极面涂有防锈油时，使用前应将铁心极面上的防锈油擦净，以免油垢黏滞而造成接触器断电不释放。

④ 检查和调整触头的工作参数（开距、行程、初压力和终压力等），并

使各极触头同时接触。

（2）接触器的安装与调整应注意如下事项：

① 装接线时，应注意勿使螺钉、垫圈、接线头等零件遗漏，以免落入接触器内造成卡住或短路现象。安装时，应将螺钉拧紧，以防振动松脱。

② 检查接线正确无误后，应在主触头不带电的情况下，先使吸引线圈通电分合数次，检查产品动作是否可靠，然后才能投入使用。

③ 用于可逆转换的接触器，为保证联锁可靠，除装有电气连锁外，还应加装订装机械连锁机构。

4. 接触器的运行和维护

① 接触器运行中应注意如下事项：

a. 通过的负荷电流是否在接触器额定值之内。

b. 接触器的分合信号指示是否与电路状态相符。

c. 运行声音是否正常，有无因接触不良而发出的放电声。

d. 电磁线圈有无过热现象，电磁铁的短路环有无异常。

e. 灭弧罩有无松动和损伤情况。

f. 辅助触点有无烧损情况。

g. 传动部分有无损伤。

② 维护：在电气设备进行维护工作时，应一并对接触器进行维护工作。

a. 清扫外部灰尘。

b. 检查各紧固件是否松动，特别是导体连接部分，防止接触松动而发热。

c. 检查动、静触点位置是否对正，三相是否同时闭合，如有问题应调节触点弹簧；如是真空接触器，每半年检查一次真空管的开距和超距。

d. 检查触点磨损程度，磨损深度不得超过1mm，触点有烧损，开焊脱落时，须及时更换；轻微烧损时，一般不影响使用。清理触点时不允许使用砂纸，应使用整形锉。

e. 测量相间绝缘电阻，阻值不低于10MΩ。

f. 检查辅助触点动作是否灵活，触点行程应符合规定值，检查触点有无松动脱落，发现问题时，应及时修理或更换。

g. 清扫灰尘，特别是运动部件及铁芯吸合接触面之间。

h. 检查铁芯的紧固情况，铁芯松散会引起运行噪音加大。

i. 铁芯短路环有脱落或断裂要及时修复。

j. 测量线圈绝缘电阻。

k. 线圈绝缘物有无变色、老化现象，线圈表面温度不应超过65°C。

l. 检查线圈引线连接，如有开焊、烧损应及时修复。

m. 检查灭弧罩或真空灭弧管是否破损。

n. 灭弧罩位置有无松脱和位置变化。

o. 清除灭弧罩缝隙内的金属颗粒及杂物。

1.5.2 电磁式交流接触器

1. 适用范围

电磁式交流接触器一般用于交流50Hz或60Hz，主回路额定工作电压690V及以下，电流至630A的配电系统中。供远距离频繁地接通和分断电流之用，并适用于频繁地起动及控制电动机。

2. 电磁式交流接触器的结构和工作原理

（1）结构：接触器主要由电磁系统、触点系统、灭弧系统及其他部分组成。

① 电磁系统：电磁系统包括电磁线圈和铁芯，是接触器的重要组成部分，依靠它带动触点的闭合与断开。

② 触点系统：触点是接触器的执行部分，包括主触点和辅助触点。主触点的作用是接通和分断主回路，控制较大的电流，而辅助触点是在控制回路中，以满足各种控制方式的要求。

③ 灭弧系统：灭弧装置用来保证触点断开电路时，产生的电弧可靠的熄灭，减少电弧对触点的损伤。为了迅速熄灭断开时的电弧，通常接触器都装有灭弧装置，一般采用半封式纵缝陶土灭弧罩，并配有强磁吹弧回路。

④ 其他部分：有绝缘外壳、弹簧、短路环、传动机构等。

（2）工作原理：当接触器电磁线圈不通电时，弹簧的反作用力和衔铁芯的自重使主触点保持断开位置。当电磁线圈通过控制回路接通控制电压（一般为额定电压）时，电磁力克服弹簧的反作用力将衔铁吸向静铁芯，带动主触点闭合，接通电路，辅助接点随之动作。由于交流电路大都是三相式，所以交流接触器的触头以三相为主。

3. 交流接触器的产品型号及主要技术数据

（1）以CJ型号开头的交流接触器见表1-55。

表 1－55　CJ 型号交流接触器的产品型号及主要技术参数

产品型号	额定工作电流（AC—3,380V）/A	额定工作电压/V	辅助触头			备　注
			额定电流/A	额定电压/V	组合情况	
CJ12	100、150、250、400、600	AC380	10	AC380 DC220	5a1b,4a2b,3a3b	可派生 CJ12B、CJ12X、CJ12Z 供冶金、轧钢企业起重机用，极数 2～5 极
CJ15	1 000、2 000、4 000	AC500	10	AC380 DC220	3a3b	适用于无芯工频感应炉控制设备和其他类似的电力线路中
CJ16	25、32、43、63	AC380	5	AC380 DC220	1a1b,2a,2b	起换电容器用的接触器，供低压无功功率补偿设备投入或切除低压并联电容器之用。接触器带有抑制涌流装置，能有效地减少合闸涌流对电容器的冲击和抑制开断时的过电压
CJ19	25、32、43、63	AC380	6	AC380 DC220	1a1b,2a,2b,2a2b	
CJ20	10、16、25、40、63、100、160、250、400、630	AC220 AC380 AC660	10（160A 以下） 16（250A 以下）	AC380 DC220	2a2b 4a2b,2a4b3a3b	可派生 CJC20，其中 C 为节能型，适宜于与剩余电流动作继电器组成保护装置，以保护电路可能发生的过负荷及断相。CJ20—1000 型指在 AC—1 负荷专用接触器
CJ21	9、12、17、22	AC220 AC380 AC660	4	AC380 DC220	1a1b,2a,2b	为引进德国芬纳尔 DSL9/22 产品，可与 JR21—23（K7D）热继电器组合成电磁起动器，可导轨安装。
CJ24	100、150、250、400、600	AC380 AC660	10	AC380 DC220	5a1b,4a2b3a3b	为 CJ12 的改进型，带 Y 为冶金型，使用环境温度可达 55℃，灭弧罩可转动
CJ26	9、12、16、22、32、63、75、100、160、250、400	AC220 AC380 AC660	0.26 0.14	AC380 DC220	1a1b,2a,2b	为双断点直动式结构，可与热继电器或电子式保护装置组合成电磁起动器

续表

产品型号	额定工作电流（AC—3,380V）/A	额定工作电压/V	辅助触头			备　注
			额定电流/A	额定电压/V	组合情况	
CJ28	63、75、85、110、140、170、205	AC380	0.80 0.27	AC380 DC220	1a1b,2a,2b	为双断点直动式结构，可与热继电器或电子式保护装置组合成电磁起动器
CJ29	22、32、45	AC220 AC380 AC660	0.26	AC380	2a,2b	用于冶金、轧钢、起重、石化、造纸、水利、航运、电讯、减压成套等电器中。CJ29CX 是 CJ29 的换代产品，外形比 CJ29 小，额定电流最大可达 4 000A。都是以西门子公司的 3TB 为模型
	63、100、160		0.80		4a,4b	
	250、400		0.80		4a,4b	
	630、800、1 000、1 250、1 600、2 000		1.30		4a,4b	
CJ32	6、10、16、25、32、45、63、100、160	AC220 AC380 AC660	6	AC380 DC220	2a2b,3a1b 1a3b,4a/4b	采用倒装式结构，即磁系统在触头系统上面，使更换线圈及清除极面污垢更方便。CJ32C—25～63 为切换电容器用的接触器
CJ35	40、50、65、80、95、115、185、265、400、630	AC380 AC660 AC1000	10	AC380 DC220	2a2b,1a1b 2a,2a2b 4a/4b	直动式交流接触器 CJ35—115～630 可作直流接触器用，CJ35—40～90 组合性强，可加装辅助触头、空气延时触头、机械连锁等
CJ40	63、80、100、125、160、200、250、315、400、500、630、800、1 000	AC380 AC660 AC1000	10	AC380 DC220	2a2b,3a3b 2a4b，4a2b	电流后面带 K 为矿用，带 J 为节能，并具有过压、欠压、延时吸合和超低压释放功能。与适当的热继电器组合成电动机起动器，以保护可能发生过载的电路
CJ41	32、40、63	AC380 AC660 AC1000	10	AC380 DC220	1a1b,2a/2b 1a2b,2a1b	由 CJX2 接触器、辅助触头和六根电阻组成，属切换电容器接触器，且有较高的电容接通和分断能力

续表

产品型号	额定工作电流(AC—3,380V)/A	额定工作电压/V	辅助触头			备 注
			额定电流/A	额定电压/V	组合情况	
CJX1	9、12、16、22、32、45、65、75、85、110、140、170、205、250、300、400、475	AC380 AC660	1.9 0.15	AC380 DC220	1*a*/1*b*,1*a*1*b* 2*a*,2*a*1*b*	同德国西门子公司的3TB40～3TB44,可互换。CJX1—F9～F400的最高电压至1 000V,为双断点触头的直动式运动机构
CJX2	9、12、16、25、40、50、63、80、95	AC380 AC660	6	AC380 DC220	1a/1*b*,1a1*b* 2*a*,2*a*1*b*	同法国施耐德公司LC1。X表示小容量
CJX3	9、12、16、25、40、50、63、80	AC380 AC660	6	AC380 DC220	1*a*/1*b*,1*a*1*b* 2*a*,2*a*1*b*	同德国西门子公司的3TB40～3TB44,CJX3—N同3TD
CJX4	6、9、115、185、265	AC380 AC660	6	AC380 DC220	1*a*/1*b*,1*a*1*b* 2*a*,2*a*1*b*	CJX4—115～265的电压可至1 000V,配接辅助触头组型号为LA1—D（施耐德公司）
CJX5	9、12、16、22、30、40、50、63、85、105	AC380 AC660	0.95	AC380	1*a*/1*b*,1*a*1*b* 2*a*,2*a*1*b*	同三菱公司MS—N
CJZ	250、400、600	AC127 AC220 AC380	10	AC380 DC220	4*a*4*b*	在起重、冶金、轧钢振动较大的场所,可频繁起动、停止、反转和反接制动三相交流电动机
CJT1	10、20、40、60、100、150	AC380 AC660	0.47 0.27	AC380 DC220	2*a*2*b*	可全面替代CJ0、CJ9、CJ10等系列淘汰产品,属经济型产品,外形和安装尺寸与CJ10完全相同,国内各企业命名都以企业代号+C10为型号

注：*a*表示常开，*b*表示常闭。

4. 接触器的外形尺寸及安装尺寸

（1）CJ12 和 CJ24 交流接触器的外形及安装尺寸见图 1－35 和表 1－56。

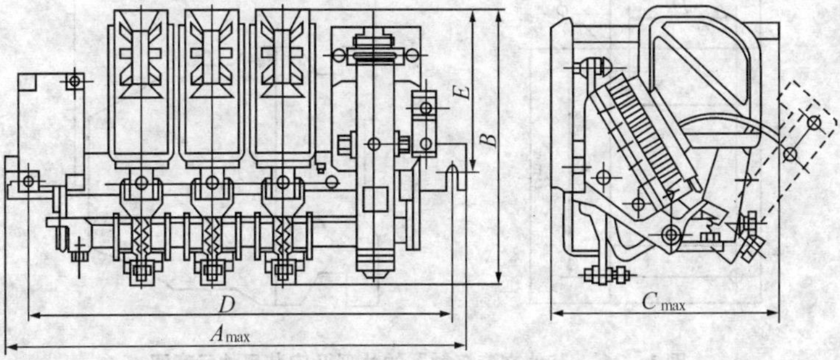

图 1－35　CJ12 和 CJ24 交流接触器的外形及安装尺寸

表 1－56　CJ12 和 CJ24 交流接触器的外形及安装尺寸/mm

产品型号	A				B	C	D				E
	二极	三极	四极	五极			二极	三极	四极	五极	
CJ12－100	316	372	430	486	194	195	274	330	386	442	95
CJ12－150	346	409	473	537	219	207	307	370	433	496	130
CJ12－250	374	445	516	586	255	230	335	405	475	545	150
CJ12－400	420	500	581	663	296	274	360	440	520	600	165
CJ12－600	469	566	664	760	349	334	404	500	596	692	200
CJ24－100	295	345	395	445	190	150	265	315	365	415	45
CJ24Y－100	304	360	416	472			274	330	386	442	
CJ24－160	310	370	430	490	191	170	280	340	400	460	59
CJ24Y－160	337	400	463	526			307	370	433	496	
CJ24－250	340	410	480	550	216	170	310	380	450	520	79
CJ24Y－250	365	435	505	575			335	405	475	545	
CJ24－400	376	456	536	616	261	227	340	420	500	580	95
CJ24Y－400	396	476	556	636			360	440	520	660	
CJ24－630	426	516	606	696	298	247	390	480	570	660	27
CJ24Y－630	440	536	632	728			404	500	596	692	

（2）其他型号交流接触器的外形及安装尺寸见图 1－36 和表 1－57。

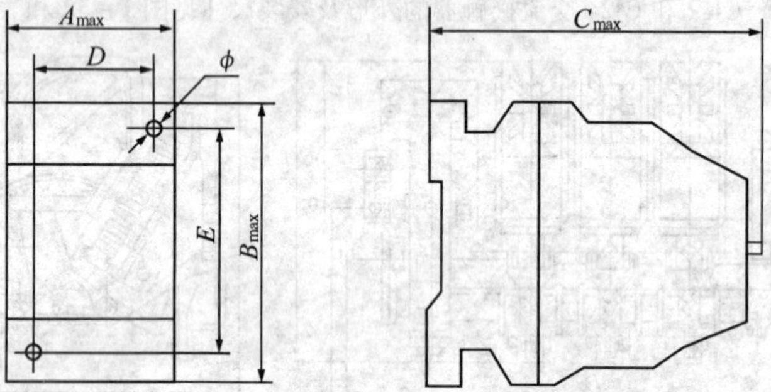

图 1－36　其他交流接触器的外形及安装尺寸示意图

表 1－57　其他交流接触器的外形及安装尺寸/mm

产品型号	外形尺寸			安装尺寸		
	A	*B*	*C*	*D*	*E*	ϕ
CJ16－25、32、43	57	118	105	35	60	5
CJ16－63	100	120	140	80	90	6
CJ19－25、32、43、65	55	112	104	35	60	4.8
CJ20－10	44.5	67.5	107	35	55	5
CJ20－16	44.5	73	116.5	35	60	5
CJ20－25	53	91	122	40	80	5
CJ20－40	87	112.5	125	70	80	5
CJ20－63	116	142	146	100	90	5.8
CJ20－100	122	147	154	108	92	7
CJ20－160	146	187	178	130	130	9
CJ20－250	190	235	230	160	150	9
CJ20－400	190	235	230	160	150	9
CJ20－630	245	294	287	210	180	11
CJ21－9～12	46	77	84	35	50	—
CJ21－17～22	51	90	84	36	60	—
CJ26－9、12	45	79	105	35	60	5
CJ26－16、22	45	86	115	35	75	5
CJ26－32	70	88	107	50	75	5
CJ26－63、75	100	130	131	80	110	6
CJ26－100	120	150	146	100	130	7

续表

产品型号	外形尺寸			安装尺寸		
	A	B	C	D	E	φ
CJ26－160	135	160	173	110	130	7
CJ26－250	145	200	187	120	180	10.5
CJ26－400	97	241	265	110	150	12.5
CJ28－45～63	90	118	125	70	100	5
CJ28－75～85	101	135	142	80	110	5.5
CJ28－110～140	122	156	154	100	130	6.5
CJ28－170～205	136	181	187	110	160	7
CJ29－22	46	89	148	35	75	5
CJ29－32	74	89	148	50	75	5
CJ29－45	86	112	118	80	70	5
CJ29－63	116	142	146	104	124	6
CJ29－100	124	144	160	104	124	7
CJ29－160	146	180	173	110	160	9
CJ29－250	146	200	187	120	180	10.5
CJ29－400	170	200	230	130	180	10.5
CJ29－630	290	280	260	150	210	11
CJ29－800	320	316	262	175	210	11
CJ29－1000	350	316	262	180	210	11
CJ29－1250	474	470	290	200	220	11
CJ29－1600	534	485	290	220	240	11
CJ29－2000	594	500	290	240	260	11
CJ32－6、10	59	51	92	—	38	—
CJ32－16、25	70	61	101	—	48	—
CJ32－32、45	86	75	118	27	60	—
CJ32－63、100	102	135	140	37	116	—
CJ32－160	124	162	155	38	148	6.5
CJ32－6D、10D	49	66	99	40	58	4.5
CJ32－16D、25D	61	80	108	50	70	5
CJ32－6G、10G	70	70	99	56	58	5
CJ32－16G、25G	88	80	108	75	68	5

续表

产品型号	外形尺寸			安装尺寸		
	A	B	C	D	E	φ
CJ32－32G、45G	112	87	126	100	75	5
CJ35－40～65	77	129	116	40	105	6.5
CJ35－80～95	87	129	127	40	105	6.5
CJ35－115	166.5	162	165	80	113	M6
CJ35－185	168.5	174	176	80	113	M6
CJ35－265	201.5	203	207	96	113	M6
CJ35－400	213	209	213	80	175	M8
CJ35－630	309	304	250	180	185	M10
CJ40－63～125	116	143	154	100	90	5.8
CJ40－160、200、250	146	186	184	130	130	9.0
CJ40－315、400、500	190	235	230	160	150	9.0
CJ40－630、800、1000	246	345	286	210	180	11
CJ41－32	57	140	133	40	50～60	4.5
CJ41－40	57	140	138	40	50～60	4.5
CJ41－63	77	150	153	40	100～110	6.5
CJX1－9、12	46	79	106	35	60	4.8
CJX1－16、22	46	89	116	35	75	4.8
CJX1－32	74	90	109	50	75	5
CJX1－38	82	102	110	45	75	5
CJX1－45、63	92	120	125	70	100	5.5
CJX1－75、85	105	135	145	80	110	6.5
CJX1－110、140	125	158	155	100	130	6.5
CJX1－170、205	140	185	190	110	160	7
CJX1－250、300	146	194	202	120	180	9
CJX1－400、475	162	205	224	130	180	9
CJX2－09、12	47	76	82	35	60	4.5
CJX2－18	47	76	87	35	60	4.5
CJX2－25	59	86	97	45	60	4.5
CJX2－32	59	86	102	45	60	4.5
CJX2－40、50、65	79	128	116	40	110	6.5

续表

产品型号	外形尺寸			安装尺寸		
	A	*B*	*C*	*D*	*E*	*ϕ*
CJX2－80、95	87	128	127	40	110	6.5
CJX2－115、150、170	158	120	132	90/110	130	6
CJX2－185、205	170	174	185	80	110/120	6
CJX2－225、245	170	198	185	80	110/120	6
CJX2－300、330	213	206	219	96	110/120	—
CJX2－410	213	206	219	80	170/180	—
CJX2－475	233	238	232	80	170/180	—
CJX2－620、630	309	304	255	180	180/190	—
CJX3－9、12（3TB40、41）	45	75	106	35	60	4.8
CJX3－16、22（3TB42、43）	45	85	111	35	75	4.8
CJX3—32（3TB44）	70	85	105	50	75	4.8
3TB46	117	118	123	70	100	4.8
3TB47、48	127	130	140	80	110	5.8
3TB50	120	150	150	100	130	7
3TB52	135	180	181	110	160	7
3TB54	145	200	198	120	180	10.5
3TB56	160	200	222	130	180	10.5
3TB58	250	290	330	150	210	12
CJX5－9、12、16	45	68	80	32	50	4.5
CJX5－22	70	82	98	54	60	4.8
CJX5－30、40	82	90	104	71	65	4.5
CJX5－50、62	90	108	108	70	75	5
CJX5－85、105	102	126	129	80	110	6
CJT1－10	70	70	96.5	56	58	5
CJT1－20	92	102	110	76	68	5
CJT1－40	115	128	125	100	75	5.5
CJT1－60	170	178	135	98	160	7
CJT1－100	195	204	135	110	180	9
CJT1－150	220	232	154	130	205	11

5. 国外引进的各种型号交流接触器

国外引进的各种型号交流接触器见表1-58。

表1-58　各种国外引进交流接触器型号一览表

产品型号	主要规格和特性
B系列	BC9~30、BE40~75、EB9~75、EH80~800和EK110~550系列是ABB公司生产的交流接触器，有3极和4极，可用交流也可用直流操作。BC、BE、EB系列主要控制三相电动机，并可控制高达690V或1 000V交流和440V直流的电力电路。正面可加装EH系列额定电流至475A的电力线路中，供远距离接通和分断电路，频繁起动和控制交流电动机之用，具有失压保护作用。常与T系列热继电器组成电磁起动器，此时，具有过载及断相保护作用。附有多种辅助触头，TP型气囊式延时继电器、VB型机械联锁装置、WB型自锁继电器、LF、LH型连接件
VB系列	VB系列是ABB公司生产的小型可逆接触器，适用于为交流50Hz或60Hz，额定绝缘电压为500V，额定工作电压12~500V，控制功率至5.5kW，额定工作电流20A（440V）或12A（500V）的电动机可逆起动和分断
T系列	3TF、3TD系列是德国西门子公司80年代末90年代初推出的交流接触器，3TF交流接触器适用于为交流50Hz或60Hz，额定绝缘电压为690~1 000V，在AC—3使用类别下额定工作电压为380V时的额定工作电流为9~400A，主要供远距离接通及分断电路之用，适用于控制交流电动机的起动、停止及反转 3TD系列为机械联锁可逆接触器，适用于交流50Hz或60Hz，额定绝缘电压至为690~1 000V，额定工作电流9~400A的电路，主要用于控制交流电动机的正转与反转
DIL系列	DIL系列是德国金钟-默勒公司生产的交流接触器，DIL系列交流接触器适用于为交流50Hz或60Hz，额定工作电压至1 000V，额定工作电流至820A的电力电路中，主要供作起动和分断至450kW电动机之用 DIL—M是在DIL的基础上通过采用电子线路控制电磁系统实现软接通和智能化通断功能，可装辅助触头模块、锁定模块VDIL、放大模块VIIDIL、机械互锁模块MV/MY等附件，组成延时接触器、可逆接触器
SC系列	SC系列是日本富士公司生产的交流接触器，SC系列为基本型，用于轻工业的经济型为F系列。SC系列主要用于交流频率50Hz和60Hz，额定电压至660V，额定电流至800A的电力系统中接通和分断电路，并可与适当的TR系列热过载继电器或电子式保护装置组合成电动机起动器。F系列适用于额定电压至440V，额定电流至65A（额定功率至18.5kW）的家用电器、轻工机械和设备的电路中

续表

产品型号	主要规格和特性
LC 系列	LC1 系列是法国施耐德公司旗下的 TE 品牌交流接触器，LC1—D 系列交流接触器主要用于交流 50Hz 或 60Hz，额定工作电压至 660V、额定工作电流至 95A 的电路中，供远距离接通与分断电路之用，并可与热继电器直接插接组成电磁起动器，以保护可能发生操作过负荷的电路。接触器还可组装积木式辅助触头组、空气延时头、机械连锁机构等附件，组成延时接触器、可逆接触器、星三角起动器。LC1—D2 系列交流接触器，适用于交流 50Hz 或 60Hz，额定工作电压至 690V，额定电流用于控制电动机至 95A、用于配电控制至 125A 的回路中，可对 AC1 ~ AC8 使用类别所对应的各类负载进行操作控制 LC2—D 为机械连锁接触器，适用于交流 50Hz 或 60Hz，额定工作电压至 660V，额定工作电流至 95A 的电路中，作电动机可逆控制用 LA 系列为法国施耐德公司旗下的 TE 品牌为 LC 系列交流接触器所配的辅助触头，LA1—DN 为瞬时辅助触头，LA2—DT、DS 为延时辅助触头模块，LA3—DR 为断延时辅助触头模块，LA6—DK 为机械锁扣模块，LA8—DN 为侧装瞬时辅助触头模块
6 系列	6 系列是澳大利亚奇胜公司生产的交流接触器，6 系列交流接触器分三种类型，小型 6M6 ~ 6M9，中型 6C9 ~ 6C95 和重型 6C110 ~ 6C630。适用于为交流 50Hz 或 60Hz，额定工作电压至 1 000V，额定工作电流至 630A 的电力电路中
MS – N 系列	MS – N 系列是日本三菱公司生产的交流接触器，可用于额定工作电压至 690V，额定工作电流至 800A 的电力电路中。可与三菱 TH 系列热过载继电器组成电磁式起动器
MCS – C 系列	MCS – C 系列是美国罗克韦尔自动化集团 A – B 公司生产的交流接触器，主要用于交流 50Hz 或 60Hz，额定工作电压至 690V、额定工作电流至 100A 的电力系统中，供远距离接通与分断电路或频繁控制电动机之用
M、CL、CK 系列	M、CL、CK 系列是 GE 公司生产的交流接触器，M、CL、CK 系列交流接触器主要用于交流 50Hz 或 60Hz，额定工作电压至 690V（M、CL）、1 000V（CK）、额定工作电流至 20A（M）、140A（CL）、1 250A（CK）的电力系统中，供远距离接通与分断电路或频繁控制电动机之用

续表

产品型号	主要规格和特性
GH 系列	GH 系列是意大利 Ghisalba 公司生产的交流接触器，GH 系列交流接触器主要用于交流 50Hz 或 60Hz，额定工作电压至 1 000V、额定工作电流至 1 350A（AC—1）或 1 200A（AC—3、440V）的电力系统中，供远距离接通与分断电路之用电路或频繁控制电动机之用。GH 系列也可用于直流额定电压至 220V，额定电流至 600A（AC—1）的电路中，供作接通和分断电阻性或微电感负载之用
A 系列	Advantage 系列是美国西屋公司生产的交流接触器，Advantage 系列交流接触器主要用于交流 50Hz 或 60Hz，额定工作电压至 575V、额定工作电流至 540A 的电力系统中，供远距离接通与分断电路之用电路或频繁控制电动机之用

1.5.3 真空接触器

1. 适用范围

真空接触器用于交流 50Hz，主回路额定工作电压 1 140V、690V、400V 的配电系统。供频繁操作较大的负荷电流用，在工业企业被广泛选用，特别适用于环境恶劣和易燃易爆危险场所。并适宜与各种保护装置组成电磁起动器，特别适合于组成隔爆型电磁起动器。

2. 工作原理和结构特征

真空接触器以真空为灭弧介质，其主触点密封在特制的真空灭弧管内。当操作线圈通电时，衔铁吸合，在触点弹簧和真空管自闭力的作用下触点闭合；操作线圈断电时，反力弹簧克服真空管自闭力使衔铁释放，触点断开。接触器分断电流时，触点间隙中会形成由金属蒸气和其他带电粒子组成的真空电弧。因真空介质具有很高的绝缘强度，且介质恢复速度很快，真空中燃弧时间一般小于 10ms。

真空接触器主要有真空灭弧系统、电磁系统、杠杆传动系统、辅助触头、整流装置、绝缘框架、底座等组成，结构紧凑。其主要特征如下：

（1）触头被封闭在与外界隔绝的真空灭弧室中。

① 触头不会因外部污染而影响其工作。

② 以真空为熄弧介质，分断能力高，电寿命长。

③ 飞弧距离为零，电弧不外喷，不会引发火灾、爆炸等事故。

④ 工作过程中不会扩散出对人体有害的气体，保证工作环境的清洁。

（2）触头开距小，超程短，体积约等于同容量电磁式接触器的1/6～1/10，从而使整台接触器的外形尺寸小，质量轻。

（3）控制电路由直流磁系统与整流装置组成：

① 工作过程中噪声小，工作环境无污染。

② 交、直流都能使用，方便用户选用。

3. 常用真空接触器产品型号及主要技术数据

常用真空接触器产品型号及主要技术数据见表1－59。

表1－59　常用真空接触器产品型号及主要技术数据

产品型号	额定工作电流（AC—3）/A	额定工作电压/V	额定接通与分断能力/A		备　注
			接通	分断	
CKJ5－80	80	660或1 140	800	640	适用于：间断长期工作制；重复短时工作制；八小时工作制。辅助触头数量为CKJ5—125～160为二常开二常闭，CKJ5—250～600为四常开四常闭，CKJ6—100～125为二常开二常闭
CKJ5－125	125		1 250	1 000	
CKJ5－160	160		1 600	1 280	
CKJ5－250	250		2 500	2 000	
CKJ5－400	400		4 000	3 200	
CKJ5－630	630		6 000	4 800	
CKJ6－100	100	660或1 140	1 200	1 000	
CKJ6－125	125		1 250	1 000	
CKJ9－80	80	660	960	800	适宜与各种保护装置组成电磁起动器，特别适用于煤矿、油田和化工等场合
CKJ9－100	100		1 200	1 000	
CKJ9－125	125		1 500	1 250	
CKJ9－140	140		1 680	1 400	
VS317	315	380～1 140	5 000	5 000	引进德国AEG公司产品，额定工作电压可达1 200V
VS507	500		5 000	5 000	
EVS161	160	1 140	4 000	3 200	引进德国EAW公司产品，最高操作频率可达3 000次/h，EVS161～631是以单极为基础可以组合成N极的多极结构。EVS102～162是三极单驱动结构
EVS321	320				
EVS401	400		6 300	5 100	
EVS631	630				
EVS102	100		1 920	1 600	
EVS142	140				
EVS162	160				

4. 外形及安装尺寸

外形及安装尺寸见图 1－37 和表 1－60。

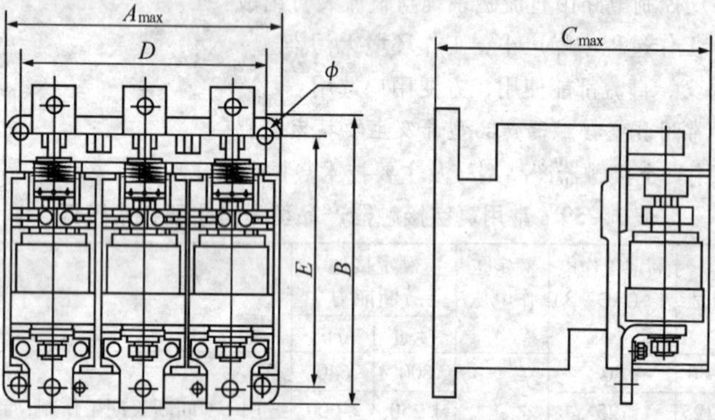

图 1－37　真空接触器的外形及安装尺寸

表 1－60　真空接触器的外形及安装尺寸/mm

产品型号	外形尺寸			安装尺寸		
	A	*B*	*C*	*D*	*E*	*ϕ*
CKJ5－80、125、160	140	150	127	106	86	9
CKJ5－250	182	204	179	160	160	11
CKJ5－400	216	216	188	180	160	11
CKJ5－630	346	260	216	300	230	11
CKJ6－100、125	140	150	175	120/126	110/102	5.5/9
CKJ9－80～140	135	185	180	110	160	7
VS317、VS507	160	188	206	—	—	—
EVS161	225	300	165	200	237.5	6.6
EVS321	225	310	165	200	237.5	6.6
EVS401	262.5	330	210	237.5	275	9
EVS631	262.5	340	210	237.5	275	9
EVS102	135	180	180	110	150～160	7
EVS142	135	180	180	110	150～160	7
EVS162	135	180	180	110	150～160	7

注：EVS161、321、401、631 是以单极为基础组成的，上面有外形及安装尺寸为 3 极尺寸。

1.5.4 直流接触器

1. 适用范围

直流接触器主要供远距离接通与分断额定电压至440V，额定电流至1 600A的直流线路之用。并适用于频繁起动，停止直流电动机及直流电动机的换向或反接制动（如用于冶金、机床等电气控制设备中）。

2. 工作原理

直流接触器一般为双断点直动式结构，铁芯有E型（小容量）、U型两种型式，触头材料采用具有高抗熔焊性及耐电磨损的银合金制成，当接触器电磁线圈不通电时，弹簧的反作用力和衔铁芯的自重使主触点保持断开位置。

3. 常用直流接触器产品型号及主要技术数据

常用直流接触器产品型号及主要技术数据见表1－61。

表1－61 常用真空接触器产品型号及主要技术数据

产品型号	额定电压/V	额定电流/A		分断能力/A	主触头数量	辅助触头数量
		主触头	辅助触头			
CZ0－40	440	40	5	160	2*a*或2*b*	2*a*2*b*
CZ0－100		100		400	1*a*，1*b*，2*a*	2*a*2*b*，2*a*1*b*
CZ0－150		150		600	1*a*，1*b*，2*a*	2*a*2*b*，2*a*1*b*
CZ0－250		250	10	1 000	1*a*，1*b*，2*a*	1常开，另4个常开、常闭可任意组合
CZ0－400		400		1 600	1*a*，1*b*，2*a*	
CZ0－600		600		1 500	1*a*或1*b*	
CZ16－1000	660	1 000	10	4 000	1*a*	1常开，另3个常开、常闭可任意组合
CZ16－1500		1 500		6 000	1*a*	
CZ17－150	48	150	—	600	1*a*1*b*，1*a*	—
CZ18－40	440	40	6	160	1*a*或2*a*	2*a*2*b*
CZ18－80		80		320	1*a*或2*a*	2*a*2*b*
CZ18－160		160	10	640	1*a*或2*a*	2*a*2*b*
CZ18－315		315		1 600	1*a*或2*a*	2*a*2*b*
CZ18－630		630		2 500	1*a*或2*a*	2*a*2*b*
CZ18－1000		1 000		4 000	1*a*或2*a*	2*a*2*b*
CZ18－1600		1 600		6 400	1*a*或2*a*	2*a*2*b*
CZ21－16	440	16	—	175	主触头有两极，辅助触头设置在主触头两侧	
CZ22－63		63		441		

4. 外形及安装尺寸

直流接触器的外形尺寸见图1－38和表1－62。

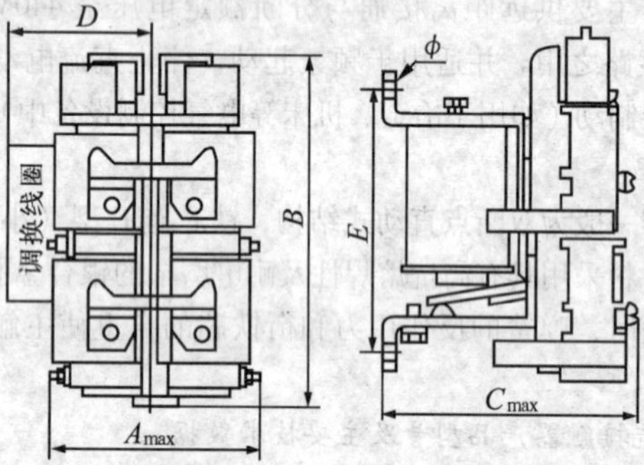

图1－38　直流接触器的外形尺寸

表1－62　直流接触器的外形尺寸/mm

产品型号	外形尺寸			安装尺寸		
	A	*B*	*C*	*D*	*E*	*ϕ*
CZ0－40	114	192	162	120	146	7.5
CZ0－100	150	175～232	170	125	170	7.5
CZ0－150	164	190～288	194	130/140	170～200	7.5/9.5
CZ0－250	100～205	327～356	276	70/80	290～325	12/14
CZ0－400	100～225	370～437	275～306	80	320～382	14/18
CZ0－600	130	437～500	306	90	380/440	18
CZ16－1000	350	491	306	20	340	17
CZ16－1500	460	562	326	37.5	360	17
CZ17－150	210	155	85	48	6	M6
CZ18－40	120/138	166	142	—	137	7
CZ18－80	138	185	160	—	157	7
CZ18－160	142/235	323	229	75	138	9
CZ18－315	148/260	325/367	269	80	170	9
CZ18－630	176/300	426/466	342	100	211	11/9
CZ18－1000	180/315	490/550	410	100	233	13/11
CZ18－1600	315	550	410	100	233	13
CZ21－16	92	102	112	76	68	5
CZ22－63	116	142	156	100	90	5.8

1.6 控制器

1.6.1 控制器的选用、安装和维护

1. 控制器的选用

正确选用控制器不能只按产品铭牌上的规定，还要了解控制对象的工作情况，如电动机的容量、型式、额定电压、额定电流、工作制和使用场所等，控制器往往具有操作频率高、环境温度高和粉尘大等特点。在选用时应留有一定裕量。

(1) 凸轮控制器选用：

① 控制功率应大于电动机的功率。

② 控制线路的选用，根据不同的控制方式，一般有四种：1 表示控制一台三相绕线型感应电动机；2 表示同时控制二台三相绕线型感应电动机；3 表示控制一台三相笼式感应电动机；4 表示控制二台三相绕线型感应电动机，但为带定子电路的触头。

(2) 非调整式主令控制器的选用：

① 使用环境。一般均为防护式，防护等级为 IP11，仅适用于室内，有些用于室外，应另加防雨措施。

② 电路数及操作挡位。控制电路有 6、8、10、12 四种，操作挡位有 1 至 6 挡。

③ 触头开闭表的特征。全系列的主令控制器规格很多，由于开闭表及操作挡位不一，选用时应查看样本选择符合要求的触头开闭表，然后根据开闭表的规格确定产品型号。

(3) 调整式主令控制器的选用：

① 使用环境。使用于室外应采用防水式（LK4—658），用于室内则采用其他各种规格。

② 控制电路数。全系列主令控制器的电路数有 2、5、6、8、16、24 等规格，一般选择时总留有若干电路空着做备用。

③ 减速器传动比。LK4 系列的减速器传动比，有 1∶5、1∶20、1∶30、1∶36、1∶16.65 等几种型式。其中 1∶16.65 的传动比为凸轮鼓串联型。

2. 控制器的安装

(1) 控制器应安装在便于观察和操作的位置上；操作手柄或手轮的安装高度，宜为 800 ~ 1 200mm。

(2) 控制器操作应灵活；挡位应明显、准确。带有零位自锁装置的操作手柄，应能正常工作。

(3) 操作手柄或手轮的动作方向，宜与机械装置的动作方向一致；操作手柄或手轮在各个不同位置时，其触头的分、合顺序均应符合控制器的开、合图表的要求，通电后应按相应的凸轮控制器件的位置检查电动机，并应运行正常。

(4) 控制器触头压力应均匀；触头超行程不应小于产品技术文件的规定。凸轮控制器主触头的灭弧装置应完好。

(5) 控制器的转动部分及齿轮减速机构应润滑良好。

3. 控制器的使用与维护

(1) 控制器必须牢固地固定在角铁架或操作台上，外接电缆导线可由底座上的孔穿入。在接线时必须按控制器的电气原理图接线，所有导线由基座下端两接线孔引出。

(2) 在通电前，必须检查控制器、电动机、电阻器、保护屏、行程开关和制动电磁铁的连接是否正确，必须检查接地是否可靠，然后进行空载运转。若控制器转到第一挡位时，电动机未开始转动，则应停止供电查明原因后，方可继续起动。电动机从开始运转到速度稳定以后，控制器方可转到下一个位置，当由一个位置过渡到另一个位置时，冲击电流不应超过继电器整定动作电流。如欲停止电动机，应将控制器转回到起始位置（零位）。

(4) 控制器应定期检查，每周不应少于一次，并须遵守下列要求：

① 在摩擦部位应保持有一薄层的润滑剂（可采用工业凡士林油）。

② 触头的工作表面应无较大的熔斑，烧熔的部位可用细锉刀细致修理，但不允许使用砂纸整修。

③ 所有的螺纹联接必须牢固，特别是触头和连接线部分；灭弧罩安装必须牢靠。损坏了的零件应及时更换。

④ 清除控制器中的灰尘和泥土，可用压缩空气吹或干布擦抹。

1.6.2 交流凸轮控制器

1. 适用范围

凸轮控制器主要用于交流 50Hz，额定工作电压至 380V 的电动机起动、调速及换向之用，也适用于类似要求的其他电力驱动系统。

2. 结构特征

（1）KT10 凸轮控制器的结构特征：见图 1－39。控制器在外壳内装有凸轮轴、支柱和固定在支柱上的接触系统。接触系统做成转动式单断点，在动触头的杠杆上带有滚子；在定子回路接触系统上带有内衬陶土铁质灭孤罩；在部分转子电路接触系统上带有铁质灭弧罩。控制器的定位是由定位棘轮，定位杠杆，定位弹簧实现的。控制器制成保护式，具有钢板外壳，上下基座为铸铁制件。当凸轮轴转动时，接触系统按规定的程序关合和断开。

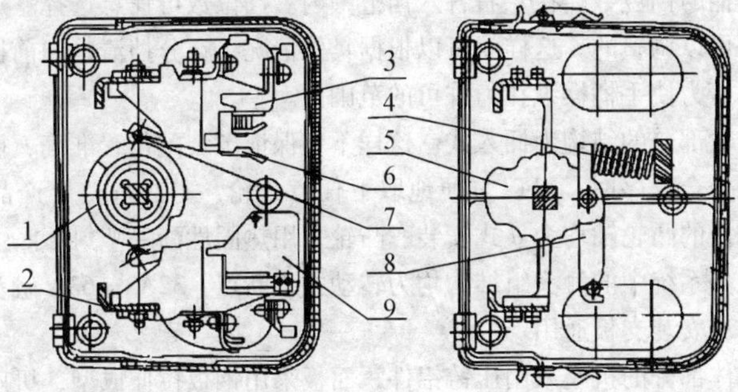

1. 凸轮轴　2. 支柱　3. 接触系统　4. 定位弹簧　5. 定位棘轮

6. 杠杆　7. 滚子　8. 定位杠杆　9. 灭弧罩

图 1－39　KT10 凸轮控制器的结构特征

（2）KT12 凸轮控制器结构特征：控制器操作方式有手轮式和手柄式二种。KT12 控制器触头结构采用积木式，双排布置，结构紧凑，装配方便。触头支持，凸轮片、面板和手轮均采用热塑性材料（聚碳酸酯、聚苯乙烯）等，体积小，质量轻、操作力轻，并能减小机加工工作量，用户维修方便。

（3）KT14 凸轮控制器结构特征：控制器操作方式有手轮式和手柄式二种。控制器的灭弧系统采用半封闭式纵缝陶土灭弧室，并配以强磁吹电路，灭弧能力强；触头系统结构为积木盒式，双排布置，装配方便，结构紧凑拆装容易；触头的闭合及断开凭借胶木凸轮片组成不同的角度，用旋转方式实现。

（4）KTJ15 系列凸轮控制器：防护等级为 IP40，采用立式安装。凸轮控制器主要有四部分组成：即操纵机构、凸轮、触头系统和壳体部分。

①操纵机构部分由操纵手柄、机械传动等组成。操纵手柄为避免由于起重机震动和意外碰撞使操纵机构误动作，手柄带有零位自锁装置，操作时只需将手柄压下，零位自锁装置打开便可操作。机械传动部分装在箱体上部，立式操作手柄是经伞形齿轮传动凸轮轴。水平操纵手柄则是直接传动凸轮轴，使触头组按规定程序分合。传动部分各支点均用滚动轴承，以减小摩擦力。定位棘轮是由 3mm 厚钢板冲压而成的，并经过适当热处理而获得良好的耐磨性。棘轮上冲有六个定位孔。定位螺钉装入位置不同的孔内，即可决定操纵手柄的挡位数。在左右各六挡范围内。挡位数可任意选择。定位棘轮弹簧力是可以调整的，这样就可以根据具体情况，在分挡清楚的前提下，调整棘轮弹簧力使手柄操纵在力许可的范围内。

②凸轮部分的结构为插入式。这样不仅保证了装配位置准确，而且如欲变换触头分合程序时，可以方便地取下任意凸轮，不必将整台产品大拆大卸。控制器的凸轮轴均为立式安装。凸轮采用热固性酚醛塑料。

③触头系统中的触头组结构均为转动式双断点。32A 与 63A 触头组安装尺寸相同，安装支板通用。

④壳体部分的机座采用压铸铝件，面板采用钢板拉伸成型，机座和面板用 4 个支柱联成一体，具有质量轻、刚度好的特点。前后外罩均能方便地拆下，以供安装、配线和维修之用。

（5）KTJ17 系列交凸轮控制器：结构特征与 KTJ15 相似。触头组结构均为转动式双断点。32A 与 63A 触头组安装尺寸相同。

3. 常用凸轮控制器产品型号及主要技术参数

（1）KT10 系列主要技术参数见表 1－63。

表 1－63　KT10 系列主要技术参数

<table>
<tr><th rowspan="2">型号</th><th>额定电</th><th>额定电</th><th colspan="2">工作位置</th><th colspan="2">控制器最大额定功率/kW</th><th colspan="3">辅助回路</th><th>电寿命</th><th rowspan="2">机械寿命/万次</th></tr>
<tr><th>流/A</th><th>压/V</th><th>左</th><th>右</th><th>220V</th><th>380V</th><th>发热电流</th><th>控制功率</th><th>电寿命/万次</th><th>/万次</th></tr>
<tr><td>KT10—25J/1</td><td rowspan="4">25</td><td rowspan="8">380</td><td rowspan="2">5</td><td rowspan="2">5</td><td>7.5</td><td>11</td><td rowspan="8">5A</td><td rowspan="8">300W</td><td rowspan="8">20</td><td rowspan="8">5</td><td rowspan="8">15</td></tr>
<tr><td>KT10—25J/2</td><td colspan="2">由定子回路接触器定</td></tr>
<tr><td>KT10—25J/3</td><td>1</td><td>1</td><td>2×3.5</td><td>2×5</td></tr>
<tr><td>KT10—25J/5</td><td rowspan="3">5</td><td rowspan="3">5</td><td>7</td><td>10</td></tr>
<tr><td>KT10—60J/1</td><td rowspan="4">60</td><td>22</td><td>30</td></tr>
<tr><td>KT10—60J/2</td><td colspan="2">由定子回路接触器定</td></tr>
<tr><td>KT10—60J/3</td><td>1</td><td>1</td><td>11</td><td>16</td></tr>
<tr><td>KT10—60J/5</td><td>5</td><td>5</td><td>2×7.5</td><td>2×11</td></tr>
</table>

（2）KT12 系列主要技术参数见表 1－64。

表 1－64　KT12 系列主要技术参数

<table>
<tr><th rowspan="2">型号</th><th rowspan="2">额定电流/A</th><th rowspan="2">额定电压/V</th><th colspan="2">工作位置</th><th colspan="2">控制器最大额定功率/kW</th><th colspan="2">转子电路触头/A</th><th rowspan="2">辅助触头额定电流/A</th><th rowspan="2">每小时可操作/次数</th><th rowspan="2">最大操作周期（次/min）</th></tr>
<tr><th>向前上升</th><th>向后下降</th><th>220V</th><th>380V</th><th>额定电流</th><th>通电率＝40%时的最大电流</th></tr>
<tr><td>KT12—25J/1</td><td rowspan="3">25</td><td>380</td><td>5</td><td>5</td><td>11</td><td>16</td><td>30</td><td>50</td><td>10</td><td>600</td><td>10</td></tr>
<tr><td>KT12—25J/2</td><td>380</td><td>5</td><td>5</td><td>2×5</td><td>2×7.5</td><td>30</td><td></td><td>10</td><td>600</td><td>10</td></tr>
<tr><td>KT12—25J/3</td><td>380</td><td>1</td><td>1</td><td>7.5</td><td>11</td><td>—</td><td>—</td><td>10</td><td>600</td><td>10</td></tr>
<tr><td>KT12—60J/1</td><td rowspan="3">60</td><td>380</td><td>5</td><td>5</td><td>20</td><td>30</td><td></td><td>100</td><td>10</td><td>600</td><td>10</td></tr>
<tr><td>KT12—60J/2</td><td>380</td><td>5</td><td>5</td><td>2×7.5</td><td>2×11</td><td></td><td>2×50</td><td>10</td><td>600</td><td>10</td></tr>
<tr><td>KT12—60J/3</td><td>380</td><td>1</td><td>1</td><td>11</td><td>16</td><td></td><td>—</td><td>10</td><td>600</td><td>10</td></tr>
</table>

注：控制器的机械寿命在操作频率 600 次/h 情况下，不小于 150×10^4。控制器的操作力不大于 49N。

（3）KT14 凸轮控制器型号及主要技术参数见表 1－65。

表 1－65　KT14 凸轮控制器型号及主要技术参数

型号	额定工作电压/V	额定电流/A	工作位置数		在通电持续率为25%时所能控制的电动机		每小时可操作/(次/h)	最大工作周期/(次/min)
			向前(上升)	向后(下降)	转子最大电流/A	最大功率/kW		
KT14—25J/1	380	25	5	5	32	11	600	10
KT14—25J/1	380	25	5	5	2×32	2×5.5	600	10
KT14—25J/3	380	25	1	1	35	5.5	600	10
KT14—60J/1	380	60	5	5	80	30	600	10
KT14—60J/2	380	60	5	5	2×80	2×11	600	10
KT14—60J/4	380	60	5	5	2×80	2×30	600	10

注:控制器的操作力不大于49N。

(4)KT15、KT17 凸轮控制器型号及主要技术参数见表 1－66。

表 1－66　KT15、KT17 凸轮控制器型号及主要技术参数

型　号	额定电流/A	额定电压/V	工作位置		最多触头元件数		控制电动机功率/kW	通断能力		电寿命/万次	机械寿命/万次	操作力/N
			左	右	主电路	辅助电路		接通/A	分断/A			
KT15—32	32	380	6	6	12	3	15	128	128	7.5	300	≤40
KT15—63	63						30	252	252			
KT17—32	32	380	6	6	16	5	15	80	128	7.5	300	≤60
KT17—63	63						30	252	252			

5. 交流凸轮控制器外形及安装尺寸

（1）KT10 系列控制器外形及安装尺寸见图 1－40 和表 1－67。

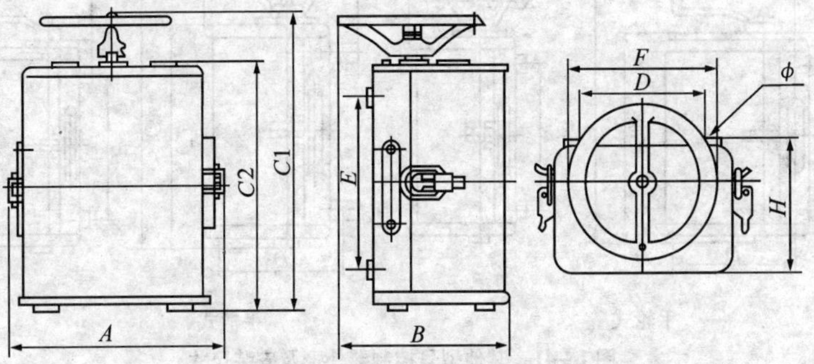

图 1－40　KT10 系列控制器外形及安装尺寸

表 1－67　KT10 系列控制器外形及安装尺寸 /mm

产品型号	外形尺寸						安装尺寸		
	A	*B*	*C*1	*C*2	*F*	*H*	*D*	*E*	ϕ
KT10－25J/1	260	200	346	289	ϕ180	160	170	209	10
KT10－25J/2			362	305				225	
KT10－25J/3			346	289				209	
KT10－25J/5			426	369				289	
KT10－60J/1	296	253	422	352	ϕ220	210	208	256	12
KT10－60J/2			442	372				276	
KT10－60J/3			422	352				256	
KT10－60J/5			522	452				356	

（2）其他型号控制器外形及安装尺寸见图 1－41 及表 1－68。

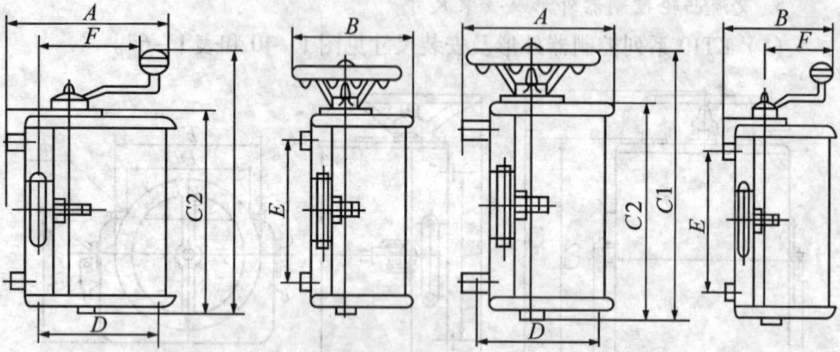

手轮式　　　　手柄式

图 1－41　其他型号控制器外形及安装尺寸

表 1－68　其他型号控制器外形及安装尺寸/mm

产品型号	外形尺寸							安装尺寸	
	A	*B*	*C*1		*C*2	*F*		*D*	*E*
			手轮式	手柄式		手轮式	手柄式		
KT12－25J/1	257	220	345	365	277	φ180	220	170	211
KT12－25J/2			415	435	346				281
KT12－25J/3			345	365	277				211
KT12－60J/1		170	469	489	389	φ150	170		399
KT12－60J/2			469	489	389				
KT12－60J/3			497	525	415				
KT14－25J/1	300	305	—	510	405	—	175	270	270
KT14－25J/2				642	537				402
KT14－25J/3				510	405				270
KT14－60J/1				510	405				270
KT14－60J/2				642	537				402
KT14－60J/3				554	449				314
KTJ15 手柄水平式	230	180	—	730	650	—	—	130	150
KTJ15—□L 手柄立式	230	180	—	850	650	—	—	130	150

1.6.3 主令控制器

1. LK1 系列主令控制器

（1）适用范围：LK1 系列主令控制器适用于交流电源 50Hz，电压至 380V 及直流电压至 440V 的电路中，主要用作起重机磁力控制屏的遥远控制。

（2）结构特征：LK1 系列主令控制器具有铸铁的壳体和支架，在壳体和支架上装有动、静触头及凸轮所组成的接触系统，整个接触系统封闭于壳子内，凸轮片角度为不可调整式，凸轮由手柄（或臂）带动而旋转，当触头支架上的滚子停于凸轮凹槽时，由于弹簧的作用而使动、静触头闭合；相反，动、静触头则分开。

（3）主要技术参数：LK1 系列主令控制器主要技术参数见表 1－69。

表 1－69　LK1 系列主令控制器主要技术参数

产品型号	额定电压/V	额定发热电流/A	总电路数	接通分断电流/A	额定控制功率/VA	操作力/N	操作频率
LK1－6	AC 380 DC 220	10	6	AC42 DC5	AC1000 DC150	≤50	1200 次/h，但允许 60 次/min 内密接接通操作
LK1－8			8				
LK1－10			10				
LK1－12			12				

（4）外形及安装尺寸：LK1 系列主令控制器外形安装尺寸见图 1－42 和表 1－70。

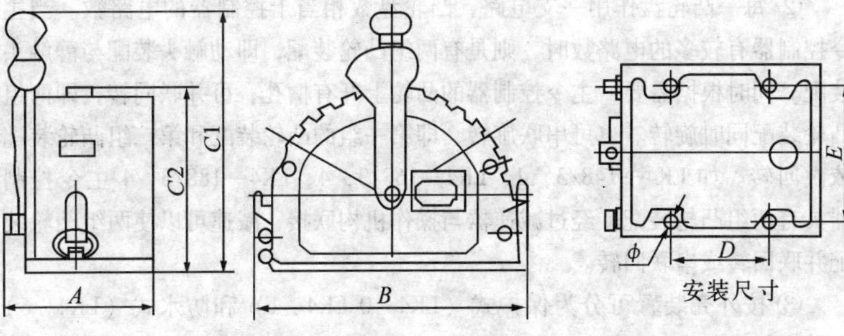

图 1－42　LK1 系列主令控制器外形及安装尺寸

表 1－70　LK1 系列主令控制器外形及安装尺寸/mm

产品型号	外形尺寸				安装尺寸		
	A	*B*	*C*1	*C*2	*D*	*E*	*ϕ*
LK1－6	179	320	322	227	230	—	2×ϕ13
LK1－8	259		325	220		70	4×ϕ11
LK1－10	329		325			140	4×ϕ11
LK1－12	329		325			140	4×ϕ11

2. LK4 系列主令控制器

（1）适用范围：LK4 系列主令控制器适用于交流 50Hz，电压至 380V 及直流电压至 220V 的电路中，为自动化电力传动装置中的控制原件。主令控制器可直接或经过减速器与操作机构连接而主令控制器触头根据操作机构的行程或转角按一定顺序闭合或断开（也可借辅助电动机来驱动）。

（2）结构特征：

① LK4 系列主令控制器的基本原件有凸轮装配与触头装配。凸轮装配由轴与凸轮盘组合而成。凸轮盘由两个同样的半圆块所组成，每块上开有十个孔及一条圆槽，两孔间隔为 18mm。凸轮片向固定螺栓左右两侧各调动 10°30′，则受凸轮所控制的触头断开与闭合的位置也可随之调整。由于主令控制器触头断弧能力及机械部分抗磨性的限制，凸轮盘的回转度速度不得超过 60r/min。

② 每一凸轮盘作用一支电路，凸轮盘数相当于控制器的电路数。当主令控制器有较多的电路数时，则是有两组凸轮装配，即动触头装配与静触头装配。同时根据需要，主令控制器的凸轮上开有槽孔，可并联同转，即两组凸轮装配同时旋转。也可串联旋转，即第一组的凸轮装配和第二组凸轮装配依次回转。如 LK4—148/3，4、LK4—168/3，4、LK4—188/3，4 主令控制器具有两组凸轮装配，经过减速器与操作机构联接，减速可以使两组凸轮装配并联回转或串联回转。

③ 按外壳装置可分为保护式（LK4—0 LK4—1）和防水式（LK4—6）二种。如 LK4—658 为防水式，具有一组凸轮装配，用装于主令控制器壳上的蜗轮减速器与传动轴相联接。按有否减速可分为：不带减速的主令控制器（LK4—024、LK4—044、LK4—054）和均带减速器控制器（除不带减速的

主令控制器外的所有控制器)。

(3) 主要技术参数:LK4 系列主令控制器主要技术参数见表 1-71。

表 1-71　LK4 系列主令控制器主要技术参数

产品型号	额定电压/V	总电路数	每一个轴上的凸轮盘数	凸轮装配旋转方式	约定发热电流/A	接通能力/A	分断能力/A	减速器传动比
LK4-024		2	2					—
LK4-044		4	4					—
LK4-054		6	6					—
LK4-028-1		2	2					1:30
LK4-028-2		2	2	—				1:5
LK4-048-1		4	4					1:30
LK4-048-2		4	4					1:5
LK4-058-1		6	6					1:30
LK4-058-2		6	6					1:5
LK4-148/3	AC380	8	4	串联		AC100	AC10	1:16:65
LK4-148/4	DC220	8	4	串联	10	DC75	DC2	1:11:20 或 1:36
LK4-168/3	DC110	16	8	串联				1:16:65
LK4-168/4		16	8	串联				1:11:20 或 1:36
LK4-188/3		24	12	串联				1:16:65
LK4-188/4		24	12	串联				1:11:20 或 1:36
LK4-658-1		5						1:1
LK4-658-4		5						1:30
LK4-658-5		5	—					1:30
LK4-658-6		5						1:5
LK4-658-7		5						1:5

注:① 主令控制器的操作频率为 1 200 次/h,但允许 60 次/min 内密接接通操作。

② 主令控制器按 1 200 次/ h,交流能承受 20 万次接通和 20 万次分断,直流能承受 10 万次接通和 10 万次分断(其中接通时间 0.2~0.5s)。试验后主令控制器触头仍能继续工作。主令控制器控制功率 AC 为 1 000VA,DC 为 90VA。

③ 主令控制器在无电流通过时,能承受 100 万次闭合和断开,其触头及弹簧能承受 30 万次闭合和断开,试验后能继续使用。

(4) 外形及安装尺寸:

① LK4—024、LK4—044、LK4—054 主令控制器外形安装尺寸见图 1-43和表 1-72。

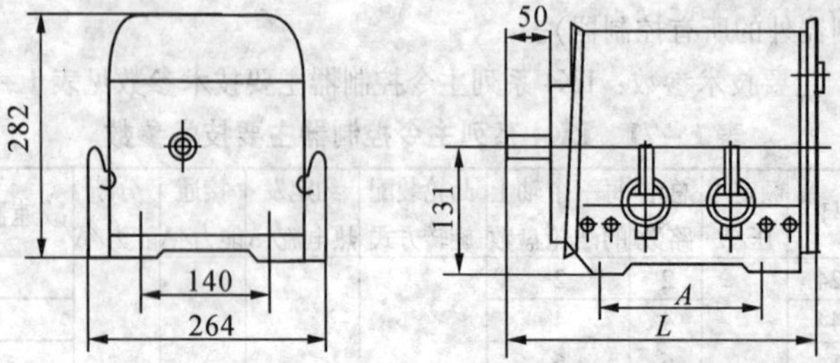

图 1-43 LK4—024、LK4—044、LK4—054 外形及安装尺寸

表 1-72 LK4—024、LK4—044 、LK4—054 外形及安装尺寸/mm

产品型号	尺寸		键槽尺寸（宽×长）	安装孔	出轴直径
	L	*A*			
LK4-024	255	80	6×35	4×ϕ14	ϕ17
LK4-044	357	182			
LK4-054	459	284			

② LK4—028、LK4—048 、LK4—058 外形及安装尺寸见图 1-44 及表 1-73。

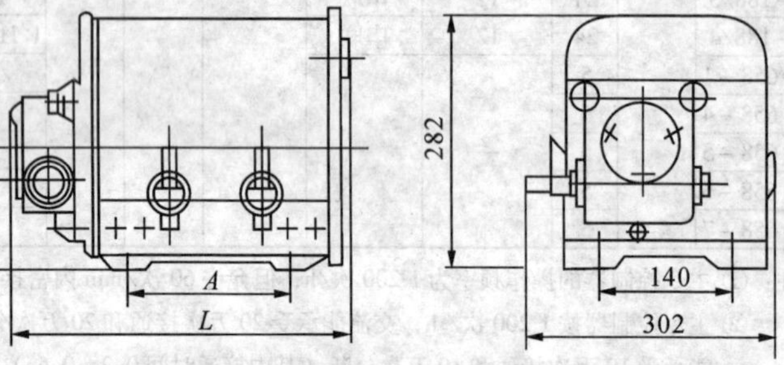

图 1-44 LK4—028、LK4—048 、LK4—058 外形及安装尺寸

表 1-73 LK4—028、LK4—048 、LK4—058 外形及安装尺寸/mm

产品型号	尺寸		键槽尺寸（宽×长）	安装孔	出轴直径
	L	*A*			
LK4-028	281	80	6×36	4×ϕ17	ϕ17
LK4-048	383	182			
LK4-058	485	284			

③ LK4—148、LK4—168、LK4—188 外形及安装尺寸见图 1－45 及表 1－74。

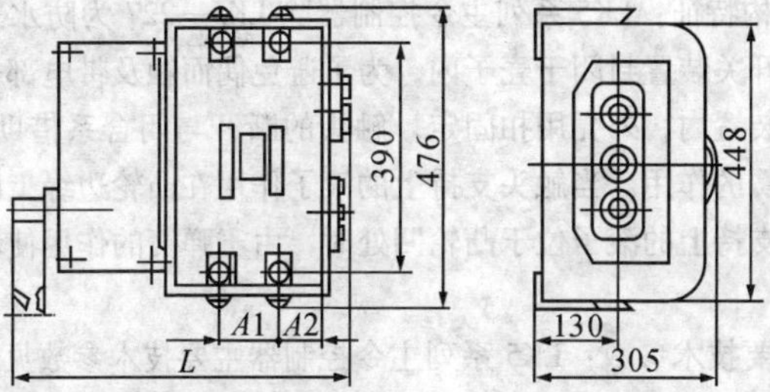

图 1－45　LK4—148、LK4—168、LK4—188 外形及安装尺寸

表 1－74　LK4—148、LK4—168、LK4—188 外形及安装尺寸/mm

产品型号	尺寸			键槽尺寸（宽×长）	安装孔	出轴直径
	L	*A*1	*A*2			
LK4－148	555	105	117	6×35	4×ϕ17	ϕ18
LK4－168	837	343	139			
LK4－188	1119	520	247			

④ LK4—658 外形及安装尺寸见图 1－46。

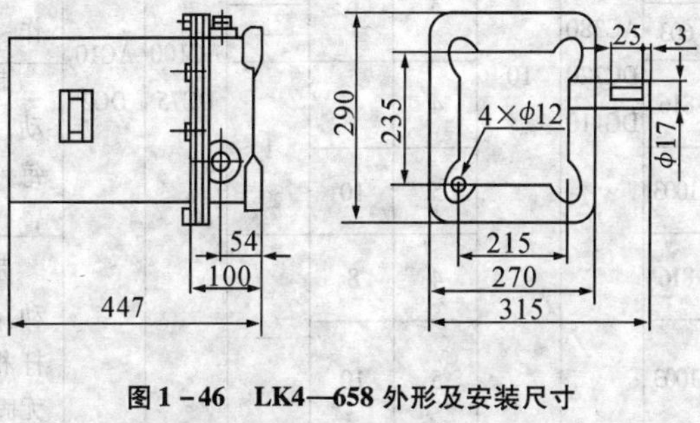

图 1－46　LK4—658 外形及安装尺寸

2. LK5 系列主令控制器

（1）适用范围：LK5 系列主控制器适用于交流 50Hz，电压至 380V 及直流电压至 440V 的电路中，主要用于各类型电力驱动装置的遥远控制，可以控制需要较多控制电路的联锁与转换装置，适合于频繁操作。但它不适宜用于有化学活跃性、易燃性气体及充满灰尘以及非常潮湿的场所。

（2）结构特征：LK5 系列主令控制器除 LK5—227 为防水式外，其他都为保护式，开关装置封闭于壳子内，为了避免偶而触及带电部分，并防止外物落入开关装置内，外壳用扣固定。触头的断开与闭合系借助于触头支持、动触头与弹簧的作用。当触头支持上的滚子作用在凸轮边缘上时，触头便断开。当触头支持上的滚子位于凸轮凹处时，由于弹簧的作用使动触头与静触头闭合。

（3）主要技术参数：LK5 系列主令控制器主要技术参数见表 1－75。

表 1－75　LK5 系列主令控制器主要技术参数

产品型号	额定电压/V	约定发热电流/A	凸轮盘数目	工作电路数	备用电路数	接通能力/A	分断能力/A	传动机构种类
LK5－027－1 LK5－227－4	AC380 DC220 DC110	10	1	2	—	AC100 DC75	AC10 DC2	手柄直接操作，可自复至零位
LK5－031/3－401			2	4	1			
LK5－031/3－405					—			
LK5－031/3－601			3	6	1			手柄直接操作，有定位装置
LK5－031/3－603					—			
LK5－051/6－816			4	8	1			带正齿轮传动，1∶2的手柄，每一个有定位装置
LK5－051/6－1003			5	10				
LK5－052/2－816			4	8	—			带正齿轮传动，1∶2的与杠杆相连的摇臂，无固定的位置
LK5－052/2－1003			5	10				

注：主令控制器的操作频率为 1 200 次/h，但允许 60 次/min 内密接接通操作。

（4）外形及安装尺寸：LK5 系列主令控制器外形安装尺寸见图 1－47 和表 1－76。

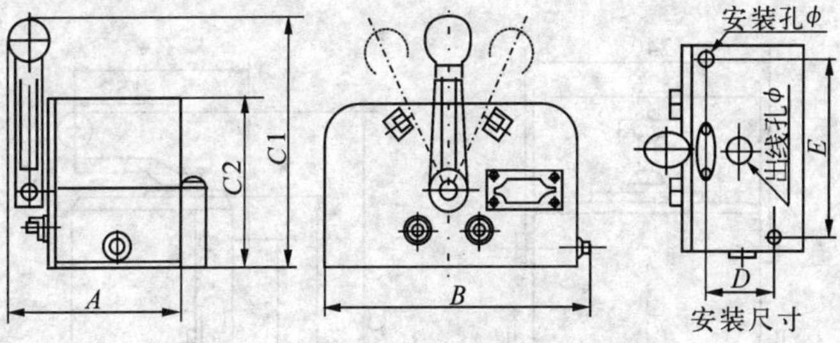

图1-47　LK5系列主令控制器外形安装尺寸

表1-76　LK5系列主令控制器外形及安装尺寸/mm

产品型号	外形尺寸				安装尺寸			
	A	*B*	*C*1	*C*2	*D*	*E*	安装孔 φ	出线孔 φ
LK5-027-1	135	215	214	148	64	172	2×10	25
LK5-227-4	235	275	242	—	9	225	—	17
LK5-227-5、6	284	275	280	—	9	225	—	17
LK5-031/3-4	191	384	318	230	—	230	2×φ13	30
LK5-031/3-6	179	320	322	228	—	230	2×φ13	30
LK5-051/6-8	404	385	354	242	200	252	4×φ14	30
LK5-052/2-8	404	320	258	242	200	252	2×φ14	30

3. LK14系列主令控制器

（1）适用范围：LK14系列主令控制器在交流50Hz，额定工作电压至380V的电力传动装置中作频繁转换控制之用。

（2）主要技术参数及外形安装尺寸：LK14系列主要技术参数及外形安装尺寸见图1-48和表1-77。

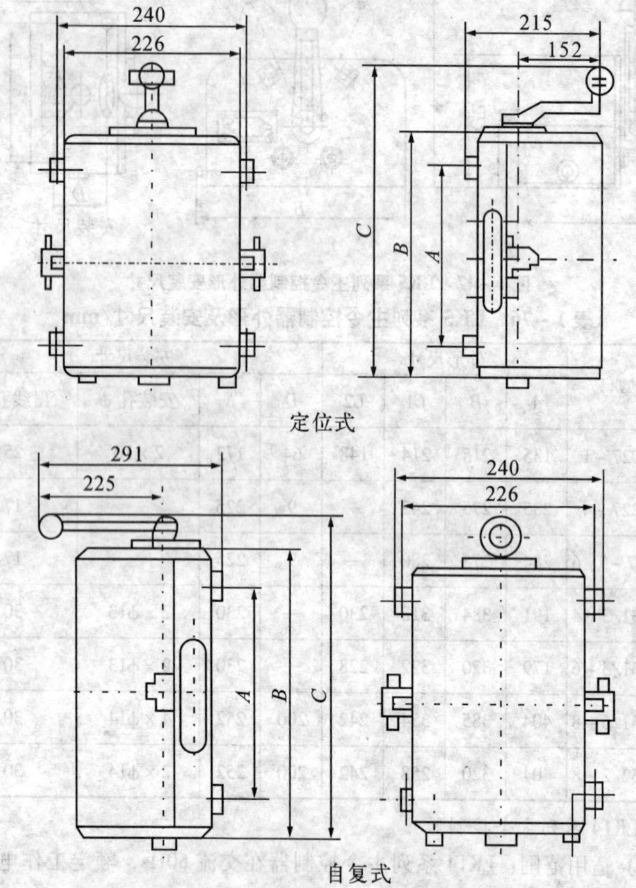

图 1-48　LK14 系列外形及安装尺寸

表 1-77　LK14 系列主令控制器主要技术参数及外形安装尺寸

产品型号	额定工作电压 /V	约定发热电流 /A	工作电路数	传动机构种　类	尺寸/mm		
					A	*B*	*C*
LK14-2/□	AC380	10	2	手柄操作自复式	80	123	182
LK14-4/□			4		100	143	202
LK14-6/□			6	手柄操作定位式	114	160	290
LK14-8/□			8		134	180	310
LK14-10/□			10		174	220	350
LK14-12/□			12				

3. LK16 系列主令控制器

（1）适用范围：LK16 系列非调整式主令控制器适用于直流电压至 220V，交流 50Hz，电压至 380V，主要用作磁力控制器的遥远控制。

（2）主要技术参数：LK16 系列主要技术参数见表 1-78。

表 1-78　LK16 系列主令控制器主要技术参数

产品型号	额定电压 /V	额定发热电流 /A	回路数	接通分断电流 /A	额定控制功率/VA	操作力 /N	操作频率 次/min
LK16-6	AC 380 DC 220	10	6	AC 42 DC 5	AC 1000 DC 180	≤50	1 200
LK16-12			12				

（3）外形及安装尺寸：LK16 系列外形安装尺寸见图 1-49。

4. LK17 系列主令控制器

（1）适用范围：LK17 系列非调整式主令控制器适用于直流电压至 220V，交流电压至 380V，频率 50Hz，主要用作磁力控制器的遥远控制。

（2）结构特征：LK17 系列非调整式主令控制器操作方便，与 LK1 产品相比体积和重量均减少 2/3，电寿命和机械寿命均提高 2～3 倍，有较好的机械性能。该产品的触头双断点，桥式结构，灭弧能力较强，直流的含有永磁块灭弧。

（3）LK17 系列主令控制器主要技术参数：

① 机械寿命不少于 300 万次，电寿命不少于 100 万次。

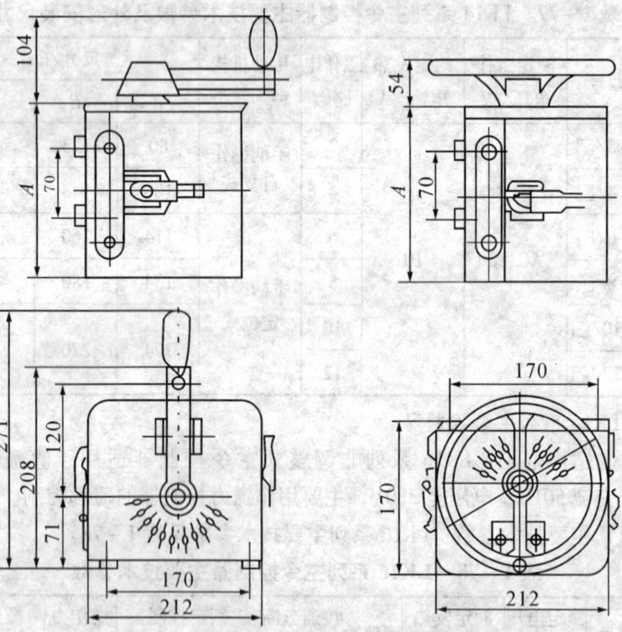

图 1－49　LK16 系列外形及安装尺寸

注：型号 LK16—6，A 尺寸为 136mm，型号 LK16—12，A 尺寸为 190mm。

② 触头数 2 ~ 12 个挡次数左、右各为 1 ~ 6 挡。

③ 控制器的触头接通和分断能力见表 1－79。

表 1－79　控制器的触头接通和分断能力

使用类别	额定控制容量 /VA	接通条件				分断条件			
		电压/V	电流/A	cosφ	L/R/ms	电压/V	电流/A	cosφ	L/R/ms
AC—11	1 000	380	42	0.15	/	380	2.6	0.20	/
DC—11	180	220	5.7	/	50	220	0.8	/	200

（4）外形及安装尺寸：LK17 系列主令控制器外形及安装尺寸见图1-50。

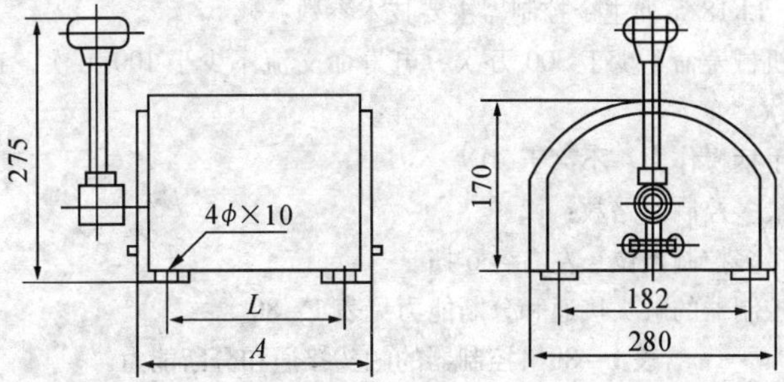

图1-50　LK17 系列外形及安装尺寸

注：型号 LK17—6，*A* 尺寸为 170mm，*L* 为 110mm；型号 LK17—12，*A* 尺寸为 245mm，*L* 为 190mm。

5. LK18 系列主令控制器

（1）适用范围：LK18 系列凸轮非调整式主令控制器适用于交流 50Hz，额定工作电压至 380V 及直流额定工作电压至 220V 的电力传动装置中，通过转换控制电路实现对控制站的遥控。

（2）结构特征：LK18 主令控制器分为三个部分：传动机构部分、凸轮、触头系统部分和壳体部分。为避免由于起重机震动和意外碰撞时操纵机构误动作，操纵手柄带有零位自锁装置。操作时只须将手柄压下，零位自锁装置打开，便可操作。机械传动部分装在箱体上部，立式操作机构手柄是经伞齿轮传动凸轮轴。水平操纵手柄是直接传凸轮轴，使触头组按规定程序分合。主令控制器的凸轮轴均为立式布置，传动部分各支点均用滚动轴承，以减少摩擦力。定位轮是由 3mm 厚钢板冲压而成的，并处理而获得耐磨性，棘轮上冲有六个定位孔，定位螺钉装入位置不同的孔内，即可决定操纵手柄的挡次。在左右各六挡的范围内，挡次数可以任意选择。定位棘轮弹簧力是可以调整的。这样就可以根据具体情况，在分挡清楚的前提下，调整棘轮弹簧力使手柄操纵力在许可的范围内。凸轮为黑色酚醛注射料，其结构为插入式，不仅保证了装配位置准确，而且如欲变换触头分合程序时，可以方便地取下任意凸轮，不必将整台产品大拆大卸。机座采用压铸铝件，上面板采用钢板拉伸成形，机座和面板用 4 个支柱联成一体，具有重量轻，刚度好的特点，前后外罩均能方便拆下供安装、配线和维修用。

（3）LK18 系列主令控制器主要技术参数：

① 机械寿命不少于 300 万次，电寿命交流不少于 100 万次，直流不少于 10 万次。

② 手柄操作力：不大于 30N。

③ 最多控制回路数：12 个。

④ 最多控制挡位：左右各 6 挡。

⑤ 控制器的触头接通和分断能力见表 1－80。

表 1－80　控制器的触头接通和分断能力

使用类别	额定工作电流/A	接通条件			分断条件			通断次数	通电时间/min
		电压/V	电流/A	$\cos\varphi$ / $T_{0.95}$	电压/V	电流/A	$\cos\varphi$ / $T_{0.95}$		
AC—11	2.6[①]	418	28.6	0.7	418	28.6	0.7	50	0.5～1
DC—11	0.4[②]	242	0.44	300ms	242	0.44	300ms	20	

注：① 2.6A 是在额定工作电压为交流 380V 时的电流值。

② 0.4A 是在额定工作电压为直流 220V 时的电流值。

（4）外形及安装尺寸：LK18 系列主令控制器外形及安装尺寸见图 1－51。

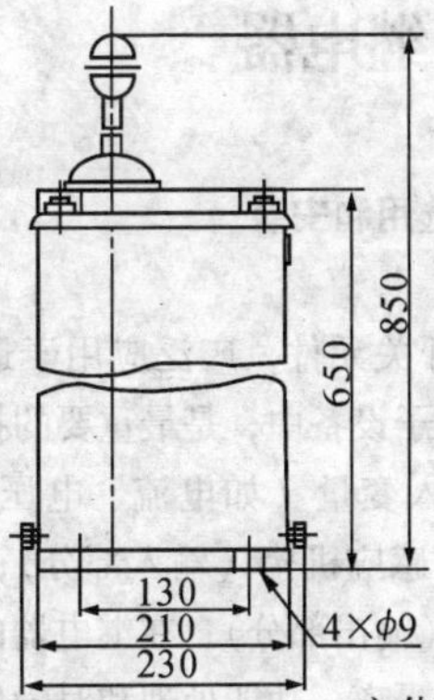

立体操作式

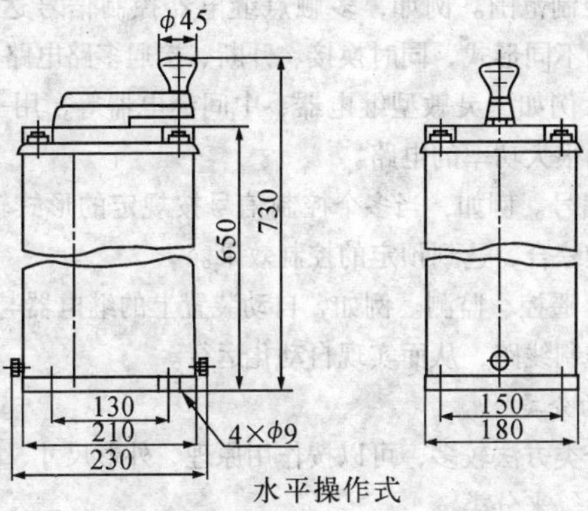

水平操作式

图1-51 LK18系列主令控制器外形及安装尺寸

1.7 继电器

1.7.1 继电器的作用、分类、选用和安装

1. 继电器的作用

继电器是具有隔离功能的自动开关元件，广泛应用于遥控、遥测、通信、自动控制、机电一体化及电力电子设备中，是最重要的控制元件之一。

继电器一般都有能反映一定输入变量（如电流、电压、功率、阻抗、频率、温度、压力、速度、光等）的感应机构（输入部分）；有对被控电路实现“通”、“断”控制的执行机构（输出部分）；在继电器的输入部分和输出部分之间，还有对输入量进行耦合隔离、功能处理和对输出部分进行驱动的中间机构（驱动部分）。

作为控制元件，概括起来，继电器有如下几种作用：

（1）扩大控制范围。例如，多触点继电器控制信号达到某一定值时，可以按触点组的不同形式，同时换接、开断、接通多路电路。

（2）放大。例如，灵敏型继电器、中间继电器等，用一个很微小的控制量，可以控制很大功率的电路。

（3）综合信号。例如，当多个控制信号按规定的形式输入多绕组继电器时，经过比较综合，达到预定的控制效果。

（5）自动、遥控、监测。例如，自动装置上的继电器与其他电器一起，可以组成程序控制线路，从而实现自动化运行。

2. 继电器的分类

继电器的分类方法较多，可以按作用原理、外形尺寸、保护特征、触点负载、产品用途等来分类。

（1）按作用原理分：

① 电磁继电器：在输入电路内电流的作用下，由机械部件的相对运动产生预定响应的一种继电器。它包括直流电磁继电器、交流电磁继电器、磁保持继电器、极化继电器、舌簧继电器，节能功率继电器。

a. 直流电磁继电器：输入电路中的控制电流为直流的电磁继电器。

b. 交流电磁继电器：输入电路中的控制电流为交流的电磁继电器。

c. 磁保持继电器：将磁钢引入磁回路，继电器线圈断电后，继电器的衔铁仍能保持在线圈通电时的状态，具有两个稳定状态。

d. 极化继电器：状态改变取决于输入激励量极性的一种直流继电器。

e. 舌簧继电器：利用密封在管内，具有触点簧片和衔铁磁路双重作用的舌簧的动作来开、闭或转换线路的继电器。

f. 节能功率继电器：输入电路中的控制电流为交流的电磁继电器，但它的电流大（一般30～100A），体积小，节电功能好。

② 固态继电器：输入、输出功能由电子元件完成而无机械运动部件的一种继电器。

③ 时间继电器：当加上或除去输入信号时，输出部分需延时或限时到规定的时间才闭合或断开其被控线路的继电器。

④ 温度继电器：当外界温度达到规定值时而动作的继电器。

⑤ 热继电器：利用热效应而动作的继电器。

⑥ 风速继电器：当风的速度达到一定值时，被控电路将接通或断开。

⑦ 加速度继电器：当运动物体的加速度达到规定值时，被控电路将接通或断开。

⑧ 其他类型的继电器：如光继电器、声继电器等。

（2）按外形尺寸分：

① 微型继电器：最长边尺寸不大于10mm的继电器。

② 超小型继电器：最长边尺寸大于10mm，但不大于25mm的继电器。

③ 小型继电器：最长边尺寸大于25mm，但不大于50mm的继电器。

（3）按触点负载分：

① 微功率继电器：小于0.2A的继电器。

② 弱功率继电器：0.2～2A的继电器。

③ 中功率继电器：2～10A的继电器。

④ 大功率继电器：10A以上继电器。

⑤ 节能功率继电器：20～100A的继电器。

（4）按防护特征分：

① 密封继电器：采用焊接或其他方法，将触点和线圈等密封在金属罩内，是泄漏率较低的继电器。

② 塑封继电器：采用封胶的方法，将触点和线圈等密封在塑料罩内，

是泄漏率较高的继电器。

③ 防尘罩继电器：用罩壳将触点和线圈等封闭加以防护的继电器。

④ 敞开继电器：不用防护罩来保护触点和线圈等的继电器。

3. 继电器的选用

（1）按使用环境选用：使用环境条件主要指温度（最大与最小）、湿度（一般指40℃下的最大相对湿度）、低气压（使用高度1 000m以下可不考虑）、振动和冲击。此外，尚有封装方式、安装方法、外形尺寸及绝缘性等要求。由于材料和结构不同，继电器承受的环境力学条件各异，超过产品标准规定条件下使用时，有可能损坏继电器，应按整机的环境力学条件或高一级的条件选用。对电磁干扰或射频干扰比较敏感的装置周围，最好不要选用交流电激励的继电器。选用直流继电器要选用带线圈瞬态抑制电路的产品。那些用固态器件或电路提供激励及对尖峰信号比较敏感的地方，也要选择有瞬态抑制电路的产品。

（2）按输入信号不同选用继电器种类：按输入信号电、温度、时间、光信号确定选用电磁、温度、时间、光电继电器。整机供给继电器线圈是恒定的电流应选用电流继电器。若是恒定电压值则选用电压继电器。

（3）按输入参量选用：与用户密切相关的输入量是线圈工作电压（或电流），而吸合电压（或电流）则是继电器制造厂控制继电器灵敏度并对其进行判断、考核的参数。对用户来讲，它只是一个工作下极限参数值。控制安全系数是工作电压（电流）/吸合电压（电流），如果在吸合值下使用继电器，是不可靠不安全的，环境温度升高或处于振动、冲击条件下，将使继电器工作不可靠。整机设计时，不能以空载电压作为继电器工作电压依据，而应将线圈接入作为负载来计算实际电压，特别是电源内阻大时更是如此。当用三极管作为开关元件控制线圈通断时，三极管必须处于开关状态，对DC6V以下工作电压的继电器来讲，还应扣除三极管饱和压降。当然，并非工作值加得愈高愈好，超过额定工作值太高会增加衔铁的冲击磨损，增加触点回跳次数，缩短电气寿命，一般，工作值为吸合值的1.5倍，工作值的误差一般为±10%。

（4）按负载情况选择继电器触点的种类和容量：触点组合形式和触点组数应根据被控回路实际情况确定。动合触点组和转换触点组中的动合触点对，由于接通时触点回跳次数少和触点烧蚀后补偿量大，其负载能力和接触可靠性较动断触点组和转换触点组中的动断触点对要高，整机线路可对触点位置适当调整，尽量多用动合触点。

根据负载容量大小和负载性质（阻性、感性、容性、灯负载及电动机负载）确定参数十分重要。一般说，继电器切换负荷在额定电压下，电流大于100mA、小于额定电流的75%最好。电流小于100mA会使触点积炭增加，可靠性下降，故100mA称作试验电流，是国内外专业标准对继电器生产厂工艺条件和水平的考核内容。由于一般继电器不具备低负载切换能力，用于切换50mV、50μA以下负荷的继电器，用户须注明，必要时应请继电器生产厂协助选型。

继电器的触点额定负载与寿命是指在额定电压、电流下，负载为阻性的动作次数，当超出额定电压时，可参照触点负载曲线选用。当负载性质改变时，其触点负载能力将发生变化。在切换不同步的单相交流负载时，会存在相位差，所以触点额定值应为负载电流的4倍，额定电压为负载电压的2倍。

（5）常用热继电器的选用：选用热继电器时，安秒特性应位于电动机过载特性之下，并尽可能接近。

① 保护长期工作或间断长期工作的电动机：

a. 保证电动机能起动：选取$6I_e$下具有相应可返回时间的热继电器；动作时间通常应>5s。

b. 选热继电器整定值为（0.95～1.05）I_e

c. 选用带断相保护的热继电器，即型号后面有D、T系列或3UA系列。

② 保护反复短时工作制的电动机时热继电器的选用：使用热继电器时仅有一定范围的适应性。当电动机起动电流倍数为$6I_e$，起动时间为1s、满载工作、通电持续率为60%时，每小时允许操作数不能超过40次。如操作频率过高，可选用带速饱和电流互感器的热继电器，或者不用热继电器保护而选用电流继电器。

③ 特殊工作制电动机保护：正反转及频繁通断工作的电动机不宜采用热继电器来保护。较理想的方法是用埋入绕组的温度继电器或热敏电阻来保护。

（6）常用电磁式继电器的选用：电磁式继电器的选择主要考虑触点负载切换能力、环境应力条件和物理性能参数等方面。

① 选择线圈电源电压：首先应注意线圈电源电压是交流还是直流，继电器的额定工作电压一般应小于或等于其控制电路的工作电压。

② 选择线圈的额定工作电流：用晶体管或集成电路驱动的直流电磁继电器，其线圈额定工作电流（一般为吸合电流的 2 倍）应在驱动电路的输出电流范围之内。

③ 选择接点类型及接点负荷：同一种型号的继电器通常有多种接点的形式可供选用（电磁继电器有单组接点、双组接点、多组接点及常开式接点、常闭式接点等），应选用适合应用电路的接点类型。所选继电器的接点负荷应高于其接点所控制电路的最高电压和最大电流，否则会烧毁继电器接点。

④ 选择合适的体积：继电器体积的大小通常与继电器接点负荷的大小有关，选用多大体积的继电器，还应根据应用电路的要求而定。

（7）常用电动机保护继电器的选用：

① 选择规格：根据所需保护电动机的额定电流选择相应规格的电动机保护器。在特殊情况下，大规格电动机保护器可用增加穿过保护器匝数的方法，应用在小功率电动机上；小规格电动机保护器可通过安装于电流互感器二次侧的方法，应用于大功率电动机。

② 选择起动时间：对一些大惯量、重负荷起动的设备（如风机），宜选用起动时间 20s 的电动机保护器；对一些小惯量、轻负荷起动及允许过载时间短。

4. 继电器的安装

（1）引出端保护：将继电器焊接在印制电路板上使用时，印制板的孔距要正确，孔径不能太小。当必须扳动引出端时，应首先将引出端靠底板 3mm 处固定再扳动和扭转。直径≥0. 8mm 的引出端不允许扳动和扭转。继电器底板与印制板之间应有大于 0. 3mm 的间隙，这可保护引出端根部不受外力损伤，也便于焊后清洗时清洗液的流出和挥发。焊孔式和焊钩式引出端在焊接引线和焊下引线过程中都不能使劲绞导线、拉导线，以免造成引出端松动。对螺孔和螺栓引出端，安装时其扭矩应小于表 1－81 的值。如安装时继电器不慎掉落在地，由于受强冲击，内部可能受损，应隔离、检验确认合格后才能使用。

表 1－81　螺孔和螺栓引出端的扭矩/N·m

螺栓规格		M2.5	M3.0	M3.5	M4.0	M5.0	M6.0
接线用	有头	0.40	0.50	0.80	1.20	2.00	2.5
	沉头	0.20	0.25	0.40	0.70	0.8	—
作引出端用		0.40	0.50	1.14	2.28	4.00	8.00
作安装件用		—	1.00	2.00	4.20	—	—

焊接与清洗：继电器引出端的焊接应使用中性松香焊剂，不应使用酸性焊剂，焊接后应及时清洗、烘干。焊接用电路铁以 30～60W 为宜，烙铁顶端温度 280～330℃ 为好，焊接时间应不大于 3s。自动焊接时，焊料温度 260℃，焊接时间不大于 5s。非密封继电器在焊接和清洗过程中，切勿让焊剂、清洗液污染继电器内部结构，而密封继电器和可清洗式塑封继电器可进行整体浸洗。

(3) 防止振动放大：对有抗振要求的继电器，合理选择安装方式可避免或减少振动放大，最好是将继电器安装成使继电器受到的冲击和振动的方向，与继电器衔铁的运动方向相垂直，尽量避免选用顶部螺钉安装或顶部支架安装的继电器。

(4) 多只继电器集中安装方法：多只继电器密集安装于同一印制板或同一机架，它们可以产生反常的高热，无磁屏蔽罩子的继电器还可能因受磁干扰而动作失误，这可以通过合理设计各继电器之间的安装间隙，或把其他元器件安装到各只继电器中间（但不得是强发热和产生强磁场的元件以及怕热和磁干扰的元器件）来解决。

1.7.2　热过载继电器

1. 热过载继电器的适用范围

热过载继电器用于交流 50Hz，额定绝缘电压 660V，电流 0.1～630A 的电路中，主要用于三相交流电动机的过载和断相保护。并可与适应的交流接触器组成起动器。

2. 热过载继电器的结构特征

(1) JR20 热继电器：采用立体布置式（又称“二层楼式”）结构，全系列动作机构通用。热继电器为三相式，采用拉簧式跳跃动作机构，可以获得良好的瞬间跳跃动作特性。除具有过载保护、断相保护、温度补偿以及手动和自动复位功能外，还具有动作脱扣灵活性检查、动作脱扣指示以及断开检验按钮等功能装置。热继电器充分考虑了 CJ20 交流接触器各电流等级的相间距离、接线高度及外形尺寸，通过专用的导电板可方便地安装在相应电流等级的交流接触器上。

当主电路中电动机过载或断相时，热继电器动作，同时脱扣指示件弹出，显示热继电器已动作。热继电器可手动复位，也可自动复位，复位后，热继电器即可再次投入工作。

（2）JR21（引进德国芬纳尔公司 K7D 型号）热继电器的温度补偿装置装有微调螺钉，通过微调可保证补偿的精度，并设有扳键选择开关，用户容易按需要转换触头，复位方式："自动复位式"和"手动复位式"，现 CJ21 交流接触器配套使用时，可将其线端和连接板直接插入接触器的主触头和线圈端子，即组合紧凑可靠，又简单方便。适用于主回路交流 50Hz、额定电压至 660V、电流至 63A 的长期工作的电动机的过载保护和断相保护。

（3）JR36 系列过载继电器：是 JR16 的更新换代产品，安装尺寸完全相同，外形相仿，但功能增加很多，性能有大幅度提高。除了具有过载保护和断相保护功能外，还具有温度补偿、动作灵活性检查、可转换的手动复位或自动复位和手动断开常闭触头的装置。

（4）JRS1 继电器（LRI－D）：主要用于交流 50Hz 或 60Hz，电压至 690V，电流 0.1～80A 的长期工作或间断长期工作的交流电动机的过载与断相保护。分 Z 型（组合式）和 F 型（独立式）两种。Z 型为组合安装式，可直接与 CJX2 系列交流接触器插接安装。F 型为独立安装型，具有全部接线端子。具有断相保护，温度补偿，动作指示，手动复位，停止功能。产品结构合理，动作可靠，操作和使用安全。

（5）JRS2 系列热过载继电器：适用于交流 50Hz 或 60Hz、电压至 600V，电流从 0.1～630A 的长期或间断工作的一般交流电动机过载保护。具有二种安装方式，组合式可直接插入接触器，独立式可单独安装或安装在导轨上。具有差动式断相保护和温度补偿装置。整定电流连续可调。具有自动或手动复位按钮。有检测按钮和脱扣指示，并具有在电气上相互绝缘的一常开一常闭触头。产品性能稳定，动作可靠。

（6）JRS5 系列热过载继电器：带断相保护，其造型新颖、美观，具有断相保护、温度补偿、整定电流可调、自动和手动复位任意选项按钮。可进行动作灵活性检查。有防止手指触电护罩，使用安全。有闭锁装置防止误操作，装上附件还可以进行远距离操作等，确系功能齐全，品质优良、符合时代要求的产品。

（7）T系列热继电器：是ABB公司生产的产品，可与ABB公司的EB、BC、BH和EH型接触器结合使用，T系列每相都有一片双金属片，间接地加热至双金属片弯曲使继电器脱扣，由辅助触头来改变其开或闭的状态，具有多种附件，如端子模块、遥控跳闸线圈、遥控复位线圈、端子盖、辨识标识和铜电线夹等，均配备温度补偿和断相保护的元件。

（8）LR2—D系列热继电器：是施耐德公司生产的产品，可与施耐德公司的D型接触器结合使用，LR2—D系列手动和自动可任意选择，且可加装手动外控柔性电缆复位器，具有实现“停止”功能的按钮，并可用外附的U型夹锁件“停止”位置上，具有模似胶扣的测试按钮，并有脱扣指示器，整定电流由转动刻度盘来调节，并可以用锁件予以锁定。

（9）3UA系列热继电器：是西门子公司生产的产品，具有差动式断相保护、整定电流连线性可调装置等，可用软轴式复位线进行远距离手动复位，非常适用于抽屉式开关柜。适用于交流50Hz/60Hz，电压690～1 000V，电流0.1～400A的一般交流电动机的过载与断相保护，也可用作直流电磁铁和直流电动机的过载保护。继电器可与接触器接插安装，也可独立安装。3UA系列为双金属片式热过载继电器，脱扣等级为Class 10A具有差动式断相保护、整定电流连续可调装置、脱扣指示、测试按钮、手动复位和自动复位按钮，在电气上相互绝缘的一常开和一常闭触头，接线方便牢固，接触可靠性高，抗振性强，安全防护性好。

（10）ZE、Z00和Z1系列热继电器：是德国金钟－默勒公司生产的产品，具有温度补偿和断相保护，可直接安装在DIL系列接触器上，其中Z00和Z1系列还可以单独安装带有脱扣显示。具有一个常开和常闭辅助触头、检验分断按钮、自动脱扣和手动复位键等。

（11）TH—N系列热继电器：是日本三菱公司生产的产品，与三菱公司MS—N系列接触器可组成电动机起动器，具有一常开和一常闭辅助触头，旋转刻度盘可方便地调节整定电流，只须将刻度盘调整到电动机的满载电流，即可提供有效保护，采用自动复位杆，手动和自动复位可互相转换。

（12）TR 和 TK 系列热继电器：是日本富士公司生产的产品，具有环境温度补偿器、自由脱扣机构和机械脱扣指示，可兼用手动和自动复位。

（13）MT、RT 系列热继电器：是美国 GE 公司生产的产品，具有三相差动保护机构，手动和自动复位，单独安装或直接与接触器配装连接，接线端的防触及盖罩。其中 RT 系列分为手动、自动复位 RTA 和仅手动复位 RTM。

3. 热过载继电器的保护特性

热过载继电器的保护特性和三相负载不平衡分别见表 1－82 和表1－83。

表 1－82　继电器保护特性

序号	整定电流倍数	动作时间	试验条件	周围空气温度
1	1.05	>2h 不动作	冷态	20℃ ±5℃
2	1.2	<2h 动作	热态（接序 1）	
3	1.5	10A 级 <2min 动作	热态（接序 1）	
		10 级 <2min 动作		
4	7.2	10A 级 2s < TP≤10s	冷态	
		10 级 4s < TP≤10s		

表 1－83　三相负载不平衡（断相）

序号	整定电流倍数		动作时间	试验条件	周围空气温度
	任一两相	另一相			
1	1.0	0.9	>2h 不动作	冷态	20℃ ±5℃
2	1.15	0	<2h 动作	热态（接序 1）	

4. 常用热过载继电器型号及主要技术参数

常用热过载继电器型号及主要技术参数见表 1－84。

表 1-84　常用热过载继电器型号及主要技术参数

产品型号	热元件号	整定电流范围/A	产品型号	热元件号	整定电流范围/A
JR20-10	1R	0.1~0.13~0.15	JR20-63	1U	16~20~24
	2R	0.15~0.19~0.23		2U	24~30~36
	3R	0.23~0.29~0.35		3U	32~40~47
	4R	0.35~0.44~0.53		4U	40~47~55
	5R	0.53~0.67~0.8		5U	47~55~62
	6R	0.8~1~1.2		6U	55~63~71
	7R	1.2~1.5~1.8	JR20-160	1W	33~40~47
	8R	1.8~2.2~2.6		2W	47~55~63
	9R	2.6~3.2~3.8		3W	63~74~84
	10R	3.2~4~4.8		4W	74~86~98
	11R	4~5~6		5W	85~100~115
	12R	5~6~7		6W	100~115~130
	13R	6~7.2~8.4		7W	115~132~150
	14R	7~8.6~10		8W	130~150~170
	15R	8.6~10~11.6		9W	144~160~170
JR20-16	1S	3.6~4.5~5.4	JR20-250	1X	135~160~195
	2S	5.4~6.7~8		2X	167~200~250
	3S	8~10~12	JR20-400	1Y	200~250~300
	4S	10~12~14		2Y	267~335~400
	5S	12~14~16	JR20-630	1Z	320~400~480
	6S	14~16~18		2Z	420~525~630
JR20-25	1T	7.8~9.7~11.6	JR21-23	0.32	0.2~0.32
	2T	11.6~14.3~17		0.5	0.3~0.5
	3T	17~21~25		0.75	0.45~0.75
	4T	21~25~29		1.1	0.7~1.1

续表

产品型号	热元件号	整定电流范围/A	产品型号	热元件号	整定电流范围/A
JR21 - 23	1.6	1 ~ 1.6	JR36 - 63	63	40 ~ 63
	2.2	1.4 ~ 2.2		85	53 ~ 85
	3.2	2 ~ 3.2	JR36 - 160	120	75 ~ 120
	5	3 ~ 5		160	100 ~ 160
	7.5	4.5 ~ 7.5	JRS1 - 25	0.16	0.1 ~ 0.12 ~ 0.14 ~ 0.16
	12	7 ~ 12		0.25	0.16 ~ 0.19 ~ 0.22 ~ 0.25
	18	11 ~ 18		0.4	0.25 ~ 0.3 ~ 0.35 ~ 0.4
	23	16 ~ 23		0.63	0.4 ~ 0.5 ~ 0.63
JR36 - 20	0.35	0.25 ~ 0.35		1	0.63 ~ 0.75 ~ 0.9 ~ 1
	0.5	0.32 ~ 0.5		1.6	1 ~ 1.2 ~ 1.4 ~ 1.6
	0.72	0.45 ~ 0.72		2.5	1.6 ~ 1.9 ~ 2.2 ~ 2.5
	1.1	0.68 ~ 1.1		4	2.5 ~ 3 ~ 3.5 ~ 4
	1.6	1 ~ 1.6		6	4 ~ 5 ~ 6
	2.4	1.5 ~ 2.4		8	5.5 ~ 6.5 ~ 8
	3.5	2.2 ~ 3.5		10	7.5 ~ 8.5 ~ 10
	5	3.2 ~ 5		13	10 ~ 11.5 ~ 13
	7.2	4.5 ~ 7.2		18	13 ~ 15.5 ~ 18
	11	6.8 ~ 11		25	18 ~ 21.5 ~ 25
	16	10 ~ 16	JRS1 - 80	32	23 ~ 27.5 ~ 32
	22	14 ~ 22		40	30 ~ 35 ~ 40
JR36 - 32	16	10 ~ 16		50	38 ~ 44 ~ 50
	22	14 ~ 22		57	48 ~ 52 ~ 57
	32	20 ~ 32		66	57 ~ 62 ~ 66
JR36 - 63	22	14 ~ 22		80	63 ~ 72 ~ 80
	32	20 ~ 32	JRS2 - 12.5	0.16	0.1 ~ 0.16
	45	28 ~ 45		0.25	0.16 ~ 0.25

续表

产品型号	热元件号	整定电流范围/A
JRS2－12.5	0.4	0.25～0.5
	0.63	0.4～0.63
	1	0.63～1
	1.25	0.8～1.25
	1.6	1～1.6
	2	1.25～2
	2.5	1.6～2.5
	3.2	2～3.2
	4	2.5～4
	6.3	4～6.3
	8	5～8
	10	6.3～10
	12.5	8～12.5
	14.5	10～14.5
JRS2－25	0.16	0.1～0.16
	0.25	0.16～0.25
	0.4	0.25～0.4
	0.63	0.4～0.63
	1	0.63～1
	1.25	0.8～1.25
	1.6	1～1.6
	2	1.25～2
	2.5	1.6～2.5
	3.2	2～3.2
	4	2.5～4
JRS2－25	6.3	4～6.3
	8	5～8
	10	6.3～10
	12.5	8～12.5
	16	10～16
	20	12.5～20
	25	16～25
JRS2－36	6.3	4～6.3
	10	6.3～10
	16	10～16
	20	12.5～20
	25	16～25
	32	20～32
	36	25～36
JRS2－45	32	20～32
	36	25～36
	40	32～40
	45	36～45
JRS2－63	25	16～25
	32	20～32
	40	25～40
	45	32～45
	57	40～57
	63	50～63
JRS2－80	25	16～25

续表

产品型号	热元件号	整定电流范围/A	产品型号	热元件号	整定电流范围/A
JRS2 -80	32	20 ~ 32	JRS5 - 12/Z	0. 5	0. 4 ~ 0. 6
	40	25 ~ 40		0. 7	0. 55 ~ 0. 85
	50	32 ~ 50		0. 9	0. 1 ~ 1. 1
	57	40 ~ 57		1. 3	1 ~ 1. 6
	63	50 ~ 63		1. 7	1. 4 ~ 2
	70	57 ~ 70		2. 1	1. 7 ~ 2. 5
	80	63 ~ 80		2. 5	2 ~ 3
	88	70 ~ 88		3. 6	2. 8 ~ 4. 4
JRS2 - 180	88	55 ~ 88		5	4 ~ 6
	90	63 ~ 90		6. 6	5. 2 ~ 8
	110	80 ~ 110		9	7 ~ 11
	120	90 ~ 120		11	9 ~ 13
	135	110 ~ 135	JRS5 - 20/F	2. 5	2 ~ 3
	150	120 ~ 150		3. 6	2. 8 ~ 4. 4
	160	135 ~ 160		5	4 ~ 6
	180	150 ~ 180		6. 6	5. 2 ~ 8
JRS2 - 400	125	80 ~ 125		9	7 ~ 11
	200	125 ~ 200		11	9 ~ 13
	250	160 ~ 250		15	12 ~ 18
	320	200 ~ 320		19	16 ~ 22
	400	250 ~ 400		22	18 ~ 26
JRS2 - 630	500	320 ~ 500		29	24 ~ 34
	630	400 ~ 630		35	30 ~ 40
JRS5 - 12/Z	0. 24	0. 2 ~ 0. 28	T25DU	0. 16	0. 1 ~ 0. 16
	0. 35	0. 28 ~ 0. 42		0. 25	0. 16 ~ 0. 25

续表

产品型号	热元件号	整定电流范围/A	产品型号	热元件号	整定电流范围/A
T25DU	0.4	0.25~0.4	T80DU	80	60~80
	0.63	0.4~0.63	T100DU	100	80~100
	1	0.63~1	T135DU	90	65~90
	1.4	1~1.4		110	80~110
	1.8	1.3~1.8		135	100~135
	2.4	1.7~2.4	T200DU	135	100~135
	3.1	2.2~3.1		150	110~150
	4	3.5~4.0		175	130~175
	5	3.5~5		200	150~200
	6.5	4.5~6.5	T450DU/SU	185	130~185
	8.5	6.0~8.5		235	165~235
	11	7.5~11		310	220~310
	14	10~14		400	285~400
	19	13~19	T900DU/SU	375	265~375
	25	18~25		500	355~500
	32	24~32		650	465~650
T75DU	25	18~25		850	610~850
	32	22~32	T6DU	0.17	0.11~0.17
	42	29~42		0.26	0.17~0.26
	52	36~52		0.43	0.26~0.43
	63	45~63		0.65	0.43~0.65
	80	60~80		1.0	0.65~1.0
T80DU	42	29~42		1.3	1.0~1.3
	52	36~52		1.6	1.1~1.6
	63	45~63		2.0	1.35~2.0

续表

产品型号	热元件号	整定电流范围/A	产品型号	热元件号	整定电流范围/A
T6DU	2.4	1.7~2.4	LR2-D3363	D80 和 D95	63~80
	3.2	2.2~3.2	LR2-D3365	D95	80~93
	4.7	3.0~4.7	LR2-D3363	D80 和 D95	63~80
	6.3	4.0~6.3	LR2-D3365	D95	80~93
	8.0	5.5~8.0	3UA50	14.5	0.1~14.5
	10.5	7.5~10.5	3UA52	25	0.1~25
	14.0	10~14.0	3UA54	36	4~36
LR2-D1301	D09~D32	0.10~0.16	3UA55	45	0.1~45
LR2-D1302	D09~D32	0.16~0.25	3UA59	63	0.1~63
LR2-D1303	D09~D32	0.25~0.40	3UA58	88	4~88
LR2-D1304	D09~D32	0.40~0.63	3UA60	135	55~135
LR2-D1305	D09~D32	0.63~1	3UA61	150	55~150
LR2-D1306	D09~D32	1~1.6	3UA62	180	55~180
LR2-D1307	D09~D32	1.6~2.5	3UA66	400	80~400
LR2-D1308	D09~D32	2.5~4	ZE	0.16	0.1~0.16
LR2-D13010	D09~D32	4~6		0.24	0.16~0.24
LR2-D1312	D09~D32	5.5~8		0.4	0.24~0.4
LR2-D1314	D09~D32	7~10		0.6	0.4~0.6
LR2-D1316	D12~D32	9~13		1.0	0.6~1.0
LR2-D1321	D18~D32	12~18		1.6	1.0~1.6
LR2-D1322	D25 和 D32	17~25		2.4	1.6~2.4
LR2-D2353	D25 和 D32	23~32		4	2.4~4
LR2-D2355	D32	28~36		6	4~6
LR2-D3322	D40~D95	17~25		9	6~9
LR2-D3353	D40~D95	23~32	Z00	0.16	0.1~0.16

续表

产品型号	热元件号	整定电流范围/A
Z00	0.24	0.16~0.24
	0.4	0.24~0.4
	0.6	0.4~0.6
	1.0	0.6~1.0
	1.6	1.0~1.6
	2.4	1.6~2.4
	4	2.4~4
	6	4~6
	10	6~10
	16	10~16
	24	16~24
Z1	10	6~10
	16	10~16
	24	16~24
	40	24~40
	57	40~57
	63	50~63
	80	63~80
N12KP(CX)	13	0.1~13
N20KP(CX)	22	0.2~22
N12TAKP(CX)	40	18~44
N60KP	65	12~65
N60TAKP	105	54~105
N120KP	100	34~100
N120TAKP	150	85~150
N220RHKP	220	65~250

产品型号	热元件号	整定电流范围/A
N400RHKP	400	85~400
N600KP	800	200~800
TH-N12	0.12	0.1~0.16
	0.17	0.14~0.22
	0.24	0.2~0.32
	0.35	0.28~0.42
	0.5	0.4~0.6
	0.7	0.55~0.85
	0.9	0.7~1.1
	1.3	1~1.6
	1.7	1.4~2
	2.1	1.7~2
	2.5	2~3
	3.6	2.8~4.4
	5	4~6
	6.6	5.2~8
	9	7~11
	11	9~13
TH-N20	0.24	0.2~0.32
	0.35	0.28~0.42
	0.5	0.4~0.6
	0.7	0.55~0.85
	0.9	0.7~1.1
	1.3	1~1.6
	1.7	1.4~2

续表

产品型号	热元件号	整定电流范围/A	产品型号	热元件号	整定电流范围/A
TH－N20	2. 1	1. 7～2. 5	TH－N120	67	54～80
	2. 5	2～3		82	65～100
	3. 6	2. 8～4. 4	TH－N120TA	105	85～125
	5	4～6		125	100～150
	6. 6	5. 2～8	TH－N220	82	65～100
	9	7～11		105	85～125
	11	9～13		125	100～150
	15	12～18		150	120～185
	19	16～22		180	140～220
TH－N20TA	22	18～26		210	170～250
	29	24～34	TH－N400	105	85～125
	35	30～40		125	100～150
TH－N60	15	12～18		150	120～180
	22	18～26		180	140～220
	29	24～34		250	200～300
	35	30～40		330	260～400
	42	34～50	TH－N600	250	200～300
	54	43～65		330	260～400
TH－N60TA	67	54～80		500	400～600
	82	65～100		660	520～800
	95	85～105	TR－或 TK－0N	0. 1	0. 1～0. 15
TH－N120	42	34～50		0. 15	0. 15～0. 24
	54	43～65		0. 24	0. 24～0. 36

续表

产品型号	热元件号	整定电流范围/A	产品型号	热元件号	整定电流范围/A
TR－或 TK－0N	0.36	0.36～0.54	TR－或 TK－1N	2.8	2.8～4.2
	0.48	0.48～0.72		4	4～6
	0.64	0.64～0.96		5	5～8
	0.8	0.8～1.2		6	6～9
	0.95	0.95～1.45		7	7～11
	1.4	1.4～2.2		9	9～13
	1.7	1.7～2.6		13	13～20
	2.2	2.2～3.4		24	20～26
	2.8	2.8～4.2	TR－或 TK－2N	5	5～8
	4	4～6		6	6～9
	5	5～8		7	7～11
	6	6～9		9	9～13
	7	7～11		12	12～18
	9	9～13		18	18～26
TR－或 TK－1N	0.1	0.1～0.15		28	24～36
	0.15	0.15～0.24		34	28～40
	0.24	0.24～0.36	TR－或 TK－3N	7	7～11
	0.36	0.36～0.54		9	9～13
	0.48	0.48～0.72		12	12～18
	0.64	0.64～0.96		18	18～26
	0.8	0.8～1.2		28	24～36
	0.95	0.95～1.45		34	28～40
	1.4	1.4～2.2		45	34～50
	1.7	1.7～2.6		54	45～67
	2.2	2.2～3.4	TR－或 TK－4N	18	18～26

续表

产品型号	热元件号	整定电流范围/A	产品型号	热元件号	整定电流范围/A
TR－或TK－4N	24	24～36	TR－或TK－12N	300	300～450
	28	28～40	TR－或TK－14N	240	240～360
	34	34～50		300	300～450
	45	45～67		400	400～600
	54	54～80	MT03A	0.17	0.11～0.17
TR－或TK－6N	45	45～67	MT03B	0.26	0.17～0.26
	54	54～80	MT03C	0.43	0.26～0.43
	65	65～95	MT03D	0.65	0.43～0.65
	85	85～125	MT03E	1	0.65～1
	110	110～160	MT03F	1.3	0.85～1.3
TR－或TK－8N	65	65～95	MT03G	1.6	1.1～1.6
	85	85～125	MT03H	2	1.35～2
	110	110～160	MT03I	2.4	1.7～2.4
	125	125～185	MT03J	3.2	2.2～3.2
TR－或TK－10N	85	85～125	MT03R	4	2.5～4
	110	110～160	MT03K	4.7	3～4.7
	125	125～185	MT03L	6.3	4～6.3
	160	160～240	MT03M	8	5.5～8
TR－或TK－11N	110	110～160	MT03N	10.5	7.5～10.5
	125	125～185	MT03P	14	10～14
	160	160～240	RTA1B	0.25	0.16～0.25
	200	200～300	RTA1C	0.4	0.25～0.4
TR－或TK－12N	160	160～240	RTA1D	0.63	0.4～0.63
	200	200～300	RTA1E	0.9	0.63～0.9
	240	240～360	RTA1F	1.1	0.8～1.1

续表

产品型号	热元件号	整定电流范围/A	产品型号	热元件号	整定电流范围/A
RTA1G	1.5	1~1.5	RTA2M	110	90~110
RTA1H	1.9	1.3~1.9	RTA2PA	15	11.5~15
RTA1J	2.7	1.9~2.7	RTA2PB	19	14.5~19
RTA1K	4	2.5~4	RTA2PC	25	19~25
RTA1L	6.3	4~6.3	RTA2PD	32	25~32
RTA1M	7.5	5.5~7.5	RTA2PE	41	32~41
RTA1N	10	7~10	RTA2PF	47	39~47
RTA1P	13	10~13	RTA2PG	54	44~54
RTA1R	15	12~15	RTA2PH	65	54~65
RTA1S	17.5	14.5~17.5	RTA2PJ	75	64~75
RTA1T	22	17.5~22	RTA2PK	80	70~80
RTA1U	26	21~26	RTA2PL	95	80~95
RTA1V	32	25~32	RTA2PM	110	90~110
RTA1W	40	30~40	RTA3B	80	55~80
RTA2A	15	11.5~15	RTA3C	90	63~90
RTA2B	19	14.5~19	RTA3D	120	90~120
RTA2C	25	19~25	RTA3E	140	110~140
RTA2D	32	25~32	RTA3F	180	140~180
RTA2E	41	32~41	RTA4LA	4	2.5~4
RTA2F	47	39~47	RTA4LB	6.5	4~6.5
RTA2G	54	44~54	RTA4LC	8.5	5.5~8.5
RTA2H	65	54~65	RTA4LD	11	7.5~11
RTA2J	75	64~75	RTA4LE	16	10~16
RTA2K	80	70~80	RTA4LF	20	12.5~20
RTA2L	95	80~95	RTA4LG	27	17~27

续表

产品型号	热元件号	整定电流范围/A	产品型号	热元件号	整定电流范围/A
RTA4LH	40	26～40	RTA4R	310	200～310
RTA4LJ	52	32～52	RTA5A	190	120～190
RTA4LK	70	45～70	RTA5B	280	175～280
RTA4LL	90	60～90	RTA5C	400	250～400
RTA4LM	125	80～125	RTA5D	500	315～500
RTA4N	190	120～190	RTA5E	700	430～700
RTA4P	280	175～280	RTA6A	850	500～850

5. 热过载继电器的外形尺寸

热继电器的外形尺寸见图 1－52 及表 1－85。

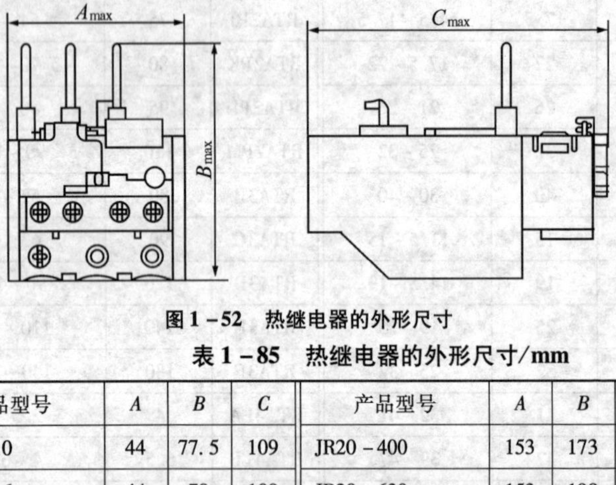

图 1－52　热继电器的外形尺寸

表 1－85　热继电器的外形尺寸/mm

产品型号	A	B	C	产品型号	A	B	C
JR20－10	44	77.5	109	JR20－400	153	173	216
JR20－16	44	78	109	JR20－630	153	190	216
JR20－25	47.5	82.5	109	JR21(K7D)	50	61	85
JR20－63	64	90	117	JR36－20	47	70	78
JR20－160	104	100	152	JR36－32	47	70	78
JR20－250	153	173	216	JR36－63	58	90	91

续表

产品型号	*A*	*B*	*C*	产品型号	*A*	*B*	*C*
JR36 – 160	76. 5	121	106. 5	3UA58	60	87. 5	122
JRS1 – 25/F	45	62	93	3UA59	45	87. 5	105
JRS1 – 25/Z	45	56	93	3UA60	104	109	143
JRS1 – 80/F	75	80	118	3UA61、62	100	105	140
JRS1 – 80/Z	65	73	118	3UA66	150	160	220
JRS2 – 12. 5/Z	47	76	97	ZE	45	106	58
JRS2 – 25/Z	47	73	102	Z00	75	85	90
JRS2 – 32/Z	47	77	102	Z1	75	86	102
JRS2 – 45/Z	47	85	102	TH – N12(CX)(KP)	48	65. 5	83. 5
JRS2 – 63/F	47	90	112	TH – N20(CX)(KP)	63	51	79
JRS2 – 80/F	60	75	122	TH – N60(KP)	89	57	83. 5
JRS2 – 180/F	100	104	146	TH – N120(KP)	103	67	105
JRS2 – 400 ~ 630/F	150	171	220	TH – N600(KP)	63	42	83. 5
JRS5 – 12/Z	45	53	77	TH – N20TA(CX)(KP)	74	72	83. 5
JRS5 – 20/F	42	64	78				
T25DU	44	77. 7	93	TH – N60TA(KP)	89	73. 5	83. 5
T75DU、T80DU	54	66	109	TH – N120TA(KP)	112	87	105
T450DU/SU	55	193	168	TH – N60TAHZ(KP)	112	103	105
T900DU/SU	80	245	202. 5	TH – N220RH(KP)	144	114	180
LR2 – D1	45	79	98	TH – N400RH(KP)	144	160	194
LR2 – D2	55	90	98	TH – N220HZ(KP)	144	104	167
LR3, LR3 – D3	75	100	121	TH – N400HZ(KP)	144	173	167
LA7 – D305	20	20	550	TR – 14NH	197	182	177
3UA50、3UA52、3UA54	45	87. 5	106	TR – ONLH	88	100	82
				TR – 5 – 1NLH	93	100	82

续表

产品型号	A	B	C	产品型号	A	B	C
TR-1SNL	100	100	83.5	TR-12NH	200	164	197
TR-2NL	100	123	76	TR-14N	197	170	177
TR-3NL	88	100	93	MT03	45	64	53
TR-4NL	88	110	93	RT1+RTXP	34.5	64	92.5
TR-6NL	118	110	105	RT2	45	85	107.7
TR-6N、TR-6NQ	69	118	105	RT2+RT2XP	40	79.7	109.7
TR-8N	101	118	105	RT3	62	118	119.5
TR-10N	148	146.5	179.5	RT4LA/RT4LM	108	104	137
TR-10HN	148	145	173	RT4/4LN/RT4/4LR	130	177	235
TR-11N	173	179	186.5	RT5/5L	180	177	200
TR-12N	173	170	207.5				

1.7.3 电磁式时间继电器

1. 适用范围

电磁式时间继电器作为辅助元件用于保护及自动装置中，使被控元件达到所需要的延时，在保护装置中用以实现主保护与后备保护的选择性配合。

2. 结构特征

电磁式时间继电器由电磁铁带动钟表延时机构来完成延时动作。每只继电器有两对瞬时转换接点，一对延时主接点。根据不同的规格可以安装一对滑动延时接点，其延时整定值可以等于或小于延时主接点的整定值，继电器盖子上可装设拖针，以指示继电器动作情况。

3. 常用产品型号及主要技术参数

常用电磁式时间继电器的产品型号及主要技术参数见表1-86。

表1－86　常用电磁式时间继电器的产品型号及主要技术参数

型号	电源种类	额定工作电压/V	延时范围/s	延时变差不大于/s	功率消耗不大于/W	动作压不大于
DS－21、21C	直流	220 110 48 24	0.2～1.5	0.07	10	70%额定工作电压，带C的为75%
DS－22、22C			1.2～5	0.16		
DS－23、23C			2.5～10	0.26		
DS－24、24C			5～20	0.5		
DS－31、31C			0.125～1.25	0.06	20	
DS－32、32C			0.5～5	0.125		
DS－33、33C			1～10	0.25		
DS－34、34C			2～20	0.5		
DS－111、111C			0.1～1.3	0.06	30	
DS－112、112C			0.25～3.5	0.12		
DS－113、113C			0.5～0.9	0.25		
DS－25	交流	100 110 127 220 380	0.2～1.5	0.07	35	85%额定工作电压
DS－26			1.2～5	0.16		
DS－27			2.5～10	0.26		
DS－28			5～20	0.5		
DS－121			0.1～1.3	0.06		
DS－122、125			0.25～3.5	0.12	85	
DS－123、126			0.5～0.9	0.25		

注：带C为长期工作制；DS－35～38的额定工作电压至220V；触点断开容量在电压不高于220V，电流不大于1A的直流感性负载电路中，DS－20、DZ－30为50W，DS－110、DS－120为100W。

4. 接线图

电磁式时间继电器接线图见图1－53。

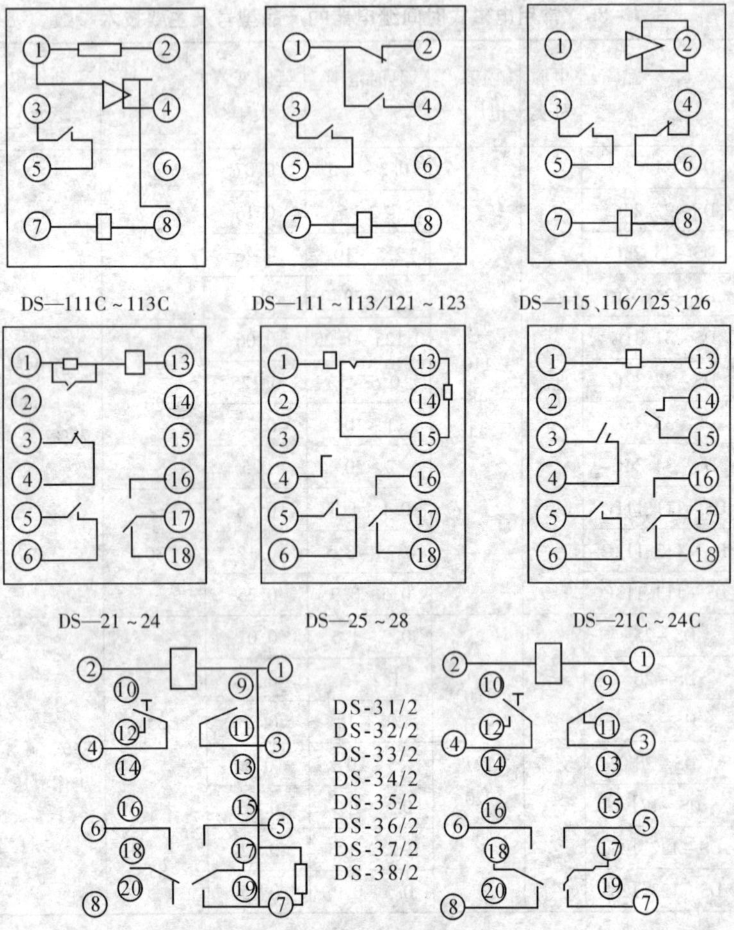

图 1－53　电磁式时间继电器接线图

5. 时间继电器的换代说明

JS 系列静态型数字式时间继电器，主要采用石英晶体振荡和 CMOS 脉冲数字电路，其延时时间精度远远高于电磁型时间继电器，是目前最理想的更新换代产品。该继电器无论从外形结构、内部接线、工作方式、整定范围与 DS 电磁型继电器完全相同，且整定方便、直观，按动按键开关三位数乘以时间级差0.01s即为整定时间，变换整定值无需进行校验，保证其精度可更换取代电磁型DS－110、DS－20、DS－30三大系列时间继电器。

6. 时间继电器外形及安装尺寸

（1）DS－110、DS－120外形及安装尺寸见图1－54。

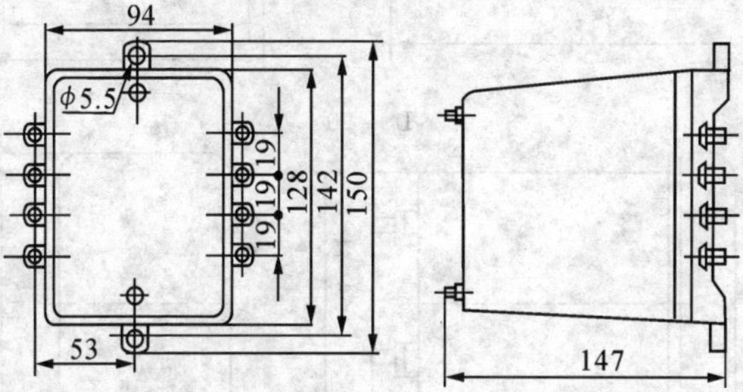

板前接线

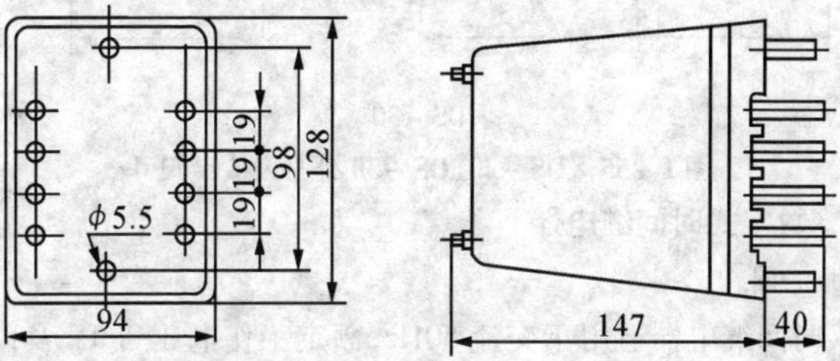

板后接线

图1－54　DS－110、DS－120外形及安装尺寸

（2）DS－20、DS－30外形及安装尺寸见图1－55。

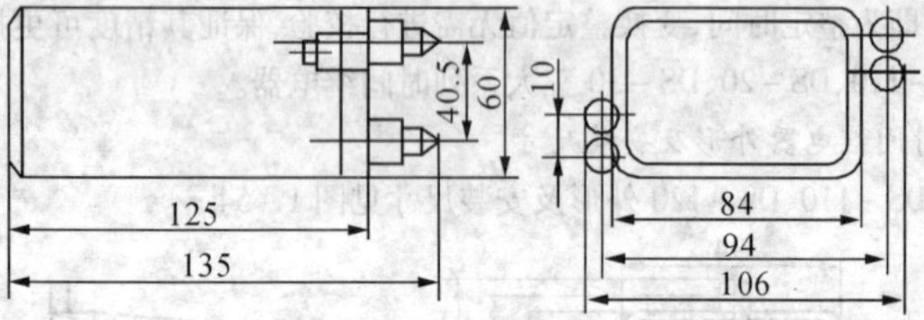

DS－20

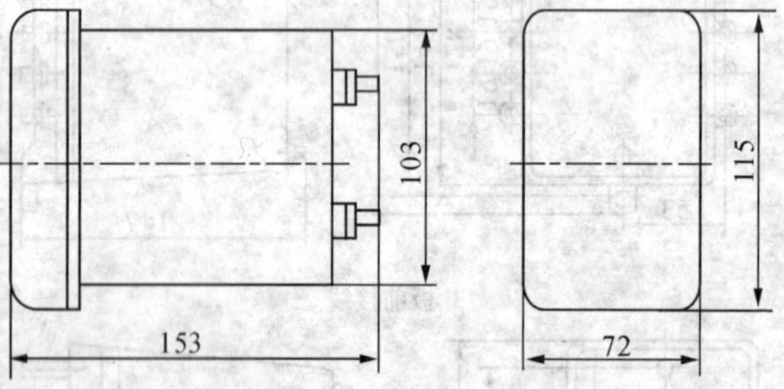

DS－30

图1－55　DS－20、DS－30外形及安装尺寸

1.7.4　数字式时间继电器

1. 适用范围

数字式时间继电器适用于交流50Hz，额定工作电压380V及以下或直流24V及以下的机床电气或自动控制电路中，可按预定的时间和工作程序接通和分断电路，并且可广泛地应用于电力拖动，自动顺序控制，以及各种生产过程的自动控制系统。

2. 结构特征

数字式时间继电器具有延时精度高、延时范围宽、寿命长、功耗低、触点容量大、延时调整方便直观等特点，安装方式一般为面板式，也有装置式。

3. 常用数字式时间继电器的产品型号及主要技术参数

常用数字式时间继电器的额定工作电压有AC36、AC110V、AC127V、AC220V、AC380和DC24V，延时精度≤1%，也可≤0.5%，触点容量AC220V为3A，DC28V为5A，电寿命1×10^5次，机械寿命1×10^6次。其他主要技术参数见表1－87。

表 1－87　常用数字式时间继电器的产品型号及主要技术参数

产品型号	延时范围	设定方式	工作方式	触点数量
JS10－01	0.1～9.9s，1～99s	按键开关	通电延时	延时 1 转换
JS10－02	0.1～99.9s，1～999s			
JS10－03	0.1～999.9s，1～9999s			
JS10－04	1～999min，1～9999min			
JS11－01	0.1～9.9s，1～99s			延时 2 转换 瞬动 1 转换
JS11－02	0.1～99.9s，1～999s			
JS11－03	0.1～999.9s，1～9999s			
JS11－04	1～999min，1～9999min			
JS14P－01	0.1～9.9s			延时 2 转换
JS14P－02	1～99s			
JS14P－03	10～990s			
JS14P－04	0.1～9.9min			
JS14P－05	1～99min			
JS14P－06	0.1～9.9h			
JS14P－07	1～99h			
JS14P－08	0.1～99.9s			
JS14P－09	1～999s			
JS14P－10	0.1～99.9min			
JS14P－11	1～999min			
JS14P－12	0.1～99.9h			
JS14P－13	1～999h			

续表

产品型号	延时范围	设定方式	工作方式	触点数量
JSS1－01	0.1～9.9s,1～99s	不标注： 发光二极管指示 A:2 位递增数显 C:3 位递增数显 E:4 位递增数显	不标注： 通电延时 W:往复循环延时 D:断开延时	延时 2 转换
JSS1－02	0.1～9.9s,10～990s			
JSS1－03	1～99s、10～990s			
JSS1－04	0.1～9.9min,1～99min			
JSS1－05	0.1～99.9s,1～999s			
JSS1－06	1～999s,10～9990s			
JSS1－07	10～9990s,1～999min			
JSS1－08	0.1～999.9s,1～9999s			
JSS1－09	1～9999s,10～99990s			
JSS1－10	10～99990s,1～9999min			
JSS20－11	0.1～9.9s, 1～99s 0.1～99min, 1～99min	按键开关	不标注:通电延时 Z:循环时	延时 1 转换
JSS20－21				延时 2 转换
JSS20－48AM	0.1～9.9s,1～99s 1～99min	二位按键开关	通电延时	延时 2 转换
	0.01～9.99s, 0.1～99.9s 1～999s, 1～999min	三位按键开关		
	0.01～99.99s, 0.1～999.9s 1～9999s, 1～9999min	四位按键开关		
JSS27A－1	0.01～9.99s	三位按键开关	不标注： 通电延时 X:循环延时 D:断开延时	1 常开无触点 4 常开 4 常闭
JSS27A－2	0.1～99.9s			
JSS27A－3	1～999s			
JSS27A－4	1～999min			
JSS48P	0.01s～99.99s	四位按键开关	通电延时	延时 1 转换
	1s～99min59s			
	1min～99h59min			

4. 数字式时间继电器的接线图

数字式时间继电器的接线图见图 1－56。

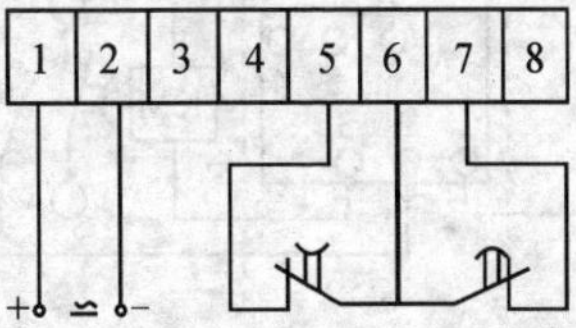

JS10 接线图

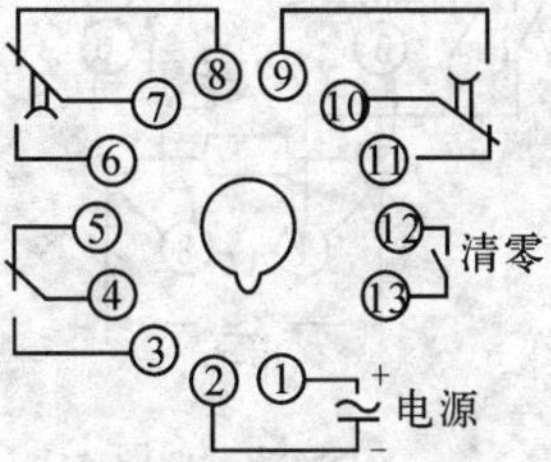

JS11 接线图

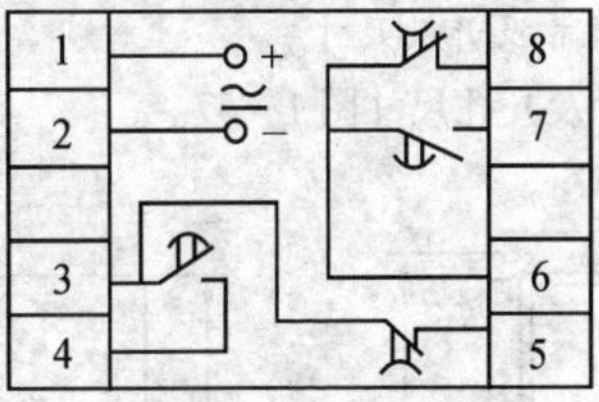

JS14 接线图

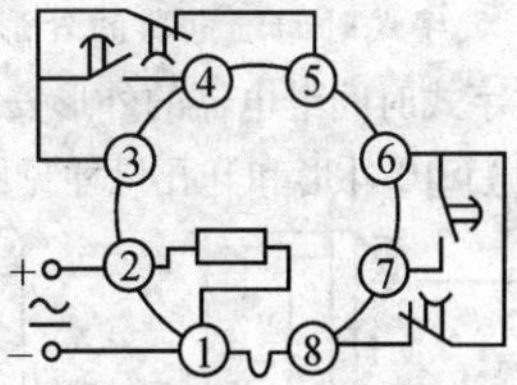

JSS14A 接线图

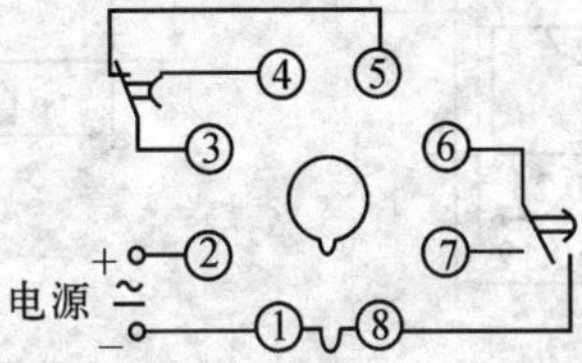

JSS20－21AM 接线图

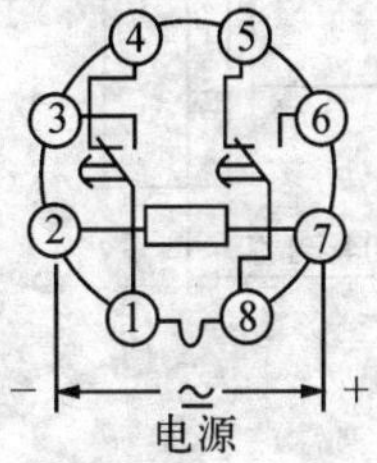

JSS20－48AM，JSS48A－2Z 接线图

图 1－56　数字式时间继电器的接线图

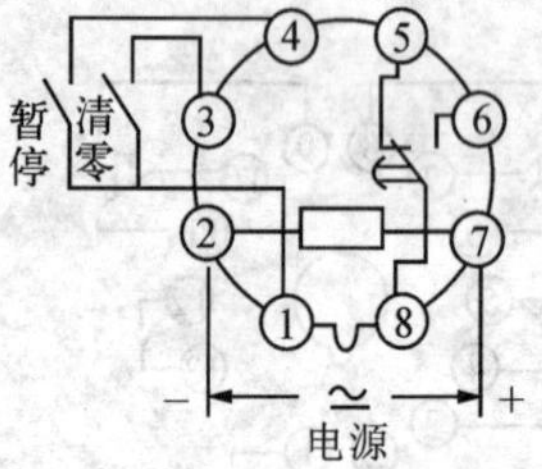

JSS48P 接线图

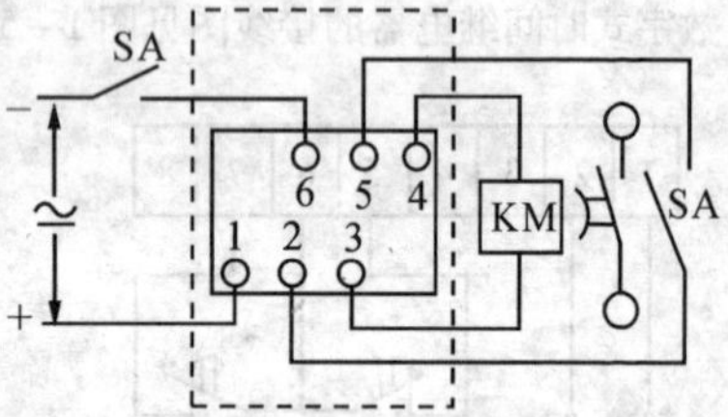

JSS27A－□D 接线图

图 1－56　数字式时间继电器的接线图

5. 数字式时间继电器的外形安装尺寸及开孔尺寸

数字式时间继电器的外形安装尺寸及开孔尺寸图 1－57。

(1)JS10 外形和开孔尺寸见图 1－57a。

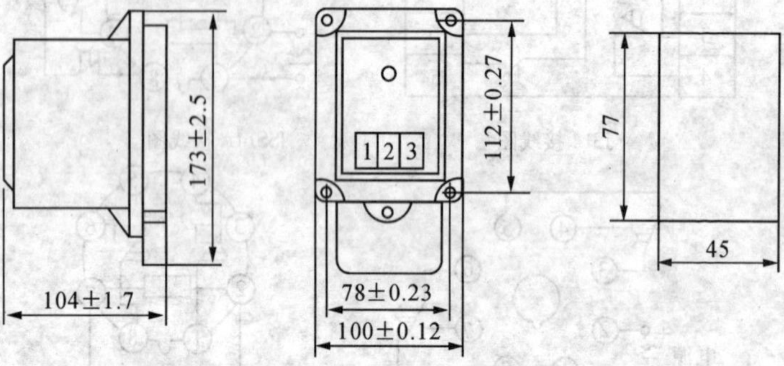

外形图　　　　开孔尺寸

图 1－57a　JS10 外形和开孔尺寸

(2)JS11 外形和开孔尺寸见图 1－57b。

(3)JS14P 面板式外形和开孔尺寸见图 1－57c。

(4)JS14P 装置式外形和开孔尺寸见图 1－57d。

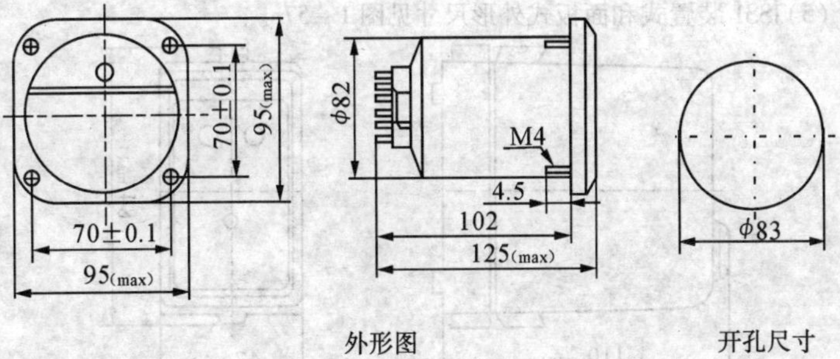

图 1－57b　JS11 外形和开孔尺寸

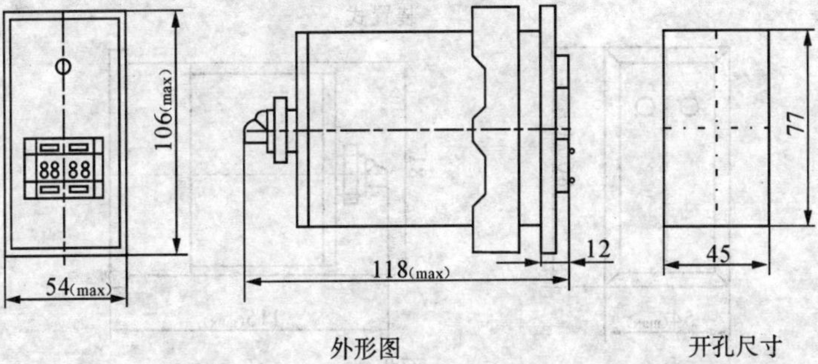

图 1－57c　JS14P 面板式外形和开孔尺寸

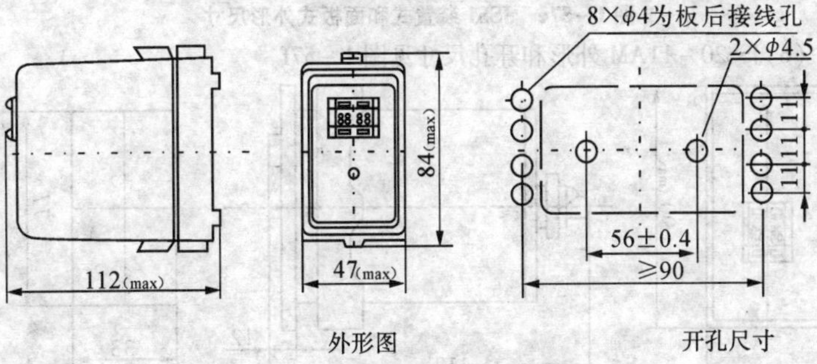

图 1－57d　JS14P 装置式外形和开孔尺寸

(5)JSS1 装置式和面板式外形尺寸见图 1－57e。

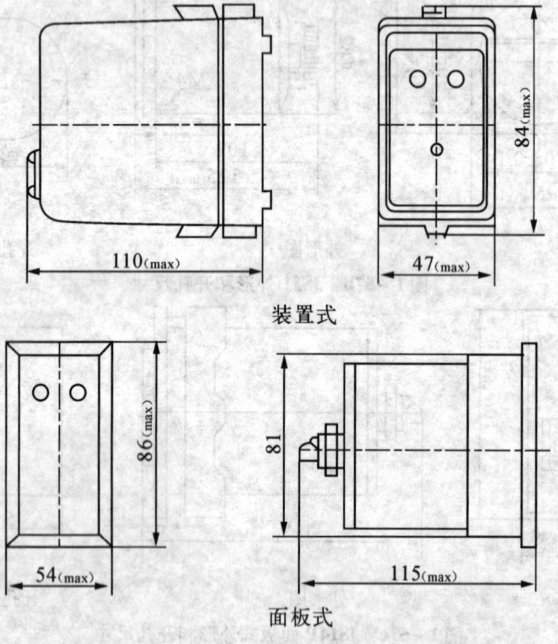

图 1－57e　JSS1 装置式和面板式外形尺寸

(6)JSS20－11AM 外形和开孔尺寸见图 1－57f。

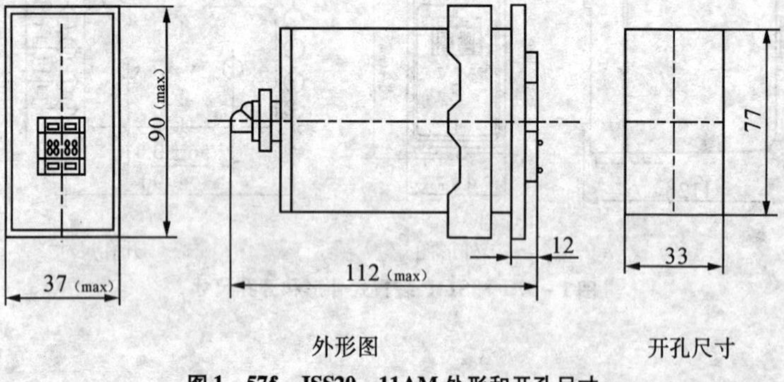

图 1－57f　JSS20－11AM 外形和开孔尺寸

(7)JSS20－21AM/AMZ 外形和开孔尺寸见图 1－57g。

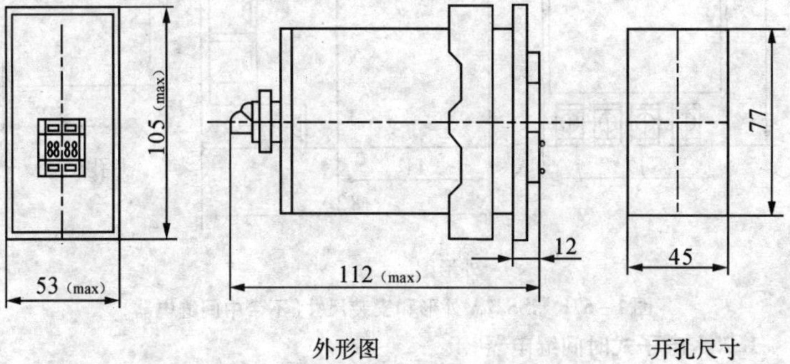

图 1－57g　JSS20－21AM/AMZ 外形和开孔尺寸

(8)JSS20－48AM,JSS48P 外形和开孔尺寸见图 1－57h。

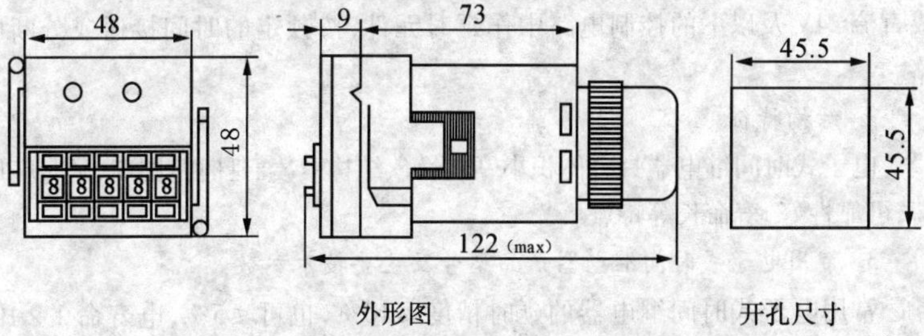

图 1－57h　JSS20－48AM,JSS48P 外形和开孔尺寸

(9)JSS27A 外形和安装尺寸(不带中间继电器)见图 1－57i。

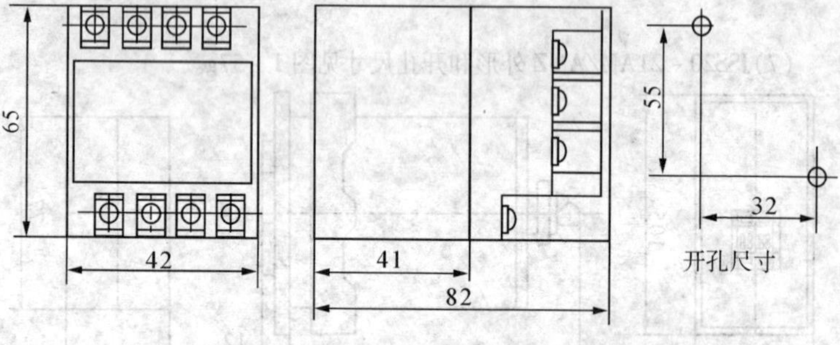

图 1-57i　JSS27A 外形和安装尺寸（不带中间继电器）

1.7.5 电子式时间继电器

1. 适用范围

电子式时间继电器适用于交流 50Hz(60Hz)，额定工作电压 380V 及以下或直流 24V 及以下的控制电路中作延时元件，按预定的时间接通或分断电路。

2. 结构特征

电子式时间继电器具有体积小、质量轻、结构紧凑、延时范围广、延时精度高、可靠性好、寿命长等特点。

3. 常用电子式时间继电器产品型号及主要技术参数

常用电子式时间继电器的延时精度 ≤10%，也可 ≤5%，电寿命 1×10^5 次，机械寿命 1×10^6 次。其他主要技术参数见表 1-88。

表 1－88　常用电子式时间继电器的产品型号及主要技术参数

产品型号	延时范围	设定方式	工作方式	工作电压	触点容量	触点数量
JSZ2，JSZ3－3（AH2，ATDV）（ASTP）	0.1～12h	电位器	一般：通电延时 带 X：循环延时	AC 36V AC 110V AC 127V AC 220V AC 380V DC 24V	AC 220V，3A DC 28V，5A	延时 1 转换 瞬动 1 转换
JSZ3－1（AH3）						延时 1 转换
JSZ3－2（AH3）						延时 2 转换
JSZ3A（SP3P）	0.05s～0.5s/5s/30s/3min		通电延时	AC 24V DC 110V DC 48V DC 24V	AC 220V，3A	延时 2 转换
JSZ3C（SP3P）	0.1s～1s/10s/60s/6min 0.5s～5s/50s/5min/30min 1s～10s/100s/10min/60min 5s～60s/10min/60min/6h 0.25s～2min/20min/2h/12h 0.5s～4min/40min/4h/24h		通电延时带瞬动触点			延时 1 转换，瞬动 1 转换
JSZ3F（SP3P）	0.1～1s，0.2～2s，0.5～5s 1～10s，2.5～30s，5～60s 10～180s，0.5～5min		断电延时		AC 220V，1A	延时 1 转换
JSZ3K（SP3P）	0.1～1s，0.2～2s，0.5～5s 1～10s，2.5～30s，5～60s 10～180s		信号断开延时	AC 220V AC 110V DC 24V		延时 1 转换

续表

产品型号	延时范围	设定方式	工作方式	工作电压	触点容量	触点数量
JSZ3Y(SP3P)	1～10s,2. 5～30s,5～60s	电位器	星－三角起动延时	AC 220V AC 110V	AC 220V,3A	延时星三角 1 转换
JSZ3R(SP3P)	0. 5s－6s/60s, 1s－10s/10min 2. 5s－30s/30min		往复循环延时	AC 220V AC 110V DC 24V	AC 220V,3A	延时 1 转换
JSZ3B－8(H3BA)	0. 1s～100h 分四个时段		通电延时	AC 36V AC 110V AC 127V AC 220V AC 380V DC 24V	AC 220V,3A DC 24V,5A	延时 2 转换
JSZ3B－8H(H3BA)						延时瞬时各 1 转换
JSZ3B－A/11(H3BA)			四种模式转换			延时 2 转换
JSZ6－2(ST6P)	0. 1～1s,0. 5～5s,1～10s 2. 5～30s,5～60s,10～180s 1～10min,2. 5～30min 5～60min,0. 2～2h,1～12h		通电延时			延时 2 转换
JSZ6－4(ST6P)					AC 220V,5A	延时 4 转换
JSM8	0. 1s～12h		通电延时		AC 220V,3A DC 24V,5A	延时 2 转换
JSM8－F			断电延时			
JSM8－H			瞬动延时			延时瞬时各 1 转换
模数化时间继电器	0. 1～10s,10～120s, 30～480s		通电或断开延时	AC 230V DC 24V	5A	常开 1

4. 常用电子式时间继电器接线图

常用电子式时间继电器接线图见图 1－58。

(1)JSZ2、JSZ3 接线图见图 1－58a。

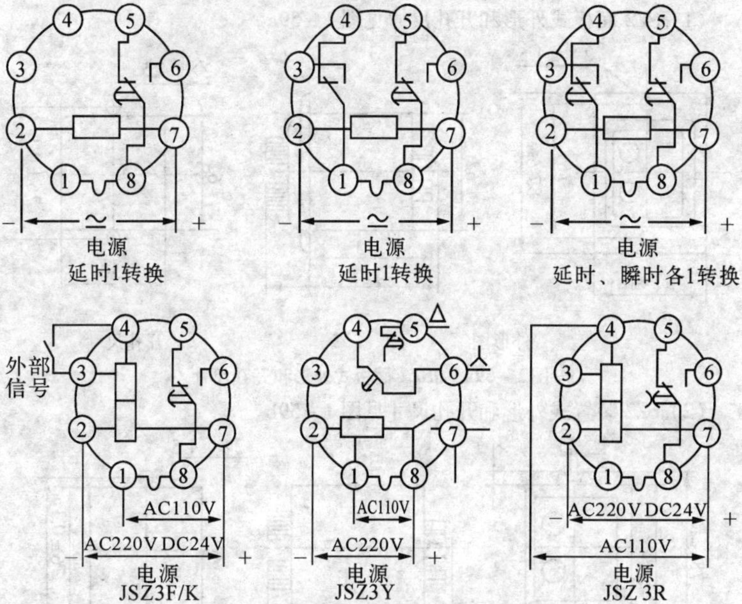

图 1－58a　JSZ2、JSZ3 接线图

(2)JSZ6 接线图见图 1－58b。

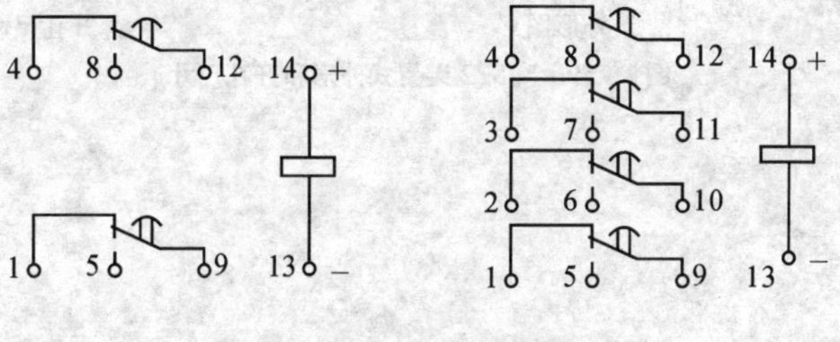

图 1－58b　JSZ6 接线图

5. 电子式时间继电器的外形安装尺寸

电子式时间继电器的外形安装尺寸及开孔尺寸见图 1-59。

(1) JSZ2 面板式外形和开孔尺寸见图 1-59a。

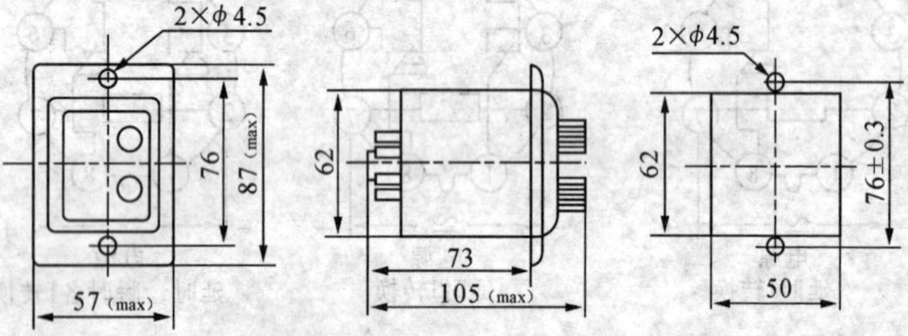

外形图　　开孔尺寸

图 1-59a　JSZ2 面板式外形和开孔尺寸

(2) JSZ2 装置式外形和开孔尺寸见图 1-59b。

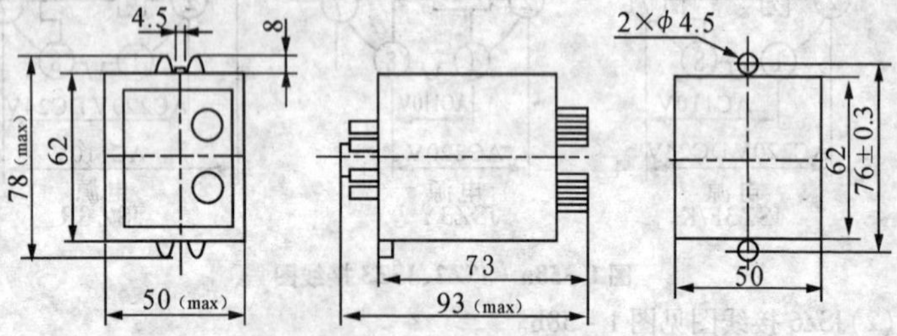

外形图　　开孔尺寸

图 1-59b　JSZ2 装置式外形和开孔尺寸

(3) JSZ3 外形尺寸见图 1－59c。

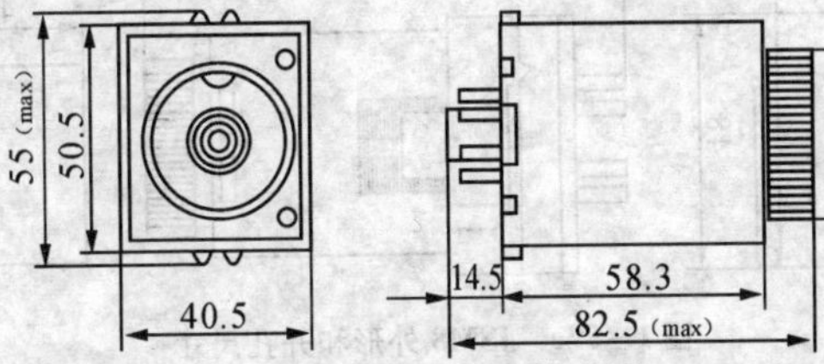

JSZ3A/C/F/K/Y外形图

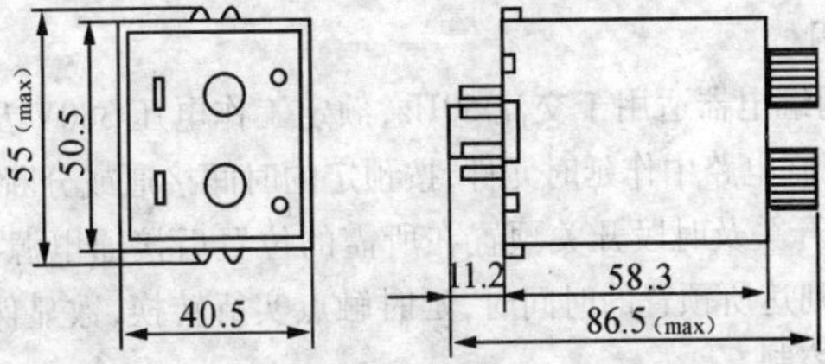

JSZ3R外形图

图 1－59c　JSZ3 外形尺寸

(4) JSZ6 外形尺寸见图 1－59d。

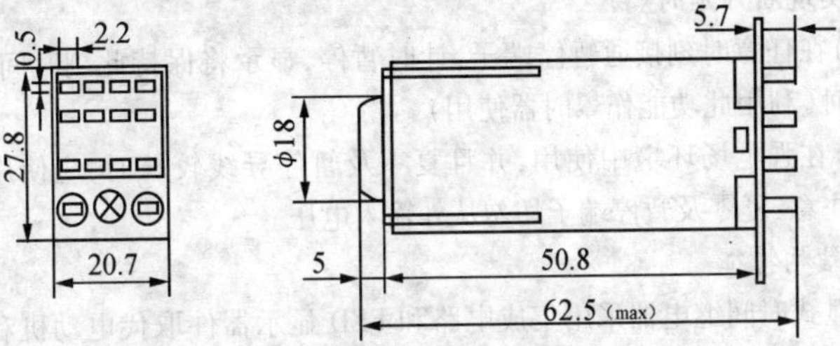

图 1－59d　JSZ6 外形尺寸

(5) JSM8 外形和开孔尺寸见图 1－59e。

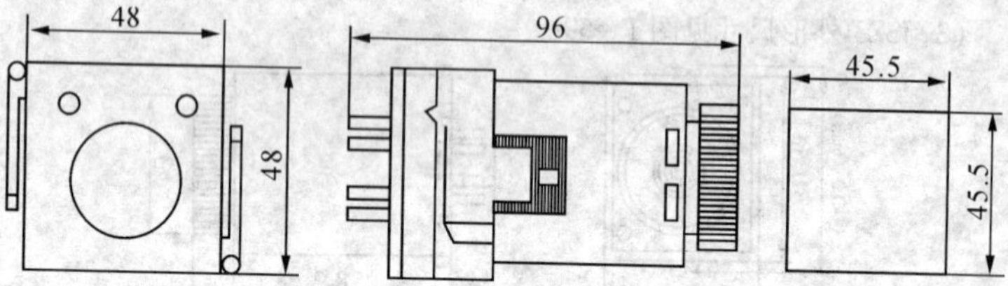

图 1 –59e　JSM8 外形和开孔尺寸

1.7.6　数显式时间继电器

1. 适用范围

数显式时间继电器适用于交流 50Hz，额定工作电压 380V 及以下或直流 24V 及以下的控制电路中作延时元件，按预定的时间接通或分断电路。

(1)把数字开关及时段开关预置在所需的位置后接通电源，此时数显从零开始计时，当到达所预置的时间时，延时触点实行转换，数显保持此刻的数字，实现了定时控制。

(2)复零功能可作断开延时使用：在任意时刻接通复零端子延时触点将回复到初始位置，断开后数显从 0 处开始计时。利用此功能，将复零端接外控触点可实现断开延时。

(3)在任意时刻接通暂停端子，计时暂停，显示将保持此刻时间，断开后继续计时(利用此功能作累时器使用)。

(4)在强电场环境中使用，并且复零及暂停导线较长时，应使用屏蔽导线。须注意：复零及暂停端子切勿从外输入电压。

2. 结构特征

数显式时间继电器采用集成电路和 LED 显示器件取代电动机和机械传动系统。除兼有电动式长延时的优点外，并具有无机械磨损、工作稳定、精度高、计数清晰、准确直观和结构新颖等优点，安装方式一般为面板式。

3. 常用数显式时间继电器的产品型号及主要技术参数

常用数显式时间继电器的额定工作电压有 AC36V、AC110V、AC127V、AC220V、AC380V 和 DC24V，延时精度≤1%，也可≤0.5%，触点容量 AC220V 为 3A，DC28V 为 5A，电寿命 1×10^5 次，机械寿命 1×10^6 次。其他主要技术参数见表 1 –89。

表 1-89　常用数显式时间继电器的产品型号及主要技术参数

产品型号	延时范围	设定方式	工作方式	触点数量
JS11S-01	1s~9min59s	3 位按键开关	通电延时	延时 2 转换 瞬动 1 转换
JS11S-02	1min~9h59min			
JS11S-03	1s~99min59s	4 位按键开关		
JS11S-04	1min~99h59min			
JS11S-05	0.1~9.9s	2 位按键开关		
JS11S-06	1~99s			
JS11S-07	1~99min			
JS11S-08	0.1~99.9s	3 位按键开关		
JS11S-09	1s~19min59s	4 位按键开关		
JS11S-10	1~999s	3 位按键开关		
JS11S-11	1s~19h59min	4 位按键开关		
JS11S-12	1~999min	3 位按键开关		
JS11S-13	1~9999s	4 位按键开关		
JS11S-14	0.01~99.99s			
JS14S-01	1s~9min59s	3 位按键开关		延时 2 转换
JS14S-02	1min~9h59min			
JS14S-03	1s~99min59s	4 位按键开关		
JS14S-04	1min~99h59min			
JS14S-05	0.1~9.9s	2 位按键开关		
JS14S-06	1~99s			
JS14S-07	1~99min			
JS14S-08	0.1~99.9s	3 位按键开关		
JS14S-09	1s~19min59s	4 位按键开关		
JS14S-10	1~999s	3 位按键开关		
JS14S-11	1min~19h59min	4 位按键开关		

续表

产品型号	延时范围	设定方式	工作方式	触点数量
JS14S－12	1～999min	3 位按键开关	通电延时	延时 2 转换
JS14S－13	1～9999s	4 位按键开关		
JS14S－14	0.01～99.99s			
JS14C JS14PS	0.1～9.9s，1～99s	2 位按键开关		
	1～99min，			
	0.1～9.9min			
JSS14	0.01～99.99s	4 位按键开关		延时 2 转换 瞬动 1 转换
	1s～99min59s			
	1min～99h59min			
JSS20－48AMS	0.1～9.9s	2 位按键开关		延时 2 转换
	1～99s			
	1～99min			
	0.01～9.99s	3 位按键开关		
	1～999s			
	1～999min			
	0.01～99.99s	4 位按键开关		
	1～9999s			
	1～9999min			
JSS26	0.01～99.99s	4 位按键开关		
	1s～99min59s			
	1min～99h59min			
JSS48A	0.01～99.99s 1s～99min59s 1min～99h59min	4 位按键开关		延时 1 转换
JSS48A－11				延时 2 转换
JSS48A－2Z				
JSS48A－S	0.1～9.9s，1～99s，1～99min	2 位按键开关	循环延时	延时 1 转换

续表

产品型号	延时范围	设定方式	工作方式	触点数量
JSS72－01	0.01～9.99s	3位按键开关	通电延时	延时2转换
JSS72－02	0.1～99.9s			
JSS72－03	1～999s			
JSS72－04	1～999min			
JSS72－05	0.01～99.99s	4位按键开关		
JSS72－06	0.1～999.9s			
JSS72－07	1～9999s			
JSS72－08	1s～99min59s			
JSS72－09	1s～99h99min			
JSS72－10	1～9999min			
JSS96－01	0.01～9.99s	3位按键开关		延时1转换 瞬动1转换
JSS96－02	0.1～99.9s			
JSS96－03	1～999s			
JSS96－04	1～999min			
JSS96－05	0.01～99.99s	4位按键开关		
JSS96－06	0.1～999.9s			
JSS96－07	1～9999s			
JSS96－08	1s～99min59s			
JSS96－09	1s～99h99min			
JSS96－10	1～9999min			

续表

产品型号	延时范围	设定方式	工作方式	触点数量
JSS1 - 01A/M	0.1 ~ 9.9s, 1 ~ 99s	2 位按键开关	通电延时	延时 2 转换
JSS1 - 02A/M	0.1 ~ 9.9s, 10 ~ 990s			
JSS1 - 03A/M	1 ~ 99s, 10 ~ 990s			
JSS1 - 04A/M	10 ~ 990s, 1 ~ 99min			
JSS1 - 05C/M	0.1 ~ 99.9s, 1 ~ 999s	3 位按键开关		
JSS1 - 06C/M	1 ~ 999s, 10 ~ 9990s			
JSS1 - 07C/M	10 ~ 9990s, 1 ~ 999min			
JSS1 - 08E/M	0.1 ~ 999.9s, 1 ~ 9999s	4 位按键开关		
JSS1 - 09E/M	1 ~ 9999s, 10 ~ 99900s			
JSS1 - 10E/M	10 ~ 99900s, 1 ~ 9999min			
JSS1P - 05/M	0.1 ~ 99.9s, 1 ~ 999s	3 位按键开关		延时 2 转换 瞬动 1 转换
JSS1P - 06/M	1 ~ 999s, 10 ~ 9990s			
JSS1P - 07/M	10 ~ 9990s, 1 ~ 999min			
JSS1P - 05/MS	0.1 ~ 99.9s, 1 ~ 999s			
JSS1P - 06/MS	1 ~ 999s, 10 ~ 9990s			
JSS1P - 07/MS	10 ~ 9990s, 1 ~ 999min			

4. 数显式时间继电器接线图

数显式时间继电器接线图见图 1 - 60。

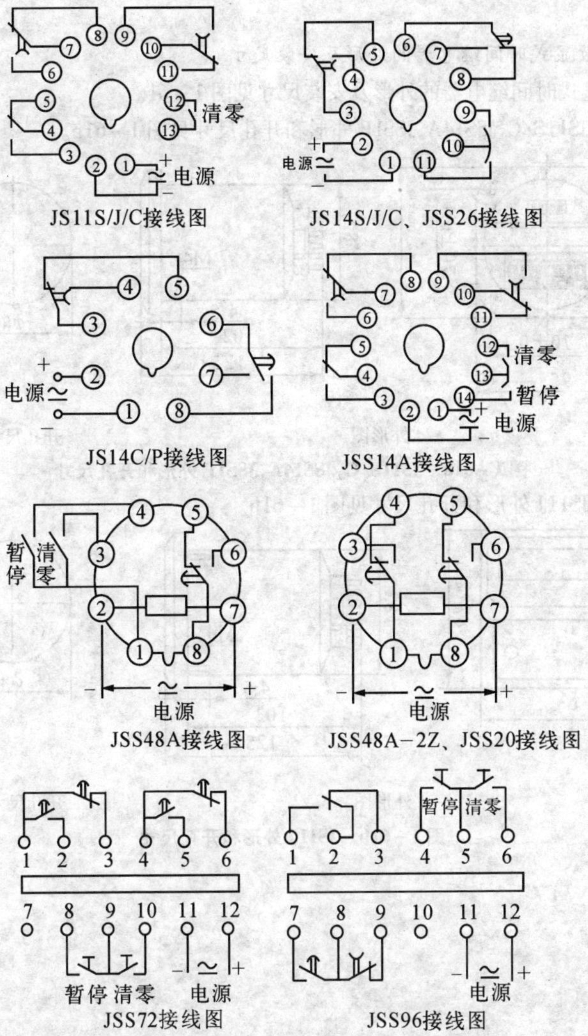

图1-60　数显式时间继电器接线图

5. 数显式时间继电器的外形及安装尺寸

数显式时间继电器的外形及安装尺寸见图 1－61。

(1) JS11S/C，JSS14A，JSS1P 外形和开孔尺寸见图 1－61a。

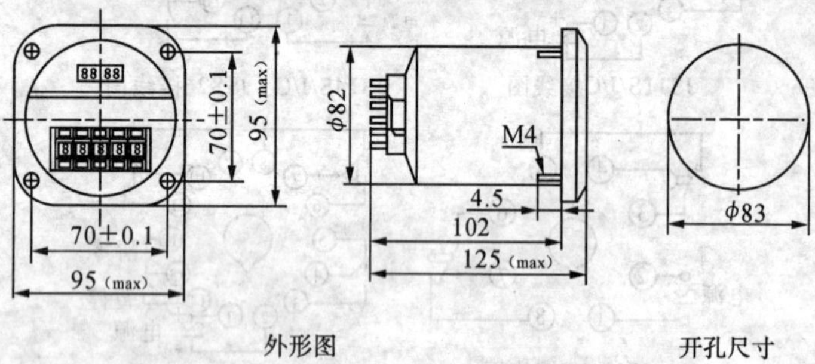

图 1－61a　JS11S/C，JSS14A，JSS1P 外形和开孔尺寸

(2) JS11J 外形和开孔尺寸见图 1－61b。

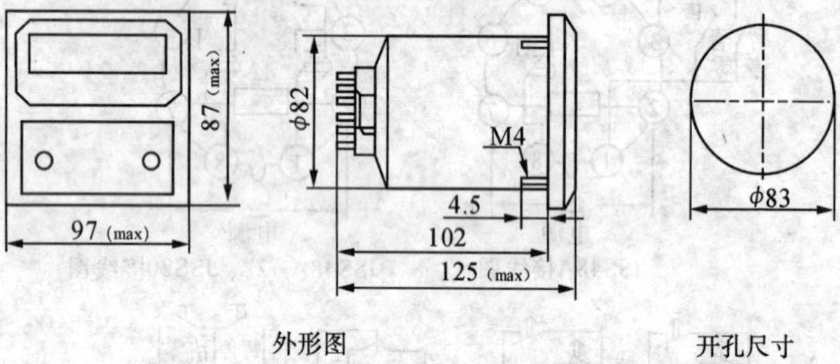

图 1－61b　JS11J 外形和开孔尺寸

(3)JS14S/C/P,JSS26A 外形和开孔尺寸见图 1-61c。

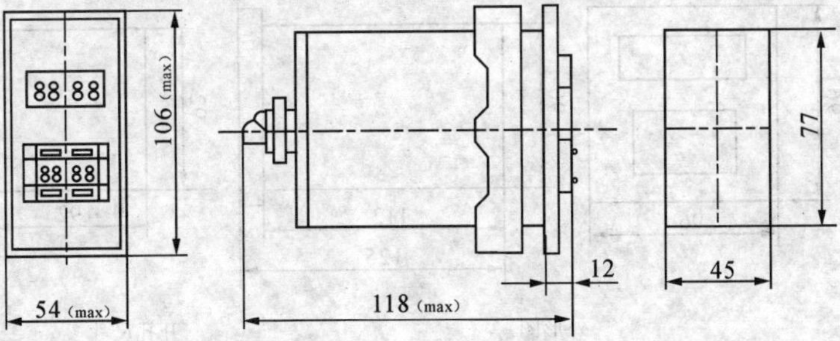

外形图　　　　开孔尺寸

图 1-61c　JS14S/C/P,JSS26A 外形和开孔尺寸

(4)SS48A,JSS48A—2Z/11/S/48AMS 外形和开孔尺寸见图 1-61d。

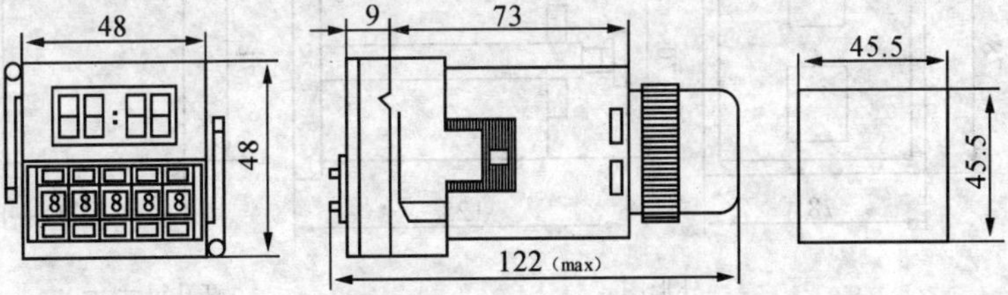

外形图　　　　开孔尺寸

图 1-61d　JSS48A,JSS48A—2Z/11/S/48AMS 外形和开孔尺寸

(5)JSS72 外形和开孔尺寸见图 1-61e。

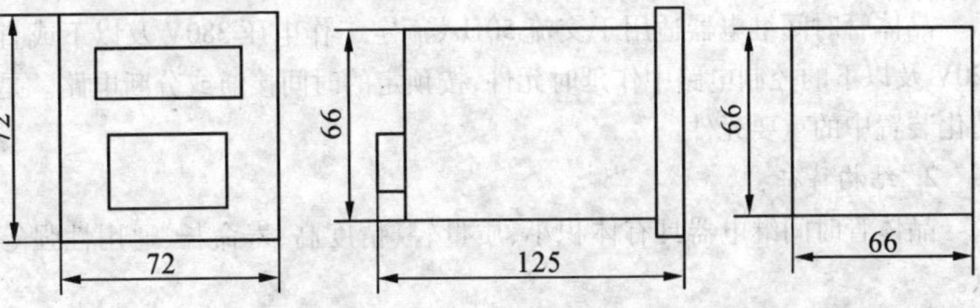

外形图　　　　开孔尺寸

图 1-61e　JSS72 外形和开孔尺寸

(6)JSS96 外形和开孔尺寸图 1－61f。

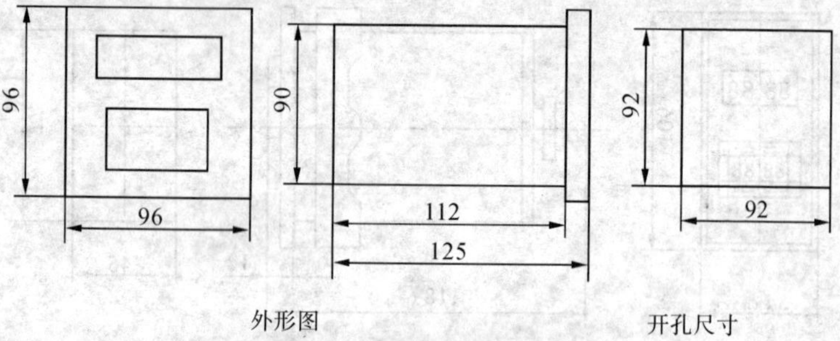

图 1－61f　JSS96 外形和开孔尺寸

(7)JSS1 系列外形和开孔尺寸图 1－61g。

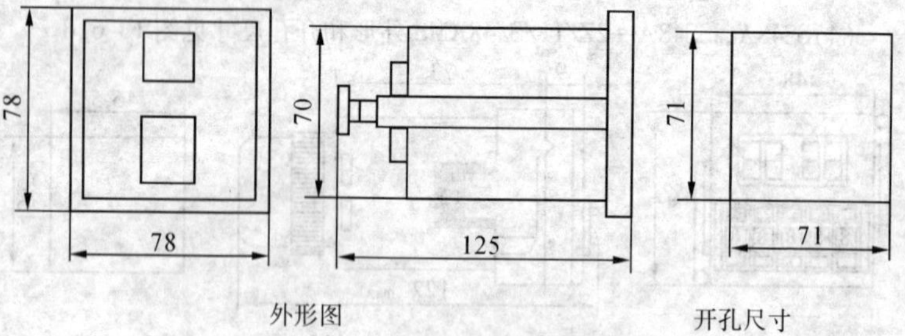

图 1－61g　JSS1 系列外形和开孔尺寸

1.7.7　晶体管时间继电器

1. 适用范围

晶体管时间继电器适用于交流 50Hz，额定工作电压 380V 及以下或直流 220V 及以下的控制电路中作延时元件，按预定的时间接通或分断电路。是自动化装置中的重要元件。

2. 结构特征

晶体管时间继电器具有体积小、质量轻、精度高、寿命长、通用性强等优点。

3. 常用数字式时间继电器的产品型号及主要技术参数

常用晶体管时间继电器的延时精度≤10%，也可≤5%，电寿命 1×10^5 次，机械寿命 1×10^6 次。其他主要技术参数见表 1－90。

表 1－90　常用晶体管时间继电器的产品型号及主要技术参数

产品型号	延时范围	设定方式	工作方式	工作电压	触点容量	触点数量
JS14A－1	0.1～1s	电位器	JS14A：通电延时 JS14A－J：循环延时	AC 380V AC 220V AC 127V AC 110V AC 36V AC 24V DC 220V DC 127V DC 110V DC 36V DC 24V	AC：250V3A DC：28V5A	延时 2 转换
JS14A－5	0.5～5s					
JS14A－10	1～10s					
JS14A－30	3～30s					
JS14A－60	6～60s					
JS14A－120	12～120s					
JS14A－180	18～180s					
JS14A－300	30～300s					
JS14A－600	60～600s					
JS14A－900	90～900s					
JS14A－1200	120～1 200s					
JS14A－1800	180～1 800s					
JS14A－3600	360～3 600s					
JS20－1	0.1～1s	电位器 波段开关	通电延时 断开延时			
JS20－5	0.5～5s					
JS20－10	1～10s					
JS20－30	3～30s					
JS20－60	6～60s					
JS20－120	12～120s					
JS20－180	18～180s					
JS20－300	30～300s					
JS20－600	60～600s		通电延时			延时 1 转换 瞬时 1 转换
JS20－900	90～900s					
JS20－1200	120～1 200s					
JS20－1800	180～1 800s					
JS20－3600	360～3 600s					

续表

产品型号	延时范围	设定方式	工作方式	工作电压	触点容量	触点数量
JSSB1 - 11,21	0.1 ~ 1s	电位器	通电延时	AC 380V AC 220V AC 127V AC 110V AC 36V DC 24V	AC:220V3A DC:28V5A	延时 1 转换
JSSB1 - 12,22	1 ~ 10s					
JSSB1 - 13,33	3 ~ 30s					
JSSB1 - 14,44	6 ~ 60s					
JSSB1 - 15,55	12 ~ 120s					
JSSB1 - 16,66	18 ~ 180s					
JSSB1 - 31,41	0.1 ~ 1s					
JSSB1 - 32,42	1 ~ 10s					
JSSB1 - 33,43	3 ~ 30s					
JSSB1 - 34,44	6 ~ 60s					
JSS1 - 10W	0.1 ~ 1s, 1 ~ 10s	电位器 波段开关	循环延时			延时 2 转换
JSS1 - 20W	0.1 ~ 10s, 1 ~ 100s					
JSS1 - 30W	10 ~ 100s, 100 ~ 1 000s					
JSS1 - 40W	6 ~ 360s, 60 ~ 3 600s					
JSS1 - 10D	0.1 ~ 60s,		断开延时		AC:220V1A	
JSS1 - 20D	1 ~ 180s					
JSB - 5/6	1 ~ 120s,	电位器	通电延时		AC:220V3A DC:28V5A	延时 1 转换
JSB - 10	0.1 ~ 1s 0.5 ~ 5s 1 ~ 10s 3 ~ 30s 6 ~ 60s 12 ~ 120s 18 ~ 180s 30 ~ 300s 60 ~ 600s 90 ~ 900s 120 ~ 1 200s 180 ~ 1 800s 360 ~ 3 600s					

续表

产品型号	延时范围	设定方式	工作方式	工作电压	触点容量	触点数量
JSF	12～120s	电位器	通电延时	AC 380V AC 220V AC 127V AC 110V AC 36V DC 24V	AC:220V3A DC:28V5A	延时2转换
JSF－D	18～180s		断开延时			
JSF－H	30～300s		定时吸合			
JSF－X	60～600s		循环延时			

4. 晶体管时间继电器的接线图

晶体管时间继电器的接线图见图1－62。

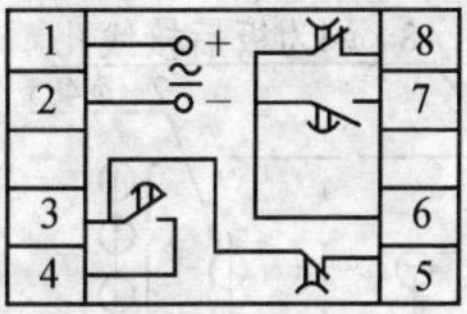

通电延时装置式接线图

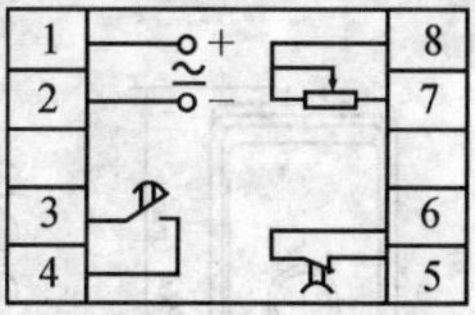

通电延时外接式接线图

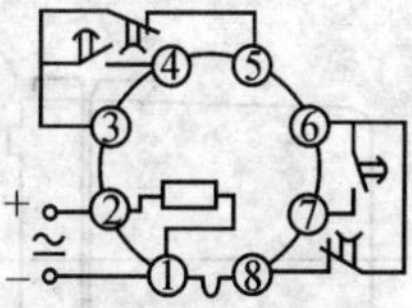

通电延时面板式接线图

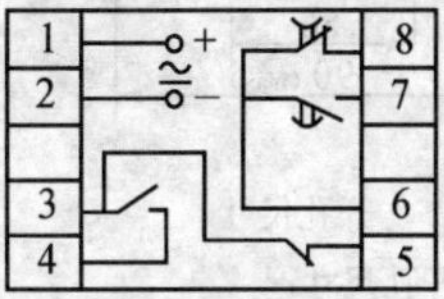

通电延时装置式瞬动触点

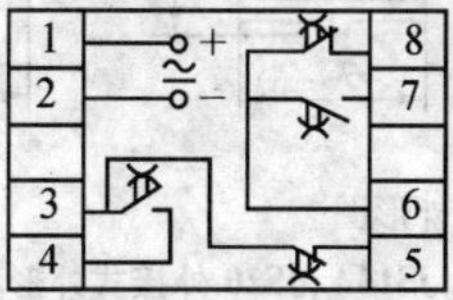

断电延时装置式接线图

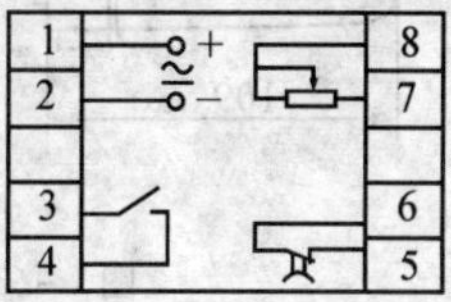

断电延时外接式瞬动触点

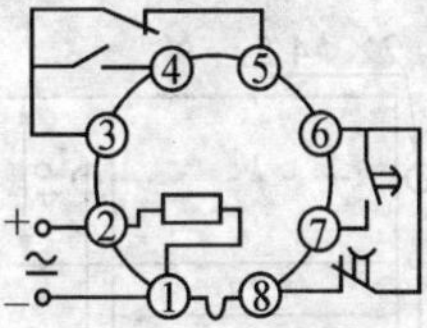

断电延时面板式瞬动触点

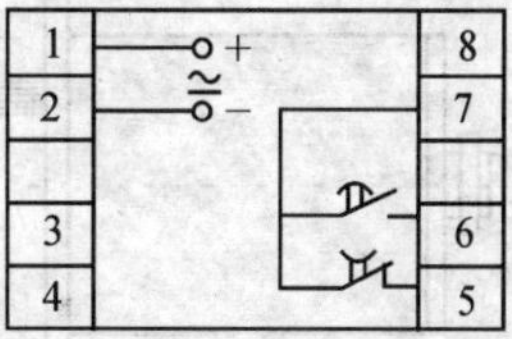

JJSB1接线图

图1－62　晶体管时间继电器的接线图

5. 晶体管时间继电器的外形安装尺寸及开孔尺寸

数字式时间继电器的外形安装尺寸及开孔尺寸见图1－63。

(1)JS14A,SJ20装置式外形和开孔尺寸见图1－63a。

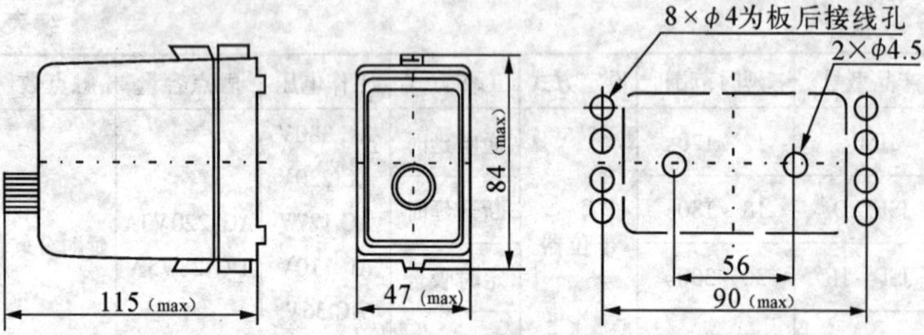

外形图　　开孔尺寸

图 1-63a　JS14A,SJ20 装置式外形和开孔尺寸

(2)JS14A,JS20 外接式外形和开孔尺寸见图 1-63b。

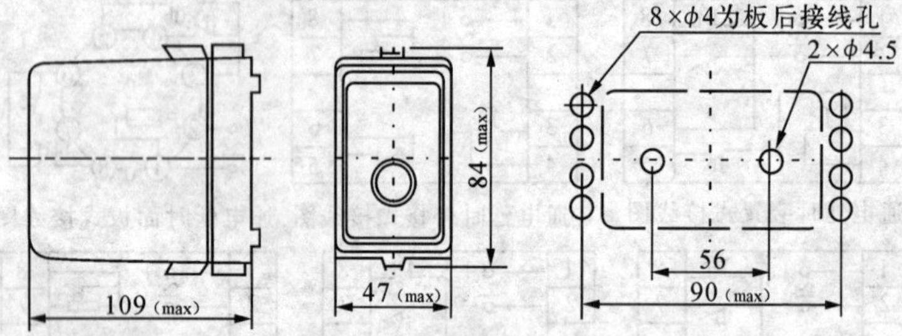

外形图　　开孔尺寸

图 1-63b　JS14A,JS20 外接式外形和开孔尺寸

(3)JS14A,JS20 面板式外形和开孔尺寸见图 1-63c。

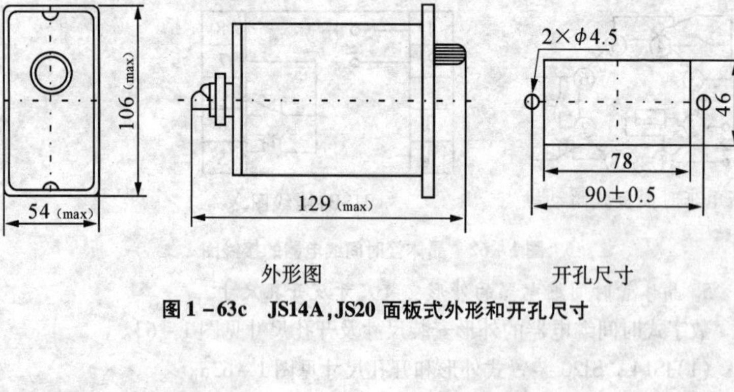

外形图　　开孔尺寸

图 1-63c　JS14A,JS20 面板式外形和开孔尺寸

1.7.8　中间继电器

1. 适用范围

中间继电器适用于交流 50Hz 或 60Hz、电压至 380V，及直流电压至 220V 的控制电路中，用来控制各种电磁线圈，以使信号放大或将信号同时传递给有关控制元件。也可用来直接控制小容量电动机或其他电气执行元件。

2. 结构和工作原理

中间继电器的结构和工作原理与交流接触器基本相同，与交流接触器的主要区别是触点数目多些，且触点容量小，只允许通过小电流。在选用中间继电器时，主要是考虑电压等级和触点数目。

3. 常用中间继电器产品型号及主要技术参数

常用中间继电器产品型号及主要技术参数见表 1－91。

表 1－91　常用中间继电器产品型号及主要技术参数

产品型号	触点额定电压/V	触点额定发热电流 /A	触点数量		吸引线圈电压/V	线圈消耗功率
			常开	常闭		
JZ7－22	AC380 AC500 DC220 DC440	5	2	2	6.3,12,24,36, 48,110,127,220, 380,420,440,500	起动:75VA 吸持:13 VA
JZ7－41			4	1		
JZ7－42			4	2		
JZ7－44			4	4		
JZ7－53			5	3		
JZ7－62			6	2		
JZ7－80			8	0		
JZ11－26	AC500 DC440	5	2	6	AC:110,127,220, 380 DC:12,24,48,110, 220	AC:10 VA DC:7.5W
JZ11－44			4	4		
JZ11－62			6	2		
JZ11－80			8	0		
JZ11－26	AC380 DC220	5	2	6		
JZ11－44			4	4		
JZ11－62			6	2		

续表

产品型号	触点额定电压/V	触点额定发热电流 /A	触点数量 常开	触点数量 常闭	吸引线圈电压/V	线圈消耗功率
JZ15－26	AC380 DC220	10	2	6	AC:36,127,220,380 DC:24,48,110,220	AC 起动:65VA 吸持:11 VA
JZ15－44			4	4		
JZ15－62			6	2		
JZ17－44		6	4	4	24,36,48,110, 127,220,380	AC:7.5 VA DC:28W
JDZ1－44		5	4	4	12,24,36,48,110, 127,220,380	AC 起动:16.5VA 吸持：9 VA DC：4.5W
JDZ1－62			6	2		
JDZ1－80			8	0		
CA2DN140	AC380 DC220	10	4	0	24,36,48,110, 127,220,380	起动：70VA 吸持：8 VA
CA2DN131			3	1		
CA2DN122			2	2		
JZX5－2	AC220 DC110	3 5	2 转换		AC:6,12,24,48, 110,220 DC:24,48,110	AC：1.9 VA DC：1.2W
JZX5－3			3 转换			
JZX5－4			4 转换			
DZ－15	DC220	5	2	2	12,24,48,110,220	7W
DZ－16			3	1		
DZ－17			4	0		
DZB－11	DC220	5	3	3	24,48,110,220	7W
DZB－12			6	0		7W
DZB－13			3	3		5.5W
DZB－14			3	3		4W
DZB－15			3	3		7W
DZ－31B	DC220	5	3	3	12,24,48,110,220	5W
DZ－32B			6	0		
DZB－115	DC220	6	2	2	12,24,48,110,220	4W

4. 常用中间继电器的外形及安装尺寸

（1）JZ7 系列中间继电器的外形及安装尺寸见图 1－64a。

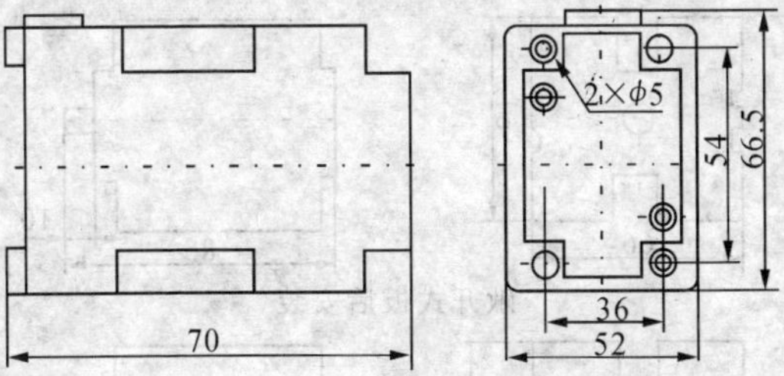

图 1－64a　JZ7 系列外形及安装尺寸

（2）JZ11 系列中间继电器的外形及安装尺寸见图 1－64b。

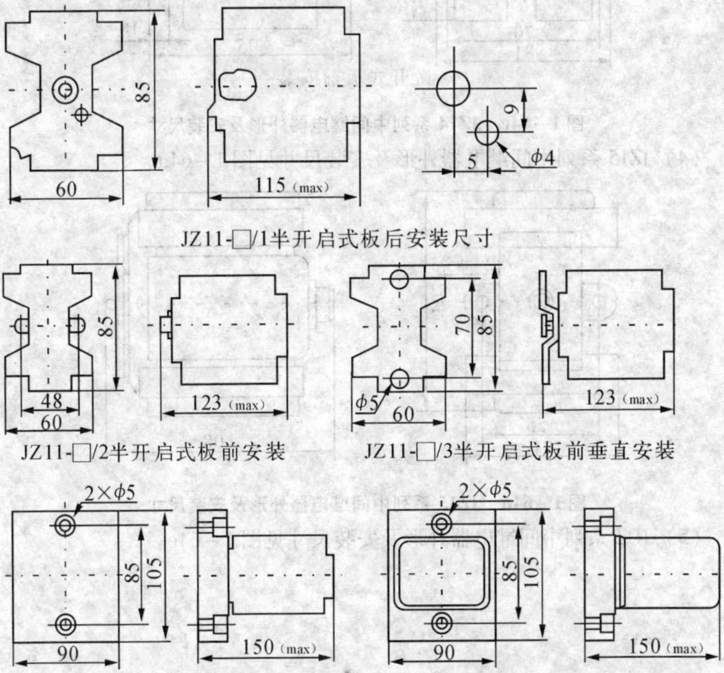

图 1－64b　JZ11 系列中间继电器的外形及安装尺寸

（3）JZ14 系列中间继电器外形及安装尺寸见图 1－64c。

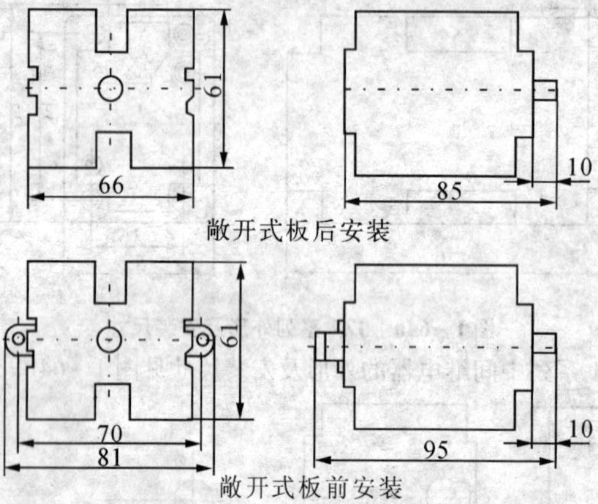

图 1－64c　JZ14 系列中间继电器外形及安装尺寸

（4）JZ15 系列中间继电器外形及安装尺寸见图 1－64d。

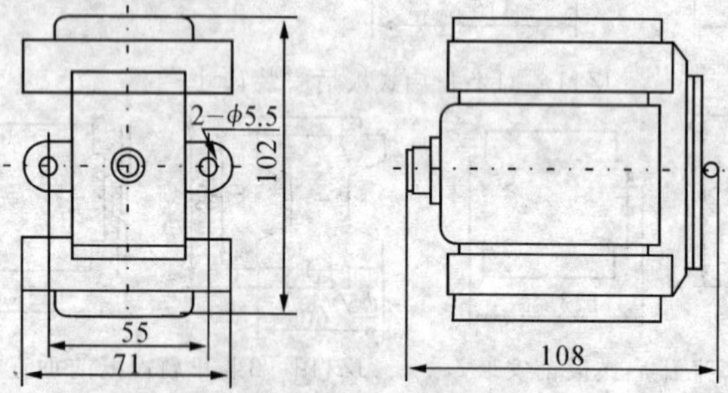

图 1－64d　JZ15 系列中间继电器外形及安装尺寸

（5）JDZ 系列中间继电器外形及安装尺寸见图 1－64e。

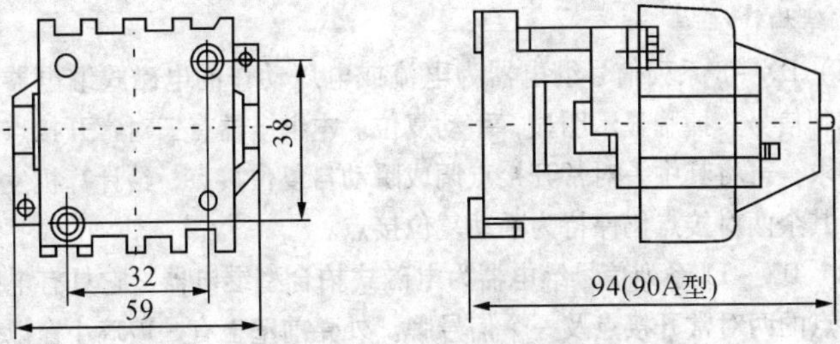

图1-64e　JDZ系列中间继电器外形及安装尺寸

（6）DZB系列中间继电器外形安装尺寸见图1-64f。

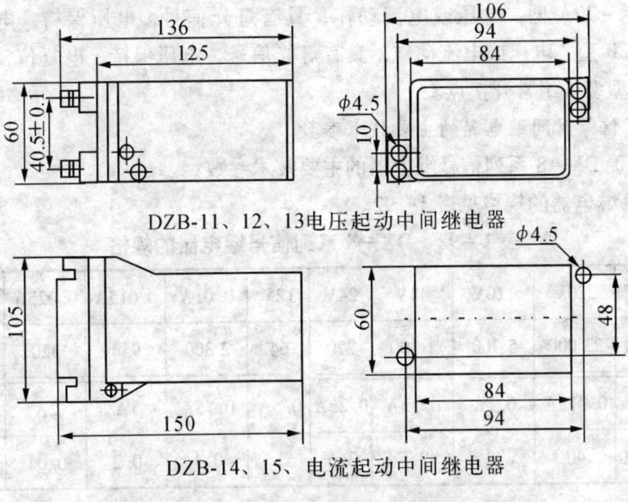

图1-64f　DZB系列中间继电器外形安装尺寸

1.7.9　信号继电器

1. 适用范围

（1）DX-8系列信号继电器用于直流操作的保护和自动控制装置中，作为机械保持和手动复位的动作指示器，其中DX-8G型为横向安装。

（2）DX-11系列信号继电器用于直流操作的保护回路中，作辅助继电器和动作指示器。

（3）DX-30系列信号继电器包括DX-31A、DX-32A、DX-32B型，用于直流操作的保护线路中，作为动作指示器。

2. 结构特征

(1) DX－8 系列信号继电器为电流或电压动作的电磁式继电器，装有机械掉牌信号、掉牌显示明显，手动复位。本继电器有三对常开接点。根据用户要求，可将其中一对常开接点调成瞬动自复位接点，给计算机发出瞬时信号，其余两对接点仍保持为手动复位接点。

(2) DX－11 系列信号继电器为电磁式拍合型继电器，它具有电磁铁和带公共点的两对常开接点及一个信号牌。外壳前壁上有一玻璃小窗以便观察信号牌的位置，还有手动返回信号牌的按钮。

(3) DX－31A 型为电压或电流动作，具有掉牌信号，机械保持，手复位。DX－32A 型，电压或电流动作，具有灯光信号，电压保持，电复位。DX－32B 型，电压或电流动作，具有灯光信号，电压保持，电复位，较 DX－32A 型多一组常开接点。

3. 信号时间继电器的主要技术参数

(1) DX－8 系列信号继电器的主要技术参数：

① 继电器的规格见表 1－92。

表 1－92　DX—8 系列信号继电器的规格

额定值	220V	110V	48V	24V	12V	0.01A	0.015A	0.025A	0.05A
电阻/Ω	23 000	5 700	1 300	270	64	2 300	950	320	92
额定值	0.075A	0.1A	0.15A	0.25A	0.5A	0.75A	1A	2A	4A
电阻/Ω	40	23	9.5	3.6	1	0.4	0.2	0.04	0.016

② 动作值：电压起动的动作值不大于额定工作电压的 70%，电流起动的动作值不大于额定工作电流 90%。

③ 动作时间：电压起动的继电器施加额定工作电压，电流起动的继电器施加 120% 额定工作电流时，继电器的动作时间不大于 30ms。

④ 接点容量：在工作电压不大于 220V，工作电流不大于 2A 的直流感性负载电路（时间常数为 5×10^{-3}s）中，断开容量为 50W，在交流回路（功率因数 $\cos\varphi$ 为 0.4 ± 0.1）中为 250VA，在交直流工作电压不大于 220V 的条件下接点长期允许通过 2A 电流。

⑤ 功率损耗：电压工作线圈不大于3W，电流工作线圈不大于0.3W。

⑥ 热稳定性：在周围环境温度为±40℃时，电压工作线圈能长期承受1.1倍额定电压；电流工作线圈能长期承受3倍的额定电流，其线圈温升不超过65℃。电流工作线圈还能耐受10倍额定电流，历时3s。

（2）DX-11系列信号继电器的主要技术参数：

① 主要技术数据见表1-93a。

② 电流继电器线圈消耗功率约0.3W，电压继电器线圈消耗功率约2W。

③ 在继电器瞬时返回的条件下，当工作电压在250V以下及工作电流在2A以下时，触点的断开容量在感性负荷的直流电路中为50W，在交流电路中为250VA。

表1-93a　DX-11系列信号继电器的主要技术参数

额定工作电流/A	长期电流/A	动作电流/A	线圈电阻/Ω
0.01	0.03	0.01（0.007~0.01）	2 200
0.015	0.045	0.015（0.011~0.015）	1 000
0.025	0.075	0.025（0.018~0.025）	320
0.05	0.15	0.05（0.035~0.05）	70
0.075	0.225	0.075（0.055~0.075）	30
0.1	0.3	0.1（0.07~0.1）	18
0.15	0.45	0.15（0.11~0.15）	8
0.25	0.75	0.25（0.18~0.25）	3
0.5	1.5	0.5（0.35~0.5）	0.7
0.75	2.25	0.75（0.55~0.75）	0.35
1	3	1（0.7~1）	0.2

表1－93b　DX－11系列信号继电器的主要技术参数

额定工作电压/V	长期电压/V	动作电压/V	线圈电阻/Ω
220	242	132（90～132）	24 400
110	121	66（45～66）	7 500
48	53	29（20～29）	1 440
24	26.5	14.5（10～14.5）	360
12	13.5	7.2（5～7.2）	87

（3）DX－30系列信号继电器的主要技术参数：

① 额定值：继电器线圈工作电压或电流额定值为直流220、110、48、24、12V或0.01、0.015、0.02、0.025、0.04、0.05、0.075、0.08、0.1、0.15、0.2、0.25、0.5、0.75、1、2、4A。DX－32型保持回路电压额定值为直流220、110、48V。

② 动作值：电压起动的动作值不大于额定电压的70%，电流起动的动作值不大于额定电流的90%。

③ 保持值：继电器的保持值不大于80%额定保持电压。

④ 返回值：不小于5%额定值。

⑤ 功率损耗：电流线圈不大于0.3W，电压线圈不大于3W。DX－32A型，电压保持回路220V，不大于10W，110V不大于5W，48V不大于3W。DX－32B型电压保持回路220V不大于20W，110V不大于10W，48V不大于4W。

⑥ 接点容量：在电压不大于220V的直流感性负载电路（时间常数为5×10^{-3}s）中，不大于30W，在电压不大于220V的交流电路中不大于200VA。

4. 信号时间继电器的接线图

信号时间继电器的接线图见图1－65。

（1）DX－8系列信号时间继电器的接线图见图1－65a。

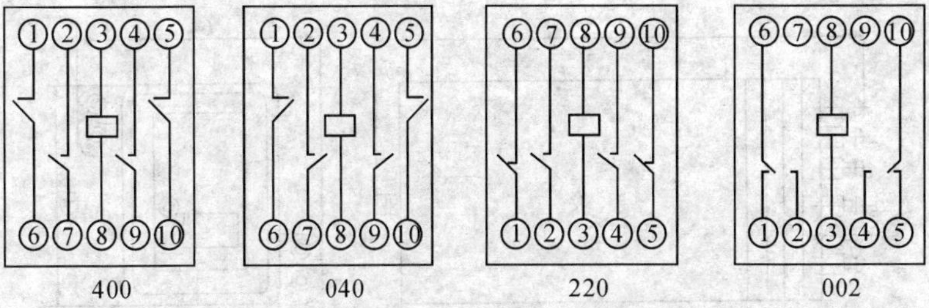

图 1-65a　DX-8 系列信号时间继电器接线图

（2）DX-11 系列信号时间继电器的接线图见图 1-65b。

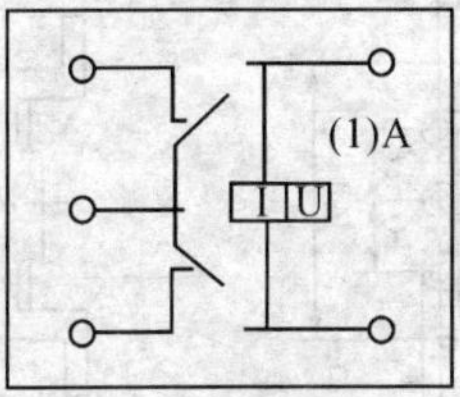

图 1-65b　DX-11 系列信号时间继电器接线图

（3）DX-30 系列信号时间继电器的接线图见图 1-65c。

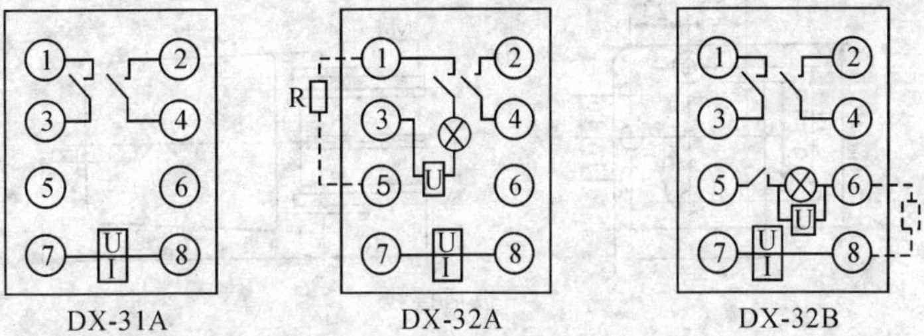

图 1-65c　DX-30 系列信号时间继电器接线图

5. 信号时间继电器的外形及安装尺寸图

信号时间继电器的外形及安装尺寸图见图 1-66。

（1）DX-8 系列信号时间继电器的外形及安装尺寸图见图 1-66a。

（2）DX-11 系列信号继电器的外形及安装尺寸图见图 1-66b。

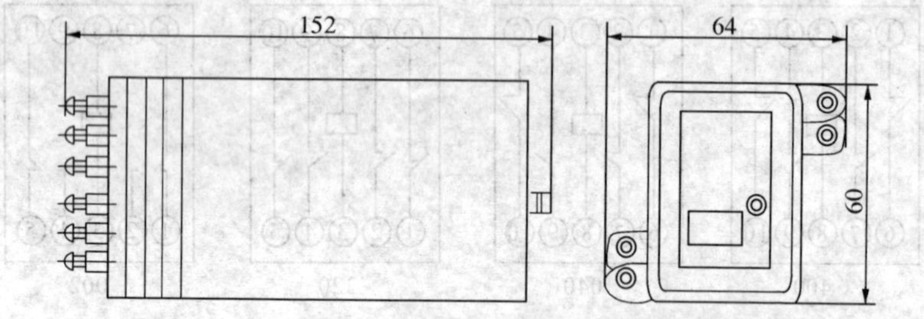

图 1－66a　DX－8 系列信号时间继电器的外形及安装尺寸图

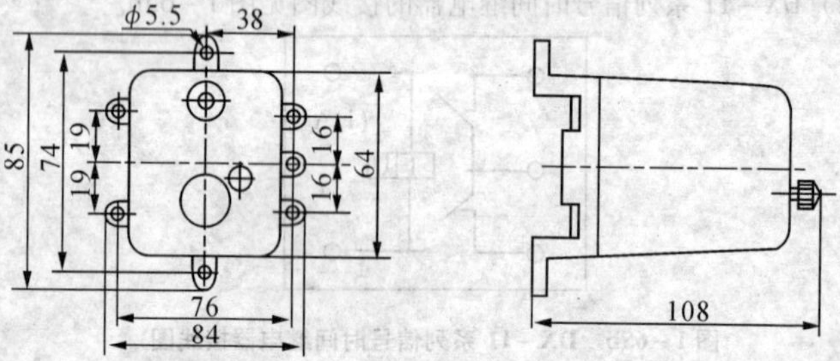

板前接线

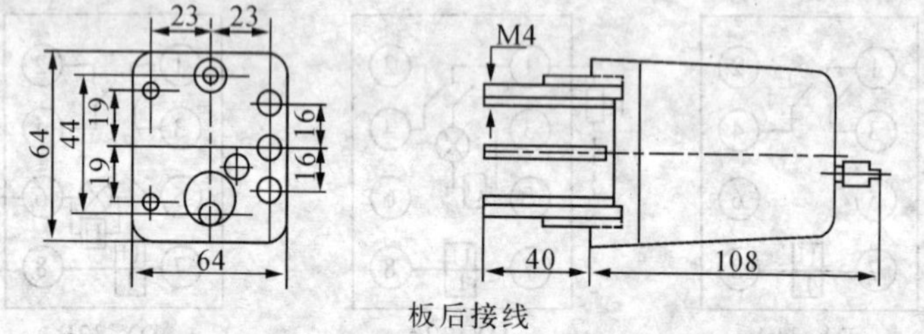

板后接线

图 1－66b　DX－11 系列信号继电器的外形及安装尺寸图

（3）DX－30 系列信号继电器的外形及安装尺寸图见图 1－66c。

1.7.10　电流继电器

1. JL12 系列过电流延时继电器

（1）适用范围：JL12 系列过电流延时继电器适用于交流 50Hz，电压 380V，电流从 5A 至 300A 的线路中作起重机械设备中的绕线型电动机的起动、过载、过流保护。

（2）主要技术参数：

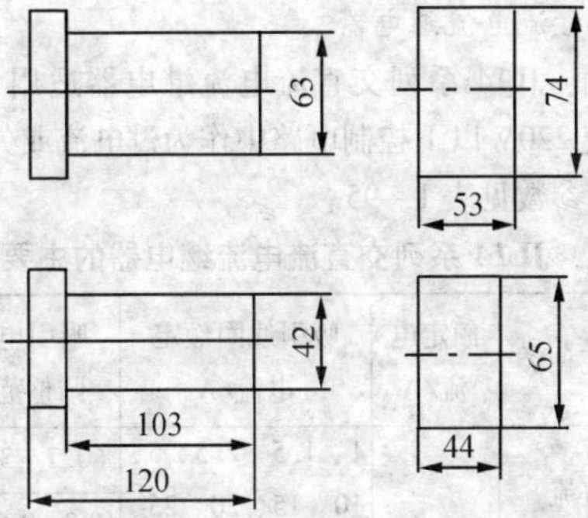

图 1-66c　DX-30 系列信号继电器的外形及安装尺寸图

① 触头额定电流为 5A。

② 线圈额定工作电流规格有：5A、10A、20A、30A、40A、50A、60A、75A、100A、150A、200A、300A。

③ 动作特性见表 1-94。

表 1-94　JL12 系列过电流延时继电器的动作特性

动作电流/A	动作时间	起始状态	环境温度
1.0*I*e	>1h	冷态	-25 ~ +40℃
1.5*I*e	<3min	热态	
2.5*I*e	10 ±6s	热态	
6*I*e	<（1-3）s*		

注 * 当环境温度 >0℃时，动作电流 <1s；当环境温度 <0℃时，动作电流 <3s。

（3）外形及安装尺寸见图 1-67。

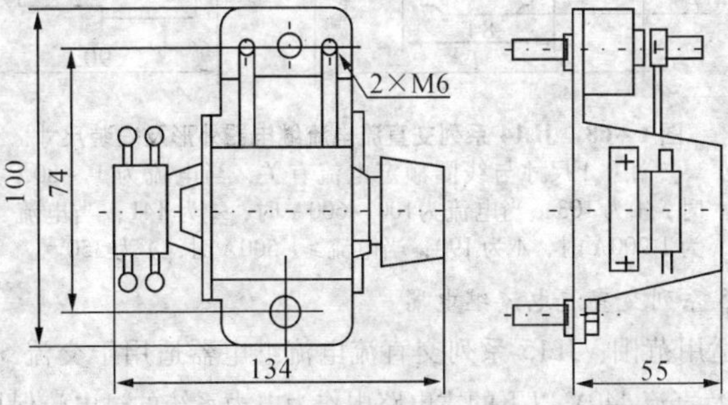

图 1-67　JL12 系列过电流延时继电器外形及安装尺寸

2. JL14 系列交直流电流继电器

（1）适用范围：JL14 系列交直流电流继电器适用于交流 50Hz，电压 380V 及以下，直流 220V 以下控制电路中作为过电流或欠电流保护之用。

（2）主要技术参数见表 1－95。

表 1－95　JL14 系列交直流电流继电器的主要技术参数

产品型号	电流种类	额定电流/A	吸引线圈额定电流/A	吸引电流调整范围	触头组合形式	备注
JL14－□Z/ZS	直流	5	1、1.5、2.5、5、10、15、20、25、30、40、60、80、100、150、200、300、600、1200	(0.7～3) I_e	一常开一常闭，二常开，二常闭	手动
JL14－□ZQ				(0.3～0.65) I_e		欠压
JL14－□J/JS	交流			(1.1～4) I_e		手动
JL14－□JG				(1.1～4) I_e		高返回

注：①JL14－□J/JS 无 1 500A，JL14－□JG 无 1 200A 和 1 500A；JL14－□Z 最大至 2 500A。

②JL14－□ZQ 释放电流在额定工作电流的 10%～20%；JL14－□JG 返回系数 >0.65。

（3）外形及安装尺寸见图 1－68。

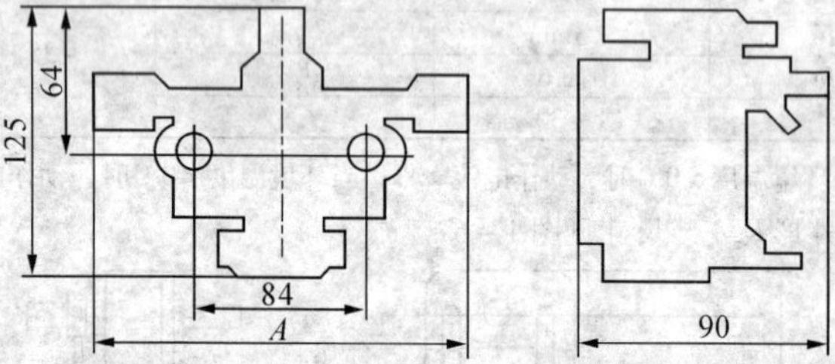

图 1－68　JL14 系列交直流电流继电器外形及安装尺寸

注：A 尺寸与线圈额定电流有关，当电流为 1～80A 时，A 为 103；当电流为100～600A 时，A 为 141；当电流为 1 200A 时，A 为 190；当电流≥1 500A 时，A 为 350。

3. JL15 系列交直流电流继电器

（1）适用范围：JL15 系列交直流电流继电器适用于交流 50Hz，电压 380V 以下及直流 440V 以下的主电路中作为电力系统的过电流保护元件。

（2）主要技术参数见表 1－96。

表 1-96　JL15 系列交直流电流继电器的主要技术参数

产品型号	电流种类	额定电流/A	吸引线圈额定电流/A	吸引电流调整范围	触头组合形式
JL15-□01/11 JL15-□S01/11	直流交流	5	1.5、2.5、5、10、15、20、30、40、60、80、100、150、250、300、400、600、800、1 200	(0.8~3) I_e	一常开 一常开一常闭
JL15-□02/22 JL15-□S02/22				(1.2~4) I_e	二常闭 二常开二常闭
JL15-□F	交流			(1.2~4) I_e	一常闭 一常开一常闭

注：①JL15-□F 为高返回系数，返回系数 >0.65，对于 600A 及 1 200A 两种规格，当吸合电流 >2 I_e 时，返回系数允许≥0.59。

②JL15-□S 中的 S 代表手动复位。

（3）外形及安装尺寸见图 1-69 和表 1-97。

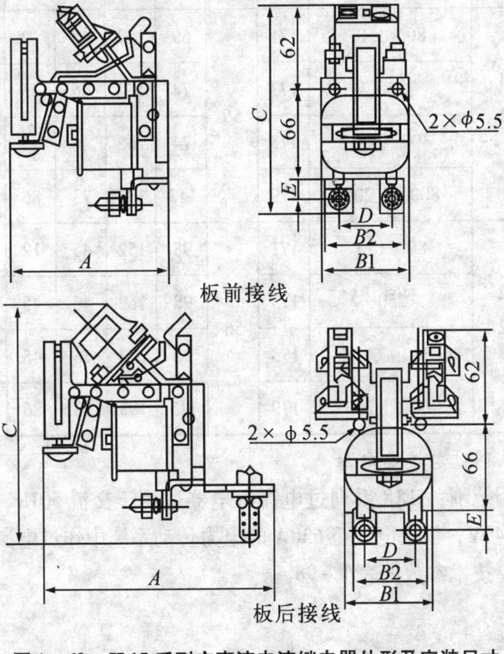

图 1-69　JL15 系列交直流电流继电器外形及安装尺寸

表 1-97　JL15 系列交直流电流继电器外形及安装尺寸

产品型号	吸引线圈额定工作电流 /A	外形及安装尺寸 /mm						接线螺钉
		A	*B*1	*B*2	*C*	*D*	*E*	
JL15 - □01 JL15 - □11 （板前）	1.5 ~ 60	105	56	56	137	34	12	M6
	80 ~ 150			69	176	45	45	M8
	250 ~ 600			77	178	49	45	M10 ~ 12
	800 ~ 1 200			113	205	73	86	M16
JL15 - □02 JL15 - □22 （板前）	1.5 ~ 60	105	56	98	147	34	12	M6
	80 ~ 150			98	186	45	45	M8
	250 ~ 600			98	188	49	45	M10 ~ 12
	800 ~ 1 200			113	215	73	86	M16
JL15 - □H01 JL15 - □H11 （板后）	80 ~ 150	171	56	69	142	45	12	M8
	250	173		74	152	46	45	M10
	300 ~ 600	173		74	162	46	45	M12
	800 ~ 1 200	179		113	183	73	86	M16
JL15 - □H02 JL15 - □H22 （板后）	80 ~ 150	171	56	98	152	45	12	M8
	250	173		98	162	46	45	M10
	300 ~ 600	173		98	172	46	45	M12
	800 ~ 1 200	179		113	193	73	86	M16

4. JL18 系列过电流继电器

（1）适用范围：JL18 系列过电流继电器适用于交流 50Hz，电压 380V，直流电压至 440V，额定电流至 630A 的电力传动系统中作过电流保护之用。

（2）主要技术参数见表 1-98。

表 1－98　JL18 系列过电流继电器的主要技术参数

产品型号	电流种类	额定电流/A	吸引线圈额定电流/A	吸引电流调整范围	接通电流/A	分断电流/A	触头组合形式
JL18－□Z	直流	10	1、1.6、2.5、4.0、6、10、16、25、40、63、100、160、250、400、630	(0.7～3) *Ie*	0.8	0.27	一常开 一常开一常闭 一常闭
JL18－□J	交流			(1.1～3.5) *Ie*	41	2.6	

注：JL18－□JS 为高返回系数，返回系数 >0.65。

（3）安装尺寸见图 1－70。

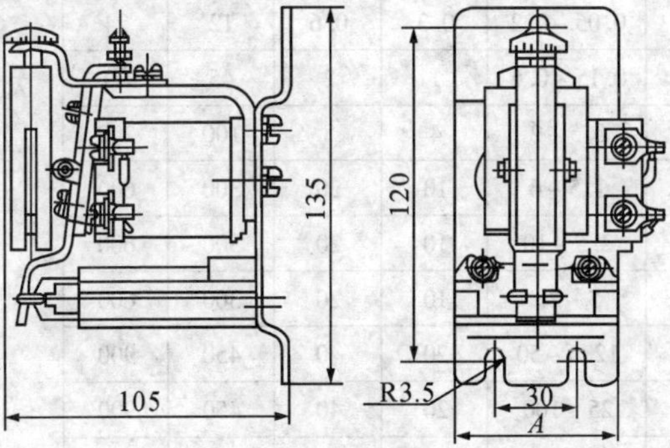

图 1－70　JL18 系列过电流继电器外形及安装尺寸

注：*A* 尺寸与线圈额定电流有关，当电流为 1～10A 时，*A* 为 77；电流 63A 时，*A* 为 100；电流 100～160A 时，*A* 为 100；电流 250～400A 时，*A* 为 110；电流 630A 时，*A* 为 115。

5. DL－10 系列电流继电器

（1）适用范围：DL－10 系列电流继电器用于电机、变压器和输电线路的过负荷和短路的继电器保护回路中，作为起动元件。

（2）结构特征：DL－10 系列电流继电器为电磁式，瞬时动作，固定安装在垂直板上，可以板前接线，也可板后接线。外形及安装尺寸同 DS110 时间继电器，现市场上有一种外形及安装尺寸与 DL－10 相同，但采用集成电路构成的电流继电器，可以完全代替 DL－10，这种电流继电器具有整定方便、直观、精度高、可靠性强、动作速度快等优点。

（3）主要技术参数见表1－99。

表1－99　DL－10系列电流继电器的主要技术参数

产品型号	最大整定值/A	整定范围/A	额定工作电流/A		长期允许电流/A		消耗功率/VA	接点规格	
			线圈串联	线圈并联	线圈串联	线圈并联		常开	常闭
	0.01	0.0025～0.01	0.02	0.01	0.6	1.2			
	0.04	0.01～0.04	0.05	0.1	1.5	3			
	0.05	0.0125～0.05	0.08	0.16	2.5	5			
	0.2	0.05～0.2	0.3	0.6	12	24			
	0.6	0.15～0.6	1	2	45	90			
DL－11 DL－12 DL－13	2	0.5～2	4	8	100	200		1 0 1	0 1 1
	6	1.5～6	10	20	300	600			
	10	2.5～10	10	20	300	600			
	20	5～20	10	20	300	600			
	50	12.5～50	20	40	450	900			
	100	25～100	20	40	450	900			
	200	50～200	20	40	450	900			

6. DL－20、30系列电流继电器

（1）适用范围：DL－20、30系列电流继电器用于电机、变压器和输电线路的过负荷和短路的继电器保护回路中，作为起动元件。

（2）结构特征：DL－20、30系列电流继电器为电磁式，瞬时动作，磁系统有两个线圈，或将线圈串联或并联，能使继电器的整定范围变化一倍，外形及安装尺寸同DS20、30时间继电器，现市场上有一种外形及安装尺寸与DL－20、30相同，但采用集成电路构成的电流继电器，可以完全代替DL－20、30系列，这种电流继电器具有整定方便、直观、精度高、可靠性强、动作速度快等优点。

（3）主要技术参数见表1－100。

表 1-100 DL-20、30 系列电流继电器的主要技术参数

产品型号	最大整定值/A	整定范围/A	额定工作电流/A		长期允许电流/A		消耗功率/VA	接点规格	
			线圈串联	线圈并联	线圈串联	线圈并联		常开	常闭
DL-21 DL-22 DL-23 DL-24 DL-25 DL-31 DL-32 DL-33 DL-34	0.01	0.0025~0.01	0.02	0.04	0.02	0.04		1 0 1 2 0	0 1 1 0 2
	0.05	0.0125~0.05	0.08	0.16	0.08	0.16			
	0.2	0.052~0.2	0.3	0.6	0.3	0.6			
	0.6	0.15~0.6	1	2	1	2			
	2	0.5~2	3	6	4	8			
	6	1.6~6	6 (10)	12 (20)	6 (10)	12 (20)			
	10	2.5~10	10	20	15	30			
	20	5~20	10	20	15	30			
	50	12.5~50	15	30	20	40			
	100	25~100	15	30	20	40			
	200	50~200	15	30	20	40			

注：括号内数字为 DL-20 系列的数据。

1.7.11 电压继电器

1. 适用范围

电压继电器，用于电机、变压器和输电线路的电压升高（过电压保护）或电压降低（低电压闭锁）的继电器保护回路中，作为起动元件。

2. 结构特征

电压继电器在结构和原理上与电流继电器是基本一致的，都为旋转舌片式电磁继电器。由电磁铁、线圈、舌片、弹簧、动触点桥、静触点等组成，由于电流继电器在电流保护中用作测量和起动元件，它是反应电流超过某一整定值而动作的继电器，接于电流互感器二次侧，为了减小电流互感器的二次负载，在制造电流继电器时应尽可能减少它所消耗的功率且满足热稳定要

求。而电压继电器是反应电压变化而动作的继电器，电压继电器的电磁力矩与继电器端子上的电压平方成正比。对于经常接入的低电压继电器，为了减少继电器的振动，避免轴承的磨损，其整定值应不小于全刻度盘的1/3。

3. 常用电压继电器的产品型号及主要技术参数

常用电压继电器的产品型号及主要技术参数见表1－101。

表1－101　常用电压继电器的产品型号及主要技术参数

产品型号	产品名称	整定范围/V	长期允许电压/V		消耗功率/VA	接点规格		外形及安装尺寸
			串联	并联		常开	常闭	
DJ－111 DJ－121 DJ－131	过电压继电器	15～60	70	35	1	1 0 1	0 1 1	外形及安装尺寸与DL－10，DS－110相同
		20～200	220	110				
		100～400	440	220				
DJ－112 DJ－122 DJ－132	低电压继电器	12～48	70	35	1			
		40～160	220	110				
		80～320	440	220				
DY－21/31 DY－22/32 DY－23/33 DY－24/34 DY－25	过电压继电器	15～60	70	35	1	1 0 1 2 0	0 1 1 0 2	DY20外形及安装尺寸与DL－20，DS－20相同；DY30与DL－30，DS－30相同
		20～200	220	110				
		100～400	440	220				
DY－26/35 DY－27/36 DY－28/37 DY－29/38	低电压继电器	12～48	70	35	1			
		40～160	220	110				
		80～320	440	220				

1.7.12 小型电磁继电器

1. 小型电磁继电器

（1）适用范围：小型电磁继电器广泛应用于工业自动化控制、电力系统继电保护及自动化装置等，用来切换电路之用。小型电磁继电器具有体积小、安装方便、功率大和寿命长等优点。

（2）主要技术参数：

① 吸合电压：DC≤75% AC≤80%。

② 释放电压：DC≥10% AC≥30%。

③ 电气寿命：10^5 次，机械寿命：10^7 次。

④ 绝缘电阻：≥500MΩ。

⑤ 介质耐压：1500V /min。

⑥ 其他技术参数见表 1-102。

表 1-102 常用小型电磁继电器的产品型号及技术参数

<table>
<tr><th>产品型号</th><th>触点形式</th><th>触点负载</th><th>线圈电压</th><th>线圈功耗</th><th>同类产品及其他</th></tr>
<tr><td>JQX-10F/2Z</td><td>2Z</td><td rowspan="2">AC 250V/10A
DC 28V/10A</td><td rowspan="16">AC 6~380V
DC 6~220V</td><td rowspan="2">AC 3VA
DC 2W</td><td rowspan="2">OMRON MK2P
MK3P H,K FRM5</td></tr>
<tr><td>JQX-10F/3Z</td><td>3Z</td></tr>
<tr><td>MY2-S,-N,-F,-O</td><td>2Z</td><td>AC 250V/5A</td><td rowspan="3">AC 1.2VA
DC 0.9W</td><td rowspan="3">110KH2、HH52P
4140</td></tr>
<tr><td>MY3-S,-N,-F,-O</td><td>3Z</td><td>AC 250V/5A</td></tr>
<tr><td>MY4-S,-N,-F,-O</td><td>4Z</td><td>AC 250V/3A</td></tr>
<tr><td>HH61P</td><td>1Z</td><td rowspan="4">AC 250V/10A
DC 28V / 10A</td><td rowspan="4">AC 2.5VA
DC 1.5W</td><td rowspan="4">LY1,LA2,LA3,LA4-
S,-N,-F,-O</td></tr>
<tr><td>HH62P</td><td>2Z</td></tr>
<tr><td>HH63P</td><td>3Z</td></tr>
<tr><td>HH64P</td><td>4Z</td></tr>
<tr><td>RR-2P</td><td>2Z</td><td rowspan="2">AC 220V/10A</td><td rowspan="2">AC 3.5VA
DC 2W</td><td rowspan="2">H,K FRM5
MK-2P,MK3P</td></tr>
<tr><td>RR-3P</td><td>3Z</td></tr>
<tr><td>JQX-52F</td><td>1Z</td><td>AC 220V/30A</td><td>AC 3.2VA
DC 2W</td><td></td></tr>
<tr><td>JQX-58F/1Z</td><td>1Z</td><td>AC250V/20~80A</td><td rowspan="3">AC 6.5VA
DC 3.4W</td><td></td></tr>
<tr><td>JQX-58F/2Z</td><td>2Z</td><td rowspan="2">AC250V/20~80A</td><td></td></tr>
<tr><td>JQX-58F/3Z</td><td>3Z</td><td></td></tr>
</table>

续表

产品型号	触点形式	触点负载	线圈电压	线圈功耗	同类产品及其他
JQX－59F	1Z	AC 250V/80A	AC 6～380V DC 6～220V	AC 3.2VA DC 2W	
LA12	2Z	AC 250V/10A	AC 12～240V DC 12～110V	AC 2.2VA DC 1.3W	
LA13	3Z				
JRC－19F	2Z	AC 24V/1A	DC 3～24V	≤0.36W	4078
JQX－16F	1Z	AC 250V/10A	DC 5～48V	≤0.9W	P&B 公司 T90
JQX－30F	1Z	AC 220V/30A DC 30V /20A	DC 5～48V	≤0.9W	AZ 公司 2100 P&B 公司 T91 T92
JQX－30FA	1Z				
G7L	1H 2H	AC 220V/25A	AC 6～110V DC 6～110V	AC 2.5VA DC 1.9W	OMRON 公司生产
AJQ1	2Z	AC 220V/25A	AC 6～380V DC 6～220V	≤0.9W	
JQX－62	2Z	AC 220V/100A		AC 2.5VA DC 1.5W	
JQC－3F	1Z	AC 120V/10A AC 30V /8A	DC 3～48V	≤0.45W	T73

(3)外形尺寸和安装形式见表 1－103。

表 1－103　小型电磁继电器外形及安装尺寸

产品型号	安装方式	外形尺寸/mm
JQX－10F	插座式	34.5×34.5×52
MY2～MY4	印刷线路板式，插座式	27.5×21.5×35
H61P～H64P	印刷线路板式，插座式	27.5×21.5×35
RR－2P,3P	插座式	34.5×34.5×52
JQX－52F	螺丝安装	76×42.5×42
JQX－58F	电器安装轨	68×45×42
JQX－59F	螺丝安装	78×46×52

续表

产品型号	安装方式	外形尺寸/mm
LA12,LA13	插座式	43.5×435×52
JRC-19F	线路板式	21×10×12
JQX-16F	线路板式	32×27×20.4
JQX-30F/FA	线路板式/螺丝安装	32.5×27.5×28/50.2×27×28
G7L	螺丝安装	68.5×33.5×47
AJQ1	螺丝安装	49.8×30.5×54.2
JQX-62	螺丝安装	63.5×63.5×56
JQC-3F	线路板式	19.2×15.5×15

1.7.13 其他电磁继电器

1. JT4 系列交流电磁式继电器

（1）适用范围：JT4 系列交流电磁式继电器，用于交流 50Hz 或 60Hz 的自动控制电路中作零电压、过电压、过电流及中间继电器之用。

（2）主要技术参数见表 1-104。

表 1-104　JT4 系列交流电磁式继电器主要技术参数

产品型号及类型	可调参数整定范围	约定发热电流/A	吸合线圈		返回系数	接点规格		额定控制容量/VA
			额定电压或电流	消耗功率		常闭	常开	
JT4-□□A 过电压继电器	吸合电压 105%~120%U_e	10	110V、220V、380V	75VA	0.1~0.3	1		AC:1 000 DC:90
JT4-□□P 零电压继电器	吸合电压 60%~85%U_e，释放电压 105%~120%U_e		110V、127V、220V、380V		0.2~0.4			
JT4-□□L 过电流继电器	吸合电流 110%~350%I_e		5A、10A、15A、20A、20A、40A、80A、150A、300A、600A	5W	0.1~0.3	1 0 2		
JT4-□□S 手动过电流继电器								

(3)外形及安装尺寸见图 1－71。

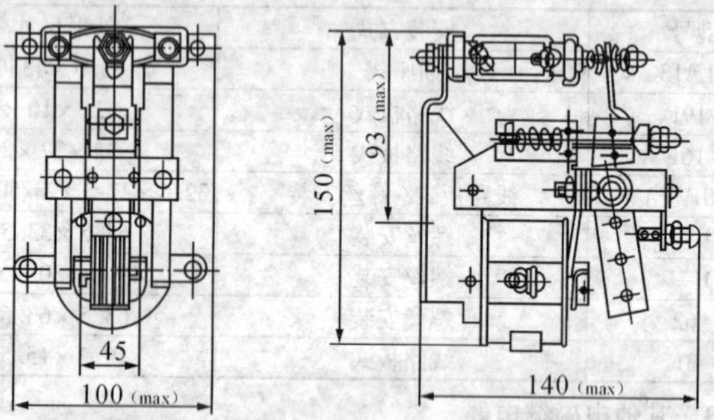

JT-4□ P、JT-4□ A型外形及安装尺寸

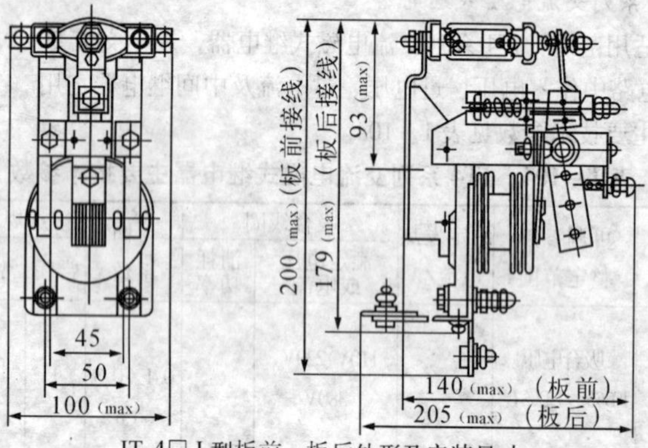

JT-4□ L型板前、板后外形及安装尺寸

图 1－71　JT4 系列交流电磁式继电器外形及安装尺寸

2. JT18 系列直流电磁式通用继电器

(1) 适用范围：JT18 系列直流电磁式通用继电器，作为时间（断电延时）、电压（中间）、欠电流继电器，主要用于直流电压至 440V 的主电路，直流电压至 220V 控制电路，直流电流至 630A 电路的电路中，作控制与保护用。

(2) 主要技术参数如下：

①继电器触头的额定发热电流为 10A。

②继电器的工作制主要为八小时工作制和反复短时工作制。反复短时工

作制的额定操作频率为1 200次/h，额定通电持续率为40%。

③电压继电器的动作性能。冷态时，线圈的吸引电压应该在30%～50%额定工作电压范围内调节，释放电压应能在7%～20%额定工作电压范围内调节，返回系数不作规定。具有两个触头元件的继电器，其吸引电压允许在35%～50%额定工作电压范围内调节。

④ 时间继电器的动作性能：时间继电器得到延时的方法有两种：

a. 将线圈短路（此时电源将串一电阻，以防电源短路）。

b. 将线圈断开。当继电器的线圈加以不低于75%的额定工作电压的情况下，用以上两种方法得到的延时范围符合表1－105的规定。

表1－105　延时范围

延时方式	产品型号	延时范围/s	备　注
线圈断开	JT18－/1	0.3～0.9	具有2组触头元件的延时继电器允许降低30%
	JT18－/3	0.8～3	
	JT18－/5	2.5～5	
线圈短路	JT18－/1	0.3～1.5	
	JT18－/3	1～3.5	
	JT18－/5	3～3.5	

（3）外形及安装尺寸见图1－72和表1－106。

表1－106　JT18系列直流电磁式继电器外形及安装尺寸

产品型号	吸引线圈额定工作电流/A	外形及安装尺寸 /mm					
		*A*1	*A*2	*B*	*C*	*D*	安装孔
JT18－11	1.6～25	183	169	202	193	111	ϕ6.5
JT18－11L	1.6～25	183	169	208	198	116	
	100～630	231	222	208	198	116	
JT18－22L	4～63	202	193	208	198	116	
	100～630	236	227	208	198	116	

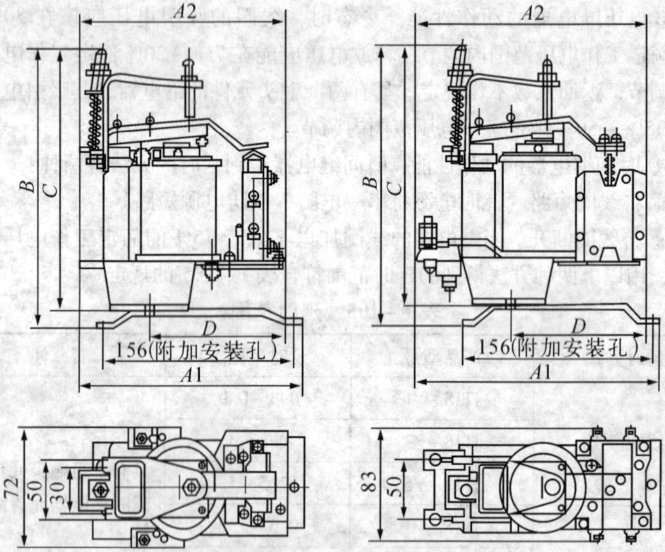

a 一组触头元件　　　　b 二组触头元件

图 1-72　JT18 系列直流电磁式继电器外形及安装尺寸

1.7.14　鉴相鉴幅漏电继电器

1. 适用范围

鉴相鉴幅漏电继电器与交流接触器或断路器组合成漏电保护装置。适用于中性点直接接地的低压（220V / 380V）配电系统，主要功能是对人身触电和线路、设备漏电提供间接接触保护。由于采用鉴相鉴幅这一新技术，消除了触电时的不灵敏性，并具有节能消声等特点。特别适合于线况较差、三相漏电不平衡的电网使用，以提高电网安全运行能力。

2. 产品特点

鉴相鉴幅漏电继电器具有以下特点：

（1）在三相漏电不平衡的情况下，突变漏电动作无死区。

（2）自动区分漏电与触电信号，可在线路绝缘水平低，漏电电流较大的状况下正常投运。

（3）用户根据需要，可以用波段开关将额定漏电动作电流设置为

"300mA"挡或"自动"挡。

当设置为"自动"挡时，漏电继电器能自动根据线路中漏电电流的大小选择额定漏电动作电流，其变化规则是：通电后自动选择额定漏电动作电流400mA，如果线路中漏电电流小于150mA时，经过20多分钟将额定漏电动作电流改为300mA。在额定漏电动作电流为300mA的情况下，如果线路中漏电小于75mA时，再经过20多分钟可将额定动作漏电电流改为200mA。额定动作漏电电流增加的变化过程相反。

该情况特别适用于不同季节（雨季与干燥季节）漏电电流相差较大，可以保障雨季与干燥季节的不同漏电保护要求。

应注意：当波段开关设置为"300mA"挡或"自动"挡时，必须是在关机状态进行改变，在开机情况下改变设置无效。

（4）采用数字滤波技术软件，增强了抗干扰能力。在雷电、电网谐波、线路瞬时过电流等干扰情况下，不误动作。

（5）漏电继电器在线路漏电突然减少时不动作，投运率较高。

（6）节能无声运行，长期运行不烧线圈。

（7）开机试送电（0.1～1s），跳闸27.5s±2.5s，自动重合闸，安全，省力。

（8）漏电或触电动作27.5s±2.5s后自动重合闸，在2～8s范围以内再发生触电，或10s±2s以内漏电电流再超过动作值，漏电继电器不再重合闸。

（9）漏电电流数字显示，漏电保护动作及故障指示，利于故障分析。跳闸指示灯灭，数字显示为漏电电流。在跳闸指示灯亮的情况下，数字显示含义如下：

① 数字显示灭，表示开机试送电后的等待重合闸过程。

② 数字显示，表示线路中的漏电电流值。

③ 显示数字且继电器动作，表示缓变漏电动作，数字为动作时的漏电电流值。

④ 显示"A"、"B"、"C"表示突变触电动作及突变发生的相线。

⑤ 显示"E"表示漏电电流超过显示量程范围，但突变漏电电流动作也可能显示"E"。

⑥ 显示"H"表示漏电或触电动作后，经27.5s±2.5s后自动重合闸，

在2 ~ 8s范围以内再发生触电，或 10s ±2s 以内漏电电流再超过动作值，漏电继电器闭锁。

⑦ 显示“P”表示电源有故障，一般表示继电器通电后无法检测到 A 相同步信号。

⑧ 显示“F”表示电源频率超过范围，漏电继电器正常工作频率为40 ~ 65Hz。

3. 鉴相鉴幅漏电继电器的安装

将安装板垂直固定于配电屏或墙上，将鉴相鉴幅继电器挂扣在安装板上，继电器下方有 5 个接线端子，“1”接零线，“2”和“3”接接触器上端三相电源中的任意二根相线（当交流接触器线圈电压为220V 时，“3”不接相线，改与“1”零线联接），“4”和“5”输出，直接接在交流接触器线圈的两端（此为直流运行方式，图 1 – 73），连接线必须是截面大于 $1.5mm^2$ 铜芯绝缘导线。

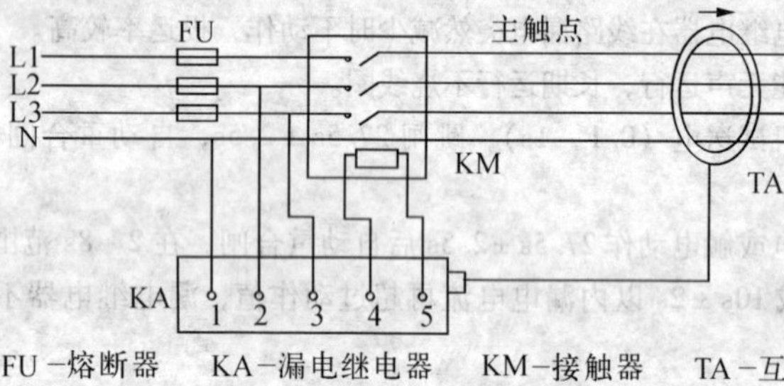

FU－熔断器　KA－漏电继电器　KM－接触器　TA－互感器

图 1 – 73　直流运行方式

零序互感器安装在接触器下端出线侧，出线穿过互感器要整理成一束。互感器上标志的方向为负荷侧，切不可反穿。

零序互感器安装应避免剧烈振动，且尽量远离接触器和电流互感器中大电流母排等强磁场干扰（要求上下、左右、前后距离至少 25cm 以上）。

零序互感器不同的穿线方法可分为不同的保护方法，详见图 1 – 74。图 1 – 74a 作漏电保护。如果采用 c 接法，必须验证零线端接地线的电流值等于三相四线总漏电电流矢量和，并一定要穿在零线接线端上，互感器标志的箭头方向朝变压器零线端。互感器与继电器用插头联接，拔下时请按住防脱扣装置。建议采用 b 接法。

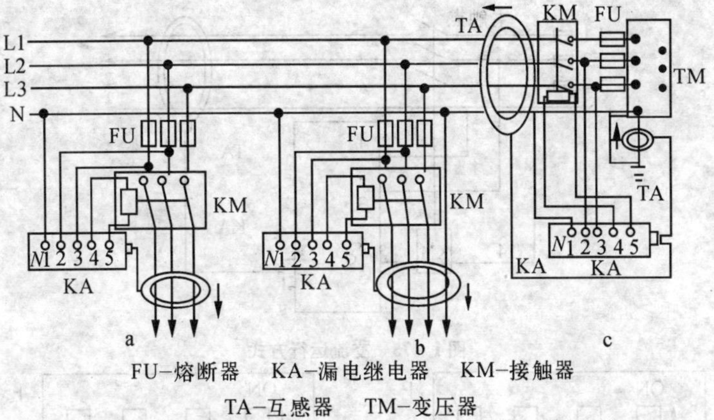

图 1-74 不同穿线方法的保护方法

应注意：漏电继电器的 5 个接线端子孔禁止“1”孔接入相线，“4”“5”孔接线圈后禁止线圈另接其他电源。

继电器正面四个黄色按钮是模拟试验装置，“A”、“B”、“C”三个按钮模拟三相触电动作值，“超值按钮”模拟动作值。

继电器正面左上角的 mA 电流表指示被保护线路的三相漏电矢量和的近似值，也可直接检查每相的漏电状况。每相检查办法为出线穿入互感器后，三根线逐根通电，电流表显示值即为每相漏电值。

当漏电继电器与配接的交流接触器不能组成直流运行方式时，可采用图 1-75 所示的交流运行方式。

4. 鉴相鉴幅漏电继电器的使用与试验

安装与接线可调式与普通型完全相同，产品一般在出厂前已将漏电电流调至 300mA，如用户需要 400mA 漏电电流，可按以下方法调节，调节方法如图 1-76 所示。

检查接线端子接线无误，互感器穿线方向正确、接触器型号相符合，可通电。合上继电器电源开关，继电器（或接触器）合闸，0.5s 即跳闸，绿色、红色发光管同时亮（试送电）。20 ~ 30s 后，自动合闸，红色发光管熄灭，正常投入运行（带 A 带 B 和交流运行方式的产品无试送电功能）。故障跳闸后，20 ~ 30s 重合闸，如故障未排除，仍有超限漏电流存在重合闸后

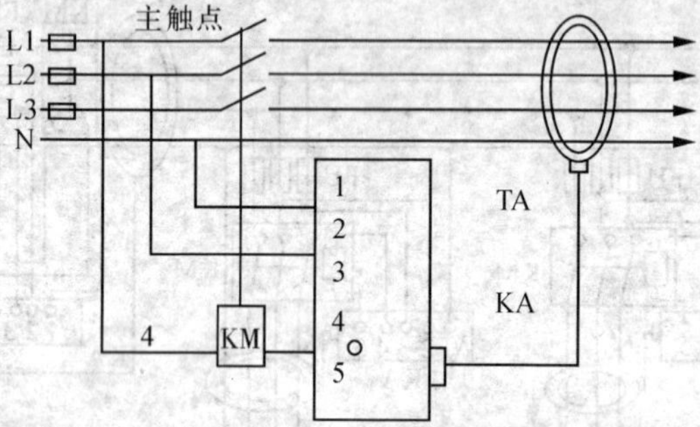

图 1-75　交流运行方式

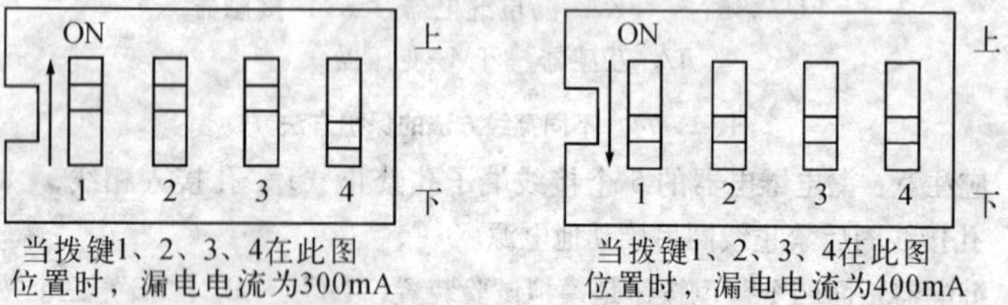

图 1-76　调节方法

注：拨键时 1、2、3 应同时拨到上面或同时拨到下面，不能部分在上，部分在下。拨键 4 为调试时使用，正常运行时不能在上面，只能在下面。

立即跳闸并自动闭锁。这时，须把故障排除，关掉漏电继电器电源开关，过 10s，重新操作。

如果不能正常投运，则拔去互感器和继电器之间的航空插头再操作，还不能投运的应检查接线或继电器本身问题。拔去航空插头能正常投运，插上插头不能正常投运，则为保护线路漏电超过 250mA 或零线有重复接地、被保护与未保护线路混用等问题，须检查线路。正常投运 10s 后，按任一试验按钮，继电器应立即跳闸。20 ~ 30s 后，自动重合闸，每次重合闸过 10s 后按试验按钮，则不受重合闸次数限制。如是实地模拟漏电试验，也同以上一样。

5. 鉴相鉴幅漏电继电器的注意事项

（1）原配互感器不得调换使用。

（2）本继电器对被保护的相线与地之间的触电漏电起保护作用。

（3）穿过互感器以后的零线不得重复接地，被保护线路的任何线不得与未被保护线路混用。否则会出严重事故。

（4）互感器反穿后，将严重影响触电、漏电动作特性。

（5）继电器正常使用时，应按 GB13955《漏电保护器安装和运行》的要求，每月对试验按钮进行按动试验。

（6）打开保险丝盒，必须先关掉电源开关。

（7）不能配装 40A 及以下的接触器。

（8）互感器安装与磁场距离应在 25cm 以上。

（9）交流运行方式，不具有消声节能功能。

6. 鉴相鉴幅漏电继电器的常见故障及排除

（1）不能正常投运。

① 安装接线后，打开面板上电源开关 K，红、绿灯均不亮，接触器不动作。

② 安装接线后，打开面板上电源开关 K，绿色指示灯亮，但接触器不动作。其检查办法：

a. 检查漏电继电器接线端子的接线是否正确，用万用表交流电压挡测 1～2 孔间应为 220V，2 ～ 3 孔间应为 380V（视交流接触器的线圈电压而定，如线圈电压为 220V，则 2 ～ 3 孔间应为 220V），4 ～ 5 孔间电压为直流 6V 左右（对直流运行而言）。

b. 检查漏电继电器的保险丝是否完好，接线是否松动。

③ 安装接线后，合上漏电继电器电源开关，保险丝烧断，甚至有烟冒出，有焦味。其原因是接线错误：

a. 1 ～ 2 孔间接入 380V 电源，有时候不马上烧断保险丝，但机内变压器会发热，半小时后，机内变压器烧毁。

b. 4 ～ 5 孔除接有接触器线圈外还加有其他电源线。

c. 4 ～ 5 孔接入了接触器辅助触头，或以前接触器线圈上的接线没拆除。

④ 试跳后，合闸又马上跳闸，原因是：

a. 出线或用电设备的三相漏电矢量和超过漏电动作值（250mA 以上），也就是说某一相漏电太大。解决办法是：进行每相单独送电，观察本继电器电流表指示值的大小。或拔下互感器插头，在送电的情况下用漏电钳形表检查找出漏电最大那相的漏电原因。

如果漏电随负荷增加而增加，可把负荷（特别是单相负荷）重新分配均匀。

b. 接线错误（见图 1－77）。接入本继电器的电源，二根相线接自互感器前面，一根零线接自互感器后面。或正好相反。

c. 零线有重复接地。

d. 被保护线路与其他线路混用。

解决办法：检查线路，纠正接线错误；查出并拆除重复接地线；将被保护线路与其他线路分开使用。

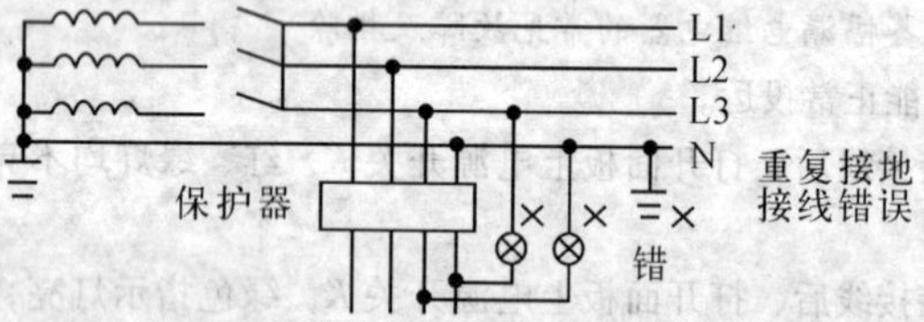

图 1－77　接线错误

⑤ 互感器零线方向穿反见图 1－78。解决办法：检查零线，认清楚出线方向，正确穿过互感器。

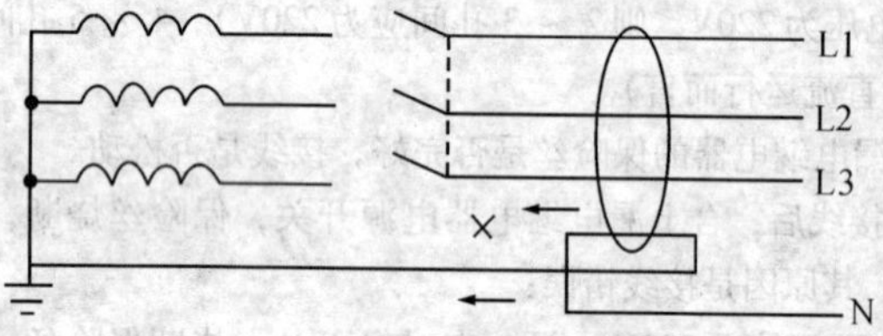

图 1－78　互感器零线方向穿反

⑥ 漏电继电器作总保时保护两条出线。

a. 其中一条出线投运不跳闸，两条出线投运就跳闸。其原因：两条出线中漏电最大的那相是同相。

b. 两条出线投运不跳闸，一条出线投运就跳闸。其原因：两条出线中漏电最大的那相不同相，互相抵消一部分。解决办法：在配电间调整出线的位置，减少三相不平衡电流。

（2）拒动（新安装接线后）：

①按漏电继电器的试验按钮接触器不跳闸。

a. 按按钮时，电流表电流增大，红灯、绿灯均亮，接触器不跳闸，或过一会儿跳闸。其原因：接触器线圈铁芯剩磁太大，或接触器型号不对，安装角度不对。还有可能是新接触器线圈铁芯表面有一层防锈油没擦干净。

b. 触电时接触器不动作，解除触电后接触器反而动作。其原因：互感器穿线方向反，或 1 孔 2 孔零线，相线接反。

② 按试验按钮每只能动作，但用电阻、灯泡，漏电测试仪实地测就不动作。其原因：实地测时，观察漏电继电器上的电流表有否明显电流增大。如果没有明显增大，则：

a. 接地达不到要求，太干燥，接地电流很小，没达到额定动作值。

b. 变压器中性点没有接地或接地电阻太大。

c. 穿过互感器的那根线位置、方向不对。

③ 互感器穿在总接地线作总保时，用漏电钳形表测出总接地线电流小，总电源三相四线漏电电流大。本继电器实测额定动作值不动作。其原因是互感器装错。线路末端就近又有一只变压器，使漏电分流。

（3）正常投运一段时间后，出现不正常。

① 大电机起动时，漏电继电器要跳闸。其原因：大电机的起动设备的漏电值超过 50mA；漏电矢量和已接近动作值时，大电机起动；穿过互感器的线要接直整理成一束。

② 保护范围外线路投运要跳闸。应检查：漏电继电器是新装的，重点检查线路是否混用，特别是配电间的仪表，电度表零线等是否混用。如果以前正常，现在不正常，要检查互感器附件有否太靠近的出线，属磁场干扰。

③ 用铝线作连线，时间长了，潮湿环境下铜 - 铝接触不好（有氧化层）使漏电继电器无法正常投运。漏电继电器的连接须用 $1.5mm^2$ 以上的绝缘铜芯线。

（4）漏电继电器出现闭锁：

①按动试跳按钮后，红灯亮，接触器跳闸，继电器不再自动重合闸，出现闭锁。解决办法：关闭面板上的电源开关，10s 后再合上，待自动重合闸后，过 10s 再按试跳按钮，且每次按动试跳按钮须等自动重合闸 10s 后。

②当线中上出现永久性漏电故障时，继电器跳闸后会自动重合再自锁。

7. 鉴相鉴幅漏电继电器与各种负载匹配

鉴相鉴幅漏电继电器与各种负载匹配见表 1－107。

表 1－107　鉴相鉴幅漏电继电器与各种负载匹配

<table>
<tr><th>接线方式</th><th>CJ10
CJT1</th><th>CJ20</th><th>CJ40</th><th>CJC20</th><th>CJ20SI
Ⅱ、Ⅲ</th><th>DZ20</th></tr>
<tr><td rowspan="2">220V 线圈电压</td><td>60～100A</td><td>60～160A</td><td>63～160A</td><td rowspan="2">63～630A</td><td rowspan="2">63～630A</td><td rowspan="2">50～630A</td></tr>
<tr><td>150A</td><td>250～630A</td><td>250～630A</td></tr>
<tr><td rowspan="2">380V 线圈电压</td><td>60～150A</td><td>63～400A</td><td>63～400A</td><td rowspan="2"></td><td rowspan="2">63～630A</td><td rowspan="2">50～630A</td></tr>
<tr><td></td><td>630A</td><td>630A</td></tr>
</table>

8. 鉴相鉴幅漏电继电器的主要技术参数

鉴相鉴幅漏电继电器的主要技术参数见表 1－108。

表 1－108　鉴相鉴幅漏电继电器的主要技术参数

额定电压	380V
额定频率	50Hz
额定电流	250A、400A、630A
辅助电源额定电压	220V
额定漏电动作电流	300mA（可调 300mA、400mA）
额定漏电不动作电流	150mA、200mA
额定触电动作电流	50mA
额定触电不动作电流	25mA
最大分断时间	0.2s
延时重合闸	20～30s
节能效果	有功节电率＞80%

9. 鉴相鉴幅漏电继电器的外形安装尺寸

鉴相鉴幅漏电继电器的外形安装尺寸见图 1－79。

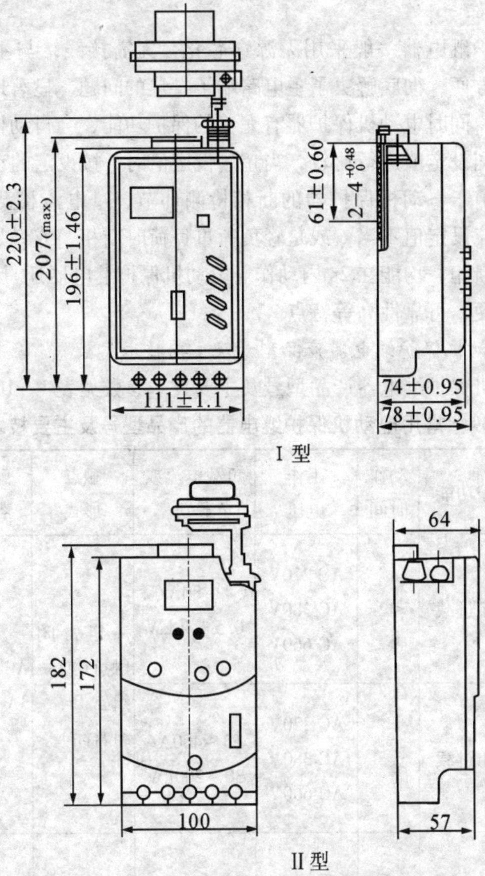

图 1－79　鉴相鉴幅漏电继电器的外形安装尺寸

1.7.15　电动机保护继电器

1. 适用范围

电动机保护继电器适用于在交流 50Hz，额定工作电压 660V、380V、220V 的供电电路中与交流接触器等开关电器组成电动机控制电路。当电动机的主电路出现断相、过载、堵转、三相不平衡等非正常工作状态时，能及时断开开关电器触头，分断电动机的三相电源，可靠地保护电动机。

2. 结构特征

电动机保护继电器一般采用无源穿芯化，无需接线，与主回路完全隔离，不但使用方便，彻底解决了主电路端子发热的问题，显著地提高了可靠性及抗干扰性。同时电动机保护器有完善的保护功能，会自动检测出三相电流最大值，并同设定值进行比较，当超过设定值时，按设定的动作特性脱扣跳闸。另外，由于电动机保护器的断相检测环节、过电流检测环节互为独立，即使过电流设定值不当，或是轻负荷重负荷时断相、或者是起动前、起动时、运行中断相，均能在2s内动作。电动机保护继电器还具有接线简单、调节、安装方便，可靠性高等特点。

3. 常用电动机保护继电器产品型号及主要技术参数

常用电动机保护继电器产品型号及主要技术参数见表1－109。

表1－109　常用电动机保护继电器的产品型号及主要技术参数

<table>
<tr><th>产品型号</th><th>保护功能</th><th>动作时间</th><th>工作电压</th><th>负载电流或负载功率</th><th>触点形式</th><th>触点容量</th><th>特点</th></tr>
<tr><td>JD－5
BHQ－S－J</td><td>断相过载</td><td>≤2s</td><td>AC 220V
AC 380V
AC 660V</td><td>1～80A/
0.5～40kW</td><td rowspan="2">一组常闭触点(或一组常开，一组常闭)</td><td rowspan="2">AC220V
3A阻性</td><td rowspan="2">电位器整定，断相过载发光二极管指示</td></tr>
<tr><td>JD－6
BHQ－S－C</td><td>断相过载</td><td>≤2s</td><td>AC 220V
AC 380V
AC 660V</td><td>63～400A/
30～200kW</td></tr>
<tr><td>JD－7
CDJ11－80</td><td>断相及三相不平衡</td><td>≤2s</td><td>无需外接电源</td><td>0.5～5A
5～20A
20～80A</td><td>可控硅输出</td><td>AC380V
1A</td><td>平面螺钉安装，LED指示或带数码管显示</td></tr>
</table>

续表

产品型号	保护功能	动作时间	工作电压	负载电流或负载功率	触点形式	触点容量	特点
JD－8 CDJ11－80	过载、断相及三相不平衡	≤2s	无需外接电源	2～5A 4～10A 8～20A 16～40A 32～80A	可控硅输出	AC380V 1A	平面螺钉安装LED指示或带数码管显示
JD－9 CDJ11－160	过载、断相及三相不平衡	≤2s	无需外接电源	32～80A 64～160A	可控硅输出	AC380V 1A	
BHQ－Y－J	断相	≤2s	AC 220V AC 380V	0.5～5A 2～20A	一组转换	AC220V 3A 阻性	可导轨安装
BHQ－Y－C				20～80A/ 10～400kW			平面螺钉安装
JD－501	过载、断相及三相不平衡；JD－601/S还有漏电保护功能	≤2s	AC 380V	1～50A 20～100A	一组常闭触点	AC380V 3A	LED指示；带S的还有数码管显示
JD－501S				1～20A 20～50A			
JD－601				50～200A 150～300A		AC380V 5A	
JD－601S				20～100A 100～200A			
XJ2，XJ3－G （XJ3－N）	过压、欠压、断相、相序	≤0.1s	AC 380V ±38V		一对常开 一对常闭	AC250V 3A/5A	安装方式：装置式
XJ5 （XJ3－S）	三相电压不对称						
XJ11 （XJ3－D）	过压、欠压、断相、相序	≤0.1s	AC 300～ 460V			AC220V 3A 阻性	导轨或底板安装

4. 常用电动机保护继电器接线图

常用电动机保护继电器接线图见图 1－80。

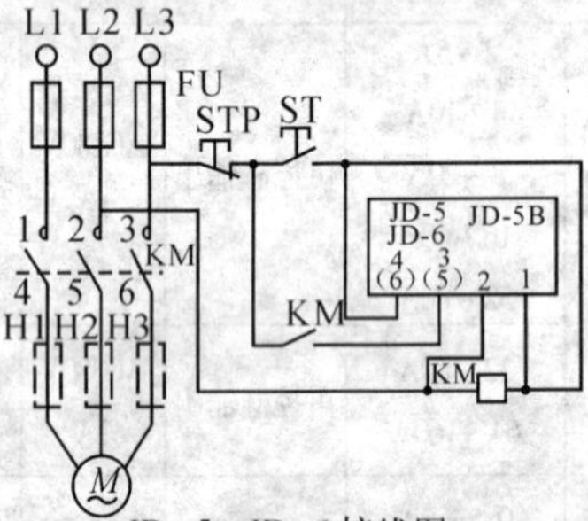

JD–5、JD–6 接线图

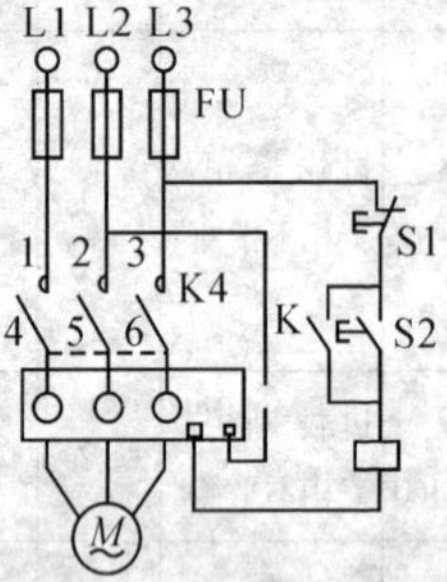

JD–7、JD–8、JD–9 接线图

图 1－80　常用电动机保护继电器接线图

5. 常用电动机保护继电器外形及安装尺寸

常用电动机保护继电器外形及安装尺寸见图 1－81。

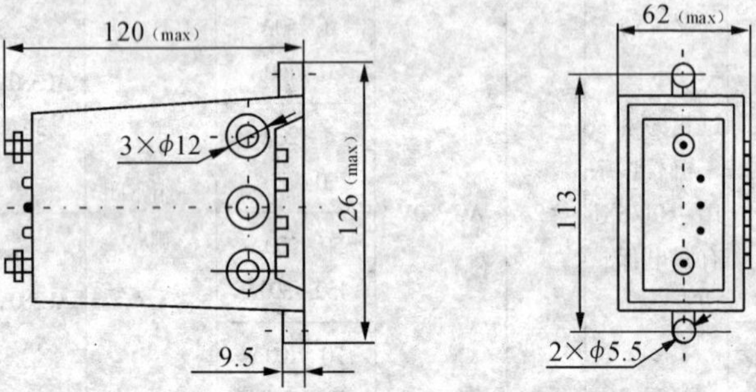

JD－5 外形及安装尺寸

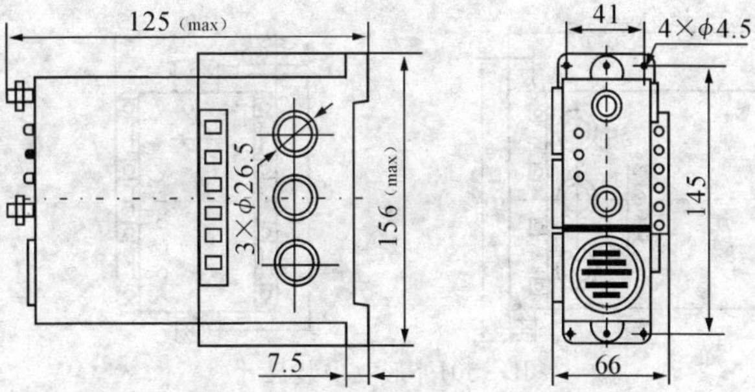

JD－6外形及安装尺寸

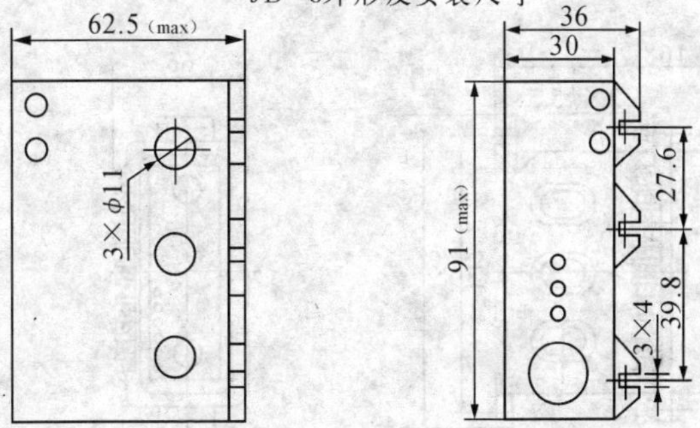

JD－7、JD－8外形及安装尺寸

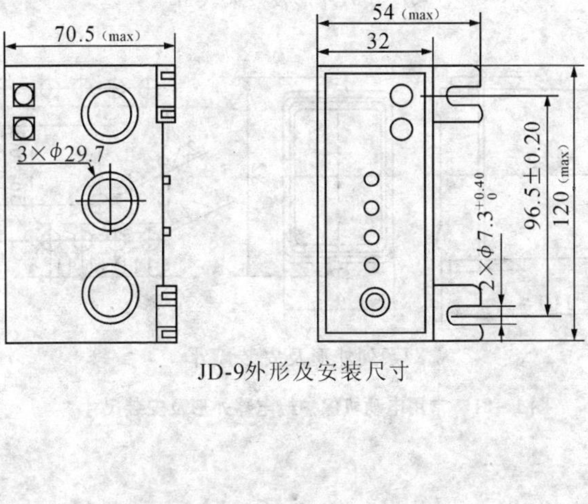

JD-9外形及安装尺寸

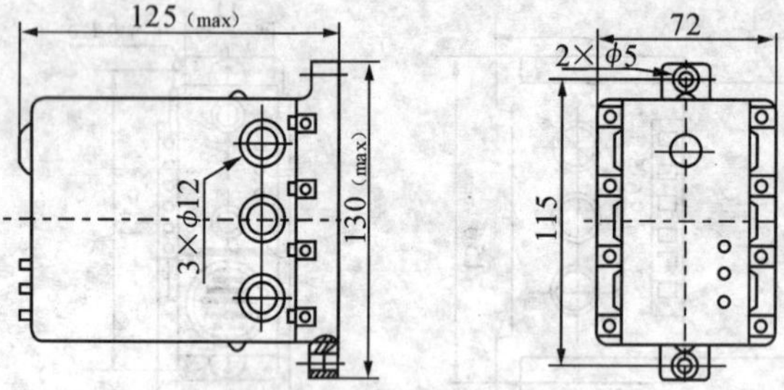

JD－501外形及安装尺寸

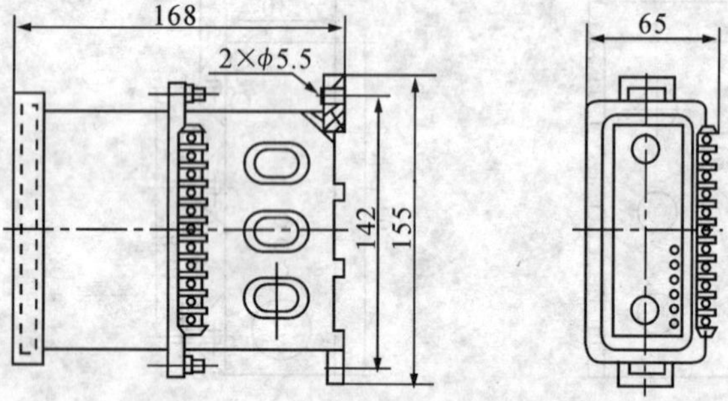

JD－601外形及安装尺寸

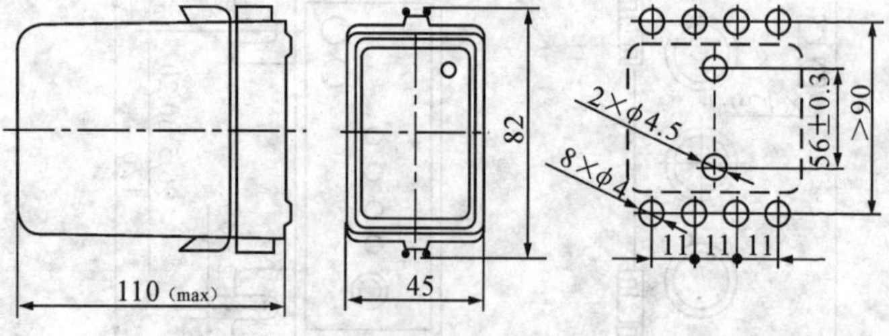

XJ系列外形及安装尺寸

图1－81　常用电动机保护继电器外形及安装尺寸

1.8 起动器

1.8.1 起动器的选用、安装和维护

1. 起动器的选用

起动器是专门控制异步电动机起动、停止以及控制转向用的电器，起动器分直接起动和减压起动两大类。全压直接起动是在额定电压下直接起动电动机。直接起动时，电动机的起动电流和起动转矩都比较大；减压起动器是采用各种方法降低起动时的电压，以减少起动电流，待电动机运行正常后，再全压运行。除少数手动直接起动器外，大部分起动器的控制部分由交流接触器、热继电器、减压装置（自耦变压器、电阻降压器、电抗降压器等）和控制按钮或手柄组成。起动器均具有失压保护和过载保护功能，有的起动器还具有断相保护功能。

交流异步电动机的起动问题是起动器在运行过程中的一个特殊问题。起动方式选择不当，不仅直接影响到被控电动机负载的正常运行，而且会给电网带来不利的冲击。例如，当电动机的起动转矩小于其负载阻力矩时，则电动机无法起动，并会因堵转而烧毁；对于轻负载，若采用直接起动方式，又常因起动转矩过大而发生机械冲撞，造成设备事故；当起动大容量电动机或同时起动多台电动机时，若电网容量偏小，则巨大的起动电流将会给电网带来冲击，引起严重的线路压降，使电网中的其他设备无法正常运行，供电容量也无法得到保障。

我国大部分电动机采用直接起动、Y/Δ控制起动和自耦变压器起动。这些传统起动器价格低廉，通过降低电动机的起动电压来建立起动电流，起动方式采用分步跳跃上升的恒压起动，因此，起动过程中存在二次冲击电流和冲击转矩，而且接触器故障多，电动机冲击电流大，冲击转矩大，冲击力矩大，效率低但现在的Y/Δ起动器已经具有电动机保护和监控功能，技术水平和外观与以前相比已有很大的改观，可以满足中小容量无特殊要求的空载或轻载起动的控制要求。

所以，正确选用电动机的起动方式十分重要。为了达到合理选用的目的，应从以下几个方面进行考虑：

（1）必须考虑电动机起动时对电网的影响，可根据被控电动机容量与电网容量（或电源变压器容量）之比决定起动方式，见表1－110。

表1－110　起动方式与电源容量的关系

电动机功率	0.35kW 以下	0.38～0.58kW	0.58kW 以上
起动方式	直接起动	用串联电阻、电抗的方式或用Y/△减压起动	用延边三角形变换方式或自耦减压方式和软起动器起动

（2）根据负载性质与对起动的要求，选用起动方式见表1－111。

表1－111　起动方式与负载的关系

负载性质	对起动的要求			负载举例
	限制起动电流	减小起动时对电流的冲击	不要求限制起动电流与减小对机械的冲击	
要求起动转矩大、转矩增加快的负载				各类机械及农电设备，如电力排灌、潜水泵、粉碎机等
无载或轻载起动	Y/△减压起动；电阻或电抗减压起动			电动发电机组；带离合器的工业机械，如卷扬机、绞盘和带卸料机的破碎机；车床、钻床、铣床、圆锯、带锯等
负载转矩与转速成平方关系	延边三角形减压起动；自耦减压起动；电抗减压起动		全压直接起动	离心泵、叶轮泵、螺旋泵；离心式鼓风机和压缩机、抽流式风扇和压缩机
摩擦负载	延边三角形减压起动；电阻或电抗减压起动	电阻减压起动		水平传送带、活动台车、粉碎机、混沙机、压延机、电动门等
阻力矩小的惯性负载	Y/△或延边三角形减压起动；自耦减压起动；电抗减压起动			离心式分离机、脱水机、曲柄式压力机
恒转矩负载	延边三角形减压起动；电阻或电抗减压起动	电阻或电抗减压起动		往复泵和压缩机、罗茨鼓风机、容积泵、挤压机
重力负载		电抗减压起动		卷扬机、倾斜式传送带类机械；升降机、自动扶梯类机械
恒重负载		电抗减压起动		长距离皮带传输机、链式传送机、织机、卷纸机、夹送辊

（3）根据起动器不同的起动特性选择起动方式见表 1－112。选用时应对各种起动器的特点进行分析与比较，先确定起动器的型号，然后根据被控电动机的功率决定起动器的容量等级，并按电动机的额定电流选择热元件号。

表 1－112　各种起动器起动特性及优缺点对比

项　目	传统起动器			软起动器	
	直接起动	Y/△起动	自耦变压器起动	晶闸管起动	变频器起动
起动电流	5 ~ 8 I_e	1.8 ~ 2.6 I_e	1.7 ~ 4 I_e	0 ~ 5 I_e	0 ~ 1.5 I_e
起动转矩	0.5 ~ 1.5 T_e	0.5 T_e	0.4 ~ 0.85 T_e	0 ~ 1 T_e	0 ~ 1.5 T_e
起动方式	恒压起动	恒压分步起动	恒压分步起动	恒流软起动，线性电压斜坡起动	可以恒转矩起动，也可配合负载起动
起动特性	冲击力矩很大	分步跳跃上升，有二次冲击转矩	分步跳跃上升，有二次冲击转矩	力矩匀速、平滑上升，无二次冲击力矩	恒转矩
冲击电流	很大，1 次	2 次	2 次及以上	1 次	1 次
转换方式	无	开路转换	开路转换	闭路转换	闭路转换
起动级数	1	2	2，3 或 4	连续无级	连续无级
起动时间			45s 可调	2 ~ 200s 可调	可调
执行单元	开关		自耦元件	晶闸管	变频器
保护和监控	依控制开关的保护而定	有过载、堵转过流、欠流、缺相、电机过热和漏电保护	有过载、堵转过流、欠流、缺相、电机过热和漏电保护	有过载、堵转过流、欠流、缺相、电机过热和漏电保护	
适用负载	低、中等功率，可轻载起动	可空载或轻载起动	高功率电动机，可空载或轻载起动	负载范围 2.2 ~ 800 kW，可带不超过 50% T_e 的负载起动	负载范围 225 ~ 10000 kW，可带超过 50% T_e 的负载起动
优缺点	控制设备简单，起动过程会产生高电流峰值和大压降，对负载冲击很大	价格便宜，Y/△切换时会产生电流峰值和转矩波动，控制设备需要维护	在电压变化时会出现大压降和高电流峰值，瞬间转矩波动，控制设备复杂笨重，需要维护	可独立调节加减速方式，积分，有多种制动电动机，保护齐全，设备不需维护	

注：I_e 为电动机额定电流；U_e 为电动机额定电压；T_e 为额定转矩。

2. 起动器的安装、运行和维护

（1）安装和运行前应对起动器进行如下检查：

① 清扫并检查内部各元件接线是否正确，保护装置定值调整是否正确。

② 摇测各部位间的绝缘电阻。

③ 检查起动器安装情况，各部件是否紧固。

④ 检查保护接地装置是否已接好。

⑤ 按起动器内部各元件的检查要求，对各元件进行运行前检查。

（2）起动器在运行中的维护要求如下：

① 起动器应定期进行检查及维修，定期检查可与被控制电机同时进行。

② 检查三相触点的同期性及各接触点有无烧损，并及时修复处理。

③ 检修各运动部件的弹簧。

④ 检查电磁线圈的绝缘物有无过热、老化痕迹。

⑤ 检查电磁铁的吸合面，并清扫及调整吸合位置。

⑥ 手动操作的Y/△起动器，应在电动机转速接近运行转速时进行切换；自动转换的起动器应按电动机负荷要求正确调节延时装置。油浸式起动器的油面不得低于标定油面线。

⑦ 减压抽头在65%～80%额定电压下，应按负荷要求进行调整；起动时间不得超过自耦减压起动器允许的起动时间。

⑧ 手动操作的起动器，触头压力应符合产品技术文件规定，操作应灵活。

⑨ 起动器均应进行通断检查；用于重要设备的起动器尚应检查其起动值，并应符合产品技术文件的规定。

⑩ 变阻式起动器的变阻器安装后，应检查其电阻切换程序、触头压力、灭弧装置及起动值，并应符合设计要求或产品技术文件的规定。

1.8.2　电磁起动器

1. 适用范围

电磁起动器（又称磁力起动器）主要用于控制交流50Hz（或60Hz）。额定工作电压至660V的三相鼠笼式感应电动机的直接起动、停止和正反运转，并可对电动机进行过载保护和断相保护。

2. 电磁起动器的结构特征

电磁起动器一般采用金属外壳防护式结构，也有塑料制成的外壳，内部由交流接触器和热过载继电器组成，由安装卡轨将其固定在壳内。一般有不可逆、不可逆带按钮、可逆等几种结构形式，标准型不可逆起动器有1只接触器和1只热继电器组成。标准型可逆起动器有2只接触器和1只热继电器组成。2只接触器之间装有机械联锁装置。其中带按钮起动器采用接插件连接方式，用户安装和维护非常方便。凡是生产交流接触器和热过载继电器的公司，都会推出电磁式起动器。

3. 常用电磁起动器产品型号及主要技术参数

常用电磁起动器产品型号及主要技术参数见表1－113。

表1－113　常用电磁起动器产品型号及主要技术参数

产品型号	约定发热电流/A	额定工作电流/A	额定功率/kW(AC－3)		配装的交流接触器型号	配装的热过载继电器型号	整定电流范围/A	结构特征
			220V	380V				
QC25－4	10	9	2.2	4	CJ20－10	JR20－10	1.2～11.6	有开启式，封闭式，不可逆式和可逆式四种形式
QC25－7.5	16	16	4.5	7.5	CJ20－16	JR20－16	3.6～18	
QC25－11	25	25	5.5	11	CJ20－25	JR20－25	7.8～29	
QC25－22	45	45	11	22	CJ20－40	JR20－63	16～55	
QC25－30	63	60	17	30	CJ20－63	JR20－63	16～71	
QC25－50	100	100	28	50	CJ20－100	JR20－160	33～115	
QC25－75	160	150	43	75	CJ20－160	JR20－160	33～176	
QC36－4	10	9	2.2	4	CJT1－10	JR36－20	0.25～11	结构及安装尺寸与QC相同，是代替QC12的理想产品，有H(不可逆型)，NH(可逆型)和L(带按钮型)
QC36－10	20	20	5.8	10	CJT1－20	JR36－20	6.8～22	
QC36－20	40	40	11	20	CJT1－40	JR36－63	14～45	
QC36－30	63	60	17	30	CJT1－60	JR36－63	28～63	
QC36－50	100	100	28	50	CJT1－100	JR36－160	40～120	
QC36－75	160	150	47	75	CJT1－150	JR36－160	75～160	
MG0～MG1	9	6～9	0.12～3	0.25～4	MC1A3	MT03	0.65～14	美国GE公司的直接起动电磁式起动器
LG1～LG10	9～105	9～105	0.4～30	0.4～55	CL	RT	0.16～160	
KG75～KG13	150～825	150～825	30～200	55～425	CK	RT	150～850	

续表

产品型号	约定发热电流/A	额定工作电流/A	额定功率/kW(AC-3)		配装的交流接触器型号	配装的热过载继电器型号	整定电流范围/A	结构特征
			220V	380V				
MSBB-9	8.5	8.5		4	B-9	T16	0.11~9.0	为ABB公司的B系列交流接触器和T系列热过载继电器组成。带按钮的磁力起动器防护等级为IP65,不带按钮为IP54。附件有:辅助触头、TP型延时继电器、VB型机械联锁器、WB型自锁继电器及各种连接件等。有可逆型和不可逆型
MSBB-12	11.5	11.5		5.5	B-12	T16	0.11~13	
MSBB-16	15.5	15.5		7.5	B-16	T16	0.11~17.6	
MSBB-25	22	22		11	B-25	T16,T25	0.17~35	
MSBB-30	30	30		15	B-30	T25,T45	0.25~35	
MSBB-37	37	37		18.5	B-37	T25,T45	0.25~45	
MSBB-45	44	44		22	B-45	T45	0.25~145	
MSBB-65	65	65		33	B-65	T85	6~70	
MSBB-85	85	85		45	B-85	T85	6~85	
MSBB-105	105	105		55	B-105	T85,T105	6~115	
MSBB-170	170	170		90	B-170	T105,T170	6~200	
MSBB-250	250	250		132	B-250	T250	100~250	
MSBB-370	370	370		200	B-370	T370	160~400	
MSBB-460	475	475		250	B-460	T370	160~500	
SW-03	20	9	2.5	4	SC-03	TR-0N	0.1~9	日本富士公司产品型号,外壳有开启式和封闭式两种,封闭式带分-合/再扣按钮
SW-0	20	12	3.5	5.5	SC-0	TR-0N	0.1~12	
SW-05	20	12	3.5	5.5	SC-05	TR-0N	0.1~12	
SW-4-0	25	16	4.5	7.5	SC-4-0	TR-5-1	16~55	
SW-4-1	32	22	5.5	11	SC-4-1	TR-5-1	16~71	
SW-5-1	32	22	5.5	11	SC-5-1	TR-5-1	33~115	
SW-1N	50	30	7.5	15	SC-1N	TR-2N	8~40	
SW-2N	60	37	11	18.5	SC-2N	TR-2N	8~40	
SW-2SN	80	48	15	22	SC-2SN	TR-3N	7~50	
SW-3N	100	65	18.5	30	SC-3N	TR-3N	7~67	
SW-4N	135	80	22	40	SC-4N	TR-4N	18~80	
SW-5N	150	105	30	55	SC-5N	TR-6N	45~125	
SW-6N	150	120	37	60	SC-6N	TR-6N	45~125	
SW-7N	200	150	45	75	SC-7N	TR-6N	110~160	
SW-8N	260	180	55	90	SC-8N	TR-8N	125~105	
SW-10N	260	220	65	110	SC-10N	TR-10N	160~240	
SW-11N	350	265	90	132	SC-11N	TR-11N	110~300	
SW-12N	420	408	120	220	SC-12N	TR-12N	160~450	
SW-14N	660	600	180	315	SC-14N	TR-14N	400~600	

4. 常用电磁起动器外形及安装尺寸

常用电磁起动器外形及安装尺寸见图 1－82 和表 1－114。

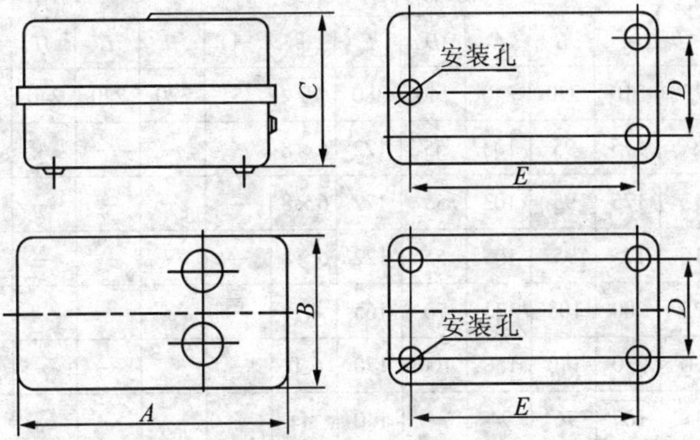

图 1－82　常用电磁起动器外形及安装尺寸

表 1－114　常用电磁起动器外形及安装尺寸

产品型号	不可逆封闭						可逆封闭					
	A	*B*	*C*	*D*	*E*	ϕ	*A*	*B*	*C*	*D*	*E*	ϕ
QC25－4	208	117	136	65	153	6	—	—	—	—	—	—
QC25－7.5	234	123	159	70	180	6	—	—	—	—	—	—
QC25－11	234	123	159	70	180	6	—	—	—	—	—	—
QC25－22	284	148	182	96	222	7	—	—	—	—	—	—
QC25－30	353	198	206	120	266	7	—	—	—	—	—	—
QC25－50	414	228	214	150	305	7	—	—	—	—	—	—
QC25－75	478	278	260	190	350	9	—	—	—	—	—	—
QC36－4	206	115	118	60	150	6	206	180	115	130	150	6
QC36－10	240	132	135	80	175	6	240	226	127	170	175	6
QC36－20	292	153	162	100	230	6	281	278	157	200	230	6
QC36－30	392	214	176	150	305	7	585	235	176	150	500	7
QC36－50	480	275	230	210	350	9	695	275	230	210	565	9

续表

产品型号	不可逆封闭						可逆封闭					
	A	*B*	*C*	*D*	*E*	*ϕ*	*A*	*B*	*C*	*D*	*E*	*ϕ*
QC36－75	510	320	240	240	380	9	755	320	240	240	625	9
MSBB－9	175	95	103	55	122	6×8	—	—	—	—	—	—
MSBB－12	175	95	103	55	122	6×8	—	—	—	—	—	—
MSBB－16	175	95	103	55	122	6×8	—	—	—	—	—	—
MSBB－25	200	108	133	70	165	4.8	—	—	—	—	—	—
MSBB－30	230	140	158	100	170	6.0	—	—	—	—	—	—
SW－03	165	76	94	—	140	4	—	—	—	—	—	—
SW－0	165	76	94	—	140	4	—	—	—	—	—	—
SW－05	165	76	94	—	140	4	—	—	—	—	—	—
SW－4－0	200	90	94	—	190	4	—	—	—	—	—	—
SW－4－1	200	90	94	—	190	4	—	—	—	—	—	—
SW－5－1	200	90	94	—	190	4	—	—	—	—	—	—
SW－1N	246	145	132	80	210	6	—	—	—	—	—	—
SW－2N	246	145	132	80	210	6	—	—	—	—	—	—
SW－2SN	320	175	145	110	250	6	—	—	—	—	—	—
SW－3N	320	175	145	110	250	6	—	—	—	—	—	—
SW－4N	400	200	146	125	325	8	—	—	—	—	—	—
SW－5N	450	225	180	150	350	8	—	—	—	—	—	—
SW－6N	450	225	180	150	350	8	—	—	—	—	—	—
SW－7N	560	280	210	175	450	10	—	—	—	—	—	—
SW－8N	670	335	225	200	500	10	—	—	—	—	—	—
SW－10N	670	335	225	200	500	10	—	—	—	—	—	—

续表

产品型号	不可逆封闭						可逆封闭					
	A	*B*	*C*	*D*	*E*	*ϕ*	*A*	*B*	*C*	*D*	*E*	*ϕ*
SW－11N	800	400	250	250	600	10	—	—	—	—	—	—
SW－12N	800	400	265	250	600	10	—	—	—	—	—	—
SW－14N	950	600	400	500	800	12	—	—	—	—	—	—

1.8.3 Y/△起动器

1. 适用范围

Y/△起动器适用于交流50Hz或60Hz，额定绝缘电压为660V，在AC—3使用类别下额定工作电压为380V时控制功率至80kW的三相鼠笼式感应电机，Y/△起动器为电动操作时，接线可自动转换，可遥控电动机起动、停止，并具有过载及失压保护。Y/△起动器一般用于空载或轻载起动的中、小型笼式电动机。

2. 常用Y/△起动器结构特征

（1）QX1 Y/△起动器是由三个结构相同的触头元件及一个定位机构的组成。并具有薄钢板的外壳，由凸轮操作其分断，由弹簧控制其闭合。

（2）QX3 Y/△起动器是由交流接触器、时间继电器和热继电器组装而成。电动机开始由星形接法运转，通过时间继电器自动将Y换接成△连接，使电路正常运转。热继电器和交流接触器在过载和失压时，可以自动断开电路。

（3）QX4 Y/△起动器由3台交流接触器、1台热继电器、1台时间继电器、3只按钮（并作指示灯）等元件组成，采用自动控制方式，在0.4～0.6s内可以自动调节起动，并有过载及失压保护装置。

（4）QJX2（LC3—D）Y/△起动器一般由三台交流接触器，一只空气延时头、一只辅助触头组成，安装在一块底板上，配以适当导线。

3. 常用Y/△起动器接线图。

常用Y/△起动器接线图见图1－83。

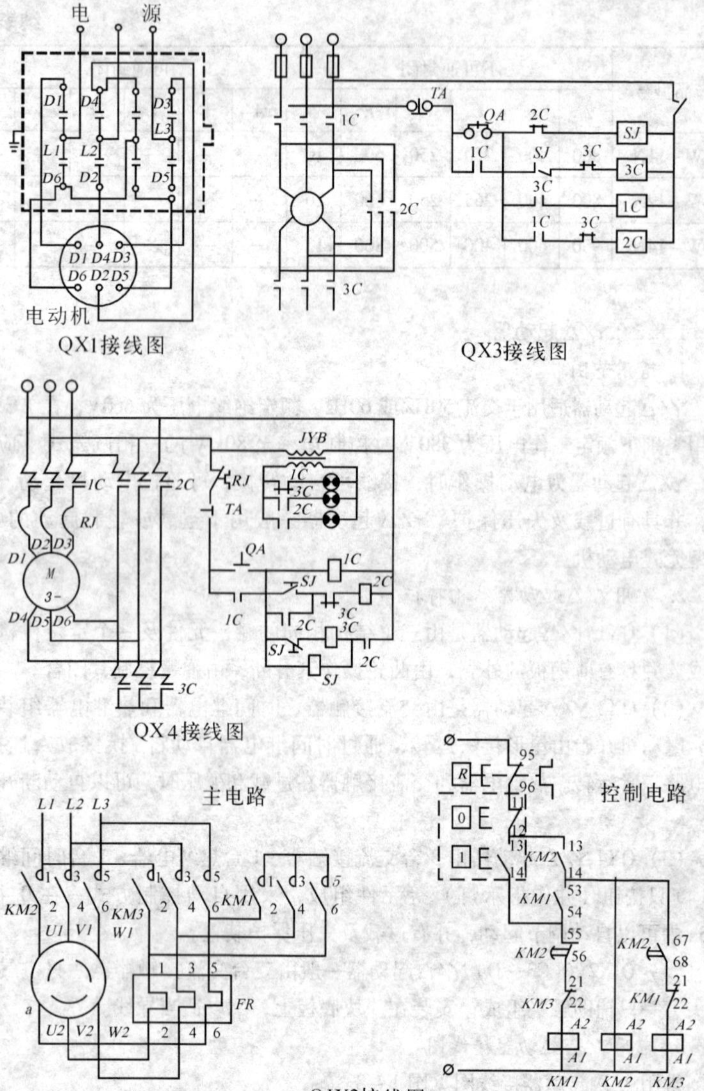

图1-83　常用Y/△起动器接线图

4. 常用Y/△起动器产品型号及主要技术参数

常用Y/△起动器产品型号及主要技术参数和外形安装尺寸见图1-84和表1-115。

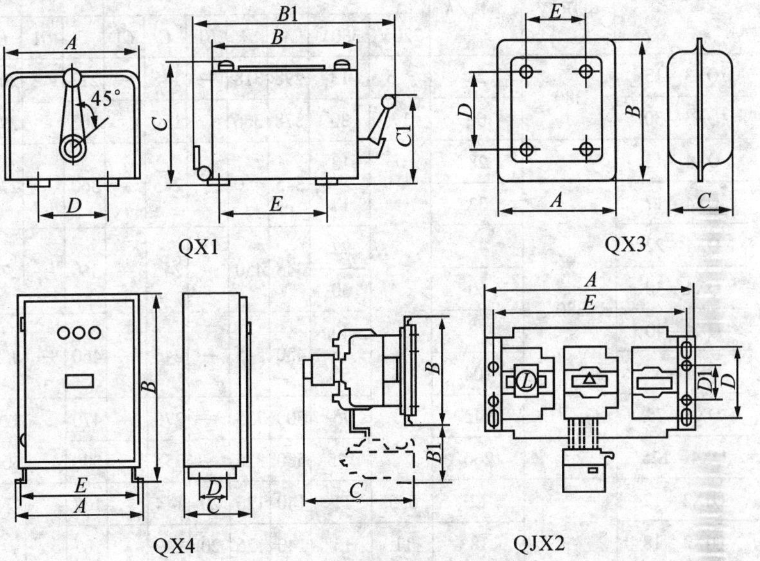

图1-84 常用Y/△起动器外形及安装尺寸

表1-115 常用Y/△起动器主要技术参数及安装尺寸

产品型号	额定工作电压/V	额定工作电流/A	额定功率/kW (AC-3)		外形尺寸 / mm					安装尺寸/mm		
			220V	380V	*A*	*B*	*B*1	*C*	*C*1	*D*	*D*1	*E*
QX1-13	380	20	7.5	13	103	132	185	110	106	80	—	86
QX1-13/4.5		10	—	4.5		134	187					
QX1-13/5.5		12		5.5								
QX1-13/7.5		16		7.5								
QX1-30		40	17	30	150	189	252	135	—	115		130

续表

产品型号	额定工作电压/V	额定工作电流/A	额定功率/kW（AC-3）		外形尺寸 / mm					安装尺寸/mm		
			220V	380V	*A*	*B*	*B*1	*C*	*C*1	*D*	*D*1	*E*
QX3-13	380	28	7.5	13	298	318	—	148	—	223	—	200
QX3-30		60	17	30	378	366		150		303		298
QX4-13	380	28	—	13	345	450	—	245	—	360	—	274
QX4-17		33		17								
QX4-22		43		22	345	450	—	245	—	360	—	274
QX4-30		60		30								
QX4-40		78		40	430	545	—	245	—	460	—	359
QX4-55		104		55								
QX4-75		142		75	500	735	—	270	—	470	—	120
QX4-125		260		125	580	826	—	355	—	500		500
QJX2-12	380	12	5.5	11	140	126	20	144		107	—	90
QJX2-18		18	11	15	140	126	20	149		107		
QJX2-25		25	11	18.5	170	126	20	160		107		
QJX2-32		32	15	25	170	126	26	165		107		
QJX2-40		40	18.5	37	285	143	45	183		110	60	263
QJX2-50		50	25	55	285	143	45	183		110		
QJX2-65		65	30	68	285	143	45	183		110		
QJX2-80		80	37	75	315	146	130	188		110	60	293
QJX2-95		95	45	80	315	146	130	188		110		

1.8.4 自耦减压起动器、起动箱和控制柜

1. QJD3（QJZ3）系列手动自耦减压起动器

（1）QJD3（QJZ3）系列手动自耦减压起动器适用于一般工业用交流50Hz或60Hz，额定工作电压380V，功率为10～75kW的三相鼠笼型感应电

动机作不频繁降压起动及停止之用。还具有过载脱扣和失压脱扣等保护装置。

（2）QJD3 系列手动自耦减压起动器由薄钢板制成的防护式外壳和起动用自耦变压器、接触系统（触头浸在油中）、操作机构及保护系统等五个主要部分所组成。

（3）QJD3 系列手动自耦减压起动器主要技术参数见表 1-116。

表 1-116　QJD3 系列手动自耦减压起动器主要技术参数

产品型号	额定电压/V	额定功率/kW	额定电流/A	热继电器整定电流/A	最大起动时间/s
QJD3-10	380	10	19	25	30
QJD3-14	380	14	30.5	33	
QJD3--17	380	17	33	45	40
QJD3-20	380	20	37	45	
QJD3-22	380	22	42	45	
QJD3-28	380	28	51	63	
QJD3-30	380	30	56	63	
QJD3-40	380	40	86	90	60
QJD3-55	380	55	120	120	
QJD3-75	380	75	145	142.5	

（4）QJD3 系列手动自耦减压起动器外形及安装尺寸见图 1-85 和表 1-117。

表 1-117　QJD3 系列手动自耦减压起动器外形及安装尺寸/mm

产品型号	*A*	*B*	*C*	*D*	*E*	*ϕ*
QJD3-10~22	440	330	440	330±2	220±2	11
QJD3-28~55	480	340	500	390±2	270±2	11
QJD3-75	530	370	550	430±2	300±2	14

2. XJ01 系列自耦减压起动器

（1）适用范围：XJ01 系列自耦减压起动器适用于一般工业用交流 50Hz

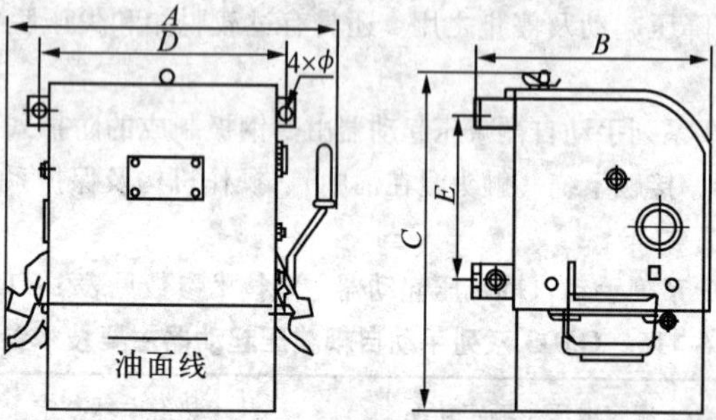

图 1-85　QJD3 系列手动自耦减压起动器外形及安装尺寸

或 60Hz，额定工作电压 380V，容量为 300kW 及以下的三相鼠笼型感应电动机作不频繁降压起动及停止之用。并装有过载脱扣和失压脱扣等保护装置。

（2）主要技术参数：XJ01 系列自耦减压起动器主要技术参数见表 1-118。

表 1-118　XJ01 系列自耦减压起动器主要技术参数

产品型号	额定电压/V	额定功率/kW	额定电流/A	热继电器整定电流/A	电流互感器电流比
XJ01-14	380	14	28	32	—
XJ01-20	380	20	40	40	—
XJ01-28	380	28	56	63	—
XJ01-40	380	40	80	85	—
XJ01-55	380	55	110	120	—
XJ01-75	380	75	142	142	—
XJ01-100	380	100	200	3.5	300/5
XJ01-115	380	115	230	4	300/5
XJ01-135	380	135	270	3.5	400/5
XJ01-190	380	190	370	4.8	400/5
XJ01-225	380	225	410	3.8	600/5
XJ01-260	380	260	475	4.4	800/5
XJ01-300	380	300	535	4.8	800/5

（3）XJ01 系列自耦减压起动器外形及安装尺寸见图 1－86 和表 1－119。

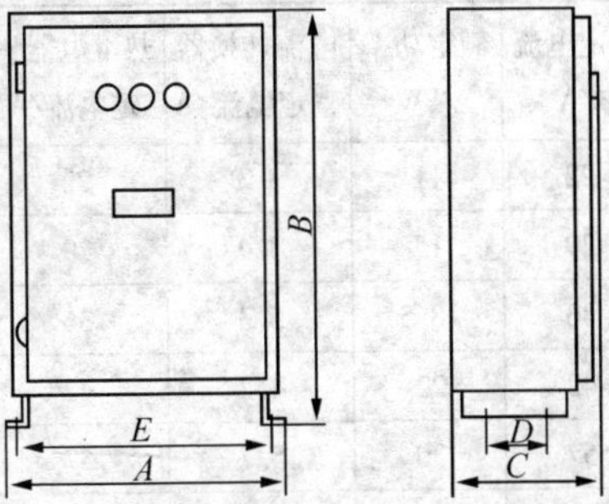

图 1－86　XJ01 系列自耦减压起动器外形及安装尺寸

表 1－119　XJ01 系列自耦减压起动器外形及安装尺寸/mm

产品型号	A	B	C	D	E	安装孔 φ
XJ01－14～28	404	702	272	140	370	10
XJ01－40～75	504	1 002	300	140	470	10
XJ01－100～115	557	1 260	460	—	—	—
XJ01－135～190	623	1 442	560	—	—	—
XJ01－225～300	713	1 702	708	—	—	—

3. JJ1 系列自耦减压起动控制柜

（1）适用范围：JJ1 系列自耦减压起动控制柜适用于交流 50Hz（或 60Hz），额定工作电压为 380V 或 660V、功率为 11～300kW 的三相鼠笼型感应电动机作降压起动，并可加速电动机至额定转速和人为停止电动机。对电动机进行过载、断相、短路等保护，对自耦变压器装有起动时间的过载保护。

（2）主要技术参数：JJ1 系列自耦减压起动控制柜主要技术参数见表 1－120。

表 1-120　JJ1 系列自耦减压起动控制柜主要技术参数

产品型号	额定电流/A	额定功率/kW	电流转换器整定电流/A	热继电器整定电流/A	起动时间总和/s	脱扣器额定电流/A
JJ1B-11/380-1	22	11	3.3	22	30	32
JJ1B-15/380-1	29	15	4.4	29	30	40
JJ1B-18.5/380-1	36	18.5	5.3	36	40	40
JJ1B-22/380-1	42	22	4.2	42	40	50
JJ1B-30/380-1	57	30	5.7	57	40	63
JJ1B-37/380-1	70	37	5.3	70	60	80
JJ1B-45/380-1	84	45	6.3	84	60	100
JJ1B-55/380-1	103	55	3.8	103	60	125
JJ1B-75/380-1	140	75	5.2	140	60	180
JJ1B-100/380-1	184	100	4.6	3.0	90	200
JJ1B-115/380-2	219	115	5.4	3.7	90	250
JJ1B-135/380-2	252	135	3.1	2.1	90	315
JJ1B-190/380-2	351	190	4.3	2.9	90	400
JJ1B-225/380-2	407	225	3.8	2.5	90	500
JJ1B-260/380-2	469	260	4.4	2.9	90	500
JJ1B-300/380-2	537	300	5.0	3.4	90	630
JJ1K-100/380-2	184	100	4.6	3.0	90	200
JJ1K-115/380-2	219	115	5.4	3.7	90	250
JJ1K-135/380-2	252	135	3.1	2.1	90	315
JJ1K-190/380-2	351	190	4.3	2.9	90	400
JJ1K-225/380-2	407	225	3.8	2.5	90	500
JJ1K-260/380-2	469	260	4.4	2.9	90	600
JJ1K-300/380-2	537	300	5.0	3.4	90	630

注：型号中的 B 表示闭路转换，K 表示开路转换。

（3）外形及安装尺寸：JJ1 系列自耦减压起动控制柜外形及安装尺寸见图 1－87 和表 1－121。

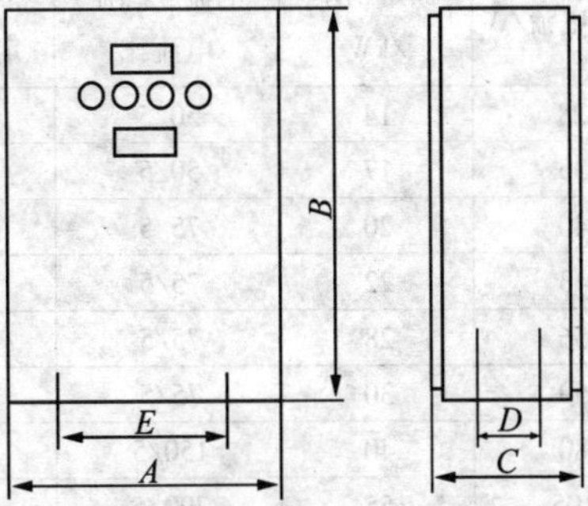

图 1－87　JJ1 系列自耦减压起动控制柜外形及安装尺寸

表 1－121　JJ1 系列自耦减压起动控制柜外形及安装尺寸/mm

产品型号	A	B	C	D	E	安装孔
JJ1－11～18.5	530	1 000	350	170	480	4×8.5×20
JJ1－22～30		1 000	350	170	480	
JJ1－37～45		1 200	390	170	480	
JJ1－55～75	610	1 400	430	190	550	4×10.5×20
JJ1－100～115	670	1 600	530	250	600	
JJ1－135～190		1 800	580	250	600	
JJ1－225～300	810	2 000	630	300	750	

4. XJD1 系列自耦减压起动箱

（1）使用范围：XJD1 系列自耦减压起动箱适用于交流 380V 功率到 300kW 的三相鼠笼型感应电动机作为降压起动之用，系利用自耦变压器降压的方法以改善当电动机起动时对输电网络的影响。

（2）主要技术参数：XJD1 系列自耦减压起动箱主要技术参数见表 1－122。

表 1-122 XJD1 系列自耦减压起动箱主要技术参数

产品型号	额定电流/A	额定功率/kW	电流互感器电流比	热继电器整定电流/A	起动时间总和/s
XJD1-14	28	14	50/5	28	30
XJD1-17	35	17	50/5	35	30
XJD1-20	40	20	75/5	40	40
XJD1-22	43	22	75/5	43	40
XJD1-28	56	28	75/5	56	40
XJD1-30	59	30	75/5	59	60
XJD1-40	80	40	150/5	80	60
XJD1-55	105	55	200/5	105	60
XJD1-75	143	75	200/5	143	60
XJD1-100	184	100	300/5	3.0	90
XJD1-115	219	115	300/5	3.7	90
XJD1-135	252	135	600/5	2.1	90
XJD1-190	351	190	600/5	2.9	90
XJD1-225	407	225	800/5	2.5	90
XJD1-260	469	260	800/5	2.9	90
XJD1-300	537	300	800/5	3.4	90

（3）XJD1 系列自耦减压起动箱外形及安装尺寸见图 1-88 和表 1-123。

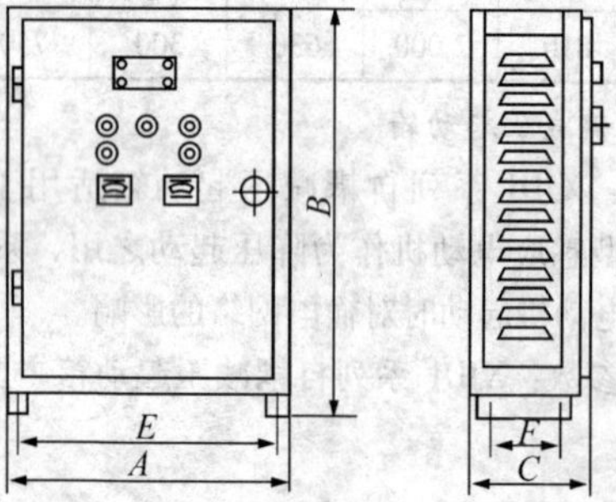

图 1-88a XJD1—14~75 外形及安装尺寸

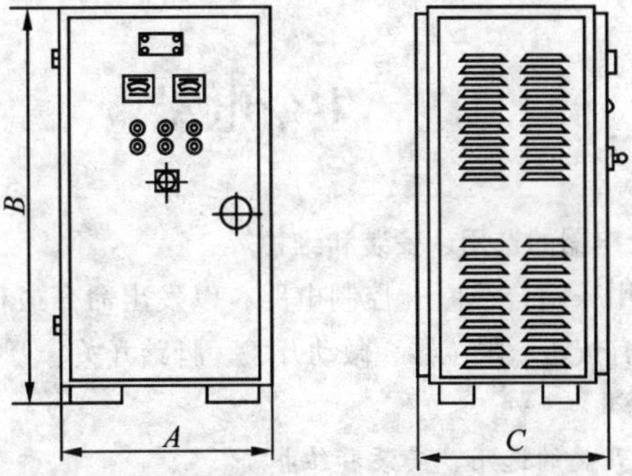

图 1-88b　XJD1—90～190 外形及安装尺寸

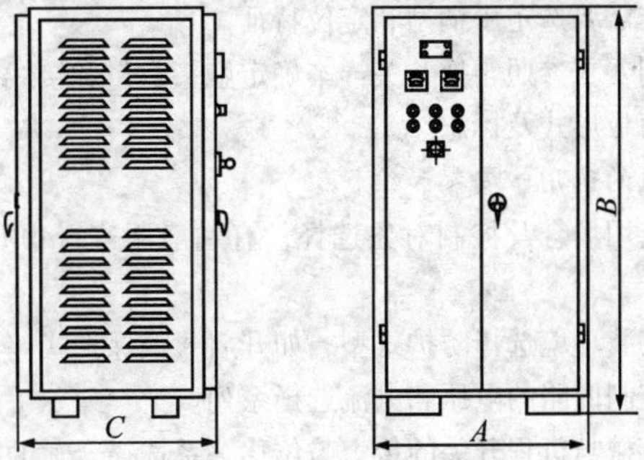

图 1-88c　XJD1—225～300 外形及安装尺寸

表 1-123　XJD1 系列自耦减压起动箱外形及安装尺寸/mm

产品型号	*A*	*B*	*C*	*E*	*F*	安装孔 ϕ
XJD1-14～30	395	690	280	370	150	8.5
XJD1-40～75	495	990	310	470	150	8.5
XJD1-90～115	555	1 270	440	—	—	—
XJD1-135～190	610	1 465	510	—	—	—
XJD1-225～300	705	1 750	600	—	—	—

1.9 主令电器

1.9.1 主令电器的选用、安装和维护

主令电器是用来闭合或断开控制电路，以发出命令或作程序控制的电器。其主要类型有按钮、限位器、微动开关、脚踏开关、万能转换开关、行程开关等。

1. 万能转换开关的选用、安装和维护

（1）根据额定电压和工作电流等选用合适的系列。

（2）按操作需要选定手柄型和定位特征。

（3）按控制要求参照转换开关样本确定触头数量和接线图编号。

（4）选择面板形式及标志。

2. 行程开关的选用、安装和维护

（1）根据应用场合及控制对象选择，有一般用途行程开关和起重设备用行程开关。

（2）根据安装环境选择防护式型，如开启式或保护式。

（3）根据控制回路的电压和电流选择系列。

（4）根据机械与行程开关的传力与位移关系选择合适的头部型式。

（5）安装位置应能使开关正确动作，且不妨碍机械部件的运动。

（6）碰块或撞杆应安装在开关滚轮或推杆的动作轴线上。对电子式行程开关应按产品技术文件要求调整可动设备的间距。

（7）碰块或撞杆对开关的作用力及开关的动作行程，均不应大于允许值。

（8）限位用的行程开关，应与机械装置配合调整；确认动作可靠后，方可接入电路使用。

3. 按钮的选用、安装和维护

（1）根据作业场合，选择按钮的种类，如开启式、保护式、防水式、防腐式等。

（2）根据用途选用合适的型式，如手把旋钮式、钥匙式、紧急式、带灯式等。

(3) 按控制回路的需要，确定不同的按钮数，如单钮、双钮、三钮、四钮等。

(4) 按工作状态指示和工作情况的要求，选择按钮和指示灯的颜色。参照 IEC204 的规定，按钮的颜色、信号灯的颜色、带灯按钮的颜色，其含义和典型用途见表 1－124。

(5) 按钮之间的距离宜为 50～80mm，按钮箱之间的距离宜为 50～100mm；当倾斜安装时，其与水平的倾角不宜小于 30mm；按钮操作应灵活、可靠、无卡阻。

(6) 集中在一起安装的按钮应有编号或不同的识别标志，“紧急”按钮应有明显标志，并设保护罩。

4. 限位器安装与调试

(1) 限位器在接线调试前，应将葫芦挂钩放在地面至横梁的中间位置以防冲顶。

(2) 将限位器主触头按使用说明上的接线示意图接主回路。

(3) 接通电源做下述空载调试：

① 电动葫芦挂钩能否升降，如只有一个运动方向，则对照接线示意图是否接线正确。

② 电动葫芦的动作应与操作一致，如不一致，应按控制箱调试要求调整之。

③ 调整电动葫芦限位块及限位杆，使挂钩上下运动没有滞阻现象，把限位块调至需要位置，保证限位，并注意限位器行程不得超过允许范围，以防冲坏。

表 1－124a　按钮颜色代表的意义

颜色	代表意义	典型用途
红	停车、开断紧急停车	一台或多台电动机的停车 机器设备的一部分停止运行 磁力吸盘或电磁铁的断电 停止周期性的运行 紧急开断 防止危险性过热的开断

续表

颜色	代表意义	典型用途
绿或黑	起动、工作、点动	控制回路励磁 辅助功能的一台或多台电动机开始起动 机器设备的一部分起动 磁力吸盘装置或电磁铁的励磁 电动或缓行
黄	返回的起动、移动出界、正常工作循环或移动－开始时去抑制危险情况	在机械已完成一个循环的始点，机械元件返回揿黄色按钮的功能可取消预置的功能
白或蓝	以上颜色所未包括的特殊功能	与工作循环无直接关系的辅助功能控制保护电器的复位

表 1－124b　指示灯颜色代表的意义

颜色	代表意义	典型用途
红	反常情况	指示由于过载、行程过头或其他事故 由于一个保护元件的作用机器已被迫停车
黄（琥珀色）	小心	电流、温度等参变量达到它的极限值 自动循环的信号
绿	机器准备起动	机器准备起动 全部辅助元件处于待工作状态。各种零件处于起动位置，液压或电压处于规定值，工作循环已完成，机器准备再起动
白（无色）	工作正常，电路已通电	主开关处于工作位置 速度或旋转方向选择 个别驱动和辅助的传动在工作 机器正在运行
蓝	以上颜色未包括的各种功能	—

表 1-124c　带灯按钮的颜色

颜色	彩色按钮含义	指派给按钮的功能	典型用途
红	尽可能不用红指示灯	停止（不是紧急开断）	
黄	小心	抑制反常情况的作用开始	电流、温度等参变量接近极限值黄色按钮的作用能消除预先选择的功能
绿	当按钮指示灯亮时，机器可以起动	机器或某一元件起动	工作正常 用于副传动的一台或多台电动机起动 机器元件的起动 磁力卡盘或夹块励磁
蓝	以上颜色和白色所不包括的各种功能	以上颜色和白色所不包括的各种功能	辅助功能的控制
白	继续确认电路已通电、一种功能或移动已开始或预选	电路闭合或开始运行或预选	任何预选或任何起动运行

1.9.2　万能转换开关

1. LW2 系列万能转换开关

（1）适用范围：LW2 系列万能转换开关主要适用于交流 50Hz、额定电压至 220V 及直流电压至 220V 的电路中作为转换各种控制线路，也可作为各种电气测量仪表及伺服电动机的转换之用。

（2）主要技术参数：

① 额定工作电压 AC、DC：220V，用作转换三相单只电气仪表的转换开关（当电流不超过 0.1A 时，允许使用于 380V 电路中）。

② 触头型式有：1 型（带指示灯）、2 型、4 型（定位型）、6 型（自复型）、7 型（钥匙型）、8 型（定位自复型）、10 型、20 型、40 型可任选组合。

③ 接触系统节数有 1、2、4、5、6、7、8 共 8 节可任选组合。

④ 转换开关在正常工作条件下的电寿命见表 1-125。

表 1－125　转换开关在正常工作条件下的电寿命

电源种类		电流/A	机械寿命/次	电寿命/次	操作次数
AC－15	双断点	2	20 000	10 000	120 次/h
	单断点	1			
DC－13	双断点	1		6 050	
	单断点	0.5			

（3）LW2 系列万能转换开关各种型号的意义见表 1－126。

表 1－126　LW2 型号的意义

产品型号	表示意义	产品型号	表示意义
LW2－YZ	带定位及自复有信号灯（有保持接点）	LW2	带定位
LW2－Y	带定位及信号灯	LW2－/X	带限位机构
LW2－Z	带定位及自动复归	LW2－/F	方形面板
LW2－W	带自动复归	LW2－/O	圆形面板
LW2－H	带定位及可取出手柄	LW2－/A	接点按特殊形式排列

（4）外形及安装尺寸见图 1－89。

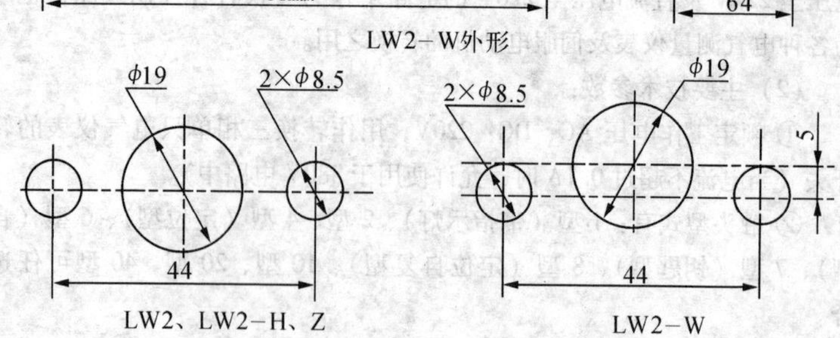

图 1－89　LW2 万能转换开关外形及安装尺寸

注：自复型 $A_{max}=130+18n$（n 为接触系统节数），其他型：$A_{max}=141+18n$

2. LW5－16 万能转换开关

（1）适用范围：LW5－16 万能转换开关适用于交流 50Hz，额定电压至 500V 及直流电压至 440V 的电路中，作电气控制线路转换之用和电压 380V、5. 5kW 以下的三相鼠笼型异步电动机的直接控制之用。

（2）结构特征：

① 按用途分：有主令控制用万能式转换开关和直接控制 5. 5kW 三相鼠笼异步电动机用万能式转换开关。

② 按接触系统节数分有 1～16 节，共 16 种。

③ 按操作方式分有定位型、自复型两种，其操作手柄位置见表 1－127。

④ 按操动器外形分有面板型式和旋钮式两种。

表 1－127　LW5－16 型万能转换开关操作手柄位置

操作方式	特征代号	操作器位置											
自复型	A						0°	←45°					
自复型	B					45°→	0°	←45°					
定位型	C						0°	45°					
定位型	D					45°	0°	45°					
定位型	E					45°	0°	45°	90°				
定位型	F				90°	45°	0°	45°	90°				
定位型	G				90°	45°	0°	45°	90°	135°			
定位型	H			135°	90°	45°	0°	45°	90°	135°			
定位型	I			135°	90°	45°	0°	45°	90°	135°	180°		
定位型	J		120°	90°	60°	30°	0°	30°	60°	90°	120°		
定位型	K		120°	90°	60°	30°	0°	30°	60°	90°	120°	150°	
定位型	L	150°	120°	90°	60°	30°	0°	30°	60°	90°	120°	150°	
定位型	M	150°	120°	90°	60°	30°	0°	30°	60°	90°	120°	150°	180°
定位型	N					45°		45°					
定位型	P					90°	0°	90°					

（3）主要技术参数：

① 额定绝缘电压660V，约定发热电流为16A。

② 使用类别为AC—3时，额定电压为380V，则额定电流12A，额定功率5.5kW。

③ 操作频率不超过300次/h，直接控制电动机时的操作频率不超过120次/h。

（4）LW5万能转换开关外形及安装尺寸见图1－90。

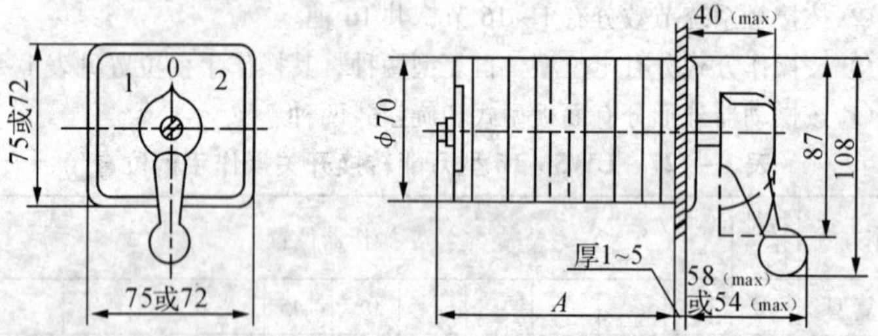

LW5万能转换开关外形

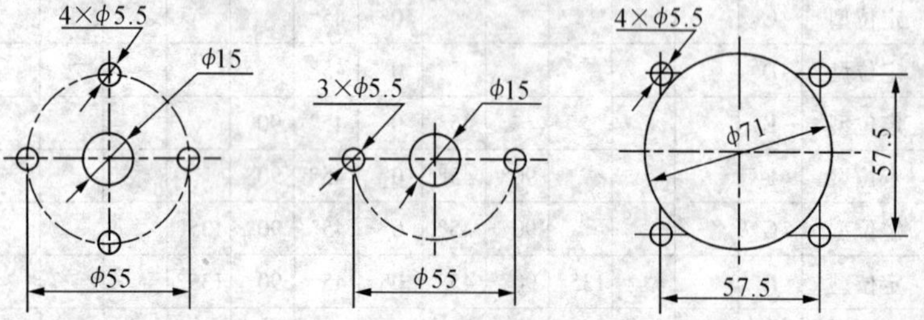

定位型安装尺寸　　自复型安装尺寸　　面板改时型(72)安装尺寸

图1－90　LW5万能转换开关外形及安装尺寸

3. LW6万能转换开关

（1）适用范围：LW6万能转换开关用于交流50Hz，电压至380V及直流电压至220V，电流至4A的机床控制线路中，实现各种线路的控制和转换。

（2）结构特征：LW6万能转换开关的触头座数有8种，排列型式为单列，触头对数分别为3，6，9，12，15，18，24和30。LW6万能转换开关的操作器位置见表1－128。LW6接触系统节数分有1、2、3、4、5、6、8和

10 节，共 8 种。

表 1－128　LW6 万能转换开关的操作器位置

特征代号	操作器位置										
A						0°	30°					
B					30°	0°	30°					
C					30°	0°	30°	60°				
D				60°	30°	0°	30°	60°				
E				60°	30°	0°	30°	60°	90°			
F			90°	60°	30°	0°	30°	60°	90°			
G			90°	60°	30°	0°	30°	60°	90°	120°		
H		120°	90°	60°	30°	0°	30°	60°	90°	120°		
I		120°	90°	60°	30°	0°	30°	60°	90°	120°	150°	
J	150°	120°	90°	60°	30°	0°	30°	60°	90°	120°	150°	
K	210°	240°	270°	300°	330°	0°	30°	60°	90°	120°	150°	180°

（3）主要技术参数：

① 额定电压：交流 50Hz、380V；直流 220V，额定电流 5A。

② 额定操作频率为 120 次/h。

③ 绝缘应能承受交流 50Hz、2 000V/min 的耐压试验而无击穿或闪络现象。

（4）外形及安装尺寸见图 1－91。

4. LW8 万能转换开关

（1）适用范围：LW8 万能转换开关适用于交流 50Hz，380V 及以下直流电压 220V 以下的电路中，作为电气控制线路的转换和配电设备的远距离控制，电气测量仪表的转换以及容量 2. 2kW 及以下的鼠笼型异步电动机的直接起动、换向和变换。

（2）结构特征：LW8 万能转换开关为手动旋转操作凸轮形开关，由接触系统、定位系统和安装系统三部分组成。接触系统由绝缘基座叠装组成。每节绝缘基座二对双断点触头，面板有方形和圆形二种，面板型式分定位型 1～10 节，共 10 种，自复型有 1～3 节，共 3 种，其操作器位置见表 1－129。

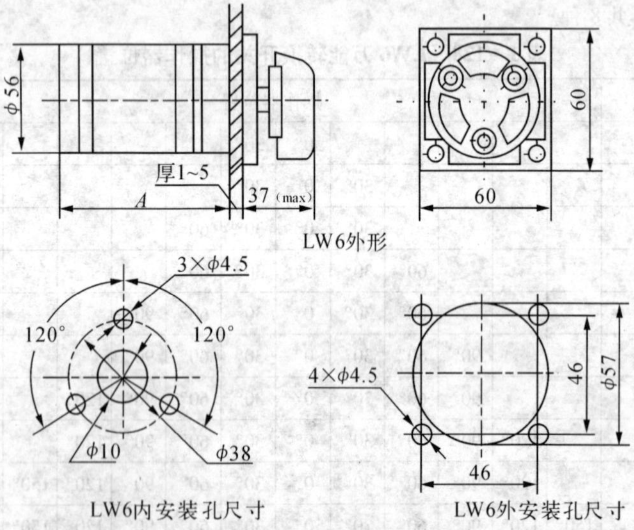

图 1－91　LW6 万能转换开关外形及安装尺寸

注：$A = 25 + 13n$（n 为接触系统节数）

表 1－129　LW8 型万能转换开关手柄操作器位置

操作方式	特征代号	操作器位置								
自复型	A					0°	←30°			
自复型	B				30°→	0°	←30°			
定位型	C					0°	60°			
定位型	D				60°	0°	60°			
定位型	E			90°	30°		30°	90°		
定位型	F			120°	60°	0°	60°	120°		
定位型	G			120°	60°	0°	60°	120°	180°	
定位型	H				30°	0°	30°	60°		
定位型	I			60°	30°	0°	30°	60°		

续表

操作方式	特征代号	操作器位置								
定位型	J			60°	30°	0°	30°	60°	90°	
定位型	K		90°	60°	30°	0°	30°	60°	90°	
定位型	L		90°	60°	30°	0°	30°	60°	90°	120°
定位型	M	120°	90°	60°	30°	0°	30°	60°	90°	120°

（3）主要技术参数：

① 额定绝缘电压 440V，额定电压交流 50Hz、380V；直流 220V。

② 约定发热电流 10A、20A。

③ 额定操作频率 120 次/h。

（4）外形及安装尺寸见图 1－92。

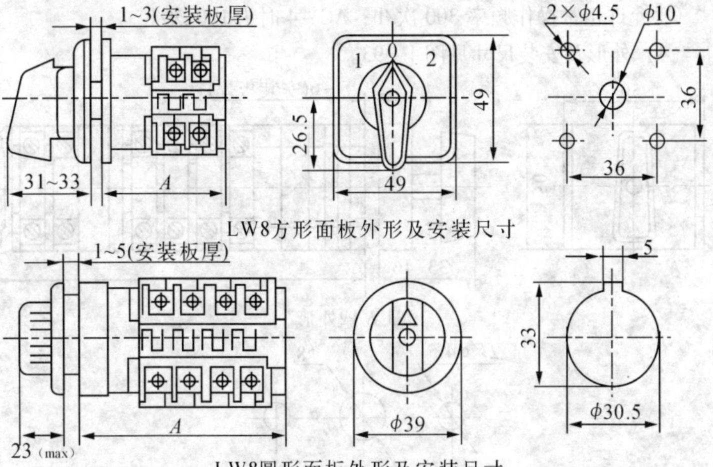

图 1－92　LW8 万能转换开关外形及安装尺寸

注：方形 $A=22+10n$（n 为接触系统节数），圆形 $A=35+10n$

5. LW12 万能转换开关

（1）适用范围：LW12 万能转换开关主要用于交流 50Hz、额定工作电压 500V 及以下，直流电压 220V 及以下的电路中，转换电气控制线路（电磁铁、电气测量仪表及伺服电动机等），也可直接控制 380V、5.5kW 及以下的三相交流鼠笼型异步电动机。

（2）结构特征：LW12 万能转换开关体积小，结构合理，能替代目前全部同类型产品，品种有普通型基本式，开启型组合式，防扩型组合式。

① 按用途分：主令控制用转换开关和直接控制 5.5kW 三相鼠笼型异步电动机用转换开关。

② 按接触系统节数分：转换开关的节数有 1～12 节，总共 12 节。

③ 按操作方式分：定位型、自复型和定位自复型三大类，特征可分为 21 种，其操作器位置见表 1－130。

④ 按操作器外形分：转换开关有 T 型、手枪型、鱼尾型、旋钮型和钥匙型 5 种。

（3）主要技术参数：

① 额定电压 500V；额定电流 16A。

② 允许正常操作频率 300 次/h；AC－4 时为 120 次/h。

（4）外形及安装尺寸见图 1－93。

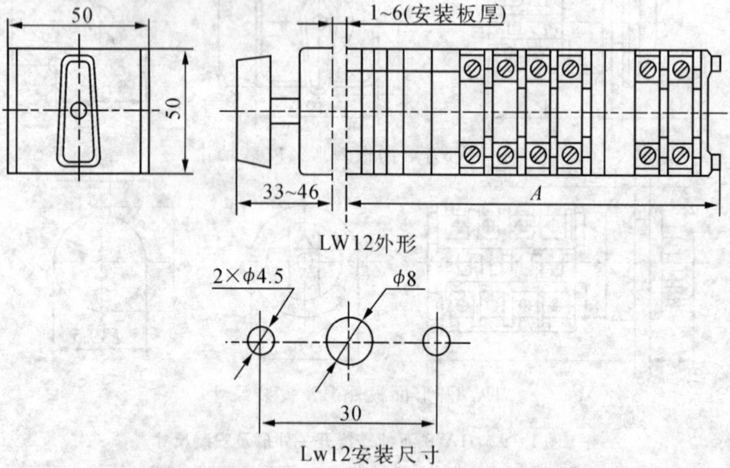

图 1－93　LW12 万能转换开关外形及安装尺寸

注：定位型 $A=30+13.2n$（n 为接触系统节数）；自复型 $A=42+13.2n$；带 45°定位自复型 $A=58+13.2n$。

表 1－130　LW12 万能转换开关操作手柄位置

操作方式	特征代号	操作器位置											
自复型	A						0°	←45°					
自复型	B					45°→	0°	←45°					
定位型	C						0°	45°					
定位型	D					45°	0°	45°					
定位型	E					45°	0°	45°	90°				
定位型	F				90°	45°	0°	45°	90°				
定位型	G				90°	45°	0°	45°	90°	135°			
定位型	H			135°	90°	45°	0°	45°	90°	135°			
定位型	I			135°	90°	45°	0°	45°	90°	135°	180°		
定位型	J		120°	90°	60°	30°	0°	30°	60°	90°	120°		
定位型	K		120°	90°	60°	30°	0°	30°	60°	90°	120°	150°	
定位型	L	150°	120°	90°	60°	30°	0°	30°	60°	90°	120°	150°	
定位型	M	150°	120°	90°	60°	30°	0°	30°	60°	90°	120°	150°	180°
定位型	S						0°	60°	120°	180°	240°	300°	
定位型	N					45°		45°					
定位型	P						0°	90°					
定位型						90°	0°						
定位型						90°	0°	90°					
定位型	S						0°	90°	180°	270°			
定位自复型	ZL					45°	0°	←45°					
定位自复型						90°	0°	←45°					
定位自复型					90°→	45°	0°	45°	←90°				
定位自复型					135°→	90°	0°	←45°					
定位自复型带闭锁装置	Z					45°→	0°	←45°	90°				
					90°	45°→	0°	←45°					
					90°	45°→	0°	←45°	90°				

6. LW15～16 万能转换开关

（1）适用范围：LW15～16 万能转换开关适用于交流 50Hz，额定工作电压至 660V 及直流电压至 220V 的电路中，作电气控制线路（控制电磁线圈、电气测量仪表和伺服电动机等）的转换，电源通断和小容量交流交流电动机的直接控制（起动、可逆转换，多速电动机变速）之用。

（2）结构特征：LW15～16 万能转换开关按操作方式分为定位型、自复型、锁扣型，其操作器位置见表 1－131。

（3）LW15 万能转换开关主要技术参数：

① 约定发热电流为 10A、16A。

② 额定绝缘电压为 380V。

③ 允许正常操作频率 300 次/h；AC—4 时为 120 次/h。

（4）外形及安装尺寸见图 1－94。

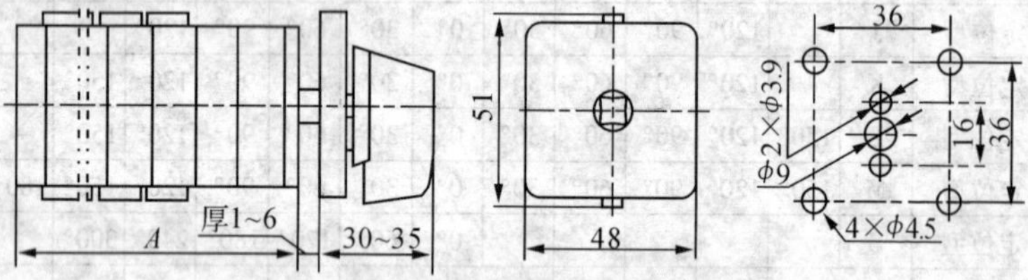

图 1－94　LW15 转换开关断路器外形及安装尺寸

注：定位型 $A=35+13n$（n 为接触系统节数）；自复型 $A=31.5+13n$。

1.9.3　按钮

1. 常用 LA 型按钮开关

（1）适用范围：LA 型按钮开关适用于交流 50Hz 或 60Hz，电压至 380V，直流电压至 220V 的电路中，与电磁式接触器、电磁起动器、继电器及其他电器配合，可供电动机起动、停止、正反转及遥远控制或工作信号转换、电气联锁之用。

（2）型号、结构型式及主要技术参数见表 1－132、133。

表 1－131　LW15～16 万能转换开关操作器位置

操作方式	特征代号	操作器位置											
自复型	A						0°	←45°					
自复型	B					45°→	0°	←45°					
定位型	C						0°	45°					
定位型	D					45°	0°	45°					
定位型	E					45°	0°	45°	90°				
定位型	F				90°	45°	0°	45°	90°				
定位型	G				90°	45°	0°	45°	90°	135°			
定位型	H			135°	90°	45°	0°	45°	90°	135°			
定位型	I			135°	90°	45°	0°	45°	90°	135°	180°		
定位型	J		120°	90°	60°	30°	0°	30°	60°	90°	120°		
定位型	K		120°	90°	60°	30°	0°	30°	60°	90°	120°	150°	
定位型	L	150°	120°	90°	60°	30°	0°	30°	60°	90°	120°	150°	
定位型	M	150°	120°	90°	60°	30°	0°	30°	60°	90°	120°	150°	180°
定位型	N					45°		45°					
定位型	P					90°	0°	90°					
定位型	R						0°	90°	180°	270°			

表 1-132　LA2、4、10 系列按钮型号主要技术参数

产品型号	结构型式	触头数量		按钮		额定电压/V	额定电流/A	控制容量
		常开	常闭	钮数	钮的颜色			
LA2	一般式	1	1			AC380 DC220	5	AC300VA DC60W
LA2-M	蘑菇式	1	1					
LA4-1	元　件	1	1	1	绿/黑/红			
LA4-2K	开启式	2	2	2	绿、红			
LA4-3K		3	3	3	绿、黑、红			
LA4-2H	保护式	2	2	2	绿、红			
LA4-3H		3	3	3	绿、黑、红			
LA10-1	元　件	1	1	1	绿/或黑/或红			
LA10-1K	开启式	1	1	1	绿/或黑/或红			
LA10-2K		2	2	2	绿、红			
LA10-3K		3	3	3	绿、黑、红			
LA10-1H	保护式	1	1	1	绿/或黑/或红			
LA10-2H		2	2	2	绿、红			
LA10-3H		3	3	3	绿、黑、红			
LA10-1S	防水式	1	1	1	绿/或黑/或红			
LA10-2S		2	2	2	绿、红			
LA10-3S		3	3	3	绿、黑、红			
LA10-1F	防腐式	1	1	1	绿/或黑/或红			
LA10-2F		2	2	2	绿、红			
LA10-3F		3	3	3	绿、黑、红			

表 1-133　LA18、19、20、25 系列按钮型号主要技术参数

产品型号	结构型式	触头数量		按钮		额定电压/V	额定电流/A	控制容量
		常开	常闭	钮数	钮的颜色			
LA18-22	一般式	2	2		红/绿/黄/白/黑	AC380 DC220	5	AC300VA DC60W
LA18-44		4	4					
LA18-66		6	6					
LA18-V22J	紧急式蘑菇头	2	2		红			
LA18-44J		4	4					
LA18-66J		6	6					
LA18-22X	旋钮式	2	2		黑			
LA18-44X		4	4					
LA18-66X		6	6					
LA18-22Y	钥匙式	2	2		锁芯本色			
LA18-44Y		4	4					
LA18-66Y		6	6					
LA19-11A	一般式	1	1		红/绿/蓝/黄/白/黑			
LA19-11J	紧急式	1	1		红			
LA19-11D	带指示灯式	1	1		红/绿/蓝/白/黑			
LA19-11DJ	紧急带指示灯式	1	1		红			
LA20-11	揿钮式	1	1		红/绿/蓝/黄/白			
LA20-22		2	2					
LA20-11J	紧急式	1	1		红			
LA20-22J		2	2					
LA20-11D	带灯揿钮式	1	1		红/绿/蓝/黄/白			
LA20-22D		2	2					

续表

产品型号	结构型式	触头数量		按钮		额定电压/V	额定电流/A	控制容量
		常开	常闭	钮数	钮的颜色			
LA20－11DJ	带灯紧急式	3	3		红	AC380 DC220	5	AC300VA DC60W
LA20－22DJ		1	1					
LA20－2K	开启式	2	2	2	白、红/或绿、红			
LA20－3K		3	3	3	白、绿、红			
LA20－2H	保护式	2	2	2	红/绿/蓝/黄/白/黑		10	
LA20－3H		3	3	3				
LA25－12	一般式	1	2					
LA25－34		3	4					
LA25－56		5	6					
LA25－12J	磨菇式	1	2					
LA25－34J		3	4		红/绿/蓝/白/黑(指示灯为白色)			
LA25－56J		5	6					
LA25－12D	带指示灯式	1	2					
LA25－34D		3	4		黑			
LA25－56D		5	6					
LA25－12X	旋钮式	1	2					
LA25－34X		3	4		锁芯本色			
LA25－56X		5	6					
LA25－12Y	钥匙式	1	2					
LA25－34Y		3	4					
LA25－56Y		5	6					

（3）常用 LA 型按钮外形及安装尺寸：

①LA2 按钮外形尺寸见图 1－95。

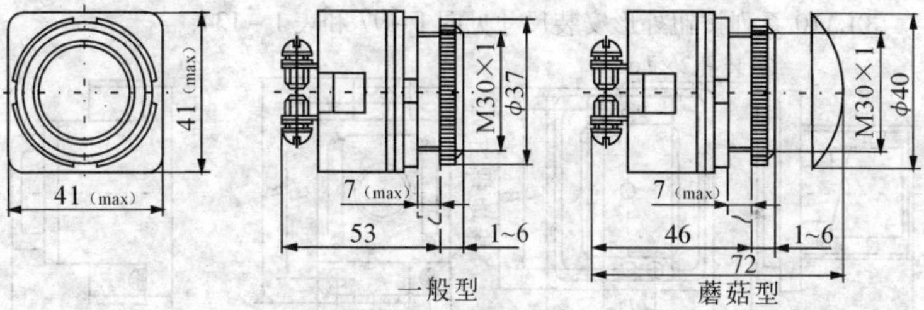

图 1-95 LA2 按钮外形尺寸

②LA4 系列按钮外形安装尺寸见图 1-96。

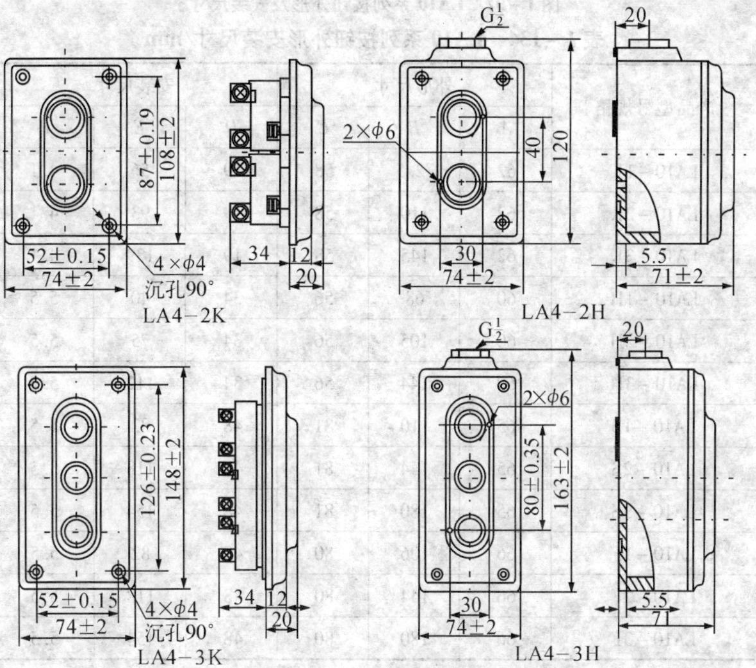

图 1-96 LA4 按钮外形安装尺寸

③LA10 系列按钮外形安装尺寸见图 1 - 97 和表 1 - 134。

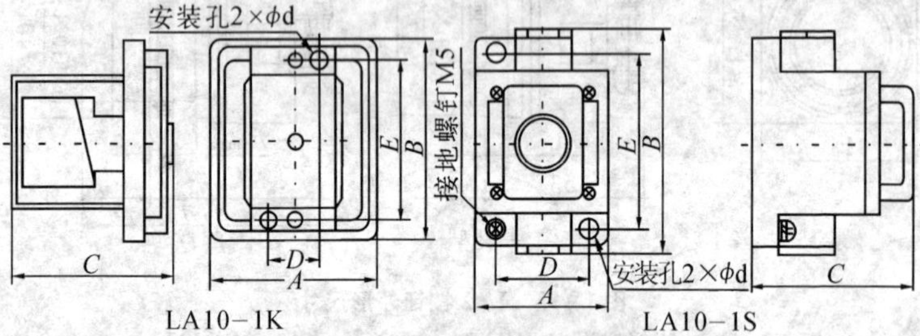

图 1 - 97　LA10 系列按钮外形及安装尺寸

表 1 - 134　LA10 系列按钮外形安装尺寸/mm

产品型号规格	外形尺寸			安装尺寸		
	A	*B*	*C*	*D*	*E*	*φ*
LA10 - 1K	62	72.5	58	19	56	4.1
LA10 - 2K	62	110	58	19	93	4.1
LA10 - 3K	62	145	58	19	129	4.1
LA10 - 1H	60	68	56	34	40	5.5
LA10 - 2H	60	105	56	34	75	5.5
LA10 - 3H	60	144	56	34	112	5.5
LA10 - 1S	65	110	81	48	82	5.5
LA10 - 2S	65	144	81	48	118	5.5
LA10 - 3S	65	180	81	48	154	5.5
LA10 - 1F	66	106	80	48	82	5.5
LA10 - 2F	66	144	80	48	118	5.5
LA10 - 3F	66	180	80	48	154	5.5

④LA18 系列按钮外形安装尺寸见图 1 - 98 和表 1 - 135。

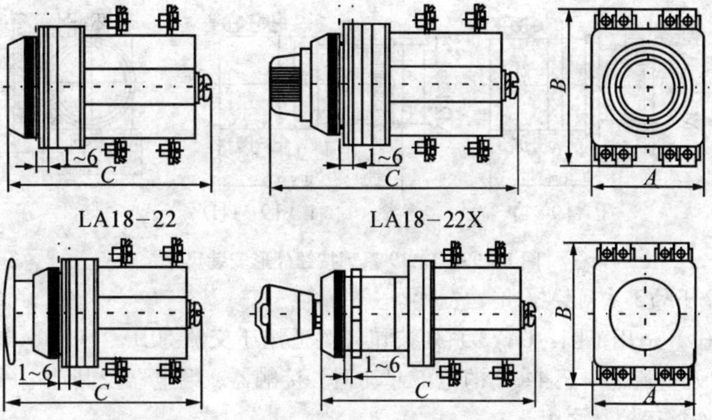

图 1－98　LA18 系列按钮外形安装尺寸

表 1－135　LA18 系列按钮外形安装尺寸/mm

产品型号规格	*A*	*B*	*C*	安装孔
LA18－22	48	36	69	
LA18－22J	48	36	80	
LA18－44	48	36	105	
LA18－44J	48	36	116	ϕ25
LA18－66	48	36	143	
LA18－66J	48	36	154	
LA18－22X	48	36	87	
LA18－22Y	48	36	90	
LA18－44X	48	36	123	ϕ25
LA18－44Y	48	36	126	
LA18－66X	48	36	161	
LA18－66Y	48	36	164	

⑤LA19 系列按钮外形安装尺寸见图 1－99。

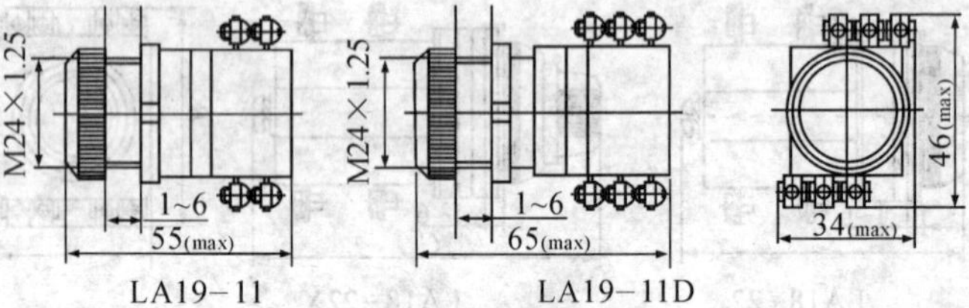

图 1-99　LA19 系列按钮外形安装尺寸

2. LAY3 系列按钮开关

（1）适用范围：LAY3 系列按钮开关适用于交流 50Hz、60Hz，电压至 660V 及直流电压至 440V 的电磁起动器、接触器、继电器及其他电气线路中，作遥远控制之用。

（2）结构特征：LAY3 系列按钮开关为积木式组合结构，装拆灵活、方便、可靠；触头可任意组合，便于更换，触头有 1～4 对，可组成 1～14 种规格；常开与常闭触头结构上是分开的，电气上是绝缘的，可异极工作；动静触头采用滑动式接触，滑擦自洁，接触可靠；接线端子采用统一组合螺钉；接线处有防隔板，安全方便；装有防转定位件和防松垫圈，定位、安装准确可靠。按钮颜色除了红、绿、黑、蓝、黄、白和无色透明外，可派生 12 种产品型号见表 1-136。

表 1-136　产品型号规格及其含义

产品型号规格	结构型式	产品型号规格	结构型式
LAY3-无字母	一般型	LAY3-D/N、DN/J、DN/S	带灯式（氖灯）、金属护罩、塑料护罩
LAY3-无字母※	一般型，带形象化符号钮	LAY3-D、D/J、D/S	带灯式（白炽灯）、金属护罩、塑料护罩
LAY3-X/2	旋转式，二位置	LAY3-M/1	蘑菇头式 ϕ35 钮
LAY3-X/3	旋转式，三位置	LAY3-M/2	蘑菇头式 ϕ60 钮
LAY3-Y	钥匙式	LAY3-ZS/1、ZS/2	自锁式 ϕ35 钮、自锁式 ϕ60 钮

注：※处示金属切削机床操作形象化符号

（3）主要技术参数：

① 额定绝缘电压：AC660V（50Hz /60Hz）。

② 约定发热电流：10A。

③ 使用类别：AC-11；DC-11。

④ 机械寿命：一般钮、蘑菇头钮 300 万次，带灯钮 100 万次，旋钮、钥匙钮、自锁钮 10 万次。

⑤ 电寿命：交流 60 万次，直流 30 万次；旋钮、钥匙钮、自锁钮 10 万次。

⑥ 防护等级：IP55。

（4）外形尺寸见图 1-100。

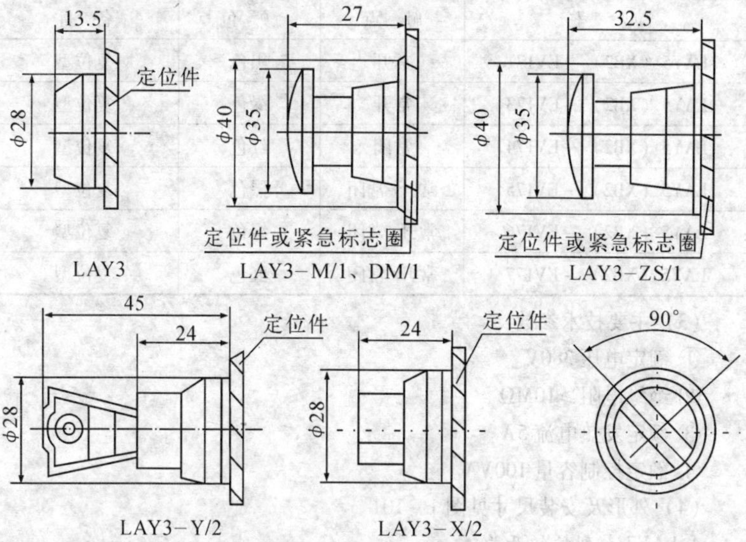

图 1-100　LAY3 外形尺寸

3. LAY5（XB2）系列按钮开关

（1）适用范围：LAY5（XB2）系列按钮系仿法国施耐德电气公司 XB2 产品设计制造，用于交流 50Hz，电压至 380V 的磁力起动器、接触器、继电器及其他电气线路中作远程控制用。

（2）结构特征：

① 积木式组合结构，装拆灵活、方便、可靠。

② 触头任意组合，便于更换，触头有1~4对，可组成1~14种规格，型号及对应的按钮颜色见表1-137。

③ 常开与常闭触头结构上是分开的，电气上是绝缘的，可异极工作。

④ 动静触头是滑动式接触，滑擦自洁，接触可靠。

⑤ 按钮的颜色有红、绿、黑、蓝、黄、白和无色透明。安装孔尺寸 $\phi22.5$ 符合IEC337-2C标准，接线端子采用统一的M3.5组合螺钉。

⑥ 装有防转定位件和防松垫圈，定位安装准确可靠，并且按钮开关座可以每90°位置安装，适用各种接线位置。

表1-137　型号及对应的按钮颜色

型　号	触　点	颜　色	备　注
LAY5（XB2）-EV171	常开	黑色	复位型
LAY5（XB2）-EV173	常开	绿色	复位型
LAY5（XB2）-EV174	常闭	红色	复位型
LAY5（XB2）-EV175	常开/常闭	黑色	复位型
LAY5（XB2）-EV176	常开/常闭	绿色	复位型
LAY5（XB2）-EV177	常开/常闭	红色	复位型

（3）主要技术参数：

① 额定电压380V。

② 绝缘电阻≥10MΩ。

③ 额定发热电流5A。

④ 额定控制容量100VA。

（4）外形及安装尺寸见图1-101。

4. LAY7系列按钮开关

（1）适用范围：LAY7系列按钮开关适用于交流50Hz、电压至660V，直流电压至440V及以下的电力等设备控制电路中作控制、信号连锁用途。

（2）结构特征：按钮开关的相邻触头元件在电气上是分开的，是相互绝缘的，可异极工作；按钮积木式组合结构，触头可任意组合，有1~4对触头可组成1~4种规格，装拆方便，便于更换；动静触头采用滚动式接触，有自洁功能，可靠性好。按钮的颜色有红、绿、黑、蓝、黄和白色，可派生

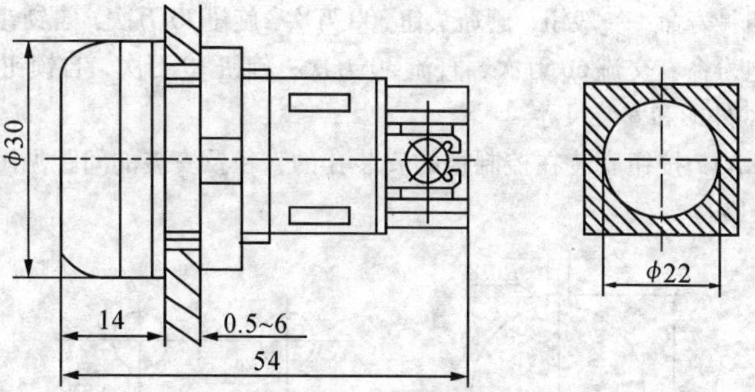

图 1-101 LAY5 按钮外形及安装尺寸

15 种产品型号。见表 1-138，旋动按钮分二位置（用 2 表示）、三位置（用 3 表示）、二位置自复式（用 21 表示）、三位置自复式（用 31 表示）和三位左右自复式（用 33 表示），按钮的颈部尺寸分 $\phi 22$、$\phi 25$ 和 $\phi 30$。

表 1-138 产品型号规格及其含义

产品型号规格	结构型式	产品型号规格	结构型式
LAY7-BN	平钮（瞬动型）	LAY7-MZS	蘑菇钮交替型
LAY7-GN	高平钮（瞬动型）	LAY7-X	旋钮型
LAY7-JN	全保护套钮（瞬动型）	LAY7-XB	旋柄钮型
LAY7-BNZS	平钮交替型	LAY7-XD	旋钮带灯型
LAY7-GNZS	高平钮交替型	LAY7-Y	钥匙型
LAY7-M	蘑菇型	LAY7-ZS	自锁型（按锁定、顺时旋时能自复位）
LAY7-DM	带灯蘑菇型	LAY7-D	带灯钮

注：瞬动型是按下手松开，按钮能自动复位；交替型指按下去按钮能锁住，再按才能复位。

（3）主要技术参数：

①额定电压交流 50Hz，660V，直流 440V。

②绝缘电阻≥10MΩ。

③额定发热电流 10A。

④使用类别：AC-15；DC-13。

⑤机械寿命：一般钮、蘑菇头钮300万次，旋钮30万次，自锁钮5万次。

⑥电寿命：交流60万次，直流30万次；旋钮10万次，自锁钮5万次。

（4）外形和安装尺寸：

① LAY7 按钮安装在控制板的安装孔的直径及安装的间距见图 1－102 和表 1－139。

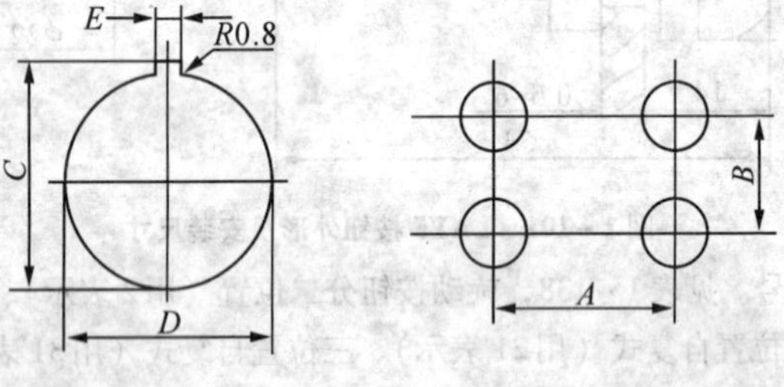

安装孔的尺寸　　　　多个产品并排安装的间距

图 1－102　LAY7 按钮安装孔的直径及安装的间距

表 1－139　安装孔的尺寸和多个产品并排安装的间距/mm

颈头尺寸	A	B	C	D	E
$\phi30$	50	65	33.5	$\phi30+1$	4.8
$\phi25$	40	55	28	$\phi25+1$	4.0
$\phi22$	30	50	24.5	$\phi22+1$	3.2

② LAY7 按钮外形和安装尺寸见图 1－103 和表 1－140。

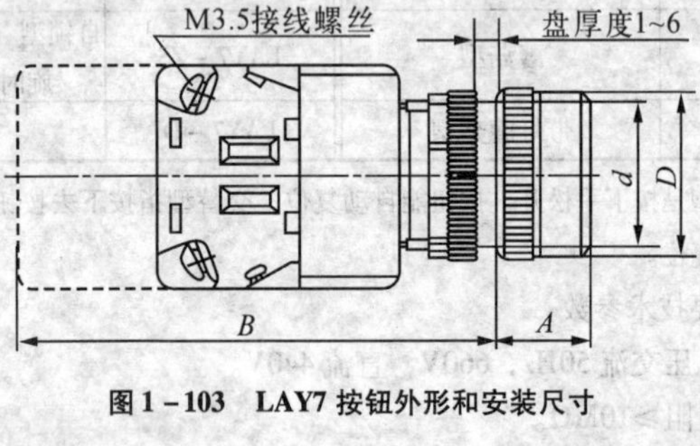

图 1－103　LAY7 按钮外形和安装尺寸

表 1-140　LAY7 按钮外形和安装尺寸/mm

产品结构型式	$d=\phi22$	$D=\phi29$		$d=\phi25$	$D=\phi29$		$d=\phi30$	$D=\phi33$	
	A	B		A	B		A	B	
		1~2 对触头	3~4 对触头		1~2 对触头	3~4 对触头		1~2 对触头	3~4 对触头
平钮式	14			14			14		
高平钮式	20	42.6	62.5	20	42.6	62.5	20	42.6	62.5
全保护套钮	20			20			20		
带灯钮	22	60	80	22	60	80	22	60	80
带灯蘑菇型 $\phi40$	24.5			24.5			24.5		
蘑菇型 $\phi40$	24.5			24.5			24.5		
平钮交替型	14	42.5	62.5	14	42.5	62.5	14	42.5	62.5
高平钮交替型	20			20			20		
蘑菇钮交替 $\phi40$	24.5			24.5			24.5		
蘑菇带灯自锁型	24.5	60	80	24.5	60	80	24.5	60	80
带灯交替型	22			22			22		
急停钮（自锁型）	24.5			24.5			24.5		
旋钮型	25			25			25		
旋柄钮型	25	42.5	62.5	25	42.5	62.5	25	42.5	62.5
钥匙型	40			40			40		
旋钮带型	25			25			25		

5. LAY8 系列按钮开关

（1）适用范围：LAY8 系列按钮产品适用于交流 50Hz（或 60Hz）电压 660V 及以下，直流电压 440V 及以下的电磁起动器、接触器、继电器及其他电气线路中作遥远控制之用。

（2）结构特征：

① 按钮开关的接触系统采用杠杆式超临界翻动机构，操作时即使按动行程不够，只要超过临界翻转位置就能迅速动作，可靠接触或断开，通过拉

簧的作用保证必要的触头压力，并有自洁功能，使接触可靠，灭弧性能良好。通断时由于金属簧片的跳动，发出清脆的响声，给使用者一种信号，使之知道指令的执行与否。

② 组合式卡装方式：装拆灵活、方便、可靠；可装二节开关元件，触头有1 ~ 4对，可组成1 ~ 14种规格见表1-141。

③ 常开和常闭在电气上是绝缘的，可异极工作。

④ 接线处有防隔板，组合螺钉压线，其瓦形垫圈随螺钉的旋出、旋入而提升或下降，接线方便。

⑤ 按钮的颜色有红、绿、黑、蓝、黄和白色。

⑥ 安装方式采用斜式螺钉固定，不仅方便而且安全可靠。

⑦ 旋动按钮分1-左边自复式、fu-右边自复式、ffu-左右边自复式。

表1-141　LAY8系列产品型号规格及其含义

产品型号规格	结构型式	产品型号规格	结构型式
LAY8-无字母	一般式	LAY8-ZS	紧急停止钮
LAY8-※	符号钮	LAY8-Y	二位置钥匙钮
LAY8-S	防水式	LAY8-YS	三位置钥匙钮
LAY8-T	自锁式	LAY8-X	短柄二位置旋钮
LAY8-M	蘑菇型	LAY8-XS	短柄三位置旋钮
LAY8-MT	蘑菇自锁式	LAY8-CX	长柄二位置旋钮
LAY8-D	带灯钮	LAY8-CXS	长柄三位置旋钮

注：※瞬动型是指按下手松开，按钮能自动复位；而交替型指按下去按钮能锁住，再按按钮才能复位。

（3）主要技术参数：

①额定电压交流50Hz，660V；直流440V。

②绝缘电阻≥10MΩ。

③额定发热电流10A。

④使用类别：AC-15，DC-13。

⑤机械寿命：一般钮、带灯钮300万次，旋钮30万次，自锁钮、钥匙钮5万次。

⑥电寿命：一般钮、带灯钮60万次，旋钮10万次，自锁钮、钥匙钮5

万次。

(4) 按钮外形及安装尺寸:

① LAY8 按钮多个产品并排安装的间距图 1－104。

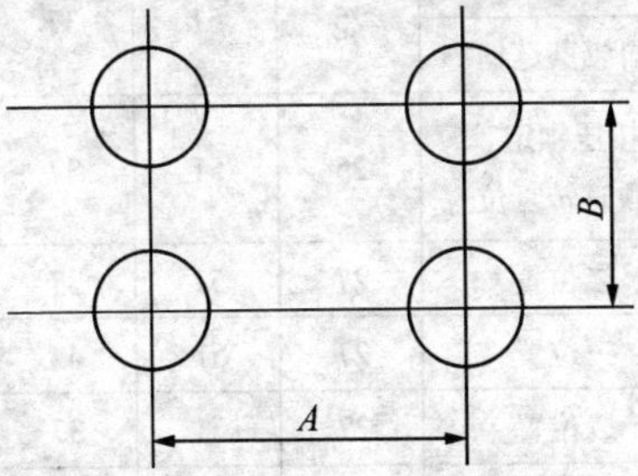

图 1－104 LAY8 按钮多个产品并排安装的间距

注：A、B 尺寸的大小与按钮的形状有关，一般钮、灯钮、旋钮、钥匙按钮 A＝30mm，则 B＝50mm；蘑菇钮、长柄旋钮、急停按钮 A＝45mm，则 B＝50mm

②LAY8 按钮的外形见图 1－105 和表 1－142。

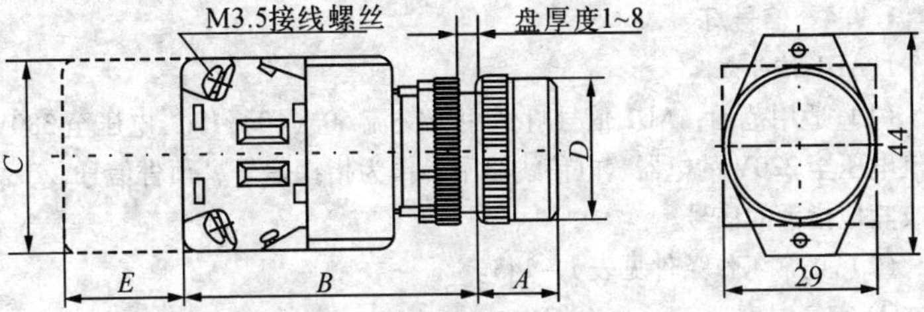

图 1－105 LAY8 按钮外形安装尺寸

表 1－142 LAY8 按钮外形和安装尺寸/mm

产品结构型式	品种	*A*	*B*	*C*	*D*	*E*
平钮式	一般式	13	51	37	$\phi29$	23
	自锁式					
	防水式					
带灯钮	带灯钮	13	51	37	$\phi29$	29

续表

产品结构型式	品种	*A*	*B*	*C*	*D*	*E*
蘑菇钮	蘑菇钮	25	51	37	ϕ40	23
	自锁蘑菇钮					
紧急停止钮	按压锁定、顺时转复位	25	51	37	ϕ40	23
旋钮	二位置	27	51	37	ϕ29	—
	三位置	27	51	44	ϕ29	23
旋柄钮	二位置	27	51	37	ϕ30	—
	三位置	27	51	37	ϕ30	23
钥匙钮	二位置	21	51	37	ϕ29	23
	三位置					

1.9.4 信号灯

1. AD1 信号灯

（1）适用范围：AD1 信号灯适用于交流 50（60）Hz，电压至 380V 及直流电压至 220V 的电器、电信线路中，作为指挥信号、预告信号、事故信号或其他指示的信号。

（2）正常工作条件见表 1－143。

① 空气温度：－5～＋40℃。

② 相对湿度：＜90%。

③ 海拔高度：＜2 000m。

④ 污染等级：2。

⑤ 安装类别：Ⅲ。

表 1-143　AD1 信号灯正常工作条件

产品结构分类	直接式					变压器式		电阻器式
	白炽灯							辉光灯
颈部直径 d/mm	22、25、30		30					22、25、30
配用灯座形式	E10 E14					E10		E14
电源种类	交直流					交流	交、直流	交、直流
额定工作电压/V	6	12	24、36、48	24、36、48、110	127、220	110、220、380		110、220、380
额定灯泡功率/W	1	1.2	1.5	3	5	1	1.5	
信号颜色	红、黄、蓝、绿、白、无色透明							红、黄、蓝、白

（3）外形及安装尺寸见图 1-106 和表 1-144。

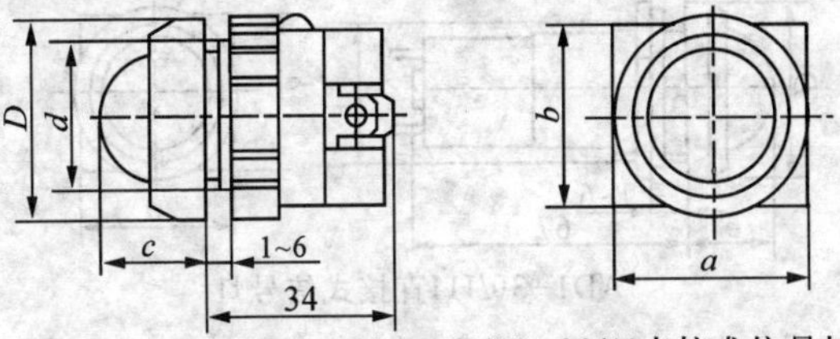

AD1-22/11、25/11、30/11直接式信号灯

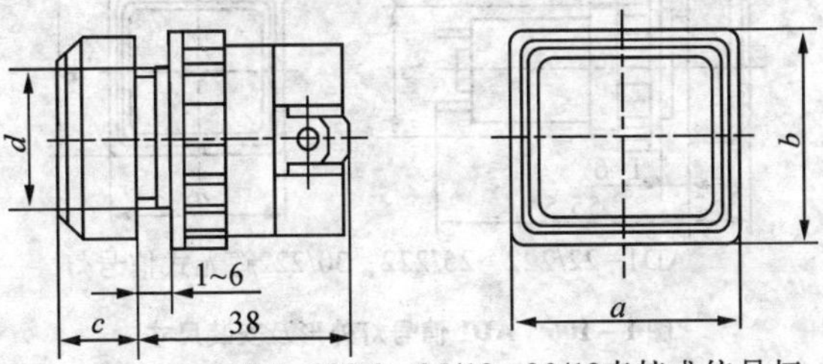

AD1-22/12、25/12、30/12直接式信号灯

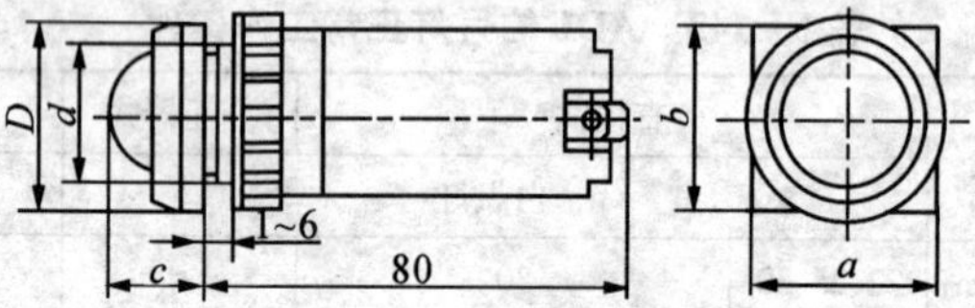

AD1－22/31、25/31、30/31电阻器减压式信号灯
AD1－22/21、25/21、30/21电阻器减压式信号灯

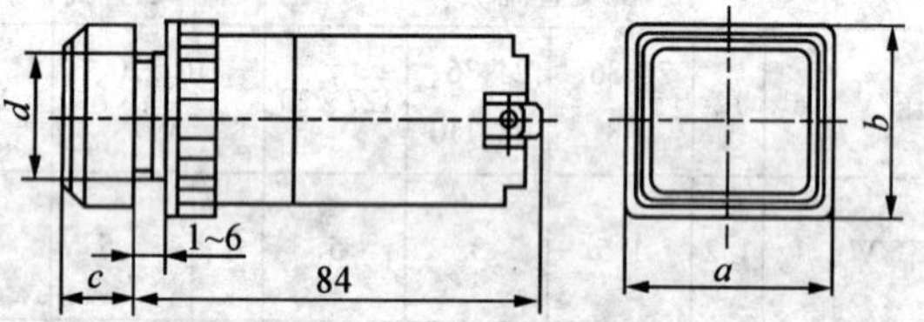

AD1－22/22、25/22、30/22电阻器减压式信号灯
AD1－22/32、25/32、30/32电阻器减压式信号灯

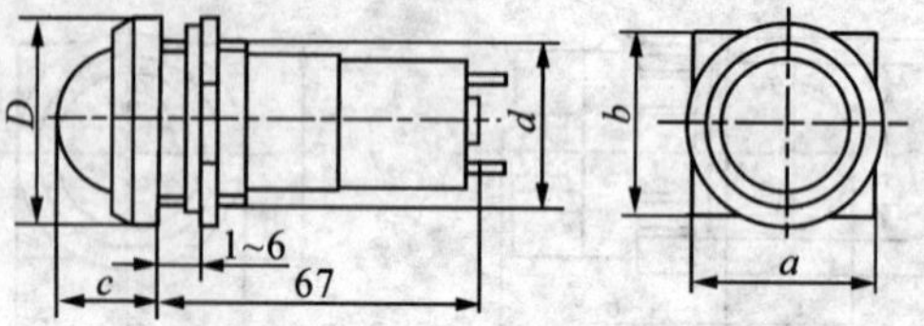

AD1－30/111直接式信号灯

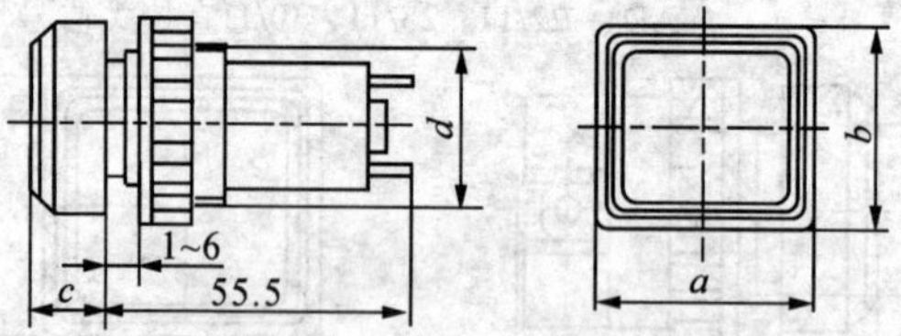

AD1－22/222、25/222、30/222辉光式信号灯

图 1－106　AD1 信号灯外形及安装尺寸

表 1 - 144　AD1 信号灯外形及安装尺寸

产品型号	产品名称	*a*	*b*	*c*	*d*	*D*
AD1 - 22/11	直接式信号灯	34	30	19.5	$\phi22$	$\phi31$
AD1 - 25/11	直接式信号灯	34	30	19.5	$\phi25$	$\phi33$
AD1 - 30/11	直接式信号灯	34	30	24.5	$\phi30$	$\phi39$
AD1 - 22/12	直接式信号灯	37	31	15	$\phi22$	—
AD1 - 25/12	直接式信号灯	39	33	15	$\phi25$	—
AD1 - 30/12	直接式信号灯	47	39	15	$\phi30$	—
AD1 - 22/212	辉光式信号灯	34	30	19.5	M22	$\phi31$
AD1 - 25/212	辉光式信号灯	34	30	19.5	$\phi25$	$\phi33$
AD1 - 30/212	辉光式信号灯	34	30	24.5	M30	$\phi39$
AD1 - 22/222	辉光式信号灯	37	31	15	M22	—
AD1 - 25/222	辉光式信号灯	39	33	15	$\phi25$	—
AD1 - 30/222	辉光式信号灯	47	39	15	M30	—
AD1 - 22/21	电阻器减压式信号灯	34	30	19.5	$\phi22$	$\phi31$
AD1 - 25/21	电阻器减压式信号灯	34	30	19.5	$\phi25$	$\phi33$
AD1 - 30/21	电阻器减压式信号灯	34	30	24.5	$\phi30$	$\phi39$
AD1 - 22/31	电阻器减压式信号灯	34	30	19.5	$\phi22$	$\phi31$
AD1 - 25/31	电阻器减压式信号灯	34	30	19.5	$\phi25$	$\phi33$
AD1 - 30/31	电阻器减压式信号灯	34	30	24.5	$\phi30$	$\phi39$
AD1 - 22/22	电阻器减压式信号灯	37	31	15	M22	—
AD1 - 25/22	电阻器减压式信号灯	39	33	15	$\phi25$	—
AD1 - 30/22	电阻器减压式信号灯	47	39	15	M30	—
AD1 - 22/32	电阻器减压式信号灯	37	31	15	M22	—
AD1 - 25/32	电阻器减压式信号灯	39	33	15	$\phi25$	—
AD1 - 30/32	电阻器减压式信号灯	47	39	15	M30	—

2. AD3 信号灯

（1）适用范围：AD3 信号灯适用于交流 50Hz，电压至 380V 及直流电压至 220V 的电气线路中，作为指挥信号、事故信号或其他指示的信号。

（2）主要技术参数见表 1－145。

表 1－145　AD3 信号灯主要技术参数

电源种类	交、直流						交　流	
电压/V	6.3	12	24	36	110	220	220	380
电流/mA	≤80	≤80	≤25	≤25	≤25	≤25	≤25	≤25
功率/W	0.38	0.72	0.48	0.72	1.65	3.3	0.65	0.65
工频耐压	2.5kV							
绝缘电阻	≥2MΩ							
光亮度	≥60cd/m							
安装尺寸	ϕ25mm							
允许电压波动	±20% U_e							
灯光颜色	红、黄、绿、白							

（3）外形及安装尺寸见图 1－107。

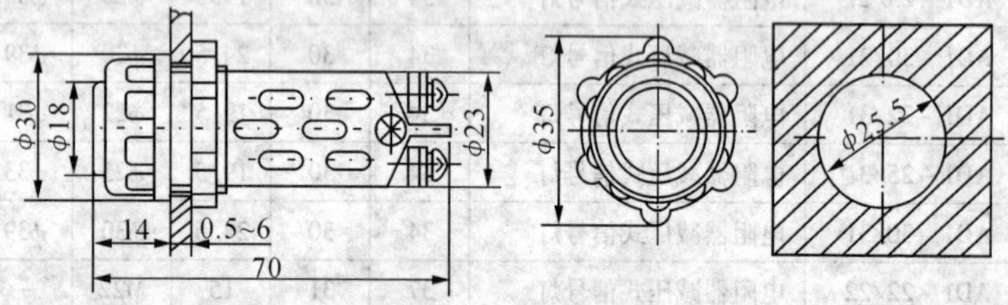

图 1－107　AD3 信号灯外形及安装尺寸

3. AD11 信号灯

（1）适用范围：AD11 信号灯适用于电信、电器等设备的线路中作指示信号、预告信号、事故信号及其他指示之用信号，它是原钨丝和氖泡信号灯的最佳更新换代产品。

（2）主要技术参数：

① 连续工作寿命≥30 000h。

② 额定绝缘电压 AC380V（50 或 60Hz）。

③ 允许电压波动 ±20%，电阻式降压交直流通用。

④ 发光颜色：红、绿、黄、白，光亮度≥60cd/m；

⑤ 相对漏电起痕指数 CT1≥100（阻燃）。

⑥ 工频耐压：2.5kV（试验电压为交流有效值）。

⑦ 绝缘电阻：≥2MΩ。

⑧ 使用类别：AC—12；DC—12。

⑨ 额定工作电压和工作电流见表 1-146。

表 1-146 额定工作电压和工作电流

电源种类	交、直流							交流	
额定工作电压/V	6	12	24	36	48	110	220	220	380
额定工作电流/mA	≤40		≤20					≤20	
控制功率/W	0.24	0.24	0.36	0.54	0.72	1.65	3.3	0.59	0.59

（3）外形及安装尺寸见表 1-147。

表 1-147 AD11 信号灯外形及安装尺寸/mm

产品型号	产品名称	颈部尺寸	安装孔尺寸	外形尺寸	备注
AD11-10/20	电阻式球形信号灯	$\phi10$	$\phi10.5^{+0.4}$	16×16×33	交直流两用
AD11-10/21	电阻式圆形信号灯				
AD11-10/22	电阻式方形信号灯				
AD11-22/20	电阻式球形信号灯	$\phi22$	$\phi22.5^{+0.4}$	30×30×58	交直流两用
AD11-22/21	电阻式圆形信号灯				
AD11-22/40	电容式球形信号灯				只适用于交流
AD11-22/41	电容式圆形信号灯				
AD11-25/20	电阻式球形信号灯	$\phi25$	$\phi25.5^{+0.5}$	35×31×72	交直流两用
AD11-25/21	电阻式圆形信号灯				
AD11-25/22	电阻式方形信号灯				
AD11-25/40	电容式球形信号灯				只适用于交流
AD11-25/41	电容式圆形信号灯				

续表

产品型号	产品名称	颈部尺寸	安装孔尺寸	外形尺寸	备注
AD11－25/42	电容式方形信号灯	$\phi25$	$\phi25.5^{+0.5}$	35×31×72	只适用于交流
AD11－30/20	电阻式球形信号灯	$\phi30$	$\phi30.5^{+0.5}$	41×41×62	交直流两用
AD11－30/21	电阻式圆形信号灯				
AD11－30/40	电容式球形信号灯				只适用交流
AD11－30/41	电容式圆形信号灯				
AD11－25/20F	电阻式球形信号灯	$\phi25$	$\phi25.5^{+0.5}$	35×31×72	用于电容补偿装置时起泄放电兼指示用
AD11－30/20F	电阻式球形信号灯	$\phi30$	$\phi30.5^{+0.5}$	41×41×62	
AD11－39×31	长方形信号灯	39×31	40.5×31.5	47×37×77	单灯交直流两用
AD11－77×31	长方形信号灯	77×31	79×32.5	84×37×78	双灯交直流两面三刀用

4. XDJ1 系列信号灯

（1）适用范围：XDJ1 系列信号灯适用于交流 50Hz，电压至 660V，直流电压至 220V 的电气线路中，作为各种灯光指示信号、预告信号、事故信号及其他指示信号。

（2）主要技术参数：

①连续工作寿命≥30 000h。

② 额定绝缘电压 AC380V（50 或 60Hz）。

③ 允许电压波动 0.85～1.10U_e。

④ 发光颜色：红、绿、黄、白，光亮度≥50cd/m。

⑤ 工频耐压：2.5kV（试验电压为交流有效值）。

⑥ 绝缘电阻：≥5MΩ。

⑦ 额定工作电压和额定功率见表 1－148。

表 1－148　额定工作电压和额定功率

额定工作电压/V	6	12	24	36	127	220	380	660
控制功率/W	0.120	0.246	0.492	0.092	0.120	0.146	0.234	0.220

（3）外形和安装尺寸见图 1－108。

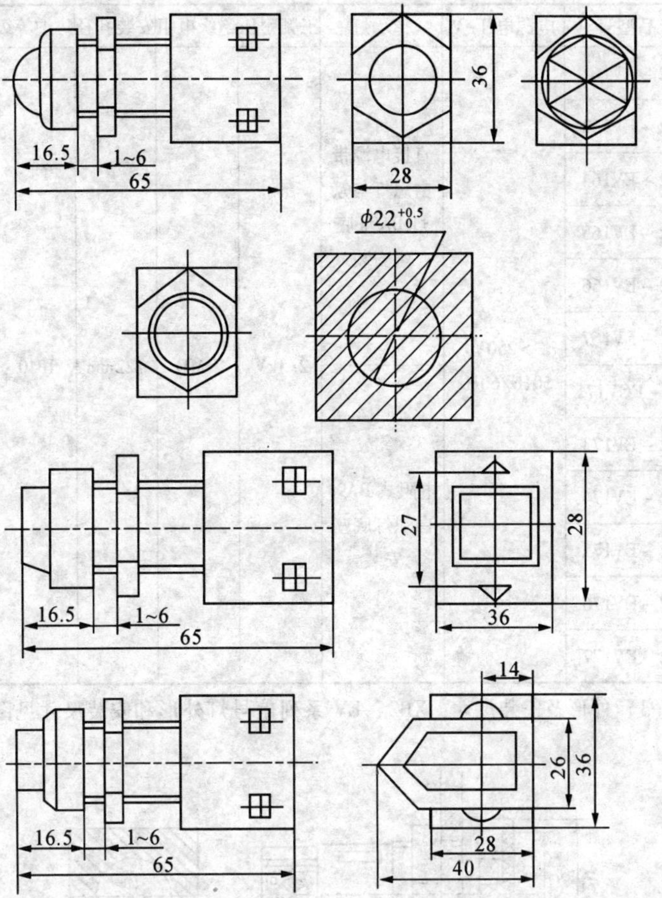

图 1－108　XDJ1 系列信号灯外形和安装尺寸

5. XB2－EV 系列信号灯

（1）适用范围：XB2－EV 系列信号灯系仿法国施耐德电气公司产品设计制造，用于交流 50Hz 或 60Hz，电压至 250V，直流电压至 220V 的电气线路中，作为各种灯光指示信号，事故信号及其他指示信号。

（2）主要技术指标见表 1－149。

表 1-149　XB2-EV 系列指示灯主要技术指标

<table>
<tr><th>产品型号</th><th>电源电压/V</th><th>指示灯</th><th>工频耐压</th><th>绝缘电阻</th><th>安装孔径</th><th>防护等级</th><th>颜色</th></tr>
<tr><td>XB2-EV161</td><td rowspan="12">>250V
50Hz/60Hz</td><td rowspan="6">直接电源带白炽灯与氖灯 BA9s 底座安装</td><td rowspan="12">2.5kV</td><td rowspan="12">2 MΩ</td><td rowspan="12">φ22mm</td><td rowspan="12">IP40</td><td>白色</td></tr>
<tr><td>XB2-EV163</td><td>绿色</td></tr>
<tr><td>XB2-EV164</td><td>红色</td></tr>
<tr><td>XB2-EV165</td><td>黄色</td></tr>
<tr><td>XB2-EV166</td><td>蓝色</td></tr>
<tr><td>XB2-EV167</td><td>无色</td></tr>
<tr><td>XB2-ECV171</td><td rowspan="6">电阻式 BA9s 白炽灯底座安装</td><td>白色</td></tr>
<tr><td>XB2-EV173</td><td>绿色</td></tr>
<tr><td>XB2-EV174</td><td>红色</td></tr>
<tr><td>XB2-EV175</td><td>黄色</td></tr>
<tr><td>XB2-EV176</td><td>蓝色</td></tr>
<tr><td>XB2-EV177</td><td>无色</td></tr>
</table>

(3) 外形及安装尺寸：XB2-EV 系列信号灯外形和安装尺寸见图 1-109。

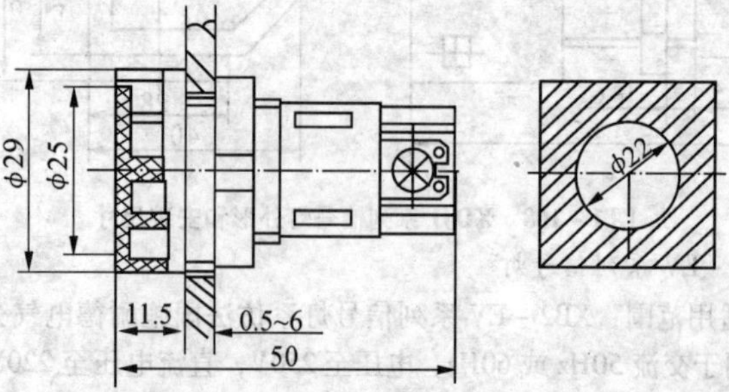

图 1-109　XB2-EV 系列信号灯外形和安装尺寸

1.9.5 行程开关

1. 适用范围

(1) X2 、LXK3 系列行程开关适用于交流 50Hz，电压至 380V，电流至 400A 的电力线路中，作限制 0.5～100t，用于钢丝绳式电动葫芦作上升下降机械的限位保护之用。

(2) JLXK1 系列行程开关具有瞬时换接动作机构。适用于交流 50Hz，电压至 380V 及直流电压至 220V 的电路中，作机床自动控制，限制运动机构动作以及程序控制用。

(3) JW2、JW2A 适用于交流 50 Hz，电压至 380V 及直流电压至 220V 的控制电路中，作控制运动机构之行程或变换其运动方向或速度之用。

(4) LXP1（3SE3）系列行程开关系引进德国西门子公司产品，适用于交流 50～60Hz，交流电压至 500V，直流电压至 600V，电流至 10A 的控制电路中，将机械信号变为电信号，用来控制运动机械的行程及速度或作程序控制之用。

(5) LX028、029 系列行程开关适用于交流 50Hz，电压 380V 的控制电路中，作为线路中快速断路和电路转换之用。

(6) LX1 系列行程开关适用于交流 50Hz，电压 380V 至 220V 的控制电路中，作为控制速度不小于 0.1m/min 的运动机构之行程或变换其运动方向以及速度之用。

2. 常用行程开关型号及主要技术参数

常用行程开关型号及主要技术参数见表 1－150。

表 1－150　常用行程开关型号及主要技术参数

型号	约定发热电流/A	额定工作电压/V	额定控制容量	触头对数	动作力/N	动作行程/mm	超行程/mm	结构型式
LX1－11K	5	AC380 DC220	AC300VA DC60W	1a1b	≤30	7±2	≥1mm	元件
LX1－11H								柱塞式
LX2－111	5	AC380 DC220	AC300VA DC60W	1a1b	≤40	30°±2°	≥3°	一个滚轮装在“一”字形推杆内侧
LX2－121								一个滚轮装在“一”字形推杆凹槽内
LX2－131								一个滚轮装在“一”字形推杆外侧
LX2－212								两个滚轮装在“人”字形推杆内侧
LX2－222								一个滚轮装在“一”字形内侧和外侧
LX2－232								两个滚轮装在“一”字形推杆内侧
LX2－11K								元件
LX2－11H								柱塞式
LX3－11K	5	AC380 DC220	AC300VA DC60W	1a1b	≤40	7.5±1	≥3°	开启式
LX3－11H						7±1		防护式
LX4－$\frac{11}{22}$	10	AC380 DC220	AC1000VA DC180W	—	-			带有滚子的单臂操动
LX4－$\frac{21}{22}$								带有滚子的叉形臂操动 2 个转位装置
LX4－$\frac{31}{32}$								带有平衡重锤和荷重杠杆操动
LX4－$\frac{41}{42}$								用三叉形臂操动 3 个转位装置
LX4－62								带有滚子的双臂操动 2 个转位装置

续表

型号	约定发热电流/A	额定工作电压/V	额定控制容量	触头对数	动作力/N	动作行程/mm	超行程/mm	结构型式
LX5－11	20	AC380 DC220	AC100VA DC30W	1a1b	≤6.86	≤0.9	≥0.2	小柱塞式
LX5－11D						≤2	≥1.5	高钮式
LX5－11H						≤2	≥3.5	缓冲弹簧式
LX5－11G					≤3	≤2	≥1.0	G1 表示短杠杆,G2 长杠杆传动式
LX5－11N1					≤3	≤2	≥1.5	二节滚轮短杠杆式
LX5－11N2					≤2.5	≤2	≥1.5	二节滚轮长杆式
LX5－11Q/1					≤3	≤2	≥2.5	防护式
LX6－11Q	20	AC380 DC220	AC1000VA DC180W	1a1b	—			防尘
LX6－11CP								长臂
LX7－1	20	AC380 DC220	AC1500VA DC120W	—	传动比 1:50、1:100,闭合电路 100A			1 回路
LX7－2								2 回路
LX8－1	20	AC380 DC440	AC1000VA DC200W	—	触头为单极、瞬时断开,线圈的长期容许电流为 1A、5A、10A、14A、20A			带磁吹灭弧和紫铜触头
LX8－2								带磁吹灭弧和紫铜触头和有弹簧机构
LX8－3								带磁吹灭弧和银触头
LX8－4								不带磁吹灭弧和银触头
LX8－5								不带磁吹灭弧,紫铜触头,导线从前或后引出
LX8－6								不带磁吹灭弧和银触头,导线从后引出
LX8－7								不带磁吹灭弧和银触头,导线从后引出和有弹簧返回机构

续表

型号	约定发热电流/A	额定工作电压/V	额定控制容量	触头对数	动作力/N	动作行程/mm	超行程/mm	结构型式
LX10 - 11/12	10	AC380 DC220	AC1000VA DC200W		速度 150m/min			单滚轮尺杆操动臂
LX10 - 21/22					速度 100m/min			双滚轮叉形杆操动臂
LX10 - 31/32					速度 25m/min			重锤式荷重杠杆操动臂
LX10 - 41/42					速度 100m/min			三叉形操动臂
LX10 - 51/52					速度 50m/min			带滚轮重锤式操动臂
LX10 - 61/62					速度 300m/min			外壳两侧各有一个滚子操动臂
LX12 - 1	3	AC500 DC250	AC100VA	—	≤9. 8	≤4	≥1mm	1 回路
LX12 - 1								2 回路
LX19K	5	AC380 DC220	AC200VA DC50W	1a1b	≤10	1. 5—3. 5	≥0. 5mm	元件，开启式
LX19 - 001					≤15	1. 5—4	≥0. 5	无滚轮，仅用传动杆能自动复位
LX19 - 111					≤20	≤30°	~20°	单轮，滚动装在传动杆内侧，能自动复位
LX19 - 121					≤20	≤30°	~20°	单轮，滚动装在传动杆内侧，不能自动复位
LX19 - 131					≤20	≤30°	~20°	单轮，滚轮装在传动杆凹槽内，不能自动复位
LX19 - 212					≤20	≤60°	~15°	双轮，滚动装在"U"形传动杆外侧，不能自动复位
LX19 - 222					≤20	≤60°	~15°	双轮，滚动装在"U"形传动杆外侧，不能自动复位
LX19 - 232					≤20	≤60°	~15°	双轮，滚动装在"U"形凹槽内或内外各一个，不能自动复位
LX20 - J	2. 5	AC380 DC220	AC100VA DC30W	—	速比系列:1∶5；1∶10；1∶25；1∶100；1∶200			用于控制电动机的起动，停止或换向，主要用于大型闸阀开度调节及限位

续表

型号	约定发热电流/A	额定工作电压/V	额定控制容量	触头对数	动作力/N	动作行程/mm	超行程/mm	结构型式
LX21－212	5	AC380 DC220	AC200VA DC50W	—	≤19.6	≥8°	—	双轮，两滚动装在同一侧
LX21－222								双轮，两滚动装在不同侧
LX22－1	20	AC380 DC220	AC500VA DC120W	LX22系列行程开关是一种新产品，可取代老产品LX－4系列限位开关				单臂带滚轮操作自复位
LX22－2								双滚轮叉型操作，两个转换位置
LX22－3								重锤式
LX22－4								三叉操作，三个转换位置
LX22－6								双臂操作，两个转换位置
LX23－122	5	AC380 DC220	AC200VA DC50W	2a2b	≤14.7	12°～18°	—	单轮式，防水型加S
LX23－322						1～2.5mm	≥1.5	推杆式，防水型加S
LX23－422							≥1.5	滚动推杆式，防水型加S
LX25－111	5	AC380 DC220	AC200VA DC50W	1a1b	—	12°～18°	—	单轮式，安装同一侧，自动复位式
LX25－211						1～2mm	≥2.5	双轮式，安装同一侧，自动复位式
LX25－311								推杆式，安装同一侧，自动复位式
LX25－411								滚动推杆式，安装同一侧，自动复位式
LX25－511						7°～11°	—	卷簧式，安装同一侧，自动复位式
LX29－1	5	AC380 DC220	AC300VA DC10W	1a1b	≤400	≤0.5	≥0.2	元件，侧面安装
LX29－1H					≤400	≤0.7	≥1.5	有缓冲装置，侧面安装

续表

型号	约定发热电流/A	额定工作电压/V	额定控制容量	触头对数	动作力/N	动作行程/mm	超行程/mm	结构型式
LX29 - 2Q、S	5	AC380 DC220	AC300VA DC10W	1a1b	≤800	≤2	≥8	2 为单臂滚轮,Q 为防护式,S 为防水式
LX29 - 3Q、S					≤800	≤2	≥8	3 为双臂滚轮,Q 为防护式,S 为防水式
LX29 - 4Q、S					≤400	≤1	≥4.5	4 为直杆型, Q 为防护式,S 为防水式
LX29 - 5Q、S					≤400	≤1	≥4.5	5 为直杆滚轮型,Q 为防护式,S 为防水式
LX29 - 6/1					≤200	≤3	≥8	摇板型,1 为接线板引线,2 为短式
LX29 - 7/3					≤200	≤3	≥8	摇板滚轮型,3 为长式
LX32 - 1	6	AC380 DC220	AC300VA DC10W		≤9.8	≤2	≥3	
LX32 - 2					≤9.8	≤2	≥3	
LX32 - 3					≤6.9	≤4	≥5	
LX33 - 1	10	AC380 DC220	AC300VA DC10W	—	最高速度 200m/min			杆式操作臂,自动复位式
LX33 - 2					最高速度 100m/min			叉式操作臂,非自动复位式
LX33 - 3					最高速度 80m/min			重锤式
LX33 - 4					最高速度不限			旋转式
LX44 - 3	3	AC380 DC220	1 500W	—	≤15	≤8	≥1	双称断火限位器,应用于 0.5 ~ 10t 的 CD1、MD1 型一般钢丝绳式电动葫芦作升降运动的限位保护,可直接分断主电路
LX44 - 10	10		4 500W		≤30	≤8	≥3	
LX44 - 20	20		7 500W		≤50	≤10	≥3	
LX44 - 40	40		13 000W		≤100	≤14	≥3	

续表

型号	约定发热电流/A	额定工作电压/V	额定控制容量	触头对数	动作力/N	动作行程/mm	超行程/mm	结构型式
X2	2	AC380 DC220	—	2a2b	≤15	≤8	≥9mm	直动杆式
X2 - N					≤15	≤7	≥8mm	转动滚轮
LX -028	3	AC380	100VA	1a1b	0.8 ~1.4	≤3.5	≥1mm	杠杆上带有滚轮,带 A 表示的换间时间
LX -029					0.2 ~0.4	≤5	≥0.8mm	杠杆上不带滚轮,带 A 表示的换间时间
LXK3 -20K	10	AC380 DC220	AC300VA DC30W	2a	≤30	≤2.2	≤6mm	无保护外壳,开启式
LXK3 -20S					—	—	—	竖型保护外壳,底部有一个出线
LXK3 -20H								横型保护外壳,底部和两侧各一出线孔
JLXK1 -111	5	AC380 DC220	AC200VA DC30W	1a1b	≤10	≤20°	≥30°	单轮
JLXK1 -211					≤15	≤45°	≥30°	双轮
JLXK1 -311					≤20	1 ~3	≥2mm	直动不带轮
JLXK1 -411					≤20	1 ~3	≥2mm	直动带轮
JLXK1 -511					≤1.5	≤25	—	万向型
JW2 -11	3	AC220 DC110	AC100VA DC10W	1a1b	2 ~5	1 ~3	≥0.5mm	开启型
JW2 -11B					5 ~9	2 ~5	≥2mm	简易保护型
JW2 -11H					≤10	≤5	≥2mm	保护型
JW2 -11Z					5 ~9	2 ~5	≥2mm	组合型
LXP1 -000	10	AC380 DC220	AC300VA DC60W	1a2b 2a1b	—	—	—	二极,有尾顶杆,开启式
LXP1 -003								三极,有开启式和防护式
LXP1 -004								四极防护式

3. 常用行程开关型号外形及安装尺寸

下面列出了 LX1、LX2、LX3、LX4、LX5、LX6、LX7、LX8、LX10、LX12、LX19、LX20、LX21、LX22、LX23、LX25、LX29、LX33、LX44 各系列常用行程开关型号外形及安装尺寸（见图 1－110）。

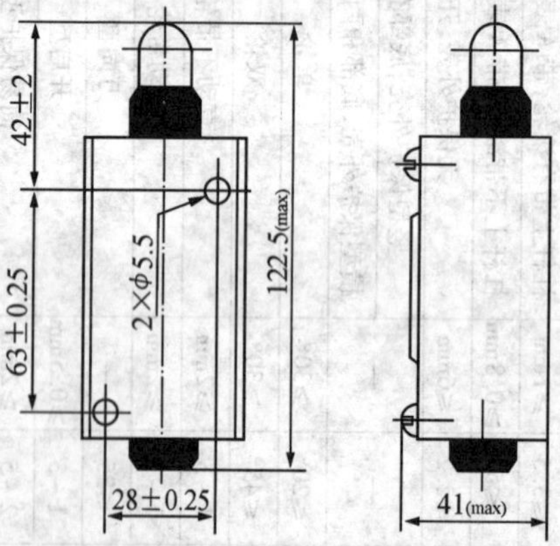

①LX1－11H 外形及安装尺寸

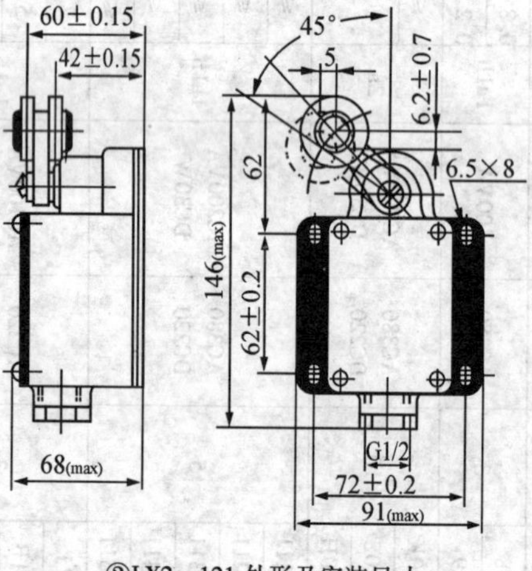

②LX2－121 外形及安装尺寸

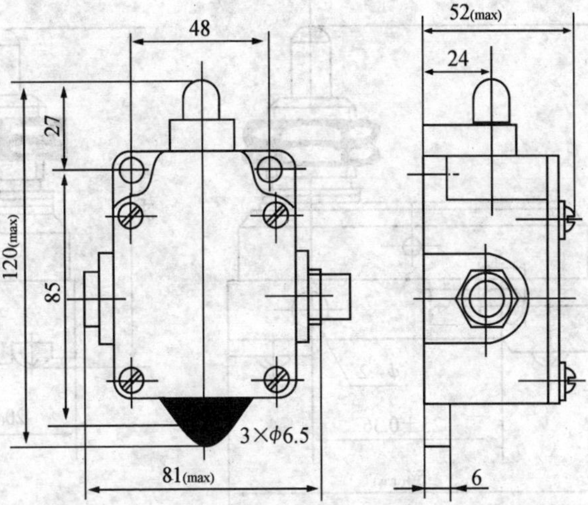

③LX3－11 外形及安装尺寸

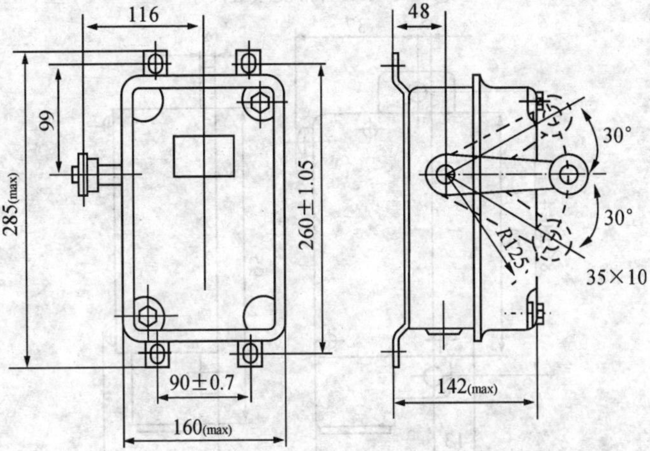

④LX4－11、12 外形及安装尺寸

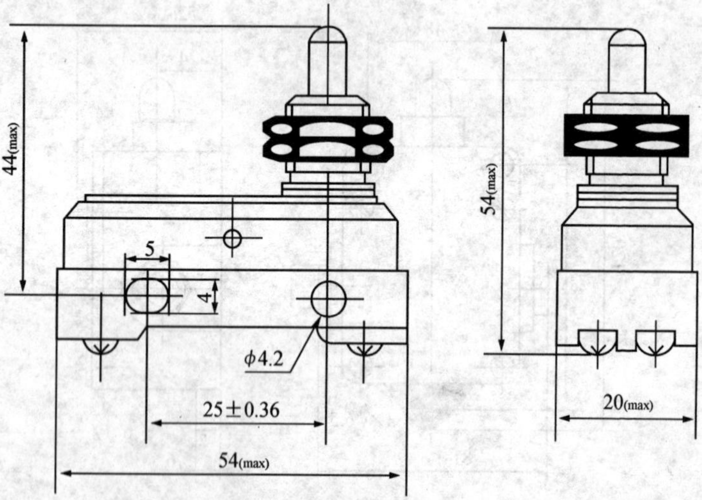

⑤LX5－11H 外形及 安装尺寸

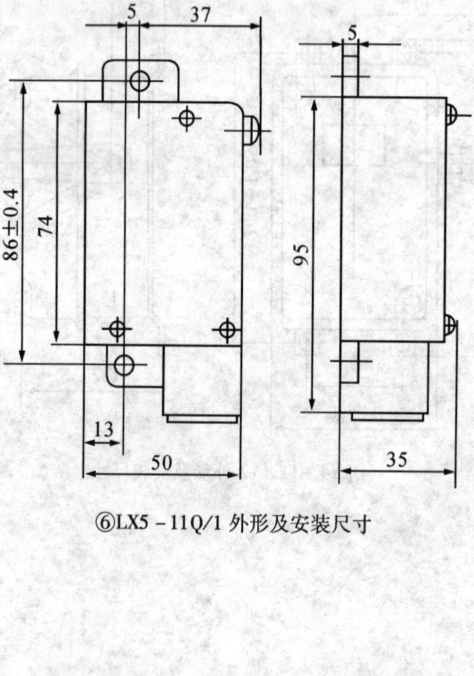

⑥LX5－11Q/1 外形及安装尺寸

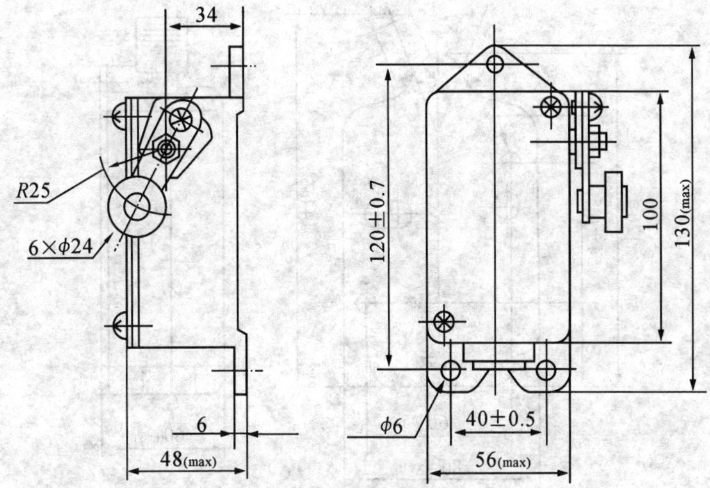

⑦LX6－11 外形及安装尺寸

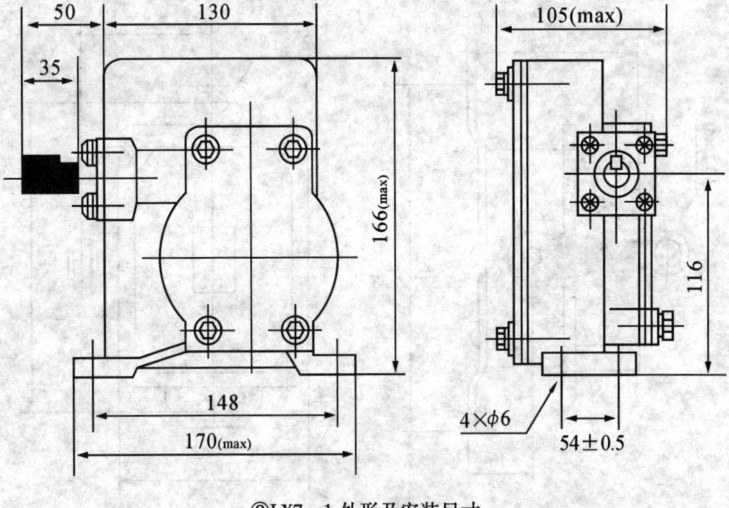

⑧LX7－1 外形及安装尺寸

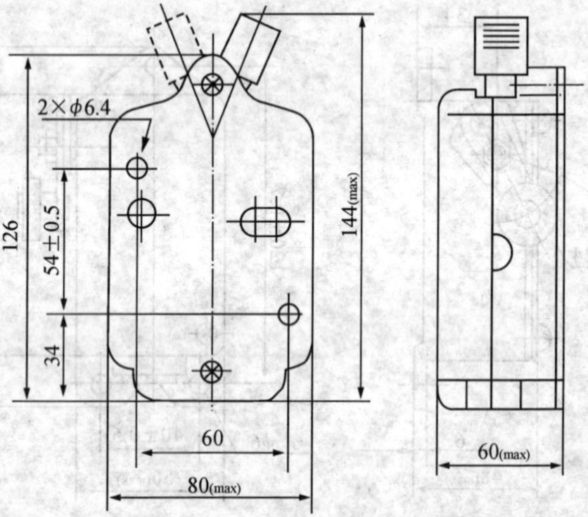

⑨LX8－1、2、3、4、5、6 外形及安装尺寸

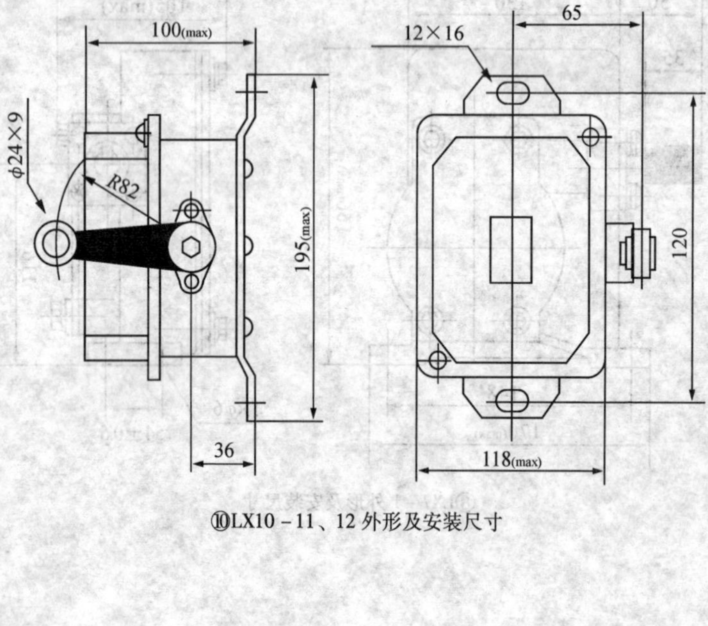

⑩LX10－11、12 外形及安装尺寸

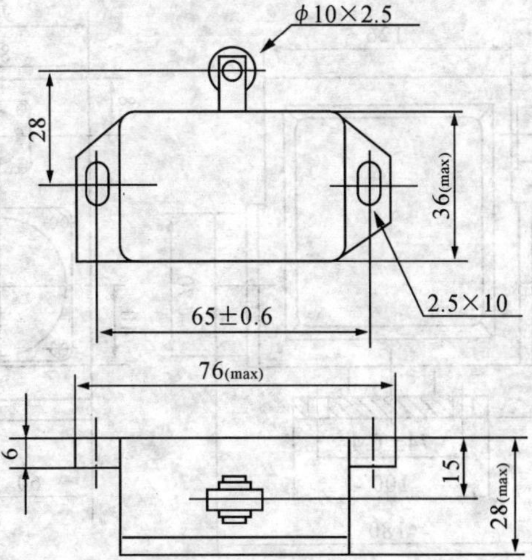

⑪LX2－2 外形及安装尺寸

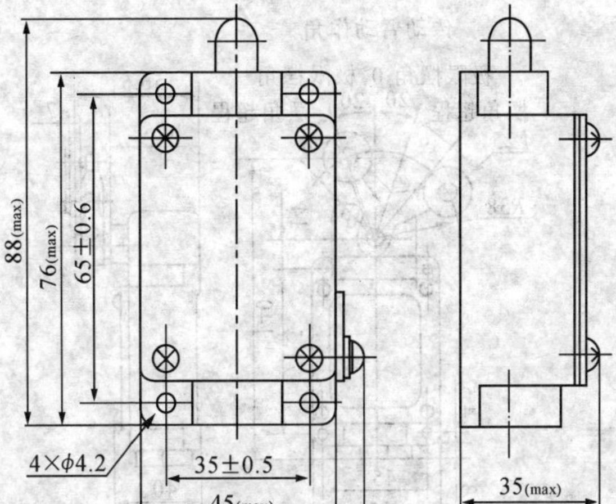

⑫LX9－001 外形及安装尺寸

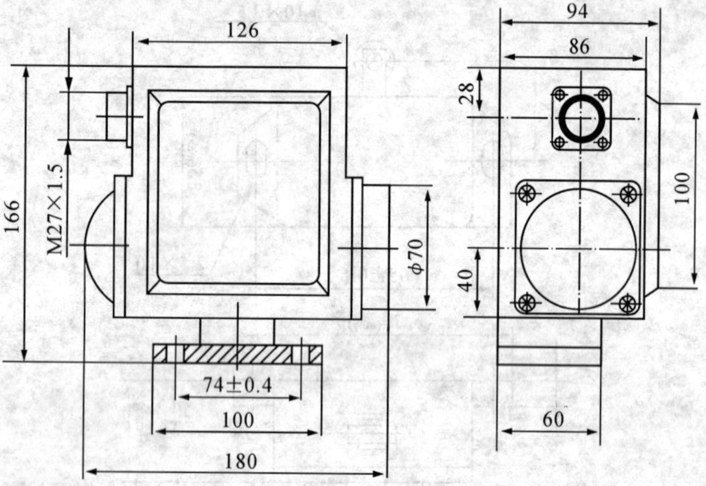

⑬LX20－J 外形及安装尺寸

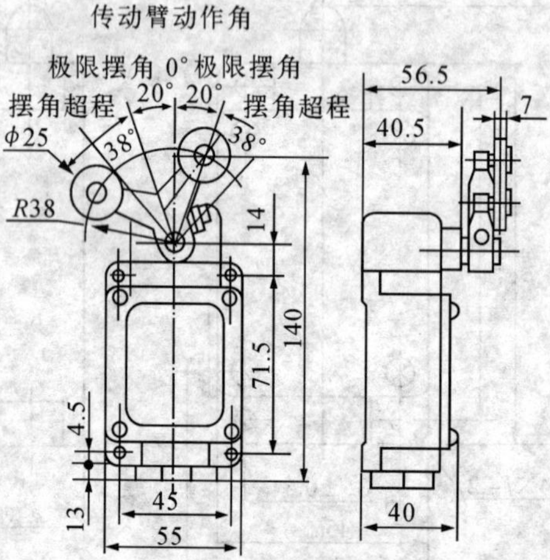

⑭LX21－12 外形及安装尺寸

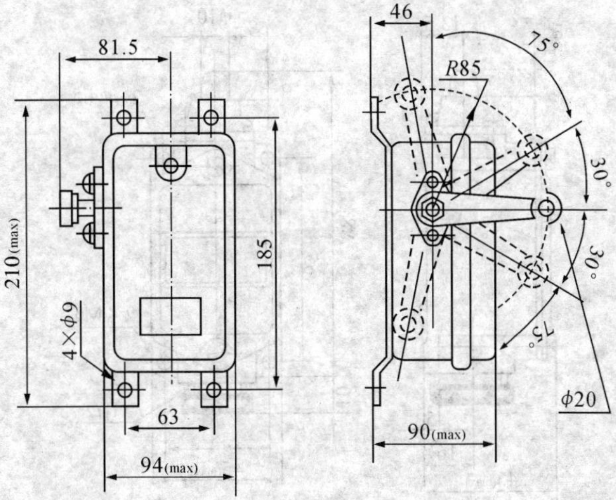

⑮LX22－1 外形及安装尺寸

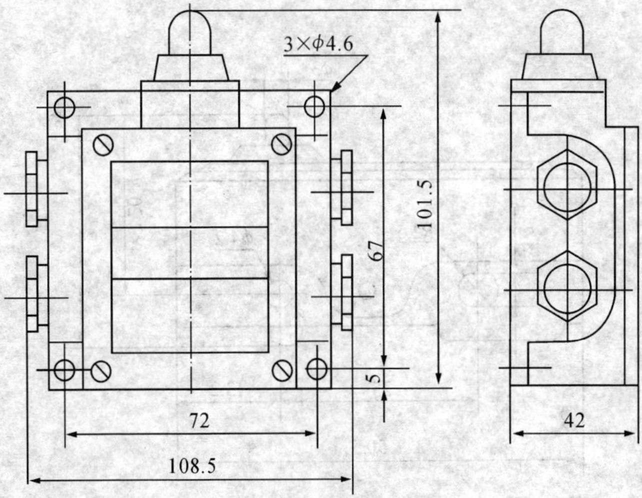

⑯LX23－12 外形及安装尺寸

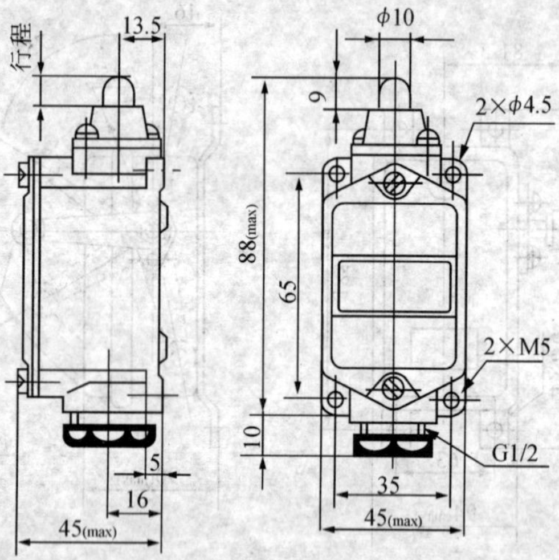

⑰LX25－311 外形及安装尺寸

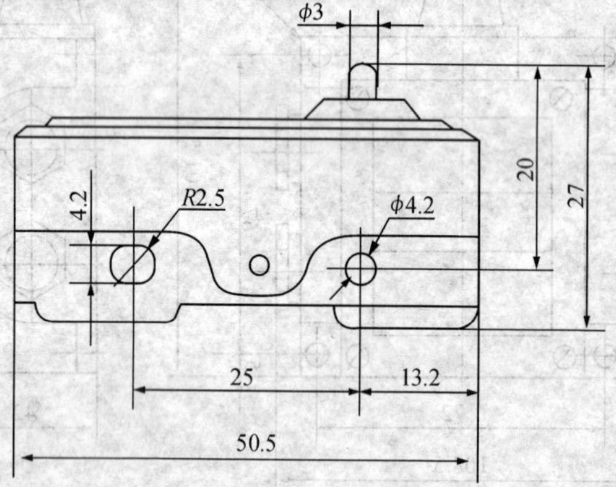

⑱LX29－1 外形及安装尺寸

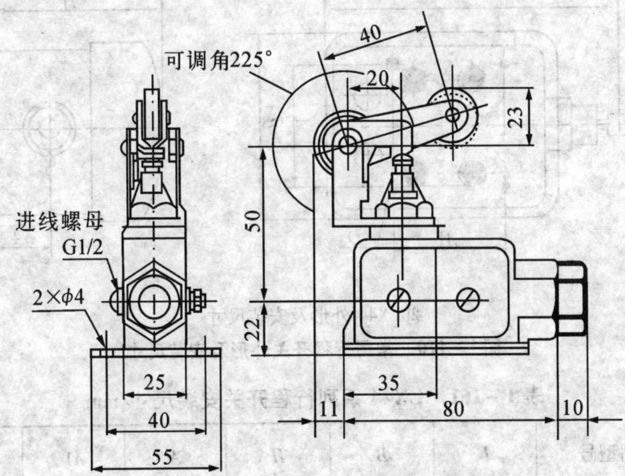

⑲LX29－2Q/4H 外形及安装尺寸

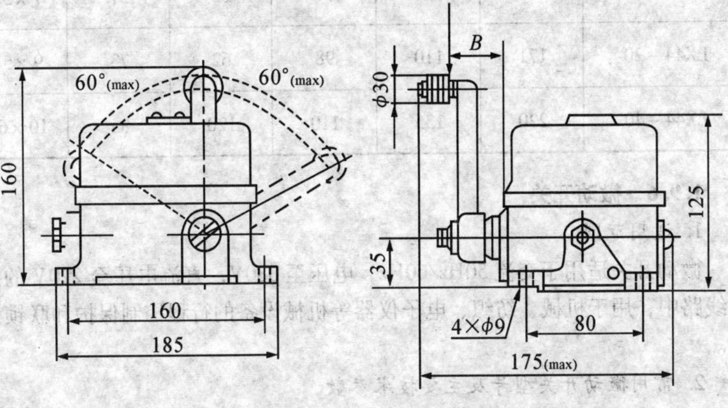

⑳LX33－11、12 外形及安装尺寸

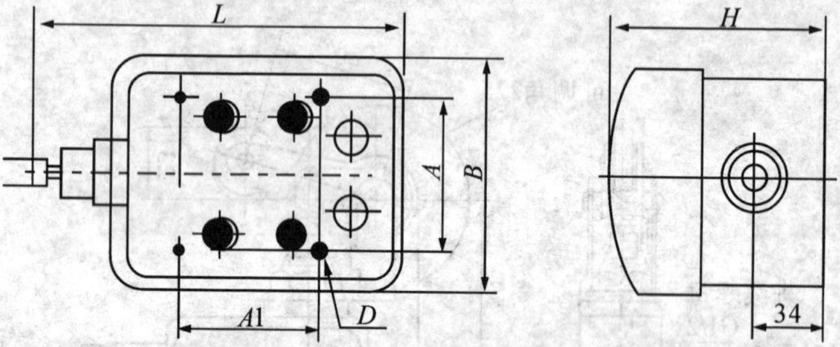

㉑LX44 外形及安装尺寸

图 1－110　常用行程开关外形及安装尺寸

表 1－151　LX44 系列行程开关安装尺寸/mm

产品型号	L	B	H	A	A1	D
LX44－10	150	92	77	62	57	7×5
LX44－20	171	110	98	62	73	9×5
LX44－40	220	135	110	120	85	10×6

1.9.6　微动开关

1. 适用范围

微动开关适用于交流 50Hz/60Hz，电压至 380V，直流电压至 220V 的控制线路中，用于机械、纺织、电子仪器等机械设备的行程控制保护和联锁之用。

2. 常用微动开关型号及主要技术参数

常用微动开关型号及主要技术参数见表 1－152。

表 1－152　常用微动开关型号及主要技术参数

产品型号	约定发热电流/A	额定工作电压/V	额定控制容量	触头对数	动作力/N	动作行程/mm	超行程/mm	结构型式
LXW2－11	5	AC380 DC220	AC100VA DC30W	1a1b	≤49	1.8	≥0.2	控制行程，限位保护用
LXW5－11Z	10	AC380 DC220	AC100VA DC10W	1a1b	≤0.8	≤1.0		推杆柱塞式
LXW5－11D					≤3.8			短弹簧柱塞式
LXW5－11M					≤3.8			面板安装柱塞式
LXW5－11Q1					≤3.8			面板安装滚轮柱塞式
LXW5－11Q2					≤3.8			面板安装十字形滚轮柱塞式
LXW5－11N1					≤0.8	2～4		铰链杠杆式
LXW5－11N2					≤1.0	3～5		铰链短杠杆式
LXW5－11G1					≤0.8	≤3.0		铰链滚轮杠杆式
LXW5－11G2					≤1.6	2～4		铰链滚轮短杠杆式
LXW5－11G3					≤0.9	3～6		铰链滚轮中杠杆式
LXW6－11	3	AC380 DC220	AC100VA DC30W	1a1b	≤6	≤1.6	≥2	基型
LXW6－11CA					≤5		≥3	长按钮传动
LXW6－11DA					≤5		≥3	短按钮传动
LXW6－11CG					≤1.7		≥10	长杠杆传动
LXW6－11DG					≤2.6		≥5	短杠杆传动
LXW6－11CL					≤2.6		≥5	长杠杆带滚轮型
LXW6－11DL					≤3		≥8	短杠杆带滚轮型

续表

产品型号	约定发热电流/A	额定工作电压/V	额定控制容量	触头对数	动作力/N	动作行程/mm	超行程/mm	结构型式
LXW6－11DCL	3	AC380 DC220	AC100VA DC30W	1a1b	≤5		≥2	单向长杠杆带滚轮型
LXW6－11DDL					≤5		≥2	单向短杠杆带滚轮型
LXW6－11BZ					≤6		≥5	带安装螺母长滚轮型
LXW6－11ZL					≤6		≥5	带安装螺母纵滚轮型
LXW6－11HL					≤6		≥5	带安装螺母横滚轮型
LXW18－11A	5	AC380 DC250	AC720VA DC138W	1a1b	≤1.6	≤5	≥2	短杠杆型
LXW18－11B					≤1.6	≤3.1	≥2.4	短滚轮型
LXW18－11C					≤0.7	≤9	≥5	长杠杆型
LXW18－11D					≤1	≤1	≥4	长滚轮型
LXW18－11E					≤1	≤5	≥4	R 型杠杆
LXW18－11Z					≤3.5	≤0.4	≥5.5	直动型
LXW18－11G					≤0.04	≤12	≥6	直型钢丝
LXW8 (831330)	20	AC380 DC220	AC100VA DC44W	1a1b	≤4.5	≤12	≥0.8	有铰链杠杆 铰链滚轮杠杆 焊接型 接插型等
LXW9 (831060)	17.5				≤5	≤1.5	≥0.8	
LXW10 (831600)	8.5				≤2	≤2	≥0.2	
LXW11 (831180)	1				≤2.7	≤2.7	≥0.2	
ZC－D55	10	AC250 DC250 DC125 DC30	AC100VA DC30W	1a1b	≤12	≤1.5	≥2.4	
ZC－Q55					≤12	≤1.5	≥3	
ZC－Q2255					≤12	≤1.5	≥3	
ZC－N2255					≤7	≤1.5	≥2.5	

3. 外形及安装尺寸

外形及安装尺寸见图 1－111 和表 1－152。

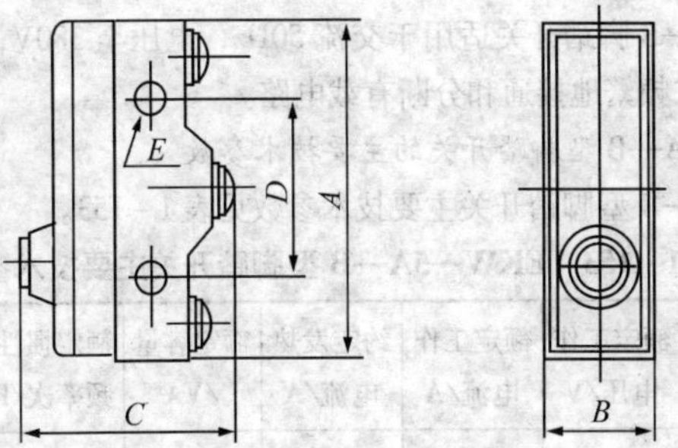

图 1－111　常用微动开关外形和安装尺寸

表 1－152　常用微动开关外形和安装尺寸/mm

产品型号	*A*	*B*	*C*	*D*	*E*
LXW2－11	33	27	19	11	ϕ3.5
LXW5－11Z（11D）	50	18	31（36）	25.5	ϕ4
LXW5－11M（11Q）			54（65）		
LXW5－11N2			38（52）		
LXW5－11G2			49（52）		
LXW6－11	74	23	46	25	ϕ4
LXW6－11CA（DA）	74		62（74）		
LXW6－11CG（DG）	76		56（59）		
LXW6－11CL（DL）	76		70（73）		
LXW6－11CDL（DDL）	76		80（83）		
LXW6－11BZ/ZL/HL	74		75/90/90		
LXW18－11A（11B）	49.2	17.5	42（53）	25.5	ϕ4.2
LXW18－11C（11D）			51（56）		
LXW18－11E/11Z/11G			45/53/79		
ZC－D55（Q55）	87.5	21.5	52（58）	25.5	ϕ4.3
ZC－D2255（N2255）			57		

1.9.7 脚踏开关

1. EKW—5A—B 型脚踏开关适用范围

EKW—5A—B 脚踏开关适用于交流 50Hz，电压至 380V，直流电压 220V 的电路中，用来频繁地接通和分断有载电路。

2. EKW—5A—B 型脚踏开关的主要技术参数

EKW—5A—B 型脚踏开关主要技术参数见表 1 - 153。

表 1 - 153　EKW—5A—B 型脚踏开关主要技术参数

电流种类	额定绝缘电压/V	额定工作电压/V	额定工作电流/A	约定发热电流/A	额定容量/VA	额定惯性频率次/h	动作行程/mm	动作力/N
AC	380	380	0.8	5	300	120	8 ± 2	≤30
DC		220	0.1					

3. EKW—5A—B 型脚踏开关的外形及安装尺寸

EKW—5A—B 型脚踏开关的外形及安装尺寸见图 1 - 112。

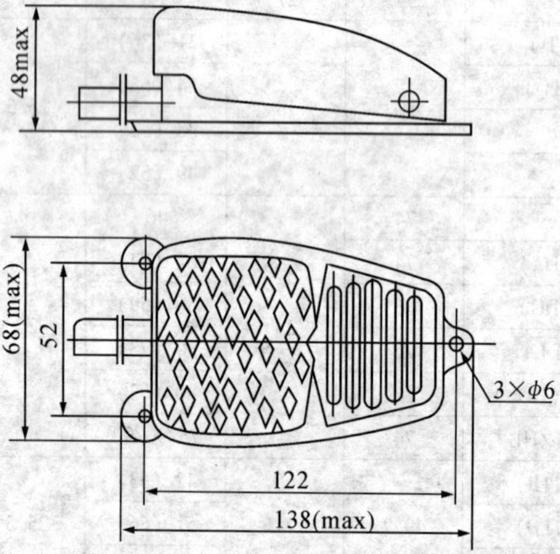

图 1 - 112　EKW—5A—B 型脚踏开关外形及安装尺寸

1.10 接近开关

1.10.1 接近开关的特点、种类、选用和安装

1. 性能特点

在各类开关中，有一种对接近它物件有“感知”能力的元件——位移传感器。利用位移传感器对接近物体的敏感特性达到控制开关通或断的目的，这就是接近开关。

（1）检出距离：当有物体移向接近开关，并接近到一定距离时，位移传感器才有“感知”，开关才会动作。通常把这个距离叫检出距离。不同的接近开关检出距离也不同。

（2）响应频率：有时被检测验物体是按一定的时间间隔，一个接一个地移向接近开关，又一个一个地离开，这样不断地重复。不同的接近开关，对检测对象的响应能力是不同的。这种响应特性被称为响应频率。

2. 种类

因为位移传感器可以根据不同的原理和不同的方法做成，而不同的位移传感器对物体的“感知”方法也不同，所以常见的接近开关有以下几种：

（1）电感式接近开关：是利用导电物体在接近这个能产生电磁场的接近开关时，使物体内部产生涡流。这个涡流反作用到接近开关，使开关内部电路参数发生变化，由此识别出有无导电物体移近，进而控制开关的通或断。这种接近开关所能检测的物体必须是导电体。

（2）电容式接近开关：这种开关的测量通常是构成电容器的一个极板，而另一个极板是开关的外壳。这个外壳在测量过程中通常是接地或与设备的机壳相连接。当有物体移向接近开关时，不论它是否为导体，由于它的接近，总要使电容的介电常数发生变化，从而使电容量发生变化，使得和测量头相连的电路状态也随之发生变化，由此便可控制开关的接通或断开。这种接近开关检测的对象，不限于导体，可以是绝缘的液体或粉状物等。

（3）霍尔接近开关：霍尔元件是一种磁敏元件。利用霍尔元件做成的开关，叫做霍尔开关。当磁性物件移近霍尔开关时，开关检测面上的霍尔元件因产生霍尔效应而使开关内部电路状态发生变化，由此识别附近有磁性物体

存在，进而控制开关的通或断。这种接近开关的检测对象必须是磁性物体。

（4）光电式接近开关：利用光电效应做成的开关叫光电开关。将发光器件与光电器件按一定方向装在同一个检测头内。当有反光面（被检测物体）接近时，光电器件接收到反射光后便在信号输出，由此便可“感知”有物体接近。

（5）热释电式接近开关：用能感知温度变化的元件做成的开关叫热释电式接近开关。这种开关是将热释电器件安装在开关的检测面上，当有与环境温度不同的物体接近时，热释电器件的输出发生变化，由此便可检测出有物体接近。

（6）其他型式的接近开关：当观察者或系统对波源的距离发生改变时，接近到波的频率会发生偏移，这种现象称为多普勒效应。声纳和雷达就是利用这个效应的原理制成的。利用多普勒效应可制成超声波接近开关、微波接近开关等。当有物体移近时，接近开关接收到的反射信号会产生多普勒频移，由此可以识别出有无物体接近。

3. 主要用途

接近开关在航空、航空、航天技术以及工业生产中都有广泛的应用。在日常生活中，如宾馆、饭店、车库的自动门、自动热风机上都有应用。在安全防盗方面，如资料档案、财会、金融、博物馆、金库等重地，通常都装有由各种接近开关组成的防盗装置。在测量技术中，如长度，位置的测量；在控制技术中，如位移、速度、加速度的测量和控制，也都使用着大量的接近开关。

4. 输出形式及接线图

（1）接近开关一般输出形式有：

①直流 NPN 三线常开，直流 NPN 三线常闭。

②直流 PNP 三线常开，直流 PNP 三线常闭。

③直流二线常开，直流二线常闭。

④交流二线常开，交流二线常闭。

（2）接近开关一般接线图见图 1－113。

5. 接近开关的正确使用和安装

（1）螺纹式接近开关的安装：安装时不可用过大力矩紧固，紧固时请务必采用有齿垫圈，见图 1－114。

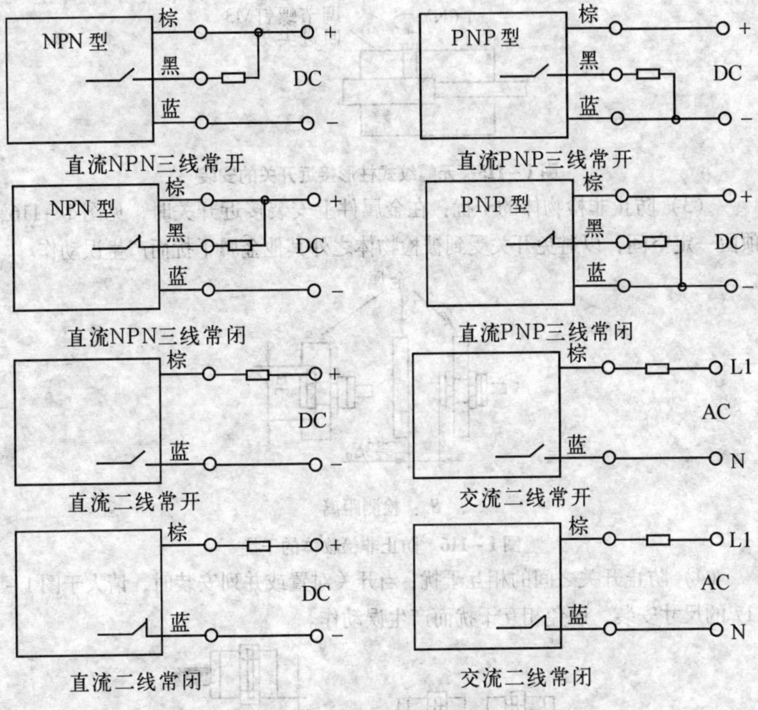

图 1-113　接近开关一般接线图

图 1-114　螺纹式接近开关的安装

（2）无螺纹式柱形接近开关的安装：安装采用调节螺丝时，紧固力矩请用 1.96N·m 或 3.92N·m 以下，见图 1-115。

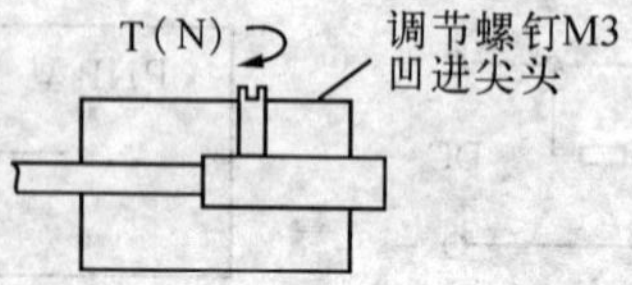

图 1-115　无螺纹式柱形接近开关的安装

(3) 防止非检物体的干扰：在金属件上安装接近开关时，见图 1-116，预留一定空间，以避免开关受到被检物体之外其他金属干扰而产生误动作。

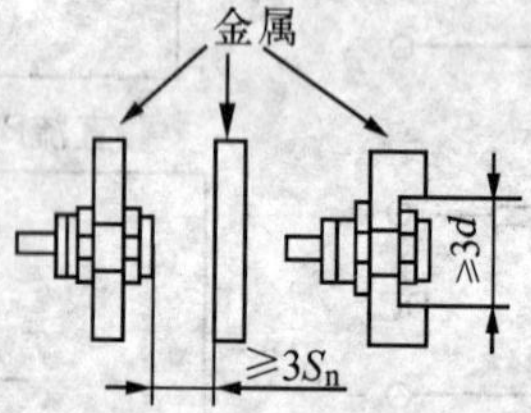

S_n：检测距离

图 1-116　防止非检物体的干扰

(4) 防止开关之间的相互干扰：当开关对置或并列安装时，请大于图 1-117 的尺寸安装，以免相互干扰而产生误动作。

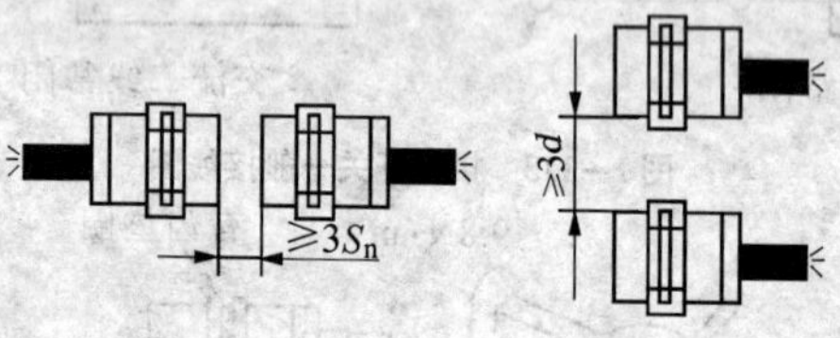

S_n：检测距离　　　　d：感应面直径

图 1-117　防止开关之间的相互干扰

(5) 开关可通过微调电位器调节动作距（灵敏度）：顺时针动作距离增大（灵敏度减低），逆时针反之，切忌在动作距离最大临界状态下使用。见图 1-118。

(6) 开关引线的防护：安装开关时，请将离开关 10cm 左右引线位置用线夹固定，防止开关引线受外力的作用而损坏。见图 1-119。

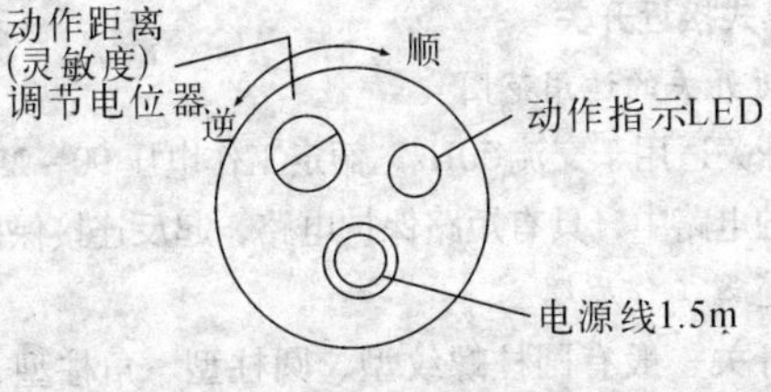

图 1－118　开关可通过微调电位器调节动作距（灵敏度）

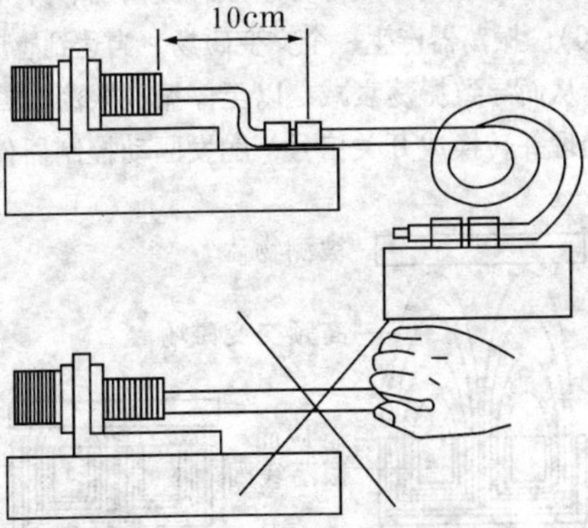

图 1－119　开关引线的防护

6. 选用注意事项

无论选用哪种接近开关，都应注意对工作电压、负载电流、响应频率、检测距离等各项指标的要求。在一般的工业生产场所，通常都选用涡流式接近开关和电容式接近开关，因为这两种接近开关对环境的要求条件较低。安装时应考虑环境因素的影响。若被测物为导磁材料或者为了区别和它在一同运动的物体而把磁钢埋在被测物体内时，应选用霍尔接近开关，它的价格最低。在环境条件比较好、无粉尘污染的场合，可采用光电接近开关。光电接近开关工作时对被测对象几乎无任何影响。因此，在要求较高的传真机上，在烟草机械上都被广泛地使用。在防盗系统中，自动门通常使用热释电接近开关、超声波接近开关、微波接近开关。有时为了提高识别的可靠性，上述几种接近开关往往被复合使用。

1.10.2　电感式接近开关

1. 电感式接近开关的适用范围

电感式接近开关适用于交流50Hz，额定工作电压90~250V，直流额定工作电压10~30V的电路中，具有短路保护电路，起反连接保护电路之用。

2. 电感式传感器工作原理

电感式接近开关一般有圆柱螺纹型、圆柱型、角柱型、方型、扁平型、槽型等类型。电感式传感器由三大部分组成：振荡器、开关电路及放大输出电路（见图1-120）。振荡器产生一个交变磁场，当达到感应距离时，在金属目标内产生涡流，从而导致振荡衰减，以至停振。振荡器振荡及停振的变化被后级放大电路处理并转换成开关信号，触发驱动控制器件，从而达到非接触式检测的目的。

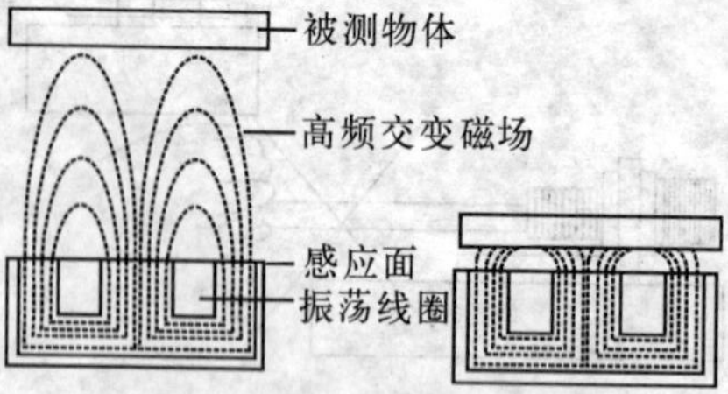

图1-120　电感式传感器工作原理

3. 电感式接近开关的常用型号及主要技术参数

电感式接近开关的主要技术参数见表1-154。

表1-154　电感式接近开关的主要技术参数

工作电压	DC：10~30V；AC：90~250V
残留电压	DC三线式：≤1.5V DC二线式：≤5V AC二线式：≤7V
负载电流	DC三线式：0~300mA DC二线式：2~200mA AC二线式：5~500mA
静态电流	DC三线式<16mA；DC二线式：<1mA AC二线式：<2mA
控制输出	阻性负载200mA，感性负载100mA
温度影响	在-25℃到+70℃范围内，对在+25℃时的检测距离是在30%以下
绝缘电阻	≥50 MΩ/min
重复精度	<2%

4. 电感式接近开关的外形及安装尺寸

(1) 圆柱螺纹型系列电感式接近开关的外形尺寸见图1-121和表1-155。

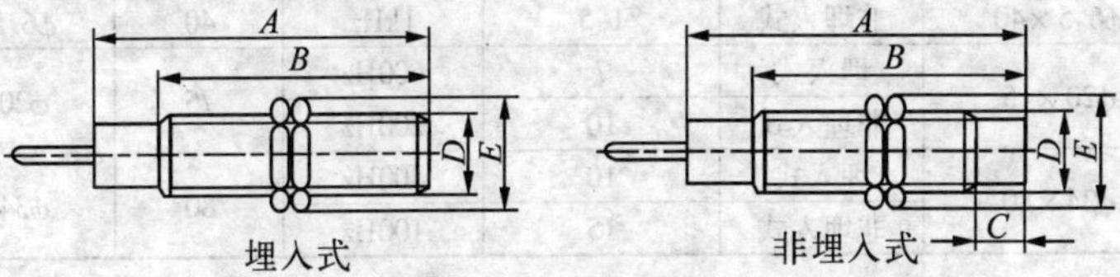

图1-121 圆柱螺纹型系列外形尺寸

表1-155 圆柱螺纹型系列电感式接近开关的外形尺寸

产品规格	安装方式	检测距离/mm	响应频率	外形尺寸/mm				
				A	*B*	*C*	*D*	*E*
M8×1	埋入式	1.5	5kHz	40	30	—	M8	13
	非埋入式	2	2kHz	45	35	5		
M12×1	埋入式	2	1.5kHz	60	50	—	M12	17
	非埋入式	4	400Hz	67	57	7		
M18×1	埋入式	5	600Hz	60	50	—	M18	24
	非埋入式	8	200Hz	60	50	8		
M24×1.5	埋入式	7	500Hz	77	68	—	M24	30
	非埋入式	10	150Hz	77	55	8		
M30×1.5	埋入式	5	400Hz	62	48	—	M30	36
	非埋入式	8	100Hz	70	58	15		

注：响应频率为直流，交流的响应频率为25Hz。

(2) 圆柱型系列电感式接近开关的外形尺寸见图1-122和表1-156。

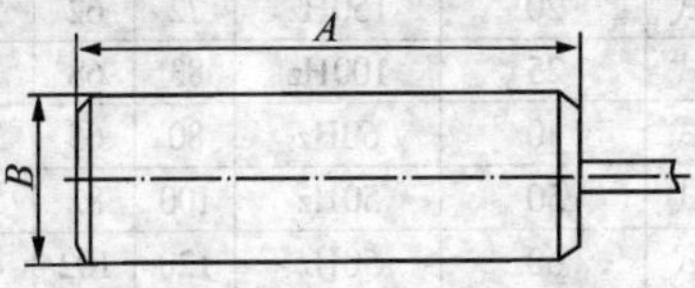

图1-122 圆柱型系列电感式接近开关尺寸

表 1-156　圆柱型系列电感式接近开关的外形尺寸

产品规格	安装方式	检测距离/mm	响应频率	外形尺寸/mm	
				A	B
φ6.5×40	非埋入式	1.5	1kHz	40	φ6.5
φ20×75	埋入式	7	600Hz	75	φ20
	非埋入式	10	200Hz		
φ34×80	埋入式	10	400Hz	80	φ34
	非埋入式	15	100Hz		

注：响应频率为直流，交流的响应频率为25Hz。

（3）矮圆柱型系列电感式接近开关的外形尺寸见图1-123和表1-157。

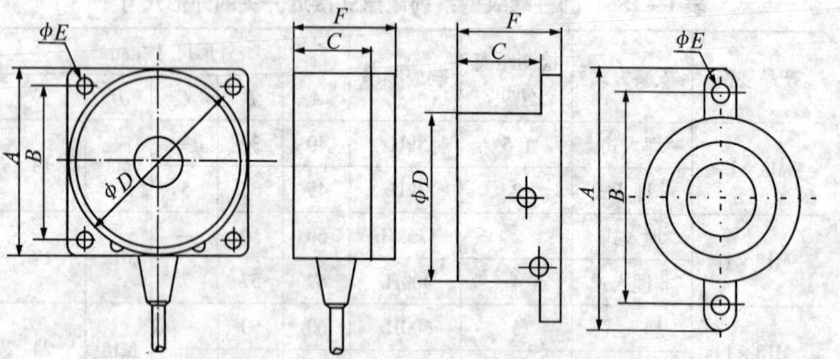

图 1-123　矮圆柱型系列电感式接近开关尺寸

表 1-157　矮圆柱型系列电感式接近开关的外形尺寸

产品规格	安装方式	检测距离/mm	响应频率	外形尺寸/mm					
				A	B	C	φD	φE	φF
25×25×13	非埋入式	10	200Hz	40	32	10	25	3	13
35×35×17	非埋入式	15	200Hz	53	44	11.5	35	5	17
42×42×25	非埋入式	20	150Hz	67	53	19.5	42	7	25
48×48×32	非埋入式	20	150Hz	72	62	25	48	6	32
52×52×32	非埋入式	25	100Hz	83	68	28	55	6	35
80×80×40	非埋入式	40	60Hz	80	65	31	80	5	40
100×100×50	非埋入式	50	50Hz	100	82	38	100	6	50
120×120×55	非埋入式	60	50Hz	120	102	43	120	7	55
140×140×56	非埋入式	80	25Hz	140	115	45	120	9	56

(4) 角柱型系列电感式接近开关的外形尺寸见图 1－124 和表 1－158。

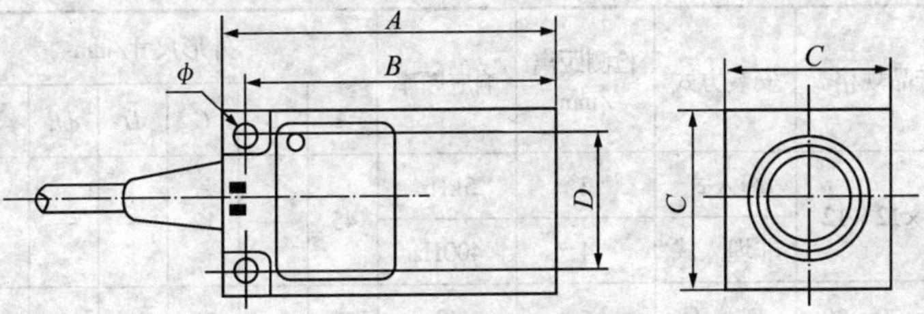

图 1－124　角柱型系列电感式接近开关尺寸

表 1－158　角柱型系列电感式接近开关的外形尺寸

产品规格	安装方式	检测距离/mm	响应频率	外形尺寸/mm				
				A	B	C	D	ϕ
28×17×17	非埋入式	5	600Hz	28	24	17	10.5	3
36×18×18	非埋入式	5	400Hz	36	31	18	11	3
38×20×20	非埋入式	5	400Hz	38	34	20	13	4
40×25×25	埋入式	5	500Hz	40	36	25	19	4
	非埋入式	8	150Hz					
53×30×30	埋入式	10	400Hz	53	49	30	22	4.2
	非埋入式	15	100Hz					
53×40×40	埋入式	10	300Hz	53	47	40	30	4.2
	非埋入式	15	100Hz					

注：交流的响应频率为 25Hz。

(5) 方型系列电感式接近开关的外形尺寸见图 1－125 和表 1－159。

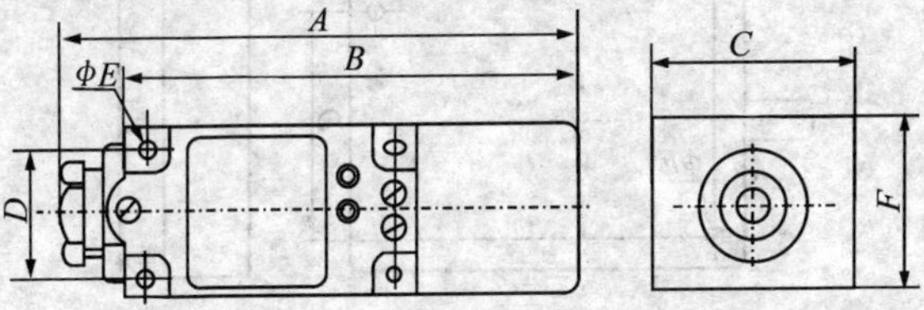

图 1－125　方型系列电感式接近开关尺寸

表 1-159　方型系列电感式接近开关的外形尺寸

产品规格	安装方式	检测距离/mm	响应频率	外形尺寸/mm					
				A	B	C	D	φE	F
45×12×12	埋入式	2	5kHz	45	—	12	—	—	12
	非埋入式	4	400Hz						
57×20×30	埋入式	5	200Hz	57	—	20	28	5	30
84×24×24	埋入式	5	400Hz	84	—	24	14	5	24
	非埋入式	8	400Hz						
80×40×38	埋入式	10	500Hz	98	80	40	31	5	38
	非埋入式	15	150Hz						
112×40×40	埋入式	15	400Hz	130	112	40	30	8	40
	非埋入式	20	100Hz						
90×45×43	埋入式	15	300Hz	107	90	43	35	5	45
	非埋入式	20	100Hz						
100×80×45	非埋入式	40	60Hz	100	—	45	67	7	80

注：交流的响应频率为 25Hz。

（6）扁平型系列电感式接近开关的外形尺寸见图 1-126 和表 1-160。

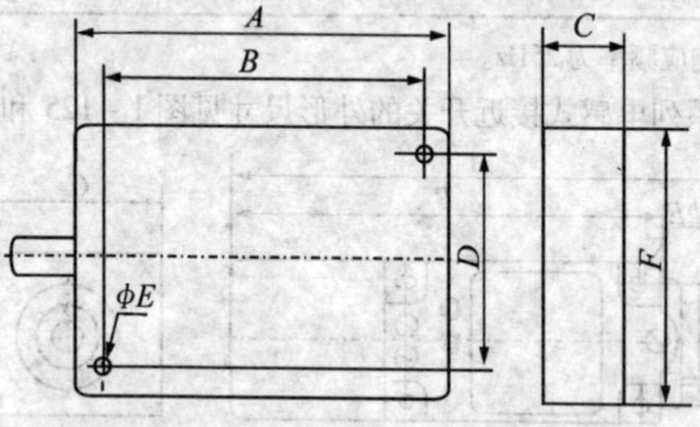

图 1-126　扁平型系列电感式接近开关尺寸

表 1-160　扁平型系列电感式接近开关的外形尺寸

产品规格	安装方式	检测距离/mm	响应频率	外形尺寸/mm					
				A	B	C	D	φE	F
28×16×12	埋入式	3	800Hz	28	23	12	23	3	16
30×18×10	非埋入式	4	200Hz	30	26.5	10	13.5	3×5	18
31×21×9	埋入式	3	400Hz	31	28	9	16	2.4	21
50×25×10	非埋入式	5	400Hz	50	42	10	15	7	25
40×26×12	埋入式	2	800Hz	26	17	12	32	5	40
	非埋入式	4	800Hz						
30×45×12	非埋入式	5	500Hz	45	35	12	18	7	30

注：交流的响应频率为25Hz。

（7）槽型系列电感式接近开关的外形尺寸见图1-127和表1-161。

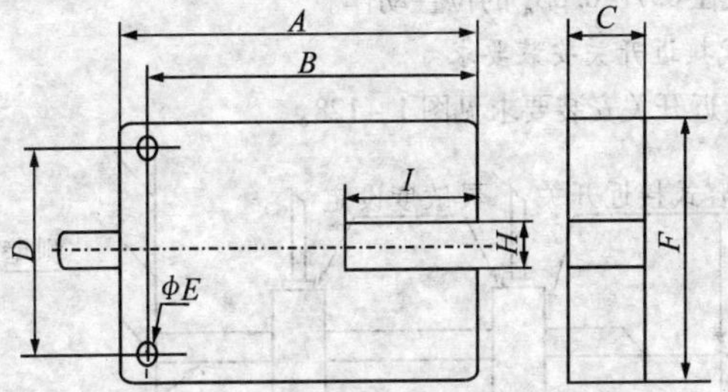

图1-127　槽型系列电感式接近开关尺寸

表 1-161　槽型系列电感式接近开关的外形尺寸

产品规格	安装方式	检测距离/mm	响应频率	外形尺寸/mm							
				A	B	C	D	φE	F	H	I
44×25×16	非埋入式	4	800Hz	44	35	16	10	3.5	25	4	12
20×17×10	非埋入式	3	100Hz	17	—	10	—	—	20	3	9
41×25×16	非埋入式	5	800Hz	41	37	16	17	4	25	5	20
60×48×30	非埋入式	15	300Hz	60	—	30	—	—	48	15	42

1.10.3 电容式接近开关

1. 适用范围

电容式接近开关适用于额定交流电压90~250V（除CM12外），额定直流电压10~30V的电路中，可对多种非金属，如纸张，橡胶，烟草，塑料，液体，木材及人体进行检测。

2. 电容式接近开关工作原理

电容式接近开关一般有圆柱螺纹型、圆柱型和方型三种。属于一种具有开关量输出的位置传感器，它的测量头通常是构成电容器的一个极板，而另一个极板是物体的本身，当物体移向接近开关时，物体和接近开关的介电常数发生变化，使得和测量头相连的电路状态也随之发生变化，由此便可控制开关的接通和关断。这种接近开关的检测物体，并不限于金属导体，也可以是绝缘的液体或粉状物体，在检测较低介电常数 ε 的物体时，可以顺时针调节多圈电位器（位于开关后部）来增加感应灵敏度，一般调节电位器使电容式的接近开关在0.7~0.8S_n 的位置动作。

3. 电容式接近开关安装要求

电容式接近开关安装要求见图1-128。

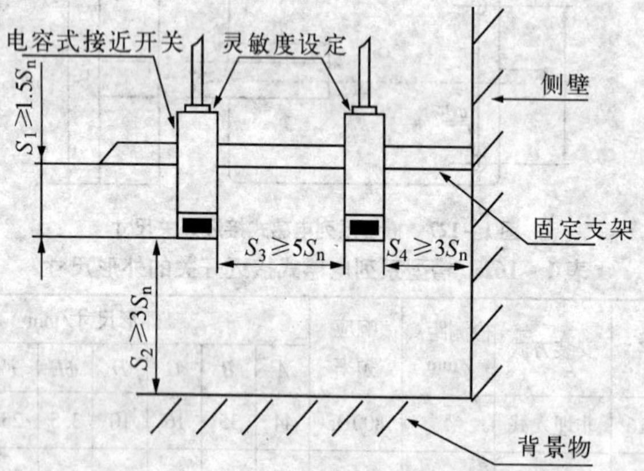

图1-128 电容式接近开关的安装

注：S_n 为电容式接近开关的标准检测距离。

4. 电容式接近开关常用产品型号及主要技术参数

电容式接近开关主要技术参数见表1－162。

表1－162　电容式接近开关主要技术参数

产品规格	M12×1	M18×1	M30×1.5	φ34	φ48	40×40	80×80
检测距离/mm	2×(1±10%)	5×(1±10%)	8×(1±10%)	15×(1±10%)	25×(1±10%)	20×(1±10%)	40×(1±10%)
设定距离/mm	0～1	0～4	0～6.4	0～10	0～20	0～20	0～40
标准检测体/mm^3	17×17×1	18×18×1	25×25×1	30×30×1	40×40×1	42×42×1	82×82×1
输出电流/mA	200	200	300	300	300	300	300
响应频率	100Hz	AC:100Hz DC:25Hz		AC:50Hz DC:25Hz	AC:30Hz DC:25Hz	AC:20Hz DC:10Hz	AC:20Hz DC:10Hz
安装方式	非埋入式						
电源电压	DC:10～30V;AC:90～250V						
残留电压	DC三线式:≤1.5V; AC二线式:≤8V						
静态电流	DC三线型≤2.5mA;AC二线型:≤2mA						
控制输出	阻性负载200mA，感性负载100mA						
温度影响	在－25℃到＋70℃范围内,对在＋25℃时的检测距离是在30%以下						
绝缘电阻	≥50 MΩ/min						

5. 电容式接近开关外形及安装尺寸

电容式接近开关外形及安装尺寸见图1－129。

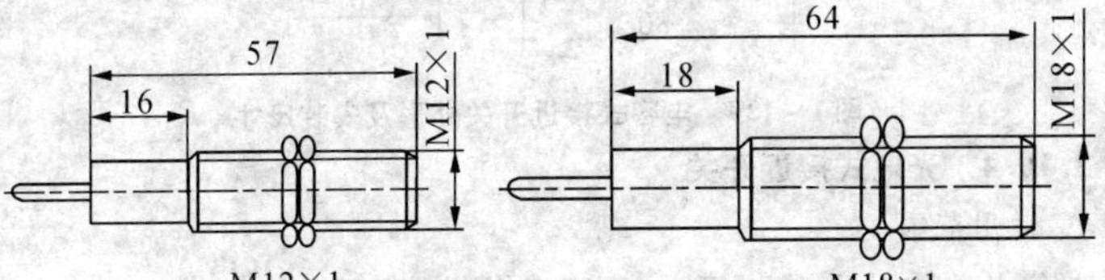

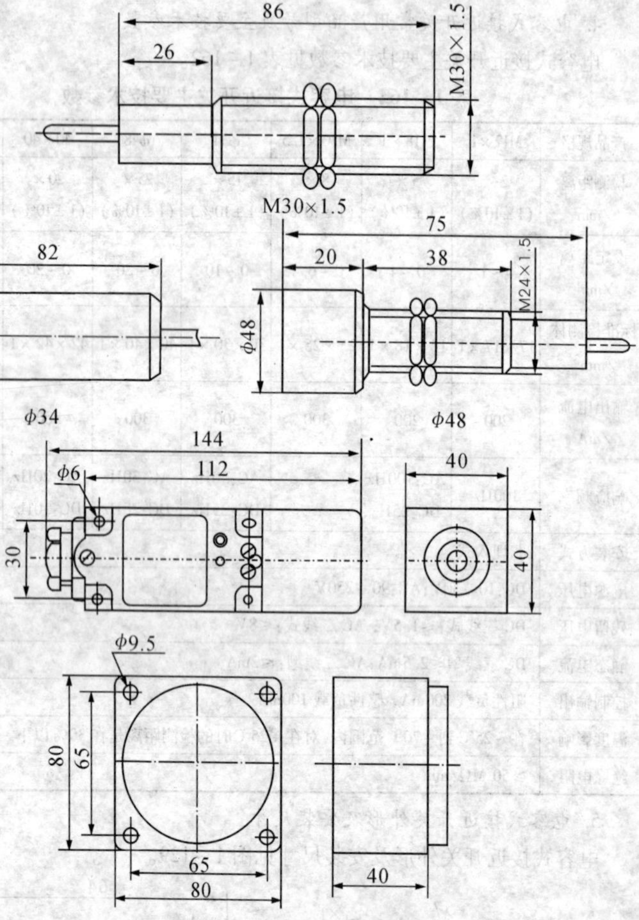

图 1－129　电容式接近开关外形及安装尺寸

1.10.4　光电式接近开关

1. 适用范围

光电开关适用于交流 50Hz，额定工作电压不超过 250V 及以下，直流额定工作电压不超过 30V 及以下的电路中。为全树脂浇注，有很好的密封性；电缆引线式、接插式可选择；并具备反连接保护电路。

2. 光电式接近开关工作原理

(1) 光电传感器的构成：光电开关是通过把光强度的变化转换成电信号的变化来实现控制的。

光电传感器在一般情况下由三部分构成：发送器、接收器和检测电路，见图1－130。

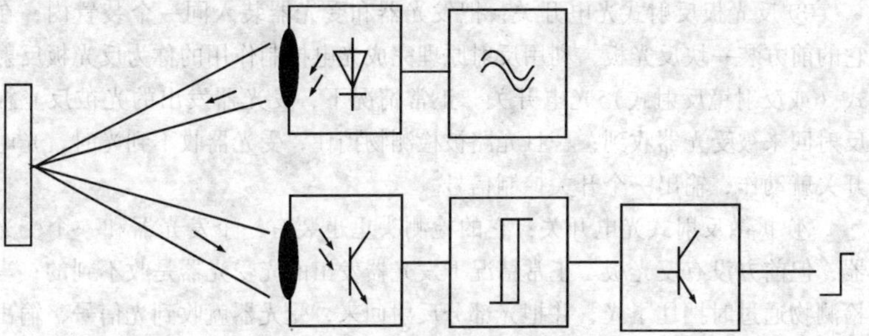

图1－130 光电传感器的构成

发送器对准目标发射光束，发射的光束一般来源于半导体光源，如发光二极管（LED）和激光二极管。光束不间断地发射，或者改变脉冲宽度。接收器有光电二极管或光电三极管组成。在接收器的前面，装有光学元件如透镜和光圈等。在其后面是检测电路，它能滤出有效信号并应用该信号。此外，光电传感器的结构元件中还有发射板和光导纤维。三角反射板是结构牢固的反射装置，由很小的三角锥体反射材料组成，能够使光束准确地从反射板中返回，具有实用意义。它可以在与光轴0°到25°的范围改变发射角，使光束几乎是从一根发射线发出，经过反射后，还是从这根反射线返回。光纤(又称光导纤维，LWL)，扩大了光电传感器的使用范围，形成了特殊的嵌装式收发装置。可以在特殊的环境中使用，检测微小的物体。在非常高的外界温度中，在结构受限制的环境里，都可以获得满意的答案。

(2) 光电式接近开关的分类和工作方式：

① 槽形光电开关：把一个光发射器和一个接收器面对面地装在一个槽的两侧的是槽形光电。发光器能发出红外光或可见光，在无阻情况下光接收器能收到光。但当被检测物体从槽中通过时，光被遮挡，光电开关便动作。输出一个开关控制信号，切断或接通负载电流，从而完成一次控制动作。槽形开关的检测距离因为受整体结构的限制一般只有几厘米。

② 对射式光电开关：若把发光器和受光器分离开，就可使检测距离加大。由一个发光器和一个受光器组成的光电开关就称为对射分离式光电开关，简称对射式光电开关。它的检测距离可达几米乃至几十米。使用时把发光器和受光器分别装在检测物通过路径的两侧，检测物通过时阻挡光路，受光器就动作输出一个开关控制信号。

③ 反光板反射式光电开关：把发光器和受光器装入同一个装置内，在它的前方装一块反光板，利用反射原理完成光电控制作用的称为反光板反射式（或反射镜反射式）光电开关。正常情况下，发光器发出的光被反光板反射回来被受光器收到；一旦光路被检测物挡住，受光器收不到光时，光电开关就动作，输出一个开关控制信号。

④ 扩散反射式光电开关：它的检测头里也装有一个发光器和一个受光器，但前方没有反光板。正常情况下发光器发出的光受光器是收不到的；当检测物通过时挡住了光，并把光部分反射回来，受光器就收到光信号，输出一个开关控制信号。

⑤ 光纤式光电开关：把发光器发出的光用光纤引导到检测点，再把检测到的光信号用光纤引导到光接收器就组成光纤式光电开关。按动作方式的不同，光纤式光电开关也可分成对射式、反光板反射式、扩散反射式等多种类型。

（3）光电式接近开关的术语：

① 距离滞后：指的是测量板接近或者移去时开关偏移的距离。距离滞后用开关距离的百分比来表示。

② 参考轴：发送器和接收器（对射型光电传感器），或者发送器和目标、反射板（反射型，反射板型光电传感器）之间构成相对的理想轴线。

③ 反射板盲区：光束在反射的过程中，有一段区域是不能识别反射板的区域，这段区域就是反射板的盲区。

④ 暗通（D. on）：是指当接收装置无光束射入时光电传感器的开关接通；当反射型光电传感器接收反射光束，如果无物体出现，则开关接通，而当有物体出现在光束射线的中间时，开关就断开。

⑤ 亮动（L. on）：是指当光学接收器受到光照的时候，传感器的输出接通。对射型和反射板型光电传感器是在光线遮住的时候，输出接通；反射型光电传感器，是在目标足够接近的时候，输出接通。

⑥ 盲区：是指反射型光电传感器不能识别目标的范围。

⑦ NAMUR：是化工行业检测和控制技术的标准；要求仪表坚固可靠，适宜在易爆环境中工作。

3. 光电式接近开关的主要技术参数表 1 - 163

（1）圆柱螺纹型光电式接近开关的主要技术参数见表 1 - 163a。

表 1 - 163a　圆柱螺纹型光电式接近开关的主要技术参数

产品规格		M12 ×1	M18 ×1	M30 ×1.5
检测距离	漫反射型	10 cm	5、30、50、80 cm	0.5 ~ 1.5m
	镜反射型	1 m	2 m	5 m
	对射型	3 m	5 m	10m、20m、50m
响应频率		200Hz	200Hz	100Hz
工作电压		DC：10 ~ 30V	DC：10 ~ 30V；AC：90 ~ 250 V	
残留电压		≤1.5V	DC 三线式：≤1.5V，AC 二线式：≤12V	
负载电流		100mA	200mA	300mA
静态电流		<20mA	DC 三线式 <20mA；AC 二线式：<2mA	
回差值		不大于检测距离 10%		
指向角		3° ~ 20°		
控制输出		阻性负载 200mA，感性负载 100mA		
温度影响		在 -25℃到 +70℃范围内，对在 +25℃时的检测距离是在 30% 以下		
绝缘电阻		≥50 MΩ/min		
重复精度		<2%		

（2）方型光电式接近开关的主要技术参数见表 1 - 163b。

表 1-163b　方型光电式接近开关的主要技术参数

产品规格		20×20	11×23	15.5×21	16×21	18×37	18×50
检测距离	漫反射型	30 cm	10 cm	10 cm	—	30 cm	50 cm
	镜反射型	2 m	1 m	—	—	3 m	3 m
	对射型	5 m	2 m	2 m	5 m	5 m	5 m
响应频率		200Hz			100Hz		
工作电压		DC：10~30V			DC：10~30V；AC：90~250 V		
残留电压		≤1.5V			DC≤1.5V，AC 二线式：≤12V		
负载电流		200 mA	100 mA	200 mA		200 mA	
静态电流		<20mA			DC 三线式<20mA；AC 二线式：<2mA		
回差值		不大于检测距离 10%					
指向角		3°~20°					
控制输出		阻性负载 200mA，感性负载 100mA					
温度影响		在-25℃到+70℃范围内，对在+25℃时的检测距离是在 30% 以下					
绝缘电阻		≥50 MΩ/min					
重复精度		<2%					

4. 光电式接近开关的外形尺寸

光电式接近开关外形及安装尺寸见图 1-131。

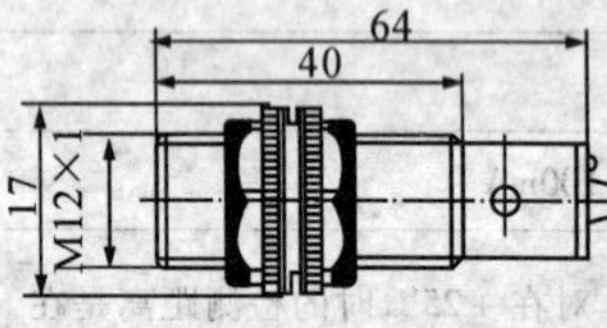

M12×1

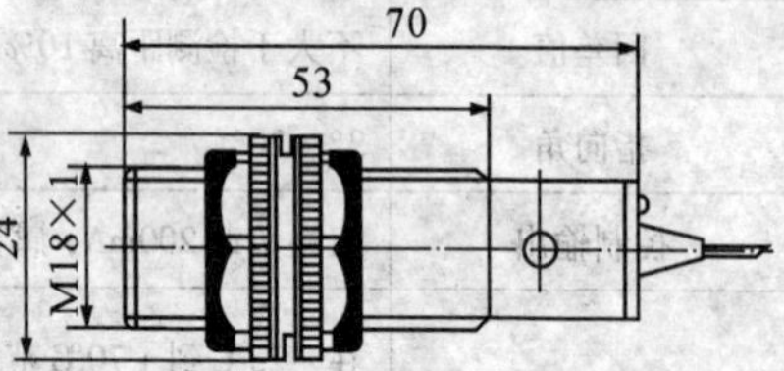

M18×1

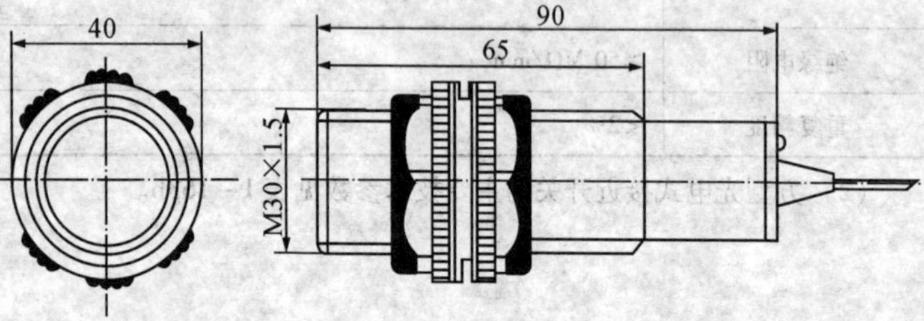

M30×1.5

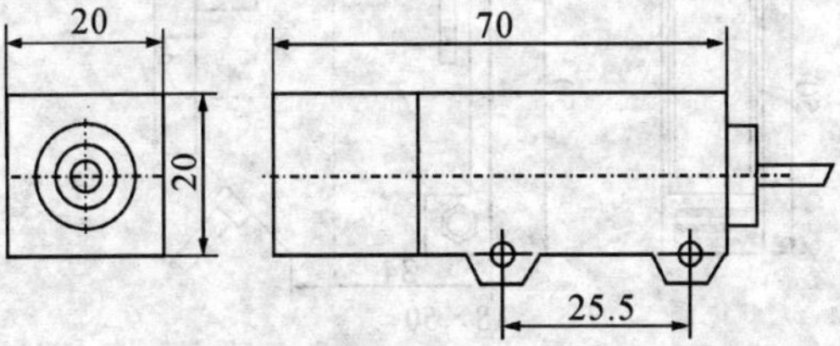

20×20

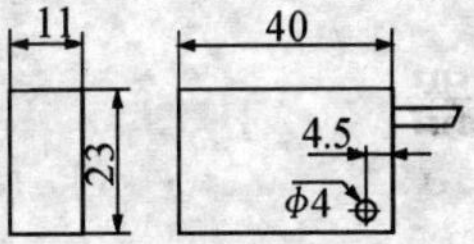

11×23

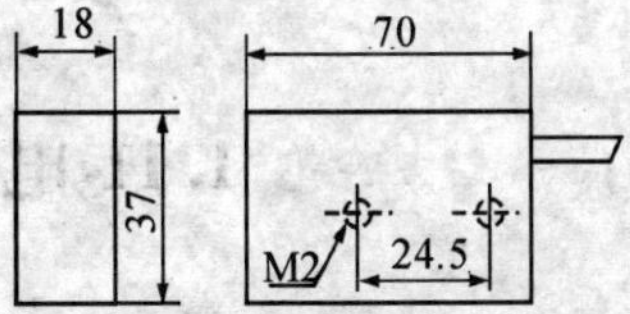

18×37

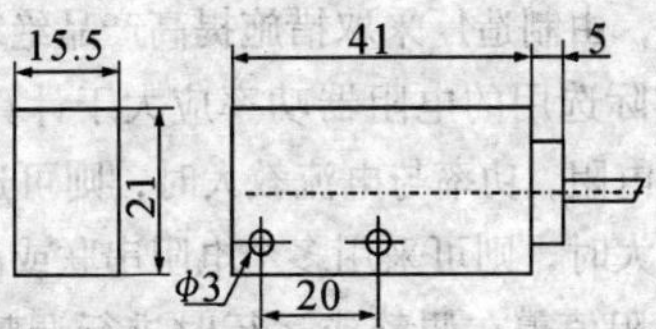

15.5×21

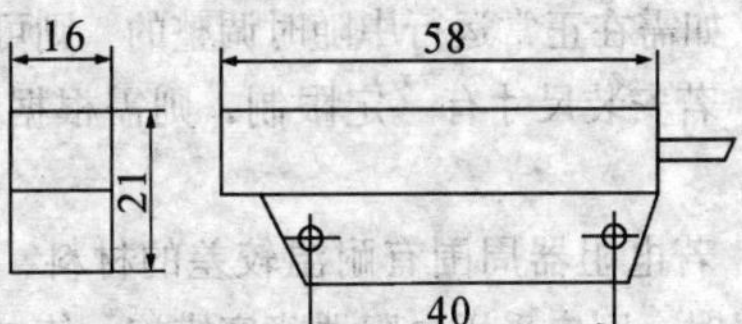

16×21

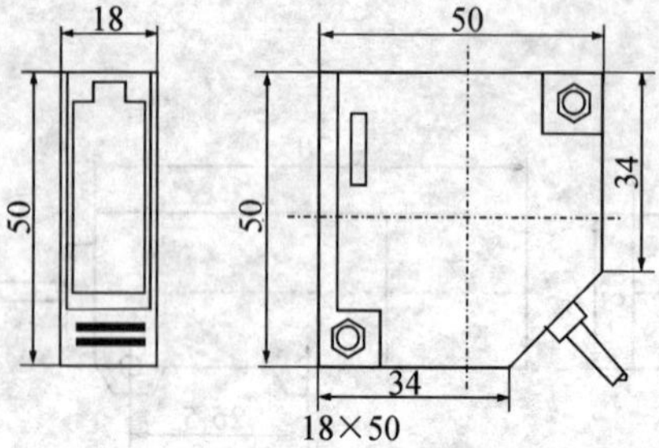

图 1-131　光电式接近开关外形及安装尺寸

1.11 电阻器

1.11.1　电阻器的选择、安装及结构特性

1. 电阻器选用的要求

（1）电路的电压等级：电阻器额定电压应符合电路的工作电压要求，否则应作特殊订货处理，由制造厂采取措施提高产品绝缘水平。

（2）电阻功率：实际选用的电阻器功率应大于计算功率．一般功率与电流较小时可选用管形电阻，功率与电流教大时，则可选用板形等电阻；如需功率、电流与电阻都大时，则可采用多个电阻串联或混联。

（3）调整要求，电阻值需在调整或运行时进行调整的，可选用可调或带有抽头的电阻器，如需在正常运行中随时调整的，则可选用变阻器。

（4）安装位置：若安装尺寸有一定限制，则需根据允许的安装尺寸去选用电阻型号。

（5）使用环境：若电阻器周围有耐温较差的材料、零件或仪器等，但又无法变更安装位置时，则应采用电阻器降容措施，使电阻器表面温升降到周围元器件允许的温升。

（6）电阻值：接电持续率不同的电动机，宜选用不同参数的起重机通用电阻器；接电持续率虽不同但又相近时，允许选用同一规格的电阻器。起动用电阻器各级电阻选用值与计算值允差 ±5%；为了缩减电阻器箱数，个别级的电阻其选用值允差 ±10%，但各相总电阻选用允差不应超过 ±8%；常串级电阻允差可适当放宽，但其误差值不得超过电动机额定电阻的1.5%。

（7）发热容量：一般按重复短时工作制选择，一循环周期时间为60s，接电持续率分别为：100%、70%、50%、35%、25%、17.5%、12.5%、8.8%、6.25%和4.4%。

电阻器各级电阻的接电持续率，可按不同允许电流值，选用元件的允许电流值应不小于电动机额定电流。为了减少电阻箱数，个别级选用元件的允许电流可比电动机额定电流小5%。常串级电阻应按长期工作制选择，选用元件允许电流应不小于电动机额定电流。

2. 电阻器安装的要求

（1）电阻器的电阻元件，应位于垂直面上。电阻器垂直叠装不应超过四箱；当超过四箱时，应采用支架固定，并保持适当距离；当超过六箱时应另列一组。有特殊要求的电阻器，其安装方式应符合设计规定。电阻器底部与地面间，应留有间隔，并且不应小于150mm。

（2）电阻器与其他电器垂直布置时，应安装在其他电器的上方，两者之间应留有间隔。

3. 电阻器接线要求

（1）电阻器与电阻元件的连接应采用铜或钢的裸导体，接触应可靠。

（2）电阻器引出线夹板或螺栓应设置与设备接线图相应的标志；当与绝缘导线连接时，应采取防止接头处的温度升高而降低导线的绝缘强度的措施。

（3）多层叠装的电阻箱的引出导线，应采用支架固定，并不得妨碍电阻元件的更换。

4. 电阻器的适用范围

（1）ZX型电阻器适用于交流50Hz，电压至660V及直流电压至440V的电路中，主要用于电动机的起动、制动与调速电阻之用。

（2）RT型系列电阻器主要用于起重机配用JZR2系列电动机作起动调整电阻之用。RT型系列电阻器与凸轮控制KT12系列、KT10系列、KT14系列、KT16系列、KTJ5系列和主令LK1控制系列、LK4系列、LK5系列、LK14系列、LK16系列、LK17系列、LK18系列配套使用。

5. 电阻器的结构特征

电阻器为敞开式，故应安装在室内，并加以遮拦，以防工作人员不慎触及电阻器的带电部分。

（1）ZX—1 电阻器由两端带有耳环的栅状铸件电阻元件套装于绝缘的双头螺栓上，并紧固于两端的支架上而成，电阻元件之间根据要求以绝缘垫圈或铜垫圈分别隔离或联结起来并以导线夹从规定的位置抽头，以便用户安装引线。

（2）ZX—2 电阻器电阻元件系由康铜带或康铜线绕于装有绝缘瓷衬的板型支持架上，其间以垫管隔开保证元件有足够的散热面积，同时引线的安装系由绝缘的安装板通过引线螺栓引出。

（3）ZX—9 电阻器按各种规格分别由 40、48、96Ω 电阻元件装配而成，电阻元件为铁铬铝合金带轧制成波浪形，结构按其宽度分为大、中、小三种，大片中片端冲孔作为安装之用，小片规格的两端直接联结，每一电阻元件的联结均凭借紧固螺母压紧，以保证良好的接触电阻。电阻器安装时必须使电阻元件垂直放置。

（4）ZX—12 电阻器按各种规格分别由 12、16 及 24 片电阻元件装配而成。电阻元件为铁铬铝合金带轧制成齿形，结构按其宽度分为大、中、小三种，大片与中片两端冲孔作为安装之用，小片规格的两端直接由接线板连接，电阻元件两端连接处去除表面氧化膜以保证接触良好。每一电阻元件的连接均凭借紧固螺钉压紧，以保证良好的接触电阻。

（5）ZX—15 电阻器采用铁铬铝合金电阻材料，它是一种高电阻电热合金，具有工作温度高、使用寿命长、比电阻大、表面负荷高、电阻温度系数小、相对密度小等一系列优点。

（6）ZX—28 电阻元器件由不锈钢板加工成网状，元件四边均有孔，供组装使用，在每块电阻元件之间装有瓷柱固定，电阻元件连接采用点焊和氩弧焊连接，元件紧固采用防震及热胀冷缩装置，不锈钢电阻器具有容量大、耐腐蚀、无感应、阻值稳定、阻值精度高、耐震动的优点。

（7）RT 电阻器是由 ZB1 型康铜带元件或 ZB2 型康铜线绕元件及铁铬铝合金带元件装配而成的，电阻元件由套有云母绝缘管的两螺栓穿到一起，紧固在薄铁板制成的左右壁上，其出线引到绝缘板制成的接线板上，以供用户接线（铁铬铝合金带元件其结构和原理同 ZX15 型电阻器）。电阻元件除整片使用外，也可以中间抽头以调整阻值。

1.11.2 常用电阻器产品型号及主要技术参数

常用电阻器产品型号及主要参技术参数见表 1－164。

表 1 - 164a　线型电阻器产品型号及主要技术参数

型　号	20℃时电阻值 /Ω						允许负载电流/A	额定发热功率/kW	发热时间常数/s	电阻元件	
	总电阻	每极电阻元件阻值								型号	数量
		1	2	3	4	5					
ZX1 - 1/5	0.10	0.03	0.02	0.02	0.03		215	4.6	850	ZT1 - 5	20
ZX1 - 1/7	0.14	0.042	0.028	0.028	0.042		181	4.6	820	ZT1 - 7	20
ZX1 - 1/10	0.20	0.06	0.04	0.04	0.06		152	4.6	635	ZT1 - 10	20
ZX1 - 1/14	0.28	0.084	0.056	0.056	0.084		128	4.6	555	ZT1 - 14	20
ZX1 - 1/20	0.40	0.12	0.08	0.08	0.12		107	4.6	575	ZT1 - 20	20
ZX1 - 1/28	0.56	0.168	0.112	0.112	0.168		91	4.6	432	ZT1 - 28	20
ZX1 - 1/40	0.80	0.24	0.16	0.16	0.24		76	4.6	540	ZT1 - 40	20
ZX1 - 1/55	1.10	0.33	0.22	0.22	0.33		65	4.6	408	ZT1 - 55	20
ZX1 - 1/80	1.60	0.48	0.32	0.32	0.48		54	4.6	490	ZT1 - 80	20
ZX1 - 1/110	2.2	0.66	0.44	0.44	0.66		46	4.6	445	ZT1 - 110	20
ZX1 - 2/38	1.52	0.456	0.304	0.304	0.228	0.228	55	4.6	660	ZT2 - 38	40
ZX1 - 2/54	2.16	0.648	0.432	0.432	0.324	0.324	46	4.6	585	ZT2 - 54	40
ZX1 - 2/75	3.0	0.9	0.6	0.6	0.45	0.45	39	4.6	535	ZT2 - 75	40
ZX1 - 2/105	4.2	1.26	0.84	0.84	0.63	0.63	33	4.6	400	ZT2 - 105	40
ZX1 - 2/140	5.6	1.68	1.12	1.12	0.84	0.84	29	4.6	450	ZT2 - 140	40

续表

型　号	20℃时电阻值 /Ω						允许负载电流/A	额定发热功率/kW	发热时间常数/s	电阻元件	
	总电阻	每极电阻元件阻值								型号	数量
		1	2	3	4	5					
ZX1 - 2/200	8. 0	2. 4	1. 6	1. 6	1. 2	1. 2	24	4. 6	385	ZT2 - 200	40
ZX1 - 2/280	11. 2	3. 36	2. 24	2. 24	1. 68	1. 68	20	4. 6	280	ZT2 - 280	40
ZX2 - 1/0. 2	2. 0	0. 2					43	3. 5	180	ZB1 - 0. 2	10
ZX2 - 1/0. 25	2. 5	0. 25					38	3. 5	160	ZB1 - 0. 25	10
ZX2 - 1/0. 33	3. 3	0. 33					32	3. 5	140	ZB1 - 0. 33	10
ZX2 - 1/0. 4	4. 0	0. 4					29	3. 5	126	ZB1 - 0. 4	10
ZX2 - 1/0. 5	5. 0	0. 5					26	3. 5	113	ZB1 - 0. 5	10
ZX2 - 1/0. 66	6. 6	0. 66					23	3. 5	100	ZB1 - 0. 66	10
ZX2 - 2/0. 7	7. 0	0. 7					22. 3	3. 5	286	ZB2 - 0. 7	10
ZX2 - 2/0. 9	9. 0	0. 9					19. 9	3. 5	237	ZB2 - 0. 9	10
ZX2 - 2/1. 1	11	1. 1					17. 7	3. 5	203	ZB2 - 1. 1	10
ZX2 - 2/1. 45	14. 5	1. 45					15. 4	3. 5	169	ZB2 - 1. 45	10
ZX2 - 2/1. 95	19. 5	1. 95					13. 8	3. 5	132	ZB2 - 1. 95	10
ZX2 - 2/2. 8	28	2. 8					11. 2	3. 5	282	ZB2 - 2. 8	10
ZX2 - 2/3. 5	35	3. 5					10. 1	3. 5	235	ZB2 - 3. 5	10

续表

型号	20℃时电阻值 /Ω					允许负载电流/A	额定发热功率/kW	发热时间常数/s	电阻元件	
	总电阻	每极电阻元件阻值							型号	数量
		1	2	3	4					
ZX2－2/4.4	44	4.4				8.9	3.5	202	ZB2－4.4	10
ZX2－2/5.8	58	5.8				7.7	3.5	168	ZB2－5.8	10
ZX2－2/8	80	8.0				6.6	3.5	132	ZB2－8	10
ZX2－2/12	120	12				5.4	3.5	175	ZB2－12	10
ZX2－2/18	180	18				4.4	3.5	132	ZB2－18	10
ZX2－2/21.6	216	21.6				4.0	3.5	112	ZB2－21.6	10
ZX2－2/27.6	276	27.6				3.5	3.5	104	ZB2－27.6	10
ZX2－2/37	370	37				3.1	3.5	122	ZB2－37	10
ZX2－2/48	480	48				2.7	3.5	104	ZB2－48	10
ZX2－2/68	680	68				2.3	3.5	86	ZB2－68	10
ZX2－2/96	960	96				1.9	3.5	75	ZB2－96	10
ZX2－2/140	1 400	140				1.6	3.5	63	ZB2－140	10
ZX2－2/188	1 880	188				1.4	3.5	52	ZB2－188	10
ZX2－2/260	2 600	260				1.2	3.5	41	ZB2－260	10
ZX9－1/10	0.106	0.032	0.021	0.021	0.032	215	4.6		ZD1－1	40

续表

型号	20℃时电阻值 /Ω						允许负载电流/A	额定发热功率/kW	发热时间常数/s	电阻元件	
	总电阻	每极电阻元件阻值								型号	数量
		1	2	3	4	5					
ZX9－2/14	0. 14	0. 042	0. 028	0. 028	0. 042		181	4. 6		ZD1－2	40
ZX9－3/20	0. 188	0. 063	0. 031	0. 031	0. 063		152	4. 6		ZD1－3	48
ZX9－4/28	0. 254	0. 085	0. 042	0. 042	0. 085		128	4. 6		ZD1－4	48
ZX9－1/40	0. 426	0. 128	0. 085	0. 085	0. 128		107	4. 6		ZD1－1	40
ZX9－2/55	0. 56	0. 168	0. 112	0. 112	0. 168		91	4. 6		ZD1－2	40
ZX9－3/80	0. 756	0. 252	0. 126	0. 126	0. 252		76	4. 6		ZD1－3	48
ZX9－4/110	1. 016	0. 339	0. 169	0. 169	0. 339		64	4. 6		ZD1－4	48
ZX9－7/152	1. 344	0. 336	0. 336	0. 336	0. 168	0. 168	55	4. 6		ZD1－7	96
ZX9－8/216	1. 848	0. 462	0. 462	0. 462	0. 231	0. 231	46	4. 6		ZD1－8	96
ZX9－5/300	2. 935	0. 855	0. 612	0. 612	0. 428	0. 428	39	4. 6		ZD1－5	96
ZX9－6/420	4. 044	1. 18	0. 842	0. 842	0. 59	0. 59	33	4. 6		ZD1－6	96
ZX9－7/560	5. 378	1. 57	1. 12	1. 12	0. 784	0. 784	29	4. 6		ZD1－7	96
ZX9－8/800	7. 396	2. 16	1. 54	1. 54	1. 078	1. 078	24	4. 6		ZD1－8	96
ZX10－0. 10	0. 10						215	4. 6	186	ZD2－0. 08	5
ZX10－0. 14	0. 14						181	4. 6	354	ZD2－0. 112	5

续表

型号	20℃时电阻值/Ω				允许负载电流/A	额定发热功率/kW	发热时间常数/s	电阻元件	
	总电阻	每极电阻元件阻值						型号	数量
		1	2	3					
ZX10－0. 20	0. 20				152	4. 6	252	ZD2－0. 16	5
ZX10－0. 28	0. 28				128	4. 6	144	ZD2－0. 22	5
ZX10－0. 40	0. 40				107	4. 6	186	ZD2－0. 08	5
ZX10－0. 56	0. 56				91	4. 6	354	ZD2－0. 112	5
ZX10－0. 80	0. 80				76	4. 6	252	ZD2－0. 16	5
ZX10－1. 1	1. 1				64	4. 6	144	ZD2－0. 22	5
ZX10－1. 6	1. 6				54	4. 6	225	ZD2－0. 32	5
ZX10－2. 2	2. 2				46	4. 6	255	ZD2－0. 44	5
ZX10－3. 0	3. 0				39	4. 6	192	ZD2－0. 6	5
ZX10－4. 2	4. 2				33	4. 6	78	ZD2－0. 84	5
ZX10－5. 6	5. 6				29	4. 6	50	ZD2－1. 12	5
ZX10－8. 0	8. 0				24	4. 6	45	ZD2－1. 6	5
ZX10－11	11				20	4. 6	90	ZD2－2. 20	5
ZX12－0. 10	0. 10	0. 033	0. 033	0. 033	215	4. 6	200	ZJ1－1	12
ZX12－0. 14	0. 14	0. 047	0. 047	0. 047	181	4. 6	150	ZJ1－2	12

续表

型　号	20℃时电阻值 /Ω					允许负载电流/A	额定发热功率/kW	发热时间常数/s	电阻元件	
	总电阻	每极电阻元件阻值							型号	数量
		1	2	3	4					
ZX12 −0. 20	0. 20	0. 067	0. 067	0. 067		152	4. 6	120	ZJ1 −3	12
ZX12 −0. 28	0. 28	0. 07	0. 07	0. 07	0. 07	128	4. 6	140	ZJ1 −4	16
ZX12 −0. 40	0. 40	0. 133	0. 133	0. 133		107	4. 6	200	ZJ1 −1	12
ZX12 −0. 56	0. 56	0. 187	0. 187	0. 187		91	4. 6	150	ZJ1 −2	12
ZX12 −0. 8	0. 80	0. 267	0. 267	0. 267		76	4. 6	120	ZJ1 −3	12
ZX12 −1. 1	1. 1	0. 275	0. 275	0. 275	0. 275	64	4. 6	140	ZJ1 −4	16
ZX12 −1. 6	1. 6	0. 4	0. 4	0. 4	0. 4	54	4. 6	128	ZJ1 −5	16
ZX12 −2. 2	2. 2	0. 55	0. 55	0. 55	0. 55	46	4. 6	104	ZJ1 −6	16
ZX12 −3. 0	3. 0	0. 75	0. 75	0. 75	0. 75	39	4. 6	136	ZJ1 −7	24
ZX12 −4. 2	4. 2	1. 05	1. 05	1. 05	1. 05	33	4. 6	104	ZJ1 −8	24
ZX12 −5. 6	5. 6	1. 4	1. 4	1. 4	1. 4	29	4. 6	96	ZJ1 −9	24
ZX12 −8. 0	8. 0	2	2	2	2	24	4. 6	80	ZJ1 −10	24
ZX15 −5	0. 10					215	4. 6	186	ZY −0. 08	5
ZX15 −7	0. 14					181	4. 6	354	ZY −0. 112	5
ZX15 −10	0. 20					152	4. 6	252	ZY −0. 16	5

续表

型　号	20℃时电阻值 /Ω					允许负载电流/A	额定发热功率/kW	发热时间常数/s	电阻元件	
	总电阻	每极电阻元件阻值							型号	数量
		1	2	3	4					
ZX15 – 14	0. 28					128	4. 6	144	ZY – 0. 24	5
ZX15 – 20	0. 40					107	4. 6	186	ZY – 0. 08	5
ZX15 – 28	0. 56					91	4. 6	354	ZY – 0. 112	5
ZX15 – 40	0. 80					76	4. 6	252	ZY – 0. 16	5
ZX15 – 55	1. 1					64	4. 6	144	ZY – 0. 24	5
ZX15 – 80	1. 6					54	4. 6	225	ZY – 0. 32	5
ZX15 – 110	2. 1					46	4. 6	255	ZY – 0. 42	5
ZX15 – 75	3. 0					39	4. 6	192	ZY – 0. 6	5
ZX15 – 105	4. 2					33	4. 6	78	ZY – 0. 84	5
ZX15 – 140	5. 6					29	4. 6	50	ZY – 1. 12	5
ZX15 – 200	8. 0					24	4. 6	45	ZY – 1. 6	5
ZX15 – 280	11					20	4. 6	90	ZY – 2. 20	5
ZX28 – 0. 10	0. 10	0. 02	0. 02	0. 03	0. 03	237		301	ZP1 – 1	20
ZX28 – 0. 14	0. 14	0. 028	0. 028	0. 042	0. 042	199		253	ZP1 – 2	20
ZX28 – 0. 20	0. 20	0. 04	0. 04	0. 06	0. 06	167		225	ZP1 – 3	20

续表

型　号	20℃时电阻值 /Ω					允许负载电流/A	额定发热功率/kW	发热时间常数/s	电阻元件	
	总电阻	每极电阻元件阻值							型号	数量
		1	2	3	4					
ZX28 -0. 28	0. 28	0. 056	0. 056	0. 084	0. 084	141		235	ZP1 -4	20
ZX28 -0. 40	0. 40	0. 08	0. 08	0. 12	0. 12	120		246	ZP1 -5	20
ZX28 -0. 56	0. 56	0. 112	0. 112	0. 168	0. 168	100		205	ZP1 -6	20
ZX28 -0. 80	0. 80	0. 16	0. 16	0. 24	0. 24	84		233	ZP1 -7	20
ZX28 -1. 1	1. 1	0. 22	0. 22	0. 33	0. 33	71		197	ZP1 -8	20
ZX28 -1. 6	1. 6	0. 32	0. 32	0. 48	0. 48	60		166	ZP1 -9	20
ZX28 -2. 2	2. 2	0. 44	0. 44	0. 66	0. 66	51		215	ZP1 -10	20
ZX28 -3. 0	3. 0	0. 6	0. 6	0. 9	0. 9	43		200	ZP1 -11	20
ZX28 -4. 2	4. 2	0. 84	0. 84	1. 26	1. 26	36. 5		185	ZP1 -12	20
ZX28 -5. 6	5. 6	1. 12	1. 12	1. 68	1. 68	32		175	ZP1 -13	20
ZX28 -8. 0	8. 0	1. 6	1. 6	2. 4	2. 4	27		179	ZP1 -14	20
ZX28 -10	10	2. 0	2. 0	3. 0	3. 0	24		106	ZP1 -15	20
ZX28 -12	12	2. 4	2. 4	3. 6	3. 6	21. 5		88	ZP1 -16	20

表1-164b　RT型电阻器产品型号及主要技术参数

型号	转子电压/V	转子电流/A	额定发热功率/kW	所配电动机型号	所配控制器型号	每台电动机所用的电阻器箱数
RT01-6/1B	64	8.15	0.6	JZR201-6	KTJ1-50，KT14-25J凸轮控制器	1
RT02-6/1B	91	8.9	1.0	JZR202-6		
RT03-6/1B	120	9.7	1.5	JZR203-6		
RT11-6/1B	138	11.8	2.2	JZR211-6		
RT12-6/1B	206	12.1	3.5	JZR212-6		
RT21-6/1B	143	17.1	5.0	JZR221-6		
RT22-6/1B	267	18.9	7.5	JZR222-6		
RT31-6/1B	225	32	11	JZR231-6		
RT32-8/1B	186	27	7.5	JZR231-8		
RT41-6/1B	150	50	11	JZR241-6		
RT42-8/1B	215	49	16	JZR242-8	KT14-25J KT14-60J/10凸轮控制器	1
RT51-8/1B	220	64	22	JZR251-8		2
RT52-8/1B	285	67	30	JZR252-8		2

1.11.3 常用电阻器外形及安装尺寸

（1）ZX1 电阻器的外形及安装尺寸见图 1－132。

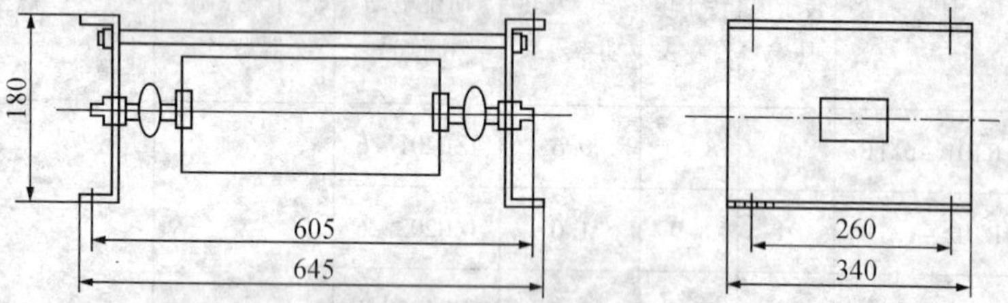

图 1－132　ZX1 电阻器的外形及安装尺寸

（2）ZX10 和 ZX15 电阻器的外形及安装尺寸见图 1－133。

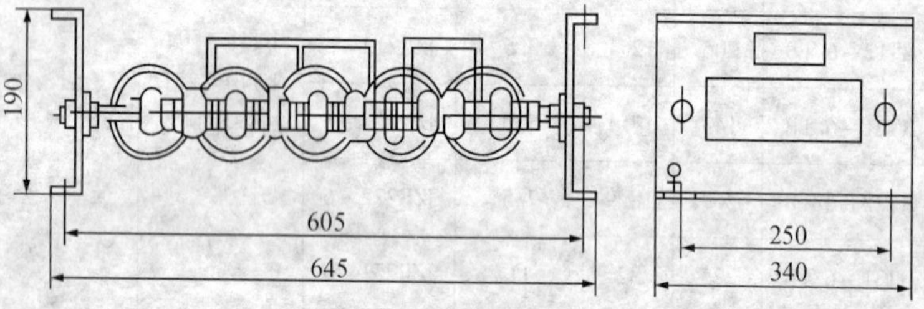

图 1－133　ZX10 和 ZX15 电阻器的外形及安装尺寸

（3）ZX12 和 ZX28 电阻器的外形及安装尺寸见图 1－134。

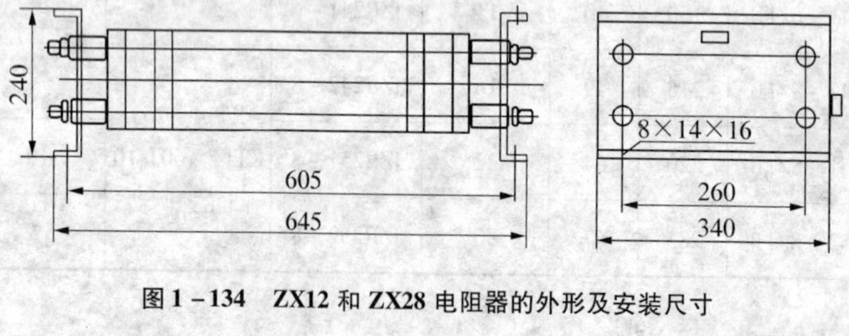

图 1－134　ZX12 和 ZX28 电阻器的外形及安装尺寸

(4) RT、RT5 电阻器的外形及安装尺寸见图 1－135。

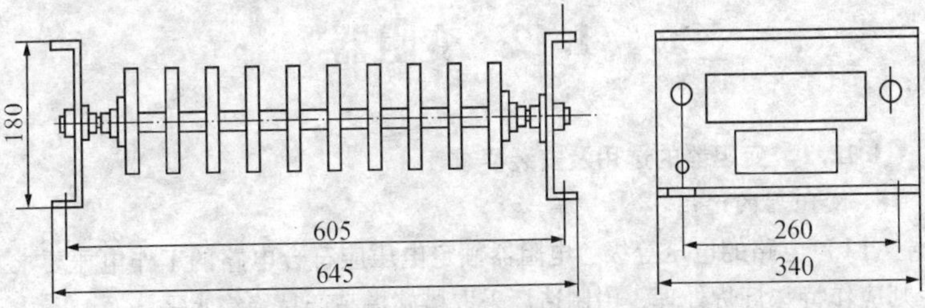

图 1－135a　RT 系列电阻器的外形及安装尺寸

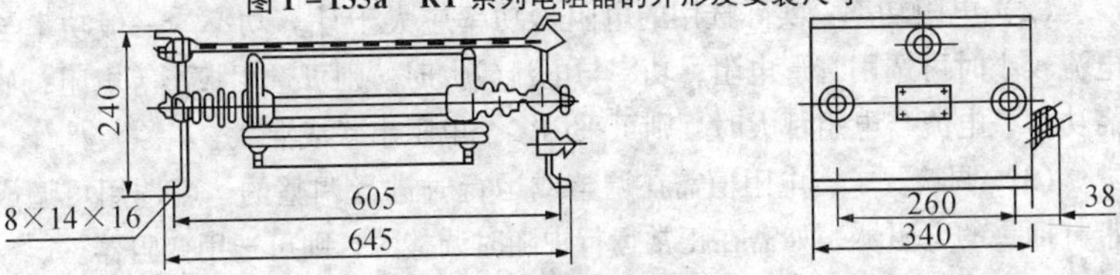

ZB型康铜板型元件电阻器

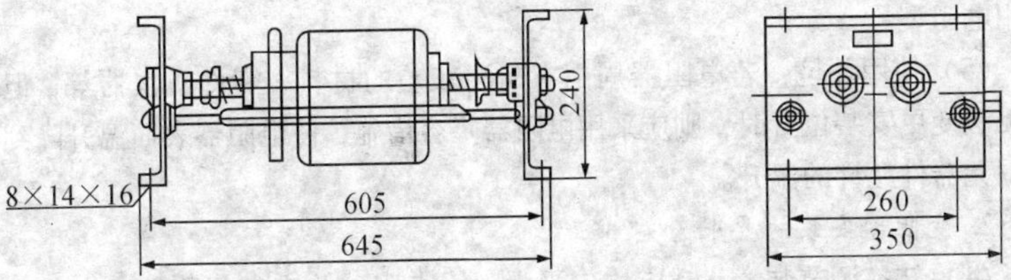

ZJ1型铁铬铝齿型元件电阻器

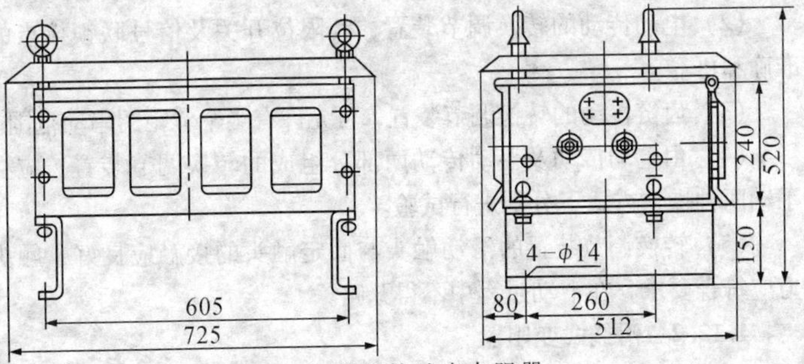

带防护外壳电阻器

图 1－135b　RT 电阻器的外形及安装尺寸

1.12 变阻器

1.12.1 变阻器的选用及安装要求

1. 变阻器的选用

（1）电路的电压等级：电阻器额定电压应符合电路的工作电压要求，否则应作特殊订货处理，由制造厂采取措施提高产品绝缘水平。

（2）电阻功率：实际选用的电阻器功率应大于计算功率. 一般功率与电流较小时可选用管形电阻；功率与电流较大时，则可选用板形等电阻；如需功率、电流与电阻都大时，则可采用多个电阻串联或混联。

（3）调整要求，电阻值需在调整或运行时进行调整的，可选用可调或带有抽头的电阻器，如需在正常运行中随时调整的，则可选用变阻器。

（4）安装位置：若安装尺寸有一定限制，则需根据允许的安装尺寸去选用电阻型号。

（5）使用环境：若电阻器周围有耐温较差的材料、零件或仪器等，但又无法变更安装位置时，则应采用电阻器降容措施，使电阻器表面温升降到周围元器件允许的温升。

2. 变阻器安装的要求

（1）转换调节装置移动应均匀平滑、无卡阻，并应有与移动方向相一致的指示阻值变化的标志。

（2）电动传动的转换调节装置，其限位开关及信号联锁接点的动作应准确和可靠。

（3）齿链传动的转换调节装置，可允许有半个节距的串动范围。

（4）由电动传动及手动传动两部分组成的转换调节装置，应在电动及手动两种操作方式下分别进行试验。

（5）转换调节装置的滑动触头与固定触头的接触应良好，触头间的压力应符合要求，在滑动过程中不得开路。

1.12.2 滑线式变阻器

1. 变阻器的适用范围

（1）BC1 型旋臂滑线式变阻器适用于交流电压不超过 380V、直流电压不超过220V的电力设备和电路中作电压、电流调节和交直流发电机的电压调整及直流电动机的转速调节之用。

（2）BX7、BX8系列滑线式变阻器适用于交流50Hz、电压至380V及直流电压至400V以下的电路中。主要用在校正电气机械设计阶段中作变更电压、电流和代替未定阻值的可变电阻器使用；在实验室中作试验或教学演示用的电压、电流调节器，以及作为发电设备和直流电动机的励磁、调速电阻等用。滑线式变阻器在多管并联后电流可达200A，功率最大50kW，产品有单管、双管、三管、四管、六管、八管等近千种规格。

2. 变阻器的结构特征

（1）BC1型旋臂滑线式变阻器具有二联、三联、四联三种型式，额定功率有25～2 000W八种规格。产品采用康铜（线或带）、镍铬线作为电阻材料绕于圆形陶器骨架上，电阻材料除接触表面外均涂以耐高温珐琅涂料黏合于陶器底盘上，中心配以转轴带动刷握和电刷的滑动从而获得变化的电阻值。

（2）BX7、BX8系列滑线式变阻器采用经过氧化绝缘处理的康铜丝，密绕于瓷管上，并固定于金属保护支架上，通过接触系统的导电电刷，在康铜丝表面移动，以达到改变阻值的大小，产品为摇杆防护式。

3. 产品型号及主要技术参数

（1）BC1型旋臂滑线式变阻器产品型号及主要技术参数和外形尺寸见图1－136及表1－165。

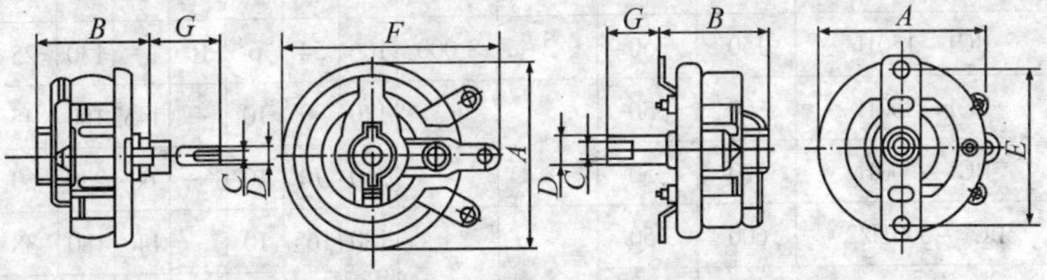

图1－136　BC1型旋臂滑线式变阻器外形尺寸

表 1-165　BC1 型旋臂滑线式变阻器产品型号及主要技术参数和外形尺寸

型号	额定功率/W	最高温度/℃	+20℃时电阻值		外形尺寸/mm						
			最小/Ω	最大/Ω	*A*	*B*	*C*	*D*	*E*	*F*	*G*
BC1D,BC1-25	25	300	2	3000	43	40	6	10	—	50	25
BC1D,BC1-50	50	300			66	42	6	10	—	80	25
BC1D,BC1-100	100	300			83	44	6	10	—	105	25
BC1D,BC1-150	150	350			106	54	6	10	—	130	25
BC1D,BC1-300	300	350			170	90	10	—	145	180	45
BC1D,BC1-500	500	350			210	70	10	—	60	230	60
BC1D,BC1-50/2	100	300	1	6 000	85	110	6	10	—	80	52
BC1D,BC1-100/2	200	300			115	145	6	10	—	105	52
BC1D,BC1-150/2	300	350			135	155	6	10	—	130	52
BC1D,BC1-300/2	600	350			180	165	10	—	146	180	38
BC1D,BC1-500/2	1000	350			220	165	10	—	192	230	38
BC1D,BC1-150/3	450	350	0.65	9 000	135	220	10	—	100	130	26
BC1D,BC1-300/3	900	350			180	275	10	—	146	180	38
BC1D,BC1-500/3	1500	350			220	295	10	—	192	230	38
BC1-150H	150	350	2	3 000	106	54	6	10	—	130	25
BC1-300H	300	350			170	90	10	—	145	180	45
BC1-500H	500	350			210	70	10	—	60	230	60
BC1-300H/2	600	350	1	6 000	180	165	10	—	146	180	38
BC1-500H/2	1000	350			220	165	10	—	192	230	38
BC1-300H/3	900	350			180	275	10	—	146	180	38
BC1-500H/3	1 500	350			220	295	10	—	192	230	38

注:以上外形尺寸为 BC1 型,BC1D 型是在 BC1 结构上的改进型,外形尺寸比 BC1 型略小。

(2)BX7、BX8 型系列滑线式变阻器产品型号及主要技术参数和外形尺寸见表 1－166。

表 1－166　BX7、BX8 型系列滑线式变阻器主要技术参数和外形

型　号	电流/A		电阻值/Ω		示意图
	最大	最小	最小	最大	
BX7,BX7D－1/1	20	0.10	0.55	5 000	
BX7,BX7D－1/2	20	0.10	0.75	7 000	
BX7,BX7D－1/3	20	0.10	0.95	8 700	
BX7,BX7D－1/4	20	0.10	1.1	10 050	
BX7,BX7D－1/5	20	0.10	1.3	12 500	
BX7,BX7D－1/6	20	0.10	1.5	14 500	
BX7,BX7D－1/7	20	0.10	2	18 500	
BX7,BX7D－1/8	20	0.10	2.4	21 500	
BX7,BX7D－1/9	20	0.10	2.7	24 500	
BX7,BX7D－1/10	20	0.20	3	10 500	
BX7,BX7D－1/11	20	0.20	3.3	11 500	
BX7,BX7D－1/12	20	0.20	3.6	12 500	
BX7,BX7D－1/13	20	0.20	4	13 500	
BX7,BX7D－2/3	20	0.10	1.9	17 500	
BX7,BX7D－2/4	20	0.10	2.2	21 000	
BX7,BX7D－2/5	20	0.10	2.6	25 000	
BX7,BX7D－2/6	20	0.10	3	29 000	
BX8,BX8D－2/1	20	0.10	4	37 000	
BX8,BX8D－2/2	20	0.10	4.8	43 000	
BX8,BX8D－2/3	20	0.10	5.4	49 000	
BX8,BX8D－2/4	20	0.20	6	20 000	
BX8,BX8D－2/5	20	0.20	6.6	22 000	
BX8,BX8D－2/6	20	0.20	7.2	24 000	
BX8,BX8D－2/7	20	0.20	8	26 000	
BX8,BX8D－3/1	20	0.10	6	55 000	
BX8,BX8D－3/2	20	0.10	7.2	65 000	
BX8,BX8D－3/3	20	0.10	8	74 000	
BX8,BX8D－3/4	20	0.20	9	30 000	
BX8,BX8D－3/5	20	0.20	10	33 000	
BX8,BX8D－3/6	20	0.20	10.8	36 000	
BX8,BX8D－3/7	20	0.20	12	39 000	

注:BX7D、BX8D 型是在 BX7、BX8 结构上的改进型,外形尺寸比 BX7、BX8 型略小。

1.12.3 频敏变阻器

1. 变阻器的适用范围

BP 系列（包括 BP1、BP2、BP3、BP4、BP6 和 BP8）频敏变阻器适用于交流 50Hz，转子最大电压 1 000V，额定输出功率 2. 2 ~ 2 240kW 的绕线式感应电动机的转子回路中；主要供电动机作短时起动、重复短时起动用。根据负载机械设备的不同，频敏变阻器的负载可分为轻载、中载、重载和满载四种类型。BP8 系列为 BP1、BP2、BP3、BP4 的改进替代产品。

2. 变阻器的结构特征

BP 系列频敏变阻器是一种静止无触点的电磁元件，相当于一个等值阻抗。在电动机起动过程中，由于等值阻抗随转子电流减小而自动下降（自动变阻），从而只需一级变阻器，就能使电动机完成平稳起动。变阻器实质上是一个铁芯损耗特大的三相电抗器。它由铁芯和绕组两个主要部分组成。铁芯结构形式有叠片式、钢管式、方柱式等；绕组有单绕组式、绕组加感应线圈、绕组加多层短路环等形式。变阻器线圈绕组由高温双玻璃丝包线绕制而成，每相绕组上有 5 个抽头，抽头比例为 0—30%—80%—90%—100%。见图 1-137。

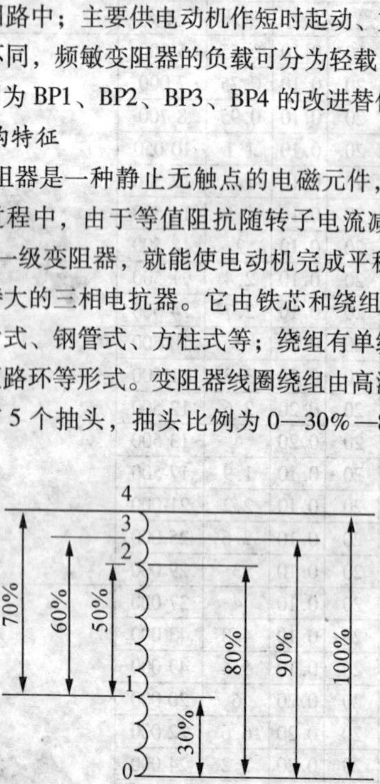

图 1-137 变阻器线圈绕组抽头比例

3. 接线示意图

由于单台变阻器的体制、重量不宜过大，所以当电机功率较大时，就应有多组变阻器连接起来使用，其接线种类有单组、2 组并联、2 组串联及 2 串 2 并等多种接法。

接线方法见图 1-138，其他接线方法依此类推。

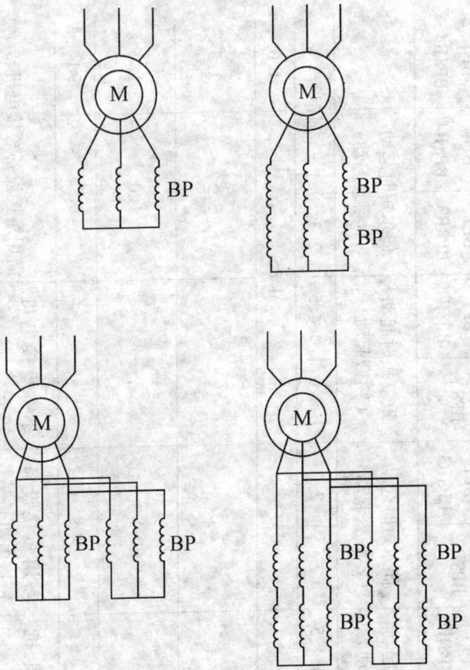

图 1-138　频敏变阻器接线示意图

4. BP 系列频敏变阻器产品分类及特性

频敏变阻器产品分类及特性见表 1-167。可根据不同的工作特性来选用。

5. 频敏变阻器调整的要求

（1）频敏变阻器的极性和接线应正确。

（2）频敏变阻器的抽头和气隙调整，应使电动机起动特性符合机械装置的要求。

（3）频敏变阻器配合电动机进行调整过程中，连续起动次数及总的起动时间，应符合产品技术文件的规定。

表 1－167　BP 系列频敏变阻器产品分类及特性

产品分类及特性	负载形式										
	轻载				中载				重载		满载
产品型号	BP2 BP8R2	BP3 BP8R3	BP8Y	BP1 BP8R1	BP8R2	BP1 BP8R3	BP8Y	BP1 BP8R1	BP2 BP8R3	BP4 BP8R4	BP4 BP8R4
起动特性分类	偶尔短时起动（不频繁起动）		重复短时起动（频繁起动）		偶尔短时起动（不频繁起动）		重复短时起动（频繁起动）		偶尔短时起动（不频繁起动）		
铁芯编号	7	2、3	1、8、9	0、4、5	7	2、3	1、8、9	0、4、5	2、3	圆钢管	
负载系数	0.4				0.7		0.85				1.0
起动及切除时定子冲击电流倍数参考值	1.6		—		2.0		—		2.5		2.5
起动转矩/电机额定转矩参考值，不小于	0.5		—		0.8		—		1.0		1.2
最大起动时间	60s		—		90s		—		90s		90s
起动至运行后对电机要求	需用短接设备短接电机转子		不需短接电机转子		需用短接设备短接电机转子		不需短接电机转子		需用短接设备短接电机转子		
负载设备种类	空压机、水泵		推钢机、拉钢机工作辊道、桥式吊车、打钢车、拔钢板、翻钢机		轧钢机、锯床、真空泵		推钢机、拉钢机工作辊道、桥式吊车、轧机中辊		运输皮带、轴流泵、破碎机		鼓风机、球磨机、破碎机

6. BP 系列频敏变阻器外形及安装尺寸

BP 系列频敏变阻器外形安装尺寸见图 1－139a、139b 及表 1－168。

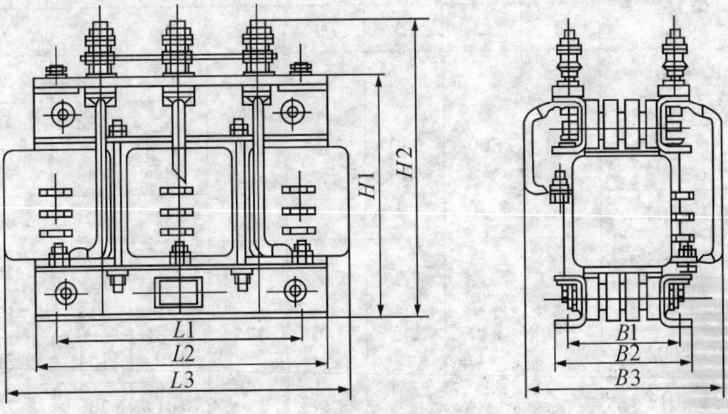

图 1－139a　BP1～BP6 系列外形安装示意图

表 1－168a　BP1～6 系列外形及安装尺寸

型号	外形及安装尺寸/mm							
	*L*1	*L*2	*L*3	*H*1	*H*2	*B*1	*B*2	*B*3
BP1－204	240	290	330	182	230	100	140	240
BP1－205						115	155	255
BP1－206						130	170	270
BP1－208						160	200	300
BP1－210						190	230	330
BP1－212						210	260	411
BP1－305	360	440	490	252	380	125	173	325
BP1－306						153	205	355
BP1－308						180	230	380
BP1－310						230	280	430
BP1－312						260	310	460
BP1－316						290	340	490

续表

型号	外形及安装尺寸/mm							
	*L*1	*L*2	*L*3	*H*1	*H*2	*B*1	*B*2	*B*3
BP2－701	240	300	330	215	270	102	124	284
BP2－702						162	184	344
BP2－703						222	244	404
BP2－704						282	304	464
BP3－003	200	240	255	140	175	64	89	149
BP3－005						90	115	175
BP3－008						129	154	214
BP3－012						181	206	266
BP3－506	250	310	510	230	230	138	178	278
BP3－508						174	214	314
BP3－510	250	310	510	230	230	210	250	350
BP3－512						246	286	386
BP3－406	400	480	—	252	380	148	198	348
BP3－408						184	234	384
BP3－410						220	270	420
BP3－412						256	306	378
BP3－416						328	378	578
BP4－01	128	—	387	173	263	89	126	286
BP4－02	144	—	435	173	263	105	142	302
BP4－03	144	—	435	204	294	105	142	302
BP4－04	160	—	485	204	294	135	165	325
BP4－05	160	—	485	233	323	135	165	325
BP4－06	186	—	558	233	323	139	182	342

续表

型号	外形及安装尺寸/mm							
	L1	L2	L3	H1	H2	B1	B2	B3
BP4 - 07	186	—	558	263	353	139	182	342
BP4 - 08	202	—	610	293	423	157	200	360
BP4 - 09	202	—	610	333	453	157	200	360
BP4 - 10	239	—	717	333	453	196	239	399
BP4 - 11	239	—	717	393	513	196	239	399
BP4 - 12	271	—	818	393	513	233	276	436
BP4 - 13	271	—	818	463	583	233	276	436
BP6 - 1	500	—	600	—	360	—	210	250
BP6 - 2	500	—	600	—	360	—	336	376

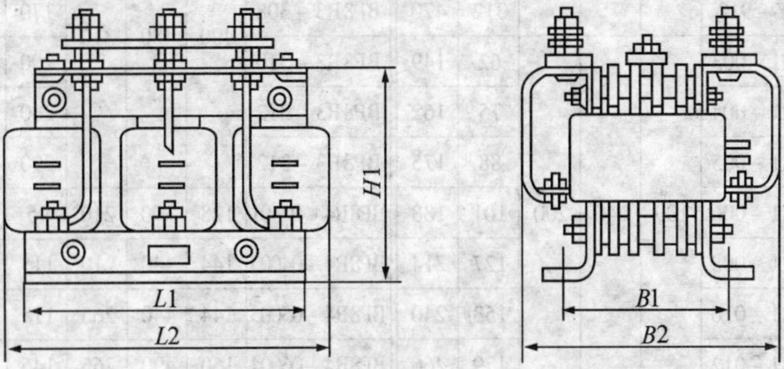

图 1 - 139b　BP8 系列外形安装示意图

表 1-168b BP8 系列外形及安装尺寸

型号	外形及安装尺寸/mm					型号	外形及安装尺寸/mm				
	*L*1	*L*2	*H*1	*B*1	*B*2		*L*1	*L*2	*H*1	*B*1	*B*2
BP8Y-103	90	220	230	62	172	BP8R2-701	280	370	250	104	234
BP8Y-105				88	198	BP8R2-702				157	287
BP8Y-108				127	237	BP8R2-703				210	340
BP8Y-110				153	263	BP8R2-704				263	393
BP8Y-112				179	289	BP8R3-204	250	310	215	100	240
BP8Y-806	120	240	280	138	280	BP8R3-205				115	255
BP8Y-808				174	320	BP8R3-206				130	270
BP8Y-810				210	350	BP8R3-208				160	300
BP8Y-812				246	390	BP8R3-210				190	330
BP8Y-906	220	390	400	180	340	BP8R3-212				220	360
BP8Y-908				224	390	BP8R3-305	400	480	310	125	270
BP8Y-910				268	430	BP8R3-306				140	285
BP8Y-912				312	470	BP8R3-308				170	315
BP8R1-003	109	240	200	62	149	BP8R3-310				200	345
BP8R1-004				75	162	BP8R3-312				230	375
BP8R1-005				88	175	BP8R3-312				290	435
BP8R1-006				101	188	BP8R4-02501	128	390	210	95	250
BP8R1-008				127	214	BP8R4-04005	144	440	210	115	270
BP8R1-010				153	240	BP8R4-05003	144	440	265	115	270
BP8R1-012				179	266	BP8R4-06004	160	490	265	145	300
BP8R1-406	400	480	310	153	300	BP8R4-08005	160	490	310	145	300
BP8R1-408				189	340	BP8R4-10006	180	560	310	148	310
BP8R1-410				225	370	BP8R4-12007	180	560	350	148	310
BP8R1-412				261	410	BP8R4-16008	190	615	350	175	340

续表

型号	外形及安装尺寸/mm					型号	外形及安装尺寸/mm				
	$L1$	$L2$	$H1$	$B1$	$B2$		$L1$	$L2$	$H1$	$B1$	$B2$
BP8R1 - 416	400	480	310	333	480	BP8R4 - 20009	190	615	440	175	340
BP8R1 - 504	250	310	215	102	245	BP8R4 - 25010	225	725	440	205	400
BP8R1 - 506				138	280	BP8R4 - 31011	225	725	495	205	400
BP8R1 - 508				174	320	BP8R4 - 40012	255	820	495	230	435
BP8R1 - 510				210	350	BP8R4 - 50013	255	820	590	230	435
BP8R1 - 512				246	390						

7. BP8 系列频敏变阻器的选型

根据电机规格和操作频繁程度的不同，可在表 1 - 169 中直接查出变阻器的规格。

当起动冲击电流过大时，在保证变阻器线圈绕组能承载电机转子电流的情况下，可适当调整线圈匝数及增加变阻器的串联数量，从而有效起动冲击电流，确保输电网络正常。

当电机起动力矩不够、起动较慢时，在保证电网电压正常的情况下，可适当调整线圈匝数及增加变阻器的并联数量，从而增大起动力矩，使设备正常工作。

应强调的是，表 1 - 169 注明的 BP8 系列选型，BP1、BP2、BP3 和 BP4 也可参照选用，对应如下：

（1）BP1 对应 BP8Y 用于 YZR 系列起重及冶金用绕线型电机专用。

（2）BP1 对应 BP8R1 用于 JZR、JZR2 系列起重及冶金用绕线型电机专用。

（3）BP2 对应 BP8R2 用于 JR 系列、YR 系列及各类绕线型感应电动机。

（4）BP3 对应 BP8R3 用于 JR 系列、YR 系列及各类绕线型感应电动机。

（5）BP4 对应 BP8R4 用于 JR 系列、YR 系列及各类绕线型感应电动机。

表 1 - 169a　BP8Y 系列频敏变阻器选型表

YZR 电机规格	电机极数	电机功率/kW	电机转子电流/A	每小时起动 100 ~ 400 次		每小时起动 400 ~ 600 次		每小时起动 600 ~ 1 000 次	
				变阻器规格	每组台数	变阻器规格	每组台数	变阻器规格	每组台数
112M	6	1.6	12	103/8003	1	103/7103	1	105/4504	1
132MA	6	2.2	12	103/8003	1	105/6303	1	108/5004	1
132MB	6	3.7	13	103/8003	1	108/6303	1	112/4004	1
160MA	6	5.8	27	108/4005	1	112/2805	1	108/2008	2 串
160MB	6	7.5	28	112/6305	1	808/6306	1	812/6308	1
160L	6	11	28	806/6305	1	810/6306	1	808/6308	2 串
180L	6	15	44	810/6308	1	812/5012	1	908/5612	1
200L	6	22	70	812/5012	1	812/3216	2 串	810/4510	2 串 2 并
225M	6	28	75	808/3612	2 串	910/3616	1	908/3620	2 串
250MA	6	37	91	908/3216	1	912/3223	1	910/2825	2 串
250MB	6	45	95	908/3216	1	908/3220	2 串	912/2825	2 串 2 并
280S	6	55	120	908/2225	1	908/2225	2 串	908/4016	2 串 2 并
280M	6	75	124	910/4025	2 串	910/5012	2 串 2 并	910/3616	2 串 2 并
160L	8	7.5	25	110/5004	1	808/10005	1	812/8006	1
180L	8	11	41	808/6308	1	810/5010	1	808/4012	2 串
200L	8	15	54	808/5010	1	908/5016	1	908/4516	2 串

续表

YZR 电机规格	电机极数	电机功率/kW	电机转子电流/A	每小时起动 100～400 次		每小时起动 400～600 次		每小时起动 600～1 000 次	
				变阻器规格	每组台数	变阻器规格	每组台数	变阻器规格	每组台数
225M	8	22	59	808/4510	1	908/5016	1	912/4516	2 串
250MA	8	30	69	906/4512	1	910/4016	1	908/3620	2 串
250MB	8	37	70	906/4512	1	910/4016	1	910/3625	2 串
280S	8	45	90	912/5616	1	910/3225	2 串	910/4016	2 串 2 并
280M	8	55	92	912/5616	1	910/3225	2 串	910/4016	2 串 2 并
315S	8	75	159	908/2225	2 串	910/3216	2 并	912/2820	2 串 2 并
315M	8	90	160	908/3616	2 并	908/4516	2 串 2 并	912/3220	2 串 2 并
280S	10	37	153	908/2225	1	912/1832	1	912/3220	2 并
280M	10	45	165	910/2230	1	908/3625	2 并	908/3625	2 串 2 并
315S	10	55	138	910/2225	1	908/4016	2 并	910/3620	2 串 2 并
315M	10	75	149	908/2525	2 串	912/1832	2 串	912/2825	2 串 2 并
355M	10	90	166	908/1832	2 串	912/3216	2 并	912/2825	2 串 2 并
355LA	10	110	172	910/1832	2 串	908/3616	2 串 2 并	910/2825	3 串 2 并
355LB	10	132	167	912/1832	2 串	910/3216	2 串 2 并	912/2825	3 串 2 并
400LA	10	160	244	910/4520	2 串 2 并	912/2825	3 串 2 并	912/1832	5 串 2 并
400LB	10	200	252	912/3620	2 串 2 并	912/2225	4 串 2 并	912/1832	6 串 2 并

表 1－169b　BP8R1 系列频敏变阻器选型表(JZR 系列电机专用)

电机型号规格	电机功率/kW	电机转子电流/A	每小时起动 100～400 次		每小时起动 400～600 次		每小时起动 600～1 000 次	
			变阻器规格	每组台数	变阻器规格	每组台数	变阻器规格	每组台数
JZR－11－6	2.2	12	003/11203	1	003/11203	1	005/8003	1
JZR－12－6	3.5	12	005/10003	1	005/10003	1	008/8003	1
JZR－21－6	5	21	008/8004	1	008/8004	1	012/6304	1
JZR－22－6	7.5	22	012/8004	1	012/8004	1	510/6304	1
JZR－31－6	11	36	510/5008	1	510/5008	1	406/6308	1
JZR－31－8	7.5	28	012/6303	1	012/6306	1	510/5006	1
JZR－41－8	11	47	510/4010	1	510/4010	1	406/5010	1
JZR－42－8	16	46	512/4010	1	512/4010	1	408/5010	1
JZR－51－8	22	71	408/4016	1	408/4016	1	412/3216	1
JZR－52－8	30	74	410/4016	1	410/4016	1	408/6308	2 并
JZR－61－10	30	133	410/2525	1	410/2525	1	408/4012	2 并
JZR－62－10	45	138	408/5012	1	408/5012	2 并	412/4012	2 并
JZR－63－10	60	180	410/4016	1	410/4016	2 并	408/3216	2 串 2 并
JZR－71－10	80	167	412/4016	2 并	412/4016	2 并	410/3216	2 串 2 并
JZR－72－10	100	170	408/4016	2 并	408/4016	2 串 2 并	412/3216	2 串 2 并
JZR－73－10	125	175	410/4016	2 并	410/4016	2 串 2 并	408/3216	3 串 2 并
JZR2－11－6	2.2	12	003/11203	1	003/11203	1	005/8003	1

续表

电机型号规格	电机功率/kW	电机转子电流/A	每小时起动 100～400 次		每小时起动 400～600 次		每小时起动 600～1 000 次	
			变阻器规格	每组台数	变阻器规格	每组台数	变阻器规格	每组台数
JZR2－12－6	3.5	12	003/11203	1	005/10003	1	008/8003	1
JZR2－21－6	5	18	005/10004	1	008/8004	1	012/6304	1
JZR2－22－6	7.5	19	008/10004	1	012/8004	1	510/8004	1
JZR2－31－6	11	32	506/8006	1	510/6306	1	406/8006	1
JZR2－31－8	7.5	27	008/8006	1	012/6306	1	510/6306	1
JZR2－41－8	11	49	506/5010	1	510/4010	1	406/5010	1
JZR2－42－8	16	49	508/5010	1	512/6310	1	408/8010	1
JZR2－51－8	22	64	512/4012	1	408/5012	1	412/4012	1
JZR2－52－8	30	67	406/6312	1	410/5012	1	408/8006	2 并
JZR2－61－10	30	146	406/3232	1	410/2532	1	408/3216	2 并
JZR2－62－10	45	158	408/3232	1	412/2032	1	410/3216	2 并
JZR2－63－10	60	165	410/2532	1	408/4016	2 并	412/3216	2 并
JZR2－64－10	65	154	412/3232	1	410/4016	2 并	408/3216	2 串 2 并
JZR2－71－10	80	176	408/5016	2 并	412/4016	2 并	410/3216	2 串 2 并
JZR2－72－10	100	177	410/5016	2 并	408/4016	2 串 2 并	412/3216	2 串 2 并
JZR2－73－10	125	181	412/5016	2 并	410/4016	2 串 2 并	408/3216	3 串 2 并

表 1－169c　BP8R1 系列频敏变阻器选型表(重复短时工作制电机专用)

JZR、JZR2 电机功率 /kW	电机转子电流/A	每小时起动次数							
		250 次以下		250～400 次		400～630 次		630 次以上	
		变阻器规格	每组台数	变阻器规格	每组台数	变阻器规格	每组台数	变阻器规格	每组台数
2.0～2.5	12～16	004/10003	1	004/10003	1	006/8004	1	010/6305	1
3.2～4.0	12～16	006/10003	1	006/10003	1	010/8004	1	508/8006	1
4.1～5.0	18～22	008/8004	1	008/8004	1	012/6305	1	510/6308	1
6.3～8.0	19～25	504/12504	1	506/10005	1	510/8006	1	406/8010	1
6.3～8.0	26～32	504/10005	1	506/8006	1	510/6308	1	406/6312	1
10～12.5	32～40	506/8006	1	510/6308	1	406/6312	1	410/5016	1
10～12.5	41～50	506/6308	1	510/5010	1	406/5016	1	410/4020	1
12.6～16	41～50	508/6308	1	512/5010	1	408/5016	1	412/4020	1
20～25	63～80	512/4016	1	408/4020	1	412/3225	1	410/2532	2 串
26～32	63～80	406/5016	1	410/4020	1	416/3225	1	412/2532	2 串
26～32	125～160	406/2532	1	410/2040	1	416/1650	1	412/2532	2 并
40～50	125～160	410/2532	1	416/2040	1	412/3225	2 并	410/2532	2 串 2 并
51～63	125～160	412/2532	1	410/4020	2 并	416/3225	2 并	412/2532	2 串 2 并
64～80	160～200	416/2040	1	412/3225	2 并	410/2532	2 串 2 并	416/2040	2 串 2 并
81～100	160～200	410/4020	2 并	416/3225	2 并	412/2532	2 串 2 并	416/2040	2 串 2 并
101～125	160～200	412/4020	2 并	410/3225	2 串 2 并	416/2532	2 串 2 并	416/2040	3 串 2 并

表 1－169d　BP8R2 系列频敏变阻器选型换算系数表（E 值）表

电机功率/kW	14	20	28	40	45	50	55	60	65	70	75	80	85	90
E	0.317	0.271	0.246	0.235	0.234	0.226	0.217	0.210	0.210	0.206	0.204	0.201	0.198	0.197
电机功率/kW	95	100	110	115	125	130	135	140	145	150	155	160	165	170
E	0.193	0.190	0.183	0.181	0.175	0.172	0.170	0.168	0.166	0.164	0.162	0.160	0.158	0.157
电机功率/kW	180	185	190	200	210	215	220	225	230	240	245	250	260	275
E	0.154	0.152	0.151	0.148	0.145	0.144	0.143	0.142	0.141	0.138	0.137	0.136	0.134	0.132
电机功率/kW	280	300	310	320	330	340	350	360	370	380	390	400	410	425
E	0.131	0.128	0.126	0.125	0.123	0.122	0.121	0.120	0.118	0.117	0.116	0.115	0.114	0.113
电机功率/kW	430	440	460	475	480	500	520	525	550	560	570	575	580	600
E	0.112	0.111	0.110	0.108	0.108	0.106	0.105	0.104	0.103	0.102	0.101	0.101	0.100	0.099
电机功率/kW	625	630	650	680	700	710	720	750	780	800	850	900	1 000	1 050
E	0.098	0.097	0.097	0.095	0.094	0.094	0.093	0.092	0.091	0.090	0.088	0.086	0.083	0.081

注：BP8R2 系列频敏变阻器用于 JR 系列、YR 系列及各类绕线感应电动机。

表 1－169e　BP8R2 系列频敏变阻器选型表

电机功率/kW	UE 值	变阻器规格	每组台数	电机功率/kW	UE 值	变阻器规格	每组台数
10～35	22.8～25.9	701/3613	1	70～105	30～34.3	703/2130	1
	25.9～29.7	701/4113	1		34.3～38.6	703/2426	1
	29.7～34.2	701/4713	1		38.6～44.3	703/2722	1
	34.2～39.2	701/5409	1		44.3～51.5	703/3122	1
	39.2～45.6	701/6209	1		51.5～58.6	703/3618	1
	45.6～51.9	701/7209	1		58.6～67.1	703/4115	1
	51.9～60.1	701/8206	1		67.1～77.2	703/4713	1
	60.1～69	701/9506	1		77.2～88.6	703/5413	1
	69～79.1	701/10906	1		88.6～103	703/6213	1
	79.1～91.1	701/12506	1		103～117.2	703/7209	1
	91.1～105	701/14404	1		117.2～136	703/8209	1
35～70	26.1～29.3	702/2426	1	105～140	31.6～36.8	704/1836	1
	29.3～33.7	702/2722	1		36.8～42.1	704/2130	1
	33.7～39.1	702/3122	1		42.1～47.3	704/2426	1
	39.1～44.6	702/3618	1		47.3～54.4	704/2722	1
	44.6～52.2	702/4115	1		54.4～63.2	704/3122	1
	52.2～58.7	702/4713	1		63.2～72	704/3618	1
	58.7～67.5	702/5413	1		72～82.5	704/4115	1
	67.5～78.3	702/6213	1		82.5～94.8	704/4713	1
	78.3～89.2	702/7209	1		94.8～109	704/5413	1
	89.2～103.4	702/8209	1		109～126.4	704/6213	1
	103.4～118.5	702/9506	1				

续表

电机功率/kW	UE 值	变阻器规格	每组台数	电机功率/kW	UE 值	变阻器规格	每组台数
140 ~ 210	23.4 ~ 26.7	703/2130	2 并	280 ~ 420	21.2 ~ 24.8	704/1836	3 并
	26.7 ~ 30	703/2426	2 并		24.8 ~ 28.3	704/2130	3 并
	30 ~ 34.5	703/2722	2 并		28.3 ~ 31.8	704/2426	3 并
	34.5 ~ 40.1	703/3122	2 并		31.8 ~ 36.6	704/2722	3 并
	40.1 ~ 45.7	703/3618	2 并		36.6 ~ 42.5	704/3122	3 并
	45.7 ~ 52.3	703/4115	2 并		42.5 ~ 48.4	704/3618	3 并
	52.3 ~ 60.1	703/4713	2 并		48.4 ~ 55.5	704/4115	3 并
	60.1 ~ 69	703/5413	2 并		55.5 ~ 63.7	704/4713	3 并
	69 ~ 80.2	703/6213	2 并		63.7 ~ 73.2	704/5413	3 并
	80.2 ~ 91.3	703/7209	2 并		73.2 ~ 85	704/6213	3 并
	91.3 ~ 105.8	703/8209	2 并	420 ~ 560	38.3 ~ 44.7	704/1836	2 串 2 并
210 ~ 280	24.6 ~ 28.7	704/1836	2 并		44.7 ~ 51.1	704/2130	2 串 2 并
	28.7 ~ 32.8	704/2130	2 并		51.1 ~ 57.5	704/2426	2 串 2 并
	32.8 ~ 36.9	704/2426	2 并		57.5 ~ 66	704/2722	2 串 2 并
	36.9 ~ 42.3	704/2722	2 并		66 ~ 76.7	704/3122	2 串 2 并
	42.3 ~ 49.2	704/3122	2 并		76.7 ~ 87.3	704/3618	2 串 2 并
	49.2 ~ 56	704/3618	2 并		87.3 ~ 100	704/4115	2 串 2 并
	56 ~ 64.2	704/4115	2 并		100 ~ 115	704/4713	2 串 2 并
	64.2 ~ 73.8	704/4713	2 并		115 ~ 132	704/5413	2 串 2 并
	73.8 ~ 84.7	704/5413	2 并		132 ~ 153.4	704/6213	2 串 2 并
	84.7 ~ 98.4	704/6213	2 并				

续表

电机功率/kW	UE 值	变阻器规格	每组台数	电机功率/kW	UE 值	变阻器规格	每组台数
560 ~ 840	33.2 ~ 38.7	704/1836	2 串 3 并	840 ~ 1 050	29.9 ~ 34.9	704/1836	2 串 4 并
	38.7 ~ 44.2	704/2130	2 串 3 并		34.9 ~ 39.9	704/2130	2 串 4 并
	44.2 ~ 49.8	704/2426	2 串 3 并		39.9 ~ 44.8	704/2426	2 串 4 并
	49.8 ~ 57.1	704/2722	2 串 3 并		44.8 ~ 51.5	704/2722	2 串 4 并
	57.1 ~ 66.3	704/3122	2 串 3 并		51.5 ~ 59.8	704/3122	2 串 4 并
	66.3 ~ 75.5	704/3618	2 串 3 并		59.8 ~ 68.1	704/3618	2 串 4 并
	75.5 ~ 86.6	704/4115	2 串 3 并		68.1 ~ 78.1	704/4115	2 串 4 并
	86.6 ~ 99.5	704/4713	2 串 3 并		78.1 ~ 89.7	704/4713	2 串 4 并
	99.5 ~ 114.2	704/5413	2 串 3 并		89.7 ~ 103	704/5413	2 串 4 并
	114.2 ~ 132.7	704/6213	2 串 3 并		103 ~ 119.7	704/6213	2 串 4 并

表 1 – 169f BP8R3 系列频敏变阻器选型表

电机功率/kW	电机转子电流/A	负载形式					
		轻载起动		中载起动		重载起动	
		变阻器规格	每组台数	变阻器规格	每组台数	变阻器规格	每组台数
22 ~ 28	51 ~ 63	204/16003	1	205/10005	1	205/8006	1
	64 ~ 80	204/12504	1	205/8006	1	205/6308	1
	81 ~ 100	204/10005	1	205/6308	1	205/5010	1
	101 ~ 125	204/8006	1	205/5010	1	205/4012	1

续表

电机功率/kW	电机转子电流/A	负载形式					
		轻载起动		中载起动		重载起动	
		变阻器规格	每组台数	变阻器规格	每组台数	变阻器规格	每组台数
29 ~ 35	51 ~ 63	204/16003	1	206/10005	1	206/8006	1
	64 ~ 80	204/12504	1	206/8006	1	206/6308	1
	81 ~ 100	204/10005	1	206/6308	1	206/5010	1
	101 ~ 125	204/8006	1	206/5010	1	206/4012	1
36 ~ 45	51 ~ 63	204/16003	1	208/10005	1	208/8006	1
	64 ~ 80	204/12504	1	208/8006	1	208/6308	1
	81 ~ 100	204/10005	1	208/6308	1	208/5010	1
	101 ~ 125	204/8006	1	208/5010	1	208/4012	1
46 ~ 55	64 ~ 80	205/12504	1	210/8006	1	210/6308	1
	81 ~ 100	205/10005	1	210/6308	1	210/5010	1
	101 ~ 125	205/8006	1	210/5010	1	210/4012	1
	126 ~ 160	205/6308	1	210/2025	1	210/3216	1
56 ~ 70	126 ~ 160	206/6308	1	212/4012	1	212/3216	1
	161 ~ 200	206/5010	1	212/3216	1	212/2520	1
	201 ~ 250	206/4012	1	212/2520	1	212/2025	1
	251 ~ 315	206/3216	1	212/2025	1	212/2040	1

续表

电机功率/kW	电机转子电流/A	负载形式					
		轻载起动		中载起动		重载起动	
		变阻器规格	每组台数	变阻器规格	每组台数	变阻器规格	每组台数
71 ~ 90	161 ~ 200	208/5010	1	305/5016	1	305/4020	1
	201 ~ 250	208/4012	1	305/4020	1	305/3225	1
	251 ~ 315	208/3216	1	305/3225	1	305/2532	1
	316 ~ 400	208/2520	1	305/2532	1	305/2040	1
91 ~ 115	161 ~ 200	210/5010	1	306/5016	1	306/4020	1
	201 ~ 250	210/4012	1	306/4020	1	306/3225	1
	251 ~ 315	210/3216	1	306/3225	1	306/2532	1
	316 ~ 400	210/2520	1	306/2532	1	306/2040	1
120 ~ 140	201 ~ 250	212/4012	1	308/4020	1	308/3225	1
	251 ~ 315	212/3216	1	308/3225	1	308/2532	1
	316 ~ 400	212/2520	1	308/2532	1	308/2040	1
	401 ~ 500	212/2025	1	308/2040	1	308/1650	1
145 ~ 180	201 ~ 250	305/6312	1	310/4020	1	310/3225	1
	251 ~ 315	305/5016	1	310/3225	1	310/2532	1
	316 ~ 400	305/4020	1	310/2532	1	310/2040	1
	401 ~ 500	305/3225	1	310/2040	1	310/1650	1

续表

电机功率/kW	电机转子电流/A	负载形式					
		轻载起动		中载起动		重载起动	
		变阻器规格	每组台数	变阻器规格	每组台数	变阻器规格	每组台数
185 ~ 225	201 ~ 250	306/6312	1	312/4020	1	312/3225	1
	251 ~ 315	306/5016	1	312/3225	1	312/2532	1
	316 ~ 400	306/4020	1	312/2532	1	312/2040	1
	401 ~ 500	306/3225	1	312/2040	1	312/1650	1
230 ~ 280	201 ~ 250	308/6312	1	316/4020	1	316/3225	1
	251 ~ 315	308/5016	1	316/3225	1	316/2532	1
	316 ~ 400	308/4020	1	316/2532	1	316/2040	1
	401 ~ 500	308/3225	1	316/2040	1	316/1650	1
285 ~ 355	251 ~ 315	310/5016	1	310/6312	2 并	310/5016	2 并
	316 ~ 400	310/4020	1	310/5016	2 并	310/4020	2 并
	401 ~ 500	310/3225	1	310/4020	2 并	310/3225	2 并
	501 ~ 630	310/2532	1	310/3225	2 并	310/2532	2 并
360 ~ 450	251 ~ 315	312/5016	1	312/6312	2 并	312/5016	2 并
	316 ~ 400	312/4020	1	312/5016	2 并	312/4020	2 并
	401 ~ 500	312/3225	1	312/4020	2 并	312/3225	2 并
	501 ~ 630	312/2532	1	312/3225	2 并	312/2532	2 并

续表

电机功率/kW	电机转子电流/A	负载形式					
		轻载起动		中载起动		重载起动	
		变阻器规格	每组台数	变阻器规格	每组台数	变阻器规格	每组台数
460 ~ 560	316 ~ 400	316/4020	1	316/5016	2 并	316/4020	2 并
	401 ~ 500	316/3225	1	316/4020	2 并	316/3225	2 并
	501 ~ 630	316/2532	1	316/3225	2 并	316/2532	2 并
	631 ~ 800	316/2040	1	316/2532	2 并	316/2040	2 并
570 ~ 710	316 ~ 400	310/4020	2 串	310/5016	2 串 2 并	310/4020	2 串 2 并
	401 ~ 500	310/3225	2 串	310/4020	2 串 2 并	310/3225	2 串 2 并
	501 ~ 630	310/5016	2 并	310/3225	2 串 2 并	310/2532	2 串 2 并
	631 ~ 800	310/4020	2 并	310/2532	2 串 2 并	310/2040	2 串 2 并
720 ~ 900	401 ~ 500	312/3225	2 串	316/5016	3 并	316/4020	3 并
	501 ~ 630	312/2532	2 串	316/4020	3 并	316/3225	3 并
	631 ~ 800	312/4020	2 并	316/3225	3 并	316/2532	3 并
	801 ~ 1 000	312/3225	2 并	316/2532	3 并	316/2040	3 并
910 ~ 1120	401 ~ 500	310/3225	2 串	316/4020	2 串 2 并	316/3225	2 串 2 并
	501 ~ 630	310/2532	2 串	316/3225	2 串 2 并	316/2532	2 串 2 并
	631 ~ 800	310/4020	2 并	316/5016	4 并	316/4020	4 并
	801 ~ 1 000	310/3225	2 并	316/4020	4 并	316/3225	4 并

续表

电机功率/kW	电机转子电流/A	负载形式					
		轻载起动		中载起动		重载起动	
		变阻器规格	每组台数	变阻器规格	每组台数	变阻器规格	每组台数
1 130 ~ 1 400	631 ~ 800	310/4020	2 串 2 并	316/6312	5 并	316/5016	5 并
	801 ~ 1 000	310/3225	2 串 2 并	316/5016	5 并	316/4020	5 并
	1 001 ~ 1 250	310/2532	2 串 2 并	316/4020	5 并	316/3225	5 并
	1 251 ~ 1 600	310/2040	2 串 2 并	316/3225	5 并	316/2532	5 并
1 410 ~ 1 800	801 ~ 1 000	316/4020	3 并	316/3225	2 串 3 并	316/2040	2 串 3 并
	1 001 ~ 1 250	316/3225	3 并	316/2532	2 串 3 并	316/1650	2 串 3 并
	1 251 ~ 1 600	316/2532	3 并	316/2040	2 串 3 并	316/2532	6 并
	1 601 ~ 2 000	316/2040	3 并	316/1650	2 串 3 并	316/2040	6 并
1 810 ~ 2 240	801 ~ 1 000	316/3225	2 串 2 并	316/4020	2 串 4 并	316/3225	2 串 4 并
	1 001 ~ 1 250	316/2532	2 串 2 并	316/3225	2 串 4 并	316/2532	2 串 4 并
	1 251 ~ 1 600	316/4020	4 并	316/2532	2 串 4 并	316/4020	8 并
	1 601 ~ 2 000	316/3225	4 并	316/2040	2 串 4 并	316/3225	8 并

注：BP8R3 系列频敏变阻器于 JR 系列、YR 系列及各类绕线型感应电动机。

表 1－169g　BP8R4 系列频敏变阻器选型表

电机功率/kW	电机转子电流/A	负载形式					
		轻载起动		中载起动		重载起动	
		变阻器规格	每组台数	变阻器规格	每组台数	变阻器规格	每组台数
14～25	25～30	02501/22003	1	02501/24504	1	02501/24504	1
	31～40	02501/11504	1	02501/19605	1	02501/19605	1
	41～50	02501/12505	1	02501/14006	1	02501/14006	1
	51～63	02501/10006	1	02501/11208	1	02501/11208	1
	64～80	02501/08008	1	02501/09010	1	02501/09010	1
26～40	64～80	04002/10006	1	04002/11208	1	04002/10010	1
	81～100	04002/08008	1	04002/09010	1	04002/08012	1
	101～125	04002/06310	1	04002/07113	1	04002/06316	1
	126～160	04002/05013	1	04002/05616	1	04002/05020	1
	161～200	04002/04016	1	04002/04520	1	04002/04025	1
	201～250	04002/03220	1	04002/03625	1	04002/03232	1
41～50	64～80	05003/11206	1	05003/12508	1	05003/11210	1
	81～100	05003/09008	1	05003/10010	1	05003/09012	1
	101～125	05003/07110	1	05003/08013	1	05003/07116	1
	126～160	05003/05613	1	05003/06316	1	05003/05620	1
	161～200	05003/04516	1	05003/05020	1	05003/04525	1
	201～250	05003/03620	1	05003/04025	1	05003/03632	1

续表

电机功率/kW	电机转子电流/A	负载形式					
		轻载起动		中载起动		重载起动	
		变阻器规格	每组台数	变阻器规格	每组台数	变阻器规格	每组台数
51 ~ 63	64 ~ 80	06304/16006	1	06304/17908	1	06304/16010	1
	81 ~ 100	06304/12508	1	06304/14010	1	06304/12512	1
	101 ~ 125	06304/10010	1	06304/11213	1	06304/10016	1
	126 ~ 160	06304/08013	1	06304/09016	1	06304/08020	1
	161 ~ 200	06304/06316	1	06304/07120	1	06304/06325	1
	201 ~ 250	06304/05020	1	06304/05625	1	06304/05032	1
64 ~ 80	101 ~ 125	08005/11210	1	08005/12513	1	08005/11216	1
	126 ~ 160	08005/09013	1	08005/10016	1	08005/09020	1
	161 ~ 200	08005/07116	1	08005/08020	1	08005/07125	1
	201 ~ 250	08005/05620	1	08005/06325	1	08005/05632	1
	251 ~ 315	08005/04525	1	08005/05032	1	08005/04540	1
	316 ~ 400	08005/03632	1	08005/04040	1	08005/03650	1
81 ~ 100	101 ~ 125	10006/12510	1	10006/14013	1	10006/12516	1
	126 ~ 160	10006/10013	1	10006/11216	1	10006/10020	1
	161 ~ 200	10006/08016	1	10006/09020	1	10006/08025	1
	201 ~ 250	10006/06320	1	10006/07125	1	10006/06332	1
	251 ~ 315	10006/05025	1	10006/05632	1	10006/05040	1
	316 ~ 400	10006/04032	1	10006/04540	1	10006/04050	1

续表

电机功率/kW	电机转子电流/A	负载形式					
		轻载起动		中载起动		重载起动	
		变阻器规格	每组台数	变阻器规格	每组台数	变阻器规格	每组台数
101 ~ 125	126 ~ 160	12507/11213	1	12507/12516	1	12507/11220	1
	161 ~ 200	12507/09016	1	12507/10020	1	12507/09025	1
	201 ~ 250	12507/07120	1	12507/08025	1	12507/07132	1
	251 ~ 315	12507/05625	1	12507/06332	1	12507/05640	1
	316 ~ 400	12507/04532	1	12507/05040	1	12507/04550	1
	401 ~ 500	12507/03640	1	12507/04050	1	12507/03663	1
126 ~ 160	201 ~ 250	16008/08020	1	16008/09025	1	16008/08032	1
	251 ~ 315	16008/06325	1	16008/07132	1	16008/06340	1
	316 ~ 400	16008/05032	1	16008/05640	1	16008/05050	1
	401 ~ 500	16008/04040	1	16008/04550	1	16008/04063	1
161 ~ 200	201 ~ 250	20009/09020	1	20009/10025	1	20009/09032	1
	251 ~ 315	20009/07125	1	20009/08032	1	20009/07140	1
	316 ~ 400	20009/05632	1	20009/06340	1	20009/05650	1
	401 ~ 500	20009/04540	1	20009/05050	1	20009/04563	1
201 ~ 250	201 ~ 250	25010/09020	1	25010/10025	1	25010/09032	1
	251 ~ 315	25010/07125	1	25010/08032	1	25010/07140	1
	316 ~ 400	25010/05632	1	25010/06340	1	25010/05650	1
	401 ~ 500	25010/04540	1	25010/05050	1	25010/04563	1

续表

电机功率/kW	电机转子电流/A	负载形式					
		轻载起动		中载起动		重载起动	
		变阻器规格	每组台数	变阻器规格	每组台数	变阻器规格	每组台数
251 ~ 315	251 ~ 315	31511/08025	1	31511/09032	1	31511/08040	1
	316 ~ 400	31511/06332	1	31511/07140	1	31511/06350	1
	401 ~ 500	31511/05040	1	31511/05650	1	31511/05063	1
	501 ~ 630	31511/04050	1	31511/04563	1	16008/06340	2 并
316 ~ 400	251 ~ 315	40012/10025	1	40012/11232	1	40012/10040	1
	316 ~ 400	40012/08032	1	40012/09040	1	40012/08050	1
	401 ~ 500	40012/06340	1	40012/07150	1	40012/06363	1
	501 ~ 630	40012/05050	1	40012/05663	1	20009/07140	2 并
401 ~ 500	251 ~ 315	50013/11225	1	50013/12532	1	50013/11240	1
	316 ~ 400	50013/09032	1	50013/10040	1	50013/09050	1
	401 ~ 500	50013/07140	1	50013/08050	1	50013/07163	1
	501 ~ 630	50013/05650	1	50013/06363	1	25010/07140	2 并
	631 ~ 800	50013/05063	1	25010/06340	1	25010/05650	2 并
501 ~ 630	316 ~ 400	31511/06332	2 串	31511/07140	2 串	31511/06350	2 串
	401 ~ 500	31511/05040	2 串	31511/05650	2 串	31511/05063	2 串
	501 ~ 630	31511/04050	2 串	31511/04563	2 串	31511/08040	2 并
	631 ~ 800	31511/06332	2 并	31511/07140	2 并	31511/06350	2 并

续表

电机功率/kW	电机转子电流/A	负载形式					
		轻载起动		中载起动		重载起动	
		变阻器规格	每组台数	变阻器规格	每组台数	变阻器规格	每组台数
631 ~ 800	316 ~ 400	40012/08032	2 串	40012/09040	2 串	40012/08050	2 串
	401 ~ 500	40012/06340	2 串	40012/07150	2 串	40012/06363	2 串
	501 ~ 630	40012/05050	2 串	40012/05663	2 串	40012/10040	2 并
	631 ~ 800	40012/08032	2 并	40012/09040	2 并	40012/08050	2 并
801 ~ 1 000	401 ~ 500	50013/07140	2 串	50013/08050	2 串	50013/07163	2 串
	501 ~ 630	50013/05650	2 串	50013/06363	2 串	50013/11240	2 并
	631 ~ 800	50013/05063	2 串	50013/10040	2 并	50013/09050	2 并
	801 ~ 1 000	50013/07140	2 并	50013/08050	2 并	50013/07163	2 并

注:BP8R4 系列频敏变阻器于 JR 系列、YR 系列及各类绕线型感应电动机。

1.13 自动转换开关电器

1.13.1 自动转换开关电器的概述

1. 电源自动转换开关电器的适用范围

自动转换开关电器简称为ATSE，是英文automatic transfer switching equipment的缩写。

ATSE主要用在紧急供电系统，将负载电路从一个电源自动换接至另一个（备用）电源的开关电器。当常用电源出现失压、欠压、过压、缺相等故障时，它能将负载迅速地从常用电源自动换接到备用电源，从而确保用电的连续性、可靠性。因此，ATSE常常应用在重要用电场所，如消防、高层建筑、邮电通讯、煤矿、化工、船舶、军事设施、生产流水线、交通、能源、冶金、医疗机构等对供电连续性、可靠性要求较高的各种场所。转换一旦失败将会造成以下两种危害之一，其电源间的短路或重要负荷断电（甚至短暂停电），其后果都是严重的，这不仅仅会带来经济损失（使生产停顿、金融瘫痪），也可能造成社会问题（使生命及安全处于危险之中）。

2. ATSE应符合国家标准

ATSE符合GB/T 14048.11—2002《低压开关设备和控制设备 第6部分：多功能电器第1篇 自动转换开关电器》。等同采用IEC60947－6－1：1998《低压开关设备和控制设备 第6部分：多功能电器 第1篇 自动转换开关电器》标准。

3. 电源切换系统的组成

电源切换系统的相关产品大体分为三类：接触器类、空气断路器类、电源自动转换开关电器（ATSE）类，其中电源自动转换开关的切换部件又分为断路器和负荷隔离开关两种。

（1）接触器类：此类电源切换系统以接触器为切换部件，切换功能用中间继电器或逻辑控制模块组成二次回路完成控制功能，一般为非标产品，缺点是主回路接触器工作需要二次回路长期通电，容易产生温升发热、触点粘结、线圈烧毁等故障。因为是非标产品，其组成元器件较多，产品质量受元器件、制造工艺制约，故障率较高，现已逐渐被新产品代替。

（2）空气断路器类：此类电源切换系统以塑壳断路器为切换部件，切换功能用 ATS 自动控制单元完成，有机械和电气联锁，功能完善，组成元器件较少，安装方便，无二次线路，一般置于配电柜中，用在计算电流较大（630A 以上）的场所。

（3）ATSE 一般由两部分组成：开关本体 + 控制器。而开关本体又有 PC 级（整体式）与 CB 级（断路器）之分。

PC 级：能够接通、承载、但不用于分断短路电流的 ATSE。优点是：结构简单，体积小，规格品种多，联锁安全可靠，使用寿命长，操作维护简单，可实现自动化、智能化、远程化控制。缺点是：一般需另外配备短路保护电器。

CB 级：配备过电流脱扣器的 ATSE，它的主触头能够接通并用于分断短路电流。优点是：具有热过载保护功能和短路保护功能。缺点是：体积较大较高，转换动作较慢（ 1.5s 以上），寿命较低，易出故障（如滑扣或再扣等），机械联锁一旦失败，易对电源产生危害；热脱扣后必须手动复位再扣之后才能继续工作，维修难度较大，电源规格较小（一般≤ 1 600A ）等，因而应用受到一定限制。故 CB 级 ATSE 实际上可以看作是由以往的分立电器元件电源转换系统向一体化电源转换系统发展中的一个中间过渡产品。

各类切换开关的性能比较见表 1 – 170。

表 1 – 170　各类切换开关的性能比较

项 目	接触器类	CB 级二台塑壳断路器型	CB 级二台万能式断路器型	PC 级二段式	PC 级三段式
投入方法	双线圈永久激磁	储能带动连杆	储能带动连杆	瞬时激磁	瞬时激磁
耐压特性	差	较好	较好	好	好
电路隔离	差	差	差	好	好
电气联锁	有	有	有	有	有
机械联锁	可外加	可外加	可外加	有	有
负载电流遮断能力	差	好	好	好	好
故障电流遮断及投入能力	差	好	好	较好	好
安置容量	小 A（小安培）	中	大	大	大
故障检修	易	不易	不易	易	易
消灯电能	大	小	小	小	小

4. ATSE 的应用电路

控制器主要用来检测被监测电源（两路）工作状况，当被监测的电源发生故障（如任意一相断相、欠压、失压或频率出现偏差）时，控制器发出动作指令，开关本体则带着负载从一个电源自动转换至另一个电源，图 1-140是 ATSE 应用电路。控制器与开关本体进线端相连。

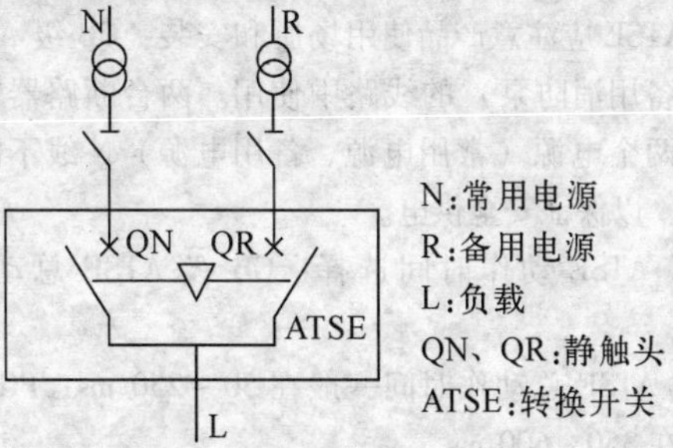

图 1-140　ATSE 应用电路

5. ATSE 的选用

（1）确定 ATSE 的额定工作电压及使用类别。

（2）根据计算电流选择 ATSE 的规格。各不同厂家的产品规格会稍有不同。选用的基本原则如下：

① PC 级、CB 级 ATSE 在现有规范情况下均可使用。但选型时需特别注意的指标有：PC 级 ATSE 的额定短路接通能力和额定短时耐受电流和 CB 级 ATSE 的额定短路接通与分断能力。

② 原则上 ATSE 不作为短路保护电器使用，只作为电源自动转换开关使用，前端应设置空气断路器保护，这样更为妥当，有利于日后的安全使用、维护及检修。

③ ATSE 的额定电流应大于或等于其上级空气断路器的过负荷动作电流。

（3）根据每路电源的性质及不同用途确定投切方式及各种功能：自投自复、自投不自复、指定优先电源、不指定优先电源、过欠电压检测、频率检测、缺相检测、通讯接口、电气机械互锁、连续可调的延时转换及自动、远程、紧急手动控制。

6. 选用 ATSE 应注意的事项

(1) 应注意产品符合什么标准：符合 GB 14048. 3—2003 的产品只能叫电动（或电操作）转换开关，不是双电源自动转换开关电器；只有符合 GB/T 14048. 11—2002 标准的产品，在电源间相序不同情况下，才允许直接转换。

(2) CB 级 ATSE 应注意产品使用场所和安装：CB 级 ATSE 一般不允许在重要负载（或备用消防泵）的线路中使用。两台断路器输入接线的相序必须保持一致，两个电源（常用电源、备用电源）N 线不能接错；装置底板必须可靠接地，以保证安全供电。

(3) 应注意 ATSE 动作时间选择：CB 级 ATSE 总动作时间一般在 2 000～3 000 ms；

PC 级二段式 ATSE 总动作时间一般在 50～250 ms；PC 级三段式 ATSE 总动作时间一般在 350～600 ms。

(4) 应注意对高感抗负载转换的控制：ATSE 一般是不允许带大电动机或高感抗负载转换。比如大电动机类负载，当其在运行中切换而电源相位又差距较大时，它将受到巨大的机械应力冲击，同时由电动机产生的反电势引起的过电流还会造成熔断器熔丝熔断或断路器脱扣。解决方法常采用电阻吸收或减负荷方式，或自动转换开关为延时转换型，两组动触头在转换前增加一延时，可避免在切换大电机或变压器负载时引起的冲击电流。

(5) PC 级 ATSE 使用应注意以下几个问题：

① 使用类别选择：PC 级 ATSE 有两种使用类别：一是适用于 AC—33B；另一种适用于 AC—31B；开关的使用类别表示其控制负载的能力。

AC—33B：适用电动机混合负载。既包含电动机、电阻负载和 30% 以下白炽灯负载，接通与分断电流为 $6I_e$；

AC—31B：适用无感或微感负载，接通与分断电流为 $1.5I_e$；

由此可见，选择使用 AC—33B 的 ATSE 比选择使用 AC—31B 的 ATSE 更安全、可靠。对小容量（≤100A）ATSE 通常带电动机负载（如消防泵）直接转换，ATSE 最好具有 AC—3 指标（直接通断鼠笼型电动机）。

② 短路保护电器选择：由于 PC 级 ATSE 不具有短路保护功能，因此，需配短路保护电器。短路保护电器一般有两种，熔断器或断路器。由于熔断器限流性能好，限制短路电流能力强，它常被使用在系统出现预期短路电流

大的地点处；而断路器限流性能差，额定限制短路电流能力低。不同的企业ATSE产品规定的额定限制短路电流不同，表1－171为PC级自动转换开关电器额定限制短路电流值（供参考）。

表1－171　自动转换开关电器额定限制短路电流值

ATSE 额定电流/A		100	200	400	800	1 600
额定限制短路电流/kA	与熔断器配合	100	100	100	100	100
	与断路器配合	10	20	35	42	50

在选择短路保护电器额定电流值时，一般的原则是短路保护电器（熔断器或断路器）与被保护电器（ATSE）额定框架电流值一致（即1:1）。

③ PC级二段式与三段式选择：二段式ATSE开关主触头仅有两个工作位，即“常用电源位”与“备用电源位”，负载不会出现长期断电情况，供电可靠性高，转换动作时间快。

三段式ATSE开关主触头有三个工作位，多个“零位（是指电动状态下）”，即主触头处于空挡，负载断电时间相对较长，是二段式断电时间的2～3倍。

三段式的“零位”主要是用于ATSE在带高感抗或大电机负载转换时，为避免冲击电流做“暂态停留”之用；而非用于负载维修时隔离之用。维修时的隔离一定要选择隔离开关，它更安全。因为，隔离开关必须具有以下功能：

a. 动触头在断开位置时可锁定或可视。

b. 具有较高的额定冲击耐受电压（1.25倍）。

c. 在任何情况下，极限泄漏电流不应超过6mA。

1.13.2　CB级自动转换开关电器

1. 常用CB级自动转换开关产品型号及主要技术参数

常用CB级自动转换开关产品型号及主要技术参数见表1－172。

表 1-172　常用 CB 级自动转换开关产品型号及主要技术参数

<table>
<tr><th>产品型号</th><th>产品公司名称</th><th>选配断路器型号</th><th>额定工作制</th><th>过电压切换整定值</th><th>欠电压切换整定范围</th><th>触头转换时间</th><th>分、合闸延时</th></tr>
<tr><td>NZ1B-63~800</td><td>正泰集团</td><td>NM1-63~800</td><td rowspan="6">不间断工作制</td><td rowspan="6">115% U_e（不可调节，出厂时已调整好）</td><td rowspan="6">60 - 85% U_e 连续可调</td><td rowspan="6">≤2s</td><td rowspan="6">0.5~60s</td></tr>
<tr><td>CDQ1-63~800
CDQ3-63~800</td><td>德力西集团</td><td>CDM1-63~800</td></tr>
<tr><td>CA1-63~800</td><td>常熟开关厂</td><td>CM1—63~800</td></tr>
<tr><td>CRQ3-63~800
CRQ5-63~800</td><td>上海人民</td><td>CRM1—63~800</td></tr>
<tr><td>SQ3063~800</td><td>上海华通</td><td>SM30—63~800</td></tr>
<tr><td>JXQ2-100~400</td><td>嘉控</td><td>JXM2-100~400</td></tr>
</table>

注：以上选配的断路器型号都为每个公司自家生产的断路器，断路器也可用 ABB 的 S 系列，施耐德的 NS 系列等。

2. CB 级自动转换开关结构

CB 级自动转换开关由装置本体及自动控制器两大部分组成的切换系统，二者之间用最长为 2m 的专用电缆相连。装置本体由两台带有电动操作机构的断路器及附件（辅助、报警触头）、机械联锁机构，小型断路器、接线端子等组成（以下简称装置），所有元件安装在一块金属底板上，机械联锁机构安装在两台断路器之间。装置的控制电源电压为 AC230V，机械寿命为：电流等级 63~225A 为 5 000 次，电流等级 400A 为 3 000 次，电流等级630~800A 为 2 500 次。

3. CB 级自动转换开关的性能

CB 级自动转换开关的自动控制器对两路电源的电压同时进行检测，对高于额定值 115% 的电源电压判为过电压，低于额定值 80% 的则判为欠电压，逻辑电路对上述检测结果进行逻辑判断，处理结果通过延时电路后驱动相应的指令继电器向电动操作机构发出分闸或合闸指令，上述检测结果分别用发光二极管在面板上显示。

自动控制器控制功能，可分为自投自复（R）、自投不自复（S）和电网-发电（F）三种，前二种适用于电网-电网供电系统，后一种适用于电网-发电系统。

（1）自投自复的自动控制器（R）（一主一备）：自投自复的自动控制

器对两路电源（分别称为常用电源和备用电源）进行自动切换控制。正常状态时应由常用电源供电，当常用电源出现异常（任一相电压发生过压，欠压或缺相）时，经已设定的延时自动切换至备用电源供电；当常用电源恢复正常后，经已设定的延时自动返回至常用电源供电；当备用电源出现异常（任一相电压发生过压，欠压或缺相）时控制器发出备用电源报警声，该报警声亦可人为地关闭。自投自复自动控制器的功能见表 1 – 173。

表 1 – 173　自投自复自动控制器的功能

常用电源	备用电源	控制功能
正常	正常	常用电源供电：Q2 分、Q1 合
正常	异常	备用电源供电：备用电源异常报警（可关闭）
异常	正常	经 t1 延时后 Q1 分闸，再经 t2 延时后 Q2 合闸 – 备用电源供电
恢复正常	正常	经 t3 延时后 Q2 分闸，再经 t4 延时后 Q1 合闸 – 恢复常用电源供电

注：Q1 合及 Q1 分表示控制常用电源的断路器合闸及分闸。

Q2 合及 Q2 分表示控制备用电源的断路器合闸及分闸。

t1 表示转换断开延时（最长为 20s，最短为 1.5s，出厂时整定在 2 ~5s）。

t2 表示转换接通延时（最长为 2s，最短为 0.7s，出厂时整定在 1s）。

t3 表示返回断开延时（最长为 20s，最短为 1.5s，出厂时整定在 2 ~5s）。

t4 表示返回接通延时（最长为 2s，最短为 0.7s，出厂时整定在 1s 左右）。

延时整定值避免用户自调，用户要求整定在其他时间，可在与生产厂订货时说明。

（2）自投不自复的自动控制器（S）（互为备用）：自投不自复的自动控制器对两路电源（分别称为常用电源和备用电源）进行自动切换控制。在常用电源出现异常（任一相电压发生过压、欠压或缺相）时，已经设定的延时自动切换至备用电源，但当常用电源恢复正常后，不能自动回复，直至备用电源出现异常才进行切换。自投不自复自动控制器的功能见表 1 – 174。

表 1－174　自投不自复自动控制器的功能

常用电源	备用电源	控制功能
正常	正常	常用电源供电：Q2 分、Q1 合
异常	正常	经 t1 延时后 Q1 分闸，再经 t2 延时后 Q2 合闸－备用电源供电
恢复正常	正常	仍以备用电源供电
正常	异常	经 t3 延时后 Q2 分闸，再经 t4 延时后 Q1 合闸－常用电源供电

注：Q1 合、Q1 分、Q2 合、Q2 分及 t1～t4 的功能同表 1－173 的注。

（3）电网－发电的自动控制器（F）：电网－发电自动控制器对电网和发电两路电源进行自动切换，在电网停电时，经发电延时指令发出发电指令（以一组常开常闭触点输出）。当发电电压大于 80% 额定电压时，先从电网断开负载电路，经卸载指令延时发出卸载指令，卸去次要负载（以另一组常开常闭触点输出），再经转换接通延时接通发电电源。当电网电压恢复正常（达到 80% 额定电压以上）后，经返回断开延时将负载电路从发电电源断开，再经返回接通延时，自动切换到电网供电。发电延时由面板上右面的电位器调节设定（出厂时整定在 20s），返回断开延时由面板上左面的电位器调节设定（出厂时整定在 10s）。电网－发电自动控制器的功能见表 1－175。

表 1－175　电网－发电自动控制器的功能

常用电源	备用电源	控制功能
常用电源	发电电源	控制功能
正常	不发电	电网供电：Q2 分、Q1 合
异常	发电	经发电指令延时发出发电指令，发电机组发电
异常	达到正常	Q1 分，经转换接通延时使 Q2 合，发电机组发电
恢复正常	正常	请求停电，经返回断开延时使 Q2 分，再经返回接通延时使 Q1 合，电网供电

注：Q1 合及 Q1 分表示控制常用电源的断路器合闸及分闸。

Q2 合及 Q2 分表示控制备用电源的断路器合闸及分闸。

4. CB 级自动转换开关的工作原理

（1）自投自复或自投不自复系统通过控制器面板上的四挡直键开关可以设定四种工作模式："自动控制"、"常用电源"、"备用电源"和"断电再扣"。

① 自动控制：系统根据两路电源电压是否有电，自动进行延时切换，对于自投自复系统可以自动回复，对于自投不自复系统则不能回复。

② 常用电源：系统强制备用电源的断路器分闸，常用电源的断路器合闸，接通常用电源，不发生电源切换。

③ 备用电源：系统强制常用电源的断路器分闸，备用电源的断路器合闸，接通备用电源，不发生电源切换。

④ 断电再扣：系统使两路电源的断路器全部断开，或使故障脱扣的断路器再扣。

（2）电网－发电自动控制系统通过控制器面板上的四挡直键开关可以设定四种工作模式："自动控制"、"电网电源"、"发电电源"和"断电再扣"。

① 自动控制：系统根据电网、发电两路电源电压是否有电，自动进行延时切换。

② 电网电源：系统强制发电电源的断路器分闸，电网电源的断路器合闸，接通电网电源（如果电网电源电压正常），不发生电源切换。

③ 发电电源：系统强制电网电源的断路器分闸，发电电源的断路器合闸，接通发电电源（如果发电电源电压正常），不发生电源切换。

④ 断电再扣：系统使两路电源的断路器全部断开，或使故障脱扣的断路器再扣。

5. CB 级自动转换开关的接线图

（1）自投自复或自投不自复系统接线图见图 1－141。

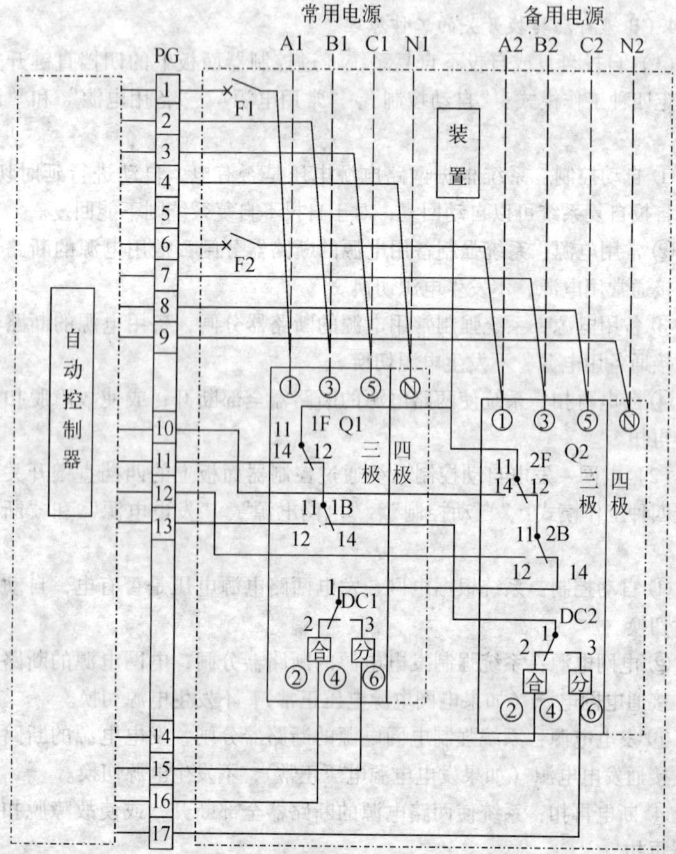

图1-141　自投自复或自投不自复系统接线图

符号说明：Q1、Q2　常用断路器、备用断路器　　F1、F2　DZ47 小型断路器

1F、2F　断路器的辅助触头　　1B、1B　断路器的报警触头

DC1、DC2　电动操作机构　　PG　　高压同步连接器

注：1. 仅虚线由用户连接，其余接线已由制造厂接好，供用户参考。

2. 对三极断路器，N1 及 N2 中性线必须接入装置底板上的 N 线的接线柱上。

（2）电网－发电系统接线图见图 1－142。

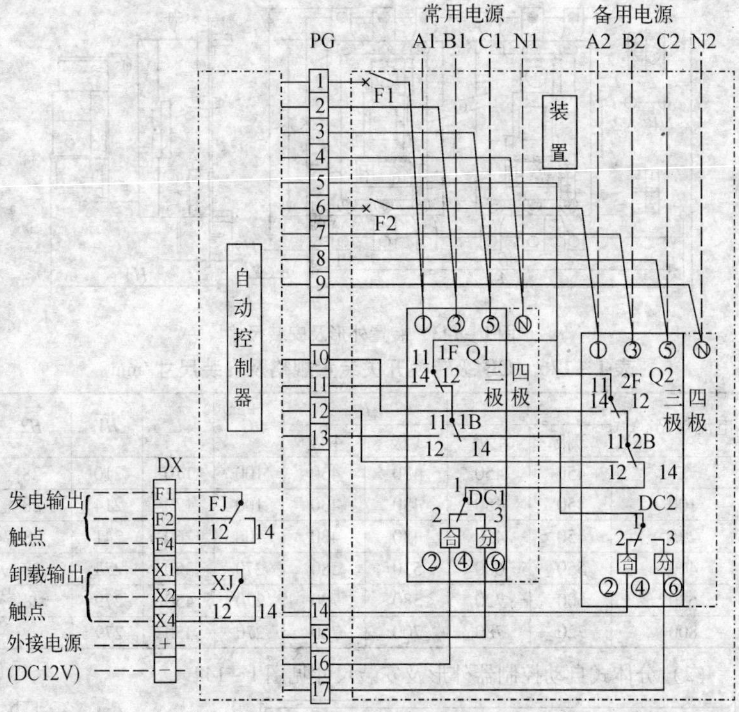

图 1－142　电网－发电系统接线图

符号说明：Q1、Q2　常用断路器、备用断路器　　F1、F2　DZ47 小型断路器

1F、2F　断路器的辅助触头　　1B、1B　断路器的报警触头

DC1、DC2　电动操作机构　　PG　　高压同步连接器

注：1. 仅虚线由用户连接，其余接线已由制造厂接好，供用户参考。

2. 对三极断路器，N1 及 N2 中性线必须接入装置底板上的 N 线的接线柱上。

6. CB 级转换开关的外形及安装尺寸

(1) 分体式装置外形及安装尺寸见图 1－143 和表 1－176。

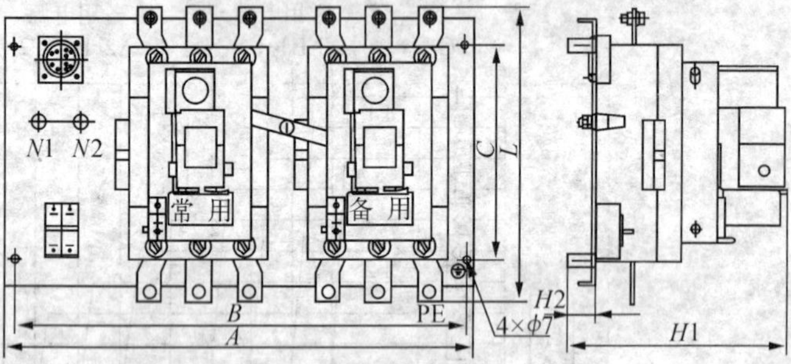

图 1－143　装置外形及安装尺寸

表 1－176　CB 级转换开关装置规格及安装尺寸/mm

电流规格/A	A		B		C	L	H1	H2
	3 极	4 极	3 极	4 极				
63	450	450	430	430	100	170	210	28
100	450	450	430	430	100	170	214	28
225	450	450	430	430	100	260	241	28
400	550	600	530	580	270	350	274	28
630	600	720	580	700	270	450	279	28
800	720	780	700	760	270	450	279	

(2) 分体式自动控制器外形及安装尺寸见图 1－144。

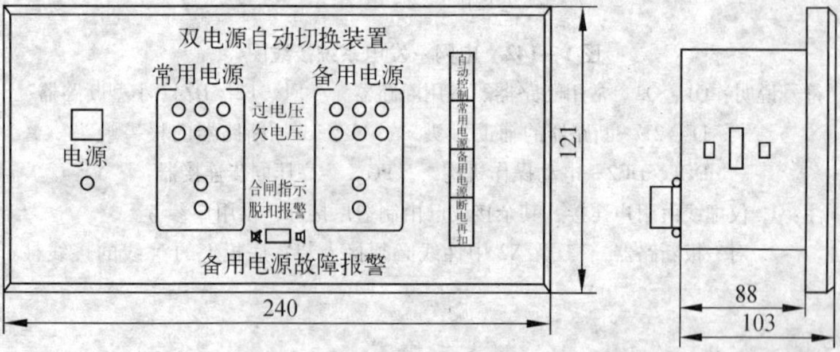

图 1－144　分体式自动控制器外形及安装尺寸

（3）一体式自动切换装置的外形及安装尺寸见图 1－145 和表1－177。

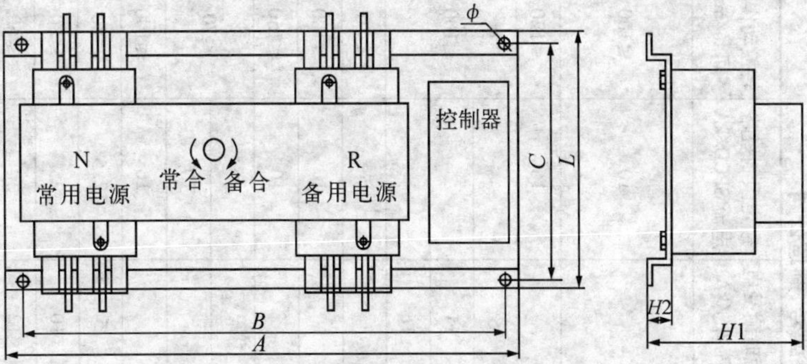

图 1－145 一体式自动切换装置的外形及安装尺寸

表 1－177 一体式自动切换装置的规格及安装尺寸/mm

电流规格/A	A		B		C	L	H1	H2	安装孔 ϕ
	3 极	4 极	3 极	4 极					
63	490	490	460	460	200	220	170	30	8.5
100	490	490	460	460	200	220	170	30	8.5
225	490	490	460	460	220	240	200	30	8.5
400	600	640	620	620	300	320	300	40	10.5
630	780	830	810	810	330	350	300	40	10.5
800	780	830	810	810	330	350	300	40	10.5

1.13.3 PC 级自动转换开关

1. 常用 PC 级自动转换开关产品型号、制造公司和主要技术参数

常用 PC 级自动转换开关一般适用于额定绝缘电压 690V，额定工作电压 400V，额定频率 50Hz 或 60Hz，其他主要技术参数和产品型号、制造公司见表 1－178。

表 1－178　常用 PC 级自动转换开关主要技术参数和产品型号、制造公司

产品型号	公司名称	额定最大壳架电流/A	额定电流/A	额定接通与分断能力 I/A	短时耐受电流 I_{cw}/kA	额定限制短路电流 SPCD/kA	转换动作时间 to/ms
CDQ7－100	德力西集团	100	40,63,80,100	600		10	≤100
CDQ7－250		250	100,125,160,200,225,250	1 500			
CDQ7－400		400	250,315,350,400	2 400			
CDQ7－800		800	400,500,630,700,800	4 800		16	≤120
CRQ7－40～160	上海人民	160	40,63,80,100,125,160	9 000	6		≤100
CRQ7－200～400		400	200,250,400	18 000	11		
CRQ7－630		630	630	31 000	16		
HSQ6－100	杭州之江	100	12.5,16,25,40,50,63,80,100	600		5	≤80
HSQ6－200		200	100,125,160,200	1 200		10	≤100
HSQ6－400		400	200,250,315,400	2 400		10	≤150
QTP－63	宁波奇乐	63	40,63	378		5	≤70
QTP－250		250	100,160,250	1 500		10	
QTP－800		800	400,630,800	4 800		16	≤100
BWMW－125	北京莱特默勒	125	125	$10I_e$ 接通 $8I_e$ 分断	5	12.5	≤80
BWMW－250		250	250		10	25	≤80
BWMW－630		630	630		12	30	≤60

续表

产品型号	公司名称	额定最大壳架电流/A	额定电流/A	额定接通与分断能力 I/A	短时耐受电流 I_{cw}/kA	额定限制短路电流 SPCD/kA	转换动作时间 to/ms
LQH1 - 100	苏州燎原电器	100	100	$10I_e$ 接通 $8I_e$ 分断	5	12.5	≤80
LQH1 - 250		250	250		10	25	≤80
LQH1 - 400		400	400		12	30	≤90
LQH1 - 800		800	630,800		15	37.5	≤135
SQG1 - 100	上海华通	100	63,100	600	7	15	≤1 200
SQG1 - 250		250	125,160,200,250	1 500	10	17	
SQG1 - 400		400	315,400	2 400	13	25	
SQG1 - 800		800	500,630,800	4 800	16	27	
SQG1 - 1600		1 600	1 000,1 250,1 600	9 600	30	50	
XLS9 - 125	扬州新菱	125	20,40,63,80,100,125	$10I_e$ 接通 $8I_e$ 分断	7	100	≤450
XLS9 - 250		250	160,250		9	100	≤450
XLS9 - 630		630	400,630		13	70	≤600
XLS9 - 800		800	800		26	70	≤1 200
XLS9 - 1600		1 600	800,1 000,1 250,1 600		50	100	≤1 200
XLS9 - 3200		3 200	2 000,2 500,3 200		55	80	≤2 400
CAP1 - 100	常熟开关	100	32, 63,100			10	0.1 ~ 64s
CAP1 - 225		225	125 ,140 ,160 ,200 ,225				
CAP1 - 400		400	250,315,350,400				

2. PC级自动转换开关结构

PC级自动转换开关由一般由开关主体和自动控制器两部分组成，二者之间用带有插头的电缆连接，不需要其他外围器件，不需要用户另接信号线及控制线，且体积小，是同规格CB级ATSE体积的1/3或1/2；主触头系统为单刀双掷结构，自身联锁，不会造成同时接通两路电源现象；操作机构为一个线圈双向操作机构简单，动作速度快，转换动作时间小于100ms；主触头切换容量大，可以带$6I_e$切换；带非优先线路选择开关（重要、非重要负载选择）；产品有2极、3极、4极（N极）有闭路转换和开路转换两种，接线方式有板前和板后二种。

3. PC级自动转换开关性能

PC级自动转换开关功能可分为自投自复（R）、自投不自复（O）、遥控（Y）和加卸负荷（T）四种，控制器有电网－电网（DN1）型和电网－发电（GN1）型二种。

(1) 电网－电网（DN1）型控制器：

① 电网－电网（DN1）型控制器的功能选择。

转换控制器通过功能选择可进行各种状态的转换：

a. 自动状态（钥匙开关上的绿点处于自动位置）：自动检测常用电源、备用电源欠压、过压及断相（断任意一相），并发出动作指令。

b. 手动状态（钥匙开关上的绿点处于手动位置）：这时应将实验/运行开关置于实验，两路电源均不受控制，这时方可进行人工手柄切换，请注意，在自动控制状态下不允许用手柄操作切换。

c. 自投自复状态（钥匙开关上的绿点处于自复位置）：当常用电源出现故障经$t1$延时后，转换控制器转换至备用电源位置（自投）；当常用电源恢复正常时，经$t2$延时后，转换控制器自动返回到常用电源位置（自复）。

d. 自投不自复状态（钥匙开关上的绿点处于不自复位置）：当常用电源出现故障经$t1$延时后，转换控制器转换至备用电源位置；当常用电源恢复正常时，转换控制器不转换，直到备用电源出现故障后，转换控制器才返回到常用电源位置。

e. 遥控状态（钥匙开关上的绿点处于试验位置）：当钥匙开关上的绿点处于试验位置时，转换控制器转换至备用电源；当钥匙开关上的绿点处于运行位置时，转换控制器将返回至备用电源。

② 电网－电网（DN1）型控制器的延时环节调节：

$t1$：常用电源关闭，开启延时：0.15s，0.18s，1.1s，1.5s，3s，3.5s，12s，35s（可调）。

$t2$：备用电源开启，关闭延时：0.1～60s（可调）。

开关通过功能选择可进行各种状态的转换。

③ 电网－电网（DN1）型控制器的欠压、过压调节：

欠电压：65%、75%、85%的额定工作电压（可调）。

过电压：115%的额定工作电压（可调）。

④ 电网－电网（DN1）型控制器的负荷过载报警。配备电流互感器，当负载电流超过规定值时，过载指示灯显示。

⑤ 电网－电网（DN1）控制器的显示功能见表1－179。

表1－179　电网－电网（DN1）型控制器的显示功能

常用电源	备用电源	控制功能
正常	正常	常用：电源、位置显示；备用：电源显示，其余均不显示
停电	正常	常用：均不显示；备用：电源、位置显示，其余均不显示
过压	正常	常用：电源、过压显示；备用：电源、位置显示，其余均不显示
欠压	正常	常用：电源、欠压显示；备用：电源、位置显示，其余均不显示
缺相	正常	常用：电源、故障显示；备用：电源、位置显示，其余均不显示
正常	停电	常用：电源、位置显示；备用：均不显示
正常	过压	常用：电源、位置显示；备用：电源、过压显示，其余均不显示
正常	欠压	常用：电源、位置显示；备用：电源、欠压显示，其余均不显示
正常	缺相	常用：电源、位置显示；备用：电源、故障显示，其余均不显示

（2）电网－发电机（GN1）型控制器：

① 电网－发电机（GN1）型控制器的功能选择：

a. 自动状态（钥匙开关上的绿点处于自动位）：当控制器自动检测到UN出现断相、欠压、过压故障时，此时对应的故障灯亮，控制器发出起动发电机组指令，发电机组电压达到85%后，开关转换至备用电源位置。当UN正常后，经$t2$延时返回到常用电源位置。经$t4$延时，加上QT负荷，再经$t5$延时后，关闭发电机组。加卸负荷的开关电器QT可依据用户的需要配置。

b. 手动状态（钥匙开关上的绿点处于手动位）：此时控制器失电，停止发出各种动作指令，允许用手柄操作开关。

c. 现场试验（钥匙开关上的绿点处于试验位）：可模拟常用电源 UN 故障，当钥匙开关处于试验位时，开关自动转换到备用电源位置，钥匙开关返回至运行位，开关也返回到常用电源位置。

② 电网－发电机（GN1）型控制器的延时环节调节。GN1 型转换控制器设有 $t1 \sim t6$ 六个延时环节。需要调节延时环节时打开转换控制器的面板，在线路板上分别对应的 $t1 \sim t5$ 拨码开关。$t1$ 表示避开电网干扰延时：出厂整定值 $t1 = 0.1s$。$t2$ 表示返回延时：出厂整定值 $t2 = 5s$。$t3$ 表示卸负荷后延时：出厂整定值 $t3 = 0.5s$。t4 表示加负荷前延时：出厂整定值 $t4 = 0.5s$。$t5$ 表示关闭发电机组延时：出厂整定值 $t5 = 60s$。$t6$ 表示起动发电机组延时：出厂整定值 $t6 = 15s$。

③ 电网－发电机（GN1）型控制器的欠压、过压调节。

欠电压：65%、75%、85%的额定工作电压（可调）。

过电压：115%的额定工作电压（可调）。

④ 电网－发电机（GN1）型控制器的负荷过载报警。

配备电流互感器，当负载电流超过规定值时，过载指示灯显示。

4. PC 级自动转换开关工作原理

PC 级自动转换开关两路电源信号通过开关主体同时接入转换控制器，控制器对两路电源电压同时进行检测。在自动控制状态下，若两路电源都正常，开关处于常用电源位置，若检测到备用电源出现异常，自动控制器将会出现声光报警，以引起工作人员注意。在备用电源处于异常状态时，常用电源出现异常，开关不能进行自动转换，只有备用电源处于正常状态，常用电源出现故障时，才能进行自动转换。为了避免电网中出现的瞬时扰动被误认为故障而产生电源切换，采用了适当的故障确认延时，并且在欠压和过压情况下，延时有效，而在断电情况下，不经过延时立即转换。另外，为了消除采集的电源信号对控制回路的干扰，各相信号的采集均用光电耦合器隔离。两路电源的控制回路相对独立，信号的传递亦用光电耦合，控制输出使用电气联锁，以避免互相干扰和误动作。转换开关采用线圈激励，往复拉式动作，动作速度快，且自锁可靠，触点保持压力充分，动作完成后，自动切断线圈激励回路。

5. PC 级自动转换开关外形及安装尺寸

PC 级自动转换开关开关主体外形及安装尺寸见图 1-146 和表 1-180。

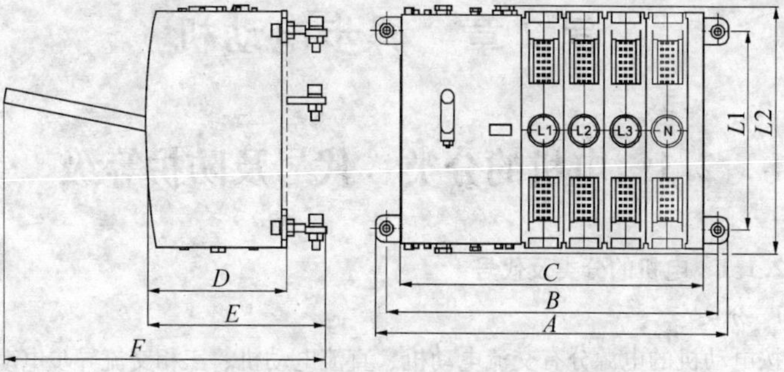

图 1-146　PC 级自动转换开关主体外形及安装尺寸

表 1-180　PC 级自动转换开关主体安装尺寸/mm

产品型号	A		B		C		D		E		L1	L2	
	3 极	4 极	3 极	4 极	3 极	4 极	板前	板后	板前	板后		板前	板后
CDQ7-250	300	340	280	320	258	296	135	174	274	312	184	350	230
CDQ7-400	330	380	310	360	286	330	135	174	274	315	184	350	230
CDQ7-800	415	480	385	450	360	425	155	204	290	340	220	420	271
CRQ7-40~225	242	280	225	263	—	—	112	—	120	—	153	225	—
CRQ7-400~630	333	393	313	373	—	—	138	—	155	—	175	298	—
HSQ6-100	—	196	—	95	—	—	—	—	124	—	185	200	—
HSQ6-200	—	285	—	205	—	—	—	—	153	—	305	320	—
HSQ6-400	—	295	—	—	—	—	—	—	180	—	280	346	—

第 2 章　异步电动机

2.1　电机的分类、代号及防护等级

2.1.1　电机的分类及代号

1. 分类

按电动机的电源分有交流电动机、直流电动机、三相交流异步电动机和单相交流电动机，按转子构造分有三相鼠笼异步电动机和绕线式转子异步电动机，按用途分有特种用途电动机、专用电动机等。电机按大小的划分如下（根据 GB4831—84）：

（1）关于大、中小交流电机（同步电机和异步电动机）的划分：

①中小型交流电机，即中心高为 630mm 及以下或定子铁芯外径为 990mm 及以下的电机。

②大型交流电机，即定子铁芯外径为 990mm 以上的电机。

（2）关于大中、小直流电机的划分：

①小型直流电机，即中心高为 400mm 及以下或电枢铁芯外径为 368mm 及以下的电机。

②中型直流电机，即电枢铁芯外径大于 368mm 至 990mm 的电机。

③大型直流电机，即电枢铁芯外径为 990mm 以上的电机。

（3）关于大、中小水轮发电机的划分：

①中小型水轮发电机，即功率为 10 000kW 及以下的电机。

②大型水轮发电机，即功率为 10 000kW 以上的电机。

（4）分马力电动机和小功率电动机：

①分马力电动机，折算至 1 000r/min 时，其连续额定功率不超过 735W（1 马力）的电动机。

②小功率电动机，折算至 1 500r/min 时连续额定功率不超过 1. 1kW 的

电动机。

对分马力电机，如规格代号不用中心高而用机壳外径表示时，其后面的分隔符号“－”应改用“/”表示。

2. 产品类型代号

电机的类型代号表征电机的各种类型而采用的汉语拼音字母。各类型异步电动机的主要产品代号列于表2－1。

3. 特点代号

特点代号系表征电机的性能、结构或用途而采用的汉语拼音字母，对于防爆电机，代表防爆类型的字母A（增安型）、B（防爆型）、ZY（正压型），标注位置紧接在电机类型代号后面。

表2－1　异步电动机产品代号

序号	产品名称	产品代号	代号汉字意义
1	三相异步电动机	Y	异
2	分马力三相异步电动机	YS	异三
3	绕线转子三相异步电动机	YR	异绕
4	立式三相异步电动机(大中型)	YLS	异立三
5	绕线转子立式三相异步电动机(大中型)	YRL	异绕立
6	大型二极(快速)三相异步电动机	YK	异(二)
7	大型绕线转子二极(快速)三相异步电动机	YRK	异绕(二)
8	电阻起动单相异步电动机	YU	异(组)
9	电容起动单相异步电动机	YC	异(容)
10	电容运转单相异步电动机	YY	异运
11	双值电容单相异步电动机	YL	异(双)
12	罩极单相异步电动机	YJ	异极
13	罩极单相异步电动机(方形)	YJF	异极方
14	三相异步电动机(高效率)	YX	异效
15	电阻起动单相异步电动机(高效率)	YUX	异(阻)效
16	电容起动单相异步电动机(高效率)	YCX	异(容)效
17	电容运转单相异步电动机(高效率)	YYX	异运效
18	双值电容单相异步电动机(高效率)	YLX	异(双)效
19	三相异步电动机(高起动转矩)	YQ	异起
20	高转差率(滑率)三相异步电动机	YH	异(滑)
21	多速三相异步电动机	YD	异多

续表

序号	产品名称	产品代号	代号汉字意义
22	通风机用多速三相异步电动机	YDT	异多通
23	中频三相异步电动机	YZP	异中频
24	制冷机用耐氟三相异步电动机	YSR	异三(氟)
25	制冷机用耐氟电阻起动单相异步电动机	YUR	异(阻)(氟)
26	制冷机用耐氟电容起动单相异步电动机	YCR	异(容)(氟)
27	制冷机用耐氟电容运转单相异步电动机	YYR	异运(氟)
28	制冷机用耐氟双值电容单相异步电动机	YLR	异(双)(氟)
29	屏蔽式三相异步电动机	YP	异屏
30	泥浆屏蔽式三相异步电动机	YPJ	异屏浆
31	制冷屏蔽式三相异步电动机	YPL	异屏冷
32	高压屏蔽式三相异步电动机	YPG	异屏高
33	特殊屏蔽式三相异步电动机	YPT	异屏特
34	力矩三相异步电动机	YLJ	异力矩
35	力矩单相异步电动机	YDJ	异单矩
36	装入式三相异步电动机	YUL	异(装)(入)
37	制动三相异步电动机(傍磁式)	YEP	异(制)傍
38	制动三相异步电动机(杠杆式)	YEG	异(制)杠
39	制动三相异步电动机(附加制动器式)	YEJ	异(制)加
40	锥形转子制动三相异步电动机	YEZ	异(制)锥
41	电磁调速三相异步电动机	YCT	异磁调
42	换向器式(正流子)调速三相异步电动机	YHT	异换调
43	齿轮减速三相异步电动机	YCJ	异齿减
44	谐波齿轮减速三相异步电动机	YJI	异减(谐)
45	摆线针轮减速三相异步电动机	YXJ	异线减
46	行星齿轮减速三相异步电动机	YHJ	异(行)减
47	三相异步电动机(低振动低噪声)	YZC	异振噪
48	三相异步电动机(低振动精密机床用)	YZS	异振三
49	单相异步电动机(低振动精密机床用)	YZM	异振密
50	电梯用三相异步电动机	YTD	异梯电
51	电梯用多速三相异步电动机	YTTD	异梯调电

续表

序号	产品名称	产品代号	代号汉字意义
52	电动阀门用三相异步电动机	YDF	异电阀
53	离合器三相异步电动机	YSL	异三离
54	离合器单相异步电动机	YDL	异单离
55	三相电泵(机床用)	YSB	异三泵
56	单相电泵(机床用)	YDB	异单泵
57	木工用三相异步电动机	YM	异木
58	钻探用三相异步电动机	YZT	异钻探
59	耐振用三相异步电动机	YNZ	异耐振
60	滚筒用三相异步电动机	YGT	异滚筒
61	管道泵用三相异步电动机	YGB	异管泵
62	辊道用三相异步电动机	YG	异辊
63	冶金及起重用三相异步电动机	YZ	异重
64	冶金及起重用涡流制动三相异步电动机	YZW	异重涡
65	冶金及起重用涡流制动绕线转子三相异步电动机	YZRW	异重绕涡
66	冶金及起重用绕线转子三相异步电动机	YZR	异重绕
67	冶金及起重用绕线转子(管道通风式)三相异步电动机	YZRG	异重绕管
68	冶金及起重用绕线转子(自带风机式)三相异步电动机	YZRF	异重绕风
69	冶金及起重用多速三相异步电动机	YZD	异重多
70	冶金及起重用制动三相异步电动机	YZE	异重(制)
71	冶金及起重用减速三相异步电动机	YZJ	异重减
72	冶金及起重用减速绕线转子三相异步电动机	YZRJ	异重绕减
73	立式深井泵用三相异步电动机	YLB	异立泵
74	井用(充水式)潜水三相异步电动机	YQS	异潜水
75	井用(充水式)高压潜水三相异步电动机	YQSG	异潜水高
76	井用(充油式)潜水三相异步电动机	YQSY	异潜水油
77	井用潜油三相异步电动机	YQY	异潜油
78	井用潜卤三相异步电动机	YQL	异潜卤
79	装岩机用三相异步电动机	YI	异(岩)
80	轴流式局部扇风机(通风机)	YT	异通
81	正压形三相异步电动机	YZY	异正压

续表

序号	产品名称	产品代号	代号汉字意义
82	增安型三相异步电动机	YA	异安
83	增安型绕线转子三相异步电动机	YAR	异安绕
84	增安型高起动转矩三相异步电动机	YAQ	异安起
85	增安型高转差率(滑率)三相异步电动机	YAH	异安(滑)
86	增安型多速三相异步电动机	YAD	异安多
87	增安型电磁调速三相异步电动机	YACT	异安磁调
88	增安型齿轮减速三相异步电动机	YACJ	异安齿减
89	电梯用增安型三相异步电动机	YATD	异安梯电
90	电动阀门用增安型三相异步电动机	YADF	异安电阀
91	隔爆型三相异步电动机	YB	异爆
92	起重用隔爆型双速三相异步电动机	YBZS	异爆重双
93	隔爆型绕线转子三相异步电动机	YBR	异爆烧
94	隔爆型高起动转矩三相异步电动机	YBQ	异爆起
95	隔爆型高转差率(滑率)三相异步电动机	YBH	异爆(滑)
96	隔爆型多速三相异步电动机	YBD	异爆多
97	起重用隔爆型多速三相异步电动机	YBZD	异爆重多
98	隔爆型制动三相异步电动机(傍磁式)	YBEP	异爆(制)傍
99	隔爆型制动三相异步电动机(杠杆式)	YBEG	异爆(制)杠
100	隔爆型制动三相异步电动机(附加制动器式)	YBEJ	异爆(制)加
101	隔爆型电磁调速三相异步电动机	YBCT	异爆磁调
102	隔爆型齿轮减速三相异步电动机	YBCJ	异爆齿减
103	隔爆型摆线针轮减速三相异步电动机	YBXJ	异爆线减
104	电梯用隔爆型三相异步电动机	YBTD	异爆梯电
105	电动阀门用隔爆型三相异步电动机	YBDF	异爆电阀
106	隔爆型屏蔽式三相异步电动机	YBP	异爆屏
107	隔爆型泥浆屏蔽式三相异步电动机	YBPJ	异爆屏浆
108	隔爆型高压屏蔽式三相异步电动机	YBPG	异爆屏高
109	隔爆型制冷屏蔽式三相异步电动机	YBPL	异爆屏冷
110	隔爆型特殊屏蔽式三相异步电动机	YBPT	异爆屏特
111	管道泵用隔爆型三相异步电动机	YBGB	异爆管泵

续表

序号	产品名称	产品代号	代号汉字意义
112	起重用隔爆型三相异步电动机	YBZ	异爆重
113	立式深井泵用隔爆型三相异步电动机	YBLB	异爆立泵
114	装岩机用隔爆型三相异步电动机	YBI	异爆(岩)
115	耙斗式装岩机用隔爆型三相异步电动机	YBB	异爆(耙)
116	隔爆型轴流式局部扇风机(通风机)	YBT	异爆通
117	链板运输机用隔爆型三相异步电动机	YBY	异爆运
118	绞车用隔爆型三相异步电动机	YBJ	异爆绞
119	回柱绞车用隔爆型三相异步电动机	YBHJ	异爆回绞
120	采煤机用隔爆型三相异步电动机	YBC	异爆采
121	采煤机用隔爆型水冷三相异步电动机	YBCS	异爆采水
122	矿用隔爆型三相异步电动机	YBK	异爆矿
123	掘进机用隔爆型三相异步电动机	YBU	异爆(掘)
124	掘进机用隔爆型水冷三相异步电动机	YBUS	异爆(掘)水
125	输送机用隔爆型三相异步电动机	YBS	异爆输
126	石油井下用三相异步电动机	YOJ	异(油)井
127	仪用轴流单相异步风机	YIF	异(仪)风
128	电影放映机用异步电动机	YYJ	异影机
129	电影洗片机用异步电动机	YYP	异影片
130	双轴伸空调器用电动机	YSK	异双空
131	电容运转风扇电动机	YSY	异扇运
132	电容运转转页式风扇电动机	YSZ	异扇(页)
133	罩极风扇电动机	YZF	异罩风
134	电容运转内转子吊扇电动机	YDN	异吊内
135	电容运转外转子吊扇电动机	YDW	异吊外
136	电容运转排气扇用电动机	YPS	异排扇
137	罩极排气扇用电动机	YPZ	异排罩
138	电容运转波轮式洗衣机电动机	YXB	异洗波
139	电容运转滚筒式洗衣机电动机	YXG	异洗滚
140	洗衣机甩干用电动机	YYG	异衣干

2.1.2 电机的系列产品规格代号

电机的规格代号用中心高、铁芯外径、机座号、机壳外径、轴伸直径、凸缘代号、机座长度、铁芯长度、功率、电流等级、转速或极数等来表示。

主要系列产品的规格代号按表2－2的规定。

机座长度采用国际通用字母符号来表示，S表示短机座，M表示中机座，L表示长机座。铁芯长度按由短至长顺序用数字1、2、3……表示。凸缘代号采用国际通用字母符号FF（凸缘上带通孔）或FT（凸缘上带螺孔）连同凸缘固定孔中心基圆直径的数值来表示。

表2－2 电机系列产品规格代号组成及含义

序号	系列产品	规格代号
1	小型异步电动机	中心高（mm）－机座长度（字母代号）－铁芯长度（数字代号）－极数
2	中大型异步电动机	中心高（mm）－铁芯长度（数字代号）－极数
3	小型同步电机	中心高（mm）－机座长度（字母代号）－铁芯长度（数字代号）－极数
4	中大型同步电机	中心高（mm）－铁芯长度（数字代号）－极数
5	小型直流电机	中心高（mm）－机座长度（字母代号）
6	中型直流电机	中心高（mm）或机座号（数字代号）－铁芯长度（数字代号）－电流等级（数字代号）
7	大型直流电机	电枢铁芯外径（mm）－铁芯长度（mm）
8	汽轮发电机	功率（MW）－极数
9	中小型水轮发电机	功率（kW）－极数/定子铁芯外径（mm）
10	大型水轮发电机	功率（MW）－极数/定子铁芯外径（mm）
11	测功机	功率（kW）－转速（仅对直流测功机）
12	分马力电动机（小功率电动机）	中心高或机壳外径（mm）－（或/）机座长度（字母代号）－铁芯长度、电压、转速（均用数字代号）
13	交流换向器电机	中心高或机壳外径（mm）－（或/）铁芯长度、转速（均用数字代号）

电机的特殊环境代号列于表2-3。

表2-3　电机特殊环境代号

“高”原用	G
“船”（海）用	H
户“外”用	W
化工防“腐”用	F
“热”带用	T
“湿热”带用	TH
“干热”带用	TA

2.1.3　电机产品型号示例

1. 小型异步电动机

Y　112S-6

- 112S-6——规格代号。表示中心高112mm，短机座，6极
- Y——产品代号，表示异步电动机

2. 中型异步电动机

Y　500-2-4

- 500-2-4——规格代号，表示中心高500mm，2号铁芯长，4极
- Y——产品代号，表示异步电动机

3. 小型同步发电机

TF3S　200M-4

- 200M-4——规格代号，表示中心高200mm，中机座，4极
- TF3S——产品代号，表示第三次设计的3次谐波励磁同步电动机

4. 大型同步电动机

T　900-2-12

- 900-2-12：规格代号，表示中心高 900mm，2 号铁芯长，12 极
- T：产品代号，表示同步电动机

5. 静止整流电源供电直流电动机

ZJZ　14-2-2

- 14-2-2：规格代号，表示 14 号机座，2 号铁芯长，第二种电流等级
- ZJZ：产品代号，表示静止整流电源供电直流电动机

6. 湿热带用小型直流电动机

Z　132L - TH

- TH：特殊环境代号，表示湿热带
- 132L：规格代号，表示中心高 132mm，长机座
- Z：产品代号，表示直流电动机

7. 直流测功机

CZ　400-3000

- 400-3000：规格代号，表示功率 400kW，额定转速 3 000r/min
- CZ：产品代号，表示直流测功机

8. 水内冷氢冷汽轮发电机

QFSQ　600-2

- 600-2：规格代号，表示功率 600MW，2 极
- QFSQ：产品代号，QF 表示汽轮发电机，S 表示定转子线圈水内冷，Q 表示铁心氢冷

9. 大型水轮发电机

SF　20-12/4250

- 20-12/4250：规格代号，表示功率 20MW，12 极。定子铁芯外径 4 250mm
- SF：产品代号，表示水轮发电机

10. 户外化工防腐用小型隔爆异步电动机

YB　160M-4　WF

- WF：特殊环境代号，W 表示户外用，F 表示化工防腐用
- 160M-4：规格代号，表示中心高 160mm，中机座，4 极
- YB：产品代号，表示隔爆型异步电动机

11. 分马力异步电动机

YS　71-1-4

- 71-1-4：规格代号，表示中心高 71mm，1 号铁心长，4 极
- YS：产品代号，表示分马力异步电动机

12. 分马力直流电动机

ZY　36/249

- 36/249：规格代号，表示机壳外径 36mm，2 号铁心长。电压代号为 4（额定电压的 1/3，即 12V），转速代号为 9（即 9 000r/min）
- ZY：产品代号，表示永磁直流电动机

2.1.4　电动机外壳防护等级

由于电动机的外壳防护等级不同，只能限于一定的环境条件下使用。电动机外壳防护等级由表征字母 IP 及后边的两位数字组成，详见表 2-4、表 2-5。

表2-4 IP后第一位数字表示的防护等级及含义

第一位表征数字	防护等级	
	简述	含义
0	无防护电机	无专门防护
1	防护大于50mm固体的电机	能防止大面积的人体（如手）偶然或意外地触及或接近壳内带电或转动部件（但不能防止故意接触） 能防止直径大于50mm的固体异物进入壳内
2	防护大于12.5mm固体的电机	能防止手指触及或接近壳内带电或转动部件 能防止直径大于12.5mm的固体异物进入壳内
3	防护大于2.5mm固体的电机	能防止直径大于2.5mm的工具或导线触及或接近壳内带电或转动部件 能防止直径大于2.5mm的固体异物进入壳内
4	防护大于1mm固体的电机	能防止直径或厚度大于1mm的导线或片条触及或接近壳内带电或转动部件 能防止直径大于1mm的固体异物进入壳内
5	防尘电机	能防止触及或接近壳内带电或转动部件，进尘量不足以影响电机的正常运行

表2-5 IP后第二位数字表示的防护等级及含义

第二位表征数字	防护等级	
	简述	含义
0	无防护电机	无专门防护
1	防滴电机	垂直滴水应无有害影响
2	15°防滴电机	当电机从正常位置向任何方向倾斜至15°以内任何角度时，垂直滴水应无有害影响
3	防淋水电机	与垂直线成60°角范围以内的淋水应无有害影响

续表

第二位表征数字	防护等级	
	简述	含义
4	防溅水电机	承受任何方向的溅水应无有害影响
5	防喷水电机	承受任何方向的喷水应无有害影响
6	防海浪电机	承受猛烈的海浪冲击或强烈喷水时，电机的进水量应不达到有害的程度
7	防浸水电机	当电机浸入规定压力的水中经规定时间后，进水量应不达到有害的程度
8	潜水电机	在制造厂规定的条件下能长期潜水，电机一般为水密型，但对某些类型电机也可允许水进入，但应不达到有害的程度

2.2　三相异步电动机的工作原理、构造及技术数据

2.2.1　三相异步电动机的工作原理

在电动机的定子铁芯槽内，嵌有位置相差120°的三相绕组，当接通三相交流电源时，即在定子绕组中产生一个旋转磁场。如图2－1a中定子绕组的旋转磁场按顺时针方向以 n_1 的转速旋转。因转子绕组 e 是一个闭合导体，开始时，转子不动，$n=0$。而定子产生的旋转磁场以余速 n_1 切割转子绕组，由于电磁感应原理，使转子绕组 e 中产生感应电势和感应电流，假设转子为纯电阻电路，其感应电势与感应电流同相位，其方向用右手定则确定，见图2－1b、c。转子绕组 e 中的磁通与定子绕组的磁通相互作用而产生电磁力 F_0，其方向如图示（用左手定则判定）。电磁力作用于转子绕组，对转子形成一个电磁力矩，在电磁合力矩的作用下，转子便开始旋转。从图2－1可看出转子的旋转方向与磁场的旋转方向是一致的，而转子的转速 n 总是小于旋转磁场的转速 n_1，即 $n<n_1$。

以上对三相异步电动机的基本工作原理作了简要介绍。异步电动机工作是建立在电磁感应原理上的，所以异步电动机又称感应电动机。

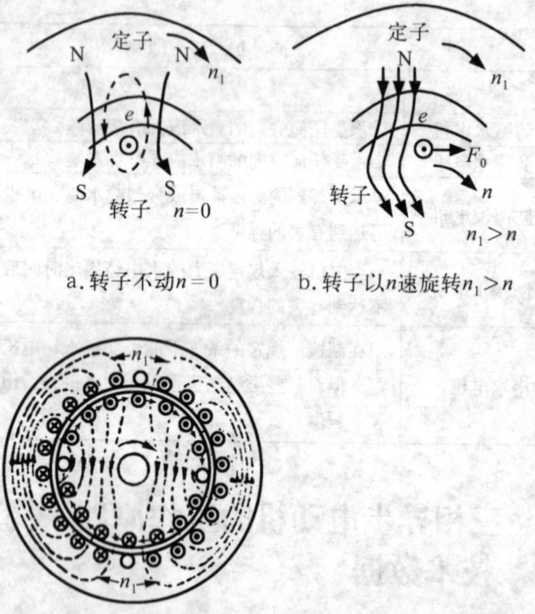

a. 转子不动$n=0$　　b. 转子以n速旋转$n_1>n$

c. 旋转磁场的方向

图2－1　异步电动机的工作原理

2.2.2　三相异步电动机的型号、结构特征及适用范围

三相异步电动机应用最为广泛，其不同型号产品的结构特征及用途列于表2－6。

表2－6　三相异步电动机型号、结构特征及适用范围

名称	型号 新型号	型号 旧型号	型号的汉字意义	结构特征	适用范围
异步电动机	Y	J、JO、JQ、JQO、J2、JO2、JQ2、JO－L、JK、JL、JS	异	铸铁外壳，小机座上有散热筋，大机座采用管道通风，铸铝鼠笼转子，大机座采用双鼠笼转子，有防护式及封闭式之分	用于一般机器及设备上，如水泵、鼓风机、机床等

续表

名称	型号		型号的汉字意义	结构特征	适用范围
	新型号	旧型号			
绕转线子异步电动机	YR	JR JRO YR	异绕	防护式，铸铁外壳，绕线型转子	用于电源容量不足以起动鼠笼型电动机及要求起动机电流小、起动转矩高等场合
高起动转矩异步电动机	YQ	JQ JQO JGO	异起	同Y型	用于起动静止负荷或惯性较大负荷的机械。如压缩机、粉碎机等
高效率三相异步电动机	YX		高效		可驱动无特殊要求的各种机械设备
高转差率(滑率)异步电动机	YH	JH JHO	异滑	结构同Y型，转子一般采用合金铝浇铸	用于传动较大飞轮惯量和不均匀冲击负荷的金属加工机械 。如锤击机、剪切机、冲压机、压缩机、绞车等
多速异步电动机	YD	JD JDO	异多	结构、功率等级与安装尺寸同Y(IP44)系列，在Y上派生，采用较好的材料，改进设计	同Y型。使用于要求有2~4种转速的机械
精密机床用异步电动机	YJ	JJO	异精	结构同Y型	同Y型，使用于要求振动小，噪音低的精密机床

续表

名称	型号		型号的汉字意义	结构特征	适用范围
	新型号	旧型号			
制动异步电动机(傍磁式)	YEP	JPE	异(制)傍	定子同Y型,转子上有旁磁路结构	用于要求快速制动的机械,如电动葫芦卷扬机、行车、电动阀等机械上
制动异步电动机(杠杆式)	YEG	JZD	异(制)杠	定子同Y型,转子上带杠杆式制动机构	
制动异步电动机(附加制动器式)	YEJ	JZD	异(制)加	定子同Y型,转子非出轴端带有制动器	
锥型转子制动异步电动机	YEZ	ZD ZDY JZZ	异(制)锥	定、转子均采用锥型结构,防护式或封闭式,铸铁外壳上有散热筋,自扇吹冷	
电磁调速异步电动机	YCT	JZT	异磁调	封闭式异步电动机与电磁滑差离合器组成	用于纺织、印染、化工、造纸、船舶及要求变速的机械上
换向器式(整流子)调速异步电动机	YHT	JZS	异换调	防护式,铸铁外壳,手动及电动遥控调速两种,有换向器转子	用于纺织、印染、化工、造纸、船舶及要求变速的机械上,但效率与功率因数比YCT高
齿轮减速异步电动机	YCJ	JTC	异齿减	由封闭式异步电动机与减速器组成	用于要求低速,大转矩的机械。如运输机械 、矿山机械、炼钢机械、造纸机械及其他要求低转速的机械

续表

名称	型号		型号的汉字意义	结构特征	适用范围
	新型号	旧型号			
力矩异步电动机	YLJ	JLJ JN	异力矩	强迫通风式，铸铁外壳，鼠笼转子，导条采用高电阻材料	用于纺织、印染、造纸、电线、电缆、橡胶、冶金等具有软特性及恒转矩的机械上
起重冶金用异步电动机	YZ	JZ	异重	封闭式，铸铁外壳上有散热筋，自扇吹冷，鼠笼铜条转子	用于起重机械及冶金辅助机械
起重冶金用绕线转子异步电动机	YZR	JZR	异重绕	封闭式，铸铁外壳上有散热筋，自扇吹冷，鼠笼铜条转子，转子为绕线式	
隔爆型异步电动机	YB	JB JBS	异爆	防爆式，钢板外壳，铸铝转子，小机座上有散热筋	用于有爆炸性气体的场合
电动阀门用异步电动机	YDF		异电阀	同Y型	用于起动转矩与最大转矩高的场合。如电动阀门
化工防腐用异步电动机	Y－F	JO－F JO2－F	异－腐	结构同Y型，采取密封及防腐措施	用于化肥、氯碱系统等化工厂的腐蚀环境中
船用异步电动机	Y－H	JO2－H	异－船	结构同Y型，机座由钢板焊成或由高强度具有韧性铸铁制造	用于船舰上
浅水排灌异步电动机	YQB	JQB	异潜泵	由水泵、电机及整体密封盒等三大部分组成	用于农业排灌及消防等场合

2.2.3　三相异步电动机常用公式与主要技术指标

1. 额定电压 U_n

电动机满载运行状态下，电源接到定子绕组上的线电压，其单位为 V。

2. 额定电流 I_n

电动机在额定电压下输出额定功率时，其定子绕组的线电流，其单位为 A。

3. 额定功率 P_n

在额定电压、额定电流时，电动机在允许满载输出的功率，其单位为 W、kW。

4. 效率 η

电动机的效率为输出功率 P_2 与输入功率 P_1 之比，用%表示。

$$\eta = \frac{P_2}{P_1}\% \tag{2-1}$$

5. 功率因数 $\cos\varphi$

功率因数是有功功率与视在功率的比值。对于电动机来说，减少定子与转子之间的气隙数值，增加线圈匝数有利于提高 $\cos\varphi$。

$$\cos\varphi = \frac{P_1}{\sqrt{3}I_n U_n} \tag{2-2}$$

电流、电压、功率、功率因数、效率之间的关系式为：

$$I_n = \frac{1\ 000P_n}{\sqrt{3}U_n\cos\varphi \cdot \eta}/\mathrm{A} \tag{2-3}$$

式中 1 000 是换算系数，将千瓦（kW）换算成瓦（W）。

6. 三相异步电动机的同步转速 n_1

同步转速即定子旋转磁场的转速（是看不见的）。

$$n_1 = \frac{f}{p} \cdot 60 \tag{2-4}$$

式中：f——交流电的频率，单位 Hz，我国规定为 50Hz；

p——磁极对数，如 2 极电机，$p=1$，4 极，$p=2$。

7. 转差率 S

异步电动机的额定转速 n 与定子旋转磁场的同步转速 n_1 的转速差（n_1-n）与定子旋转磁场的转速 n_1 的比值为转差率。用百分数表示。

$$S = \frac{(n_1 - n)}{n_1} \times 100\% \qquad (2-5)$$

式中：n_1——电动机的同步转速（r/min）；

n——电动机的额定转速（r/min）。

电机的转速 n 总是略小于旋转磁场的转速 n_1。

当电动机静止不动时（$n=0$），S 为 1；当电动机转速与同步转速相同时（$n_1=n$），S 为 0。异步电动机的转差率在 0 与 1 之间变化。一般常用的异步电动机在额定负载时其 S 均为 2%～5%。如果转差率过大，电动机的运行将不稳定。

异步电动机的转差率 S、转子同步转速 n_1 与电动机额定转速 n 的关系式为：

$$n = (1 - S)\ n_1 \qquad (2-6)$$

换算关系应用举例如下：

【例 1】一台三相 50Hz 四极异步电动机，转速为 1 430r/min，求转差率。

解：按式（2－4）求出同步转速为：

$$n_1 = \frac{f}{p} \times 60 = \frac{50}{2} \times 60 = 1\ 500\ (\text{r/min})$$

根据公式（2－5）求出转差率为：

$$S = \frac{n_1 - n}{n_1} \times 100\% = \frac{1\ 500 - 1\ 430}{1\ 500} \times 100\% = 4.67\%$$

【例 2】一台三相六极异步电动机，电源频率为 50Hz，其转差率为 3.0%，求电动机的额定转速。

解：按公式（2－4）求出同步转速 n_1 为：

$$n_1 = \frac{f}{p} \times 60 = \frac{50}{3} \times 60 = 1\ 000\ (\text{r/min})$$

按公式（2－6）求出转子额定转速 n 为：

$$n = (1 - S)\ n_1 = (1 - 0.03) \times 1\ 000 = 970\ (\text{r/min})$$

8. 温升 θ

电动机绕组的工作温度与环境温度的差值，习惯用℃表示（新标准温度单位用 K 表示）。

$$\theta = \frac{R_2 - R_1}{R_1}(K + t_1) + (t_2 - t_1) \qquad (2-7)$$

式中：R_2——电动机在额定负载下测定的电阻值（Ω）；

R_1——电动机在静止冷态下测定的电阻值（Ω）；

t_2——额定负载时的环境温度（℃）；

t_1——测定 R_1 时的环境温度（℃）；

K——系数，铜绕组为 235，铝绕组 228。

9. 绝缘电阻

绝缘电阻是反映电动机以及其他电气设备性能好坏的重要依据。

新电机或停用 3 个月以上的电动机使用前应检查绕组间及绕组对地（外壳）的绝缘电阻。对绕线式转子电动机，还应检查转子绕组及滑环对地（外壳）及滑环之间的绝缘。通常绝缘电阻每 1kV 工作电压不得小于 1MΩ。

通常 500V 以下电动机用 500V 兆欧表（也叫摇表）测量，500～3 000V 电动机用 1 000V 兆欧表测量，3 000V 以上的电动机用 2 500V 兆欧表测量。一般三相 380V 电动机的绝缘电阻应大于 0. 5MΩ 方可使用。

表 2－7 为常见的国产兆欧表数据。

表 2－7　常见的国产兆欧表型号及数据

型　号	额定电压/V	测量范围/MΩ	用　途	特　点
ZC11D－1　ZC7－11	100	0～500	测量电信零件，低压电器，仪表的绝缘电阻	由手摇发电机及硅整流系统，磁电系流比计所组成
ZC11D－2　ZC7－12	250	0～1 000		
ZC11D－3　ZC7－13	500	0～2 000		
ZC11D－4　ZC7－14	1 000	0～5 000	测量高压电机电器电缆的绝缘电阻	
ZC11D－5　ZC7－15	2 500	0～10 000		
ZC42－1	100/250	0～100 0～200	测量电信零件，低压电器，仪表的绝缘电阻	由交流 220V 电源供电的带有整流电路，电子放大器及 μA 表的装置
ZC42－2	250/500	0～200 0～500	测量高压电机电器电缆的绝缘电阻	
ZC42－3	500/1 000	0～500 0～1 000		
ZC48－1	2 500	0～50 000	测量高压电器，电缆的绝缘电阻	由交流 220V 或干电池供电的晶体管电子电路的装置
ZC48－2	5 000	0～100 000		

2.2.4 三相异步电动机的构造

三相异步电动机也叫三相感应电动机，主要由定子和转子组成。根据转子绕组结构的不同，有鼠笼形和绕线形两种。图2－2、图2－3、图2－4分别为其构造部件示意。

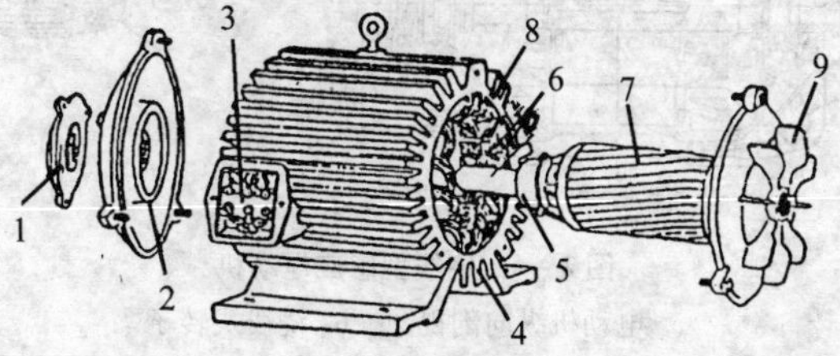

图2－2　三相鼠笼异步电动机

1. 轴承盖　2. 端盖　3. 接线盒　4. 机座　5. 轴承

6. 转轴　7. 转子　8. 定子　9. 风扇

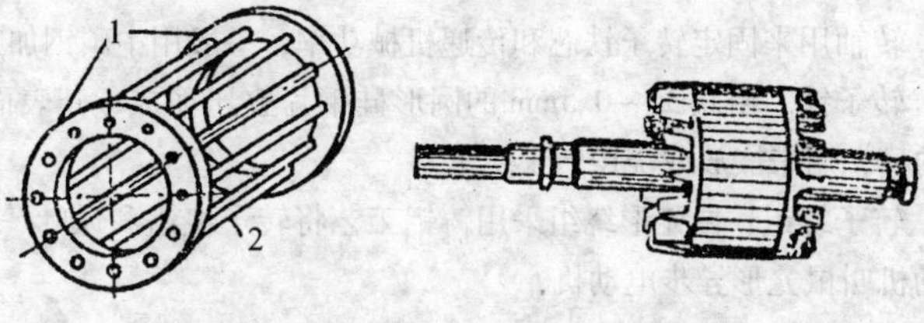

a　　　　　　　　b

图2－3　鼠笼形异步电动机转子

a. 铜条式　b. 铸铝式

1. 端环　2. 铜条

1. 定子

定子主要包括机座、定子铁芯、定子绕组三部分。

(1) 机座由铸铁或铸钢制成，两头有端盖，装有轴承。

(2) 定子铁芯由导磁率很高的厚0.35～0.5mm的环形硅钢片叠压而成。铁芯内圆开有嵌放绕组线圈的槽。

(3) 定子绕组：中小型电机的绕组线圈采用高强度聚脂漆包圆铜线绕制，是按一定规律连接的对称的三相绕组。

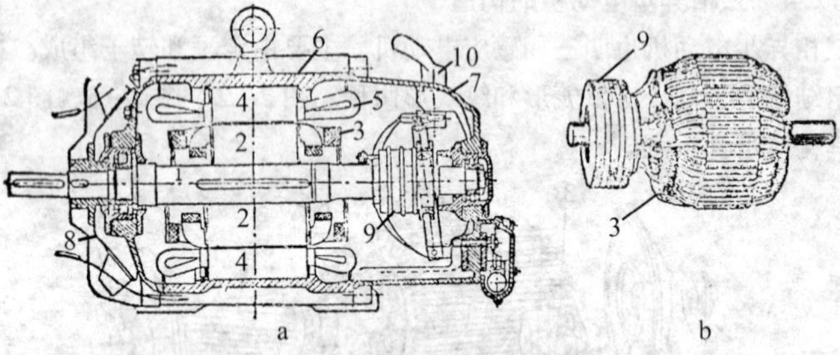

图 2－4　绕线型感应电动机

a. 电动机纵向剖视图　b. 绕线式转子

1. 轴　2. 转子铁芯　3. 转子绕组　4. 定子铁芯　5. 定子绕组　6. 定子外壳　7. 端盖　8. 风叶　9. 接触滑环　10. 提起电刷的转柄

2. 转子

转子由转轴、转子铁芯和转子绕组组成。

（1）转轴用来固定转子铁芯和传递机械功率，一般用中碳钢加工而成。

（2）转子铁芯由 0.35～0.5mm 的圆形硅钢片叠压而成，其表面开有均匀分布的槽，用来嵌放或浇铸转子绕组。

（3）转子绕组：鼠笼形绕组采用铸铝工艺将转子绕组和风叶一起铸出。此类电动机叫鼠笼形异步电动机。

绕线型转子，是在线槽内嵌入用绝缘导线绕成的三相绕组。三相绕组一般接成星形。三个起端接到装在轴上的三个彼此绝缘的滑环上，故又称之为滑环型转子。

（4）滑环：绕线式转子的转轴上有 3 个滑环，滑环又通过电刷与外面附加的变阻器连接，以改善电动机的起动性能和调速性能。绕线式转子外形及接线如图 2－4 所示。

3. 端盖

端盖是用来支持转子和遮盖电动机的，一般用铸铁制成。用螺栓固定在机座的两端。

4. 出线盒

出线盒是用来固定定子绕组的引出线头的，一般用铸铁制成。在出线板接线柱旁边标有各相绕组起端和末端的符号，根据不同的要求，可以接成星形或三角形，如图 2－5 所示。有些电动机只有三根引出线头，使用安装时只要接通 380V 电源即可。

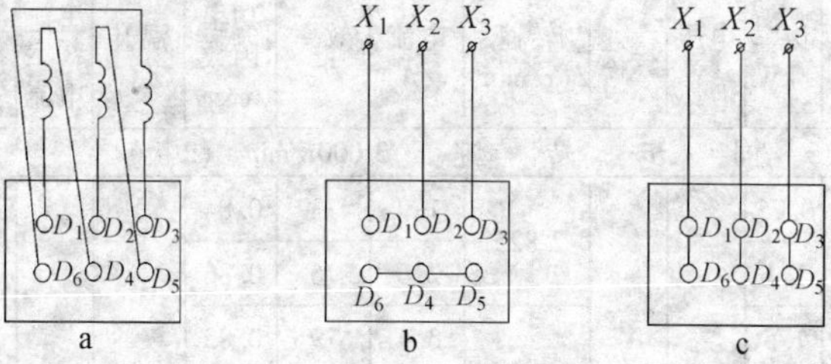

图 2－5 接线板上出线头的接法

a. 出线盒内接线柱的布置 b. 定子绕组的星形接法 c. 定子绕组的三角形接法

5. 气隙

定子与转子之间的间隙称为气隙，通常为 0.2～2mm。气隙过大，磁阻和励磁电流增大，功率因数降低；气隙过小，制造及修理的工艺难度大，转动时易发生摩擦（俗称扫膛）。

6. 铭牌

铭牌是厂家固定在设备上的金属牌，上面记录了厂家名称、出厂年月、序（编）号以及主要技术指标。如额定功率、额定电压、额定电流、频率、额定转速、绝缘等级、温升等。

2.2.5 常用三相异步电动机的技术数据

三相异步电动机是使用最广泛的，特别是鼠笼型电动机构造简单，运行可靠，体积小，效率高，价格较低，起动方便。缺点是起动电流较大（一般可达额定电流的 4～7 倍），起动转矩较小（只能在轻负荷条件下起动）。

绕线式异步电动机起动转矩较大，起动电流较小（约为额定电流的 1.5～2.5 倍），起动过程中可以平稳地调速，应用在静负载转矩大的场所。但其构造复杂，维护要求高，起动不便，价格较贵。

我国生产的三相异步电动机第二代产品主要是 J、JO、JQ、J_2 等系列，Y 系列为全国统一设计的新产品，为第三代产品。J 系列和 Y 系列电动机应用广泛，其技术数据见表 2－8～表 2－9。表中列出了电动机运转技术数据，铁芯和绕组线圈的尺寸数据，可供参照。

表 2－8　Y 系列三相异步电动机性能数据

型　号	额　定　数　据								堵转电流/额定电流	堵转转矩/额定转矩	最大转矩/额定转矩
	功率/kW	电压/V	接法	转速/(r/min)	电流/A	效率/%	功率因数/cosφ	温升/℃			
同　步　转　速　3 000r/min　(2 极)											
Y－801－2	0.75	380	Y	2 825	1.9	73	0.84	80	7.0	2.2	2.2
Y－802－2	1.1				2.6	76	0.86				
Y－90S－2	1.5			2 840	3.4	79	0.85				
Y－90L－2	2.2				4.7	82	0.86				
Y－100L－2	3			2 880	6.4		0.87				
Y－112M－2	4		△	2 890	8.2	85.5					
Y－132S1－2	5.5			2 900	11.1		0.88			2.0	
Y－132S2－2	7.5				15	86.2					
Y－160M1－2	11			2 930	21.8	87.2					
Y－160M2－2	15				29.4	88.2					
Y－160L－2	18.5				35.5	89	0.89				
Y－180M－2	22			2 940	42.2						
Y－200L1－2	30			2 950	56.9	90					
Y－200L2－2	37			2 950	70.4	90.5					
Y－225M－2	45			2 970	83.9	91.5					
Y－250M－2	55				102.7	91.4					
Y－280S－2	75				140.1						
Y－280M－2	90				167	92				1.6	
Y－315S－2	110				206.4	91					
Y－315M1－2	132				247.6						
Y－315M2－2	160				298.5	91.5	0.90				
Y－355M1－2	200			2 975	369						
Y－355M2－2	250				461.2						

续表

型号	额定数据 功率/kW	电压/V	接法	转速/(r/min)	电流/A	效率/%	功率因数/cosφ	温升/℃	堵转电流/额定电流	堵转转矩/额定转矩	最大转矩/额定转矩
同步转速 1 500r/min (4极)											
Y-801-4	0.55	380	Y	1 390	1.6	70.5	0.76	75	6.5	2.2	2.2
Y-802-4	0.75				2.1	72.5					
Y-90S-4	1.1			1 400	2.7	79	0.78				
Y-90L-4	1.5				3.7		0.79				
Y-100L1-4	2.2			1 420	5.0	81	0.82		7.0		
Y-100L2-4	3				6.8	82.5	0.81				
Y-112M-4	4		△	1 440	8.8	84.5	0.82				
Y-132S-4	5.5				11.6	85.5	0.84				
Y-132M-4	7.5				15.4	87	0.85				
Y-160M-4	11			1 460	22.6	88	0.84				
Y-160L-4	15				30.3	88.5	0.85			2.0	
Y-180M-4	18.5			1 470	35.9	91	0.86				
Y-180L-4	22				42.5	91.5	0.86				
Y-200L-4	30				56.8	92.2	0.87			1.9	
Y-225S-4	37			1 480	69.8	91.8	0.87				
Y-225M-4	45				84.2	92.3	0.88			2.0	
Y-250M-4	55				102.5	92.6				1.9	
Y-280S-4	75				139.7	92.7					
Y-280M-4	90				164.3	93.5				1.8	
Y-315S-4	110				201.9	93	0.89				
Y-315M1-4	132				242.3						
Y-315M2-4	160				293.7						
Y-355M1-4	200				367.1						
Y-355M2-4	250				458.9						
Y-355M3-4	315				578.2						

续表

<table>
<tr><th rowspan="2">型　号</th><th colspan="8">额　定　数　据</th><th rowspan="2">堵转电流/额定电流</th><th rowspan="2">堵转转矩/额定转矩</th><th rowspan="2">最大转矩/额定转矩</th></tr>
<tr><th>功率/kW</th><th>电压/V</th><th>接法</th><th>转速/(r/min)</th><th>电流/A</th><th>效率/%</th><th>功率因数/cosφ</th><th>温升/℃</th></tr>
<tr><td colspan="12">同　步　转　速　1 000r/min　(6 极)</td></tr>
<tr><td>Y－90S－6</td><td>0.75</td><td rowspan="23">380</td><td rowspan="5">Y</td><td rowspan="2">910</td><td>2.3</td><td>72.5</td><td>0.70</td><td rowspan="23">75</td><td rowspan="4">6.0</td><td rowspan="9">2.0</td><td rowspan="23">2.0</td></tr>
<tr><td>Y－90L－6</td><td>1.1</td><td>3.2</td><td>73.5</td><td>0.72</td></tr>
<tr><td>Y－100L－6</td><td>1.5</td><td rowspan="2">940</td><td>4.0</td><td>77.5</td><td>0.74</td></tr>
<tr><td>Y－112M－6</td><td>2.2</td><td>5.6</td><td>80.5</td><td>0.74</td></tr>
<tr><td>Y－132S－6</td><td>3</td><td rowspan="3">960</td><td>7.2</td><td>83</td><td>0.76</td><td rowspan="11">6.5</td></tr>
<tr><td>Y－132M1－6</td><td>4</td><td rowspan="18">△</td><td>9.4</td><td>84</td><td>0.77</td></tr>
<tr><td>Y－132M2－6</td><td>5.5</td><td>12.6</td><td>85.3</td><td rowspan="3">0.78</td></tr>
<tr><td>Y－160M－6</td><td>7.5</td><td rowspan="5">970</td><td>17</td><td>86</td></tr>
<tr><td>Y－160L－6</td><td>11</td><td>24.6</td><td>87</td></tr>
<tr><td>Y－180L－6</td><td>15</td><td>31.5</td><td>89.5</td><td>0.81</td><td rowspan="3">1.8</td></tr>
<tr><td>Y－200L1－6</td><td>18.5</td><td>37.7</td><td>89.8</td><td rowspan="2">0.83</td></tr>
<tr><td>Y－200L2－6</td><td>22</td><td>44.6</td><td>90.2</td></tr>
<tr><td>Y－225M－6</td><td>30</td><td rowspan="11">980</td><td>59.5</td><td>90.2</td><td>0.85</td><td>1.7</td></tr>
<tr><td>Y－250M－6</td><td>37</td><td>72</td><td>90.8</td><td>0.86</td><td rowspan="3">1.8</td></tr>
<tr><td>Y－280S－6</td><td>45</td><td>85.4</td><td>92</td><td rowspan="6">0.87</td></tr>
<tr><td>Y－280M－6</td><td>55</td><td>104.9</td><td>91.6</td><td rowspan="8">7.0</td></tr>
<tr><td>Y－315S－6</td><td>75</td><td>142.4</td><td>92</td><td rowspan="7">1.6</td></tr>
<tr><td>Y－315M1－6</td><td>90</td><td>170.8</td><td>92</td></tr>
<tr><td>Y－315M2－6</td><td>110</td><td>207.7</td><td>92.5</td></tr>
<tr><td>Y－315M3－6</td><td>132</td><td>249.2</td><td>92.5</td></tr>
<tr><td>Y－335M1－6</td><td>160</td><td>297</td><td>93</td><td rowspan="3">0.88</td></tr>
<tr><td>Y－335M2－6</td><td>200</td><td>371.3</td><td>93</td></tr>
<tr><td>Y－335M3－6</td><td>250</td><td>464.1</td><td>93</td></tr>
</table>

续表

<table>
<tr><th rowspan="2">型号</th><th colspan="8">额定数据</th><th rowspan="2">堵转电流
额定电流</th><th rowspan="2">堵转转矩
额定转矩</th><th rowspan="2">最大转矩
额定转矩</th></tr>
<tr><th>功率
/kW</th><th>电压
/V</th><th>接法</th><th>转速
/(r/min)</th><th>电流
/A</th><th>效率
/%</th><th>功率
因数
/cosφ</th><th>温升
/℃</th></tr>
<tr><td colspan="12">同步转速 750r/min（8极）</td></tr>
<tr><td>Y-132S-8</td><td>2.2</td><td rowspan="19">380</td><td rowspan="2">Y</td><td rowspan="2">710</td><td>5.8</td><td>81</td><td>0.71</td><td rowspan="19">75</td><td rowspan="2">5.5</td><td rowspan="5">2.0</td><td rowspan="19">2.0</td></tr>
<tr><td>Y-132M-8</td><td>3</td><td>7.7</td><td>82</td><td>0.72</td></tr>
<tr><td>Y-160M1-8</td><td>4</td><td rowspan="17">△</td><td rowspan="3">720</td><td>8.9</td><td>84</td><td>0.73</td><td rowspan="2">6.0</td></tr>
<tr><td>Y-160M2-8</td><td>5.5</td><td>13.3</td><td>85</td><td>0.74</td></tr>
<tr><td>Y-160L-8</td><td>7.5</td><td>17.7</td><td>86</td><td>0.75</td><td>5.5</td></tr>
<tr><td>Y-180L-8</td><td>11</td><td rowspan="5">730</td><td>25.1</td><td>86.5</td><td>0.77</td><td rowspan="8">6.0</td><td>1.7</td></tr>
<tr><td>Y-200L-8</td><td>15</td><td>34.1</td><td>88</td><td rowspan="2">0.76</td><td>1.8</td></tr>
<tr><td>Y-225S-8</td><td>18.5</td><td>41.3</td><td>89.5</td><td>1.7</td></tr>
<tr><td>Y-225M-8</td><td>22</td><td>47.6</td><td>90</td><td>0.78</td><td rowspan="5">1.8</td></tr>
<tr><td>Y-250M-8</td><td>30</td><td>63</td><td>90.5</td><td>0.80</td></tr>
<tr><td>Y-280S-8</td><td>37</td><td rowspan="9">740</td><td>78.2</td><td>91</td><td>0.79</td></tr>
<tr><td>Y-280M-8</td><td>45</td><td>93.2</td><td>91.7</td><td>0.80</td></tr>
<tr><td>Y-315S-8</td><td>55</td><td>112.1</td><td rowspan="2">92</td><td rowspan="2">0.81</td><td rowspan="7">1.6</td></tr>
<tr><td>Y-315M1-8</td><td>75</td><td>152.8</td><td rowspan="6">6.5</td></tr>
<tr><td>Y-315M2-8</td><td>90</td><td>180.3</td><td rowspan="5">92.5</td><td rowspan="2">0.82</td></tr>
<tr><td>Y-315M3-8</td><td>110</td><td>220.3</td></tr>
<tr><td>Y-355M1-8</td><td>132</td><td>261.2</td><td rowspan="3">0.83</td></tr>
<tr><td>Y-355M2-8</td><td>160</td><td>316.6</td></tr>
<tr><td>Y-355M3-8</td><td>200</td><td>395.9</td></tr>
<tr><td colspan="12">同步转速 600r/min(10极)</td></tr>
<tr><td>Y-315S-10</td><td>45</td><td rowspan="6">380</td><td rowspan="6">△</td><td rowspan="6">585</td><td>100.2</td><td>91</td><td rowspan="2">0.75</td><td rowspan="6">75</td><td rowspan="6">5.5</td><td rowspan="6">1.4</td><td rowspan="6">2.0</td></tr>
<tr><td>Y-315M1-10</td><td>55</td><td>121.8</td><td rowspan="2">91.5</td></tr>
<tr><td>Y-315M2-10</td><td>75</td><td>163.9</td><td>0.76</td></tr>
<tr><td>Y-355M1-10</td><td>90</td><td>185.8</td><td rowspan="3">92</td><td rowspan="3">0.80</td></tr>
<tr><td>Y-355M2-10</td><td>110</td><td>227</td></tr>
<tr><td>Y-355M3-10</td><td>132</td><td>272.5</td></tr>
</table>

表 2－9　YX 系列高效率三相异步电动机技术数据

型　号	额定功率/kW	额定电流/A	转速/(r/min)	效率/%(输出功率/额定功率) 100	75	50	功率因数	堵转转矩/额定转矩	堵转电流/额定电流	最大转矩/额定转矩	定子铁芯/mm 外径	内径	铁芯长度/mm	气隙/mm	定转子槽数(Z_1/Z_2)	绕组型式	并联路数	节距	每槽线数	线规(根－mm)
YX100L－2	3	5.9	2 880	86.5	86.8	86.3	0.89	2.0	8.0	2.2	155	84	115	0.4	24/20	单层同心式	1	1－12 2－11	38	2－ϕ0.85
YX112M－2	4	7.7	2 910	88.3	88.6	88					175	98	130	0.45	36/28			1－18 2－17 3－16	37	1－ϕ1.18
YX132S1－2	5.5	10.6	2 920	88.6	89	88.2		1.8			210	116	110	0.55					34	1－ϕ1.0 1－ϕ1.06
YX132S2－2	7.5	14.3		89.7	90.2	89.4							145						26	2－ϕ1.18
YX160M1－2	11	20.9	2 950	90.8	91.2	90.4	0.88				260	150	150	0.65					20	3－ϕ1.25
YX160M2－2	15	27.8		92	92.4	91.6	0.89						190						16	2－ϕ1.18 2－ϕ1.25
YX160L－2	18.5	34.3				91.7							215						14	4－ϕ1.3
YX180M－2	20	40.1		92.5	92.5	92.1	0.90				290	160	205	0.8		双层叠式	2	1－14	28	2－ϕ1.25 1－ϕ1.18
YX200L1－2	22	54.5	2 960	93	93	92.7			7.5		327	182	200	1.0						3－ϕ1.4
YX200L2－2	37	67	2 950	93.2	93.4	93							235						24	4－ϕ1.3
YX225M－2	45	80.8	2 970	94	94	93.5					368	210	220	1.1					20	5－ϕ1.4
YX250M－2	55	99.7	2 980	94.2	94.2	93.6	0.89				400	225	240	1.2	42/34			1－17	16	5－ϕ1.5 1－ϕ1.6
YX280S－2	75	135.8	2 970		94.4	93.7					445	255	245	1.5				1－16		9－ϕ1.5

续表

型号	额定功率/kW	额定电流/A	转速/(r/min)	效率/%（输出功率/额定功率）			功率因数	堵转转矩/额定转矩	堵转电流/额定电流	最大转矩/额定转矩	定子铁芯/mm		铁芯长度/mm	气隙/mm	定转子槽数(Z_1/Z_2)	绕组型式	并联路数	节距	每槽线数	线规(根-mm)
				100	75	50					外径	内径								
YX280M-2	90	162.6	2 980	94.5	94.6	94	0.89	1.8	7.5	2.2	445	255	275	1.5	42/34	双层叠式	2	1-16	12	6-φ1.5 4-φ1.6
YX100L1-4	2.2	4.7	1 440	86.3	87	86.5	0.82	2.0	8.0		155	98	125	0.3	36/32	单层交叉式	1	2/1-9 1/1-8	35	1-φ1.18
YX100L2-4	3	6.4		86.5	87.2	86.6							160						29	1-φ1.30
YX112M-4	4	8.3	1 460	88.3	89	88.5	0.83				175	110	160	0.3					40	1-φ1.25
YX132S-4	5.5	11.2		89.5	90.2	89.5					210	136	145	0.4					40	1-φ0.9 2-φ0.86
YX132M-4	7.5	14.8		90.3	90.7	90.3	0.85						180						32	2-φ1.18
YX160M-4	11	20.9	1 470	91.8	92	91.6	0.87				260	170	175	0.5		单层链式		1-11	20	2-φ1.18 1-φ1.25
YX160L-4	15	28.5			92.2	91.7							215						16	1-φ1.12 3-φ1.18
YX180M-4	18.5	35.2	1 480	93	93.2	92.8	0.86	1.8	7.5		290	187	220	0.55	48/44	双层叠式	4		60	3-φ0.95
YX180L-4	22	41.7		93.2	93.5	93							250						32	1-φ1.06 1-φ0.95
YX200L-4	30	56		93.5	93.8	93.5					327	210		0.65			2		26	3-φ1.40
YX225S-4	37	68.9	1 490	93.8	94.2	93.7	0.87				368	245	235	0.7			4	1-12	42	1-φ1.30 1-φ1.50
YX225M-4	45	83.5	1 480	94.1	94.5	94							260						38	2-φ1.50

续表

型号	额定功率/kW	额定电流/A	转速/(r/min)	效率/%（输出功率/额定功率）			功率因数	堵转转矩/额定转矩	堵转电流/额定电流	最大转矩/额定转矩	定子铁芯/mm		铁芯长度/mm	气隙/mm	定转子槽数(Z_1/Z_2)	绕组型式	并联路数	节距	每槽线数	线规(根-mm)
				100	75	50					外径	内径								
YX250M-4	55	100.2	1 480	94.5	94.8	94.2	0.88	1.8	7.5	2.2	400	260	260	0.8	48/44	双层叠式	4	1-12	34	2-ϕ1.40 1-ϕ1.30
YX280S-4	75	136.7	1 490	94.7	95	94.6					445	300	290	0.9	60/50			1-14	24	4-ϕ1.30 1-ϕ1.40
YX280M-4	90	161.7		95	95.2	94.8	0.89						345						20	2-ϕ1.40 3-ϕ1.50
YX100L-6	1.5	3.8	960	82.4	82.8	82	0.72	2.0	7.0	2.0	155	106	115	0.25	36/33	单层链式	1	1-6	50	1-ϕ0.95
YX112M-6	2.2	5.3	970	85.3	85.8	84.8	0.74				175	120	130	0.3					41	1-ϕ1.18
YX132S-6	3	6.9	980	87.2	87.5	86.8	0.76						125						35	1-ϕ1.0 1-ϕ0.95
YX132M1-6	4	9	970	88	88.4	87.6	0.77				210	148	150	0.35					49	2-ϕ0.85
YX132M2-6	5.5	12.1		88.5	88.8	88.3	0.78						195						38	2-ϕ0.95
YX160M-6	7.5	16		90	90.4	89.6	0.79				260	180	165	0.4	54/44			1-9	24	1-ϕ1.25 1-ϕ1.30
YX160L-6	11	23.4		90.4	91	90.2							220						18	2-ϕ1.18 1-ϕ1.25
YX180L-6	15	30.7	980	91.7	92.2	91.5	0.81	1.8			290	205	235	0.45		双层叠式	3		48	2-ϕ0.95
YX200L1-6	18.5	36.9					0.83				327	230	215	0.5	72/58		2	1-12	24	2-ϕ1.0 1-ϕ1.06
YX200L2-6	22	43.2		92.1	92.5	91.8	0.84						225						22	2-ϕ1.0 1-ϕ1.18
YX225M-6	30	57.7	990	93	93.4	92.8	0.85				368	260	240	0.5			3		28	2-ϕ1.18 1-ϕ1.06
YX250M-6	37	70.8		93.4	93.8	93.2					400	285	235	0.55					30	3-ϕ1.25
YX280S-6	45	84		93.6	94	93.4	0.87				445	325		0.65					24	3-ϕ1.18 1-ϕ1.25
YX280M-6	55	102.4		93.8	94.2	93.6							280						20	2-ϕ1.25 1-ϕ1.60

表 2-10a　Y 系列(IP23)三相异步电动机铁芯、绕组的技术数据(电压 380V)

型号	接法	功率/kW	电流/A	定子铁芯/mm			定转子槽数 Z_1/Z_2	气隙/mm	定子绕组				
				外径	内径	长度			绕组型式	线规(根-mm)	线圈匝数	线圈节距	平均半匝长/mm
Y160M-2	1△	15	29	290	160	100	36/28	0.8	双层叠绕	2-ϕ1.06 1-ϕ1.12	24	1-14	383
Y160L1-2	1△	18.5	36	290	160	125	36/28	0.8		1-ϕ1.4 1-ϕ1.5	20	1-14	408
Y160L2-2	1△	22	42	290	160	135	36/28	0.8		1-ϕ1.5 1-ϕ1.6	18	1-14	418
Y160M-4	2△	11	23	290	187	100	48/44	0.55		1-ϕ1.18	54	1-11	298
Y160L1-4	2△	15	30	290	187	130	48/44	0.55		1-ϕ1.3	42	1-11	328
Y160L2-4	2△	18.5	37	290	187	150	48/44	0.55		1-ϕ1.4 1-ϕ1.5	18	1-11	348
Y160M-6	1△	7.5	17	290	205	95	54/44	0.45		1-ϕ1.4	32	1-9	256
Y160L-6	1△	11	25	290	205	125	54/44	0.45		2-ϕ1.18 1-ϕ1.3	24	1-9	286
Y160M-8	1△	5.5	14	290	205	95	54/50	0.45		1-ϕ1.0	42	1-7	226
Y160L-8	2△	7.5	18	290	205	125	54/50	0.45		1-ϕ1.06	32	1-7	256
Y180M-2	2△	30	57	327	182	135	36/28	1.0		2-ϕ1.3	32	1-14	418
Y180L-2	2△	37	70	327	182	160	36/28	1.0		2-ϕ1.4	27	1-14	450
Y180M-4	2△	22	43	327	210	137	48/44	0.65		2-ϕ1.12	36	1-11	354
Y180L-4	2△	30	58	327	210	175	48/44	0.65		2-ϕ1.3	32	1-11	394
Y180M-6	2△	15	32	327	230	125	54/44	0.50		1-ϕ1.4	44	1-9	300

续表

型号	接法	功率/kW	电流/A	定子铁芯/mm			定转子槽数 Z_1/Z_2	气隙/mm	定子绕组				
				外径	内径	长度			绕组型式	线规（根-mm）	线圈匝数	线圈节距	平均半匝长/mm
Y180L-6	2△	18.5	38	327	230	155	54/44	0.5	双层叠绕	2-ϕ1.06	36	1-9	330
Y180M-8	2△	11	26	327	230	125	54/44	0.5		2-ϕ0.9	56	1-9	267
Y180L-8	2△	15	34	368	230	155	54/44	0.5		2-ϕ1.0	44	1-9	297
Y200M-2	2△	45	84	368	210	155	36/28	1.1		2-ϕ1.25 2-ϕ1.3	24	1-14	504
Y200L-2	2△	55	103	368	210	185	36/28	1.1		3-ϕ1.4	21	1-14	534
Y200M-4	2△	37	71	368	245	155	48/44	0.7		1-ϕ1.12 2-ϕ1.18	26	1-11	398
Y200L-4	2△	45	86	368	245	185	48/44	0.7		3-ϕ1.3	22	1-11	428
Y200M-6	2△	22	44	368	260	135	54/44	0.5		2-ϕ1.18	36	1-9	326
Y200L-6	2△	30	59	368	260	165	54/44	0.5		1-ϕ1.3 1-ϕ1.4	30	1-9	356
Y200M-8	2△	18.5	41	368	260	135	54/50	0.5		1-ϕ1.6	44	1-7	289
Y200L-8	2△	22	48	368	260	165	54/50	0.5		2-ϕ1.25	36	1-7	318
Y225M-2	2△	75	140	400	225	185	36/28	1.2		3-ϕ1.6	18	1-14	563
Y225M-4	4△	55	104	400	260	185	48/44	0.8		1-ϕ1.25 1-ϕ1.3	40	1-12	471
Y225M-6	3△	37	71	400	285	175	72/58	0.55		1-ϕ1.18 1-ϕ1.25	30	1-12	398
Y225M-8	4△	30	63	400	285	175	72/58	0.55		1-ϕ1.4	50	1-9	351
Y250S-2	2△	90	167	445	225	170	42/34	1.5		2-ϕ1.3 3-ϕ1.4	6	1-16	594

续表

型　号	接法	功率/kW	电流/A	定子铁芯/mm			定转子槽数 Z_1/Z_2	气隙/mm	定子绕组				
				外径	内径	长度			绕组型式	线规（根 - mm）	线圈匝数	线圈节距	平均半匝长/mm
Y250M - 2	2△	110	201	445	225	195	42/34	1.5	双层叠绕	4 - ϕ1.5 1 - ϕ1.6	4	1 - 16	619
Y250S - 4	2△	75	141	445	300	185	60/50	0.9		2 - ϕ1.25 3 - ϕ1.3	14	1 - 14	489
Y250M - 4	2△	90	168	445	300	215	60/50	0.9		4 - ϕ1.25 2 - ϕ1.3	12	1 - 14	519
Y250S - 6	3△	45	87	445	325	165	72/58	0.65		2 - ϕ1.4	28	1 - 12	408
Y250M - 6	3△	55	106	445	325	195	72/58	0.65		4 - ϕ1.06	24	1 - 12	438
Y250S - 8	4△	37	78	445	325	165	72/58	0.65		1 - ϕ1.06 1 - ϕ1.12	46	1 - 9	355
Y250M - 8	4△	45	94	445	325	195	72/58	0.65		1 - ϕ1.18 1 - ϕ1.25	38	1 - 9	385
Y280M - 2	2△	132	241	493	280	200	42/34	1.6		6 - ϕ1.5	12	1 - 16	651
Y280S - 4	4△	110	205	493	330	200	60/50	1.0		4 - ϕ1.25	24	1 - 14	533
Y280M - 4	4△	132	245	493	330	240	60/50	1.0		4 - ϕ1.4	20	1 - 14	573
Y280S - 6	3△	75	143	493	360	185	72/58	0.7		3 - ϕ1.4	22	1 - 12	448
Y280M - 6	3△	90	169	493	360	240	72/58	0.7		3 - ϕ1.5	18	1 - 12	503
Y280S - 8	4△	55	115	493	360	185	72/58	0.7		1 - ϕ1.3 1 - ϕ1.4	36	1 - 9	390
Y280M - 8	4△	75	154	493	360	240	72/58	0.7		1 - ϕ1.5 1 - ϕ1.6	28	1 - 9	445

注:①IP23 表示电动机外壳的防护等级,含义见表 2 - 4、表 2 - 5。

②型号中 S 表示短机座,M 表示中机座,L 表示长机座。

表 2－10b　Y 系列(IP44)三相异步电动机铁芯、绕组的技术数据(电压 380V)

型　号	接法	功率/kW	电流/A	定子铁芯/mm			定转子槽数 Z_1/Z_2	气隙/mm	定子绕组				
				外径	内径	长度			绕组型式	线规(根－mm)	线圈匝数	线圈节距	平均半匝长/mm
Y801－2	1Y	0.75	1.8	120	67	65	18/16	0.3	单层交叉	1－ϕ1.6	111	1－9 2－10 18－11	219.7
Y802－2	1Y	1.1	2.5	120	67	80	18/16	0.3	单层交叉	1－ϕ0.71	90		234.7
Y801－4	1Y	0.55	1.5	120	75	65	24/22	0.25	单层链式	1－ϕ0.56	128	1－6	257.2
Y802－4	1Y	0.75	2.0	120	75	80	24/22	0.25	单层链式	1－ϕ0.63	103	1－6	297.2
Y90S－2	1Y	1.5	3.4	130	72	80	18/16	0.35	单层交叉	1－ϕ0.8	77	1－9 2－10 18－11	243.3
Y90L－2	1Y	2.2	4.7	130	72	110	18/16	0.35	单层交叉	1－ϕ0.95	58		273.3
Y90S－4	1Y	1.1	2.8	130	80	90	24/22	0.25	单层交叉	1－ϕ0.71	81	1－6	191.7
Y90L－4	1Y	1.5	3.7	130	80	120	24/22	0.25	单层链式	1－ϕ0.8	63	1－6	221.7
Y90S－6	1Y	0.75	2.3	130	86	100	36/33	0.25	单层链式	1－ϕ0.67	77	1－6	183.1
Y90L－6	1Y	1.1	3.2	130	86	125	36/33	0.25	单层链式	1－ϕ0.75	60	1－6	208
Y100L－2	1Y	3.0	6.4	155	94	100	24/20	0.4	单层同心	1－ϕ1.18	40	1－12 2－11	218.6
Y100L1－4	1Y	2.2	5.0	155	98	105	36/32	0.3	单层交叉	2－ϕ0.71	41	1－9 2－10 18－11	224.2
Y100L2－4	1Y	3.0	6.8	155	98	135	36/32	0.3	单层交叉	1－ϕ1.18	31		254.2
Y100L－6	1Y	1.5	4.0	155	106	100	36/33	0.25	单层链式	1－ϕ0.85	53	1－6	193.9
Y112M－2	1△	4.0	8.2	175	98	105	30/26	0.45	单层同心	1－ϕ1.06	48	1－16、2－15、 3－14、17－30、 18－29	306.9

续表

型号	接法	功率/kW	电流/A	定子铁芯/mm 外径	内径	长度	定转子槽数 Z_1/Z_2	气隙/mm	定子绕组 绕组型式	线规（根－mm）	线圈匝数	线圈节距	平均半匝长/mm
Y112M－4	1Y	4.0	8.8	175	110	135	36/32	0.3	单层交叉	1－ϕ1.06	46	1－9、2－10、18－11	264.8
Y112M－6	1Y	2.2	5.6	175	120	110	36/33	0.3	单层链式	1－ϕ1.06	44	1－6	212.2
Y132S1－2	1△	5.5	11	210	116	105	30/26	0.55	单层同心	1－ϕ0.9 1－ϕ0.95	44	1－16、2－15、3－14、17－30、18－29	342.5 362.5
Y132S2－2	1△	7.5	15	210	116	125	30/26	0.55	单层同心	1－ϕ1.0 1－ϕ1.06	37		
Y132S－4 Y132M－4	1△ 1△	5.5 7.5	12 15	210 210	136 136	115 160	36/32 36/32	0.4 0.4	单层交叉 单层交叉	1－ϕ0.9 1－ϕ0.95 2－ϕ1.06	47 35	1－9、2－10、18－11	267.2 312.2
Y132S－6	1Y	3.0	7.2	210	148	110	36/33	0.4	单层链式	1－ϕ0.85 1－ϕ0.9	38	1－6	227.2
Y132M1－6 Y132M－6 Y132S－8 Y132M－8	1△ 1△ 1Y 1Y	4.0 5.5 2.2 3.0	9.4 13 5.8 7.7	210 210 210 210	148 148 148 148	140 180 110 140	36/33 36/33 48/44 48/44	0.4 0.35 0.35 0.35	单层链式 单层链式 单层链式 单层链式	1－ϕ1.06 1－ϕ1.25 1－ϕ1.12 1－ϕ1.3	52 42 38 30	1－6 1－6 1－6 1－6	257.2 297.2 208.6 238.6
Y160M1－2	1△	11	22	260	150	125	30/26	0.65	单层同心	2－ϕ1.18 2－ϕ1.25	28	1－16 2－15 3－14 17－30 18－29	415.2 445.2 485.2
Y160M1－2	1△	15	29	260	150	155	30/26	0.65	单层同心	2－ϕ1.12 2－ϕ1.18	23		
Y160L－2	1△	18.5	36	260	150	195	30/26	0.65	单层同心	3－ϕ1.12 2－ϕ1.18	19		
Y160M－4	2△	11	23	260	170	155	36/26	0.5	单层交叉	1－ϕ1.3	56	1－9 2－10 18－11	334.9

续表

型号	接法	功率/kW	电流/A	定子铁芯/mm			定转子槽数 Z_1/Z_2	气隙/mm	定子绕组				
				外径	内径	长度			绕组型式	线规（根－mm）	线圈匝数	线圈节距	平均半匝长/mm
Y160L－4	1△	15	30	260	170	195	36/26	0.5	单层交叉	2－ϕ1.12 1－ϕ1.18	22	1－9、2－10、8－11	374.9
Y160M－6	1△	7.5	17	260	180	145	36/33	0.4	单层链式	2－ϕ1.12	38	1－6	281.7
Y160L－6	1△	11	25	260	180	195	36/33	0.4		4－ϕ0.95	28	1－6	331.7
Y160M1－8	1△	4.0	9.9	260	180	110	48/44	0.4		1－ϕ1.25	49	1－6	223.7
Y160M2－8	1△	5.5	13	260	180	145	48/44	0.4		2－ϕ1.0	39	1－6	258.7
Y160L－8	1△	7.5	18	260	180	195	48/44	0.4		1－ϕ1.12 1－ϕ1.18	30	1－6	308.7
Y180M－2	1△	22	42	290	180	175	36/28	0.8	双层叠式	2－ϕ1.3 2－ϕ1.4	16	1－14	474.5
Y180M－4	2△	18.5	36	290	187	190	48/44	0.55		2－ϕ1.18	32	1－11	395.5
Y180L－4	2△	22	43	290	187	220	48/44	0.55		2－ϕ1.3	38	1－11	425.5
Y180L－6	2△	15	31	290	205	200	54/44	0.45		1－ϕ1.5	34	1－9	363.3
Y180L－8	2△	11	25	290	205	200	54/58	0.45		2－ϕ0.9	46	1－7	332.5
Y200L1－2	2△	30	57	327	182	180	36/28	1.0		2－ϕ1.12 2－ϕ1.18	28	1－14	515.8
Y200L2－2	2△	37	70	327	182	210	36/28	1.0		1－ϕ1.4 1－ϕ1.5	24	1－14	545.8
Y200L－4	4△	30	57	327	210	230	48/44	0.65		1－ϕ1.06 1－ϕ1.14	48	1－11	456

型号	接法	功率/kW	电流/A	定子铁芯/mm			定转子槽数 Z_1/Z_2	气隙/mm	定子绕组				
				外径	内径	长度			绕组型式	线规（根-mm）	线圈匝数	线圈节距	平均半匝长/mm
Y200L1-6	2△	18.5	38	327	210	195	54/44	0.65	双层叠式	1-φ1.12 1-φ1.18	32	1-9	370.4
Y200L2-6	2△	22	45	327	230	220	54/44	0.5		2-φ1.25	28	1-9	395.4
Y200L-8	2△	15	34	327	230	195	54/58	0.5		1-φ1.06 1-φ1.12	38	1-7	336.6
Y225M-2	2△	45	84	368	210	210	36/28	1.1		3-φ1.4 1-φ1.5	22	1-14	595
Y225S-4	4△	37	70	368	245	200	48/44	0.7		2-φ1.25	46	1-12	475.7
Y225M-4	4△	45	84	368	245	235	48/44	0.7		1-φ1.3 1-φ1.4	40	1-12	510.7
Y225M-6	2△	30	60	368	260	210	54/44	0.5		1-φ1.3 1-φ1.4	26	1-9	408.4
Y225S-8	2△	18.5	41	368	260	170	54/58	0.5		1-φ1.3	38	1-7	328.8
Y225M-8	2△	22	48	368	260	210	54/58	0.5		2-φ1.4	32	1-7	368.8
Y250M-2	2△	55	103	400	225	195	36/28	1.2		6-φ1.4	20	1-14	614.5
Y250M-4	2△	55	103	400	260	140	48/44	0.8		3-φ1.3	36	1-12	537.6
Y250M-6	3△	37	72	400	285	225	72/58	0.55		1-φ1.12 2-φ1.18	28	1-12	454.1
Y250M-8	2△	30	63	400	285	225	72/58	0.58		3-φ1.3	22	1-9	405

续表

型号	接法	功率/kW	电流/A	定子铁芯/mm			定转子槽数 Z_1/Z_2	气隙/mm	定子绕组				
				外径	内径	长度			绕组型式	线规（根-mm）	线圈匝数	线圈节距	平均半匝长/mm
Y280S-2	2△	75	140	445	255	225	42/34	1.5	双层叠绕	7-ϕ1.5	14	1-16	617.6
Y280M-2	2△	90	167	445	255	260	42/34	1.5		8-ϕ1.5	12	1-16	706.6
Y280S-4	4△	75	140	445	300	240	60/50	0.9		2-ϕ1.25 2-ϕ1.30	26	1-14	564.8
Y280M-4	4△	90	164	445	300	325	60/50	0.9		5-ϕ1.3	20	1-14	649.8
Y280S-6	3△	45	85	445	325	215	72/58	0.65		2-ϕ1.3 1-ϕ1.4	26	1-12	468.1
Y280M-6	3△	55	104	445	325	260	72/58	0.65		1-ϕ1.4 2-ϕ1.5	22	1-12	513.1
Y280S-8	4△	37	78	445	325	215	72/58	0.65		2-ϕ1.3	40	1-12	412.7
Y280M-8	4△	45	93	445	325	260	72/58	0.65		1-ϕ1.5 1-ϕ1.4	34	1-12	457.7
Y315S-2	2△	110	200	520	300	290	48/40	1.8		10-ϕ1.5 4-ϕ1.6	9	1-18	
Y315M1-2	2△	132	237	520	300	340	48/40	1.8		5-ϕ1.4 12-ϕ1.5	8	1-18	
Y315M2-2	2△	160	286	520	300	380	48/40	1.8		17-ϕ1.6	7	1-18	
Y315S-4	4△	110	201	520	350	300	72/64	1.1		3-ϕ1.3 4-ϕ1.4	16	1-17	
Y315M1-4	4△	132	241	520	350	350	72/64	1.1		3-ϕ1.3 4-ϕ1.4	14	1-17	
Y315M2-4	4△	160	291	520	350	400	72/64	1.1		2-ϕ1.4 6-ϕ1.5	12	1-17	
Y315S-6	6△	75	141	520	375	300	72/58	0.8		1-ϕ1.4 2-ϕ1.5	34	1-11	

续表

型号	接法	功率/kW	电流/A	定子铁芯/mm			定转子槽数 Z_1/Z_2	气隙/mm	定子绕组				
				外径	内径	长度			绕组型式	线规（根－mm）	线圈匝数	线圈节距	平均半匝长/mm
Y315M1－6	6△	90	168	520	375	350	72/58	0.8	双层叠绕	1－ϕ1.5 2－ϕ1.6	30	1－11	
Y315M2－6	6△	110	204	520	375	400	72/58	0.8		1－ϕ1.4 3－ϕ1.5	25	1－11	
Y315M3－6	6△	132	245	520	375	455	72/58	0.8		1－ϕ1.5 3－ϕ1.6	22	1－11	
Y315S－8	2△	55	111	520	390	300	72/58	0.8		7－ϕ1.5	14	1－9	
Y315M1－8	8△	75	150	520	390	350	72/58	0.8		1－ϕ1.5 1－ϕ1.6	46	1－9	
Y315M2－8	4△	90	179	520	390	400	72/58	0.8		4－ϕ1.3 2－ϕ1.4	20	1－9	
Y315M3－8	8△	110	219	520	390	455	72/58	0.8		1－ϕ1.4 2－ϕ1.5	34	1－9	
Y315S－10	10△	45	99	520	390	300	90/72	0.8		1－ϕ1.12 1－ϕ1.18	66	1－9	
Y315M1－10	10△	55	120	520	390	400	90/72	0.8		2－ϕ1.3	52	1－9	
Y315M3－10	5△	75	161	520	390	455	90/72	0.8		2－ϕ1.4 2－ϕ1.5	32	1－9	

表 2－11　J2 系列三相异步电动机技术数据

型　号	额定功率/kW	额定电压/V	额定时				起动电流/额定电流	起动转矩/额定转矩	最大转矩/额定转矩	自重/kg
			转速/(r/min)	电流/A	效率/%	功率因数(cosφ)				
同　步　转　速 3 000r/min(2 极)										
J2－61－2	17	380	2 910	32.5	88.5	0.90	7	1.2	2.2	131
J2－62－2	22	380	2 920	41.7	89	0.90	7	1.2	2.2	142
J2－71－2	30	380	2 940	56.2	89.2	0.91	7	1.1	2.2	197
J2－72－2	40	380	2 940	73.9	90.5	0.91	6.5	1.1	2.2	220
J2－81－2	55	380	2 950	99.8	91	0.92	6.5	1	2.2	300
J2－82－2	75	380	2 950	135	91.5	0.92	6.5	1	2.2	340
J2－91－2	100	380	2 960	179.6	92	0.92	6.5	1	2.2	—
J2－92－2	125	380	2 960	223.3	92.5	0.92	6.5	1	2.2	—
同　步　转　速 1 500r/min(4 极)										
J2－61－4	13	380	1 460	25.5	88	0.88	7	1.2	2	131
J2－62－4	17	380	1 460	33	89	0.88	7	1.2	2	145
J2－71－4	22	380	1 460	42.5	89.5	0.88	7	1.1	2	200
J2－72－4	30	380	1 460	57.6	90	0.88	7	1.1	2	225

续表

型　号	额定功率 /kW	额定电压 /V	额定时				起动电流/额定电流	起动转矩/额定转矩	最大转矩/额定转矩	自重 /kg
			转速 /(r/min)	电流 /A	效率 /%	功率因数 (cosφ)				
J 2 -81 -4	40	380	1 470	75	91	0.89	6.5	1.1	2	310
J 2 -82 -4	55	380	1 470	103	91.5	0.89	6.5	1.1	2	350
J 2 -91 -4	75	380	1 470	137.5	92	0.90	6.5	1	2	467
J 2 -92 -4	100	380	1 470	182.4	92.5	0.90	6.5	1	2	515
同　步　转　速 1 000r/min(6 极)										
J 2 -61 -6	10	380	960	21.4	86.5	0.82	6.5	1.2	1.8	129
J 2 -62 -6	13	380	960	27.4	87	0.83	6.5	1.2	1.8	142
J 2 -71 -6	17	380	970	35	88	0.84	6.5	1.2	1.8	190
J 2 -72 -6	22	380	970	44.4	88.5	0.85	6.5	1.2	1.8	212
J 2 -81 -6	30	380	970	59.3	89.5	0.86	6.5	1.2	1.8	305
J 2 -82 -6	40	380	970	77.4	90.5	0.87	6.5	1.2	1.8	348
J 2 -91 -6	55	380	980	104	91.5	0.88	6.5	1	1.8	492
J 2 -92 -6	75	380	980	139.5	92	0.89	6.5	1	1.8	590

续表

型　号	额定功率/kW	额定电压/V	额定时				起动电流/额定电流	起动转矩/额定转矩	最大转矩/额定转矩	自重/kg
			转速/(r/min)	电流/A	效率/%	功率因数(cosφ)				
同　步　转　速 750r/min(8 极)										
J2-61-8	7.5	380	720	17.1	85.5	0.78	5.5	1.1	1.8	128
J2-62-8	10	380	720	22.1	86	0.80	5.5	1.1	1.8	142
J2-71-8	13	380	720	28	87	0.81	5.5	1.1	1.8	192
J2-72-8	17	380	720	36	87.5	0.82	5.5	1.1	1.8	212
J2-81-8	22	380	730	46	88.5	0.82	5.5	1.1	1.8	305
J2-82-8	30	380	730	61.6	89	0.83	5.5	1.1	1.8	348
J2-91-8	40	380	730	80.3	90	0.84	5.5	1.1	1.8	490
J2-92-8	55	380	730	109.5	91	0.84	5.5	1.1	1.8	592
同　步　转　速 600r/min(10 极)										
J2-81-10	17	380	580	39	87	0.76	5.5	1.1	1.8	304
J2-82-10	22	380	580	49.3	88	0.77	5.5	1.1	1.8	348
J2-91-10	30	380	580	66.1	88.5	0.78	5.5	1	1.8	495
J2-92-10	40	380	580	87.2	89.5	0.78	5.5	1	1.4	580

表 2－12　JO2 系列三相异步电动机技术数据

型　号	额定功率 /kW	额定电压 /V	额定时				起动电流/额定电流	起动转矩/额定转矩	最大转矩/额定转矩	自重 /kg
			转速 /(r/min)	电流 /A	效率 /%	功率因数 (cosφ)				
同　步　转　速 3 000r/min(2 极)										
JO 2－11－2	0.8	380	2 810	1.84	77.5	0.85	7.0	1.8	2.2	18
JO 2－12－2	1.1	380	2 810	2.44	79.5	0.86	7.0	1.8	2.2	20
JO 2－21－2	1.5	380	2 860	3.22	81	0.87	7.0	1.8	2.2	27
JO 2－22－2	2.2	380	2 860	4.64	82.5	0.87	7.0	1.8	2.2	31
JO 2－31－2	3.0	220/380	2 860	10.7/6.17	84	0.88	7.0	1.8	2.2	41
JO 2－32－2	4.0	380	2 860	8.06	85.5	0.88	7.0	1.8	2.2	47
JO 2－41－2	5.5	380	2 920	10.9	86.5	0.88	7.0	1.6	2.2	65
JO 2－42－2	7.5	380	2 920	14.8	87.5	0.88	7.0	1.8	2.2	72
JO 2－51－2	10	380	2 920	19.7	87.5	0.88	7.0	1.4	2.2	100
JO 2－52－2	13	380	2 920	25.5	88	0.88	7.0	1.4	2.2	112
JO 2－61－2	17	380	2 940	32.4	88.5	0.90	7.0	1.3	2.2	146
JO 2－71－2	22	380	2 940	42.0	88.5	0.90	7.0	1.2	2.2	228
JO 2－72－2	30	380	2 940	56.0	89.5	0.91	7.0	1.2	2.2	259
JO 2－81－2	40	380	2 950	74.3	90	0.91	6.5	1.2	2.2	420

续表

型　号	额定功率 /kW	额定电压 /V	额定时				起动电流/额定电流	起动转矩/额定转矩	最大转矩/额定转矩	自重 /kg
			转速 /(r/min)	电流 /A	效率 /%	功率因数 (cosφ)				
JO 2 -82 -2	55	380	2 950	101	90	0.92	6.5	1.2	2.2	—
JO 2 -91 -2	75	380	2 950	136.2	91	0.92	6.5	1.1	2.2	—
JO 2 -92 -2	100	380	2 950	181	92	0.92	6.5	1.1	2.6	650
同　步　转　速 1 500r/min(4 极)										
JO 2 -11 -4	0.6	380	1 380	1.62	74.0	0.76	7.0	1.8	2.0	19
JO 2 -12 -4	0.8	380	1 380	2.06	76.5	0.77	7.0	1.8	2.0	21
JO 2 -21 -4	1.1	380	1 410	2.68	79	0.79	7.0	1.8	2.0	27
JO 2 -22 -4	1.5	380	1 410	3.49	80.5	0.81	7.0	1.8	2.0	32
JO 2 -31 -4	2.2	220/380	1 430	8.5/4.90	82	0.83	7.0	1.8	2.0	40
JO 2 -32 -4	3.0	220/380	1 430	11.25/6.50	83.5	0.84	7.0	1.8	2.0	47
JO 2 -41 -4	4.0	380	1 440	8.40	85	0.85	7.0	1.8	2.0	63
JO 2 -42 -4	5.5	380	1 440	11.3	86	0.86	7.0	1.8	2.0	74
JO 2 -51 -4	7.5	380	1 450	15.1	87	0.87	7.0	1.4	2.0	97
JO 2 -52 -4	10	380	1 450	20.0	87.5	0.87	7.0	1.4	2.0	112
JO 2 -61 -4	13	380	1 460	25.6	88	0.88	7.0	1.3	2.0	150

续表

型号	额定功率/kW	额定电压/V	额定时				起动电流/额定电流	起动转矩/额定转矩	最大转矩/额定转矩	自重/kg
			转速/(r/min)	电流/A	效率/%	功率因数(cosφ)				
JO 2-62-4	17	380	1 460	32.9	89	0.88	7.0	1.3	2.0	158
JO 2-71-4	22	380	1 470	42.5	89.5	0.88	7.0	1.2	2.0	235
JO 2-72-4	30	380	1 470	57.6	90	0.88	7.0	1.2	2.0	272
JO 2-81-4	40	380	1 470	75	91	0.89	6.5	1.2	2.0	425
JO 2-82-4	55	380	1 470	102.6	91.5	0.89	6.5	1.2	2.0	—
JO 2-91-4	75	380	1 470	137.7	93	0.89	6.5	1.1	2.0	—
JO 2-92-4	100	380	1 470	184	92	0.90	6.5	1.1	2.0	670
同步转速1 000r/min(6极)										
JO 2-21-6	0.8	380	930	2.31	75	0.70	6.5	1.8	1.8	27
JO 2-22-6	1.1	380	930	3.01	77	0.72	6.5	1.8	1.8	31
JO 2-31-6	1.5	220/380	940	6.8/3.92	78.5	0.74	6.5	1.8	1.8	40
JO 2-32-6	2.2	220/380	940	9.46/5.46	80.5	0.76	6.5	1.8	1.8	46
JO 2-41-6	3.0	220/380	960	12.25/7.07	82.5	0.78	6.5	1.8	1.8	63
JO 2-42-6	4.0	380	960	9.15	84	0.79	6.5	1.8	1.8	71
JO 2-51-6	5.5	380	960	12.3	85	0.80	6.5	1.4	1.8	97

续表

型　号	额定功率/kW	额定电压/V	额定时				起动电流/额定电流	起动转矩/额定转矩	最大转矩/额定转矩	自重/kg
			转速/(r/min)	电流/A	效率/%	功率因数(cosφ)				
JO 2-52-6	7.5	380	960	16.3	86	0.81	6.5	1.4	1.8	112
JO 2-61-6	10	380	970	21.3	87	0.82	6.5	1.4	1.8	148
JO 2-62-6	13	380	970	27.2	87.5	0.83	6.5	1.4	1.8	160
JO 2-71-6	17	380	970	34.8	88.5	0.84	6.5	1.4	1.8	236
JO 2-72-6	22	380	970	44.3	89	0.85	6.5	1.4	1.8	272
JO 2-81-6	30	380	970	59.3	89.5	0.86	6.5	1.4	1.8	370
JO 2-82-6	40	380	970	77.4	90.5	0.87	6.5	1.4	1.8	425
JO 2-91-6	55	380	970	104	91.5	0.88	6.5	1.2	1.8	594
JO 2-92-6	75	380	970	139.5	92	0.89	6.5	1.2	1.8	700
同　步　转　速 750r/min(8 极)										
JO 2-21-8	0.6	220/380	670	3.55/2.05	—	—	5.5	1.5	1.8	27
JO 2-22-8	0.8	220/380	700	4.47/2.58	—	—	5.5	1.5	1.8	31
JO 2-31-8	1.1	220/380	700	5.76/3.34	65	0.65	5.5	1.5	1.8	40
JO 2-32-8	1.5	220/380	700	2.70/4.45	74	0.62	5.5	1.5	1.8	46
JO 2-41-8	2.2	220/380	720	10.58/6.1	80.5	0.68	5.5	1.8	1.8	62

续表

型　号	额定功率/kW	额定电压/V	额定时				起动电流/额定电流	起动转矩/额定转矩	最大转矩/额定转矩	自重/kg
			转速/(r/min)	电流/A	效率/%	功率因数(cosφ)				
JO2-42-8	3.0	220/380	720	13.68/7.89	82.5	0.72	5.5	1.8	1.8	70
JO2-51-8	4.0	380	720	9.64	84	0.75	5.5	1.5	1.8	98
JO2-52-8	5.5	380	720	12.8	85	0.77	5.5	1.5	1.8	110
JO2-61-8	7.5	380	720	17.0	86	0.78	5.5	1.3	1.8	148
JO2-62-8	10	380	720	21.8	87	0.80	5.5	1.3	1.8	160
JO2-71-8	13	380	720	27.9	87.5	0.81	5.5	1.3	1.8	232
JO2-72-8	17	380	720	35.8	88	0.82	5.5	1.3	1.8	252
JO2-81-8	22	380	730	46.0	88.5	0.82	5.5	1.3	1.8	365
JO2-82-8	30	380	730	61.6	89	0.83	5.5	1.3	1.8	425
JO2-91-8	40	380	730	80.3	90	0.84	5.5	1.3	1.8	592
JO2-92-8	55	380	730	109.5	91	0.84	5.5	1.3	1.8	700
同步转速600r/min(10极)										
JO2-81-10	17	380	580	38.4	87.5	0.76	5.5	1.2	1.8	372
JO2-82-10	22	380	580	49.3	88	0.77	5.5	1.2	1.8	425
JO2-91-10	30	380	580	66.1	88.5	0.78	5.5	1.2	1.8	592
JO2-92-10	40	380	580	87.2	89.5	0.78	5.5	1.2	1.8	680

表 2-13 JQ2 系列三相异步电动机技术数据

型号	额定功率/kW	额定电压/V	额定时				起动电流/额定电流	起动转矩/额定转矩	最大转矩/额定转矩
			转速/(r/min)	电流/A	效率/%	功率因数(cosφ)			
同步转速 1 500r/min(4 极)									
JQ2-61-4	13	380	1 460	26.1	87.5	0.86	7.0	2.0	2.0
JQ2-62-4	17	380	1 460	33.3	88.0	0.87	7.0	2.0	2.0
JQ2-71-4	22	380	1 460	43.4	—	—	7.5	2.0	2.0
JQ2-72-4	30	380	1 460	59.5	—	—	7.5	2.0	2.0
同步转速 1 000r/min(6 极)									
JQ2-61-6	10	380	970	22.4	86	0.82	6.5	2.0	2.0
JQ2-62-6	13	380	970	28.5	86.5	0.83	6.5	2.0	2.0
JQ2-71-6	17	380	970	36.4	—	—	7.0	2.0	2.0
JQ2-72-6	22	380	970	46	—	—	7.0	2.0	2.0
同步转速 750r/min(8 极)									
JQ2-61-8	7.5	380	725	17.8	84.5	0.76	6.0	1.8	1.8
JQ2-62-8	10	380	725	23	85.5	0.78	6.0	1.8	1.8
JQ2-71-8	13	380	725	29.2	—	—	6.5	1.8	1.8
JQ2-72-8	17	380	725	37.3	—	—	6.5	1.8	1.8

表 2 - 14　JO3 系列三相异步电动机技术数据

型　号	额定功率 /kW	额定电压 /V	额定时				起动电流/额定电流	起动转矩/额定转矩	最大转矩/额定转矩
			电流 /A	转速 /(r/min)	效率 /%	功率因数 (cosφ)			
同　步　转　速 3 000r/min(2 极)									
JO 3 - 801 - 2	1.1	220/380	—	—	78	0.85	6.5	1.8	—
JO 3 - 802 - 2	1.5	220/380	—	—	78.5	0.85	6.5	1.8	—
JO 3 - 90S - 2	2.2	220/380	—	—	81	0.86	6.5	1.8	—
JO 3 - 100S - 2	3	220/380	—	—	82.5	0.87	6.5	1.8	—
JO 3 - 21 - 2	3.0	380	6.06	—	82.5	0.86	7.0	2.0	2.2
JO 3 - 22 - 2	4.0	380	8.57	—	84.5	0.86	7.0	2.0	2.2
JO 3 - 100L - 2	4.0	380	—	—	84.5	0.88	6.5	1.8	—
JO 3 - 112S - 2	5.5	380	—	—	85	0.88	6.5	1.7	—
JO 3 - 31 - 2	5.5	380	10.85	—	86	0.86	7.0	2.0	2.2
JO 3 - 132S - 2	7.5	380	—	—	86	0.88	7.0	1.7	—
JO 3 - 132M - 2	11	380	—	—	86.5	0.88	7.0	1.7	—
JO 3 - 160S - 2	15	380	—	—	86.5	0.88	7.0	1.7	—
JO 3 - 160M - 2	18.5	380	—	—	87.5	0.88	7.0	1.7	—
JO 3 - 180M - 2	22	380	—	—	88	0.88	7.0	1.5	—
JO 3 - 180L - 2	30	380	—	—	88.5	0.88	7.0	1.5	—

续表

型　号	额定功率/kW	额定电压/V	额定时				起动电流/额定电流	起动转矩/额定转矩	最大转矩/额定转矩
			电流/A	转速/(r/min)	效率/%	功率因数(cosφ)			
JO 3 -200M -2	37	380	—	—	89.5	0.88	7.0	1.5	—
JO 3 -225S -2	45	380	—	—	89.5	0.88	7.0	1.5	—
JO 3 -225M -2	55	380	—	—	90	0.88	7.0	1.5	—
JO 3 -250S -2	75	380	142	2 980	91	0.88	7.0	1.5	2.2
JO 3 -250M -2	90	380	—	—	91.5	0.88	7.0	1.5	—
JO 3 -280S -2	100	380	189	2 970	—	—	7.0	1.5	2.2
JO 3 -280S -2	110	380	—	—	—	—	7.0	1.5	—
JO 3 -280M -2	132	380	—	—	—	—	7.0	1.5	—
同　步　转　速 1 500r/min(4 极)									
JO 3 -801 -4	0.75	220/380	—	—	75	0.76	5.5	2.4	—
JO 3 -802 -4	1.1	220/380	—	—	76	0.77	5.5	2.4	—
JO 3 -90S -4	1.5	220/380	—	—	77.5	0.87	5.5	2.4	—
JO 3 -100S -4	2.2	220/380	—	—	82	0.81	6.0	2.4	—
JO 3 -100L -4	3.0	220/380	—	—	82.5	0.82	6.5	2.4	—
JO 3 -22 -4	3.0	380	6.68	—	82.5	0.82	7.0	2.0	2.2
JO 3 -31 -4	4.0	380	8.53	—	84.5	0.83	7.0	2.0	2.2

续表

型　号	额定功率/kW	额定电压/V	额定时				起动电流/额定电流	起动转矩/额定转矩	最大转矩/额定转矩
			电流/A	转速/(r/min)	效率/%	功率因数(cosφ)			
JO 3 – 112S – 4	4.0	380	8.56	1 440	83.5	0.85	7.0	2.4	2.2
JO 3 – 112M – 4	5.5	380	—	—	84.5	0.86	7.0	2.4	—
JO 3 – 32 – 4	5.5	380	11.36	—	85.5	0.85	7.0	2.0	2.2
JO 3 – 132S – 4	7.5	380	—	—	86	0.86	7.0	2.0	—
JO 3 – 132M – 4	11	380	—	—	86.5	0.86	7.0	2.0	—
JO 3 – 160S – 4	15	380	31	1 460	86.5	0.86	7.0	2.0	2.2
JO 3 – 160M – 4	18.5	380	37.4	1 455	87.5	0.86	7.0	2.0	2.2
JO 3 – 180M – 4	22	380	—	—	89	0.86	7.0	2.0	—
JO 3 – 180L – 4	30	380	—	—	89.5	0.86	7.0	2.0	—
JO 3 – 200M – 4	37	380	—	—	91	0.88	6.5	1.8	—
JO 3 – 225S – 4	45	380	—	—	91	0.88	6.5	1.8	—
JO 3 – 225S – 4	55	380	104	1 480	—	—	6.5	2.0	2.8
JO 3 – 225M – 4	55	380	—	—	91.5	0.88	6.5	1.8	—
JO 3 – 250S – 4	75	380	141	1 480	92	0.88	6.5	1.8	2.2
JO 3 – 250M – 4	90	380	—	—	92.5	0.89	6.5	1.8	—
JO 3 – 280S – 4	100	380	185	1 480	—	—	6.5	1.8	2.2

续表

型　号	额定功率 /kW	额定电压 /V	额定时				起动电流/额定电流	起动转矩/额定转矩	最大转矩/额定转矩
			电流 /A	转速 /(r/min)	效率 /%	功率因数 (cosφ)			
JO 3 - 280S - 4	110	380	—	—	—	—	6.5	1.8	—
JO 3 - 280M - 4	132	380	—	—	—	—	6.5	1.8	—
同　步　转　速 1 000r/min(6 极)									
JO 3 - 801 - 6	0.55	220/380	—	—	70	0.68	4.5	2.2	—
JO 3 - 802 - 6	0.75	220/380	—	—	71.5	0.69	4.5	2.2	—
JO 3 - 90S - 6	1.1	220/380	—	—	76	0.72	5.0	2.2	—
JO 3 - 100S - 6	1.5	220/380	—	—	77.5	0.74	5.0	2.2	—
JO 3 - 21 - 6	1.5	380	3.89	—	77	0.72	6.5	2.0	2.2
JO 3 - 100L - 6	2.2	220/380	—	—	—	—	5.5	2.2	—
JO 3 - 22 - 6	2.2	380	5.48	—	79.5	0.75	6.5	2.0	2.2
JO 3 - 31 - 6	3.0	380	7.09	—	81.5	0.77	6.5	2.0	2.2
JO 3 - 112S - 6	3.0	220/380	—	—	82	0.77	5.5	2.2	—
JO 3 - 112M - 6	4.0	380	—	—	83	0.77	6.0	2.0	—
JO 3 - 32 - 6	4.0	380	9.13	—	83.5	0.78	6.5	2.0	2.2
JO 3 - 132S - 6	5.5	380	—	—	84	0.79	6.5	2.0	—
JO 3 - 132M - 6	7.5	380	—	—	85	0.79	6.5	2.0	—

续表

型　号	额定功率 /kW	额定电压 /V	额定时				起动电流/额定电流	起动转矩/额定转矩	最大转矩/额定转矩
			电流 /A	转速 /(r/min)	效率 /%	功率因数 (cosφ)			
JO 3 - 160S - 6	11	380	—	—	85.5	0.81	6.5	2.0	—
JO 3 - 160M - 6	15	380	32.5	960	85.5	0.82	6.5	2.0	2.0
JO 3 - 180M - 6	18.5	380	—	—	87.5	0.84	6.5	2.0	—
JO 3 - 180M - 6	22	380	44.7	960	88	0.85	6.5	2.0	2.0
JO 3 - 180L - 6	22	380	—	—	88	0.85	6.5	2.0	—
JO 3 - 200M - 6	30	380	59.5	960	90	0.85	6.5	1.7	2.0
JO 3 - 225S - 6	37	380	—	—	90.5	0.86	6.5	1.7	—
JO 3 - 225S - 6	40	380	78	980	—	—	6.5	1.7	2.0
JO 3 - 225M - 6	45	380	—	—	91.5	0.86	6.5	1.7	—
JO 3 - 250S - 6	55	380	106	980	—	—	6.5	1.7	2.0
JO 3 - 250M - 6	55	380	—	—	92	0.86	6.5	1.7	—
JO 3 - 280S - 6	75	380	142	980	92	0.87	6.5	1.7	2.0
JO 3 - 280M - 6	90	380	—	—	92	0.88	6.5	1.7	—
同　步　转　速 750r/min(8 极)									
JO 3 - 112S - 8	2.2	220/380	—	—	79	0.69	5.0	2.2	—
JO 3 - 31 - 8	2.2	380	6.04	—	79.5	0.66	5.5	2.0	2.2

续表

型　号	额定功率 /kW	额定电压 /V	额定时				起动电流/额定电流	起动转矩/额定转矩	最大转矩/额定转矩
			电流 /A	转速 /(r/min)	效率 /%	功率因数 (cosφ)			
JO 3 －32 －8	3. 0	380	8. 84	—	81. 5	0. 70	5. 5	2. 0	2. 2
JO 3 －112M －8	3. 0	220/380	—	—	79	0. 70	5. 0	2. 0	—
JO 3 －132S －8	4. 0	380	—	—	83. 5	0. 72	5. 5	2. 2	—
JO 3 －132M －8	5. 5	380	—	—	84. 5	0. 74	5. 5	2. 2	—
JO 3 －160S －8	7. 5	380	—	—	85. 5	0. 76	5. 5	2. 0	—
JO 3 －160M －8	11	380	—	—	86. 5	0. 78	5. 5	2. 0	—
JO 3 －180L －8	15	380	—	—	87	0. 79	5. 5	2. 0	—
JO 3 －200M －8	18. 5	380	—	—	88	0. 80	6. 0	1. 7	—
JO 3 －225S －8	22	380	—	—	90	0. 81	6. 0	1. 7	—
JO 3 －225S －8	30	380	62	730	—	—	6. 0	1. 7	2. 0
JO 3 －225M －8	30	380	—	—	90. 5	0. 81	6. 0	1. 7	—
JO 3 －250S －8	37	380	—	—	91	0. 82	6. 0	1. 7	—
JO 3 －250S －8	40	380	81. 5	730	—	—	6. 0	1. 7	2. 0
JO 3 －250M －8	45	380	—	—	91. 5	0. 83	6. 0	1. 7	—
JO 3 －280S －8	55	380	110	735	92. 0	0. 83	6. 0	1. 7	2. 0
JO 3 －280M －8	75	380	—	—	92. 5	0. 83	6. 0	1. 7	—

表 2－15　J 系列异步电动机铁芯和线圈的技术数据

型号	功率/kW	定子铁芯 外径/mm	定子铁芯 内径/mm	定子铁芯 长度/mm	定子铁芯 槽数	气隙/mm	定子绕组 电磁线	定子绕组 电磁线直径 ϕ/mm	定子绕组 并联根数	定子绕组 线圈形式	定子绕组 线圈匝数	定子绕组 槽距	定子绕组 每台电机线圈数	定子绕组 并联支路数	定子绕组 电磁线重/kg	转子槽数	A	B	D	L_1	L_2	R_1	R_2	r	b	参阅图号
J 31－2	1.0	145	80	70	24	0.35	单纱漆包线	0.69	1	单层同心式	72	1～12 2～11	12	1	1.65	20	132	107	—	80	—	70	60	5	8	图 2－20a
J 32－2	1.7	145	80	100	24	0.35		0.8	1		52	1～12 2～11	12	1	1.93	20	132	107	—	110	—	70	60	5	8	
J 41－2	2.8	182	102	80	24	0.50		1.16	1		48	1～12 2～11	12	1	3.27	20	160	130	—	92	—	86.5	70.5	5	10	
J 42－2	4.5	182	102	115	24	0.50		1.4	1		33	1～12 2～11	12	1	3.9	20	160	130	—	125	—	86.5	70.5	5	10	
J 51－2	7	245	145	90	24	0.60		1.2 1.25	1 1		32	1～12 2～11	12	1	6.0	20	220	175	—	107	—	120	96	5	14	
J 52－2	10	245	145	140	24	0.60		1.35 1.45	1 1		21	1～12 2～11	12	1	8.25	20	220	175	—	160	—	120	96	5	14	
J 61－2	14	327	182	80	36	0.70		1.25	2	双叠	17	1～13	36	2	9.8	28	118	133	209	115	120	20	—	6	12	图 2－20b
J 62－2	20	327	182	105	36	0.70		1.45	2		13	1～13	36	2	10.9	28	118	133	209	140	145	20	—	6	12	
J 71－2	28	368	210	105	36	0.80		1.45 1.35	1 2		12	1～13	36	2	6.3 11	28	156	156	240	135	135	20	—	6	12	
J 72－2	40	368	210	135	36	0.80		1.45 1.35	1 3		9	1～13	36	2	5 13.2	28	156	156	240	165	165	20	—	6	12	
J 81－2	55	423	245	130	36	1.10		1.56 1.45	3 2		8	1～13	36	2	17.5 10	28	184	194	290	178	166	20	—	6	12	
J 82－2	75	423	245	180	36	1.10		1.56 1.45	1 6		6	1～13	36	2	4.8 25	28	184	194	290	228	216	20	—	6	12	
J 91－2	100	493	280	160	36	1.00		1.56	9		5	1～13	36	2	36.5	28	210	210	340	210	210	20	—	6	11	
J 92－2	125	493	280	220	36	1.00		1.56	11		4	1～13	36	2	39.5	28	210	210	340	270	270	20	—	6	11	
J 31－4	0.6	145	90	84	24	0.25		0.57	1	单链	108	1～6	12	1	1.12	18	60	—	—	94	154	36	—	5	12	图 2－20c
J 32－4	1.0	145	90	100	24	0.25		0.69	1		89	1～6	12	1	1.34	18	60	—	—	110	170	36	—	5	12	

注：表头“定子线圈木模尺寸/mm”统括 A、B、D、L_1、L_2、R_1、R_2、r、b 各列。

续表

型号	功率/kW	定子铁芯				气隙/mm	定子绕组									转子槽数	定子线圈木模尺寸/mm									参阅图号
		外径/mm	内径/mm	长度/mm	槽数		电磁线	电磁线直径 φ/mm	并联根数	线圈形式	线圈匝数	槽距	每台电机线圈数	并联支路数	电磁线重/kg		A	B	D	L_1	L_2	R_1	R_2	r	b	
J41-4	1.7	182	110	80	36	0.27	单纱漆包线	0.96	1	单链	52	1~8	18	1	2.85	26	97	—	—	112	154	65	—	5	12	图2-20c
J42-4	2.8	182	110	115	36	0.27		1.2	1		36	1~8	18	1	3.5	26	97	—	—	145	188	65	—	5	12	
J51-4	4.5	245	155	90	36	0.40		1.4	1		31	1~8	18	1	5.9	26	131	—	—	120	—	90	—	5	10	
J52-4	7	245	155	135	36	0.40		1.25	2		21	1~8	18	1	7.2	26	131	—	—	165	—	90	—	5	10	
J61-4	10	327	210	80	36	0.60		1.56	1	双叠	25	1~8	36	2	9.55	44	81	90	134	108	116	20	—	6	15	图2-20b
J62-4	14	327	210	105	36	0.60		1.25	2		19	1~8	36	2	10.1	44	81	90	134	133	141	20	—	6	15	
J71-4	20	368	230	105	36	0.60		1.56	2		17	1~8	36	2	15.2	44	95	95	150	145	145	20	—	6	10	
J72-4	28	368	230	135	36	0.60		1.45	3		13	1~8	36	2	16.3	44	95	95	150	175	175	20	—	6	10	
J81-4	40	423	280	130	48	0.70		1.45	4		9	1~10	48	2	22.7	47	116	125	174	166	178	20	—	6	12	
J82-4	55	423	280	180	48	0.70		1.35 1.45	2 1		13	1~10	48	4	16.6 9.3	47	116	125	174	216	228	20	—	6	12	
J91-4	75	493	327	160	60	0.90		1.45	4		10	1~13	60	4	37.5	47	145	145	220	204	204	20	—	6	11	
J92-4	100	493	327	220	60	0.90		1.56 1.35	3 2		8	1~13	60	4	29 14.5	47	145	145	220	264	264	20	—	6	11	
J41-6	1.0	182	110	80	36	0.27		0.86	1	单链	74	1~32 2~7	18	1	2.6	26	51	—	—	102	162	29	—	5	12	图2-20c
J42-6	1.7	182	110	115	36	0.27		1.08	1		51	1~32 2~7	18	1	3.2	26	51	—	—	137	177	29	—	5	12	
J51-6	2.8	245	155	90	36	0.40		1.25	1		45	1~32 2~7	18	1	4.6	44	75	—	—	120	—	35	—	5	10	
J52-6	4.5	245	155	135	36	0.40		1.56	1		30	1~32 2~7	18	1	5.7	44	75	—	—	165	—	35	—	5	11.5	

续表

型号	功率/kW	定子铁芯 外径/mm	定子铁芯 内径/mm	定子铁芯 长度/mm	定子铁芯 槽数	气隙/mm	定子绕组 电磁线	定子绕组 电磁线直径 φ/mm	定子绕组 并联根数	定子绕组 线圈形式	定子绕组 线圈匝数	定子绕组 槽距	定子绕组 每台电机线圈数	定子绕组 并联支路数	定子绕组 电磁线重/kg	转子槽数	定子线圈木模尺寸/mm A	B	D	L_1	L_2	R_1	R_2	r	b	参阅图号
J 61-6	7	327	210	80	36	0.50	单纱漆包线	1.35	2	双叠	17	1~6	36	1	8.3	44	70	70	92	110	110	20	—	6	15	图2-20b
J 62-6	10	327	210	105	36	0.50		1.56	2		13	1~6	36	1	9.3	44	70	70	92	135	135	20	—	6	15	
J 71-6	14	368	260	105	54	0.50		1.56	1		24	1~8	54	3	14.3	58	76	76	106	145	145	20	—	6	13	
J 72-6	20	368	260	135	54	0.50		1.25	2		19	1~8	54	3	15.9	58	76	76	106	175	175	20	—	6	13	
J 81-6	28	423	300	130	72	0.60		1.45 1.35	1 1		12	1~11	72	3	9.9 8.5	58	92	100	145	174	166	20	—	6	12	
J 82-6	40	423	300	180	72	0.60		1.45	4		6	1~11	72	2	22.5	58	92	100	145	224	216	20	—	6	12	
J 91-6	55	493	350	160	72	0.65		1.45	2		17	1~11	72	6	34.6	58	122	131	172	196	208	20	—	6	20	
J 92-6	75	493	350	220	72	0.65		1.35	3		13	1~11	72	6	38.5	58	122	131	172	256	268	20	—	6	20	
J 61-8	4.5	327	230	80	48	0.45		1.16	2		17	1~6	48	1	7.5	58	59	59	83	110	110	20	—	6	12	
J 62-8	7	327	230	105	48	0.45		1.35 1.45	1 1		12	1~6	48	1	3.95 4.55	58	59	59	83	135	135	20	—	6	12	
J 71-8	10	368	260	105	54	0.50		1.16	2		20	1~7	54	2	11.9	58	62	62	90	145	145	20	—	6	10	
J 72-8	14	368	260	135	54	0.50		1.35	2		16	1~7	54	2	14.3	58	62	62	90	175	175	20	—	6	10	
J 81-8	20	423	300	130	72	0.60		1.56	2		10	1~9	72	2	17.4	58	75	83	115	174	166	20	—	6	12	
J 82-8	28	423	300	180	72	0.60		1.25	2		15	1~9	72	4	19.3	58	75	83	115	224	216	20	—	6	12	
J 91-8	40	493	350	160	72	0.65		1.25 1.35	2 1		14	1~8	72	4	17.7 10.3	58	84	92	118	190	190	20	—	6	20	
J 92-8	55	493	350	220	72	0.65		1.45	3		11	1~8	72	4	32.2	58	84	92	118	256	268	20	—	6	20	

表 2－16　JO 系列异步电动机铁芯和线圈的技术数据

型号	功率 /kW	定子铁芯 外径 /mm	定子铁芯 内径 /mm	定子铁芯 长度 /mm	定子铁芯 槽数	气隙 /mm	定子绕组 电磁线	定子绕组 电磁线直径 ϕ/mm	定子绕组 并联根数	定子绕组 线圈形式	定子绕组 线圈匝数	定子绕组 槽距	定子绕组 每台电机线圈数	定子绕组 并联支路数	定子绕组 电磁线重 /kg	转子槽数	定子线圈木模尺寸/mm A	B	D	L_1	L_2	R_1	R_2	r	b	参阅图号
JO 31－2	0.6	145	80	70	24	0.35	单纱漆包线	0.59	1	单层同心式	85	1～12 2～11	12	1	1.4	20	132	107	—	80	—	70	60	5	8	图 2－20a
JO 32－2	1.0	145	80	100	24	0.35		0.69	1		62	1～12 2～11	12	1	1.69	20	132	107	—	110	—	70	60	5	8	
JO 41－2	1.7	182	102	80	24	0.5		1.0	1		56	1～12 2～11	12	1	2.8	20	160	130	—	92	—	86.5	70.5	5	10	
JO 42－2	2.8	182	102	115	24	0.5		1.25	1		40	1～12 2～11	12	1	4.6	20	160	130	—	125	—	86.5	70.5	5	10	
JO 51－2	4.5	245	145	90	24	0.6		1.56	1		39	1～12 2～11	12	1	7.6	20	220	175	—	107	—	120	96	5	14	
JO 52－2	7	245	145	140	24	0.6		1.25 1.35	1 1		25	1～12 2～11	12	1	4 4.7	20	220	175	—	160	—	120	96	5	14	
JO 62－2	10	327	182	100	36	0.7		1.16	2	双叠	18	1～13	36	2	10.5	28	118	133	209	140	145	20	—	6	12	图 2－20b
JO 63－2	14	327	182	130	36	0.7		1.35	2		14	1～13	36	2	11.7	28	118	133	209	165	170	20	—	6	12	
JO 72－2	20	368	210	135	36	0.8		1.45 1.56	4 1		6	1～13	36	1	13.2 3.8	28	156	156	240	165	165	20	—	6	12	
JO 73－2	28	368	210	180	36	0.8		1.56	3		9	1～13	36	2	18.5	28	156	156	240	210	210	20	—	6	12	
JO 82－2	40	423	245	180	36	1.1		1.45	5		8	1～13	36	2	25	28	167	176	290	228	216	20	—	6	12	
JO 83－2	55	423	245	240	36	1.1		1.56 1.45	4 2		6	1～13	36	2	21 9	28	184	194	290	288	270	20	—	6	12	
JO 93－2	75	493	280	250	36	1.0		1.56	8		5	1～13	36	2	44	28	210	210	340	300	300	20	—	6	12	
JO 94－2	100	493	280	320	36	1.0		1.56	12		4	1～13	36	2	53	28	210	210	340	370	370	20	—	6	12	
JO 31－4	0.6	145	90	84	24	0.25		0.57	1	单链	103	1～6	12	1	1.12	26	60	—	—	94	154	36	—	5	12	图 2－20c
JO 32－4	1.0	145	90	100	24	0.25		0.69	1		89	1～6	12	1	1.34	26	60	—	—	110	170	36	—	5	12	

续表

型号	功率/kW	定子铁芯 外径/mm	定子铁芯 内径/mm	定子铁芯 长度/mm	定子铁芯 槽数	气隙/mm	定子绕组 电磁线	定子绕组 电磁线直径 φ/mm	定子绕组 并联根数	定子绕组 线圈形式	定子绕组 线圈匝数	定子绕组 槽距	定子绕组 每台电机线圈数	定子绕组 并联支路数	定子绕组 电磁线重/kg	转子槽数	定子线圈木模尺寸/mm A	B	D	L_1	L_2	R_1	R_2	r	b	参阅图号
JO 41 -4	1.7	182	110	80	36	0.27		1.0	1		52	1~8	18	1	3.55	26	97	—	—	112	154	65	—	5	12	
JO 42 -4	2.8	182	110	115	36	0.27		1.25	1	单	36	1~8	18	1	4.5	26	97	—	—	145	188	65	—	5	12	
JO 51 -4	4.5	245	155	90	36	0.4		1.4	1	链	32	1~8	18	1	6	26	131	—	—	112	—	75	—	5	10	图 2-20c
JO 52 -4	7	245	155	135	36	0.4		1.25	2		22	1~8	18	1	7.2	26	131	—	—	135	—	75	—	5	10	
JO 62 -4	10	327	210	100	36	0.5	单	1.16	2		21	1~8	36	2	10	44	81	90	134	108	116	20	—	5	15	
JO 63 -4	14	327	210	130	36	0.5		1.35	2		16	1~8	36	2	13	44	81	90	134	133	141	20	—	5	15	
JO 72 -4	20	368	230	135	36	0.6	纱	1.56	5	双	7	1~8	36	1	17	44	95	95	150	175	175	20	—	6	10	
JO 73 -4	28	368	230	180	36	0.6		1.35	2		21	1~8	36	4	18	44	95	95	150	210	210	20	—	6	10	
JO 82 -4	40	423	280	180	48	0.7	漆	1.56	2		15	1~11	48	4	25.5	38	123	135	185	228	216	20	—	6	12	图 2-20b
JO 83 -4	55	423	300	240	48	0.7		1.45 1.35	2 1	叠	11	1~11	48	4	19.3 8.4	47	130	143	194	288	276	20	—	6	12	
JO 93 -4	75	493	327	260	60	0.9	包	1.45	5		7	1~12	60	4	43.7	47	163	163	250	280	280	20	—	6	11	
JO 94 -4	100	493	327	320	60	0.9		1.45	6		6	1~12	60	4	49.5	47	163	163	250	364	364	20	—	6	11	
JO 41 -6	1.0	182	110	80	36	0.27	线	0.86	1		74	1~32 2~7	18	1	2.6	26	51	—	—	102	162	29	—	5	12	
JO 42 -6	1.7	182	110	115	36	0.27		1.08	1	单	51	1~32 2~7	18	1	3.2	26	51	—	—	137	177	29	—	5	12	
JO 51 -6	2.8	245	155	90	36	0.4		1.25	1	链	45	1~32 2~7	18	1	4.6	44	75	—	—	110	—	35	—	5	10	图 2-20c
JO 52 -6	4.5	345	155	135	36	0.4		1.56	1		30	1~32 2~7	18	1	5.7	44	75	—	—	165	—	35	—	5	11.5	

续表

型号	功率/kW	定子铁芯				气隙/mm	定子绕组									转子槽数	定子线圈木模尺寸/mm									参阅图号
		外径/mm	内径/mm	长度/mm	槽数		电磁线	电磁线直径 φ/mm	并联根数	线圈形式	线圈匝数	槽距	每台电机线圈数	并联支路数	电磁线重/kg		A	B	D	L_1	L_2	R_1	R_2	r	b	
JO 62－6	7	327	210	100	36	0.5	单纱漆包线	1.35 1.45	1 1	双叠	14	1～6	36	1	4.2 4.7	44	70	70	92	135	135	20	—	6	15	图2－20b
JO 63－6	10	327	210	130	36	0.5		1.35	3		11	1～6	36	1	9.8	44	70	70	92	158	158	20	—	6	15	
JO 72－6	14	368	260	135	54	0.5		1.45	2		13	1～9	54	2	15.3	58	76	76	106	175	175	20	—	6	13	
JO 73－6	20	368	260	180	54	0.5		1.35 1.45	1 1		14	1～9	54	3	8 9.2	58	76	76	106	220	220	20	—	6	13	
JO 82－6	28	423	300	180	72	0.6		1.56	2		10	1～11	72	3	21.4	58	96	104	150	224	216	20	—	6	12	
JO 83－6	40	423	300	240	72	0.6		1.56	4		5	1～11	72	2	24.5	58	96	104	150	284	276	20	—	6	12	
JO 93－6	55	493	350	360	72	0.65		1.25 1.35	1 2		13	1～11	72	6	11 26.7	58	122	131	172	286	298	20	—	6	20	
JO 94－6	75	493	350	320	72	0.65		1.56	3		10	1～11	72	6	46.5	58	122	131	172	340	372	20	—	6	20	
JO 62－8	4.5	327	230	100	48	0.45		1.25	2		14	1～6	48	1	8.2	58	59	59	83	135	135	20	—	6	12	
JO 63－8	7	327	230	130	48	0.45		1.45	2		11	1～6	48	1	9.5	58	59	59	83	158	158	20	—	6	12	
JO 72－8	10	368	260	135	54	0.5		1.25	2		17	1～7	54	2	13	58	62	62	90	175	175	20	—	6	10	
JO 73－8	14	368	260	180	54	0.5		1.45	2		13	1～7	54	2	15.7	58	62	62	90	220	220	20	—	6	10	
JO 82－8	20	423	300	180	72	0.6		1.35 1.45	2 1		8	1～9	72	2	11.7 6.7	58	75	83	115	224	216	20	—	6	12	
JO 83－8	28	423	300	240	72	0.6		1.45	2		13	1～9	72	4	24	58	75	83	115	284	274	20	—	6	12	
JO 93－8	40	493	350	260	72	0.65		1.45	3		11	1～9	72	4	34	58	84	92	120	286	298	20	—	6	20	
JO 94－8	55	493	350	320	72	0.65		1.45 1.35	2 2		8	1～9	72	4	19.5 16.7	58	99	109	136	356	368	20	—	6	20	

表 2－17　J2 系列异步电动机铁芯和线圈的技术数据

型号	功率/kW	定子铁芯 外径/mm	定子铁芯 内径/mm	定子铁芯 长度/mm	定子铁芯 槽数	气隙/mm	定子绕组 电磁线	定子绕组 电磁线直径 φ/mm	定子绕组 并联根数	定子绕组 线圈形式	定子绕组 线圈匝数	定子绕组 槽距	定子绕组 每台电机线圈数	定子绕组 并联支路数	定子绕组 电磁线重/kg	转子槽数	定子线圈木模尺寸/mm A	B	D	L_1	L_2	R_1	r	b	参阅图号
J2－61－2	17	280	155	110	36	0.8	高强度聚酯漆包圆铜线	1.4 1.35	1 1	双叠	16	1～13	36	1	5.04 4.7	22	100	100	158	150	150	20	5	11	图 2－20b
J2－62－2	22	280	155	130	36	0.8		1.62	2		13	1～13	36	1	10.67	22	100	100	158	175	175	20	5	11	
J2－71－2	30	327	182	130	36	0.8		1.3	4		10	1～13	36	1	16	28	130	130	182	170	170	20	5	11	
J2－72－2	40	327	182	155	36	0.8		1.5	4		8	1～13	36	1	18.5	28	130	130	182	195	195	20	5	11	
J2－81－2	55	368	210	180	36	1.2		1.45 1.5	1 2		14	1～13	36	2	8.83 18.9	28	155	155	202	220	220	20	5	13	
J2－82－2	75	368	210	230	36	1.2		1.25 1.3	2 3		11	1～13	36	2	11.3 18.3	28	155	155	202	270	270	20	5	13	
J2－91－2	100	423	245	220	42	1.6		1.45	5		8	1～15	36	2	33.2	34	177	177	234	260	260	20	5	13	
J2－92－2	125	423	245	290	42	1.6		1.68	5		7	1～15	36	2	41.5	34	177	177	234	300	300	20	5	13	
J2－61－4	13	280	182	120	36	0.5		1.2	2		17	1～8	36	1	7.1	28	75	75	125	160	160	20	5	9	
J2－62－4	17	280	182	155	36	0.5		1.4	1		27	1～8	36	2	7.8	28	75	75	125	195	195	20	5	9	
J2－71－4	22	327	210	145	36	0.5		1.4	3		12	1～9	36	1	12.2	26	92	92	162	185	185	20	5	10	
J2－72－4	30	327	210	190	36	0.5		1.4	1		37	1～9	36	4	15	26	92	92	162	230	230	20	5	10	
J2－81－4	40	368	245	180	48	0.65		1.5	1		27	1～11	48	4	19.5	38	104	104	170	220	220	20	5	10	
J2－82－4	55	368	245	240	48	0.65		1.5	3		10	1～11	48	2	24.6	38	104	104	170	280	280	20	5	10	
J2－91－4	75	423	280	210	60	0.85		1.5	4		8	1～13	60	2	32.3	50	120	120	187	250	250	20	5	10	
J2－92－4	100	423	280	260	60	0.85		1.45	3		13	1～13	60	4	40.4	50	120	120	187	300	300	20	5	10	
J2－61－6	10	280	200	165	54	0.4		1.12	2		14	1～9	54	1	7.9	44	62	62	105	205	205	20	5	7	
J2－62－6	13	280	200	205	54	0.4		1.25	2		11	1～9	54	1	10	44	62	62	105	250	250	20	5	7	

续表

型号	功率/kW	定子铁芯				气隙/mm	定子绕组									转子槽数	定子线圈木模尺寸/mm								参阅图号
		外径/mm	内径/mm	长度/mm	槽数		电磁线	电磁线直径φ/mm	并联根数	线圈形式	线圈匝数	槽距	每台电机线圈数	并联支路数	电磁线重/kg		A	B	D	L_1	L_2	R_1	r	b	
J2-71-6	17	327	230	200	54	0.45	高强度聚脂漆包圆铜线	1.5 1.45	1 1	双叠	9	1~9	54	1	5.9 5.5	44	67	67	115	230	230	20	5	7	图2-20b
J2-72-6	22	327	230	250	54	0.45		1.2	2		14	1~9	54	2	13.6	44	67	67	115	280	280	20	5	7	
J2-81-6	30	368	260	180	72	0.5		1.4	2		12	1~11	72	2	19.5	58	76	76	124	220	220	20	5	7	
J2-82-6	40	368	260	240	72	0.5		1.35	2		14	1~11	72	3	24.5	58	76	76	124	280	280	20	5	7	
J2-91-6	55	423	300	320	72	0.6		1.56	1		23	1~11	72	6	28.4	56	86	86	138	295	295	20	5	8	
J2-92-6	75	423	300	420	72	0.6		1.3	2		17	1~11	72	6	34.5	56	86	86	138	380	380	20	5	8	
J2-61-8	7.5	280	200	165	54	0.4		1.45	1		18	1~7	54	1	8	58	46	46	74	135	135	20	5	7	
J2-62-8	10	280	200	205	54	0.4		1.2	1		27	1~7	54	2	9.5	58	46	46	74	175	175	20	5	7	
J2-71-8	13	327	230	155	54	0.45		1.35	1		25	1~7	54	2	10	58	52	52	85	185	185	20	5	7	
J2-72-8	17	327	230	200	54	0.45		1.5 1.45	1 1		10	1~7	54	1	6.2 5.8	58	52	52	85	230	230	20	5	7	
J2-81-8	22	368	260	180	72	0.5		1.25	2		15	1~9	72	2	18.4	58	61	61	94	220	220	20	5	7	
J2-82-8	30	368	260	240	72	0.5		1.25	1		23	1~9	72	4	26.3	58	61	61	94	280	280	20	5	7	
J2-91-8	40	423	300	255	72	0.5		1.16	2		18	1~9	72	4	23.3	56	71	71	104	295	295	20	5	8	
J2-92-8	55	423	300	340	72	0.5		1.4 1.45	1 1		14	1~9	72	4	15.7 16.8	56	71	71	104	380	380	20	5	8	
J2-81-10	17	368	260	180	60	0.45		1.16 1.25	1 1		20	1~6	60	2	7.9 9.1	64	46	46	74	220	220	20	5	8	
J2-82-10	22	368	260	240	60	0.45		1.35	2		15	1~6	60	2	18.9	64	46	46	74	280	280	20	5	8	
J2-91-10	30	423	300	240	60	0.5		1.35	1		31	1~6	60	5	19.9	64	56	56	84	280	280	20	5	8	
J2-92-10	40	423	300	320	60	0.5		1.62	1		24	1~6	60	5	27.1	64	56	56	84	360	360	20	5	8	

注:J2 系列电动机的接法均为△,适用于380V。

表 2－18　JO2 系列异步电动机铁芯和线圈的技术数据

型号	功率/kW	定子铁芯 外径/mm	定子铁芯 内径/mm	定子铁芯 长度/mm	定子铁芯 槽数	气隙/mm	定子绕组 电磁线	定子绕组 电磁线直径 φ/mm	定子绕组 并联根数	定子绕组 线圈形式	定子绕组 线圈匝数	定子绕组 槽距	定子绕组 每台电机线圈数	定子绕组 并联支路数	定子绕组 电磁线重/kg	转子槽数	定子线圈木模尺寸/mm A	B	D	L_1	L_2	R_1	R_2	r	b	参阅图号
*JO2－11－2	0.8	120	67	65	24	0.3	高强度聚脂漆包圆铜线	0.67	1	单层同心式	94	1～12 2～11	12	1	1.63	20	86	69	—	—	151	43	35	5	8	图2－20a
*JO2－12－2	1.1	120	67	85	24	0.3		0.77	1		72	1～12 2～11	12	1	1.79	20	86	69	—	—	171	43	35	5	8	
*JO2－21－2	1.5	145	82	75	18	0.4		0.83	1		80	1～9 2～10 18～11	9	1	1.81	16	86	73	—	190	—	43	36	10	8.5	图2－20d
*JO2－22－2	2.2	145	82	100	18	0.4		0.93	1		60	1～9 2～10 18～11	9	1	1.88	16	86	73	—	221	—	43	36	10	8.5	
*JO2－31－2	3	167	94	95	24	0.45		1.12	1		41	1～12 2～11	12	1	2.84	20	116	95	—	—	215	58	47	5	10	图2－20a
JO2－32－2	4	167	94	125	24	0.45		0.96	1		56	1～12 2～11	12	1	3.05	20	116	95	—	—	245	58	47	5	10	
JO2－41－2	5.5	210	114	110	24	0.6		0.93	2		53	1～12 2～11	12	1	5.81	20	138	115	—	—	251	70	57	5	10	
JO2－42－2	7.5	210	114	135	24	0.6		1.08	2		43	1～12 2～11	12	1	6.87	20	138	115	—	—	276	70	57	5	10	
JO2－51－2	10	245	136	120	24	0.7		1.35	2		40	1～12 2～11	12	1	10.5	20	175	143	—	—	273	87	72	5	12	
JO2－52－2	13	245	136	160	24	0.7		1.16 1.25	1 2		32	1～12 2～11	12	1	11.3	20	175	143	—	—	313	87	72	5	12	
JO2－61－2	17	280	155	155	30	0.8		1.45	1	双叠	25	1～11	30	2	9.7	22	100	100	158	195	195	20	—	5	11	图2－20b
JO2－71－2	22	327	182	155	36	0.8		1.35	4		10	1～13	36	1	18.6	28	130	130	182	195	195	20	—	5	11	
JO2－72－2	30	327	182	200	36	0.8		1.56 1.62	2 2		8	1～13	36	1	10.8 11.2	28	130	130	182	250	250	20	—	5	11	
JO2－82－2	40	368	120	240	36	1.2		1.45	3		13	1～13	36	2	26.5	28	155	155	202	280	280	20	—	5	13	
JO2－91－2	55	423	245	260	42	1.6		1.56	4		10	1～15	42	2	39.3	34	177	177	234	300	300	20	—	5	13	
JO2－92－2	75	423	245	300	42	1.6		1.56	5		8	1～15	42	2	43.3	34	177	177	234	340	340	20	—	5	13	
JO2－93－2	100	423	245	365	42	1.6		1.56 1.5	3 4		6	1～15	42	2	22.6 27.1	34	177	177	234	400	400	20	—	5	13	

续表

型号	功率/kW	定子铁芯 外径/mm	定子铁芯 内径/mm	定子铁芯 长度/mm	定子铁芯 槽数	气隙/mm	定子绕组 电磁线	定子绕组 电磁线直径φ/mm	定子绕组 并联根数	定子绕组 线圈形式	定子绕组 线圈匝数	定子绕组 槽距	定子绕组 每台电机线圈数	定子绕组 并联支路数	定子绕组 电磁线重/kg	转子槽数	定子线圈木模尺寸/mm A	B	D	L_1	L_2	R_1	R_2	r	b	参阅图号
*JO2-11-4	0.6	120	75	85	24	0.25	高强度聚脂漆包圆铜线	0.57	1	单链	115	1~6	12	1	1.35	22	50	—	—	—	134	31	—	10	8	图2-20c
*JO2-12-4	0.8	120	75	100	24	0.25		0.67	1		96	1~6	12	1	1.55	22	50	—	—	—	134	31	—	10	8	
*JO2-21-4	1.1	145	90	85	24	0.25		0.72	1		80	1~6	12	1	1.47	22	60	—	—	—	141	36	—	10	9	
*JO2-22-4	1.5	145	90	115	24	0.25		0.83	1		62	1~6	12	1	1.74	22	60	—	—	—	171	36	—	10	9	
*JO2-31-4	2.2	167	104	95	36	0.3		0.96	1	单层交叉式	41	1~9 2~10 18~11	18	1	2.3	26	73	65	—	175	—	39	34	10	10	图2-20d
JO2-32-4	3	167	104	135	36	0.3		1.12	1		31	1~9 2~10 18~11	18	1	2.79	26	73	65	—	215	—	39	34	10	10	
JO2-41-4	4	210	136	100	36	0.35		1.00	1		52	1~9 2~10 18~11	18	1	3.57	26	94	84	—	185	—	65	53	10	10	
JO2-42-4	5.5	210	136	125	36	0.35		1.16	1		42	1~9 2~10 18~11	18	1	3.93	26	94	84	—	210	—	65	53	10	10	
JO2-51-4	7.5	245	162	120	36	0.4		1.06	2		38	1~9 2~10 18~11	18	1	6.14	26	110	99	—	213	—	65	56	10	11	
JO2-52-4	10	245	162	160	36	0.4		1.12	2		29	1~9 2~10 18~11	18	1	6.68	26	110	99	—	253	—	65	56	10	11	
JO2-61-4	13	280	182	155	36	0.45		1.25	1	双叠	27	1~8	36	2	7.6	28	75	75	125	190	190	20	—	5	9	图2-20b
JO2-62-4	17	280	182	190	36	0.45		1.45	1		21	1~8	36	2	8.8	28	75	75	125	225	225	20	—	5	9	
JO2-71-4	22	327	210	190	36	0.55		1.35	2		20	1~9	36	2	17	26	92	92	162	230	230	20	—	5	10	
JO2-72-4	30	327	210	260	36	0.55		1.56	2		15	1~9	36	2	19	26	92	92	162	300	300	20	—	5	10	
JO2-82-4	40	368	245	275	48	0.65		1.4	3		11	1~11	48	2	25	38	104	104	170	315	315	20	—	5	10	

续表

型号	功率/kW	定子铁芯 外径/mm	定子铁芯 内径/mm	定子铁芯 长度/mm	定子铁芯 槽数	气隙/mm	定子绕组 电磁线	定子绕组 电磁线直径φ/mm	定子绕组 并联根数	定子绕组 线圈形式	定子绕组 线圈匝数	定子绕组 槽距	定子绕组 每台电机线圈数	定子绕组 并联支路数	定子绕组 电磁线重/kg	转子槽数	定子线圈木模尺寸/mm A	B	D	L_1	L_2	R_1	R_2	r	b	参阅图号
JO2-91-4	55	423	280	260	60	0.85		1.5	2	双	17	1~13	60	4	37.6	50	120	120	187	300	300	20	—	5	10	
JO2-92-4	75	423	280	340	60	0.85		1.45	3	叠	13	1~13	60	4	46.2	50	120	120	187	380	380	20	—	5	10	图2-20b
JO2-93-4	100	423	280	380	60	0.85		1.45	4		11	1~13	60	4	51.5	50	120	120	187	420	420	20	—	5	10	
*JO2-21-6	0.8	145	94	85	36	0.25	高强度聚脂漆包圆铜线	0.67	1		81	1~6	18	1	1.66	33	42	—	—	—	132	25	—	10	9	
*JO2-22-6	1.1	145	94	115	36	0.25		0.77	1		61	1~6	18	1	1.94	33	42	—	—	—	162	25	—	10	9	
*JO2-31-6	1.5	167	114	95	36	0.3		0.93	1	单	60	1~6	18	1	2.33	33	50	—	—	—	150	31	—	10	10	
*JO2-32-6	2.2	167	114	135	36	0.3		1.04	1		42	1~6	18	1	2.88	33	50	—	—	—	190	31	—	10	10	
*JO2-41-6	3	210	148	110	36	0.35		1.2	1		40	1~6	18	1	3.54	33	65	—	—	—	170	43	—	10	9	图2-20c
JO2-42-6	4	210	148	140	36	0.35		1.04	1	链	55	1~6	18	1	4.13	33	65	—	—	—	200	43	—	10	9	
JO2-51-6	5.5	245	174	130	36	0.35		1.2	1		47	1~6	18	1	4.82	33	76	—	—	—	199	47	—	10	11	
JO2-52-6	7.5	245	174	170	36	0.35		1.4	1		37	1~6	18	1	5.97	33	76	—	—	—	239	47	—	10	11	
JO2-61-6	10	280	200	175	54	0.4		1.16 1.12	1 1		11	1~9	54	1	4.5 4.1	44	62	62	105	205	205	20	—	5	7	
JO2-62-6	13	280	200	220	54	0.4		1.35 1.3	1 1		9	1~9	54	1	5.5 5.1	44	62	62	105	250	250	20	—	5	7	
JO2-71-6	17	327	230	220	54	0.45		1.5 1.45	1 1	双	9	1~9	54	1	5.9 5.5	44	67	67	115	230	230	20	—	5	7	
JO2-72-6	22	327	230	250	54	0.45		1.2	2		14	1~9	54	2	13.6	44	67	67	115	280	280	20	—	5	7	图2-20b
JO2-81-6	30	368	260	240	72	0.5		1.25	2		16	1~11	72	3	23.8	58	76	76	124	280	280	20	—	5	7	
JO2-82-6	40	368	260	310	72	0.5		1.45	2	叠	12	1~11	72	3	27.9	58	76	76	124	350	350	20	—	5	7	
JO2-91-6	55	423	300	320	72	0.6		1.4	3		10	1~11	72	3	34.1	56	86	86	138	360	360	20	—	5	8	

续表

型号	功率/kW	定子铁芯 外径/mm	定子铁芯 内径/mm	定子铁芯 长度/mm	定子铁芯 槽数	气隙/mm	定子绕组 电磁线	定子绕组 电磁线直径φ/mm	定子绕组 并联根数	定子绕组 线圈形式	定子绕组 线圈匝数	定子绕组 槽距	定子绕组 每台电机线圈数	定子绕组 并联支路数	定子绕组 电磁线重/kg	转子槽数	定子线圈木模尺寸/mm A	B	D	L_1	L_2	R_1	R_2	r	b	参阅图号
JO2-92-6	75	423	300	420	72	0.6		1.4	2	双叠	15	1~11	72	6	40.4	56	86	86	138	460	460	20	—	5	8	图2-20b
*JO2-41-8	2.2	210	148	110	48	0.35	高强度聚脂漆包圆铜线	1.12	1	单链	37	1~6	24	1	3.47	44	49	—	—	—	165	30	—	10	9	图2-20c
*JO2-42-8	3	210	148	140	48	0.35		1.3	1		31	1~6	24	1	4.47	44	49	—	—	—	195	30	—	10	9	
JO2-51-8	4	245	174	130	48	0.35		1.12	1		48	1~6	24	1	5.18	44	58	—	—	—	188	37	—	10	11	
JO2-52-8	5.5	245	174	170	48	0.35		1.3	1		37	1~6	24	1	6.27	44	58	—	—	—	228	37	—	10	11	
JO2-61-8	7.5	280	200	175	54	0.4		1.04	1	双叠	29	1~7	54	2	8.5	58	46	46	74	205	205	20	—	5	7	图2-20b
JO2-62-8	10	280	200	220	54	0.4		1.2	1		23	1~7	54	2	10	58	46	46	74	250	250	20	—	5	7	
JO2-71-8	13	327	230	200	54	0.45		1.35	1		21	1~7	54	2	10.4	58	52	52	85	230	230	20	—	5	7	
JO2-72-8	17	327	230	250	54	0.45		1.56	1		17	1~7	54	2	13	58	52	52	85	280	280	20	—	5	7	
JO2-81-8	22	368	260	240	72	0.5		1.35	2		12	1~9	72	2	19.3	58	61	61	94	280	280	20	—	5	7	
JO2-82-8	30	368	260	310	72	0.5		1.62	2		10	1~9	72	2	27.2	58	61	61	94	350	350	20	—	5	7	
JO2-91-8	40	423	300	320	72	0.6		1.3	2		17	1~9	72	4	31.4	56	71	71	104	360	360	20	—	5	8	
JO2-92-8	55	423	300	420	72	0.6		1.5	2		13	1~9	72	4	38.1	56	71	71	104	460	460	20	—	5	8	
JO2-81-10	17	368	260	240	60	0.45		1.25	2		17	1~6	60	2	18.4	64	46	46	74	280	280	20	—	5	8	
JO2-82-10	22	368	260	310	60	0.45		1.45	2		13	1~6	60	2	22.2	64	46	46	74	350	350	20	—	5	8	
JO2-91-10	30	423	300	320	60	0.5		1.4	1		26	1~6	60	5	24.6	64	56	56	84	360	360	20	—	5	8	
JO2-92-10	40	423	300	400	60	0.5		1.16	2		21	1~6	60	5	27.1	64	56	56	84	440	440	20	—	5	8	

注：* 电动机的接线为△/Y，适用于电压为220/380V；表中其余电动机均为△接法，适用于380V。

表 2-19　YR(IP44)三相绕线异步电动机技术数据(定子电压 380V)

型号	额定功率/kW	定子电流/A	转子电压/V	额定转速/(r/min)	定子转子槽数 Z_1/Z_2	定子							转子							
						每槽线数	线规 根数	线规 直径/mm	绕组型式	节距	并联路数	平均半匝长/mm	每槽线数	线规 根数	线规 直径或(长×宽)/mm	绕组型式	平均半匝长/mm	相电阻/Ω	节距	并联路数
YR132M1-4	4.0	9.3	230	1440	36/24	102	1	0.8		1-9	2	280	28	3	ϕ1.03		237	0.435	1-6	1
YR132M2-4	5.5	12.6	272	1440	36/24	74	1	0.95	双	1-9	2	320	24	2	1.12	双	297	0.376	1-6	1
														1	1.18					
YR160M-4	7.5	15.7	250	1460	36/24	74	1	1.12		1-9	2	321	44	2	1.00		262	0.204	1-6	2
									层					1	1.06	层				
YR160L-4	11	22.5	276	1460	36/24	52	2	0.95		1-9	2	376	34	3	ϕ1.18		317	0.143	1-6	2
YR180L-4	15	30	278	1465	48/36	32	2	1.06		1-11	2	403	18	3	ϕ1.30		369	0.109	1-9	2
YR200L1-4	18.5	36.7	247	1465	48/36	64	1	1.18	叠	1-11	4	395	16	4	ϕ1.40	叠	355	0.060 1	1-9	2
													8	1	2×5.6		412	0.078	1-9	1
YR200L2-4	22	43.2	243	1465	48/36	54	1	1.30	绕	1-11	4	425	16	4	ϕ1.40	绕	385	0.065 2	1-9	2
													8	1	2.24×5.6		442	0.083 7	1-9	1
YR225M2-4	30	57.6	360	1475	48/36	22	3	1.25		1-11	2	458	16	6	ϕ1.25		416	0.058 8	1-9	2
													8	1	2.5×5.6		477	0.073 5	1-9	1
YR250M1-4	37	71.4	289	1480	48/36	40	2	1.25		1-12	4	506	12	8	ϕ1.40		437	0.027 7	1-9	2
													6	2	2×5.6		501	0.035 6	1-9	1
YR250M2-4	45	85.9	340	1480	48/36	34	3	1.12		1-12	4	546	12	8	ϕ1.40		477	0.030 3	1-9	2
													6	2	2×5.6		541	0.038 4	1-9	1

续表

型号	额定功率/kW	定子电流/A	转子电压/V	额定转速/(r/min)	定子转子槽数 Z_1/Z_2	定子 每槽线数	定子 线规 根数	定子 线规 直径/mm	定子 绕组型式	定子 节距	定子 并联路数	定子 平均半匝长/mm	转子 每槽线数	转子 线规 根数	转子 线规 直径或(长×宽)/mm	转子 绕组型式	转子 平均半匝长/mm	转子 相电阻/Ω	转子 节距	转子 并联路数
YR280S－4	55	103.8	485	1480	60/48	26	2	1.50		1－14	4	544	12	7	ϕ1.40		499	0.048 2	1－12	2
									双				6	2	2×5	双	562	0.059 8	1－12	1
YR280M－4	75	140	354	1485	60/48	18	1	1.40		1－14	4	644	12	7	ϕ1.40		599	0.014 5	1－12	4
							2	1.50	层				6	2	2×5	层	662	0.017 6	1－12	2
YR132M1－6	3	8.2	206	955	48/36	40	1	1.00		1－8	1	218	20	3	ϕ1.00		223	0.493	1－6	1
YR132M2－6	4	10.7	230	955	48/36	70	1	0.80		1－8	2	288	34	2	ϕ0.95		263	0.411	1－6	2
YR160M－6	5.5	13.4	244	970	48/36	66	1	1.00	叠	1－8	2	278	34	2	ϕ1.06	叠	245	0.307	1－6	2
YR160L－6	7.5	17.9	256	970	48/36	50	1	1.18		1－8	2	323	28	2	ϕ1.13		290	0.242	1－6	2
YR180L－6	11	23.6	310	975	54/36	38	1	1.25		1－9	2	366	28	4	ϕ1.00		329	0.191	1－6	2
YR200L－6	15	31.8	198	975	54/36	34	1	1.06	绕	1－9	2	365	16	2	1.18	绕	325	0.047 6	1－6	2
							1	1.12						4	1.25					
													8	1	2.24×5.6		388	0.067 1	1－6	1
YR225M1－6	18.5	38.3	187	980	54/36	36	1	1.18		1－9	2	351	16	8	ϕ1.25		325	0.032 3	1－6	2
							1	1.25					8	1	2.8×6.3		371	0.045 1	1－6	1
YR225M2－6	22	45	224	980	54/36	30	1	1.30		1－9	2	381	16	8	ϕ1.25		335	0.035 5	1－6	2
							1	1.40					8	1	2.8×6.3		401	0.048 7	1－6	1

续表

型号	额定功率/kW	定子电流/A	转子电压/V	额定转速/(r/min)	定子转子槽数 Z_1/Z_2	定子 每槽线数	定子 线规 根数	定子 线规 直径/mm	定子 绕组型式	定子 节距	定子 并联路数	定子 平均半匝长/mm	转子 每槽线数	转子 线规 根数	转子 线规 直径或(长×宽)/mm	转子 绕组型式	转子 平均半匝长/mm	转子 相电阻/Ω	转子 节距	转子 并联路数
YR250M1－6	30	60.3	282	980	72/48	18	3	1.12		1－12	2	453	12	7	ϕ1.40		407	0.0394	1－8	2
							1	1.18	双				6	2	2.24×5	双	476	0.046	1－8	1
YR250M2－6	37	73.9	331	980	72/48	16	3	1.40		1－12	2	483	12	5	1.30		437	0.041	1－8	2
									层					3	1.40	层				
													6	2	2.24×5		506	0.049	1－8	1
YR280S－6	45	87.9	362	985	72/48	14	3	1.40	叠	1－12	2	493	12	3	1.30	叠	448	0.0353	1－8	2
							1	1.50						6	1.40					
									绕				6	2	2.5×5.6	绕	514	0.040	1－8	1
YR280M－6	55	106.9	423	985	72/48	12	3	1.50		1－12	2	533	12	9	ϕ1.40		499	0.038	1－8	2
							1	1.60					6	2	2.5×5.6		554	0.043	1－8	1
YR160M－8	4	10.7	261	715	48/36	92	1	0.9		1－6	2	247	42	2	ϕ0.95		230	0.443	1－5	2
YR160L－8	5.5	14.2	230	715	48/36	70	1	1.0		1－6	2	292	34	2	ϕ1.06		275	0.345	1－5	2
YR180L－8	7.5	18.4	255	725	54/36	28	1	1.06		1－7	2	310	34	1	1.25		287	0.294	1－5	2
								1.12						1	1.30					

续表

型号	额定功率/kW	定子电流/A	转子电压/V	额定转速/(r/min)	定子转子槽数 Z_1/Z_2	定子 每槽线数	定子 线规 根数	定子 线规 直径/mm	定子 绕组型式	定子 节距	定子 并联路数	定子 平均半匝长/mm	转子 每槽线数	转子 线规 根数	转子 线规 直径或(长×宽)/mm	转子 绕组型式	转子 平均半匝长/mm	转子 相电阻/Ω	转子 节距	转子 并联路数
YR200L－8	11	26.6	152	735	54/36	44	2	0.95		1－7	2	332	16	2	1.18		313	0.046	1－5	2
									双					4	1.25	双				
													8	1	2.2×5.6		373	0.064	1－5	1
YR225MI－8	15	34.5	169	735	54/36	40	2	1.12	层	1－7	2	344	16	8	ϕ1.25	层	314	0.0333	1－5	2
													8	1	2.8×6.3		381	0.046 3	1－5	1
YR225M2－8	18.5	42.1	211	735	54/36	32	2	1.30	叠	1－7	2	389	16	8	ϕ1.25	叠	359	0.038 1	1－5	2
													8	1	2.8×6.3		426	0.051 8	1－5	1
YR250MI－8	22	48.7	210	735	72/48	48	1	1.40	绕	1－9	4	406	12	7	ϕ1.40	绕	370	0.035 8	1－6	2
													6	2	2.24×5		443	0.043	1－6	1
YR250M2－8	30	66.1	270	735	72/48	74	1	1.12		1－9	8	456	12	7	ϕ1.40		430	0.041	1－6	2
													6	2	2.24×5		493	0.047	1－6	1
YR280S－8	37	78.2	281	735	72/48	36	3	1.0		1－9	4	440	12	9	ϕ1.40		414	0.031	1－6	2
													6	2	2.5×5.6		476	0.037	1－6	1
YR280M－8	45	92.9	359	735	72/48	28	2	1.40		1－9	4	530	12	3,6	1.30,1.40		494	0.039	1－6	2
													6	2	2.5×5.6		566	0.044	1－6	1

表 2－20　YR(IP23)系列绕线式异步电动机技术数据(定子电压 380V)

型号	额定功率/kW	定子电流/A	转子电压/V	额定转速/(r/min)	定子转子槽数 Z_1/Z_2	定子绕组							转子绕组							
						每槽线数	线规 根数	线规 直径/mm	绕组型式	节距	并联路数	平均半匝长/mm	每槽线数	线规 根数	线规 直径或(长×宽)/mm	绕组型式	平均半匝长/mm	相电阻/Ω	节距	并联路数
YR160M－4	7.5	16	260	1420	48/36	34	1	1.50		1－11	1	283	18	3	1.12		245	0.389	1－9	1
YR160L1－4	11	22.7	275	1435	48/36	50	2	0.85	双	1－11	2	313	14	4	1.12	双	275	0.255	1－9	1
YR160L2－4	15	30.8	260	1445	48/36	38	2	1.00		1－11	2	348	10	3	1.30		310	0.146	1－9	1
														1	1.40					
YR180M－4	18.5	36.7	197	1425	48/36	40	2	1.12	层	1－11	2	354	8	1	1.8×5	层	373	0.088	1－9	1
YR180L－4	22	43.2	232	1435	48/36	34	1	1.18		1－11	2	374	8	1	1.8×5		393	0.093	1－9	1
							1	1.25												
YR200M－4	30	58.2	255	1440	48/36	62	2	0.95	叠	1－11	4	383	8	1	2×5.6	叠	401	0.076	1－9	1
YR200L－4	37	71.8	316	1450	48/36	50	2	1.00		1－11	4	418	8	1	2×5.6		436	0.083	1－9	1
YR225M1－4	45	87.3	240	1440	48/36	24	1	1.12		1－12	2	440	6	2	1.8×4.5		439	0.043	1－9	1
							3	1.18	绕							绕				
YR225M$_2$－4	55	105.5	288	1450	48/36	40	1	1.25		1－12	4	470	6	2	1.8×4.5		469	0.046	1－9	1
							1	1.30												
YR250S－4	75	141.5	449	1450	60/48	14	2	1.25		1－14	2	489	6	2	1.6×4.5		504	0.075	1－12	1
							3	1.30												
YR250M－4	90	168.8	524	1460	60/48	12	4	1.25		1－14	2	519	6	2	1.6×4.5		534	0.079	1－12	1
							2	1.30												
YR280M－4	110	205.2	349	1460	60/48	24	4	1.25		1－14	4	533	4	2	2.24×6.3		557	0.028	1－12	1
YR280S－4	132	243.6	419	1460	60/48	20	4	1.40		1－14	4	573	4	2	2.24×6.3		597	0.030	1－12	1

续表

型号	额定功率/kW	定子电流/A	转子电压/V	额定转速/(r/min)	定子转子槽数 Z_1/Z_2	定子绕组							转子绕组							
						每槽线数	线规 根数	线规 直径/mm	绕组型式	节距	并联路数	平均半匝长/mm	每槽线数	线规 根数	线规 直径或(长×宽)/mm	绕组型式	平均半匝长/mm	相电阻/Ω	节距	并联路数
YR160M－6	5.5	13.2	279	950	54/36	36	2	0.95		1－9	1	256	24	1	1.18		217	0.548	1－6	1
									双					1	1.25	双				
YR160L－6	7.5	17.5	260	950	54/36	58	1	1.00		1－9	1	276	18	3	1.12		237	0.376	1－6	1
YR180M－6	11	25.4	146	940	54/36	46	1	1.40	层	1－9	2	300	8	1	1.8×4	层	325	0.097	1－6	1
YR180L－6	15	33.7	187	950	54/36	36	2	1.06		1－9	2	330	8	1	1.8×4		355	0.106	1－6	1
YR200M－6	18.5	40.4	187	950	54/36	36	2	1.18	叠	1－9	2	326	8	1	1.8×5	叠	346	0.082 1	1－6	1
YR200L－6	22	56.3	224	955	54/36	30	1	1.30		1－9	2	356	8	1	1.8×5		376	0.089 2	1－6	1
							1	1.40	绕							绕				
YR225M1－6	30	61.3	227	965	72/54	38	2	1.12		1－12	3	368	6	2	1.6×4.5		390	0.065	1－9	1
YR225M2－6	37	74.3	287	965	72/54	30	1	1.18		1－12	3	398	6	2	1.6×4.5		420	0.070 4	1－9	1
							1	1.25												
YR250S－6	45	90.4	307	965	72/54	28	2	1.40		1－12	3	408	6	2	1.8×4.5		428	0.064	1－9	1
YR250M－6	55	108.6	359	970	72/54	24	4	1.06		1－12	3	438	6	2	1.8×4.5		458	0.068	1－9	1
YR280S－6	75	143.1	392	970	72/54	22	3	1.40		1－12	3	448	6	2	2×5		474	0.057	1－9	1
YR280M－6	90	168.7	481	970	72/54	18	3	1.50		1－12	3	503	6	2	2×5		529	0.063 3	1－9	1

续表

型号	额定功率/kW	定子电流/A	转子电压/V	额定转速/(r/min)	定子转子槽数 Z_1/Z_2	定子绕组 每槽线数	定子绕组 线规 根数	定子绕组 线规 直径/mm	定子绕组 绕组型式	定子绕组 节距	定子绕组 并联路数	定子绕组 平均半匝长/mm	转子绕组 每槽线数	转子绕组 线规 根数	转子绕组 线规 直径或(长×宽)/mm	转子绕组 绕组型式	转子绕组 平均半匝长/mm	转子绕组 相电阻/Ω	转子绕组 节距	转子绕组 并联路数
YR160M－8	4	10.6	262	705	48/36	54	1	1.25	双	1－7	1	226	30	1	1.06 1.1.12	双	201	0.839	1－5	1
YR160L－8	5.5	14.4	243	705	48/36	43	1	1.40		1－7	1	246	22	2	1.25		221	0.515	1－5	1
YR180M－8	7.5	19.0	105	690	48/36	70	2	0.90	层	1－7	2	267	8	1	1.8×4	层	307	0.092	1－5	1
YR180L－8	11	27.6	140	710	48/36	54	2	1.0		1－7	2	297	8	1	1.8×4		337	0.1	1－5	1
YR200M－8	15	36.7	153	710	48/36	50	2	0.95	叠	1－7	2	288	8	1	1.8×5	叠	326	0.077 3	1－5	1
YR200L－8	18.5	41.9	187	710	48/36	43	2	1.30		1－7	2	318	8	1	1.8×5		356	0.084	1－5	1
YR225M1－8	22	49.2	161	715	72/48	62	1	1.25	绕	1－9	4	321	6	2	1.6×4.5	绕	352	0.052 3	1－6	1
YR225M2－8	30	66.3	200	715	72/48	50	1	1.40		1－9	4	376	6	2	1.6×4.5		406	0.060 5	1－6	1
YR250S－8	37	81.3	218	720	72/48	46	2	1.06		1－9	4	355	6	2	1.8×4.5		385	0.051	1－6	1
YR250M－8	45	97.8	264	720	72/48	38	1 1.	1.18 1.25		1－9	4	385	6	2	1.8×4.5		415	0.055	1－6	1
YR280S－8	55	114.5	279	725	72/48	36	1 1.	1.30 1.40		1－9	4	390	6	2	2×5		426	0.045	1－6	1
YR280M－8	75	154.4	359	725	72/48	28	1 1.	1.50 1.60		1－9	4	445	6	2	2×5		481	0.051 1	1－6	1

2.2.6 三相异步电动机的引线和熔丝的选择

1. 电动机引线截面的选择

电动机的引线应根据电动机的额定电流进行选择，参见表2－21。

表2－21 电动机引出线截面选择参考表

额定电流/A	引出线截面/mm^2	额定电流/A	引出线截面/mm^2
1.5～3.5	0.75	61～90	16
3.6～5.5	1.0	91～120	25
6～10	1.5	121～150	35
11～20	2.5	151～190	50
21～30	4	191～240	70
31～45	6	241～290	95
46～65	10	—	—

注：引线为橡皮绝缘铜线。

2. 电动机熔丝的选择

熔丝是用来做电动机的过载和短路保护，应合理选择。如果选择熔丝过大，会使电动机烧坏；容量过小又会造成运行不稳经常停机。根据运行经验，熔丝的额定电流为电动机额定电流的1.5～2.5倍为宜。下面是一台和多台电动机合用时熔丝的选择方法。

（1）一台电动机的熔丝额定电流$I_{熔}$

$$I_{熔}=(1.5\sim2.5)\times I_N\ (A)$$

I_N为电动机的额定电流

（2）多台电动机合用的总熔丝的额定电流I_Σ

$$I_\Sigma=(1.5\sim2.5)\times I_{max}+(I_1+I_2\cdots I_n)$$

式中：I_Σ——多台电动机总熔丝的额定电流（A）；

I_{max}——其中最大容量电动机的额定电流（A）；

I_1，I_2，…，I_n——其余电动机额定电流之和（A）。

注意如有多台电动机，不要同时起动，以免因电流过大，使总闸熔丝熔断。

常用电动机用的熔丝选择数据见表2－22，熔丝规格见表2－23、2－24。

表 2－22　三相 380V 异步电动机熔丝选择参考表

电动机额定功率/kW	熔丝额定电流/A	电动机额定功率/kW	熔丝额定电流/A
1.0～1.1	3	10.0	25
1.5	5	14.0	40
1.7	6	17	50
2.2	7	20	60
2.8～3.0	8	28	75（熔体）
4.0	10	40	100（熔体）
4.5	12	55	150（熔体）
7.0～7.5	20	75	200（熔体）

表 2－23　铅熔丝的规格表

直径/mm	截面/mm^2	额定电流/A	熔断电流/A	直径/mm	截面/mm^2	额定电流/A	熔断电流/A
0.08	0.005	0.25	0.5	0.52	0.212	2	4
0.15	0.018	0.5	1.0	0.54	0.229	2.25	4.5
0.20	0.031	0.75	1.5	0.60	0.283	2.5	5
0.22	0.038	0.8	1.6	0.71	0.40	3	6
0.25	0.049	0.9	1.8	0.81	0.52	3.75	7.5
0.28	0.062	1	2	0.90	0.60	5	10
0.29	0.066	1.05	2.1	1.02	0.82	6	12
0.32	0.080	1.1	2.2	1.25	1.23	7.5	15
0.35	0.096	1.25	2.5	1.51	1.79	10	20
0.36	0.102	1.35	2.7	1.67	2.19	11	22
0.40	0.126	1.5	3	1.75	2.41	12	24
0.46	0.166	1.85	3.7	1.98	3.08	15	30
				2.40	4.52	20	40
				2.78	6.07	25	50
				2.95	6.84	27.5	55
				3.14	7.74	30	60
				3.81	11.40	40	80
				4.12	13.33	45	90
				4.44	15.48	50	100
				4.91	18.93	60	120
				5.24	21.55	70	140

表2-24 铜熔丝的规格表

直径/mm	截面/mm²	近似英规线号	额定电流/A	熔断电流/A
0.234	0.043	34	4.7	9.4
0.254	0.051	33	5	10
0.274	0.059	32	5.5	11
0.295	0.068	31	6.1	12.2
0.315	0.078	30	6.9	13.8
0.345	0.093	29	8	16
0.376	0.111	28	9.2	18.4
0.417	0.137	27	11	22
0.457	0.164	26	12.5	25
0.508	0.203	25	15	29.5
0.559	0.245	24	17	34
0.60	0.283	23	20	39
0.70	0.385	22	25	50
0.80	0.5	21	29	58
0.90	0.6	20	37	74
1.00	0.8	19	44	88
1.13	1.0	18	52	104
1.37	1.5	17	63	125
1.60	2	16	80	160
1.76	2.5	15	95	190
2.00	3	14	120	240
2.24	4	13	140	280
2.50	5	12	170	340
2.73	6	11	200	400

2.3 三相异步电动机的运行与维修

2.3.1 三相异步电动机的运行与维护

1. 电动机起动前的检查

对于较长时间不用及新的电动机应检查绕组之间及绕组对地的绝缘电阻；绕线式转子应检查转子绕组、滑环对地和滑环之间的绝缘电阻。要求工作电压1kV时绝缘电阻不得小于1MΩ（兆欧）。三相380V电动机的绝缘电阻应大于0.5MΩ。测量使用兆欧表，500V以下电动机使用500V兆欧表，500～3 000V电动机用1 000V兆欧表测量。

检查电动机内部有无杂物；接地装置是否可靠；各部螺栓是否有松动；转轴是否灵活。

经上述检查后方可起动，应空转几分钟，检查电动机是否有不正常噪音、振动、局部发热等现象，一切正常后方可投入运行。

2. 电动机的运行与维护

电动机在运行中应对以下几项进行检查维护：

（1）电动机的允许温升：电动机的温升如果超过了允许值，就会加速绝缘老化，缩短使用寿命，甚至会烧毁电动机。因此在运行中必须加强温度监视。电动机运行中的允许温升参见表2－25。

表2－25 电动机运行中的允许温升

电动机部件	绝缘等级	环境温度/℃	最高允许温升/℃（用温度计法测出）	最大允许温度/℃（用温度计法测出）
定子绕组	*A*	35	60	95
铁　　芯	*A*	35	65	100
滚动轴承	*A*	35	60	95
定子绕组	*B*	35	75	110
定子绕组	*E*	40	65	105
铁　　芯	*E*	40	75	115

当电动机所处环境温度变化时，允许电动机负荷变化的范围见表2－26。

表 2-26　环境温度变化时允许电动机负荷变化范围

环境温度/℃	允许负荷变动
25	增加 10%
30	增加 5%
35	额定负载
40	减少 5%
45	减少 10%

（2）电动机的允许电流：运行中电动机的电流不应超过铭牌规定的额定电流值。当电流过大而温度升高，将会损坏电动机。

（3）电动机的允许电压：电动机的供电电压过高，电动机铁芯中的交变磁通增大，造成涡流损失和发热量增加。电压过低时定子绕组电流增大会造成电动机过热甚至烧毁。所以一般运行中电动机电压不得低于额定电压5%，不得超过额定电压的10%，三相电压差不得大于5%。

（4）注意电动机的音响：正常对音响均匀无杂音，当有异常音响时，应及时查明原因及时消除故障。

（5）不要连续多次起动：当合上电源开关后，如果电动机不转，应立即断开电源，查明原因消除故障后再起动。不要盲目连续多次起动，否则有损坏电动机的可能。

（6）防止电动机单相运行：电动机在运行中，三相电源中的一相断电（例如熔丝熔断）而继续运行时，叫单相运行。此时三相电流失去平衡，电流会急剧增加，响声变大，在短时间内就导致电动机烧毁。为了防止该故障，应经常检查开关和熔丝各部接触连接是否紧密，螺丝有无松动。

（7）定期检查：做到预防为主，定期对电动机各部件进行检查。对电机轴承应定期加添或更换润滑油脂。保持清洁，不要使水滴、油污、灰尘落入电动机内部。通风要良好，进出风口应畅通。

2.3.2　电动机的故障检查方法

1. 绕组起端和末端的检查

如果电动机六根引出线的标记失掉，分辨不清起、末端（头、尾）时，在使用电动机前必须对各相的起、末端进行检查。先找出一相绕组的头和尾，然后再找出其他两相绕组的头和尾。下面介绍两种检查绕组起、末端的方法。

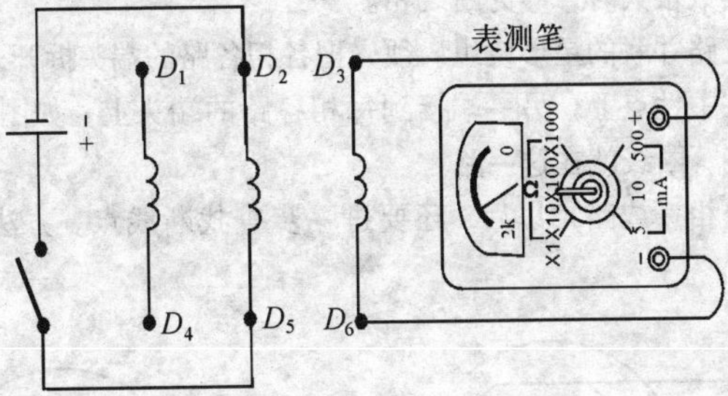

图 2-6　测定绕组的起、末端

(1) 万用电表法：如图 2-6 所示，首先把万用表旋钮扳向电阻挡，用表笔分别试出电动机的六个出线端中哪两个线端是同一相的（表针摆表示同一相)。然后把旋钮扳向直流毫安挡，表笔接到任意同一相的两个出线端，而电池正负极则接到另一相的两个出线端，合上开关的瞬间，如表针摆向的值大于零，则电池负极所接的线端与万用表正极表笔所接的线端是同极性的（即头或尾)。以此类推，就可以试出其他两相的头或尾。

(2) 万用电表法（不用电池)：首先用上述方法试出电动机的六个出线端中哪两个属于同一相的。然后把三相中各相任意抽出一个线端即三个出线端为一组，连接在一起，另三个线端连接成为二组，把旋钮扳至直流毫安档。正表笔任意接上一组，负表笔接上二组，用手转动电机轴，如表针是摆动的，表示接线分组不正确，可把两组中某一相的两个出线端对调后再转动电机轴，看表针有无摆动，按此顺序进行测试，直至表针不摆动为正确。这时说明一组线端为头（输入端)，另一组线端为尾（中性点)。

2. 电动机绕组断线的检查及应急处理

(1) 检查：检查断线同样可用万用电表和摇表直接进行检查。如果没有万用电表或摇表，可采用串联灯泡的办法进行检查，如图 2-7 所示。

如果是星形接法，把灯泡与电源串联（或用摇表和万用电表测电阻)，一根引线接在中性点上，另一根引线先后接在三根出线上（如图 2-7a 所示)。若灯泡不亮，则断线就在这一相。

如果是三角形接线，则应当先将各相分开，然后逐相串接测试，找出断线相，如图 2-7b 所示。若灯泡不亮，就是断线相。如果用摇表或万用电表测电阻，当读数很大时，即为断线相。

如果有几路并联的星形绕组。须先把各相各路的端头拆开，再把检验引线的一端接在中性点上，另一端接到每相各路的端头上，如图 2－7c 所示。如果灯泡不亮，断线就在这一路。

找到断线相（或路）以后，还要进一步查找断线点。方法与上面所说的基本相同。

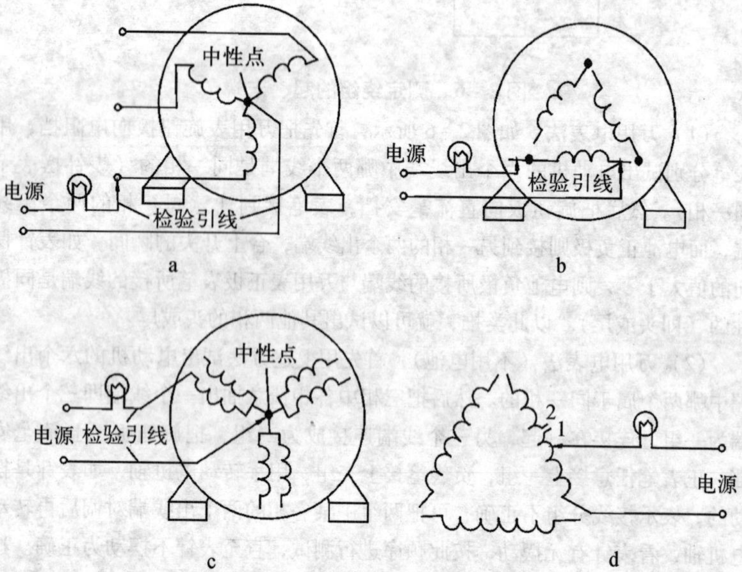

图 2－7　用灯泡法断线检查示意图

a. 星形绕组断线检查法　　b. 三角形绕组断线检查法

c. 并联星形绕组断线检查法　　d. 检查三角形绕组的断线点

（2）应急处理：如果断线点在引出线上，焊好后包上绝缘即可。如果断线点在匝间，要拆下线圈重绕。如果电动机不可能长时间停下来检修时，可临时采取跳线接法把断线线圈甩开，如图 2－8 所示。采取跳线接应急时，一相绕组中只允许有 10% ～15% 的线圈被跳接。这时要适当减轻电动机的负荷。

3. 电动机绕组短路的检查

(1) 观察法：把电动机拆开，仔细检查绕组两端有无烧焦的痕迹和臭味；也可将电动机空载运行几分钟，从电流表测得的各相电流值来判断。

(2) 电压表和电流表法：将低压(6V左右)直流电源通入绕组，用直流伏特表(0～10V左右量程)测量各线圈组之间的电压(电压最低的一相为短路相)；或在直流电源电路中串接一只毫安表，从表计指示值来判断(电流最大的一相为短路相)。

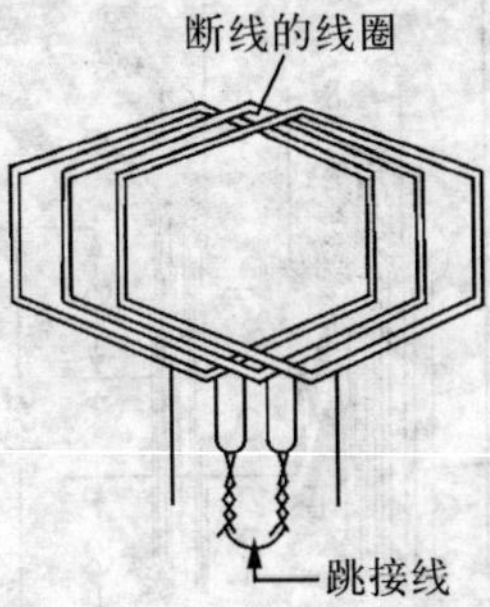

图2－8　绕组断线的临时补救法

如没有直流电源，可用一台220/12V的行灯变压器串接一只毫安表分别接到各相绕组上测量。

(3) 指南针法：将6V左右的直流电源接入各相绕组(△绕组应拆开六个接头)，用指南针沿定子槽芯检查。如果各极相组无短路点，则指南针交替指示N极和S极。如果在某极相组指针不偏转，则表明该极相组有短路点。

(4) 电阻法：用电桥、万用表测量各相绕组的直流电阻，或用摇表(即兆欧表)测量相同绝缘电阻，从测得值进行判断，电阻小的一相为短路相。

(5) 短路侦察器法：短路侦察器如图2－9a所示。在“I”字形铁芯上(铁芯用155mm×114mm的硅钢片叠成，厚为64mm)缠绕直径2.0mm的QZ型漆包线30层，每层16匝，共480匝，使用时可接220V电源。

短路侦察器的原理同变压器。当侦察器放在短路线圈(相当于变压器的二次线圈)上时，便产生感应电流，同时一次侧(侦察器线圈)电流增大。可在线槽上放一个铁片，如图2－9b所示，有短路，铁片将会振动并发出噪声，即表示该槽线圈有短路。

明显的小范围短路点，可重新包上绝缘。一般情况都要拆下重绕线圈。当电动机不能退出运行时，也可暂时采取跳线接法，即将短路线圈的一边割断，包上绝缘，端部用一根导线连接起来，如图2－10所示。

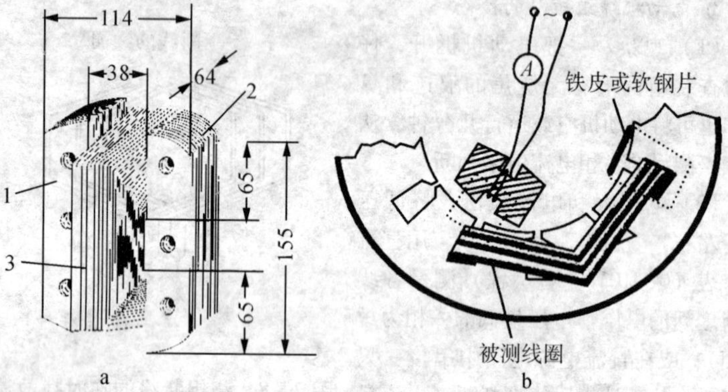

图 2－9　短路侦察器

a. 结构图　b. 检查法

1. 铆钉孔　2. 硅钢片　3. 漆包线

4. 电动机绕组接地的检查

接地点的检查可用灯泡。如图 2－11 所示，将灯泡的一根引线接到电动机外壳，另一根引线接到绕组的引出线头，逐相检查。也可用 500V 摇表（兆欧表）测量各相绕组对外壳的绝缘电阻值进行判断，但受潮严重的电动机不宜采用此法，以免绕组绝缘击穿。

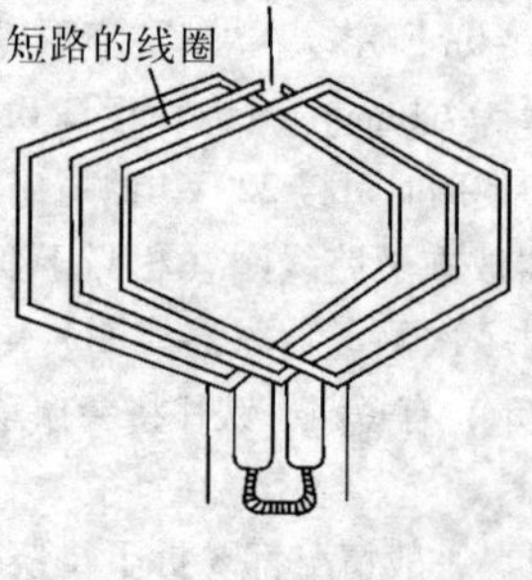

图 2－10　线圈短路的临时跳接法

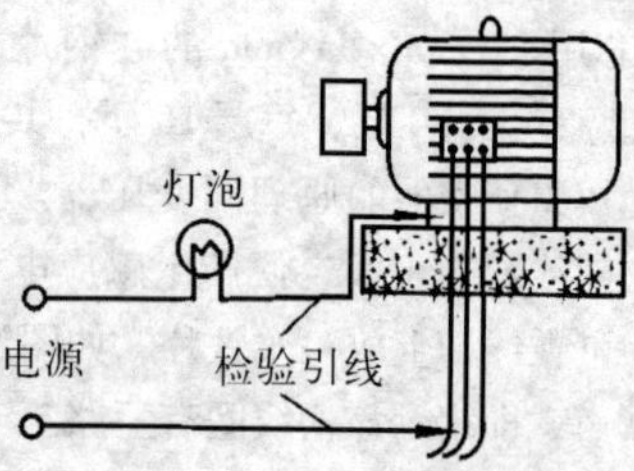

图 2－11　绕组接地检查法

对引线和端头接地，可重新包绝缘处理。如果线槽中有线圈接地（即接电机铁芯）则应取下线圈修理。应急情况也可采取跳线接法。

5. 定子的检查

应清除铁芯通风槽内的灰尘、油垢，检查各部件螺栓有无松动，铁芯齿部有无弯曲、磨损，铁芯槽楔有无变色、松动、变形、断裂等现象。注意在清除绕组线圈油垢时，不要损坏绝缘。

6. 转子的检查

鼠笼转子检查槽内铜条或铸铝与端环有无断裂松脱，端环和风扇应完整。

拆下转子后，可用短路侦察器检查转子有无断条。如果在短路侦察器所测处用铁皮靠近两个齿间的铁芯表面时，铁皮未被吸住，则表示该处的转子断条。

2.3.3 电动机不同形式绕组的展开图

1. 绕组的常用术语

(1) 极距τ：是一个磁极在定子圆圈铁芯上所占的槽数。

$$\tau = \frac{z_1}{2p}$$

式中 z_1——定子槽极；

$2p$——电动机的磁极数，4 极 $2p=4$，2 极 $2p=2$。

例如一台四极电动机，定子槽数为 36，则该电动机的极距：

$$\tau = \frac{36}{4} = 9\text{（个槽）}$$

(2) 节距 γ：节距也叫跨距，是一个线圈的两个有效边所跨的槽数。节距等于极距时称为全节距绕组；节距小于极距时称为短节距绕组。短节距能够节省导线和改善电动机的电气性能，所以多被采用。

(3) 每极每相槽数（极相槽）q：每个磁极下每相绕组所占有的槽数，也叫极相组。

$$q = z_1/2pm = \tau/m$$

式中 m——绕组的相数。

上例中电动机极距是 9，极相槽为 9/3 = 3（槽）。

2. 常见绕组的几种形式

感应电动机常用的绕组形式有单层链式、单层叠式、双层叠式、单层交叉式和单层同心式几种，其绕组形式的展开图见图 2－12～图 2－15。

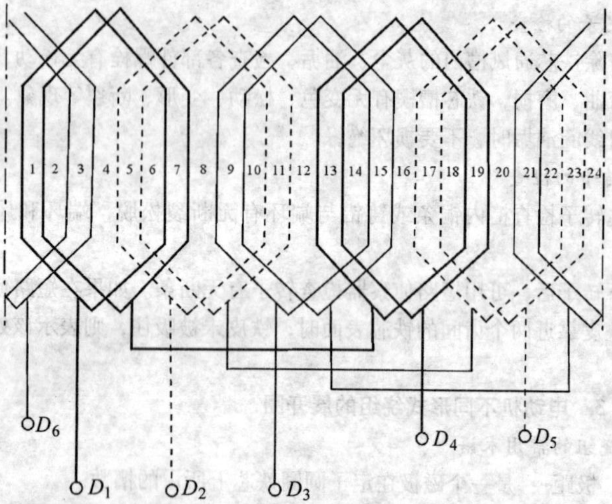

图 2-12　三相 24 槽 4 极单层链式全节距绕组展开图

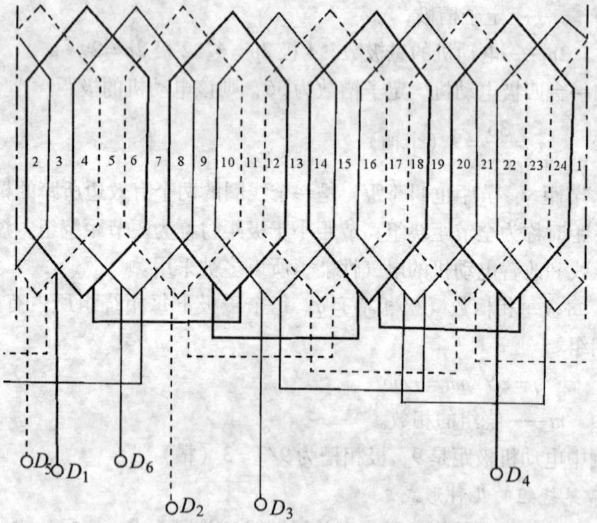

图 2-13　三相 24 槽 4 极单层叠式短节距绕组展开图

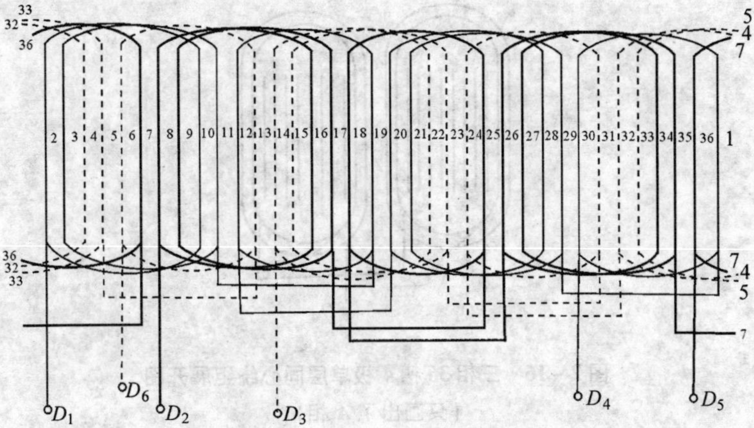

图 2－14　三相 36 槽 4 极单层交叉式绕组展开图

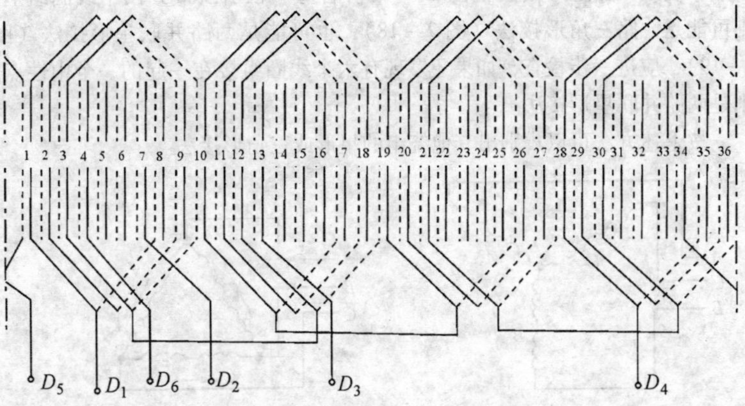

图 2－15　三相 36 槽 4 极双叠式绕组（双层短节距绕组）展开图

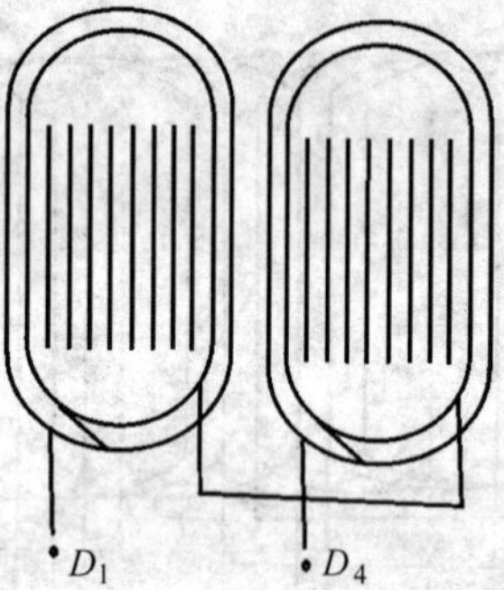

图 2－16　三相 36 槽 4 极单层同心绕组展开图

(只画出了 *A* 相)

3. 绕组连接法的辨别

首先数出接到各电源引线上的线圈组数。如果一根引线只接到一个线圈组上，则是一路星形接法（图 2－17）。若每一根引线接到两个线圈组上，则可能是一路三角形接法（图 2－18），也可能是两路并联星形接法（图 2－19），应进一步检查，如果还发现有六个线圈组接在一起的一个中性点，则是两路并联星形接法。

按上述方法可以辨别出其他绕组的星形或三角形接法。

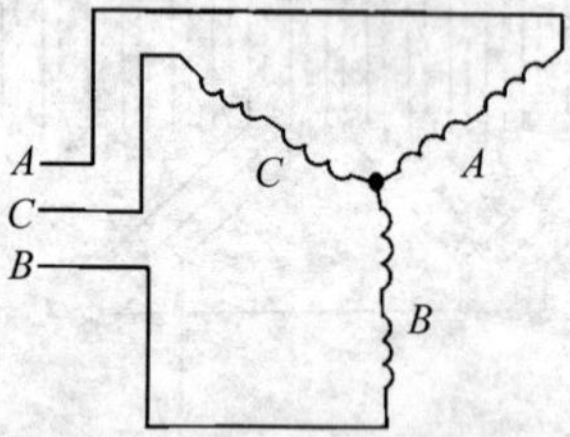

图 2－17　一路星形接法

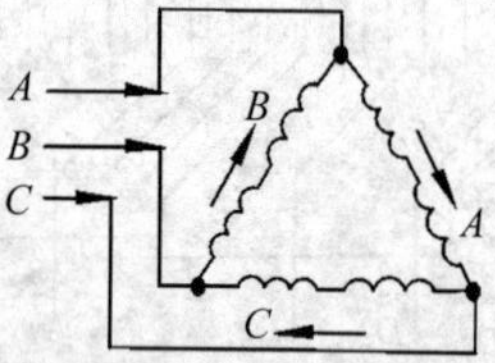

图 2－18　一路三角形接法

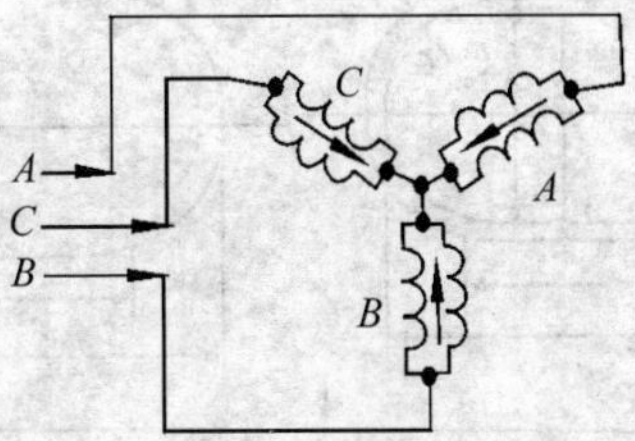

图 2-19　两路并联星形接法

2.3.4　电动机绕组的重绕

对于烧损的电动机，只有更换线圈，其步骤如下：

1. 记录数据

应将铭牌上的各项数据抄下来，并测量铁芯线圈相关数据，如线槽数、线圈数、连接型式、每个线圈的匝数、线圈尺寸、线圈节距、绝缘材料、导线种类、线径等，一一做好记录，作为修复的依据。

2. 拆除绕组

注意拆除绕组时，必须保留一个完整的线圈，当作样品作修复依据，绕组拆除后，应认真清除槽内杂物，并修整歪斜的槽齿。

3. 绕制线圈

注意新线圈的型式、尺寸、线径必须与原线圈相同，否则，嵌线时将出现困难。

J、J0、J2、JO2 系列电动机铁芯和线圈的技术数据见表 2-15 至表 2-18；YX、Y 系列见表 2-9、表 2-10；YR（IP44）、YR（IP23）系列见表 2-19、表 2-20。

绕制线圈应按旧线圈的尺寸制作模型。常见的几种线圈木模图如图 2-20 所示。该图各部数据尺寸见表 1-15～1-18。

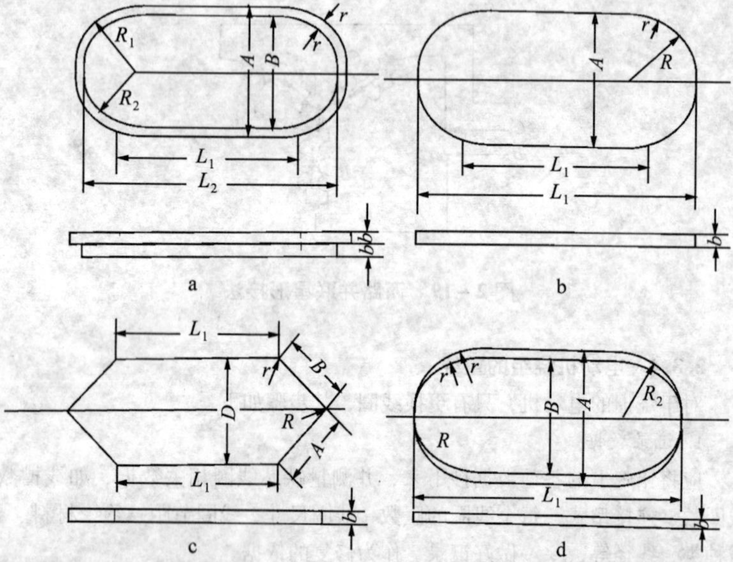

图 2-20　J、JO、J2、JO2 系列电动机定子线圈木模图

a. 单层同心式　b. 双叠式　c. 单层链式　d. 单层交叉式

4. 放定子槽绝缘

新放的绝缘材料的形状规格应与原来拆除的相同。电机常用电磁线和绝缘材料见表 2-27、表 2-28。

5. 下线（嵌放）

将线圈的一边散开，两手拿着线圈，顺着线槽下线（如图 2-21）。下线时不要损坏导线绝缘，要使用特制的“滑线板”和“压线刀”将导线排列整齐，并压紧，最后打入槽楔。

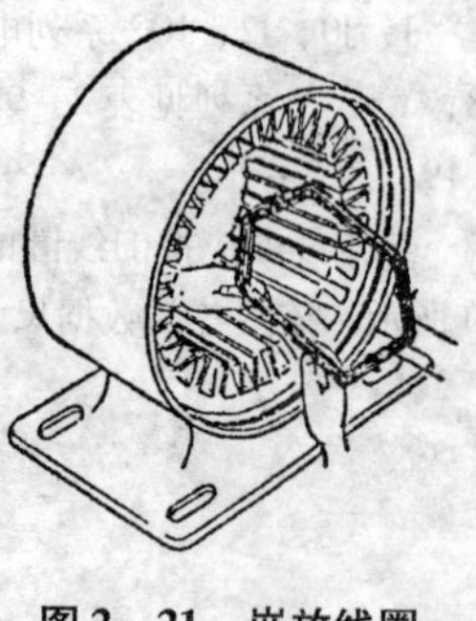

图 2-21　嵌放线圈

嵌放双层绕组时，先将线圈的一个边嵌入槽中，线圈的另一个边暂时留在槽外，依次进行，直到某个槽内的下层已经先有线圈的一个边占据时，再将后放的线圈的上层边压入。

槽内上下层线圈间的绝缘，也要和原来的

一样。

线圈下好后，就可连接端部线头。如果一个极相组是一并绕成的，则每个极相组就只有两个头。根据不同的要求，把各极相组连接成星形或三角形。

在进行一个极下某相绕组与另一个极下该相绕组的连接时，要注意电流的方向。如一台电动机的极相组数等于磁极数乘相数的一半时，相邻两极相组的电流方向相同，即各组线圈的头接尾，尾接头。如极相组数等于磁极数乘相数时，相邻两极相组的电流方向相反，即各组线圈头接头，尾接尾。

电动机的尾线（引出线）截面，要按电动机的额定电流进行选择（表2－21）。

三相绕组接法的简化图，见图2－22～图2－25。

端部引线连好后，要检查线圈有无反接、断线、短路、接地等故障。

检查线圈是否反接，可将低压直流电源分别加入各相绕组，用指南针在定子铁芯槽上逐槽慢慢移动。如果接线正确，指南针经过每个极相组时都交替反向。否则，说明接反了。如果指南针在极相组的几个线圈上指针不固定，则该极相组有反接的线圈。检查出来后，要加以改正。

检查断线、短路、接地的方法见2.3.2。

线头连接要牢固。连接前，先套入玻璃丝漆管或黄蜡管，清除焊口的导线漆皮或棉纱，并打磨干净，再将焊口线头扭紧用焊锡焊好，然后包扎白布带或绝缘漆布，最后套上玻璃丝漆管或黄蜡管。

表2－27　电机常用电磁线和绝缘材料

电机常用电磁线		
耐热等级	电磁线的型号	引出线的型号
E级 （120℃）	缩醛漆包线 QQ－1、QQ－2、QQ－B 聚胺酯漆包线 QA－1、QA－2 环氧漆包线 QH－1、QH－2	橡皮绝缘丁腈护套线 JBQ （500、1 140V）
B级 （130℃）	聚酯漆包线 QZ－2、QZB、QZLB 双玻璃丝包线 SBEC、SBECB 双玻璃丝包聚酯漆包线 QZSBECB	氯磺化聚乙烯橡皮绝缘线 JBYH（500V、1 140V）
F级 （155℃）	聚酯亚胺漆包线 QZY－2、QZYB 双玻璃丝包聚酯亚胺漆包线 QZYSBECB	乙丙橡胶绝缘线 JFEH （500V）
H级 （180℃）	聚酰亚胺漆包线 QY－2、QYB 硅有机漆双玻璃丝包线 SBEG、SBEGB	硅橡胶绝缘线 JHS （500V）

续表

电机常用电磁线		
耐热等级	槽绝缘与层间绝缘的型号	绝缘漆管、套管的型号
E级（120℃）	聚酯薄膜绝缘纸复合箔6520、6530 一层聚酯薄膜一层绝缘纸	油性玻璃漆管2714
B级（130℃）	聚酯薄膜聚酯纤维纸复合箔DMDM 6630，一层聚酯薄膜，两层聚酯纤维纸	醇酸玻璃漆管2730
F级（155℃）	聚酯薄膜芳香族聚酰胺纤维纸复合箔NMN6640，一层聚酯薄膜两层芳香族聚酰胺纤维纸	有机硅玻璃漆管2750 硅橡胶玻璃丝管2751
H级（180℃）	聚酰亚胺薄膜芳香族聚酰胺纤维复合箔NHN6650，一层聚酰亚胺薄膜，两层芳香族聚酰胺纤维纸	有机硅玻璃漆管2750 硅橡胶玻璃丝管2751

表2-28　电机绕组常用表面覆盖漆和浸渍漆

电机绕组常用表面覆盖漆		
耐热等级	名称	特点
E、B	晾干醇酸漆1231（C31-1）	漆膜弹性、电气性能、耐气候性、耐油性都较好
	晾干醇酸灰瓷漆1321（C32-9）	漆膜硬度高，耐电弧性好和耐油性好
	醇酸灰瓷漆1320（C32-8），(1322)	漆膜坚硬，耐电弧性和耐油性好
	晾干环氧酯漆9120（H31-3）	漆膜附着力好，耐潮、耐油和耐气候性好
	环氧酯灰瓷漆163（H31-4）	漆膜硬度高，耐潮、耐霉、耐油性好
	晾干环氧酯灰瓷漆164（H31-2）	漆膜坚硬，耐潮、耐霉、耐油性好
	环氧聚酯铁红瓷漆6341（H31-7）	漆膜附着力强，耐潮、耐霉、耐油性好
F、H	晾干有机硅红瓷漆167	耐油性好，电气性能好
	有机硅红瓷漆1350（W32-3）	耐油性、电气性能比167好，硬度高，耐油性好

续表

电机绕组常用浸渍漆		
耐热等级	名称	特点
E	三聚氰胺醇酸漆 1032	较好的耐油性、内干性、漆膜平滑有光泽
	环氧酯漆 1033	耐潮性优良，黏结力强
B	环氧聚酯酚醛无溶剂漆 5152－2	黏度低，贮存稳定性好，击穿强度高
	环氧聚酯快干无溶剂漆 1034	固化快，挥发物较少，耐霉性较差（适用于滴浸）
	环氧无溶剂漆 594 型	黏度低，贮存稳定性较好，用于高压电机整体浸渍
F	聚酯浸渍漆 155	耐热性、电气性能较好，黏结力强
	聚酯环氧无溶剂漆 112	厚层凝胶固化快，挂漆量大，电气和力学性能好
	不饱和聚酯无溶剂漆 319－2	黏度较低，电气性能较好，贮存稳定性较好
H	有机硅浸渍漆 1053	耐热性和电气性能好，但烘干温度较高
	低温干燥有机硅漆 9111	耐热性较 1053 稍差，但烘干温度低，干燥快
	聚酯改性有机硅漆 931	黏结力较强，耐潮性和电气性能好，烘干温度较 1053 低
	聚酯改性二苯醚无溶剂漆 T1150	耐热性和电气性能优良，黏结力强，烘干温度低

6. 绕组的浸漆与烘干

为了保证绕组绝缘处理的质量，应注意所选用的绝缘漆是否合适，电动机常用浸渍绝缘漆参照表 2－28，浸漆与烘干工艺过程是否合理，应严格控制工艺控制。常用的 E 级绝缘绕组浸漆与烘干工艺过程列于表 2－29。表中所列工艺参数适用与绕组浸渍 1032 三聚氰胺醇酸树脂绝缘漆。

表 2－29　E 级绝缘绕组浸漆与烘干工艺过程

工序	工艺过程	温度/℃	时间	绝缘电阻/MΩ	漆黏度/mPa・s
1	预烘	125～130	4～6h	>3	
2	第 1 次浸漆	60～70	>15min，至不冒泡为止		18～22
3	流滴过多的漆		20min		
4	第 1 次烘干	100～110 125～130	3h 6～8h	>2	
5	第 2 次浸漆	60～70	>15min，至不冒泡为止		30～35
6	流滴过多的漆		20min		
7	第 2 次烘干	100～110 125～130	3h 10～12h	>3	

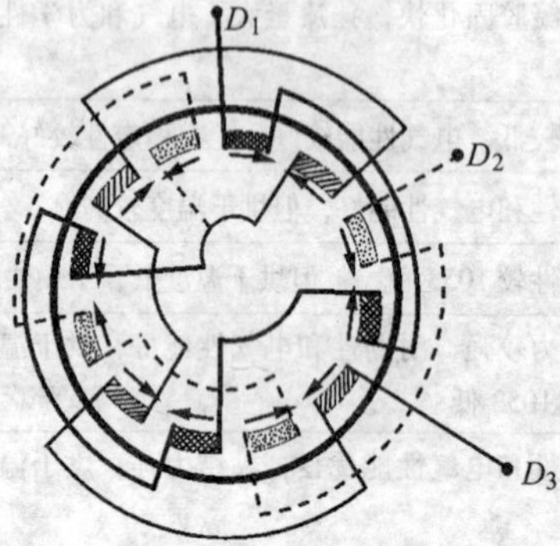

图 2－22　四极一路星形接法简化图

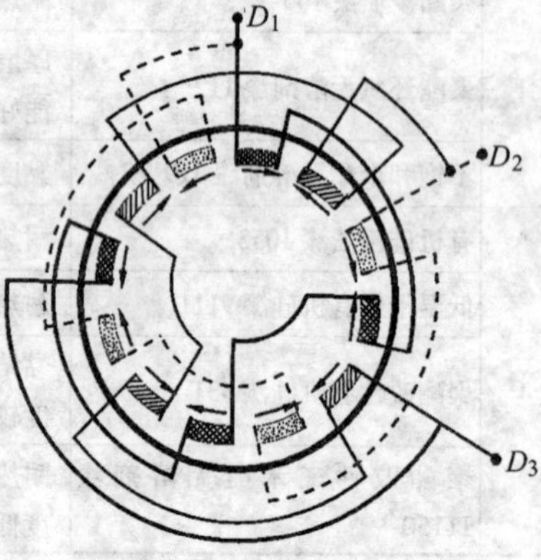

图 2－23　四极一路三角形接法简化图

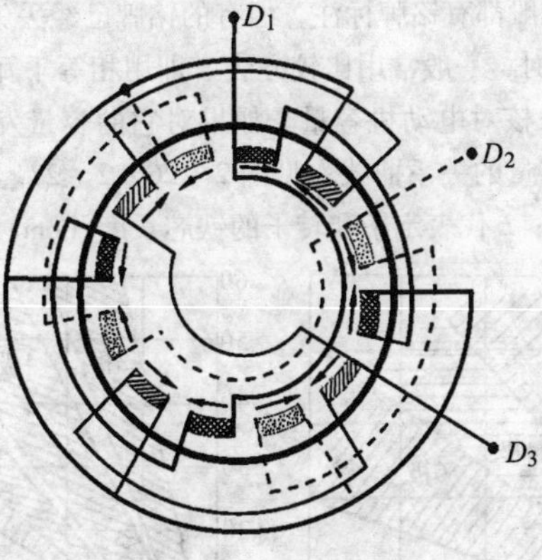

图 2-24　四极二路星形接法简化图

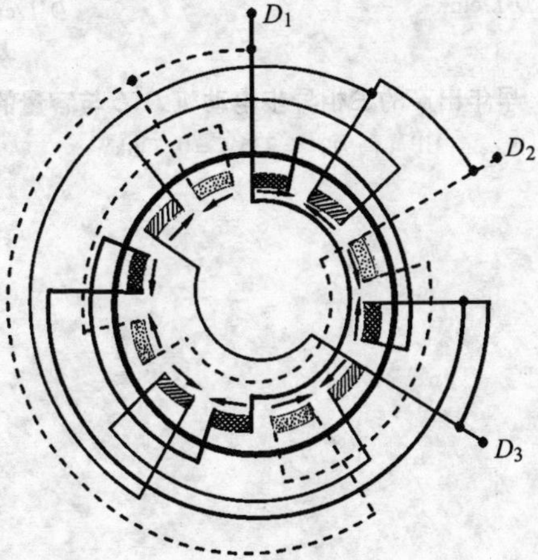

图 2-25　四极二路三角形接法简化图

2.3.5　无铭牌电动机容量估算

电动机上面一般都有铭牌标注，但有的铭牌已经丢失，或对铭牌有怀疑（例如可能钉错）时，一般常用比较方法（即用相等千瓦的铁芯尺寸和电动机型式来比较）来核对电动机容量。如果对它的容量发生怀疑，可以查核电动机的 D^2L 与容量的关系曲线，见图 2－26～2－27。图中符号 D 代表定子铁芯内径（cm）；L 代表定子和转子的铁芯长度（cm）。

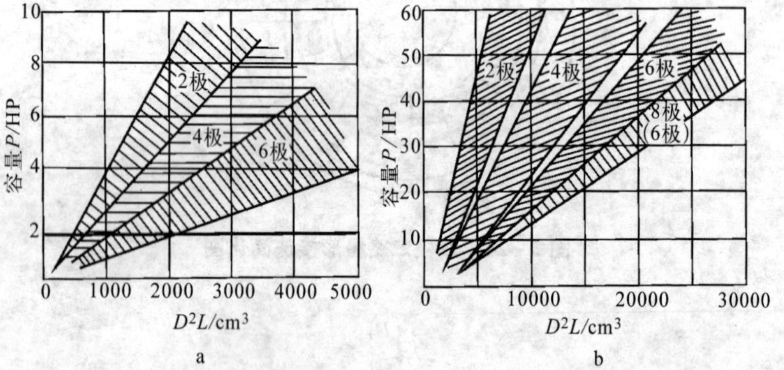

图 2－26　早年出产的三相异步电动机 D^2L 与容量的关系曲线

HP（马力）＝736W＝0.736kW

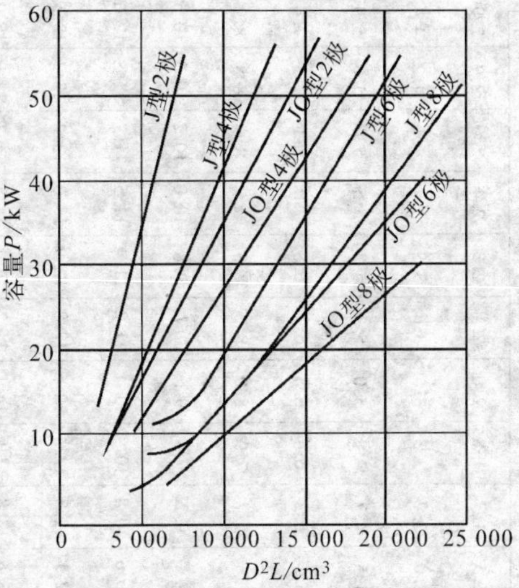

图 2－27　国产系列三相异步电动机 D^2L 与容量的关系曲线

【例 1】有一台早年出品的三相封闭式异步电动机，无铭牌，其定子内径为 235mm，长度为 150mm，是六极，求它的容量多大?

解：$$D^2L = 23.5^2 \times 15 = 8\ 280\ (\text{cm}^3)$$

查图 2－26a 曲线，在横坐标上找到 8 280 这一点，向上引到六极处，考虑其封闭式，故取下限，在纵坐标上查得电动机容量为 14 马力（可换算成千瓦）。

【例 2】有一台国产系列三相封闭式交流异步电动机，无铭牌，量得其定子内径为 245mm，长度为 240mm，看铁芯像二极的，问做成二极的有多少千瓦？如果改做四极的有多少千瓦?

解：$$D^2L = 24.5^2 \times 24 = 14\ 400\ (\text{cm}^3)$$

查图 2－27 曲线，得 55kW。如果改装四极，大约有 40kW 容量。

必须说明，如果一台无铭牌三相异步电动机，根据它的定子内径和长度计算得到的 D^2L，从曲线上查得的容量仅是一项参考值。对于开启式或防滴式可在曲线上选取上限值。若电动机散热不良、工作环境恶劣应选下限值。如已查得电动机额定功率可根据 2.2.3 中公式（2－3）求出其额定电流，也可以从表 2－30 对照速算。

表 2－30　功率与电流对照速算表

P/kW	单相电压为 220V, cosφ = 1 时 $I(A)=\frac{P(kW)}{0.22(kV)}$										三相四线, 电压为 380/220V, cosφ = 1 时 $I(A)=\frac{P(kW)}{0.38\sqrt{3}(kV)}$									
	0.0	0.1	0.2	0.3	0.4	0.5	0.6	0.7	0.8	0.9	0.0	0.1	0.2	0.3	0.4	0.5	0.6	0.7	0.8	0.9
1	4.5	5.0	5.5	5.9	6.4	6.8	7.3	7.7	8.2	8.6	1.5	1.7	1.8	2.0	2.1	2.3	2.4	2.6	2.7	2.9
2	9.1	9.5	10.0	10.5	10.9	11.4	11.8	12.3	12.7	13.2	3.0	3.2	3.3	3.5	3.6	3.8	3.9	4.1	4.2	4.4
3	13.6	14.1	14.5	15.0	15.5	15.9	16.4	16.8	17.3	17.7	4.5	4.7	4.8	5.0	5.2	5.3	5.5	5.6	5.8	5.9
4	18.2	18.6	19.1	19.5	20.0	20.5	20.9	21.4	21.8	22.3	6.1	6.2	6.4	6.5	6.7	6.8	7.0	7.1	7.3	7.4
5	22.7	23.2	23.6	24.1	24.5	25.0	25.5	25.9	26.4	26.8	7.6	7.7	7.9	8.0	8.2	8.3	8.5	8.6	8.8	8.9
6	27.3	27.7	28.2	28.6	29.1	29.5	30.0	30.5	30.9	31.4	9.1	9.2	9.4	9.5	9.7	9.8	10.0	10.2	10.3	10.5
7	31.8	32.3	32.7	33.2	33.6	34.1	34.5	35.0	35.5	35.9	10.6	10.8	10.9	11.1	11.2	11.4	11.5	11.7	11.8	12.0
8	36.3	36.8	37.3	37.7	38.2	38.6	39.1	39.5	40.0	40.5	12.1	12.3	12.4	12.6	12.8	12.9	13.0	13.2	13.3	13.5
9	40.9	41.4	41.8	42.3	42.7	43.2	43.6	44.1	44.5	45.0	13.6	13.8	13.9	14.1	14.2	14.4	14.5	14.7	14.9	15.0

注：表中所列出的功率计算基数是由 1.0～9.9kW，查求值若大于或小于表中数值时，则电流值的小数点应移位。例如，表中所列 $P=5.5$ 时，$I=25A$；$P=55$ 时，则 $I=250A$；而当 $P=0.55$ 时，$I=2.5A$。

2.4　小功率单相异步电动机

2.4.1　小功率电动机的定义及分类

1. 定义

(1) 小功率电动机*：折算至 1 500r/min 时，最大连续定额不超过 1.1kW 的电动机。

(2) 分马力电动机：折算至 1 000r/min 时，最大连续定额不超过 736W (1 马力) 的电动机。

(3) 小功率直流电动机：具有与换向器相联接的电枢绕组，和以直流电源或永久磁铁励磁的磁极，依靠直流电源运行的小功率电动机。

(4) 小功率交流电动机：依靠交流电源运行的小功率电动机。

(5) 小功率同步电动机：转子转速与供电电源频率之比为恒定值的小功率交流电动机。

(6) 小功率异步电动机：有负载时的转子转速与供电电源频率之比不是恒定值的小功率交流电动机。

(7) 小功率单相异步电动机：依靠单相电源运行的小功率异步电动机。

(8) 分相电动机：是一种单相异步电动机，有辅助绕组线路与主绕组线路并联，辅助绕组在磁场位置上相对于主绕组是偏移的，采取措施使两绕组的电流有相位差。

2. 分类

按规定用途的小功率电动机有：离合制电动机、制动电动机，密封制冷压缩机用电动机。专门用途的有空调的冷凝器和蒸发器风扇用电动机，家用洗衣机电动机，台扇电动机，吊扇用电动机，家用换气扇用电动机，家用缝纫机用电动冷却泵电动机、深井泵电动机、交流定时器电动机，吸油烟机电动机。

按结构特点分的小功率电动机有：电磁式、永磁式、圆柱式、外转子式、盘式、单向的、可逆的、爪极式、开启式、防滴式、防溅式、全封闭式、风汽式、水汽式、防水式、防爆式等。

* 根据 GB/T 2 900.27—1995《电工术语　小功率电动机》。

2.4.2 单相异步电动机的结构及技术特征

单相异步电动机的转子不能自行起动，所以在定子铁芯上装置了两套绕组：主绕组和副绕组。主绕组又称主相绕组、工作绕组，用以产生主磁场。副绕组又称副相绕组、起动绕组、辅助绕组或罩极线圈。用以产生辅助磁场（副磁场）。主副磁场合成旋转磁场，切割静止的转子导体，可产生一定的电磁转矩，使转子旋转。当转子转速达到75%～85%的同步转速时，可切断副绕组（电容运转和罩极式电动机除外）电动机仍继续旋转升速，直到与外阻抗转矩平衡而稳定运转。

单相异步电动机的接线原理、结构特点及适用范围列于表2－31。

单相异步电动机的定子转子铁芯是用铁耗小、导磁好、厚度0.5mm或0.35mm的电工硅钢片冲压而成。定子铁芯槽安放主绕组副绕组。转子铁芯槽内一般是铸铝，形式鼠笼式。定子铁芯压装在机座内。机壳可用铸铁、铝合金或钢板制成。机座号按小功率电动机标准规定，有两种表示方法：一种是以电动机轴中心高度，用底脚安装在家电产品整机上。另一种是以电动机的机壳外径表示，是用机壳上靠近输出轴端的凸像或凹槽安装固定的。

单相异步电动机定子绕组一般用漆包铜线绕制。主副绕组的匝数、线规、绕组节距、分布形式，可以相同也可以不相同。表2－32～2－38列出了几种类型单相异步电动机的主要技术数据。

表 2－31　单相异步电动机接线原理机械特性及主要技术数据

表序	类别系列代号	接线原理图	机械特性曲线 $T/T_N=f(n)$ 曲线	主要技术数据 额定电压 U_N/V	最初起动电流 I_{sto}/A	功率/W	同步转速 r/min	最大转矩倍数 T_{max}	最初起动转矩倍数 T_{sto}	起动中最小转矩 T_{min}
(1)	单相电阻起动 BOZ	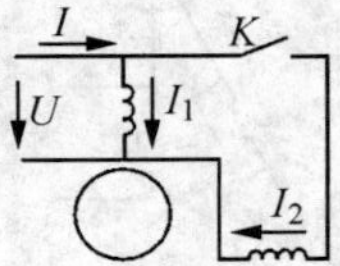	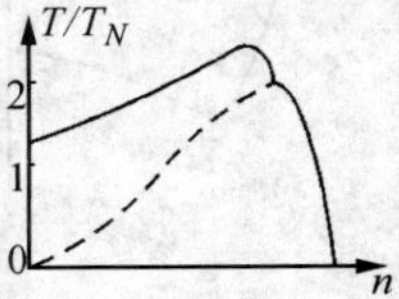	220	9－30	60～370	1 500～3 000	＞1.8	1.1～1.7	≥0.8T_N
				结构特点及适用范围	定子有两个空间位置互差 90°电角度的绕组：工作绕组和起动绕组。电阻值较大的起动绕组经起动开关与工作绕组并接于电源上。转子为鼠笼式。当转速达到额定值 80% 左右时，离心开关使起动绕组电源切断 具有中等起动转矩和过载能力。适用于小型车床、鼓风机、医疗机械等					
(2)	单相电容起动 CO_2	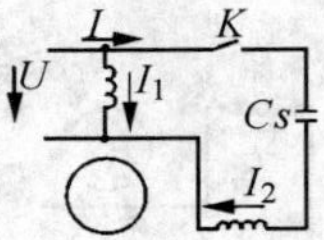	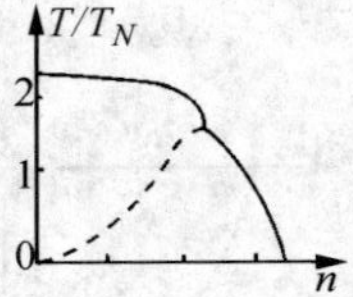	220	9～37	120～370	1 500～3 000	＞1.8	2.5～3.0	≥1.0T_N
				结构特点及适用范围	定子的结构同单相分相起动式，但起动绕组与一个容量较大的电容器串接后经离心开关与工作绕组并接于电源，产生较大的起动转矩，当启动达到一定转速后，离心开关使起动绕组与电源切断；正常运转时只有工作绕组工作。改变起动绕组与工作绕组并接的两端，可使转向改变 起动转矩高，适用于小型空气压缩机、电冰箱、磨粉机、医疗机械、水泵及满载起动的机械					
(3)	单相电容运转 DO_2	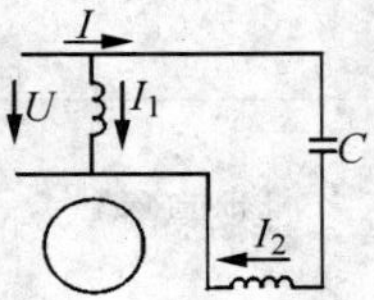	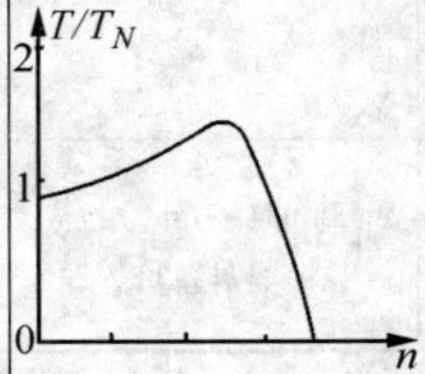	220	0.5～10	6～250	1 500～3 000	＞1.8	0.35～1.0	$T_{min} \nless T_{sto}$（包括容差）
				结构特点及适用范围	定子有两个绕组（主绕组和副绕组），它们空间位置互差 90°电角度。副绕组串接一电容器后与主绕组并接于电源。电容量将副绕组电流移相使电动机近似为两相电动机状态工作。换接任一相绕组在电源上的接线，可使转向改变 起动转矩略低于同等级的单相电容起动电动机，但功率因数较高；电机效率高、体积小、质量轻。适用于电风扇、通风机、录音机、电子仪表、仪器、医疗器械及各种空载或轻载起动的机械					

续表

序号	类别系列代号	接线原理图	机械特性 $T/T_N=f(n)$ 曲线	主要技术数据 额定电压 U_N/V	最初起动电流 I_{sto}/A	功率范围/W	同步转速 (r/min)	最大转矩倍数 T_{max}	最初起动转矩倍数 T_{sto}	起动中最小转矩 T_{min}
(4)	单相双值电容起动 E	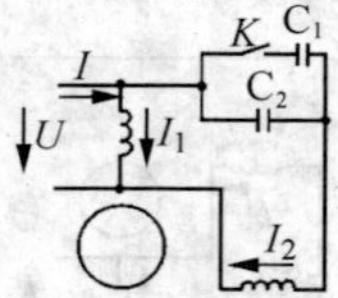	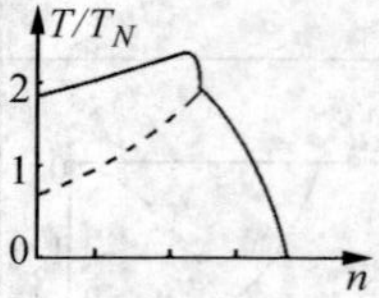	220		8 ~ 750	1 500 ~ 3 000	>2	1.8	
				结构特点及适用范围	起动和运转时分别使用数值不同的电容器(C_1 起动、C_2 运转。其副相回路是由两条分支回路并联后，再与副绕因串联的具有较高的起动性能、过载能力、功率因数和效率。但结构复杂、适用于要求起动转矩大、力能指标高的家用电器，如泵、低噪音洗衣机等)					
(5)	单相罩极式	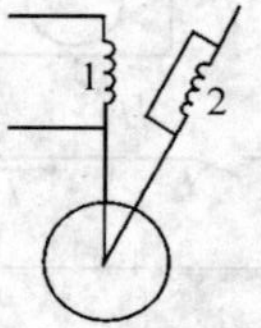	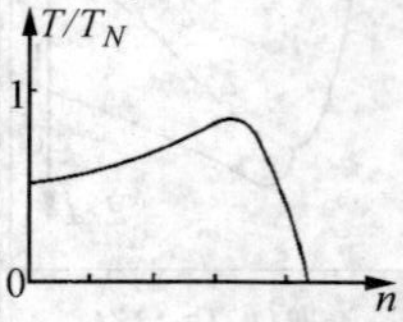	220		15 ~ 90	1 500 ~ 3 000		<0.5	
				结构特点及适用范围	有凸极定子和集中形式的主绕组。此外在定子极靴表面的一角套上所谓罩极绕组的短路铜环。当主绕组通电后，罩极绕组感应一个滞后主绕组的电流，起了移相作用，形成旋转磁场使电机运转 起动转矩、功率因数和效率均较低，且不能反转。但结构简单、成本低。适用于小型风扇、电动模型及各种轻载启动的小功率电动设备					

表 2－32　BO2 系列单相电阻分相起动异步电动机技术数据

型号	额定功率/W	额定电压/V	满载时 电流/A	满载时 转速/(r/min)	满载时 效率/%	定子铁芯 外径/mm	定子铁芯 内径/mm	定子铁芯 长度/mm	气隙长度/mm	定/转子槽数	主绕组 线规	主绕组 每极匝数	主绕组 平均半匝长/mm	副绕组 线规	副绕组 每极匝数	副绕组 平均半匝长/mm
BO2－6312	90		1.09		56	96	50	45			1－0.45	436	132	1－0.33	192	132
BO2－6322	120		1.36		58			54			1－0.50	357	141	1－0.35	182	140
BO2－7112	180		1.89	2 800	60	110	58	50		24/18	1－0.56	297	148.2	1－0.38	167	148.5
BO2－7122	250		2.40		64			62			1－0.63	235	160.2	1－0.40	136	160.6
BO2－8012	370		3.36		65	128	67	58			1－0.71	206	170.4	1－0.45	136	171.3
BO2－6314	60	220	1.23		39	96	58	45	0.25		1－0.42	315	97.3	1－0.31	127	93.5
BO2－6324	90		1.64		43			54			1－0.45	270	166.3	1－0.35	117	103
BO2－7114	120		1.88	1 400	50	110	67	50		24/30	1－0.53	224	109.4	1－0.33	124	109.4
BO2－7124	180		2.49		53			62			1－0.60	183	121.4	1－0.35	102	121.4
BO2－8014	250		3.11		58	128	77	58			1－0.71	158	126.4	1－0.40	104	126.4
BO2－8024	370		4.24		62			75			1－0.85	124	143.9	1－0.47	89	143.4

表 2－33　CO2 系列单相电容起动异步电动机技术数据

型号	额定功率/W	额定电压/V	满载时 电流/A	满载时 转速/(r/min)	满载时 效率/%	定子铁芯 外径/mm	定子铁芯 内径/mm	定子铁芯 长度/mm	气隙长度/mm	定/转子槽数	主绕组 线规	主绕组 每极匝数	主绕组 平均半匝长/mm	副绕组 线规	副绕组 每极匝数	副绕组 平均半匝长/mm
CO2－7112	180	220	1.89	2 800	60	110	58	50	0.25	24/18	1－0.56	297	148.2	1－0.38	247	158.3
CO2－7122	250		2.40		64			62			1－0.63	235	160.2	1－0.47	204	170.3
CO2－8012	370		3.36		65	128	67	58			1－0.71	206	170.4	1－0.53	206	182
CO2－8022	550		4.65		68			75			1－0.85	159	187.6	1－0.56	154	192
CO2－90S2	750		5.94		70	145	77	70	0.30		1－1.0	147	198.2	1－0.63	133	211.2
CO2－7114	120		1.88	1 400	50	110	67	50	0.25	24/30	1－0.53	224	109.4	1－0.35	145	120.3
CO2－7124	180		2.49		53			62			1－0.60	183	121.4	1－0.38	124	132.2
CO2－8014	250		3.11		58	128	77	58			1－0.71	158	126.4	1－0.47	133	139
CO2－8024	370		4.24		62			75			1－0.85	124	143.4	1－0.50	134	155.8
CO2－90S4	550		5.57		65	145	87	70		36/24	1－0.95	127	144.6	1－0.60	108	157.2
CO2－90L4	750		6.77		69			90			1－1.06	96	165	1－0.63	120	177

注：电容器为 CDJ 型电解电容，工作电压 220V。

表 2－34　DO2 系列单相电容运转异步电动机技术数据

<table>
<tr><th rowspan="3">型号</th><th rowspan="3">额定功率/W</th><th rowspan="3">额定电压/V</th><th colspan="3">满载时</th><th colspan="3">定子铁芯</th><th>气隙</th><th rowspan="3">定/转子槽数</th></tr>
<tr><th rowspan="2">电流/A</th><th rowspan="2">转速/(r/min)</th><th rowspan="2">效率/%</th><th>外径</th><th>内径</th><th>长度</th><th>长度</th></tr>
<tr><th colspan="4">/mm</th></tr>
<tr><td>DO2－4512</td><td>10</td><td rowspan="2">220</td><td>0.20</td><td rowspan="2">2 800</td><td>28</td><td rowspan="2">71</td><td rowspan="2">38</td><td rowspan="4">45</td><td rowspan="4">0.2</td><td rowspan="4">12/18</td></tr>
<tr><td>DO2－4522</td><td>16</td><td>0.26</td><td>35</td></tr>
<tr><td>DO2－5012</td><td>25</td><td rowspan="4">220</td><td>0.33</td><td rowspan="4">2 800</td><td>40</td><td rowspan="2">80</td><td rowspan="2">44</td></tr>
<tr><td>DO2－5022</td><td>40</td><td>0.42</td><td>42</td></tr>
<tr><td>DO2－5612</td><td>60</td><td>0.57</td><td>53</td><td rowspan="2">90</td><td rowspan="2">48</td><td rowspan="2">50</td><td rowspan="5">0.25</td><td rowspan="5">24/18</td></tr>
<tr><td>DO2－5622</td><td>90</td><td>0.81</td><td>56</td></tr>
<tr><td>DO2－6312</td><td>120</td><td rowspan="3">220</td><td>0.91</td><td rowspan="3">2 800</td><td>63</td><td rowspan="2">96</td><td rowspan="2">50</td><td>45</td></tr>
<tr><td>DO2－6322</td><td>180</td><td>1.29</td><td>67</td><td>54</td></tr>
<tr><td>DO2－7112</td><td>200</td><td>1.73</td><td>69</td><td>110</td><td>58</td><td>50</td></tr>
<tr><td>DO2－4514</td><td>6</td><td rowspan="3">220</td><td>0.20</td><td rowspan="3">1 400</td><td>17</td><td rowspan="2">71</td><td rowspan="2">38</td><td rowspan="3">45</td><td rowspan="3">0.2</td><td rowspan="4">12/18</td></tr>
<tr><td>DO2－4524</td><td>10</td><td>0.26</td><td>24</td></tr>
<tr><td>DO2－5014</td><td>16</td><td>0.28</td><td>33</td><td>80</td><td>44</td></tr>
<tr><td>DO2－5024</td><td>25</td><td rowspan="3">220</td><td>0.36</td><td rowspan="3">1 400</td><td>38</td><td>80</td><td>44</td><td>45</td><td>0.2</td></tr>
<tr><td>DO2－5614</td><td>40</td><td>0.49</td><td>45</td><td rowspan="2">90</td><td rowspan="2">54</td><td rowspan="2">50</td><td rowspan="2">0.25</td><td rowspan="2">24/18</td></tr>
<tr><td>DO2－5624</td><td>60</td><td>0.64</td><td>50</td></tr>
<tr><td>DO2－6314</td><td>90</td><td rowspan="4">220</td><td>0.94</td><td rowspan="2">1 400</td><td>51</td><td rowspan="2">96</td><td rowspan="2">58</td><td>45</td><td rowspan="2">0.25</td><td rowspan="4">24/30</td></tr>
<tr><td>DO2－6324</td><td>120</td><td>1.17</td><td>55</td><td>54</td></tr>
<tr><td>DO2－7114</td><td>180</td><td>1.58</td><td rowspan="2">1 400</td><td>59</td><td rowspan="2">110</td><td rowspan="2">67</td><td>50</td><td rowspan="2">0.25</td></tr>
<tr><td>DO2－7124</td><td>250</td><td>2.04</td><td>62</td><td>62</td></tr>
</table>

续表

型号	主绕组			副绕组		
	线规	每极匝数	平均半匝长/mm	线规	每极匝数	平均半匝长/mm
DO2－4512	1－0.18	868	106	1－0.16	971	106
DO2－4522	1－0.20	750		1－0.19	796	
DO2－5012	1－0.25	519	125.7	1－0.23	819	125.7
DO2－5022		489		1－0.25	698	
DO2－5612	1－0.28	454	131.6	1－0.31	527	131.6
DO2－5622	1－0.33	363			467	
DO2－6312	1－0.40	415	132		593	132
DO2－6322	1－0.45	320	140.7	1－0.33	427	140.7
DO2－7112	1－0.50	271	148.1	1－0.45	382	148.1
DO2－4514	1－0.18	700	83.3	1－0.16	675	83.3
DO2－4524	1－0.20	600			620	
DO2－5014	1－0.21	560	85.4	1－0.21	455	85.4
DO2－5024	1－0.25	436	85.4	1－0.21	435	85.4
DO2－5614	1－0.28	356	98.7	1－0.23	508	98.7
DO2－5624	1－0.31	348		1－0.28	339	
DO2－6314	1－0.35	302	93.7	1－0.31	374	93.7
DO2－6324	1－0.40	259	106.3		365	106.3
DO2－7114	1－0.42	206	109.4	1－0.38	330	109.4
DO2－7124	1－0.47	165	121.4	1－0.42	268	121.4

表 2－35　JZ 新系列单相异步电动机特性

型号	功率/W	额定电压/V	额定电流/A	极数	定子外径 (/mm)	定子内径 (/mm)	铁芯长度 (/mm)	转子外径 (/mm)	气隙长度 (/mm)	定/转子槽数	主相导线线径/mm	辅相导线线径/mm
JZ7122	370		4	2	120	62	62	61.5	0.25	24/18	0.72	0.44
JZ7112	250		3				43				0.62	0.38
JZ7134	370		4.5	4		71	80	70.6	0.2	24/32	0.83	0.44
JZ7124	250		3.5				62				0.72	0.41
JZ7114	180		2.5				48				0.64	0.38
JZ6322	180		2	2	102	52	56	51.5	0.25	24/18	0.59	0.38
JZ6312	120	220	2				48				0.53	0.35
JZ6324	120		3	4		58	56	57.6	0.2	24/32	0.57	0.33
JZ6314	90		2				48				0.53	0.31
JZ5622	90		1.2	2	90	48	48	47.5	0.25	24/18	0.47	0.35
JZ5612	60		1				40				0.41	0.31
JZ5624	60		1.5	4		52	48	51.6	0.2	24/32	0.41	0.29
JZ5614	40		1				40				0.38	0.27

表 2-36　JY 新系列单相异步电动机特性

<table>
<tr><th rowspan="2">型号</th><th rowspan="2">功率/W</th><th rowspan="2">额定电压/V</th><th rowspan="2">额定电流/A</th><th rowspan="2">极数</th><th>定子外径</th><th>定子内径</th><th>铁芯长度</th></tr>
<tr><th colspan="3">/mm</th></tr>
<tr><td>JY7132</td><td>550</td><td rowspan="5">220</td><td>5</td><td rowspan="2">2</td><td rowspan="5">120</td><td rowspan="2">62</td><td>80</td></tr>
<tr><td>JY7112</td><td>250</td><td>2.5</td><td>48</td></tr>
<tr><td>JY7124</td><td>250</td><td>3.5</td><td rowspan="3">4</td><td rowspan="3">71</td><td>62</td></tr>
<tr><td>JY7114</td><td>180</td><td>2.5</td><td>48</td></tr>
<tr><td>JY7134</td><td>370</td><td>5</td><td>80</td></tr>
</table>

<table>
<tr><th>型号</th><th>转子外径/mm</th><th>气隙长度/mm</th><th>定子槽数</th><th>转子槽数</th><th>主相导线线径/mm</th><th>辅相导线线径/mm</th><th>电容器容量/μF</th><th>电容器耐压/V</th></tr>
<tr><td>JY7132</td><td rowspan="2">61.5</td><td rowspan="2">0.25</td><td rowspan="5">24</td><td rowspan="2">18</td><td>0.86</td><td>0.53</td><td rowspan="5">100</td><td rowspan="5">500</td></tr>
<tr><td>JY7112</td><td>0.62</td><td>0.47</td></tr>
<tr><td>JY7124</td><td rowspan="3">70.5</td><td rowspan="3">0.2</td><td rowspan="3">22</td><td>0.72</td><td>0.47</td></tr>
<tr><td>JY7114</td><td>0.64</td><td>0.41</td></tr>
<tr><td>JY7134</td><td>0.83</td><td>0.49</td></tr>
</table>

表 2－37　JX 新系列单相异步电动机技术数据

型　号	功率 /W	额定电压 /V	额定电流 /A	极数	定子铁芯外径 /mm	定子铁芯内径 /mm	铁芯长度 /mm	气隙长度 /mm	转子外径 /mm	定/转子槽数	主相导线线径 /mm	辅相导线线径 /mm	电容器容　量 /μF	电容器耐　压 /V
JX5622	120	220	1. 2	2	90	48	48	0. 25	47. 5	24/18	0. 44	0. 27	4	630
JX5612	90		1				40				0. 38	0. 25		
JX5624	90		1	4		52	48	0. 2	51. 6	24/22	0. 31	0. 29		
JX5614	60		0. 8				40				0. 29	0. 27		
JX5022	60		0. 6	2	80	42	50		41. 6	12/15	0. 33	0. 21	2	
JX5012	40		0. 5								0. 33	0. 21		
JX5024	40		0. 6	4							0. 33	0. 21		
JX5014	25		0. 5								0. 31	0. 21		
JX4522	25		0. 4	2	71	38	45		37. 6		0. 25	0. 2	1	
JX4512	15		0. 25								0. 23	0. 19		
JX4524	15		0. 35	4							0. 21	0. 17		
JX4514	8		0. 25								0. 2	0. 16		

表 2 – 38　新老微型异步电动机基本系列规格

新系列 *			三相异步电动机		单相电阻起动异步电动机		单相电容起动异步电动机		单相电容运转异步电动机		单相双值电容异步电动机		老系列 *		
机座号	冲片外径/mm	铁芯号	同步转速/(r/min)										铁芯号	冲片外径/mm	机座号
			3 000	1 500	3 000	1 500	3 000	1 500	3 000	1 500	3 000	1 500			
			电动机额定功率/(W)												
45	φ71	1	16	10					10	6					
		2	25	16/15 * *					16/15	10/8			1	φ71	45
50	φ80	1	40	25					25	16/15			2		
		2	60	40					40	25			1	φ80	50
56	φ90	1	90	60					60	40			2		
		2	120	90					90	60			1	φ90	56
63	φ96	1	180	120	90	60			120	90			2		
		2	250	180	120	90			180	120			1		
71	φ110	1	370	250	180	120	180	120	250	180	370	250	2	φ102	63
		2	550	370	250	180	250	180		250	550	370	3		
80	φ128	1	750	550	370	250	370	250			750	550	1	φ120	71
		2		750		370	550	370			1 100	750	2		
90 $\frac{S}{L}$	φ145						750	550			1 500	1 100	2	φ138	80
							1 100	750			2 200	1 500	1		
100L $\frac{1}{2}$	φ155						1 500	1 100			3 000	2 200			
							2 200	1 500				3 000			

注：* * 新系列指相应的 AO2、BO2、CO2、DO2 及 YL 系列；老系列指 AO、BO、CO、DO 系列，无双值电容系列。

* * 斜线之上指新系列电机功率，之下指老系列电机功率。

2.4.3 单相异步电动机的起动元件及选择

单相电阻起动异步电动机、单机电容起动异步电动机、单相双值电容异步电动机，在起动后，需要起动开关将副绕组切离电源，或将副绕组和起动电容器一起切离电源。此时起动开关和起动电容器就是单相异步电动机的起动元件。

1. 起动开关

单相异步电动机的起动开关，主要有机械式和电气式两大类，如离心开关、差动式起动继电器、电流式起动继电器、电压式起动继电器，还有新发展的半导体无触点 PTC 正温度系数热敏电阻元件等。

（1）离心开关是机械式起动开关：图 2－28 表示了离心开关的一种结构。

离心开关的静触头部分是两个互相绝缘的半铜环，副绕组的一端和电源的一端分别焊接在两个半铜环上。静触头部分安装在电动机端盖内部。动触头部分则装在转轴上与静触头部分相对应的一端。动触头部分的铜条借弹簧力压紧在半铜环上，不论动触头部分转至任何位置，总有一根铜条使两个半铜环接通，即副绕组回路接通电源。起动后，当电动机转速达到75%～80%的同步转速时，其离心力大于弹簧拉力，将三根铜条从静触头部分抬起，将副绕组回路切断电源。

（2）差动式起动继电器：是常闭触头串联在副绕组回路中，借弹簧力的作用使之闭合而接通副绕组回路。电动机起动时，起动电流通过继电器的电流线圈，产生电磁吸力而使常闭触头可靠闭合着。随着电动机转速升高，起动电流减小，继电器电流线圈产生的电磁吸力减弱，同时在继电器电压线圈电磁吸力的作用下，常闭触头打开，切断副绕组回路。

（3）电流式起动继电器：是常开触头串联在副绕组回路中，电流线圈与主绕组串联。电动机接通电源后，比额定电流大几倍的起动电流，通入继电器的电流线圈而产生足够的电磁吸力，使触头闭合，接通副绕组回路，电动机起动。随着转速升高，起动电流减少。当转速升高至同步转速的75%～80%时，继电器线圈中通过的电流减小到所产生的电磁吸力不足以维持触头的闭合，故触头打开，切断副绕组回路。

（4）电压式起动继电器：是继电器的电压线圈与副绕组并联，常闭触头将起动电容器和副绕组串联。当电动机起动后转速升高到 70% 左右的同

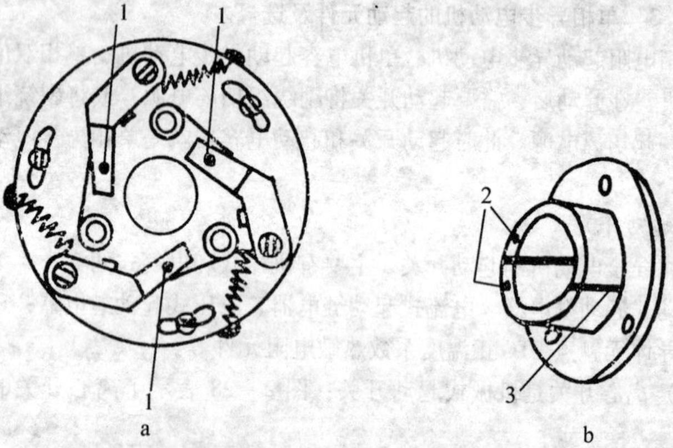

图 2-28　离心开关结构示意图

a. 动触头部分　b. 静触头部分

1. 指形铜触片　2. 铜片　3. 绝缘

步转速时，继电器电压线圈的电流增大到电磁吸力足以将触头打开，切断副绕组回路。

2. 电容器

起动电容器只在起动瞬间工作，通电时间一般只是数秒钟，可采用体积小、容量大、价格低廉的电解电容器。

运转电容器在电动机运行时也通电工作，不能采用漏电较大、且有极性的电解电容器，而应采用油浸式电容器或金属化纸介质电容器。

从维修角度应该指出：电容电动机若出现起动转矩太小或无起动转矩的故障，应检查判断电容器是否发生了断路或短路。

(1) 电容器的电容量一般都标在其外壳上。对电容器的电容量可用电容电桥测定，也可施加交流电压，通电流，测得电压和电流值后，用下式算出：

$$C = \frac{I}{2\pi f U} \cdot 10^6 \quad (\mu F) \qquad (2-12)$$

式中　I——通过电容器的电流（A）；

f——电源频率（Hz）；

U——施加在电容器上电压（V）。

(2) 起动电容器和运转电容器的电容值计算颇为繁杂，并且计算出的电容量还得通过实践加以调整。对维修人员来说，可按经验公式粗估，并参考同类型同规格电动机的电容值初选定出。

对电容起动电动机，初步粗估电容量为：

$$C = (0.5 \sim 0.6)\ P_2 \quad (\mu F) \tag{2-13}$$

式中 P_2——电动机功率（W）。

对电容运转电动机，初步粗估电容量，可按每 100W 取用电容值 2 ~ 4μF。

按重绕绕组计算数据绕制后，如果电动机的起动性能不佳时，可对副绕组或电容量进行调整。单相电阻起动异步电动机，如果起动转矩不足，可减少副绕组匝数；若起动电流过大，应增加副绕组匝数或在副相回路中串接一定值的电阻。在单相电容起动、电容运转、双值电容这三类异步电动机中，如果起动转矩小，应增大电容量或增加副绕组匝数；如果起动电流过大，可增加副绕组匝数同时减少电容量；如果电容器的端电压过高，则应增大电容量或增加副绕组的电阻。

2.4.4 单相异步电动机的绕组类型

单相异步电动机的绕组有集中式和分布式两大类。集中式绕组主要缺点是磁场波形差，影响电动机运行性能和效率，并且定子圆周利用率低，槽容积过大。除了凸极式小型罩极电动机定子以外，各类单相异步电动机一般都是分布式绕组。

分布绕组的型式很多。目前在单相异步电动机上普遍采用同心绕组和正弦绕组。以前也曾广泛采用单层叠绕组。

1. 同心式绕组

同心绕组是由几个轴线相重合而跨距不同的线圈串联组成的绕组。一般是单层绕组。

单相电阻起动异步电动机和单相电容起动异步电动机，多采用单层同心绕组。这两种电动机，主绕组占定子总槽数的 2/3，副绕组占总槽数的 1/3。前者用 120°相带，后者用 60°相带。两绕组的轴线在空间相隔 90°电角度。

图 2 - 29 是表示一台 4 极 24 槽单相异步电动机的同心式定子绕组的分布及其展开图。图中 A_1、A_2 为主绕组的出线端，B_1、B_2 为副绕组的出线端。

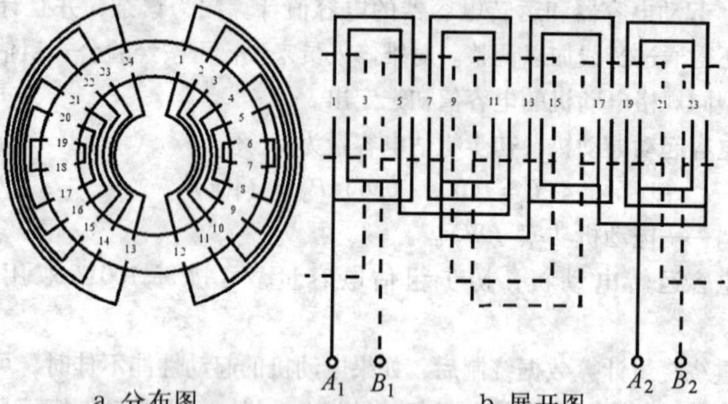

a.分布图　　　　　　　　　　　　b.展开图

图2－29　4极24槽单相异步电动机同心绕组

2. 正弦绕组

正弦绕组必然都采用同心式结构，但是，它与一般的同心绕组不同。其最大的特点是属于一相绕组的各槽导线数严格按照正弦规律分布。组成每一组绕组的各个线圈的匝数不同，线圈节距越大的，匝数越多；节距越小的线圈，匝数越少。

单相电容运转异步电动机和单相双值电容异步电动机，多采用正弦绕组。

图2－30表示一台4极24槽单相异步电动机正弦绕组的展开图。图中A_1、A_2为主绕组的出线端，B_1、B_2为副绕组的出线端。

单相电容运转异步电动机的主、副绕组各占定子总槽数的1/2，即都是90°相带的同心绕组。它们的导体分布规律都相同，但轴线相互错开90°电角度。其每槽中同时嵌放主、副绕组，前者放在槽底，后者放在槽上层。其主、副绕组虽然同时占定子的全部槽，但是，主绕组匝数较多的槽，恰好是副绕组匝数较少的槽，所以各槽的总匝数是比较均匀的。同一相的电流流过该相的各槽线圈时，槽电流分布也符合正弦形，进而使相绕组建立的磁势空间分布波形很接近正弦波。

应该指出，正弦绕组有绕制工艺复杂、费工时等缺点，但是其主绕组全部嵌在槽底，副绕组全部嵌放在槽的上层，因此嵌线修理也并不太困难。

维修时可能需对正弦绕组同一相各同心线圈的匝数进行计算，计算方法

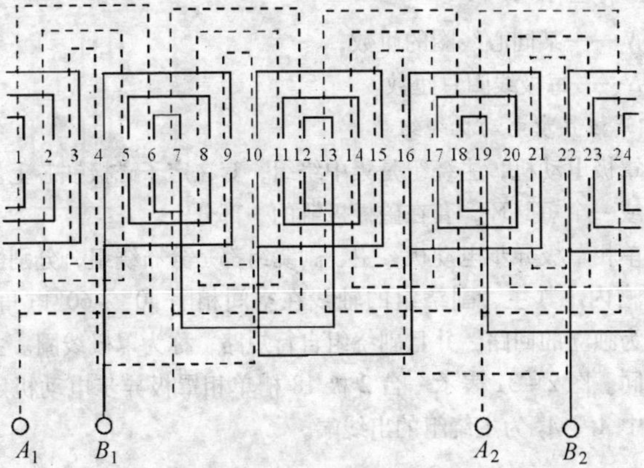

图 2－30　4 极 24 槽单相异步电动机正弦绕组展开图

如下:

（1）计算各同心线圈的正弦值:

$$\sin X_i = \sin\frac{\gamma_i}{2}\cdot\frac{\pi}{\tau} \tag{2-14}$$

式中　$\sin X_i$——某同心线圈的正弦值;

γ_i——某同心线圈节距;

π——每极电角度，$\pi = 180°$;

τ——极距（槽）;

$\frac{\pi}{\tau}$——每槽电角度。

（2）每极线圈总正弦值:

$$\sum_{i=1}^{n}\sin X_i = \sin X_1 + \sin X_2 + \cdots + \sin X_n \tag{2-15}$$

（3）各同心线圈占每极线圈的百分数:

$$\alpha = \frac{\sin X_i}{\sum_{i=1}^{n}\sin X_i}\cdot 100\% \tag{2-16}$$

（4）各同心线圈的匝数:

$$N_i = N \cdot \alpha \tag{2-17}$$

式中　N_i——某同心线圈的匝数；

N——每极线圈总匝数。

3. 单相罩极异步电动机绕组

凸极式罩极电动机，主绕组是集中绕组，套在定子磁极铁芯上。副绕组是罩极线圈或一个短路环，套在磁极极靴的一部分上。

隐极式单相罩极异步电动机，主、副绕组都是分布绕组，分别嵌放在定子铁芯的线槽内。其主、副绕组的轴线在空间相隔 40°～60°电角度。主、副绕组分别为独立的回路，并且副绕组自行短路，称为罩极线圈。主、副绕组的极性相同。图 2－31 表示一台 2 极 18 槽单相罩极异步电动机定子绕组示意图。图中 A_1、A_2 为主绕组的出线端。

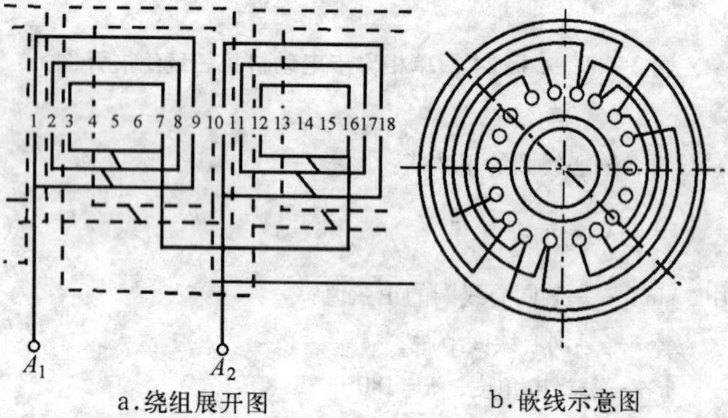

图 2－31　2 极 18 槽单相罩极异步电动机定子绕组示意图

4. 单层链式绕组

如图 2－32 所示。

图 2－32、图 2－33 为单层链式绕组和单层叠式绕组的展开图。

图 2－34 为电动机定子绕组的实际下线图（横剖面），工艺上应先嵌主绕组的小线圈，后嵌主绕组的大线圈，之后按相同方法和步骤依次嵌入副绕组。

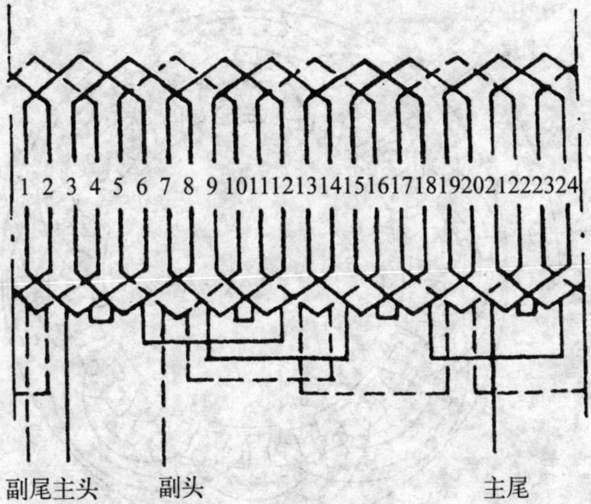

图 2－32　4 极 24 槽单层链式绕组展开图

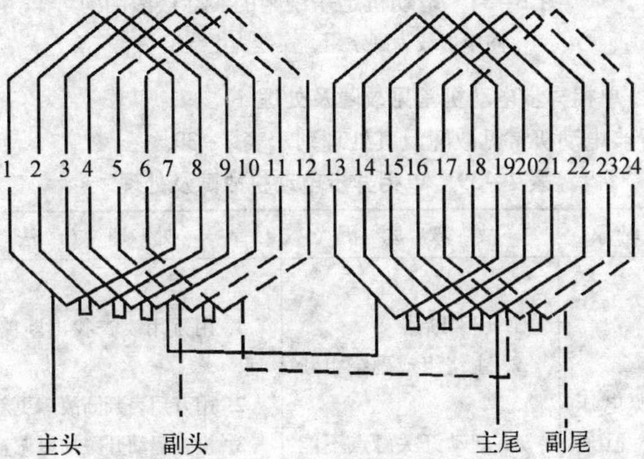

图 2－33　4 极 24 槽单叠绕组展开图

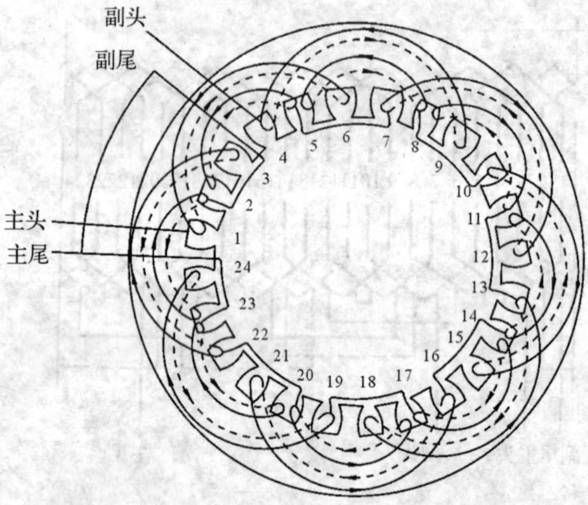

图 2-34　电动机定子绕组的实际嵌线图

图中虚线为副绕组，实线为主绕组

2.4.5　单相异步电动机常见故障及处理

单相异步电动机常见故障及其处理列于表 2-39。

表 2-39　单相异步电动机故障及处理

序号	故障现象	故障原因	处理方法
1	电源电压正常，但通电后电动机不转	1. 引线断路 2. 主绕组或副绕组断路 3. 起动开关触点不能闭合，接触不良 4. 电容器开路 5. 轴承卡住 （1）轴承已坏 （2）轴承装配不良	1. 用万用表查找出断路处并修理 2. 用万用表判断故障更新绕组 3. 检查起动开关加以调整 4. 更换电容器 5.（1）更换轴承 （2）更新装配 （3）换上合格润滑脂 （4）清理干净

续表

序号	故障现象	故障原因	处理方法
1	电源电压正常，但通电后电动机不转	(3) 润滑脂固结 (4) 轴承进入杂质 6. 定子和转子相擦 (1) 轴承磨损 (2) 轴弯曲 7. 过载	6. 锉冲片异常凸出部；调整同心度 7. 减少负载，选择较大容量的电动机，合理匹配
2	空载能起动，或外力帮助下能起动，但起动困难	1. 副绕组断路或回路不通 2. 起动开关接触不良 3. 电容器开路	1. 用万用表检查，修理更换 2. 用万用表检查，加以调整 3. 更换电容器
3	电动机转速达不到正常值	1. 电源电压过低 2. 主绕组短路或接错 3. 轴承损坏或润滑不良 4. 转轴弯曲 5. 起动开关始终闭合 6. 负载过大	1. 调整电源电压至额定值 2. 改正端部连接或更换绕组 3. 清理更换或加润滑脂 4. 校正之 5. 调整、修理起动开关 6. 更换容量较大的电动机
4	电动机起动后很快发热，甚至烧毁绕组	1. 主绕组短路或接地 2. 副绕组短路或接地 3. 主、副绕组互相错位 4. 起动后起动开关触头断不开 5. 电动机负载过大或过小 6. 电压不准确	1. 用万用表检查，修理更换 2. 用万用表检查，修理更换 3. 测量其电阻或复查接头符号，改正接线 4. 测量总电流或副绕组回路电流，检修或更换起动开关 5. 应按各类电动机特点，合理匹配 6. 用电压表测量、校准

续表

序号	故障现象	故障原因	处理方法
5	起动后电动机发热严重，输入功率也太大	1. 电动机过载 2. 绕组短路或接地 3. 定、转子相擦 4. 轴承损坏或出毛病	1. 调整电动机负载 2. 用万用表检查，检修 3. 检查轴是否弯曲，端盖止口装配是否过松等，保证同心度 4. 更换或检修轴承
6	通电后，熔断器熔丝熔断，不能起动电动机	1. 绕组短路或接地 2. 引出线接地 3. 电容器短路	1. 测量电阻值，排除故障 2. 接好引出线 3. 更换电容器
7	电动机转动时噪声太大	1. 绕组短路或接地 2. 起动开关损坏 3. 轴承损坏或润滑不良 4. 轴向间隙太大 5. 杂物落入电机内 6. 轴弯曲 7. 旋转件与定子相擦	1. 测量电阻值，排除故障 2. 修理或更换起动开关 3. 修理或更换轴承 4. 调整间隙至适当值 5. 拆开电动机，清除杂物 6. 校直或更换转轴 7. 检查确定后维修
8	电动机不正常振动	1. 转子不平衡 2. 皮带盘不平衡 3. 轴伸弯曲	1. 校动平衡 2. 校静平衡 3. 校直或更换转轴
9	轴承过热	1. 轴承损坏 2. 轴承内、外圈配合不当 3. 润滑脂过多、过少或太脏 4. 皮带过紧或联轴节装得不好	1. 更换轴承 2. 使配合适当，内外圈配合处不相对滑动 3. 添加或更新润滑脂，润滑脂量不宜超过轴承室容积的70% 4. 调整皮带的张力，校正联轴节

由表2－39可见，单相异步电动机常见故障的原因可归纳为电气和机械两方面。电气方面，如电动机绕组、电容器、起动开关、内部接线等。机械方面，如轴承、转轴、润滑、装配等。维修时首先应进行检查，找出产生故障的原因，明确处理方法，有的放矢地去解决。

第3章 常用设备配电及电力无功补偿

3.1 电动机配电

3.1.1 Y系列电动机起动保护设备及导线选择

Y系列电动机起动保护设备及导线选择列于表3-1。

表3-1 Y系列电动机起动保护设备及导线选择

型号	功率/kW	额定电流/A	起动电流/A	轻载全压起动								BLX BLV 导线截面/mm² 钢管直径/mm		
				熔管电流/熔体电流/A				铁壳开关/A	电磁起动器等级热元件额定电流/A					
Y				RL1	RM10	RT10	RT0		QC8	QC10	QC12	25℃	30℃	35℃
801-4	0.55	1.6	10	15/4				15/5						
801-2		1.9	13			20/6			2/6	2/6	2/H			
802—4	0.75	2.1	14	15/5					2.4	2.4	2.4			
90S-6		2.3	14		15/6									
802—2		2.6	18	15/6		20/10	50/10							
90S-4	1.1	2.7	18						2/6	2/6	2/H			
90L—6		3.2	19					15/10	3.5	3.5	3.5	2.5	2.5	2.5
90S-2		3.4	24	15/10								G15	G15	G15
90L-4	1.5	3.7	24		15/10	20/15								
100L-6		4.0	24						2/6	2/6	2/H			
90L-2		4.7	33	15/15					5	5	5			
100L1-4		5.0	35	60/20										
112M-6	2.2	5.6	34		15/15	20/20	50/15	15/15	2/6	2/6	2/H			
132S-8		5.8	32	15/15					7.2	7.2	7.2			

续表

型号	功率/kW	额定电流/A	起动电流/A	轻载全压起动								BLX、BLV导线截面/mm² 钢管直径/mm		
				熔管电流/熔体电流/A				铁壳开关/A	电磁起动器等级热元件额定电流/A					
Y				RL1	RM10	RT10	RT0		QC8	QC10	QC12	25℃	30℃	35℃
100L－2	3.0	6.4	45	60/20	60/20	20/20	50/20	15/15	2/6 7.2	2/6 7.2	2/H 7.2	2.5 G15	2.5 G15	2.5 G15
100L2－4		6.8	48			30/25								
132S－6		7.2	47											
132M－8		7.7	43						2/6 11	2/6 11	2/H 11			
112M－2	4.0	8.2	57	60/30	60/25			30/20						
112M－4		8.8	62				50/30							
132M1－6		9.4	61											
160M1－8		9.9	59				50/30							
132S1－2	5.5	11	78	60/35	60/35	30/30	50/30	30/25	3/6 11	3/6 11	3/H 11			
132S－4		12	81											
132M2－6		13	82						3/6 16	3/6 16	3/H 16			
160M2－8		13	80											
132S2－2	7.5	15	105	60/50	60/45	60/40	50/40	30/30						
132M－4		15	108											
160M－6		17	111						3/6 24	3/6 24	3/H 22			4 G20
160L－8		18	97	60/40										

续表

型号	功率/kW	额定电流/A	起动电流/A	轻载全压起动								BLX BLV导线截面/mm^2 钢管直径/mm		
				熔管电流/熔体电流/A				铁壳开关/A	电磁起动器等级热元件额定电流/A					
Y				RL1	RM10	RT10	RT0		QC8	QC10	QC12	25℃	30℃	35℃
160M1－2	11	22	153	100/80	60/45	60/50	50/50	60/40	4/6 24	4/6 24	4/H 22	4 G20	4 G20	4 G20
160M－4		23	158											
160L－6		25	160						4/6 33	4/6 33 35	4/H 32		6 G20	6 G20
180L－8		25	151											
160M2－2	15	29	206		100/80	60/60	100/60	60/60				6 G20		
160L－4		30	212											10 G25
180L－6		32	205						4/6 45	4/6 45	4/H 45		10 G25	
200L－8		34	205											
160L－2	18.5	36	249			100/80	100/80		5/6 57	5/6 50	5/H 45	10 G25		16 G32
180M－4		36	251											
200L1－6		38	245											
225S－8		41	248											
180M－2	22	42	295	100/100									16 G32	
180L－4		43	298											
200L2－6		45	290						5/6 86		5/H 63	16 G32		
225M－8		48	286											

续表

型号	功率/kW	额定电流/A	起动电流/A	轻载全压起动								BLX、BLV导线截面/mm^2 钢管直径/mm		
				熔管电流/熔体电流/A				铁壳开关/A	电磁起动器等级热元件额定电流/A					
Y				RL1	RM10	RT10	RT0		QC8	QC10	QC12	25℃	30℃	35℃
200L1－2	30	57	398		200/125	100/100	100/100		5/6 86	5/6 72	5/H 63	16 G32	25 G32	25 G32
200L－4		57	398											
225M－6		60	387									25 G32		
250M－8		63	378						6/6 86	6/6 72	6/H 85			
200L2－2	37	70	489		200/100		200/120							35 G40
225S－4		70	489											
250M－6		72	468										35 G40	
280S－8		79	472							6/6 100		35 G40		
225M－2	45	84	587				200/150							50 G50
225M－4		84	589											
280S－6		85	555											
280M—8		93	559						6/6 125		6/H 120		50 G50	
315S－10		98	637		200/200		200/200					50 G50		

续表

型号	功率/kW	额定电流/A	起动电流/A	轻载全压起动								BLX/BLV导线截面/mm^2 钢管直径/mm		
				熔管电流/熔体电流/A				铁壳开关/A	电磁起动器等级热元件额定电流/A					
Y				RL1	RM10	RT10	RT0		QC8	QC10	QC12	25℃	30℃	35℃
250M-2		103	719											
250M-4		103	718							7/6 110		50 G50	50 G50	
280M-6	55	105	682		200/200		200/200		7/6 125		6/H 120			70 G50
315S-8		109	709											
315M2-10		120	780										70 G50	
280S-2		140	981							7/6 150		70 G50		
280S-4		140	978		350/225				7/6 176		7/H 160			95 G70
315S-6	75	142	923				400/250							
315M1-8		148	923										95 G70	
315M3-10		160	1040		350/260				7/5 176		7/K 160	95 G70		120 G70

注:铁壳开关栏内分子数字为开关额定电流,分母数字为熔体额定电流。

3.1.2 JS 系列电动机起动保护设备及导线选择

JS 系列电动机起动保护设备及导线选择列于表 3－2。

表 3－2 JS 系列电动机起动保护设备及导线选择

型号	功率/kW	额定电流/A	全压起动电流/A	轻载全压起动 熔器电流/熔体电流/A RM10	RT0	电磁起动器/热元件电流/A QC8	QC10	QC12	降压起动 自耦降压器起动器型号	BLX BLV 导线截面/mm^2 钢管直径/mm 25℃	30℃	35℃
JS115－10	45	97	427	200/125	200/120	6/6 125	6/6 100	6B/H 120	QJ12A－15 或 QJD3－55	50 G50	50 G50	50 G50
JS116－10	55	121	532	200/160	200/150		7/6 150A	7/H 160	Q12A－150	70 G50	70 G50	70 G50
JS115－8	60	120	600	200/206				6B/H 120	QJD3－55 QJD3－75 或 QJ12A－150			
JS117－10	65	139	556	200/160		7/6 170		7/H 160A				95 G70
JS116－8	70	139	667	200/200	200/200							
JS115－6	75	140	686									
JS117－8 JS125－10	80	159 163	779 782						XJ01－100 或 QJ12A－250	95 G70	95 G70	120 G70
JS116－6 JS125－8 JS126－10	95	176 184 193	898 846 869	350/225	400/250					120 G70	120 G70	160 G70

续表

型号	功率/kW	额定电流/A	全压起动电流/A	轻载全压起动 熔器电流/熔体电流/A RM10	RT0	电磁起动器/热元件电流/A QC8	QC10	QC12	降压起动 自耦降压器起动器型号	BLX BLV 导线截面/mm² 钢管直径/mm 25℃	30℃	35℃
JS126－8	110	212	975						XJ01－100	150 G70	150 G70	2(70) 2G50
JS117－6	115	212	1 272	350/300	400/300							
JS114－4		212	1 124	350/260					XJ01－115		2(70) 2G50	
JS127－10		232	1 090		400/250							
JS125－6	130	238	1 404	350/300	400/350				XJ01－135			
JS127－8		250	1 175	350/260	400/300					2(70) 2G50		2(95) 2G70
JS128－10		259	1 191									
JS115－4	135	249	1 370	350/300	400/350							2(70) 2G50
JS116－4	155	285	1 793	200/430	400/400				XJ01－155	2(95) 2G70	2(95) 2G70	2(120) 2G70
JS126－6		283	1 670	350/350								
JS128－8		298	1 537		400/350							
JS137－10		294	1 583									
JS117－4	180	320	1 903	600/430	600/450				XJ01－180 或 XJD1－190		2(120) 2G70	
JS136－8		336	1 848		600/400							2(150) 2G70
JS138－10		330	1 720									
JS127－6	185	337	2 050		600/450				XJ01－190			
JS137－8	210	390	2 106						XJ01－225 或 XJD1－255	2(120) 2G70	2(150) 2G70	2(185) 2G80
JS128－6	215	390	2 340	600/500	600/560							

3.1.3 J、JO 系列电动机起动保护设备及导线选择

J、JO 系列电动机起动保护设备及导线选择列于表 3－3。电动机容量（功率）从 0.6kW 到 75kW，为常用的中小型电动机，应用很广泛。

表 3－3 J、JO 系列电动机起动保护设备及导线选择表

电动机					选用熔断器				铁壳开关	QC8	QC10	QC12	自动开关		25℃	30℃	35℃
型号		功率 /kW	额定电流 /A	起动电流 /A	RC1A	RL1	RM10	RTO	HH3 或 HH4 型	磁力起动器等级 热元件额定电流/A			DZ10－$\frac{100}{250}$ 热脱扣器额定电流/A		BBLX BLV 导线截面/mm² 钢管直径/mm		
J	JO				额定电流/A				额定电流 /A								
1	2	3	4	5	6	7	8	9	10	11	12	13	14	15	16	17	18
31－4	31－2 31－4	0.6	1.6	11.2	10/6	5/5	15/6	—	15/6	2/6 2.4	2/6 2.4	2/H 2.4	1.6	2	2.5 G15	2.5 G15	2.5 G15
31－2 32－4 41－6	32－2 32－4 41－6	1.0	2.26 2.45 2.84	15.8 17.2 18.5	15/10	5/10	15/10	—	15/10	2/6 3.5	2/6 3.5	2/H 3.5	4	3	2.5 G15	2.5 G15	2.5 G15
32－2 41－4 42－6	41－2 41－4 42－6	1.7	3.64 3.9 4.43	25.5 27.3 28.0	15/10	15/15	15/15	—	15/10	2/6 5	2/6 5	2/H 5	4 6.4	4.5	2.5 G15	2.5 G15	2.5 G15
41－2 42－4 51－6	42－2 42－4 51－6	2.8	5.8 6.1 6.7	40.6 42.7 43.6	15/15	60/20	60/20	—	15/15	2/6 7.2	2/6 7.2	2/H 7.2	6.4 4	6.5 10	2.5 G15	2.5 G15	2.5 G15
42－2 51－4 52－6 61－8	51－2 51－4 52－6 62－8	4.5	9.15 9.5 10.2 10.6	64 66.5 66.3 58.3	30/20	60/30	60/35	100/30	30/25 30/20	2/6 11	2/6 11	2/H 11	10 16	10 15	2.5 G15	2.5 G15	2.5 G15

续表

<table>
<tr><td colspan="5">电　动　机</td><td colspan="4">选用熔断器</td><td>铁壳开关</td><td>QC8</td><td>QC10</td><td>QC12</td><td colspan="2">自动开关</td><td>25℃</td><td>30℃</td><td>35℃</td></tr>
<tr><td colspan="2">型号</td><td rowspan="2">功率
/kW</td><td rowspan="2">额定
电流
/A</td><td rowspan="2">起动
电流
/A</td><td>RC1A</td><td>RL1</td><td>RM10</td><td>RTO</td><td rowspan="2">HH3 或
HH4 型
额定电流
/A</td><td colspan="3" rowspan="2">磁力起动器等级
热元件额定电流/A</td><td>DZ4 − $\frac{25}{50}$</td><td>DZ5 − 20</td><td colspan="3" rowspan="2">BBLX 导线
BLV 截面 /mm²
钢管直径/mm</td></tr>
<tr><td>J</td><td>JO</td><td colspan="4">额定电流/A</td><td colspan="2">热脱扣器额定
电流/A</td></tr>
<tr><td>1</td><td>2</td><td>3</td><td>4</td><td>5</td><td>6</td><td>7</td><td>8</td><td>9</td><td>10</td><td>11</td><td>12</td><td>13</td><td>14</td><td>15</td><td>16</td><td>17</td><td>18</td></tr>
<tr><td>51 − 2</td><td>52 − 2</td><td rowspan="4">7.0</td><td>13.8</td><td>96.6</td><td rowspan="4">60/40</td><td rowspan="4">60/40</td><td rowspan="4">60/45</td><td rowspan="4">100/40</td><td rowspan="3">60/40</td><td rowspan="4">$\frac{3/6}{16}$</td><td rowspan="4">$\frac{3/6}{16}$</td><td rowspan="4">$\frac{3/H}{16}$</td><td rowspan="3">16</td><td rowspan="4">20</td><td rowspan="4">$\frac{2.5}{G15}$</td><td rowspan="4">$\frac{2.5}{G15}$</td><td rowspan="4">$\frac{2.5}{G15}$</td></tr>
<tr><td>52 − 4</td><td>52 − 4</td><td>14.5</td><td>101.5</td></tr>
<tr><td>61 − 6</td><td>62 − 6</td><td>15.5</td><td>100.8</td></tr>
<tr><td>62 − 8</td><td>63 − 8</td><td>16.3</td><td>89.7</td><td>30/30</td><td>25</td></tr>
<tr><td>52 − 2</td><td>62 − 2</td><td rowspan="4">10</td><td>19.4</td><td>135.8</td><td rowspan="4">60/50</td><td rowspan="4">60/60</td><td rowspan="4">60/60</td><td rowspan="4">100/50</td><td rowspan="4">60/50</td><td rowspan="4">$\frac{3/6}{24}$</td><td rowspan="4">$\frac{3/6}{24}$</td><td rowspan="4">$\frac{3/H}{22}$</td><td rowspan="4">25</td><td rowspan="3">20</td><td rowspan="4">$\frac{4}{G15}$</td><td rowspan="4">$\frac{4}{G15}$</td><td rowspan="4">$\frac{4}{G15}$</td></tr>
<tr><td>61 − 4</td><td>62 − 4</td><td>19.9</td><td>139.3</td></tr>
<tr><td>62 − 6</td><td>63 − 6</td><td>21.5</td><td>139.8</td></tr>
<tr><td>71 − 8</td><td>72 − 8</td><td>22.3</td><td>122.7</td><td>—</td></tr>
<tr><td>61 − 2</td><td>63 − 2</td><td rowspan="4">14</td><td>27.5</td><td>192.5</td><td rowspan="4">60/60</td><td rowspan="4">100/80</td><td rowspan="4">100/80</td><td rowspan="4">100/60</td><td rowspan="4">60/60</td><td rowspan="4">$\frac{4/6}{33}$</td><td rowspan="4">$\frac{4/6}{35}$</td><td rowspan="4">$\frac{4/H}{32}$</td><td rowspan="4">40</td><td rowspan="4">—</td><td rowspan="4">$\frac{6}{G20}$</td><td rowspan="4">$\frac{6}{G20}$</td><td rowspan="4">$\frac{10}{G25}$</td></tr>
<tr><td>62 − 4</td><td>63 − 4</td><td>27.6</td><td>193.2</td></tr>
<tr><td>71 − 6</td><td>72 − 6</td><td>28.5</td><td>185.3</td></tr>
<tr><td>72 − 8</td><td>73 − 8</td><td>30</td><td>165</td></tr>
<tr><td>62 − 2</td><td>72 − 2</td><td rowspan="4">20</td><td>38</td><td>266</td><td rowspan="4">100/100</td><td rowspan="4">—</td><td rowspan="3">100/100</td><td rowspan="4">100/80</td><td rowspan="4">100/100</td><td rowspan="4">$\frac{4/6}{45}$</td><td rowspan="4">$\frac{4/6}{45}$</td><td rowspan="4">$\frac{4/H}{45}$</td><td rowspan="3">40</td><td rowspan="4">—</td><td rowspan="4">$\frac{10}{G25}$</td><td rowspan="2">$\frac{10}{G25}$</td><td rowspan="4">$\frac{16}{G32}$</td></tr>
<tr><td>71 − 4</td><td>72 − 4</td><td>39</td><td>273</td></tr>
<tr><td>72 − 6</td><td>73 − 6</td><td>40.5</td><td>263.3</td><td rowspan="2">$\frac{16}{G32}$</td></tr>
<tr><td>81 − 8</td><td>82 − 8</td><td>42.5</td><td>233.8</td><td>100/80</td><td>50</td></tr>
</table>

续表

电动机					选用熔断器				铁壳开关	QC8	QC10	QC12	自动开关		25℃	30℃	35℃
型号		功率 /kW	额定电流 /A	起动电流 /A	RC1A	RL1	RM10	RTO	HH3 或 HH4 型 额定电流 /A	磁力起动器等级 热元件额定电流/A			DZ10 - 100/250 热脱扣器额定电流/A		BBLX BLV 导线截面/mm² 钢管直径/mm		
J	JO				额定电流/A												
1	2	3	4	5	6	7	8	9	10	11	12	13	14	15	16	17	18
71 -2	73 -2	28	53	371	—	—	200/125	200/125	—	5/6 57	5/6 72	5/H 63	60		16 G32	25 G32	25 G32
72 -4	73 -4		54	378													
81 -6	82 -6		55.5	360.8				100/100		5/6 86							
82 -8	83 -8		58.5	321.8													
72 -2	82 -2	40	74.5	484	—	—	200/200	200/150	—	6/6 86	6/6 100	6/H 85	80		25 G32	35 G40	50 G50
81 -4	82 -4		77	500.5													
82 -6	83 -6		78	507											35 G40		
91 -8	93 -8		81.5	448.3			200/160										
81 -2	83 -2	55	102.2	664.3	—	—	350/225	200/200	—	6/6 125	6/6 100	6/H 120	120		50 G50	50 G50	70 G70
82 -4	83 -4		104.4	678.6													
91 -6	93 -6		105	682.5													
92 -8	94 -8		110	605			200/200			7/6 125	7/6 150	7/H 120					
82 -2	93 -2	75	138	897	—	—	350/260	400/250	—	7/6 176	7/6 150	7/H 160	140		70 G70	95 G70	95 G70
91 -4	93 -4		142	923													
92 -6	94 -6		140	910													

注:J、JO 型电动机,在同功率同极数时,电流基本相同,本表仅列出 J 型电动机的电流数据。

3.1.4 JO2 系列电动机起动保护设备及导线选择

JO2 系列电动机起动保护设备及导线选择可参照表 3－4。其功率从 0.8kW 到 75kW。

表 3－4 JO2 系列电动机起动保护设备及导线选择表

电动机				选用熔断器				铁壳开关	QC8	QC10	QC12	自动开关		25℃	30℃	35℃
型号 JO2	功率 /kW	额定电流 /A	起动电流 /A	RC1A	RL1	RM 10	RTO	HH3 或 HH4 型	磁力起动器等级			DZ4－$\frac{25}{50}$	DZ5－20	BBLX BLV 导线截面/mm²		
				额定电流/A				额定电流 /A	热元件额定电流/A			热脱扣器额定电流/A		钢管直径/mm		
1	3	4	5	6	7	8	9	10	11	12	13	14	15	16	17	18
11－2		1.85	13													
12－4	0.8	2.06	14	10/6	15/6	15/6	—	15/6	2/6 / 2.4	2/6 / 2.4	2/H / 2.4	2.5	3	2.5/G15	2.5/G15	2.5/G15
21－6		2.31	15													
12－2		2.44	17													
21－4	1.1	2.68	19	10/10	15/10	15/10	—	15/10	2/6 / 3.5	2/6 / 3.5	2/H / 3.5	4	3	2.5/G15	2.5/G15	2.5/G15
22－6		3.01	20													
21－2		3.24	23													
22－4	1.5	3.49	24	15/10	15/10	15/10	—	15/10	2/6 / 5	2/6 / 5	2/H / 5	4	4.5	2.5/G15	2.5/G15	2.5/G15
31－6		3.92	25													
22－2		4.65	33													
31－4	2.2	4.9	34	15/15	15/15	15/15	—	15/15	2/6 / 7.2	2/6 / 7.2	2/H / 7.2	6.4	6.5	2.5/G15	2.5/G15	2.5/G15
32－6		5.46	35													
4－8		6.1	34													

续表

电动机				选用熔断器				铁壳开关	QC8	QC10	QC12	自动开关		25℃	30℃	35℃
型号 JO2	功率 /kW	额定电流 /A	起动电流 /A	RC1A	RL1	RM10	RTO	HH3 或 HH4 型	磁力起动器等级/热元件额定电流/A			DZ4 - 25/50	DZ5 - 20	BBLX BLV 导线截面/mm² / 钢管直径/mm		
				额定电流/A				额定电流 /A				热脱扣器额定电流/A				
1	3	4	5	6	7	8	9	10	11	12	13	14	15	16	17	18
31 - 2	3.0	6.17	43	15/15	60/20	60/20	—	15/15	2/6 / 11	2/6 / 11	2/H / 11	10	10	2.5 / G15	2.5 / G15	2.5 / G15
32 - 4		6.5	46													
41 - 6		7.07	46													
42 - 8		7.89	43													
32 - 2	4.0	8.06	56	30/20	60/25	60/25	—	30/20	2/6 / 11	2/6 / 11	2/H / 11	10	10	2.5 / G15	2.5 / G15	2.5 / G15
41 - 4		8.4	59													
42 - 6		9.15	59													
51 - 8		9.64	53													
41 - 2	5.5	11	77	30/30	60/35	60/35	100/40	30/30	3/6 / 16	3/6 / 16	3/H / 16	16	15	2.5 / G15	2.5 / G15	2.5 / G15
42 - 4		11.3	79													
51 - 6		12.3	80													
52 - 8		12.8	70				100/30									
42 - 2	7.5	14.8	104	60/40	60/50	60/45	100/50	60/40	3/6 / 24	3/6 / 24	3/H / 22	16	20	2.5 / G15	2.5 / G15	2.5 / G15
51 - 4		15.1	106													
52 - 6		16.3	106													4 / G15
61 - 8		17	94				100/40					25				

续表

电动机				选用熔断器				铁壳开关	QC8	QC10	QC12	自动开关		25℃	30℃	35℃
型号 JO2	功率 /kW	额定电流 /A	起动电流 /A	RC1A	RL1	RM10	RTO	HH3 或 HH4 型	磁力起动器等级 / 热元件额定电流/A			DZ4 - 25/50	DZ5 - 20	BBLX BLV 导线截面/mm² / 钢管直径/mm		
				额定电流/A				额定电流 /A				热脱扣器额定电流/A				
1	3	4	5	6	7	8	9	10	11	12	13	14	15	16	17	18
51 - 2	10	19.7	138	60/50	60/60	60/60	100/50	60/50	$\frac{3/6}{24}$	$\frac{3/6}{24}$	$\frac{3/H}{22}$	25	20	$\frac{4}{G15}$	$\frac{4}{G15}$	$\frac{4}{G15}$
52 - 4		20	140													
61 - 6		21.3	138										—			
62 - 8		21.8	120													
52 - 2	13	25.5	178	60/60	100/80	100/80	100/60	60/60	$\frac{4/6}{33}$	$\frac{4/6}{35}$	$\frac{4/H}{32}$	40	—	$\frac{4}{G15}$	$\frac{6}{G20}$	$\frac{6}{G20}$
61 - 4		25.6	179													
62 - 6		27.2	177											$\frac{6}{G20}$		
71 - 8		27.9	154													
61 - 2	17	32.4	227	100/80	100/80	100/80	100/80	—	$\frac{4/6}{45}$	$\frac{4/6}{45}$	$\frac{4/H}{45}$	40	—	$\frac{10}{G25}$	$\frac{10}{G25}$	$\frac{10}{G25}$
62 - 4		32.9	230													
71 - 6		34.8	226													
72 - 8		35.8	197				100/60									
71 - 2	22	42	294	—	100/100	100/100	100/100	—	$\frac{5/6}{57}$	$\frac{5/6}{59}$	$\frac{5/H}{63}$	50	—	$\frac{10}{G25}$	$\frac{16}{G32}$	$\frac{16}{G32}$
71 - 4		42.5	298													
72 - 6		44.3	288											$\frac{16}{G32}$		
81 - 8		46	253				100/80									

续表

电动机				选用熔断器				铁壳开关	QC8	QC10	QC12	自动开关		25℃	30℃	35℃
型号 JO2	功率 /kW	额定电流 /A	起动电流 /A	RC1A	RL1	RM10	RTO	HH3 或 HH4 型	磁力起动器等级 / 热元件额定电流/A			$DZ10-\frac{100}{250}$		BBLX / BLV 导线截面/mm² / 钢管直径/mm		
				额定电流/A				额定电流/A				额定电流/A				
1	3	4	5	6	7	8	9	10	11	12	13	14	15	16	17	18
72－2	30	56	392	—	—	200/160	200/120	—	$\frac{5/6}{86}$	$\frac{5/6}{72}$	$\frac{5/H}{63}$	60	—	$\frac{16}{G32}$	$\frac{25}{G32}$	$\frac{25}{G32}$
72－4		57.6	404													
81－6		59.3	386											$\frac{25}{G32}$		
82－8		61.6	340			200/125	100/100									
81－2	40	74.3	483	—	—	200/160	200/150	—	$\frac{6/6}{86}$	$\frac{6/6}{100}$	$\frac{6/H}{85}$	80	—	$\frac{25}{G32}$	$\frac{35}{G40}$	$\frac{35}{G40}$
81－4		75	487													
82－6		77.4	502											$\frac{35}{G40}$		
91－8		80.3	442				200/120									
82－2	55	101	656	—	—	350/225	200/200	—	$\frac{6/6}{125}$	$\frac{6/6}{100}$	$\frac{6/H}{120}$	120	—	$\frac{50}{G50}$	$\frac{50}{G50}$	$\frac{70}{G70}$
82－4		102.6	667													
91－6		104	676						$\frac{7/6}{125}$	$\frac{7/6}{150}$	$\frac{7/H}{120}$				$\frac{70}{G70}$	
92－8		109.5	602			200/200										
91－2	75	136.2	885	—	—	350/260	400/250	—	$\frac{7/6}{176}$	$\frac{7/6}{150}$	$\frac{7/H}{160}$	140	—	$\frac{70}{G70}$	$\frac{95}{G70}$	$\frac{95}{G70}$
91－4		137.7	895													
92－6		139.5	906													

3.1.5 J2 系列电动机起动保护设备及导线选择

J2 系列电动机功率 7.5 ~ 75kW，其起动保护设备及导线选择列于表3 - 5。

表 3 - 5 J2 系列电动机起动保护设备及导线选择

电动机 型号 J2	功率 /kW	额定电流 /A	起动电流 /A	选用熔断器 RC1A 额定电流/A	RL1	RM 10	RTO	铁壳开关 HH3 或 HH4 型 额定电流 /A	QC8 磁力起动器等级 热元件额定电流/A	QC10	QC12	自动开关 DZ4 - 25/50 热脱扣器额定电流/A	DZ5 - 20	25℃ BBLX BLV 导线截面/mm² 钢管直径/mm	30℃	35℃
1	3	4	5	6	7	8	9	10	11	12	13	14	15	16	17	18
61 - 8	7.5	17.1	94	30/30	60/40	60/45	100/40	30/30	$\frac{3/6}{24}$	$\frac{3/6}{24}$	$\frac{3/H}{22}$	25	20	$\frac{2.5}{G15}$	$\frac{2.5}{G15}$	$\frac{4}{G15}$
61 - 6	10	21.4	139	60/50	60/60	60/60	100/50	60/50	$\frac{3/6}{24}$	$\frac{3/6}{24}$	$\frac{3/H}{22}$	25	—	$\frac{4}{G15}$	$\frac{4}{G15}$	$\frac{4}{G15}$
62 - 8		22.1	122													
61 - 4	13	25.5	179	60/60	100/80	100/80	100/60	60/60	$\frac{4/6}{33}$	$\frac{4/6}{35}$	$\frac{4/H}{32}$	40	—	$\frac{4}{G15}$	$\frac{6}{G20}$	$\frac{6}{G20}$
62 - 6		27.4	178													
71 - 8		28	154											$\frac{6}{G20}$		
61 - 2	17	32.5	228	100/80	100/80	100/80	100/80	—	$\frac{4/6}{45}$	$\frac{4/6}{45}$	$\frac{4/H}{45}$	40	—	$\frac{10}{G25}$	$\frac{10}{G25}$	$\frac{10}{G25}$
62 - 4		33	231													
71 - 6		35	228													
72 - 8		36	198				100/60									
62 - 2	22	41.7	291	100/100	100/100	100/100	100/100	—	$\frac{5/6}{57}$	$\frac{5/6}{50}$	$\frac{5/H}{63}$	50	—	$\frac{10}{G25}$	$\frac{16}{G32}$	$\frac{16}{G32}$
71 - 4		42.5	298													
72 - 6		44.4	288											$\frac{16}{G32}$		
81 - 8		46	253				100/80									

续表

电动机				选用熔断器				铁壳开关	QC8	QC10	QC12	自动开关		25℃	30℃	35℃
型号 J2	功率 /kW	额定电流 /A	起动电流 /A	RC1A	RL1	RM10	RTO	HH3 或 HH4 型 额定电流/A	磁力起动器等级 热元件额定电流/A			$DZ4-\frac{25}{50}$	DZ5-20	BBLX/BLV 导线截面/mm² 钢管直径/mm		
				额定电流/A								热脱扣器额定电流/A				
1	3	4	5	6	7	8	9	10	11	12	13	14	15	16	17	18
71-2	30	56	392	—	—	200/160	200/120	—	$\frac{5/6}{86}$	$\frac{5/6}{72}$	$\frac{5/H}{63}$	60	—	$\frac{16}{G32}$	$\frac{25}{G32}$	$\frac{25}{G32}$
72-4		57.6	403													
81-6		59.3	386			200/125	100/100							$\frac{25}{G32}$		
82-8		61.6	339													
72-2	40	73.9	480	—	—	200/160	200/150	—	$\frac{6/6}{86}$	$\frac{6/6}{100}$	$\frac{6/H}{85}$	80	—	$\frac{25}{G32}$	$\frac{35}{G40}$	$\frac{50}{G50}$
81-4		75	488													
82-6		77.4	502											$\frac{35}{G40}$		
91-8		80.3	442				200/120									
81-2	55	99.8	650	—	—	350/225	200/200	—	$\frac{6/6}{125}$	$\frac{6/6}{100}$	$\frac{6/H}{120}$	120	—	$\frac{50}{G50}$	$\frac{50}{G50}$	$\frac{70}{G70}$
82-4		103	670													
91-6		104	676			200/200			$\frac{7/6}{125}$	$\frac{7/6}{150}$	$\frac{7/H}{120}$				$\frac{70}{G70}$	
92-8		109.5	602													
82-2	75	135	878	—	—	350/260	400/250	—	$\frac{7/6}{176}$	$\frac{7/6}{150}$	$\frac{7/H}{160}$	140	—	$\frac{70}{G70}$	$\frac{95}{G70}$	$\frac{95}{G70}$
91-4		137.5	895													
92-6		139.5	906													

3.1.6 JR 系列绕线型电动机控制设备及导线选择

JR 系列绕线型电动机的控制设备及导线选择列于表 3－6。

表 3－6　JR 系列 380V 绕线型电动机控制设备及导线选择

型号	额定功率/kW	定子电流/A	转子电压/V		转子电流/A		控制柜型号	BBLX 导线截面/mm² 及钢管直径 G/mm							
								定子				转子			
								30℃		35℃		轻载		重载	
			上机	哈机	上机	哈机		BBLX	G	BBLX	G	BBLX	G	BBLX	G
JR114－4	115	213	195	201	377	359	GTT6121－43D3	2(3×70)	2(70)	2(3×70)	2(70)	3×70	70	3×120	80
JR115－4	135	251	227	234	376	358	GTT6121－53D3	2(3×70)	2(70)	2(3×95)	2(70)	3×70	70	3×120	80
JR116－4	155	288	272	273	358	350		2(3×95)	2(70)	2(3×95)	2(70)	3×70	70	3×120	80
JR117－4	180	327	295	305	398	365		2(3×95)	2(70)	2(3×120)	2(80)	3×95	70	3×150	100
JR126－4	225	405	296	300	498	478		2(3×150)	2(100)	3(3×95)	3(70)	3×100	80	2(3×70)	2(70)
JR127－4	260	466	339	342	480	478		3(3×95)	3(70)	3(3×120)	3(80)	3×95	70	2(3×70)	2(70)
JR128－4	300	535	396	400	473	471	—	3(3×120)	3(80)	3(3×150)	3(100)	3×95	70	2(3×70)	2(70)
JR115－6	75	145	140	167	348	293	GTT6121－43D3	3×95	70	3×95	70	3×70	70	3×120	80
JR116－6	95	182	168	200	364	306		3×120	80	3×150	100	3×70	70	3×120	80
JR117－6	115	218	211	223	345	335		2(3×70)	2(70)	2(3×70)	2(70)	3×70	70	3×120	80
JR125－6	130	246	187	193	441	431		2(3×70)	2(70)	2(3×70)	2(70)	3×95	70	2(3×70)	2(70)
JR126－6	155	292	218	230	453	430	GTT6121－53D3	2(3×95)	2(70)	2(3×95)	2(70)	3×95	70	2(3×70)	2(70)
JR127－6	185	350	274	462	462	432		2(3×120)	2(80)	2(3×150)	100	3×95	70	2(3×70)	2(70)

续表

型号	额定功率/kW	定子电流/A	转子电压/V		转子电流/A		控制柜型号	BBLX 导线截面/mm² 及钢管直径 G/mm							
								定子				转子			
								30℃		35℃		轻载		重载	
			上机	哈机	上机	哈机		BBLX	G	BBLX	G	BBLX	G	BBLX	G
JR128－6	215	402	281	300	487	456	GTT6121－53D3	2(3×150)	2(70)	3(3×95)	3(70)	3×95	70	2(3×70)	2(70)
JR136－6	240	436	407	416	370	373		3(3×95)	3(70)	3(3×95)	3(70)	3×70	70	3×150	80
JR137－6	280	510	490	499	361	358		3(3×120)	3(70)	3(3×150)	3(80)	3×70	70	3×120	70
JR115－8	60	121	189	200	203	195	GTT6121－43D3	3×70	70	3×70	70	3×35	40	3×50	50
JR116－8	70	140	213	226	211	200		3×95	70	3×95	70	3×35	40	3×50	50
JR117－8	80	158	243	258	212	199		3×95	70	3×120	70	3×35	40	3×50	50
JR125－8	95	182	214	246	287	247		3×120	70	3×150	80	3×50	50	3×95	70
JR126－8	110	211	244	288	292	243		2(3×70)	2(70)	2(3×70)	2(70)	3×50	50	3×95	70
JR127－8	130	248	285	314	270	263		2(3×70)	2(70)	2(3×70)	2(70)	3×50	50	3×70	70
JR128－8	155	296	340	367	290	287	GTT6121－53D3	2(3×95)	2(70)	2(3×95)	2(70)	3×50	50	3×95	70
JR136－8	180	350	353	359	325	324		2(3×120)	2(70)	2(3×150)	2(80)	3×70	70	3×95	70
JR137－8	210	399	392	399	341	338		2(3×150)	2(80)	3(3×95)	3(70)	3×70	70	3×95	70
JR138－8	245	464	443	450	355	353		3(3×95)	3(70)	3(3×120)	3(80)	3×70	70	3×120	80

续表

型号	额定功率/kW	定子电流/A	转子电压/V		转子电流/A		控制柜型号	BBLX 导线截面/mm² 及钢管直径 G/mm							
								定子				转子			
								30℃		35℃		轻载		重载	
			上机	哈机	上机	哈机		BBLX	G	BBLX	G	BBLX	G	BBLX	G
JR115－10	45	99	132	138	221	213	GTT6121－33D3	3×50	40	3×70	70	3×35	40	3×70	70
JR116－10	55	121	153	152	225	239		3×70	70	3×70	70	3×35	40	3×70	70
JR117－10	65	142	176	190	256	220	GTT6121－43D3	3×95	70	3×95	70	3×50	50	3×70	70
JR125－10	80	169	167	170	312	309		3×95	70	3×120	80	3×70	70	3×95	70
JR126－10	95	197	188	204	329	297		3×150	70	3×150	100	3×70	70	3×95	70
JR127－10	115	238	225	236	330	310		2(3×70)	2(70)	2(3×70)	2(70)	3×70	70	3×95	70
JR128－10	130	267	252	277	340	295		2(3×70)	2(70)	2(3×95)	2(70)	3×70	70	3×95	70
JR137－10	155	304	351	427	283	232	GTT6121－53D3	2(3×95)	2(70)	2(3×95)	2(70)	3×50	50	3×70	70
JR138－10	180	350	387	475	300	242		2(3×120)	2(80)	2(3×150)	2(100)	3×70	70	3×95	70

注:上机为上海电机厂,哈机为哈尔滨电机厂。

3. 2 机床设备配电

机床设备配电列于表 3－7。

表 3－7 机床设备熔件及导线选择

设备总功率/kW	最大一台电动机功率/kW	熔体电流/A	BLX 型导线截面/mm^2及管径/mm 30℃ 截面	30℃ G	30℃ DG	35℃ 截面	35℃ G	35℃ DG
1.1	0.6	5	2.5	15	20	2.5	15	20
6.1		10						
5.2	0.8							
4.2	1.0							
3.5	1.1							
1.9	1.5							
6.2	1.0	15						
6.0	1.5							
5.8	1.7							
3.6	2.2	20						
6.4	1.7							
6.8						4	20	25
7.6			4	20	25			
6.4	2.2		2.5	15	20	2.5	15	20
6.8						4	20	25
8.6			4	20	25			
5.7	2.8		2.5	15	20	2.5	15	20
4.6	3.0							

设备总功率/kW	最大一台电动机功率/kW	熔体电流/A	BLX 型导线截面/mm^2及管径/mm 30℃ 截面	30℃ G	30℃ DG	35℃ 截面	35℃ G	35℃ DG
6.8	2.8	25	2.5	15	20	2.5	15	20
7.2						4	20	25
8.8			4	20	25			
7.0	3.0		2.5	15	20	2.5	15	20
7.4						4	20	25
9.0			4	20	25			
5.5	4.0		2.5	15	20	2.5	15	20
7.2		30						
7.6						4	20	25
9.3			4	20	25			
7.2	4.5		2.5	15	20	2.5	15	20
7.6						4	20	25
8.2			4	20	25			
7.5	5.5	35	2.5	15	20	2.5	15	20
7.9						4	20	25
9.0			4	20	25			
9.5		40						
13			6	20	25	6	20	25

续表

设备总功率/kW	最大一台电动机功率/kW	熔体电流/A	BLX 型导线截面/mm^2 及管径/mm					
			30℃			35℃		
			截面	G	DG	截面	G	DG
14	5.5	40	6	20	25	10	32	32
15			10	32	32			
7.7	7.0	45	2.5	15	20	2.5	15	20
8.0						4	20	25
10			4	20	25			
8.0	7.5		2.5	15	20	2.5	15	20
8.3						4	20	25
10		50	4	20	25			
13	7.0		6	20	25	6	20	25
17			10	32	32	10	32	32
14	7.5	60	6	20	25	6	20	25
18			10	32	32	10	32	32
10	10		4	20	25	4	20	25
11						6	20	25
14			6	20	25			
15						10	32	32
15	11							
14	13					6	20	25

设备总功率/kW	最大一台电动机功率/kW	熔体电流/A	BLX 型导线截面/mm^2 及管径/mm					
			30℃			35℃		
			截面	G	DG	截面	G	DG
15	13	60	6	20	25	10	32	32
19			10	32	32			
15	14		6	20	25	6	20	25
16						10	32	32
19		80	10	32	32			
20	17							
21	18.5	100				16	32	32
22	22							
26		120	16	32	32			
33	28		25	32	40	25	32	40
33	30							
36		150				35	32	50
42	37		35	32	50			
42	40							
44						50	50	50
50		200	50	50	50			
52	45							
57	55					70	50	50

注：本表适用于三相交流 380V 机床设备用电动机。

3.3 整流设备配电

常用整流器熔体及导线的选择列于表 3－8。

表 3－8 常用整流器熔体及导线选择

整流线路接线型式	直流输出功率/kW		交流电源		熔体电流/A	BLX 型导线截面/mm^2 钢管直径/mm	
	硅整流器	可控硅整流器	电压/V	电流/A		30℃	35℃
单相桥式	0.8	0.74	220	5	5	2×2.5G15	2×2.5G15
	1.65	1.5		10	10		
	2.4	2.2		15	15		
	3	2.8		18	20		
	3.3	3		20		2×4G15	2×4G15
		3.3		22	25		
单相全波及半波	0.7	0.65		5	5	2×2.5G15	2×2.5G15
	1.36	1.26		10	10		
	2	1.85		15	15		
	2.4	2.2		18	20		
		2.4		19	20		2×4G15
三相桥式	2.6	2.4	380	5	5	3×2.5G15	3×2.5G15
	5.2	4.8		10	10		
	7.8	7.2		15	15		
	8.4	7.8		16	20		
	8.8	8		17			3×4G20
	10	9.2		20		3×4G20	
	11	10		21	25		
	12	11		23			3×6G20
	13	12		25		3×6G20	
	15	14		29	30		
	15.6			30			3×10G25
	16	15		31	35		
	19	17		35		3×10G25	
	21	19		39	40		
	22	20		40			3×16G32

续表

整流线路接线型式	直流输出功率/kW 硅整流器	直流输出功率/kW 可控硅整流器	交流电源 电压/V	交流电源 电流/A	熔体电流/A	BLX型导线截面/mm^2 钢管直径/mm 30℃	BLX型导线截面/mm^2 钢管直径/mm 35℃
三相桥式	23	21	380	43	45	3×10G25	3×16G32
	24	22		45		3×16G32	
	27	25		50	50		
	28	26		51	60		
	30	28		55			3×25G32
	32	30		60		3×25G32	
	35	32		65	80		
	38	35		71			3×35G32
	43	39		80		3×35G32	
	44	40		81	100		
	47	43		87			3×50G50
	54	50		100		3×50G50	
	55	51		102	120		
	60	55		110			3×70G50
	65	60		120		3×70G50	
	70	64		129	150		
	76	70		140			3×95G70
	82	75		150		3×95G70	
	84	77		155	200		
	91	84		168			3×120G70
	98	90		181		3×120G70	
	107	98		196			2(3×70G50)
	109	100		200		2(3×70G50)	
	131	120		240	250		2(3×95G70)
	136	125		250			
	141	130		260	300		

续表

整流线路接线型式	直流输出功率 kW		交流电源		熔体电流/A	BLX 型导线截面/mm² 钢管直径/mm	
	硅整流器	可控硅整流器	电压/V	电流/A		30℃	35℃
三相桥式	157	144	380	288	300	2(3×95G70)	2(3×95G70)
	163	150		300			2(3×120G70)
三相零式	2	1.84		5	5	3×2.5G15	3×2.5G15
	4	3.7		10	10		
	6	5.5		15	15		
	7.2	6.6		18	20	3×4G20	3×4G20
	8	7.4		20			
	10	9		25	25	3×6G20	3×6G20
	12	11		30	30		3×10G25
	14	13		34	35	3×10G25	
	16	15		39	40		
	18	16		42	45		3×16G32
	20	18		47	50	3×16G32	
	22	20		52	60		3×25G32
	24	22		57		3×25G32	
	28	26		66	80		3×35G32
	33	30		78	100	3×35G32	
	50	46		118	150	3×70G50	3×70G50
	63	58		149	150	3×95G70	3×95G70
		63		162	200		3×120G70
	126	116		297	300	2(3×95G70)	2(3×120G70)
		126		323	350	2(3×120G70)	
三相曲折零式	7.2			19	20	3×4G20	3×4G20
		7.2		21	25		
	9			24		3×6G20	3×6G20
		9		26	30		

续表

整流线路接线型式	直流输出功率 kW		交流电源		熔体电流/A	BLX 型导线截面/mm² 钢管直径/mm	
	硅整流器	可控硅整流器	电压/V	电流/A		30℃	35℃
三相曲折零式	12		380	32	35	3×10G25	3×10G32
		12		35			
	18			46	50	3×16G32	3×16G32
		18		50			
	27			69	80	3×25G32	3×35G32
		27		75		3×35G32	
	36			92	100	3×50G50	3×50G50
		36		100			
双反星形带平衡电抗器	7.3	6.7		17	20	3×2.5G15	3×4G20
	8.6	7.9		20		3×4G20	
	9	8.3		21	25		
	10	9.2		23			3×6G20
	11	10		25		3×6G20	
	12	11		29	30		
	12.8	12		30			3×10G25
	13.3	12.3		31	35		
	15	14		35		3×10G15	
	17	16		39	40		
	18	17		40			3×16G32
		18		44	45	3×16G32	
	24			54	60		3×25G32
		24		58		3×25G32	
	30			67	80		3×35G32
		30		73		3×35G32	
	36			81	100		
		36		88		3×50G50	3×50G50

续表

整流线路接线型式	直流输出功率 kW 硅整流器	直流输出功率 kW 可控硅整流器	交流电源 电压/V	交流电源 电流/A	熔体电流/A	BLX 型导线截面/mm^2 钢管直径/mm 30℃	BLX 型导线截面/mm^2 钢管直径/mm 35℃
双反星形带平衡电抗器（可用于双 Y 带平衡电抗器）	42			94	100	3×50G50	3×50G50
	46			103	120		3×70G50
	48			107			
		46		112		3×70G50	
		48		117			
	54			121	150		
		54		131			3×95G70
	60			134			
		60		146		3×95G70	
	72			161	200		3×120G70
		72		175		3×120G70	
	90			201	250	2(3×70,G50)	2(3×70G50)
		90		219			
	108			242			2(3×95G70)
		108		263	300	2(3×95,G70)	
	144			322	350	2(3×120,G70)	2(3×120G70)
		144	380	350			2(3×150G70)
六相曲折零式	10			26	30	3×6G20	3×6G20
		10		28			
	12			31	35		3×10G25
		12		34		3×10G25	
	18			45	45	3×16G32	3×16G32
		18		49	50		
	24			60	60	3×25G32	3×25G32
		24		65	80		
	36			89	100	3×50G50	3×50G50
		36		97			
	54			134	150	3×70G50	3×95G70
		54		146		3×95G70	
	72			179	200	3×120G70	3×120G70
		72		194			2(3×70G50)
	108			268	300	2(3×95,G70)	2(3×95G70)
		108		291			2(3×120G70)

3.4 电焊机配电

电焊机（直流弧焊机）电源开关、熔断器及导线选择列于表 3－9。

表 3－9　直流弧焊机用电动发电机电源开关、熔断器及导线选择

型号		额定功率/kW	额定电流/A	功率因数	熔管电流/熔体电流/A			磁力起动器等级热元件额定电流/A			导线截面/mm² 及钢管直径/mm			
											30℃		35℃	
新	旧				RL1	RM10	RT0	QC8	QC10	QC12	BLX　YC	G	BLX　YC	G
AX－165	AB－165	6	12	0.87	60/35	60/35	50/50	3/6	3/6	3/H	3×2.5	15	3×2.5	15
AX1－165								16	16	16	3×2.5＋1×1.5		3×2.5＋1×1.5	
AX－320	AT－320	14	28	0.87	60/60	60/60	50/50	4/6	4/6	4/H	3×6	20	3×6	20
AX1－320		12	24					33	35	32	3×4＋1×2.5		3×4＋1×2.5	
AX1－500	AB－500	26	51	0.88	100/100	100/100	100/80	5/6	5/6	5B/H	3×16	25	3×16	25
								57	72	63	3×10＋1×6		3×10＋1×6	
AX2－100	BE－100	4	8	0.78	60/25	60/25	50/30	2/6	2/6	2/H	3×2.5	15	3×2.5	15
								11	11	11	3×2.5＋1×1.5		3×2.5＋1×1.5	
AX3－300	AG－300－1	10	21	0.86	60/50	60/45	50/50	4/6	3/6	3/H	3×4	20	3×4	20
AX3－300－1	AG－300－2													
AX9－300	AX－300			0.87				24	24	22	3×2.5＋1×1.5		3×2.5＋1×1.5	
AX4－300	AR－300													

续表

型号 新	型号 旧	额定功率/kW	额定电流/A	功率因数	熔管电流/熔体电流/A RL1	RM10	RT0	磁力起动器等级 热元件额定电流/A QC8	QC10	QC12	导线截面/mm² 及钢管直径/mm 30℃ BLX YC	30℃ G	35℃ BLX YC	35℃ G
AX3－500 AX9－500	AG－500 AX－500	26	52	0.90	100/100	100/100	100/80	5/6 57	5/6 72	5B/H 63	3×16 3×10＋1×6	25	3×25 3×16＋1×6	32
AX7－500		26	51	0.89	100/100	100/100	100/80	5/6 57	5/6 72	5B/H 63	3×16 3×10＋1×6	25	3×16 3×10＋1×6	32
AX8－500		30	54	0.91	100/100	100/100	100/80	5/6 57	5/6 72	5B/H 63	3×16 3×10＋1×6	25	3×25 3×16＋1×6	32
AP1－350	AF－350	14	27	0.90	60/60	60/60	50/50	4/6 33	4/6 35	4/H 32	3×6 3×4＋1×2.5	20	3×6 3×4＋1×2.5	20
AP－1000	AM－1000	75	143	0.89		350/225	200/200	7/6 176	7/6 150	6B/H 160	3×95 3×50＋1×16	70	3×95 3×70＋1×25	70

注：电焊机的额定功率为传动焊接发电机的电动机功率，其负载持续率为100%，电源为三相380V。

3.5 起重机配电

一台起重机（$\varepsilon=25\%$）的配电列于表3－10；一台桥式起重机的配电列于表3－11；二台梁式起重机组的配电列于表3－12；二台桥式起重机组的配电列于表3－13。

表3－10　一台起重机（$\varepsilon=25\%$）开关、导线及滑触线选择

重机类型	起重量/t	总额定功率①/kW	电动机功率/电流（kW/A）				计算电流/A	尖峰电流/A	熔体电流/A	铁壳开关额定电流/A	BLX型导线截面/mm²③及钢管直径/mm		滑触线	
			主钩	副钩	大车	小车					截面	G	角钢或扁钢尺寸/mm	每10m电压损失/%
动葫芦	0.5	1.1	0.8/3	—	—	0.3/0.9	3	17	10	10	3×2.5	15	∠30×30×4	0.19
	1	2.8	2.2/6.4	—	—	0.6/1.9	6.4	27	15	15				0.30
	2	4.1	3.5/9.2	—	—	0.6/1.9	9.2	36	20	30				0.40
	3	6	5/13	—	—	1/2.9	13	61	40	60				0.67
	5	8.5	7.5/19.7	—	—		19.7	90	60	60	3×4	20	∠40×40×4	0.87
梁②式起重机	0.5	3.3	0.8/3	—		0.3/0.9	5	19	10	10	3×2.5	15	-30×4	0.34
													∠40×40×4	0.20
	1	5	2.2/6.4	—		0.6/1.9	6.4	29	20	30			-30×4	0.52
													∠40×40×4	0.31
	2	6.3	3.5/9.2	—	2.2/5	0.6/1.9	9.2	38	25	30			-30×4	0.69
													∠40×40×4	0.48
	3	8.9	5/13	—		0.6/1.9	13	62	40	60			-30×4	1.12
													∠40×40×4	0.60
	5	11.4	7.5/19.7	—		1.7/3.7	19.7	90	60	60	3×4	20	∠40×40×4	0.87

注：$\varepsilon=25\%$，ε为起重机暂态率，指其工作时间与总时间之比。

续表

起重机类型	起重量/t	总额定功率①/kW	电动机功率/电流(kW/A)				计算电流/A	尖峰电流/A	熔体电流/A	铁壳开关额定电流/A	BLX型导线截面/mm^{2}③及钢管直径/mm		滑触线	
			主钩	副钩	大车	小车					截面	G	角钢或扁钢尺寸/mm	每10m电压损失/%
单主梁桥式起重机	5	15.9	7.5/19.7	—	2×3.5/9.2	1.4/4	19.4	51	30	30	3×4	20	∠40×40×4	0.50
	8	23.2	11/28	—	2×5/15	2.2/6.4	28	73	40	60	3×6			0.70
	10	28.2		—	2×7.5/21		34	79			3×10	25		0.75
	12.5	29.5	16/43	—	2×5/15	3.5×9.2	36	105	60					0.96
	16/3	35.5	22/57	11/28			43	134	80	100	3×10(16)	25(32)	∠50×50×5	0.97
	20/5	42		16/43	2×7.5/21	5/15	51	142			3×16	32		1.00
	32/8	67	40/100		2×11/28	7.5/21	82	242	150	200	3×35(50)	32(50)	∠75×75×8	1.08
	50/12.5	79.5	50/117	30/69.5			97	284			3×50	50		1.21

续表

起重机类型	起重量/t	总额定功率①/kW	电动机功率/电流(kW/A)				计算电流/A	尖峰电流/A	熔体电流/A	铁壳开关额定电流/A	BLX型导线截面/mm²③及钢管直径/mm		滑触线	
			主钩	副钩	大车	小车					截面	G	角钢或扁钢尺寸/mm	每10m电压损失/%
双梁桥式起重机	5	23.2	11/28	—	2×5/15	2.2/7.2	27.8	67	40	60	3×6	20	∠40×40×4	0.65
	10	29.5	16/43	—		3.5/10	35	104	60		3×10	25		0.96
	15/3	35.5	22/57	11/28			43	134	80	100	3×10 (16)	25(32)	∠50×50×5	0.97
	20/5			16/43										
	30/5	65	45/110		2×7.5/21	5/15	78	254	160	200	3×35	40	∠75×75×8	1.13
	50/10	89.5	60/133	30/72	2×11/28	7.5/21	197	320			3×50 (70)	50		1.32

注:①总额定功率中不包括副钩电动机功率。

②悬挂梁式起重机采用扁钢滑触线,支柱梁式起重机可采用角钢滑触线。

③环境温度按30℃考虑,当环境温度为35℃时,导线、管径采用括号内数值,导线截面、管径后未加括号的数值,同时适用于35℃。

表 3－11　一台桥式起重机（$\varepsilon=40\%$）开关、导线及滑触线选择

起重机类型	起重量/t	总额定功率/kW	电动机功率/电流（kW/A）				计算电流/A	尖峰电流/A	熔体电流/A	铁壳开关额定电流/A	BLX 型导线截面/mm² 及钢管直径/mm				滑触线	
			主钩	副钩	大车	小车					30℃		40℃		角钢或角钢加铝母线尺寸/mm	每 10m 电压损失/%
											截面	G	截面	G		
单主梁桥式起重机	5	22.8	13/29.5		2×4.2/10	1.4/5.3	35	79	50	60	3×10	25	3×10	25	∠40×40×4	0.77
	8	27.7	17.5/50		2×4/9.5	2.2/7	42	117	60				3×16	32		1.06
	10	44.8	25/73		2×8.8/25		68	178	100	100	3×25	32	3×35		∠50×50×4	1.16
	12.5	35.8	23.5/62		8.8/25	3.5/10	54	147	80		3×16		3×25			1.05
	16/3	56.1	40/106	11/27.5	2×6.3/19		85	244	150		3×35		3×50	50	∠75×75×8	1.18
	20/5	72.6	50/119	16/46	2×2.88/25	5/15	110	289	150	200	3×50	50	3×70		∠50×50×5＋LMY－30×3	0.47
	32/8	87	65/170		2×11/27.5		132	387	200		3×70		3×95	70		0.61
	50/12.5	102	30/308				155	467	250	400	3×95	70				0.73

起重机类型	起重量/t	总额定功率/kW	电动机功率/电流(kW/A)				计算电流/A	尖峰电流/A	熔体电流/A	铁壳开关额定电流/A	BLX 型导线截面/mm^2 及钢管直径/mm				滑触线	
			主钩	副钩	大车	小车					30℃		40℃		角钢或角钢加铝母线尺寸/mm	每 10m 电压损失/%
											截面	G	截面	G		
双梁桥式起重机	5	27.8	13/29	—	2×6.3/19	2.2/7	42	100	60	60	3×10	25	3×16	25	∠40×40×4	0.93
	10	39.6	23.5/62	—		3.5/10	59	152	80	100	3×25	32	3×25	32	∠50×50×5	1.06
	15/3	69.1	48/114	11/31	2×8.8/25		104	275	160	200	3×50	50	3×70	50	∠75×75×8	1.18
	20/5			16/43												
	30/5	94	63/165		2×13/29	5/15	141	389	200		3×95	70	3×95	70	∠50×50×5 +LMY−30×3	0.61
	50/10	105.5		30/72	2×17.5×50	7.5/21	158	406					3×120			0.64

注:①总额定功率中不包括副钩电动机功率。

②400A 的开关可采用 XL—12 型配电箱。

表 3-12 二台梁式起重机组（$\varepsilon=25\%$）开关及导线选择

起重机组合起重量 /t	总额定功率 /kW	计算电流 /A	尖峰电流 /A	熔体电流 /A	铁壳开关额定电流 /A	BLX 型导线截面/mm^2 及钢管直径/mm*		滑触线	
						截面	G	角钢尺寸 /mm	每 10m 电压损失/%
1+1	10	9	36	20	30	3×2.5	15	∠40×40×4	0.40
2+1	11.3	10.2	45	30					0.51
2+2	12.6	11.3	46.3						0.52
3+1	13.9	13.0	71.5	40	60				0.69
3+2	15.2	13.7	72						0.70
3+3	17.8	16.0	74.5	60					0.72
5+1	16.4	19.9	104.6			3×4	20		0.97
5+2	17.7	20.1	104.8						
5+3	20.3	20.3	105						0.98
5+5	22.8	20.5	105.2						

* 导线截面选择按环境温度 30℃考虑。

表 3-13　二台桥式起重机组（ε=25%）开关、导线及滑触线选择

<table>
<tr><th rowspan="2">起重机组合起重量/t</th><th rowspan="2">总额定功率/kW</th><th rowspan="2">计算电流/A</th><th rowspan="2">尖峰电流/A</th><th rowspan="2">熔体电流/A</th><th rowspan="2">铁壳开关额定电流/A</th><th colspan="2">BLX 型导线截面/mm² 及钢管直径/mm</th><th colspan="2">滑触线</th></tr>
<tr><th>截面</th><th>G</th><th>角钢或角钢加铝母线尺寸/mm</th><th>每 10m 电压损失%</th></tr>
<tr><td>5+5</td><td>46.4</td><td>42</td><td>90</td><td>50</td><td rowspan="2">60</td><td>3×10</td><td rowspan="4">25</td><td rowspan="10">∠50×50×5</td><td>0.70</td></tr>
<tr><td>10+5</td><td>52.7</td><td>47</td><td>120</td><td>60</td><td rowspan="3">3×16</td><td>0.89</td></tr>
<tr><td>10+10</td><td>59</td><td rowspan="2">53</td><td>126</td><td rowspan="2">80</td><td rowspan="8">100</td><td>0.93</td></tr>
<tr><td>15/3+5</td><td>58.7</td><td>150</td><td>1.07</td></tr>
<tr><td>15/3+10</td><td>65</td><td>59</td><td>156</td><td rowspan="2">100</td><td rowspan="2">3×25</td><td rowspan="2">32</td><td>1.10</td></tr>
<tr><td>15/3+15/3</td><td>71</td><td>64</td><td>161</td><td>1.12</td></tr>
<tr><td>20/5+5</td><td>58.7</td><td>53</td><td>150</td><td rowspan="2">80</td><td>3×16</td><td>25</td><td>1.07</td></tr>
<tr><td>20/5+10</td><td>65</td><td>59</td><td>156</td><td rowspan="3">3×25</td><td rowspan="3">32</td><td>1.10</td></tr>
<tr><td>20/5+15/3</td><td rowspan="2">71</td><td rowspan="2">64</td><td rowspan="2">161</td><td rowspan="2">100</td><td rowspan="2">1.12</td></tr>
<tr><td>20/5+20/5</td></tr>
<tr><td>30/5+5</td><td>88</td><td>80</td><td>266</td><td rowspan="4">160</td><td rowspan="5">200</td><td rowspan="2">3×35</td><td rowspan="2">40</td><td rowspan="5">∠50×50×5
+LMY-30×3</td><td>0.42</td></tr>
<tr><td>30/5+10</td><td>95</td><td>86</td><td>282</td><td>0.45</td></tr>
<tr><td>30/5+15/3</td><td rowspan="2">101</td><td rowspan="2">91</td><td rowspan="2">288</td><td rowspan="2">3×50</td><td rowspan="3">50</td><td rowspan="2">0.46</td></tr>
<tr><td>30/5+20/3</td></tr>
<tr><td>30/5+30/5</td><td>130</td><td>117</td><td>304</td><td>200</td><td>3×70</td><td>0.48</td></tr>
</table>

注：①本表按普通双梁桥式起重机编制。

②二台（ε=25%）单主梁桥式起重机开关及导线选择可参照本表确定。5～8t 单主梁桥式起重机可视为 5t 双梁桥式起重机；10～12.5t 单主梁可视为 10t 双梁；16/3～20/5t 单主梁可视为 15/3t 双梁；32/8t 单主梁可视为 30/5t 双梁。

③BLX 型导线截面选择按环境温度 30℃考虑。

3.6 电缆、导线与熔断器的配合

铝芯电缆、导线及熔体电流的配合列于表 3－14。

表 3－14　铝芯电缆、导线与允许最大熔体电流的配合/A

电缆、导线截面/mm²				2.5	4	6	10	16	25	35	50	70	95	120	150	185
BLV-500型铝芯导线穿管	二根	短路保护	RT0	50	60	80	120	150	200	250	300	400	450	550	600	
			RM10	45	60	80	125	160	200	260	300	350	430	500	600	
		过负荷保护	RT0	15	20	30	40	50	60	80	100	120	150	150	200	
			RM10	15	20	25	35	45	60	80	100	125	160	160	200	
	三根	短路保护	RT0	40	60	80	100	120	150	200	250	300	400	450	550	
			RM10	45	60	80	100	125	160	225	300	350	430	500	600	
		过负荷保护	RT0	15	20	20	30	40	60	80	80	120	150	150	200	
			RM10	15	20	25	35	45	60	80	80	125	125	160	200	
	四根	短路保护	RT0	40	60	80	100	120	150	200	250	300	400	450	500	
			RM10	35	60	80	100	125	160	200	260	300	350	430	500	
		过负荷保护	RT0	15	15	20	30	40	50	60	80	100	120	150	150	
			RM10	15	15	20	25	35	45	60	80	100	125	125	160	

续表

电缆、导线截面/mm^2			2.5	4	6	10	16	25	35	50	70	95	120	150	185
BLX/BLV-500型铝芯导线明敷	短路保护	RTO	40	50	60	80/100	120	150	200	250	300	350/400	450	500	550/600
		RM10	35	45	60	80/100	125	160	200	260	300	350	430	500	600
	过负荷保护	RTO	20	20/30	30/40	50	60	80	100	120	150	200	200/250	250/300	300/350
		RM10	20	25	35	45	60	80	100	125	160	200	225/260	260/300	300/350
ZLO20型电力电缆在空气中敷设	短路保护	RTO	60	80	100	150	200	250	300	350	450	550	600	600	600
		RM10	60	80	100	125	160	225	300	350	430	500	600	600	600
	过负荷保护	RTO	20	20	30	40	60	80	100	120	150	150	200	250	300
		RM10	20	25	35	45	60	80	100	125	125	160	200	260	300
VLV29型电力电缆在空气中敷设	短路保护	RTO	40	60	80	100	120	150	200	250	350	400	500	600	600
		RM10	35	60	80	100	125	160	225	260	350	430	500	600	600
	过负荷保护	RTO	15	20	20	30	40	60	60	80	100	120	150	150	200
		RM10	15	20	25	35	45	60	60	80	100	125	160	160	200

注：①表中以分子、分母标出的数值，分母适用于 BLX 型导线。

②导线、电缆长期工作允许载流量按环境温度 25℃考虑。

③本表适用于无爆炸危险场所。

3.7　电力电容器及无功功率补偿

3.7.1　电力电容器

电力电容器型号及含义：

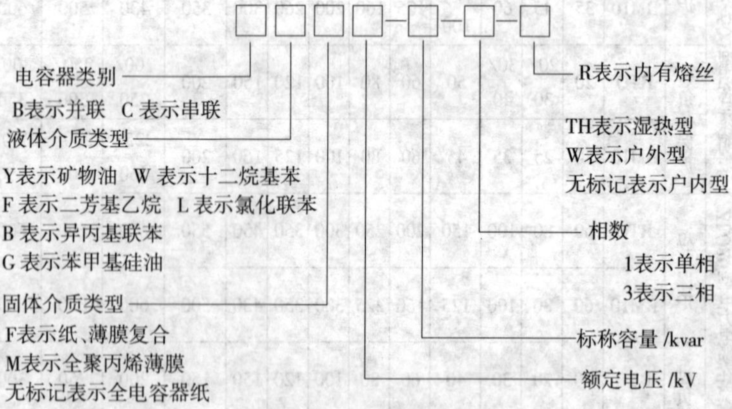

电容器由外壳和芯子组成。外壳用薄钢板密封焊接而成。外壳盖上焊有出线瓷套，在两侧壁上焊有供安装的吊襻，一侧吊襻上装有接地螺栓。

芯子由若干个元件和绝缘件叠压而成。元件用电容器纸或膜纸复合或纯薄膜作介质和铝箔作极板卷制而成。为适应各种电压，元件可接成串联或并联。

在电压 1.05kV 及以下的电容器内，每个元件上都串有一个熔丝（桂林电力电容器厂生产的电压 6.3 或 $11/\sqrt{3}$kV、容量 100kvar 及以上和电压 10.5kV、容量 200kvar 以上电容器内，每个元件也串有熔丝）。

电容器内部设有放电电阻，电容器自电网断开能自行放电。一般情况下，10min 后即可降至 75V 以下。

电力电容器的主要用于补偿电力网中的无功功率。按照联接方式，电力电容器补偿分为两种型式，串联补偿与并联补偿。串联补偿是将电容器串联在线路中，利用容抗和感抗对交流电具有相反作用的原理，以减少线路中由于感抗造成的电压损失，提高负载端的电压，增加线路的输送容量。并联补偿是将电容器与无功功率较大的负载并联，从而减少总线路的无功电流，提高功率因数。并联电容器进行无功功率补偿的原理见图 3－1。图中 $\dot{U}$ 为电源电压相量，$\dot{I}_1$ 为流过负载的电流相量，因为电容器与负载并联，因此并联电容器前、后负载中的电流不变。并联电容器前负载中的电流即为线路中的总电流。并联电容器后，电容器中的电流 $\dot{I}_c$ 比电源电压超前90°相位。而线路中的总电流 $\dot{I}$ 为负载中的电流相量 $\dot{I}_1$ 与电容器中电流相量 $\dot{I}_c$ 之和。即 $\dot{I}=\dot{I}_1+\dot{I}_c$。运用矢量相加的法则，可知，并联电容器后，由于电容的补偿作用，使总电流中的无功分量减少了，线路的功率因数提高了。

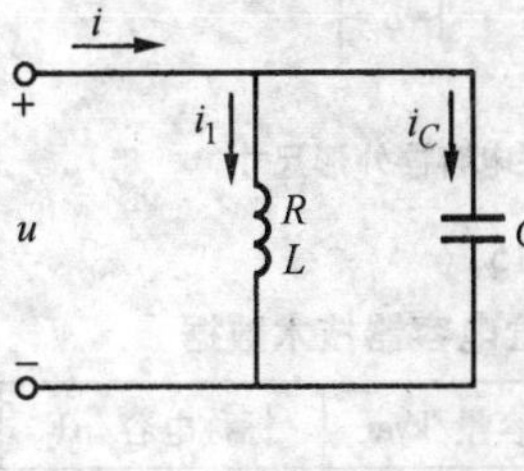

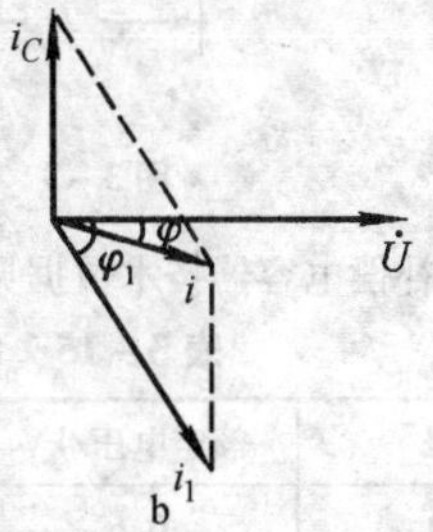

图 3－1　电容器与电感性负载并联以提高功率因数

a. 电路图　b. 相量图

电容器外形见图 3－2、图 3－3。

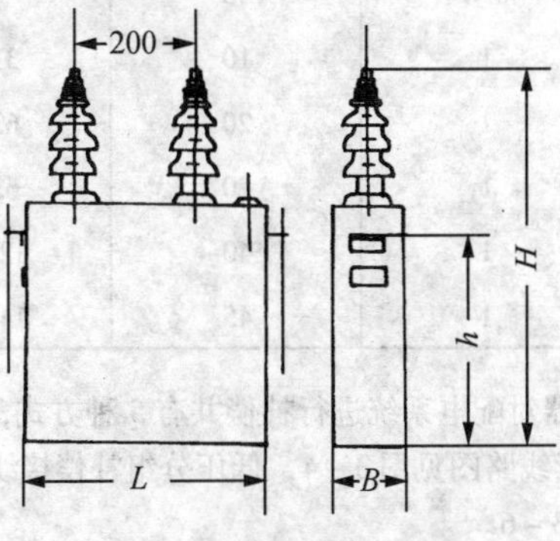

图 3－2　单相并联电容器外形尺寸

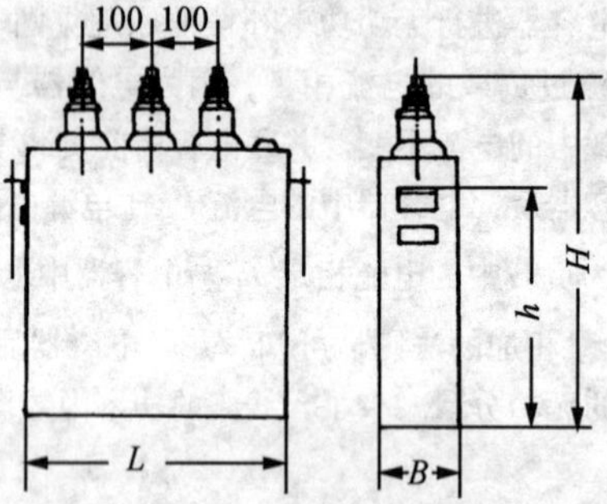

图 3-3　三相并联电容器外形尺寸

串联补偿电容器技术数据见表 3-15。

表 3-15　串联补偿电容器技术数据

型号	额定电压/kV	标称容量/kvar	标称电容/μF	自重/kg
CY0.6-10-1	0.6	10	88.5	21
CY0.6-20-1	0.6	20	177	40
CL0.6-20-1	0.6	20	177	23.5
CL0.6-40-1	0.6	40	354	44.5
CY1-10-1	1	10	31.8	21
CY1-20-1	1	20	63.6	40
CL1-20-1	1	20	63.6	23.5
CL1-40-1	1	40	127.2	44.5
CL1-45-1	1	45	143.2	58

并联补偿电容器对配电系统进行补偿共有 5 种方式，各种方式及特点见表 3-16。高压补偿线路图见图 3-4，低压分组补偿接线图见图 3-5，低压个别补偿接线见图 3-6。

表 3－16　5 种并联补偿方式特点及适用范围

补偿方式		特点	适用范围
10kV 高压母线上集中补偿		优点：电容器组利用率高，可减少供电系统及线路的无功功率 缺点：不能减少用户变压器的低压电路中的无功功率	用于大、中型工厂的无功功率补偿，并与低压补偿配合使用
低压补偿	低压集中补偿	优点：电容器组利用率高 缺点：只能对变压器的无功功率进行补偿	用于负荷集中，供电线路较短的用户
	低压分散补偿	优点：电容器分散安装进行分散补偿，当一个车间停电时，其余车间的电压和补偿无影响 缺点：电容器利用率低	用于车间分散，厂区较大的用户
	低压分组补偿	优点：可减少低压线路及变压器的无功功率。对提高末端电压效果明显 缺点：电容器利用率较低	用于中、小型工厂和低压配电线路较长的用户
	个别补偿	优点：可做到就地补偿 缺点：投资较大，电容器利用率最低	用于大型设备以及经常连续运转的大容量电动机

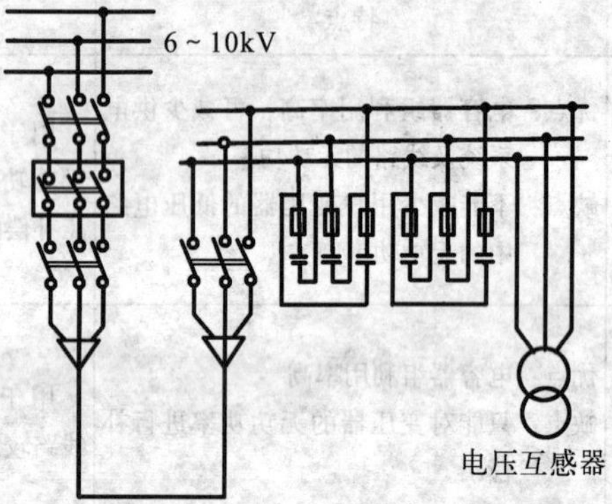

图 3 -4　装在变电所 6 ~ 10kV 母线上的电容器接线

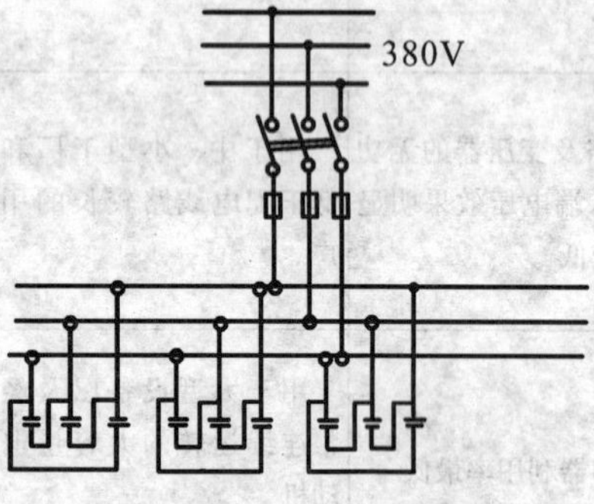

图 3 -5　装在配电变压器低压侧电容器的接线

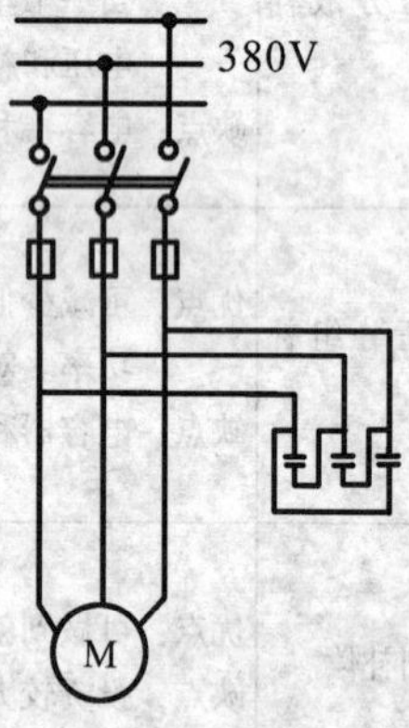

图 3 -6　装在电动机旁的电容器接线

并联电容器技术数据见表 3 -17。

表 3－17 并联电容器的主要技术数据

型号	额定电压/kV	标称容量/kvar	标称电容/μF	频率/Hz	相数	外形尺寸/mm				自重/kg	生产厂
						L	*B*	*H*	*h*		
BW0.23－4－1	0.23	4	240		1	312	122	417	230	22	②
BW0.23－4－1	0.23	4	240		1	380	110	433	250	25	④
BW0.23－5－1	0.23	5	301		1	380	110	433	250	25	④
BW0.23－4－3	0.23	4	240		3	312	122	417	230	22	②
BW0.4－12－1	0.4	12	240		1	312	122	417	230	22	②
BW0.4－12－3	0.4	12	240		3	312	122	417	230	22	②
BW0.4－12－1	0.4	12	240		1	380	113	455	260	24	⑤
BW0.4－12－3	0.4	12	240		3	380	113	455	260	24	⑤
BW0.4－12－1	0.4	12	239		1	380	110	433	230	25	④
BW0.4－12－3	0.4	12	239		3	380	110	433	230	25	④
BW0.4－12－1	0.4	13	259		1	380	110	433	230	25	④
BW0.4－12－3	0.4	13	259	50	3	380	110	433	230	25	④
BW0.4－12－1	0.4	12	280	50	1	450	115	420		25.25	①
BW0.4－12－3	0.4	12	280	50	1	450	115	420		25.25	①
BW0.4－12－1	0.4	12	280	50	1	375	122	455	260	26	⑤
BW0.4－12－3	0.4	12	280	50	3	375	122	455	260	26	⑤
BW0.4－12－3W	0.4	12	280	50	3	375	122	455	260	26	⑤
BW0.4－10－1TH	0.4	10	199	50	1	380	110	411	230	23	⑥
BW0.4－12－1TH	0.4	12	239	50	1	380	110	431	230	24	⑥
BW0.4－10－3TH	0.4	10	199	50	3	380	110	411	230	23	⑥
BW0.4－12－3TH	0.4	12	239	50	3	380	110	431	230	24	⑥
BW0.4－14－1	0.4	14	279	50	1	380	110	431	230	24	⑥
BW0.4－14－3	0.4	14	279	50	3	380	110	431	230	24	⑥
BW0.525－10－1TH	0.525	10	116	50	1	380	110	411	230	23	⑥
BW0.525－10－3TH	0.525	10	116	50	3	380	110	411	230	23	⑥
BW0.525－12－1	0.525	12	139	50	1	312	122	417	230	22	②
BW0.525－12－3	0.525	12	139	50	3	312	122	417	230	22	②
BW0.525－12－1	0.525	12	139	50	1	380	113	450	260	24	⑤④
BW0.525－12－3	0.525	12	139	50	3	380	113	450	260	24	④⑤
BW0.525－13－1	0.525	13	150	50	1	380	110	433	230	25	④
BW0.525－13－1	0.525	13	150	50	1	380	110	433	230	25	④

续表

型号	额定电压/kV	标称容量/kvar	标称电容/μF	频率/Hz	相数	外形尺寸/mm				自重/kg	生产厂
						L	*B*	*H*	*h*		
BW0. 525 - 14 - 1	0. 525	14	162	50	1	375	122	455	260	26	⑤
BW0. 525 - 14 - 3	0. 525	14	162	50	3	375	122	455	260	26	⑤
BW0. 525 - 14 - 1	0. 525	14	162	50	1	380	110	431	230	24	⑥
BW0. 525 - 14 - 3	0. 525	14	162	50	3	380	110	431	230	24	⑥
BW1. 05 - 12 - 1	1. 05	12	34. 7	50	1	380	110	433	230	25	④
BW1. 05 - 12 - 1TH	1. 05	12	31. 8	50	1	380	110	431	230	24	⑥
BW1. 05 - 12 - 1	1. 05	12	35	50	1	312	122	417	230	22	②
BW1. 05 - 13 - 1	1. 05	13	37. 6	50	1	380	110	498	230	25	④
BW1. 05 - 17 - 1	1. 05	17	49. 2	50	1	380	110	439	230	24	⑥
BW6. 3 - 12 - 1TH	6. 3	12	0. 964	50	1	380	110	497	230	25	⑥
BW6. 3 - 12 - 1W	6. 3	12	0. 96	50	1	380	113	550	275	24	⑤
BW6. 9 - 12 - 1W	6. 9	12	0. 80	50	1	380	113	550	270	24	⑤
BW6. 3 - 16 - 1W	6. 3	16	1. 28	50	1	375	122	550	275	24	⑤
BW10. 5 - 12 - 1W	10. 5	12	0. 35	50	1	380	113	590	275	24	⑤
BW10. 5 - 16 - 1W	10. 5	16	0. 46	50	1	375	122	590	275	24	⑤
BW11/$\sqrt{3}$ - 16 - 1W	11/$\sqrt{3}$	16	1. 26	50	1	375	122	590	275	24	⑤
BW12. 7 - 16 - 1W	12. 7	16	0. 32	50	1	375	122	590	275	26	⑤
BWF0. 69 - 25 - 1W	0. 69	25	167	50	1	380	113	460	275	25	⑤
BWF0. 69 - 25 - 3W	0. 69	25	167	50	3	380	113	460	275	25	⑤
BWF1. 05 - 30 - 1	1. 05	30	86. 6	50	1	312	122	417	230	20	②
BWF1. 05 - 50 - 1	1. 05	50	144. 4	50	1	313	123	807	550	32	②
BWF1. 05 - 100 - 1	1. 05	100	289	50	1	383	153	117	460	57	②
BWF6. 3 - 22 - 1W	6. 3	22	1. 76	50	1	312	122	538	255	21	②
BWF6. 3 - 25 - 1W	6. 3	25	2. 0	50	1	382	122	538	255	24	②
BWF6. 3 - 25 - 1W	6. 3	25	2. 01	50	1	380	110	525	235	25	③
BWF6. 3 - 25 - 1W	6. 3	25	2. 0	50	1	375	122	550	275	26	⑤
BWF6. 3 - 30 - 1W	6. 3	30	2. 4	50	1	312	122	538	255	20	②
BWF6. 3 - 40 - 1W	6. 3	40	3. 2	50	1	382	122	538	255	23	②
BWF6. 3 - 50 - 1W	6. 3	50	4. 0	50	1	313	123	903	550	32	②
BWF6. 3 - 50 - 1W	6. 3	50	4. 01	50	1	381	111	815	420	25	③
BWF6. 3 - 100 - 1W	6. 3	100	8. 0	50	1	383	153	813	460	57	②

续表

型号	额定电压/kV	标称容量/kvar	标称电容/μF	频率/Hz	相数	外形尺寸/mm				自重/kg	生产厂
						L	B	H	h		
BWF6.3－100－1W	6.3	100	8.0	50	1	620	130	665	270	25	③
BWF6.3－120－1W	6.3	120	9.63	50	1	620	130	790	340		③
BWF11/$\sqrt{3}$－22－1W	11/$\sqrt{3}$	22	1.74	50	1	312	122	568	255	21	②
BWF11/$\sqrt{3}$－25－1W	11/$\sqrt{3}$	25	1.94	50	1	382	122	568	255	24	②
BWF11/$\sqrt{3}$－25－1W	11/$\sqrt{3}$	25	2.01	50	1	380	110	560		25	③
BWF11/$\sqrt{3}$－25－1W	11/$\sqrt{3}$	25	1.94	50	1	381	111	534	230	25	⑥
BWF11/$\sqrt{3}$－30－1W	11/$\sqrt{3}$	30	2.37	50	1	312	122	568	255	20	②
BWF11/$\sqrt{3}$－33.4－1W	11/$\sqrt{3}$	33.4	2.63	50	1	380	110	560	235	23	③
BWF11/$\sqrt{3}$－40－1W	11/$\sqrt{3}$	40	3.16	50	1	382	122	568	255	23	②
BWF11/$\sqrt{3}$－50－1W	11/$\sqrt{3}$	50	3.95	50	1	313	123	933	550	32	②
BWF11/$\sqrt{3}$－50－1W	11/$\sqrt{3}$	50	4.01	50	1	381	111	850	420	35	③
BWF11/$\sqrt{3}$－100－1W	11/$\sqrt{3}$	100	7.89	50	1	383	153	843	460	57	②
BWF11/$\sqrt{3}$－100－1W	11/$\sqrt{3}$	100	7.87	50	1	620	130	700	270	58	③
BWF11/$\sqrt{3}$－120－1W	11/$\sqrt{3}$	120	9.45	50	1	620	130	790	340	33	③
BWF10.5－22－1W	10.5	22	0.64	50	1	312	122	568	255	21	②
BWF10.5－25－1W	10.5	25	0.72	50	1	382	122	568	255	24	②
BWF10.5－25－1W	10.5	25	0.72	50	1	375	122	590	275	26	⑤
BWF10.5－25－1W	10.5	25	0.72	50	1	380	110	560	260	24	③
BWF－10.5－25－1W	10.5	25	0.72	50	1	381	111	534	230	25	⑥
BWF－10.5－30－1W	10.5	30	0.87	50	1	312	122	568	255	20	②
BWF－10.5－33.4－1W	10.5	33.4	0.96	50	1	380	110	560	235	35	③
BWF－10.5－40－1W	10.5	40	1.15	50	1	382	122	568	255	23	②
BWF－10.5－50－1W	10.5	50	1.44	50	1	313	123	933	550	32	②
BWF10.5－100－1W	10.5	100	2.89	50	1	383	153	843	460	57	②
BWF10.5－120－1W	10.5	120	3.47	50	1	620	130	740	340	35	③
BWF12.5－25－1W	12.5	25	0.51	50	1	380	110	560	235	25	③
BWF12.5－40－1W	12.5	40	0.82	50	1	380	110	560	235		③
BWF12.5－100－1W	12.5	100	2.04	50	1	620	130	640	250		③
BWF12.5－120－1W	12.5	120	2.45	50	1	620	130	700	270		③
BWF12.5－150－1W	12.5	150	3.06	50	1	620	130	790	340		③
BWM6.3－100－1W	6.3	100	8	50	1	313	123	813	460	38	②

续表

型号	额定电压/kV	标称容量/kvar	标称电容/μF	频率/Hz	相数	外形尺寸/mm				自重/kg	生产厂
						L	B	H	h		
BWM6.3-200-1W	6.3	200	16	50	1	383	153	953	600	66	②
BWM6.3-334-1W	6.3	334	26.8	50	1	603	168	953	600	110	②
BWM11/$\sqrt{3}$-50-1W	11/$\sqrt{3}$	50	3.95	50	1	312	122	568	255	20	②
BWM11/$\sqrt{3}$-100-1W	11/$\sqrt{3}$	100	7.89	50	1	313	123	843	460	38	②
BWM11/$\sqrt{3}$-200-1W	11/$\sqrt{3}$	200	15.78	50	1	383	153	983	600	66	②
BWM11/$\sqrt{3}$-314-1W	11/$\sqrt{3}$	314	26.40	50	1	603	168	983	600	110	②
BWM10.5-50-1W	10.5	50	1.44	50	1	312	122	568	255	20	②
BWM10.5-100-1W	10.5	100	2.89	50	1	313	123	843	460	28	②
BWM10.5-200-1W	10.5	200	5.77	50	1	383	153	983	600	66	②
BWM10.5-334-1W	10.5	334	9.65	50	1	603	168	983	600	110	②
BFF11/$\sqrt{3}$-50-1W	11/$\sqrt{3}$	50	3.95	50	1	375	122	590	275	27	⑤
BFF11/$\sqrt{3}$-100-1W	11/$\sqrt{3}$	100	7.9	50	1	315	135	855	490	40	⑤
BWM6.3-100-1W	6.3	100	8.02	50	1	315	135	855	350	40	⑤
BWM10.5-50-1W	10.5	50	1.44	50	1	375	122	590	275	27	⑤
BWM10.5-100-1W	10.5	100	2.89	50	1	315	135	855	490	40	⑤
BGM6.3-45-1W	6.3	45	3.61	50	1	380	110	530	250	25	④
BGM6.3-50-1W	6.3	50	4.01	50	1	380	120	530	250	26	④
BGM6.3-100-1W	6.3	100	8.02	50	1	310	143	930	650	47	④
BGM11/$\sqrt{3}$-100-1W	11/$\sqrt{3}$	100	7.89	50	1	310	143	970	650	47	④
BGM10.5-45-1W	10.5	45	1.30	50	1	380	110	570	250	25	④
BGM10.5-50-1W	10.5	50	1.44	50	1	380	120	570	250	26	④
BGM10.5-100-1W	10.5	100	2.89	50	1	380	143	970	650	47	④
BGF6.3-50-1W	6.3	50	4.0	50	1	375	122	550	275	26	⑤
BGF11/$\sqrt{3}$-50-1W	11/$\sqrt{3}$	50	3.95	50	1	375	122	550	275	26	⑤
BGF10.5-50-1W	10.5	50	1.44	50	1	375	122	550	275	25	⑤
BGF11/$\sqrt{3}$-50-1W	11/$\sqrt{3}$	50	3.32	50	1	375	122	550	275	26	⑤

注：①西安电力电容器厂；②桂林电力电容器厂；③北京电力电容器厂；④无锡电力电容器厂；⑤锦州电力电容器厂；⑥上海电机厂电容器分厂。

3.7.2 无功功率补偿容量的计算

电容器组额定容量的确定：单相接线的电容器，其容量按下式计算：

$$Q=\omega U_X^2 C_X \cdot 10^{-3} \text{ (kvar)} \qquad (3-1)$$

三相三角形接线的电容器组，其容量按下式计算：

$$Q=3\omega {U_{X-X}}^2 C_X \cdot 10^{-3} \text{ (kvar)} \qquad (3-2)$$

三相星形接线的电容器组，其容量按下式计算：

$$Q=\omega {U_{X-X}}^2 C_X \cdot 10^{-3} \text{ (kvar)} \qquad (3-3)$$

以上各式中 C_X——单相等效电容（μF）；

U_X——相电压（kV）；

U_{X-X}——线电压（kV）；

ω——角频率（Hz）。

若已知最大负荷月的平均负荷 P（kW）以及补偿前后的功率因数 $\cos\varphi_1$、$\cos\varphi_2$，则需补偿的无功功率可按下式计算：

$$Q=P\ (\tan\varphi_1-\tan\varphi_2) \qquad (3-4)$$

补偿后的功率因数 $\cos\varphi_2$ 的确定应适当。当 $\cos\varphi_2$ 大于 0.95 到 $\cos\varphi_2=1$ 时电容量的增长很快。将功率因数由 0.95 提高到 1 和由 0.7 提高到 0.9 所需补偿的容量应近似相等。从经济上看，将功率因数提高到 1 是不合适的。

为计算方便，可直接从表 3-18 查得每千瓦有功功率，由补偿前的功率因数 $\cos\varphi_1$ 达到补偿后的功率因数 $\cos\varphi_2$ 所需补偿的无功功率，然后乘以有功功率的千瓦数，即可得到所需补偿的无功功率。

表 3-18 每 1 千瓦有功功率所需无功功率补偿量/（kvar/kW）

补偿前	补偿后 $\cos\varphi_2$										
$\cos\varphi_1$	0.80	0.82	0.84	0.86	0.88	0.90	0.92	0.94	0.96	0.98	1.0
0.40	1.542	1.596	1.647	1.699	1.753	1.807	1.866	1.929	2.003	2.090	2.293
0.41	1.473	1.527	1.578	1.630	1.684	1.738	1.797	1.860	1.934	2.021	2.224
0.42	1.412	1.466	1.517	1.569	1.623	1.677	1.736	1.799	1.873	1.960	2.163
0.43	1.352	1.406	1.457	1.509	1.563	1.617	1.676	1.739	1.813	1.900	2.103
0.44	1.288	1.342	1.393	1.445	1.499	1.553	1.612	1.675	1.749	1.836	2.039
0.45	1.234	1.288	1.339	1.391	1.445	1.499	1.558	1.621	1.695	1.782	1.985
0.46	1.180	1.234	1.285	1.377	1.391	1.445	1.504	1.567	1.641	1.728	1.931
0.47	1.125	1.179	1.230	1.282	1.336	1.390	1.459	1.522	1.596	1.683	1.876
0.48	1.076	1.130	1.181	1.233	1.287	1.341	1.400	1.463	1.537	1.624	1.827
0.49	1.036	1.090	1.141	1.193	1.247	1.301	1.360	1.423	1.497	1.584	1.787
0.50	0.981	1.035	1.086	1.138	1.192	1.246	1.305	1.368	1.442	1.529	1.732

续表

补偿前	补偿后 $\cos\varphi_2$										
$\cos\varphi_1$	0.80	0.82	0.84	0.86	0.88	0.90	0.92	0.94	0.96	0.98	1.0
0.51	0.939	0.993	1.044	1.106	1.160	1.214	1.273	1.336	1.410	1.497	1.690
0.52	0.890	0.944	0.995	1.047	1.101	1.155	1.214	1.277	1.351	1.438	1.611
0.53	0.849	0.903	0.951	1.006	1.060	1.114	1.173	1.236	1.310	1.397	1.600
0.54	0.808	0.862	0.913	0.965	1.019	1.073	1.132	1.195	1.269	1.356	1.559
0.55	0.766	0.800	0.871	0.923	0.977	1.031	1.090	1.153	1.227	1.314	1.517
0.56	0.728	0.782	0.833	0.885	0.939	0.993	1.052	1.115	1.189	1.276	1.479
0.57	0.691	0.745	0.796	0.848	0.902	0.956	1.015	1.078	1.152	1.239	1.442
0.58	0.655	0.709	0.760	0.812	0.866	0.920	0.979	1.042	1.116	1.203	1.406
0.59	0.618	0.672	0.723	0.775	0.829	0.883	0.942	1.005	1.079	1.166	1.369
0.60	0.583	0.637	0.688	0.740	0.794	0.848	0.907	0.970	1.044	1.131	1.344
0.61	0.549	0.603	0.654	0.706	0.760	0.814	0.873	0.936	1.010	1.097	1.300
0.62	0.515	0.569	0.620	0.672	0.726	0.780	0.839	0.902	0.976	1.063	1.266
0.63	0.481	0.535	0.586	0.638	0.692	0.740	0.805	0.868	0.942	1.029	1.232
0.64	0.450	0.504	0.555	0.607	0.661	0.715	0.774	0.837	0.911	0.998	1.201
0.65	0.437	0.477	0.522	0.574	0.628	0.682	0.741	0.804	0.878	0.965	1.168
0.66	0.388	0.442	0.493	0.545	0.599	0.653	0.712	0.775	0.849	0.936	1.139
0.67	0.357	0.411	0.462	0.514	0.568	0.622	0.681	0.744	0.818	0.905	1.108
0.68	0.327	0.381	0.432	0.484	0.538	0.592	0.651	0.714	0.788	0.875	1.078
0.69	0.297	0.351	0.402	0.454	0.508	0.562	0.621	0.684	0.758	0.845	1.048
0.70	0.270	0.324	0.375	0.427	0.481	0.535	0.594	0.657	0.731	0.818	1.021
0.71	0.241	0.295	0.346	0.398	0.452	0.506	0.565	0.628	0.702	0.789	0.992
0.72	0.212	0.266	0.317	0.369	0.423	0.477	0.536	0.599	0.673	0.760	0.963
0.73	0.185	0.239	0.290	0.342	0.396	0.450	0.509	0.572	0.646	0.735	0.936
0.74	0.157	0.211	0.262	0.314	0.368	0.422	0.481	0.544	0.618	0.705	0.908
0.75	0.131	0.185	0.236	0.288	0.342	0.396	0.455	0.518	0.592	0.679	0.882
0.76	0.103	0.157	0.208	0.260	0.314	0.368	0.427	0.490	0.564	0.651	0.854
0.77	0.078	0.132	0.183	0.235	0.289	0.343	0.402	0.465	0.539	0.626	0.829
0.78	0.052	0.106	0.157	0.209	0.263	0.317	0.376	0.439	0.513	0.600	0.803
0.79	0.024	0.078	0.129	0.181	0.235	0.289	0.348	0.411	0.485	0.572	0.775

对于电动机的无功功率补偿，一般应按电动机空载时功率因数补偿到1为好。而不能按前述几种方法选择，即不能按负荷情况计算。否则在电动机空载（或轻载）时将造成过补偿。过补偿的电动机在切断电源后，由于电容器的放电，供给电动机以励磁电流，使仍在旋转中的电动机变成了感应发电机，这时电压将超出电动机额定电压好多倍，对电动机的绝缘和电容器均不利。同时旋转中的电动机立即合闸时，在电容器冲击电流的作用下，电动机会产生很大的瞬时转矩，可能损坏电动机轴和靠背轮等。

对于电动机补偿容量可按式（3－5）计算：

$$Q=\sqrt{3}UI_0 \qquad (3-5)$$

式中：U——电动机的电压（kV）；

I_0——电动机的空载电流（A）。

补偿容量可由表3－19查出。

表3－19　与电动机常接电容器最高容量参考表

电动机功率/kW	电动机转速/（r/min）					
	3 000	1 500	1 000	750	600	500
	电容器最高容量/kvar					
7.5	2.5	3.0	3.5	4.5	5.0	7.0
11	3.5	3.0	4.5	6.5	7.5	9.0
15	5.0	4.0	6.0	7.5	8.5	11.5
18.5	6.0	5.0	6.5	8.5	10.0	14.5
22	7.0	7.0	8.5	10.0	12.5	15.5
30	8.5	8.5	10.0	12.5	15.0	18.5
37	11.0	11.0	12.5	15.0	18.0	23.0
45	13.0	13.0	15.0	18.0	22.0	26.0
55	17.0	17.0	18.0	22.0	27.5	33.0
75	21.5	22.0	25.0	29.0	33.0	38.0
90	25.0	26.0	29.0	33.0	40.0	45.0
110	32.5	32.5	33.0	36.0	45.0	52.5
150	40.0	40	42.5	45.0	55.0	65.0

对220kV及以下电网的容性无功补偿设备总容量，可按下式计算：

$$Q_C = kQ_D - Q_G - Q_R - Q_L \tag{3-6}$$

式中 Q_C——容性无功补偿设备总容量；

k——最大自然无功负荷系数，由表3-20查得；

Q_D——最大自然无功负荷；

Q_G——本网发电机的无功功率；

Q_R——主网和邻网输入的无功功率；

Q_L——线路和电缆的充电功率。

表3-20 220kV及以下电网的最大自然无功负荷系数

变压级数	电网电压/kV				
	220	110	63	35	10
	最大自然无功负荷系数/（kvar/kW）				
220/110/35/10	1.25～1.4	1.1～1.25		1.0～1.15	0.9～1.05
220/110/10	1.15～1.30	1.0～1.15			0.9～1.05
220/63/10	1.15～1.30		1.0～1.15		0.9～1.05

注：本网中发电机有功功率比重较大时，宜取较高值；主网和邻网输入有功功率比重较大时，宜取较低值。

电网的无功补偿水平用无功补偿度表示，可按下式计算：

$$W_B = \frac{Q_C}{P_D} \tag{3-7}$$

式中 W_B——无功补偿度（kvar/kW）；

Q_C——容性无功补偿设备容量（kvar）；

P_D——最大有功负荷（或装机容量）（kW）。

对220kV及以下电压等级的变电所中，应根据需要配置无功补偿设备，其容量可按主要变压器容量的0.10～0.30确定。在主变压器最大负荷时，其二次侧的功率因数不小于表3-21中所列数值，或者由电网供给的无功功率与有功功率比值不大于表3-21中所列数值。

表 3－21　220kV 及以下变电所二次侧功率因数规定值

电压等级/kV	220	35～110
功率因数	0.95～1	0.9～1
无功功率/有功功率	0.33～0	0.48～0

注：①由发电厂直接供电的变电所，其供电线路较短时，功率因数可取表 3－21 中较低值，其他变电所的功率因数应取较高值。

②经技术经济比较合理时，功率因数可高于表中上限值。

在 10（6）kV 配电线路上宜配置高压并联电容器，或者在配电变压器低压侧配置低压并联电容器。电容器的安装容量不宜过大，一般约为线路配电变压器总容量的 0.05～0.10，并且在线路最小负荷时，不应向变电所倒送无功。如配置容量过大，则必须装设自动投切装置。

3.7.3　电力电容器的布置与安装

电力电容器的布置与安装须遵循以下原则：

（1）电容器装置应根据环境条件、设备技术参数及当地的实践经验，选择屋外、半露天或屋内的布置型式。

（2）电容器安装地点的周围必须设置遮拦（有电容器屏除外）。

（3）安装电容器的房屋必须通风良好，同一层电容器之间的距离不得小于 5cm，层间不能有水平隔板，以利空气流通，通风出口应在电容器上面。

（4）引线和电容器的连接处既要防止松动和接触不良，也要防止拧得过紧过死。特别是装配式套管，在装拆引线过程中，要防止瓷套管丝杠转动，破坏密封。

（5）电容器在安装时，应使各相电容大体平衡。

（6）电容器装置的安装尺寸不应小于表 3－22 所列数值。

表 3－22　电容器装置安装尺寸

名称	电容器		电容器底部距地面		装置顶部至屋顶净值
	间距	排间距离	屋内	屋外	
最小尺寸/mm	100	200	200	300	1 000

注：电容器间距应按制造厂规定，无制造厂提供的数据时，可按不小于 100mm 考虑。

(7) 电容器装置在布置中应设置维护通道[①]，其宽度（净距）不宜小于1 200mm。维护通道与电容器间应设置网状遮拦。

电容器构架与墙或构架之间设置检修走道[②]时，其宽度不宜小于1 000mm。

(8) 电器装置半露天布置时，应按屋外布置确定安装尺寸。

(9) 电容器组的绝缘水平应与电网的绝缘水平相配合。电容器与电网绝缘水平一致时，应将电容器外壳与构架可靠接地；电容器绝缘水平低于电网时，应将电容器安装在与电网绝缘水平相一致的绝缘构架上，电容器外壳应与构架可靠连接。35kV、63kV 电容器组的绝缘构架应分相设置。

(10) 串联电抗器的绝缘水平低于电网时，应将其装在与电网绝缘水平相一致的绝缘平台上。

(11) 电容器装置应有防止小动物进入的措施。

(12) 电容器套管与母线应使用软导体连接。不得利用电容器套管支承母线。

单套管电容器组的接壳导线，应由接壳端子的连接线引出。

(13) 熔断器应安装在通道侧，并应避免熔丝熔断时引起事故损坏邻近设备。

(14) 未装设接地隔离开关的电容器装置应设有挂接地线的端子。

(15) 电容器装置的钢构架应采取镀锌等防锈措施。

3.7.4 高次谐波对电力电容器的影响及消除措施

由于愈来愈多的采用大容量晶闸管整流器作为拖动和直流电源，其高次谐波对于系统的影响日益增加，尤其对并接于系统的电力电容器，高次谐波可能使电容器过负荷，有时可达几倍以上。

一般采用的消除措施有下述几种：

(1) 增加整流相数，消除低高次谐波分量。晶闸管整流装置交流电源侧含有的高次谐波电流可用下式表示：

$$I_n = \frac{K_n}{n} \cdot I_1 = \frac{K_n}{K_q \pm 1} I_1 \qquad (3-8)$$

注：①维护通道指正常运行时巡视、停电后进行检修及更换设备的通道。

②检修走道指停电后打开网门后方能进行检修和更换设备的走道。

式中 I_n ——高次谐波电流（A）；

I_1 ——基波电流（A）；

n ——谐波次数；

K_n——由控制角 a 和重叠角 r 确定的常数，当重叠角 r 为零时，$K_n = 1$；

q ——整流相数，即整流电压脉动次数；

K ——任意整数。

由上式可知高次谐波电流与整流相数有关，相数增多，高次谐波的最低次数变高，而谐波电流的幅值却变小。一般使用的可控硅整流装置，大部分是6相，为了降低高次谐波电流，可以改用12相或36相。当采用12相整流时，高次谐波电流只占有全电流的1%，采用36相时则更小。

（2）当两台以上整流变压器由同一段母线供电时，可将整流变压器的一次绕组分别交替接成星形和三角形，这样5次、7次谐波可互相抵消，而只需考虑11次、13次谐波的影响。

（3）装设由电容电感串接组成的高次谐波滤波器，分别对各次谐波串联谐振，从而去掉电源上高次谐波电压分量。滤波器都并接在整流变压器一次侧电网上。

（4）在电力电容器回路中串联一组电抗器，其感抗值的选择，应满足在可能产生的任何谐波下，均使电容器回路的总电抗为感抗而不是容抗，从而根本上消除了产生谐振的可能。电抗器感抗值按下式计算：

$$X_1 = K \frac{X_c}{n^2} \tag{3-9}$$

式中 X_c——电力电容器的基波容抗（Ω）；

n ——可能产生的最低谐波次数；

K ——可靠系数，一般取1.2~1.5。

对6相整流线路，$n=5$，则

$$X_1 = 1.2 \frac{X_c}{5^2} \approx 0.05 X_c \tag{3-10}$$

为了防止可能出现的铁磁谐振，一般宜采用无铁芯的电抗器。电抗器的额定电流应稍大于电容器的实际电流。但应注意，由于串联电抗器的结果，加于电容器上的端电压升高，其值为：

$$U_c = U_e \frac{X_c}{X_c - X_1} \quad (3-11)$$

式中　U_e——系统额定电压（V）。

对于5次谐波，端电压升高可达107%。所以电容器的额定电压应稍高于系统电压。对于6.3kV系统应采用6.6kV的电容器；对10.5kV系统应采用11kV的电容器。

（5）为了防止并联谐振的危害，采用高于系统电压10%的电容器直接与整流器并联，这样谐振频率的谐振电流虽然可能达到电容器基波电流的1.45倍（也就是均方根电流之和可达到基波电流的1.45倍），但由于系统电压低于电容器的额定电压，因而基波电流为额定电流的90%，均方根电流之和为额定电流的1.3倍左右，也就是没有超过电容器的允许电流值。但应校验是否会产生串联谐振而造成严重过负荷的可能。此外，这样做的结果，较多地损失掉电容器的容量（实际系统补偿的无功负荷为电容器额定容量的81%），因此，必须经过技术经济比较再确定。

（6）根据既定条件适当的选择电容器安装地点和容量，使之避开谐振条件，在可能条件下这样做是最经济的。不过，在运行中由于系统阻抗变更，仍然可能出现谐振。

3.7.5　电力电容器的运行与维护

1. 电容器的运行条件

（1）电容器应保持在额定电压下工作，也允许在1.05倍额定电压下长期运行，但不应在1.1倍额定电压下工作。

（2）电容器的电流不应超过额定值的1.3倍。

（3）电容器组应采用平衡或差动保护，电流速断保护。高压电容器最好在每个电容器上装置单独的熔丝，熔丝电流应按其特性和投入电容器时的涌流来选择，一般以1.5～2.5倍电容器额定电流为宜。当电网单相接地电流大于20A时，且速断或熔丝保护对接地短路不灵敏时，电容器组以及大容量的高压单独电容器应装单相接地保护装置。

（4）电容器应在规定的环境温度范围内工作；油浸电容器周围的空气温度范围为－40～＋40℃。

（5）电容器在运行时，外壳温度不应超过50～60℃（温升25℃），测温方法可以在外壳2/3高度处用桐油灰将温度计粘在外壳大面中间或用试温蜡片进行监视。

（6）对于运行中的电容器，应经常进行外观检查，如发现箱壳膨胀及漏油严重，应停止使用，以免爆炸。

（7）电容器组每次从网络断开后，应进行放电。对于高压电容器可通过电压互感器放电。对于低压电容器可通过白炽灯泡放电，它们应经常与电容器并联。在电容器未进行放电前，不许触及电容器和引线。

2. 电容器使用中的维护与保养

（1）对运行中的电容器必须定期进行检查，如发现内部有响声、箱形膨胀、绝缘子爬电等现象应停止运行，并将故障电容器退出。

（2）当环境温度低于 -25℃时，应避免将电容器投入运行，同时可采取措施使环境温度上升到 -25℃以上，并一直保持 4h 以上，再投入电容器运行。

（3）必须定期测量安装电容器部位的空气温度，如发现该温度超过电容器允许运行温度的上限值，则应停止运行，或采取必要的降温措施。

（4）应定期检查电容器的每相负荷，使其不超过过负荷的规定。

（5）如发现电容器表面（特别是绝缘子处）积灰严重，应停电进行清除，清除时应采用干揩的方法。

（6）电容器的电容量必须进行定期测量（建议每月不少于 1 次），如发现电容器（或电容器组）的总容量降至允许偏差范围以外，或三相不平衡率超过 108%，则应更换适当的电容器。

（7）电容器 $\tan\delta$ 值在一年内应测量二次，以检查电容器可靠性，并发现故障预兆。测量时的电压应接近但不超过电容器的额定电压。

3.7.6 电力电容器屏及主要技术数据

静电电容器屏包括高、低压静电电容器屏及其派生的高、低压并联自动补偿成套装置。用于 6～10kV 及 0.4kV 的变配电站以及工矿企业、宾馆及民用住宅的配电所，作为改善电网功率因数用。

低压 PGJ1 型无功功率自动补偿屏，可以与 PGL $\frac{1}{2}$ 型低压配电屏配套使用或单独使用。主屏内设有无功功率控制器一台，控制器使电容器按循环投切方式工作，并根据电网功率因数的大小（或负载消耗的感性无功功率）自动控制适量的电容器投入或切除。PGJ1 型无功功率自动补偿屏为双面维护结构，其外形尺寸、屏间连接孔、主母线距地尺寸、架线方式、相间距离与 PGL $\frac{1}{2}$ 型低压配电屏完全相同。

6～10kV 高压静电电容器柜除 GR－1 型外，还发展了 GR－1C（横差保护型，当柜内某一电容器发生过流时，依靠接成模差线路的电流互感器，驱使主电路开关跳闸）及 GR—1Y 型（即抑制高次谐波、电抗器型）。TBB 型并联补偿成套装置是一种补偿容量大的装置，这种装置保护方案较全，考虑了过压、过流、欠压、中性电流平衡保护、放电线圈、接地刀闸、避雷器等安全保护。

常用的静电电容器屏的型号及主要数据见表 3－23。

表 3－23　静电电容器屏型号及主要数据

型号	额定电压 /kV	总标称容量 /kvar	适用范围	备注
GR－1	6、10	192、216、240、270、360、450	适用于 6～10kV 变配电站作集中补偿	有四个方案可选
TBB 系列	10.5	750、1 000、1 500、2 000、2 250、3 000、3 750、4 000、4 500、5 000、5 250、6 000		双 Y 接线、有手动投切及自动投切等 5 个控制方案可选
PGJ1	0.4	84、112	可集中并联于 0.4kV 汇流母线上，适用于工厂、学校等配电室	分 4、6、8、10 步控制

第 4 章　电力变压器

4.1　变压器的工作原理、分类及型号

4.1.1　变压器的工作原理

1. 变压器的工作原理

变压器是将一种电压、电流、相数的交流电流转变成同一频率的另一种电压、电流、相数的交流电能的电器。变压器是基于电磁感应原理工作的。变压器有二组绕组，与电源相接的绕组称一次绕组或原绕组，对应的参数用下标 1 表示，如电压 U_1、电流 I_1、匝数 N_1 等。与负载相接的绕组称二次绕组或副绕组，对应的参数以下标 2 标出，如 U_2、I_2、N_2 等。

2. 一、二次电压、磁通、匝数的关系式

当变压器一次绕组上加一定的交流电压 U_1 时，在二次绕组上会感应出相应的交流电压 U_2，若忽略变压器的损耗（铜损和铁损），可近似认为一次绕组上的电压 U_1 等于电动势 e_1，即

$$U_1 = 4.44fN_1\phi_m \tag{4-1}$$

式中：f ——交流电频率（Hz）；

ϕ_m——磁通最大值（Wb）；

N_1——一次绕组匝数（匝）。

若二次绕组开路，其开路电压 U_2 也等于二次侧电动势 e_2，即：

$$U_2 = 4.44fN_2\phi_m \tag{4-2}$$

3. 变比

由式（3-1）及式（3-2）可得

$$\frac{U_1}{U_2} = \frac{N_1}{N_2} = k \tag{4-3}$$

式中　k——变压器的变压比。

当二次绕组接负载时，即变压器负载运行，其一次、二次绕组电流比为：

$$\frac{I_1}{I_2} \approx \frac{N_2}{N_1} = \frac{1}{k} \tag{4-4}$$

此外变压器还有变换阻抗的功用。

4.1.2 变压器的分类

变压器的分类见表4－1。

表4－1 变压器的分类

分类法	类别	细分类别
按相数分	单相 三相 三相变两相 或两相变三相	T形接法，V形接法
按绕组数量分	双绕组 三绕组 单绕组自耦	特殊整流变压器其分离的绕组有多于三绕组者
按调压方式分	无励磁调压 有载调压	
按导磁体材质分	冷轧硅钢片 热轧硅钢片	近期国外发展了磁铁玻璃体作铁芯
按冷却方式分	油浸自冷 油浸风冷 油浸水冷 强油循环 干式自冷 干式风冷	扁管散热或片式散热，瓦楞油箱 附冷却风扇 附油水冷却器 有潜油泵 附风冷却器
按导体材质分	铜导线 铝导线 半铜半铝	近年已发展为铝箔或铜箔产品

续表

分类法	类别	细分类别
按使用要求分	电炉用	炼钢或炼电石、炼合金
	整流用	牵引、传动、电解或高压整流
	矿用	一般型或防爆型
	船用	
	中频淬火	也有取中频加热
	试验用	高压耐压试验
	电信用	调幅变压器
	电焊用	电焊变压器
按安装场所分	户内	干式、环氧浇注式
	户外	油式、柱上式、平台式、一般户外

4.1.3 变压器的型号

变压器的型号是用一系列数字和字母表示的。

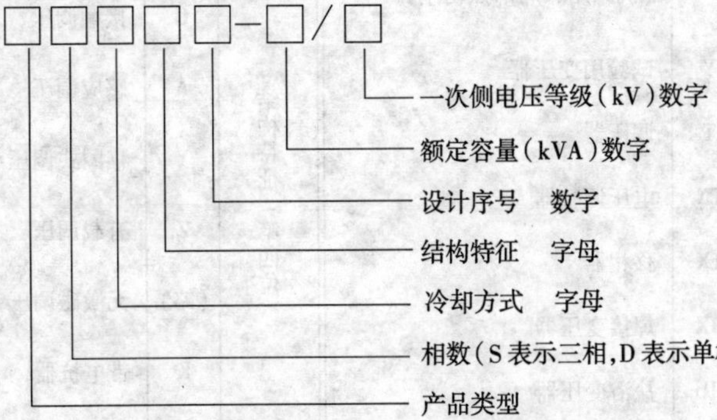

变压器产品代号及含义见表4-2。

表4-2　变压器产品代号及含义

内容	代号	含　　义
产品类别（第一位）	O	自耦变压器(O在前为降压) (O在后为升压)
	（略）	电力变压器
	H	电弧炉变压器
	ZU	电阻炉变压器
	R	加热炉变压器
	Z	整流变压器
	K	矿用变压器
	D	低压大电流用变压器
	J	电机车用变压器 （机床用、局部照明用）
	Y	试验用变压器
	T	调压器
	TN	电压调整器
	TX	移相器
	BX	焊接变压器
	HU	盐浴变压器
	G	感应电炉变压器
	BH	封闭电弧炉变压器
冷却方式（第三位）	G	干式
	（略）	油浸自冷
	F	油浸风冷
	S	水冷
	FP	强迫油循环风冷
	SP	强迫油循环水冷
	P	强迫油循环
结构特征（第四位）	S	三线圈
	L	铝线
	C	接触调压
	A	感应调压
	Y	移圈式调压
	Z	有载调压
	（略）	无激磁调压
	K	带电抗器
	T	成套变电站用
	Q	加强型

4.2 电力变压器的结构及主要技术指标

4.2.1 电力变压器的结构

电力变压器的外形及主要结构如图 4－1 所示。

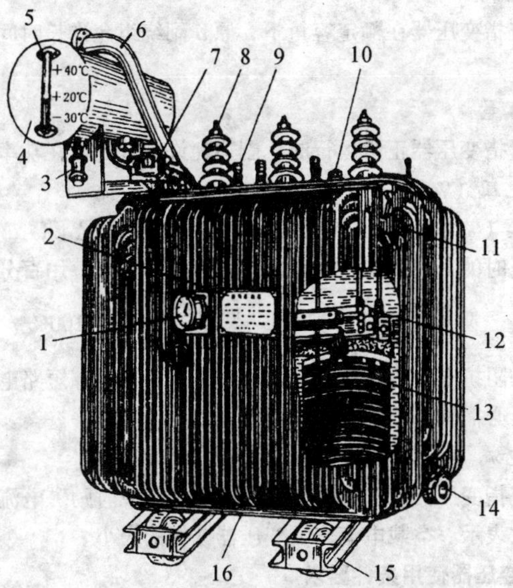

图 4－1 电力变压器的外形及主要结构

1. 信号式温度计 2. 铭牌 3. 吸湿器 4. 储油柜 5. 油表 6. 防爆管 7. 气体继电器 8. 高压套管 9. 低压套管 10. 分接头开关 11. 油箱 12. 铁芯 13. 绕组及绝缘 14. 放油阀门 15. 小车 16. 引线

电力变压器由绕组、铁芯、高低压套管、油箱、分接开关、吸湿器、温度计、防爆管及气体继电器组成。

4.2.2 变压器的主要技术指标

1. 电压等级

高压绕组（一次绕组）电压等级指变压器长时间运行时高压侧的额定线电压。配电电力变压器有35kV、10kV、6.3kV及6kV几个等级；低压绕组（二次绕组）侧电压指一次绕组加额定电压后，二次侧空载时的额定线电压。低压侧额定线电压有10.5kV、6.3kV、0.4kV几个等级。

2. 额定电流

额定电流指变压器在额定容量下，原、副绕组允许长时间连续通过的线电流。

3. 额定容量

额定容量指变压器正常运行时，副边允许负载的视在功率。

4. 阻抗电压（%）

阻抗电压（%）指变压器在二次侧绕组短路情况下，二次侧短路电流等于额定电流时的一次侧电压与一次侧额定电压之比，用百分数表示。

$$\text{阻抗电压（\%）}=\frac{\text{阻抗电压}}{\text{一次侧额定电压}}\times 100\% \qquad (4-5)$$

变压器的阻抗电压表征变压器铜损的大小，是计算短路电流和研究变压器并联运行所必需的数据。

5. 空载电流

空载电流指变压器二次绕组开路，即不接负载时励磁电流与额定电流之比，用百分数表示。空载电流表征变压器铁损的大小。

4.2.3 变压器使用条件要求

电力变压器使用条件应满足以下要求：

（1）海拔高度不超过1 000m。

（2）环境温度：最高气温+40℃，最低气温-30℃，最高日平均气温+30℃，最高年平均气温+20℃。

（3）当气温+25℃时，相对湿度不超过90%。

（4）安装场所无严重影响变压器绝缘的气体、蒸汽、化学性沉积、灰尘、污垢及其他爆炸性和浸蚀性介质。

（5）安装场所无严重振动和颠簸。

4.3　电力变压器的技术数据

目前国内中小型电力变压器的生产情况是：SL1、SL、SFL1、SL2、SFLZ、SZ 以及 S7、SL7 均属淘汰产品，目前已不再生产。对应的新型换代产品为 S9、S11、SZ9、SH11 系列。此外常用的电力变压器还有 SJ、SJL、SJL1 等系列。

4.3.1　S9 系列电力变压器

S9 系列电力变压器：10kV 级 S9 系列三相油浸自冷式铜线电力变压器，供交流 50Hz 的供配电系统中作为分配电能、变换电压之用，可供户内、户外连续使用。

本系列产品的铁芯采用优质冷轧晶粒取向电工钢片，45°全斜接缝无冲孔结构，芯柱铁轭等截面。芯柱采用半干性玻璃粘带绑扎或刷固化漆，使片与片黏合在一起。铁轭用槽钢本身的钢性及旁轭螺栓同时夹紧。

本系列产品的绕组采用高强度的缩醛漆包圆铜线或纸包扁铜线。容量为 500kVA 及以下者，高低压绕组均为圆筒式。为了提高质量和改进工艺，高低压绕组绕在一起。容量为 630kVA 及以上者，高压绕组为连续式或半连续式，低压绕组为双半螺旋、双螺旋和四半螺旋式。

本系列产品的油箱结构型式有：长圈形管式油箱，长方形油箱，片式散热器，考虑到生产能力，可用扁管式油箱代替。

本系列产品为无载调压，调压范围 ±5%。

10kV 级 S9 系列电力变压器技术数据见表 4－3。

表 4－3　10kV 级 S9 系列电力变压器技术数据

额定容量/(kVA)	额定电压/kV		阻抗电压/%	连接组标号	损耗/W		空载电流/%	油重/kg	器身重/kg	总重/kg	外形尺寸（长×宽×高）/mm
	高压	低压			空载	短路					
30	10,6.3,6	0.4	4	Y,yn0	130	600	2.4	105	165	355	990×650×1 055
50					170	870	2.2	115	260	470	1 070×690×1 100

续表

额定容量/(kVA)	额定电压/kV		阻抗电压/%	连接组标号	损耗/W		空载电流/%	油重/kg	器身重/kg	总重/kg	外形尺寸（长×宽×高）/mm
	高压	低压			空载	短路					
63	10，6.3，6	0.4	4	Y，yn0	200	1 040	2.2	130	280	515	1 090×710×1 155
80					250	1 250	2.0	145	340	605	1 120×770×1 225
100					290	1 500	2.0	160	380	670	1 220×808×1 335
125					350	1 750	1.8	175	440	760	1 385×850×1 328
160					420	2 100	1.7	195	530	895	1 415×8 970×1 360
200					500	2 500	1.7	215	605	1 010	1 390×980×1 420
250					590	2 950	1.5	250	730	1 200	1 410×860×1 400
315					700	3 500	1.5	275	855	1 385	1 540×1 010×1 510
400					840	4 200	1.4	320	1 010	1 640	1 440×1 230×1 580
500					1 000	5 000	1.4	360	1 155	1 880	1 570×1 250×1 610
630			4.5		1 230	6 000	1.2	610	1 720	2 830	1 870×1 526×1 920
800					1 450	7 200	1.2	690	1 965	3 260	2 225×1 550×2 320
1 000					1 720	10 000	1.1	865	2 180	3 820	2 300×1 560×2 480
1 250					2 000	11 800	1.1	985	2 615	4 525	2 310×1 215×2 662
1 600					2 450	14 000	1.0	1 145	2 960	5 185	2 370×1 892×2 719

6～10kV S9－M 系列全密封变压器技术数据见表 4－4。

35kV S9 系列电力变压器技术数据见表 4－5。

SZ9 系列 6～10kV 级、35kV 级有载调压电力变压器技术数据见表 4－6、4－7。

表 4-4　S9—M 系列全密封电力变压器技术数据

（S9-M-30～1600/6～10）

额定容量/(kVA)	电压组合			连接组标号	损耗/kW		空载电流/%	器身吊重/kg	总重/kg	外形尺寸（长×宽×高）/mm
	高压/kV	高压分接范围/%	低压/kV		空载	负载				
30	6 10	±5	0.4	Yyn0	0.13	0.60	2.1	185	300	680×660×965
50					0.17	0.87	2.0	250	395	720×680×1 020
63					0.20	1.04	1.9	285	450	735×685×1 080
80					0.25	1.25	1.8	335	515	780×700×1 115
100					0.29	1.50	1.6	360	560	800×700×1 150
125					0.34	1.80	1.5	440	675	820×715×1 170
160					0.40	2.20	1.4	505	775	850×730×1 220
200					0.48	2.60	1.3	585	895	1 290×745×1 240
250					0.56	3.05	1.2	715	1 100	1 345×765×1 300
315					0.67	3.65	1.1	820	1 245	1 395×800×1 280
400					0.80	4.30	1.0	980	1 530	1 420×800×1 400
500					0.96	5.15	1.0	1 155	1 755	1 500×840×1 390
630					1.20	6.20	0.9	1 430	2 195	1 580×855×1 520
800					1.40	7.50	0.8	1 665	2 560	1 605×860×1 590
1 000					1.70	10.3	0.7	1 900	3 065	1 660×870×1 650
1 250					1.95	12.0	0.6	2 160	3 565	1 695×895×1 705
1 600					2.40	14.5	0.6	2 560	4 160	1 750×910×1 770

表 4－5　S9 系列（35kV 级）无励磁调压电力变压器技术数据

额定容量/（kVA）	连接组标号	额定电压/kV	阻抗电压/%	损耗/kW		空载电流/%
				空载	负载	
50	Yyn0	35/0.4	6.5	0.21	1.22	2.80
100				0.30	2.03	2.60
125				0.34	2.40	2.50
160				0.38	2.90	2.40
200				0.44	3.40	2.20
250				0.51	4.00	2.00
315				0.61	4.80	2.00
400				0.74	5.80	1.90
500	Yyn0	35/0.4	6.5	0.86	7.00	1.90
630				1.04	8.30	1.80
800				1.23	9.90	1.50
1 000				1.44	12.15	1.40
1 250				1.76	14.67	1.20
1 600				2.12	17.55	1.10
800	Yd11	35/3.15	6.5	1.23	9.90	1.50
1 000				1.44	12.15	1.40
1 250		35/6.3		1.76	14.67	1.30
1 600				2.12	17.55	1.20
2 000		38.5/10.5		2.72	17.82	1.10
2 500				3.20	20.70	1.10
3 150		35/3.15	7	3.80	24.30	1.00
4 000		35/6.3		4.52	28.80	1.00
5 000				5.40	33.03	0.90
6 300		38.5/10.5		6.56	36.90	0.90
8 000	YNd11	35/3.15	7.5	9.20	40.50	0.80
10 000		35/3.3		10.88	47.70	0.80
12 500		35/6.3	8	12.80	56.70	0.70
16 000		38.85/6.6		15.20	69.30	0.70
20 000				18.00	83.70	0.70
25 000		38.85/10.5		21.28	99.00	0.60
31 500		38.85/11		25.28	118.80	0.60

表 4－6　SZ9 型 10kV 有载调压变压器技术数据

额定容量/(kVA)	连接组标号	电压组合	损耗/kW 空载	损耗/kW 负载	空载电流/%	阻抗电压/%	器身重/kg	油重/kg	总重/kg	外形尺寸(长×宽×高)/mm
80	Yyn0	6/0.4 6.3/0.4 10/0.4	0.25	1.5	2.0	4	300	285	765	1 555×770×1 255
100			0.29	1.8	1.9		304	300	807	1 405×840×1 280
160			0.32	2.3	1.8		433	310	1 035	1 650×880×1 380
200			0.42	3.0	1.8		520	345	1 200	1 865×880×1 425
250			0.51	3.6	1.7		622	375	1 415	1 725×1 020×1 475
315			0.60	4.3	1.6		755	426	1 615	1 655×905×1 720
400			0.73	5.2	1.5		1 010	455	1 810	1 970×1 050×1 730
500			0.87	6.2	1.4		962	465	1 925	1 960×1 170×1 730
630			1.12	7.7	1.3	4.5	1 423	470	2 895	2 365×1 200×2 025
800			1.36	9.4	1.2		2 050	805	3 245	2 445×800×2 420
1 000			1.59	11	1.1		2 345	870	4 125	2 465×800×2 430
1 250			1.90	13	1.0		2 060	1 005	4 155	2 515×1 435×2 255
1 600			2.40	15.6	0.9		2 870	1 380	5 565	2 580×1 535×2 730
2 000			2.90	18.5	0.7		3 392	1 631	6 578	2 728×1 620×2 885

表 4－7　SZ9 系列（35kV）有载调压电力变压器技术数据

额定容量/（kVA）	连接组标号	额定电压/kV 高压	额定电压/kV 低压	阻抗电压/%	损耗/kW 空载	损耗/kW 负载	空载电流/%
2 000	Yd11	35	6.3 10.5	6.5	2.88	18.72	1.40
2 500					3.40	21.74	1.40
3 150		35 38.5	6.3 10.5	7	4.04	26.01	1.30
4 000					4.84	30.69	1.30
5 000					5.80	36.00	1.20
6 300			6.3		7.04	38.70	1.20
8 000	YNd11	35 38.5	6.6 10.5 11		9.84	42.75	1.10
10 000				8	11.60	50.58	1.10
12 500					13.68	59.85	1.00

4.3.2 S11 系列低损耗耐雷电力变压器

S11 系列低损耗耐雷电力变压器的低压绕组采用 Z 连接，对高压侧受雷击引起的反变换过电压和低压侧受雷击引起的正变换过电压有较好的抑制性能。可以在多雷地区、易受雷击的地方及接地电阻比较大的地区，作为输变电之用。

S11 系列低损耗耐雷电力变压器技术数据见表 4－8。

表 4－8　S11 系列低损耗耐雷电力变压器技术数据

额定容量 /（kVA）	额定电压/kV		连接组标号	损耗/W		阻抗电压 /%	空载电流 /%
	高压	低压		空载	负载		
50	3，3.3 6，6.3 6.6，10 10.5，11	0.38 0.4	Y，zn11	190	1 150	4	6
63				220	1 400		5
80				270	1 650		4.7
100				320	2 000		4.2
125				370	2 450		4
160				460	2 850		3.5
200				540	3 450		3.5
250				640	4 000		3.2
315				760	4 800		3.2
400				920	5 800		3.2
500				1 080	6 900		3.2

S11M 系列 30～800kVA、10kV 级卷铁芯无励磁调压全密封变压器技术数据见表 4－9。

表 4-9 S11M 系列 30~800kVA、10kV 级卷铁芯无励磁调压全密封变压器技术数据

产品型号	连接组标号	额定容量/(kVA)	额定电压		损耗/W		空载电流/%	短路阻抗/%
			高压/kV	低压/kV	空载	负载		
S11-M-30/10	Yyn0	30	6 6.3 6.6 10 10.5 11	0.4	90	600	0.6	4
S11-M-50/10		50			115	870	0.6	
S11-M-63/10		63			140	1 040	0.57	
S11-M-80/10		80			175	1 250	0.54	
S11-M-100/10		100			200	1 500	0.48	
S11-M-125/10		125			235	1 800	0.45	
S11-M-160/10		160			280	2 200	0.42	
S11-M-200/10		200			335	2 600	0.39	
S11-M-250/10		250			390	3 050	0.36	
S11-M-315/10		315			465	3 650	0.33	
S11-M-400/10		400			560	4 300	0.3	
S11-M-500/10		500			670	5 100	0.3	
S11-M-630/10		630			840	6 200	0.27	4.5
S11-M-800/10		800			980	7 500	0.24	

4.3.3 S18 系列密封式充不燃液电力变压器

S18 系列密封式充不燃液变压器使用了不燃性合成绝缘液（卤素碳化合物）作为冷却绝缘介质。产品满足防火要求，安全可靠，适用于额定频率 50Hz、电压等级 6~10kV 的配电网。本产品使用铜绕组、无储油柜，但有调整气垫结构，采用不吊检器身结构、设有压力监视和保护装置。

本产品符合国家标准 GB1094.1~1094.5—85 的要求。其技术数据见表 4-10。

表 4－10　S18 系列密封式

额定容量/(kVA)	电压组合/kV			连接组标号	空载损耗/W	负载损耗/W
	高压	低压				
50	6,10/11	0.4/0.433	±5%	Y,yno/D,yn11	170	870
63	6,10/11	0.4/0.433	±5%	Y,yno/D,yn11	200	1 040
80	6,10/11	0.4/0.433	±5%	Y,yno/D,yn11	240	1 250
100	6,10/11	0.4/0.433	±5%	Y,yno/D,yn11	290	1 500
125	6,10/11	0.4/0.433	±5%	Y,yno/D,yn11	340	1 800
160	6,10/11	0.4/0.433	±5%	Y,yno/D,yn11	400	2 200
200	6,10/11	0.4/0.433	±5%	Y,yno/D,yn11	480	2 600
250	6,10/11	0.4/0.433	±5%	Y,yno/D,yn11	560	3 050
315	6,10/11	0.4/0.433	±5%	Y,yno/D,yn11	670	3 650
400	6,10/11	0.4/0.433	±5%	Y,yno/D,yn11	800	4 300
500	6,10/11	0.4/0.433	±5%	Y,yno/D,yn11	960	5 100
630	6,10/11	0.4/0.433	±5%	Y,yno/D,yn11	1 200	6 200
800	6,10/11	0.4/0.433	±5%	Y,yno/D,yn11	1 400	7 500
1 000	6,10/11	0.4/0.433	±5%	Y,yno/D,yn11	1 700	10 300
1 250	6,10/11	0.4/0.433	±5%	Y,yno/D,yn11	1 950	12 000
1 600	6,10/11	0.4/0.433	±5%	Y,yno/D,yn11	2 400	14 500

充不燃液电力变压器技术数据

阻抗电压/%	空载电流/%	外形尺寸（长×宽×高）/mm	轮距/mm	不燃液质量/kg	变压器箱壳内气密封（压力）允许值/MPa
4	2.0	1 320×690×1 100	400	162	-0.085~0.1
4	1.9	1 340×710×1 150	550	186	-0.085~0.1
4	1.8	1 460×720×1 330	550	210	-0.085~0.1
4	1.6	1 470×800×1 360	550	230	-0.085~0.1
4	1.5	1 560×850×1 400	550	285	-0.085~0.1
4	1.4	1 590×870×1 420	550	320	-0.085~0.1
4	1.3	1 650×980×1 450	550	350	-0.085~0.1
4/4.5	1.2	1 660×1 000×1 500	660	415	-0.085~0.1
4/4.5	1.1	1 710×1 010×1 540	660	455	-0.085~0.1
4/4.5	1.0	1 750×1 230×1 590	660	520	-0.085~0.1
4/4.5	1.0	1 820×1 250×1 630	660	585	-0.085~0.1
4.5	0.9	2 130×1 530×1 940	820	980	-0.085~0.1
4.5	0.8	2 450×1 550×2 280	820	1 100	-0.085~0.1
4.5/5	0.7	2 530×1 560×2 440	820	1 410	-0.085~0.1
4.5/5	0.6	2 500×1 910×2 590	1 070	1 600	-0.085~0.1
4.5/5	0.6	2 600×1 950×2 640	1 070	1 810	-0.085~0.1

4.3.4 SG3 系列三相干式变压器

SG3 系列干式电力变压器为三相、户内式、空气自冷式、铜绕组，可供交流 50Hz、60Hz 电力系统中使用。适用于高层建筑、地下铁道、矿山、发电厂、机场、医院及科研单位等安全防火要求较高的场所。

本系列产品的使用条件，除与一般变压器的要求相同外，还必须是装在通风良好的场所。

本系列产品的绕组用铜线绕制，高压绕组为多层圆筒式或连续式，低压绕组为双层圆筒式、连续式或螺旋式。铁芯采用晶粒取向冷轧硅钢片制作，全斜接缝无孔结构，芯柱用粘带绑扎。

变压器的引线，根据需要可做成上引出、侧引出，也可将电缆引入箱内，直接接到变压器器身上。容量 200kVA 以上的变压器底部装有滚轮，可供短距离移动。根据用户要求，变压器箱上可装温度计。

本产品为无载调压，调压范围为 ±5% 或 ±2 ×2.5%。

SG3 系列干式电力变压器技术数据及外形尺寸见表 4 – 11。

4.3.5 SCL1 型环氧树脂浇注干式变压器

SCL1 型环氧树脂浇注干式变压器，具有防火、防潮和防尘的特点，供交流 50Hz、60Hz 变配电系统中配电用，可用于高层建筑物、机场、车站、码头、海上钻井平台、地下铁道、医院、学校、隧道及工业企业。

该产品为空气自冷式、铝绕组、B 级绝缘，高低压绕组各自用环氧树脂浇注，并同轴套在铁芯柱上，高低压绕组之间有冷却气道，使绕组散热。*A*、*B*、*C* 三相绕组的连线也是由环氧树脂浇注成的，因此，带电部分不暴露在外面。

铁芯采用晶粒取向冷轧硅钢片制成，可按用户需要，供应箱体。凡带箱体的变压器，容量在 2000kVA 及以上时，均带有风扇。该产品不论容量大小，均带有信号温度计。

该产品为无载调压，调压范围为 ±2 ×2.5% 或 ±2 ×5%。

SCL1 型环氧树脂浇注干式变压器技术数据及外形尺寸见表 4 – 12。

4.3.6 其他系列电力变压器

其他系统电力变压器的技术数据见表 4 – 13 ~ 表 4 – 19。

表 4－11　SG3 系列干式变压器技术数据及外形尺寸

额定容量/(kVA)	额定电压/kV		连接组标号	损耗/W		阻抗电压/%	噪音水平/dB	总重/kg	外形尺寸/mm			
	高压	低压		空载	短路				封闭式(有箱)(长×宽×高)	非封闭式(有箱)(长×宽×高)	轨距	轮距
B 级绝缘												
30	6、10	0.4	Y，yn0	257	648		49	307	1 230×920×1 200	940×560×900		200
40				320	913		49	400	1 280×960×1 250	1 000×600×930		200
50				383	1 177		50	490	1 380×1 000×1 230	1 020×600×950		600
63				429	1 136		50	523	1 380×1 000×1 230	1 040×600×1 000		600
80				499	1 570		51	580	1 430×1 020×1 360	1 070×620×1 040		600
100				563	1 944		51	690	1 430×1 020×1 360	1 070×620×1 110		800
125				663	2 354		53	730	1 550×1 040×1 450	1 140×640×1 150		800
160				759	2 677		53	980	1 550×1 040×1 450	1 240×640×1 190		800
200				940	3 002		54	1240	1 680×1 090×1 570	1 290×690×1 280	820	550
250				1 063	3 526		55	1400	1 680×1 090×1 570	1 300×690×1 310	820	550

续表

额定容量/(kVA)	额定电压/kV		连接组标号	损耗/W		阻抗电压/%	噪音水平/dB	总重/kg	外形尺寸/mm			
	高压	低压		空载	短路				封闭式(有箱)(长×宽×高)	非封闭式(有箱)(长×宽×高)	轨距	轮距
B级绝缘												
315	6、10	0.4	Y,yn0	1 286	4 223	4	57	1 530	1 730×1 110×1 640	1 360×710×1 380	820	550
400				1 440	4 536		57	1 950	1 790×1 130×1 760	1 410×730×1 480	820	550
500				1 688	5 098		58	2 200	1 820×1 140×1 850	1 440×740×1 550	820	550
630				1 846	6 990	6	58	3 400	200×1 240×1 950	1 620×800×1 650	1 070	660
1 000				2 296 (2 243)	9 778 (9 763)	6 (8)	59	3 710	2 180×1 300×2 100	1 780×860×1 820	1 070	660
1 250				2 750 (2 730)	9 778 (9 763)		59	4 000	2 230×1 330×2 100	1 900×890×1 950	1 070	660
1 600				2 850 (3 150)	12 096 (11 891)		61	4 742	2 350×1 350×2 280	1 950×910×2 130	1 070	660
2 000				4 249 (4 190)	11 843 (12 496)		64	5 950	2 550×1 420×2 310	2 150×980×2 160	1 475	820
2 500				5 288 (5 174)	15 746 (15 786)		66	6 514	2 550×1 420×2 540	2 150×980×2 390	1 475	820
				6 380 (6 278)	19 325 (19 232)		68	7 512	2 850×1 520×2 690	2 450×1 080×2 540	1 475	820

续表

额定容量/(kVA)	额定电压/kV		连接组标号	损耗/W		阻抗电压/%	噪音水平/dB	总重/kg	外形尺寸/mm			
	高压	低压		空载	短路				封闭式(有箱)(长×宽×高)	非封闭式(有箱)(长×宽×高)	轨距	轮距
B级绝缘												
250	6、10	0.4	Y,yn0	1 297	3 200	4	55	1 275	1 420×780×1 660	1 220×600×1 560	820	550
315				1 562	5 130	4	57	1 433	1 540×810×1 750	1 340×630×1 650	820	550
400				1 741	5 966	4	57	1 733	1 662×840×1 840	1 540×660×1 720	820	550
500				1 873	6 740	4	58	2 058	1 690×860×1 950	1 490×680×1 850	820	550
630				2 081	9 612	6	58	2 568	1 910×960×2 100	1 710×780×2 000	1 070	660
800				2 395	9 470	6 (8)	59	3 026	1 980×980×2 160	1 780×800×2 060	1 070	660
1 000				2 900	11 323		59	3 405	2 110×1 140×2 260	1 910×960×2 160	1 070	660
1 250				3 007	12 426		61	4 062	2 205×1 220×2 540	2 005×1 040×2 420	1 070	660
1 600				4 461	13 151		64	4 880	2 380×1 420×2 580	2 175×1 240×2 450	1 475	820
2 000				5 552	17 178		66	5 840	2 550×1 450×2 675	2 345×1 270×2 540	1 475	820
2 500				6 699	19 518		68	6 925	2 710×1 514×2 740	2 505×1 335×2 615	1 475	820

表 4－12　SCL1 型环氧树脂浇注干式变压器技术数据及外形尺寸

额定容量/(kVA)	额定电压/kV		连接组标号	损耗/W		阻抗电压/%	噪音水平/dB	总重/kg	外形尺寸/mm		
	高压	低压		空载	短路				长	宽	高
100				530	1 450	4	55	710	1 030	535	930
160				740	1 950	4	58	910	1 100	545	1 040
200				830	2 350	4	58	1 020	1 120	545	1 150
250				980	2 750	4	58	1 160	1 245	590	1 200
315				1 150	3 250	4	60	1 320	1 295	615	1 235
400				1 400	3 900	4	60	1 480	1 330	640	1 290
500	10	0.4	Y,yn0	1 600	4 850	4	60	1 810	1 445	665	1 355
630				1 800	5 650	4	62	2 090	1 495	690	1 485
800				2 100	6 200	6	64	2 270	1 550	690	1 530
1 000				2 400	7 300	6	64	2 920	1 610	725	1 665
1 250				2 900	8 700		65	3 230	1 760	810	1 800
1 600				3 400	10 500		66	4 070	1 850	850	1 905
2 000				4 700	12 700	6	66	5 140	2 035	880	1 975
2 500				5 800	15 400		70	6 300	2 090	1 300	2 590
3 150				6 900	18 400		65	7 500	2 430	1 360	2 335
4 000	10	6.3	D,y11	8 200	22 100	6	67	8 700	2 430	1 460	2 510
5 000				9 600	26 300		68	10 000	2 595	1 460	2 630
1 000	35	0.4	Y,yn0	3 000	7 200	6.5	66	3 500	2 225	1 045	2 050
2 500	35	6.3	D,y11	6 900	15 200	6.5	72	7 000	2 690	1 400	2 465

表 4－13　新型 SH11 非晶合金铁芯变压器技术数据

型　号	损耗/kW		短路阻抗/%	空载电流/%	器身重/kg	油重/kg	总重/kg	外形尺寸（长×宽×高）/mm
	空载	负载						
SH11－100/10	0.08	1.50	4	0.9	480	155	755	1 240×585×955
SH11－125/10	0.09	1.80		0.8	560	170	860	1 300×655×1 005
SH11－160/10	0.13	2.20		0.7	635	210	995	1 315×690×1 075
SH11－200/10	0.14	2.60		0.6	750	260	1 150	1 405×740×1 095
SH11－250/10	0.16	3.05		0.6	855	280	1 335	1 500×805×1 125
SH11－315/10	0.19	3.65		0.5	1 020	300	1 550	1 615×875×1 165
SH11－400/10	0.23	4.30		0.5	1 285	415	2 010	1 720×940×1 200
SH11－500/10	0.27	5.10		0.4	1 565	485	2 350	1 845×1 015×1 235
SH11－630/10	0.32	6.20	4.5	0.4	1 865	560	2 825	1 955×1 105×1 275
SH11－800/10	0.39	7.50		0.4	2 070	610	3 100	2 065×1 185×1 295
SH11－1000/10	0.45	10.30		0.3	2 370	705	2 815	2 155×1 260×1 335
SH11－1250/10	0.55	12.80		0.3	2 455	790	3 250	2 240×1 330×1 350
SH11－1600/10	0.66	14.50		0.3	2 830	915	3 700	2 305×1 450×1 455

表 4－14　SZ、SLZ 型 10kV 级防雷变压器的技术数据

型号	容量/(kVA)	连接组标号	额定电压/kV		损耗/W		空载电流/%	阻抗电压/%
			高压	低压	空载	短路		
Sz－30/10	30	Y，Zn11（Y/Z_0—11）	6.3 10	0.4	250	850	7.5	4
Sz－50/10	50				620	2 250		
Sz－100/10	100				620	2 250		
SLz－160/10	160				770	3 000	7	
SLz－200/10	200				660	3 600	3.5	
SLz－250/10	250				1 060	4 300	5	
SLz－315/10	315				880	5 200	3.2	
SLz－400/10	400				1 500	6 300	6.5	
SLz－500/10	500							

表 4 - 15　SJ1 型电力变压器技术数据

容量/(kVA)	连接组标号	额定电压/kV		损耗/W		阻抗电压
		高压侧	低压侧	空载	短路	
10	Y, yn0 (Y/Y_0—12)	10	0.4	133	357	4.5%
		6.3		103	348	
		6.0	0.4		347	
		3.15			343	
		3.0			350	
20		10	0.4	212	636	
		6.3		192	639	
		6.0			625	
		3.15			623	
		3.0			639	
30		10	0.4	282	845	
		6.3		260	865	
		6.0			854	
		3.15			885	
		3.0			865	
50		10	0.4	419	1 330	
		6.3		365	1 290	
		6.0			1 330	
		3.15			1 320	
		3.0			1 300	
75		10	0.4	554	1 790	
		6.3			1 810	
		6.0			1 790	
		3.15			1 750	
		3.0			1 810	
100		10	0.4	728	2 360	
		6.3		616	2 445	
		6.0			2 400	
		3.15			2 395	
		3.0			2 350	

续表

容量/(kVA)	连接组标号	额定电压/kV		损耗/W		阻抗电压
		高压侧	低压侧	空载	短路	
180	Y,yn0 (Y/Y_0—12)	10	0.4	1 053	3 720	4.5%
		6.3		983	3 605	
		6.0			3 800	
		3.15			3 600	
		3.0			3 675	
240		10	0.4	1 263	4 800	
		6.3			4 680	
		6.0			4 610	
		3.15			4 680	
		3.0			4 620	
320		10	0.4	1 567	5 800	
		6.3		1 524	5 550	
		6.0			5 470	
		3.15			5 340	
		3.0			5 430	
50		10.5	0.4	2 195	8 960	
		10				
		6.3			—	
		6.0				
		3.15				
		3.3				
		3.0				
		10.5		2 040	9 740	
		10			8 970	
		6.3			9 400	
		6			9 320	
		3.15			9 400	
		13.8			9 900	

表 4－16　SJ6 型电力变压器技术数据

容量/(kVA)	连接组标号	额定电压/kV		损耗/W		阻抗电压/%
		高压侧	低压侧	空载	短路	
180	Y,yn0 (Y/Y_0—12)	10	0.4	575	3 530	4
		6.3			3 475	
		6.0			3 420	
		3.15			3 475	
320		10	0.4	835	5 150	
		6.3			5 170	
		6.0			5 080	
		3.15			5 180	
560		10	0.4	1 255	7 570	
		6.3			7 570	
		6.0			7 470	
		3.15			7 570	
	Y,d11 (Y/Δ—11)	6.3	3.15	1 250	7 700	5.5

表 4－17　SJL 系列电力变压器技术数据

容量/(kVA)	额定电压/kV		连接组标号	阻抗电压/%	损耗/W		总重/kg	油重/kg	器身重/kg
	高压	低压			空载	短路			
20	10	0.4	Y,yn0 (Y/Y_0—12)	4.5	174.4	597	255	76	133
	6.3				159.2	586			
	6.0					600			
30	10			4.5	228.5	832	315	85	170
	6.3				204	828			
	6.0					850			
50	10			4.5	335	1 311	433	108	237
	6.3				305	1 190			
	6.0					1 214			

续表

容量/(kVA)	额定电压/kV		连接组标号	阻抗电压/%	损耗/W		总重/kg	油重/kg	器身重/kg
	高压	低压			空载	短路			
100	10	0.4	Y,yn0 (Y/Y_0—12)	4.5	546	2 272	692	157	371
	6.3				527	2 220			
	6.0					2 270			
	35			6.5					
180	10			4.5	830	3 586	1 068	234	572
	6.3					3 486			
	6.0					3 577			
	35			6.5					
320	10			4.5	1212	5 702	1 590	318	826
	6.3					5 476			
	6.0					5 595			
	35			6.5					
560	10			4.5	1878	9 000	2 330	453	1 198
	6.3					8 615			
	6.0					8 840			
	35			6.5					
750	10			4.5	3260	11 500	3 620	870	1 750
	6.3					10 810			
	6.0					11 030			
	35			6.5		11 470			
		10.5	Y,d11 (Y/Δ—11)		3660	11 390	4 810	1 660	1 980
		6.3				11 420	4 750	1 620	1 960
		3.15				11 440			

续表

容量/(kVA)	额定电压/kV 高压	额定电压/kV 低压	连接组标号	阻抗电压/%	损耗/W 空载	损耗/W 短路	总重/kg	油重/kg	器身重/kg
1 000	10	0.4	Y,yn0 (Y/Y_0—12)	4.5	4 100	13 890	4 300	1 030	2 120
	6.3					13 450			
	6.0					13 260			
	10	6.3	Y,d11 (Y/Δ—11)	5.5	3 840	13 620	4 180	980	2 040
		3.15				13 600			
	6.0	3.15				13 540			
	35	0.4	Y,yn0	6.5	4 520	13 500	5 630	1 790	2 380
		10.5	Y,d11 (Y/Δ—11)		4 400	14 190	5 570	1 790	2 320
		6.3				13 310			
		3.15				13 720			
1 500	10	0.4	Y,yn0 (Y/Y_0—12)	4.5	5 950	21 780	6 770	1 620	3 260
		6.3	Y,d11 (Y/Δ—11)	5.5	5 860	21 060	6 175	1 305	3 100
		3.15				21 140			
	35	0.4	Y/Y_0—12	6.5	6 320	22 200	7 820	2 220	3 500
		10.5	Y,d11 (Y/Δ—11)		6 480	20 930	7 660	2 120	3 460
		6.3				21 430			
		3.15				21 540			
3 200	10	6.3		5.5	9 110	32 200	9 460	2 160	4 800
		3.15				32 250			
	35	10.5		7	9 600	33 640	10 920	2 960	5 160
		6.3				33 250			
		3.15				32 910			
	38.5	10.5				34 420			
5 600	10	6.3		5.5	13 150	52 220	13 380	3 180	7 000
		3.15				52 530			
	35	10.5				52 600	15 200	3 900	7 250
		6.3				53 550			
		3.15				53 940			
	38.5	10.5		7.5	13 500	52 070			

表 4-18　SJL1 系列电力变压器技术数据

容量/(kVA)	连接组标号	额定电压/kV		损耗/W		空载电流/%	阻抗电压/%
		高压侧	低压侧	短路	空载		
20	Y,yn0 (Y/Y_0—12)	10,6.3,6±5%	0.4	0.58	0.119	14	4
30				0.82	0.156		
40				0.97	0.182	12	
50				1.12	0.222		
63				1.38	0.255	10	
80				1.72	0.305	9.5	
100				2.05	0.349	8.5	
125				2.4	0.419	8	
160				2.9	0.419	7	
200				3.6	0.577		
250				4.1	0.676	6.5	
315				5	0.785		
400				5.93	0.93		
500				7.1	1.085	6	
630				8.4	1.32		
800				11.6	1.67	5.5	4.5
1 000				13.4	2.03	5	
1 250				16.2	2.405		
1 600				20.1	2.84	4.5	
630	Y,d11 (Y/Δ—11)	10,6+5%	6.3,3.15	9.02	1.513	6	5.5
800				11.45	1.65	5.5	
1 000				13.7	1.88	5	
1 250				16.1	2.245		
1 600				19.55	2.72		
2 000				23.6	3.24	4.5	
2 500				27.5	3.93		
3 150				33.2	4.675		
4 000				39.2	5.48	4	
5 000				45	6.475		
6 300				51.48	8		

表 4-19　SCL 系列环氧浇注干式变压器技术数据

容量 /(kVA)	空载损耗 /kW	短路损耗(75℃) /kW	空载电流 /(%)	总重 /kg
50	0.395	0.89	5	520
80	0.51	1.15	4	630
100	0.62	1.45		690
125	0.73	1.7		810
160	0.86	1.95		880
200	0.97	2.35	3	960
250	1.15	2.75		1 180
315	1.33	3.25		1 330
400	1.6	3.9		1 530
500	1.85	4.85		1 850
630	2.1	5.65		2 100
800	2.4	7.5	2.5	2 300
1 000	2.8	9.2		2 800
1 250	3.35	11		3 360
1 600	3.95	13.3		4 220

4.4　变压器常用连接组别

根据国家标准 GB1094.1～5—85 中规定的电力变压器连接组别表示方法，单相变压器绕组接线仍然用 I 表示，而三相变压器则以大写字母 Y、D、Z 分别表示高压绕组的星形、三角形和曲折星形接法。以小写字母 y、d 和 z 分别表示中低压绕组的上述三种接法。有中性点引出时，则分别以 YN、ZN 及 yn、zn 表示。星形接法为三相绕组的一端连接成一个公共点（也称中性点），其他三个端子接到相应的线端上。三角形接法是三相绕组相互串联形成闭合回路，由串联处接至相应的线端上。在两个绕组具有公共绕组的自耦变压器中，两绕组中的额定电压较低的一个绕组以 a 表示。表示两侧绕组接法的字母之间，用逗号“,”隔开。用时钟序数表示的连接组别用 0～11 表示。即将旧标准中的 12 组改以 0 组表示。例如，旧标准连接组 Y/Y_0—12、

$Y/\triangle$—11、$Y_0/\triangle$—11、Y/Z_0—11 现相应改为 Y，yno；Y，d_{11}；YN，d_{11}；Y，zn11。国家标准变压器连接组别表示方法见表 4－20。

表 4－20　变压器连接组别表示方法

名　　称	国家标准变压器连接组别		
星形接线： 无中性点引出 有中性点引出	高　　压 Y YN	中　　压 Y yn	低　　压 Y yn
三角形接线	D	d	d
曲折星形接线： 无中性点引出 有中性点引出	 Z ZN	 z zn	 z zn
单相接线	I	I	I
自耦接线	公共部分两绕组额定电压低的用 a		
接线符号间	用逗号		

图 4－2 列出各种组别的联接方法。其中 A、B、C，a、b、c 分别为变压器一次侧与二次侧绕组的首端，而 XYZ，xyz 为变压器一次侧与二次侧绕组的末端。

因为时钟 1～12 数字间有 30°的角差，而变压器连接组的一次侧与二次侧电压存在一个相位差，为 0°或 30°的倍数，所以可用时钟数字表示连接组别的标号。如图 4－2Y/Y－12（Y，Yo）表示一、二次绕组都是星形连接，一次侧电压矢量 AB 为时钟长针，二次侧电压矢量作为短针，都指向 12，则表示一、二次绕组连接方式相同，电压矢量同相。

如果将二次侧头（a、b、c）与尾（x、y、z）互换，则电压矢量 ab 便与一次侧电压矢量 AB 反相，相位差为 180°，ab 指向时钟 6，连接组别为 Y/Y－6（Y，Y6）。

第0组	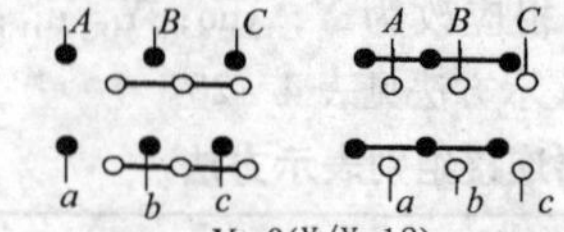	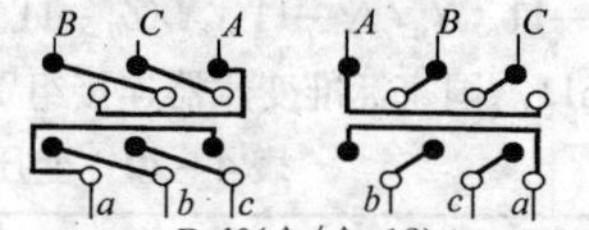
	Y,y0(Y/Y-12)	D,d0(△/△-12)
第1组	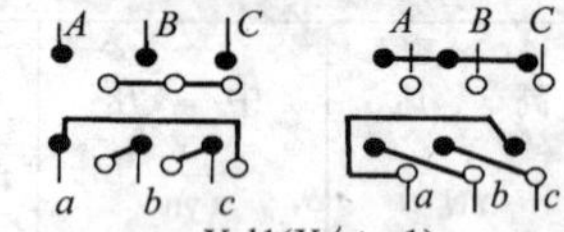	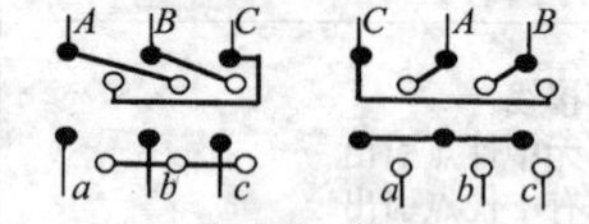
	Y,d1(Y/△-1)	D,Y1(△/Y-1)
第2组	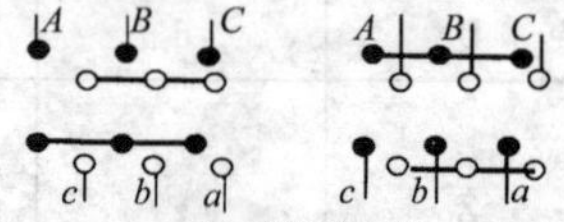	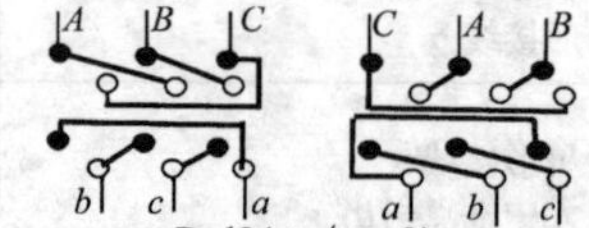
	Y,y2(Y/Y-2)	D,d2(△/△-2)
第3组	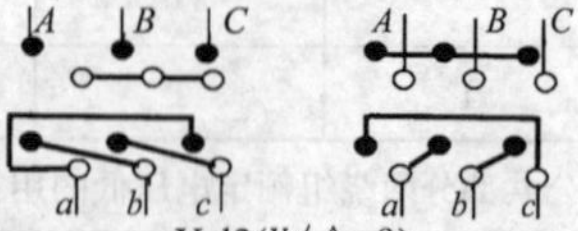	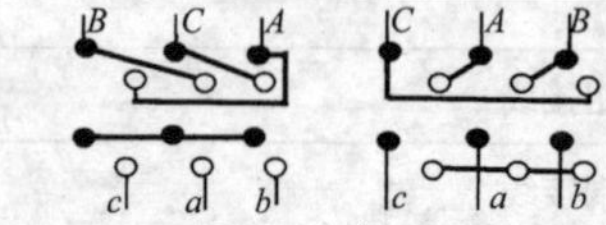
	Y,d3(Y/△-3)	D,y3(△/Y-3)
第4组		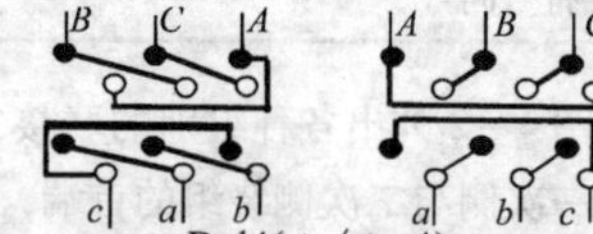
	Y,y4(Y/Y-4)	D,d4(△/△-4)
第5组	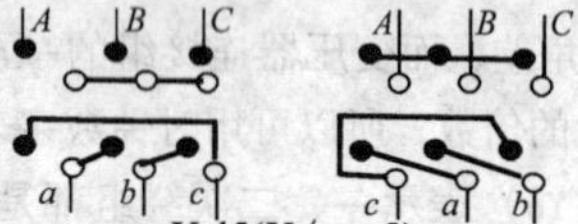	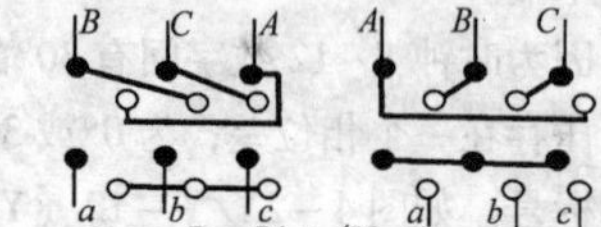
	Y,d5(Y/△-5)	D,y5(△/Y-5)
第6组	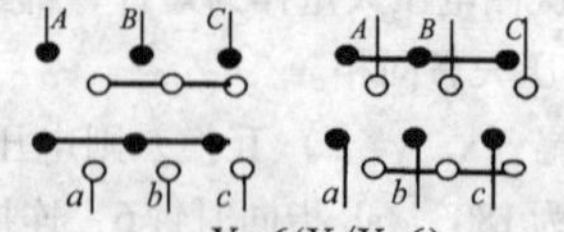	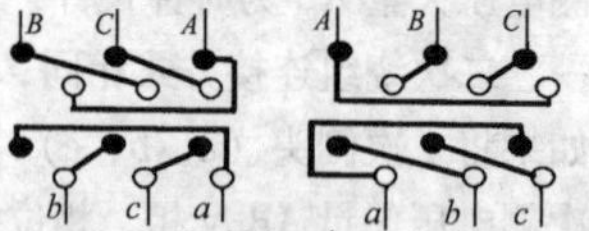
	Y,y6(Y/Y-6)	D,d6(△/△-6)
第7组	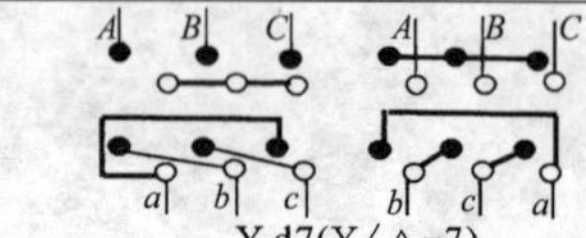	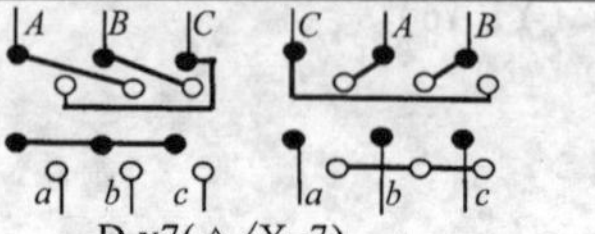
	Y,d7(Y/△-7)	D,y7(△/Y-7)

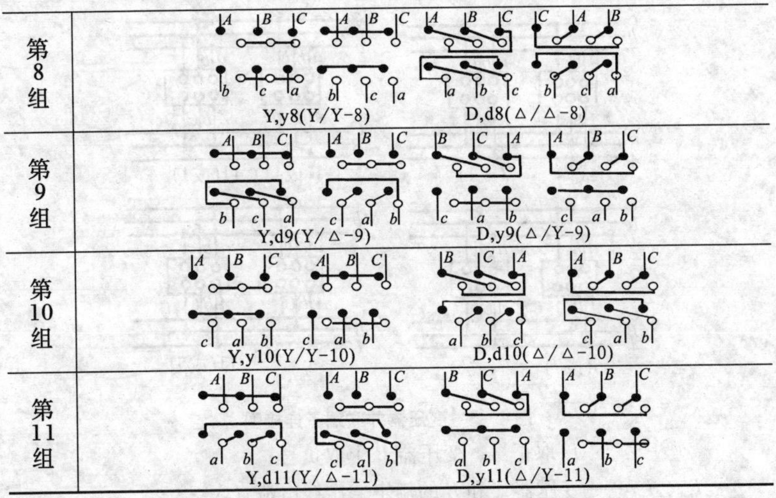

图 4-2　变压器星形、三角形各种组别的连接方式

4.5　变压器的并联运行

变压器并联运行时必须满足下列条件：

（1）各变压器连接组标号中的数字要相同（即线圈结线组别相同）。连接组标号中的数字可归纳为：4、8、12；2、6、10；1、5 和 7、11 四组。同一组中的数字不同的变压器，将相应端子的标志变换后，命名连接组标号中的数字相同，仍可并联运行。1、5 和 7、11 两类的并联运行，其端子的改接方法见图 4-3。

属于不同组的两台变压器是不能并联运行的。

（2）在允许偏差范围内，各变压器的电压比要相等，否则变压器空载时，并联的二次线圈中将产生循环电流 I_{xh}：

$$I_{xh} = \pm \frac{U_A - U_B}{\dfrac{u_{zA}U_A}{100I_{nA}} + \dfrac{u_{zB}U_B}{100I_{nB}}}\ (A) \qquad (4-6)$$

式中　U_A、U_B——变压器 A 和 B 二次线电压，若 $U_A > U_B$，则在变压器 A 中

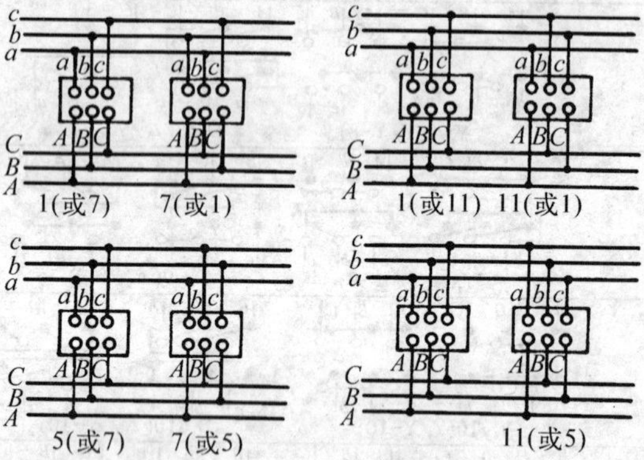

图4-3　变压器并联端子连接图

I_{xh}取正号，变压器B中取负号；

I_{nA}、I_{nB}——变压器A和B的额定二次线电流（A）；

U_{zA}、U_{zB}——变压器A和B的阻抗电压（%）。

（3）在允许偏差范围内，各变压器的阻抗电压要相等，否则并联的变压器内负载分配将不合理。并联运行时总的负载电流I在变压器A和B中的分配可按下式计算：

$$I_A = \frac{1}{1+\frac{S_{nB}\cdot u_{zA}}{S_{nA}\cdot u_{zB}}}\quad (\text{A}) \tag{4-7}$$

$$I_B = \frac{1}{1+\frac{S_{nA}\cdot u_{zB}}{S_{nB}\cdot u_{zA}}}\quad (\text{A}) \tag{4-8}$$

式中　S_{nA}、S_{nB}——变压器A和B的额定容量，通常$\frac{S_{nA}}{S_{nB}}\leqslant 3$；

u_{zA}、u_{zB}——变压器A和B的阻抗电压（%）。

4.6　电力变压器的继电保护装置

电力变压器常用的继电保护有过电流保护、电流速断保护、气体保护和过负荷保护等。电力变压器继电保护装置的选用见表4-21。

对容量在 1 000kVA 以下，高压侧电压为 6 ~ 35kV 单台运行的降压变压器一般采用熔断器保护变压器，低压侧可不装断路器。

表 4 – 21　电力变压器的继电保护装置及选用

<table>
<tr><th rowspan="2">变压器容量
/kVA</th><th colspan="5">保护装置名称</th><th rowspan="2">备注</th></tr>
<tr><th>过电流保护</th><th>电流速断保护</th><th>低压侧单相接地保护*</th><th>气体保护</th><th>温度保护</th></tr>
<tr><td><400</td><td></td><td></td><td></td><td></td><td></td><td>一般用高压熔断器保护</td></tr>
<tr><td>400 ~ 750</td><td>高压侧采用断路器时装设</td><td>高压侧采用断路器，且过电流保护时限>0.5s 时装设</td><td>装设</td><td>车间内变压器装设</td><td></td><td></td></tr>
<tr><td>800</td><td>装设</td><td rowspan="2">过电流保护时限 > 0.5s 时装设</td><td rowspan="2">装设</td><td rowspan="2">装设</td><td></td><td rowspan="2"></td></tr>
<tr><td>1 000 ~ 1 800</td><td>装设</td><td>装设</td></tr>
<tr><td>继电器型号</td><td>DL—10
GL—10</td><td>DL—10
GL—10</td><td></td><td>QT—80</td><td></td><td></td></tr>
</table>

注：* 绕组为 Y，yn0 联结、低压侧中性点接地的配电变压器，当利用高压侧的过电流保护兼作低压侧单相接地保护，或利用低压侧的三相过电流保护不能满足灵敏性要求时，应装设变压器低压侧中性线上的零序电流保护。当变压器低压侧有分支线时，宜有选择地切除各分支线的故障。

容量在 1 000kVA 以下，高压侧装设断路器时，应装设电流速断保护装置作为变压器的主保护，过电流保护装置作为后备保护。当过电流的保护装置的动作时间低于或等于 0.7s 时，也可以不装电流速断保护。

容量在 1000kVA 及以上的变压器（车间内降压变压器 320kVA 以上），除了用上述保护装置外，应设瓦斯保护装置。轻瓦斯动作于信号，重瓦斯既可作用于跳闸，又可作用于信号。

容量在 10 000kVA 以上或两台 6 300kVA 以上并联运行的变压器，应装设纵联差动保护装置作为主保护，过电流保护装置作为后备保护，而且在灵敏度不足时，加设低电压起动。过负荷保护作用于信号，瓦斯保护仍作用于信号和跳闸。

关于防止电力变压器各种短路故障及不正常工作状态的保护装置，见表 4 – 22。

表 4－22　防止电力变压器各种短路故障及不正常工作状态的保护装置

不正常工作状态及故障性质	电力变压器的技术条件	保护装置名称	保护装置的整定参数	保护装置的动作时限/s	保护动作范围	保护装置作用于	备　注
变压器线圈及出线相间短路	(1)单独运行的容量为10 000kVA及以上的变压器 (2)并列运行的容量为6 300kVA及以上的变压器	瞬时纵联差动保护装置 供电侧装设电流速断装置 过电流保护装置	(1)带速饱和变流器的差动保护装置整定值 $I_{定值}=K_{可靠}\cdot\frac{I_{b最大}}{n_L}$ (2)差动电流速断装置整定值 $I_{定值}=K_{可靠}\cdot\frac{I_e}{n_L}$ (3)电流速断装置的整定值 $I_{定值}=K_{可靠}\cdot K_{接线}\cdot\frac{I_{d最大}}{n_L}$ (4)过电流保护装置整定值 $I_{定值}=\frac{K_{可靠}\cdot K_{接线}\cdot I_{最大负荷}}{K_{返回}\cdot n_L}$	0 0 比由变压器供电的线路保护装置的最大时限大一时间阶段	变压器的线圈及出线	跳变压器所有各侧断路器	(1)$K_{可靠}$——可靠系数取1.5 $I_{b最大}$——外部短路时的最大可能的不平衡电流 n_L——电流互感器的变流比 (2)$K_{可靠}$——取2.5～3.5 I_e——变压器的额定电流 (3)$K_{可靠}$——采用电磁型电流继电器时取1.3～1.4，采用感应型电流继电器时取1.5～1.6 $I_{d最大}$——在变压器后面短路时流经变压器的最大短路电流 $K_{接线}$——接线系数，星形结线为1，两相间电流差接线为$\sqrt{3}$ (4)$K_{可靠}$——取1.2 $K_{返回}$——取0.85

续表

不正常工作状态及故障性质	电力变压器的技术条件	保护装置名称	保护装置的整定参数	保护装置的动作时限/s	保护动作范围	保护装置作用于	备　注
变压器线圈匝间短路及其他一切伴随瓦斯分解的变压器壳内故障及油面降低	(1) 容量为1 000kVA及以上单台运行的变压器 (2) 车间内320kVA及以上的降压变压器	瓦斯保护装置	按油流速度整定0.6～1.2m/s	0	变压器外壳内部	轻瓦斯给信号,重瓦斯跳变压器各侧所有断路器	
变压器过负荷	所有变压器,根据可能的过负荷大小	单相的定时限过电流保护	$I_{定值}=\frac{K_{可靠}\cdot K_{接线}\cdot I_e}{K_{返回}\cdot n_L}$	6～10	变压器本身	给信号	$K_{可靠}$——取1.05 $K_{返回}$——取0.85

4.7 变压器运行中的检查和事故处理

巡视和检查变压器时应注意以下几点：

（1）检查声音是否正常。变压器正常运行发出均匀嗡嗡声，发生故障时会产生异常声响；声音比平常沉重，说明负荷过重；声音尖锐时，说明电源电压过高；声音出现嘈杂，说明内部结构松动；出现爆裂声，说明线圈或铁芯绝缘击穿；其他如开关接触不良，或外电路故障也会引起变压器声响变化。

（2）检查有无漏油、渗油现象，油的颜色和油位计指示是否正常。正常运行的油位应在油面计的1/4～3/4之间，新油呈浅黄色，运行后呈浅红色。如果油色加深或变黑，或漏油使油面低于油位计的指示限度时，应停下进行检查处理。经常保持变压器油的良好性能，是保证变压器安全可靠运行的重要环节。

（3）检查变压器的电流和温度是否超过允许值。配电变压器的电流可用钳形电流表测量。外壳温度可凭经验用手试摸。如果在正常负荷下，变压器的温度很不正常，且不断升高，应停下来检修。

（4）检查变压器套管，引线的连接是否完好，套管有无裂纹，损坏和放电痕迹；引线、导杆和连接栓有无变色。如有不清洁或破裂，在阴雨天或雾天会使泄漏电流增大，甚至发生对地放电。还要注意是否有树枝、杂草和其他杂物搭在套管上。

（5）检查变压器高、低压熔丝是否正常。低压熔断丝熔断的可能原因有：低压架空线或埋地线短路；变压器过负荷；用电器绝缘损坏或短路；熔丝容量选择不当。高压侧熔断丝熔断的可能原因有：变压器绝缘击穿；低压设备发生故障，但低压熔线未断；落雷也可能把高压熔丝烧断；高压熔丝容量选择不当。

（6）检查变压器的接地装置是否完好。正常运行变压器外壳的接地线，中性点接地线和防雷装置接地线都紧密连接一起，并完好接地，如发现锈、断等情况，应及时处理。

（7）变压器发生火灾时，应把变压器各部开关和熔断器断开，迅速把变压器油全部放出，并妥善保管。同时用不导电的灭火器材（如四氯化碳灭火器和砂子等）灭火。千万不要用水或普通灭火器灭火。

（8）瓦斯继电器动作原因的判断。屋外变压器容量在 1 000kVA 及以上的电力变压器，一般都应有瓦斯继电器，用来反映变压器内部故障。瓦斯继电器动作的原因和故障的性质，可由继电器内积聚的气体的颜色、气味等来判断。

表 4－23 列出了变压器故障情况的分析，供参考。

表 4－23　变压器的故障分析表

	故障	故障现象	产生故障的可能原因	备注
线圈部分	线圈匝间短路	1. 一次电流略增大 2. 温油增高 3. 油有时发生“咕嘟”声 4. 三相直流电阻不平衡 5. 高压熔丝熔断，跌开保险脱落 6. 油枕盖有黑烟 7. 二次线电压不稳，忽高忽低	1. 由于变压器进水，水浸入线圈内 2. 由于自然损坏，散热不良，或长期过载使匝间绝缘老化 3. 绕制时没有发现导线毛刺，焊接处不平滑，使匝间绝缘受到破坏 4. 油道内掉入杂物	重绕线圈
	线圈断线	1. 断线处发生电弧，有放电声 2. 断线的相没有电压和电流	1. 导线焊接不良 2. 匝间、层间或相间短路，造成断线 3. 雷击造成断线 4. 搬运时强裂震动使引线断开	

续表

	故障	故障现象	产生故障的可能原因	备注
线圈部分	对地击穿	1. 高压熔丝熔断 2. 匝间短路	1. 因主绝缘老化或有剧烈折断等缺陷 2. 绝缘油受潮 3. 绕组内有杂物落入 4. 过电压引起 5. 由于短路时绕组变形引起 6. 由于渗漏油，引起严重缺油	重绕线圈
	线圈相间短路	1. 高压熔丝熔断 2. 油枕往外喷油，油温剧增	1. 因主绝缘老化或有剧烈折断等缺陷 2. 绝缘油受潮 3. 绕组内有杂物落入 4. 过电压引起 5. 由于短路时绕组变形引起 6. 由于渗漏油，引起严重缺油	
铁芯部分	铁芯片间绝缘损坏	1. 空载损失增大 2. 油温升高 3. 油色变深	1. 受剧烈震动，铁芯片间摩擦引起 2. 铁芯片间绝缘老化，或有局部损坏	硅钢片常两面涂漆，对1611号涂，用松节油稀释。涂漆后在炉温200℃下，干燥10～12min。对1030号漆，用苯或纯净汽油稀释，在炉温105℃±2℃下，干燥2h。两面漆膜总厚为0.01～0.015mm
	铁芯片间局部熔毁	1. 高压熔丝熔断 2. 油色变黑，并有特殊气味，温度升高	1. 铁芯的穿芯螺栓的绝缘损坏。螺栓与铁芯片短路引起绝缘损坏 2. 铁芯两点接地	
	接地片断裂或与铁芯接触不良	铁芯与油箱间有放电声	1. 安装时螺丝没有拧紧 2. 接地片没有插紧	
	铁芯松动	有不正常震动声或噪音	1. 铁芯叠片中缺片 2. 铁芯油道内或夹片下面有未夹紧的自由端 3. 铁芯的紧固件松动 4. 铁芯间有杂物	

续表

	故障	故障现象	产生故障的可能原因	备注
分接开关部分	触头表面熔化与灼伤	1. 油温增高 2. 高压熔丝熔断 3. 触头表面产生放电声	1. 装配不当，如手轮指示位置晃量大，上、下错位，造成表面接触不良 2. 弹簧压力不够	为使触头接触良好，可以定期（如每年一、二次）将运行中的分接开关转动几周，再放在需要的位置上。操作时应停电
	相间触头放电或各分接头放电	1. 高压熔丝熔断 2. 油枕盖冒烟 3. 有“咕嘟”声	1. 过电压引起 2. 变压器油内有水 3. 螺丝松动，触头接触不良，产生爬电，烧坏绝缘	
油	油质变坏	变压器油的颜色变暗	1. 变压器发生故障时，产生气体所引起 2. 变压器油长期受热恶化	应定期（如每年一次）对变压器油进行检查、试验，决定是否要过滤或换油
套管部分	对地击穿	高压熔丝熔断	瓷件表面较脏或有裂纹	瓷件应经常检查、清理。若有裂纹，应更换套管
	套管间放电	高压熔丝熔断	1. 套管间有杂物 2. 套管间有小动物	

4.8 互感器

电流互感器又叫仪用变流器，电压互感器又叫仪用变压器，它们合称互感器。从基本结构和原理来说，互感器就是一种特殊变压器。互感器的作用一是：用来使仪表、继电器与主电路绝缘。这既可避免主电路的高电压直接引入仪表、继电器，又可避免仪表、继电器的故障影响主电路，提高了两方面工作的安全性和可靠性。二是用来扩大仪表、继电器的使用范围。

4.8.1 电流互感器

1. 基本原理

电流互感器也叫变流器，它的代号为C.T.。它与一般的变压器工作原理相似。电流互感器的一次线圈匝数很少（有的直接穿过铁芯，只有1匝），导线相当粗；而其二次线圈，匝数很多，导线较细，是用来把一次回路中的电流变小后，供给测量仪表和继电器等设备用。电流互感器的作用示意图见图4-4。

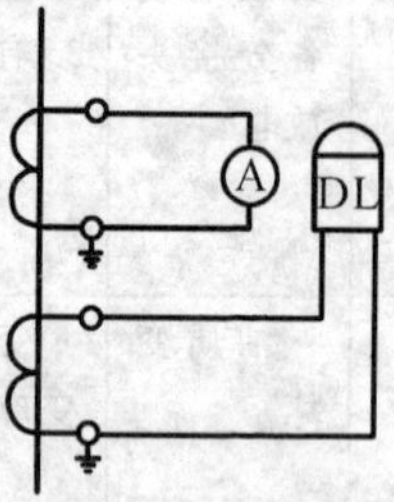

图4-4 电流互感器的作用示意图

A—电流表 DL—电磁型电流继电器

2. 电流互感器型号含义

电流互感器型号含义为：

L——电“流”互感器。

D——在第2位时，表示“单”匝贯穿式；

在第3位时，表示差“动”保护；

在第4、5位时，表示带差“动”保护级。

C——“瓷”绝缘。

F——“复”匝贯穿式。

R——装“入”式。

Q——在第2位时，表示线“圈”式。

在第4位时，表示加“强”型。

M——“母”线式。

Z——浇“注”绝缘。

J——在第3位时表示加大容量加强型；

在第4位时表示加大容量。

A——穿墙式。

G——“改”进型的。

横线后面的数字（如0.5）表示绝缘结构电压次级（kV）。

3. 电流互感器的接线方案

电流互感器工作时，一次线圈串联在供电系统的一次电路中，而二次线圈则与仪表、继电器的电流线圈串联起来形成一个闭合回路。由于这些电流线圈的阻抗很小，所以电流互感器工作时二次回路接近于短路状态。二次线圈的额定电流一般为5A。

电流互感器的一次电流 I_1 与其二次电流 I_2 间存在着下列关系：

$$I_1 \approx I_2 \cdot N_2/N_1 \approx K_i \cdot I_2 \qquad (4-9)$$

式中 N_1、N_2——电流互感器一次和二次线圈的匝数；

K_i——变流比，一般表示为其额定的一、二次电流比，例如300/5。

电流互感器在三相电路中有如图4-5所示的四种常见的接线方案：

（1）一相式接线（图4-5a）：电流表通过的电流反应一次电路某一相的电流。通常用在负荷平衡的三相电路中。

（2）两相V形接线（图4-5b）：这种接线也叫两相不完全星形接线；在继电保护装置中，这种接线（A、C两相接电流继电器）也叫两相两继电器接线。广泛用于中性点不接地的负荷不论平衡与否的三相三线制电路中，供测量和继电保护之用。

（3）两相电流差接线（图4-5c）：这种接线的二次侧公共线中流过的电流，等于两个相电流之差。这种接线多用于三相三线制电路的继电保护装置中（将电流表换为电流继电器）。这种接线也叫两相交叉接线。

（4）三相Y形接线（图4-5d）：三只电流表分别反应各相电流。这种接线广泛用于负荷不论平衡与否的三相三线制和三相四线制电路中，特别广泛用于三相四线的照明电路中，供测量用。

4. 电流互感器的类型及其选择

电流互感器的类型很多。按一次线圈的匝数分，有单匝式（包括线圈式、心柱式、套管式）和多匝式（包括线圈式、线环式、串级式）；按一次电压高低分，有高压和低压两大类；按准确度级分，有0.2、0.5、1、3、10

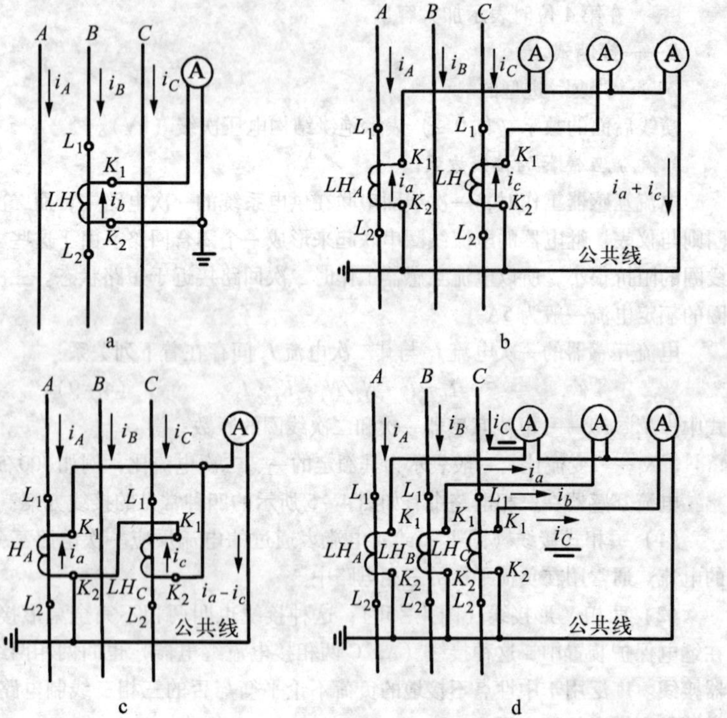

图 4-5 电流互感器的接线方案

a. 相式　b. 两相 V 形　c. 两相电流差　d. 三相 Y 形

等级。

高压电流互感器多制成两个铁芯和两个线圈的，分别接仪表和继电器，以满足测量和继电保护的不同要求。电气测量对电流互感器的准确度要求较高，且要求在短路时仪表受的冲击小，因此测量用电流互感器铁芯在一次电路短路时应该容易饱和，以限制二次电流的增长倍数。而继电保护用电流互感器铁芯则在一次电路短路时不应饱和，使二次电流与一次电流成比例地增长，以适应保护灵敏度的要求。

电流互感器应按装置地点的条件及额定电压、一次电流、二次电流

（一般为 5A）、准确度级等条件进行选择，并校验其短路时的动稳定度和热稳定度。

必须注意：电流互感器的准确度级与其二次负荷容量有关。互感器二次负荷 S_2 不得大于准确度级所对应的额定二次负荷 S，即

$$S_{2C} \geqslant S_2 \tag{4-10}$$

电流互感器按其误差可分为 0.2、0.5、1、3、10 及 D 等几个等级。0.2 级的用于精密测量；0.5～1 级的用于配电盘仪表上，0.5 级的用于电度表；3 级的一般用于过电流保护；D 级的用于差动保护；10 级的用于非精密测量。

5. 使用注意事项

（1）电流互感器的二次侧在工作时不得开路，开路时将产生下列情况：一是铁芯由于磁通剧增而过热，并产生剩磁，降低准确度；二是二次线圈可感应出危险的高电势，危及人身和设备的安全。所以电流互感器二次侧在工作时绝对不许开路；因此，在电气设备运行情况下拆装仪表时，必须先将电流互感器二次侧短路，而且，在二次回路中不允许装设熔断器或闸刀开关。

（2）电流互感器的二次侧有一端必须接地这样作的目的，是为了防止其一、二次线圈绝缘击穿时，一次侧的高电压窜入二次侧，危及人身和设备的安全。

（3）电流互感器在联接时，要注意其一、二次线圈接线端子上的极性按照国家标准规定，我国互感器与变压器一样，其线圈端子都采用"减极性"标号法。

6. 常用的电流互感器的型号、结构及主要数据

常用的电流互感器有以下几种型号：

（1）LQG－0.5 型：LQG－0.5 型是在 LQ－0.5 型基础上改进的产品，为户内装置线圈式的电流互感器。用于额定频率为 50Hz，电压为 500V 及以下的交流线路作为测量电流、电能及继电保护电源之用。

LQG－0.5 型电流互感器的铁芯是由条形硅钢片叠成的。铁芯分上下两柱，均套有二次线圈，一次线圈只布置在一个柱的二次线圈之外，并有磁分路作为补偿误差之用。互感器 100A 及以下的一次线圈出线端焊有接线片。150A 及以上的一次线圈出头均为线圈原铜带引出。二次线圈出头接在胶木接线座上，一次及二次线圈起末端均标有 L_1、L_2 及 K_1、K_2 标志。铁芯的夹

件由钢板冲成一对弯成直角形的夹件为固定用底座，具有安装孔。另一对夹件中，有一夹件稍长，在其跃起的一端装以接地螺栓，另一夹件装有接线座。

本型电流互感器在正常负荷及 $\cos\varphi=0.8$ 时，其主要技术数据见表 4－24。

表 4－24　LQG－0.5 型电流互感器主要技术数据

额定一次电流/A	额定二次电流/A	额定电压/kV	额定负荷/Ω			1s热稳定倍数	动稳定倍数
			LQ－0.5	LQG－0.5			
			0.5 级	0.5 级	1 级		
5，10，15，20，30，40，50，75，100，150，200，300，400，600，750，800，1 000	5	0.5	0.2	0.4	0.6	50	100

本型互感器允许长期使用在 110% 额定电流下，此时当周围温度不超过 40℃时，线圈的温升不超过 95℃。它能承受的绝缘试验电压：一次线圈对二次线圈及地为 3kV，二次线圈对地为 2kV，持续时间均为 1min。

LQG－0.5 型电流互感器的外形尺寸见图 4－6 和图 4－7。

（2）LMZ1－0.5、LMZJ1－0.5 型：LMZ1－0.5、LMZJ1－0.5 型为户内用全铝线母线式树脂浇注绝缘的电流互感器。它是一种新式产品，供 500V 及以下的交流线路中测量电流、电能及继电保护之用，尤其适用于季节性负荷变动的农村线路。LMZJ1－0.5 型为加大容量型。LMZ1－0.5 和 LMZJ1－0.5 型在使用上可取代 LQ－0.5、LQG－0.5 和 LYM－0.5 型电流互感器。

本型互感器的耐潮能力较强，其铁芯为环形（5～800A），二次线圈基本上沿铁芯周围均匀地分布。二次线端埋在塑料里边，位于穿孔的侧下方装有二次接线螺丝，下部有安装板供固定安装之用。5～400A 中间留圆孔，500～800A 为扁孔兼有圆孔，1 000～3 000A 中间留有矩形窗孔，均供一次铝母线通过或软电缆缠绕之用。本型互感器的额定二次电流为 5A。LMZB 1－0.5 型为专供继电保护用的 3 级电流互感器，当二次负荷为 0.4Ω 时，其

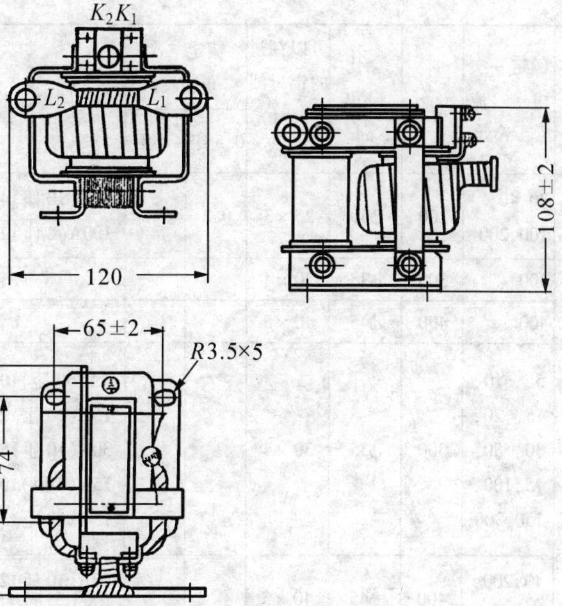

图 4-6 LQG-0.5 型电流互感器外形尺寸（额定一次电流为 5~100A）

10%倍数不小于 6 倍。LMZB1-0.5 型的技术数据与 LMZJ1 型相同。

LMZ1-0.5 型和 LMZJ1-0.5 型电流互感器的技术数据见表 4-25。LMZ1-0.5 型的外形见图 4-8，其外形尺寸见表 4-26。

表 4-25 LMZ1-0.5 和 LMZJ1-0.5 型电流互感器技术数据

型号	额定一次电流/A	一次/安匝	穿孔尺寸/mm	可以穿过的铝母线尺寸/mm	额定二次负荷/Ω		不同电流的一次匝数
					0.5 级	1 级	
LMZ1-0.5	5，10，15，30，50，75，150	150	$\phi30$	25×3			5A（30 匝）10A（15 匝）15A（10 匝）30A（5 匝）50A（3 匝）75A（2 匝）150A（1 匝）

续表

型号	额定一次电流/A	一次/安匝	穿孔尺寸/mm	可以穿过的铝母线尺寸/mm	额定二次负荷/Ω		不同电流的一次匝数
					0.5级	1级	
LMZ10.5	20,40,100,200	200	$\phi30$	25×3	0.2	0.3	20A(10匝)40A(5匝) 100A(2匝)200A(匝)
	300	300	$\phi35$	30×4			1匝
	400	400	$\phi45$	40×5			1匝
LMZJ1-0.5	5，10，15，20，30，50，75,100,150,300	300	$\phi35$	30×4			5A(60匝)10A(30匝) 15A(20匝)20A(15匝) 30A(10匝)50A(6匝) 75A(4匝)100A(3匝) 150A(2匝)300A(1匝)
	40,200,400	400	$\phi45$	40×5			40A(10匝)200A(2匝) 400A(1匝)
	500,600	500 600	53×9	50×6			1匝
	800	800	63×12	60×8			1匝

注：①铝母线系立放考虑。

②负荷的下限对0.2及0.3Ω的为0.15Ω，对0.3Ω的为0.2Ω，功率因数$\cos\varphi=0.8$。

（3）LFC—10型：LFC—10型为复匝（即多匝）贯穿式、瓷绝缘、10kV户内用电流互感器。它是一种老式产品，其基本结构和外形见图4-9和图4-10。其级次组合和10%倍数及最大二次电流倍数分别见表4-27和表4-28。

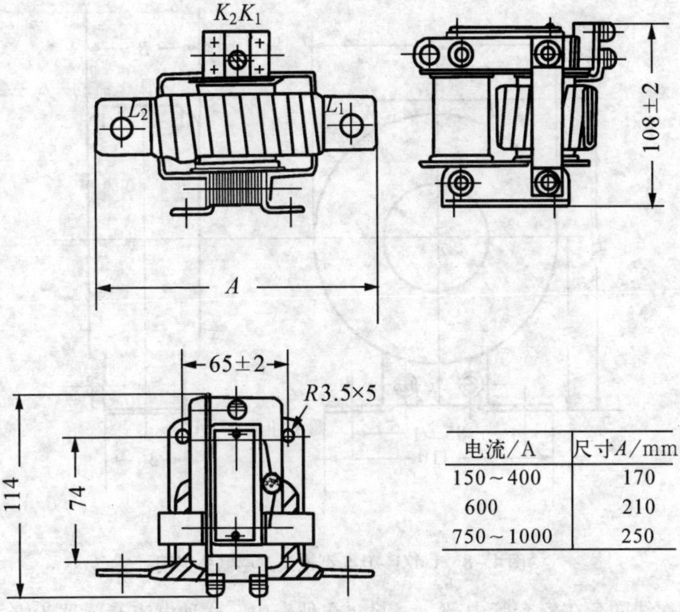

电流/A	尺寸A/mm
150～400	170
600	210
750～1000	250

图 4－7　LQG—0.5 型电流互感器外形尺寸图（额定一次电流为 150～1 000A）

表 4－26　LMZ1－0.5 型电流互感器外形尺寸

型号	一次电流/A	*H*	*h*	*ϕD*	*ϕd*	*B*
LMZ10.5	5，10，15，30，50，75，150	117	71	92	30	46
LMZ10.5	20，40，100，200	117	71	92	30	46
LMZ1－0.5	300	121.5	73	97	35	46
LMZ1－0.5	400	121.5	73	97	45	46

（4）LDC－10 型：LDC－10 型为 10kV 单匝套管式户内用电流互感器。其一次线圈为一根贯穿在瓷套管中的铜棒，二次线圈绕在环形铁芯上，铁芯

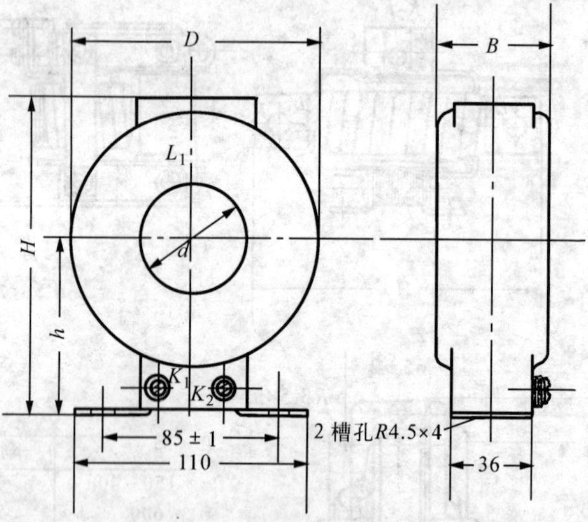

图 4－8　LMZ1－0.5 型电流互感器外形图

和二次线圈套在瓷套管中部，一起装在外壳内。这种电流互感器为老式产品，其基本结构和外形尺寸分别见图 4－11 及表 4－29。其级次组合和技术数据见表 4－30 和表 4－31。

（5）LA－10、LAJ－10 型：LA－10、LAJ－10 型为户内用全铝线树脂浇注绝缘新型电流互感器，供 10kV 及以下的交流电路中作电流和电能的测量及继电保护用。它具有体积小、质量轻、电气性能好，能满足三防要求等特点，在使用上可取代 LFC－10、LDC－10 和 LMC－10 型电流互感器。

本型互感器均为穿墙式的，这样在固定式开关柜中可省穿墙套管。正常容量的（5～200）/5A 为多匝式。（300～1 000）/5A 为单匝式。加大容量的（20～300）/5A 为多匝式，（400～800）/5A 为单匝式，（1 000～6 000）/5A 为母线式。

LA－10 型（5～200A）和 LAJ－10 型（5～200A）电流互感器外形尺寸见图 4－12，其技术数据见表 4－32。

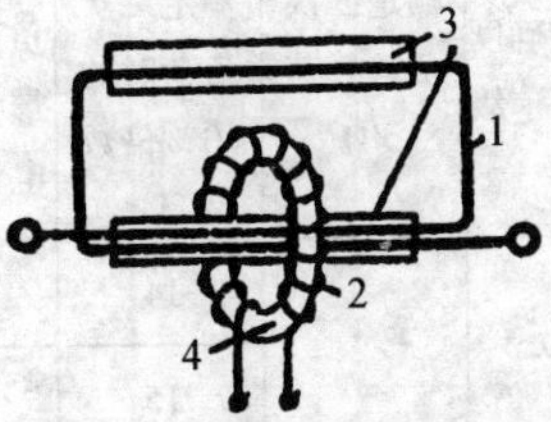

图 4－9　LFC－10 型电流互感器结构示意图

1. 一次线圈　2. 二次线圈　3. 瓷套管　4. 铁芯

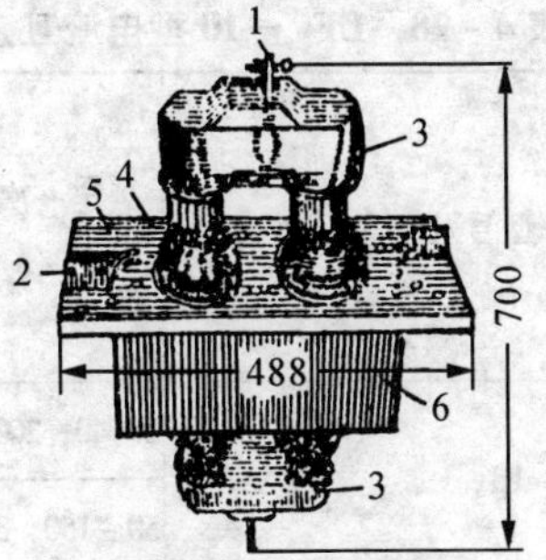

图 4－10　LFC－10 型电流互感器外形

1. 一次线圈引出线　2. 二次线圈引出线　3. 接线盒　4. 绝缘瓷瓶　5. 法兰盘　6. 外壳

表 4－27　LFC—10 型电流互感器级次组合表

型　　号	额定一次电流/A	准确度等级		1s 热稳定倍数	动稳定倍数
		二次线圈甲	二次线圈乙		
LFC－10－0.5－5－400	5～400	0.5	—	75	165
LFC－10－0.5/3－5－400		1	—	80	250
LFC－10－1/3－5－400		1	3	80	250
LFC－10－3－5－400		3	—	80	250
LFCD－10－D/0.5－75－400	75～400	D	0.5	75	165
LFCD－10－D/3－75－400		D	3	75	165

表4－28　LFC—10型电流互感器的10%倍数及最大二次电流倍数

型号及级次组合	额定一次电流/A	准确度等级	额定二次负荷/Ω	额定二次负荷时的10%倍数	额定二次负荷时的最大二次电流倍数
LFC－10	5～40，200，400	0.5	0.6	14	20
	50～150，300			15	21
LFC－10	5～300	1		12	18
	400			14	20
LFC－10－0.5/3，D/3	5～40，200，400	3	1.2	7.5	14
	5～150，300			9	15
LFC－10－1/3.3	5～300			6	12
	400			7.5	14
LFCD－10	75～400	D	0.6	12	35

表4－29　LDC—10型电流互感器外形尺寸

螺纹（Md）	额定电流/A		
	LDC－10	LDCQ－10 3级	LDCQ－10（3级除外）
1M22×1.5	600	—	400
2M27×1.5	750	400	600
2M30×1.5	1 000	—	750
2M42×2或2M39×2	1 500	600及750	1 000

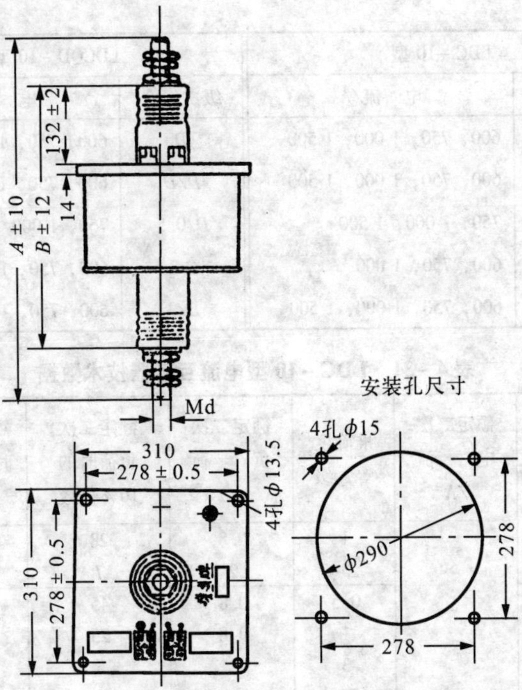

图 4-11　LDC-10 型电流互感器外形尺寸图

表 4-30　LDC-10 型电流互感器级次组合表

LDC-10 型		LDCQ-10 型	
级次组合	电　流/A	级次组合	电流/A
0.5	600，750，1 000，1 500	0.5	600，750，1 000
0.5/0.5	750，1 000，1 500	0.5/0.5	750，1 000
0.5/3	600，750，1 000，1 500	0.5/3	600，750，1 000
1	600，750，1 000	1	400，600，750，1 000
1/1	600，750，1 000	1/1	600，750，1 000
1/3	600，750，1 000	1/3	400，600，750，1 000
3	600，750，1 000，1 500	3	400，600，750

续表

LDC－10 型		LDCQD－10 型	
级次组合	电　流/A	级次组合	电　流/A
D	600，750，1 000，1 500	*D*	600，750，1 000
D/D	600，750，1 000，1 500	*D/D*	600，750，1 000
D/0.5	750，1 000，1 500	*D*/0.5	750，1 000
D/1	600，750，1 000	*D*/1	600，750，1 000
D/3	600，750，1 000，1 500	*D*/3	600，750，1 000

表 4－31　LDC－10 型电流互感器技术数据

额定一次电流/A	额定二次电流/A	准确度等级	额定二次负荷/Ω	额定二次负荷时的10%倍数	额定二次负荷时的最大二次电流倍数
400	5	1	0.8	28	38
		3	2	7	12
600		0.5	0.8	45	50
		1	0.8	25	30
		3	2	5	10
		D	0.6	40	—
750		0.5	0.8	36	44
		1	0.8	25	30
		3	2	6.5	10
		D	0.6	40	—
1 000		0.5	0.8	38	44
		1	0.8	20	25
		3	2	6	10
		D	0.6	40	—
1 500		0.5	0.8	27	32
		3	2	9	14
		D	0.6	40	—

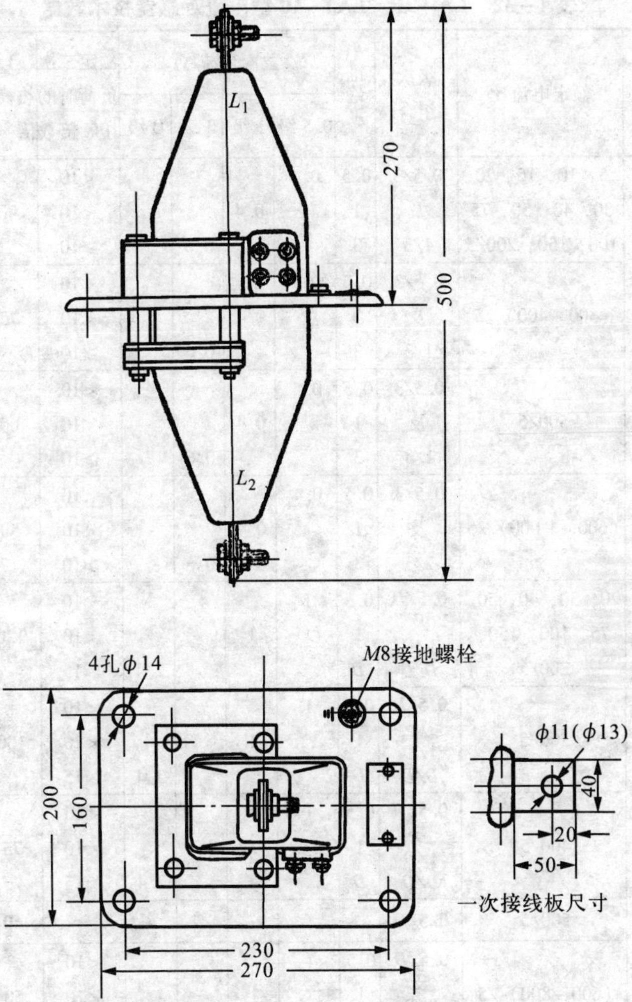

图4－12　LA－10型（5～200A）和LAJ－10型（5～200A）电流互感器外形尺寸图

表 4-32 LA-10、LAJ-10 型电流互感器技术数据

型号	额定电流比	级次组合	准确度	二次负荷/Ω				额定二次负荷时的10%倍数	1s热稳定倍数	动稳定倍数
				0.5级	1级	3级	D级			
LA-10	5，10，15，20	0.5/3	0.5	0.4				<10		
	30，40，50，75	及	1		0.4			<10	90	160
	100，150，200/5	1/3	3			0.6		≥10		
		0.5/3	0.5	0.4				<10		
	(300～400)/5	及	1		0.4			<10	75	135
		1/3	3			0.6		≥10		
		0.5/3	0.5	0.4				<10		
	500/5	及	1		0.4			<10	60	110
		1/3	3			0.6		≥10		
		0.5/3	0.5	0.4				<10		
	(600～1 000)/5	及	1		0.4			<10	50	90
		1/3	3			0.6		≥10		
LAJ-10	20，30，40，50，	0.5/*D*	0.5	1				<10		
	75，100，150，	及 1/*D*	1		1			<10	120	215
	200/5	*D*/*D*	*D*				2.4	≥15		
		0.5/*D*	0.5	1				<10		
	300/5	及 1/*D*	1		1			<10	100	180
		D/*D*	*D*				2.4	≥15		
		0.5/*D*	0.5	1				<10		
	400/5	及 1/*D*	1		1			<10	75	135
		D/*D*	*D*				2.4	≥15		
	500/5	0.5/*D*							60	110
		0.5/*D*	0.5	1				<10		
	(600～800)/5	及 1/*D*	1		1			<10	50	90
		D/*D*	*D*				2.4	≥15		

注：LAJ-10 型 D 级的额定二次电流为 2.5A，因为目前 2.5A 的继电器尚未解决，故一些制造厂正在改为 5A。

（6）LR－35、LRD－35 型：LR－35、LRD－35 型为套管式电流互感器，附装在 DW1－35、DW－35D 型油开关套管内。*D* 级供差动保护用。其技术数据见表 4－33。10% 倍数与二次负荷的关系曲线见图 4－13。

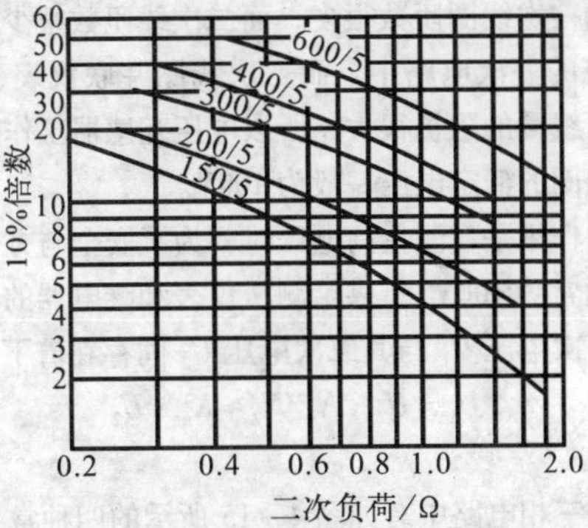

图 4－13　LRD－35 型电流互感器 10% 倍数与二次负荷的关系曲线图

表 4－33　LR—35、LRD—35 型电流互感器技术数据

额定一次电流/A	一次电流变化范围/A	LR—35 型 额定二次负荷/Ω			LRD—35 型 额定二次负荷/Ω		
		1 级	3 级	10 级	1 级	3 级	10 级
50 75	50～150	低于 10 级					
100	50～150 100～300	—	—	0.8	低于 10 级		
150	50～150 100～300	—	—	0.8	—	—	0.8
200	100～300 200～600	—	—	1.0	—	—	1.0
300	100～300 200～600	—	0.8	3.0	—	0.8	3.0
400	200～600	—	1.2	4.0	—	1.2	4.0
600	200～600	0.6	3.0	—	0.4	3.0	—

4.8.2 电压互感器

1. 基本原理

电压互感器的代号为 P. T.，它的工作原理与电力变压器相同。

电压互感器的一次线圈匝数很多，而二次线匝数很少。工作时，一次线圈并联在供电系统的一次电路中，而二次线圈并联仪表、继电器的电压线圈。由于这些电压线圈的阻抗很大，所以电压互感器工作时二次线圈接近于空载状态。二次线圈的额定电压一般为 100V。

电压互感器的作用是在测量高电压时，为了安全与方便，将高电压经过它变为低电压（通常为 100V），供给测量仪表和继电器的电压线圈。

电压互感器一次电压 U_1 与其二次电压 U_2 间存在着下列关系：

$$U_1 = U_2 \cdot N_1/N_2 \approx K_u \cdot U_2 \qquad (4-11)$$

2. 接线方案

电压互感器在三相电路中有如图 4－15 所示的四种常见的接线方案：

（1）一个单相电压互感器的接线（图 4－14a）：供仪表、继电器接于一个线电压。

（2）两个单相电压互感器接成 V/V 形（图 4－15b）：供仪表、继电器接于三相三线制电路的各个线电压，它广泛地应用在工厂变配电所的 6～10kV 高压装置中。

（3）三个单相电压互感器接成 Y_0/Y_0 形（图 4－15c）：供电给要求线电压的仪表、继电器，并供电给绝缘监察电压表。由于小接地电流系统在一次侧发生单相接地时，另两相电要升高到线电压，所以不能接入按相电压选择的电压表，否则在发生单相接地时电压表可能被烧坏。

（4）三个单相三线圈电压互感器或一个三相五心柱三线圈电压互感器接成 $Y_0/Y_0/\triangle$（开口三角）接成 Y_0 的二次线圈，供电给需线电压的仪表、继电器及作为绝缘监察的电压表。辅助二次线圈接成开口三角形，构成零序电压过滤器，供电给监察线路绝缘的电压继电器。三相电路正常工作时，开口三角形两端的电压接近于零。当某一相接地时，开口三角形两端将出现近 100V 的零序电压，使电压继电器动作，给予信号。

3. 电压互感器的类型及其选择

电压互感器按绝缘冷却方式分，有干式和油浸式。目前日益广泛采用浇注绝缘的干式互感器。电压互感器应按装置地点的条件及一次电压、二次电

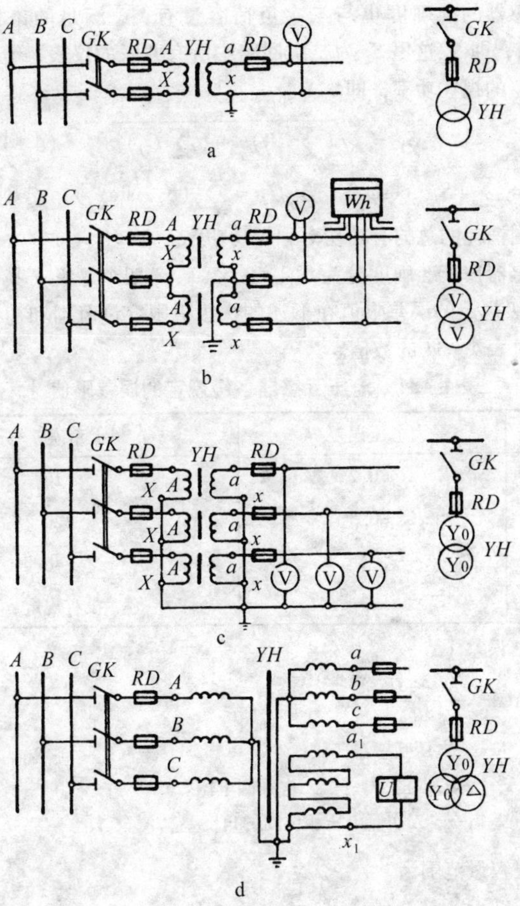

图 4－14　电压互感器的接线方案

a. 一个单相电压互感器　b. 两个单相接线 V/V 形　c. 三个单相接成 Y_0/Y_0 形　d. 三个单相三线圈电压互感器或一个三相五心柱三线圈电压互感器接成 $Y_0/Y_0/\triangle$形

压（一般为 100V）、准确度级等条件进行选择。对电压互感器，不必校验其短路电流的效应。

电压互感器的准确度也与二次负荷容量有关，满足的条件与前面式（4－9）相同，即 S_{2e}这里 S_2 为二次回路中所有并联的仪表、继电器电压线圈所消耗的总的视在功率，即

$$S_2 = \sqrt{(\sum P_J)^2 + (\sum Q_J)^2} \qquad (4-12)$$

式中 $\sum P_J = \sum(S_J \cdot \cos\varphi_J)$，$\sum Q_J = \sum(S_J \cdot \sin\varphi_J)$，分别为仪表、继电器电压线圈消耗的总的有功功率和无功功率。

电压互感器按其准确度分为 0.2、0.5、1、3 四个等级（其中常用的为 0.5 级），各级规定的误差限值在下述的次级极限容量范围和初级电压范围内，不应超过表 4－34 的数值。

表 4－34　电压互感器各级规定的误差限值

准确度等级	最大电压误差/%	最大角误差/分
0.2	±0.2	±10
0.5	±0.5	±20
1	±1	±40
3	±3	没有规定

注：①电压误差（$\Delta U\%$）

$$\Delta U\% = \frac{KU_2 - U_1}{U_1} \times 100$$

式中　K——电压互感器变比；

U_1、U_2——电压互感器一、二次线圈电压。

②角误差指一、二次侧电压相位间的角度差。

次级极限容量范围为

$$0.25\left(\frac{U_1}{U_e}\right)^2 P_e \text{ 到} \left(\frac{U_1}{U_e}\right)^2 P_e$$

初级电压范围为：

$$0.9U_e \text{ 到 } 1.1U_e$$

式中　U_1——初级电压（V）；

U_e——额定电压（V）；

P_e——额定容量（VA）。

电压互感器各级规定的误差限值见表 3 - 34。

0.2 级的电压互感器，一般用作试验精密测量。0.5 ~1 级用于发电厂和变电所的配电盘仪表上，但电度表须用 0.5 级的电压互感器。3 级用于非精密测量。

使用电压互感器时要特别注意，电压互感器的二次侧不允行短路，因短路会烧坏二次线圈。为防止短路，高低压侧都要装熔断器。

4. 电压互感器型号含义

电压互感器型号含义为：

J——在第一位时，表示电压互感器；在第三位时，表示油“浸”式；在第四位时，表示“接”地保护。

Z——浇“注”式。

D——“单”相。

S——“三”相。

G——“干”式。

W——“五”柱式。

5. 常用的电压互感器的型号、结构及主要数据

（1）JDJ 型：JDJ 型为单相双线圈油浸式的电压互感器。其中 JDJ - 6 型和 JDJ - 10 型为户内用，JDJ - 35 型为户外用。它们均可用于单相或三相电路。JDJ - 10 型的外形尺寸见图 4 - 15，JDJ - 35 型的外形尺寸见图 4 - 16，其接线见图 4 - 17 和图 4 - 18，技术数据见表 4 - 35。

表 4 - 35　JDJ 型电压互感器技术数据

型号	额定电压 /V		试验电压 /kV		额定容量 /（VA）			最大容量 /（VA）
	一次	二次	一次对二次及对地	二次对地	0.5 级	1 级	3 级	
JDJ - 3	3 000	100	24	2	30	50	120	240
JDJ - 6	6 000	100	32	2	50	80	200	400
JDJ - 10	10 000	100	42	2	80	150	320	640
JDJ—35	35 000	100	95	2	150	250	600	1 200

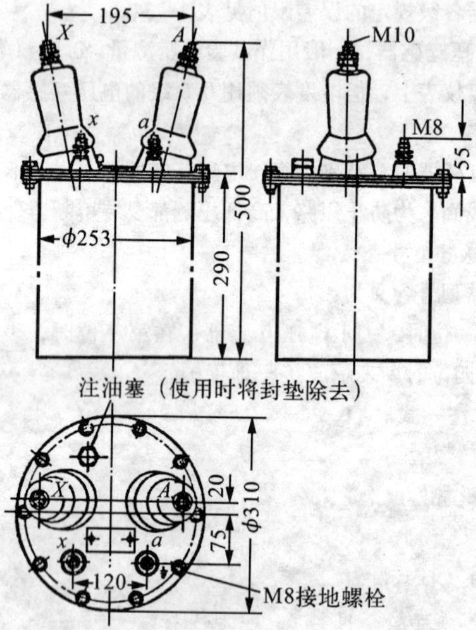

图4-15　JDJ-10型电压互感器的外形尺寸

（2）JSJW 型：JSJW 型为三相三线圈五铁芯柱油浸式（简称三相五柱式）电压互感器。它的一次线圈和基本二次线圈分别接成星形（Y_0/Y_0—12），三个线圈端头及中性点均固定于其箱盖上，额定二次电压（线电压）是100V，供给测量仪表和继电器用；辅助二次线圈接成开口三角形，只引出两个接线端，供给母线绝缘监视用。JSJW-10型电压互感器的外形见图4-19，它用于三相线路的接线法，见图4-20，其技术数据见表4-36。

JSJW 型电压互感器的辅助二次线圈的性能是：

①在基本二次线圈空载、辅助二次线圈接有3级负荷和一次侧施加平衡的额定电压情况下，当一次线圈中的一个线端与中点短接时，辅助二次线圈出头 a_D、x_D 间的电压为97～103V。

②在基本二次线圈接有1级负荷、辅助二次线圈接有3级负荷和一次侧施加平衡的额定电压情况下，当一次线圈中的一个线端与中点短接时，辅助二次线圈出头 a_D、x_D 间的电压为90～110V。

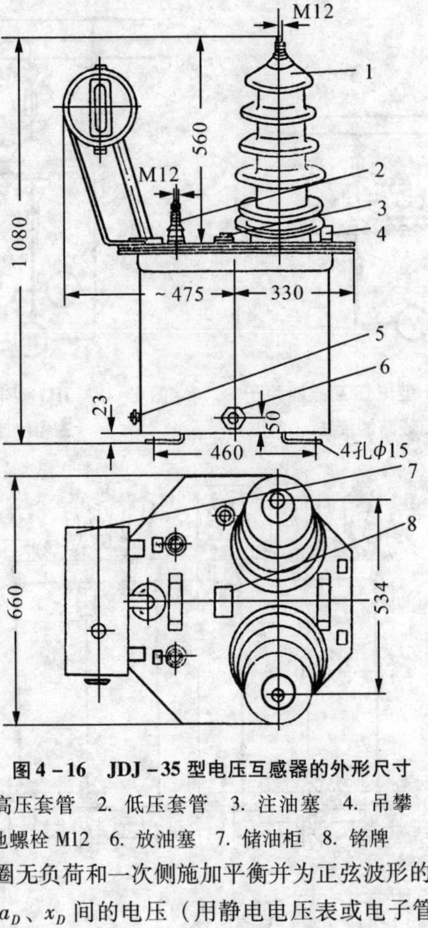

图 4-16　JDJ-35 型电压互感器的外形尺寸

1. 高压套管　2. 低压套管　3. 注油塞　4. 吊攀　5. 接地螺栓 M12　6. 放油塞　7. 储油柜　8. 铭牌

③在二次线圈无负荷和一次侧施加平衡并为正弦波形的额定电压时，辅助二次线圈出头 a_D、x_D 间的电压（用静电电压表或电子管型电压表测量）不大于 8V。

（3）JDZ 型：JDZ 型为单相双线圈树脂浇注绝缘的户内用电压互感器。它具有体积小，质量轻，节约铜材、钢材及满足“三防”（防潮、防盐雾、防霉菌）要求的特点。可供交流线路中作电压、电能测量及供继电器和其他控制设备作电源用。在使用上可取代 JDJ 型。JDZ-（6）10 型的外形尺寸见图 4-21，其尺寸明细见表 4-37。技术数据见表 4-38。

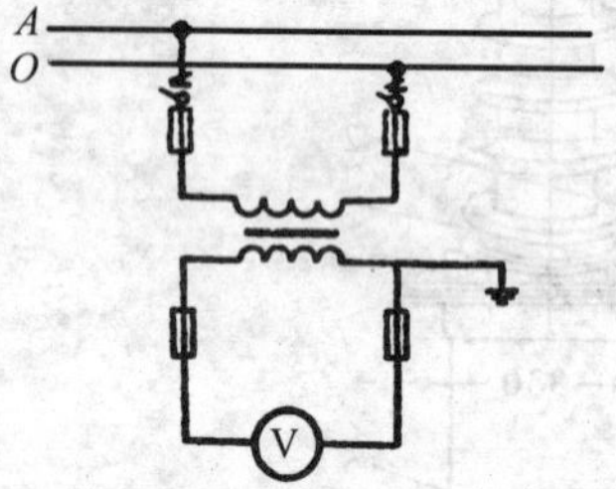

图 4 – 17　JDJ 型电压互感器用于单相线路的接法

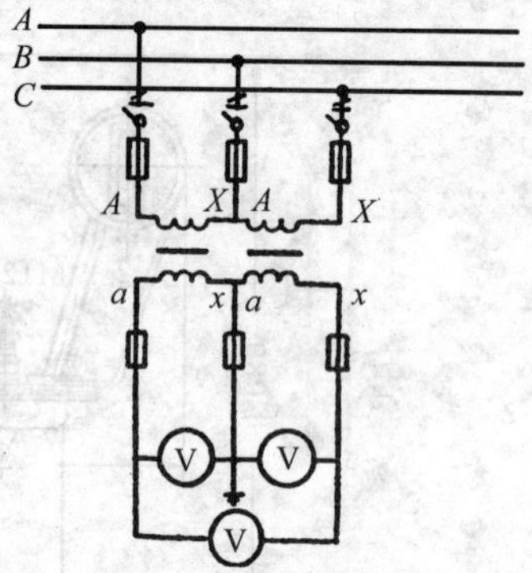

图 4 – 18　JDJ 型电压互感器用于三相线路的接法

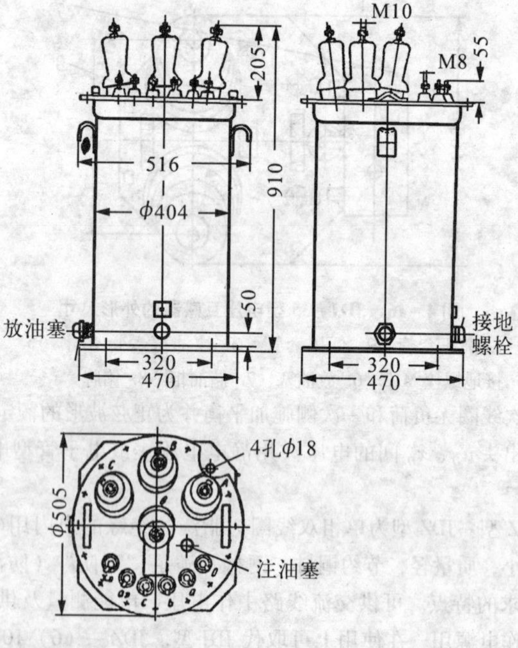

图 4 – 19　JSJW – 10 型电压互感器外形尺寸

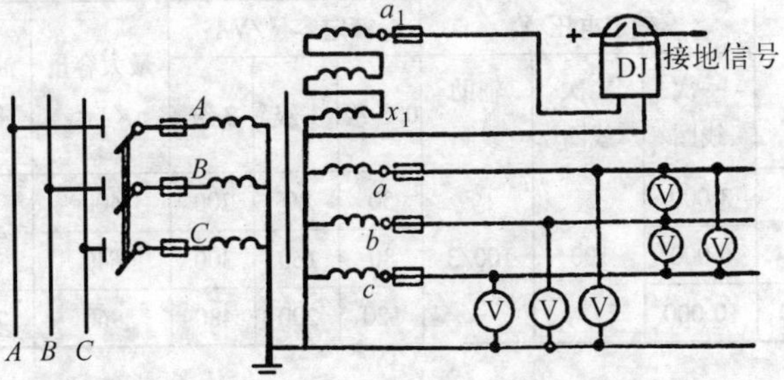

图 4-20　JSJW-10 型电压互感器用于三相线路的接法

V—电压表；DJ—电磁型电压互感器

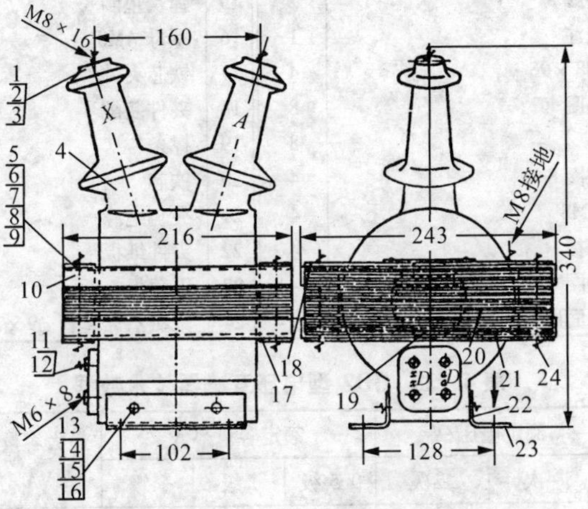

图 4-21　JDZ-10、JDZJ-10 型电压互感器外形尺寸

表 4-36 JSJW 型电压互感器技术数据

型号	额定电压/V			额定容量/VA			最大容量/VA	油重/kg	总重/kg
	一次线圈	二次线圈	辅助线圈	0.5 级	1 级	3 级			
JSJW-6	3 000	100	100/3	50	80	200	400	40	115
	6 000			80	150	300	640		
JSJW-10	10 000			120	200	480	960	70	190

表 4-37 JDZ-10、JDZJ-10 型电压互感器尺寸明细表

序号	名称	数量	序号	名称	数量
1	黄铜螺栓 M8×16	2	13	螺栓 M8×100	2
2	黄铜垫圈 8	4	14	垫圈	4
3	弹簧垫圈 8	2	15	弹簧垫圈 8	2
4	绝缘浇注	1	16	螺母 AM8	2
5	螺栓 M8×95	4	17	铁芯夹件	3
6	绝缘垫圈	8	18	夹件装配	1
7	垫圈 8	8	19	撑条	2
8	弹簧垫圈 8	4	20	铁芯	1
9	螺母 AM8	4	21	夹轭绝缘	4
10	铁芯角板	4	22	夹件纸板	2
11	黄铜垫圈 6	4~8	23	下角板	2
12	黄铜球面圆柱头螺钉 M6×8	2~4	24	聚氯乙烯套管 $\phi9\times70$	4

表 4-38 JDZ 型电压互感器技术数据

型号	额定电压/V		额定容量/VA			最大容量/VA	连接组
	一次	二次	0.5 级	1 级	3 级		
JDZ—6	1 000	100	30	50	100	200	1/1-12
	3 000	100	30	50	100	200	1/1-12
	6 000	100	50	80	200	300	1/1-12
JDZ—10	10 000	100	80	150	300	500	1/1-12

注：当产品用于三相组合成 Y 形（$100/\sqrt{3}$V），使用容量为额定容量的 1/3 时，其准确级次不变。

（4）JDZJ 型：JDZJ 型为单相三线圈、浇注绝缘的户内用电压互感器。供中性点不直接接地的系统中作电压、电能测量和单相接地保护之用。它的基本特点与 JDZ 型相同。所不同的地方是 JDZJ 型有辅助二次线圈，在使用时它的一次线圈的一端接高电压，另一端接地；但其一次线圈两端均为全绝缘的结构，其外形与 JDZ－10 型相同。用三台 JDZJ 型可取代 JSJW 型电压互感器，但不能作单相运行。

JDZJ 型能在 1.1 倍额定电压下长期运行，并能在 8h 内无损伤地承受 2 倍额定电压。

JDZJ 型的辅助二次线圈性能如下：

①当基本二次线圈空载时，辅助二次线圈空载误差符合 3 级准确等级要求。

②由 JDZJ 型组成三相组时，一次线圈与二次线圈为 Y_0/Y_0—12 连接，辅助二次线圈接成开口三角形，在互感器运行时必须通过负荷而接成三角形，当基本二次线圈接有一级负荷（$\cos\varphi=0.8$），辅助二次线圈接成开口三角形的额定负荷为 100VA，一次线圈加上额定平衡电压的情况下，当一次线圈中的一相和中点短接时，辅助二次线圈开口三角形的 a_D、x_D 两端电压为 95～105V。

JDZJ 型电压互感器的外形尺寸见图 4－21。尺寸明细表见表 4－37。其技术数据见表 4－39。

表 4－39　JSZJ 型电压互感器技术数据

型号	额定电压/V			额定容量/VA			最大容量/VA	连接组
	一次线圈	二次线圈	辅助线圈	0.5 级	1 级	3 级		
JDZJ－6	1 000/$\sqrt{3}$ 3 000/$\sqrt{3}$ 6 000/$\sqrt{3}$	100/$\sqrt{3}$	100/3	40	60	150	300	1/1/1－12－12
JDZJ－10	10 000/$\sqrt{3}$							

注：准确级次由基本二次线圈确定。

（5）JDG 型：JDG 型为单相双线圈、干式、户内用的电压互感器，其线圈连接组为 1/1—12。本型互感器能在 1.1 倍额定电压下长期运行。

JDG－0.5 型电压互感器的铁芯采用壳式结构，由 *E* 形及条形硅钢片叠成。二次线圈绕在矩形胶纸筒上。一次线圈绕在二次线圈的外面，对二次线圈的绝缘采用纸板。在铁芯夹件上装有一、二次接线板及接地螺栓。JDG－0.5 型电压互感器的技术数据见表 4－40。

JDG－3 型电压互感器采用三柱芯式结构，由条形硅钢片叠成。在中间的一个铁芯柱上套有两个线圈——二次线圈及一次线圈。二次线圈绕在绝缘纸筒上。一次线圈绕在二次线圈的外面，对二次线圈的绝缘采用纸板及电缆纸角环。两个线圈均为多层圆筒式。二次线圈不分段。一次线圈分为两段，在这两段线圈的最外层均放有静电屏。JDG－3 型电压互感器的外形见图4－22。其技术数据见表 4－40。

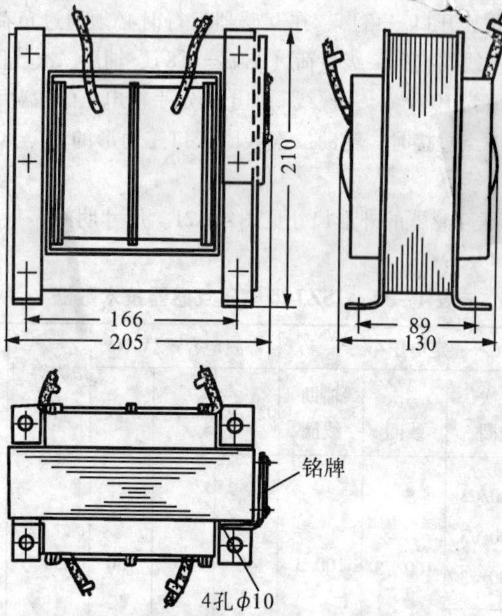

图 4－22　JDG－3 型电压互感器外形图

表 4-40 JDG 型电压互感器技术数据

型号	额定电压 /V		工频试验电压 /kV		额定容量 /VA			最大容量 /VA
	一次	二次	一次	二次	0.5 级	1 级	3 级	
JDG-0.5	220	100	5	2	25	40	100	200
	380	100	5	2	25	40	100	200
	500	100	5	2	25	40	100	200
JDG-3	3 000	100	13	2	30	50	120	240

(6) $JDJJ_1-35$ 型：$JDJJ_1-35$ 型为单相三线圈、油浸式、户外用电压互感器，其连接组为 1/1/1-12-12，其 X 端接地，故 95kV 仅对 A 而言。本型电压互感器能在 1.1 倍额定电压下长期运行，并能在 8h 内无损伤地承受 1.9 倍额定电压，其辅助二次线圈的性能如下：

①当基本二次线圈无负荷时，辅助二次线圈能符合 3 级准确等级的要求。

②将 3 台 $JDJJ_1-35$ 型电压互感器的一次和基本二次线圈接成Y,y0-0，辅助二次线圈接成开口三角形，在基本二次线圈接有 1 级额定负荷（$\cos\varphi=0.8$），辅助二次线圈接有 3 级额定负荷时，在一次线圈施加平衡的额定电压的情况下，当一次线圈中的一个线端与中点短接时，辅助二次线圈的开口三角形两端间的电压为 90~110V。

$JDJJ_1-35$ 型电压互感器的技术数据见表 4-41。其外形见图 4-23。

表 4-41 $JDJJ_1-35$ 型电压互感器技术数据

额定电压/V			额定容量/VA			最大容量 /VA	油重 /kg	总重 /kg
一次	基本二次线圈	辅助二次线圈	0.5 级	1 级	3 级			
$35\,000/\sqrt{3}$	$100/\sqrt{3}$	100/3	150	250	500	1 000	33	115

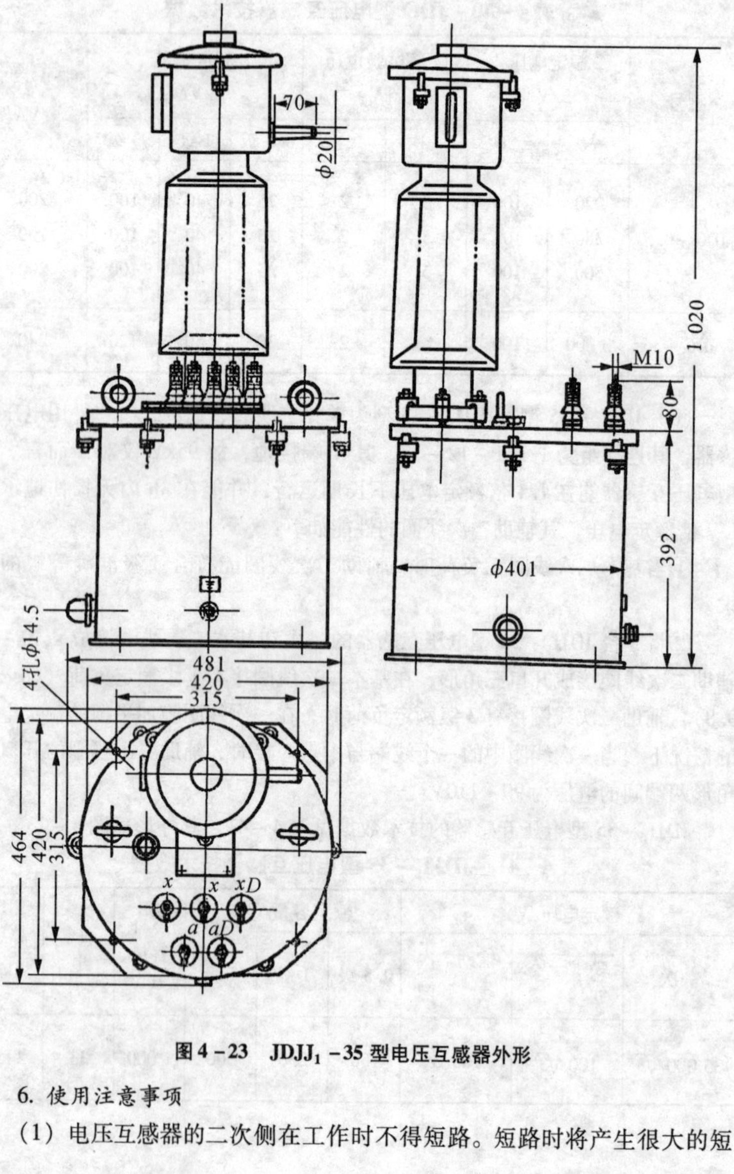

图 4-23　$JDJJ_1$-35 型电压互感器外形

6. 使用注意事项

（1）电压互感器的二次侧在工作时不得短路。短路时将产生很大的短路电流，可能烧毁互感器。为此，电压互感器的一、二次侧都必须装设熔断器进行短路保护。

(2) 电压互感器的二次侧有一端必须接地。这也是为了防止一、二次线圈绝缘击穿时，一次侧的高电压窜入二次侧，危及人身和设备的安全。

(3) 电压互感器的连接时，也要注意其一、二次线圈接线端子上的极性。我国规定单相电压互感器的一次线圈端子标以 A、X，二次线圈端子标以 *a*、*x*，*A* 与 *a* 为同极性端，*X* 与 *x* 也为同极性端。三相电压互感器，按照相应，一次线端子分别标以 *A*、*X*，*B*、*Y*，*C*、*Z*，二次线圈端子分别标以 *a*、*x*，*b*、*y*，*c*、*z*，这里 *A* 与 *a*，*B* 与 *b*、*C* 与 *c* 为相对应的同极性端，*X* 与 *x*，*Y* 与 *y*，这里 *A* 与 *a*、*B* 与 *b*、*C* 与 *c* 为相对应的同极性端，*X* 与 *x*、*Y* 与 *y*、*Z* 与 *z* 也为相对应的同极性端。

4.8.3 电压电流组合互感器

常用的电压电流组合互感器为 JLSJW－10 型。它能将工频高压线路中的电压及电流，变为低电压及小电流，可直接连接仪表及继电器等，适用于农村户外变电站，其外形见图 4－24。其基本参数见表 4－42。型号含义如下：

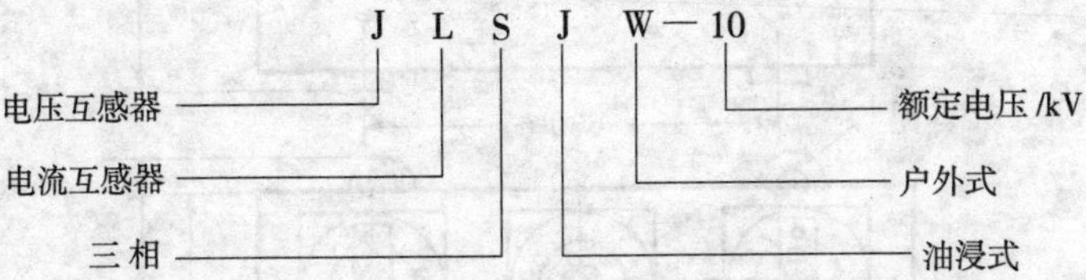

表 4－42 JLSJW－10 型电压电流组合互感器的基本参数

准确度等级	额定电压比/V	额定电流比/A	额定容量/（VA）	
			电压互感器部分	电流互感器部分
0.5	10 000/100	5/5 10/5 15/5 20/5 30/5 40/5 50/5 75/5 100/5 150/5 200/5	50	30

本型互感器电压部分在下述的次级极限容量范围和初级电压范围内误差的限值应符合表 4－43 的规定。

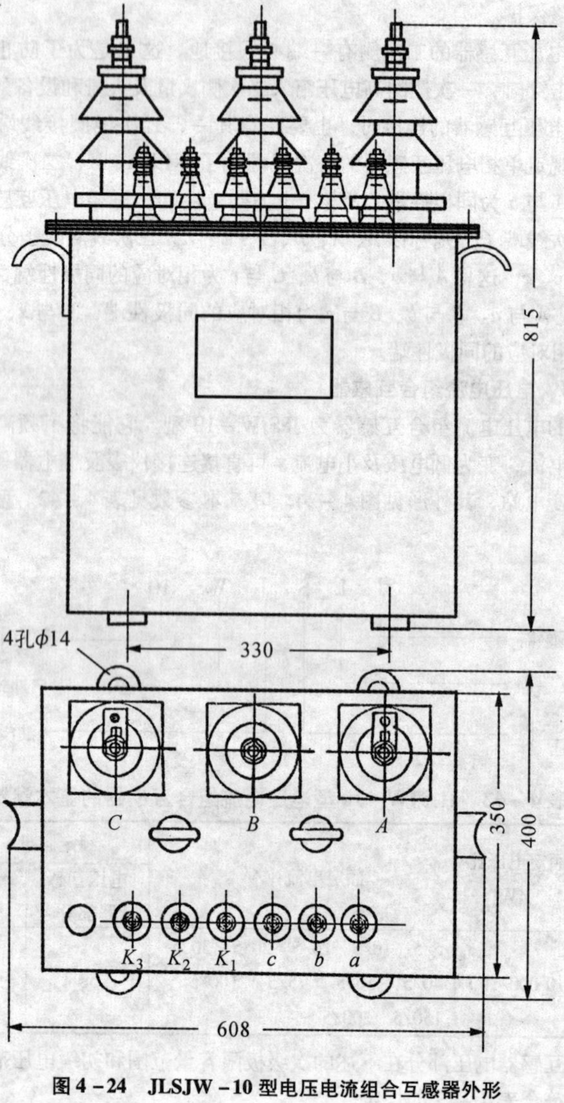

图 4-24　JLSJW-10 型电压电流组合互感器外形

表 4-43 JLSJW-10 型电压电流组合互感器的最大误差
（电压互感器部分）

准确度等级	最大误差		次级负荷情况
	比差/%	相差/分	
0.5	±0.5	±20	（1）二次负荷在额定值的 25%～100%的范围内 （2）负荷的功率因数 $\cos\varphi=0.8$

次级极限容量范围为：

$$0.25\left(\frac{U_1}{U_e}\right)^2 P_e \text{ 到 } \left(\frac{U_1}{U_e}\right)^2 P_e$$

初级电压范围为：

$$0.9U_e \text{ 到 } 1.1U_e$$

式中 U_1——初级电压（V）；

U_e——额定电压（V）；

P_e——额定容量（VA）。

本型互感器电流部分的比差和相差不超过表 4-44 的规定。

表 4-44 JLSJW-10 型电压电流组合互感器的最大误差
（电流互感器部分）

准确度等级	一次电流与额定一次电流比/%	最大误差		次级负荷情况
		比差/%	相差/分	
0.5	10 20 100～120	±1.0 ±0.75 ±0.5	±60 ±50 ±40	（1）二次负荷在额定值的 25%～100%范围内，但不小于 0.15Ω （2）负荷的功率因数 $\cos\varphi=0.8$

本型互感器的三相油浸自冷式，适用于户外，互感器容器内装用 25 号变压器油，油面距箱盖约 15mm，箱盖上面附有注油塞和防雨雪护盖。

本型互感器铁芯型式：

（1）电压互感器部分为外铁型，用0.35mm硅钢片叠装而成，在中柱上装一次及二次线圈。

（2）电流互感器部分铁芯型式为环型，用0.35mm硅钢片剪成带状卷制而成。在铁芯上穿绕一次和二次线圈。

本型互感器电压部分与电流部分的器身用夹件与箱盖紧固。箱身上装有接地螺丝，并有接地符号标志，供运行时妥善接地。

本型互感器系由单相电压互感器与电流互感器组合而成，互感器三相采用V/V－12接线，如图4－25所示，其线圈数据见表4－45和表4－46。

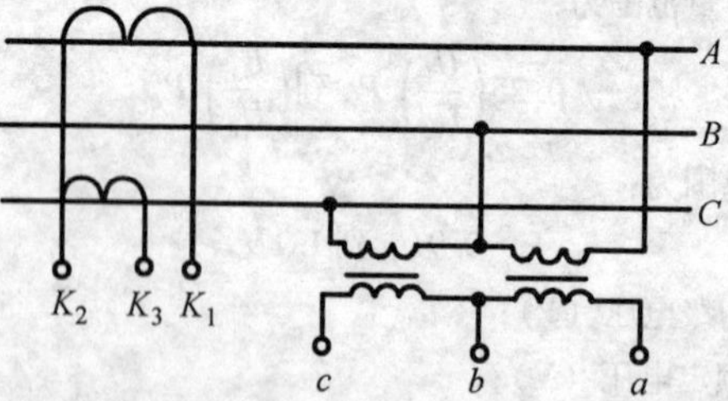

图4－25　JLSJW－10型电压电流组合互感器接线图

表4－45　JLSJW－10型电压电流组合互感器的线圈数据
（电压互感器部分）

线圈	线圈号		导线规格	层×匝	总匝数
二次线圈			漆包铜线 Qϕ1.45mm	2×47 1×46	140
一次线圈	1	第1层	漆包铜线 Qϕ0.5mm	1×60	60
		第2层至第47层	漆包铜线 Qϕ0.2mm	45×151 1×40	6 835
	2	第48层	漆包铜线 Qϕ0.51mm	1×60	60

表 4-46 JLSJW-10 型电压电流组合互感器的线圈数据

(电流互感器部分)

额定初级电流/A	一次线圈		二次线圈	
	导线规格/mm	匝数	导线规格/mm	匝数
5	ϕ1.81	180	浸渍玻璃丝包线 ϕ2.1	179
10	ϕ2.63	90		179
15	浸渍玻璃丝包线 ϕ3.05	60		179
20	2×ϕ2.63	45		179
30	2×ϕ3.05	30		179
40	1×25	20		159
50	1×25	18		179
75	1×25，0.5×25	12		179
100	紫铜带 2×（1×25）	9		179
150	3×（1×25）	6		159
200	4×（1×25）	4		159

第 5 章　高压电器

5.1　高压断路器

5.1.1　高压断路器的分类及特点

高压断路器是高压开关设备中最重要、最复杂的一种。高压断路器可用来接通或断开正常负载下的高压电路，当电路发生突发事故时，高压断路器能迅速动作，断开短路电流，起着控制和保护的双重功用。且大部分断路器可进行快速自动重合闸操作，即线路临时故障一经排除，能及时恢复正常运行。

高压断路器根据其灭弧和纸绝缘介质情况可分为充油、充气、磁吹、真空等类别；按其油量可分为多油和少油两类。各类断路器的主要特点见表 5－1。

高压断路器型号及含义如下：

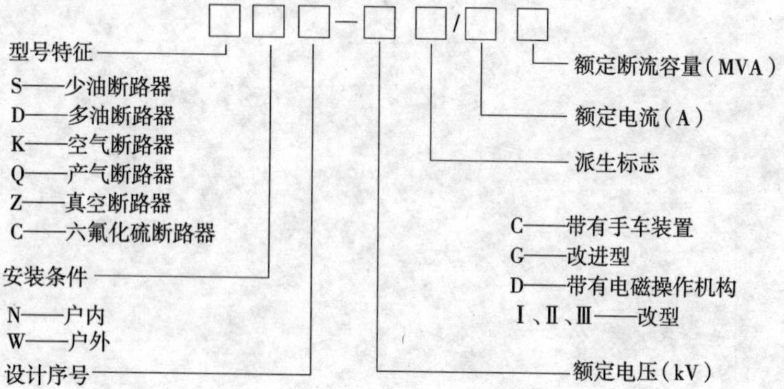

表 5-1　各类断路器的分类及主要特点

类别	结构特点	技术性能	运行维护	主要使用场所
少油(S)	对地绝缘主要依靠固体介质，结构较简单，制造方便 若配用液压机构，工艺要求较高	积木式结构可做到任何使用电压等级，开断电流大，全开断时间短。加机械油吹后，可满足开断空载长线的要求 额定电流不宜做得很大，但35kV以下，可加并联回路提高额定电流	运行经验较多，易于维护，噪音低 灭弧室油易劣化，需要一套油处理装置	各级电压的户内、外变电所，是生产量最大的品种
多油(D)	触头系统及灭弧室安置在接地的油箱中，主要用油作为对地绝缘介质。结构简单，制造方便，易于加装单匝环形电流互感器及电容分压装置 不能实现积木式结构，耗钢耗油量大	额定电流不宜做大，一般开断小电流时，燃弧时间较长，动作速度慢	运行经验较多，易于维护，噪音低 需要一套油处理装置	35kV及以下变电所
压缩空气(K)	易于加装并联电阻 结构较复杂，工艺要求较高	额定电流和开断能力都可以做得很大，开断空载长线易于做到不重复击穿，动作快，开断时间短	检修方便，不检修间隔期长 噪音大，需一套空压机系统	110kV及以上大容量发电站、变电所，发电机保护断路器及操作频繁的断路器
固体产气(Q)	结构简单、质量轻、制造方便	额定电流和开断电流不宜做大，断口电压亦不宜做高	易于维护检修，噪音大	35kV及以下户外小容量变电所
真空(Z)	体积小，质量轻 灭弧室工艺及材料要求较高	可连续多次自动重合闸，能进行频繁操作，开断电容电流性能好 断口电压不宜做得高	不需检修灭弧室，运行维护简单。无爆炸可能，噪音小	35kV及以下户内变电所及工矿企业中要求频繁操作的场所

续表

类别	结构特点	技术性能	运行维护	主要使用场所
六氟化硫(C)	单压式结构简单 密封要求严，对工艺和材料要求高	额定电流和开断能力都可以做得很大，各种开断性能均好。触头系统在开断大小电流时损耗均小，断口电压可做得高（例如单断口220kV）	不检修间隔期长，噪音低 检修前准备工作量较大，需一套充放气及过滤装置	110kV 及以上大容量变电站及频繁操作场所

5.1.2 高压油断路器

1. 型号及主要用途

高压油断路器型号及主要用途见表5-2。

表5-2 高压油断路器型号及主要用途

名称	型号	主要用途	特点
户内少油断路器	SN1、SN2-10G	主要用于3~10kV配电线路的工矿企业、农村发电站及小型变电所	
	SN3-10g	主要用于中小型发电厂、变电所的送电或受电线路，作为控制和切除线路故障用	
	SN4-10、20G	主要用于大型发电厂及配电站	风扇冷却，分主、弧回路
	SN10-10、35	主要用于发电厂、变电所及工矿企业等电力系统中，作为保护和控制高压电气设备之用，也适用于频繁操作和切断电容器组	
	SN-10	适用于发电厂，变电所和工矿企业配电站，用作保护和控制高压电器设备	附装有液压操作机构
户内多油断路器	DN1-10 DN1-10G DN3-10	适用于小型发电厂、变电所及电动机的控制	三极共箱绝缘结构 DN_1-10G 的触头含有钨合金，耐弧性能较好

续表

名称	型号	主要用途	特点
户外多油断路器	DW7－10	用于城市或农村10kV电网，作负荷操作、过载及短路保护供高压架空线分段或末段开关之用	三相共箱
户外产气断路器	QW1－10、35	适用于中小型发电厂和配电站，尤其适用于农村电网作为分合负荷电流、电容电流和过载短路保护之用	利用塑料产气灭弧
户内电磁式空气断路器	CN2－10	用于10kV电力系统中作发电厂、配电所正常或短路时接通和开断电路之用，尤其适用于冶金企业作控制电炉变压器和高压电动机等	磁吹螺管式灭弧，可频繁操作

2. 外形及性能参数

高压户外多油断路器（DW1－35型）外形及组成见图5－1。高压多油断路器性能参数见表5－3。户内少油断路器性能参数见表5－4。

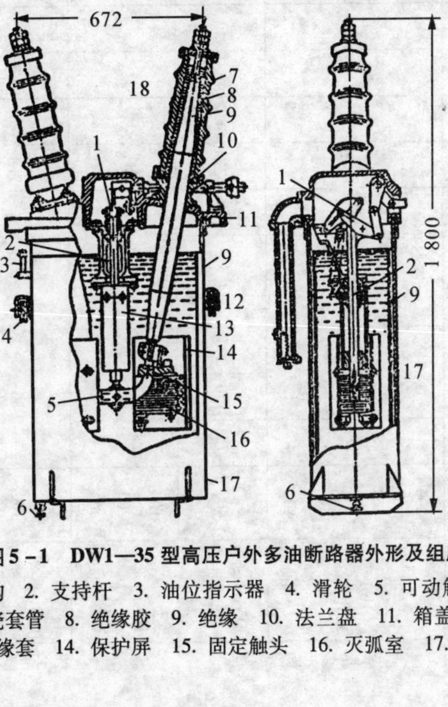

图5－1　DW1—35型高压户外多油断路器外形及组成

1. 操动机构　2. 支持杆　3. 油位指示器　4. 滑轮　5. 可动触头　6. 放油门　7. 瓷套管　8. 绝缘胶　9. 绝缘　10. 法兰盘　11. 箱盖　12. 排气管　13. 绝缘套　14. 保护屏　15. 固定触头　16. 灭弧室　17. 油箱

表 5－3　高压多油断路器性能参数

名称	型号	额定电压/kV	额定电流/A	断流容量/(MVA) 3	6	10	额定断流量/kA 3	6	10	极限通过电流/kA 峰值	有效值	热稳定电流/kA 1s	5s	10s	固有分闸时间/s	合闸时间/s	三相油重/kg	总重/kg	使用操动机构型号	使用说明
户内多油断路器	DN_1－10	10	200	50	100		9.7		5.8	25	15			6	0.07	0.1	50	100	CS2、CD2G	直接起动高压电动机，控制电弧炼钢变压器，也可切断电容器组
			400											10				125		
			600															125		
			800															130		
	DN_3－10		400	75	150	200	14.5		11.6	37	14.2		13		0.08	0.15	14	86	CS13 * CD2	DN_3－10 型并可进行一次快速自动重合闸
柱上油断路器	DW_4－10		100、200、400		50			2.88		12.8	7.4	7.4	4.2	3	0.1		45	145	钩棒或绳索操作	装有过流脱扣装置；用于高压配电线路的控制和保护
	DW_5－10G		50、100、200		50			2.9		7.4	4.2	4.2	2.9	2.05			60	210		装有过流脱扣装置；还装有重锤式的重合闸机构
	DW_7－10		30、50、75、100、200、400		25			1.5		5.6	2.3	1.8	1.6	1.15	0.2		55	135	钩棒或绳索操作	装有过流脱扣装置；具有延时跳闸装置

注：断流容量与额定断流量下的 3、6、10 为电压/kV。

续表

名称	型号	额定电压/kV	额定电流/A	断流容量/(MVA) 3 /kV	断流容量/(MVA) 6 /kV	断流容量/(MVA) 10 /kV	额定断流量/kA 3 /kV	额定断流量/kA 6 /kV	额定断流量/kA 10 /kV	极限通过电流/kA 峰值	极限通过电流/kA 有效值	热稳定电流/kA 1s	热稳定电流/kA 5s	热稳定电流/kA 10s	固有分闸时间/s	合闸时间/s	三相油重/kg	总重/kg	使用操动机构型号	使用说明
户外多油断路器	DW_6-35	35	400		350 400			5.6 6.6		19	11	11	6		0.1	0.27	360	1 050 1 068	CS2、CD2 或 CT4-G	套管电流互感器 4 组（每相 2 个 LR-35 及 LRD-35），适用于 35kV 输配电系统的控制和保护
	DW_8-35	35	600 800 1 000		1 000			16.5		41	29		16.5 (4s)		0.07	0.3	380	1 300	CD11-X	

注：* 表示开断电流不大于 6kA，关合电流不大于 15kA，同时必须保证开合速度不小于 0.5m/s，必须保证一次合到底，否则不能采用 CS_{13}。35kV 及以下的断路器，当断流容量符合要求时，无需校验其动稳定和热稳定。

表 5-4　高压户内少油断路器性能参数

型号	额定电 kV	额定电流 /A	额定断流容量 /kVA	额定开断电流 /kA	最大关合电流 /kA	极限通过电流峰值 /kA	4s 热稳定电流 /kA	合闸时间 /s	固有分闸时间 /s
SN-10/2000		2 000	750	43.2					
SN-10/3000		3 000	800	46.2					
SN1-10G/400		400	200	11.5					
SN1-10G/600		600							
SN2-10G/400		400	350	20					
SN2-10G/600		600							
SN2-10G/1000	10	1 000							
SN3-10G/2000		2 000	400	23		75	30 *	0.5	0.14
SN3-10G/3000		3 000							
SN4-10G/5000		5 000	1 800						
SN4-10G/6000		6 000						0.65	
SN4-20G/6000				58	60	300	120 *		0.15
SN4-20G/8000	20	8 000	3 000						
SN4-20G/12000		12 000						0.75	
SN10-10/600			300	17.3	40	40	17.3		
SN10-10/600		600	350	20			20	0.2	
SN10-10/600				20.2			20.2		
SN10-10/1000			300	17.3	44.1	44.1	17.3		
SN10-10/1000	10	1 000		29	74	74	29	0.25	0.06
SN10-10/1000			500	28.9			28.9		
SN10-10/1000				31.5	79	79	31.5		
SN10-10/1250		1 250						0.2	
SN10-10/2000		2 000	750	43.3	130	130	43.3		
SN10-10/3000		3 000							
SN10-35/1250	35	1 250	1 000	16	40	40	16	0.25	

注：* 为 5s 热稳定电流。

5.1.3　高压真空断路器

高压真空断路器是三相户内高压电气设备，适于作配电网络或电缆线路中的配电开关。尤其适用于频繁操作，因此可作为控制、保护 20T 以下的电弧炼钢炉变压器，6kV、400～4 000kW，3kV、200～2 000kW 高压电动机，保护大型硅整流装置，分合 1 000～10 000kvar 电容器组之用。

真空断路器主要技术参数见表 5-5。

表 5－5　真空断路器主要技术参数

型　号	额电电压 /kV	额定电流 /A	额定断流容量 /(MVA)	额定开断电流 /kA	极限通过电流 /kA		4s 热稳定电流 /kA	固有分闸时间 ≯ /s	合闸时间 ≯ /s	器身重 /kg	操动机构	外形尺寸 /mm			备注
					有效值	峰值						高	宽	深	
ZN－10/1000－16	10	1 000	300	17.3		40	16	0.05	0.2	120	－220 110V	500	580	624	
ZN－10/600	10	600	150	8.7		22	8.7	0.05	0.2	85	CD－25	240	522	550	
ZN－10/1000	10	1 000	150	8.7				0.05	0.2		CD－25				
ZN－10/1000	10	1 000	300	17.3		44	17.3	0.05	0.2	135	CD－35	730	538	610	
ZN－10/1000－20	10	1 000		20		50	50*	0.05	0.1	105		872	635	410	
ZN－27.5/600	27.5	600		11.5		30	11.5	0.06	0.2	150	CD－40G	1 500	500	1 070	单相
ZN1－10/600	10	600		3		7.6	3	0.016	0.07	12		644	197.5	188	
ZN2－10/600	10	600	200	11.6		30	11.6	0.05	0.2	75		540	620	560	
ZN3－10/600	10	600	150	8.7		22	8.7	0.05	0.2	75		819	560	360	
ZN4－10c/600	10	600	300	17.3		29.4	17.3	0.05	0.2						

注：* 为 2s 热稳定电流。

5.1.4　六氟化硫断路器

六氟化硫断路器是利用六氟化硫气体（SF_6）作为介质的充气型高压断路器。SF_6 属惰性气体，它无色、无臭、无毒、不燃烧，其沸点是 -62℃，工作温度可达到 15℃，相对密度是空气的 5.1 倍。六氟化硫的绝缘灭弧能力优异，其绝缘能力比空气高 2.5～3 倍，灭弧能力高近百倍。六氟化硫断路器适用于交流 50Hz、35kV 及以下的三相或单相高压电气装置中，可作为发、变电站正常或短路时接通或开断电路用，有较频繁的操作能力，配用 CD10 型操动机构。

结构特点：触头部件分为主触头回路与弧触头回路。主回路静触头用铸黄铜制成，即为静触头的基座。静弧触头在灭弧喷嘴聚四氟乙烯的后面，位于静弧触头基座中间，用铜－钨合金制成，具有较高的耐电弧燃烧性能。动弧触头位于刀片的头部，用 ϕ8mm 黄铜圆棒制成，在其头部焊有耐电弧性能较好的铜－钨合金。动触头在接触部分铆有导电性能较好的银触点，位于紫铜刀片的头部。

LN1 型六氟化硫断路器数据见表 5－6。

表 5－6　LN1 型六氟化硫断路器数据

别	型号	额定电压/kV	最大工作电压/kV	额定电流/A	额定容量/(MVA)	极限通过电流		固有分合闸时间特性		4s热稳定电流/kA	器身重/kg	外形尺寸/mm		
						有效值/kA	峰值/kA	分闸/s	合闸/s			高	宽	厚
三相	LN1－35	35	40.5	600	400	14.5	25	0.06	0.3	8.5	约450	1 500	990	1 450
单相	LN1－27.5	27.5	31.5	600		14.5	25			8.5	约280	1 500	550	1 450

注：①在脱扣电压为 24V、48V 时固有分闸时间应不大于 0.1s。

②该断路器在用户需要时可带 LR1－35LN 和 LRD－35LN 型两种电流互感器，单相为二只，三相为六只。

5.1.5　高压断路器操动机构

高压断路器操动机构是供操作高压断路器、负荷开关及隔离开关使用的电气设备。

操动机构型号及含义如下：

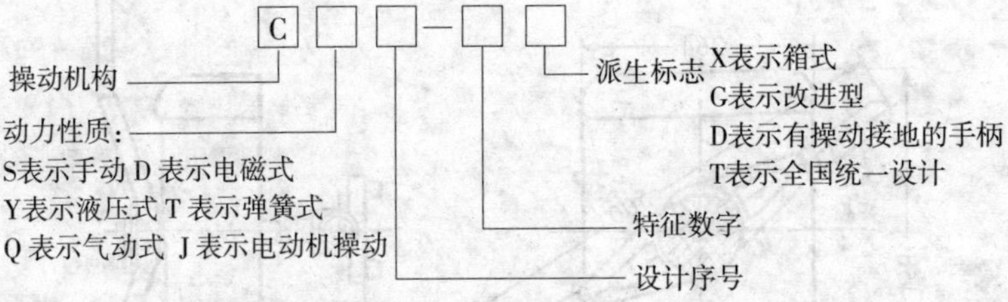

35kV及以下断路器的操动机构常用的有手力操动机构、直流电磁操动机构和交直流电动机驱动弹簧储能操动机构。

手动操动机构编入了少油断路器配用的CS1、CS2、CS15型。电磁操动机构中的CD10型是在原CD2型的基础上改进了设计，增大了合闸能力的，目前已与SN10-10系列断路器在许多高压开关柜内配套使用。弹簧储能操动机构中的CTA、CT8型为近年来新设计的产品，较老产品有了改进，其中CT8型已由许多厂生产并在高压开关柜内配套。

35kV及以下的负荷开关和隔离开关的操动机构目前仍以手力操动机构为主。

除上述各类操动机构外，尚有气动式、电动机操动式等。

1. CS1、CS2手动操动机构

小型发电站和变电所中常用操动机构的型号有CS1和CS2，其外形见图5-2和图5-3。

CS1、CS2型手动操动机构供SN10、SN1、SN2型高压断路器及人工接地刀用（技术数据见表5-7，表5-8）。用手柄转动机构的连杆使断路器合闸，由于机构中具有自由脱扣机构，故能在合闸过程中的任何位置用手动或装在机构内的脱扣附件使断路器分闸。该机构装于箱内，可用于户外。

CS1、CS2型手动操动机构的使用种类是由其脱扣附件数量和型式的不同来区别的，每台操动机构中附件的数量最多不超过三种。该操动机构有四种脱扣器：

瞬时过载脱扣器——过载及短路保护用。

延时过载脱扣器——过载及短路保护用。

失压脱扣器——当网路电压降落时保护用。

切断电磁铁——用于其他需要的联锁操动或保护（由各种电源通过带有闭合触头的继电器来操作）。

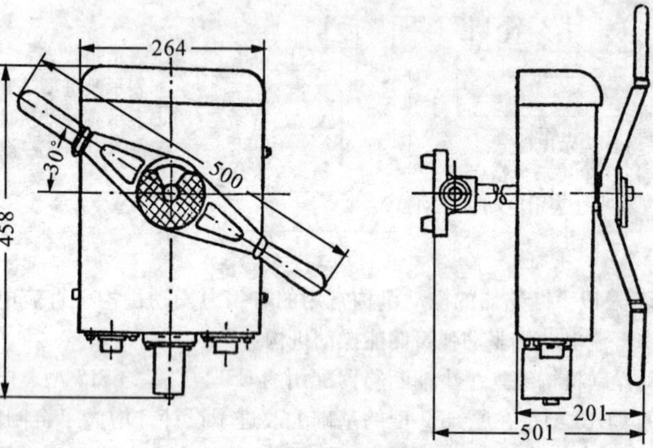

图 5－2　CS1 型操动机构

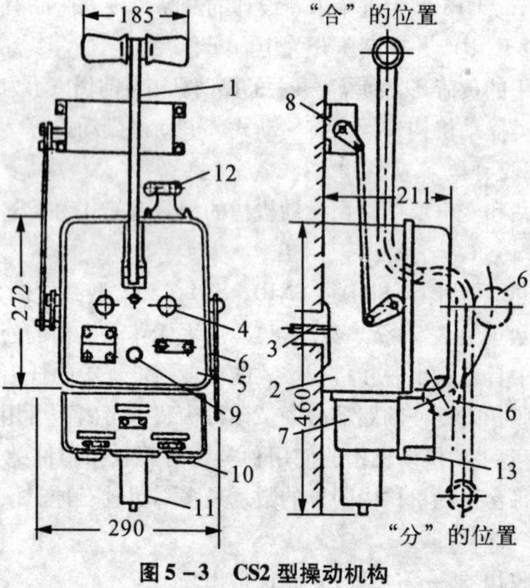

图 5－3　CS2 型操动机构

1. 手柄　2. 底盒　3. 到开关的拉杆　4. 固定螺钉　5. 接地螺钉　6. 指示极　7. 继电器铸铁盒　8. 辅助开关　9. 扣住失压脱扣器的按钮　10. 瞬时过载脱扣器　11. 失压脱扣器　12. 故障信号开关　13. 导线孔

表 5-7　CS2 型操动脱扣保护使用种类

操动机构型号	过载脱扣器		失压脱扣器	切断电磁铁	
	瞬时的脱扣电流 5~10A	延时的脱扣电流 5~10A		动作由单独电源供给	动作由 LQS-1 电流互感器供给
CS2-100	1				
CS2-110	2				
CS2-111	3				
CS2-113	2		1		
CS2-114	2			1	
CS2-130	1		1		
CS2-200		1			
CS2-220		2			
CS2-222		3			
CS2-223		2	1		
CS2-224		2		1	
CS2-300			1		
CS2-340			1	1	
CS2-344			1	2	
CS2-350			1		1
CS2-355			1		2
CS2-400				1	
CS2-450				1	1
CS2-455				1	2
CS2-500					1
CS2-50					2
CS2-55					3

表 5 - 8　CS2 型操动机构脱扣器技术数据

脱扣器种类		额定电压 /V		动作值		额定电压下的电流 /A	消耗功率 /（VA）	线圈圈数
				额定电压	电流 /A			
瞬时过载脱扣器	T_1-1				5 ~ 10			300
	T_1-6				5 ~ 15			300
延时过载脱扣器	T_1-2				5 ~ 15			300
失压脱扣器	T_1-3	110 ~ 127		65% ~ 35%				3 000
		220						6 000
		380						10 800
		500						14 300
切断电磁铁	T_1-4	流	24	65% ~ 120%		5. 05	121	407
			48			2. 4	115	840
			110			1. 7	128	1 960
			220			0. 68	150	3 530
		流	110 ~ 127			3. 1 ~ 3. 45	341 ~ 440	1 100
			220			2. 15	473	1 800
			380			0. 85	312	3 500
	T_1-5 接 LQS - 1					3. 5		350

2. CD10 型直流电磁操动机构

CD10 型直流电磁操动机构是户内悬挂式，用于控制 SN10 - 10 型户内高压少油断路器。CD10 型属改进型产品，比 CD2 型机构增大了合闸能力。该机构可以电动合闸、电动分闸和手动分闸，也可进行自动重合闸。分闸需要使用直流电源，控制合闸直流电源可用外接的 CZ0 - 40C、CZ0 - 40D 型低压直流接触器。机构内装有分闸电磁铁，既能手力分闸也能电动分闸或遥控分闸。

CD10 型直流电磁操动机构的技术数据见表 5 - 9。CD10 型直流电磁操动机构分合闸线圈技术数据见表 5 - 10。

3. CT8 型弹簧储能操动机构

CT8 型弹簧储能操动机构是户内型，用于操动 SN10 - 10（Ⅰ）、（Ⅱ）型高压少油断路器，或合闸功率与其相当的其他断路器。合闸弹簧的储能方式有电动机储能和手力储能两种。机构的合闸操作具有手动合闸和电动

（电磁铁）合闸两种方式。分闸操作除有手动分闸外电动脱扣器有分闸电磁铁（分励脱扣器）、瞬时过电流脱扣器、失压脱扣器。

CT8 型弹簧储能操动机构电动脱扣组合代号见表 5－11。

CT8 型弹簧储能操动机构储能电动机数据见表 5－12。

CT8 型弹簧储能操动机构合分闸电磁铁数据见表 5－13。

表 5－9　CD10 型电磁操动机构技术数据

名称	数据	备注
合闸时间/s	≤0.2	配 SN10－10 型少油断路器
固有分闸时间/s	≤0.06	
主轴最大转角	90°	
机械寿命	2 000 次（CD10 Ⅰ、Ⅱ型）	
	1 050 次（CD10Ⅲ型）	

表 5－10　CD10 型操动机构分合闸线圈技术数据

型号	配用断路器型号	线圈动作电流/A						辅助接点/对
		合闸		分闸				
		110V	220V	24V	48V	110V	220V	
CD10 Ⅰ	SN10－10/630－16 SN10－10/1000－16	196	99	24	12	4.93	2.49	10
CD10 Ⅱ	SN10－10/1000－31.5 SN10－10/1250－43.3	240	120					
CD10 Ⅲ	SN10－10/2000－43.3 SN10－10/3000－43.3	290	147					

表 5－11　CT8 型弹簧储能操动机构电动脱扣组合代号

脱扣器组合代号	110	111	113	114	400	1113	1114
瞬时过电流脱扣器	2	3	2	2	0	3	3
失压脱扣器	0	0	1	0	0	1	0
分闸电磁铁	0	0	0	1	1	0	1

表 5-12 CT8 型操动机构储能电动机数据

型号	额定电压 U_N/V	额定功率 P_N/W	电动机工作电压范围	额定电压下储能时间
HDZ_1—5	110 220 380	450	（85% ~110%）U_N	5s

表 5-13 CT8 型操动机构合、分闸电磁铁数据

电压类型			交流						直流					
额定电压/V			110		220		380		48		110		220	
			合闸	分闸	合闸	分闸	合闸	分闸	合闸	分闸	合闸	分闸	合闸	分闸
额定电流/A	铁芯	起动	10	12	5	6	3		9.6		5		2.34	
		吸合	7		3.5		2							
额定功率/VA	铁芯	起动	1100	1320	1100	1320	1140		460		550		515	
		吸合	770				760							
工作电压范围			合闸电磁铁 85% ~110% 额定电压；分闸电磁铁 65% ~120% 额定电压											

5.1.6 高压断路器的运行与维护

1. 少油断路器的运行与维护

（1）应经常巡视断路器的油面位置在规定的标准线上。油色应正常。桶壳、油阀、油位计等处是否清洁、无渗漏油现象。

（2）瓷绝缘部分应无破裂、掉瓷、闪络放电痕迹和电晕现象。表面应无脏污。

（3）各部分的连接点处应无腐蚀及过热现象。

（4）拉、合闸指示器标志是否清楚，位置是否正确，并与指示灯的指示一致。

（5）装于室外的断路器，操作箱防雨应严密，铁件无锈蚀。

（6）操动机构应保证经常的灵活可靠，无卡塞现象，并定期在转动部加润滑油。

2. 真空断路器的运行与维护

（1）断路器运行前应进行一次全面的外观检查，应将绝缘件表面揩拭干净，机械转动摩擦部位，应涂润滑油。

（2）投运前，应按照运行规程中的操作程序进行操作，确认无异常现象后方可投入运行。

（3）灭弧室真空度靠严格的生产工艺和出厂检测来保证，在使用现象检验灭弧室真空度是否合格的最简便的方法是对灭弧室进行 42kV 的工频耐压试验。

（4）定期检查，按表 5－14 检查。

（5）超行程的减少，就是触头的磨损量。因此，每次调整超行程必须进行记录，当触头磨损量累计超过 4mm 时，应更换灭弧室。

（6）可能出现的故障及处理方法参看表 5－15。

表 5－14　真空灭弧室的检查

检查调整项目	标准及方法	周　期
灭弧室真空度	真空度用工频耐压 42kV，1min（当开距为 12mm 时）	验收后每年 1 次
各相超行程	3^{+1}	开断短 5 次
各相超行程	3^{+1}	开断负荷 2 000 次
各相超行程	3^{3+1}	使用 3 个月后
润滑	各摩擦部位	使用 2～3 月后 或操作 1 000 次后
大修理	解体大修、更换灭弧室	操作 10 000 次后

表 5－15　故障原因及处理方法

故障情况	故障原因	处理方法
电动合不上闸	铁芯与拉杆松动	调整铁芯位置，卸下静铁芯即可调整，使之手力可以合闸，合闸终了时，掣子与滚轮间应有 1～2mm 间隙
合闸合空	掣子（11）扣合距离太少，未过死点	将调整螺钉向外调，使掣子过死点。完毕，应将螺钉固紧，并用红漆点封
电动不能脱扣	（1）掣子扣得太多 （2）分闸线圈的连接线松脱 （3）操作电压低	将螺钉向里调，并紧固螺母 重新接线 调整电压
合闸线圈、分闸线圈烧坏	辅助开关接点接触不良	用砂纸擦接触点或更换辅助开关

5.2 高压隔离开关

5.2.1 高压隔离开关的用途及型号

高压隔离开关也叫刀闸，是供高压电气设备在无负载而有电压的情况下分合电路之用。高压隔离开关在隔离电压时造成明显的断开点，以保证电气设备在检修或备用时，与母线或其他正在运行的电气设备隔离。由于隔离开关没有特殊的灭弧装置，隔离开关不能切断负荷电流和短路电流，必须在对应的断路器断路后，才允许拉开或合上。一般高压隔离开关适用于海拔不超过 1 000m 及周围介质温度不高于 40℃ 和不低于 -30℃，湿度不大于 90%（+20℃）及无导电尘埃、腐蚀和可燃性气体的场所。

高压隔离开关的型号及含义如下：

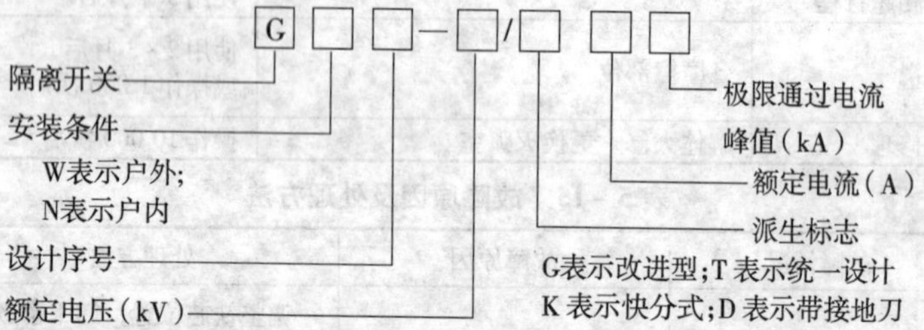

5.2.2 高压隔离开关的技术数据及外形

户外高压隔离开关技术数据见表 5-16。

户内高压隔离开关技术数据见表 5-17。

其中 GN2-10、GN2-35T 和 GW2-35 型隔离开关的外形见图 5-4。

表 5－16　户外高压隔离开关技术数据

型号	额定电压 /kV	额定电流 /A	极限通过电流 /kA		热稳定电流 /kA			分闸时间 /s	破冰厚度 /mm	接线端拉力 /N	泄漏比距 /(cm/kV)	配用机构	器身重 /kg
			有效值	峰值	4s	5s	10s						
CW1－6/200	6	200	9	15		7						CS8－1	36
GW－6/400	6	400	15	21		14	10					CS8－1	45.6
GW1－6/600	6	600	25	35		20	14					CS8－1	47.4
GW1－10/200	10	200		15		7						CS8－1	60
GW1－10/400	10	400	15	21		14						CS8－1	61.5
GW1－10/600	10	600	25	35		20	10					CS8－1	63.0
GW1－10(W)/200	10	200		15		7	14				4	CS8－1	19.4
GW1－10(W)/400	10	400		25		14					4	CS8－1	19.5
GW1－10(W)/600	10	600		35		20					4	CS8－1	20.5
GW2－35/600	35	600	29	50			10					CS8－2	
GW2－35D/600	35	600	29	50			10					CS8－2D	75
GW2－35/1000	35	1 000	29	50			10					CS8－2	75
GW2－35D/1000	35	1 000	29	50			10					CS8－2D	75
GW2－35G/600	35	600		42	20							CS11－D	75
GW2－35GD/600	35	600		42	20							CS8－6D	
GW4－35/600	35	600		50	15.8							CS11—G	65
GW4－35D/1000	35	1 000		50	23.7							CS8—6D	68
GW4－35D(W)/600	35	600		50	15.8				10～15	500		CJ5 或	524～598
GW4－35D(W)/1000	35	1 000		80	23.7				10～15	500		CS14G	

续表

型号	额定电压/kV	额定电流/A	极限通过电流/kA		热稳定电流/kA			分闸时间/s	破冰厚度/mm	接线端拉力/N	泄漏比距/(cm/kV)	配用机构	器身重/kg
			有效值	峰值	4s	5s	10s						
GW5－35G/600	35	600										CS－G	
GW5－35G/1000	35	1 000										CS－G	
GW5－35GD/600	35	600	29	50		14						CS－G	~92
GW5－35GD/1000	35	1 000						0.25				CS－G	
GW5－35GK/600	35	600						0.25				CS1－XG	
GW5－35GK/1000	35	1 000										CS1－XG	
GW9－10(W)/200	10	200		15			5				5		10.9
GW9－10(W)/400	10	400		21			10				5		11.1
GW9－10(W)/600	10	600		35			14				5		11.8
GWT1－10/600	10	600	20	35		14					4.1		
GWT2－10/200	10	200	9	15		5					4.3		
GWT2－10/400	10	400	15	25		10					4.3		
GWT2－10/600	10	600	20	35		14					4.3		
GWT5－10/200	10	200	9	15		5					4.1		
GWT5－10/400	10	400	15	25		10					4.1		
GWT5－10/600	10	600	20	35		14					4.1		

表 5－17a　户内高压隔离开关技术数据

型号	额定电压/kV	最大工作电压/kV	额定电流/A	极限通过电流/kA		热稳定电流/kA			干试验电压/kV		配用机构	器身重/kg
				有效值	峰值	1s	5s	10s	同极触头间	导电部分对地间		
GN1－10/2000	10	11.5	2 000		85			36	53	45	CS6－2	
GN1－20/400	20	23	400		50		14	10	85	70		
GN1－35/400	35	40.5	400		50		14	10	130	105		
GN1－35/600	35	40.5	600		50		20	14	130	105		
GN2－10/2000	10	11.5	2 000		85				53	45	CS6－2	
CN2－10/3000	10	11.5	3 000		100			36	53	45	CS7	87.5
GN2－20/400	20	23	400		50			50	85	70	CS6－2	181
CN2－35/400	35	40.5	400		50			10	130	105	CS6－2	80
GN2－35/600	35	40.5	600		50			10	130	105	CS6－2	112.2
GN2－35T/400	35	40.5	400	30	52	30	10	14			CS6－2T	118.2
GN2－35T/600	35	40.5	600	37	64	37	17.7	14			CS6－2T	100
GN2－35T/1000	35	40.5	1 000	40.5	70	40.5	27.5	25			CS6－2T	101
GN3－10/3000	10	11.5	3 000		200		120				CS9	186
GN3－10/4000	10	11.5	4 000		200		120				CS9	196.5

续表

型号	额定电压/kV	最大工作电压/kV	额定电流/A	极限通过电流/kA		热稳定电流/kA			干试验电压/kV		配用机构	器身重/kg
				有效值	峰值	1s	5s	10s	同极触头间	导电部分对地间		
GN5 −6/200	6	6.9	200		25.5		10	7	40	34		
GN5 −6/400	6	6.9	400		52		14	10	40	34		4.0
GN5 −6/600	6	6.9	600		52		20	14	40	34		4.5
GN5 −10/200	10	11.5	200		25.5		10	7	53	45		5.1
GN5 −10/400	10	11.5	400		52		14	10	53	45		6.0
GN5 −10/600	10	11.5	600		52		20	14	53	45		6.5
GN5 −10/1000	10	11.5	1 000		75		20	21	53	45	CS6 −1T	7.1
GN6 −6T/200	6	6.9	200	14.7	25.5	14.7	10	7			CS6 −1	25
GN6 −6T/400	6	6.9	400	30	40	30	14	10			CS6 −1	27
GN6 −6T/600	6	6.9	600	30	52	30	20	14			CS6 −1	29
GN6 −10T/200	10	11.5	200	14.7	25.5	14.7	10	7			CS6 −1	25

表 5－17b　户内高压隔离开关技术数据

型　　号	额定电压/kV	最大工作电压/kV	额定电流/A	极限通过电流/kA 有效值	极限通过电流/kA 峰值	热稳定电流/kA 1s	热稳定电流/kA 5s	热稳定电流/kA 10s	配用机构	器身重/kg
GN6－10T/400	10	11.5	400	30	40	30	14	10	CS6－1	
GN6－10T/600	10	11.5	600	20	52	30	20	14	CS6－1	27
GN6－10T/1000	10	11.5	1 000	43	75	43	30	21	CS6－1	29
GN6－35/1000	35	40.5	1 000		75	43	30		CS6－2	50
GN8－6T/200Ⅱ.Ⅲ.Ⅳ	6	6.9	200	14.7	25.5	14.7	10			38
GN8－6T/400Ⅱ.Ⅲ.Ⅳ	6	6.9	400	30	40	30	14			39
GN8－6T/600Ⅱ.Ⅲ.Ⅳ	6	6.9	600	30	52	30	20			41
GN8－10T/200Ⅱ.Ⅲ.Ⅳ	10	11.5	200	14.7	25.5	14.7	10		CS6－1	38
GN8－10T/400Ⅱ.Ⅲ.Ⅳ	10	11.5	400	30	40	30	14		或	39
GN8－10T/600Ⅱ.Ⅲ.Ⅳ	10	11.5	600	30	52	30	20		CS6－1T	41
GN8－10T/1000Ⅱ.Ⅲ.Ⅳ	10	11.5	1 000	43	75	43	30			
GN10－10T/3000	10	11.5	3 000		160		70		CS9	54.5
GN10－10T/4000	10	11.5	4 000		160		85			60
GN14－20/1000	20	23	1 000		250		106	75		571
CN^{15}_{16}－10/600	10	11.5	600		52	75		20	CS15 CS16	23 34
CN^{15}_{16}－10/1000	10	11.5	1 000					30	CS15 CS16	29 34
GN19－10/600－40G										
GN19－10C/600－40G	10	11.5	600		40	16②			CS6－1G	
GN19－10/400－30G	10	11.5	400		40	16②			CS6－1G	
GN19－10/400－30	10	11.5	400		30		12①			
GN19－10C/400－30	10	11.5	400		30		12①			
GN19－10/600－52	10	11.5	600		52		20①			
GN19－10C/600－52	10	11.5	600		52		20①			
GN19－10/1000－75	10	11.5	1 000		75		30①			
GN19－10C/1000－75	10	11.5	1 000		75		30①			

注：GN19－10/600－40G 及 GN19－10C/600－40G 是应用在高原地区的产品。在型号标注中末尾未加 G 字者均适用在非高原地区。

①系 4s 热稳定电流值。

②系 2s 热稳定电流值。

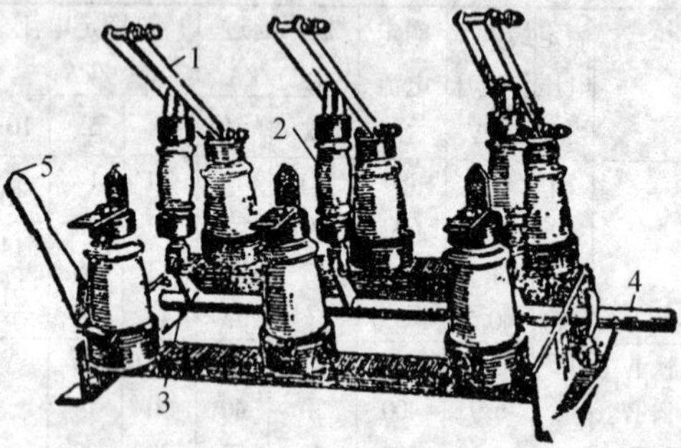

图 5－4　GN2－10 型户内隔离开关外形

1. 闸刀　2. 活动绝缘子　3. 杠杆　4. 传动轴　5. 传动杆

5.2.3　高压隔离开关的运行与维护

隔离开关在日常运行中应进行巡视检查和停电检查，内容包括：

（1）检查瓷绝缘有无破损、裂纹和放电闪络痕迹。

（2）检查触头及铁瓷连接部有无过热现象，闸刀合闸是否到位。闸刀最高允许温度为 70℃，负荷电流应在容量范围内。

（3）操动机构和传动部分是否开焊、磨损或锈蚀。

（4）如有异常振动、声响、异常气味，应找出原因加以消除。

（5）维护时应用细砂布打磨触头接点，清除氧化层，检查其紧密程度，涂上导电膏或中性凡士林油。

（6）合闸分闸时三相要同时动作。

5.3　高压负荷开关

高压负荷开关适用于切断和闭合额定电流以及规定的过载电流。与熔断器配合使用，可借助熔断器保护线路。

型号含义如下：

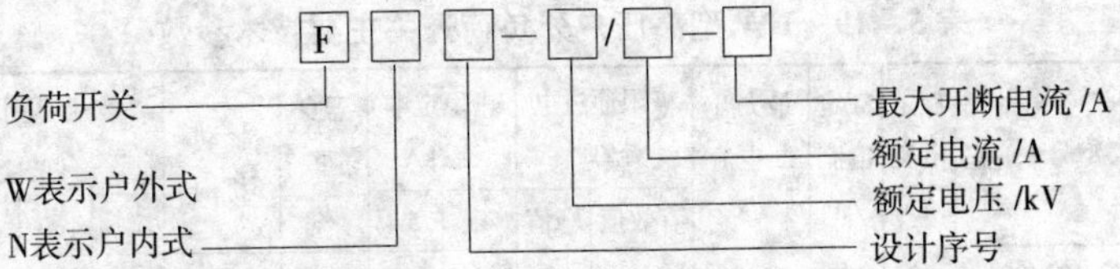

高压负荷开关分为户内型及户外型。户内型有 FN2、FN3、FN4 等，其中 FN4 型为真空式负荷开关。户外型有 FW5 型产气式负荷开关。该类型负荷开关一般配用 CS2、CS3 型手动操动机构进行操作。FN2 型及 FN3 型负荷开关利用分闸动作带动汽缸中的活塞压缩空气，使空气从喷嘴中喷出，吹熄电弧，灭弧性能较好。

FN3 型负荷开关有三种形式：

（1）无熔断器的负荷开关。

（2）有熔断器的 FN3－10R/S 负荷开关（熔断器在开关的上面）。

（3）有熔断器的 FN3－10R 负荷开关（熔断器位于开关下面）。

FN4－10 型负荷开关是真空式开关，具有开断电流大、真空绝缘强度高、触头开距小等优点。

FW 型户外产气式负荷开关，用于户外 10kV 配电线路中，可开合负荷电流、电容电流及环流。装设在单杠上，三相共杆联动，用绝缘棒或线绳索操作，开关采用固体产气材料灭弧，分闸状态具有明显断口，可起隔离作用。户外产气式负荷开关有：FW1、FW2、FW4、FW5 等型。

户内高压负荷开关的技术数据见表 5－18。

户外高压负荷开关的技术数据见表 5－19。

表 5－18　FN 型高压户内负荷开关数据

型　号	额定电压 /kV	额定电流 /A	额定断流容量 /MVA	最大开断电流 /A	极限通过电流/kA		热稳定电流/kA		固有分闸时间不大于 /s	器身重 /kg	操动机构	外形尺寸 /mm		
					有效值	峰值	4s	5s				高	宽	深
FN2－10/400	10	400	25	1 200	14.5	25		8.5		44	CS4、CS4－T	450	932	586
FN2－10R/400	10	400	25	1 200	14.5	25		8.5		44	CS4、CS4－T		932	586
FN3－6/400	6	400	20	1 950	14.5	25		8.5		42		226	850	590
FN3－6R/400	6	400	20	1 950	14.5	25		8.5		58	CS3、CS3－T		850	590
FN3－10/400	10	400	25	1 450	14.5	25		8.5		42	及 CS2	662	850	590
FN3－10R/400	10	400	25	1 450	14.5	25		8.5		58			850	590
FN4—10/600	10	600	50	3 000		7.5	3		0.05	75	电磁	810	560	365

表 5－19　FW 型高压户外负荷开关主要技术参数

型号	额定电压/kV	额定电流/A	最大开断电流/A	极限通过电流/kA		热稳定电流/kA		器身重/kg	操动机构	外形尺寸/mm		
				有效值	峰值	4s	5s			高	宽	深
FW1－10/400	10	400	800					80				
FW2－10G/200	10	200	1 500	8	14	7.9	7.8	164	绝缘棒或绳索	810	530	412
FW2－10G/400		400	1 500	8			12.7	168				
FW4－10/200	10	200	800	8.7	15	5.8		157	绝缘棒或绳索	557	640	630
FW4－10/400		400	800	8.7				174				
FW5－10/200	10	200	1 500		10	4		75	绝缘棒或绳索	760	900	850

5.4　高压熔断器

5.4.1　概述

高压熔断器适用于高压供配电线路、电力变压器、电流互感器、电力电容器等电气设备的过载及短路保护。它主要由熔体管、接触导电部分、支持绝缘子和底座等部分组成。按其使用场所不同可分为户内式和户外式两大类。

高压熔断器型号及含义如下：

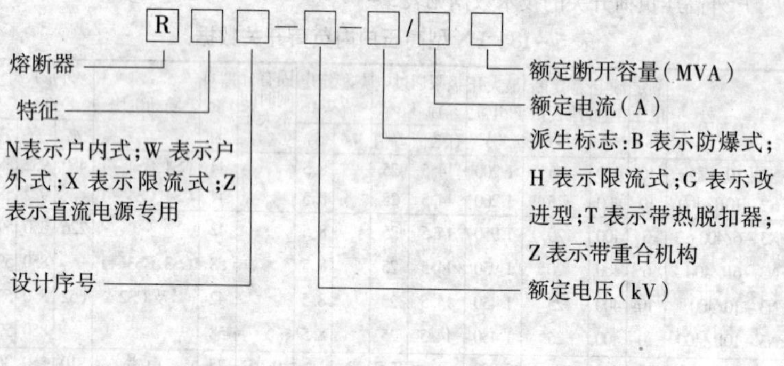

5.4.2 RN 型户内熔断器

RN 型户内熔断器是内充石英砂熔断器，当它通过过载电流或短路电流时熔体熔化，其金属蒸气及燃弧后的游离气体受到高温高压的作用喷射入石英砂之间的空隙，与石英砂表面接触受到冷却凝结，结果减少熔体蒸发后所留于狭沟中的游离气体与金属蒸气，从而使电流自然过零，迫使电弧熄灭。在熔丝熔断时弹簧的拉线也同时拉断从弹簧管内弹出。

RN1 型作为供电线路、变电站设备的过载及短路保护用。

RN2、RN4 型作为电压互感器的短路保护用。其外形尺寸见图 5－5。

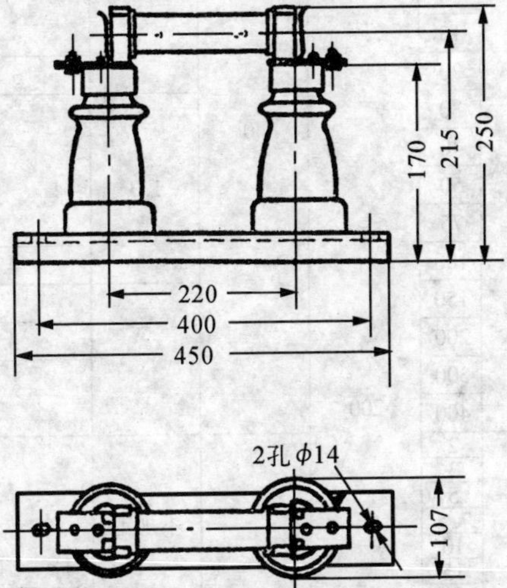

图 5－5　RN2－3，6，10/0.5 型熔断器外形尺寸

RNZ 型作为直流配电装置过载和短路保护用，如用于直流电机车的短路或过载保护。它遇到振动时，也能可靠地工作。

RN5、RN6 型是在 RN1 及 RN2 型的基础上改进了外形，改进前后两者的熔体管通用并能互换，且熔断特性和技术数据相同。改进后有体积小、质量轻、泄漏距离大、防污性能好、维护简单和更换方便的优点。

RN1～RN5 型熔断器主要技术数据见表 5－20～表 5－24。

保护电力变压器用 RN1 型熔断器选择参考表见表 5－25。

表 5－20　RN1 户内高压熔断器技术参数

型　　号	额定电压 /kV	额定电流 /A	最大开断容　量（三相）/MVA	最大切断电　流（有效值）/kA	最小切断电　流（额定电流倍数）	当切断极限短路电流时之最大电流峰值（限流、kA）	熔管数	器身重 /kg
RN1－3/2		2					1	8.6
RN1－3/3		3					1	8.6
RN1－3/5		5					1	8.6
RN1－3/7.5		7.5			不规定		1	8.6
RN1－3/10		10					1	8.6
RN1－3/15		15					1	8.6
RN1－3/20		20				6.5	1	8.6
RN1－3/30		30					1	8.8
RN1－3/40	3	40		40			1	8.8
RN1－3/50		50			1.3		1	8.8
RN1－3/75		75					1	8.8
RN1－3/100		100				24.5	1	8.8
RN1－3/150		150					2	10.5
RN1－3/200		200				35	2	10.5
RN1－3/300		300					4	12.5
RN1－3/400		400	200				4	13
RN1－6/2		2					1	10
RN1－6/3		3					1	10
RN1－6/5		5					1	10
RN1－6/7.5		7.5			不规定		1	10
RN1－6/10		10					1	10
RN1－6/15		15					1	10
RN1－6/20		20				5.2	1	10
RN1－6/30	6	30		20			1	11.6
RN1－6/40		40					1	11.6
RN1－6/50		50					1	11.6
RN1－6/75		75				14	1	11.6
RN1－6/100		100			1.3	19	2	11.8
RN1－6/150		150					2	12.9
RN1－6/200		200				25	2	12.9
RN1－6/300		300					4	13.5
RN1－10/2		2					1	11
RN1－10/3		3					1	11
RN1－10/5		5					1	11
RN1－10/7.5	10	7.5		12	不规定		1	11
RN1－10/10		10					1	11
RN1－10/15		15					1	11
RN1－10/20		20				4.5	1	11

续表

型号	额定电压/kV	额定电流/A	最大开断容量（三相）/MVA	最大切断电流（有效值）/kA	最小切断电流（额定电流倍数）	当切断极限短路电流时之最大电流峰值（限流、kA）	熔管数	器身重/kg
RN1－10/30		30					1	11
RN1－10/40		40					1	11
RN1－10/50		50				8.6	1	11
RN1－10/75	10	75		12	1.3		2	13.4
RN1－10/100		100				15.5	2	13.4
RN1－10/150		150					4	14.5
RN1－10/200		200					4	19.5
RN1－35/2		2					1	22
RN1－35/3		3	200				1	22
RN1－35/5		5			不规定	0.8	1	22
RN1－35/7.5		7.5				1.5	1	22
RN1－35/10	35	10		3.5		1.6	1	22
RN1－35/15		15					1	28.6
RN1－35/20		20			1.3	2.8	2	28.6
RN1－35/30		30				3.6	2	28.6
RN1－35/40		40				4.2	2	28.6

表 5－21　RN2 型户内高压熔断器技术参数

型号	额定电压/kV	额定电流/A	最大开断容量（三相）/MVA	最大切断电流/kA	当切断极限短路电流时的最大电流峰值/kA	最小熔断电流（1min）/A	过电压倍数	熔丝电阻/Ω	熔丝管重/kg	器身重/kg
RN2－3/0.5	3		500	100	160					
RN2－6/0.5	6			85	300			90	0.9	6.4
RN2－10/0.5	10	0.5		50	1 000	0.6～1.8	不超过2倍工作电压			
RN2－15/0.5	15			40	350					
RN2－20/0.5	20			30	850			200	1.0	10
RN2－35/0.5			1 000	17	700			315	2.5	14
RN2－35/2		2								14
RN2－35/3		3								14
RN2－35/5		5								14

表 5－22　RN3 型高压熔断器技术数据

型　号	额定电压/kV	最高工作电压/kV	额定电流/A	最大断流容量(三相)/MVA	熔断管额定电流/A	器身重/kg
RN3－3	3	3.5	50	200	2,3,5,7.5,10,15,20,30,40,50	6
			75		75	
			200		100,150,200	10
RN3－6	6	6.9	50		2,3,5,7.5,10,15,20,30,40,50	6
			75		75	
			200		100,150,200	10
RN3－10	10	11.5	50		2,3,5,7.5,10,15,20,30,40,50	7
			75		75	8
			200		100,150	11
RN3－35	35	40.5	7.5		2,3,5	16

表 5－23　RN4 型户内高压限流熔断器参数

型　号	额定电压/kV	额定电流/A	1min 内的熔断电流/A	最大切断电流/kA	最大断流容量（三相）/MVA	过电压倍数
RN4－10/0.5	3	0.5	0.6～1.8	100	500	
	6			85	1 000	不超过 2.5 倍工作电压
	10			140	500	
RN4－20/0.35	20	0.35			1 500	

表 5-24 RN5 型户内高压熔断器技术数据

型 号	额定电压 /kV	额定电流 /A
RN5-3/2	3	2
RN5-3/3		3
RN5-3/5		5
RN5-3/7.5		7.5
RN5-3/10		10
RN5-3/15		15
RN5-3/20		20
RN5-3/30	3	30
RN5-3/40		40
RN5-3/50		50
RN5-3/75		75
RN5-3/100		100
RN5-3/150	3	150
RN5-3/200		200
RN5-6/2	6	2
RN5-6/3		3
RN5-6/5		5
RN5-6/7.5		7.5
RN5-6/10		10
RN5-6/15		15
RN5-6/20		20
RN5-6/30	6	30
RN5-6/40		40
RN5-6/50		50
RN5-6/75		75
RN5-6/100	6	100
RN5-6/150		150
RN5-6/200		200
RN5-10/2	10	2
RN5-10/3		3
RN5-10/5		5
RN5-10/7.5		7.5
RN5-10/10		10
RN5-10/15		15
RN5-10/20		20
RN5-10/30	10	30
RN5-10/40		40
RN5-10/50		50
RN5-10/75	10	75
RN5-10/100		100

表 5-25　保护电力变压器用的 RN1 型熔断器选择参考表

额定电流 /A		变压器在下列电压时（三相）额定容量/MVA			
变压器	熔断器	3kV	6kV	10kV	35kV
0.5	1		5	10	
1	3	5	10	20	50
1.9	5	10	20	30	100
3	7.5		30	50	180
5	10	20	50	75	
8	15	30	75	100	320
10	20	50	100	180	560
14.5	30	75	135	240	
20	40	100	180	320	
30	50		320	560	
54	75	240	560	750	
70	100	320	750	1 000	
100	150	560	1 000	1 500	
145	200	750	1 500		
210	300	1 000			
300	400	1 500			

5.4.3　RW 型户外跌落式熔断器

RW 型户外跌落式熔断器由瓷绝缘体、跌落机构、紧锁机构及熔管组成。正常工作时熔丝使熔管上的活动关节锁紧，熔管能在上静触头的压力下处于合闸位置，当熔丝熔断时，在熔管内产生电弧，熔管内衬的消弧管在电弧的作用下分析出大量气体，在电流过零时产生强烈的去游离作用而熄灭电弧，继而活动关节释放，使熔管下垂，并在上下弹性触头的推力和熔管自身重的作用下迅速跌落，形成明显的分断间隙。

RW-B 系列爆炸式跌落熔断器有 B 型和 BZ 型两种。B 型为自爆式跌落熔断器，该熔断器主要由上静触头、上动触头、熔管、下动触头、下静触头、瓷瓶和安装固定板等组成。熔管采用环氧玻璃单线直接在钢纸管外来回缠绕制成，熔管内装设自爆式高压熔丝，其结构特征是将高压熔丝装于聚乙烯塑料管内，熔丝外填装炮药，两端用帽封闭并用聚醋酸乙烯熔液密封。为确保熔断器顺利开断下限短路电流，熔管内装设自爆式高压熔丝后两端装设橡皮塞子，除增加管内压力外还起密封作用以防止雨水进入管内。正常工作时熔丝使熔管上动触头的活动关节锁紧，熔管在上静触头和弹簧的压力下处于合闸位置，形成闭锁装置以防止熔管在运行中无故自行跌落。当电力系统发生短路时熔丝熔断产生电弧，同时熔体剧热，炮药燃烧爆炸产生高压气体，熔管内衬的消弧管在电弧的作用下分解出大量气体，两种高压气流对电弧进行强烈的纵吹，在电流过零时产生强烈的去游离作用，使电弧熄灭，同时将熔管两端的橡皮塞打开，使尾线（导电铜股线）顺内管快速排出。由于熔丝熔断，活动关节继而释放，使熔管下垂并在上下弹性触头的推力和熔管自重作用下迅速跌落形成明显的分断间隔。在开断大电流时钢纸管分解出的高压气体起主导灭弧作用；在开断小电流时由于钢纸管气量很小，不能熄灭电弧，而炮药爆炸后产生的高压气体起主要灭弧作用。该熔断器能可靠地开断上限断流容量到下限断流容量之间的任何电流。BZ 型为爆炸重合跌落式，重合熔断器每相有两根熔管，若为瞬时性故障，重合熔管的投入就保证了系统的继续供电，若为永久性故障，则重合熔管再动作一次，将故障切除，可缩小事故范围。

RW2 型熔断器是老产品，可用 RWJ－35 代替，作为小型电力变压器的过载和短路保护。当与限流电阻配合使用时可用为电压互感器的短路保护。

RW3、RW4、RW5 型作为供配电线路、电力变压器的过载和短路保护。

RW7 型作为配电线路、电力变压器的过载和短路保护。

RW9、RW10、RXW0、RWJ 型户外高压限流熔断器作为 35kV 电压互感器、电力线路的过载和短路保护。可替代 RW2－35 及 RD1－35 型，但使用时要注意熔体管电流值应和线路一致。

RW4－（6）10 型户外跌落式熔断器结构图见图 5－6。其高压熔丝结构图见图 5－7。

户外跌落式高压熔断器技术数据见表 5－26～表 5－28。

RW4—（6）10 型高压熔断器应配用的纽扣熔丝见表 5－29。

户外爆炸式跌落、重合跌落高压熔断器技术数据见表 5－30。

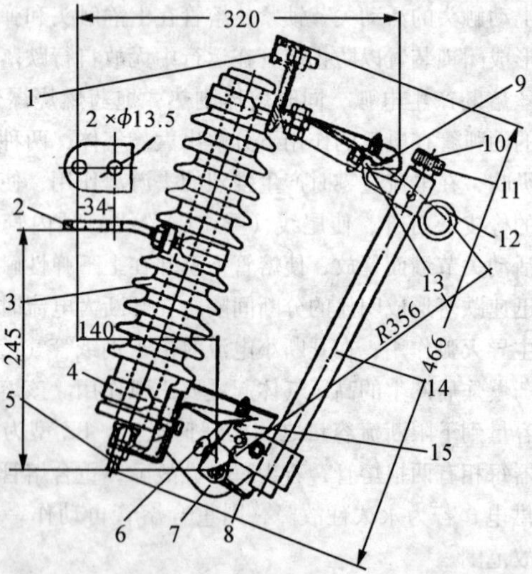

图 5－6　RW4－（6）10 型户外跌落式熔断器结构图

1. 接线螺钉　2. 安装铁板　3. 绝缘子　4. 卡箍　5. 接线螺钉　6. 下弹性触头　7. 承座架　8. 熔丝尾线出板　9. 上弹性触头　10. 磷铜膜片　11. 压盖　12. 操作环　13. 上动触头　14. 熔丝管　15. 下动触头

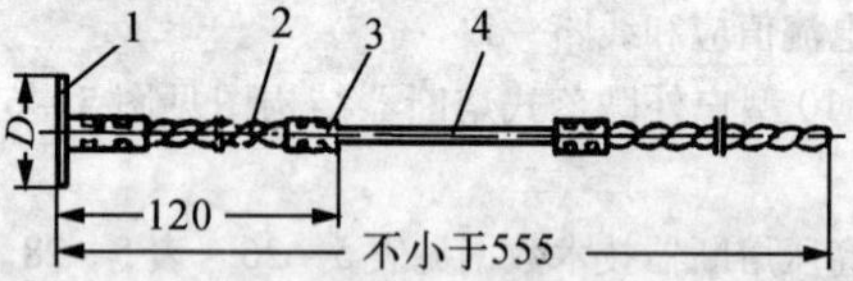

图 5－7　RW4－（6）10 型熔断器高压熔丝结构

1. 纽扣　3. 铜绞线　3. 套管　4. 熔件

表 5-26　户外跌落式高压熔断器技术数据

型　号	额定电压/kV	熔管额定电流/A	最大断流容量（三相）/MVA	熔丝额定电流范围/A
RW3-10	6~10	50，60 100，200	50，75 80，100	1，2，3，5，7.5，10，15，20，25，30，40，50，60，75，100，125，150，175，200
RW3-10 RW3-10Z	10	100，200	60，75， 100，125	3，5，7.5，10，15，20，25，30，40，50，60，75，100，150，200
RW4-10	10	50，100， 200	75，100 200	2，3，5，7.5，10，15，20，30，40，50，75，100，150，200
RW1—35	35		250	0.5，3，5，7，10，15，20，25，30，40，50，75，100

注：根据某些地区的运行经验，额定电压为10kV的跌落式熔断器，只能用在750kVA及以下的变压器，额定电压为6kV的，只能用在560kVA及以下的变压器。

表 5-27　RW4-（6）10型户外跌落式高压熔断器技术数据

参数 \ 型式 / 品号	单次式				单次重合式	
	6151	6111	6113	6123	6151Z	6111Z
额定电压/kV	6~10	6~10	6~10	6~10	6~10	6~10
额定电流/A	50	100	100	200	50	100
额定断流容量/（MVA）	100	100	300	300	100	100
每具产品净重/kg	5.8	6.1	6.2	6.5	14	14.6

表 5-28　RW5-35 型户外跌落式高压熔断器主要技术数据

额定电压 /kV	额定电流 /A	额定断流容量（三相）/MVA		熔丝管尺寸 /mm	
		上限*	下限	消弧管内径	保护管外径
35	100	400	10	$\phi13+1$	$\phi36$
	200	800	30	$\phi17\pm0.5$	$\phi40$

注：* 为对称三相开断容量，其全开断容量分别为 500MVA 和 900MVA。

表 5-29　带纽扣高压熔丝的规格

产品品号	6952	6953	6954	6955	6956	6957	6958	6959	6960	6961	6962	6963	6964	6965
额定电流 /A	2	3	5	7.5	10	15	20	30	40	50	75	100	150	200
纽扣直径 D /mm	19	19	19	19	19	19	19	19	19	19	25	25	25	25

表 5-30　户外爆炸式跌落、重合跌落熔断器技术数据

型　号	名称	额定电压 /kV	额定电流/A		断流容量 /MVA
			熔　管	熔　丝	
RW-10B RW-35B RW-60B	户外爆炸式跌落、重合跌落熔断器	10 35 60	100	0.5、3、5、7.5、10、15、20、30、40、50、75、100	200 600 700
RW-35BZ RW-60BZ		35 60	100	5、7.5、10、15、20、30、40、50、75、100	250 350
RW2-35 RD1-35	角型熔断器 高压限流电阻器	35 35	7.5 限阻 400Ω ±4Ω	0.5、1、2、3、5、7.5、0.5	极限分断电流 60A

5.5 高压电器的选择

为了保证高压电器的可靠运行，高压电器应按正常工作条件下的额定电压、额定电流等来选择，并按短路电流校验动稳定和热稳定，对断路器和熔断器还要按断流容量选择。此外，尚应根据安装、使用的环境条件（如环境温度、海拔高度、空气介质状况等）选用不同类型的高压电器（如户内型、户外型、热带型、加强绝缘型等）。

对有些电器的选用还要作更多的考虑，如断路器、开关的操作频繁程度、互感器的负载和准确等级、熔断器的上下级选择性配合等。

1. 校验项目

选择高压电器时应校验的项目见表5-31。

表5-31　选择高压电器时应校验的项目

项　目	电　压	电　流	断流容量	短路电流校验	
				动稳定	热稳定
断路器	○	○	○	○	○
负荷开关	○	○	○	○	○
隔离开关	○	○		○	○
熔断器	○	○	○		
电抗器	○	○		○	○
电流互感器	○	○		○	○
电压互感器	○				
支柱绝缘子	○			○	
穿墙套管	○	○		○	○
母线		○		○	○
电缆	○	○			○
移相电容器	○				

注：表中“○”为选择电器时应进行校验的项目。

2. 选择原则

高压电器的选择原则有以下几点：

（1）按工作电压和工作电流选择：电器的额定电压或最高工作电压不应小于所在回路的工作电压。熔断器、避雷器、电压互感器的额定电压应符合所在回路的工作电压。

电器的额定电流不应小于该回路的工作电流。

当电器的额定环境温度与实际环境温度不一致时，电器的最大允许工作电流按表 5－32 修正。

表 5－32　高压电器最高工作电压及在不同环境温度下的允许最大工作电流

<table>
<tr><th colspan="2">项　目</th><th>支持绝缘子</th><th>穿墙套管</th><th>隔离开关</th><th>断路器</th><th>电流互感器</th><th>电抗器</th><th>负荷开关</th><th>熔断器</th><th>电压互感器</th><th>移相电容器</th></tr>
<tr><td colspan="2">最高工作电压</td><td colspan="4">$1.15U_e$</td><td colspan="2">$1.1U_e$</td><td colspan="2">$1.15U_e$</td><td>$1.1U_e$</td><td>$1.05U_e$</td></tr>
<tr><td rowspan="2">最大工作电流</td><td>当 $\theta<\theta_e$ 时</td><td>—</td><td colspan="4">环境温度每年降低 1℃，可增加 $0.5\%I_e$，但最大不得超过 $20\%I_e$</td><td colspan="3">I_e</td><td colspan="2">—</td></tr>
<tr><td>当 $\theta<\theta_e\leq 60℃$ 时</td><td>—</td><td colspan="6">环境温度每增加 1℃，应减少 $1.8\%I_e$</td><td colspan="3">—</td></tr>
</table>

表中　U_e——高压电器额定电压（kV）；

I_e——高压电器额定电流（A）；

θ——实际环境温度（℃）；

θ_e——额定环境温度，普通型和湿热带为 +40℃，干热带型为 +45℃。

（2）按断流容量选择：断路器、熔断器及带熔断器的负荷开关的额定断流容量（或额定开断电流）不应小于装设处的超瞬变（即次暂态，下同）短路容量（或超瞬变短路电流）。

（3）高海拔地区的高压电器：高海拔对电器的影响，主要是温升和外绝缘的问题。

当海拔升高时，空气密度降低，散热条件变坏，使高压电器在运行中温升增加，但空气温度则随海拔高度的增加而相应递减，其值足以补偿由海拔升高对电器温升的影响，因而高压电器在高海拔地区（不超过 4 000m）使用时，其额定电流可以保持不变。

海拔升高，气压随之降低，空气绝缘强度减弱，使电器外绝缘降低而对内绝缘没有影响。

当海拔 为1 000 ~2 000m 时，对用于3 ~10kV 的变压器、断路器、互感器等电器，其绝缘尚有一定裕度，实际运行中未发现由于高海拔影响而造成绝缘事故，因此在设计中可暂时采用一般产品。

当海拔为2 000 ~3 500m 时，对用于3 ~10kV 的高压电器，暂时采用额定电压提高一级的办法来增加绝缘强度，或与制造厂协商解决。

避雷器的问题比较复杂，因为避雷器不密封，其火花间隙的放电电压易受空气密度影响，所以要注明海拔高度向制造厂提出特殊订货要求。目前已生产高原系列阀型避雷器，基本上可以解决这个问题。

3. 选择高压电器的一些问题

(1) 油断路器：当油断路器用于自动重合闸时，如果该产品说明可作自动重合闸使用，则其断流量不必降低，否则，要与制造厂协商作适当的降低。

少油断路器断流量与操动机构型式有关。当配用的是电动操动机构或弹簧操动机构，其断流量为额定值。如果配用手力操动机构，其断流量应按制造厂的规定适当降低，如 SN10 – 10 型配用手力操动机构时，其开断电流不大于 6kA。

频繁操作的断路器，宜采用真空断路器。

(2) 熔断器：使用充石英砂的熔断器（如 RN 系列）时，其工作电压要与额定电压相符，不应降低电压使用。例如额定电压 10kV 的就不能用于 6kV 的线路上。

(3) 跌落式熔断器：选择户外跌落式熔断器时，要使被保护线段的三相短路电流计算值大于其断流容量的下限值。如三相短路电流计算值小于其断流窗口量的下限值时，则所产生的气体有可能不足以灭弧。

(4) 限流电抗器：限流电抗器的电抗值要满足下列要求：

①将电抗器后的短路电流限制到最大允许值以内，这时，电抗器的额定电抗百分数按下式计算：

$$X_{ek}\% \geqslant \left(\frac{I_j}{I_{dy}} - X_{\text{Ixt}}\right)\frac{I_{ek}U_j}{U_{ek}I_j} \times 100\% \tag{5-1}$$

②在电抗器后短路时要使母线剩余电压保持一定水平，这时，额定电抗按下式计算：

$$X_{ek}\% \geqslant u_y\% \frac{I_{ek}}{I''} \tag{5-2}$$

式中 X_{ek}（%）——电抗器在其额定参数条件下的额定电抗百分数；

U_j——基准电压，取连接电抗器线路的平均额定电压（kV）；

I_j——基准电流（kA）；

X_{1xt}——电抗器前的系统电抗标幺值，以 U_j、I_j 为基准；

U_{ek}——电抗器额定电压（kV）；

I_{ek}——电抗器额定电流（kA）；

I_{dy}——短路电流的最大允许值（kA）；

u_y（%）——母线必须保持的剩余电压百分数，一般大于 60% ~ 70%；

I''——电抗器后短路时超瞬变短路电流值（kA）。

对母线分段电抗器以及其他具有快速保护的馈电线电抗器，不必验算额定电抗。

第 6 章　直流电源及交流不停电电源系统

6.1　铅酸蓄电池

铅酸蓄电池是被广泛采用的直流电源装置。它是用铅（Pb）和二氧化铅（PbO_2）作为负极和正极的活性物质，硫酸（H_2SO_4）水溶液作为电解液的电池。它具有适用温度和电流范围大、储存性能好、化学能和电能转换效率高、充放电循环次数多、端电压高、容量大，而且铅材料资源丰富、造价较低等一系列优点。本章重点介绍铅酸蓄电池的充、放电性能、容量换算系数、主要电气性能及国内外典型产品的特性、型谱、技术特点以及安装、维护要求等。

6.1.1　铅酸蓄电池分类

铅酸蓄电池按用途和外形结构分为固定型和移动型。固定型又分为开口式、封闭式、防酸隔爆式和消氢式等，这类电池主要用于通信设施、电力工程和其他固定场所。移动型又根据其用途分为起动用、摩托车用、火车、船舶用等种类。此外还有医疗卫生、矿灯照明、航标、雷达等特殊用途的铅酸蓄电池。

按极板结构分：涂膏式（又称涂浆式）、化成式（又称形成式）、半化成式（又称半形成式）、玻璃丝管式（又称管式）等。

1. 防酸隔爆和消氢式铅酸蓄电池

所谓“防酸”是防止酸雾析出；所谓“隔爆”是指电池内部不致引起爆炸。防酸隔爆电池即是具有上述两种功能的铅酸蓄电池，它是由管式正极板、涂膏式负极板、微孔隔离板及透明塑料电槽（或硬橡胶电槽）等组成的，电池盖上装有防酸隔爆帽，它被紧拧在端盖上，其外壳为透明塑料，防酸隔爆功能由防酸隔爆帽实现，它是由多孔性物质金刚砂压制而成的，金钢砂帽具有30%～40%的孔隙，孔隙内附有硅油（四氟化烯），孔隙表面形成覆盖膜。硅油具有憎水性，能使水珠滴回电槽内，从而在充电过程中，电解液中分解出来的氢气和氧气可从孔隙中窜出，而酸雾水经硅油过滤后，使水珠又回到电槽中，这样就减少了酸雾对电池室及其设备的腐蚀，并减轻了对大气的污染。由于电池中总有氧气和氢气析出，所以这类电池只能是半密封型。

所谓“消氢”是将电池中逸出的氢、氧气体重新化合形成水又回到电池内。上述防酸隔爆电池能够实现防止电液、酸雾逸出和电池内气体爆炸，但气体仍能逸出到工作环境中，这不仅使工作环境中存在有爆炸的危险，而且仍需要添加纯水。消氢电池合理地解决了这一问题，即在蓄电池的密封盖上装置了含催化剂（常见的为钯珠催化剂）的催化栓。催化栓具有三种功能：利用活性催化剂，把来自电解液的氢、氧气体通过化学作用再化合；把重新化合的水汽冷凝成水，回到电池内；当电池内析出的氢气和氧气的比值（H_2/O_2）不是2∶1时，能排出或吸收电池内逸出的多余的氧气或从外面空气中吸入需要的氧气。

消氢电池是一种既能防酸隔爆，又能消除气体的蓄电池，它不仅增加了电池运行的安全性，而且可减少添加纯水次数，减轻维护工作量。

2. 阀控型密封铅酸蓄电池

与防酸隔爆或消氢式铅酸蓄电池不同，阀控型密封铅酸蓄电池在正常充放电运行状态下，处于密封状态，电解液不泄漏，也不排放任何气体，不需定期加水或加酸，正常极少维护。

阀控型密封铅酸蓄电池按电解液状态分为胶体电解液和超细玻璃纤维隔膜吸附电解液。

3. 移动型铅酸蓄电池

由于移动型铅酸蓄电池是在移动情况下使用的电源设备，因此要求该类电池具有体积小、质量轻、便于携带、瞬时放电电流大、耐震、耐冻等特点。

移动型铅酸蓄电池多采用硬橡胶槽或塑料槽，容器由外壳、胶盖和胶塞组成，并用沥青封口，阀为封闭式，以防电解液溢出，有些体积较大的铅酸电池内部用硬橡胶，槽外用木壳装配而成。与固定型电池相比，其内阻较大寿命较短容量较小，通常单体电压为12V，寿命以充放电循环次数衡量。

6.1.2 铅酸蓄电池的充电方式

按照充电过程中充电电压和充电电流的变化情况，充电分为一阶段充电和二阶段充电；按照充电的作用，充电分为初充电、均衡充电或补充电；按照蓄电池正常运行方式，可分为充放电制，即充电、放电循环方式和浮充电方式。

1. 一阶段定电流充电方式

一阶段定电流充电即对电池自始至终用一个固定电流充电。采用这种充电方式，在充电过程中电池的端电压将伴随着充电时间的增长和两极中活性物质转化而逐渐上升，直至两极活性物质中硫酸盐全部转化，电池的端电压才趋向于稳定。为了在充电后期不过多地将电解液分解成水而浪费电能，所以选用的充电电流都较二阶段充电方式所选用的充电电流值为小。待电池的端电压上升至最高值且2h稳定不变时，即可终止充电。这种充电方式，要求充电电压逐渐升高，电压越高，充电时间越短，因此采用此法可以缩短充电时间。但采用此法，要求充电电流控制适当，否则不仅消耗电力，而且容易使极板上活性物质脱落，影响电池寿命。这种方式目前很少采用。

2. 一阶段定电压充电方式

在充电过程中，充电电压始终保持不变，叫一阶段恒电压充电法。由于充电自始至终，电源电压恒定不变，所以充电开始时充电电流很大，随着充电的进行，电流端电压升高，充电电流逐渐减小，直到充电电压与电池端电压相等时，充电电流减至最小。由此可知，该充电法的优点是：可避免充电后期充电电流过大而造成极板脱落和电能过多消耗。其缺点是：充电开始时，充电电流过大，可能大大超过正常充电电流，使正极活性物质体积变化收缩太快，影响活性物质的机械强度；而在充电后期，由于充电电流过小，使极板深处的硫酸铅不易还原，形成长期充电不足，影响电池的使用年限。所以这种充电方法目前也很少采用。

3. 二阶段定电流充电方式

在充电过程中，在两个时间阶段内，分别用二个不同的定电流进行充电的方式，叫二阶段定电流充电方式。这种充电方式的通常作法是：

第一阶段用某一恒定电流（通常以蓄电池10h率额定容量的百分值来表示，如$0.1C_{10}-0.15C_{10}A$）进行定电流充电，当电池的端电压上升到某一定值时（如固定型电池取2.35~2.40V，阀控型电池取2.30~2.35V）转入第二阶段的定电流充电，直至充电结束，通常第二阶段的充电电流取第一阶段的一半。

4. 二阶段定电流恒电压充电方式

在充电过程中，在两个时间阶段内，分别用定电流和恒电压进行充电的方式，叫二阶段定电流恒电压充电方式。这种充电方式的通常作法是：

第一阶段的充电方法与二阶段定电流中的第一阶段一样。当转入到第二阶段时，维持充电电压恒定不变，则其充电电流随着时间逐渐减小，直至充电结束。

5. 低压恒压充电方式

所谓低压恒压充电法是充电过程始终以一定的恒定电压进行充电，但与一阶段恒电压充电法不同，是采用的电压较低，一般为每个电池 2.25～2.35V。这种充电方式的优点在于：充电细微，活性物质利用充分，电池容量得到充分利用，而且水分解较轻微，电池温度较低。

6. 充电方式的比较

表 6－1 是一阶段定电流、二阶段定电流、二阶段定电流恒电压和恒定低电压四种充电方式的充电效率比较表。

表 6－1　不同充电方式充电效率比较表

充电方式	一阶段定电流	二阶段定电流		定电流恒电压二阶段				低压恒压
		第一阶段	第二阶段	第一阶段定电流	第二阶段恒电压	第一阶段定电流	第二阶段恒电压	
充电电流/A	$0.1C_{10}$	$0.15C_{10}$	$0.075C_{10}$	$0.15C_{10}$		$0.15C_{10}$		
充电电压/V					2.4		2.35	2.30
充电时间/h	16	6	7	6	10	5	10	23
充电电量/%	160		133.8		127		117.7	110
输出电量/%	105		106		107.5		104.7	100
充电效率/%	65.6		79.2		84.6		88	90.9

由表中数值可见，恒定低压充电法充电效率最高，在电池容量损失100%的条件下，充电效率高达90%以上，其次是二阶段定电流恒电压充电法，充电效率最低的是一阶段定电流充电法。但从充电时间比较，最长的是

恒定低压法，最短的是二阶段定电流法。目前大多采用二阶段定电流恒电压充电法，电压取2.35V，采用这种方法，当转入第二阶段恒压充电后，充电电流逐渐减小，因此在充电后期，充电电流的利用率较高，由电池内逸出的气体量相应也减少。定电流恒电压二阶段充电方式，为国内外普遍采用方式。定电流值以$0.1C_{10}-0.125C_{10}$，恒电压以不超过2.35V为宜。

另外由于低压充电法操作十分简便，且充电过程中，酸雾逸出极少，化学反应较为平缓，对电池的损害较小，所以不少国家已逐渐采用低压充电法。

6.1.3 铅酸蓄电池充电终期的判定

1. 充电终期判定

充电终期的判定决定了充电的持续时间，充电终期的判定与充电质量密切相关，充电质量的好坏直接影响着电池容量的保持值以及电池的使用年限，防酸隔爆型或消氢型或阀控式铅酸蓄电池的充电终期可根据以下几点进行判定：

（1）每个电池的充电末期电池电压稳定在最高值或充电电流稳定在最低值，并保持2h以上不变。

（2）电解液的相对密度在规定环境下达到规定值，固定型为1.200～1.210（25℃），阀控型为1.240（120℃）～1.300（25℃），且在充电末期保持2h不再上升，每个电池间电解液相对密度差不大于0.005。

（3）防酸隔爆或消氢型电池极板上均匀发气，电流冒气剧烈。

（4）防酸隔爆或消氢型电池正极板为深褐色，负极板为浅灰色。

（5）充入的电量约为前次放出电量的1.2～1.4倍。

对于阀控式密封铅酸蓄电池无法采用观察相对密度、冒气、颜色等物理现象的方法判定，只能采用端电压或充电电流、充电电量等电气量的变化来判定。

在实际运行中，通常采用二阶段充电电流恒电压充电法，充电终期判定是以第二阶段恒压充电的持续时间来判定，但由于担心充电不足，往往把充电时间整定过长，从而造成过充，影响电池的使用寿命。所以单纯用恒压充电的持续时间来判定充电终期是不适宜的。

2. 均衡充电转入浮充电的判定

（1）定电流充电法：不论是一阶段还是二阶段定电流充电法，电池的端电压都将随着两极活性物质转化而逐渐上升，直至两极活性物质全部转化，电池的端电压方趋稳定。所以，当端电压上升至最高值后且连续 2h 不变，即可终止充电。

（2）定电流恒电压充电法：定电流恒电压二阶段充电，采用这种方法，第二阶段是在恒压下进行充电的，显然不能再以电池的端电压连续几小时不变来确定电池充电终期。

不同深度放电，不同充电方式，充电时间差异甚大，由于电力系统中，蓄电池的事故放电深度是无法事先确定的，所以，采用两阶段定电流恒电压充电方法时，正确衡量充电时间的判据应以充电电流的变化来进行。充电过程的本质应是电池两极板活性物质的转化过程，充电终了，也就是极板活性物质全部转化。而随着两极活性物质的转化，充电电流也逐渐减少，理论上当两极的活性物质全部转化时充电电流即为零。但是，由于电池两极板上存在自放电现象，充电电流不可能为零，而是达到一个较低的极限后趋于稳定，充电终止的判据是充电电流。因此，当充电电流达到最低值且连续 2h 不变，即可终止充电。此充电电流值实际上就是浮充电流值。

所以，采用充电电流降至最小值且稳定 2h 不变作为均充转浮充的判据是最确切的方法。近几年来，由于微机型充电整流器的发展，用这种方法，进行充电转换，已经得到应用和推广。

还有计算机型充电整流器，通过编程模拟了很多放电工况时的充电特性曲线，然后根据实际放电工况来选择临近充电特性曲线，比定时转换确切，且简单实用但设备成本较高。

6.1.4 铅酸蓄电池的放电工况

铅酸蓄电池的放电通常在下述场合下进行：

1. 正常放电

正常放电包括充放电循环运行方式下的放电和浮充电运行方式下的事故放电。前者以规定的放电电流放电至规定的放电深度，当达到“放电终期”判据时，立即进行充电。后者则根据不可预见的事故放电电流进行放电，放电结束立即转入充电。

2. 蓄电池容量放电试验

新安装的蓄电池和正常使用的蓄电池，为检验其实际容量，均需进行放电试验。新电池在初充电后即进行放电试验；运行中的电池则每年或两年进行一次放电试验，容量可取 $0.5C_{10}$。

放电试验应以规定的放电电流进行，并按规定测试记录有关数据，如电池端电压、相对密度、液温等。当放电至终期判据时，应立即停止放电并转入充电。

3. *浮充电的深放电*

以浮充电方式运行的蓄电池，由于长时间不放电，负极板上的活性物质容易产生 $PbSO_4$ 结晶，不易还原。为消除这一现象，要求浮充电运行的电池在充电前应进行深放电。深放电通常以 10h 率进行。

4. *铅酸蓄电池放电终期的判定*

放电深度对蓄电池安全运行也有很大影响，过放电也会降低电池寿命。所以要正确判定蓄电池的放电终期。放电终期可根据以下几点进行判断：

（1）电池放出的容量与相应放电率的放电容量一致。

（2）每个电池的端电压在以 10h 率放电时降到 1.80V 左右，或降到规定的终止放电电压。

（3）电解液的相对密度降为 1.175（25℃）左右，较一般充电终期的相对密度下降 0.025 ~ 0.045。

（4）正极板颜色由深褐色变为浅褐色，负极板由浅灰色变为深灰色。

（5）累计的放出电量接近电池额定容量。

同样，对于阀控式电池，通常只能以放出的容量或电池的端电压进行判定。

6.1.5 铅酸蓄电池的运行方式

蓄电池在投入运行前，要进行初充电，初充电完成后即转入正常运行方式。正常运行方式分为充放电循环制、定期浮充电制和连续浮充电制。电力系统中均采用连续浮充电运行方式。事故放电后或发现电池不均衡时，需进行均衡充电或补充电。

1. *初充电*

固定型铅酸蓄电池在投入系统运行前要进行初充电。充电初期电池端电压较低，电解液相对密度（比重）较小。尽管此时两极活性物质转化效率较高，但极板内比重高的电解液向孔隙外扩散仍较困难，因此，当电池端电压未达 2.4V 以前电池内电解液相对密度的变化仍不明显。当电池端电压达到 2.4V 后，由于气体析出使电解液得到充分搅拌，电解液相对密度变化才明显。初充电电压宜取 2.70V。

初充电充入电量为其额定容量 4 倍即可。当充入电量到 3 倍额定容量时，电池的端电压及电解液相对密度的变化已不显著，过多的充入电量是无济于事的。过多地充入电量只起到将电解液中的水分分解成氢气和氧气的作用，并不增加储能装置的能量。

初充电采用定电流恒电压二阶段充电方式，同样具有耗电量少，充电电流利用率高且逸出的气体少的优点。

固定型铅酸蓄电池虽然在蓄电池厂内极板已经过化成（所谓化成就是将极板上的活性物质经过电化学作用，使正极板上的活性物质变成棕色的三氧化铅，负极板上的活性物质变成灰色的绒状铅的一种工艺过程）而带有电荷的，理论上只需充入电解液即可使用。但由于化成后的负极板在干燥过程中绒状铅易与空气中的氧化合生成一氧化铅把电放掉了，尤在潮湿空气中这种化合作用更为显著。所以，固定型铅酸蓄电池注入电解液后仍需要进行初充电才能投入运行。

阀控型密封电池是一种湿荷电电池，这种电池极板的化成时间长并经过特殊处理和严格工艺控制保持极板上电荷并且出厂前按一定量注入电解液，在使用前只需进行补充充电即可投入运行，而不需施加较高电压（如 2.7V）进行初充电。

2. 均衡（补充）充电

所谓均衡充电，是为了消除蓄电池在使用过程中产生相对密度（比重）、端电压等不均衡现象，防止进一步发展成落后电池，甚至反极性电池现象而进行的过充电措施。所谓补充充电是对事故放电后进行补充充电的措施。这里所述包含上述两充电方式。均衡充电一般采用定电流恒电压二阶段充电法。

均衡（补充）充电一般定期进行。对于浮充电运行的蓄电池通常一个季度进行一次，如遇下列情况之一，则应及时均衡（补充）充电：

（1）过量放电使电池端电压低于规定的放电终止电压。

（2）放电后未及时进行充电。

（3）长期充电不足。

（4）用小电流长期间深度放电。

（5）极板呈现不正常状态或有轻微硫化现象。

（6）长期静置不用。

（7）放电电量超过允许值等。

正常浮充运行方式下直流母线电压的稳定是至关重要的。因些，要求蓄电池的浮充电压维持不变。但从蓄电池固有特性来看，环境温度变化引起电解液温度变化，温度升高电解液导电率增大，在同一浮充电压下浮充电流也增加，反之就减小。另外，新旧电池的自放电率相差也较大，旧电池的自放电率约是新电池的 2～3 倍。这样，不变的浮充电压势必造成电池的过充或欠充，且欠充的几率大于过充。均衡（补充）充电是弥补浮充运行方式下蓄电池容量亏损的有效措施。

试验放电后，也需通过均衡（补充）充电来补充电池容量和提高电池的电压。

以提高浮充电压取消定期均衡充电的方法并不可取，过高浮充电压会造成母线电压波动范围过大，加速电池极板腐蚀，降低蓄电池寿命。同时，蓄电池组中可能存在个别落后电池，长期不进行均充，会加速落后电池损坏，从而影响整个蓄电池组的电压稳定。因此，均衡（补充）充电是保证直流系统安全可靠运行所必需的运行方式之一。

3. 浮充充电

蓄电池和其他直流电源（如硅整流充电装置、直流发电机组等）并联供电的运行方式，称为浮充电运行方式。浮充电又分为定期浮充（半浮充）和连续浮充（全浮充）两种方式，电力系统中均采用全浮充电运行方式。采用这种运行方式时，其他直流电源一方面向直流负荷提供电源，一方面向蓄电池进行小电流补充电。在这种运行方式下，浮充电压和浮充电流的选择对蓄电池的使用寿命、对直流系统的安全可靠运行都具有十分重要的作用。

蓄电池的浮充电压与电池本身构造、电解液比重、温度和自放电率有关。持续过高的浮充电压会造成浮充电流增大而使蓄电池过充，使电解液过热、导电率增高、极板腐蚀、加速蓄电池寿命降低。对阀控型电池还会导致水的加速蒸发，而水损失有可能会导致电解液干涸进而使电池损坏。浮充电压过低，浮充电流也相应降低而弥补不了电池自放电损失的容量，电池容量下降，电解液导电率下降、内阻增大、两极活性物质中的硫酸盐增加、长期欠充最终也会导致电池损坏。

浮充电压的选择还与蓄电池个数和容量的选择、直流母线电压的波动范围等有关。

6.1.6 阀控型密封铅酸蓄电池（GFM 型蓄电池）

近几年来，阀控型密封铅酸蓄电池得到广泛采用，其品种、型式很多，技术特性差异很大，下面仅列举国内和国外应用较广泛的两种电池，说明其特性参数。GFM 型（深圳华达电源系统有限公司生产）阀控铅酸蓄电池的技术数据如下：

1. 产品特点

（1）预期浮充运行寿命长，约为 15 年。

（2）极板容量大，分别为 50Ah 和 83Ah。极板寿命长，在浮充电电压为 2.23V（25℃）工况下为 23 年。

（3）浮充电电压低（较一般的 2.25V 低），为 2.23V，有利于减少极板腐蚀和提高电池浮充电运行寿命。

（4）容量换算系数高，在相同直流负荷情况下，所需要的蓄电池容量小。

（5）小容量电池的钢壳组件结构合理，便于成套组装。

2. 技术数据和特性曲线

技术数据和特性曲线见表 6－2～表 6－11。其容量、质量、尺寸及配置见表 6－3～表 6－17。

表 6－2　GFM 型蓄电池（含连接条电阻后）短路电流

蓄电池容量及电阻 \ 开路电压 / 短路时间/s		2.17V 开路电压下不同短路时间的短路电流			
		0.02	0.2	0.5	1.0
GFM1－100	电阻/mΩ	1.98	2.16	2.24	2.31
	短路电流/A	1 096	1 005	969	939
GFM1－200	电阻/mΩ	1.01	1.10	1.14	1.18
	短路电流/A	2 149	1 973	1 904	1 839
GFM1－300	电阻/mΩ	0.70	0.75	0.77	0.80
	短路电流/A	3 100	2 893	2 806	2 713
GFM1－400	电阻/mΩ	0.53	0.57	0.59	0.61
	短路电流/A	4 094	3 807	3 768	3 557
GFM1－500	电阻/mΩ	0.43	0.46	0.48	0.49
	短路电流/A	5 047	4 717	4 521	4 429

续表

蓄电池容量及电阻 \ 短路时间/s \ 开路电压		2.17V 开路电压下不同短路时间的短路电流			
		0.02	0.2	0.5	1.0
GFM1－580	电阻/mΩ	0.37	0.41	0.42	0.43
	短路电流/A	5 865	5 293	5 167	5 047
GFM2－500	电阻/mΩ	0.47	0.49	0.524	0.544
	短路电流/A	4 717	4 429	4 141	3 989
GFM2－580	电阻/mΩ	0.41	0.43	0.457	0.474
	短路电流/A	5 293	5 047	4 746	4 573
GFM2－830	电阻/mΩ	0.30	0.313	0.332	0.344
	短路电流/A	7 228	6 922	6 545	6 315
GFM2－1000	电阻/mΩ	0.256	0.267	0.282	0.292
	短路电流/A	8 477	8 127	7 695	7 432
GFM2－1080	电阻/mΩ	0.24	0.25	0.264	0.273
	短路电流/A	9 042	8 674	8 217	7 939
GFM2－1160（2×580）	电阻/mΩ	0.205	0.215	0.229	0.237
	短路电流/A	10 586	10 094	9 492	9 146
GFM2－1500（3×500）	电阻/mΩ	0.157	0.163	0.175	0.181
	短路电流/A	14 151	13 287	12 423	11 967
GFM2－1660（2×830）	电阻/mΩ	0.15	0.157	0.166	0.172
	短路电流/A	14 456	13 844	13 090	12 630
GFM2－2000（2×1000）	电阻/mΩ	0.128	0.134	0.141	0.146
	短路电流/A	16 954	16 254	15 390	14 864
GFM2－2160（2×1080）	电阻/mΩ	0.12	0.125	0.132	0.136
	短路电流/A	18 084	17 348	16 542	15 878

续表

蓄电池容量及电阻 \ 开路电压 / 短路时间/s		2.17V 开路电压下不同短路时间的短路电流			
		0.02	0.2	0.5	1.0
GFM2 -2490 (3×830)	电阻/mΩ	0.10	0.104	0.111	0.115
	短路电流/A	21 684	20 766	19 655	18 945
GFM2 -3000 (3×1 000)	电阻/mΩ	0.085	0.089	0.094	0.097
	短路电流/A	25 529	24 384	23 085	22 371
GFM2 -3240 (3×1080)	电阻/mΩ	0.08	0.083	0.088	0.091
	短路电流/A	27 126	26 022	24 659	23 847

表6-3 GFM单体电池容量、质量及尺寸表

序号	蓄电池型号	电压/V		额定容量/(Ah)		外形尺寸/mm			质量/kg
		单体	组件	10h率	1h率	高	宽	深	
1	6GFM1 -100	2	12	100	60	218	437	330	70
2	6GFM1 -200	2	12	200	120	218	665	330	100
3	6GFM1 -300	2	12	300	180	218	893	330	148
4	6GFM1 -400	2	6	400	240	218	623	330	93
5	6GFM1 -500	2	6	500	300	218	737	330	120
6	6GFM1 -580	2	6	580	348	218	851	330	143
7	6GFM2 -500	2	12	500	300	218	957	516	245
8	6GFM2 -580	2	12	580	348	218	1 071	516	281
9	3GFM2 -830	2	6	830	498	218	801	516	200
10	3GFM2 -1000	2	6	1 000	600	218	915	516	226
11	3GFM2 -1080	2	6	1 080	648	218	972	516	245

注：额定容量10h率终止电压为1.80V，1h率其终止电压为1.75V。

表 6-4 GFM 单体电池并联后容量尺寸表

序号	GFM2 单体电池并联后容量/Ah	电压/V	组件外形尺寸/mm			组件质量/kg
			高	宽	深	
1	1 160（2×580）			1071		281
2	1 500（3×500）			957		245
3	1 660（2×830）			801		200
4	2 000（2×1 000）			915		226
5	2 160（2×1 080）			972		245
6	2 490（3×830）			801		200
7	3 000（3×1 000）	2		915		226
8	3 240（3×1 080）		218	972		245
9	4 980（6×830）			2×801		2×200
10	6 000（6×1 000）			2×915		2×226
11	6 480（6×1 080）			2×972		2×245
12	9 960（12×830）			4×801		4×200
13	12 000（12×1 000）			4×915		4×226
14	12 960（12×1 080）			4×972		4×245

表 6-5 GFM 48V 系统不同组合方式的蓄电池组长度、高度、质量及荷重表

序号	组合方式 / 系统型号	总重/kg	2层×2列 安装高度736/mm		4层×1列 安装高度1 172/mm	
1	22GFM1-100	358	874	1 241	437	2 482
2	22GFM1-200	480	1 330	1 094	665	2 187
3	22GFM1-300	674	1 786	1 144	893	2 287
4	22GFM2-500	1 074	1 914	1 087	957	2 175
5	22GFM2-580	1 163	2 142	1 052	1071	2 104

表 6－6　GFM　220V 系统不同组合方式的蓄电池组长度、高度、质量及荷重表

序号	组合方式 系统型号	3 层×6 列 安装高度 954mm			4 层×3 列+3 层×2 列 安装高度 1 172mm			5 层×2 列+4 层×2 列 安装高度 1 390mm			6 层×3 列 安装高度 1 608mm		
		长度/mm	总重/kg	荷重/(kg/m³)	长度/mm	总重/kg	荷重/(kg/m³)	长度/mm	总重/kg	荷重/(kg/m³)	长度/mm	总重/kg	荷重/(kg/m³)
1	103GFM1－100	2 026	1 518	1 754	2 188	1 494	2 072	1 750	1 470	2 548	1 313	1 446	3 342
2	103GFM1－200	3 985	2 067	1 570	3 323	2 043	1 862	2 658	2 019	2 300	1 994	1 995	3 030
3	103GFM1－300	5 359	2 940	1 663	4 466	2 916	1 979	3 573	2 892	2 453	2 679	2 868	3 244
4	103GFM2－500	5 742	4 722	1 594	4 785	4 692	1 900	3 828	4 662	2 360	2 871	4 632	3 127
5	103GFM2－580	6 426	5 388	1 625	5 355	5 358	1 939	4 284	5 328	2 410	3 213	5 298	3 196

序号	组合方式 系统型号	4 层×8 列+3 层×1 列 安装高度 1 172mm			5 层×7 列 安装高度 1 390mm			6 层×5 列+5 层×1 列 安装高度 1 608mm			7 层×5 列 安装高度 1 826mm		
		长度/mm	总重/kg	荷重/(kg/m³)	长度/mm	总重/kg	荷重/(kg/m³)	长度/mm	总重/kg	荷重/(kg/m³)	长度/mm	总重/kg	荷重/(kg/m³)
1	103GFM1－400	5 065	3 880	2 097	4 359	3 832	2 663	3 736	3 808	3 087	3 114	3 784	3 681
2	103GFM1－500	6 633	4 667	2 132	5 159	4 619	2 713	4 422	4 595	3 149	3 685	4 571	3 759
3	103GFM1－580	7 662	5 507	2 179	5 959	5 459	2 777	5 108	5 435	3 226	4 257	5 411	3 854
4	103GFM2－830	7 209	7 469	2 008	5 607	7 409	2 561	4 806	7 379	2 975	4 005	7 349	3 556
5	103GFM2－1000	8 235	8 466	1 992	6 405	8 406	2 543	5 490	8 376	2 957	4 575	8 246	3 493
6	103GFM2－1080	8 775	9 149	2 027	6 804	9 089	2 589	5 832	9 059	3 010	4 860	9 029	3 600

续表

序号	组合方式 / 系统型号	2(3层×6列) 安装高度954mm			2(4层×2列+5层×2列) 安装高度1 390mm			3(3层×4列) 安装高度954mm			3(4层×3列) 安装高度1 172mm		
		长度/mm	总重/kg	荷重/(kg/m^3)	长度/mm	总重/kg	荷重/(kg/m^3)	长度/mm	总重/kg	荷重/(kg/m^3)	长度/mm	总重/kg	荷重/(kg/m^3)
1	103GFM2－830	4 806	3 900	1 573	3 204	3 820	2 311	3 204	2 600	1 573	2 403	2 570	2 073
2	103GFM2－1000	5 490	4 368	1 542	3 660	4 308	2 282	3 660	2 912	1 542	2 745	2 882	2 035
3	103GFM2－1080	5 832	4 746	1 577	3 888	4 686	2 336	3 888	3 164	1 577	2 916	3 134	2 083
4	103GFM2－1160 (2×580)	6 426	5 358	1 616	5 355	5 298	2 397	4 289	3 572	1 616	3 213	3 542	2 137

序号	组合方式 / 系统型号	5层×8列+6层×2列 安装高度1 608mm			2(5层×4列+6层×1列) 安装高度1 608mm			2(5层×3列+4层×3列) 安装高度1 390mm			2(4层×6列+3层×1列) 安装高度1 172mm		
		长度/mm	总重/kg	荷重/(kg/m^3)	长度/mm	总重/kg	荷重/(kg/m^3)	长度/mm	总重/kg	荷重/(kg/m^3)	长度/mm	总重/kg	荷重/(kg/m^3)
1	103GFM2－1500 (3×500)	9 570	13 887	2 812	4 785	6 944	2 812	5 742	6 974	2 354	6 700	7 004	2 026

序号	组合方式 / 系统型号	6层×10列+5层×2列 安装高度1 608mm			2(4层×8列+2层×2列) 安装高度1 172mm			2(5层×6列+3层×2列) 安装高度1 390mm			2(6层×6列) 安装高度1 608mm		
		长度/mm	总重/kg	荷重/(kg/m^3)	长度/mm	总重/kg	荷重/(kg/m^3)	长度/mm	总重/kg	荷重/(kg/m^3)	长度/mm	总重/kg	荷重/(kg/m^3)
1	103GFM2－1660 (2×830)	9 612	15 451	3 115	8 010	8 061	1 950	6 408	8 001	2 420	4 806	7 941	3 202
2	103GFM2－2000 (2×1000)	10 980	17 446	3 079	9 150	9 087	1 924	7 320	9 027	2 390	5 490	8 967	3 165
3	103GFM2－2160 (2×1080)	11 664	18 811	3 125	9 720	9 789	1 952	7 776	9 729	2 424	5 832	9 669	3 213

续表

序号	组合方式 / 系统型号	2(4 层×8 列+5 层×4 列) 安装高度 1 390mm			2(6 层×7 列+5 层×2 列) 安装高度 1 608mm			3(6 层×5 列+5 层×1 列) 安装高度 1 608mm			3(5 层×7 列) 安装高度 1 390mm		
		长度 /mm	总重 /kg	荷重 /(kg/m^3)	长度 /mm	总重 /kg	荷重 /(kg/m^3)	长度 /mm	总重 /kg	荷重 /(kg/m^3)	长度 /mm	总重 /kg	荷重 /(kg/m^3)
1	103GFM2 – 2490 (3×830)	9 612	11 569	2 333	7 209	11 587	3 115	4 806	7 724	3 115	5 607	8 058	2 785
2	103GFM2 – 3000 (3×1000)	10 980	13 051	2 304	8 235	13 083	3 078	5 490	8 722	3 078	6 405	8 752	2 648
3	103GFM2 – 3240 (3×1080)	11 664	14 065	2 337	8 775	14 106	3 125	5 832	9 405	3 125	6 804	9 435	2 687

表 6–7　GFM110V 系统不同组合方式的蓄电池组长度、高度、质量及荷重表

序号	组合方式 / 系统型号	总重 /kg	3 层×3 列 安装高度 954mm		5 层×1 列+4 层×1 列 安装高度 1390mm		9 层×1 列* 安装高度 1962mm	
			长度 /mm	荷重 /($km/^3$)	长度 /mm	荷重 /($km/^3$)	长度 /mm	荷重 /($km/^3$)
1	51GFM1 – 100	714	1 312	1 650	874	2 476	437	4 951
2	51GFM1 – 200	989	1 994	1 501	1 330	2 252	665	4 504
3	51GFM1 – 300	1 425	2 697	1 612	1 786	2 418	893	4 835
4	51GFM2 – 500	2 304	2 871	1 555	1 914	2 333	957	4 666
5	51GFM2 – 580	2 637	3 213	1 590	2 142	2 386	1071	4 772

注：表中有“*”者安装高度未加 300mm 高平台，其余均加 300mm 高平台。

续表

序号	组合方式 / 系统型号	总重/kg	3 层×6 列 安装高度 954mm		4 层×3 列 +3 层×2 列 安装高度 1 172mm		5 层×2 列 +4 层×2 列 安装高度 1 390mm		6 层×3 列 安装高度 1 608mm	
			长度/mm	荷重/($km/^3$)	长度/mm	荷重/($km/^3$)	长度/mm	荷重/($km/^3$)	长度/mm	荷重/($km/^3$)
1	51GFM2 -400	2 031	3 736	1 646	3 114	1 976	2 492	2 469	1 869	3 293
2	51GFM2 -500	2 436	4 422	1 670	3 685	2 004	2 948	2 505	2 211	3 340
3	51GFM2 -580	2 868	5 108	1 702	4 257	2 043	3 404	2 553	2 553	3 404
4	51GFM2 -830	3 885	4 806	1 567	4 005	1 880	3 204	2 350	2 403	3 133
5	51GFM2 -1000	4 398	5 490	1 552	4 575	1 863	3 660	2 329	2 765	3 105
6	51FGM2 -1080	4 749	5 832	1 578	4 860	1 894	3 888	2 367	2 916	3 156
7	51GFM2 -1160 (2×580)	5 388	6 426	1 625	5 355	1 950	4 289	2 437	3 213	3 250

序号	组合方式 / 系统型号	总重/kg	5 层×4 列 +6 层×1 列 安装高度 1 608mm		5 层×3 列 +4 层×3 列 安装高度 1 390mm		4 层×6 列 +3 层×1 列 安装高度 1 172mm			
			长度/mm	荷重/($km/^3$)	长度/mm	荷重/($km/^3$)	长度/mm	荷重/($km/^3$)	长度/mm	荷重/($km/^3$)
1	51GFM2 -1500 (3×500)	7 020	4 785	2 843	5 742	2 369	6 700	2 030		

序号	组合方式 / 系统型号	总重/kg	4 层×8 列 +2 层×2 列 安装高度 1 172mm		5 层×6 列 +3 层×2 列 安装高度 1 390mm		6 层×6 列 安装高度 1 608mm			
			长度/mm	荷重/($km/^3$)	长度/mm	荷重/($km/^3$)	长度/mm	荷重/($km/^3$)	长度/mm	荷重/($km/^3$)
1	51GFM2 -1660 (2×830)	8 064	8 010	1 951	6 408	2 439	4 806	3 251		
2	51GFM2 -2000 (2×1000)	9 090	9 150	1 925	7 320	2 407	5 490	3 209		
3	51GFM2 -2160 (2×1080)	9 792	9 720	1 952	7 776	7 440	5 832	3 253		

表 6-8　GFM 不同蓄电池组及组件配置表

序号	型号及数量/Ah	组件电压/V	系统电压/V	蓄电池个数	配置组件数	假单体数	一个组件内单体电池
1	GFM1-100/200/300 GFM2-500/580	12	220	103/104	18	5/4	一个组件六个电池
			110	51/52	9	3/2	
			48	22	4	2	
2	GFM1-400/500/580 GFM2-830/1000/1080/1160（2×580）	6	220	103/104	35	2/1	一个组件三个电池
			110	51	17	0	
			48	22	8	2	
3	GFM2-1500（3×500）		220	103/104	52	1/0	一个组件六个电池三个并联
			110	51/52	26	1/0	
			48	22	11	0	
4	GFM2- 1660（2×830） 2000（2×1000） 2160（2×1080）		220	103/104	70	4/2	一个组件三个电池，其中二个并联，另一个与下个组件并联
			110	51	34	0	
			48	22	16	1	
5	GFM2- 2480（3×830） 3000（3×1000） 3240（3×1080）	2	220	103	103	0	一个组件三个电池并联，组件电压 2V
			110	51	51	0	
			48	22	22	0	

6.1.7 蓄电池容量选择计算

1. 蓄电池标称容量

蓄电池标称容量（Ah）按下列数值选取：50，100，200，300，400，500，800，1000，1200，1500，1800，2000，2500，3000。

2. 蓄电池标称电压

宜采用2V电压的单体电池，当布置困难或用户有要求时，也可采用6V、12V电压等级的组合体电池。当采用组合体电池时，要求其运行寿命不得低于10年。

3. 蓄电池应用曲线及图表

曲线及图表使用说明：

(1) 提供的应用曲线为蓄电池容量换算系数曲线和相应的图表，仅供电力工程直流系统初步设计时蓄电池容量选择计算使用。待订货选型后，供货方必须提供所选型号实际的曲线和图表，并依此进行计算，以便校核初选电池容量和个数的正确性。

(2) 容量换算系数曲线和图表按8h（480min）放电时间控制和编制。

4. 各类蓄电池应用图表

a) 6V、12V贫液阀控密封式铅酸蓄电池容量换算系数见表6-9。

b) 2V单体贫液阀控密封式铅酸蓄电池容量换算系数见表6-10。

c) 2V单体胶体阀控密封式铅酸蓄电池容量换算系数见表6-11。

d) 2V贫液阀控密封式铅酸蓄电池冲击放电系数见表6-12。

e) 2V胶体阀控密封式铅酸蓄电池冲击放电系数见表6-13。

5. 浮充电和均充电工况下的母线电压水平

浮充电和均充电工况下的母线电压水平与单体电池个数和浮充电、均充电电压有关，见表6-14。

表 6－9　6V、12V 贫液阀控密封式铅酸蓄电池容量换算系数(DL－B2－6V/12V)

放电时间 min 容量换算系数	5s	1	29	30	59	60	89	90	119	120	150	179	180	240	300	360	420	479	480
电池放电终止电压/V(注)	容量换算系数　$K_c = \dfrac{I}{C_{10}}$　(1/h)																		
5. 25,10. 5,1. 75	2. 08	1. 99	1. 01	1. 00	0. 708	0. 700	0. 513	0. 509	0. 437	0. 435	0. 376	0. 314	0. 312	0. 243	0. 200	0. 172	0. 157	0. 142	0. 142
5. 40,10. 8,1. 80	2. 00	1. 88	1. 00	0. 99	0. 691	0. 680	0. 509	0. 504	0. 431	0. 429	0. 368	0. 308	0. 305	0. 239	0. 198	0. 170	0. 155	0. 140	0. 140
5. 49,10. 98,1. 83	1. 930	1. 82	0. 988	0. 979	0. 666	0. 656	0. 498	0. 495	0. 417	0. 416	0. 356	0. 299	0. 297	0. 234	0. 197	0. 168	0. 153	0. 138	0. 138
5. 55,11. 10,1. 85	1. 810	1. 74	0. 976	0. 963	0. 639	0. 629	0. 489	0. 487	0. 409	0. 408	0. 353	0. 297	0. 295	0. 231	0. 196	0. 167	0. 152	0. 136	0. 136
5. 61,11. 22,1. 87	1. 750	1. 67	0. 943	0. 929	0. 610	0. 600	0. 481	0. 479	0. 400	0. 399	0. 344	0. 291	0. 289	0. 220	0. 194	0. 165	0. 149	0. 133	0. 133
5. 70,11. 40,1. 90	1. 670	1. 59	0. 585	0. 841	0. 576	0. 571	0. 464	0. 462	0. 388	0. 387	0. 333	0. 281	0. 279	0. 211	0. 189	0. 160	0. 143	0. 127	0. 127
说明	①表中对应于各类复合体电池的放电终止电压为:2V－1. 75V,1. 80V,1. 83V,1. 85V,1. 87V,1. 90V; 6V－5. 25V,5. 40V,5. 49V,5. 55V,5. 61V,5. 70V;12V－10. 50V,10. 80V,10. 98V,11. 10V,11. 22V,11. 40V ②容量系列(Ah):50、100、150、200、300。 1h 放电电流(A):34　68　102　136　204 10h 放电电流(A):5　10　15　20　30 ③浮充电压(V):6V 电池－6. 75　12V 电池－13. 5 均充电压(V):6V 电池－7. 05　12V 电池－14. 10																		

表 6-10　2V 单体贫液阀控密封式铅酸蓄电池容量换算系数(DL-B1-2V)

放电时间/min 容量换算系数 电池放电终止电压/V	5s	1	29	30	59	60	89	90	119	120	150	179	180	240	300	360	390	420	479	480
	容量换算系数 $K_c = \frac{I}{C_{10}}$ (1/h)																			
1.75	1.54	1.53	1.00	0.984	0.620	0.615	0.482	0.479	0.389	0.387	0.338	0.289	0.289	0.234	0.195	0.169	0.161	0.153	0.135	0.135
1.80	1.45	1.43	0.92	0.90	0.600	0.598	0.476	0.472	0.376	0.374	0.328	0.280	0.280	0.224	0.190	0.166	0.158	0.150	0.132	0.132
1.83	1.38	1.33	0.843	0.823	0.570	0.565	0.458	0.455	0.358	0.357	0.314	0.270	0.270	0.217	0.184	0.160	0.153	0.145	0.127	0.127
1.85	1.34	1.24	0.80	0.780	0.558	0.540	0.432	0.428	0.346	0.344	0.304	0.262	0.262	0.214	0.180	0.157	0.149	0.140	0.123	0.123
1.87	1.27	1.18	0.764	0.755	0.548	0.520	0.413	0.408	0.336	0.334	0.296	0.258	0.209	0.177	0.155	0.146	0.137	0.120	0.120	
1.90	1.19	1.12	0.685	0.676	0.495	0.490	0.383	0.381	0.322	0.321	0.287	0.253	0.253	0.200	0.170	0.150	0.141	0.131	0.118	0.118
1.93	1.11	1.06	0.605	0.595	0.415	0.410	0.353	0.351	0.311	0.310	0.278	0.248	0.248	0.195	0.163	0.145	0.136	0.126	0.116	0.116
说明	①29 分 30 分系数多 0.02;60~90 分内,59 分、89 分系数分别比 60 分、90 分大 0.005、0.003,119 分到 239 分比 120 分到 240 分大 0.002,299 分到 419 分比 300 分到 420 分大 0.001 ②容量系列/Ah:100、200、300、500、600、800、1000、1200、1500、1800、2000、2500、3000 1h 放电电流/A:60、120、180、300、360、480、600、720、900、1080、1200、1500、1800 10h 放电电流/A:10、20、30、50、60、80、100、120、150、180、200、250、300 ③浮充电压/V:2.23~2.27　通常取 2.25　④均充电压/V:2.30~2.35　通常取 2.30																			

表 6－11　2V 单体胶体阀控密封式铅酸蓄电池容量换算系数(DL－B3－2V)

放电时间/min 容量换算系数	5s	1	29	30	59	60	89	90	119	120	179	180	240	300	360	420	479	480
电池终止 电压/V	容量换算系数　$K_c=\frac{I}{C_{10}}(1/h)$																	
1.75	1.35	1.20	0.91	0.90	0.57	0.56	0.47	0.46	0.37	0.36	0.285	0.28	0.20	0.170	0.20	0.137	0.118	0.118
1.80	1.23	1.17	0.82	0.81	0.53	0.52	0.43	0.42	0.335	0.33	0.255	0.25	0.196	0.166	0.144	0.127	0.116	0.116
1.83	1.12	1.06	0.74	0.73	0.50	0.49	0.39	0.38	0.315	0.31	0.235	0.23	0.190	0.162	0.138	0.120	0.114	0.114
1.85	1.06	1.00	0.70	0.69	0.48	0.47	0.383	0.375	0.305	0.30	0.230	0.225	0.185	0.159	0.136	0.118	0.112	0.112
1.87	1.00	0.94	0.67	0.66	0.46	0.45	0.376	0.37	0.295	0.29	0.225	0.22	0.180	0.156	0.134	0.117	0.11	0.110
1.90	0.87	0.86	0.65	0.64	0.43	0.424	0.36	0.35	0.279	0.274	0.215	0.21	0.172	0.15	0.13	0.116	0.102	0.102
1.93	0.82	0.79	0.550	0.540	0.410	0.400	0.320	0.310	0.265	0.260	0.220	0.216	0.165	0.135	0.118	0.105	0.099	0.099
说明	①容量系列(Ah):100、200、250、300、400、490、600、800、1000、1200、1500、2000、2500、3000 ②1h 放电电流/A:52、104、130、156、208、255、312、412、520、624、780、1040、1300、1560 ③10h 放电电流/A:10、20、25、30、40、49、60、80、100、120、150、200、250、300 ④浮充电压/V:2.25 ⑤均充电压/V:2.30～2.35																	

表 6－12　2V 贫液阀控密封式铅酸蓄电池冲击放电系数

	放电 0.5h 后，下列冲击系数条件下的单体电池电压/V														
	0	1	2	3	4	5	6	7	8	9	10	11	12	13	14
0															
1	2.07	2.05	2.03	2.02	2.00	1.98	1.96	1.95	1.94	1.92	1.90	1.88	1.87	1.85	1.84
2	2.04	2.02	2.01	1.99	1.98	1.97	1.94	1.93	1.91	1.89	1.88	1.86	1.84	1.83	1.81
3	2.02	1.99	1.98	1.96	1.95	1.94	1.91	1.90	1.88	1.87	1.85	1.84	1.82	1.80	1.79
3.5	2.00	1.98	1.97	1.95	1.94	1.92	1.90	1.89	1.87	1.86	1.84	1.83	1.81	1.79	1.78
4	1.98	1.97	1.95	1.93	1.92	1.90	1.89	1.87	1:86	1.84	1.83	1.81	1.79	1.77	1.76
4.5	1.60	1.95	1.93	1.92	1.90	1.88	1.86	1.85	1.84	1.82	1.80	1.78	1.77	1.75	1.74
	放电 1h 后，下列冲击系数条件下的单体电池电压/V														
浮充	2.25	2.20	2.17	2.15	2.13	2.10	2.07	2.05	2.03	2.00	1.97	1.95	1.93	1.91	1.89
浮断	2.20	2.18	2.15	2.12	2.10	2.07	2.05	2.03	2.00	1.98	1.95	1.93	1.91	1.88	1.86
0	2.16	2.13	2.10	2.07	2.05	2.02	2.00	1.97	1.95	1.93	1.91	1.89	1.88	1.86	1.84
1	2.07	2.05	2.04	2.01	2.00	1.97	1.95	1.94	1.93	1.92	1.90	1.88	1.87	1.85	1.84
2	2.03	2.01	1.99	1.98	1.96	1.95	1.93	1.92	1.90	1.88	1.87	1.85	1.84	1.82	1.80
3	1.99	1.97	1.96	1.94	1.93	1.91	1.89	1.88	1.86	1.84	1.83	1.81	1.79	1.77	1.75
3.5	1.95	1.93	1.91	1.90	1.88	1.86	1.85	1.83	1.81	1.79	1.76	1.74	1.73	1.72	1.70
4	1.92	1.91	1.89	1.87	1.85	1.83	1.82	1.80	1.78	1.76	1.75	1.73	1.71	1.69	1.67
4.5	1.90	1.88	1.86	1.85	1.83	1.81	1.78	1.77	1.75	1.73	1.71	1.70	1.68	1.66	1.64
	放电 2h 后，下列冲击系数条件下的单体电池电压/V														
1	2.05	2.03	2.01	2.00	1.98	1.97	1.95	1.94	1.92	1.90	1.89	1.87	1.85	1.84	1.83
2	2.00	1.98	1.97	1.95	194	1.92	1.90	1.89	1.87	1.85	1.84	1.82	1.80	1.79	1.78
3	1.94	1.93	1.91	1.90	1.88	1.86	1.85	1.83	1.82	1.80	1.78	1.77	1.75	1.73	1.72

表 6－13　2V 胶体阀控密封式铅酸蓄电池冲击系数

放电 0. 5h 后，下列冲击系数条件下的单体电池电压/V

1	2. 10	2. 08	2. 05	2. 03	2. 01	1. 99	1. 96	1. 94	1. 92	1. 90	1. 87	1. 85	1. 83	1. 80	1. 78
2	2. 08	2. 01	1. 98	1. 96	1. 94	1. 91	1. 89	1. 87	1. 85	1. 91	1. 82	1. 80	1. 78	1. 73	1. 70
3	1. 98	1. 96	1. 93	1. 91	1. 88	1. 86	1. 84	1. 81	1. 79	1. 76	1. 74	1. 71	1. 69	1. 66	1. 64
4	1. 95	1. 93	1. 90	1. 87	1. 85	1. 82	1. 80	1. 77	1. 75	1. 72	1. 69	1. 67	1. 64	1. 62	1. 60

放电 1h 后，下列冲击系数条件下的单体电池电压

浮	2. 23	2. 19	2. 16	2. 12	2. 09	2. 06	2. 02	1. 99	1. 96	1. 93	1. 90	1. 88	1. 85	1. 82	1. 79
浮断	2. 23	2. 19	2. 15	2. 11	2. 08	2. 05	2. 01	1. 98	1. 94	1. 91	1. 88	1. 85	1. 83	1. 80	1. 78
静 8 后	2. 18	2. 15	2. 11	2. 08	2. 05	2. 01	1. 97	1. 95	1. 91	1. 88	1. 85	1. 81	1. 78	1. 75	1. 71
1	2. 07	2. 04	2. 01	1. 98	1. 95	1. 93	1. 90	1. 87	1. 84	1. 81	1. 78	1. 75	1. 72	1. 69	1. 66
2	2. 00	1. 98	1. 95	1. 92	1. 90	1. 86	1. 83	1. 81	1. 78	1. 75	1. 72	1. 69	1. 66	1. 64	1. 61
3	1. 96	1. 93	1. 90	1. 87	1. 84	1. 81	1. 78	1. 75	1. 72	1. 69	1. 66	1. 64	1. 60	1. 58	1. 55
4	1. 90	1. 88	1. 85	1. 82	1. 80	1. 76	1. 73	1. 71	1. 68	1. 65	1. 63	1. 60	1. 57	1. 54	1. 52
5	1. 85	1. 82	1. 80	1. 77	1. 74	1. 71	1. 68	1. 65	1. 62	1. 60	1. 57	1. 54	1. 51	1. 49	1. 46

表 6－14　推荐电池个数、浮充电压及母线电压水平

系统电压/V	单体电池电压/V	电池数量	浮充电压/V	母线电压值/V及电压水平%		均充电压/V	母线电压值/V及母线电压水平%		母线最低放电电压%（1.87V）
48	2	22	2.25	49.5	103	2.35	51.7	107.7	85.71
		23	2.25	51.75	107.8	2.35	52.9	112.6	87.69
	4*	11	4.50	49.5	103	4.7	51.7	107.7	85.71
110	2	50	2.25	112.5	102.27	2.35	117.5	106.82	85.0
		51	2.25	114.75	104.3	2.35	119.85	109.0	86.7
		52	2.25	116.95	106.3	2.35	122.2	111.1	88.4
	4*	26	4.50	117	106.4	4.7	122.2	111.1	88.4
	6	17	6.75	114.75	104.3	7.05	119.85	109.0	86.7
	10*	10	11.25	112.5	102.2	11.75	117.5	106.82	85.0
220	2	102	2.25	229.5	104.3	2.35	239.7	108.96	86.7
		103	2.25	231.75	105.3	2.35	242.05	110.0	87.55
		104	2.25	234	106.4	2.35	244.4	111.1	88.4
	6	34	6.75	229.5	104.3	7.05	239.7	108.96	86.7
	12	17	13.5	229.5	104.3	14.10	239.7	108.96	86.7

6. 蓄电池个数选择

蓄电池个数见表 6－15。

表 6－15　蓄电池个数推荐表

直流系统电压/V	单体电池电压（V）及对应系统的电池数量		
	2	6	12
48	22 或 23	8*	4*
110	51 或 52	17	
220	103 或 104	34	17

注：①推荐的电池个数以浮充电压为 2.25V（单体 2V 电池）、均充电压为 2.3V（单体 2V 电池）为计算条件。②当蓄电池的运行参数与本表不同时，应根据实际的浮充电压和均充电压核算。③标有“＊”电池个数一般不推荐。

7. 蓄电池的容量换算系数的应用

蓄电池的容量换算系数应在规定的环境温度下，对应于确定的终止放电电压下测取。在工程初设阶段，蓄电池型式尚未确定时，可参照规定推荐的容量换算系数计算。待产品型式确定后，应按确定的蓄电池数据校验。

8. 蓄电池订货时生产厂家应提供的技术资料

蓄电池订货时，生产厂家应提供的基本技术资料如下：

（1）蓄电池的型谱、外形尺寸及质量。

（2）蓄电池的运行参数：浮充电压、浮充电流；均充电压、均充电流以及自放电率。

（3）放电深度为20%、50%、80%、100%的条件下、充电电流为$1I_{10}$和$1.25I_{10}$、充电电压为2.28V、2.30V和2.35V、2.40V的充电曲线。

（4）蓄电池在20℃～25℃温度下放电终止电压为1.75V、1.80V、1.83V、1.85V、1.87V、1.90V，不同放电时间的容量换算系数表或曲线。

（5）蓄电池的开路电压与内阻（含连接导线电阻）。

（6）不同温度阶段，浮充电压的修正值和容量修正值。

（7）蓄电池运行寿命及其依据。

（8）法定检测单位提供的有效型式试验报告和权威部门提供的产品鉴定证书。

6.2 充电整流器

6.2.1 对充电、浮充电整流器的基本要求

充电、浮充电整流器的性能应符合以下几点要求：

（1）整流器必须满足电池组充电、浮充电特性的要求，能承受$2Ie$以上的短时冲击电流，并具有软起动特性。

（2）在充电状态运行时，应按限流（稳流）—恒压方式自动完成对电池组的充电、补充充电或均衡充电。

稳流状态下输出电压在80%～130%额定值范围内，交流电压在额定值的－10%～＋15%范围内变化，输出电流在0.1～1倍额定电流范围内任一点上保持稳定，其稳流精度应不大于±1%，输出电压纹波系数应小于±1%。

在稳压状态下，交流电压在规定范围内变化，输出电流在0～100%额定值范围内变化时，输出电压在额定值的80%～130%范围内任一点上保持稳定，其稳压精度应不大于±0.5%，输出电压纹波系数应小于±1%。

（3）充电与浮充电方式转换：应有自动和手动两种转换控制方式。在“自动”方式时，电池组放电过程结束，交流恢复供电后，整流器按设定条件自动转入充电状态工作；当电池组充电过程完成后，整流器按设定条件自动转入浮充电状态工作。在“手动”方式时，应可方便的调整充电限流值、充电稳压值和浮充电压值。

在进行浮充→充电自动转换时，转换电流动作值精度应不超过整定值的±5%；当充电进入恒压阶段时，恒压动作值精度应不超过整定值的±0.5%。

（4）整流器应具有过压、欠压、缺相、过流故障报警功能，其中之一动作时，发出“整流器故障”后整流器掉闸，并可向远方传送信号。

（5）可按制造厂规定的条件及充电方法完成电池组的初充电。

充电装置分相控型和高频模块型。目前多数采用高频模块充电装置。

6.2.2　高频开关整流电源系统

高频开关整流电源系统，通常由以下部分组成：交流配电模块、整流模块、集中监控模块和直流配电模块。交流配电模块对交流电源进行处理、保护、监测并与整流模块接口。整流模块将交流电转变为直流电。直流配电模块负责向直流负荷供电。监控模块用于对交流输入电源、整流模块、输出电源及蓄电池进行智能管理，并实现数据监测、定值设定、越限报警，监控模块以及设置RS－232和RS－485串行通信接口，以实现遥测、遥信和遥控。

高频开关电源的主要技术要求如下。

1. 工作环境条件

（1）工作温度：－5℃～40℃

（2）贮存温度：－40℃～70℃

（3）相对湿度：≤90%（40±2℃）

（4）大气压力：70～106kPa

2. 工作条件及技术指标

（1）频率：50Hz±5%

（2）电压：单相220V$^{+10}_{-15\%}$　三相380V$^{+10}_{-15\%}$

（3）接地方式：不接地。

充电装置的技术指标应满足表6－16的要求。

表6－16　充电装置技术指标

指标名称	充电装置类型		技术条件
	高频模块型	相控型	
稳压精度　%	≤±0.5	≤±1	5%～100%额定负载电流。90%～115%额定电压范围内
稳流精度　%	≤±0.5	≤±2	20%～100%额定负载电流，80%～115%额定电压范围内
波纹系数　%	≤1	≤2	5%～100%额定负载电流，90%～115%额定电压范围内，电阻性负载
开、关机过冲幅度　%	±10		
起动冲击电流　%	150		
软起动时间　s	3～8		
效率　%	≥88	≥75	
噪声　dB	<55	<60	
绝缘电阻　MΩ	20	20	环境温度为28℃～30℃，相对湿度90%，试验电压为直流500V
绝缘强度　kV	AC　1.5	AC　1.5	环境温度为28℃～30℃，相对湿度90%，试验电压为直流500V
	DC　0.5	DC　0.5	
平均无故障时间　h	50 000		

3. 参数选择

（1）充电装置额定电流计算选择，应根据整流装置的型式及其配置情况选择。

①充电装置的型式为高频模块且配置数量与蓄电池组数相同〔1（2）组电池，配1（2）整流器〕；

②充电装置的型式为相控整流器；对①、②按式（6－1）计算整流器电流：

$$I_c = (1 \sim 1.25) I_{10} + I_0 \quad (A) \tag{6-1}$$

采用高频开关整流模块时，其模块数量还应满足 $N+1$（或 $N+2$）的冗余配置要求。

③充电装置的型式为高频模块且配置数量大于蓄电池组数〔1（2）组电池，配2（3）整流器〕；对③按式（6－2）计算整流器电流：

$$I_c = \max \{I_{10},\ I_0\} \tag{6-2}$$

（2）充电装置的输出电压应满足蓄电池最高充电电压的要求，即：

$$U_c = nV_{cm} \quad (V) \tag{6-3}$$

式中 U_c—整流装置的输出电压，V；

n—蓄电池组单体个数；

V_{cm}—充电末期单体蓄电池电压，一般取2.40V。

4. 高频模块选择

高频模块的额定电流及整流屏（柜）上的模块数量宜按以下原则确定。

（1）单个模块额定电流宜为整流装置额定直流的1/10～1/5。

（2）每面整流柜上的模块数量应根据模块的尺寸确定并应便于维护。

模块数量按下式计算，并参考表6－17选取。

$$N = I_c / I_{mn} + 1\ (\text{或}2) \tag{6-4}$$

表6－17　整流柜额定电流、模块额定电流及其数量选择表

整流柜额定电流/A	高频模块额定电流/A	模块数量			屏数量	柜最大输出电流/A
		总数	冗于	计算		
10	5	3	1	2	1/3	15
20	5	5	1	4	1/2	25
30	10/5	4/7	1	3/6	1/2	40/35
40	10	5	1	4	1	50
50	10	6	1	5	1	60
60	10	7	1	6	1	70
70	20/10	5/8	1	4/7	1	100/90

续表

整流柜额定电流/A	高频模块额定电流/A	模块数量			屏数量	柜最大输出电流/A
		总数	冗于	计算		
80	20/10	5/10	1/2	4/8	1	100/90
90	20	6	1	5	1	120
110	20	7	1	6	1	140
120	20/30	7/5	1	6/4	1	140/150
130	30/20	6/8	1	5/7	1	180/160
140	30	6	1	5	1	180
150	30	6	1	5	1	180
160	30	7	1	6	1	210
170	30	7	1	6	1	210
180	30	7	1	6	1	210
190	30	8	1	7	1	240
200	40/30	6/8	1	5/7	1~2	240
210	40/30	7/8	1	6/7	1~2	240
220	40	7	1	6	1~2	280
230	40	7	1	6	1~2	280
240	40	7	1	6	1~2	280
250	40	8	1	7	1~2	320
260	40	8	1	7	1~2	320
270	40	8	1	7	1~2	320
280	40	8	1	7	1~2	320
290	50/40	7/10	1/2	6/8	2	350/400
300	50/40	7/10	1/2	6/8	2	350/400
310	50/40	8/10	1/2	7/8	2	400/400
320	50/40	8/10	1/2	7/8	2	400/400
330	50/40	8/11	1/2	7/9	2	400/440
340	50/40	8/11	1/2	7/9	2	400/440
350	50/40	8/11	1/2	7/9	2	400/440

续表

整流柜额定电流/A	高频模块额定电流/A	模块数量			屏数量	柜最大输出电流/A
		总数	冗于	计算		
360	50/40	10/11	2/2	8/9	2	500/440
370	50/40	10/12	2/2	8/9	2	500/480
380	50/40	10/12	2/2	8/9	2	500/480
390	50/40	10/12	2/2	8/9	2	500/480
400	50/40	10/12	2/2	8/9	2	500/480

6.3 直流数据采集及I/O接口

6.3.1 模拟量采集

模拟量采集项目如下（见表6－18）：

（1）交流输入电压；

（2）充电器输出电压；

（3）每个电源模块的直流输出电流；

（4）直流母线电压；

（5）蓄电池组充、放电电流；

（6）蓄电池组浮充电流；

（7）蓄电池组输出电压；

（8）对地电压及绝缘电阻。

6.3.2 开关量采集

开关量采集项目如下：

（1）进线开关状态；

（2）每个电源模块输入断路器（或刀熔开关）状态；

（3）每个电源模块输出状态；

（4）蓄电池组断路器（或刀熔开关）状态；

（5）馈线断路器（或刀熔开关）状态；

（6）分段开关状态。

表 6－18　I/O 接口表

序号	接口名称	起点			终点(起点)			终点				备注
					监控装置							
		开关量	模拟量	数量	开关量	数字量	数量	上位机	中央信号屏	RTU	打印机	
1	充电装置屏											
1.1	交流电源开关状态	√		1～3		√	1～3	√				
1.2	自动切换装置动作	√		1		√	1	√				
1.3	整流模块交流开关状态	√		3～10		√	3～10	√				
1.4	充电装置直流开关状态	√		1～3		√	1～3	√				
1.5	充电装置直流开关跳闸	√		1～3		√	1～3	√	√	√		
1.6	充电装置故障	√		1～3		√	1～3	√	√	√		
1.7	手动/自动闭锁	√		1～3		√	1～3	√				
1.8	整流模块过热	√		3～10		√	3～10	√			√	
1.9	充电装置直流输出电压		√	1～3		√	1～3	√			√	
1.10	充电装置直流输出电流		√	1～3		√	1～3	√			√	
2	蓄电池组及其回路											
2.1	蓄电池组过充报警	√		1～2		√	1～2	√				
2.2	回路开关状态	√		1～2		√	1～2	√				
2.3	回路开关跳闸	√		1～2		√	1～2	√	√	√		

续表

序号	接口名称	起点			终点(起点)			终点				备注
					监控装置							
		开关量	模拟量	数量	开关量	数字量	数量	上位机	中央信号屏	RTU	打印机	
2.4	蓄电池组输出直流电压		√	1～2		√	1～2				√	
2.5	蓄电池组输出直流电流		√	1～2		√	1～2				√	
2.6	蓄电池组放电试验电流		√	1～2		√	1～2				√	
2.7	成套装置温度过高	√		1～2		√	1～2				√	用于成套装置
2.8	成套装置风扇起动	√		1～2		√	1～2					用于成套装置
3	直流母线及馈线											
3.1	母线分段开关状态	√		1～2		√	1～2					
3.2	重要馈线开关状态	√		2～8		√	2～8					
3.3	重要馈线开关跳闸	√		1～2		√	1～2		√			
3.4	直流母线电压		√	1～2		√	1～2		√	√	√	
4	绝缘监测装置											
4.1	直流母线电压异常	√		1～2		√	1～2			√	√	
4.2	直流系统接地	√		1～2		√	1～2		√	√	√	
4.3	检测装置故障	√		1～2		√	1～2					

注：①接口点的数量应根据具体工程设备配置确定。②"√"表示需要。

6.4 交流不停电电源系统（UPS）

在电力工业和其他工矿企业中，有一部分十分重要的负荷是不允许间断供电的，如计算机系统、汽轮机电调装置、程序控制装置、重要的热力测量仪表、与人身、设备安全有关的保护及联锁装置等。如果供电中断超过允许时间，将会造成人身伤亡、设备损坏以及计算机数据丢失、控制系统紊乱等事故，导致重大的经济损失。不允许间断供电负荷的允许电源中断时间应小于5ms。交流不停电电源通常简称为UPS。

6.4.1 交流不停电电源的主要技术指标

（1）逆变装置输出电压稳定度：稳态时不大于±2%，动态过程中不大于±10%。

（2）逆变装置输出频率稳定度：稳态时不大于±1%，动态过程中不大于±2%。

（3）逆变装置输出波形失真：不大于5%。

（4）交流电源中断时，不停电电源系统应能保证连续供电0.5h以上。

6.4.2 工作原理

不停电电源的工作原理如下：正常情况下，交流电源（220V或380V）经整流器与逆变器供给工作电源，当交流电源故障中断时，不停电电源自动改由蓄电池经逆变器供电，以维持交流输出不间断供电。当正常工作电源系统，包括整流器、逆变器或静态开关出现故障时，可由旁路电源经静态开关持续供电。

6.4.3 现代UPS主要技术特点

（1）采用最新模块技术，性能好。

（2）微机控制操作，自动检测、诊断、记录系统。

（3）可实现遥测、遥信、遥控，自动化水平高。

（4）效率高，大于90%。

（5）噪音低，小于55～50dB（A）。

（6）动态特性好。

（7）保护功能强，具有完善的监视和报警系统。

（8）在任何峰值因数下，可适用于非线性和不平衡负载。

（9）可多台设备并机运行。

（10）具有 RS232 标准接口，可进行数字通信。

（11）允许 100% 不平衡负载。

（12）可靠性高，平均无故障时间（MTBF）$>10^4$h。

6.4.4 常用 UPS 主要技术数据

（1）额定容量（kVA）：5，7.5，10，15，20，30，40，60，80，100，120，200。

（2）额定功率因数（$\cos\varphi$）：0.8（滞后）。

（3）额定输入电压：380/230V ×（1 ±15%）。

（4）额定输出电压：单相 230V，三相 380V。

（5）电压稳定度：稳态为 ±1%，动态为 ±5%，恢复时间 <25ms。

（6）频率稳定度：稳频精度（本机频率）：<0.1%（晶振），同步范围（可调）：0.5/1/2/4/8%。

（7）波形：正弦波。失真系数 <5%（线性、非线性负载）。

（8）允许功率因数：0.4（滞后）~0.9（超前）。

（9）过载特性：125% 时为 10min，150% 时为 1min。

（10）短路特性：200%，1s。

（11）效率：>90%。

（12）噪音：≤60dB（A）。

（13）适用环境：工作温度 0 ~ 40℃，相对湿度 <90%（不结露），允许高度≤1 000m。

表 6 – 19 ~ 表 6 – 20 为国内常用 UPS 技术数据示例，供用户参考。

表 6－19　直流 110V 电源单相 UPS 主要技术数据

类别	项目	条件	5	10	15	20	30	40
型号	额定输出/（kVA）		5	10	15	20	30	40
	电池电压/V		110					
	输出电压/V		230					
整流器容量输入	最大容量输入/（kVA）		8.2	15.4	22.6	29.7	44.2	58.7
	外部熔断器电流/A	380～415V	25	50	63	80	125	160
		190～220V	40	80	125	160	250	315
	电缆截面/mm^2	380～415V	2.5	10	10	16	25	35
		190～220V	10	16	25	35	70	95
旁路市电输入	外部熔断器电流/A	220～240V	40	80	125	160	250	315
		110～127V	80	160	250	315	500	630
	电缆截面/mm^2	220～240V	6	16	25	35	70	95
		110～127V	16	35	70	95	2×70	2×95
整流器	额定输出电压/V		110					
	输出电流/A		50	95	140	185	275	365
	效率/%	满载	94	94.5	95	95.5	95.5	95.5
		半载	93.5	94	94.5	95	95	95
逆变器	额定电压和电流时逆变器输入功率/kW		4.7	9.1	13.5	18.0	26.8	35.6
	效率/%	满载	86.0	88.0	89.0	89.0	89.5	90.0
		半载	85.5	87.5	88.5	88.5	89.0	89.5
	230V 时逆变器输出电流/A		21.7	43.5	65.2	87.0	130.4	173.9
系统技术参数	总效率/%	满载	80.8	83.2	84.6	85.0	85.5	86.0
		半载	79.9	82.3	83.6	84.1	84.6	85.0
	电池充电后总的损耗/kW		0.95	1.6	2.2	2.8	4.1	5.2
	短时间电池充电附加损耗/kW		0.06	0.1	0.2	0.2	0.3	0.4
	空气流速/（m^3/s）		0.09	0.15	0.20	0.26	0.37	0.45
	尺寸/mm 防护 IP　X0　IPX1～X3 深 800　高度 1 800　1 900							
	220～240V 输出　宽/mm			825			1 200	
	110～127V 输出　宽/mm			825			1 200	
	质量/kg		500	650	820	880	1 040	1 180
旁路变压器屏	（深 800 高 800）宽/mm		400		600			
	质量/kg		90	130	160	190	220	270
旁路稳压器屏	（深 800 高 800）宽/mm		400	600		800		
	质量/kg		170	265	305	370	410	500
电池	放电功率，负载功率因数 0.8/kW		4.7	9.1	13.5	18.0	26.8	35.6
	正常电压－10%时的放电电流/A		47.0	91.8	136.2	181.6	271	359
	电池熔断器电流/A		80	160	200	250	400	500
	推荐的电池数量	铅酸	52～54					
		镉镍	82～87					

表 6－20　直流 220V 单相 UPS 主要技术数据

项目			单位					
型号	额定输出		/(kVA)	5	10	15	20	30
型号	电池电压		/V(DC)	220				
型号	输出电压		/V(AC)	230				
整流器市电输入	最大市电输入		/(kVA)	8. 1	16. 2	22. 5	28. 8	42. 2
整流器市电输入	外部熔断器	380～415V	/A	25	50	63	80	125
整流器市电输入	外部熔断器	190～220V	/A	40	80	160	160	250
整流器市电输入	电缆截面	380～415V	$/mm^2$	2. 5	10	10	16	25
整流器市电输入	电缆截面	190～220V	$/mm^2$	10	16	25	35	70
旁路市电输入	外部熔断器	220～240V	/A	40	80	125	160	250
旁路市电输入	外部熔断器	110～127V	/A	80	160	250	315	500
旁路市电输入	电缆截面	220～240V	$/mm^2$	6	16	25	35	70
旁路市电输入	电缆截面	110～127V	$/mm^2$	16	35	70	95	2×7
整流器	额定输出电压		/V	220				
整流器	输出电流		/A	25	50	70	90	135
整流器	效率①	满载	/%	94. 5	95	95. 5	96	96
整流器	效率①	半载	/%	94	94. 5	95	95. 5	95. 5
逆变器	额定电压和电流时逆变器输入功率		/kW	4. 5	8. 9	13. 2	17. 6	26. 2
逆变器	效率②	满载	/%	88. 0	90. 0	91. 0	91. 0	91. 5
逆变器	效率②	半载	/%	87. 5	89. 5	90. 5	90. 5	91. 0
逆变器	230V 时逆变器输出电流		/A	21. 7	43. 5	65. 2	87. 0	130. 4
系统技术参数	总效率	满载	/%	83. 2	85. 5	86. 9	87. 4	87. 8
系统技术参数	总效率	半载	/%	82. 3	84. 6	86. 0	36. 4	86. 9
系统技术参数	电池充电后总的损耗		/kW	0. 81	1. 4	1. 8	2. 3	3. 3
系统技术参数	短时间电池充电附加损耗		/kW	0. 06	0. 1	0. 2	0. 2	0. 3
系统技术参数	空气流速		$/(m^3/s)$	0. 07	0. 12	0. 16	0. 21	0. 29
系统技术参数	尺寸　防护　IPX0　IPX1～X3 深 800　高度　1 800　1 900		/mm					
系统技术参数	220～240V AC 输出　宽		/mm	825				
系统技术参数	110～127V　AC 输出　宽		/mm	825				
系统技术参数	质量		/kg	480	600	760	820	960
旁路变压器屏	(深 800　高 1 800)宽		/mm	400				
旁路变压器屏	质量		/kg	90	130	160	190	220
旁路稳压器屏	(深 800　高 1 800)宽		/mm	400	600		800	
旁路稳压器屏	质量		/kg	170	265	305	370	410
电池	放电功率,负载功率因数 0. 8		/kW	4. 5	8. 9	13. 2	17. 6	26. 2
电池	正常电压－10% 时的放电电流		/A	23. 0	44. 9	66. 6	88. 8	130
电池	电池熔断器		/A	40	63	100	125	200
电池	推荐的电池数量	铅酸		104～108				
电池	推荐的电池数量	镉镍		164～175				

注:①整流器带自耦变压器的效率,带隔离变压器效率低 2%～3%。

②230V(400V)输出时的逆变器效率,110V(208V)时效率约低 2%。

表 6－21　直流 110V 电源三相 UPS 主要技术数据

型号	额定输出		/(kVA)	10	15	20	30	40	60	80
	电池电压		/V(DC)	110						
	输出电压		/V(AC)	3×230/400V						
整流器市电输入	最大市电输入		/(kVA)	15.4	22.6	29.7	45.0	58.7	87.6	117.3
	外部熔断器	380～415V	/A	40	63	80	125	160	250	315
		208～220V	/A	80	100	125	200	315	400	630
	电缆截面	380～415V	$/mm^2$	10	10	16	25	35	70	95
		208～220V	$/mm^2$	16	25	35	70	95	2×70	2×95
旁路电市输入	外部熔断器	380～415V	/A	25	40	50	80	100	160	200
		208～220V	/A	50	80	100	160	200	315	400
	电缆截面	380～415V	$/mm^2$	4	6	10	16	25	35	70
		208～220V	$/mm^2$	10	16	25	35	50	95	2×50
整流器	额定输出电压		/V	110						
	输出电流		/A	95	140	185	280	365	545	730
	效率①	满载	/%	94.5	95	95.5	95.5	95.5	95.5	95.5
		半载	/%	94	94.5	95	95	95	95	95
逆变器	额定电压和电流时逆变器输入功率		/kW	9.2	13.6	18.0	27.0	35.8	53.3	71.1
	效率②	满载	/%	87.0	88.0	89.0	89.0	89.5	90.0	90.0
		半载	/%	86.5	87.5	88.5	88.5	89.0	89.5	89.5
	400V 时逆变器输出电流		/A	25.0	27.7	28.9	43.4	57.8	86.7	116
系统技术参数	总效率	满载	/%	82.2	83.6	85.0	85.0	85.5	86.0	86.0
		半载	/%	81.3	82.7	84.1	84.1	84.6	85.0	85.0
	电池充电后总的损耗		/kW	1.73	2.4	2.8	4.2	5.4	7.8	10.5
	短时间电池充电附加损耗		/kW	0.10	0.15	0.2	0.3	0.4	0.6	0.7
	空气流速		$/(m^3/s)$	0.15	0.21	0.25	0.38	0.49	0.70	0.93
	尺寸，防护等级 IPX0 IPX1～X3 深 800　高 1 800　1 900		/mm							
	380～415V　AC 输出　宽		/mm			825		1 200	1 600	
	208～220V　AC 输出　宽		/mm			825		1 200	1 600	
	质量		/kg	650	820	880	1 040	1 200	1 400	1 600
旁路变压器屏	深 800　高　1 800　宽		/mm	400			600			
	质量		/kg	180	200	210	260	290	360	440
旁路稳压器屏	深 800　高　1 800　宽		/mm	600			800	1 000	1 200	
	质量		/kg	280	320	380	450	520	650	830
电池	放电功率，负载功率因数 0.8		/kW	9.2	13.6	18.0	27.0	35.8	53.3	71.1
	正常电压－10% 时的放电电流		/A	92.9	138	182	272	361	539	718
	电池熔断器		/A	125	160	200	315	400	630	800
	推荐的电池数量	铅酸		52～58						
		镉镍		82～88						

注：①整流器带自耦变压器的效率，带隔离变压器效率低 2%～3%。
②230V(400V)输出时的逆变器效率，110V(208V)时效率约低 2%。

表 6－22　直流 220V 电源三相 UPS 主要技术数据

型号	额定输出		/(kVA)	10	15	20	30	40	60
	电池电压		/V(DC)	220					
	输出电压		/V(AC)	3×230/400V					
整流器市电输入	最大市电输入		/(kVA)	16.2	22.5	28.8	43.2	57.3	85.4
	外部熔断器	380～415V	/A	40	63	80	125	160	250
		208～220V	/A	80	100	125	200	250	400
	电缆截面	380～415V	/mm^2	10	10	16	25	35	70
		208～220V	/mm^2	16	25	35	70	95	2×70
旁路市电输入	外部熔断器	380～415V	/A	25	40	50	80	100	160
		208～220V	/A	50	80	100	160	200	315
	电缆截面	380～415V	/mm^2	4	6	10	16	25	35
		208～220V	/mm^2	10	16	25	35	50	95
整流器	额定输出电压		/V	220					
	输出电流		/A	50	70	90	135	180	270
	效率①	满载	/%	95	95.5	96	96	96.5	97
		半载	/%	94.5	95	95.5	95.5	96	96.5
逆变器	额定电压和电流时逆变器输入功率		/kW	9.0	13.3	17.6	26.4	35.0	52.2
	效率②	满载	/%	89.0	90.0	91.0	91.0	91.5	92.0
		半载	/%	88.5	89.5	90.5	90.5	91.0	91.5
	400V 时逆变器输出电流		/A	14.5	21.7	28.9	43.4	57.8	86.7
系统技术参数	总效率	满载	/%	84.6	86.0	87.4	87.4	88.3	89.2
		半载	/%	83.6	85.0	86.4	86.4	87.4	88.3
	电池充电后总的损耗		/kW	1.46	2.0	2.3	3.5	4.2	5.8
	短时间电池充电附加损耗		/kW	0.10	0.15	0.2	0.3	0.4	0.6
	空气流速		/(m^3/s)	0.13	0.18	0.21	0.31	0.39	0.53
	尺寸,防护等级 IPX0　IPX1～X3 深 800　高 1 800　1 900		/mm						
	380～415V　AC 输出　宽		/mm	825				1 200	
	208～220V　AC 输出　宽		/mm	825				1 200	
	质量		/kg	600	760	820	960	1 100	1 300
旁路变压器屏	深 800　高　1 800　宽		/mm	400					
	质量		/kg	180	200	210	260	290	360
旁路稳压器屏	深 800　高　1 800　宽		/mm	600		800			1 000
	质量		/kg	280	320	380	450	520	650
电池	放电功率,负载功率因数 0.8		/kW	9.0	13.3	17.6	26.4	35.0	52.2
	正常电压－10%时的放电电流		/A	45.4	67.3	88.8	133.2	177	264
	电池熔断器		/A	63	80	100	160	200	315
	推荐的电池数量	铅酸		104～116					
		镉镍		164～175					

注:①整流器带自耦变压器的效率,带隔离变压器效率低 2%～3%。
　②230V(400V)输出时的逆变器效率,110V(208V)时效率约低 2%。

第 7 章　电能计量

7.1　电工测量仪表

7.1.1　电工测量仪表的分类

电工仪表是实现电气测量所需仪表的总称。利用电工仪表通过一定的方法获得被求电量或矢量实际数值的过程，就是电工测量。

电工仪表的种类繁多，分类方法也各不相同。按照电工仪表的结构和用途等方面的特性，大体上可以分为 4 类：指示仪表、数字式仪表、比较仪表及其他电工仪表。

1. 指示仪表

指示仪表俗称直读式仪表，又称模拟类仪表，这类仪表直接读出被求电测量的数值，在实际工作中的应用最为广泛。比如：电压表、电流表、万用表等都属于这一类。指示仪表的特点是，将被测的电量转换为驱动仪表可动部分偏转的转动力矩，以指针偏转角的大小反映被测电量的大小，使操作者可以通过标度尺直接读数。

指示仪表有如下几种分类方法：

（1）根据测量对象分类，可以分为电流表、电压表、功率表、相位表、频率表、千瓦小时计、万用表等。

（2）根据工作原理分类，可以分为磁电系、电磁系、电动系、静电系、感应系、整流系等。

（3）根据仪表工作电流的性质分类，可以分为直流仪表、交流仪表和交直流两用仪表。

（4）根据准确度等级分类，共分为 0.1、0.2、0.5、1.0、1.5、2.5、5.0，共七个等级。

准确度是电工仪表主要特性之一，仪表的准确度与其误差有关，不管仪表制作的如何精确，仪表的读数和被测量的实际值之间总是有误差的。一种是由仪表本身制造的不精确所产生的基本误差，另一类是由外界因素（如没有在正常工作条件下测量，测量方法不完善，读数不准确等）对仪表读数的影响所产生的附加误差。仪表的准确度是根据仪表的误差进行分级的。0.1、0.2、0.5 级准确度较高，常用来进行精密测量，或者用来校正其他仪表。

（5）根据 GB 776—76《电气测量指示仪表通用技术标准》的规定，仪表按照其使用条件可以分为 A、A_1、B、B_1、C 共 5 组。5 个组别的使用环境条件见表 7－1。

表 7－1　仪表的使用条件分类表

环境条件 \ 分类组别		A 组	A_1 组	B 组	B_1 组	C 组
工作条件	温度/℃	0 ~ +40		－20 ~ +50		－40 ~ +60
	相对湿度（%）（当时温度/℃）	95（+25）	85（+25）	95（+25）	85（+25）	95（+25）
	霉菌、昆虫	有	没有	有	没有	有
	盐　雾	没有	没有	①	没有	①
	凝　露	有	没有	有	没有	有
	尘　砂	有（轻微）	有（轻微）	有（轻微）	有（轻微）	有
最恶劣条件	温度/℃	－40 ~ +60		－40 ~ +60		－50 ~ +60
	相对湿度（%）（当时温度/℃）	95（+25）	95（+25）	95（+25）	95（+25）	95（+25）
	霉菌、昆虫	有	没有	有	没有	有
	盐　雾	有（在海运包装条件下）				有
	凝　露	有	没有	有	没有	有
	尘　砂	有（在包装条件下）				有

注：①订货方提出要求时应能耐受盐雾影响。

（6）根据抗电磁场干扰的性能分类，可以分为：

Ⅰ级：±0.5%；

Ⅱ级：±1.0%；

Ⅲ级：±2.5%；

Ⅳ级：±5.0%。

（7）根据使用方式分类，可以分为固定式仪表和便携式仪表。

2. 数字式仪表

数字式仪表是最近几年发展起来的一种新型电工仪表。它种类繁多，包含了指示类仪表所能测量的各种电气参数。其特点是：电路采用了大规模集成电路，将被测模拟信号转换成数字信号，通过液晶显示屏直接读数，省掉了永久磁铁和偏转机构。数字式仪表比相同功能的指示仪表有以下的优点：

（1）读数方便，没有视差。这是由于测量结果直接用数字给出，所以不会有读数误差。

（2）准确度高。数字仪表内没有机械转动部分，没有摩擦误差，故可达到很高的准确度。例如数字电压表的准确度，可达±0.001%。

（3）测量速度快。如PZ－5型数字电压表，测量速度为50次/s。有的数字仪表测量速度可达每秒几万次。

（4）灵敏度高。例如数字电压表的分辨率可达1μV

（5）输入阻抗高，仪表功耗小。如有的数字电压表的输入阻抗可达25 000MΩ，而消耗功率只有4×10^{-11}W，这是一般指示仪表根本达不到的。

（6）便于输送。数字仪表的测量结果可以远距离输送，数字信号在输送中不易受到干扰，准确度也不受损失。

（7）测量准确度高。数字仪表比模拟仪表的准确度提高很多倍。有的甚至提高几个数量级，这是因为数字显示器件对测量准确度没有限制。一般直流数字电压表的准确度很容易达到±0.001%，甚至更高；而指针式仪表只能读出两位，估读一位，即最高准确度为0.1%。

3. 比较仪表

比较仪表利用直接比较的方法进行测量，比较仪表根据测量对象的电流性质可分为直流比较仪表和交流比较仪表。直流比较仪表如直流电桥、电位差计、标准电阻箱等，交流比较仪表如交流电桥、标准电感箱、标准电容箱等。比较类仪表的优点是测量准确度较高，缺点是测量过程复杂，测量速度较慢。

4. 其他电工仪表

除了指示仪表、数字式仪表和比较仪表以外，其他比较常见的电工仪表还有积算式仪表、记录式仪表以及一些用于扩大仪表量程的装置，例如分流器、测量用的互感器等，这些都属于其他电工仪表。

7.1.2 常用电工指示仪表的技术特性

1. 磁电系仪表

磁电系仪表的结构特点是由一个或数个永久磁铁所产生的磁场与一个或数个通电电流线圈所产生的磁场相互作用，使转动部分产生偏转或位移来达到测量目的。

(1) 磁电系仪表的技术特性：

①准确度高，能达到0.05级，其测量结果是平均值。

②漏磁少，磁能利用率高，灵敏度高，可高达10^{-10} A/格。

③本身磁场强，所以受外磁场影响小，只有0.07%~0.1%。

④采用了温度补偿，因此温度影响不大。

⑤标尺刻度均匀，便于读数，便于调整。

⑥阻尼作用较好，一般不超过2~3s。

⑦过载能力小。因为被测电流是通过游丝导入和导出的，线圈导线又很细，所以过载时容易使游丝弹性发生变化或使线圈烧毁。

⑧消耗功率小，因为电压表的内阻大，电流表的压降小。

⑨结构紧凑，性能稳定。

⑩只能测直流。

(2) 附有变换器的磁电式仪表其主要技术特性：

①整流式仪表：由磁电系测量机构与整流器组合而成，可测量交流电流、电压及功率。消耗功率小，但是测量精度与被测量的波形有关，测量精度一般只能达到1.5级。

②热电式仪表：由磁电式测量机构与热电变换器组合而成。可测量直流、交流、及高频电流，频率可达100MHz，但测量准确度与温度有关，不能承受过载，准确度较低，同时需要配有高灵敏度的磁电系测量机构。

③变换器式仪表：由内附或外附变换器的组合式仪表，用电子、电阻、电容、电感等元件构成变换电路，将各种电量（功率、相位、频率等）的数值变换为与其成比例的直流电压（或电流），用磁电系测量机构指示被测

量，其结构简单，但是测量准确度低。

2. 电磁系仪表

电磁系仪表具有一个或数个通电电流线圈产生磁场，磁化一个或数个铁磁物质所组成的固定与转动元件，由被磁化了的固定与转动元件的吸引或排斥作用使转动部分偏转或位移来进行测量。电磁系仪表的技术特性如下：

（1）结构简单、过载能力强，可直接测量较大电流。由于电磁系测量结构的活动部分不通过电流，固定线圈对电流的承受能力较强，它测量的是有效值。

（2）交直流两用。由于固定线圈中磁场的极性与其中被磁化的铁片的极性能够随着电流方向的改变而变化，使动磁片与磁场（或被磁化的定铁片）之间的相互作用力不发生改变，其转动力矩的方向不发生改变。当电磁系仪表测量直流时，不存在极性问题。

（3）准确度较低。由于电磁系测量机构中有铁磁物质（铁片），而铁磁物质存在着磁滞现象，它一方面使得这种仪表的准确度较低，另一方面由于铁片在交流和直流情况下的磁化过程不同，使得交流的电磁系仪表不宜于在直流下应用。

（4）灵敏度较低。目前国产电磁系电流表的内部电压降约为几十至几百毫伏。电压表内阻约为每伏几十至几百欧姆，大大低于磁电系测量机构。

（5）工作频率小。由于固定线圈的匝数较多，相应感抗较大，而线圈感抗随频率的变化将给测量带来影响，因此电磁系仪表不适宜用于高频率的电路中，通常用在1000Hz以下。

（6）标尺刻度不均匀。由于电磁系测量机构偏转角随被测电流的二次方而改变，因此，标尺刻度具有平方律的特性。当被测电流较小时，偏转角很小，使得标尺的起始部分刻度较密，不易准确读数。

（7）易受外界影响。由于电磁系测量机构的磁场较弱，其磁路几乎全部处在空气中，所以外磁场的影响是造成电磁系仪表附加误差的主要原因。

3. 电动系仪表

电动系仪表是指具有数个通电流的线圈，其中一个或数个是可以转动的，由转动线圈在电动力的作用下所发生的偏转或位移来指示被测量的大小。电动系仪表的技术特性如下：

（1）准确度高。由于电动系仪表中没有铁磁物质，基本上不存在涡流和磁滞的影响，所以准确度很高，可以达到0.1～0.05级。

（2）交直流两用。在交流测量中，其频率适应范围比较广，额定工作频率为15～2 500Hz，扩大频率范围能达到5 000～10 000Hz。对于非正弦交流电路，电动系仪表也同样适用。

（3）能够构成多种线路，测量多种参数。如电压、电流、功率、频率和相位相差等。

（4）易受外磁场影响。由于电动系仪表的定圈磁场较弱的缘故，在一些准确度较高的仪表中，要采用磁屏蔽的装置，甚至改用无定位结构，以消除外磁场对测量的影响。

（5）本身消耗的功率较大。由于固定线圈必须满足一定的磁动势才能保证固定线圈的磁感应强度，所以线圈中电流大，消耗功率就大。与电磁系仪表相同，电动系电流表的内阻较大，而电压表的内阻较小。

（6）过载能力小。由于动圈中电流由游丝导入的缘故，如果电流过大，游丝将会因过热而烧断。

（7）标尺刻度因表而异。电动系电流表、电压表的标尺刻度不均匀，但功率表的标尺刻度是均匀的。

4. 静电系仪表

静电系仪表用数个构成电容器的金属极板，在电场力的作用下，电容器的活动极板与固定极板发生相对位移，用光标来指示测量值的大小，在交流的情况下反映的是有效值。静电系仪表的技术特性：

（1）在测量直流时消耗的功率为零。在测量交流时消耗的功率也近似等于零。

（2）温度和频率的附加误差很小，只要制造适当，可达到较高的准确度。

（3）适宜制成高压伏特表，而不需要很大的体积。

（4）外界电场对仪表的示值有较大的影响。为消除外电场的影响，仪表备有接地的金属屏。

（5）周围环境温度的变化，使极板间的电容发生变化，因而使仪表产生误差。

（6）灰尘或杂质落入测量机构，易造成击穿事故。

（7）吊丝和高压表的绝缘子很易损坏。

7.1.3 电工仪表的选择、使用与维护

1. 电工仪表的合理选择

合理选择电工仪表就是在保证测量要求的前提下，确定仪表的类型、准确度等级和量程等。

（1）仪表类型的选择：可参照7.1.1仪表分类。例如测量直流电量时，可广泛采用磁电系仪表和整流系仪表；测量正弦交流电量时常采用电磁系、电动系仪表，以便测量其有效值；测量非正弦交流电量时，用电磁系或电动系仪表测量其有效值，而用整流系仪表测量其平均值。

（2）仪表准确度的选择：从提高测量精度的角度来看，测量仪表的准确度等级越高越好，但仪表的准确度越高，对外界使用条件的要求就高，价格也高。因此，仪表准确度等级的选择，应从测量的实际要求出发，既要保证测量精度的要求，又要考虑其经济性，不可过分追求仪表的高准确度。通常将0.1、0.2级及以上仪表作为标准仪表用来精密测量，0.5级和1.0级作为实验室进行检修和试验用的测量仪表，1.5级及以下仪表作为一般工程的测量及作为安装式仪表使用。

与仪表配合使用的扩大量程的附加装置（如分流器、附加电阻器、电流和电压互感器等），其准确度等级要比仪表本身的准确度等级高1~3级，才能把测量误差限制在允许的范围以内。

（3）仪表量程的选择：只有在量程选得合理的情况下，仪表的准确度才能发挥其作用。仪表的量程必须大于或等于被测电量的最高值，被测量的指示范围应在标度尺满标度的20%~100%以内，才能保证达到该仪表的准确度。一般把被测电量指示范围选择在仪表标度尺满标度的后1/3（甚至后1/4）段，以充分利用仪表的准确度。在一般情况下，指针越接近标度尺的上限，测量误差就越小。

（4）仪表内阻的选择：仪表内阻要根据被测对象阻抗的大小来选择，否则会产生很大的测量误差。仪表内阻的大小，反映仪表本身的功耗。为使仪表接入被测电路后，不致影响电路原来的工作状态及减少仪表的功耗，要求电压表内阻及功率表电压线圈的电阻尽量大，且量程越高，内阻越大；要求电流表内阻及功率表电流线圈的电阻尽量小，且量程越高，内阻越小。

（5）仪表工作条件的选择：选择仪表时，要考虑使用仪表时的环境条件和工作条件。例如在实验室使用或安装在开关板上使用，因条件不同，故

对仪表的要求就不同。在使用仪表过程中，周围的环境温度、湿度、机械震动、外界电磁场强弱等因素，都必须周密考虑。

(6) 仪表绝缘强度的选择：应根据被测电量及电路电压的高低，来选择仪表及其附加装置的绝缘强度，以防测量时损坏仪表，甚至发生人身事故。

上面叙述了电工仪表选择的一般原则。为了便于了解常用各类仪表的性能，正确选用仪表，现将各种电工指示仪表的性能列于表7－2中，供选择仪表时参考。

表7－2　各种电工指示仪表性能比较

性能＼型式		磁电系	整流系	电磁系	电动系	铁磁电动系	静电系	感应系
测量基本量（不加说明时，即是电流或电压）		直流或交流的恒定分量	交流平均值(在正弦交流下刻度一般按有效值刻度)	交流有效值或直流	交流有效值或直流，交、直流功率及相位、频率等	交流有效值或直流，交、直流功率及相位、频率等	直流或交流电压	交流电能及功率
使用频率范围		一般用于直流	45～1 000Hz (有的可达5 000Hz)	一般用于50Hz	一般用于50Hz	一般用于50Hz	可用于高频	一般用于50Hz
准确度等级		一般为0.5～2.5级，高可达0.1～0.05级	0.5～2.5级	0.2～2.5级	一般0.5～2.5级，高可达0.1～0.05级	1.5～2.5级	1.0～2.5级	1.0～3.0级，高可达0.5级
量限(大致范围)	电流	几微安到几十安	几十微安到几十安	几毫安到100A	几十毫安到几十安	几十毫安到几十安	—	几十毫安到几十安
	电压	几毫伏到1kV	1V到数千伏	10V～1kV	10V到几百伏	10V到几百伏	几十伏到500kV	几十伏到几百伏

续表

性能 \ 型式	磁电系	整流系	电磁系	电动系	铁磁电动系	静电系	感应系
功率消耗	小	小	大	大	大	极小	大
波开影响	—	测量交流非正弦有效值的误差很大	可测非正弦交流有效值	可测非正弦交流有效值	可测非正弦交流有效值	可测非正弦交流有效值	可测非正弦交流有效值
防御外磁场能力	强	强	弱	弱	强	—	强
标尺分度特性	均匀	接近均匀	不均匀	不均匀(但功率刻度均匀)	不均匀	不均匀	计数器指示
过载能力	小	小	大	小	小	大	大
转矩(指通过表头电流相同时)	大	大	小	小	较大	小	最大
准确度等级的价格(对同一仪表的大致比较)	贵	贵	便宜	最贵	较便宜	贵	便宜
主要应用范围	作直流仪表	作万用仪表	作安装式及一般实验室仪表	作板式交直流标准表及一般实验仪表	安装式仪表	作高压电压表	作电能表

2. 电工仪表的正确使用

（1）正确确定测量线路和接线方法。实际测量时，首先要根据被测电量的种类、测量要求和测点的结构情况，确定测量线路和接线方法。电量的种类是指电压、电流、电功率、功率因数、电阻、电感、电容等，一般根据被测电量的种类确定仪表与被测电路串联或并联。测量要求是指准确度要求、测量时间（长期监测还是临时测量）以及测量现场的环境条件等。测点的结构则指测点是高架线路还是一般设备的内部线路；是电气控制柜内的接点还是线路板上元器件的接点等。确定测量线路和接线方法时要注意，对高电压或大电流的测量，引线要短而粗，接点要牢靠，以防止拉弧。如系对电路运行情况进行长期监测的，则要考虑仪表对电路运行的影响，并且对引线和接点的要求更高。针对各类不同的仪表，根据其接线要求，选择适当的测点来接线。

（2）正确操作。使用仪表时，要按规定的位置安放仪表，注意远离热源、强磁场等。使用前要检查指针是否指零，否则要调零。测量时要检查仪表的量程，以防因被测电量超过仪表的量程而损坏仪表。读取仪表指示值时，须使视线与标度尺平面垂直；标度尺表面若带有镜子，则应使指针与镜子中的影子重合再读数。读数时若指针位置在两条分度线之间，则可以估计一位数字，并使估计数字尽量接近测量的实际值。若仪表具有两条以上标度尺（如万用表），则读数时必须认清，防止误读。

3. 电工仪表的日常维护

为了使电工仪表始终保持良好的工作状态，应注意日常的维护保养，工作要点如下：

（1）在搬运和使用仪表时，要轻拿轻放，防止剧烈的震动和撞击。

（2）保持仪表的清洁，使用完毕后应用细软布擦干净。

（3）不用仪表时，应将仪表放在干燥的箱柜内，不要放在潮湿、过冷和过热的场所，还要防止有害气体对仪表的腐蚀。

（4）仪表的附件和专用接线，应妥善保管，以保证使用时配件齐全。

（5）对常用的仪表，应定期进行校验，以保证仪表的准确度。

（6）仪表应有专人保管，并建立必要的管理制度。

7.2　电能计量仪表

7.2.1　电能计量仪表的基本知识

电能计量是电能能源管理中的一项重要工作，也是电力工业企业管理的重要基础工作，考核电力生产的重要技术经济指标，对用电单位也是实现节能管理的重要手段。近几年来，多功能表大量使用，长寿命技术电能表、单项电子表和黑白表也在居民用户中得到广泛使用，网络技术在计量上的应用促进了远方抄表、本地抄表技术及电能计量信息管理技术的发展。

1. 电能表的定义及分类

专门用于计量负荷在某一段时间内所消耗的电能的仪表称为电能表。它反应的是这段时间内平均功率与时间的乘积。根据其用途，一般将电能表分为两大类，即测量电能表和标准电能表。

测量用电能表又可分为以下不同的类别：

（1）按结构和工作原理，可以分为：感应式（机械式）电能表、电子式（静止式）电能表和机电一体式（混合式、感应一体式）电能表。

按按平均寿命的长短，单相感应式电能表又分为：普通型和长寿命技术电能表。

电子式电能表进一步又可分为全电子式电能表和机电脉冲式电能表。

（2）按接入电源性质，可以分为：交流电能表和直流电能表。

（3）按准确度等级，可以分为：普通电能表和标准电能表。普通电能表一般用于测量电能，常见等级有 0.5、1.0、2.0、3.0 级；标准电能表一般用于检验不同的电能表，常见等级有 0.01、0.05、0.2、0.5 级等。

（4）按安装接线方式，可以分为：直接接入式电能表和间接接入式电能表，其中又有单相、三相三线和三相四线电能表之分。

（5）按用途分：工业及民用电能表、标准电能表和特殊用途电能表，也可分为：有功电能表、无功电能表、最大需量表、复费率电能表、多功能电能表等。

2. 电能表的铭牌

在每只电能表出厂时，均应具备各自的型号和铭牌，以说明其功能、主要技术指标和使用条件等，方便用户的使用。各国电能表的标识有所不同，我国电能表各项主要标志的含义如下：

（1）电能表的名称及型号：如表7－3所示，类别代号＋组别代号＋设计代号＋派生号。

表7－3　电能表型号表示

类别代码	组表代码	设计序号	派生号
D－电能表	D－单相	862，95，68等	T－湿热、干燥两用
	S－三相三线		TH－温热带用
	T－三相四线		TA－干热带用
	X－无功		G－高原用
	B－标准		H－船用
	F－复费率		F－化工防腐用

例如：DTF－三相四线复费率电能表，如DTF68－DTF9型。

（2）电能计量单位：有功电能表为kWh：无功电能表为kvarh。

（3）字轮式计度器的窗口：整数位和小数位用不同的颜色区分，中间有小数点；若无小数位，窗口各字轮均有被乘系数，如×100，×10，×1等。

（4）准确度等级：以相对误差表示准确等级，如0.5或用CL.05.表示。

（5）基本电流（标定电流）和额定最大电流：作为计算负载的基数电流值叫基本电流，用I_b表示；能长期工作，而且误差与温升完全满足技术条件的最大电流值叫额定最大电流，用I_{max}表示。如DS8型三相电能表铭牌标明“3×5（20）A”时，表明基本电流为5A，额定最大电流为20A。

（6）额定电压：三相电能表额定电压的标注有三种方法：

直接接入式三相三线，标注“3×380V”，表示三相，额定线电压为380V；

直接接入式三相四线，标注“3×380/220V”，表示三相，额定线电压为380V，额定相电压为220V；间接接入式，标注“$3\times\frac{6\ 000}{100}$V”表示经电压互感器接入式的电能表，用电压互感器的额定变化形式来标注，电能表的额定电压为100V。

（7）电能表常数：表示电能表记录的电能和转盘转数或脉冲数之间关系的比例数。有功电能表以 Wh/r 或 r/kWh 表示，如 $A=1\ 200$r/kWh。

（8）额定频率：50Hz。

7.2.2　常用电能表的技术要求

通常用的普通电能表有三种：感应式交流电能表，电子式电能表，复费率电能表。

1. 感应式交流电能表

（1）标志：每只电能表上的标志应符合国家标准或有关技术条件的规定。

（2）基本误差：

①安装式有功和无功电能表的基本误差限不得超过表 7－4 和表 7－5 规定。

表 7－4　单相电能表和平衡负载时三相电能表的基本误差限

类　别	负载电流	功率因数②	准确度等级			
			0.5	1	2	3
			基本误差限（%）			
安装式有功电能表	$0.05I_b$	$\cos\varphi=1.0$	±1.0	±1.5	±2.5	—
	$0.1I_b \sim I_{max}$①	$\cos\varphi=1.0$	±0.5	±1.0	±2.0	—
	$0.1I_b$	$\cos\varphi=0.5$（感性）	±1.3	±1.5	±2.5	—
		$\cos\varphi=0.8$（容性）	±1.3	±1.5	—	—
	$0.2I_b \sim I_{max}$	$\cos\varphi=0.5$（感性）	±0.8	±1.0	±2.0	—
		$\cos\varphi=0.8$（容性）	±0.8	±1.0	—	—
	用户特殊要求时 $0.2I_b \sim I_b$	$\cos\varphi=0.25$（感性）	±2.5	±3.5	—	—
		$\cos\varphi=0.5$（容性）	±1.5	±2.5	—	—
安装式无功电能表	$0.1I_b$	$\sin\varphi=1.0$（感性或容性）	—	—	±3.0	±4.0
	$0.2I_b \sim I_{max}$	$\sin\varphi=1.0$（感性或容性）	—	—	±2.0	±3.0
	$0.2I_b$③	$\sin\varphi=0.5$（感性或容性）	—	—	±4.0	±5.0
	$0.5I_b \sim I_{max}$	$\sin\varphi=0.5$（感性或容性）	—	—	±2.0	±3.0
	$0.5I_b \sim I_{max}$③	$\sin\varphi=0.25$（感性或容性）	—	—	±4.0	±6.0

注：①I_b—标定电流，I_{max}—额定最大电流。

②周期检定时允许将 $\cos\varphi=0.8$ 改成 $\cos\varphi=0.866$，角 φ 是指相电压与相电流间的相位差。

③适用于使用中的无功电能表。

表 7-5　不平衡负载[①]时安装式三相有功和无功电能表的基本误差限

负载电流	每组元件功率因数 $\cos\theta$[②]（$\sin\theta$）	有功电能表准确度等级			无功电能表准确度等级	
		0.5	1	2	2	3
		基本误差限（%）				
$0.2I_b \sim I_b$	1.0	±1.5	±2.0	±3.0	—	—
$0.5I_b \sim I_b$	0.5（感性）	±1.5	±2.0	—	—	—
I_b	0.5（感性）	—	—	±3.0	—	—
$>I_b \sim I_{max}$	1.0	—	—	±4.0	—	—
$0.2I_b \sim I_b$	1.0	—	—	—	±3.0	±4.0
I_b	0.5（感性或容性）	—	—	—	±3.0	±4.0

注：①不平衡负载是指在对称的三相额定电压下，电能表任一电流线路，而其余电流线路无电流。

②角 θ 是指加在同一组元件上的电压与电流间的相位差。$\cos\theta$ 适用于有功电能表和余弦式无功电能表，$\sin\theta$ 适用于正弦式无功电能表。

②携带式有功和无功电能表基本误差限不得超过表 7-6 和表 7-7 规定。

表 7-6　携带式单相电能表和平衡负载时三相电能表的基本误差限

负载电流	功率因数	有功电能表准确度等级			无功电能表准确度等级
		0.1	0.2	0.5	0.5
		基本误差限（%）			
$0.1I_b$	$\cos\varphi=1.0$	—	—	±0.75	—
$0.2I_b$	$\cos\varphi=1.0$	（±0.15）	±0.2	±0.5	—
$0.5I_b \sim I_b$	$\cos\varphi=1.0$	±0.1	±0.2	±0.5	—
$0.2I_b$	$\cos\varphi=0.5$（感性）	（±0.2）	±0.3	±0.75	—
$0.5I_b \sim I_b$	$\cos\varphi=0.5$（感性）	±0.1	±0.2	±0.5	—
$0.5I_b \sim I_b$	$\cos\varphi=0.8$（容性）	±0.1	±0.2	±0.5	—
用户特殊要求时	$\cos\varphi=0.25$（感性）	±0.3	±0.5	±0.75	—
$0.5I_b \sim I_b$	$\cos\varphi=0.5$（容性）	±0.15	±0.3	±0.6	—
$0.2I_b \sim I_b$	$\sin\varphi=1.0$（感性）	—	—	—	±0.5
$0.5I_b \sim I_b$	$\sin\varphi=0.8$（感性）	—	—	—	±0.5
$0.5I_b \sim I_b$	$\sin\varphi=0.5$（感性）	—	—	—	±0.5
$0.5I_b \sim I_b$	$\sin\varphi=0.25$（感性）	—	—	—	±0.75

注：周期检定时允许将 $\cos\varphi=0.8$ 和 $\sin\varphi=0.8$，改成 $\cos\varphi=0.866$ 和 $\sin\varphi=0.866$。对 0.1 级携带式有功电能表，括号内误差仅供参考。

表 7-7　不平衡负载时携带式三相有功和无功电能表的基本误差限

类　别	负载电流	每组元件功率因数 $\cos\theta$（$\sin\theta$）	准确度等级		
			0.1	0.2	0.5
			基本误差限（%）		
携带式有功电能表	$0.2I_b \sim I_b$	1.0	—	—	±1.0
	$0.5I_b \sim I_b$		±0.25	±0.4	±1.0
	$0.5I_b$	0.5（感性）	—	±0.4	±1.0
	I_b		±0.25	±0.4	±1.0
携带式无功电能表	$0.2I_b \sim I_b$	1.0	—	—	±1.0
	I_b	0.5（感性或容性）	—	—	±1.0

注：$\cos\theta$ 和 $\sin\theta$ 跟表 7-5 中的注②相同。

③在额定频率和额定电压的条件下，携带式电能表对同一电能值不少于 5 次的重复测量（每次测量不需重新起动电压电流调节设备），由此求得评定测量精度（重复性）的标准偏差估计值 S（%），应不超过表 7-8 规定。

表 7-8　携带式电能表重复测量结果的标准偏差估计值

类　别	负载电流	功率因数 $\cos\varphi$（$\sin\varphi$）	准确度等级		
			0.1	0.2	0.5
			标准偏差估计值 S（%）		
新生产的携带式电能表	$0.5I_b \sim I_b$	1.0	0.008	0.01	0.04
		0.5（感性）	0.01	0.02	0.06
使用中的携带式电能表	$0.5I_b \sim I_b$	1.0	0.01	0.02	0.05
		0.5（感性）	0.015	0.03	0.08

注：携带式电能表按恒定负载运行时，允许负载电流为 $0.8I_b \sim I_b$

（3）起动：在额定电压、额定频率和 $\cos\varphi = 1.0$（对有功电能表）或 $\sin\varphi = 1.0$（对无功电能表）的条件下，负载电流不超过表 7-9 规定时，电能表转盘应连续转动。

表 7-9　允许起动电流值

类　别	被检电能表准确度等级					
	0.1	0.2	0.5	1	2	3
	允许起动电流值					
无止逆器的电能表	$0.002I_b$	$0.0025I_b$	$0.003I_b$	$0.004I_b$	$0.005I_b$	$0.01I_b$
有止逆器的电能表	—	—	$0.008I_b$	$0.009I_b$	$0.01I_b$	$0.015I_b$
周期检定的单相电能表	—	—	—	—	$0.01I_b$	—

（4）潜动：当电流线路无负载电流而电压线路加 80% ~110% 额定电压（对三相电能表加对称的三相额定电压）时，安装式电能表的转盘转动不得超过 1 转。

当电压线路无电压而电流线路通 100% 标定电流或停止计数后，携带式电能表的示值在 1min 内的变化应不超过 1/3 分度值，或者所显示的脉冲数（或相对误差）应无增减。

（5）工频耐压：在室温（15℃ ~25℃）和空气相对湿度为 85%（对 A_1 组和 B_1 组电能表）或 95%（对 A 组和 B 组电能表）以下，电能表应能承受频率为 50Hz 或 60Hz 的实际正弦波交流电压（有效值）历时 1min 的试验。

下面以 DD862 单相电能表为例，可认识感应式交流电能表的特点。

DD862 单相感应式电能表，适用于单相有功电能计量。有直接接入式和经互感器接入式两种接入方式，过载能力为 4 倍。其特点：铝合金基架，高温退火处理，保证电能表结构可靠，计量准确；细长型结构电压线圈，低铁损材料铆合而成，使产品温升低，功耗低；铭牌采用抗紫外线辐射油墨印刷；根据用户要求，可扩展正反累加计量、电压连接片内外连接、防窃电大盖板、转盘止逆等功能。其技术指标和规格见表 7-10。

表 7-10　DD862 单相电能表的规格和技术指标

执行标准	GB/T 15283-1994	参比电压/V	基本电流(最大电流)/A	准确度
功　　耗	≤1.1W	220	互感式 1.5(6),2.5(10),3(12)	2 级
外形尺寸	167(173)×124×118mm		直接式 1.5(6),2.5(10),3(12),5(20),10(40),15(60),20(80),30(100)	
安装尺寸	140×106mm			

2. 电子式电能表

（1）外观：电子式电能表上的标志应符合国家标准或有关技术标准的规定，应包括以下内容：厂名；计量器具制造许可证标记及编号；出厂编号；准确度等级；脉冲常数；额定电压；基本电流及额定最大电流。

（2）基本误差：

①基本误差以相对误差的百分数表示。电能表的基本误差极限值（简称基本误差限）不得超过表 7 – 11 至表 7 – 12 的规定。

表 7 – 11　单相和三相（平衡负载）标准电能表的基本误差限

类别	负载电流	功率因数 $\cos\varphi$	基本误差限(%)			
			0.02 级	0.05 级	0.1 级	0.2 级
A 型	$0.05I_b$	1.0	±0.04	±0.1	±0.2	±0.3
	$0.1I_b \sim I\max$	1.0	±0.02	±0.05	±0.1	±0.2
	$0.1I_b$	0.5(L);0.8(C)	±0.05	±0.15	±0.3	±0.4
	$0.2I_b$	0.5(L);0.8(C)	±0.03	±0.075	±0.15	±0.3
	$0.5I_b \sim I\max$	0.5(L);0.8(C)	±0.02	±0.05	±0.1	±0.2
	用户特殊要求时 $0.2I_b \sim I\max$	0.5(C)	±0.03	±0.1	±0.2	±0.4
		0.25(L)	±0.04	±0.15	±0.3	±0.5
B 型	$0.5I_b \sim I\max$	1.0	±0.02	±0.05	±0.1	±0.2
	$0.5I_b \sim I\max$	0.5(L);0.8(C)	±0.02	±0.05	±0.1	±0.2
	用户特殊要求时 $0.5I_b \sim I\max$	0.5(C)	±0.03	±0.1	±0.2	±0.4
		0.25(L)	±0.04	±0.15	±0.3	±0.5

注：I_b—基本电流，即确定电能表有关特性的电流值；

L—代表感性负载；

C—代表容性负载；

I_{max}—额定最大电流；

A 型表与 B 型表的区别是 B 型表无轻载时的基本误差要求。

表 7-12　不平衡负载时三相标准电能表的基本误差限

类别	负载电流	功率因数 cosθ	基本误差限(%)			
			0.02 级	0.05 级	0.1 级	0.2 级
A型	$0.1I_b \sim I_{max}$	1.0	±0.03	±0.075	±0.15	±0.3
A型	$0.2I_b$	0.5(L)	±0.04	±0.1	±0.2	±0.4
A型	$0.5I_b \sim I_{max}$	0.5(L)	±0.03	±0.075	±0.15	±0.3
B型	$0.5I_b \sim I_{max}$	1.0	±0.03	±0.075	±0.15	±0.3
B型	$0.5I_b \sim I_{max}$	0.5(L)	±0.03	±0.075	±0.15	±0.3

注:①不平衡负载是指在对称的三相电压下,电能表任一电流线路有电流,其余电流线路无电流;

②功率因数角 θ 是指加在有电流那一组元件上的电流与电压间的相位差。

②在检定周期内，电能表的基本误差值不得超过表 7-13 至表 7-14 的规定。标准电能表在检定周期内基本误差改变量的绝对值不得超过基本误差限的绝对值。

表 7-13　单相和三相（平衡负载）安装式电能表的基本误差限

类别	负载电流	功率因数 cosφ	基本误差限（%）			
			0.2 级	0.5 级	1.0 级	2.0 级
经互感器接通的电能表	$0.01I_b \leqslant I < 0.05I_b$	1.0	±0.4	±1.0	—	—
	$0.02I_b \leqslant I < 0.05I_b$	1.0	—	—	±1.5	±2.5
	$0.05I_b \leqslant I \leqslant I_{max}$	1.0	±0.2	±0.5	±1.0	±2.0
	$0.02I_b \leqslant I < 0.1I_b$	0.5（L） 0.8（C）	±0.5	±1.0	—	—
	$0.05I_b \leqslant I < 0.1I_b$	0.5（L）	—	—	±1.5	±2.5
		0.8（C）	—	—	±1.5	—
	$0.1I_b \leqslant I \leqslant I_{max}$	0.5（L）	±0.3	±0.6	±1.0	±2.0
		0.8（C）	±0.3	±0.6	±1.0	—
	用户特殊要求时*	0.25（L）	±0.5	±1.0	±3.5	—
	$0.1I_b \leqslant I \leqslant I_{max}(I_b)$	0.5（C）	±0.5	±1.0	±2.5	—

续表

类别	负载电流	功率因数 $\cos\varphi$	基本误差限（%）			
			0.2级	0.5级	1.0级	2.0级
直接接通的电能表及多功能电能表	$0.05I_b \leqslant I < 0.1I_b$	1.0	±0.4	±1.0	±1.5	±2.5
	$0.1I_b \leqslant I \leqslant I_{max}$	1.0	±0.2	±0.5	±1.0	±2.0
	$0.1I_b \leqslant I < 0.2I_b$	0.5（L）	±0.5	±1.0	±1.5	±2.5
		0.8（C）	±0.5	±1.0	±1.5	—
	$0.2I_b \leqslant I \leqslant I_{max}$	0.5（L）	±0.3	±0.6	±1.0	±2.0
		0.8（C）	±0.3	±0.6	±1.0	—
	用户特殊要求时 $0.2I_b \leqslant I \leqslant I_b$	0.25（L）	±0.5	±1.0	±3.5	—
		0.5（C）	±0.5	±1.0	±2.5	—

*对1.0级表为$0.1I_b \leqslant I \leqslant I_b$。

表7－14　不平衡负载时三相安装式电能表的基本误差限

类别	负载电流	功率因数 $\cos\theta$	基本误差限（%）			
			0.2级	0.5级	1.0级	2.0级
经互感器接通表	$0.05I_b \leqslant I \leqslant I_{max}$	1.0	±0.3	±0.6	±2.0	±3.0
	$0.1I_b \leqslant I \leqslant I_{max}$	0.5（L）	±0.4	±1.0	±2.0	±3.0
直接接通及多功能表	$0.1I_b \leqslant I \leqslant I_{max}$	1.0	±0.3	±0.6	±2.0	±3.0
	$0.2I_b \leqslant I \leqslant I_{max}$	0.5（L）	±0.4	±1.0	±2.0	±3.0

③标准电能表在24h内的基本误差改变量的绝对值不得超过基本误差限绝对值的1/5。

（3）输出与显示：

①标准电能表应具有（配有）电能值或高频脉冲数的显示，也可有高频和低频脉冲输出，并应符合有关的规定值。

②安装式电能表应具有电能值（kWh）显示，并应有供测量误差的脉冲输出。要给出脉冲常数 C（P/kWh）. P 为安装式电能表的脉冲。要使显示与输出脉冲的关系与铭牌上的标志一致。

③电能表显示器要能够复零。当为自动复零（或自动转换显示内容）时，每个量值的显示时间不得少于3s。

（4）控制：在标准电能表中（或显示器中）应有接收控制脉冲（时间脉冲和电能脉冲）的功能，以控制累计电能的起动和停止。

（5）起动、潜动和停止：

①在参比电压、参比频率及功率因数为1的条件下，在负载电流不超过表7－15的规定时，单相标准电能表应起动并累计计数，安装式电能表应有脉冲输出或代表电能输出的指示灯闪烁。

表7－15　电能表起动电流

被检表准确度等级	0.02级	0.05级	0.1级	0.2级	0.5级	1.0级	2.0级
起动电流值	$0.0002I_b$	$0.0005I_b$	$0.001I_b$	$0.001I_b$	$0.001I_b$	$0.004I_b$ ($0.002I_b$)	$0.005I_b$ ($0.003I_b$)

注：（　）内的电流值适用于经互感器接通的电能表。

②电压回路加参比电压，电流回路中无电流时，安装式电能表在起动电流下产生一个脉冲的10倍时间内，测量输出应不多于1个脉冲。

③当用某种方法使电能表停止计数时，电能表显示数字应稳定不变。

（6）工频耐压和绝缘电阻：

①电能表在室温和空气相对湿度不大80%的条件下，电压端子、电流端子和参比电压大于40V的辅助线路端子对机壳和机壳外可触及的金属部位之间，应能承受频率为50Hz实际正弦波交流电压2kV（有效值）历时1min的试验。

②标准电能表在允许使用的温度范围内，在相对湿度不大于80%的条件下，输入端子和辅助电源端子对机壳（或同机壳相连的接地端子），输入端子对辅助电源端子的绝缘电阻应不低于100MΩ。

（7）日计时误差和时段投切误差：多功能安装式电能表（含复费率表），日计时误差应不超过0.5s/天，时段投切误差应不大于5min。

对电子式电能表的技术要求还有测量的重复性、需量示值误差、需量周期误差，其误差都应在规定的范围内。

3. 多费率电能表（分时计度电能表）

（1）标志：分时计度表上标志，应符合国家标准或有关技术条件要求。

（2）基本误差：分时计度电能表的基本误差限，对于平衡负载不得超过表 7 – 16 的规定。

表 7 – 16　平衡负载时分时计度电能表的基本误差限

类别	负载电流	功率因数②	分时计度电能表准确度等级			
			0.5	1	2	3
			基本误差限（%）			
有功电能表	$0.05I_b$	$\cos\varphi=1.0$	±1.0	±1.5	±2.5	—
	$0.1I_b\sim I_{max}$①	$\cos\varphi=1.0$	±0.5	±1.0	±2.0	—
	$0.1I_b$	$\cos\varphi=0.5$ 感性	±1.3	±1.5	±2.5	—
		$\cos\varphi=0.8$ 容性	±1.3	±1.5	—	—
	$0.2I_b\sim I_{max}$	$\cos\varphi=0.5$ 感性	±0.8	±1.0	±2.0	—
		$\cos\varphi=0.8$ 容性	±0.8	±1.0	—	—
	用户特殊要求时	$\cos\varphi=0.25$ 感性	±2.5	±3.5	—	—
	$0.2I_b\sim I_b$	$\cos\varphi=0.5$ 容性	±1.5	±2.5	—	—
无功电能表	$0.1I_b$	$\sin\varphi=1.0$ 感性或容性	—	—	±3.0	±4.0
	$0.2I_b\sim I_{max}$	$\sin\varphi=1.0$ 感性或容性	—	—	±2.0	±3.0
	$0.2I_b$③	$\sin\varphi=0.5$ 感性或容性	—	—	±4.0	±5.0
	$0.5I_b\sim I_{max}$	$\sin\varphi=0.5$ 感性或容性	—	—	±2.0	±3.0
	$0.5I_b\sim I_{max}$③	$\sin\varphi=0.25$ 感性或容性	—	—	±4.0	±6.0

注①I_b—标定电流；I_{max}—额定最大电流

②周期检定时允许将 $\cos\varphi=0.8$ 改成 $\cos\varphi=0.866$，但其基本误差限仍不改变；角 φ 是指相电压与相电流间的相位差。

③适用于使用中的分时计度无功电能表。

（3）潜动：当电流线路无负载电流而电压线路加 80% ~110% 对称三相额定电压时，电能表转盘转动不得超过 1 转。

（4）起动：在额定电压、额定频率和 $\cos\varphi=1.0$（对有功电能表）或 $\sin\varphi=1.0$（对无功电能表）的条件下，负载电流不超过表 7 – 17 规定时，电能表转盘应连续转动。

表 7-17　分时计度电能表的起动电流

有无止逆器	分时计度电能表准确度等级			
	0.5	1	2	3
	允许起动电流值			
无	$0.003I_b$	$0.004I_b$	$0.005I_b$	$0.01I_b$
有	$0.008I_b$	$0.009I_b$	$0.01I_b$	$0.015I_b$

(5) 钟控时间开关：包括用日显示器的数字器件显示时间的数显钟和用日标度盘显示时间的度盘钟。时间开关应有方便地检测日计时误差（时基频率）和时段投切误差的检测部位。

(6) 控制电路：感应系脉冲电能表和数显钟组成的分时计度电能表，其控制电路应符合下列要求。

①有负载功率时，转数变换电路应输出与电能表转数成正比的脉冲数，正确驱动峰（谷）计度器计数。为此，应有方便地检测脉冲数的检测部位。具有反向功率判别器的分时计度电能表，其转盘在360°以内来回转动时应不输出脉冲。

②无负载电流时，峰（谷）计度器应不计数（受电压影响，在1转内潜动时例外）。

(7) 电源电压：

①当电源电压在80%～115%额定工作电压范围变化时，钟控时间开关和驱动峰（谷）计度器的继电器或静态开关器件及控制电路，应正常运行。

继电器或静态开关器件，当其承受的电压低到35%额定工作电压时，应能随即返回。

②电源电压中断后，在由电池提供的工作储备期间（工作储备应不少于720h）和电源电压恢复正常时，钟控时间开关和控制电路功能均应保持正常。

(8) 工频耐压：在室温和空气相对湿度为80%（对A1组和B1组电能表）或95%（对A组和B组电能表）以下，整体式和分离式分时计度电能表，应能承受频率为50（60）Hz的实际正弦波交流电压（有效值）历时1min的试验。

①电压、电流线路和交流电源线路对金属或绝缘材料外壳间的试验电压为2kV，工作电压不高于40V的线路对外壳间的试验电压为500V。

②电压线路与电流线路间、不同相别的电流线路间的试验电压为600V。

4. DTSF545/DSSF535（B）三相多费率电能表

DTSF545/DSSF535（B）三相电子式多功能电能表是为了适应我国电网改造，根据国情而设计开发的有功多费率电能表。它具有较高的准确度和可靠性，为有功1级、无功2级。

（1）基本功能

①复费率功能：具有四种费率、二个时区分时计量功能，每个时区可设八个时段；

②电能计量功能：分时计量有功正向及反向有功电能，可记录十二个月的有功总电量和分时电量，并可通过红外或485方式抄出；

③需量计量功能：实现有功正、反向4费率需量和总需量计算；

④其他功能：具有停电显示抄表；

⑤大屏幕汉化LCD显示各种参数设置情况和测量数据；

⑥通讯接口：具有红外和RS－485通讯功能，适应DL/T645－1997《多功能电能表通讯规约》。RS－485采用抗雷击485芯片。

（2）扩展功能有三点：停电红外抄表功能；液晶背光显示功能；时钟温度补偿功能。

（3）技术指标及规格如表7－18所示。

表7－18　三相电子式多功能电能表的规格和技术参数

型号	参比电压/V	基本电流(最大电流)A	执行标准	GB/T 15284－2002 DL/T645－1997
DTSF545	3×57.7/100	3×1.5(6)	电压线路功耗	≤2W
	3×220/380	3×2.5(10)，3×5(20)，3×10(40)，3×20(80)，3×30(100)	工作电压	0.85Un－1.15Un
DSSF535	3×100	3×1.5(6)	外形尺寸	≤2W263.5×169×77.5mm
	3×380	3×1.5(6)，3×2.5(10)，3×5(20)，3×10(40)，3×15(60) 3×20(80)，3×30(100)	安装尺寸	239.5×150mm

7.2.3 长寿命电能表的特点

长寿命技术电能表（简称长寿命电能表）是感应式电能表经过不断的改进和实践，采用了新材料、新技术、新工艺而制造的一种新产品，并且已投入大量生产及应用阶段。

1. 长寿命电能表的基本概念

（1）长寿命电能表是指平均不修理的有效使用时间在20年及以上的感应式电能表。

（2）以上所指平均不修理的有效使用时间是指采用定时定数截尾的试验室可靠性验证试验时，其平均失效前时间（MTTF），又称平均寿命或通过现场试验获得其平均失效前时间。

（3）以上所指不修理的产品可能是可修理的或是不可修理的，感应式电能表从价值量考虑为不可修理的产品。

（4）失效是指产品终止完成规定功能的能力的事件，作为长寿命电能表在规定的时间内如误差、绝缘、起动、潜动等技术指标超差，即说明该电能表已失效。

2. 长寿命电能表的主要特点

（1）功耗低。在参比温度、参比频率下，有功功耗和视在功率损耗，对于过载4倍时，表的功耗不应大于1.2W、6VA；对于4倍以上，不应大于2W和8VA。

（2）准确度裕度大。误差储备为2倍以上。表7-19为2.0级长寿命电能表的误差限。

表7-19 长寿命电能表误差限

负载电流	功率因数	误 差	负载电流	功率因数	误 差
$0.05I_b$	1.0	±1.6	$1I_b$	1.0	±0.8
$0.1I_b$	0.5*L*	±1.6	$1I_b$	0.5*L*	±0.8
$0.1I_b$	1.0	±0.8	I_{max}	1.0	±1.2
$0.2I_b$	0.5*L*	±1.2	I_{max}	0.5*L*	±1.2

(3) 电流范围宽，一般为 4 倍及以上。最大电流为基本电流 I_b 的 4 倍以上，并在 1.2I_{max}运行时仪表不应损坏。

(4) 寿命长。寿命为 20 年及以上。

(5) 轻载稳定性好。电能表在轻载负载时($0.05I_b\cos\varphi=1.0$ 及$0.1I_b\cos\varphi=0.5$) 的测量重复性的标准偏差估计值应不大于 ±0.3%。

(6) 机械负载影响小。电能表的计度器在一个字轮运行时的机械负载影响引起的误差改变量不大于 0.3%。

(7) 噪声小。当电压元件施加参比电压、电流在 $0\sim I_{max}$之间时，$\cos\varphi=1.0$ 时，仪表产生的噪声应不大于 30dB。

3. 举例

LD68 单相长寿命电能表为例，其产品集成国内外先进设计技术和制造工艺，为新一代产品，使用 30 年免维修。准确度为 2 级。特点和技术参数如下：

(1) 特点：

①整体式磁钢铝金基架，电流回路焊接，接触电阻小，电能表结构可靠，计量准确；

②磁推轴承支撑转动元件，高强度自润滑计度器，磨损小，免维修，确保产品寿命长。

③细长结构电压线圈，低铁损材料铆合铁芯，使产品温升低，功耗低；

④底座端钮盒一体化，采用优质胶木一次性注塑成型，聚碳酸酯全透明表盖、工业造型专利设计、美观大方，防紫外线辐射标识印刷，产品密封性好，防护等级高，长期运行安全可靠；

⑤仪表计量曲线平坦，电压、频率、温度、工作位置偏离参比条件引起误差变化小，批量产品一致性好；

⑥满载、力率、轻载三个调整点互相影响小，用户可根据需要，方便地对仪表进行调整；

⑦根据用户要求，可扩展脉冲输出、正反向累加计量、转盘止逆、电压连接内外连接等功能；

⑧8 倍过载能力，30 年寿命。

(2) 技术指标和规格，见表 7-20。

表 7-20　LD68 单相长寿命电能表规格及技术指标

参比电压	基本电流(最大电流 I_{max})/A	功　耗
220V	互感式　1.5(6),2.5(10),3(12)	≤1W
	直接式　1.5(6),2.5(10),3(12),5(20),5(40),10(40),10(80),15(60),15(100),20(80),30(100)	
执行标准	GB/T　15283-1994	
外形尺寸	182×124×118mm	
安装尺寸	140×106mm	

7.2.4　电子式电能表的特点

电子式电能表也称静止式电能表，由于微电子技术和单片机应用技术的飞速发展，使得体大笨重、功耗高而精度低的感应式电能表的测量机构正在被电子电路所替代。

1. 电子式电能表的优点

电子式电能表与普通感应式电能表相比，具有以下几个方面优点。

（1）功能强大，易拓展。一块电子式电能表可相当几块感应式电能表，如一块功能全面的电子式多功能表，可相当二块正向有功表、二块正向无功表、二块最大需量表，一块失压计时仪，并能实现这七块表所不能实现的分时计量、数据自动抄读等功能。同时，表计数量的减少，有效地降低了二次回路的压降，提高了整个电能计量装置的可靠性和准确性。

（2）准确度等级高且稳定：感应式电能表的准确度等级一般为 0.5 级到 3 级，并且由于机械磨损，误差很容易发生变化，而电子式电能表可方便地利用各种补偿轻易地达到较高的准确度等级，电子式电能表的准确度等级一般为 0.2 级～1 级。

（3）起动电流小且误差曲线平整：感应式电能表要在 0.3% I_b 下才能起动并进行计量，而电子式电能表非常灵敏，在 0.1% I_b 电流下就能开始起动进行计量，且误差曲线好，在全负荷范围内误差几乎为一条直线，而感应式电能表的误差曲线变化较大，尤其在低负荷时误差较大。

（4）频率响应范围宽：感应式电能表的频率响应范围一般为 45～55Hz，而电子多功能表的频率响应范围为 40～1 000Hz。

（5）受外磁场影响小：感应式电能表是依靠移进磁场的原理进行计量的，因此外界磁场对表计的计量性能影响很大。而电子式电能表主要是通过乘法器进行运算的，其计量性能受外磁场影响小。

（6）便于安装使用：感应式电能表的安装有严格的要求，若悬挂水平倾度偏差大，甚至明显倾斜，将造成电能计量不准。而电子式电能表采用的是静止式的计量方式，无机械旋转部件，因此不存在上述问题，加上体积小，质量轻，便于使用。

（7）过载能力大：感应电能表是利用线圈进行工作的，为保证其计量准确度，一般只能过载4倍。而全电子式多功能表可过载6~10倍。

（8）防窃电能力更强：感应式电能表防窃电能力较差，而目前较新型的电子式电能表从基本原理上实现了防止常见的窃电行为。

2. 电子式电能表的缺点

（1）维修较复杂。全电子式电能表线路比较复杂，维修工作需要具有一定电子技术的专业人员来承担。

（2）若质量不过关，表计容易死机，从而造成极其严重的计量数据混乱。

（3）单块表计价格较高。

（4）受目前电子器件寿命的制约，电子式电能表的寿命大约为10年，与长寿命电能表相比寿命还不长。

因此，在目前具体运用中，需要计量功能较多的计量点一般以采用电子式表为主；在居民等计量功能较单一的计量点，则是感应式电能表和电子式电能表并存。表7-21列出了两种电能表的性能比较。

表7-21　两种类型电能表的性能比较

类　别	感应式电能表	电子式电能表
准确度/级	0.5~2.0	0.01~2.0
频率范围/Hz	45~55	40~2 000
起动电流	$0.003I_b$	$0.001I_b$
外磁场影响	大	小
安装要求	严格	无
过载能力	4倍	6~10倍

续表

类　别	感应式电能表	电子式电能表
功耗	大	小
电磁兼容性	好	差
寿命	普通表5~10年，长寿命表20~25年	10年（待抽查验证）
日常维护	简单	较复杂
功能	单一，难扩展	完善，可扩展

7.2.5　多功能电能表的定义、功能及技术要求

1. 多功能电能表的定义

凡是由测量单元和数据处理单元等组成，除计量有功（无功）电能外，还具有分时、测量需量等两种以上功能，并能显示、储存和输出数据的电能表，都可称为多功能电能表。

2. 多功能电能表的功能

(1) 基本功能：

①电能计量功能：计量多时段的单向或双向有功电能、单向或双向或四象限无功电能，并储存其数据；至少能储存上1个月或上一个抄表周期的数据，数据转存分界时间为每月月末24时（月初零时）或其他抄表日的任意时刻。

②最大需量测量：在指定的时间区间内（一般为1个月），测量单向或双向最大需量、分时段最大需量及其出现的日期和时间并储存其数据；至少储存上一个月或上一个抄表周期的数据，数据转存分界时间为每月月末24时（月初零时）或其他抄表日的任意时刻。转存的同时，当月的最大需量值应自动复零；对非指定的抄表日，抄表时数据不转存，最大需量也不复零；需量周期可在5、10、15、30、60min中选择，滑差（窗）式需量周期的滑差时间可在1、2、3、5min中选择。需量周期应为滑差（窗）时间的整数倍5倍及以上；最大需量值除每月月末24时（月初零时）或其他指定时刻能自动复零外，应有手动（或抄表器）复零，但最大需量复零装置必须有防止非授权人操作的措施；应提供需量检测措施，如需量周期结束指示等。

③费率和时段：具有日历、计时和闰年自动切换等功能。日历和时间的改变应有防止非授权人操作的措施；24h内至少具有可以任意编程的4种费

率和8个时段。

④事件记录：至少记录上月一个月的最大需量复零次数以及上次复零的时间和日期；至少记录上月一个月的编程总次数以及上次改编程序的日期和时间；辅助电源失电后，所有数据都不应丢失，且保存时间应不小于180天。

⑤脉冲输出：应有电量脉冲输出，输出方式可采用光学电子线路输出、继电器触点输出、电子开关元件输出等。

⑥外接或内置编程器预置内容：当前日期和时间（年、月、日、时、分、秒）；编程密码，其位数应不少于6位；电能表编号和用户号码；常数；脉冲宽度的选择；按月设定用电结算日（月末抄表日）；有功、无功电量起始读数；费率和时段；最大需量测量方式和需量周期及滑差（窗）时间；最大需量复零方式和自动复位的日期；显示方式和显示周期；电池工作时间或天数；需要时可预置电流、电压互感器额定变比；需要时可预置季节、节假日等的起始和结束日期。

⑦显示：测量值显示位数：不小于6位（含1~3位小数），并可通过编程选定；计量单位：kW（kvar），kWh（kvarh）；能显示各种费率、电能量、需量及其方向、电量脉冲输出、需量周期结束等识别符号；有自检功能的报警信息码。

⑧死机：工作时不允许发生死机。

（2）多功能电能的扩展功能：

①有电气隔离的数据通信接口电路，能实现本地或远程数据信息采集和交换。通信规约应符合有关标准规定。

②记录并显示每月月末24时（月初零时）的平均功率因数或分时段的功率因数。

③日负荷曲线记录，数据保存容量1~36天。

④有失压记录和失压计时功能。

⑤计量视在电能、铁损和铜损的功能。

⑥需量超值

⑦能按不同季度预置不同时段及费率。

⑧能预置周休及节假日对时段及费率的要求。

⑨有负荷监控功能。

⑩辅助电源失电后，应有失电次数及其日期记录。

⑪表牌上有条码编号。

3. 多功能电能表的技术要求

对于多功能电能表的技术检定是多方面的，且由专责人员进行。这里仅介绍一般要求。

（1）环境条件：

①参比温度及参比湿度：参比度温度为23℃。参比湿度为40%～60%。

②温度范围：机电式多功能电能表和电子式多功能电能表温度范围见表7－22。

表7－22　多功能电能表的温度范围要求

<table>
<tr><td colspan="4">电子式多功能电能表温度范围</td><td colspan="2">机电式多功能电能表温度范围</td></tr>
<tr><td>电能表准确度等级</td><td>0.2，0.5</td><td colspan="2">1，2，3</td><td>安装方式</td><td>极限工作范围</td></tr>
<tr><td>安装方式</td><td>户内式</td><td>户外式</td><td>户内式</td><td>户内式</td><td>户外式</td></tr>
<tr><td>规定的工作范围</td><td>－10～45℃</td><td>－25～55℃</td><td>－10～45℃</td><td rowspan="2">0～40℃</td><td rowspan="2">－10～50℃</td></tr>
<tr><td>极限工作范围</td><td>－20～55℃</td><td>－25～60℃</td><td>－20～55℃</td></tr>
</table>

③相对湿度：多功能电能表的相对湿度要求：年平均<75%；30天（一年内这些天是以自然方式分布）为95%；在其他天偶然出现为85%。

（2）电气参量规定值：其参比频率为50Hz（或60Hz）。参比电压及基本电流见表7－23。

表7－23　多功能电能表的电气参量规定值

接入线路方式	参比电压/V	基本电流推荐值/A
直接接入式	220，380	5，10，15，20，30，40
经电压互感器接入式	$100/\sqrt{3}$，100	0.2，0.3，0.5，1.0，1.5，2.0，2.5，5.0

（3）电气性能：机电式和电子式多功能电能表参比条件、误差限、潜动、起动及影响量引起的误差改变量等应符合GB/T 15282（机电式）及

IEC687、IEC1036 和 IEC1268（电子式）中有关规定。

①功率消耗：机电式和电子式多功能电能表在参比电压、参比温度和参比频率下，其每一电压线路、每一电流线路的有功功率和视在功率消耗不应超过表 7－24、表 7－25 所列值。

表 7－24　机电式多功能电能表电压线路功率消耗

电能表准确度等级		0.5，1	2	3
单　相	接入数据处理单元	4W，15VA	3W，11VA	
	未接入数据处理单元	3W，12VA	2W，8VA	
三　相	接入数据处理单元	4W，15VA	3W，13VA	6W，13VA
	未接入数据处理单元	3W，12VA	2W，10VA	5W，10VA

表 7－25　多功能电能表功率消耗

类　别	机电式			电子式				
	电流线路视在功率消耗			电压线路功率消耗		电流线路视在功率消耗		
准确度等级	0.5	1	2,3			0.2,0.5，	1	2,3
单相和三相	6VA	4VA	2.5VA	2W,10VA	0.5VA	1VA	4VA	2.5VA
辅助电源					10VA			
工作电源连接方式				内部连接	外部连接			

②多功能电能表电能示值误差：机电式多功能电能表计度器总电能示值误差在参比条件下，数据处理单元的显示总电能示值 E 与测量单元的计度器总电能示值 E_0 的相差值应不大于

$$0.01\% E_0 \pm 1 \times 10^{-(a+1)} \quad (7-1)$$

在现场运行条件下应不大于

$$0.05\% E_0 \pm 1 \times 10^{-(a+1)} \quad (7-2)$$

式中：a 为计度器的小数位数（以两者位数少者为准）。

③计度器示值组合误差：在参比电压及电流变化范围从 $0.1I_b \sim I_{max}$、$\cos\varphi = 0.5 \sim 1$（或 $\sin\varphi = 0.5 \sim 1$）条件下，各费率计度器示值的组合误差应不大于 ±0.1%，组合误差计算公式为

$$\gamma=\frac{(E_j+E_f+E_p+E_g)-E_0}{E_0}\times 100\% \tag{7-3}$$

式中：E_j——计度器尖时段的电能示值；

E_f——计度器峰时段的电能示值；

E_p——计度器平时段的电能示值；

E_g——计度器谷时段的电能示值；

E_0——测量单元计度器的总电能示值。

以上电能示值单位均为 kWh 或 kvarh

④需量示值误差：多功能电能表在参比电压、参比频率、参比温度和 $\cos\varphi=1$ 的条件下，在 $0.05I_b \sim I_{max}$ 范围内，需量示值的相对误差应不大于

$$\pm\ (0.5+0.05P_m/P_n)\% \tag{7-4}$$

式中：P_m——在参比电压下，$\cos\varphi=1$ 及 $I=I_{max}$ 时的计算功率；

P_n——实测功率。

上述误差不包括测量单元误差。

⑤绝缘性能：多功能电能表应能经受规程规定的冲击电压和交流电压试验。试验时不应出现电弧放电或击穿，并应保持数据及程序不改变，准确正常工作（包括时钟）。

（4）气候影响：电子式多功能电能表气候影响符合 IEC 687、IEC 1036 和 IEC 1268 有关要求。

（5）电磁兼容（EMC）：

①电磁骚扰的抗扰度：仪表的设计应能保证传导的和辐射的电磁骚扰（骚扰内容为静电放电、高频电磁场、电快速瞬变脉冲群、浪涌）以及静电放电不使仪表损坏或对仪表无实质性影响。

②无线电干扰抑制：多功能电能表不应产生能干扰其他设备的传导和辐射的噪声。

（6）电压影响：

①电子式多功能电能表的电压影响，除应符合 IEC 687、IEC 1036 和 IEC 1268 有关要求外，还应符合③和④要求。

②机电式多功能表在电压改变的允许极限范围内，程序不应紊乱，内存不应丢失，且各项数据的显示应正常。电压范围：当工作范围在 $0.9\sim1.1U_n$（U_n 为参比电压）时，极限工作范围为 $0.7\sim1.2U_n$。

③电压逐渐变化时。在电压缓慢升、降过程中，多功能电能表不应发生死机或数据丢失等异常情况。

④当多功能电能表电压线路全部断电后，直流备用电源应能保持所有数据和维持内部时钟正常运行不小于180天。

⑤电池工作寿命应大于5年。电池的更换和维护应方便。

⑥辅助电源断电、恢复，应在内存储器中有记录。

（7）温升：多功能电能表在室温不超过40℃的条件下，电流线路通以额定最大电流，电压线路包括辅助电源线路加115%的参比电压，用电阻法和温度计法测量各部件的温升，其外壳表面温升应不超过25K，线圈温升应不超过60K，且各部件不应损坏，工作正常，绝缘性能仍应符合标准的要求。

（8）机械要求：

①机电式多功能电能表应符合国标的要求，电子式多功能电能表应符合IEC 1036、IEC 687和IEC 1268有关要求，同时两者还应满足②~⑤的要求。

②时段设置、手动复零等均应在表盖不打开情况下操作；改编程序、预置数据等，要有防止非授权人进行任何操作的措施。

③开关、操作键、按钮等应灵活可靠，无卡死或接触不良情况，各部件应紧固无松动，电池不应受震而脱开，更换电池要方便。

④对表壳的机械要求如下：表壳应紧封，应能保护表内各部件不受脏物、昆虫等侵害和不受机械损伤；表盖与底座应能封印，只有在拆开封印后，才能打开表盖，触及表内部件；表盖应有透明窗口，供观察工作状态和读取显示数据；金属底座上应设有直径不小于5mm的接地端钮，并标有接地符号。

⑤对端钮、端钮盒及端钮盒盖的机械要求如下：对不允许非授权人员操作的所有端钮应集中装在具有足够机械强度和良好绝缘性能的端钮盒内；端钮盒应有单独的盒盖，能与表壳分开封印：应有相应的弱电输出接口；端钮盒盖应标明端钮与外电路的连接线路图；在接入最大引线后与交流接线螺钉间的最小距离应不小于3mm。

⑥冲击影响及震动影响要求：多功能电能表在非工作状态，无包装条件下，冲击影响应能承受半正弦脉冲波的加速度试验。震动影响应能承受三个互相垂直的轴线上依次进行的震动试验。试验后不应有破裂、变形及内部各零件松脱、损坏。通电后程序仍应正常，且内存不丢失。机电式多功能测量单元准确度起动和潜动等不考核。

（9）抗运输环境性能：多功能电能表在运输包装条件下，按标准的规定进行试验后，在室温条件下放置24h以上，应不发生误计、漏计或超差等不正常情况。

（10）可靠性要求：在正常工作条件下，多功能电能表平均无故障工作时间（MTBF）不少于50000h。

4. DTSD545/DSSD535（F）三相电子式多功能电能表

DTSD545/DSSD535（F）三相电子式多功能电能表具有较高的准确度和可靠性。仪表可设置二个时区，四种费率，八个日时段，并具有红外和485通讯功能，可实现远距离抄表。

（1）主要功能：

①复费率功能：具有四种费率、二个时区分时计量功能。每个时区可设计十二个时段。

②电能计量功能：分时计量有功正向及反向电能，计量无功总电能和四象限电能，可选记录12个月的有功总电量和分时电量，可选分时计量无功正向及反向电能。

③需量计量功能：实现有功正、反向4费率需量和总需量滑差式计算。

④事件记录功能：编程、需量清零。

⑤断相及断电记录功能：具有断相、上下电检测和记录。

⑥其他功能：具有停电显示抄表。

⑦通讯接口：具有红外和RS－485通记功能，适应DL/T645规约。RS－485采用抗雷击485芯片。

⑧大屏幕汉化LCD显示各种参数设置情况和测量数据。

（2）扩展功能：

①光敏触发：在停电状况下，光（可见光变化和红外）可唤醒LCD显示。红外唤醒功能实现了停电状态下非触手动抄表。

②停电抄表：停电期间，可用掌上机进行停电抄表。

③液晶带背光显示功能：在光变化（手电筒、家用遥控器、打火机）或红外抄表编程点亮背光，点亮时间为30秒钟。

④时钟温度补偿：时钟精度进行温度补偿，保证宽温度范围（－10℃～＋50℃）情况下时钟的准确。

（3）三相电子式多功能表的技术指标及规格表7－26。

表 7-26　三相电子式多功能表的规格及技术指标

型号	参比电压 V	电压线路功耗	基本电流 I_{max}/A	准确度
DTSD545	3×57.7/100	≤2W	1.5(6),3(6)	有功 1 级 无功 2 级
	3×220/380		1.5(6),3(6),5(20),10(40),15(60),20(80),30(100)	
DSSD535	3×100		1.5(6),3(6)	
	3×380		1.5(6),3(6),5(20),10(40),15(60),20(80),30(100)	
执行标准	GB/T 15284-2002, DL/T645-1997			
工作电压	$0.85U_n \sim 1.15U_n$			
外形尺寸	263.5mm×169mm×77.5mm			
安装尺寸	239.5mm×150mm			

7.2.6　电能表的配置与选用

1. 电能表的配置

（1）电能表的配置和计量方式的选择应会同电力用户和供电部门协商确定。

（2）三相三线电路应设三相三线有功电能表；三相四线电路应设三相四线有功电能表或三只单相电能表。当电路为双向送（受）电时，应设置带有止逆器的二台电能表。

（3）三相三线电路应设置 90°或 60°接线的无功电能表（一台 60°，一台 90°；或二台带止逆器的 60°；或二台带止逆器的 90°），当双向送（受）电时，应设二台带止逆器的 60°或 90°无功电能表。

三相四线电路应设置一台 90°无功电能表或二台带止逆器的 90°无功电能表。双向送（受）电时，设二台 90°无功电能表。

（4）根据需要，可将有功电能表改换为最大需量表、多费率电能表、脉冲电能表或多功能电能表等。

（5）对需计量感性和容性无功电量的电路，可以采用两只带止逆器的无功电能表或双计能器无功电能表。

（6）一般情况下，计费用电能表的电流回路采用二相四线或三相六线接线；非计费用电能表的电流回路采用二相三线或三相四线接线。

2. 电能表排列要求

当电能表布置在电能表屏上时，有功无功垂直排，有功在上、无功在下，电能表下方应有名称标签。二只电能表左右相距应大于80mm，电能表与屏边距离应大于40mm。

电能表安装高度应在0.6~1.8m范围内（表水平中心线距地面尺寸）。

电能表安装应牢固垂直，每只表除挂表螺丝外，至少应有一只定位螺丝，使表中心线向各方向倾斜度不大于1°。

3. 电能表的选用

根据全国权威部门的资料，本书分别列出各种电能表的型号规格和生产厂家，供读者选用时参考。

表7－27为单相电能表型号规格及生产厂。

表7－28为三相电能表的型号规格及生产厂。

表7－29~表7－32为特种用途电能表型号规格及生产厂。

表7－27　单相电能表型号规格及生产厂

名称	型号	规　格	生产厂
单相有功电能表	DD862系列	准确度等级:2.0;过载倍数:4	无锡华力电器有限公司
单相电能表	DD862	过载倍数:2~4	许昌市许继仪表有限公司
单相电能表	DD862系列	精度等级:2.0级;过载倍数:2~4	德力西集团仪器仪表有限公司,江阴市长仪集团有限公司,天正集团仪器仪表总公司,苏州仪表总厂,沈阳电表厂,哈尔滨电度表有限责任公司,宁波三星科技股份有限公司
单相电能表	DD862	准确度等级:2.0;过载倍数:2~6	华立仪表集团股份有限公司
单相电能表	DD862	直接接入、经互感器接入	溧阳市电子仪器厂
单相电能表	DD862系列	准确度等级:2.0;过载倍数:4	上海大华测控设备公司,上海环球电表有限公司,青岛电度表厂,天津三达电气有限公司,上海金陵智能电表有限公司

续表

名称	型号	规　格	生产厂
单相电能表	DD862—4	过载倍数:2～4;准确度等级:2	浙江正泰仪器仪表有限责任公司,吉林江北机械厂,上海第六电表厂,瑞安市仪表厂,宁夏电机有限责任公司银川电表厂,山东菏泽仪表厂,长沙旭华仪表厂,天津中环电工仪器仪表公司,浙江飞跃仪器仪表公司
单相电能表	DD862a—4	过载倍数:4;准确度等级:2.0	天津市腾马电表厂,浙江仪表厂,北京第三电表厂,贵阳市水江仪表厂
单相电能表	DD862a	过载倍数:2～4;准确度等级:2	浙江正泰仪器仪表有限责任公司,扬州市扬子电表厂,宁波三星科技股份有限公司,吉林省光明仪器分厂,杭州西子集团有限公司,重庆川仪有限责任公司南坪分公司,国营双吉机械厂
单相有功电能表	DD862a—c	过载倍数:2～4;准确度等级:1.0	国营双吉机械厂
单相电能表	DD862F	精度等级:2.0 级;过载倍数:4	上海环球电表有限公司
单相电能表	DD862—2	过载倍数:4;准确度等级:2.0	浙江飞跃仪器仪表有限公司
单相防窃电电能表	DD862F 系列	过载倍数:4	上海大华测控设备公司
防窃电单相电能表	DD862F	精度等级:2.0 级;过载倍数:4	德力西集团仪器仪表有限公司
单相防窃电电能表	DD862a—F	准确度等级:1.0～2.0	国营双吉机械厂

续表

名称	型号	规　格	生产厂
单相防窃电电能表	DDS22A—F	电子式;防窃;过载倍数:5	吴忠仪表集团宁光电工有限公司
防窃电单相电能表	DDJ101—4a 系列	精度等级:2.0 级;过载倍数:2~4	哈尔滨电表仪器有限责任公司
单相防窃电电能表	DD28F 系列	过载倍数:2	上海大华测控设备公司
单相脉冲电能表	DD862—M	过载倍数:4;准确度等级:2.0	苏州仪表总厂
单相脉冲电能表	DDM68	准确度等级:2.0	华立仪表集团股份有限公司
电子式单相有功电能表	DDS71 系列	过载倍数:4~6;准确度等级:1.0,2.0	江苏林洋电子有限公司
单相电子式电能表	DDS169 系列	过载倍数:2~4;准确度等级:2.0	浙江飞跃仪器仪表有限公司
单相脉冲电能表	DD101m,DD104m,DD106m	精度等级:1.0,2.0 级	哈尔滨电表仪器有限责任公司
单相载波电能表	DDI101,DDSI105	精度等级:1.0,2.0 级;过载倍数:4	哈尔滨电表仪器有限责任公司
电子式单相电能表	DDS70	过载倍数:4	杭州华隆电子技术有限公司
单相电子式电能表	DDS47	准确度等级:1.0,2.0	北京第三电表厂
单相电子式电能表	BY2462A 系列	过载倍数:0.05~0.2	北京无线电技术研究所
单相数字功率电能表	BY2461 系列	电子式;输入电压(V):90~220;准确度等级:0.05~0.1	北京无线电技术研究所

续表

名称	型号	规　　格	生产厂
单相电子式电能表	DDS135	准确度等级:1.0,2.0	江阴市长仪集团有限公司
单相电子式电能表	DDS43 系列	精度等级:1.0,2.0 级;过载倍数:4 ~6	南京三能电力仪表有限公司
电子式单相载波电能表	DDSI43 系列	精度等级:1.0,2.0 级;过载倍数:6	南京三能电力仪表有限公司
单相电子式电能表	DDS309 系列	过载倍数:4 ~6;准确度等级:1.0,2.0	上海环球电表有限公司
电卡式单相电能表	DDY8	过载倍数:4	常州丸山电器设备有限公司
单相多功能交流电能表	DD30—S	电子式	常州丸山电器设备有限公司
单相电能表	DD49 (OB941)	准确度等级:2.0;能加脉冲器	天津三达电气有限公司
单相电能表	DD910 系列	准确度等级:2.0;过载倍数:4	天正集团仪器仪表总公司
单相电子式电能表	DDS686 系列		天正集团仪器仪表总公司
单相电能表	DSD79 系列	过载倍数:4;多费率;多功能	上海大华测控设备公司
单相多功能交流电能表	DDSD101	过载倍数:4;准确度等级:1.0	长沙威胜电子有限公司
长寿命单相电能表	DD607	精度等级:2.0 级;过载倍数:4 ~6;25 年免维护	德力西集团仪器仪表有限公司
亚长寿命单相电能表	DD607	精度等级:2.0 级;过载倍数:4 ~6;15 年免维护	德力西集团仪器仪表有限公司
单相电子式电能表	DDS607 系列	过载倍数:4;准确度等级:1.0,2.0	德力西集团仪器仪表有限公司

续表

名称	型号	规　　格	生产厂
单相标准功率电能表	BDJ 系列	准确度等级:0.1～0.2;过载倍数:2	上海大华测控设备公司
单相标准电能表	PS35A	电子式;准确度:0.05%	哈尔滨电表仪器有限责任公司
电子式单相电能表	DDS105 系列	精度等级:1.0,2.0;过载倍数:2～6	哈尔滨电表仪器有限责任公司
电子式载波电能表	DDSI105 系列	精度等级:2.0 级;过载倍数:2～6	哈尔滨电表仪器有限责任公司
长寿命单相电能表	DD104	精度等级:2.0 级;过载倍数:4～6	哈尔滨电表仪器有限责任公司
长寿命单相电能表	DD169—4 系列	准确度等级:2.0	浙江飞跃仪器仪表有限公司
单相长寿命电能表	DD580	高精度,宽负荷	河南金雀电气股份有限公司
单相电子式电能表	DDS580	准确度高,10 年不需校验	河南金雀电气股份有限公司
单相电子式电能表	DDS26	过载倍数:4;准确度等级:1.0,2.0	河南思达高科技股份有限公司
单相交流有功电能表	DD601 系列	过载倍数:6	杭州西子集团有限公司
电子式单相交流有功电能表	DDS33	准确度等级:1.0	杭州西子集团有限公司
单相标准电能表	DDB6	准确度等级:0.2	天津中环电工仪器仪表公司
单相电能表	DD702	过载倍数:4;准确度等级:2;亚长寿命技术	浙江正泰仪器仪表有限责任公司
单相电能表	DD666	过载倍数:4;准确度等级:2;亚长寿命技术,20 年	浙江正泰仪器仪表有限责任公司

续表

名称	型号	规　格	生产厂
单相电能表	DDS18	电子式;过载倍数:4~6;准确度等级:2.0	上海第六电表厂
单相电能表	DDS28	电子式;过载倍数:4~6;准确度等级:1.0~2.0	华立仪表集团股份有限公司
单相电能表	LD68	长寿命、宽负载电能表,可扩展带脉冲输出;准确度等级:2.0	华立仪表集团股份有限公司
单相有功电能表	DDS22 系列	过载倍数:4;准确度等级:1.0,2.0	深圳浩宁达电能仪表制造有限公司
单相电能表	DD861—4	准确度等级:2.0;过载倍数:4	兰州长新电表厂
单相电能表	DD282 系列		宁波电表厂
单相电能表	DD309	精度等级:2.0 级;过载倍数:4~6	上海环球电表有限公司
单相电能表	DDS38	电子式;过载倍数:4~6;准确度等级:1.0	上海精密科学仪器有限公司上表电子仪器厂
单相电能表	DDS164	过载倍数:4	溧阳市电子仪器厂
单相电能表	DD701	过载倍数:4~6;准确度等级:2;长寿命技术 25 年	浙江正泰仪器仪表有限责任公司
单相电能表	DDJ666	过载倍数:2~4;准确度等级:2	浙江正泰仪器仪表有限责任公司
单相电能表	DDSF86 系列	DDSF86 型(8),DDSF86 型(6),DDSF86 型(2),DDSF86 型(6A)	杭州华隆电子技术有限公司
单相电能表	DDS12	电子式;过载倍数:4;准确度等级:1.0	北京无线电技术研究所
单相电能表	DD876—4	准确度等级:2.0;过载倍数:4	长沙电表厂

续表

名称	型号	规　　格	生产厂
单相电能表	DD101X 系列	准确度：±2%；过载倍数：4～6；磁推式	哈尔滨电表仪器有限责任公司
单相电能表	DDF201	准确度等级：2.0；过载倍数：4	宁波三星科技股份有限公司
单相电能表	DD106	精度等级：1.0，2.0 级；过载倍数：4～8	哈尔滨电表仪器有限责任公司
单相电能表	MLB1	过载倍数：2～4	吉林江北机械厂
单相无功电能表	DDX22 系列	过载倍数：4～5；准确度等级：1.0，2.0	深圳浩宁达电能仪表制造有限公司
单相电子式电能表	DDS 系列	准确度等级：1，2	深圳市科陆电子科技股份有限公司
单相电子式电能表	DDS99A	过载倍数：4；准确度等级：1.0，2.0	四川启明星蜀达电气有限公司
单相电子式电能表	DDSF99A	寿命≥10 年	四川启明星蜀达电气有限公司
单相载波电能表	DDI99	过载倍数：4；准确度等级：2.0	四川启明星蜀达电气有限公司
电子式单相电能表	DDS43		无锡威达电工仪表有限公司
电子式单相电能表	DS143		无锡威达电工仪表有限公司
电子式单相电能表	DDS22A	过载倍数：5	吴忠仪表集团宁光电工有限公司
单相无功电能表	DDX22A	电子式；过载倍数：5	吴忠仪表集团宁光电工有限公司
直流电能表	DJS22A	电子式；过载倍数：5	吴忠仪表集团宁光电工有限公司
直流电能表	DJ7 系列	电子式；准确度等级：1.5	许昌市许继仪表有限公司

表 7－28　三相电能表型号规格及生产厂

产品名称	型　号	规　　格
三相电能表售电系统	WSSD400	管理 600～800 个用户
三相电子式电能表	DTS607，DSS607 系列	过载倍数：4；准确度等级：1.0，2.0
三相四线有功电能表	DT 系列	过载倍数：2～4；准确度等级：1.0，2.0
三相三线有功电能表	DS 系列	过载倍数：2～4；准确度等级：1.0，2.0
三相四线无功电能表	DX 系列	过载倍数：2～4；准确度等级：2.0，3.0
三相三线无功电能表	DX 系列	过载倍数：2～4；准确度等级：2.0，3.0
嵌入式电能表	D86K 系列	过载倍数：2～4
三相有功无功标准电能表	PS27 系列	电子式；准确度：±0.05%
三相三线有功电能表	DS241 系列	过载倍数：2～6；准确度：±2%
三相三线有功电能表	DS246xhf3	过载倍数：4；准确度：±1%
三相四线双向脉冲无功电能表	DX864	过载倍数：2～4；准确度等级：1.0
三相三线有功最大需量电表	DSZ86 系列	过载倍数：2～4；准确度等级：1.0，2.0
三相四线有功最大需量电表	DTZ86 系列	过载倍数：2～4；准确度等级：1.0，2.0
三相电子式电能表	DS256 系列	过载倍数：2～4；准确度等级：1.0，2.0，3.0
三相三线无功电能表	DS863x3	过载倍数：2～4；准确度等级：2.0
三相三线无功电能表	DS865	过载倍数：2～4；准确度等级：3.0
三相四线有功电能表	DT862	过载倍数：2～4；准确度等级：2.0
三相四线有功电能表	DT864 系列	过载倍数：2～4；准确度等级：1.0
三相四线无功电能表	DX862 系列	过载倍数：2～4

续表

产品名称	型　号	规　　格
三相四线无功电能表	DX864	过载倍数:2~4
三相三线有功电能表	DS862a	过载倍数:2~4;准确度等级:1.0~2.0
三相四线有功电能表	DT862a	过载倍数:2~4
三相无功电能表	DX862a	过载倍数:2~4
三相三线有功电能表	DS862—4	过载倍数:2~4;准确度等级:2.0
三相三线有功电能表	DS864	过载倍数:2~4;准确度等级:1.0
三相四线有功电能表	DT862 系列	过载倍数:2~4;准确度等级:2.0
三相四线有功电能表	DT864	过载倍数:2~4;准确度等级:1.0
三相四线无功电能表	DX864	过载倍数:2~4;准确度等级:2.0
三相三线有功电能表	DS38	过载倍数:1.2;准确度:±0.5%
三相三线有功电能表	DS246a2	过载倍数:4;准确度:±1%
三相三线无功电能表	DX241a	过载倍数:4;准确度:±3%
三相三线无功电能表	DX246a 系列	过载倍数:4;准确度:±2%
三相三线脉冲有功电能表	DS246m-2	过载倍数:4;准确度:±1%
三相三线脉冲有功电能表	DS38m 系列	过载倍数:1.2;准确度:±0.5%
三相三线脉冲无功电能表	DX246m	过载倍数:1.2;准确度:±2%
三相三线脉冲无功电能表	DX246a2m	过载倍数:4;准确度:±2%;双排计度器
三相四线有功电能表	DT241 系列	过载倍数:1.2~4;准确度:±1%~±2%
三相四线有功电能表	DT246Xhf3	过载倍数:4;准确度:±1%
三相四线有功电能表	DT38	过载倍数:1.2;准确度:±0.5%
三相四线有功电能表	DT246a2	过载倍数:4;准确度:±1%
三相无功电能表	DX241b	过载倍数:4;准确度:±3%

续表

产品名称	型　号	规　　格
三相无功电能表	DX246 系列	过载倍数:4;准确度: ±2%
嵌入式磁推有功、无功三相电能表	DS(T)38 - K/246 - K/241 - K	精度等级:有功 0.5,1.0,2.0,无功 2.0,3.0;过载倍数:2,4,6
三相四线载波电能表	DTI241,DTI862	过载倍数:4;准确度等级:1.0,2.0
三相电子式电能表	DSS/T532 系列	
三相电子式电能表	DS(T)SD5 系列	
三相电子式电能表	DS(T)SD532 系列	
三相三线有功电能表	DS862a	过载倍数:2 ~4;准确度等级:2.0
三相三线有功电能表	DS864a	过载倍数:2 ~4;准确度等级:1.0
三相三线无功电能表	DX862 ~5a	过载倍数:4;准确度等级:2.0 ~3.0
三相四线有功电能表	DT862a	过载倍数:2 ~4;准确度等级:2.0
三相四线有功电能表	DT864a	过载倍数:2 ~4
三相长寿命电能表	DT580 系列	
三相四线电子式交流有功电能表	DTS112	过载倍数:4;准确度等级:1,2
三相三线有功电能表	DS862	过载倍数:4;准确度等级:2.0
三相三线有功电能表	DS864	过载倍数4:准确度等级:1.0
三相三线无功电能表	DX863	过载倍数:2 ~4;准确度等级:2.0
三相三线无功电能表	DX865	过载倍数:2 ~4;准确度等级:3.0
三相四线有功电能表	DT862	过载倍数:2 ~4;准确度等级:2.0
三相四线有功电能表	DT864	过载倍数:2 ~4;准确度等级:1.0
三相四线无功电能表	DX862 系列	过载倍数:2 ~4;准确度等级:3.0
三相四线无功电能表	DX864	过载倍数:2 ~4;准确度等级:2.0

续表

产品名称	型　号	规　　格
三相脉肿电能表	DTM68	准确度等级:1.0,2.0
三相脉冲电能表	DSM68	准确度等级:1.0,2.0
三相脉冲电能表	DXM68	准确度等级:2.0,3.0
电子式三相有功电能表	DSS72/DTS72	过载倍数:4～6;准确度等级:1.0,2.0
电子式三相无功电能表	DXS71/DXS72	过载倍数:4～6;准确度等级:1.0,2.0
电子式三相有功无功组合电能表		过载倍数:4;准确度等级:有功1级,无功2级
三相四线有功电能表	DT864	过载倍数:2～4;准确度等级:1.0
三相三线有功电能表	DS862—4	过载倍数:2～4;准确度等级:2.0
三相三线有功电能表	DS864 系列	过载倍数:2～4;准确度等级:1.0
三相三线无功电能表	DX863—2	过载倍数:2;准确度等级:2.0
三相三线脉冲有功电能表	DS86—F	过载倍数:2～4;准确度等级:1.0
三相三线脉冲无功电能表	DX863—2	过载倍数:2;准确度等级:2.0
三相三线有功电能表	DSX22A	电子式;过载倍数:2～5
三相三线有功电能表	DSSPF22A	电子式;过载倍数:2～5
三相三线有功电能表	DTS22A	电子式;过载倍数:2～5
三相三线有功无功双显示电能表	DTSS22A	电子式;过载倍数:2～5
三相三线有功电能表	DTX22A	电子式;过载倍数:2～5
三相三线无功复费率电能表	DSSPF22A—Z	电子式;过载倍数:2～5
三相四线有功电能表	DT8 系列	准确度等级:2.0
三相四线有功电能表	DT862—2,DT862—4	过载倍数:4;准确度等级:2.0

续表

产品名称	型　号	规　　格
三相四线脉冲有功电能表	DTM291,DTM292	过载倍数:2~4;准确度等级:1~2
三相四线脉冲无功电能表	DXM291/T,DXM292/T	过载倍数:2~4;准确度等级:2~3
三相三线脉冲有功电能表	DSM291,DSM292	过载倍数:2~4;准确度等级:1~2
三相三线脉冲无功电能表	DSM291/S,DSM292/S	过载倍数:2~4;准确度等级:2~3
三相四线有功电能表	DT862	过载倍数:4;准确度等级:2
三相四线有功电能表	DT864	过载倍数:2~4;准确度等级:1
三相三线有功电能表	DS862	过载倍数:4;准确度等级:2
三相三线有功电能表	DS864	过载倍数:2~4;准确度等级:1
三相四线无功电能表	DT862	过载倍数:2~4;准确度等级:3
三相四线无功电能表	DT864	过载倍数:2~4;准确度等级:2
三相三线无功电能表	DS862	过载倍数:2~4;准确度等级:3
三相三线无功电能表	DS864	过载倍数:2~4;准确度等级:2
三相三线、三相四线有功电能表	DT862—4	准确度等级:2.0
三相交流电能表	BY2463 系列	电子式;准确度等级:0.05~0.2
三相三线有功电能表	DS862 系列	过载倍数:2~4;准确度等级:2.0
三相四线有功电能表	DT862	过载倍数:2~4;准确度等级:2.0
三相四线有功电能表	DT864—2	过载倍数:2;准确度等级:1.0
三相四线无功电能表	DX864	过载倍数:2;准确度等级:2.0
三相三线有功电能表	DS39	准确度等级:0.5
三相三线有功电能表	DS862	过载倍数:4;准确度等级:2.0
三相三线有功电能表	DS864	过载倍数:2~4;准确度等级:1.0
三相三线无功电能表	DX863	过载倍数:2~4;准确度等级:2.0
三相三线无功电能表	DX865	过载倍数:4;准确度等级:3.0

续表

产品名称	型　号	规　　格
三相四线有功电能表	DT864	过载倍数:2～4;准确度等级:1.0
三相四线无功电能表	DX862	过载倍数:2～4;准确度等级:3.0
三相四线无功电能表	DX864	过载倍数:2～4;准确度等级:2.0
三相有功电能表	DTS122—T	过载倍数:4～5;准确度等级:1.0,2.0
三相电子式有功电能表	DSS 系列,DTS 系列	过载倍数:4;准确度等级:1.0,2.0
三相载波电能表	DTI99	过载倍数:4;准确度等级:1.0
单相静止式电能表	DDS200	过载倍数:4/10;准确度等级:1.0
三相四线有功电能表	DT8	准确度等级:2.0
三相四线有功电能表	DT862,DT864	
三相三线有功电能表	DS862,DS864	
三相电能表	DS21	
三相四线无功电能表	DX 系列	
三相三线无功电能表	DX 系列	
三相三线有功电能表	DSS22A	电子式;过载倍数:2～5
三相三线有功无功双显示电能表	DDSSS22A	电子式;过载倍数:2～5
三相三线无功电能表	DX863—2	过载倍数:2～4;准确度等级:3.0
三相三线脉冲有功电能表	DS862—M	过载倍数:2;准确度等级:1.0
三相三线脉冲有功电能表	DS864—M	过载倍数:4;准确度等级:1.0
三相三线脉冲无功电能表	DS863—M	过载倍数:2;准确度等级:2.0
三相三线脉冲有功电能表	DS865—M	过载倍数:4;准确度等级:3.0
三相四线有功电能表	DT862 系列	过载倍数:2～4;准确度等级:1.0～2.0

续表

产品名称	型号	规格
三相四线无功电能表	DX862 系列	过载倍数:2~4;准确度等级:2.0~3.0
三相四线脉冲有功电能表	DX862,DX864	过载倍数:2~4;准确度等级:2.0
三相四线脉冲无功电能表	DX862,DX864	过载倍数:2~4;准确度等级:2.0
三相三线有功电能表	DS862 系列	连载倍数:2~4
三相三线无功电能表	DX863 系列	过载倍数:2~4
三相四线有功电能表	DT862 系列	过载倍数:2~4
三相四线无功电能表	DX862 系列	过载倍数:2~4
三相四线无功电能表	DX862 系列	过载倍数:2~4
电子式三相电能控制器	DSK—1	允许电压波动:-15%~10%;停电数据保持:>10
三相三线有功电能表	DS864 系列	过载倍数:2~4;准确度等级:1.0
三相三线有功电能表	DS862—4	过载倍数:4
三相三线无功电能表	DX864 系列	过载倍数:2~4;准确度等级:2.0
三相四线有功电能表	DT864 系列	过载倍数:2~4;准确度等级:1.0
三相四线有功电能表	DT862 系列	过载倍数:2~4
三相四线有功电能表	DT862 系列	过载倍数:2~4;准确度等级:2.0
三相电能表	DT862	
电子式三相电能表	DS862	
三相无功电能表	DX863	
电子式三相电能表	DS864	
三相无功电能表	DX864	
三相三线有功电能表	DS864—2	过载倍数:4;准确度等级:1.0

续表

产品名称	型　号	规　　格
三相三线无功电能表	DX863—2	过载倍数:2;准确度等级:2.0
三相四线无功电能表	DX862 系列	过载倍数:2;准确度等级:3.0
三相四线有功电能表	DT862 系列	过载倍数:2~4;准确度等级:2.0
三相四线有功电能表	DT864	过载倍数:2;准确度等级:1.0
三相三线有功电能表	DS861—4	过载倍数:4;准确度等级:2.0
三相三线有功电能表	DS863—4	过载倍数:4;准确度等级:1.0
三相三线有功电能表	DSSP863—4	过载倍数:4;准确度等级:1.0
三相四线有功电能表	DT861—4	过载倍数:4;准确度等级:2.0
三相四线有功电能表	DT863 系列	过载倍数:4;准确度等级:1.0
三相四线有功双向累加电能表	DTL861—4	过载倍数:4;准确度等级:2.0(正向),3.0(反向)
三相四线有功双向累加电能表	DTL863—4	过载倍数:4;准确度等级:1.0(正向),2.0(反向)
三相四线有功双向双排电能表	DTSP862—4	过载倍数:4;准确度等级:1.0(正向),2.0(反向)
三相无功电能表	DX861—4	过载倍数:4;准确度等级:3.0
三相无功电能表	DX863—4	过载倍数:4;准确度等级:2.0
三相无功双向累加电能表	DXI863—4	过载倍数:4;准确度等级:2.0(正向),3.0(反向)
三相无功双向双排电能表	DXSP863—4	过载倍数:4;准确度等级:2.0(正向),3.0(反向)
三相四线有功电能表	DT862	标定电流(A):5~20
三相电子式电能表	DTS43/DSS 系列	过载倍数:4~5;准确度等级:1,2
三相四线电子式载波电能表	DTSI43 系列	过载倍数:4;准确度等级:1

续表

产品名称	型　号	规　　格
三相三线有功电能表	DS862	过载倍数:4;准确度等级:2.0
三相三线脉冲有功电能表	DX864M	过载倍数:2～4;准确度等级:1.0
三相三线脉冲无功电能表	DX863SM	过载倍数:2～4;准确度等级:2.0
三相标准功率电能表	BDJ—3AC	准确度等级:0.1～0.2;电脑控制
三相四线有功电能表	DT862,DT864	过载倍数:2～4;准确度等级:1.0,2.0
三相三线有功电能表	DT862,DT864	过载倍数:2～4;准确度等级:1.0,2.0
三相四线无功电能表	DX862,DX864	过载倍数:2～4;准确度等级:2.0,3.0
三相三线无功电能表	DX863,DX865	过载倍数:2～4;准确度等级:2.0,3.0
三相三(四)线电子式有功电能表	DTS309,DSS309	过载倍数:4;准确度等级:0.5,1.0
三相三线有功电能表	DS46	准确度等级:0.5
三相三线有功电能表	DS862	过载倍数:4;准确度等级:2.0
三相三线有功电能表	DS864	过载倍数:2～4;准确度等级:1.0
三相三线无功电能表	DX865	过载倍数:2～4;准确度等级:3.0
三相三线嵌入式脉冲有功电能表	DS862—K	过载倍数:2～4;准确度等级:2.0
三相三线嵌入式脉冲有功电能表	DS864—K	过载倍数:2～4;准确度等级:1.0
三相四线有功电能表	DT864	过载倍数:2～4;准确度等级:1.0

续表

产品名称	型　号	规　　格
三相四线嵌入式有功电能表	DT864 系列	过载倍数:2~4;准确度等级:2.0
三相四线无功电能表	DX862	过载倍数:2~4;准确度等级:3.0
三相四线无功电能表	DX863	过载倍数:2~4;准确度等级:2.0
三相四线无功电能表	DX864	过载倍数:2~4;准确度等级:2.0
三相四线嵌入式无功电能表	DX862—K	过载倍数:2;准确度等级:3.0(止逆)
三相四线嵌入式无功电能表	DX863—K	过载倍数:2~4;准确度等级:2.0(止逆)
三相四线嵌入式无功电能表	DX864—K	过载倍数:2~4;准确度等级:2.0(止逆)
三相四线嵌入式无功电能表	DX865—K	过载倍数:2;准确度等级:3.0(止逆)
三相四线有功脉冲电能表	DT862	过载倍数:2~4;准确度等级:1.0
三相四线嵌入式有功脉冲电能表	DT862	过载倍数:2;准确度等级:2.0
三相三线有功电能表(互感式)	DS310 系列	准确度等级:0.5~1.0
三相三线有功电能表	DS862 系列	准确度等级:2.0
三相三线无功电能表(互感式)	DX310 (AS31R)	准确度等级:2.0
三相三线无功电能表(互感式)	DS865—2	准确度等级:3.0
三相四线有功电能表	DT862 系列	标定电流(A):1.5~100;准确度等级:2.0
三相四线无功电能表	DX862 系列	过载倍数:2~4;准确度等级:3.0

续表

产品名称	型　号	规　　格
三相三线有功电能表	DS862	过载倍数:4;准确度等级:2.0
三相三线无功电能表	DX865	过载倍数:2;准确度等级:3.0
三相四线无功电能表	DX862	过载倍数:2;准确度等级:3.0
三相三线有功电能表	DS864 系列	过载倍数:2~4;准确度等级:1.0
三相三线无功电能表	DX863—2,DX863—4	过载倍数:4;准确度等级:2.0
三相三线无功电能表	DX865—2,DX865—4	过载倍数:2;准确度等级:3.0
三相四线有功电能表	DT864 系列	过载倍数:2~4;准确度等级:1.0
三相四线无功电能表	DX862 系列	过载倍数:2~4;准确度等级:2.0~3.0
三相脉冲电能表	DM86 系列	过载倍数:2~4
三相三线有功电能表	DS862	过载倍数:2~4;准确度等级:2.0
三相三线有功电能表	DS864	过载倍数:4;准确度等级:1.0

注:三相电能表的生产厂家主要有:德力西集团仪器仪表有限有公司,哈尔滨电表仪器有限责任公司,杭州西子集团有限公司,杭州华隆电子技术有限公司,华立仪表集团股份有限公司,青岛电度表厂,江苏林洋电子有限公司,宁波三星科技股份有限公司,上海金陵智能电表有限公司,无锡威达电工仪表有限公司,吴忠仪表集团宁光电工有限公司,浙江正泰仪器仪表公司,长沙电表厂,长沙旭华电表厂,长沙威胜电子公司,哈尔滨电度表公司,贵阳永江仪表厂,兰州长新电表厂,南京三能电力仪表公司,吉林江北机械厂,江阴市长仪公司,山东菏泽仪表厂,苏州仪表总厂,上海环球电表公司,天津三达电气公司,无锡华力电器有限公司,许昌市许继仪表有限公司,天津市腾马电表厂,浙江仪表厂,扬州市扬子电表厂,天正集团仪器仪表总公司,上海大华测控设备公司,瑞安市仪表厂,溧阳市电子仪器厂,宁夏电机有限责任公司银川电表厂,常州丸山电器设备有限公司,国营双吉机械厂,北京第三电表厂,深圳浩宁达电能仪表公司,深圳市科陆电子科技公司,四川启明星蜀达电气公司,天津新巨升电子公司,河南金雀电气公司,河南思达高科技股份有限公司,北京无线电技术研究所,深圳浩宁达电能仪表公司。

表 7-29 多费率电能表型号规格及生产厂

产品名称	型　号	规　　格
三相三线复费率电能表	DSZF 系列	准确度:0.5～2.0(有功);2.0～3.0(无功)
三相四线复费率最大需量电能表	DTZF 系列	机电式;准确度等级:0.5～2.0(有功);2.0～3.0(无功)
单相电子式复费率电能表	DDSF607 系列	过载倍数:4;准确度等级:1.0,2.0
三相电子式多费率电能表	DTSF607,DSSF607 系列	准确度等级:1.0,2.0;过载倍数:4
三相三线三费率有功电能表	DS246xhtf3	过载倍数:4;准确度: ±1%
三相三线多费率智能电能表	DSF932L	过载倍数:4;准确度: ±2%
三相三线多费率智能电能表	DSF933L	过载倍数:4;准确度: ±0.5% ～1%
三相三线最大需量多费率智能电能表	DSZF932L	过载倍数:4;准确度: ±2%
三相三线最大需量多费率智能电能表	DSZF933L	过载倍数:4;准确度: ±1%
三相三线最大需量多费率智能电能表	DSZF938L	过载倍数:4;准确度: ±2%
三相三线最大需量多费率智能电能表	DSZF939L	过载倍数:4;准确度: ±0.5% ～ ±1%
三相电子式复费率电能表	DSF256 系列	过载倍数:2～4;准确度等级:1.0
三相电子式多费率电能表	DTSF256 系列	过载倍数:4～6;准确度等级:1.0,2.0
三相四线双费率有功电能表	DT246Xhdf3	过载倍数:4;准确度: ±1%
三相四线多费率智能电能表	DTF933L	过载倍数:4;准确度: ±0.5% ～ ±1%
三相三线最大需量复费率电能表	DSZF241al	过载倍数:2～6;准确度等级:2.0

续表

产品名称	型　号	规　　格
三相四线最大需量复费率电能表	DTZF241al	过载倍数:2 ~6;准确度等级:2.0
三相三线最大需量复费率电能表	DSZF246al	过载倍数:2 ~6;准确度等级:1.0
三相四线最大需量复费率电能表	DTZF241al	过载倍数:2 ~6;准确度等级:0.5
三相三(四)线无功最大需量复费率电能表	DXZF24a/DXZF24b	过载倍数:2 ~6;准确度等级:2.0
电子式单相多费率电能表	DDSF105 系列	过载倍数:4 ~6;准确度等级:2.0;红外抄表
电子式红外多费率电能表	DDS105FR	过载倍数:4 ~6;准确度等级:1.0
IC 卡/红外兼容式复费率电能表	DDYF101—4R	过载倍数:4;准确度等级:2.0
单相多费率电能表	DDF101	过载倍数:2 ~6;准确度等级:1.0,2.0
三相多费率电能表	DTF931 Ⅰ,DSF931 Ⅰ	过载倍数:4;准确度等级:1;电能计量误差: $\leqslant \pm [0.02\% E \pm 2 \times 10^{-(a+1)}]$
单相复费率电能表	DDSF580HB	
单相复费率电能表	DDSF580	
单相电子式复费率电能表	DDSF111	过载倍数:4 ~6;准确度等级:1 ~2
三相多功能多费率电能表	D58	过载倍数:2 ~4;准确度等级:2.0
三相多功能多费率电能表	D68	过载倍数:2 ~4;准确度等级:1.0
单相多费率电能表	DDF68	准确度等级:2.0
三相多费率电能表	DTF68	准确度等级:1.0,2.0
三相多费率电能表	DSF68	准确度等级:1.0,2.0

续表

产品名称	型 号	规 格
电子式三相三线多费率有功电能表	DSSF71	过载倍数:4～6;准确度等级:1.0,2.0
电子式三相四线多费率有功电能表	DTSF71	过载倍数:4～6;准确度等级:1.0,2.0
电子式单相多费率有功电能表	DDSF871	过载倍数:4～10;准确度等级:1.0,2.0
机电式三相四线多费率有功电能表	DTF272	过载倍数:4;准确度等级:2.0
机电式单相多费率电能表	DDF272	过载倍数:4～6
单相多费率电能表	DDF188	过载倍数:4;准确度等级:2.0
三相三线有功多费率(多功能)电能表	DSF188	过载倍数:2～4;准确度等级:1.0
三相三线无功多费率多功能电能表	DXF158	过载倍数:2～4;准确度等级:2.0
三相三线无功多费率(多功能)电能表	DTF168	过载倍数:2～4;准确度等级:2.0
三相四线无功多费率(多功能)电能表	DXF168	过载倍数:2～4;准确度等级:3.0
复费率最大需量电能表	DSZF9	过载倍数:2～4;准确度等级:1.0～2.0
三相复费率电能表	DTSF122	过载倍数:2～5;准确度等级:1.0,2.0
三相复费率电能表	DSSF122	过载倍数:2～5;准确度等级:1.0,2.0
单相复费率电能表	DDSF22	过载倍数:4～5;准确度等级:1.0,2.0

续表

产品名称	型　号	规　　格
单相复费率预付费电能表	DDSY22—Y	过载倍数:4~5;准确度等级:1.0,2.0
三相电子式多费率有功无功组合电能表	DSSF(X)系列,DTSF系列	准确度等级:0.5~2(有功);1~3(无功)
单相电子式多费率电能表	DDSF系列	准确度等级:1,2
三相电子式预付费电能表	DTSY系列	准确度等级:0.5~2;防窃电
单相电子式预付费电能表	DDSY系列	准确度等级:1~2;防窃电
单相复费率电能表	DDF99A1	寿命≥10年
单相静止式复费率电能表	DDSF200系列	过载倍数:4~6;准确度等级:1~2
电子式三相三线复费率电能表	DSZF系列	
三相三线复费率电能表	DSSF22A—Z	电子式;过载倍数:2~5
三相三线复费率电能表	DTSF22A—Z	电子式;过载倍数:2~5
单相电子式多费率电能表	DDSF666	准确度等级:1
单相电子式多费率电能表	DDSD666	过载倍数:4~6;准确度等级:1,2
单相多费率电能表	DDF666	过载倍数:4~6;准确度等级:2
单相电子式多费率电能表	DDSF666—1	过载倍数:4~6;准确度等级:1~2
三相三线有功复费率电能表	DSF192,DSF292	过载倍数:2~4;准确度等级:1~2
三相四线有功复费率电能表	DTF192,DTF292	过载倍数:2~4;准确度等级:1~2
复费率预付费电能表	DDFY系列	基本误差:±2%
三相复费率电能表	DSF,DTF,DXF系列	
三相三线、三相四线有功复费率电能表	DTF57,DSF57	准确度等级:1.0,2.0
三相三线复费率电能表	DSSF12	电子式;过载倍数:1.2;准确度等级:0.5~1

续表

产品名称	型　号	规　　格
三相三线多费率需量有功电能表	DZF—200	过载倍数:2 ~4;准确度等级:1.0 ~2.0
三相三线复费率需量无功电能表	DZF—220	过载倍数:2 ~4;准确度等级:2.0 ~3.0
三相四线复费率需量有功电能表	DZF 系列	过载倍数:2 ~4;准确度等级:2.0
复费率电能表	DF1—1C 系列	过载倍数:2 ~4;准确度等级:0.5 ~2.0(有功);2.0 ~3.0(无功)
单相复费率电能表	DFD862a	准确度等级:2.0
三相复费率有功电能表	DSF103,DTF104	过载倍数:4;准确度等级:1.0
三相三线有功多费率(多功能)电能表	DSZF931M	过载倍数:4;准确度等级:1.0
三相四线多费率有功电能表	DTF930M	过载倍数:2 ~4;准确度等级:1.0
三相四线复费率电能表	DTF162	
单相电子式多费率电能表	DDSF43 系列	过载倍数:4;准确度等级:1.0,2.0
电子式三相多费率电能表	DTSF43,DSSF43 系列	过载倍数:4 ~6;准确度等级:1.0,2.0
三相三线有功多费率(多功能)电能表	DSF92	过载倍数:2;准确度等级:1.0
三相三线多费率电能表	DSZF931C	过载倍数:2;准确度等级:1.0
三相四线多费率有功电能表	DTF93	
三相三线多费率有功电能表	DSF98	过载倍数:2
三相三线多费率无功电能表	DXF98	过载倍数:2

续表

产品名称	型　号	规　　格
三相四线多费率有功电能表	DTF98	过载倍数:4
三相三线复费率电能表	DSF932H	过载倍数:4;时段转换准确度小于0.1s
三相三线复费率电能表	DSF933H	过载倍数:4;时段转换准确度小于0.1s
三相四线复费率电能表	DTF932H	过载倍数:4
三相多功能多费率电能表	DSD79 系列	过载倍数:4;准确度等级:1.0
三相三线有功多费率电能表	DSD18	过载倍数:2~4;准确度等级:1.0
单相复费率电能表	DDF309	过载倍数:4;准确度等级:2.0
单相电子式复费率电能表	DDSF309	准确度等级:1.0,2.0;过载倍数:4
三相多费率电能表	DTF932D,DSF933D	过载倍数:4
三相三线有功多费率(多功能)电能表	DSF930E	过载倍数:2~4;准确度等级:2.0
三相三线有功多费率(多功能)电能表	DSF931E	过载倍数:2~4;准确度等级:1.0
三相四线复费率电能表	DTF931E	过载倍数:2~4;准确度等级:1.0
三相四线复费率有功电能表	DTF930E	过载倍数:2~4;准确度等级:1.0
三相三线复费率多功能电能表(机电式)	DSF936—9	过载倍数:2~4;准确度等级:0.5~2.0
三相四线复费率多功能电能表	DTF936—8	机电式:过载倍数:2~4;准确度等级:2.0
三相三线多费率电能表	DZF88 系列	过载倍数:2~4;准确度等级:2.0
三相复费率电能表	DF88 系列	过载倍数:2~4;准确度等级:1.0
三相三线有功多费率(多功能)电能表	DSF864	过载倍数:4;准确度等级:1.0

续表

产品名称	型　号	规　　格
三相四线复费率有功电能表	DTF862,DTF864	过载倍数:2～4;准确度等级:1.0～2.0
最大需量多费率电能表	DSZF939T	过载倍数:2～4
多费率电能表	DTF932T,DSF933T	过载倍数:2～4;准确度等级:1.0
三相三线多费率有功电能表	DSF53—864	过载倍数:2～4
三相四线多费率有功电能表	DTF53	过载倍数:2～4
三相四线多费率无功电能表	DXF53	过载倍数:2～4
三相三线多费率有功电能表	DSZF932R	过载倍数:2～4;准确度等级:1.0
三相四线多费率有功电能表	DTF932R	过载倍数:2～4;准确度等级:1.0
单相电子式复费率电能表	DDSF256 系列	过载倍数:4～6;准确度等级:1.0,2.0
三相三线有功复费率电能表	DSF86 系列	过载倍数:4～6;准确度等级:1.0,2.0
三相四线有功复费率电能表	DTF86 系列	过载倍数:2～4;准确度等级:1.0,2.0

注:多费率电能表主要生产厂家:哈尔滨电表仪器公司,德力西集团仪器仪表公司,长沙威胜电子公司,杭州西子集团公司,河南金雀电气公司,苏州仪表总厂,无锡华力电器公司,许昌市许继仪表公司,扬州市扬子电表厂,天津三达电气公司,浙江省缙云仪表厂,浙江仪表厂,沈阳电表厂,上海环球电表公司,天正集团仪器仪表公司,上海大华测控设备公司,上海第六电表厂,山东菏泽仪表厂,瑞安市电表厂,南通市金城电力仪表厂,南京三能电力仪表公司,溧阳市电子仪器厂,兰州长新电表厂,江阴市长仪集团公司,长沙电表厂,深圳市科陆电子科技公司,浙江正泰仪器仪表公司,吴忠仪表集团宁光电工有限公司,无锡威达电工仪表公司,天津市新巨升电子公司,四川启明星蜀达电气公司,重庆川仪南坪分公司,北京第三电表厂,长沙电表厂,河南思达高科技公司,华立仪表集团,江苏林洋电子公司,宁波三星科技公司,上海金陵智能电表公司等。

表 7-30 多功能电能表的型号规格及生产厂

产品名称	型号	规格
三相三线多功能交流电能表	DSSD331	电子式;过载倍数:4;准确度等级:0.5
三相三线多功能交流电能表	DTSD341	电子式;过载倍数:4;准确度等级:0.5~1(有功);2.0(无功)
三相电子式多功能电能表	DTSD607,DSSD607 系列	过载倍数:4;准确度等级:有功 0.5,1.0,2.0;无功 2,3
多功能电能表	DSD246	0.5 级
电子式三相多功能电能表	DS(T)103 系列	过载倍数:2~4;准确度等级:1.0(有功),2.0(无功)
电子式三相多功能电能表	DS(T)SD103Fx 系列	过载倍数:2~4;准确度等级:0.5,1.0,2.0
多功能电能表	DTF 系列	DTF862—2D,DTF867—4D,DTF864—2D,DTF864—4D
多功能电能表	DSF 系列,DXF 系列	DSF862—2D,DSF862—4D,DSF864—2D,DSF864—4D,DXF863—2D,DXF863—4D,DXF865—2D,DXF865—4D
多功能电能表	DXF 系列	DXF872—2D,DXF872—4D,DXF874—2D,DXF874—4D
电子式三相多功能电能表	DSSD5,DTSD5	过载倍数:2~4
三相多功能电能表	DSD4	过载倍数:2~4;电能计量误差:$\leq\pm[0.02\%E\pm2\times10^{-(a+1)}]$
三相多功能电能表	D581X 系列	每天四种费率,10 个时段
电子式三相多功能电能表	DSSD71,DTSD71	过载倍数:2~4;准确度等级:0.5~1(有功);2.0(无功)
三相四线有功多功能电能表	DTD932P	过载倍数:2~4;准确度等级:1.0

续表

产品名称	型　号	规　　格
三相三线有功多功能电能表	DSD933P	过载倍数:2～4;准确度等级:1.0
多功能电能表	DSD9	过载倍数:2～4;准确度等级:1.0～2.0
三相多功能电能表	DSSD22—S	过载倍数:4～5;准确度等级:0.5～1(有功);2.0(无功)
三相多功能电能表	DTSD22—S	过载倍数:4～5;准确度等级:0.5～1(有功);2.0(无功)
多功能电能表	DSD5	
三相电子式多功能电能表	DSD256 系列	过载倍数:2～4;准确度等级:有功1.0,无功2.0
三相多功能电能表	DTSD22—D	过载倍数:4～5;准确度等级:0.5～1(有功);2.0(无功)
三相电子式多功能电能表	DSSD 系列,DTSD 系列	DSSD718, DSSD719, DSSD720, DSSD719B, DSSD720B; DTSD718, DTSD719, DTSD720, DTSD719B, DTSD720B
单相电子式多功能电能表	DDSD 系列	准确度等级:1.0,2.0
三相电子式多功能电能表	DS(T)SD99A 系列	过载倍数:4～6;准确度等级:0.5～1(有功);2.0(无功)
三相有功多功能电能表	DSD2100QDA	准确度等级:0.5,1.0
三相三线多功能电能表	DSSD22	电子式;过载倍数:2～5
三相三线多功能电能表	DTSF22A—X	电子式;过载倍数:2～5
三相三线电子多功能电能表	DSSD666	准确度等级:有功0.5,1.0;无功2.0

续表

产品名称	型　号	规　　格
三相三线电子多功能电能表	DTSD666	准确度等级:有功0.5,1.0;无功2.0
多功能电能表	DSD933K	准确度等级:1.0;符合标准:JB/T7656—95
三相四线有功多功能电能表	DTD938J	过载倍数:2~4;准确度等级:2.0
三相三线有功多功能电能表	DSD939J	过载倍数:2~4;准确度等级:1.0
智能数字多功能电能表	KPY—0801	电子式;过载倍数:4;准确度等级:1(有功),2.0(无功)
电子式三相多功能电能表	DTSD43/DSSD43 系列	过载倍数:4~6;准确度等级:有功0.5或1.0,无功2.0
三相四线有功多功能电能表	DTD18	过载倍数:2~4;准确度等级:2.0
三相三线无功多功能电能表	DXD18	过载倍数:2~4;准确度等级:2.0
三相三线(四线)多功能复费率电能表	DSF309/DTF309	过载倍数:2~4;准确度等级:1.0,2.0
三相多功能电能表	DTD118, DSD118, DXD118	
多功能电能表	DTD932K	准确度等级:2.0

注:上述多功能电能表的生产厂家:德力西集团仪器仪表有限公司,哈尔滨电表仪器有限责任公司,杭州华隆电子技术有限公司,杭州西子集团有限公司,河南金雀电气股份有限公司,江苏林洋电子有限公司,青岛电度表厂,上海金陵智能电表有限公司,深圳市科陆电子科技公司,天津市新巨升电子工业公司,辽宁省科东电子公司,四川启明星蜀达电气有限公司,浙江正泰仪器仪表有限责任公司,南京三能电力仪表有限公司,上海第六电表厂,上海环球电表有限公司,天津三达电气有限公司,上海精密科学仪器有限公司上表电子仪器厂,天正集团仪器仪表总公司,长沙威胜电力有限公司,吉林江北机械厂,国营双吉机械厂,无锡市电子计算机厂等。

表 7-31　预付费电能表的型号规格及生产厂

产品名称	型　号	规　　格
单相电子式预付费电能表	DDSY607 系列	准确度等级:1.0,2.0;过载倍数:4
三相电子式预付费电能表	DTSY607,DSSY607 系列	准确度等级:1.0,2.0;过载倍数:4
电卡式预付费单相电能表	DDY101X 系列	过载倍数:2~4;准确度:±2%
电子式 IC 卡预付费单相电能表	DDYF101—4	过载倍数:4~6;准确度等级:1.0,2.0
单相预付费电能表	DDY102	过载倍数:2~4;准确度等级:2.0
单相预付费电能表	DDY53	电能计量特性和使用条件与 DD862a 型单相电能表完全相同;最大装入量(kW·h):9999
预付费电能表	DDK580 系列	
单相电子式预付费电能表	DDSY111	过载倍数:4~6;准确度等级:1,2
单相预付费电能表	DDY28	准确度等级:2.0
电子式单相预付费有功电能表	DDSY72	准确度等级:1.0,2.0;过载倍数:4
单相机电式预付费有功电能表	DDY272	准确度等级:2.0;过载倍数:4
三相机电式预付费有功电能表	DTY72	准确度等级:2.0;过载倍数:4
单相预付费电能表	DDSY22	准确度等级:1.0,2.0;过载倍数:4~5
三相预付费电能表	DTSY22	准确度等级:1.0;过载倍数:4~5
三相预付费电能表	DSSY22	准确度等级:1.0;过载倍数:4~5
有功静止式预付费电能表	DDSF200 系列	过载倍数:2~4;准确度等级:1.0
单相预付费电能表(感应式)	DDY862—4	过载倍数:4
三相四线有功预付费电能表	DTY862—4	过载倍数:2~4
单相预付费电能表	DDYS22A	过载倍数:5;电子式

续表

产品名称	型　号	规　　格
三相三线预付费电能表	DSY22A	电子式;过载倍数:2 ~5
三相三线预付费电能表	DTYS22A	电子式;过载倍数:2 ~5
三相预付费电能表	DTY150 系列	过载倍数:4;准确度等级:2.0
单相预付费电能表	DDY150 系列	过载倍数:2 ~4;准确度等级:2.0
单相电子式预付费电能表	DDSY666	过载倍数:4 ~6;准确度等级:1,2
IC 卡预付费电能表	DTY—143 系列,DSY—143 系列	过载倍数:2 ~4;准确度等级:2.0
机电式 IC 卡预付费单相电能表	DDY47	准确度等级:2.0
机电式 IC 卡预付费三相电能表	DTY57	准确度等级:1.0,2.0
单相电子式 IC 卡预付费电能表	DDSY47	准确度等级:1.0,2.0
单相预付费电能表	DDSY12	过载倍数:4;电子式
单相电子式预付费电能表	DDSY—155	准确度等级:1.0,2.0
单相预付费电能表	DDY11 (DDY11)	过载倍数:2 ~4;准确度等级:2.0
三相预付费电能表	DY11 系列	过载倍数:2 ~4;准确度等级:1.0 ~2.0
单相预付费电能表	DDY35	准确度等级:2.0;过载倍数:2 ~4
单相电子式预付费电能表	DDSY43	过载倍数:4 ~6;准确度等级:1.0,2.0
三相电子式预付费电能表	DTSY43	过载倍数:4;准确度等级:1.0,2.0
单相预付费电能表	DDK—1	过载倍数:2 ~4
单相预付费电能表	DDY309	过载倍数:4 ~5
单相预付费电能表	DDY108	过载倍数:4;准确度等级:2.0

续表

产品名称	型　号	规　　格
三相三线预付费电能表	DSY108	过载倍数:4;准确度等级:2.0
三相四线预付费电能表	DTY108	过载倍数:4;准确度等级:2.0
单相电子式预付费电能表	DDSY256 系列	过载倍数:4～6;准确度等级:1.0,2.0
三相电子式预付费电能表	DTSY256 系列	过载倍数:2～4;准确度等级:1.0,2.0

注:生产厂家有德力西集团仪器仪表公司,哈尔滨电表仪器公司,杭州西子集团公司,河南金雀电气公司,河南思达高科技公司,华立仪表集团,江苏林洋电子公司,深圳浩宁达电能仪表制造公司,天津新巨升电子工业公司,吴忠仪表集团宁光电工公司,浙江飞跃仪器仪表公司,浙江正泰仪器仪表公司,安徽天康集团天长市仪表厂,北京第三电表厂,北京无线电技术研究所,大庆油田自动化仪表公司,福建省龙溪仪表厂、江阴市长仪集团公司,南京三能电力仪表公司,上海大华测控设备公司,上海环球电表公司,天津市腾马电表厂,天正集团仪器仪表公司。

表 7-32　电能表集中抄表系统的型号规格及生产厂

产品名称	型　号	规　　格
三相电表通用参数管理系统及预付费管理系统	WS301 系列	
电子式 IC 卡电能表付费管理系统	WS001—V_X	
低压电力载波抄表系统	WH810	
内置电话抄表系统	WH803—1	
低压电力线远程载波集中抄表系统		
远程电能表集中抄表系统	CMGZ(CCGZ)	准确度等级:1.0,2.0
机井管理自动收费系统	JYK02	任何时候断电,所有运行数据都被保存在固态存储器中,保存时间大于10年
智能集中抄表系统	CCLL020—1	抄表数量:推荐192只,理论最大值521只

续表

产品名称	型　号	规　　格
集中抄表系统	DPLC	保存至少100个抄表周期的数据(800只电能表)
预付费售电计算机网络系统	YSDJ—5W	管理范围:1 000 000户
预付费售电机及管理系统	YSDJ—5	管理范围:50 000户
集中抄表系统	CCGZ127—1	抄表数量:标准配置600只,可扩展至2 000只;抄表精度:<0.01°
多功能表抄读系统(红外)	HWZ—2002系列	可抄读50只多功能表
多功能表抄读系统(无线)	WXD2002	可抄读50只多功能表
水、电、气远程自动抄表系统	DAX43	
无线抄表系统	Super RF	一次可以抄收8 000只以上的水电气表
远程抄表系统	HQ	采集器可抄18只表,集中器可带144只采集器
电力线载波集中抄表系统	DZJ126,DDSⅠ126	过载倍数:4
集中抄表系统		
低压电力线自动抄表(集抄)系统		

注:生产厂家有长沙威胜电子公司,哈尔滨电表仪器公司,华立仪表集团,江苏林洋电子公司,四川启明星蜀达电气公司,吴忠仪表集团,浙江正泰仪器仪表公司,南京三能电力仪表公司,上海环球电表公司,扬州市扬子电表厂,天正集团仪器仪表总公司等。

7.2.7 现代抄表技术

1. 自动（集中）抄表系统的定义

自动（集中）抄表系统是指由主站通过传输媒体（无线、有线、电力线载波等信道或IC卡等介质）将多个电能表电能量的记录（窗口值）信息自动抄读的系统。

该系统主要由采集用户电能表电能量信息的采集终端（或采集模块）、集中器、信道和主站设备等组成。集中器数据可通过信道远距离传送到主站或IC卡等介质，集中抄收后输入到主站计算机。

2. 自动（集中）抄表系统主要用途

（1）解决抄表难的问题：由于多数电能表安装在有安全门的楼道内，人工抄表极为不便。特别是城乡电网改造完成后，居民用户实行一户一表，电力企业管理的电能表数量剧增，给供电公司抄收工作带来巨大的压力。而自动抄表系统则能彻底解决这一问题。

（2）提高电力企业现代化管理水平：自动抄表系统可实现对中、小动力用户、居民客户电能计量数据的实时采集，通过对数据的处理、分析，完成电费的及时结算和线损分析。还可为国家、电力行业制定电价政策、进行配网规划、完成电力需求侧管理提供科学依据。

（3）提高电力系统防窃电能力：自动抄表系统可实时监视客户的用电情况。通过对异常用电分析，供电部门可有针对性检查客户用电情况，提高供电系统防窃电能力。

3. 自动（集中）抄表系统技术要求

（1）对远程自动抄表系统的功能要求：

①远程抄表功能。通过实时采集、定时巡测等方式，读取各时段客户的用电量等数据。

②综合分析功能。利用计算机系统，显示用电曲线、负荷曲线、电流曲线等，分析线损、用电状况等。

③系统管理功能。利用GPS对所有终端进行时间核对，保证在同一刻抄表。通过下达指令，设定电能表分时计费的各个时段。各终端能自动进行故障诊断，系统及时进行故障定位。

（2）远程自动抄表系统的性能要求：

①系统的实时性。迅速读取某一时间各电能表电量等实时计量数据，并

可定时读取保存在各电能表中的各时段计量数据。

②系统的可靠性。系统具有较高的可靠性，正常情况下一次抄表成功率在95%以上，供电公司接收数据的准确率达100%。

③系统的开放性。系统采用国家标准的通信规约，采用通用的操作系统和商用数据库系统，便于系统以后的扩展和数据共享，保护系统的投资。

④系统的安全性。系统具有高度的安全性。软件系统具有重要数据备份、操作人员权限设置、操作日志、防病毒系统等；硬件系统具有抗瞬态浪涌、电磁干扰、频率波动、波形畸变等功能。

4. 各种远方抄表方式性能指标比较

（1）远红外手持抄表系统：红外通信方式包括按ⅠrDA标准设计的红外通信口、接触式光学接口、调制型红外接口三种方式。目前在国内的电能表设计中广为采用是调制型红外接口。

（2）电力线载波抄表：利用电力线作为通信介质进行数字通信，无需特殊施工，成本较低廉。随着现代通信技术的发展，电力线载波（电能表）抄表系统为电力系统营销现代化提供了一种方便、可靠性较高的抄表方式。

（3）无线电抄表对于偏远的工业大用户和高空配电表计，可用全球移动（GMS）通信网络的短消息服务（SMS）业务，组成基于GSM网络SMS（短消息服务）的抄表模式。

（4）利用RS485串行口抄表：RS485接口为美国电子工业协会（EIA）数据传输标准，RS485总线式集中抄表是用专用通信线将电能与抄表系统相连实现抄表，通信成功率基本达到100%。

（5）利用有线电视网抄表：有线电视网抄表系统由有线电视台及有线电视网络中心部分、底层公用网络部分、供电局主站系统三部分构成。可分时计量不同费率的电量与总电量，表7－33是各种主要的集中抄表方式的性能指标比较。

表 7-33　各种远方抄表方式性能指标比较表

名称	RS485 总线	车载抄表	有线电视网络	LM 1893	ST 7536	Lon Work	Intel Lon	Turtle System	零相集抄
所属类别	专线	无线	租用信道	窄带载波	窄带载波	扩频载波	扩频载波	超窄频载波	工频载波
安装维护	困难	简单	困难	简单	简单	简单	简单	简单	简单
极限速度	2.5Mbps	不定	极高	4.8kbps	1.2kbps	7kbps	10kbps	极慢	50bps
抄收成功率	100%	100%	100%	<95%	<95%	<95%	<95%	100%	>99%
通信距离	1.2km	300m	—	1km	1km	1km	1km	200km	3km
适用面	一般	小	很小	一般	一般	一般	一般	极广	较广
可靠性	高	一般	高	很低	很低	一般	一般	高	较高
载波频率	—	—	—	50~300kHz	50~90kHz	100~400kHz	100~400kHz	60±1	50
发送功率	0.2mW	>1W	—	2.14W	1.66W	>2.3W	>2.5W	0.01mW	1.5mW
体积	很小	较大	较大	较小	较小	较大	较大	较小	很小
参考价格	200 元	200 元	—	250 元	300 元	700 元	400 元	—	200 元

注：①以上各方式是以家用电表的集中抄表进行的比较。
②所有的方式都参照单表单传模式，一个表含一个功能模块。
③极限速度是指传输一个 Bit 的最快速度，因使用的校验、数据格式、数据量等不同，无法给出抄一个表的具体速度，但此极限速度可以作判断参考。
④抄收成功率是指在不加任何中继的情况下，实际应用中能将所有电表数据都抄到的比率。而非一次抄收成功率。主要是区分重复抄能抄到和重复抄也抄不到的情况。
⑤适用面主要参照该方式的所需外界条件而定。
⑥发送功率是指该方式在发送时所需的功耗，不包括其他辅助电路的功耗，因抄收可靠性不同、抄收的频繁度不同，所以实际的平均功耗也不同。

7.3　电能计量装置

通常我们把电能表、与其配合使用的互感器以及电能表到互感器的二次回路连接线统称为电能计量装置。前面对各种电能表已做了详细介绍，这里不再重复。互感器在 7.4 将做专门介绍。这里着重介绍计量装置配置原则，二次回路的选择，电能计量柜和计量屏（箱）的选择。

7.3.1　电能计量装置的分类

电能计量装置按其所测电量的多少和计量对象的重要程度分为 5 类，如

表 7－34 所示。

表 7－34　电能计量装置技术管理分类

Ⅰ类	月平均用电量500 万 kWh 及以上或变压器容量在10 000kVA 及以上的高压计费用户，100MW 及以上发电机、发电企业上网电量，省网和供电企业间电量交换点及供电关口等
Ⅱ类	月平均用电量100 万 kWh 及以上或变压器容量在2 000kVA 及以上的高压计费用户，100MW 及以上发电机、供电企业间的电量交换点
Ⅲ类	月平均电量10 万 kWh 及以上或变压器容量在315kVA 及以上的高压计费用户，100MW 及以下发电机、发电企业厂（站）用电量，供电企业间内部用于承包考核计量
Ⅳ类	负载容量为315kVA 以下计费用户，发供电企业内部经济技术指标分析考核计量
Ⅴ类	单相供电的电力用户计费计量

7.3.2　电能计量装置配置的基本要求

1. 电能计量装置配置的基本要求

（1）具有足够的准确度。对于高压电能计量装置，不但电能表、互感器的等级要满足《电能计量装置技术管理规程》（DL/T448—2000）的要求，各类电能表、互感器的准确度等级不应低于表 7－35 所示值，而且整套装置的综合误差应满足《电能计量装置检验规程》（SD109—1983）的要求。

表 7－35　准确度等级

电能计量装置类别	准确度等级			
	有功电能表	无功电能表	电压互感器	电流互感器
Ⅰ	0.2S 或 0.5S	2.0	0.2	0.2S 或 0.2*
Ⅱ	0.5S 或 0.5	2.0	0.2	0.2S 或 0.2*
Ⅲ	1.0	2.0	0.5	0.5S
Ⅳ	2.0	3.0	0.5	0.5S
Ⅴ	2.0			0.5S

*0.2 级电流互感器仅在发电机出口电能计量装置中配用。

（2）具有足够的可靠性。要求电能计量装置故障率低，电能表一次使用寿命长，能适应用电负荷在较大范围变化时的准确计量。

(3) 功能能够适应营抄管理的需要。一般情况下，电量计量装置应设置以下基本功能：记录有功、无功（感性及容性）电量，多费率计量，最大需量，失压计时以及为负荷监控系统而设置的脉冲量或数字量传输。具体到某一用户，可以根据供用电合同中关于计量方式的规定，选用其中一部分（或全部）功能。

(4) 有可靠的封闭性能和防窃电性能，封印不易伪造，在封印完整的情况下，做到用户无法窃电。

(5) 装置要便于工作人员现场检查和带电工作。

2. 电能计量装置配置的原则

(1) 贸易结算用的电能计量装置原则上应设置在供用电设施产权分界处，在发电企业上网线路、电网经营企业间的联络线路和专线供电线路的另一端应设置考核用电能计量装置。

对专线供电的高压用户，可在供电变电所的出线侧装表计量；对公用线路供电的高压用户，可在用户受电装置的低压侧计量。

如果不能将电能计量装置设置在供用电设施产权分界处，则在计算电费时考虑用户应承担的线路损耗和变压器损耗。

变电所的计量点应设置在所有输入电能线路的入口处和所有输出电能线路的出口处。在变电所内部用电的线路或变压器上也应设置计量点。

低压用户和居民用户的计量点应设置在进户线附近的适当位置。

(2) Ⅰ、Ⅱ、Ⅲ类贸易结算用电能计量装置应按计量点配置计量专用电压、电流互感器或者专用二次绕组，电能计量专用电压、电流互感器或专用二次绕组及其二次回路不得接入与电能计量无关的设备。

电能计量二次回路，除可接入电压失压计时器外，不得接入其他用途的测量器仪表。

(3) 对于Ⅰ类计量装置，在设计中应考虑安装主、副两套准确度等级相同或不相同的电能表。当采用准确度等级不同的电能表时，主表原则上应为准确度等级高的表，并应以合同的形式明确。

对安装了主、副电能表的电能计量装置，主、副电能表应有明确的主、副标志，运行中主、副电能表不得随意调换，两只表记录的电量应同时抄录。对主、副表的现场检验和周期检定要求相同。

(4) 35kV 以上贸易结算用电能计量装置中电压互感器二次回路，应不装设隔离开关辅助接点，但可装设熔断器；35kV 及以下贸易结算用电能计量装置中电压互感器二次回路，应不装没隔离开关辅助接点和熔断器。

由于 35kV 以上电网的短路容量大，二次侧必须有熔断器保护，以免造成主设备事故。35kV 以下电网的短路容量小，可以不装熔断器。

（5）安装在用户处的贸易结算用电能计量装置，10kV 及以下电压和 35kV 电压供电的用户，应配置全国统一标准的电能计量柜或电能计量箱。

（6）贸易结算用高压电能计量装置应装设电压失压计时器。未配置计量柜（箱）的，其互感器二次回路的所有接线端子、试验端子应能实施铅封。

（7）互感器二次回路的连接导线应采用铜质单芯绝缘线。对电流二次回路，连接导线截面积应按电流互感器的额定二次负荷计算确定，至少应不小于 $4mm^2$。对电压二次回路，连接导线截面积应按允许的电压降计算确定，至少应不小于 $2.5mm^2$。

（8）互感器实际二次负荷应在 25% ~100% 额定二次负荷范围内；电流互感器额定二次负荷的功率因数应为 0.8 ~1.0；电压互感器额定二次功率因数应与实际二次负荷的功率因数接近。

（9）电流互感器额定一次电流的确定，应保证其在正常运行中实际负荷电流达到额定值的 60% 左右，至少应不少于 30%。否则应选用高动热稳定电流互感器以减少变比。

（10）Ⅰ、Ⅱ类用于贸易结算的电能计量装置中电压互感器二回路电压降应不大于其额定二次电压的 0.2%；其他电能计量装置中电压互感器二次回路电压降应不大于其额定二次电压的 0.5%。

（11）经电流互感器接入的电能表，其基本电流（标定电流）不宜超过电流互感器额定二次电流的 30%，其额定最大电流应为电流互感器额定二次电流的 120% 左右。直接接入式电能表的基本电流（标定电流）应按正常运行负荷电流的 30% 左右进行选择。为提高低负荷计量的准确性，应选用过载（宽量倍数）4 倍及以上的电能表。

（12）执行功率因数调整电费的用户，应安装能计量有功电量、感性和容性无功电量的电能计量装置；按最大需量计收基本电费的用户应装设具有最大需量计量功能的电能表；实行分时电价的用户应装设复费率电能表或多功能电能表。

（13）带有数据通信接口的电能表，其通信规约应符合《多功能电能表通信规约》（DL/T645—1997）的要求。

当需要进行数据传输时，应装设 RS232 接口或 RS485 串行接口。由于脉冲在数据传输过程中可能会丢失，而 RS232 接口只能“一对一”，一台设备只能与一台设备通信，通信距离近，只能达几十米，因此一般情况下应尽可能采用 RS232 接口。RS485 接口有“一对多”特性，一台设备可与多台设备联网通信，传输距离较远，可达 1km 以上，因此需要多点通信时，应选择 RS485 接口。

（14）具有正、反向送电的计量点应装设计量正向和反向有功电量以及四象限无功电量的电能表。

具有正、反向送受电的电能计量点，推荐分别装设 2 只有功、无功合一的电能表，一只计量正向有功电量并带有计量感性和容性无功电量的电能表，另一只计量反向有功电量并带有计量感性和容性无功电量的电能表；也可以装设一只具有计量上述电量功能的四象限电能表（即具有功正、反向；无功正向感性、容性；无功反向感性、容性）。

7.3.3 二次回路的选择

（1）二次回路必须使用铜质单芯绝缘导线，转动部分必须有足够长的裕度，低压电能表和电流互感器二次回路导线截面至少不得小于 $2.5mm^2$。

（2）二次回路中，均不得装设熔断器及切换开关，且中间不允许有接头。因为熔断器、切换开关及导线接头存在较大的接触电阻，且常随接触的紧密度和接触面是否洁净而有变化，尤其当运行期较长时，阻值都有增加，使计量准确性得不到保证。

（3）Ⅲ类及以上计量装置的二次回路中，宜装有能加封的专用接线端子盒，安装位置应便于现场带电工作。

电能表专用接线盒应具有带负荷现场校表（不漏计电量）、带负荷换表、防窃电三种功能，要求其性能是阻燃、耐压强度高（各端子间应能承受交流 2 500V/1min），绝缘电阻高（用 1 000V 摇表，绝缘电阻不小于 30MΩ），通流容量大（电流回路连接片通 10A、电压回路连接片通 5A 情况下能可靠断开或闭合），并要求热稳定性能达到相应的规定值。接线盒类型有 PJ 型接线式和 FY 型插接式两种。

7.3.4 电能计量柜和电能计量屏（箱）的选择

1. 电能计量柜的选用原则

根据国家和电力行业电能计量装置设计规范，以及《电能计量装置技术管理规程》（DL/T448—2000）的规定，电力客户处的电能计量装置，应配置符合《电能计量柜》（GB/T16934—1997）规定的电能计量柜。

计量柜选用的基本原则如下：

（1）按配电装置进出线方式（架空线或电缆）和方向（上进、下进、左进或右进）选择一次接线方案，确定计量柜的型号。

（2）对6－35kV的客户配电室，当采用屋内配电装置，且为成套开关柜时，应采用相同电压等线的整体式电能计量柜，并应布置在进线开关柜之后（即第二柜）。

对个别6～10kV不设进线断路器，而采用户外跌落式熔断器的配电室，计量柜可面置在第一柜。

（3）当客户配电所采用双电源供电时，在每个电源回路均应设置计量柜。

（4）对于已建成的用户配电室，当进行计量改造时；或新建用户配电室因场地狭小、计量柜装设困难时，可以采用电能计量装置和普通的测量保护用电压互感器合一的PJⅠ－10D型整体式电能计量柜。

（5）0.38kV低压整体式电能计量柜的装设位置可分以下三种方式：

当客户负荷较大、设有单独的低压进线开关柜时，计量柜应布置在进线柜之后（即第二柜）。

当客户负荷较小，没有单独的进线开关柜，可采用内设进线开关的电能计量柜。此时，计量柜布置在第一柜。

当客户负荷很小，可以采用带有进线开关和馈线开关的计量柜，而不再设置其他配电柜。此时电能计量柜独立安装。

（6）下列情况可以装设分体电能计量柜：35kV以上电压等级的电力用户。0.38－35kV电压等级的电力用户，当装设整体式电能计量柜困难时；或者为便于维护管理、且客户处设有专人值班的集中控制室或具有便于维护的场所者，可采用分体式计量柜。分体式电能计量柜应根据安装位置选择与配电开关柜相协调或独立安装的形式。

（7）当采用分体式电能计量柜时，若配电装置采用成套开关柜，则需配备相应的互感器柜；若配电装置为装配式结构，则需装设相应的满足准确度等级要求的电流、电压互感器。

(8) 居民用电能计量装置应配置于符合要求的计量箱内。

2. 电能计量屏（箱）的选择

(1) 计量屏（箱）的设计应符合国家有关标准、电力行业标准及有关规程对电能计量装置的要求。

(2) 电能计量装置，应具有可靠的防窃电措施。电能表、互感器及二次回路，必须安装在封闭可靠的电能计量屏或计量箱内。计量装置电源时线，必须采用电缆或穿管绝缘导线，且不得有破口或裸露部分。

(3) 计量屏（箱）内，应留有足够的空间来安装电能表、互感器及一、二次接线，并使其保持足够的安全距离及操作空间距离。

(4) 计量屏（箱）内电能表、互感器的安装位置，应考虑现场检查及拆换工作的方便。

(5) 计量屏（箱）的活动门必须能加封，门上应有带玻璃的观察，以便于抄表读数与观察表计运转情况。

对于需要对电能表面盘进行操作（如设置参数、需量复零等）的计量柜（箱），应在其观察窗处设便于开启的小门，且小门能加铅封。

(6) 计量箱与墙壁的固定点应不少于 3 个，使箱体不能前后左右移动。

(7) 计量屏(箱)内在电源与计量器具之间宜装熔断器(或自动开关)。

进户线进入量屏（箱）时首先应接至熔断器（或自动开关），用来保护电能表及防止因用户电气装置的故障而影响电网安全运行。单相电能表在一相上装设一只熔断器，三相四线电能表在 U、V、W 三相上分别装设熔断器，但在任何情况下中性线不能装设熔断器。

(8) 计量屏（箱）的金属外壳应有接地端钮。

(9) 计量配电合一的开关屏，安装的开关电器应具有防震措施。

7.4 计量用互感器

7.4.1 计量用电流互感器

1. 额定电流选择

计量用电流互感器的额定电流应按表 7－36 的数值选择。

表 7－36　电流互感器额定一次电流选择表

用电负荷/kVA		20～35	35～45	45～65	60～90	90～125	125～180	180～250	250～350	350～450	450～600	600～850	850～1 200	1 250～1 800
一次额定电流/A	0.38kV	75	100	150	200	300	400	500	600～750	800～1 000	1 000～1 200	1 200～2 000	2 000～2 500	3 000
	6kV					20	30	30	40	50	75	100	150	200
	10kV					10	20	20	30	40	50	75	100	150
	35kV											20	30	40

用电负荷/kVA		1 800～2 500	2 500～3 500	3 500～4 500	4 500～5 500	5 500～7 000	7 000～9 000	8 000～10 000	10 000～14 000	13 000～17 000	18 000～23 000	25 000～35 000	35 000～45 000
一次额定电流/A	0.38kV												
	6kV	300	400	500～600	600～750	750	1 000～1 200	1 200～1 500	1 500～2 000	2 000	3 000	4 000	6 000
	10kV	200	300	400	500	600	750	1 000	1 200	1 500	2 000	3 000	4 000
	35kV	50	75	75～100	100～150	150	150～200	200	200～300	300～400	400～500	600～750	750～1000

2. 额定短时耐受电流和动稳定电流

电流互感器的额定短时热电流和动稳定电流应满足所在系统的要求。一般情况，计量用电流互感器的动、热稳定电流应符合表 7－37 的要求。

表 7－37　6～10，35kV 计量专用电流互感器短时热电流和动稳定电流值

额定电压/kV	额定一次电流/A	额定短时热电流有效值/kA	热电流持续时间/s	额定动稳定峰值电流/kA
6～10	20	5	2	12.5
	30，40	8	2	20
	50，60	10	2	25
	75	16	2	40
	100，（150），160	20	2	50
	（300），315，400，500	25	4	62.5
	（600），630，（750），800	31.5	4	80
	1 000	40	4	100
35	50	8	2	20
	100	16	2	40
	（150），160，200	20	2	40
	（300），315，400，500	25	4	62.5
	（600），630，（750），800	31.5	4	80
	1 000	40	4	100

3. 准确度等级

电流互感器的准确度等级由计量装置类别决定，测量专用电流互感器的误差限值如表 7－42 所示。不同类别计量装置的准确度等级可按表 7－43 选择。

根据 GB1208—87《电流互感器》和 DL448—91《电能计量装置管理规程》的规定，测量专用电流互感器也可选用 0.2 和 0.5 级。这类电流互感器在低负荷运行时，可以满足 0.2 级和 0.5 级准确度的要求见表 7－38。

表 7－38　计量专用电流互感器的误差限值

准确度等级	二次负荷变化范围/（%）	比值差±/（%）额定电流百分数/（%）					相位差±/（′）额定电流百分数/（%）				
		1	5	20	100	120	1	5	20	100	120
0.2	25～100	—	0.75	0.35	0.2	0.2	—	30	15	10	10
0.2s		0.75	0.35	0.2	0.2	0.2	30	15	10	10	10
0.5		—	1.5	0.75	0.5	0.5	—	90	45	30	30
0.5s		1.5	0.75	0.5	0.5	0.5	90	45	30	30	30
1.0		—	3	1.5	1.0	1.0	—	180	90	60	60

表 7-39 互感器准确度等级选择表

电能计量装置类别	电流、电压互感器准确度等级
Ⅰ	0.2 或 0.2s
Ⅱ	0.2 或正常运行条件下实测误差符合 0.2 级的 0.5 级互感器
Ⅲ	0.5 或 0.5s
Ⅳ	0.5 或 0.5s

电流互感器的准确级组合为 0.2/0.2，0.2/0.5，0.5/0.5，0.2s/0.5，0.5s/0.5。

4. 接线方式

计量专用电流互感器的接线方式与电网中性点接地方式有关。当为非有效接地系统时，应采用两相电流互感器接成两相不完全星形接线或两相分相接线；当为有效接地系统时，应采用三相电流互感器接成三相星形接线或三相分相接线。

5. 电能计量用电流互感器的主要技术参数

选用计量用电流互感器的主要条件是额定电流、动热稳定电流和准确等级。20 世纪 80 年代以来，对动热稳定、高准确等级的计量用互感器进行了深入地研究。目前已有大量产品能够满足电力用户的要求，表 7-40、表 7-41分别列出了户外油浸式电流互感器和计量监控用电流互感器（广东中山和泰机电厂产品）的主要参数。其他制造厂同类产品不便全部列出，用户可根据需要选择。

表 7-40 户外油浸式电流互感器主要技术参数

型 号	变比/A	计量绕组		监控绕组		爬电距离 /mm	备 注
		准确级	容量/VA	准确级	容量/VA		
LJW LJWD 35，10	5~600/5	0.2	10~15 30~50	3.0	15~30 30~50		

表 7－41　计量、监控（保护）用电流互感器主要技术参数

型号	变比/A	计量绕组		监控绕组		爬电距离/mm	备注
		准确等级	容量/VA	准确等级	容量/VA		
LQZBJ－27.5 LQZBJ－35 （双次级）	20～1 000/5,1	0.2s 0.2	10～20 15～20	0.2 0.5 3 5p 10p	15.20 30 40 50	950	相当于 LCX－35，LCZ－35，LZZ－35，LZZB－35，LQZB－35 LZZQB－35
$LZZBJ_4$－35 （四次级）	100～1 600/5,1	0.2， 0.2s 0.5	15 25	10p 10p	50 50		外形尺寸/mm：高 776，宽 388，外径 φ388
LAZBJ－10 （双次级）	5～1 000/5,1	0.2 0.2s	10～15 10	0.2 0.5 10p	10～15 20 30	290	外形尺寸/mm：高 575，宽 200，长 270
LA_1－10 （双次级）	5～1 000/5,1	0.5	10	10p	15	25mm/kV	外形尺寸/mm：高 330～370，外径：φ248
$LAZBJ_3$－10 （三次级）	5～1 000/5,1	0.2 0.5	10 10	10p	20	290	外形尺寸： 同 LAZBJ－10
LFJ_1－10 LDJ_1－10 （双次级）	5～3 150/5,1	0.2 0.5	10 15	10p	20	22mm/kV	外形尺寸/mm：长宽210～250 高 340～558
$LDZBJ_6$－10 （双、三次级）	150～1 500/5,1	0.2s 0.2 0.5	7.5～10 7.5～15 15～30	10p10 10p15	20 25～40	230	高 430，外径 φ215
LZZBJ－10 $LZZBJ_1$－10	5～1 000/5,1	0.2s 0.2	10	0.2 0.5 3,10p	10 15 25	230	相当于 LZX－10，LZX_5－10，$LZXQ_5$－10，LZJ－10，LZJC－10，LZZJ－10 外形尺寸/mm：高 273，长 300，宽 190
$LZZBJ_6$－10 （双次级）	20～1500/5	0.2s 0.2 0.5	10～15 10～30	3.0 10p	15～40	290	相当于 $LZZB_6$－10， $LZZJB_6$－10， $LDZQB_6$－10， LQZBJ－10 外形尺寸/mm：高 255，长 260，宽 207

续表

型　　号	变比/A	计量绕组		监控绕组		爬电距离/mm	备　　注
		准确等级	容量/VA	准确等级	容量/VA		
$LZZBJ_s-10$（双次级）	5～1 000/5,1	0.2s 0.2 0.5s 0.5	10	3.0 10p	25	230	相当于LFS，LFSB－10 外形尺寸/mm：高245,长300,宽145
$LZZBJ_9$－10GY，W_2（双、三次级）	20～3 150/5,1	0.2s 0.2 0.5s 0.5	10～15	10p	20	290	外形尺寸/mm：高280,长400,宽185
$LZZBJ_{10}$－10GY，W_1（双次级）	5～2 500/5,1	0.2 0.5	10	10p	15	Ⅱ级污秽等级	外形尺寸/mm：高242,长300,宽142
$LZZBJ_{11}$－10GY，W_1	5～2 000/5,1	0.2 0.5	10～15	10p	15～20	Ⅱ级污秽等级	外形尺寸/mm：高242,长260,宽147
$LZZBJ_{12}-10$（双次级）	5～1 500/5,1	0.2s 0.2 0.5	10～20 10～40	10p	15～40	230	外形尺寸/mm：高235,长270,宽155
$LZZBJ_{13}-10$（双次级）	20～1 000/5,1	0.2 0.5	10	10p	25	230	外形尺寸/mm：高330,长445,宽140
$LZZBJ_{14}-10$（双次级）	5～2 000/5,1	0.2s 0.2 0.5	10～15	10p	15～20	230	外形尺寸/mm：高200,长280,宽160
$LZZBJ_{15}-10$（双、三次级）	10～3 150/5,1	0.2s 0.2 0.5s 0.5	10 15	10p	20	290	外形尺寸/mm：高255,长300,宽185
$LZZQB_{6/3}-10$（三次级）	20～1 500/5,1	0.2 0.5	10 15	10p	20	320	外形尺寸/mm：高255,长225,宽140
LQZBJ－10	5～1 000/5,1	0.2 0.2s	10	0.2 0.5 3.0	10 15 25	205	外形尺寸/mm：高310,长235,宽195
LMZBJ－10（双、三次级）	600～12 000/5,1	0.2	10～15	0.2 0.5	10 150	320 ≥8 000A	外形尺寸/mm：高250～330 外径:224～450

续表

型　号	变比/A	计量绕组		监控绕组		爬电距离/mm	备　注
		准确等级	容量/VA	准确等级	容量/VA		
LW-10 (单、双次级)	100~600/5,1	0.5	5~15	3.0	25~30		外形尺寸/mm:高46~180,外径:186
$LZZBJ_{71}$-27.5,35 (双、三次级)	5~1500/5,1	0.2s 0.2 0.5s 0.5	10 15 15 10	10p	30	1020	外形尺寸/mm:高550,外径400户外干式
$LZZBJ_{71}$-10 (双、三次级)	5~1 500/5,1	0.2s 0.2 0.5s 0.5	10 15 15 20	10p	25	330	外形尺寸/mm:高370,长370,宽220户外干式

7.4.2　计量用电压互感器

计量用电压互感器应满足电压、负载、准确度等级、接线方式等技术要求。

1. 额定电压

额定一次电压应满足电网电压的要求；额定二次电压应和计量仪表、监控设备等二次设备额定电压相一致，通常取100V。

2. 二次绕组数量

具有二个次级绕组，可分别为计量仪表和监视、监控设备提供电压信息。

3. 额定二次负载

电压互感器的实际二次负荷，应在互感器额定二次负荷的25%~100%范围内。按照GB1207-87《电压互感器》的规定，额定二次负荷可在下列标准值中选择（VA）：10，15，25，30，75，100，150，200，250，300，400，500，1000。计量专用电压互感器额定二次负荷一般为50VA及以下。

4. 准确度等级

电压互感器的准确度等级按计量装置类别选择（见表7-41）。

在额定频率、80%~120%额定电压、额定功率因数、监测绕组接有25%~100%额定负荷时，计量绕组（或计量绕组接有25%~100%额定负荷时的监测绕组）接有25%~100%额定负荷情况下的电压误差和相位误差不得超过表7-42所列限值。

表7-42 计量专用电压互感器误差限值

准确度级别	额定一次电压(%)	电压误差±(%)	相位差 ±/(′)	相位差 /±crad	二次负载功率因数(cosφ)
0.2	80~120	0.2	10	0.3	0.3~0.5(感性)
0.5	80~120	0.5	20	0.6	

5. 准确度级次组合

为满足计量仪表和监控设备准确度等级的要求，计量专用电压互感器的额定准确级组合为0.2/0.2，0.2/0.5或0.5/0.5。

6. 额定功率因数

计量用电压互感器所接负荷为感性负荷，功率因数很低，故额定功率因数应为0.3~0.5。

7. 接线方式

计量专用电压互感器接线方式的选择，与电网的接地方式有关。当电网中性点为非有效接地方式（如6~35kV系统）时，宜采用两台接于线电压的 $V—V$ 接线。当电压互感器兼作计量和接地监测时，也可采用三台接于相电压的 $Y_N y_n$ 接线或一台三相五柱式电压互感器。当电网中性点为有效接地方式（如110~220kV系统）时，宜采用三台接于相电压的 Y_N，y_n 接线。

8. 电能计量用电压互感器主要技术参数

表7-43、表7-44列出了计量用电压互感器的主要技术数据（为广东中山和泰机电厂产品），供用户选型参考。

表7-43 计量用油浸式电压互感器主要技术参数

型号	变比/kV	计量绕组 准确级	计量绕组 容量/VA	监控绕组 准确级	监控绕组 容量VA	备注
JS-27.5,35(单、双次级)	27.5/0.1 35/0.1	0.2 0.5 0.2 0.2	100(单) 300(单) 35(双) 40(双)			
JDJ-3,6,10,27.5,35(单、双次级)	$\frac{3,6,10,27.5,35}{0.1}$	0.2 0.2 0.2	80(单) 50(单) 25~30(双)			cosφ=0.8 cosφ=0.3~0.5 cosφ=0.3~0.5 外形尺寸(mm)：高450~980，长375，宽220，外径φ185

续表

型号	变比/kV	计量绕组		监控绕组		备注
		准确级	容量/(VA)	准确级	容量/VA	
JDX-6,10,35 (三次级)	$\frac{6}{\sqrt{3}}/\frac{0.1}{\sqrt{3}}/\frac{0.1}{\sqrt{3}}/\frac{0.1}{3}$ $\frac{10}{\sqrt{3}}/\frac{0.1}{\sqrt{3}}/\frac{0.1}{\sqrt{3}}/\frac{0.1}{3}$ $\frac{35}{\sqrt{3}}/\frac{0.1}{\sqrt{3}}/\frac{0.1}{\sqrt{3}}/\frac{0.1}{3}$	0.2 0.2 0.2	100 100 75	0.5 0.5 0.5	100 100 100	最大容量1 000~1 500VA, 外形尺寸(mm): 高570~1 000,长490,宽310,外径ϕ330
JDX- 13.8,15,18,20 (三次级)	$高压\frac{}{\sqrt{3}}/\frac{0.1}{\sqrt{3}}/\frac{0.1}{\sqrt{3}}/\frac{0.1}{3}$	0.2 0.5 1.0	50 100 150	0.2 0.5 1.0	50 100 150	基本绕组最大容量1 000VA 外形尺寸(mm): 高660 外径ϕ300
JDJJ, $JDJJ_1$-35 $JDJJ_2$ (双次级)	$\frac{35}{\sqrt{3}}/\frac{0.1}{\sqrt{3}}/\frac{0.1}{3}$	0.2 1.0 3.0	150 500 100			最大容量:1 500 VA 外形尺寸(mm): 高1000 长490,宽310
JSJW-6,10 (三相五柱) (三次级)	$\frac{6\sim10}{\sqrt{3}}/\frac{0.1}{\sqrt{3}}/\frac{0.1}{\sqrt{3}}/\frac{0.1}{3}$	0.2	120	0.5	120	最大容量1500VA 爬电距离>290mm 外形尺寸(mm): 高920 外径ϕ360(立式) 长680,宽318(卧式)
JSF-6,10 (双次级)	6、10/0.1	0.2 0.5	25 50	0.2 0.5	25 50	最大容量:500VA 外形尺寸(mm): 高460 长700,宽275
JDF-6,10 (双次级)	6、10/0.1	0.2	25	0.5	50	外形尺寸(mm): 高450~700 外径ϕ180 长310,宽310

表 7－44　计量、监控(保护)电压互感器主要技术参数

型　号	变比/kV	计量绕组		监控、保护绕组		剩余绕组		功率因数 (cosφ)	爬电距离 /mm	基本绕组极限容量 VA	尺寸 (高×长×宽) /mm
		准确等级	容量 /VA	准确等级	容量 /VA	准确等级	容量 /VA				
$JDZXF_{25}$－ $JDZX_{25}$ 27.5,35W_2	$\frac{27.5}{\sqrt{3}}/\frac{0.1}{\sqrt{3}}/\frac{0.1}{\sqrt{3}}/\frac{0.1}{3}$ $\frac{35}{\sqrt{3}}/\frac{0.1}{\sqrt{3}}/\frac{0.1}{\sqrt{3}}/\frac{0.1}{3}$	0.2	50 100	0.5	50	3P	100	0.3～0.5 或 0.8	1 015	1 000	515×375×190
JDZ_{26}－ $JDZF_{26}$ 27.5,35GY,W_1	27.5/0.1,35/0.1, 27.5/0.1/0.1, 35/0.1/0.1	0.2 0.2 0.5	70 80 200	3.0	700			0.3～0.5 或 0.8	1 100	1 200 600	508×432×170
JDZJ－6,10	$\frac{6}{\sqrt{3}}/\frac{0.1}{\sqrt{3}}/\frac{0.1}{3}$ $\frac{10}{\sqrt{3}}/\frac{0.1}{\sqrt{3}}/\frac{0.1}{3}$	0.2 0.5 0.2 0.5	15 40 20 50			3P	120	0.3～0.5 0.8	290	600	333×260×198
JDZ_3 $JDZX_3$ 3,6,10,11	3/0.1,6/0.1 10/0.1,11/0.1 $\frac{3}{\sqrt{3}}/\frac{0.1}{\sqrt{3}}/\frac{0.1}{3}$, $\frac{6}{\sqrt{3}}/\frac{0.1}{\sqrt{3}}/\frac{0.1}{3}$, $\frac{10}{\sqrt{3}}/\frac{0.1}{\sqrt{3}}/\frac{0.1}{3}$ $\frac{11}{\sqrt{3}}/\frac{0.1}{\sqrt{3}}/\frac{0.1}{3}$	0.2 0.5 1.0 3.0 0.2 0.5 1.0 3.0	20～25 50～80 80～120 200～300 15～20 25～40 40～80 100～200			3P	120	0.8	320	500 400	345×129×102

续表

型号	变比/kV	计量绕组		监控、保护绕组		剩余绕组		功率因数（cosφ）	爬电距离/mm	基本绕组极限容量/VA	尺寸（高×长×宽）/mm
		准确等级	容量/VA	准确等级	容量/VA	准确等级	容量/VA				
$JDZF_7$ – 6,10GYW$_1$	6/0.1/0.1 10/0.1/0.1	0.2 0.5			25 25			0.3～0.5		150	337×390×192
$JDZF_9$ – 3,6,10,11	3/0.1/0.1, 6/0.1/0.1 10/0.1/0.1,11/0.1/0.1	0.2	25	0.5	25			0.3～0.5 或0.8	320		345×129×102
$JDZXF_{11}$ – $JDZX_{11}$ 6,10GYW$_1$	$\frac{6}{\sqrt{3}}/\frac{0.1}{\sqrt{3}}/\frac{0.1}{\sqrt{3}}/\frac{0.1}{3}$ $\frac{10}{\sqrt{3}}/\frac{0.1}{\sqrt{3}}/\frac{0.1}{\sqrt{3}}/\frac{0.1}{3}$	0.2 0.5 0.2	20 70 40	0.5	20	3P	120	0.3～0.5 或0.8	290	600	333×270×198
$JDZXF_{12}$ – $JDZX_{12}$ 6,10GYW$_1$	$\frac{6}{\sqrt{3}}/\frac{0.1}{\sqrt{3}}/\frac{0.1}{\sqrt{3}}/\frac{0.1}{3}$ $\frac{10}{\sqrt{3}}/\frac{0.1}{\sqrt{3}}/\frac{0.1}{\sqrt{3}}/\frac{0.1}{3}$	0.2 0.5 0.2	20 70 40	0.5	20	3P	120	0.3～0.5 或0.8	400	500	283×353×144
JDZ_{13} – $JDZX_{13}$ 6,10GYW$_1$	6/0.1,10/0.1 $\frac{6}{\sqrt{3}}/\frac{0.1}{\sqrt{3}}/\frac{0.1}{3}$ $\frac{10}{\sqrt{3}}/\frac{0.1}{\sqrt{3}}/\frac{0.1}{\sqrt{3}}$	0.2 0.5 1.0 3.0 0.2 0.5 1.0 3.0	15～20 50～80 80～120 200～300 10～15 40～50 8 200					0.3～0.5 或0.8	305	500 400	274×294×130

续表

型号	变比/kV	计量绕组		监控、保护绕组		剩余绕组		功率因数（$\cos\varphi$）	爬电距离/mm	基本绕组极限容量/VA	尺寸（高×长×宽）/mm
		准确等级	容量/VA	准确等级	容量/VA	准确等级	容量/VA				
$JDZXF14W_3$	6,10,13.8/$\sqrt{3}$ 0.1/$\sqrt{3}$,0.1/$\sqrt{3}$,0.1/3	0.2	30	0.5	30	3P	150	0.3~0.5 或0.8	396	1500	345×320×235
$JDZX14W_3$	6,10,13.8/$\sqrt{3}$ 0.1/$\sqrt{3}$,0.1/3	0.2 0.5	70 150			3P	150		396	1500	345×320×235
$JDZX15W_2$	6,10,13.8/$\sqrt{3}$ 0.1/$\sqrt{3}$,0.1/3	0.2 0.5 1 3	10,15 40,50 70,80 200			3P	120		290	400	285×238×216
$JDZ15W_2$	6,10 0.1	0.2 0.5 1 3	15,20 50,80 80,120 200						290	500	285×238×216
$JDZX16W_2$ $JDZ16W_2$	6,10 0.1,0.1	0.2	25	0.5	25				290	750	305×269×241

续表

型号	变比/kV	计量绕组		监控、保护绕组		剩余绕组		功率因数（cosφ）	爬电距离/mm	基本绕组极限容量 VA	尺寸（高×长×宽）/mm
		准确等级	容量/VA	准确等级	容量 VA	准确等级	容量 VA				
JDZXF24	13.8,15.75,18,20/$\sqrt{3}$ 0.1/$\sqrt{3}$,0.1/$\sqrt{3}$,0.1/3	0.2 0.5	50 120	0.5 3P	240	3P	120	0.3~0.5 或 0.8	580	600	420×325×185
JDZX24	13.8,15.75,18,20/$\sqrt{3}$ 0.1/$\sqrt{3}$,0.1/3	0.2 0.5	240 240			3P	120		580	600	420×325×185
JDZXF71	27.5,35/$\sqrt{3}$ 0.1/$\sqrt{3}$,0.1/$\sqrt{3}$,0.1/3	0.2 0.5	30 75	0.5 3P	75 150	3P	150		1 020	1 500	670×480×240
JDZX71	27.5,35/$\sqrt{3}$ 0.1/$\sqrt{3}$,0.1/3	0.2 0.5	60 150			3P	150		1 020	1 500	670×480×240
JDZXF71	6,10/$\sqrt{3}$ 0.1/$\sqrt{3}$,0.1/$\sqrt{3}$,0.1/3	0.2 0.5	25 70	0.5 3P	70 150	3P	150		400	1 500	355×390×150
JDZX71	6,10/$\sqrt{3}$ 0.1/$\sqrt{3}$,0.1/3	0.2 0.5	50 120			3P	150		400	1 500	355×390×150

9. 高压电能计量箱主要技术数据（中山和泰机电厂生产）

（1）油浸式：型式：JLSJWH—3，6，10，27.5，75；一次电压：3，6，10，27.5，35（kV）；二次电压：0.1kV；一次电流：1，2，3，4，5，10……1 000（A）；二次电流：5A；准确等级：0.2 级；PT 次级容量：15，20，25，30，35（VA）；CT 次级容量：10，15，20，25（VA）；总重：27.5，35（kV）为 320kg，6，10（kV）为 95kg。

外形尺寸（mm）：27.5 ~ 35kV，高 1 025 × 长 970 × 宽 450。6 ~ 10kV，高 700 × 长 574 × 宽 500。

（2）干式：型式：JLSZJ—6，10，一次电压：6，10（kV）；二次电压：0.1kV；一次电流：20 ~ 1 500A；二次电流：5A、1A；功率因数：PT—0.3 ~ 0.5 或 0.8，CT—0.8；准确等级；PT—0.2 级，CT—0.2，0.25 级；二次容量：PT—20 ~ 30VA，CT—10 ~ 15VA；外形尺寸（mm）：高 575 × 长 1 062 × 宽 807。

10. LVQB 系列高压 SF_6 电压互感器

（1）特点：SF_6 气体绝缘性能稳定，免维护、不停电补气，安全可靠；无油化，不污染环境；高精度，计量级达 0.2s 级；短路稳定性高，温升低；介损低，局放量小于 2pc。

（2）主要技术参数：型号：LVQB—110W_2，145W_2，220W_2 额定电压（kV）：110，132，220；电流变比（A）：2 × 300/5，2 × 400/5，2 × 500/5，2 × 600/5，2 × 750/5，2 × 1 000/5，2 × 1 250/5。额定一次电流（A）：300 ~ 2 500；额定二次电流（A）：5，1；次级数量：220kV，6 个次级，其中 4 个 5P（或 10P）级，1 个 0.5 级，1 个 0.2（或 0.2s）级。110kV，132kV5 个次级；其中 3 个 5P（或 10P）级，1 个 0.5 级，1 个 0.2（或 0.2s）级。

热稳定电流（kA，3s）：31.5 ~ 63。

动稳定电流（kA，峰值）：80 ~ 160。

外绝缘污秽等级：Ⅲ级，爬电比距：25mm/kV。

SF_6 年漏气率：≤1%。

（3）TYD 系列高压电容式电压互感器：型号：TYD110/$\sqrt{3}$，TYD220/$\sqrt{3}$；额定一次电压（kV）：110/$\sqrt{3}$，220/$\sqrt{3}$；次级数量：3 个。变压比

(kV)：$\frac{110}{\sqrt{3}}/\frac{0.1}{\sqrt{3}}/\frac{0.1}{\sqrt{3}}/0.1$；准确等级及额定容量（级/VA）：0.2/150，0.5/150，3P/150，0.5/250，3P/250，1.0/400，3P/400（目前计量绕组已能制造0.1级，50VA）。

11. 低压计量用电流互感器

（1）穿心式电流互感器：型式有LMZ—0.66、LMK—0.5两种。变比为5～300/5A，150A及以上均为单匝。准确等级：0.2s，0.2，0.5s，0.5。

穿心孔尺寸（mm）：ϕ30、ϕ35、ϕ45、ϕ55、ϕ65、ϕ75、ϕ100、ϕ125圆加扁孔：ϕ35+52×8，ϕ45+63×11，ϕ40+60×11，长方孔：82×30、93×32、103×50、122×50。

（2）母排式电流互感器：型式为LMZ_3—0.66；变比为150～20 000/5；准确级：0.2、0.5；穿孔尺寸及可穿母线：42×20/40×5，52×25/50×6，62×25/60×8，82×25/80×10，102×30/100×12，127×50/2（120×12），230×55，270×55。

（3）LQZ、LQK型电流互感器：变比为5～400/5、1、0.5、0.25（A）；准确级为0.2，0.5；安装孔ϕ8×90/mm。其中LQZ为树脂浇注型；LQK为塑料或电木粉压制型；预先绕好一次线圈，安装时不需穿线。

常用低压电流互感器技术参数见表7－39。

表 7 - 45　低压电流互感器

型　　号	变　比 /A	一次匝数	准确等级	容量 /VA	内孔尺寸 /mm	外圈尺寸 /mm	厚度 /mm	备　　注
$LMZJ_9 - 0.66$	30 ~ 100/5	固定接线	0.5	5				适用于计量或测量
	150/5	1		5	$\phi35$	$\phi92$	48	
	200 ~ 300/5			10	$\phi35$	$\phi92$	48	
	400/5			10	$\phi45$	$\phi100$	53	
	500,600/5			15	$\phi45$	$\phi100$	53	
	750,800/5			15	82 × 30	152 × 128	45	
	1000 ~ 1500/5			20	102 × 50	172 × 154	46	
	2000 ~ 3000/5			30	122 × 50	190 × 147	46	
$LMZB_9 - 0.66$	150 ~ 300/5	1	10P7	5	$\phi35$	$\phi110$	80	适用于保护或自动装置
	400/5		10P8	7.5	$\phi45$	$\phi130$	80	
	500,600/5		10P10	10	$\phi45$	$\phi130$	80	
	750,800/5			10	82 × 30	152 × 128	85	
	1000 ~ 1500/5			10	102 × 50	172 × 154	80	
	2000 ~ 3000/5			10	122 × 50	190 × 147	75	
$LMZJB_9 — 0.66$	1000 ~ 1500/5	1	0.5/10P10	10	102 × 50	172 × 154	160	双次级
	2000 ~ 3000/5		0.5/10P10	10	122 × 50	190 × 147	150	

续表

型　号	变　比 /A	一次匝数	准确等级	容量 /VA	内孔尺寸 /mm	外圈尺寸 /mm	厚度 /mm	备　注
$LMZLB_9$—0.66	100/5	1	10P6	5	$\phi35$	$\phi110$	80	适用零序保护
	150/5		10P8	5	$\phi35$	$\phi110$	80	
	200,300/5		10P10	5	$\phi35$	$\phi110$	80	
	400/5		10P10	7.5	$\phi45$	$\phi130$	80	
	500,600/5		10P10	10	$\phi45$	$\phi130$	80	
	750,800/5		10P10	10	82×30	152×128	85	
	1000~1500/5		10P10	10	102×50	172×154	80	
	2000~3000/5		10P10	10	122×50	190×147	75	
LMZ_9—0.66	20/5	3	1.0	3.75	$\phi25$	$\phi95$	60	适用于技术性测量或计量
	30/5	2						
	50/5	1		5				
	75/5							
	100/5				$\phi35$	$\phi92$	48	
	150/5							

第8章　晶闸管及其应用

晶闸管是硅晶体闸流管的简称，也称可控硅，是一种大功率半导体电子器件。晶闸管具有单向导电性，且它的整流电压是可以控制的，而且能以毫安级的电流控制很大的整流功率。晶闸管主要用于大功率的交流电能与直流电能的相互转换和交、直流电路的开关控制和调压，故称为电力半导体器件。

晶闸管具有体积小、质量轻、效率高、动作迅速和操作维护方便等优点，缺点是过载能力差、控制复杂及抗干扰能力低。晶闸管主要应用在以下四个方面：整流、逆变、直流回路开关和调压、交流回路开关和调压。其中以晶闸管整流应用最为广泛。

8.1　晶闸管元件

8.1.1　晶闸管的结构

晶闸管的种类很多。晶闸管从外形结构来分有平板型、螺栓型和塑料封装型等几种型式。如图8－1所示。晶闸管是四层（PNPN）三端（A、K、G）硅半导体器件，有三个引出极，分别称作阳极（A）、阴极（K）和控制极（G）。其图形符号如图8－1所示。

晶闸管的导通条件有两个：一是晶闸管的阳极（A）与阴极（K）之间需加正向电压，这与整流二极管一样。二是控制极上必须加触发电平，此触发电平U_{GT}和触发电流I_{GT}均满足一定条件。可控硅按其电流大小有大、中、小功率之分，一般小于5A为小功率，大于50A为大功率。

晶闸管在导通情况下，只要仍有一定的正向阳极电压，不论控制极电压如何，晶闸管仍保持导通，即导通后，控制极失去控制作用。晶闸管在导通情况下，主电路电压（或电流）减小到接近零时，晶闸管关断。

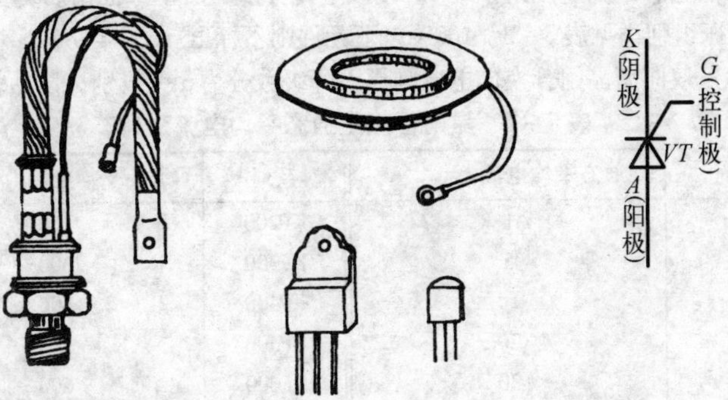

图 8－1　晶闸管外形及符号

8.1.2　晶闸管的型号

1. 型号及含义

根据 JB1144—75 规定，国产晶闸管型号及含义如下：

K □ □ □ □ □

- 双向型晶闸管换向电流临界下降级数
- 通态平均电压组别（用字母表示）
- 正反向重复峰值电压级数（用数字表示）
- 额定通态电流值（用数字表示）
- 晶闸管类型（用字母表示）P 为普通型、K 为快速开关型、S 为双向型、G 为可关断型
- 闸流特性（用字母 K 表示）

2. 技术特性

（1）晶闸管按通态平均电流（额定电流）$I_{r(AV)}$ 的大小分为 14 个系列。参见表 8－1。

（2）正反向重复峰值电压（额定电压）U_R 规定 1 000V 以下每 100V 一个等级；1 000 ~ 3 000V 每 200V 一个等级。如 U_R = 1600V，其电压级数为 16，U_R = 800V，其电压级数为 8。具体参见表 8－2。

（3）通态平均电压组别在 100A 以上元件以英文字母标出。英文字母代表的电压组别详见表 8－3。100A 以下元件则不标出。

（4）双向型晶闸管换向电流临界下降级数分为 3 个级别，详见表 8－4。

表 8－1　晶闸管额定通态平均电流系列

系列	通态平均电流 $I_{r(AV)}$/A	系列	通态平均电流 $I_{r(AV)}$/A
KP1	1	KP200	200
KP5	5	KP300	300
KP10	10	KP400	400
KP20	20	KP500	500
KP30	30	KP600	600
KP50	50	KP800	800
KP100	100	KP1 000	1 000

表 8－2　晶闸管正反向重复峰值电压级别

级别	正反向重复峰值电压/V	级别	正反向重复峰值电压/V	级别	正反向重复峰值电压/V
1	100	8	800	20	2 000
2	200	9	900	22	2 200
3	300	10	1 000	24	2 400
4	400	12	1 200	26	2 600
5	500	14	1 400	28	2 800
6	600	16	1 600	30	3 000
7	700	18	1 800		

表 8－3　晶闸管通态平均电压分组

组别	通态平均电压/V	组别	通态平均电压/V
A	$U_{T(AV)} \leqslant 0.4$	F	$0.8 \leqslant U_{T(AV)} \leqslant 0.9$
B	$0.4 \leqslant U_{T(AV)} \leqslant 0.5$	G	$0.9 \leqslant U_{T(AV)} \leqslant 1.0$
C	$0.5 \leqslant U_{T(AV)} \leqslant 0.6$	H	$1.0 \leqslant U_{T(AV)} \leqslant 1.1$
D	$0.6 \leqslant U_{T(AV)} \leqslant 0.7$	I	$1.1 \leqslant U_{T(AV)} \leqslant 1.2$
E	$0.7 \leqslant U_{T(AV)} \leqslant 0.8$		

表 8-4　双向型晶闸管临界下降级数及含义

级数	0.2	0.5	1
di/dt/（A/us）%	0.2～0.5	0.5～1	≥1

8.1.3　晶闸管的伏安特性

晶闸管的导通和阻断是由阳极电压 U_{AK} 和电流 I_A 及控制极电流 I_G 等决定的，这几个量的相互关系常用伏安特性曲线表示，如图 8-2 所示。

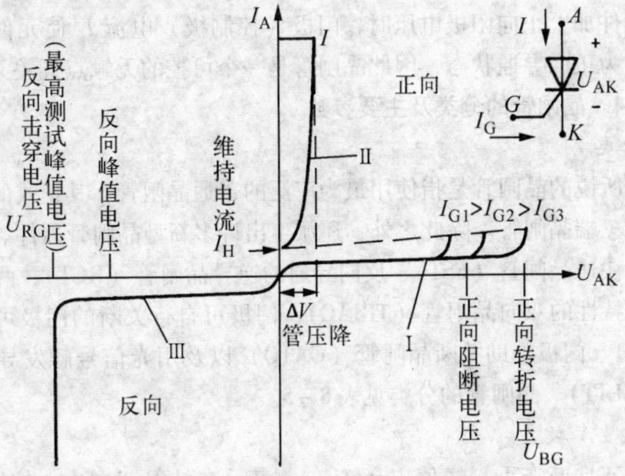

图 8-2　晶闸管阳极伏安特性曲线

由图 8-4 可知，晶闸管伏安特性曲线可分为第Ⅰ象限正向特性和第Ⅲ象限的反向特性。在第Ⅰ象限正向特性区域，当门极（控制极）断开，即晶闸管控制极电流 $I_G=0$ 的情况下，阳极、阴极间加正向电压，当此电压小于某一数值范围时，阳极电流一直很小，这个电流称为正向漏电流。这时，晶闸管处于正向阻断状态，当正电压升高到某一数值，虽然 $I_G=0$，晶闸管也会由阻断状态突然转化为导通，这时的电压称为正向转折电压 U_{BG}。

当控制极加上正向电压即 $I_G>0$ 时，晶闸管仍有一定的正向阻断能力，但此时使它从正向阻断转化为正向导通所需要的阳极电压值，比正向阻断电压值要低，I_G 越大，低得越多。特性曲线上画出了几条控制极电流对晶闸管转折电压影响的曲线。

晶闸管导通后可以通过很大的电流，而它本身的压降只有1V左右，因此这段曲线靠近纵轴而且陡直。

在第Ⅲ象限反向特性区域，晶闸管的反向伏安特性与一般二极管相似，当反向电压在某一数值以下，只有很小的反向漏电流，即晶闸管处于反向阻断状态。当反向电压升高到某一数值，反向漏电流急剧增大，这时所对应的电压称为反向击穿电压 U_{RG}。

由以上分析可知晶闸管元件实际上是一种理想的无触点开关元件。

在晶闸管的应用中，也正是利用晶闸管正向特性中的可控单向导电性，晶闸管元件加上正向阳极电压时，门极（控制极）电流 I_g 使元件从正向阻断状态转为正向导通状态，因此晶闸管是一个可控的无触点开关元件。

8.1.4 晶闸管的分类及主要参数

1. 分类

通常所说的晶闸管是指使用最为广泛的普通晶闸管，其正式的名称应是反向阻断三端晶闸管。除此之外，还派生出许多新型晶闸管器件。如工作频率较高的快速晶闸管（FST）、反向导通的逆导晶闸管（RCT）、两个方向都具有开关特性的双向晶闸管（TRIAC）、门极可自行关断的门极可关断晶闸管（GTO）、门极辅助关断晶闸管（GATO）以及用光信号触发导通的光控晶闸管（LTT）。晶闸管的分类见表8-5。

2. 主要参数

（1）正向断态重复峰值电压 U_{DRM}：表示在结温范围内，控制极断路，施加在晶闸管的正向重复电压的最大值。

（2）反向重复峰值电压 U_{RRM}：表示在结温范围内，控制极断路，施加在晶体管的反向重复电压的最大值。

（3）通态峰值压降 U_{TM}：指晶闸管导通后，通态峰值电流在晶闸管阳极、阴极间所产生的电压降。在一定散热条件下，U_{TM}可直接反映元件的通流能力，且与元件的过载能力有密切关系。

（4）通态平均电流（额定电流）$I_{T(AV)}$：表示在一定条件下，晶闸管允许的最大通态电流的平均值。定义为电阻性负载的单相、工频、正弦半波、导通角不小于170°时电流的平均值。

（5）额定通态浪涌电流 I_{TSM}：在额定最高结温下，晶闸管发生永久破坏前流过的不重复最大通态过载电流。

表 8－5　晶闸管的分类

伏安特性 \ 第Ⅲ象限的特性 \ 电极数	阻　断	导　通	开　关
2	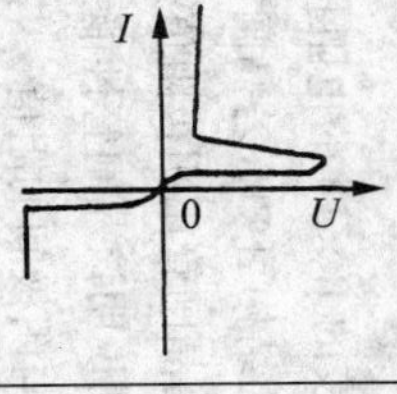 逆阻两端晶闸管 PNPN 开关器件	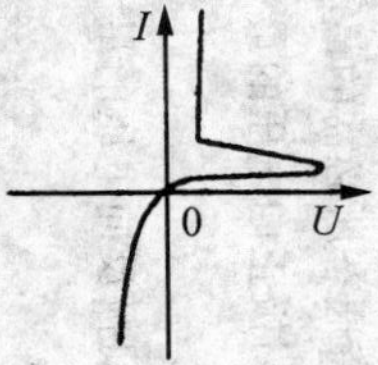 逆导两端晶闸管	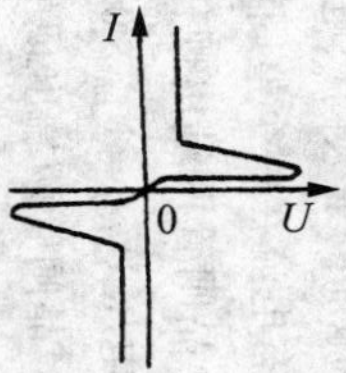 双向两端晶闸管 SSS DIAC
3	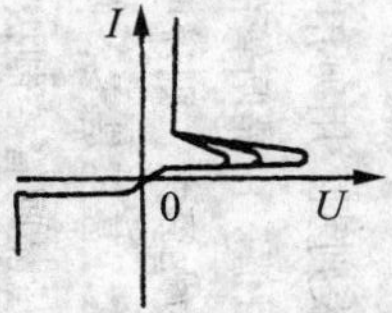 逆阻三端晶闸管 SCR LTT	GTO GATO 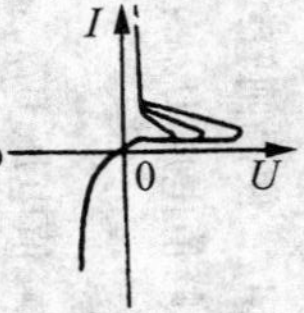 逆导三端晶闸管 RCT	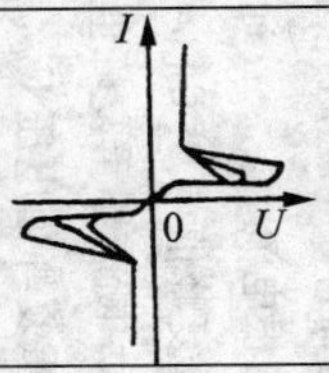 双向三端晶闸管 TRIAC
4	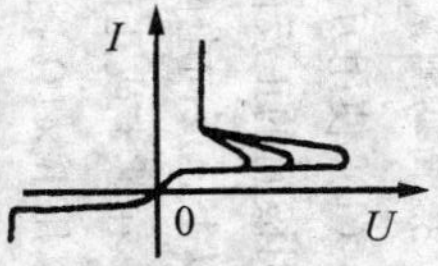 逆阻四端晶闸管 SCS		

（6）门极触发电流 I_{GT}：室温下，在晶闸管阳极、阴极间施加 6V 电压时，使其由阻断到完全开通所必须的最小门极电流。

（7）门极不触发电流 I_{GD}：室温下，当器件端电压为正向断态重复峰值电压 U_{DRM} 时，保持器件不导通所允许施加的最大门极电流。

（8）通态方均根电流 $I_{T(RMS)}$：通态电流在一个整周期内的方均根值。

（9）断态不重复峰值电压 U_{DSM}：晶闸管两端出现任何不重复最大瞬时值的瞬变断态电压。断态不重复峰值电压 $U_{DSM}=U_{DRM}/0.8$。

（10）反向不重复峰值电压 U_{RSM}：晶闸管两端出现的任何不重复最大瞬时值的瞬态反向电压。反向不重复峰值电压 $U_{RSM}=U_{RRM}/0.8$。

（11）通态电流临界上升率 $\frac{di}{dt}$：在规定条件下，晶闸管能承受而无有害影响的最大通态电流上升率。

（12）维持电流 I_H：使晶闸管维持通态所必需的最小主电流。

（13）门极正向峰值电压 U_{FGM}：门极正向电压的最大瞬时值，包括所有的门极正向瞬态电压。

（14）门极反向峰值电压 U_{RGM}：门极反向电压的最大瞬时值，包括所有的门极反向瞬态电压。约为 5V。

（15）门极正向峰值电流 I_{FGM}：包括所有门极正向瞬态电流的最大瞬时值门极正向电流。

普通型晶闸管的主要参数见表 8－6。

3. 简易测试

（1）使用万用表判别：用万用表的 R×1k 的电阻挡测量晶闸管的阳极与阴极间的正反向阻值。由晶闸管的结构可知，若晶闸管正向电阻为几百千欧以上，反向电阻为无穷大，则说明晶闸管阳阴极阻值是正常的。若阻值较小，在数十或几百欧，甚至是零，则说明该晶闸管性能太差不能正常使用。

用 R×1Ω 挡测量晶闸管控制极与阴极间的阻值，若阻值为零或无穷大，则说明晶闸管控制极与阴极间已短路或断路。正常情况下，对 10A 以下小功率晶闸管正向阻值一般为数百欧，反向阻值一般为数百至数千欧。

（2）使用简单电源进行判别：利用 －5V 直流电源和一额定电压为 6V 的白炽灯，与被测晶闸管连接如表 8－7 图。由晶闸管的导通条件，即可判别该晶闸管的好坏。具体分析结果见表 8－7。

表 8－6　普通型晶闸管的主要参数

额定值 / 型号	通态平均电流 $I_{T(AV)}$ /A	通态峰值电压 U_{TM} /V	断态、反向重复峰值电流 I_{DRM},I_{RRM} /mA	维持电流 I_H /mA	断态、反向重复峰值电压 U_{DRM},U_{RRM} /V	浪涌电流上限值 I_{TSM} /A	门极正向峰值电压 U_{FGM} /V	门极正向峰值电流 I_{FGM} /A	门极触发电流 I_{GT} /mA	门极触发电压 U_{GT} /V	门极不触发电压 U_{GD} /V	断态电压临界上升率 du/dt /(V/μs)	通态电流临界上升率 di/dt /(A/μs)
KP1	1	≤2.0	≤3	≤10	50～1 600	19	6		≤20	≤2.5			
KP3	3		≤8	≤30		56			≤60				
KP5	5	≤2.2		≤60	100～2 000	90		—				25～800	—
KP10	10		≤10	≤100		190	10		≤100	≤3			
KP20	20					380							
KP30	30	≤2.4	≤20	≤150	100～2 400	560			≤150			50～1 000	
KP50	50					940		1	≤250				25～50
KP100	100		≤40	≤200	100～3 000	1.9×10^3	10	2	≤250		≥0.2		25～100
KP200	200					3.8×10^3				≤3.5			50～200
KP300	300		≤50	≤300		5.6×10^3		3					
KP400	400	≤2.6				7.5×10^3			≤350			100～1 000	50～300
KP500	500		≤60	≤400	100～3 000	9.4×10^3	16						
KP600	600					11×10^3		4		≤4			
KP800	800		≤80	≤500		15×10^3			≤450				50～500
KP1 000	1 000		≤120			19×10^3							

表 8－7　使用简单电路判别晶闸管好坏的方法

电路图	步骤	现象	结果
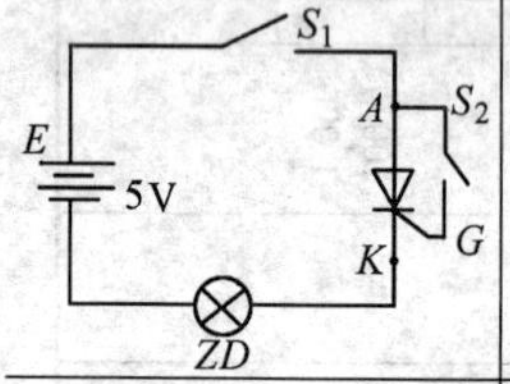	合上 S_1，不合 S_2 合上 S_1 与 S_2 合上 S_1，S_2 合上后再断开	*ZD* 发亮 *ZD* 仍不亮 *ZD* 一直亮	*KP* 已坏 *KP* 已坏 *KP* 正常
注：S_1、S_2 为开关 *ZD* 为 6*V* 白炽灯 *E* 为 5*V* 直流电源	合上 S_1，S_2 合上后再断开	S_2 合上时 *ZD* 亮 S_2 断开后 *ZD* 灭	*KP* 已坏

8.1.5　特殊用途晶闸管

几种主要的特殊用途晶闸管见表 8－7。

表 8－7　几种主要的特种晶闸管

名称	特性	型号	符号	主要用途
快速晶闸管	基本同 KP 型晶闸管，即反向阻断，门极信号开通。但开通速度快、关断时间短	KK		使用频率大于 100Hz 的场合。变频器，中频电源，不停电电源，斩波器
双向晶闸管	两个方向均可由门极信号开通（相当于两只普通晶闸管反并联）	KS		交流电路，交流调压，交流调功，交流无触点开关
门极可关断晶闸管（GTO）	门极正信号开通，负信号关断	KG		变频器，逆变器，斩波器，直流开关
逆导晶闸管	反向导通，门极信号开通（相当于普通晶闸管与功率二极管反并联）	KN		斩波器，逆变器

1. 快速晶闸管（FST）

快速晶闸管的特点是：开通和关断时间短，开通时间为 1～2μs，关断时间不大于 50μs；开关损耗小；电压、电流上升率均较高，通态电流上升率≥100A/μs，断态电压上升率≥100V/μs；使用频率范围广。

使用快速晶闸管要注意：一是运行结温不能过高，要有足够的反向阳极电压。二是门极须采用强触发脉冲触发。

2. 双向晶闸管（TRIAC）

双向晶闸管是指把两个反并联的晶闸管集成在同一硅片上，用一个门极控制触发的组合型器件。双向晶闸管的这种结构使它在两个方向都具有和晶闸管同样的对称开关特性。

双向晶闸管大多被应用于交流电路中，使用时要注意以下两个参数：

（1）额定通态电流：双向晶闸管所标的额定电流是指有效值。

（2）换流电流临界下降率（d*i*/d*t*）及换流电压临界上升率（d*u*/d*t*）：指双向可控硅由一个方向的通态转换到相反方向时，所允许的最大通态电流下降率和反向电压上升率。

双向晶闸管带感性负载时，须注意以下几个问题：要防止双向晶闸管正、负半波工作的不对称。晶闸管必须有承受一定的（d*u*/d*t*）能力。当元件电流过零关断时，须给感性负载一个泄放或吸收回路。触发脉冲须采用宽脉冲或脉冲列。

3. 门极可关断晶闸管（GTO）

门极可关断晶闸管（GTO）是一种电流控制型的自关断双极器件。它和普通晶闸管一样，一旦导通即能在导通状态下自锁，是一种必须靠门极电流极性变化来改变通断状态的晶闸管。一般来说，关断 GTO 的反向门极电流须达到阳极电流的 1/4 ~ 1/3，其关断过程的控制不如晶体管方便。但从单管的功率处理量分析，晶体管不如 GTO。因此在大功率场合，GTO 倍受青睐。它的基本结构与等效电路见图 8 - 3。

GTO 的关断负脉冲要求非常高，故门极触发电路需严格设计。设计时应注意以下几点：

（1）门极电流大于元件掣住电流。导通正脉冲电流的幅值可选为 3 ~ 5 倍即门极触发电流 I_{Gr} 以上。

（2）关断负脉冲电流幅值按关断电流增量选取。脉冲宽度只需为元件导通时间 t_{ge} 或关断时间 t_g 的 3 ~ 5 倍即可。负脉冲电压幅值应小于门极 *PN* 结的击穿电压。

（3）无论正、负脉冲其前沿要陡，其后沿要平缓。中小功率电路脉冲上升沿应小于 0.5μs，较大功率电路脉冲上升沿应小于 1μs。

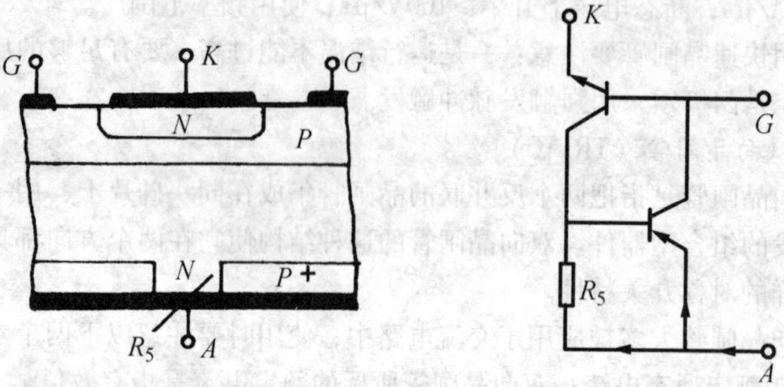

a.GTO的结构　　b.GTO的等效电路

图 8-3　GTO 的结构与双晶体管等效电路

（4）门极电路电阻要小，以减小脉冲源内阻。

4. 逆导晶闸管（RCT）

逆导晶闸管是将一个晶闸管和一个二极管反并联集成在同一硅片上而构成的组合型器件。组合的结果使其成为颇具特色的快速型器件。当 RCT 承受正向阳极电压时，元件表示出普通晶闸管的特性，当它承受反向阳极电压时，反向导通（逆导），表现出导通二极管的低阻特性。也就是说，RCT 是一种在反方向也能通过和正方向一样的大电流的开关器件，属不对称晶闸管。它具有正向管压降小、关断时间短、高温特性好、结温高等优点。使构成的变流装置体积小、质量轻、成本低，有利于大电流化和高电压化，有利于高频应用。

各种特殊用途晶闸管的主要参数见表 8-8～表 8-10。

8.2　晶闸管的应用

8.2.1　可控整流电路

利用晶闸管可组成各种可控整流电路。对于单相电路来说，有单相半波可控整流、单相全波可控整流、单相半控桥式整流电路以及单相全控桥式整流电路。对三相电路来说，有三相半波可控整流、三相半控桥式整流、三相全控桥式整流、双三相桥式串联全控整流电路以及双三相桥式带平衡电抗器全控整流电路。各种可控整流电路及基本电量关系见表 8-11、表 8-12。

表 8－8　快速晶闸管主要参数

额定值 / 型号	通态平均电流 $I_{T(AV)}$ /A	通态峰值电压 U_{TM} /V	断态重复峰值电流 I_{DRM} /mA	反向重复峰值电流 I_{RRM} /mA	维持电流 I_H /mA	断态、反向重复值电压 U_{DRM}、U_{RRM} /V	浪涌电流上限值 I_{TSM} /A	门极正向峰值电压 U_{FGM} /V	门极正向峰值电流 I_{FGM} /A	门极触发电流 I_{GT} /mA	门极触发电压 U_{GT} /V	门极不触发电压 U_{GD} /V	断态电压临界上升率 du/dt /(V/μs)	通态电流临界上升率 di/dt /(A/μs)
KK1	1			≤3	≤10		18	6		≤30				
KK3	3		≤8	≤8	≤40		54			≤60	≤2.5			—
KK5	5			≤8	≤70		90			≤70 ≤150				
KK10	10	≤2.6	≤10	≤10	≤150		180	10		≤150				
KK20	20						360			≤200	≤3	≥0.2		A
KK30	30		≤20	≤20	≤200	100～200	540	20		≤250			C、D、E、F、G	
KK50	50				≤250		900		1					A、B
KK100	100		≤40	≤40	≤250		1.8×10^3	10	2	≤250	≤35			B、C
KK200	200	≤3					3.0×10^3		3	≤350	≤4			B、C、D
KK300	300		≤50	≤50	≤350		4.6×10^3		3	≤450				
KK600	600	≤3.2	≤60	≤60	≤450		9.0×10^3	16		≤550		≥0.3		E、F G、H
KK1000	1 000		≤120	≤120	≤550		15×10^3							

注：①di/dt 项中：A＝25，B＝50，C＝100，D＝150，E＝200，F＝300，G＝500，H＝1 000。
②du/dt 项中：C＝100，D＝200，E＝500，F＝800，G＝1 000；都为下限值。

表 8－9　双向晶闸管主要参数

额定值 型号	额定通态电流 I_T /A	断态重复峰值电流 I_{DRM} mA	断态重复峰值电压 U_{DRM} /V	通态平均电压 U_T /V	控制极触发电压 U_{GT} /V	控制极触发电流 I_{GT} /mA	维持电流 I_H /mA	浪涌电流 I_{TSM} /A	转折电流 I_s /mA	断态电压临界上升率 du/dt /(V/μs)	换向电流临界下降率 di/dt /(A/μs)	冷却方式
KS5	5	≤5	100 ~ 1 600		≤3	5 ~ 100		43		≥20	≥0.2%	
KS20	20	≤10	100 ~ 1 600	1.2	≤3	5 ~ 200	<60	170	≤60	≥20	≥0.2%	自冷
KS50	50	≤10	100 ~ 1 600	1.2	≤3	≤150	<60	420	≤60	≥20	≥0.2%	强迫风冷
KS200	200	≤20	100 ~ 1 600	1.2 $U_{T1}+U_{T2}$	≤4	10 ~ 400	<120	1 700		≥50	≥0.2%	强迫风冷
KS400	400	≤25	100 ~ 1 600	$U_{T1}-U_{T2}$ ≤0.5	≤4	20 ~ 400	实测值	3 400		≥50	≥0.2%	水冷或风冷
KS500	500	≤25	100 ~ 1 600	$U_{T1}+U_{T2}$ ≥2.5 $U_{T1}-U_{T2}$ ≤0.5	≤4	20 ~ 400	实测值	4 200		≥50	≥0.2%	水冷或风冷

注：外形与 KP 型相同。

表 8－10　门极可关断晶闸管主要参数

型号	额定正向峰值电流 I_F /A	正向阻断峰值电压 U_{PF} V	反向峰值电压 U_{PR} /V	正向平均漏电流 I_{ft} /mA	反向平均漏电流 I_{rt} /mA	最大正向压降 U_F /V	控制极触发电压 U_G /V	控制极触发电流 I_G /mA	维持电流 I_H /mA	控制极可关断电压 U_{Gto} /V	控制极可关断电流 I_{Gto} /A	控制极最大正向电压 U_{Gm} /V	控制极反向击穿电压 U_{Ge} /V	开通时间 t_{on} /μs	关断时间 t_{off} /μs	电压上升率 du/dt /(V/μs)	工作频率 f /(kHz)	关断增益 B_{off}
KG3	3										≤1. 5							
KG5	5	30 ~	30 ~								≤2. 5							
				≤5	≤10	≤3	≤3. 5	≤200	≤200	≤20		≤10	≤6 ~ 20	≤5	2 ~20	≥50	≤30	2 ~ 20
KG8	8	1 400	1 400								≤4							
KG10	10										≤5							

表 8－11　单相可控整流电路及其电量关系

整流电路名称			单相半波	单相全波	单相半控桥	单相全控桥
电路图				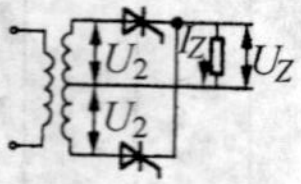	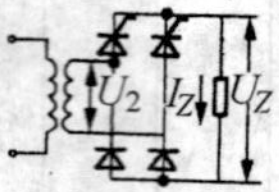	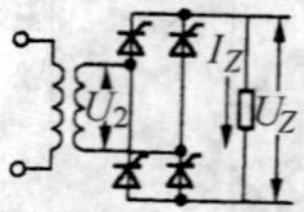
空载直流输出电压 U_{ZO}	$\alpha=0$		$0.45U_2$	$0.9U_2$	$0.9U_2$	$0.9U_2$
	$\alpha\neq0$	电阻性负载①	$\frac{1+\cos\alpha}{2}U_{ZO}$	$\frac{1+\cos\alpha}{2}U_{ZO}$	$\frac{1+\cos\alpha}{2}U_{ZO}$	$\frac{1+\cos\alpha}{2}U_{ZO}$
		电感性负载②	—	$\cos\alpha U_{ZO}$	$\frac{1+\cos\alpha}{2}U_{ZO}$	$\cos\alpha U_{ZO}$
元件承受最大反向电压			$1.41U_2(3.14U_{ZO})$	$2.83U_2(3.14U_{ZO})$	$1.41U_2(1.57U_{ZO})$	$1.41U_2(1.57U_{ZO})$
移相范围	电阻性负载①		0～180°	0～180°	0～180°	0～180°
	电感性负载②		0～90°（$\alpha>90°$逆变状态）	0～90°（$\alpha>90°$逆变状态）	—	0～90°（$\alpha>90°$逆变状态）
$\alpha=0$ 时输出电压脉冲系数 S③			1.57	0.667	0.667	0.667

续表

整流电路名称			单相半波	单相全波	单相半控桥	单相全控桥
流过元件电流（$a=0$）	平均值	电阻负载	$1I_Z$		$0.5I_Z$	
		电感负载	$0.5I_Z$		$0.5I_Z$	
	有效值	电阻负载	$1.57I_Z$		$0.785I_Z$	
		电感负载	$0.707I_Z$		$0.707I_Z$	
	最大值	电阻负载	$3.14I_Z$		$1.57I_Z$	
		电感负载	—		$1I_Z$	
元件电压计算系数 K_{UT}			1	2.83	1.41	
元件电流计算系数 K_{IT}			1	0.45	0.45	
整流电压计算系数 K_{UV}			0.45	0.9	0.9	
变压器侧相电流计算系数 K_I			1.57	0.707	1	
功率因数 $\lambda(u=0)$			—	$0.9\cos\alpha$	$\dfrac{0.450(1+\cos\alpha)}{1-\dfrac{\alpha}{\pi}}$	$0.900\cos\alpha$

注：①电阻性负载是指电阻负载或带续流二极管电感负载。

②电感性负载是指无续流二极管的电感负载。

③$S=\dfrac{\text{交流分量的基波（或最低次谐波）的振幅值}}{\text{直流分量（即平均值）}}$。

表 8－12　三相可控整流电路及其电量关系

整流电路名称			三相半波	三相半控桥	三相全控桥	双三相桥串联	双三相桥带平衡电抗器
电路图			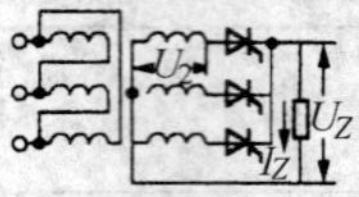	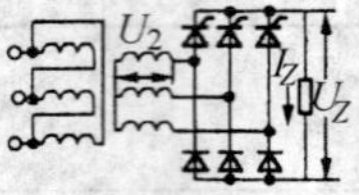	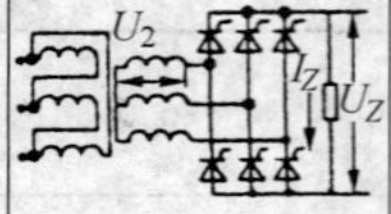	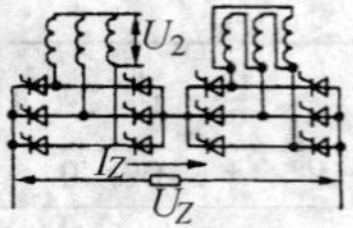	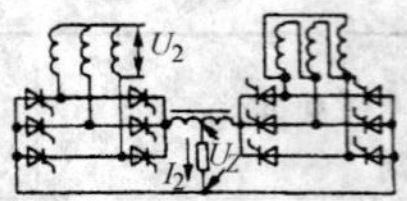
空载直流输出电压 U_{ZO}	$\alpha=0$		$1.17U_2$	$2.34U_2$	$2.34U_2$	$4.68U_2$	$2.34U_2$
	$\alpha\neq0$	电阻性负载①	$\cos\alpha U_{ZO}$ $(0\leqslant\alpha\leqslant30°)$ $0.577[1+\cos(\alpha+30°)]U_{ZO}$ $(30°\leqslant\alpha\leqslant150°)$	$\frac{1+\cos\alpha}{2}U_{ZO}$	$\cos\alpha U_{ZO}$ $(0°\leqslant\alpha\leqslant60°)$ $[1+\cos(\alpha+60°)]U_{ZO}$ $(60°\leqslant\alpha\leqslant120°)$	$\cos\alpha U_{ZO}$ $(0°\leqslant\alpha\leqslant60°)$ $[1+\cos(\alpha+60°)]U_{ZO}$ $(60°\leqslant\alpha\leqslant120°)$	$\cos\alpha U_{ZO}$ $(0°\leqslant\alpha\leqslant60°)$ $[1+\cos(\alpha+60°)]U_{ZO}$ $(60°\leqslant\alpha\leqslant120°)$
		电感性负载②	$\cos\alpha U_{ZO}$	$\frac{1+\cos\alpha}{2}U_{ZO}$	$\cos\alpha U_{ZO}$	$\cos\alpha U_{ZO}$	$\cos\alpha U_{ZO}$
元件承受最大反向电压			$2.45U_2(2.90U_{ZO})$	$2.45U_2(1.05U_{ZO})$	$2.45U_2(1.05U_{ZO})$	$0.524U_{ZO}$	$2.45U_2(1.50U_{ZO})$
移相范围	电阻性负载①		0～150°	0～180°	0～120°	0～120°	0～120°
	电感性负载②		0～90° （α＞90°逆变状态）	0～180° （α＞90°逆变状态）	0～90° （α＞90°逆变状态）	0～90° （α＞90°逆变状态）	0～90° （α＞90°逆变状态）

续表

整流电路名称			三相半波	三相半控桥	三相全控桥	双三相桥串联	双三相桥带平衡电抗器
$\alpha=0$ 时输出电压脉动系数 S③			0.25	0.057		0.014	0.014
流过元件电流（$\alpha=0$）	平均值	电阻负载	$0.333I_Z$				$0.167I_Z$
		电感负载	$0.333I_Z$				$0.167I_Z$
	有效值	电阻负载	$0.58I_Z$				$0.293I_Z$
		电感负载	$0.577I_Z$				$0.289I_Z$
	最大值	电阻负载	$1.21I_Z$	$1.05I_Z$			$0.514I_Z$
		电感负载	$1I_Z$				$0.5I_Z$
元件电压计算系数 K_{UT}			2.45				2.45
元件电流计算系数 K_{IT}			0.367				0.183
整流电压计算系数 K_{UV}			1.17	2.34		4.68	2.34
变压器阀侧相电流计算系数 K_{IV}			0.577	0.816		0.816	0.408
功率因数 $\lambda(u=0)$			$0.826\cos\alpha$	$\alpha\leqslant\frac{\pi}{3}$：$0.47(1+\cos\alpha)$	$0.955(\cos\alpha)$	$0.985\cos\alpha$	$0.985\cos\alpha$

注：同表 8－11。

表 8-13　各种可控整流电路特点及适用场合

整流电路名称	晶闸管数量（个）	晶闸管两端电压的峰值输出整流电压	晶闸管额定正向平均电流/输出整流电流	变压器利用系数	输出电压脉动系数	电网侧电流波形畸变因数	适用场合
单相半波	1	3.14	1	32.3%	1.57		对电压波形要求不高的低压、小功率负载，如台灯调光电路
单相全波	2	3.14	0.5	67.5%	0.667	0.9	$U_Z \leqslant 50V$、$P_Z \leqslant 5kW$ 的小负载，因要有中点抽头的变压器，故应用不多
单相半控桥	2	1.57	0.5	81%	0.667	0.9	$U_Z \leqslant 230V$、$P_Z \leqslant 10kW$ 指标较好，应用较多，如小容量直流传动设备
单相全控桥	4	1.57	0.5	81%	0.667	0.9	$U_Z \leqslant 230V$、$P_Z \leqslant 10kW$ 的小负载，因晶闸管元件较多，应用较少
三相半波	3	2.09	0.373	74%	0.25	0.827	$U_Z \leqslant 230V$、$P_Z \leqslant 50kW$ 直流传动和电极励磁设备，但畸变因数严重，应用不多
三相半控桥	3	1.05	0.373	95%	0.057	0.955	$P_Z \leqslant 200kW$ 的直流传动、电解电源等设备，各项指标较好，应用较多
三相全控桥	6	1.05	0.373	95%	0.057	0.955	$P_Z > 1\,000kW$ 的各种中小功率的直流传动设备，因能用于可逆线路、故应用广泛

续表

整流电路名称	晶闸管数量（个）	晶闸管两端电压的峰值输出整流电压	晶闸管额定正向平均电流/输出整流电流	变压器利用系数	输出电压脉动系数	电网侧电流波形畸变因数	适用场合
双三相桥串联	12	0.524	0.373	97%	0.014	0.985	$P_Z > 1\ 000$kW、电压又较高的负载、晶闸管需要串联处，如大功率高压直流传动设备
双三相桥带平衡电抗器	12	1.05	0.186	97%	0.014	0.985	$P_Z > 1\ 000$kW、电流又较大的负载、为电解、电镀和大容量的直流传动设备、因要平衡电抗器，故设备体积较大
说明	晶闸管元件少、相应触发系统简单、维护方便，设备投资少	输出同样整流电压、元件两端电压越低可选用电压等级较低的元件，对高电压较有利、可避免不必要的元件串联	输出同样整流电流，元件正向平均电流越小，可选用电流等级较低的元件，对大电流有利，可避免不必要的元件并联	变压器利用系数越大，输出同样的整流功率变压器计算容量越小，因而经济	脉动率越小，说明交流成分小，所需滤波器数目少	畸变因数数值越大，说明对电网供电品质影响越小，这对大功率的供电装置尤为重要	应根据负载情况选用合适的整流电路。如小功率负载，可用单相半控桥；大中功率电动机负载可用三相全控桥；大功率电动机负载或低压大电流负载，可用双相桥带平衡电抗器线路

注：①表中各参数是在全导通及负载是纯电阻情况下的计算值。

②变压器利用系数 = 整流器输出功率/变压器计算容量。

表 8－14　国产常用晶闸管桥臂模块型号和规格

型　号	规　格	型　号	规　格
MTC系列晶闸管晶闸管桥臂模块 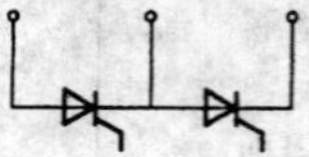	25A　200～1 800V 40A　200～1 800V 55A　200～1 800V 70A　200～1 800V 90A　200～1 800V 110A　200～1 800V 130A　200～1 800V 160A　200～1 800V	MDC系列整流管桥臂模块 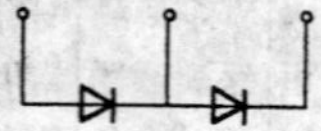	25A　200～2 200V 40A　200～2 200V 55A　200～2 200V 70A　200～2 200V 90A　200～2 200V 110A　200～2 200V 130A　200～1 800V 160A　200～1 800V
MFC(A)共阳 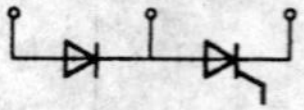 MFC(C)共阴  晶闸管/整流管桥臂模块	25A　200～1 800V 40A　200～1 800V 55A　200～1 800V 70A　200～1 800V 90A　200～1 800V 110A　200～1 800V 130A　200～1 800V 160A　200～1 800V	DF系列三相桥式整流模块 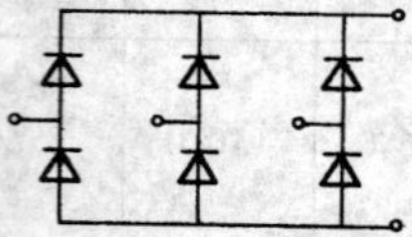	20A　200～1 800V 30A　200～1 800V 40A　200～1 800V 60A　200～1 800V
触发模块	三相半控桥移相式触发模块 MKJZ3 三相全控桥移相式触发模块 MKJZ6		

各种可控整流电路的特点及适用场合见表8－13。

国产常用晶闸管模块桥臂型号和规格见表8－14。

8.2.2 逆变电路

利用晶闸管电路可把直流电变成交流电，这种整流的逆过程称为逆变。同一套晶闸管电路既可用作整流，又可用作逆变，统称为变流器。如果把变流器的交流侧接到交流电源上，把直流变成同一频率的交流电反送到交流电源上去，称为有源逆变；若把直流电变成某一频率或频率可调的交流电供给负载，称为无源逆变或变频。

1. 无源逆变电路

图8－4为单相并联逆变电路。如果把一定频率的触发脉冲交替地加到晶闸管 VT_1 和 VT_2 上，使其轮流导通，在变压器初级流过交变电流因而在变压器次级得到交变电压 U_0 供给负载。假定 VT_2 为阻断状态，VT_1 被触发导通，则电流由电源 E_B 的正端经电感 L 变压器初级的 OA 段，VD_3、VT_1 回到 E_B 的负端。在变压器的次级感应出电压 U_0，其极性下正上负（由变压器初级和次级的同极性端决定）。由于 O 点为变压器初级的中点，所以，同时在变压器初级的 OB 段也感应出与电源 E_B 相等的电压，其极性下正上负，于是电容器 C 的两端便充以 $2E_B$ 的电压，其极性下正上负，如图8－4所示。因此，VT_2 承受 $2E_B$ 的正向电压，触发 VT_2 立即导通，VT_1 在 $2E_B$ 反向电压作用下强迫阻断。电容 C 经 VT_2、E_B、L 变压器 OA 段及 VD_3 放电。VT_1 阻断后 VT_2 导通，电流由 E_B 正端经 L、变压器 OB 段、VD_4、VT_2 回到负端，在变压器的次级感应出电压 U_0，其极性上正下负，同时电容器 C 反向充电至

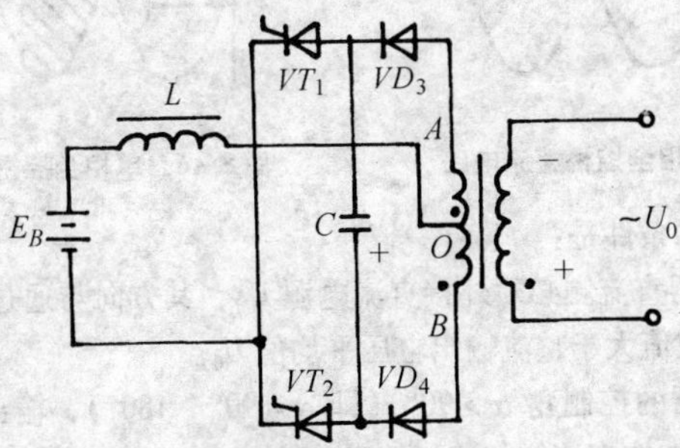

图8－4 单相并联逆变电路

至 $2E_B$ 为下次换向做准备。调节触发脉冲的频率，即调节 VT_1 和 VT_2 轮流导通的频率，从而可得到不同频率的交流电压 U_0，实现了直流电逆变成一定频率的交流电。

2. 有源逆变电路

有源逆变在生产实际中有广泛的应用。例如，采用晶闸管变流器供电的电力机车，当下坡行驶时，使直流电动机运行在发电状态（制动），将机车的位能转换成电能经逆变送到交流电源中去。有源逆变除应用于直流可逆调速系统之外，还用于交流绕线式异步电动机的串级调速和高压直流输电等。

下图为单相全控桥电路向直流电动机供电带动提升机的装置。负载是直流电动机，串入大电感 L，以保持电流连续。在提升重物时，变流器工作在整流状态，见图 8－5，重物下放时，变流器工作在逆变状态，见图 8－6。

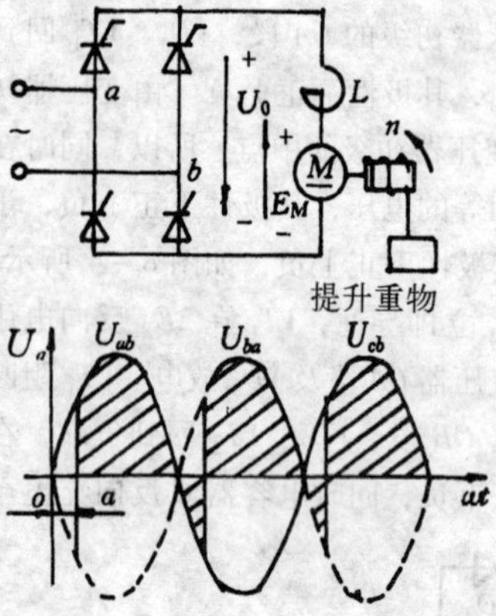

图 8－5　单相全控桥整流电路

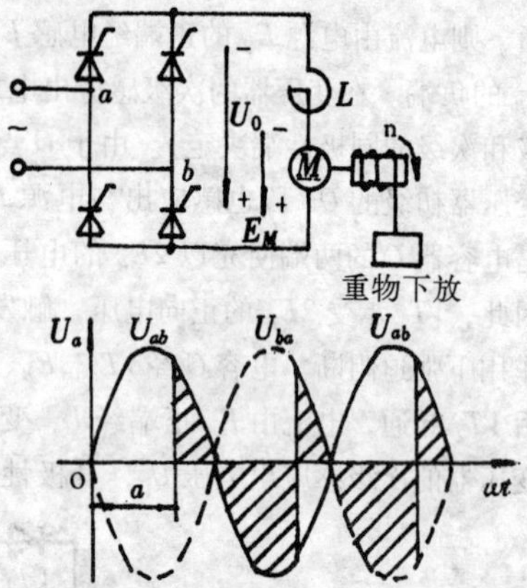

图 8－6　单相全控桥逆变电路

有源逆变的条件是：

（1）变流器直流侧必须外接直流电源 E_M，其方向与通过晶闸管的电流方向相同，其数值大于整流输出电压平均值 U_0。

（2）变流器的控制角 $\alpha > 90°$（即 $\alpha = 90° \sim 180°$），输出电压 U_0 为负值，即 U_0 的方向在直流侧与 F_M 相反。

（3）回路要有足够大的电感，以维持电流连续和限制峰值电流，为此须串接大电感 L。

(4) 有源逆变电路，不能采用半控桥式电路，也不能接续流二极管，因为这两种情况下，不但不能输出负电压，而且会使 E_M 短路，不能实现逆变。

工业生产中有许多负载对逆变器的输出电压除了频率可变外，还需要电压可调。如异步电动机变频调速系统为了保持电机磁场恒定，以保证电机最大转矩不变，在变频调速的同时还必须改变电压的大小。例如单相单极性正弦波脉宽调制（*SPWM*）原理是：电路中使用的元件是自关断元件（*GTR*、*PMOSFET*、*IGBT* 等）。*SPWM* 产生的调制波是等幅不等宽的一系列脉冲列，其调制波的特点是在正弦波的半个周期内，中间的脉冲宽、两边的脉冲窄。各脉冲的中点间距相等，脉宽与正弦波曲线下的积分面积成正比，脉宽基本上按正弦规律变化。

3. 三相并联逆变电路（串联电感式）

三相逆变电路（图 8－7）能将直流电变为三相交流电。图中 U、W 为输入直流电源二端，Z_A、Z_B、Z_C 为三相负载阻抗，晶闸管 KG_1 ~ KG_6 作开关用，换向电感 L_1 ~ L_6 和换向电容 C_1 ~ C_6 组成晶闸管关闭电路，其中 L_1 和 L_4，L_3 和 L_6，L_5 和 L_2 各为互感系数较高的三只电抗器，反馈二极管

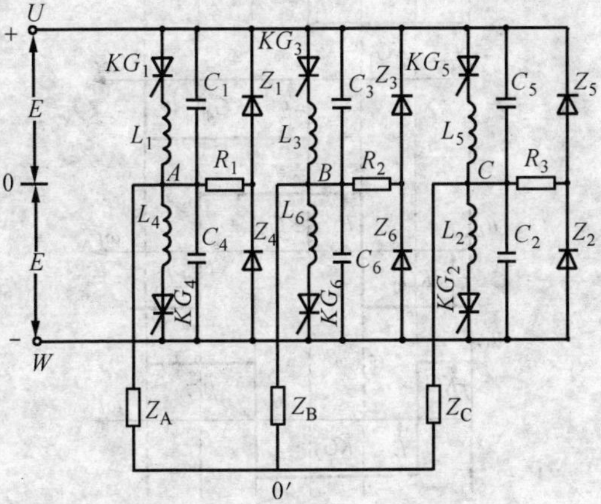

图 8－7　三相并联逆变器（串联电感式）

$Z_1 \sim Z_6$构成感性负载电流流向电源的通路，同时反馈二极管和反馈电阻 $R_1 \sim R_3$组成衰减电流回路。

取U、W的中点0为电源的零电位，设U点电位为+E，W点电位为-E，U、W两端电源电压为2E。当KG_1触发导通时，A点电位为+E，隔60°后KG_2导通，使C点电位为-E，再隔60°KG_3导通，B点电位为+E。再过60°（即距KG_1触发导通180°）KG_4导通，这时KG_1立即关闭，A点电位由+E变到-E，然后KG_5、KG_6相继导通，同样可以使C、B二点电位发生变化，因此A、B、C三点电位变化的波形如图8-8所示。从图8-8中可以看出，每一瞬间有三个晶闸管导通，而且A、B、C三点的电位总是其中有二个为正，一个为负；或者有二个为负，一个为正。从图8-8可以推算出负载端的输出相电压和线电压波形分别如图8-9和图8-10所示。由此可知，A、B、C三点线电压波形相同，相位相差120°，它们构成了三相交流电源，这样便完成了由直流电源转变为三相交流电的逆变过程。逆变器的输出电压主要决定于输入直流电压，输出频率决定于晶闸管的触发频率，输出相序决定于触发脉冲的相序，若将触发顺序由1至6改为由6至1，即可改变逆变电路的输出相序。

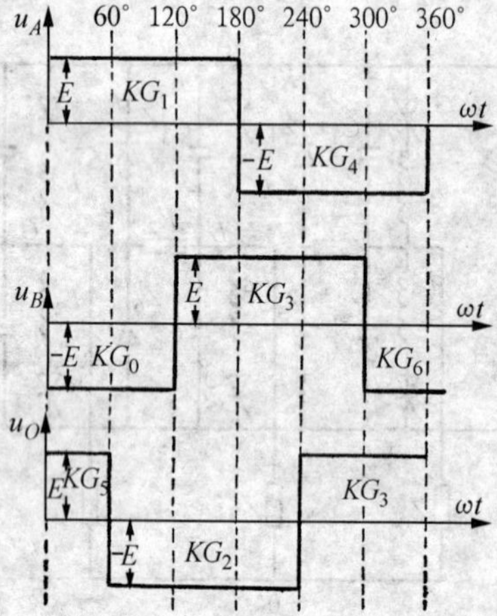

图8-8 *A*、*B*、*C*三点电位变化波形

几种常用逆变电路及主要参数见表 8－15。

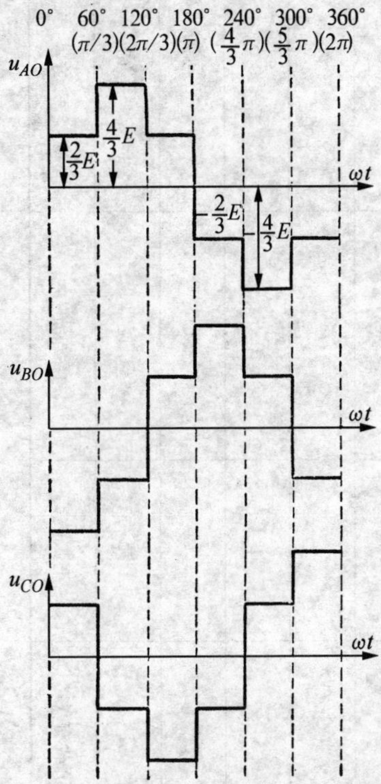

图 8－9 输出相电压波形

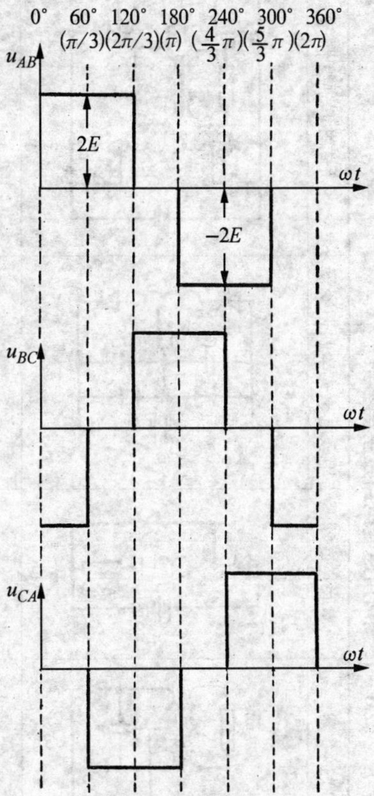

图 8－10 输出线电压波形

表 8－15　常用逆变电路及主要参数

电路型式	并联逆变器	串联逆变器	串联电感式串联逆变器	桥式并联逆变器
主回路接线图	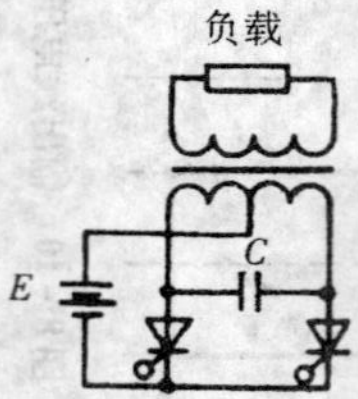	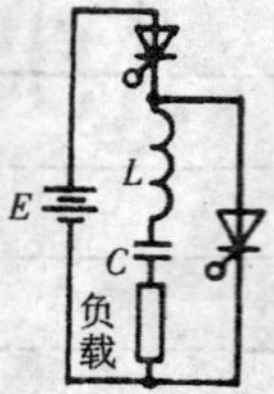	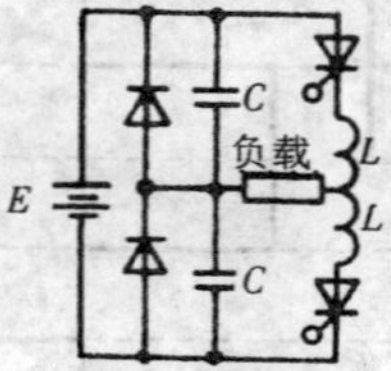	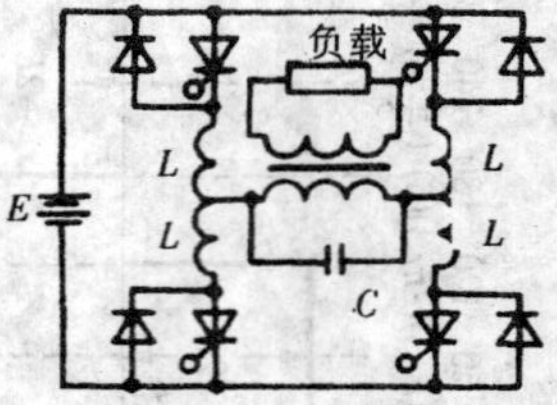
晶闸管上最大电压①	2.0E	2.0E	E	E
最大负载电压	E②	E	E	E
晶闸管平均电流/电源电流	0.5	1	0.5	0.5
负载上直流分量	无	无	无	无
负载频率调节范围	宽	宽	宽	宽
输出电压波形	与负载有关	正弦波	方波	方波

续表

电路型式	中心抽头串联逆变器	三相串联逆变器	三相桥式串联逆变器
主回路接线图	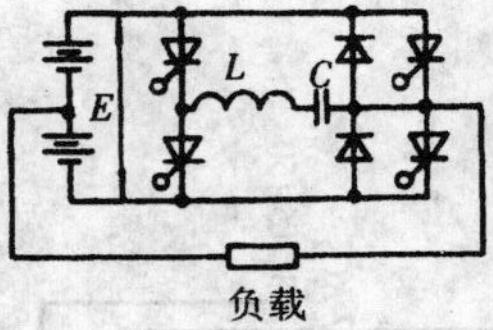	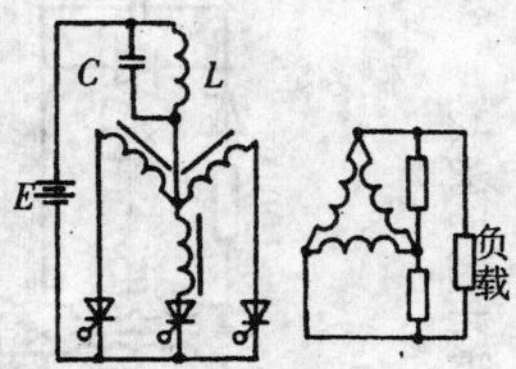	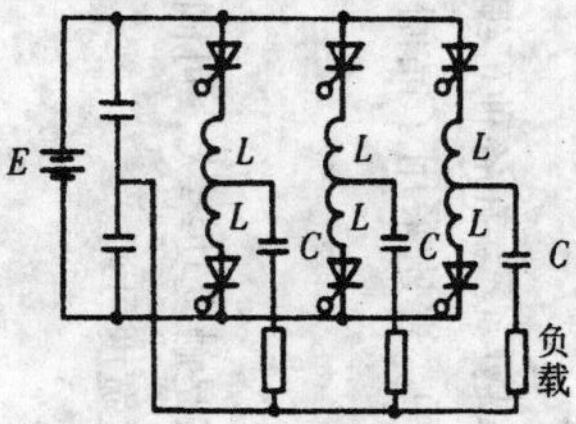
晶闸管上最大电压①	E	E	E
最大负载电压	$0.5E$	E③	E④
晶闸管平均电流/电源电流	0.5	0.33	0.33
负载上直流分量	无	无	无
负载频率调节范围	宽	宽	宽
输出电压波形	方波	方波	方波

注：①忽略由于换流产生的电压尖峰。
②采用1∶1∶1变压器。
③采用1∶1变压器。
④线电压。

8.2.3 晶闸管交直流开关电路

利用晶闸管作交直流无触点开关应用越来越广泛。在各种可编程控制器及各种固态继电器的开关量输入、输出电路中，普遍采用了晶闸管开关电路。

1. 单稳态直流开关电路

图 8-11 所示单稳态直流开关电路的特点是触发功率大，可同时触发多只串并联的晶闸管，输出脉冲为宽脉冲，而且宽度可调。

移相范围：决定于输入脉冲的移相范围。

应用场合：要求大功率脉冲输出场合。

利用小容量晶闸管组成开关电路，对输入脉冲进行放大。

B_M：一次侧绕组 w_1 1000 匝，二次侧绕组 w_2 330 匝，线径 0.32mm 漆包线

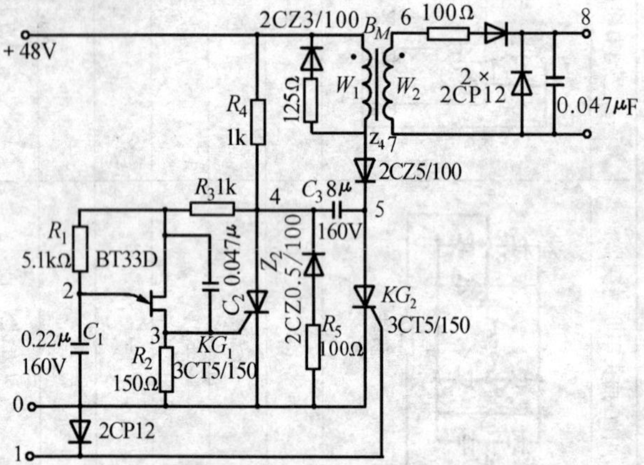

图 8-11 单稳态直流开关电路

2. 三稳态开关电路

三稳态开关电路如图 8-12 所示。

三稳态开关电路的特点是输出脉冲功率大,脉冲宽度为 120°。附加尖脉冲变压器,脉冲前沿很陡(脉冲波形见图 8-13)。

移相范围:决定于输入脉冲的移相范围。

应用场合:三相大功率可控整流,晶闸管元件串并联较多的情况。

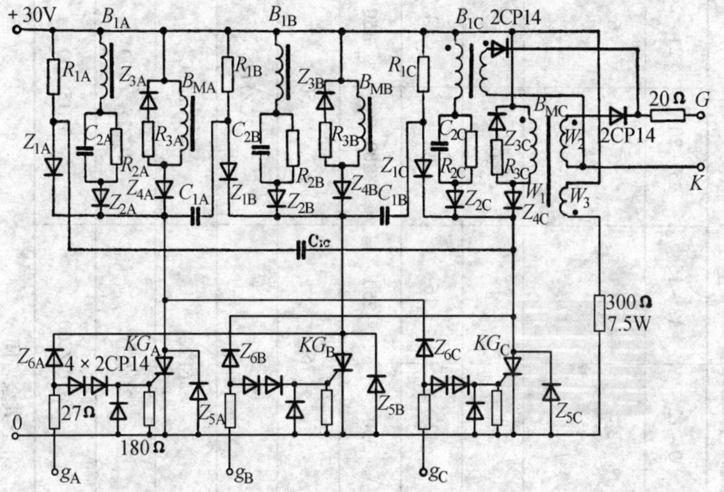

宽脉冲变压器 B_M 的去磁绕组 W_3 仅画了一相,其他二相电路相同。

B_M 的二次侧绕组 W_2 和尖脉冲变压器二次侧绕组仅画了 C 相的一组,其他相的电路相同。图中未注参数的元件可查表 8-16,三相的相应元件参数相同,如 $R_{1A} = R_{1B} = R_{1C} = R_1$。

图 8-12　三稳态开关电路

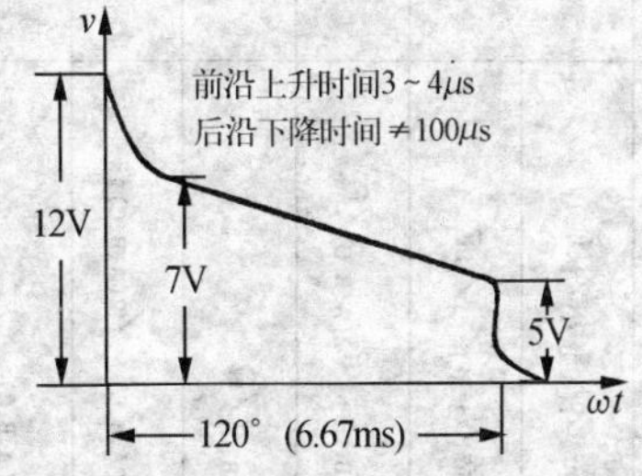

图 8-13　三稳态开关电路输出脉冲波形

表 8－16　图 8－12 的三稳态开关电路参数

<table>
<tr><td>每相触发 200A 元件数</td><td>2～4</td><td>5～8</td><td>9～12</td><td>13～16</td><td>17～20</td><td>21～24</td></tr>
<tr><td>每相并联宽脉冲变压器 B_M 数</td><td rowspan="2">1</td><td rowspan="2">2</td><td rowspan="2">3</td><td rowspan="2">4</td><td rowspan="2">5</td><td rowspan="2">6</td></tr>
<tr><td>每相并联尖脉冲变压器 B_1 数</td></tr>
<tr><td>关断电容器 $C_{1(A、B、C)}$/μF</td><td rowspan="2">4</td><td>4</td><td>6</td><td>8</td><td>10</td><td>12</td></tr>
<tr><td>充电电容器 $C_{2(A、B、C)}$/μF</td><td>8</td><td>12</td><td>16</td><td>20</td><td>24</td></tr>
<tr><td>电阻 $R_{1(A、B、C)}$、$R_{2(A、B、C)}$/Ω</td><td colspan="2">500</td><td>330</td><td>250</td><td>200</td><td>150</td></tr>
<tr><td>电阻 $R_{3(A、B、C)}$/Ω</td><td colspan="2">100</td><td colspan="2">75</td><td colspan="2">50</td></tr>
<tr><td>二极管 $Z_{1(A、B、C)}$、$Z_{2(A、B、C)}$</td><td colspan="4">2CP22</td><td colspan="2">2CZ11C</td></tr>
<tr><td>二极管 $Z_{3(A、B、C)}$</td><td colspan="2">2CP14</td><td colspan="2">2CP22</td><td colspan="2">2CZ11C</td></tr>
<tr><td>二极管 $Z_{4(A、B、C)}$、$Z_{5(A、B、C)}$</td><td colspan="2">2CP22</td><td colspan="2">2CZ11C</td><td colspan="2">2CZ2A（100V）</td></tr>
<tr><td>晶闸管 $KG_{(A、B、C)}$</td><td colspan="2">3CT1/200</td><td colspan="2">3CT2/200</td><td colspan="2">3CT5/200</td></tr>
</table>

注：三相的相应元件参数相同。即表中 $C_{1(A、B、C)}$ 即为 C_{1A}、C_{1B}、C_{1C}。其余皆同。

3. 典型晶闸管交直流开关电路

几种典型的晶闸管交直流开关电路见表 8－17。

表 8－17　几种典型的晶闸管交直流开关电路

名称	单相交流开关 1	单相交流开关 2	三相交流开关	直流开关 1	直流开关 2
电路	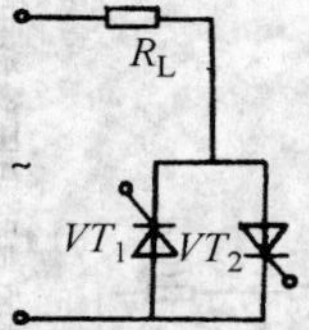	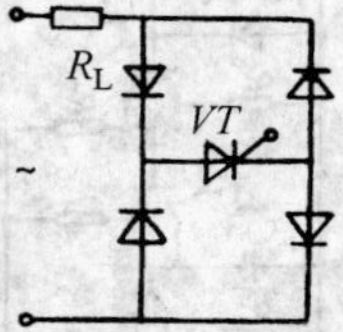	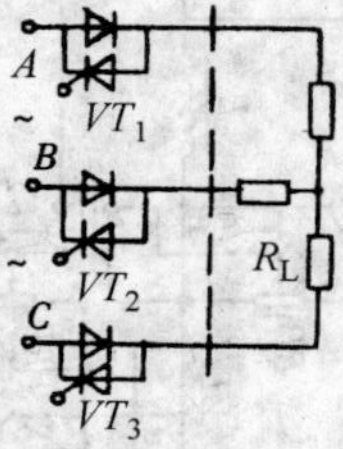	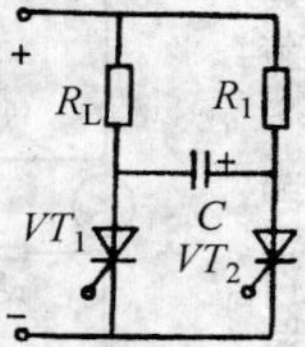	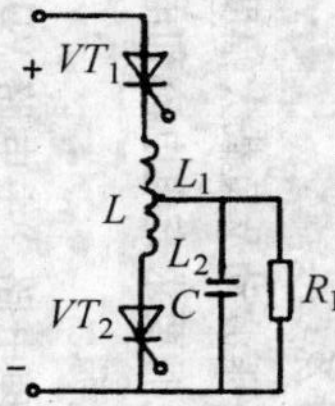
原理说明	交流电压正负半波时，VT_1、VT_2 轮流导通，负载 R_L 上得到交流电压；VT_1、VT_2 关断时，R_L 上失电	在交流电压正负半波时，VT 触发导通，R_L 上得交流电；当 VT 关断时，R_L 上失电	VT_1 ~ VT_3 触发导通时，R_L 得三相交流电；VT_1 ~ VT_3 关断时，R_L 失电	VT_1 导通，R_L 得到直流电，同时电源经 R_1 对 C 充电；当 VT_2 导通，C 上电压加到 VT_1，由于此阳极电压为反向电压，VT_1 关断，R_L 失电	VT_1 导通，R_L 得到直流电，同时 C 上充电，L_1 上流过负载电流；当 VT_2 导通，C 上电压经 L_2 对 VT_2 放电，在 L 上感应电势，使 VT_1 阳极电压反向而截止，R_L 失电

8.2.4 自动稳流稳压电源

1. 自动稳流稳压电源电路及工作原理

自动稳流稳压电源可以在电网电压波动及负载大幅度变化的情况下，保持输出电压和电流恒定。蓄电池充电时要求充电电流和电压恒定。所以该电路可用于直流充电电源或直流稳压电源。

(1) 电路说明：图 8-14 为原理电路。主电路 VD_1、VD_2、VT_1、VT_2 组成单相桥式半控整流电路，并经电感 L 及电容 C 滤波后，可获得平稳的直流输出。由于电感不大，故未接续流二极管，熔断器 FU 作为短路保护；R_1、C_1 用作过压保护。

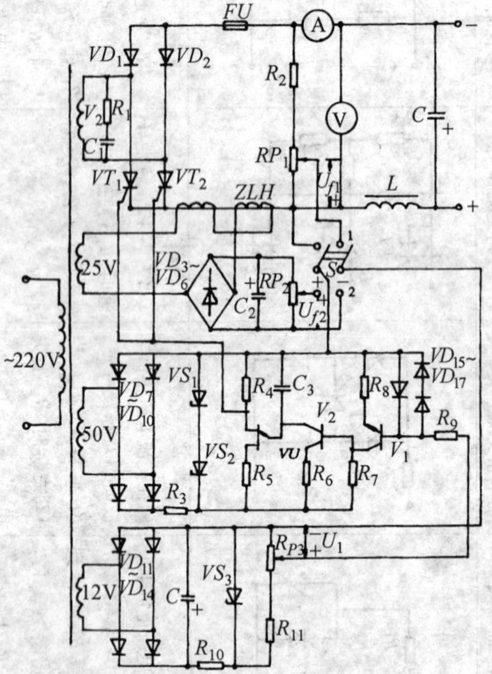

图 8-14 晶闸管组成的自动稳压稳流电路

电阻 R_2 与电位器 R_{P1} 组成取样电路，取出负反馈电压 U_{f1} 并与给定电压 U_i 比较后去控制触发电路以实现自动稳压。主电路上接有直流电流互感器

ZLH，所谓直流互感器就是两个反串联的饱和电抗器，由电抗变压器的单独一组线圈供电。当穿过铁芯的直流电流（即输出负载电流）增大时，铁芯因磁饱合而使互感器的副线圈阻抗减少，从而导致 $VD_3 \sim VD_6$ 组成的桥式整流输出电压升高。取出部分电压 U_{f2} 与给定电压 U_i 比较后去控制触发电路，便可实现自动稳流。由此可将开关倒向“1”，用于自动稳压状态；开关倒向“2”，用于自动稳流工作状态。

触发电路由 V_1、V_2 及 VU 组成带放大器的单结晶体管触发电路，其控制信号为给定电压与反馈电压之差，自动稳压时为 $U_i \sim U_{f1}$，自动稳流时为 $U_i \sim U_{f2}$。

二极管 $VD_{11} \sim VD_{14}$ 整流并经 VS_3 稳压后，供给给定电压，电位器 R_{P3} 可调节 U_i 的大小。

（2）工作原理：自动稳压原理：当电网电压改变或负载变化致使输出电压增加时，反馈电压 U_{f1} 也同时增加，由于此时将开关 S 扳向位置“1”，故触发电路的控制信号 $U_i - U_{f1}$ 将减小。V_1 基极电流减小，V_2 基极电流和集电极电流也随之减小，使 C_3 的充电时间常数增加，触发脉冲后移，使晶闸管的导通角减小，因此输出直流电压就自动降下来。改变给定电压 U_i 的大小，便可调节直流输出电压的稳定值。

自动稳流原理：自动稳流原理与上述稳压原理大致相同。当输出电流增加时，*ZLH* 的阻抗减小，使 U_{f2} 增大，由于此时开关 S 扳向位置“2”，所以触发电路的控制信号（$U_i \sim U_{f2}$）将减小，结果晶闸管的导通角减小，致使输出电流自动下降。改变给定电压 U_i 的大小也可调节输出电流的稳定值。

2. 晶闸管稳压装置

如图 8－15 所示，是由晶闸管实现的永磁式交流发电机的过压抑制电路。此电路主要用于摩托车。为了防止蓄电池的过充电及照明灯电压过压，必须抵制发电机有可能产生过压。当蓄电池电压大于 14V 时，即 $V_E > V_{ZD} + V_{BE}$（Q_2）则电流由 $E \to SW \to R_3 \to ZD \to V_{BE}$（$Q_2$）流过，$Q_2$ 导通，Q_1 截止，SCR 通过 R_1 流有门极电流，SCR 开通，从而使交流发电机的正半波不能向蓄电池充电，而是通过 D_2 旁路。那么，负载电流或转速变动时，发电机输出电压能保持平坦的特性。C_1 用于为防止点火时浪涌电压引起的误动作。

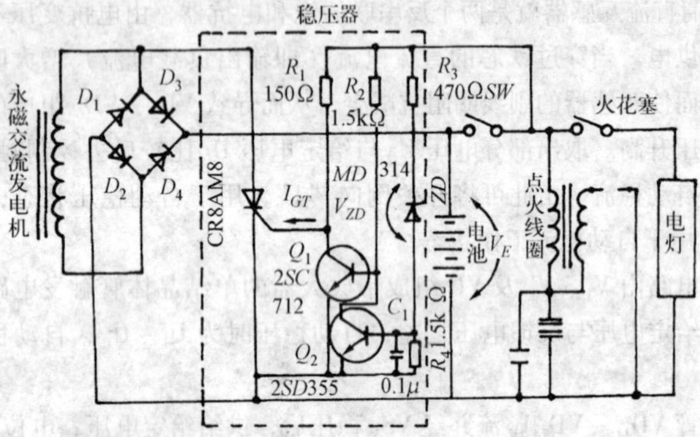

图 8－15　晶闸管稳压电路

8. 2. 5　交流调压器

晶闸管交流调压的控制通常有两种方式，即通断控制和相位控制，相位控制应用较多，在电源电压的一个周期内，改变触发脉冲的相位，即改变了控制晶闸管的导通时刻，将负载与电源接通，使负载两端的电压可以改变，从而达到调压的目的。

图 8－16 为应用单结晶体管移相触发的交流调压电路，触发电路电压取自晶闸管两端，当管子未导通时，电源电压经 R_L 与 R_1 降压，桥式整流及稳压，得到梯形同步电压，供给单结晶体管弛张振荡器，在电源正负半周均送出负脉冲触发晶闸管，改变 RP 阻值，可改变正、负半周的控制角，达到

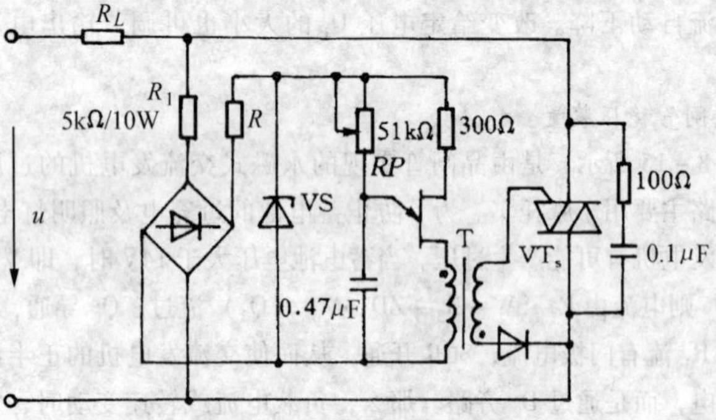

图 8－16　实用交流调压电路

调节负载电压的目的。当双向晶闸管一旦触发导通后，振荡器电压即消失，电路每个半周只能发出第一个脉冲。

8.2.6 变频调速装置

交流电动机进行变频调速时，需要一个能够变频和调压的电力变换装置，称之为变频器。变频调速系统中的变频器通常可分为交—交变频器和交—直—交变频器两大类。

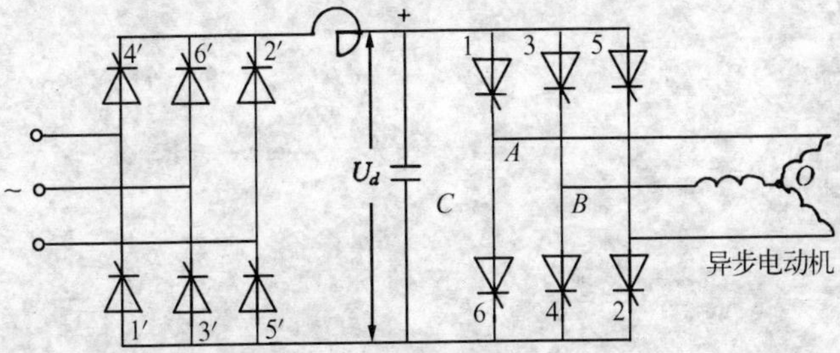

图 8－17 交—直—交变频器

在变频调速系统中，变频器的负载是异步电动机，图 8－17 为交—直—交变频器的主电路，它由整流器、中间滤波环节和逆变器三部分组成。

图 8－18 为电压型变频调速系统组成框图。系统由主电路和控制电路组成。主电路采用串联电感逆变器，晶闸管整流器将三相交流工频电源交流电

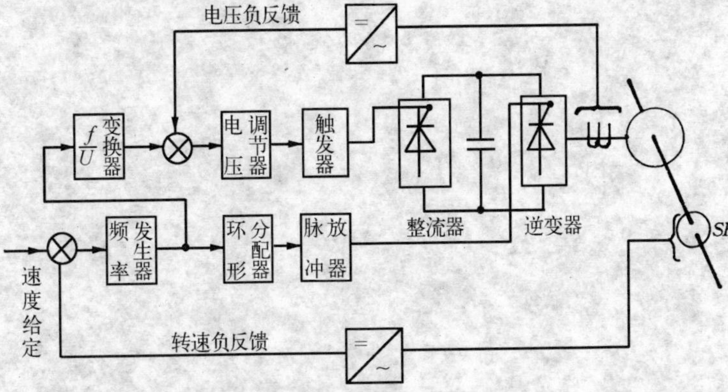

图 8－18 电压型变频调速系统组成框图

变成大小可调的直流电，经中间滤波环节作为逆变器电源，逆变器将直流电变换成频率可调的三相对称交流电，作为鼠笼型异步电动机的电源。

第 9 章　照明灯具

9.1　电光源

电光源按发光原理和用途的不同有白炽灯、荧光灯、高压汞灯、卤钨灯、钠灯、黑光灯、氙灯、红外线灯、紫外线灯等。

9.1.1　电光源基本知识

1. 白炽灯光源

（1）白炽灯光源型号命名组成如下：

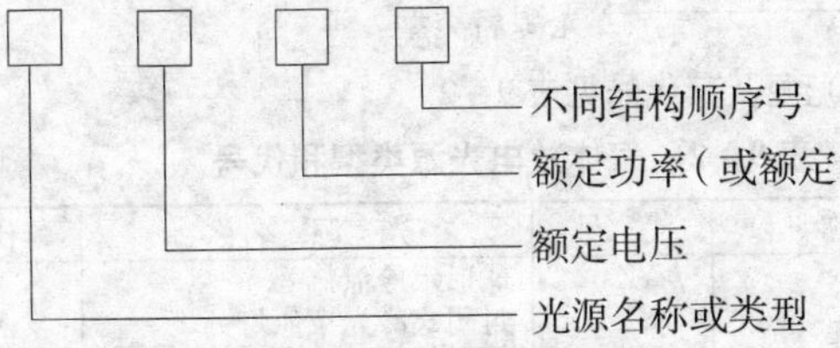

（2）白炽光源名称及其代号见表 9 – 1。

表 9 – 1　白炽光源类型和代号

光源名称	代号	光源名称	代号
普通照明灯泡	PZ	医用微型灯泡	YW
双螺旋普通照明灯泡	PZS	槌形电源指示灯泡	DC
蘑菇形普通照明灯泡	PZM	梨形电源指示灯泡	DL
反射型普通照明灯泡	PZF	球形电源指示灯泡	DQ
氪气照明灯泡	KZM	锥形电源指示灯泡	DZ
矿区照明灯泡	KZ	圆柱形电源指示灯泡	DY
彩色灯泡	CS	小型指示灯泡	XZ
装饰灯泡	ZS	微型指示灯泡	WZ
局部照明灯泡	JZ	电话交换机灯泡	HJ
汽车拖拉机灯泡	QT	仪器灯泡	YQ
封闭式汽车灯泡	QF	矿用头灯灯泡	KT
船用照明灯泡	CY	水下灯泡	SX
飞机灯泡	FJ	管形照明卤钨灯	LZG

续表

光源名称	代号	光源名称	代号
专用小型灯泡	XX	汽车卤钨灯泡	LQ
聚光灯泡	JG	石英聚光卤钨灯泡	LJS
反射型聚光灯泡	JGF	硬质玻璃聚光卤钨灯泡	LJY
摄影灯泡	SY	摄影卤钨灯管	LSY
反射型摄影灯泡	SYF	放映卤钨灯泡	LFY
放映灯泡	FY	印片卤钨灯泡	LYP
幻灯灯泡	HD	复印卤钨灯泡	LF
照相灯泡	ZX	红外线卤钨灯泡	LHW
红外线灯泡	HW	仪器卤钨灯泡	LYQ
照相放大灯泡	ZF	幻灯卤钨灯泡	LHD
无影灯泡	WY		

2. 气体放电光源

（1）气体放电光源型号命名组成如下：

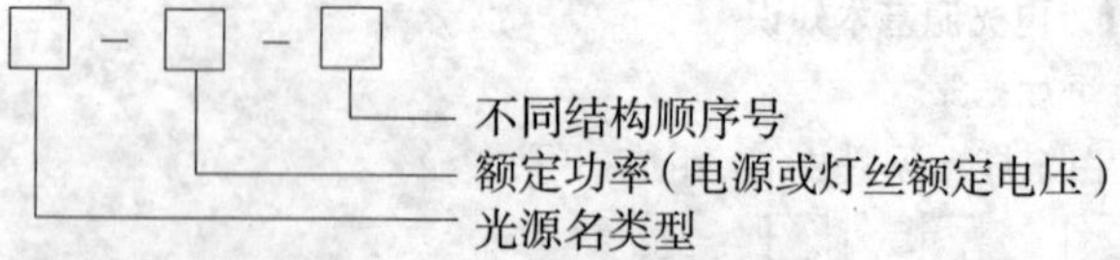

（2）气体放电光源及其代号见表9－2。

表9－2　气体放电光源类型和代号

光源名称	代号	光源名称	代号
直管形荧光灯	YZ	球形水冷氙灯	XSQ
U形荧光灯管	YU	封闭式冷光束氙灯	XFL
环形荧光灯管	YH	管形氙灯	XG
自整流荧光灯管	YZZ	管形水冷氙灯	XSG
黑光荧光灯管	YHG	直管形脉冲氙灯	XMZ
紫外线灯管	ZW	低压钠灯管	ND
直管形石英紫外线低压汞灯	ZSZ	高压钠灯泡	NG
U形石英紫外线低压汞灯管	ZSU	管形碘化铊灯	DTG
白炽荧光灯泡	ZY	管形钪钠灯	KNG
高压汞灯泡	GG	球形铟灯	YDQ
荧光高压汞灯泡	GGY	球形镝灯	DDQ
自整流荧光高压汞灯泡	GYZ	管形镝灯	DDG
仪器高压汞灯泡	GGQ	钠铊铟灯	NTY
晒图高压汞灯泡	GGS	铊铟灯泡	TY
直管形紫外线高压汞灯	GGZ	高压氪灯管	KG
U形紫外线高压汞灯	GGU	氖氩辉光灯泡	NH
管形汞氙灯	GXG	光谱灯	GP
球形超高压汞灯	GGQ	氘灯	DD
球形超高压汞氙灯	GXQ	氢弧灯	QH
球形氙灯	XQ		

3. 不同电光源的比较

常用电光源的主要技术特性见表 9－3。不同光源的优缺点及适用场所见表 9－4。

表 9－3　常用电光源的主要技术特性比较

特性参数	白炽灯	卤钨灯	荧光灯	高压汞灯	高压钠灯	金属卤素灯	长弧氙灯
额定功率/W	10～1 000	500～2 000	6～125	50～1 000	250～400	400～1 000	1 500～100 000
发光效率/(lm/W)	6.9～19	19.5～21	25～67	30～50	90～100	60～80	20～37
使用寿命/h	1 000	1 500	2 000～3 000	2 500～5 000	3 000	2 000	500～1 000
显色指数/(%)	95～99	95～99	70～80	30～40	20～25	65～85	90～94
启动稳定时间	瞬时	瞬时	1～3s	4～8min	4～8min	4～8min	1～2s
再启动时间	瞬时	瞬时	瞬时	5～10min	10～20min	10～15min	瞬时
功率因数	1	1	0.33～0.7	0.44～0.67	0.44	0.4～0.61	0.4～0.9
频闪效应	无	无	有	有	有	有	有
表面亮度	大	大	小	较大	较大	大	大
电压变化对光通的影响	大	大	较大	较大	大	较大	较大
环境温度对光通的影响	小	小	大	较小	较小	较小	小
耐震性能	较差	差	较好	好	较好	好	好
所需附件	无	无	镇流器 启辉器	镇流器	镇流器	镇流器 触发器	镇流器 触发器

表 9－4　不同电光源的优缺点及适用场所

名称	适用场所	优点	缺点	发光原理
白炽灯	工业企业的所有场所 住宅、走廊、照度要求不高场所 局部照明，事故照明 需要调光场所	结构简单，使用方便 功率因数高 显色性好 价格便宜 能瞬时点亮	大部分变成热辐射能，可见光仅为2%～3%，发光效率为10～18lm/W寿命1 000h	钨丝白炽体高温热辐射
荧光灯	需要较高照度的场所，如：主控制室、精密工作场所、仪表计量室、办公室等场所 需要正确辨别色彩的场所 无天然采光的地下建筑物	光线柔和，光色好 光效高，约为白炽灯的2～4倍 寿命长，2 000～3 000h 可生产各种颜色的灯管	功率因数低，为0.5左右 有频闪现象 温度低于－10℃起动困难 低照度（80lx以下）时有昏暗感	管充氩气、水银蒸气放电，发出紫外线和可见光，紫外线激励管壁荧光粉发光
高压荧光汞灯	街道、广场照明 屋外配电装置及高大厂房 高度在5m以上，对光色无特殊要求，机械加工车间等	光效高，约为白炽灯的3倍左右 寿命长，2 500～5 000h 耐雨雪、耐震、耐热、耐电压波动	起动时间长，再 起动时间更长，显色性差 电压波动大时能自熄	同荧光灯，不同之处在于不须预热灯丝
高压钠灯	适用于对光色无特殊要求的场所 效区道路照明，道路转弯处及多烟尘处	光效高，比白炽灯高6倍以上 透烟雾性好 寿命长	光色单一，显色性差 电压突变超过5%时易熄灭 起动时间长，再起动时间更长	特制玻璃管内充入高压钠和惰性气体，利用钠蒸气压发光
金属卤化物灯	适用于街道广场区域性照明 舞台照明 高大厂房内照明	发光效率高 显色性好，耐震，耐电压波动	起动时间长，再起动时间更长；须设一套起动装置	与高压汞灯基本相似，把金属卤化物充入高压水银电弧中放电发光

续表

名称	适用场所	优　点	缺　点	发光原理
低压钠灯	适用于道路、广场、体育场、区域性照明，以及高大厂房等照明	发光效率高，能透过烟雾	光色单调，不适用于要求区别颜色的地方	采用特制玻璃管内充高纯钠和惰性气体，利用钠蒸气压发光
卤钨灯［碘（溴）钨灯］	一般安装高度在6m以上时，显色性好 体育场、剧场、汽机房、主机房等场所 需事故照明场所	体积小，光色好，光效比白炽灯提高30%，使用方便 寿命长，发光量稳定	灯座温度较高倾角不得大于4°，耐震性差 对电压波动敏感	白炽体充入微量的碘或溴等卤族元素蒸气，利用卤钨循环提高发光效率

9.1.2　白炽灯泡

1. 白炽灯的外形及主要技术数据

各种功率、用途的白炽灯的典型外形如图9－1所示，图中字母表示泡壳的形状，后面的数字表示最大直径是1/8英寸（即3.175的倍数，其中1英寸＝25.4mm）的倍数。白炽灯有螺口式和插口式两种，有玻璃壳、灯丝、玻璃支架及引线构成。白炽灯的主要技术数据列于表9－5～表9－8。

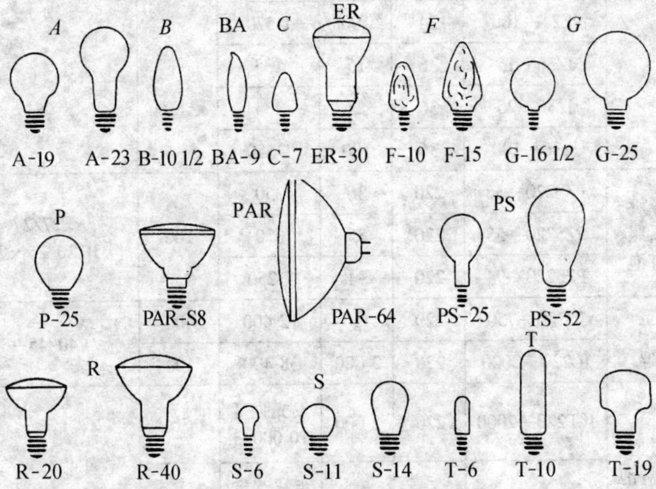

图9－1　各种白炽灯的外形

表 9-5　普通型白炽灯的主要技术数据（一）

灯泡名称	灯泡型号	额定值			平均寿命/h	灯头型号
		电压/V	功率/W	光通量/lm		
普通照明灯泡	JZ6—15	6	15	180	1 000	E27/27—1 或 2C22/25—2
	JZ6—25	6	25	313		
	JZ12—15	12	15	170		
	JZ12—25	12	25	300		
	JZ12—40	12	40	520		
	JZ12—60	12	60	850		
	JZ12—100	12	100	1 600		
	JZ24—15	24	15	140		
	JZ24—25	24	25	265		
	JZ24—40	24	40	470		
	JZ24—60	24	60	820		
	JZ24—100	24	100	1 570		
	JZ36—15	36	15	135		
	JZ36—25	36	25	235		
	JZ36—100	36	100	1 550		
双螺旋普通照明灯泡	PZS220—36	220	36	350	100	E27/27 B22d/25×26
	PZS220—55	220	55	630		
	PZS220—94	220	94	1 250		
聚光灯泡	JG220—750	220	750	12 400	400	E40/45—1
	JG220—2000	220	2 000	38 400	100	
反射型聚光灯泡	JGF220—2000	220	2 000	发光强度 10 000cd	30	E40/55—2
	JGF220—3 000	220	3000	发光强度 18 000cd	20	

表9－6　普通白炽灯的主要技术数据（二）

灯泡名称	灯泡型号	额定值			平均寿命/h	灯头型号
		电压/V	功率/W	光通量/lm		
普通照明灯泡	PZ220—15	220	15	110	1 000	B22d/（25×26）或E27/27
	PZ220—25		25	220		
	PZ220—40		40	350		
	PZ220—60		60	630		
	PZ220—100		100	1 250		
	PZ220—150		150	2 090		E27/27[b]
	PZ220—200		200	2 920		
	PZ220—300		300	4 610		
	PZ220—500		500	8 300		E40/45
	PZ220—1000		1 000	18 600		
双螺旋普通照明灯泡	PZS220—40	220	40	415		B22d/（25×26）或E27/27
	PZS220—60		60	715		
	PZS220—100		100	1 350		
普通低压照明灯泡	JZ36—40	36	40	500		E27/27
	JZ36—60		60	800		
双螺旋低压照明灯泡	JZS36—40		40	550		
	JZS36—60		60	880		
反射型普通照明灯泡	PZF220—15	220	15			B22d/（25×26）或E27/27
	PZF220—25		25			
	PZF220—40		40			
	PZF220—100		100	925		E27/（35×30）
	PZF220—300		300	3 410		E40/45
	PZF220—500		500	6 140		
装饰灯泡	ZSQ220—10	220	10	70	1 000	B22d/（25×26）或E27/27
	ZSGL220—10		10	70		
	ZSGL220—15		15	110		
	ZSNG220—10		10	70		

表 9-7　特殊用途白炽灯的主要技术数据

灯泡名称	灯泡型号	额定值			平均寿命/h	灯头型号
		电压/V	功率/W	光通量/lm		
聚光灯泡	JG220—300	220	300	4 850	400	E27/27
	JG220—500		500	8 700		E40/45
	JG220—1000		1 000	19 500		
反射型聚光灯泡	JGF220—300		300	(850)[a]	100	E27/27
	JGF220—500		500	7 120 (1 500)[a]		E40/45
	JGF220—1000		1000	17 000 (4 000)[a]		
红外线灯泡	HW220—250		250		2 500	E27/ (35×30)
照相灯泡	ZX220—150		150	2 730	50	E27/ (35×30)
	ZX220—200		200	3 940		
	ZX220—300		300	6 450		
照相放大灯泡	ZF220—100		100	1 000	500	
	ZF220—150		150	1 670		
	ZF220—200		200	2 340		

表 9-5～9-7 的补充说明：

注：①灯泡的色温为 2 400～2 900K；一般显色指数 $R_a=95\sim99$。

②灯泡的玻壳可根据需要制成磨砂、乳白色、内涂白色或彩色玻壳，但光通量较上表有所降低；磨砂玻壳低 3%；内涂白色玻壳低 15%；乳白色玻壳低 25%。

③除表列规格外，尚有额定电压 6V、12V、24V、110V、127V、230V、240V 等各种规格。

④低压照明灯泡可根据用户要求采用 B22d/25×26 型灯头。

a. 括号内为 JGF 灯泡的发光强度（cd）。

b. 可按用户要求，采用 E27/30×30 型灯头。此时灯泡的全长和光中心高度亦应作相应改变。

表9－8 OSRAM白炽灯（RAR38反射罩）的主要技术数据

型号	功率/W	发光强度/cd	光束角/（°）	寿命/h	开口直径/mm	整灯高度/mm	灯头型号
SPOT60	60	3400	12	2000	122	123	E27
SPOT80	80	5400	12	2000	122	123	E27
SPOT120	120	9300	12	2000	122	123	E27
FLOOD60	60	1200	30	2000	122	123	E27
FLOOD80	80	1800	30	2000	122	123	E27
FLOOD120	120	3100	30	2000	122	123	E27

2. 指示灯泡

（1）微型指示灯泡：WZ□－□（表示电压－电流型，单位是V－A）型，规格有WZ1.5－0.12，2.5－0.075，3－0.3，3.5－0.3，6.5－0.3，24－0.05等。

（2）专用小型指示灯泡：XX□－□型，规格有XX1－0.068，1.5－0.11，2－0.07，2.5－0.068，2.5－0.14，2.5－0.29，2.5－0.4，2.5－0.5，2.5－0.54，2.5－0.72，3.5－0.25，6.3－0.15，6.3－0.25，13.5－0.16，22－12（W），26－0.12，36－0.12等。

（3）小型指示灯泡：XZ□－□型，额定电压（V）有1，1.5，2，2.5，3.5，4，6，6.3，7，8，12，13，14，18，19，22，24，26，28，30，36等。

（4）电源指示灯泡：DZ（锥型）、DC（鼓槌型）、DY（圆柱型）、DQ（球型）、DL（梨型）等型号。额定电压（V）有6，12，24，36，48，60，110，127，220等规格。功率（W）有3，5，8，10，15等。型号含义：

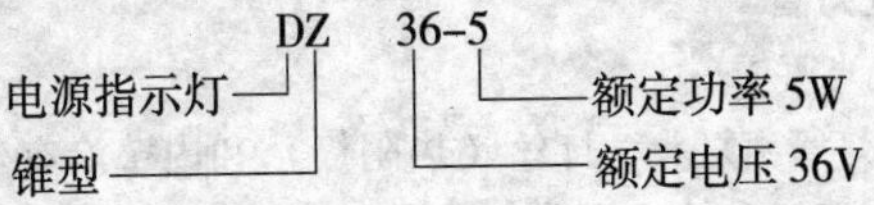

（5）氖泡指示灯：氖灯体积小，耐冲击，放电电流小，呈现艳红或橙红色辉光。使用氖灯时，电源电压必须高于起辉电压20%。适用于交流电路的氖灯用于直流时，起辉电压将升高40%，直流电路中使用非对称电极的氖灯的正负极不可颠倒。

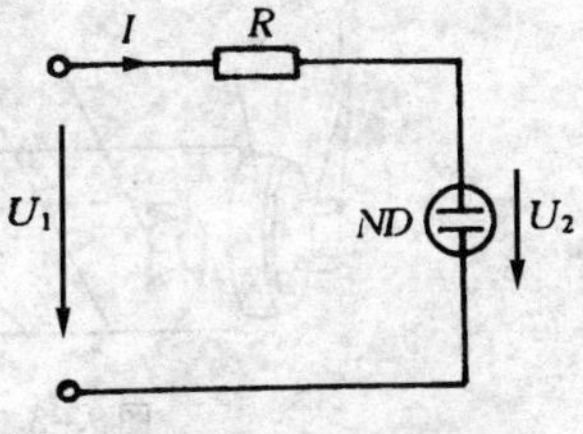

图9－2 氖灯线路

表 9－9　小型氖泡技术数据

型　号	初始起动电压最大值 /V	工作电流参考值 /mA	平均寿命 /h	外形尺寸 /mm		灯头型号	外接电阻 /kΩ	
				直径	长度		220V	380V
NH0－1	60	0.1	200	6.5	26	25mm	1 900	3 500
NH0－10	60	0.25	5 000	6.5	15	引线　20mm	760	1 400
NH0－11	60	0.1	200	4.2	16	20mm	1 900	3 500
WN－3	85	0.8	200	6.5	28	30mm		
NH0－12	60	0.2	5 000	5.2	19	E5/8－1		
NH0－3	60	0.1	200	9.5	23		1 900	3 500
NH0－4B	130	0.5	1 000	9.5	29		310	630
NH0－4C	60	0.5	2 000	9.5	29		380	700
NH0－5A	60	0.07	300	9.5	32		2 700	5 000
NH0－5B	130	0.1	1 000	9.5	32	E10/13－1	1 200	3 150
NH0－6A	85	0.6	200	9.5	32	1C－9－1		
NH0－6B	150	0.8	200	9.5	32			
WN－5A	55	1.0	200	9.5	32			
WN－2	150	0.8	200	9.5	32			
WN－5	85	1.0	200	9.5	32			
NH0－8	90	0.05	200	6.5	46			

注：外接电阻的功率一般为 0.25～0.5W。

9.1.3　荧光灯管

1. 直管式荧光灯管

直管式荧光灯管由灯头、灯丝（热阴极）和内壁涂有荧光粉的玻璃管组成，如图 9－3 所示，玻璃管充有稀薄的惰性气体氩气及水银蒸气。

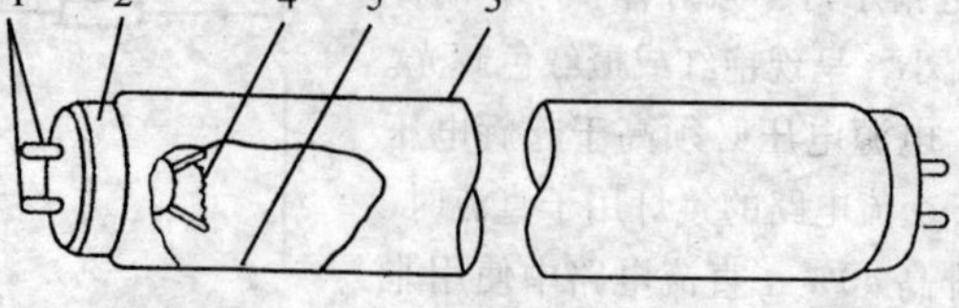

图 9－3　直管式荧光灯管的结构

1. 灯脚　2. 灯头　3. 玻璃管　4. 灯丝　5. 荧光粉

（1）直管式荧光灯管技术数据，列于表 9－10。

表 9－10　荧光灯管光色与型号对照表

光色	日光 6 500K	冷白光 4 500K	暖白光 2 900K	绿	红	蓝	橙红	黄
型号	RR—40	RL—40	RN—40	RC—40	RH—40	RP—40	RS—40	RW－40

注：表中以 40W 为例，其余类推。

表 9－11　直管式荧光灯管的主要技术数据

灯管型号	功率 /W	工作 电压 /V	工作 电流 /A	起动 电流 /A	灯管 压降 /V	光通量 /h	平均 寿命 /h	主要尺寸/mm			灯头型号
								直径	全长	管长	
YZ4RR	4	35	0. 11			70	700		150	134	
YZ6RR	6	55	0. 14			160		16	226	210	G5
YZ8RR	8	60	0. 15			250	1 500		302	288	
YZ10RR	10	45	0. 25			410		26	345	330	
YZ15RR	15	51	0. 33	0. 44	52	580	3 000		451	437	
YZ20RR	20	57	0. 37	0. 50	60	930		38. 5	604	389	
YZ30RR	30	81	0. 405	0. 56	89	1 550	5 000		909	894	G13
YZ40RR	40	103	0. 45	0. 65	108	2 400			1 215	1 200	
YZ85RR	85	120 ± 10	0. 80			4 250		40. 5	1 778	1 763. 8	
YZ125RR	125	149 ± 15	0. 94			6 250	2 000		2 389. 1	2 374. 9	
YZ100RR	100		1. 50	1. 80	90	5 000		38	1 215	1 200	
YZ6RR	6	50	0. 135			≥200		15	227	211	
YZ8RR	8	60	0. 145			≥300		15	302	286	
YZ10RR 粗	10	50	0. 25			≥410		25	345	330	
YZ10RR 细	10										
YZ12RR	12	91	0. 16			≥580		18. 5	500	484	
YZ15RR	15	56	0. 3			≥665		25	451	436	

注：Y 表示荧光灯；Z 表示直管型。额定电压 220V，起动电压不小于 190V。

表中所列功率的数值为灯管本身的耗电量，不包括镇流器的耗电量。

（2）荧光灯镇流器：镇流器是荧光灯的主要附件，镇流器有封闭式、半封闭式和敞开式3种，如图9－4所示。

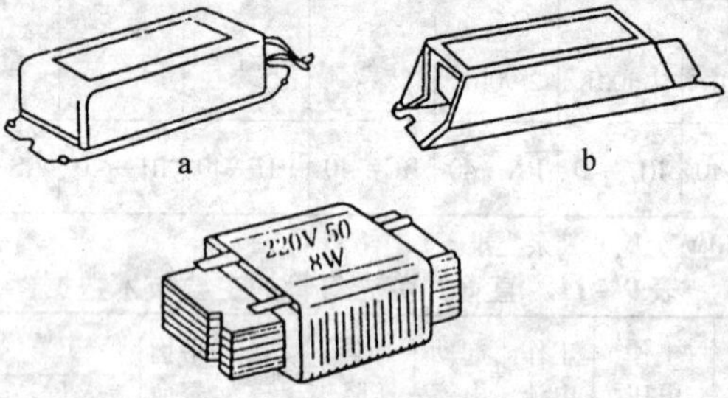

图9－4　荧光灯镇流器

a. 封闭式　b. 半封闭式　c. 敞开式

表9－12　镇流器的主要技术数据

镇流器型号	功率/W	电压/V	工作状态		起动状态		最大功率损耗/W	外形尺寸/mm			自重/kg
			电压/V	电流/mA	电压/V	电流/mA		长	宽	高	
YZ1－220/6	6	220	202	140＋20	215	180±20	≤4.5	64	48	30	0.24
YZ1－220/8	8		200	160－20		200±20					
YZ1－220/15	15		202	330－30		400±30	≤8	120	60	42	0.87
YZ1－220/20	20		196	350－30		460±30					
YZ1－220/30	30（细）		163	320－20		530±30					
YZ1－220/30	30		180	360－30		560±30					
YZ1－220/40	40		165	410－30		650±30	≤9				

电子镇流器具有节能、高效的优点，功率因数可大于0.9，甚至接近1，因而得到广泛使用。电子镇流器种类繁多，但原理大多基于使电路产生高频自激振荡，通过谐振电路使灯管二端得到高频高压而点燃。

图9－5为荧光灯电子镇流器的电路图。图中 T_1 为在 ϕ10mm 磁环上，

用 $\phi 0.4$mm 漆包线穿绕 $n_1 = n_2 = 10$ 匝。T_2 为在 $\phi 10$mm 磁环上，用 $\phi 0.4$mm 漆包线穿绕 $n_1 = n_2 = 2$ 匝，$n_3 = 8$ 匝。L 为在 $\phi 10$mm 长度为 30mm 的磁棒上，用 $\phi 0.4$mm 漆包线密绕 200 匝，该匝数视所配荧光灯管功率及欲取得的亮度，应适当调整之。

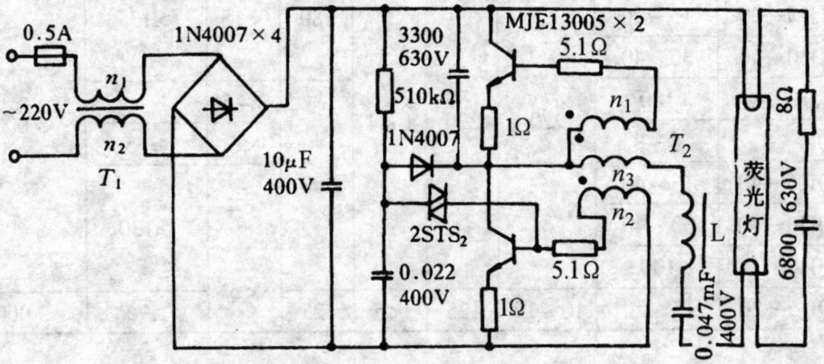

图 9-5　荧光灯电子镇流器线路

（3）起动器：起动器又称起辉器，是荧光灯的主要附件之一，其结构如图 9-6 所示。

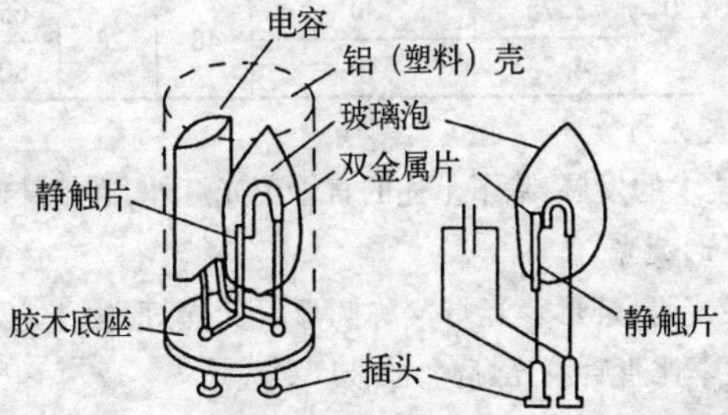

图 9-6　起动器结构

荧光灯起动器内的电容器系密封油浸纸介质电容器，其电容量一般为 0.005～0.007μF，耐压可达 800V，适用于 50～60Hz、110～220V 的交流电路中，供荧光灯补偿功率因数及减小起动时的杂波干扰。

荧光灯用电容器的主要技术数据如表 9-14 所示。

表 9－13　起动器的主要技术数据

起动器型号	配用灯管功率/W	电压/V	起动速度		欠压起动		起动电压/V	使用寿命/次
			电压/V	时间/s	电压/V	时间/s		
PYJ4—8	4～8	220	220	1～4	180	<15	>135	5 000
PYJ15—20	15～20							
PYJ30—40	30～40							
PYJ100	100				200	2～5		
YQI4—8	4～8					<5	≥75	
YQI15—40	15～40					<4	≥130	
YQI30—40	30～40							
YQI100	100					<5		
YQI15—20	15～20	110～127	125	<5	125		≥75	3 000

表 9－14　荧光灯电容器主要技术数据

型号	额定电压/V	标称容量/μF	配用灯管功率/W	外形尺寸/mm			最大自重/g
				长	宽	高	
CZD	110/220	2.5	20	46	22	55	165
		3.75	30	48	28	65	240
		4.75	40			80	300

2. 节能型荧光灯

随着电工技术的发展，除了上述的直管荧光灯外，近年又推出了节能型的环形、U 形和 H 形荧光灯。

（1）环形荧光灯：环形荧光灯又称圆形管荧光灯，由于它的造型美观、安装方便，发光效率比直管荧光灯高，故被广泛应用。

环形荧光灯灯管如图 9－7（a）所示，使用时必须配备相应功率的镇流器和起动器，不同功率不得互相混用。

环形荧光灯的安装需配用专用灯座和专用灯架，若无这些专用附件，会给安装带来困难，同时也影响其美观。目前市场上有一种成套环形荧光灯管，在使用安装时只要直接将环形灯安装在灯座上即可，如图 9－7（b）所示。

环形荧光灯的工作原理与直管式荧光灯相同。

环形荧光灯的外形如图 9－7 所示。

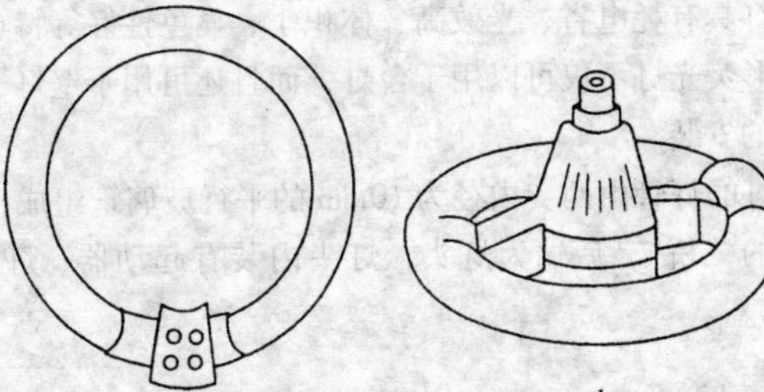

图 9-7 环形荧光灯

a. 环形荧光灯管 b. 成套环形荧光灯

环形荧光灯管的主要技术数据如表 9-15 所示。

表 9-15 环形荧光灯管的主要技术数据

型号		额定功率/W	起动电流/mA	工作电流/mA	灯管压降/V	额定光通量/lm	平均寿命/h	主要尺寸/mm		
统一型号	工厂型号							外圆	内圆	管直径
YH20	CRR20	20	500	350	60	970	2 000	207	145	32
YH30	CRR30	30	560	350	95	1 500	2 000	308	244	32
YH40	CRR40	40	650	410	108	2 200	2 000	397	333	32

（2）U 形荧光灯：U 形荧光灯的发光原理与上述荧光灯相同，U 形荧光灯的外形如图 9-8 所示。U 形荧光灯的主要技术数据如表 9-16 所示。

图 9-8 U 形荧光灯

表 9-16 U 形荧光灯的主要技术数据

型号		额定功率/W	起动电流/mA	工作电流/mA	灯管压降/V	额定光通量/lm	平均寿命/h	主要尺寸/mm			
统一型号	工厂型号							外圆	全长	管长	管径
YU30	URR30	30	560	350	89	1 550	2 000	100	417.5	410	38
YU40	URR40	40	650	410	108	2 200	2 000	100	626.5	619	38

（3）H 形荧光灯：H 形荧光灯是一种新颖的节能电光源。由于这种灯的外形如同英文字母 H，故称为 H 灯。

H形荧光灯具有耗电省、光效高、体积小、显色性好等特点，已被人们普遍采用。H形荧光灯不仅可以用于台灯，而且还可用于壁灯、吸顶灯、吊灯等多种形式的安装。

H形荧光灯的灯管由两支内径为10mm的平行玻璃管组成，在灯管的前端有一个连通的“桥”，后端为灯头，灯头内装有起动器、灯丝和引出线，如图9-9所示。

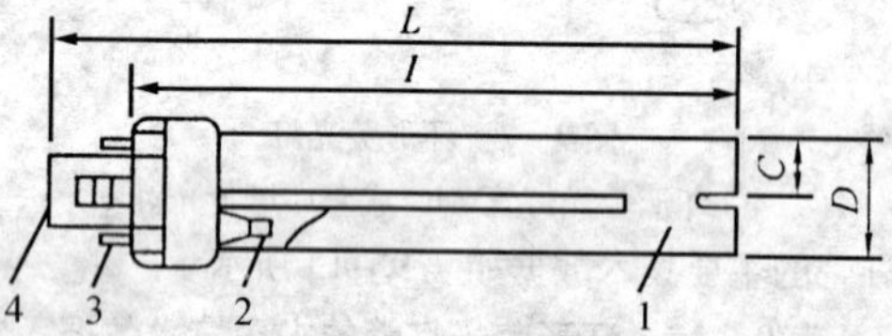

图9-9 H形荧光灯结构

1. 桥 2. 灯丝 3. 引出线 4. 灯头

H形荧光灯的安装极为方便，其灯管的安装角度不受限制，既可垂直安装，又可水平安装，但不可使灯具剧烈震动，以免灯丝损伤。

H形荧光灯必须配专用的H灯灯座，H形荧光灯专用灯座如图9-10所示。

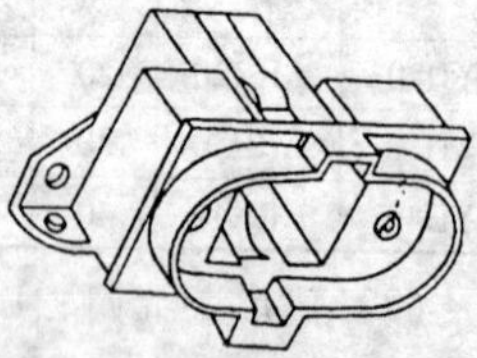

图9-10 H形荧光灯专用灯座

在装拆H形灯管时，应将灯头平行插入或拔出灯座，不要前后、左右摇晃灯管，以免灯头松动。

H形荧光灯管的主要技术数据如表9-17所示。

表9-17 H形荧光灯管主要技术数据

灯管型号	额定电压/V	额定功率/W	光通量/lm	工作电压/V	电流/A		外形尺寸/mm				灯头型号
					工作	预热	D	C	L	l	
YDN5H	220	5	220	33	0.18	0.19	28	13	106	83	G23
YDN7H	220	7	400	45	0.18	0.19	28	13	138	115	G23
YDN9H	220	9	600	60	0.17	0.19	28	13	168	145	G23
YDN11H	220	11	900	90	0.185	0.19	28	13	237	214	G23
YDN13H	220	13	780	60	0.3	0.52	28	13	188	166	G23

H 形荧光灯的镇流器必须根据灯管功率来配置，切勿用普通的直管形荧光灯镇流器来代替，否则会缩短 H 形灯管的使用寿命。H 形灯管在使用时应尽量减少开、关的次数，否则会影响灯管的使用寿命。

9.1.4 其他电光源

1. 卤钨灯的主要技术数据

卤钨灯的主要技术数据见表 9 - 18 ~ 表 9 - 21。

表 9 - 18 照明管形卤钨灯主要技术数据

<table>
<tr><th>型号</th><th>额定电压/V</th><th>功率/W</th><th>光通量/lm</th><th>显色指数 R_a</th><th>色温/K</th><th>平均寿命/h</th><th>外形尺寸/mm（直径×长度）</th><th>灯头型号</th></tr>
<tr><td>LZG36 - 300</td><td>36</td><td>300</td><td>6 000</td><td rowspan="14">95 ~ 99</td><td rowspan="14">2800 ± 50</td><td>600</td><td>13 ×（88 ± 2）</td><td>Fa4</td></tr>
<tr><td>LZG110 - 500</td><td>110</td><td>500</td><td>10 250</td><td>1 500</td><td>12 ×（123 ± 2）</td><td>R7s</td></tr>
<tr><td>LZG220 - 300</td><td rowspan="12">220</td><td>300</td><td>5 000</td><td>1 000</td><td>12 ×（140 ± 2）</td><td>Fa4</td></tr>
<tr><td rowspan="3">LZG220 - 500</td><td rowspan="3">500</td><td rowspan="3">9 750</td><td rowspan="11">1 500</td><td>12 ×（151 ± 3）</td><td rowspan="2">R7s</td></tr>
<tr><td>12 ×（155 ± 3）</td></tr>
<tr><td>12 ×（175 ± 3）</td><td>Fa4</td></tr>
<tr><td rowspan="3">LZG220 - 1000</td><td rowspan="3">1 000</td><td rowspan="3">21 000</td><td>13 ×（222 ± 3）</td><td rowspan="2">Fa4</td></tr>
<tr><td>13 ×（232 ± 3）</td></tr>
<tr><td>13 ×（208 ± 3）</td><td>R7s</td></tr>
<tr><td rowspan="2">LZG220 - 1500</td><td rowspan="2">1 500</td><td rowspan="2">31 500</td><td>13 ×（262 ± 3）</td><td>Fa4</td></tr>
<tr><td>13 ×（293 ± 3）</td><td>R7s</td></tr>
<tr><td rowspan="3">LZG220 - 2000</td><td rowspan="3">2 000</td><td rowspan="3">42 000</td><td>13 ×（297 ± 3）</td><td rowspan="2">Fa4</td></tr>
<tr><td>13 ×（310 ± 3）</td></tr>
<tr><td>13 ×（293 ± 3）</td><td>R7s</td></tr>
</table>

注：①双头接点的卤钨灯应水平安装使用，倾斜角不得超过 4°，否则会缩短其使用寿命。

②灯头和灯具的接触点应保持良好的电气接触，否则将使灯头严重气化，致使灯管封接处炸裂。

表 9－19　OSRAM 单端卤钨灯（220V、色温 2 900K）的主要技术数据

型号		功率/W	光通量/lm	寿命/h	灯头	最大直径/mm	灯泡高度/mm
透明	64472BT	60	840	2 000	E27	48	117
	64476BT	100	1 600	2 000	E27	48	117
	64478BT	150	2 550	2 000	E27	48	117
硅化物涂层	64472BTSIL	60	780	2 000	E27	48	117
	64476BTSIL	100	1 450	2 000	E27	48	117
	64478BTSIL	150	2 100	2 000	E27	48	117

表 9－20　OSRAM 卤钨反射灯（3 000K）的主要技术数据

型号	功率/W	发光强度/cd	光束角/（°）	寿命/h	开口直径/mm	整灯长度/mm
64824FL 铝质反射罩 PAR16	50	800	40	2 000	50.7	53
64826FL 双色反射罩 PAR16	50	750	40	2 000	50.7	53
64832FL 铝质反射罩 PAR20	50	1 000	30	2 000	64.5	91
64836FL 双色反射罩 PAR20	50	1 100	30	2 000	64.5	91
64841FL 铝质反射罩 PAR30	75	2 200	30	2 000	97	90.5
64845FL 双色反射罩 PAR30	75	2 400	30	2 000	97	90.5

注：双色反射罩，热辐射量减少 2/3，可用于不能受热的物体。

表 9－21　OSRAM 低压卤钨反光杯灯的主要技术数据

型号	功率/W	电压/V	光束角/（°）	发光强度/cd	寿命/h	开口直径/mm	整灯长度/mm
44860SP	20	12	10	3 400	2 000	51	45
44860WFL	20	12	38	550	2 000	51	45
44865SP	35	12	10	6 000	2 000	51	45
44865WFL	35	12	38	1 000	2 000	51	45
44870SP	50	12	10	8 800	2 000	51	45
44870WFL	50	12	38	1 600	2 000	51	45

2. 高强度气体放电灯的主要技术数据

高强度气体放电灯的主要技术数据见表9－22～表9－32。

表9－22　NG和NGG型高压钠灯的主要技术数据

类别	型号	额定电压/V	额定功率/W	工作电压/V	工作电流/A	额定光通量/lm	起动稳定时间/min	平均寿命/h	灯头型号
普通高压钠灯	NG－35	220	35	90	0.48	2250	5～6	16 000	E27/27
	NG－50		50	90	0.75	4000			
	NG－70		70	90	0.98	6000		18 000	
	NG－75	220	75	115	0.8	5500	5～6	12 000	
	NG－100		100	100	1.2	9000		12 000	E40/45
	NG－110		110	125	1.15	8500		12 000	
	NG－150		150	100	1.8	16 000		24 000	
	NG－215		215	130	2.1	20 000		16 000	
	NG－250		250	100	3.0	28 000		24 000	
	NG－360		360	130	3.25	36 000		16 000	
	NG－400		400	100	4.6	48 000		24 000	
	NG－1000		1 000	110	10.3	130 000		24 000	
高显色性高压钠灯	NGG－70	220	70			3000	5	5000	E27
	NGG－150		150			6500		5000	E40
	NGG－250		250			12 500		5000	
	NGG－400		400			23 000		5000	
	NGG－700		700			40 000		5000	
中显色性高压钠灯	NGX－150	220	150	100	1.8	13 000	5～6	12 000	E40
	NGX－250		250		3.0	22 500			
	NGX－400		400		4.6	38 000			
	NGX－150/M		150		1.8	12 000			
	NGX－250/M		250		3.0	21 500			
	NGX－400/M		400		4.6	36 000			

表 9-23　GGY 型荧光高压汞灯的主要技术数据

型号	额定电压/V	额定功率/W	工作电流/A	起动电流/A	额定光通量/lm	起动稳定时间/min	平均寿命/h	灯头型号
GGY-50	220	50	0.62	1.0	1 500	4~8	2 500	E27/27
GGY-80		80	0.85	1.3	2 800			
GGY-125		125	1.25	1.8	4 750			E27/35×30
GGY-175		175	1.50	2.3	7 000		5 000	E40/45
GGY-250		250	2.15	3.7	10 500			
GGY-400		400	3.25	5.7	20 000			E40/55×47 或 E40/75×54
GGY-700		700	5.45	10.0	35 000			
GGY-1000		1 000	7.50	13.7	50 000			

表 9-24　普通型高压钠灯（SON 型）的主要技术数据

型号	灯泡功率/W	光通量/lm	发光效率/（lm/W）	显色指数 R_a	色温/K	寿命/h
SON50	50	3 450	69	23	1 950	24 000
SON70	70	5 900	84	23	1 950	24 000
SON150	150	14 500	96	23	1 950	24 000
SON250	250	27 500	110	23	1 950	24 000
SON1000	1 000	130 000	130	23	1 950	24 000

表 9-25　替代荧光高压汞灯的高压钠灯（SON—H 型）的主要技术数据

型号	灯泡功率/W	光通量/lm	配用镇流器规格	灯泡功率/W	光通量/lm	配用镇流器规格
高压汞灯	250	13 000	250W 高压汞灯镇流器	400	22 000	400W 高压汞灯镇流器
高压钠灯 SON—H 型	220	20 000	250W 高压汞灯镇流器	360	34 500	400W 高压汞灯镇流器

表 9－26　舒适型高压钠灯（SON Comfort 型）的主要技术数据

型号	灯泡功率 /W	光通量 /lm	发光效率 /（lm/W）	显色指数 R_a	色温 /K
SON Comfort 150	150	12 700	85	65	2 200
SON Comfort 250	250	22 000	88	65	2 200
SON Comfort 400	400	40 000	100	65	2 200

表 9－27　高光效型高压钠灯（SON Plus 型）的主要技术数据

型号	灯泡功率 /W	光通量 /lm	发光效率 /（lm/W）	显色指数 R_a	色温 /K
SON Plus 50	50	4 600	92	23	1 950
SON Plus 70	70	6 800	97	23	1 950
SON Plus 100	100	1 100	110	23	1 950
SON Plus 150	150	16 000	107	23	1 950
SON Plus 250	250	31 500	126	23	1 950
SON Plus 400	400	56 000	140	23	1 950

表 9－28　金属卤化物灯的主要技术数据

<table>
<tr><th>类别</th><th>型号</th><th>额定电压/V</th><th>额定功率/W</th><th>工作电压/V</th><th>工作电流/A</th><th>额定光通量/lm</th><th>起动稳定时间/min</th><th>平均寿命/h</th><th>灯头型号</th></tr>
<tr><td rowspan="6">日光色镝灯</td><td>DDG－125</td><td rowspan="4">220</td><td>125</td><td rowspan="3">125 ± 15</td><td>1. 15</td><td>6 500</td><td rowspan="6">5 ~ 10</td><td rowspan="2">1 500</td><td>E27</td></tr>
<tr><td>DDG－250</td><td>250</td><td>2. 3</td><td>18 000</td><td rowspan="5">E40</td></tr>
<tr><td>DDG－400</td><td>400</td><td>3. 65</td><td>35 000</td><td>2 000</td></tr>
<tr><td>DDG－1000</td><td>1 000</td><td>130</td><td>8. 3</td><td>70 000</td><td>500</td></tr>
<tr><td>DDG－2000</td><td rowspan="2">380</td><td>2 000</td><td>220</td><td>10. 3</td><td>150 000</td><td rowspan="2">500</td></tr>
<tr><td>DDG－3500</td><td>3 500</td><td>220</td><td>18</td><td>280 000</td></tr>
<tr><td rowspan="4">钪钠灯</td><td>KNG－250</td><td rowspan="3">220</td><td>250</td><td>110</td><td>2. 4</td><td>15 000</td><td rowspan="4"></td><td rowspan="2">1 500</td><td rowspan="4">E40</td></tr>
<tr><td>KNG－400</td><td>400</td><td>130</td><td>3. 3</td><td>28 000</td></tr>
<tr><td>KNG－1 000</td><td>1 000</td><td>135</td><td>8. 3</td><td>70 000</td><td>1 000</td></tr>
<tr><td>KNG－2 000</td><td>380</td><td>2 000</td><td>220</td><td>10. 3</td><td>150 000</td><td>8 000</td></tr>
<tr><td rowspan="7">高光效金属卤素灯</td><td>ZJD－100</td><td rowspan="5">220</td><td>100</td><td>110</td><td>1. 30</td><td>7 800</td><td rowspan="5"></td><td rowspan="5">10 000</td><td rowspan="2">E27</td></tr>
<tr><td>ZJD－150</td><td>150</td><td>115</td><td>1. 50</td><td>11 500</td></tr>
<tr><td>ZJD－175</td><td>175</td><td>130</td><td>1. 50</td><td>14 000</td><td rowspan="3">E40</td></tr>
<tr><td>ZJD－250</td><td>250</td><td>135</td><td>2. 15</td><td>20 500</td></tr>
<tr><td>ZJD－400</td><td>400</td><td>135</td><td>3. 25</td><td>36 000</td></tr>
<tr><td>ZJD－1000</td><td rowspan="2">380</td><td>1 000</td><td>265</td><td>4. 10</td><td>110 000</td><td rowspan="2"></td><td rowspan="2">3 000</td><td rowspan="2">E40</td></tr>
<tr><td>ZJD－1500</td><td>1 500</td><td>270</td><td>6. 20</td><td>155 000</td></tr>
</table>

表 9-29　高显色性金属卤化物灯的主要技术数据

型号	灯泡功率/W	光通量/lm	发光效率/（lm/W）	显色指数 R_a	色温/K
HQI T 250/D	250	2 000	80	90	6 000
HQI T 400/D	400	32 000	80	93	6 000
HQI T 1000/D	1 000	80 000	80	93	6 000
HQI T 2000/D	2 000	180 000	90	93	6 000
HQI T 3500/D	3 500	320 000	91. 5	93	6 000

表 9-30　高光效金属卤化物灯的主要技术数据

型号	灯泡功率/W	光通量/lm	发光效率/（lm/W）	显色指数 R_a	色温/K	寿命/h
MH175	175	14 000	80	65	4 000	10 000
MH250	250	20 500	82	65	4 000	10 000
MH400	400	36 000	90	65	4 000	20 000
MH1000	1 000	110 000	110	65	4 000	12 000

表 9-31　强线光谱型照明金属卤化物灯主要技术数据

型号	灯泡功率/W	光通量/lm	发光效率/（lm/W）	显色指数 R_a	色温/K
HPI250	250	17 000	68	69	4 300
HPI400	400	30 600	76. 5	69	4 300
HPI1000	1000	81 000	81	65	4 300
HPI2000	2000	183 000	91. 5	65	4 300

表 9－32　单色性金属卤化物灯主要颜色

灯种	碘化钠灯 （或高压钠灯）	碘化铊灯	碘化铟灯	碘化镓灯	碘化锂灯
颜色	黄色 589nm 或 589.6nm	绿色 535nm	蓝色 410.2nm	紫色 405～420nm	红色 601.6nm 或 670.8nm

3. 管形氙灯

氙灯常用作液晶投影器的光源，在灯泡的石英泡壳中充入氙气，当电流通过时，极间距内放电，产生色温约 5 800K，接近自然光的连续光谱。在使用寿命上，氙灯比超高压汞灯和金属卤化物灯短，不过超高亮度与宽广的输出功率范围使其可以使用在高阶或大型的投影仪上。表 9－33 为管形氙灯主要技术数据。

表 9－33　管形氙灯主要技术数据

型号	额定电压/V	功率/W	工作电压/V	工作电流/A	光通量/lm	平均寿命/h	外形尺寸/mm（直径×长度）
XG1500	220	1 500	60	14	30 000	1 000	22×350
XG3000		3 000		20	60 000	500	(15±1)×(720±10)
XG6000		6 000		27	120 000		(21±1)×(1070±10)
XG10000		10 000		46	250 000	1 000	(25±1)×(1420±30)
XG20000		20 000		91	540 000		(38±1)×(1700±30)
XSG6000（水冷）		6 000		27	120 000	500	(9±4)×(425±8)

9.2　照明灯具

灯具是安装灯泡（管）的专用器具。灯具的作用有四个：一是把光源的光能分配到需要的方向；二是把炫光限制在一定范围内；三是保护光源不受外力、雨水或有害气体的损害；四是起美观和装饰作用。

9.2.1　灯具的分类

灯具的种类很多，可以从不同角度分类，常用的有按用途分类和按安装方式分类两种。

1. 按用途分类

按用途大体分为：工厂灯具，荧光灯具，建筑灯具，文化艺术灯具，防爆、防火、防尘、防水灯具，民用灯具及其他灯具七大类。

2. 按安装方式分类

按安装方式分主要有：吸顶灯、镶嵌灯、吊灯、壁灯、移动灯等。

（1）吸顶灯：吸顶灯是直接固定在顶棚上的灯具，向下投射直接光，属整体照明，光源以白炽灯和日光灯为主。以白炽灯作光源的吸顶灯，大多采用半透明塑料罩或玻璃罩，这种光源给人以温暖亲切的感觉。以日光灯作光源的吸顶灯，大多采用有机玻璃、金属格片作为灯罩，适用于门厅、走廊等。

（2）镶嵌灯：镶嵌灯也称嵌顶灯，是嵌装在顶棚内的隐蔽或半隐蔽式灯具，最大特点是顶棚整体效果较好，而且简洁、完整。灯具下面可以是开敞的，也可以另设挡板，借以控制光量的强弱。镶嵌灯常用于建筑物净高较大并做吊顶的门厅和客厅。

（3）吊灯：吊灯是灯具中装饰性最强的一种灯具。它用吊杆、吊索、吊链等垂吊在顶棚下，灯罩多种多样，材料各异，有金属的、塑料的、玻璃的、竹编的、木制的，能适应各种不同装饰风格的要求。吊灯的大小、形状、层次应和空间的性质、大小、形状、气氛相适应。吊灯常用于客厅和起居室。

（4）壁灯：壁灯是装在墙面和柱面上的装饰性灯具，造型精致灵巧，光线柔和，通常和其他灯具配合使用。壁灯多用于床头、梳妆台、走廊、门厅的墙面或柱面上，其灯罩材料有透明玻璃、压花玻璃或磨砂玻璃等，多用金属支架。

（5）移动灯：移动灯主要是指在空间范围内可以任意移动的灯具，包括台灯、落地灯等。台灯主要用于局部照明，它不仅是实用灯具而且是极好的装饰品。其光源可用白炽灯和日光灯。落地灯也属于可移动的灯具，常置于沙发、茶几附近。落地灯由灯杆和灯罩组成。灯罩形式和台灯灯罩近似，只是形体较大。灯杆的造型和材质多种多样。

9.2.2 荧光灯具

荧光灯具种类繁多，按能耗大小分：有普通型和节能型；按配备的镇流器分：有普通镇流器和电子镇流器；按玻璃管形状分：有直管型、H 形、U 形、M 形、门形、无桥型；按组合方式分：有单管和多管；按栅格罩种类分：有塑料镜面、铝合金成型片、有机玻璃、抛物线形镜面（分无光泽和高光泽两种）等。

常用直管荧光灯具的型号、结构及适用场所见表9-34。

表9-34　常用直管荧光灯具的型号、结构及适用场所

名　称	型　号	功率/W	结　　构	适用场所
露明式荧光灯	2Y13 3Y13 YG6-2 YG6-3	2×40 3×40 2×40 3×40	灯体由薄钢板制成，表面喷漆，吸顶安装	办公室、厂房、商场、食堂等照明，可单独使用，也可组成光带
保护荧光灯	DBY512 1/20×2 DBY512 1/30×2 DBY512 1/40×2 YG14-2	2×20 2×30 2×40 2×40	边框镀铬，半透明有机玻璃罩	地铁、车站等室内照明
通用荧光灯	YO1、YG2-1 2YO1、YG2-2 YO2 2YO2	40 2×40 30 2×30	外壳和上盖一次成型，分别喷白漆和浅蓝色漆，可吸顶或悬吊安装	一般厂房、教室、办公室、车间、住宅、商店、食堂等
嵌入式栅格荧光灯	DKY507 1/40 DKY507 1/40×2 DKY507 1/40×3 DKY507 1/40×4	40 2×40 3×40 4×40	钢板制灯体，表面喷漆，口圈镀铬，带铝电化抛光栅格，嵌入或吸顶安装	新型建筑及层高较低的场所
嵌入式荧光灯	2Y23 2Y23 3Y23-1 3Y23-1 YG17-1 YG17-2 YG17-3 YG17-4	2×40 2×30 3×40 3×30 40 2×40 3×40 4×40	内白外灰色烤漆，薄钢板制成，反光罩为波型，灯体配磨砂玻璃罩，光线均匀无炫光现象	大型餐厅、办公室、计算机房、发电厂和变电所主控制室、制药、化工、仪表厂等大面积照明
暗槽荧光灯	2Y10-1	2×40	钢板制灯体，表面烤漆，镀铬装饰框，下部为塑料网栅格，嵌入安装	计算机房、办公室等

续表

名 称	型 号	功率/W	结 构	适用场所
栅格荧光灯	4Y27 YG18 YG18	4×30 3×20 3×30	钢板制灯体，表面烤漆，下部白色烤漆，钢板制栅格及镀铬三角框，嵌入安装	有吊顶的楼道、走廊、餐厅等
	GKY538 1/40×2 GKY538 1/40×3 GKY538 1/40×4 GKY537 1/40×2 GKY537 1/40×3 GKY537 1/40×4	2×40 3×40 4×40 2×40 3×40 4×40	钢板制灯壳，表面喷漆，嵌入安装	现代化厂房、计算机房
	Y10 单节 Y10 多节	3×40 n×3×40	钢板制灯架，表面烤漆，镀铬装饰边框，底部镶嵌白色烤漆格片。此灯上部嵌入吊顶安装，分为金属网格栅格片和塑料网格板两种，可组成光带	地铁等大型建筑物
密封型荧光灯	YG4－2	2×40	能防潮气及有害气体	化工厂、印染厂及其他具有潮湿、蒸汽及有害气体的场所
嵌入式铝格片荧光灯	HYG301－1 HYG301－2 HYG301－3	40 2×40 3×40	钢板壳体烤漆，采用聚光镜面铝合金做反光系统，光效高，光效衰减慢	计算机房、办公室、会议厅、图书馆阅览室、商场、科研楼
嵌入式塑料镀膜栅格荧光灯	HYG312－2 HYG312－3 HYG312A－3	2×40 3×40 3×20	钢板壳体烤漆，ABS塑料镀膜栅格	商店、会议室、接待室

续表

名　称	型　号	功率/W	结　　构	适用场所
嵌入式荧光灯	YG9－2 YG3－2 YG3－3	2×40 2×40 3×40	钢板外壳，罩框选用铝氧化或铁镀铬抛光，配有有机玻璃栅格，光线柔和	精密车间、大厅、大型办公室及控制室等
	YG15－2 YG23－2 YG15－3 YG23－3	2×40 3×40	钢板外壳，配有铝（有机玻璃）栅格	仪表厂、制药厂、计算机房、精密仪器、机器工房及图书馆等
暗槽荧光灯	3Y10－1	3×40	钢板制灯体，表面烤漆，镀铬装饰框，下部为磨砂玻璃罩，维修换灯管需在吊顶内进行，嵌入安装	计算机房、办公室等
三角罩荧光灯	YG5－2	2×40	有聚光效果	纺织厂、制鞋厂、配电站、食品加工厂等
双吊杆（链）式荧光灯	YG11－1 YG11－2 YG11－3	40 2×40 3×40	A型为双吊杆式，B型为双吊链式	仪表厂、纺织厂、商店、学校、会议室及试验室等
双吊杆式荧光灯	YG12－1 YG12－2 YG12－3	40 2×40 3×40	—	仪表厂、纺织厂、商店、学校、会议室及试验室等
吸顶式荧光灯	YG16－3	3×40	配栅格灯罩并以磨砂玻璃作侧面灯罩	发电厂、变电所的主控制室及制药、化工、仪表厂等大面积照明
栅格荧光灯	FI701－2－0 FI701－3－0	2×40 3×40	可拼装成发光带	大型商场、计算机房等

电子镇流器式荧光灯，具有节能、不需起动器、起动快、天气冷及电压低（＜160V）都能正常起动的特点。其种类有无源型、有源型，无电磁兼

容型和有电磁兼容型等。

无源型电子镇流器式荧光灯，其波峰系数指标较差，但价格较低，性能较好，因而使用也较多。

有源型电子镇流器式荧光灯，其性能指标好，谐波污染少，但价格高，适用于档次较高的建筑。

电磁兼容性，是指该荧光灯对外界干扰的程度和抗外界对其干扰的能力（主要采用磁屏蔽措施）。有些产品无抗无线电干扰功能，则不能用于磁干扰强的场所，如变电所、电焊车间和大功率电动机场所。

选用电子镇流器式荧光灯的控制设备（如断路器、继电器等）时，必须考虑大片起动荧光灯时所承受的浪涌冲击。为此可设置限制浪涌电流的装置，或采取非同时起动的控制方式。

常用无源型和无源改进型电子镇流器荧光灯的主要参数，见表9－35。

表9－35　常用电子镇流器主要参数

生产厂家	型　号	总谐波含量/%	三次谐波含量/%	波峰系数	预热起动时间/s	功率因数cosφ	流明系数	电磁兼容	寿命/年
上海飞利浦	EB－P220－240 1/36RS	15	—	<1.7	0.4～1.5	0.98	0.95	有	10
	EB－220 1/36RS	33	—	2.1		0.95	0.9	有	10
北京松下	ESX36122HK－IENH	13	10	1.7		0.95	0.95	—	—
杭州鸿雁	YZ36D362	<12	<7	<1.7		>0.99	>0.9	无	（质保）3
	YZ36D252	<38	<24	<1.7		0.933	>0.9	无	（质保）5
	YZ36D263	<30	<24	<1.7		0.96	>0.9	有	（质保）3
北京四通	TISC1404	28	—	1.9		0.963	0.85	—	（质保）3
扬州四通	YZ－4DE（S－04）	35	20	1.9		0.95	0.95	有	（质保）3
上海三友	YZEFA	<30	<20	—	0.4	0.96	>0.95	无	（质保）3

9.2.3 建筑灯具

建筑灯具是指建筑物内部照明及起装饰作用的灯具。按结构分，有吊灯灯具、壁灯灯具、吸顶灯灯具、筒灯灯具、射灯灯具等。

1. 吊灯灯具

北京地区为□□B□□/□型、□D□A□型、GA型，上海地区为JDD型等。

常用的类型有吊链灯和吊杆灯，以吊杆灯为主。常用吊灯的型号及适用场所见表9－36。

表9－36 常用吊灯的型号及适用场所

名称	型号	光源功率/W	适用场所
玉兰罩花灯	HBB201 5/60 HBB201 9/60	5×60 9×60	礼堂、门厅、餐厅作装饰照明
	11D38A 19D38A	11×100 19×100	较高级大型厅、堂等照明
	HBB203 3/60 HBB203 5/60 HBB203 7/60 HBB203 9/60	3×60 5×60 7×60 9×60	饭店、旅馆、餐厅、门厅等作装饰照明
橄榄罩花灯	HBB204 3/40 HBB204 5/40 HBB204 7/40 HBB204 9/40	3×40 5×40 7×40 9×40	饭店、旅馆、餐厅、门厅等作装饰照明
	3D08A 5D08A 7D08A 9D08A GA308 GA309 GA310	3×60 5×60 7×60 9×60 3×60 5×60 7×60	各种小型厅、堂照明
荷花罩花灯	HKB216 5/40 HKB216 6/40 HKB216 7/40	5×40 6×40 7×40	展览馆、宾馆、门厅、餐厅作装饰照明

续表

名　　称	型　　号	光源功率/W	适用场所
斜橄榄罩花灯	HKB206　3/40 HKB206　5/40 HKB206　7/40 HKB206　9/40 3D08A－1	3×40 5×40 7×40 9×40 3×60	旅馆、饭店、门厅、餐厅作装饰照明
乌砂石榴吊灯	3D24 5D24、5D25 7D24	3×60 5×60 7×60	小型厅、堂等作装饰照明
乌砂罗纹吊灯	4D14 5D14 6D14	4×60 5×60 6×60	小型会议室、客厅等作装饰照明
花篮吊灯	4D28 JDD171－3J	4×60 3×60	小型厅、堂等作装饰照明
裙形吊灯	3D18 5D18 7D18	3×60 5×60 7×60	小型厅、堂等作装饰照明
晨钟吊灯	3D20 5D20 7D20	3×60 5×60 7×60	小型厅、堂等作装饰照明
束腰吊灯	3D10A5 5D10A5 7D10A5 HBB226　3/60 HBB226　5/60 HBB226　7/60	3×60 5×60 7×60 3×60 5×60 7×60	会议室、客厅等作装饰照明
碗罩花灯	HKB227　3/60 HKB227　5/60	3×60 5×60	旅馆、饭店、休息厅、礼堂作装饰照明
碗罩吊灯	3D10B 5D10B 7D10B	3×60 5×60 7×60	会议室、客厅等作装饰照明
伞形吊灯	D02A12	5×60	会议室、客厅等作装饰照明

2. 壁灯灯具

北京地区为B□□□□/□型、□B□A□型、GA型，上海地区为JXB型、CBD型等。单灯的灯泡功率一般为40、60、100（W）等。

常用壁灯的型号及适用场所见表9－37。

表9－37　常用壁灯的型号及适用场所

名　称	型　号	光源功率/W	适用场所
纱罩壁灯	2B27A 2B21A	2×60	宴会厅、会议室等室内照明
玉兰壁灯	BBB102　2/60 GA417	2×60	礼堂、俱乐部等墙壁作装饰照明
插口玉兰壁灯	B01A6 2B01A6 2B01A8 2B02A6	100 2×100 2×150 2×100	宴会厅、会议室、走廊及大门两侧等作辅助装饰照明
	JXB60－1 JXB60－2 JXB60－3	60 2×60 3×60	
鼓形壁灯	2B01F JXB67－1 JXB67－2	2×100 40 2×40	室内作辅助装饰照明，也可用于室外大门两侧及走廊作辅助装饰照明
橄榄壁灯	BKB104　2/40 BKB103　1/40 BKB105　2/40 GA413 B03A 2B03A	2×40 40 2×40 2×40 60 2×60	礼堂、俱乐部、剧院的墙壁作装饰照明
花边杯壁灯	BKB110　2/40	2×40	
杯形壁灯	BKB108　2/60	2×60	
长杯壁灯	BKB112　2/60 BKB112　1/60 JXB96－1 JXB96－2	2×60 60 25 2×25	
花瓶罩壁灯	2B36A B36A	2×15 15	宴会厅、会议室、走廊及一般家庭作辅助照明

续表

名　　称	型　　号	光源功率/W	适用场所
菠萝壁灯	BBB113　2/40 BBB113　1/40 JXB105－1 JXB105－2 JXB105－3	2×40 40 60 2×60 3×60	旅馆、客房或家庭居室的墙壁作装饰照明
菱形壁灯	BBB118　2/40 JXB68－1 JXB68－2 JXB69－1 JXB70－2 JXB73－2	2×40 60 2×60 60 2×60 2×100	旅馆、住宅、客房的墙壁作装饰照明
伞形壁灯	B3BA JXB72	40 150	宾馆、会议室及一般家庭的照明
束腰罩壁灯	B10A JXB207－2	25 2×40	一般家庭及小会客室作辅助装饰照明
晨钟罩壁灯	B18A 2B18A	40 2×40	小厅堂、会议室等作辅助装饰照明，一般与晨钟罩吊灯配套使用
石榴罩壁灯	B19A 2B19A JXB173－1J	25 2×25 40	一般小型厅堂及会议室的照明，与石榴罩吊灯配套使用
裙形罩壁灯	2B16A B16A	2×60 60	小型会客厅、卧室等作装饰照明，一般与裙形罩吊灯配套使用
笙形壁灯	BBB120　2/60 GA411 JXB71－2 JXB71－3	2×60 2×60 2×60 3×60	旅馆、饭店、餐厅的墙壁作装饰照明
螺口筒壁灯	BMB122　1/60 BMB122　2/60	60 2×60	旅馆、饭店、卫生间的墙壁作装饰照明

续表

名　称	型　号	光源功率/W	适用场所
镜箱壁灯	B07A 2B07A JXB124	60 3×60 2×40	卫生间的镜箱照明
浴室壁灯	B23A	60	高级卫生间作装饰照明
桃罩壁灯	BKB127　1/40 CBD5	40 40	旅馆、剧院、卫生间或化妆室的镜子照明
白桃壁灯	B30A	60	楼道、走廊等照明
切口圆球壁灯	BBB128　1/40 BBB128　1/60 JXB25 BBB129　2/40 BBB129　2/60 JXB24	40 60 40 2×40 2×60 2×40	办公楼、门厅、楼梯间的墙壁作装饰照明
防水圆球壁灯	BMB148　1/40 B08A3 B08A4	40 60 100	旅馆、浴室、卫生间等照明

3. 吸顶灯灯具

北京地区为□X□A□型、D□□□□/□型、GA 型，上海地区为 JXD 型等。单灯的灯泡功率一般为 40、60、100（W）等。

常用吸顶灯的型号及适用场所见表 9－38。此外，还有各种荧光灯管的吸顶灯。

4. 筒灯灯具

筒灯多用于吊顶造型，适用于商场、舞厅、住宅的客厅等场所，常见为嵌入式。灯泡功率一般为 40、60、100（W）等。

常用筒灯的型号及结构见表 9－39。

5. 射灯灯具

多用于吊顶造型。适用于大型宾馆、舞厅、商场、网吧、卡拉 OK 厅等装饰豪华的场所。单灯的灯泡功率一般为 40、60（W）等。

常用射灯的型号及结构见表 9－40。

另外，还有卤化物白炽灯具，其外观漂亮，灯泡发出白色光，有带反射器和不带反射器两种，可调光控制。适用于饭店、货柜、洽谈室、住宅等装潢照明。灯泡功率为75～250W。

表9－38　常用吸顶灯的型号及适用场所

名　称	型　号	光源功率/W	适用场所
圆及扁圆吸顶灯	DBB313d 1/40 DBB313d 1/60 DBB313d 1/100	40 60 100	走廊、楼梯间照明
	X03A5 X03A6、X03A7	60 100	门厅、走廊、雨篷等照明
扁圆吸顶灯	X03B5～X03B7 X03C5、X03C6 JXD5－1 JXD5－2	100 60 2×60 2×100	门厅、走廊等照明
浅半圆吸顶灯	DBB316 1/60 DBB316 1/100 DBB316 1/150 DBB316 1/200	60 100 150 200	厅堂、门厅等照明，也可大面积照明
圆栅格吸顶灯	X09B4 GA222	60 100	走廊或室内大面积组合照明
方栅格吸顶灯	DKB321 1/100 GA209	100 2×60	厅、堂照明
防水圆球吸顶灯	X04A4 X04A5 GA230	60 60 60	雨篷、浴室、厕所等照明
圆球吸顶灯	DBB312 1/60 DBB312 1/100	60 100	门厅、走廊等照明
矩形吸顶灯	DBB301 1/60 DBB301 1/100 JXD16D	60 100 2×100	门厅、走廊等照明
长方形吸顶灯	X05A5 X05A8 GA227、GA226 JXD16S	60 100 60 2×60	各种场所，可单个使用，也可组合排列连续使用

续表

名　称	型　号	光源功率/W	适用场所
方口方罩吸顶灯	DBB303　1/60 DBB303　1/100 DBB303　1/100×2 GA225 GA224	60 100 2×100 60 2×60	会议室、大厅等照明
方形吸顶灯	X06A5 X06A7 JXD16 JXD16A	100 2×100 2×100 2×100	各种小型厅、堂等照明
多联方形吸顶灯	2×07A5 2×07A7、4×07A5 3×07A5 3×07A7、6×07A5 4×07A7 6×07A7	2×100 4×100 3×100 6×100 8×100 12×100	大型厅、堂等照明
晶罩吸顶灯	DBB309　2/100 DBB309　4/100 DBB309　6/100	2×100 4×100 6×100	厅、堂等照明
嵌入筒形吸顶灯	DBB326　1/40 DBB326　1/60	40 60	门厅组合照明
晶罩方吸顶灯	DBB309a　1/60×2	2×60	厅、堂等照明

表9－39　常用筒灯的型号及结构

型　号	光源功率/W	结　构
HZD101 HZD102 HZD103	60 60 40	钢安装支架，铝反光器，铝装饰圈
HZD106A HZD106B HZD106C	40 40 60	

续表

型　　号	光源功率/W	结　　构
HZD120 HZD121 HZD122 HZD123	40 40 60 60	钢制灯体、铝装饰圈，HZD120、HZD121 型中间为黑色胶木圈，HZD122、HZD123 型中间为木头装饰圈，铝反射器
HZD210 HZD211 HZD212	60 60 40	钢安装支架，铝反射器，钢装饰圈
HZD213 HZD214 HZD215	60 60 60	钢制灯体，钢装饰圈，HZD214、HZD215 型有玻璃灯罩
HZD201 HZD202 HZD203 HZD204 HZD205	60 60 40 40 100	钢制灯体，铝反射器，无嵌入，整体吸顶安装
HZD110	60	钢制筒体，中间为胶木圈，钢装饰圈
HZD107	40	钢制筒体，塑料灯罩
HZD104 HZD112	40 40	钢安装支架，铝反射器，钢装饰圈
HZD206 HZD207	60 60	钢制筒体，无铝反射器，吸顶安装
HZD208	60	不锈钢制筒体，铝反射器，吸顶安装
HZD220	60	钢制筒体，铝反射器，吸顶安装
MS327B	60	钢制筒体，无铝反射器，下边喷白漆
MS327C	60	钢制筒体，无铝反射器，下边电镀仿金

续表

型　号	光源功率/W	结　构
MS325C MS323C	60 60	钢制筒体，无铝反射器，牛眼口连灯泡可一起转，下边仿金电镀
MS304C MS304B MS302B MS305	60 60 60 60	钢制筒体，无铝反射器，下边喷白漆，可装飞利浦冷光灯泡，也可装白炽灯泡。MS305 为钢制方筒体
MS409	60	钢制筒体，无铝反射器，吸顶安装，筒体外表面喷漆，有黑白两色供选择
MS408	60	钢制筒体，无铝反射器，嵌入吊顶一部分，下挂一部分，黑色
MS410	60	钢制筒体，无铝反射器，嵌入吊顶一部分，下挂一部分，下边和下挂部分白色

表 9-40　常用射灯的型号及结构

型　号	光源功率/W	结　构
MS116B MS117B MS118B MS119B MS110B MS107	60 60 60 60 60 60	钢制筒体，无铝反射器
MS101	60	钢制筒体，无铝反射器，直接装乳白色反射白炽灯泡
MS307D MS115B	60 60	钢制筒体，无铝反射器，可装飞利浦冷光灯泡，也可装白炽灯泡
MS211 MS203D	60 60	钢制筒体，无铝反射器，导轨灯

续表

型　号	光源功率/W	结　构
MS213A	60	钢制筒体，无铝反射器，导轨灯，装乳白色反射白炽灯泡
MS206B MS208C MS216B MS217B MS219B MS220B	60 60 60 60 60 60	钢制筒体，无铝反射器，导轨灯，导轨配套供应
MS309 MS310 MS313 MS314 MS317 MS318	60 60 60 60 60 60	钢制筒体，无铝反射器，可一个方向转动
MS311 MS312 MS319 MS320	2×60 2×60 2×60 2×60	钢制筒体，无铝反射器，可两边转动
MS315 MS316	2×60 2×60	钢制筒体，无铝反射器，可两边转动，筒口有边

9.2.4　应急照明灯具

宾馆、大楼、商场、剧院、歌舞厅、卡拉 OK 娱乐城，以及地下设施等，一旦发生火灾或停电事故，应急照明灯可为人们逃生指明通道，并可为紧急抢修时的照明。这种类型的灯具包括应急诱导灯、应急照明灯和应急备用电源。各种应急灯有关数据列于表 9－41。

表 9－41　应急照明灯具

类别	型号	正常照明功率/W	应急照明功率/W	放电时间	电光源	外形尺寸（长×宽×高）/mm	说明	生产厂
应急诱导灯	YJD－5	8	4V，0.7A	1.5h	白炽灯 荧光灯	500×85×100	悬挂式	上海东风照明器材厂
	YJD－6	4V，0.5A	4V，0.5A	1h	白炽灯	420×80×120	悬挂式	
	YJD－7	3.8V，0.3A	3.8V，0.3A	50min	白炽灯	230×105×130	嵌入式，预留孔(mm) 200×85×100	
	YJD－8	6	6	1h	荧光灯	285×120×85	单面或双面横向安装	
	YJD－13	8	8	45min	荧光灯	360×160×100	单面或双面悬挂或横向安装	
	GY2－Y1×8	8	8	45min	荧光灯	350×150×80	嵌入式，预留孔(mm) 320×120×70	
应急诱导灯	YZD8－2－2	8	8	30min	荧光灯	370×102×160	壁式	四川广元力源无线电器材厂
	YZD8－2－3	8	8	30min	荧光灯	370×102×160	壁式	
	YZD8－2－5	8	8	30min	荧光灯	370×102×160	壁式	
	YZD8－4－2	8	8	30min	荧光灯	390×102×180	嵌入式，预留孔(mm) 330×120×70	
	YZD8－4－3a	8	8	30min	荧光灯	390×102×180	嵌入式，预留孔(mm) 330×120×70	
	YZD8－4－5a	8	8	30min	荧光灯	390×102×180	嵌入式，预留孔(mm) 330×120×70	

续表

类别	型号	正常照明功率/W	应急照明功率/W	放电时间	电光源	外形尺寸(长×宽×高)/mm	说明	生产厂
应急诱导灯	YZD20 -4 -2	20	20	45min	荧光灯	660×120×250	壁式	四川广元力源无线电器材厂
	YZD20 -4 -3	20	20	45min	荧光灯	660×120×250	壁式	
	YZD20 -4 -5	20	20	45min	荧光灯	660×120×250	壁式	
	YZD20 -5 -2	20	20	45min	荧光灯	660×120×250	悬挂式，双面	
	YZD20 -5 -3	20	20	45min	荧光灯	660×120×250	悬挂式，双面	
	YZD20 -5 -5	20	20	45min	荧光灯	660×120×250	悬挂式，双面	
应急诱导灯	YJD -4	3.8V，0.3A	3.8V，0.3A	2h	白炽灯	260×140×50	悬挂式	上海东风照明器材厂
	YJD -14	12V，20W	12V，20W	45min	白炽灯	150×150(h)	嵌入式，预留孔(mm)150×150	
	YJD -40	20	20	45min	荧光灯	810×165×160	悬挂式	
	YJD -41	30	30	45min	荧光灯	1 020×165×160	悬挂式	
	YJD -42	40	40	45min	荧光灯	1 360×165×160	悬挂式	
	GY1 - Y1 ×40	40	40	45min	荧光灯	1 360×75×125	悬挂、吸顶安装	
	GY1 - Y2 ×40	2×40	40	45min	荧光灯	1 360×150×125	悬挂、吸顶安装	
	YZD20 -1 - $\frac{3}{5}$	20	20	45min	荧光灯	650×190×140	悬挂式	
	YZD30 -1 - $\frac{3}{5}$	30	30	50min	荧光灯	980×190×140	悬挂式	
	YZD40 -1 - $\frac{3}{5}$	40	40	50min	荧光灯	1 270×190×140	悬挂式	

续表

类别	型号	正常照明功率/W	应急照明功率/W	放电时间	电光源	外形尺寸（长×宽×高）/mm	说明	生产厂
应急电源	YJDH-3		20	25min		280×125×80		上海东风照明器材厂
应急照明灯		20	20	45min	荧光灯	650×250×130	双、单面任选，吸顶、悬挂安装	
		40	40	45min	荧光灯	1 300×250×130	单、双面任选，吸顶、悬挂安装	
应急电源	YZY-20		20	45min		470×80×70		四川广元力源无线电器材厂
	YZY-30		30	45min		470×80×70		
	YZY-40		40	50min		540×80×70		

9.2.5 探照灯、投光灯

普通探照灯的用途、结构和功率等数据资料见表9-42，投光灯的用途、结构和功率等数据资料见表9-43。

表 9-42　探照灯的用途、结构和规格

		外形图
用途	探照灯适宜于铁路、矿山、船坞、码头、广场、建筑工地及警卫探照等远距离照明之用	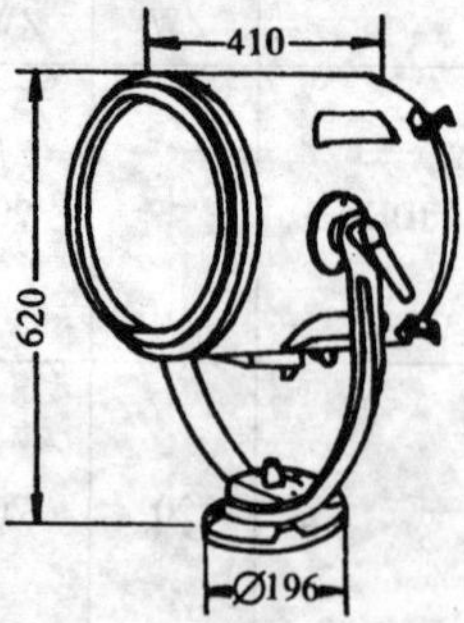
结构	灯体和灯架采用钢材及铸件制成，结构坚固，灯内装有抛物线形反射器，使射出的光集成为强烈的光束，有利于远距投照，并具有效率高、温升低等优点	

类型	灯泡功率	电源电压	灯座	质量
防溅式	1 000W	110/220V	E40	19kg

表 9-43　投光灯的用途、结构和规格

外形图	光源	电压/V	功率/W	用途
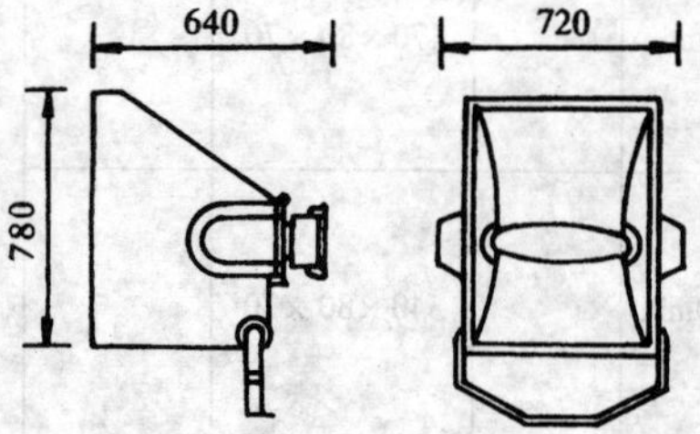TG-51	镝灯	380	3 500	适用于体育场、广场、灯塔、机场等需大面积照明场所

续表

外　形　图	光源	电压/V	功率/W	用　途
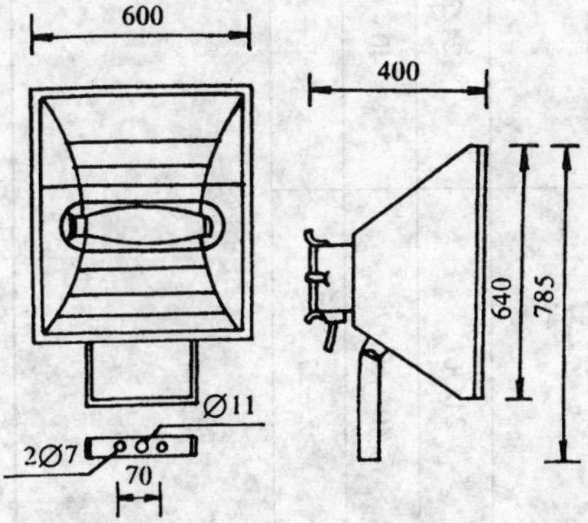 TG－51A	镝灯	380	3500	适用于体育场、广场、灯塔、机场等需大面积照明场所
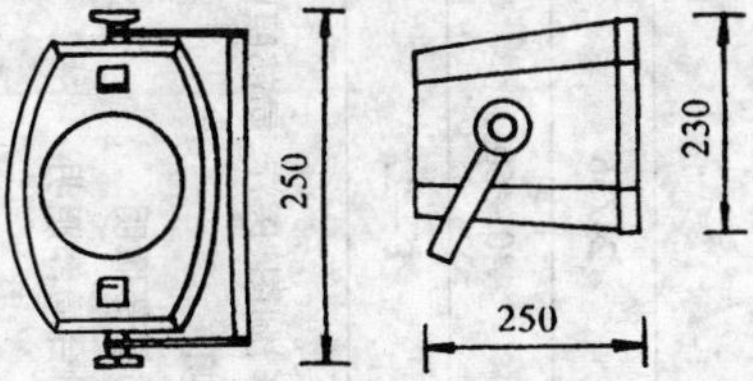 DYC－DIA	镝灯	220	1 000	适用于小型广场、建筑工地、码头、仓库等场所
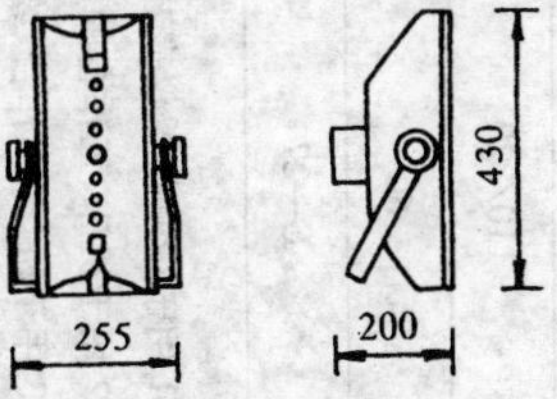 XC－S1.5A	氙灯	220	1 500	适用于印刷制版照相，人工模拟试验箱及光学反应等方面

9.2.6　工作灯及机床灯

工作灯及机床灯适宜精密仪器、机床的局部照明，其外形、规格及用途列于表9－44、表9－45。

表 9－44　机床工作灯外形、规格和用途

	JC1 软梗工作灯	JC2 软梗工作灯	JC3 软梗工作灯	JC4 软梗工作灯
外形	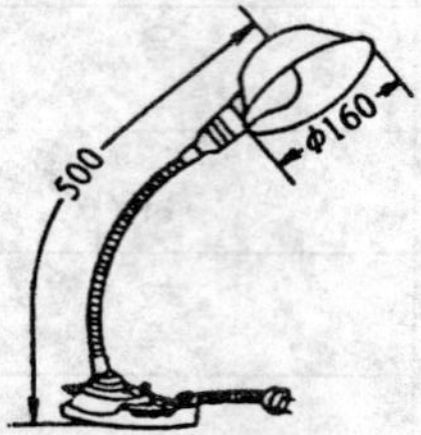	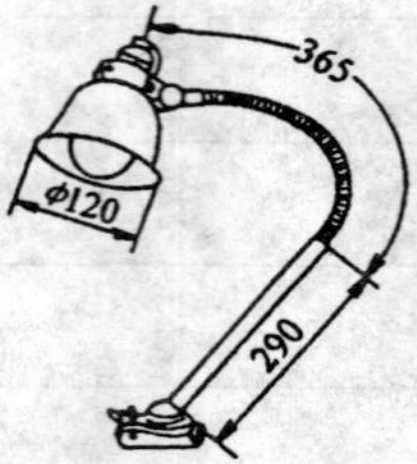	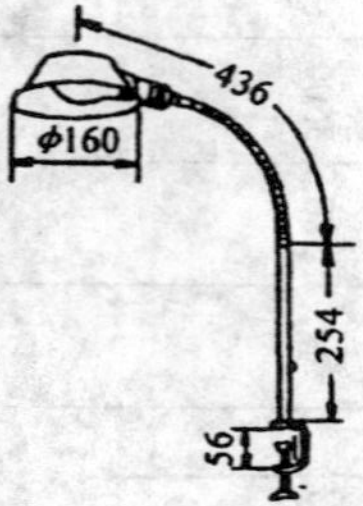	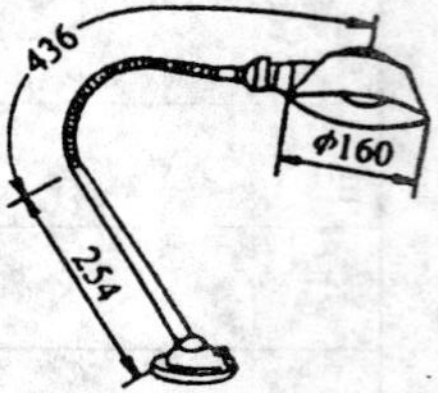
电压/V	110/220	24/36	24/36	24/36
灯泡功率/W	60	40 ~ 60	40 ~ 60	40 ~ 60
灯座型号	E—27	E—27	E—27	E—27
用途	JC1 用于精密仪器仪表装配检修、制图、医疗、局部照明 JC2 用于机床、工作台的局部照明 JC3 用于机床、工作台、绘图台的局部照明 JC4 用于精密机床、工作台、绘图台局部照明			

续表

	JC7 壁式伸缩立架灯	JC8 壁式伸缩立架灯	JC13—A 拉簧型工作灯	JC14 缝纫机灯
外形	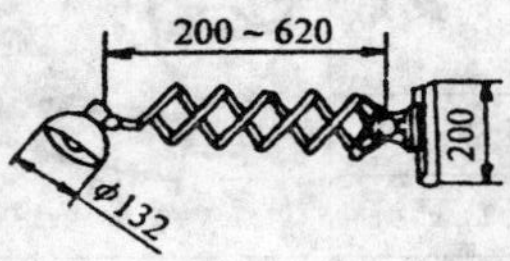	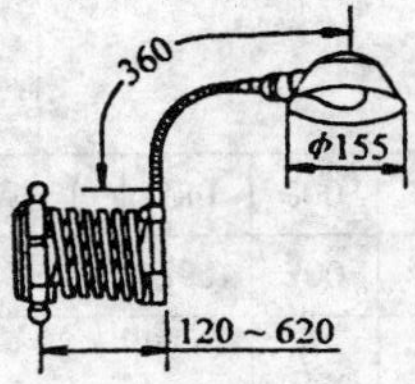	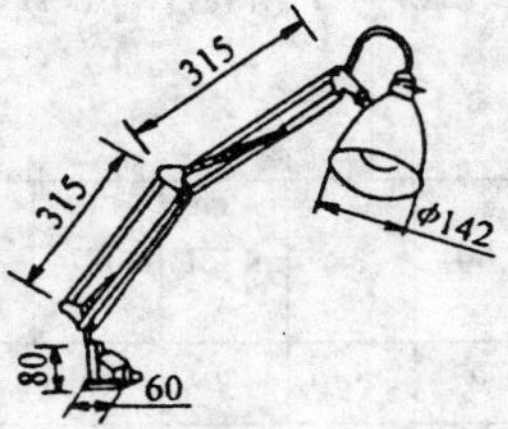	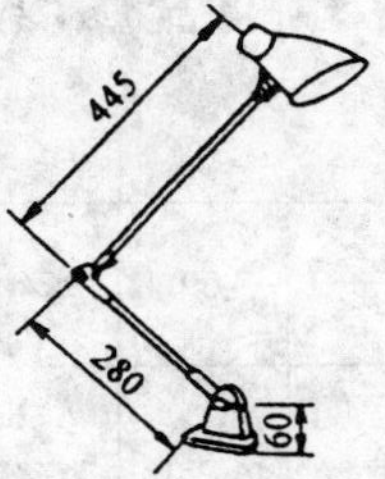
电压/V	6 ~ 12 或 220	110/220	110/220	12 ~ 220
灯泡功率/W	15 或 25	40	60	≤15
灯座型号	2G—15	E—27	E—27	2G—15
用途	JC7、JC8、JC13 适用于精密机床工作照明、精密仪器仪表装配、检修和制图等照明 JC14 适用于缝纫机工作照明也可作小型仪器、仪表作装配检修照明			

表 9－45　JC5、JC6 机床工作灯外形、规格和结构

外形	型号	尺寸/mm							电源电压/V	灯泡功率/W	灯座型号
		L_1	L_2	L_3	D	h	b_1	c			
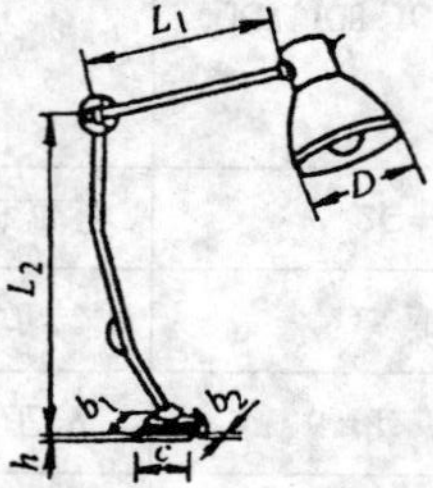	长二节 JC5—2	260	470	150	12. 5	83	33	60	24/36	60	E—27
	短二节 JC5—1	180	305								
	用途	供各种机床作局部工作照明			结构	优质钢板搪瓷灯罩、焊接钢管灯架					

外形	型号	尺寸/mm							电源电压/V	灯泡功率/W	灯座型号
		L_1	L_2	L_3	D	h	b_1	c			
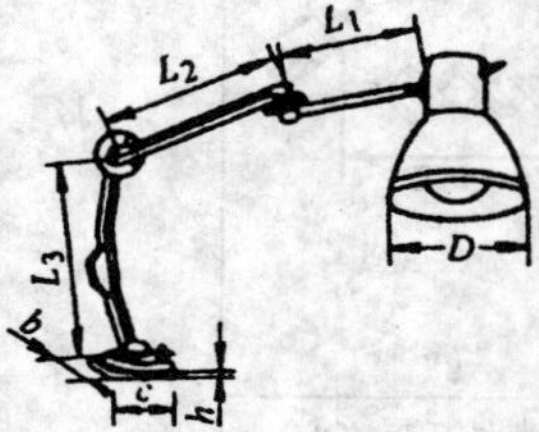	长三节 JC6—2	260	300	470	150	12. 5	83	60	24/36	60	E—27
	短三节 JC6—1	180	200	250							
	用途	供各种机床作局部工作照明			结构	优质钢板搪瓷灯罩、焊接钢管灯架					

9.2.7 工厂灯具

工厂灯具有配照型、广照型、深照型、斜照型以及防水防尘等，其外形安装尺寸及技术数据见表 9－46～表 9－64。

表 9－46 GC1 配照型工厂灯

外形图

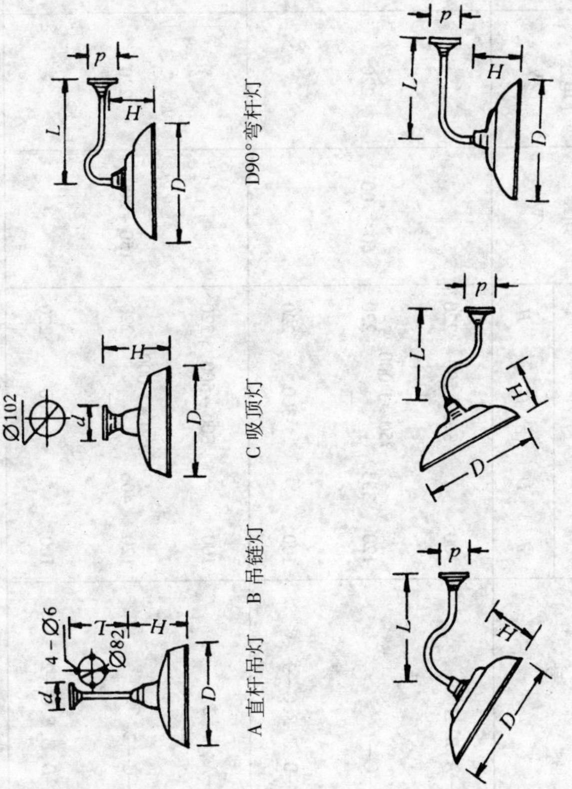

A 直杆吊灯 B 吊链灯 C 吸顶灯 D90°弯杆灯

E60°弯杆灯 F30°弯杆灯 G90°直弯杆灯

续表

	型号	外形尺寸/mm				功率/W	电压/V	灯座
		d	D	L	H			
基本数据	GC1—A,B—1	100		300 ~ 500	220	60 ~ 100	220	E27
	GC1—C—1	120	355	750 ~ 1 000 —	220			
	GC1—D,E,F,G—1	100		300	220			
	GC1—A,B—2	100		300 ~ 500	220	150 ~ 200	220	E27
	GC1—C—2	120	406	750 ~ 1 000 —	220			
	GC1—D,E,F,G—2	100		300	220			
用途	工厂、车间、仓库及公共场所等照明							
结构	钢板搪瓷灯罩,白瓷螺口风雨灯头,铝合金灯座,G1/2″铸铁底座							

表 9－47　GC3 广照型工厂灯

外形图	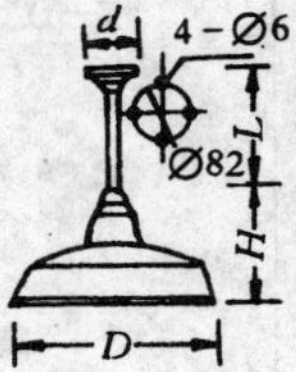 A 直杆吊灯　B 吊链灯 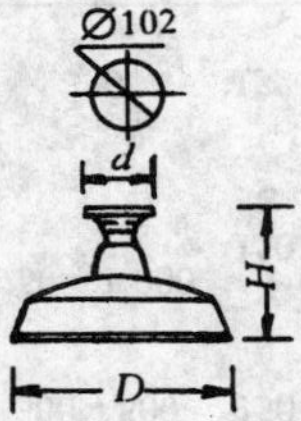 C 吸顶灯 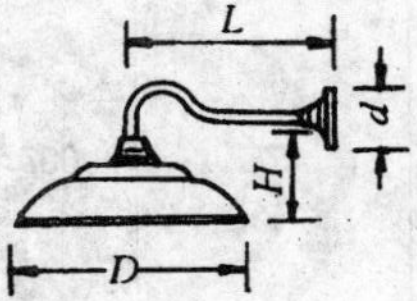 D90°弯杆灯 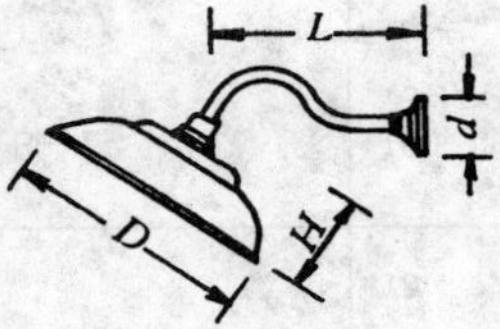 E60°弯杆灯 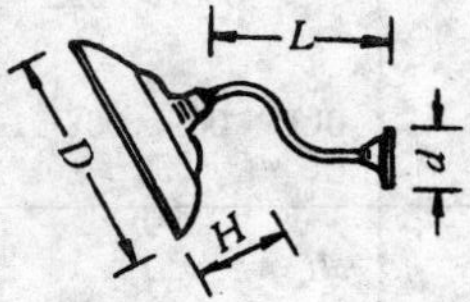 F30°弯杆灯 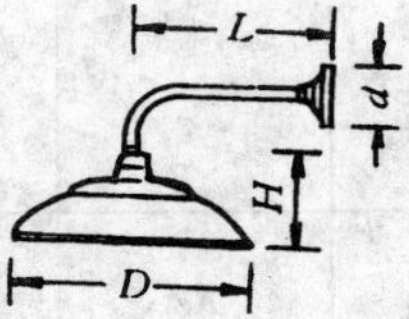 G90°直弯杆灯

续表

	型号	外形尺寸/mm				功率/W	电压/V	灯座
		d	D	L	H			
基本数据	GC3—A,B—1	100		300～500	140	60～100	220	E27
	GC3—C—1	120	355	750～1 000 —	140			
	GC3—D,E,F,G—2	100		300	140			
	GC3—A,B—2	100		300～500	150	150～200	220	E27
	GC3—C—2	120	406	750～1 000 —	150			
	GC3—D,E,F,G—2	100		300	150			
用途	仓库、货垛及公共场所照明							
结构	钢板搪瓷灯罩,白瓷螺口风雨灯头,铝合金灯座,G1/2″铸铁底座							

表 9－48　GC5 深照型工厂灯

外形图	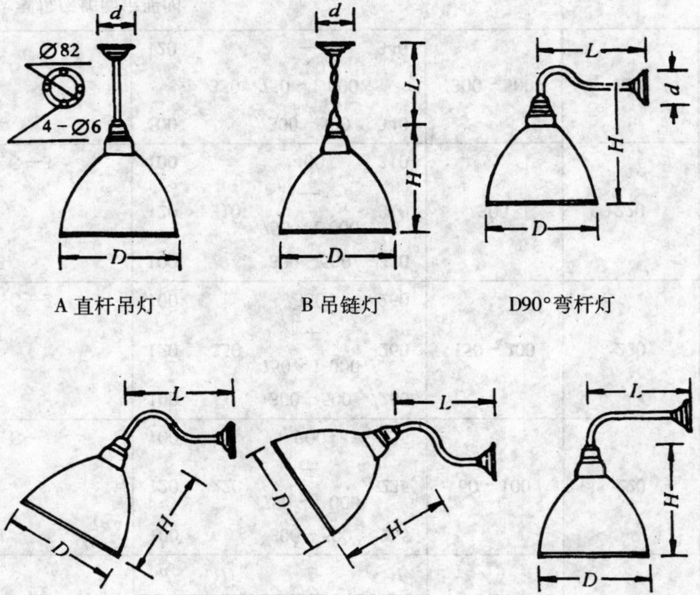 A 直杆吊灯　B 吊链灯　D90°弯杆灯 E60°弯杆灯　F30°弯杆灯　G90°直弯杆灯

续表

	型　　号	外形尺寸/mm				功率/W	电压/V	灯　　座
		d	D	L	H			
基本数据	GC5—A,B—1	100		300 ~ 500	235	60 ~ 100	220	E27
	GC5—C—1	120	220	750 ~ 1 000 —	235			
	GC5—D,E,F,G—1	100		300	235			
	GC5—A,B—2	100		300 ~ 500	260	150 ~ 200	220	E27
	GC5—C—2	120	250	750 ~ 1 000 —	260			
	GC5—D,E,F,G—2	100		350	260			
	GC5—A,B—3	100		300 ~ 500	310	300	220	E27
	GC5—C—3	120	310	750 ~ 1 000 —	310			
	GC5—D,E,F,G—3	100		400	310			
	GC5—A,B—4	100		300 ~ 500	340	300 ~ 500	220	E27
			350	750 ~ 1 000				
	GC5—C—4	120		—	340			
用　途	厂房、车间及大型机床作固定照明							
结　构	钢板搪瓷灯罩,白瓷螺口风雨灯头,铝合金灯座,G1/2"铸铁底座							

表 9－49 GC7 斜照型工厂灯

外形图

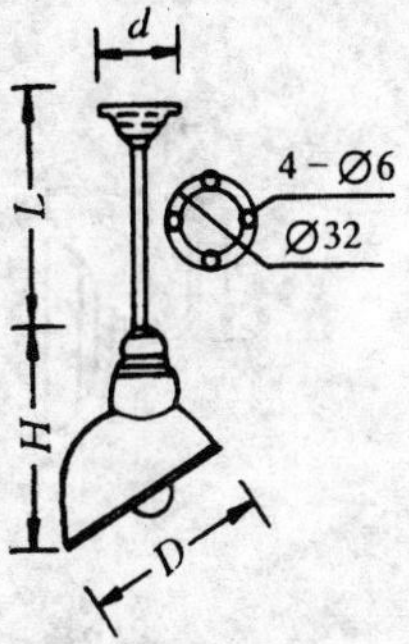

A 直杆吊灯

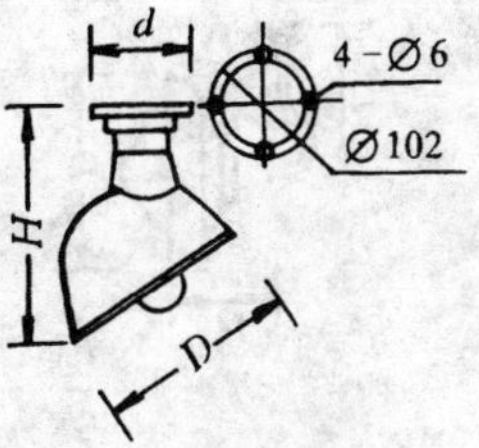

C 吸顶灯

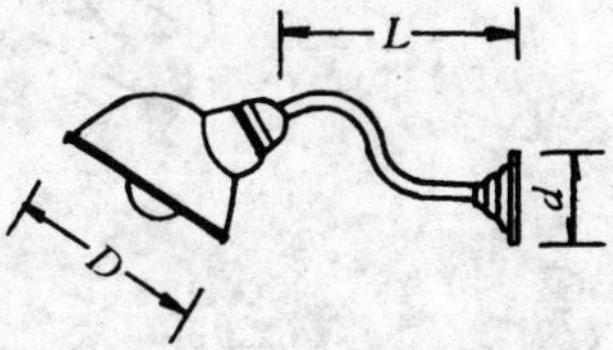

F30°弯杆灯

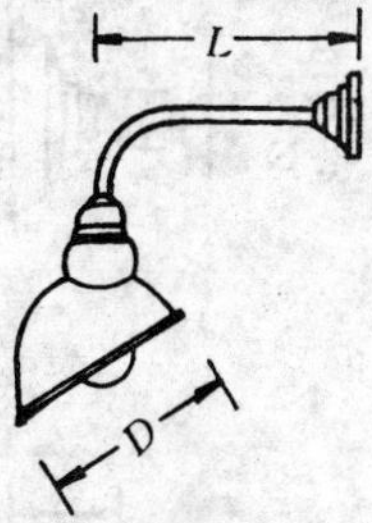

G90°直弯杆灯

基本数据

型号	外形尺寸/mm d	D	L	H	功率/W	电压/V	灯座
GC7－A－2	100		300～500 750～1 000	256			
GC7－C－2	120	220	—	256	60	220	E27
GC7－D，G－2	100		300	256			
GC7－A－1	100		300～500 750～1 000	285			
GC7－C－1	120	250	—	285	100	220	E27
GC7－D，G－1	100		350	285			

用途	室内外画廊、广告牌等照明
结构	钢板搪瓷灯罩，白瓷螺口风雨灯头，铝合金灯座，G1/2″铸铁底座

表 9－50　GC9 广照型防水防尘灯

外形图	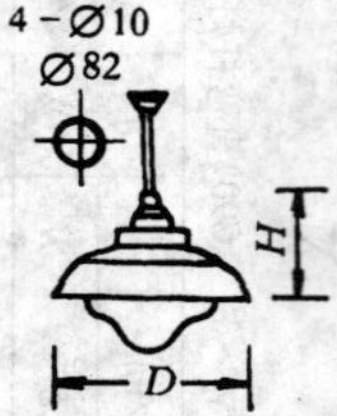 A 直杆吊灯　B 吊链灯  C 吸顶灯 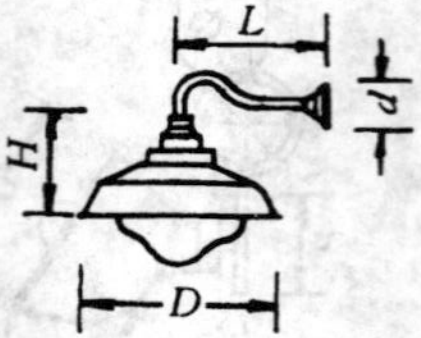 D90°弯杆灯 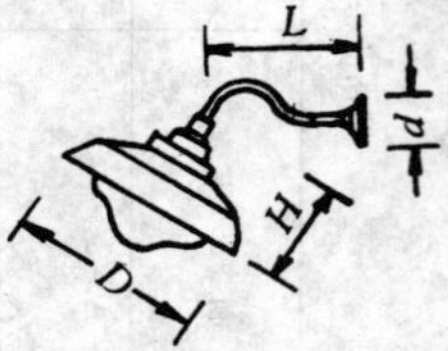 E60°弯杆灯 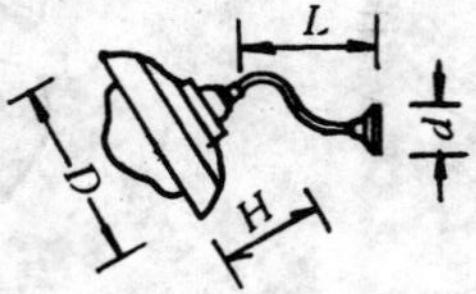 F30°弯杆灯 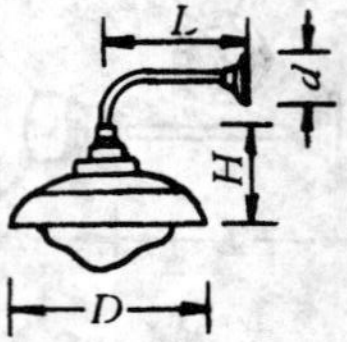 G90°直弯杆灯

续表

	型号	外形尺寸/mm				功率/W	电压/V	灯座
		d	D	L	H			
基本数据	GC9—A,B—1	100		300~500	300	60~100	220	E27
	GC9—C—1	120	355	750~1 000 —	330			
	GC9—D,E,F,G—1	100		300	300			
	GC9—A,B—2	100		300~500	300	150~200	220	E27
	GC9—C—2	120	420	750~1 000 —	330			
	GC9—D,E,F,G—2	100		350	300			
用途	室内外多水多尘的操作场所、车间等照明							
结构	钢板搪瓷灯罩、螺口透明玻璃罩、橡胶密封圈、铸铁或铸铝灯座,铸铁底座							

表 9－51　GC11 广照型防水防尘灯（有保护网）

外形图

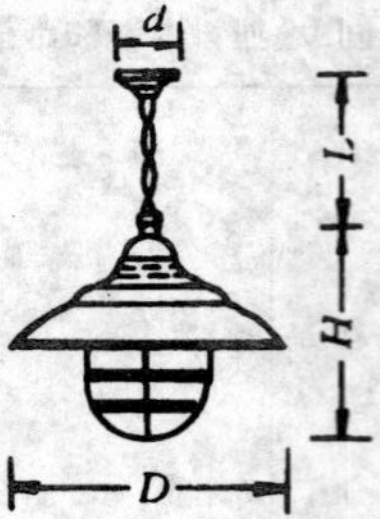

B 吊链灯

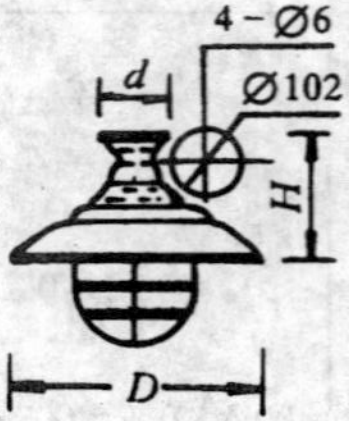

C 吸顶灯

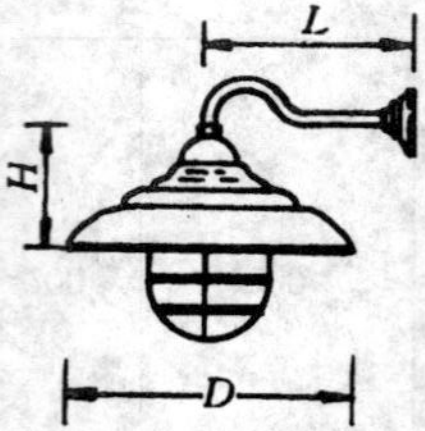

D90°弯杆灯

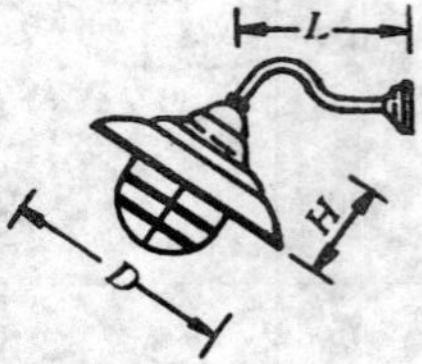

E60°弯杆灯

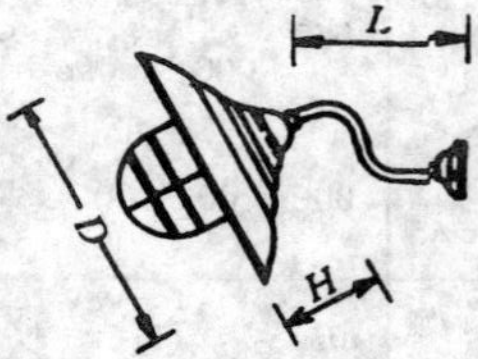

F30°弯杆灯

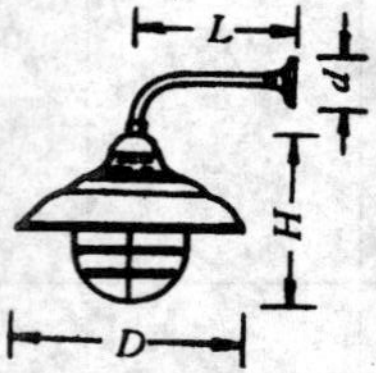

G90°直弯杆灯

续表

	型　　号	外形尺寸/mm				功率/W	电压/V	灯　　座
		d	*D*	*L*	*H*			
基本数据	GC11—A,B—1	100		300 ~ 500	305	60 ~ 100	220	E27
	GC11—C—1	120	355	750 ~ 1 000 —	330			
	GC11—D,E,F,G—1	100		300	305			
	GC11—A,B—2	100		300 ~ 500		150 ~ 200	220	E27
	GC11—C—2	120	420	750 ~ 1 000 —	330			
	GC11—D,E,F,G—2	100		350				
用　途	室内外多水多尘的操作场所、车间等照明							
结　构	钢板搪瓷灯罩,螺口透明玻璃灯,镀锌铁丝保护网,铸铁或铸铝灯座,铸铁底座							

表 9－52　GC15 散照型防水防尘灯

外形图

B 吊链灯

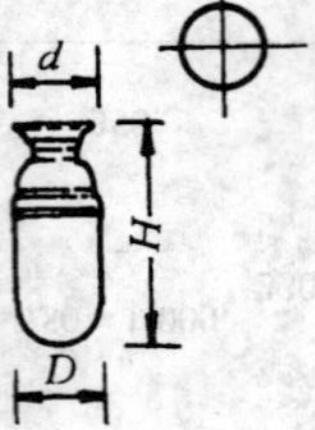

C 吸顶灯

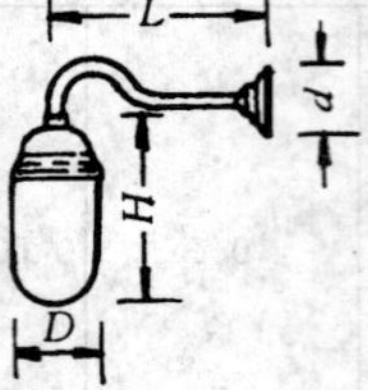

D90°弯杆灯

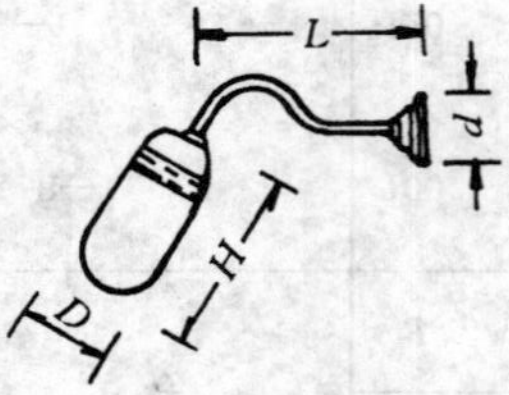

E60°弯杆灯

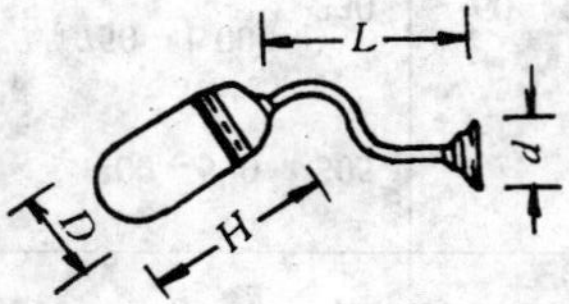

F30°弯杆灯

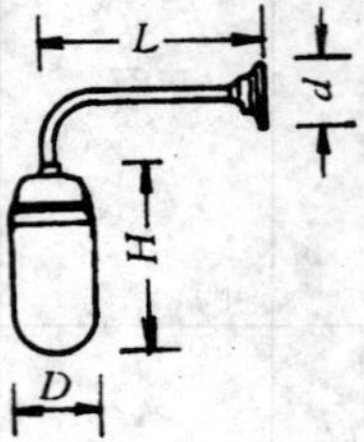

G90°直弯杆灯

续表

	型号	外形尺寸/mm				功率/W	电压/V	灯座
		d	D	L	H			
基本数据	GC15—A,B—1	100		300～500	255	60～100	220	E27
	GC11—C—1	120	130	750～1 000 —	295			
	GC15—D,E,F,G—1	100		300	255			
	GC15—A,B—2	100		300～500	305	150～200	220	E27
	GC15—C—2	120	150	750～1 000 —	345			
	GC15—D,E,F,G—2	100		350	305			
用途	室内外多水多尘的操作场所照明							
结构	螺口乳白玻璃灯罩，橡胶密封圈防水，铸铝灯座，铸铁底座							

表 9－53　GC17 圆球型工厂灯

外形图

B 吊链灯

C 吸顶灯

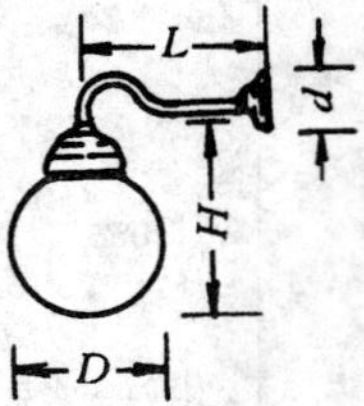

D90°弯杆灯

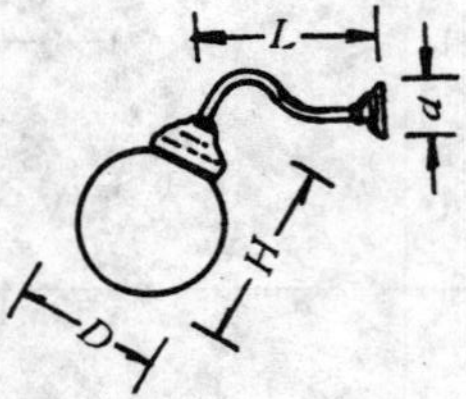

E60°弯杆灯

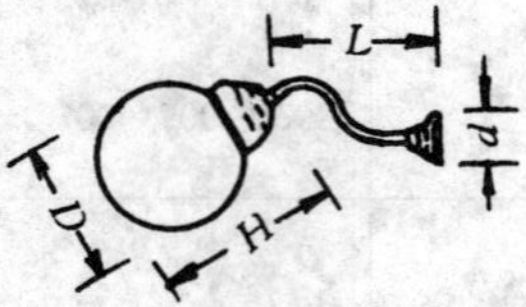

F30°弯杆灯

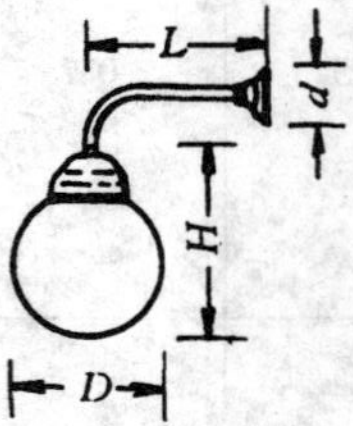

G90°直弯杆灯

续表

	型号	外形尺寸/mm				功率/W	电压/V	灯座
		d	D	L	H			
基本数据	GC17—A,B—2	100		300～500	280	100	220	E27
	GC17—C—2	120	204	750～1 000 / —	315			
	GC17—D,E,F,G—2	100		350	280			
	GC17—A,B—3	100		300～500		200	220	E27
	GC17—C—3	120	254	750～1 000 / —	365			
	GC17—D,E,F,G—3	100		400				
用途	车间、会场、办公室或水蒸气密度不大的操作场所照明							
结构	螺口乳白玻璃灯罩,橡胶密封圈防水,铸铝灯座,铸铁底座							

表 9－54　GC19 双罩型工厂灯

外形图

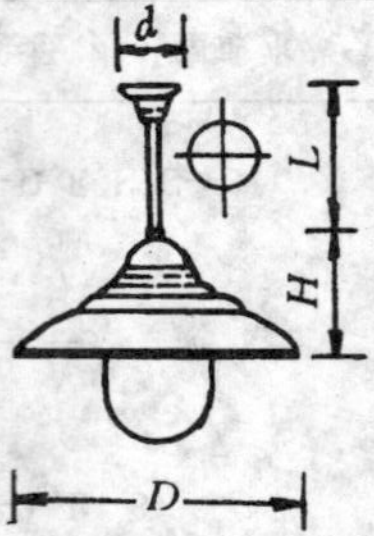

A 直杆吊灯

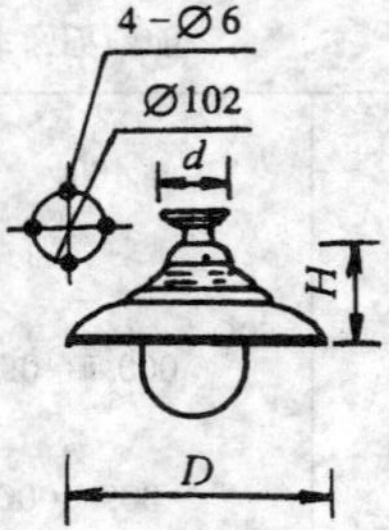

C 吸顶灯

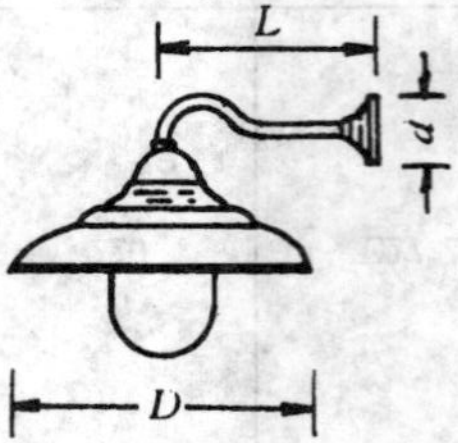

D90°弯杆灯

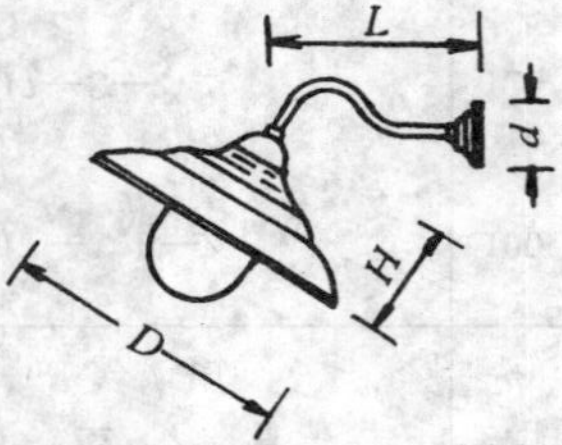

E60°弯杆灯

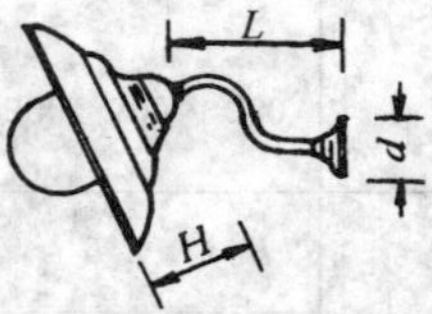

F30°弯杆灯

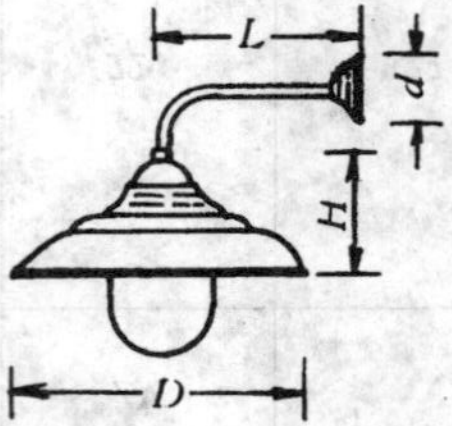

G90°直弯杆灯

续表

	型号	外形尺寸/mm				功率/W	电压/V	灯座
		d	D	L	H			
基本数据	GC19—A,B—1	100		300～500	210	60～100	220	E27
	GC19—C—1	120	355	750～1 000 —	270			
	GC19—D,E,G—1	100		300	270			
	GC19—A,B—2	100		300～500	320	150～200	220	E27
	GC19—C—2	120	406	750～1 000 —	320			
	GC19—D,E,F,G—2	100		350	320			
用途	礼堂、会客室、阅览室、厂房、车间等需要光线柔和的室内照明							
结构	钢板搪瓷灯罩，嵌口乳白玻璃罩，铸铝灯座，铸铁底座							

表 9－55　GC11—3 新光源防水防尘灯

基本参数	型号	外形尺寸/mm			功率/W		电压/V	灯座	
		D	L	H					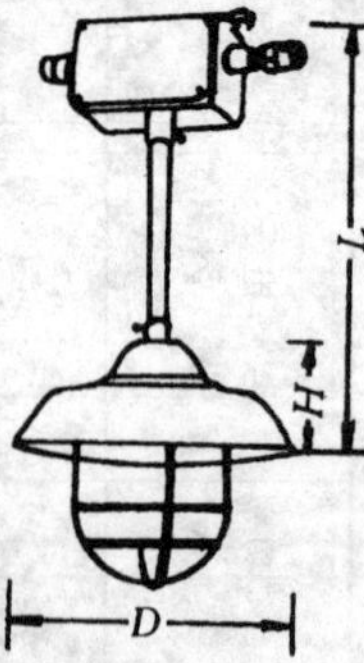
	GC11－3	460	500～1200	180	250	钠灯 汞灯	220	E40	
	附接线盒尺寸/mm　$L \times B \times H = 220 \times 160 \times 160$								
用途	适用于多水多尘的车间及操作场所等照明								
结构	采用高压汞灯或高压钠灯为光源（附镇流器接线盒）。钢板搪瓷灯罩，螺口透明玻璃罩，镀锌铁丝保护网，铸铁底座								

表 9－56　GC21 配照型挂灯

基本参数	型号	外形尺寸/mm		功率/W	电压/V	灯头螺纹	
		D	H				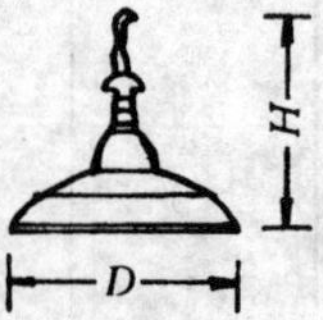
	GC21－1 GC21－2	406	337 347	60～100 150～200	220	E27	
用途	室内外移动性工作场所作临时照明						
结构	钢板搪瓷灯罩，白瓷螺口风雨灯头，铸铝灯座和吊线器						

表 9－57　GC22 广照型防水防尘挂灯

	型号	外形尺寸/mm		功率/W	电压/V	灯头螺纹	
		D	H				
基本参数	GC22－1 GC22－2	420	437 437	60～100 150～200	220	E27	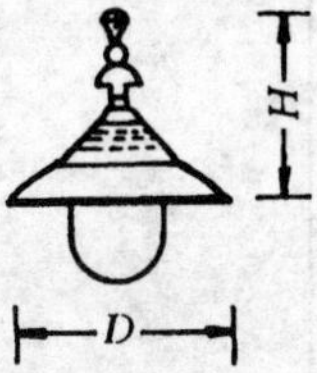
用途	室内外多水多尘的厂房、车间或露天场地作移动性照明						
结构	钢板搪瓷灯罩，螺口透明玻璃罩，橡胶密封装置，铸铝灯座和吊线器						

表 9－58　GC23 深照型挂灯

	型号	外形尺寸/mm			功率/W	电压/V	灯头螺纹	
		D	L	H				
基本参数	GC23－1 GC23－2 GC23－3	220 250 310	370 390 445	235 260 310	60～100 150～200 300	220	E27 E27 E40	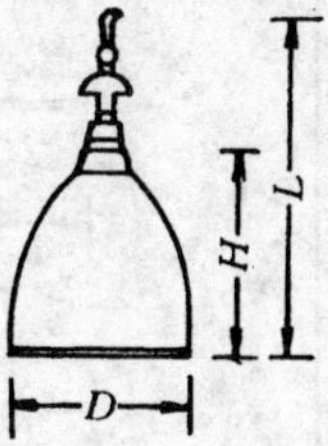
用途	室内外工作场所及运动场所作移动性照明							
结构	钢板搪瓷灯罩，镀锌吊钩，铸铝灯座和吊线器							

表 9－59　GC39 深照型防震灯

	型号	外形尺寸/mm		功率/W	电压/V	灯头螺纹	
		D	H				
基本参数	GC39 GC39－A	515	605	汞灯 1 000 镝灯　400	220 380	E40	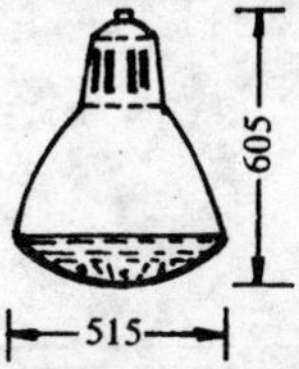
用途	适用于高度为 12～20m，伴有震动性的高大厂房及行车运行照明						
结构	钢板搪瓷灯罩，镀锌铁丝防护网，波纹管及拉簧组合的防震装置						

表 9－60　GC75、76、77、78 型高大厂房工厂灯

外形图	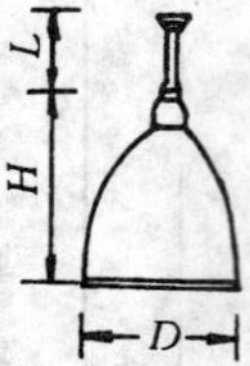 GC75				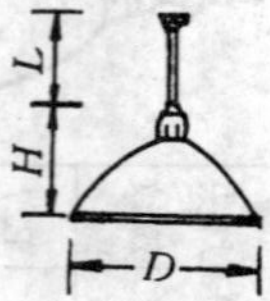 GC76		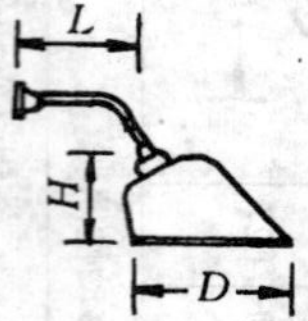 GC77　GC78	
基本参数	型号	外形尺寸/mm			电压 V	功率 /W	灯座	自重/kg
		D	H	L				
	GC75（原 GC305）	588	672	1 000	220～380	250～1 000	E40	4
	GC76（原 GC306）	924	605	1 000	220～380	250～1 000	E40	9
	GC77（原 GC307）	672	447	1 000	220～380	250～1 000	E40	5
	GC78（原 GC308）	450	320	1 000	220～380	250～1 000	E40	4
用　途	适用于现代化高大厂房、大型仓库等场所照明							
结　构	高纯铝灯罩，铝合金灯座，铸铁底座							

表 9－61　GC57B—1F 防腐蚀灯

	型号	外形尺寸/mm		功率/W		电压/V	灯座	
基本参数		D	H	钠灯	汞灯			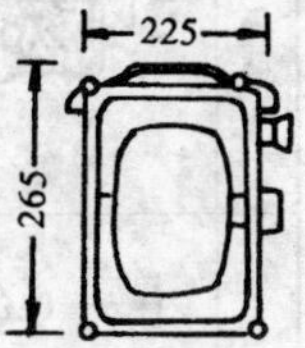
	GC57－110	265	325	110	125	220	E27	
	GC57－250	285	350	250	250		E40	
用途	适用于化工、电镀车间、含酸、碱等腐蚀性气体场所照明							
结构	灯体用玻璃钢及尼龙 1010 制成							

表 9－62　GC58 防水防尘应急灯

	充电电压/V	主光源灯　泡	指示灯灯　泡	放电时间/h	外形尺寸/mm	自重/kg	
基本参数	220 ± 10%	6. 3V/ 2. 5W 4 件	6. 3V × 0. 28mA	1. 5	265 ×180 ×225	4. 3	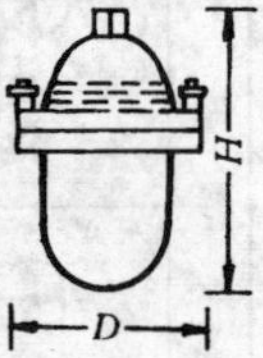
用途	炼油、化工、油气田厂矿、变电所、机关、银行、水库、计算中心等关键建筑作事故应急照明						
结构	铝合金灯体，高纯铝反射器，硬质玻璃棱镜罩，镍铬电池可反复充电						

表 9－63　GC108 型板块面照明灯

型　　号	GC108—A	GC108—B	GC108—C	GC108—D
外形图	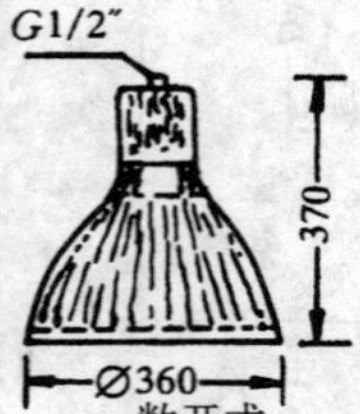 敞开式	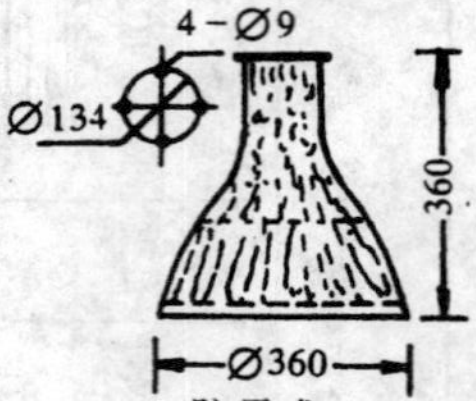 防震式	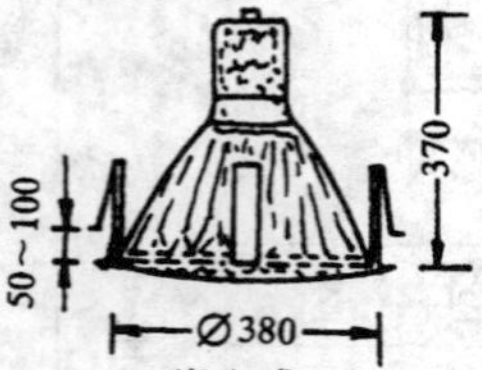 嵌入式	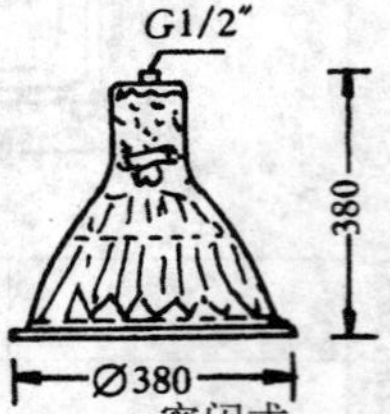 密闭式
额定电压/V	220	220	220	220
光　　源	NG—400（可置换　NG—250，GGY—440，GGY—250，ZJD—400，ZJD—250）	GGY—400（可置换　GGY—250，NG—400，NG—250，ZJD—400，ZJD—250）	GGY—400（可置换　GGY—250，NG—400，NG—250，ZJD—400，ZJD—250）	NG—250（可置换　NG—400，GGY—400，GGY—250，ZJD—400，ZJD—250）
光源光通量/lm	38 000	21 000	13 939	25 500
灯　　座	E40	E40	E40	E40
自重/kg	1	1	1.8	1.8
用　　途	适用于悬挂高度在6m以上的高大厂房及体育场馆等室内照明	宜安装于有震动状态的场所或机械上作投光照明之用	适用于车站、码头、机场等场所的室内照明	有防水防尘功能，适用于室外露天场所的照明

表 9－64　GC109 宽光束小型板块灯

外形图	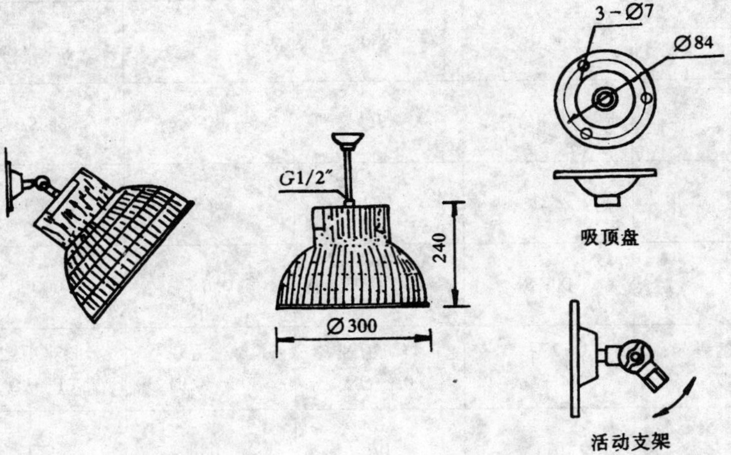

续表

基本数据	电压/V	220	220	220	220	220
	功率/W	125	80	70	110	175
	电光源	GGY—125 高压汞灯	GGY—80 高压汞灯	NG—70 高压钠灯	NG—110 高压钠灯	ZJD—175 金属卤化物灯
	光通量/lm	5 000	2 940	6 000	8 500	14 000
	灯　座	E27	E27	E27	E27	E27
	灯具效率/%	75.4	85.1	75	78.8	65.2
	自重/kg	0.8	0.8	0.8	0.8	0.8
用　途		适用于高度在6m以下的车间、操作室、商场、会堂、体育场、火车站、发电站等照明				

9.2.8　防爆灯、安全灯

防爆灯、安全灯的技术数据列于表9－65。

表 9－65　防爆灯及安全灯

名　称	型　号	功率/W	电压/V	表面温升/℃	触点温升/℃	灯头型式	灯泡型式	自重/kg	用　途
隔爆型防爆灯	CB3c—200G	200	220	<80	<110	灭弧式	白炽灯	7.4	适用于有爆炸危险混合物（如气体、粉末状尘埃、纤维等）聚集的车间、厂房和操作场地的 Q—1 级厂房内
高压水银荧光防爆灯	GB4b—125 CB4c—200	125 200	220 220	<60 <60	<75 <75	E—27 E—27	高压水银荧光灯 白炽灯	11 8	适用于有爆炸介质 2、3、4 级 a、b 组（CB4c—200 还可用在 c 组）的蒸气气体的厂房、工作场所作业照明
隔爆型荧光防爆灯	CB4e—1—100 CB4e—1—40 CB4e—1—30 CB4e—1—20 CB4e—2—200 CB4e—2—80 CB4e—2—60	100 40 30 20 2×100 2×40 2×30	220 220 220 220 220 220 220	37 28 27 25 80 35 30			荧光灯 荧光灯 荧光灯 荧光灯 荧光灯 荧光灯 荧光灯	11.5 11.5 9 7.5 20 18 16	适用于有爆炸介质为 2、3、4 级 a、b、c、d、e 组的蒸气气体的厂房或工作场地内作业照明 灯内设有自动断电装置，能在安装检修时预先切断电源
高压水银荧光防爆灯	CB3b—250	250	220			E－40	高压水银荧光灯	15	适用于有爆炸介质 2、3 级 a、b 组的蒸气气体的工作场所
荧光防爆灯	KB—11—100	100	220				荧光灯	20	适用于有爆炸危险的混合物（如气体、粉末状尘埃、纤维等）聚集的工厂车间及工矿操作场所的 Q—2 级易燃性工作场地

续表

名称	型号	功率/W	电压/V	表面温升/℃	触点温升/℃	灯头型式	灯泡型式	自重/kg	用途
防爆行灯	CB3c—11—40	40	24～36			E—27	白炽灯	1.8	适用于易于产生爆炸介质为1、2、3级的蒸气气体、粉尘等工作场所作检修照明
防爆荧光灯	KB3a—1—15 KB3a—1—20	15 20	127 127				荧光灯 荧光灯		适用于生产过程中产生易爆炸的介质（如瓦斯或煤尘等）的矿井中以及具有属于3级a组的爆炸危险气体的工矿、车间、场地等。KB3a—1具有自动断电装置，可防止灯具破损引起的爆炸
工厂用安全型照明灯	CAOc—125 CAOc—200	125 200	220 200	<60 <60	<75 <75	E—27 E—27	高压水银荧光灯 白炽灯	11.5 8.7	适用于在生产过程中偶然与空气形成爆炸性混合物的Q—2级a、b、c组的车间及厂房
局部安全灯	CAOc—3—40	40	220			E—27		1.5	适用于在生产过程中偶然有气体逸出与空气形成爆炸性混合物的Q—2级车间及厂房内作局部照明或窥视照明
高压水银荧光安全灯	CAOc—400	400	220				高压水银荧光灯	12	适用于在生产过程中偶然与空气形成爆炸性混合物的Q—2级a、b、c组爆炸介质的厂房内

注：爆炸介质按其传爆能力分2、3、4三级，按其自然温度分a、b、c、d、e五种。

9.2.9 常用照明灯具的安装

1. 常用照明灯具的接线原理图

常用照明灯具的接线原理图如表 9－66 所示。

表 9－66 常用照明灯具的接线原理图

<table>
<tr><th>类 型</th><th colspan="2">线路名称</th><th>接线原理图</th></tr>
<tr><td rowspan="2">白炽灯</td><td colspan="2">一只单联开关控制一盏灯线路</td><td>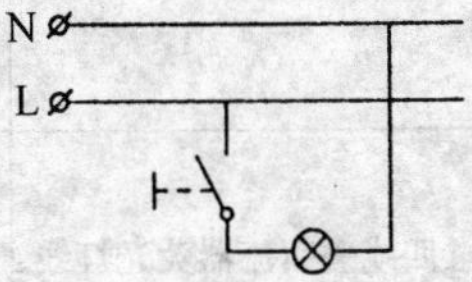
</td></tr>
<tr><td colspan="2">一只单联开关控制一盏灯并与插座并联线路</td><td>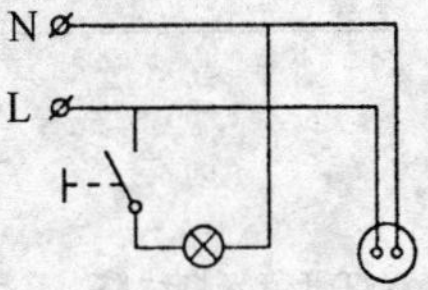
</td></tr>
<tr><td rowspan="2">白炽灯</td><td rowspan="2">两只双联开关控制一盏灯线路</td><td>单端接电源线路</td><td>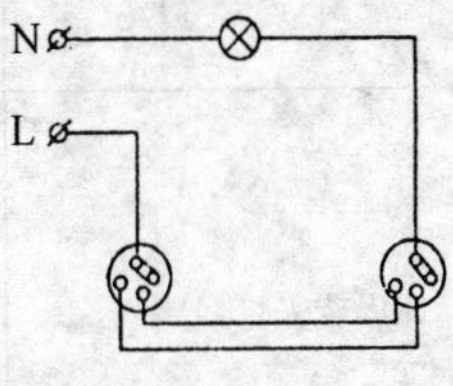
</td></tr>
<tr><td>两端接电源线路</td><td>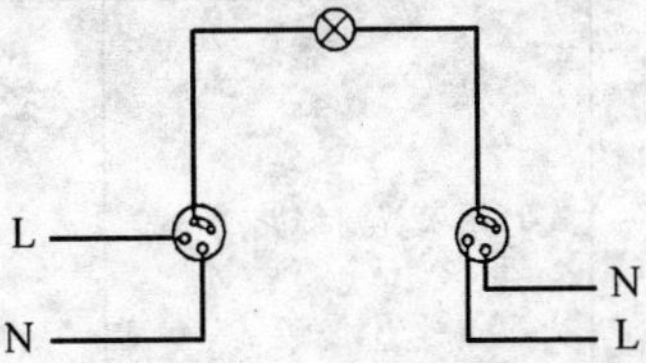
</td></tr>
</table>

续表

类　型	线路名称	接线原理图
荧光灯	二线头镇流器荧光灯线路	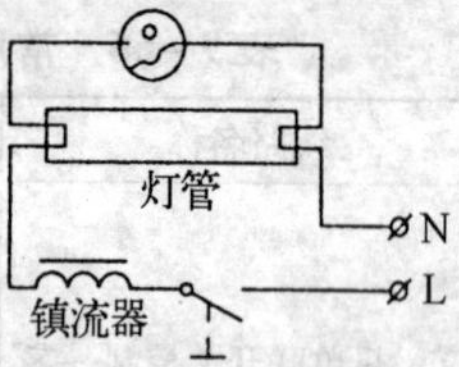
	四线头镇流器荧光灯线路	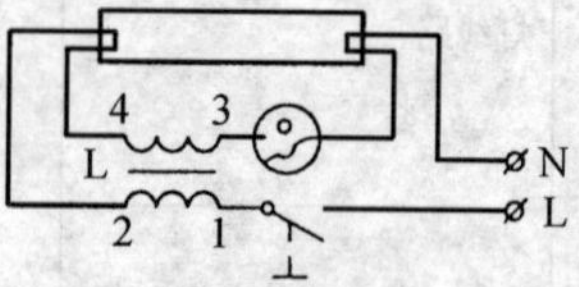
	双灯管荧光灯线路	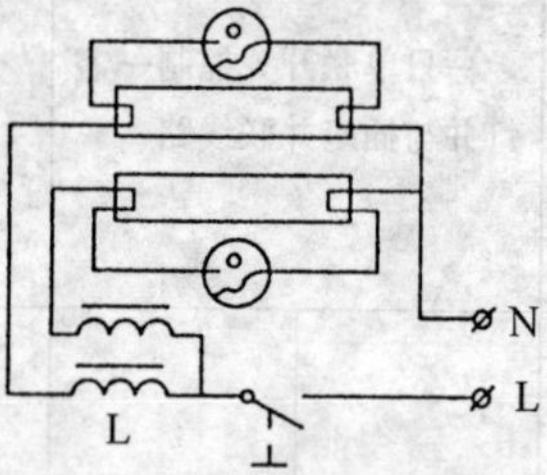
	环形荧光灯线路	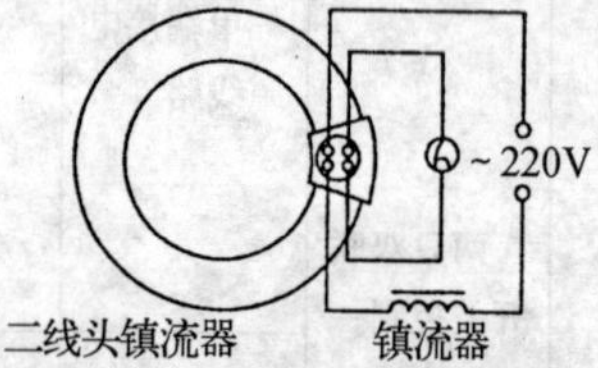
	环形荧光灯线路	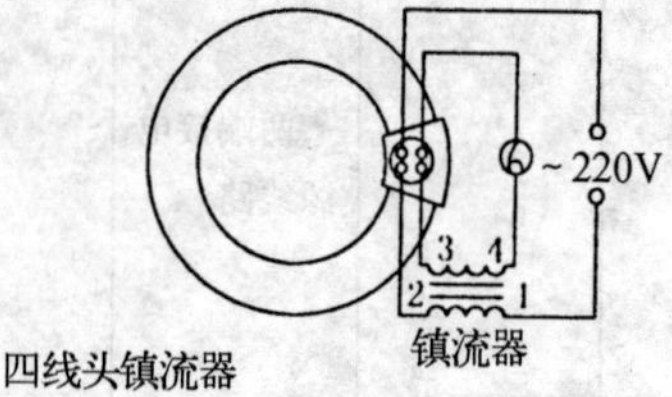

续表

类　型	线路名称	接线原理图
荧光灯	U 形荧光灯线路	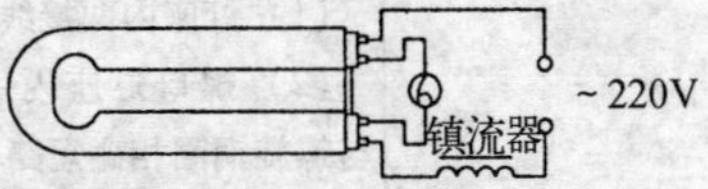 二线头镇流器
		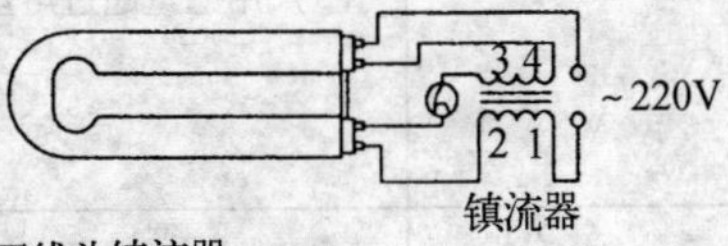 四线头镇流器
	H 形荧光灯线路	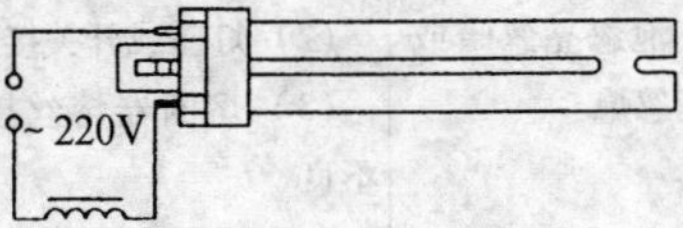

9.2.10　常用照明灯具的检修

常用照明灯具的常见故障及检修方法如表 9－67、表 9－68 所示。灯具的防触电保护分类见表 9－69。

表 9－67　白炽灯的常见故障及检修

故障现象	产生原因	检修方法
灯泡不亮	（1）灯泡钨丝烧断 （2）电源熔断器的熔丝烧断 （3）灯座或开关接线松动或接触不良 （4）线路中有断路故障	（1）调换新灯泡 （2）检查熔丝烧断的原因并更换熔丝 （3）检查灯座和开关的接线处并修复 （4）用验电笔或校火灯头检查电路的断路处并修复

续表

故障现象	产生原因	检修方法
开关合上后熔断器熔丝烧断	（1）灯座内两接线头短路 （2）螺口灯座内中心铜片与螺旋铜圈相碰短路 （3）线路中发生短路 （4）用电器发生短路 （5）用电量超过熔丝容量	（1）检查灯座内两接线头并修复 （2）检查灯座并扳准中心铜片 （3）检查导线绝缘是否老化或损坏并修复 （4）检查用电器并修复 （5）减小负载或更换熔断器
灯泡忽亮忽暗或忽亮忽熄	（1）灯丝烧断但受震后忽接忽离 （2）灯座或开关接线松动 （3）熔断器熔丝接头接触不良 （4）电源电压不稳定	（1）调换灯泡 （2）检查灯座和开关并修复 （3）检查熔断器并修复 （4）检查电源电压
灯泡发强烈白光并瞬时或短时烧坏	（1）灯泡额定电压低于电源电压 （2）灯泡钨丝有搭丝，从而使电阻减小，电流增大	（1）更换与电源电压相符的灯泡 更换新灯泡
灯光暗淡	（1）灯泡内钨丝挥发后积聚在玻壳内表面，透光度减低，同时由于钨丝挥发后变细，电阻增大，电流减小，光通量减小 （2）电源电压过低 （3）线路因年久老化或绝缘损坏有漏电现象	（1）正常现象，不必修理 （2）调高电源电压 （3）检查电路，更换导线

表 9－68　荧光灯的常见故障及检修

故障现象	产生原因	检修方法
荧光灯管不能发光	（1）灯座或起动器底座接触不良 （2）灯管漏气或灯丝断 （3）镇流器线圈断路 （4）电源电压过低 （5）新装荧光灯接线错误	（1）转动灯管，使灯管四极和灯座四夹座接触，或转动起动器，使起动器两极与底座两铜片接触，找出原因并修复 （2）用万用表检查，或观察荧光粉是否变色，确认灯管坏，可换新灯管 （3）修理或调换镇流器 （4）不必修理 （5）检查线路
荧光灯管抖动或两头发光	（1）接线错误或灯座灯脚松动 （2）起动器氖泡内动、静触片不能分开或电容器击穿 （3）镇流器配用规格不合适或接头松动 （4）灯管陈旧，灯丝上电子发射物质将尽，放电作用降低 （5）电源电压过低或线路电压降过大 （6）气温过低	（1）检查线路或修理灯座 （2）将起动器取下，用两把螺钉旋具的金属头分别触及起动器底座两块铜片，然后将两根金属杆相碰并立即分开，如灯管能跳亮，则起动器是坏了，应更换起动器 （3）调换适当镇流器或加固接头 （4）调换灯管 （5）如有条件升高电压或加粗导线 （6）用热毛巾对灯管加热
灯光闪烁或光在管内滚动	（1）新灯管暂时现象 （2）灯管质量不好 （3）镇流器配用规格不符或接线松动 （4）起动器损坏或接触不好	（1）开用几次或对调灯管两端 （2）换一根灯管试一试有无闪烁 （3）调换合适的镇流器或加固接线 （4）调换起动器或加固起动器
灯管两端发黑或生黑斑	（1）灯管陈旧，寿命将终的现象 （2）如果新灯管，可能因起动器损坏使灯丝发射物质加速挥发 （3）灯管内水银凝结，是细灯管常见的现象 （4）电源电压太高或镇流器配用不当	（1）调换灯管 （2）调换器 （3）灯管工作后即能蒸发，或将灯管旋转 180° （4）调整电源电压或调换适当的镇流器

续表

故障现象	产生原因	检修方法
灯管光度减低或色彩较差	（1）灯管陈旧的必然现象 （2）灯管上积垢太多 （3）电源电压太低或线路电压降太大 （4）气温过低或冷风直吹灯管	（1）调换灯管 （2）清除灯管积垢 （3）调整电压或加粗导线 （4）加防护罩或避开冷风
灯管寿命短或发光后立即熄灭	（1）镇流器配用规格不合，或质量较差，或镇流器内部线圈短路，致使灯管电压过高 （2）受到剧震，将使灯丝震断 （3）新装灯管因接线错误将灯管烧坏	（1）调换或修理镇流器 （2）调换安装位置或更换灯管 （3）检修线路
镇流器有杂音或电磁声	（1）镇流器质量较差或其铁芯的硅钢片未夹紧 （2）镇流器过载或其内部短路 （3）镇流器受热过度 （4）电源电压过高引起镇流器发出声音 （5）起动器不好引起开启时辉光杂音 （6）镇流器有微弱声，但影响不大	（1）调换镇流器 （2）调换镇流器 （3）检查受热原因 （4）如有条件设法降压 （5）调换起动器 （6）是正常现象，可用橡胶垫衬，以减少振动
镇流器过热或冒烟	（1）电源电压过高或容量过低 （2）镇流器内部线圈短路 （3）灯管闪烁时间长或使用时间太长	（1）有条件可调低电压或换用容量较大的镇流器 （2）调换镇流器 （3）检查闪烁原因或减少连续使用的时间

表 9-69　灯具的防触电保护分类

等级	定　义	图　例	说　明	应　用
0类	依靠基本绝缘防止触电的，一旦绝缘失效，只靠周围环境提供保护，否则，易触及部件和外壳会带电	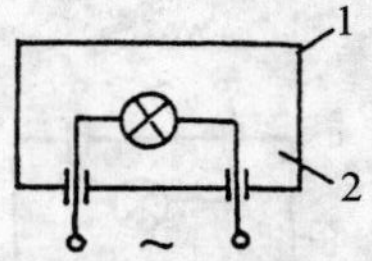 1.易触及部分及外壳 2.基本绝缘	金属外壳要与带电部件隔开，绝缘材料的外壳可成为基本绝缘，绝缘材料外壳内有接地的属Ⅰ类，内部有部分地方可以采用双重或加强绝缘	安全程度不高，用于安全程度好的环境，如空气干燥、木地板的场所
Ⅰ类	除靠基本绝缘防触电外，可能触及的导电部件要与保护导线（地线）连接，万一基本绝缘失效时，导电部件不会带电	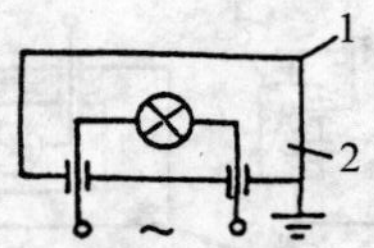 1.易触及部分及外壳 2.基本绝缘	若带软线的话，软线中应包括保护导线。若不使用保护导线，安全程度同0类	用于金属外壳的灯具如投光灯、路灯、庭院灯等提高安全程度

续表

等级	定　义	图　例	说　明	应　用
Ⅱ类	采用双重绝缘或加强绝缘作为安全防护，无保护导线	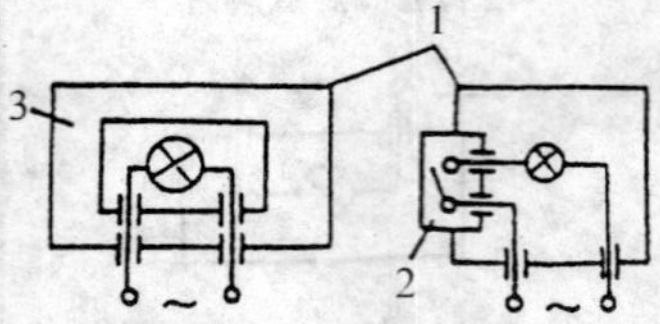 1.易触及部分及外壳 2.加强绝缘 3.基本绝缘	一个完整的绝缘外罩可视作补充绝缘；金属外壳的内部一定要双重绝缘或加强绝缘；为起动而接地但不与所有可触及的金属件相连的仍为Ⅱ类，否则为Ⅰ类	绝缘性好，安全程度高，适用于环境差，人经常触摸的如台灯、手提灯等
Ⅲ类	采用特低安全电压（交流有效值不超过50V），灯内不会产生高于此电压值	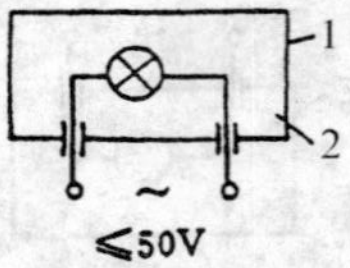 1.易触及部分及外壳 2.基本绝缘	不必有保护性接地	安全程度最高，用于恶劣环境，如机床灯、儿童用灯等

第 10 章　常用电热元器件

10.1　电热材料的基本特性

10.1.1　电热材料的用途及分类

电热材料用来制造各种电阻加热设备中的发热元件，把电能变为热。它们在高温下应具备良好的抗氧化性能。

电热材料有金属材料和非金属材料两大类。金属材料有电热合金和高熔点纯金属。非金属材料有石墨、碳化硅、二硅化钼等。

常用电热材料及元件的类别与特点如表 10－1 所示。

表 10－1　常用电热材料及元件的类别、特点和用途

类别	品种		发热体工作温度/℃		特点和用途
			常用	最高	
材料	镍铬合金	Cr20Ni80 Cr15Ni60	1 000～1 050 900～950	1 150 1 050	电阻率较高 加工性能好，可拉成细丝 高温强度较好，用后不变脆，适用于移动式设备上 具有奥氏体组织，基本上无磁性
材料	铁铬铝合金	1Cr13A14 0Cr13A16Mo2 0Cr25A15 0Cr27A17Mo2	900～950 1 050～1 200 1 050～1 200 1 200～1 300	1 100 1 300 1 300 1 400	抗氧化性能比镍铬好 电阻率比镍铬高，密度较小，用料省 不用镍，价格低廉 高温强度低，且用后变脆，适用于各种固定式设备 加工性能稍差 具有铁素体组织，有磁性

续表

类别	品种		发热体工作温度/℃		特点和用途
			常用	最高	
材料	高熔点纯金属	铂 Pt 钼 Mo 钽 Ta 钨 W	1 300 ~ 1 400	1 600 1 800 2 200 2 400	铂可在空气中使用，但其氧化物在高温下挥发，影响使用寿命，钨、钼须在惰性气体、真空及氢中使用，钽除不适用于氢以外，其他同钨、钼 电阻率较低，电阻温度系数较大(须配调压装置,开始加热时，须降低电压，防止电流过大) 材料价高 适于实验室或特殊电炉
材料	石墨 C			3 000	电阻率较低（须配大电流低电压调压器） 适于真空或保护气氛中使用
元件	硅碳棒 硅碳管 SiC		1 250 ~ 1 400	1 500	高温强度高 硬而脆 元件间的电阻值一致性较差 易老化，电阻随使用时间延长而增大（须配调压装置）
元件	硅钼棒 $MoSi_2$		1 500 ~ 1 600	1 700	表面有 SiO_2 保护膜，抗氧化性能好，无老化现象 正向电阻温度系数较大（须配调压装置，开始加热时，须降低电压，防止电流过大） 室温下具硬而脆性，1 350℃ 开始变软，而有延展性 不宜在 800℃ 以下长期使用，因不能形成较好的氧化膜
元件	管状电加热元件		550℃ 以下 （介质温度）		结构简单，不易氧化，不怕震动，寿命长 可直接在液体中加热,热效率较高 机械强度好，可弯成各种形状 拆装方便，使用安全 适用于液体加热槽、易熔金属熔化炉、空气干燥加热器及日用电热器等 必须在规定的加热介质和工作温度下使用

10.1.2 电热材料的物理及机械性能

常用电热材料的物理及机械性能列于表 10－2。

表 10－2 常用电热材料的物理及机械性能

种类 / 性能	镍铬合金		铁铬铝合金				铂	钼	钽	钨	硅碳棒
	Cr20Ni80	Cr15Ni60	1Cr13Al4	0Cr13Al6Mo2	0Cr25Al5	0Cr27Al7Mo2					
密度 /（g/cm^3）	8.4	8.2	7.4	7.2	7.1	7.1	21.5	10.2	16.6	19.3	3.1～3.2
线膨胀系数（20～1 000℃）/（$\times 10^{-6}$/℃）	14	13	15.4	15.6	16	16	8.9	6.1	6.5	5.9	5（20～1 500℃）
比热容 /［J/（kg·℃）］	439.6	460.5	479.9	494.0	494.0	0.118	0.031 7	0.075	0.034	0.034	0.17
传热系数 /［×1.163 W（m^2·℃）］	14.4	10.8	12.6	11.7	11.0	10.8	59.4	126	46.8	111.5	20
熔点约值/℃	1 400	1 390	1 450	1 500	1 500	1 520	1 773	2 622	2 996	3 450	
抗张强度 /MPa	650～800	650～800	600～750	700～850	650～800	70～80	16～18	80～120	30～45	110	4～5（抗折）
伸长率/%	≥20	≥20	≥12	≥12	≥12	≥10					
反复弯曲次数	—	—	≥5	≥5	≥5	≥5					
20℃时电阻率/（Ω·mm^2/m）	1.09±0.05	1.12±0.05	1.26±0.08	1.40±0.10	1.40±0.10	1.50±0.10	0.106	0.056 3	0.124	0.054 9	1 000 左右（1 400℃）

注：反复弯曲次数按 GB2976—86《金属线材缠绕松解试验》进行。

10.2　电热元件

10.2.1　电炉丝

电炉盘和电炉丝的配用列于表 10－3。

表 10－3　电炉盘和电炉丝的配用

圆形电炉盘规格 /mm	配用电炉丝 /mm	方(矩)形电炉盘规格 /mm	配用电炉丝 /W
75	200～300	50×200	500～600
100	400	75×120	500～600
125	500	100×150	700～800
140	600	100×200	800～1 000
150	700～800	125×225	1 000～1 500
165	1 000～1 200	140×275	1 000～1 500
185	1 500	150×165	1 500
200	1 500～2 000	175×300	1 500～2 000
250	3 000	175×400	2 000～2 500
300	4 000	200×200	1 200～1 500
370	4 500	200×500	3 000～4 000
520	6 000	275×275	2 000～2 500
600	6 000	300×300	2 500～3 000
		125×125	600～700
		140×140	800～1 000
		325×650	4 000～5 000

10.2.2　硅碳电热元件

硅碳电热元件是用碳化硅作原料，经高温再结晶形成，由发热部和冷端两部分组成。它有棒状和管状等形状，分为粗端部、等直径、三相型、槽型、螺纹管等结构。

1. *硅碳电热元件的技术数据*

碳化硅棒电热元件的技术数据列于表 10－4、表 10－5。

表 10－4　碳化硅棒电热元件的技术数据（CG 型粗端部）

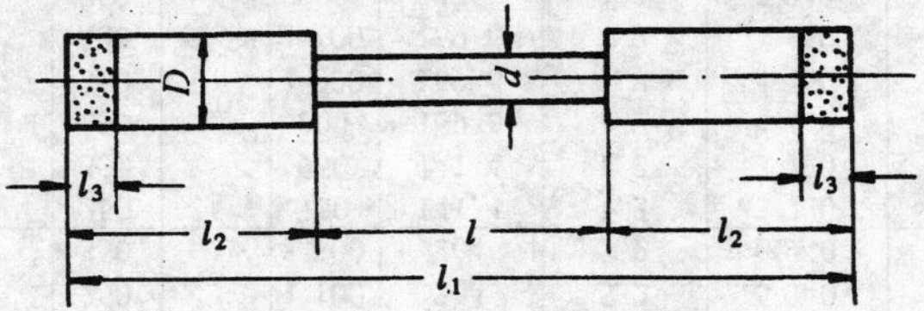

d—发热部直径/mm　D—接线端直径/mm
l—发热部长度/mm　l_2—接线端长度/mm
l_3—喷铝部长度/mm　l_T—元件总长度/mm

规　格 $d/l/l_2$	各部尺寸/mm						发热部表面积（πdl）/cm^2	1 400℃时电阻（±10%）/Ω	下列炉温时每支元件的允许负荷/W（元件温度/1 450℃）			
	发热端		接线端		喷铝长度	全长						
	直径 d	长度 l	直径 D	长度 l_2	l_3	l_T			1 100℃（ω=26.3）	1 200℃（ω=20.5）	1 300℃（ω=13.47）	1 400℃（ω=4.91）
6/60/75	6	60	12	75	25	210	11.31	2.2	297	232	152.3	55.5
6/100/130	6	100	12	130	25	360	18.85	3.5	496	386	254	92.6
8/100/85		100		85		270	25.1	2.4	660	515	338	123.2
8/100/130		100		130		360	25.1	2.4	660	515	338	123.2
8/150/85		150		85		320	37.7	3.6	992	773	508	185.1
8/150/150		150		150		450	37.7	3.6	992	773	508	185.1
8/180/60		180		60		300	45.2	4.4	1 189	927	609	222
8/180/150	8	180	14	150	30	480	45.2	4.4	1 189	927	609	222
8/200/85		200		85		370	50.3	4.8	1 323	1 031	678	247
8/200/150		200		150		500	50.3	4.8	1 323	1 031	678	247
8/250/100		250		100		450	62.8	6.2	1 652	1 287	846	308
8/250/150		250		150		550	62.8	6.2	1 652	1 287	846	308
8/300/85		300		85		470	75.4	7.4	1 983	1 546	1 016	370
8/400/85		400		85		570	100.5	10.0	2 640	2 060	1 354	493

续表

规格 $d/l/l_2$	各部尺寸/mm						发热部表面积（πdl）/cm^2	1400℃时电阻（±10%）/Ω	下列炉温时每支元件的允许负荷/W（元件温度/1 450℃）			
	发热端		接线端		喷铝长度	全长						
	直径 d	长度 l	直径 D	长度 l_2	l_3	l_T			1 100℃（ω=26.3）	1 200℃（ω=20.5）	1 300℃（ω=13.47）	1 400℃（ω=4.91）
12/100/200	12	100	18	200	35	500	37.7	1.1	992	773	508	185.1
12/150/200		150		200		550	56.5	1.7	1 486	1 158	761	277
12/200/200		200		200		600	75.4	2.2	1 983	1 546	1 061	370
12/250/200		250		200		650	94.2	2.8	2 480	1 931	1 269	463
12/300/200		300		200		700	113.1	3.4	2 970	2 320	1 523	555
12/300/250		300		250		800	113.1	3.4	2 970	2 320	1 523	555
14/200/250	14	200	22	250	40	700	88	1.8	2 310	1 804	1 185	432
14/200/350		200		350		900	88	1.8	2 310	1 804	1 185	432
14/250/250		250		250		750	110	2.2	2 890	2 260	1 482	540
14/250/350		250		350		950	110	2.2	2 890	2 260	1 482	540
14/300/250		300		250		800	131.9	2.6	3 470	2 700	1 777	648
14/300/350		300		350		1 000	131.9	2.6	3 470	2 700	1 777	648
14/400/250		400		250		900	175.9	3.5	4 630	3 610	2 370	864
14/400/350		400		350		1 100	175.9	3.5	4 630	3 610	2 370	864
14/500/250		500		250		1 000	220	4.4	5 790	4 510	2 960	1 080
14/500/350		500		350		1 200	220	4.4	5 790	4 510	2 960	1 080
14/600/250		600		250		1 100	264	5.2	6 940	5 410	3 560	1 296
14/600/350		600		350		1 300	264	5.2	6 940	5 410	3 560	1 296
18/250/250	18	250	28	250	50	750	141.4	1.3	3 720	2 900	1 905	694
18/250/350		250		350		950	141.4	1.3	3 720	2 900	1 905	694
18/300/250		300		250		800	169.6	1.7	4 460	3 480	2 280	833
18/300/350		300		350		1 000	169.6	1.7	4 460	3 480	2 280	833
18/300/400		300		400		1 100	169.6	1.7	4 460	3 480	2 280	833
18/400/250		400		250		900	226	2.3	5 940	4 630	3 040	1 110

续表

规　格 $d/l/l_2$	各部尺寸/mm						发热部表面积（πdl）/cm²	1 400℃时电阻（±10%）/Ω	下列炉温时每支元件的允许负荷/W（元件温度/1 450℃）			
	发热端		接线端		喷铝长度 l_3	全长 l_T			1 100℃（ω=26.3）	1 200℃（ω=20.5）	1 300℃（ω=13.47）	1 400℃（ω=4.91）
	直径 d	长度 l	直径 D	长度 l_2								
18/400/350		400		350		1 100	226	2.3	5 940	4 630	3 040	1 110
18/400/400		400		400		1 200	226	2.3	5 940	4 630	3 040	1 110
18/500/250		500		250		1 000	283	2.7	7 440	5 800	3 810	1 390
18/500/350		500		350		1 200	283	2.7	7 440	5 800	3 810	1 390
18/500/400	18	500	28	400	50	1 300	283	2.7	7 440	5 800	3 810	1 390
18/600/250		600		250		1 100	339	3.4	8 920	6 950	4 570	1 664
18/600/350		600		350		1 300	339	3.4	8 920	6 950	4 570	1 664
18/600/400		600		400		1 400	339	3.4	8 920	6 950	4 570	1 664
18/800/250		800		250		1 300	452	4.6	11 890	9 270	6 090	2 220
18/800/350		800		350		1 500	452	4.6	11 890	9 270	6 090	2 220
25/300/400		300		400		1 100	236	1.0	6 210	4 840	3 180	1 159
25/400/400	25	400	38	400	70	1 200	314	1.3	8 260	6 440	4 230	1 542
25/600/500		600		500		1 600	471	2.0	12 390	9 660	6 340	2 310
25/800/500		800		500		1 800	628	2.6	16 520	12 870	8 460	3 080
30/1000/400		1 000		400		1 800	942	1.7	24 800	19 310	12 690	4 630
30/1000/500		1 000		500		2 000	942	1.7	24 800	19 310	12 690	4 630
30/1500/400	30	1 500	45	400	100	2 300	1 414	2.6	37 200	29 000	19 050	6 940
30/1500/500		1 500		500		2 500	1 414	2.6	37 200	29 000	19 050	6 940
30/2000/500		2 000		500		3 000	1 885	3.4	49 600	38 600	25 400	9 260
30/2000/650		2 000		650		3 300	1 885	3.4	49 600	38 600	25 400	9 260
40/2 000/500	40	2 000	60	500	100	3 000	2510	2.8	66 000	51 500	33 800	12 320
40/2 000/650	40	2 000	60	650	100	3 300	2510	2.8	66 000	51 500	33 800	12 320

注：表中 ω 为元件表面负荷，单位为 W/cm^2。

表 10－5　碳化硅棒电热元件的技术数据（单螺纹型）

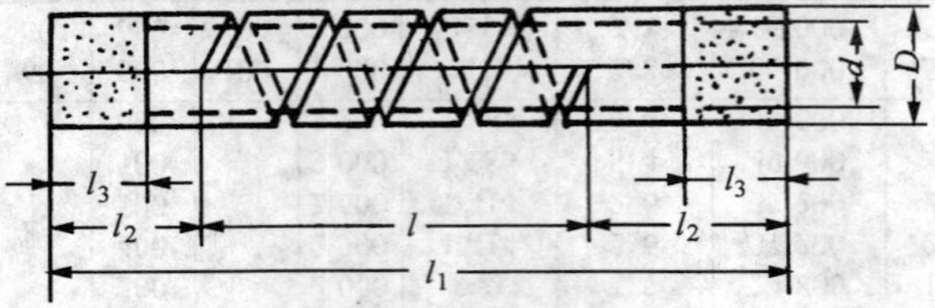

d—硅管内径/mm　D—硅碳管外径/mm
l—螺纹带长度/mm　l_2—接线端长度/mm
l_3—喷铝部长度/mm　l_T—元件总长度/mm

规　格 $D/d \times l/l_2$	各部尺寸/mm							1 400℃时电阻/Ω	下列炉温时每支元件的允许负荷/W（元件温度/1 450℃）			
	直径		螺纹带长度 l	接线端长度 l_2	喷铝长度 l_3	全长 l_T	发热部表面积 (πDl) /cm^2		1 100℃ (ω=26.3)	1 200℃ (ω=20.5)	1 300℃ (ω=13.47)	1 400℃ (ω=4.91)
	外径 D	内径 d										
40/30×200/100	40	30	200	100	30	400	251	3～6	6 600	5 150	3 380	1 232
40/30×300/100	40	30	300	100	30	500	377	5～8	9 920	7 730	5 080	1 851
40/30×400/100	40	30	400	100	30	600	503	7～10	13 230	10 310	6 780	2 470
50/40×300/100	50	40	300	100	35	500	471	4～7	12 390	9 660	6 340	2 310
50/40×400/100	50	40	400	100	35	600	628	6～9	16 520	12 870	8 460	3 080
50/40×500/100	50	40	500	100	35	700	785	8～11	20 600	16 090	10 570	3 850
60/50×400/100	60	50	400	100	40	600	754	5～7	19 830	15 460	10 160	3 700
60/50×500/100	60	50	500	100	40	700	942	7～10	24 800	19 310	12 690	4 630
60/50×600/100	60	50	600	100	40	800	1 131	9～12	29 700	23 200	15 230	5 550

续表

规　格 $D/d \times l/l_2$	各部尺寸/mm							1 400℃时电阻/Ω	下列炉温时每支元件的允许负荷/W（元件温度/1 450℃）			
	直径		螺纹带长度 l	接线端长度 l_2	喷铝长度 l_3	全长 l_T	发热部表面积 (πDl) /cm^2		1 100℃ ($\omega=26.3$)	1 200℃ ($\omega=20.5$)	1 300℃ ($\omega=13.47$)	1 400℃ ($\omega=4.91$)
	外径 D	内径 d										
70/60×500/100	70	60	500	100	45	700	1 100	7～10	28 900	22 600	14 820	5 400
70/60×600/100	70	60	600	100	45	800	1 319	8～11	34 700	27 000	17 770	6 480
70/60×700/100	70	60	700	100	45	900	1 539	9～12	40 500	31 500	20 700	7 560
80/70×600/100	80	70	600	100	50	800	1 508	7～10	39 700	30 900	20 300	7 400
80/70×700/100	80	70	700	100	50	900	1 759	8～11	46 300	36 100	23 700	8 640
80/70×800/100	80	70	800	100	50	1 000	2 010	9～12	52 900	41 200	27 100	9 870
90/80×600/100	90	80	600	100	55	800	1 696	7～10	44 600	34 800	22 800	8 330
90/80×700/100	90	80	700	100	55	900	1 979	8～11	52 000	40 600	26 700	9 720
90/80×800/100	90	80	800	100	55	1 000	2 260	9～12	59 400	46 300	30 400	11 100
100/90×600/100	100	90	600	100	60	800	1 885	7～10	49 600	38 600	25 400	9 260
100/90×700/100	100	90	700	100	60	900	2 200	8～11	57 900	45 100	29 600	10 800
100/90×800/100	100	90	800	100	60	1 000	2 510	9～12	66 000	51 500	33 800	12 320

注：因硅碳管内部散热条件比外部差得多，故仅以其外表面作为发热部表面积。

2. 硅碳元件使用注意事项

（1）硅碳元件在长期使用过程中，由于材料的氧化，其电阻值逐渐增大，因此在使用过程中须配用调压器调节供电电压以保持设备所需功率。

设定容许硅碳元件使用过程中电阻可能因老化而增至初始电阻的 4 倍，根据 $U=\sqrt{PR}$计算，则调压器的调节范围上限应为起始使用电压的 2 倍。

（2）硅碳棒的接线方式可采用并联、串联、三角形或星形以及其他形式的接线方式，但并联优于串联，负荷易平衡。应尽量避免串联支数过多的接法，因串联支数过多容易产生老化速度不一，炉内温度不匀的弊病，常规使用方法是先串联，老化后（电阻增大）再改为并联或其他接线方式。

10.2.3 硅钼棒电热元件

硅钼棒电热元件是由二硅化钼粉用粉末冶金方法经挤压成形，高温烧结而成。根据其外形可分为“U”形棒和直形棒两种。棒的两端较粗的是冷端，端头喷铝为连接部分，以安装导电接线夹；棒的中间较细为热端，是发热部分。冷端一端头磨成锥形后与热端采用氩弧焊焊成一体。

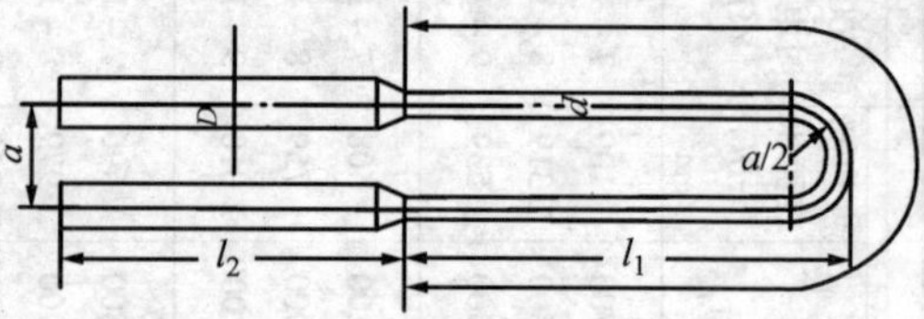

图 10－1 硅钼棒尺寸

硅钼棒的尺寸如图 10－1 所示。

发热体总长：$l=2\left(l_1-\frac{a}{2}-\frac{d}{2}\right)+\frac{1}{2}\pi\alpha$（mm）

图中 d、D 与 a 的规格范围如表 10－6 所示。

表 10－6 d、D 与 a 的规格范围

产品规格	l/mm	a/mm	D/mm	d/mm
φ6/13	≤300	40,50	13	6
	>300	50		
φ9/18	≤300	40,50,60	18	9
	>300	50,60		

1. 硅钼棒电热元件规格

硅钼棒电热元件的规格列于表 10－7。

表 10－7　直径 6/13mm（a＝50mm）硅钼棒规格（电流 130A）

		l_1		150	200	250	300	350	400	450	500	550	600	650	700	750	800	850	900	950	1 000
		l_2		323	423	523	623	723	823	923	1 023	1 123	1 223	1 323	1 423	1 523	1 623	1 723	1 823	1 923	2 023
l_2		r_R		0.043 4	0.056 9	0.070 3	0.083 7	0.097 2	0.110 0	0.124 1	0.137 5	0.150 9	0.164 4	0.177 8	0.191 3	0.204 7	0.218 1	0.231 6	0.245 0	0.258 5	0.271 9
		U_R		5.6	7.4	9.1	10.9	12.6	14.4	16.1	17.9	19.6	21.4	23.1	24.9	26.6	28.4	30.1	31.8	88.6	35.3
		P_R		734	961	1 188	1 415	1 642	1 869	2 096	2 323	2 550	2 777	3 005	3 232	3 459	3 686	3 913	4 140	4 367	4 594
150	r_L	0.003 8	r	0.047 2	0.060 7	0.074 1	0.087 5	0.101 0	0.114 4	0.127 9											
	U_L	0.5	U	6.1	7.9	9.6	11.4	13.1	14.9	16.6											
	P_L	65	P	799	1 026	1 253	1 480	1 707	1 934	2 161											
200	r_L	0.005 1	r	0.048 5	0.062 0	0.075 4	0.088 8	0.102 3	0.115 7	0.129 2	0.142 6	0.156 0	0.169 5	0.182 9	0.196 4						
	U_L	0.7	U	6.3	8.1	9.8	11.6	13.3	15.1	16.8	18.6	20.3	22.1	23.8	25.6						
	P_L	87	P	821	1 048	1 275	1 502	1 729	1 956	2 183	2 410	2 637	2 864	3 092	3 319						
250	r_L	0.006 4	r	0.049 8	0.063 3	0.076 7	0.090 1	0.103 6	0.117 0	0.130 5	0.143 9	0.157 3	0.170 8	0.184 2	0.197 7	0.211 1	0.224 5	0.238 0	0.251 4	0.264 9	0.278 3
	U_L	0.8	U	6.4	8.2	9.9	11.7	13.4	15.2	16.9	18.7	20.4	22.2	23.9	25.7	27.4	29.2	30.9	32.6	34.4	36.1
	P_L	108	P	842	1 069	1 296	1 523	1 750	1 977	2 204	2 431	2 658	2 885	3 113	3 340	3 567	3 794	4 021	4 248	4 475	4 702
300	r_L	0.007 7	r	0.051 1	0.064 6	0.078 0	0.091 4	0.104 9	0.118 3	0.131 8	0.145 2	0.158 6	0.172 1	0.185 5	0.199 0	0.212 4	0.225 8	0.239 3	0.252 7	0.266 2	0.279 6
	U_L	1.0	U	6.6	8.4	10.1	11.9	13.6	15.4	17.1	18.9	20.6	22.4	24.1	25.9	27.6	29.4	31.1	32.8	34.6	36.3
	P_L	130	P	864	1 091	1 318	1 545	1 772	1 999	2 226	2 453	2 680	2 907	3 135	3 362	3 589	3 816	4 043	4 270	4 497	4 724
350	r_L	0.009 0	r	0.052 4	0.065 9	0.079 3	0.092 7	0.106 2	0.119 6	0.133 1	0.146 5	0.159 9	0.173 4	0.186 8	0.200 3	0.213 7	0.227 1	0.240 6	0.254 0	0.267 5	0.280 9
	U_L	1.2	U	6.8	8.6	10.3	12.1	13.8	15.6	17.3	19.1	20.8	22.6	24.3	26.1	27.8	29.6	31.3	33.0	34.8	36.5
	P_L	152	P	886	1 113	1 340	1 567	1 794	2 021	2 248	2 475	2 702	2 929	3 157	3 384	3 611	3 838	4 065	4 292	4 519	4 746

续表

		l_1		150	200	250	300	350	400	450	500	550	600	650	700	750	800	850	900	950	1 000
		l_2		323	423	523	623	723	823	923	1 023	1 123	1 223	1 323	1 423	1 523	1 623	1 723	1 823	1 923	2 023
l_2		r_R		0.043 4	0.056 9	0.070 3	0.083 7	0.097 2	0.110 0	0.124 1	0.137 5	0.150 9	0.164 4	0.177 8	0.191 3	0.204 7	0.218 1	0.231 6	0.245 0	0.258 5	0.271 9
		U_R		5.6	7.4	9.1	10.9	12.6	14.4	16.1	17.9	19.6	21.4	23.1	24.9	26.6	28.4	30.1	31.8	88.6	35.3
		P_R		734	961	118 8	1 415	1 642	186 9	2 096	2 323	2 550	2 777	3 005	3 232	3 459	3 686	3 913	4 140	4 367	4 594
400	r_L	0.010 2	r	0.053 6	0.067 1	0.080 5	0.093 9	0.107 4	0.120 8	0.134 3	0.147 7	0.161 1	0.174 6	0.188 0	0.201 5	0.214 9	0.228 3	0.241 8	0.255 2	0.268 7	0.282 1
	U_L	1.3	U	6.9	8.7	10.4	12.2	13.9	15.7	17.4	19.2	20.9	22.7	24.4	26.2	27.9	29.7	31.4	33.1	34.9	36.6
	P_L	173	P	907	1 134	1 361	1 588	1 815	2 042	2 269	2 496	2 723	2 950	3 178	3 405	3 632	3 859	4 086	4 313	4 540	4 767
450	r_L	0.011 5	r		0.068 4	0.081 8	0.095 2	0.108 7	0.122 1	0.135 0	0.149 0	0.162 4	0.175 9	0.189 3	0.202 8	0.216 2	0.229 6	0.243 1	0.256 5	0.270 0	0.283 4
	U_L	1.5	U		8.9	10.6	12.4	14.1	15.9	17.6	19.4	21.1	22.9	24.6	26.4	28.1	29.9	31.6	33.3	35.1	36.8
	P_L	195	P		1 156	1 383	1 610	1 837	2 064	2 291	2 518	2 745	2 972	3 200	3 427	3 654	3 881	4 108	4 335	4 562	4 789
500	r_L	0.012 8	r		0.069 7	0.083 1	0.096 5	0.110 0	0.123 4	0.136 9	0.150 3	0.163 7	0.177 2	0.190 6	0.204 1	0.217 5	0.230 9	0.244 4	0.257 8	0.271 3	0.284 7
	U_L	1.7	U		9.1	10.8	12.6	14.3	16.1	17.8	19.6	21.3	23.1	24.8	26.6	28.3	30.1	31.8	33.5	35.3	37.0
	P_L	217	P		1 178	1 405	1 632	1 859	2 086	2 313	2 540	2 767	2 994	3 222	3 449	3 676	3 903	4 130	4 357	4 584	4 811
550	r_L	0.014 1	r			0.084 4	0.097 8	0.111 3	0.124 7	0.138 2	0.151 6	0.165 0	0.178 5	0.191 9	0.205 4	0.218 8	0.232 2	0.245 7	0.259 1	0.272 6	0.286 0
	U_L	1.8	U			10.9	12.7	14.4	16.2	17.9	19.7	21.4	23.2	24.9	26.7	28.4	30.2	31.9	33.6	35.4	37.1
	P_L	238	P			1 426	1 653	1 880	2 107	2 334	2 561	2 788	3 015	3 243	3 470	3 697	3 924	4 151	4 378	4 605	4 832
600	r_L	0.015 7	r			0.085 7	0.099 1	0.112 6	0.126 0	0.139 5	0.152 9	0.166 3	0.179 8	0.193 2	0.206 7	0.220 1	0.233 5	0.247 0	0.260 4	0.273 9	0.287 3
	U_L	2.2	U			11.1	12.9	14.6	16.4	18.1	19.9	21.6	23.4	25.1	26.9	28.6	30.4	32.1	33.8	35.6	37.3
	P_L	261	P			1 448	1 675	1 902	2 129	2 356	2 583	2 810	3 037	3 265	3 492	3 719	3 946	4 173	4 400	4 627	4 854

续表

l_2				l_1	150	200	250	300	350	400	450	500	550	600	650	700	750	800	850	900	950	1 000
				l	323	423	523	623	723	823	923	1 023	1 123	1 223	1 323	1 423	1 523	1 623	1 723	1 823	1 923	2 023
				r_R	0.043 4	0.056 9	0.070 3	0.083 7	0.097 2	0.110 0	0.124 1	0.137 5	0.150 9	0.164 4	0.177 8	0.191 3	0.204 7	0.218 1	0.231 6	0.245 0	0.258 5	0.271 9
				U_R	5.6	7.4	9.1	10.9	12.6	14.4	16.1	17.9	19.6	21.4	23.1	24.9	26.6	28.4	30.1	31.8	88.6	35.3
				P_R	734	961	1 188	1 415	1 642	1 869	2 096	2 323	2 550	2 777	3 005	3 232	3 459	3 686	3 913	4 140	4 367	4 594
650	r_L	0.016 7	r					0.100 4	0.113 9	0.127 3	0.140 8	0.154 2	0.167 6	0.181 1	0.194 6	0.208 0	0.221 4	0.234 8	0.248 3	0.261 7	0.275 2	0.288 6
	U_L	2.2	U					13.1	14.8	16.6	18.3	20.1	21.8	23.6	25.3	27.1	28.8	30.6	32.3	34.0	35.8	37.5
	P_L	281	P					1 696	1 923	2 150	2 377	2 604	2 831	3 058	3 286	3 513	3 740	3 967	4 194	4 421	4 648	4 875
700	r_L	0.017 9	r					0.101 6	0.115 1	0.128 5	0.142 0	0.155 4	0.168 8	0.182 3	0.195 7	0.209 2	0.222 6	0.236 0	0.249 5	0.262 9	0.276 4	0.289 8
	U_L	2.3	U					13.2	14.9	16.7	18.4	20.2	21.9	23.7	25.4	27.2	28.9	30.7	32.4	34.1	35.9	37.6
	P_L	303	P					1 718	1 945	2 172	2 399	2 626	2 853	3 080	3 308	3 535	3 762	3 989	4 216	4 443	4 670	4 897
750	r_L	0.019 2	r							0.129 8	0.143 3	0.156 7	0.170 1	0.183 6	0.197 0	0.210 5	0.223 9	0.237 3	0.250 8	0.264 2	0.277 7	0.291 1
	U_L	2.5	U							16.9	18.6	20.4	22.1	23.9	25.6	27.4	29.1	30.9	32.6	34.3	36.1	37.8
	P_L	325	P							2 194	2 421	2 648	2 875	3 192	3 330	3 557	3 784	4 011	4 238	4 465	4 692	4 919
800	r_L	0.020 5	r							0.131 1	0.144 6	0.158 0	0.171 4	0.184 9	0.198 3	0.2 118	0.225 2	0.238 6	0.252 1	0.265 5	0.279 0	0.292 4
	U_L	2.7	U							17.1	18.8	20.6	22.3	24.1	25.8	27.6	29.3	31.1	32.8	34.5	36.3	38.0
	P_L	346	P							2 215	2 442	2 669	2 896	3 123	3 351	3 578	3 805	4 032	4 259	4 486	4 713	4 940

注：表中尺寸单位均为 mm，电阻、电压和功率单位分别为 Ω、V 和 W；炉内温度 1500℃。表面负荷 12W/cm^2，元件热端温度 1 625℃。冷端平均温度 800℃。

表 10－8　直径 9/18mm（$a=60$mm）硅钼棒规格（电流 238A）

l_2				150	200	250	300	350	400	450	500	550	600	650	700	750	800	850	900	950	1 000
	l_1			150	200	250	300	350	400	450	500	550	600	650	700	750	800	850	900	950	1 000
	l			325	425	525	625	725	825	925	1 025	1 125	1 225	1 325	1 425	1 525	1 625	1 725	1 825	1 925	2 025
	r_R			0.019 4	0.025 4	0.031 4	0.037 3	0.043 3	0.049 3	0.055 3	0.061 2	0.067 2	0.073 2	0.079 1	0.085 1	0.091 1	0.097 1	0.103 0	0.109 0	0.115 0	0.121 0
	U_R			4.6	6.0	7.5	8.9	10.3	11.7	13.2	14.6	16.0	17.4	18.8	20.3	21.7	23.1	24.5	26.0	27.4	28.8
	P_R			1 099	1 438	1 776	2 114	2 453	2 791	3 129	3 468	3 806	4 144	4 482	482 1	5 159	5 497	5 836	6 174	6 512	6 851
150	r_L	0.002 0	r	0.021 4	0.027 4	0.033 4	0.039 3	0.045 3	0.051 3	0.057 3	0.063 2										
	U_L	0.5	U	5.1	6.5	8.0	9.4	10.8	12.2	13.7	15.1										
	P_L	114	P	1 213	1 552	1 890	2 228	2 567	2 905	3 243	3 582										
200	r_L	0.002 7	r	0.022 1	0.028 1	0.034 1	0.040 0	0.046 0	0.052 0	0.058 0	0.063 9										
	U_L	0.6	U	5.2	6.6	8.1	9.5	10.9	12.3	13.8	15.2										
	P_L	151	P	1 250	1 589	1 927	2 265	2 604	2 942	3 280	3 619										
250	r_L	0.003 3	r	0.022 7	0.028 7	0.034 7	0.040 0	0.046 6	0.052 6	0.058 6	0.064 5	0.070 5	0.076 5	0.082 4	0.088 4	0.094 4	0.100 4				
	U_L	0.8	U	5.4	6.8	8.3	9.7	11.1	12.5	14.0	15.4	16.8	18.2	19.6	21.1	22.5	23.9				
	P_L	189	P	1 288	1 627	1 965	2 303	2 642	2 980	3 318	3 657	3 995	4 333	4 671	5 010	5 348	5 686				
300	r_L	0.004 0	r	0.023 4	0.029 4	0.035 4	0.041 3	0.047 3	0.053 3	0.059 3	0.065 2	0.071 2	0.077 2	0.083 1	0.089 1	0.095 1	0.101 1	0.107 0	0.113 0	0.119 0	0.125 0
	U_L	1.0	U	5.6	7.0	8.5	9.9	11.3	12.7	14.2	15.6	17.0	18.4	19.8	21.3	22.7	24.1	25.5	27.0	28.4	29.8
	P_L	227	P	1 326	1 665	2 003	2 341	2 680	3 018	3 356	3 695	4 033	4 371	470 9	5 048	5 386	5 724	6 063	6 401	6 739	7 078
350	r_L	0.004 7	r		0.030 1	0.036 1	0.042 0	0.048 0	0.054 0	0.060 0	0.065 9	0.071 9	0.077 9	0.083 8	0.089 8	0.095 8	0.101 8	0.107 7	0.113 7	0.119 7	0.125 7
	U_L	1.1	U		7.1	8.6	10.0	11.4	12.8	14.3	15.7	17.1	18.5	19.9	21.4	22.8	24.2	25.6	27.1	28.5	29.9
	P_L	263	P		1 703	2 041	2 379	2 718	3 056	3 394	3 733	4 071	4 409	4 747	5 086	5 424	5 762	6 101	6 439	6 777	7 116

续表

	l_1			150	200	250	300	350	400	450	500	550	600	650	700	750	800	850	900	950	1 000
	l			325	425	525	625	725	825	925	1 025	1 125	1 225	1 325	1 425	1 525	1 625	1 725	1 825	1 925	2 025
l_2	r_R			0.019 4	0.025 4	0.031 4	0.037 3	0.043 3	0.049 3	0.055 3	0.061 2	0.067 2	0.073 2	0.079 1	0.085 1	0.091 1	0.097 1	0.103 0	0.109 0	0.115 0	0.121 0
	U_R			4.6	6.0	7.5	8.9	10.3	11.7	13.2	14.6	16.0	17.4	18.8	20.3	21.7	23.1	24.5	26.0	27.4	28.8
	P_R			1 099	1 438	1 776	2 114	2 453	2 791	3 129	3 468	3 806	4 144	4 482	4 821	5 159	5 497	5 836	6 174	6 512	6 851
400	r_L	0.005 3	r		0.030 7	0.036 7	0.042 6	0.048 6	0.054 6	0.060 6	0.066 5	0.072 5	0.078 5	0.084 4	0.090 4	0.096 4	0.102 4	0.108 3	0.114 3	0.120 3	0.126 3
	U_L	1.3	U		7.3	8.8	10.2	11.6	13.0	14.5	15.9	17.3	18.7	20.1	21.6	23.0	24.4	25.8	27.3	28.7	30.1
	P_L	303	P		1 741	2 079	2 417	2 756	3 094	3 432	3 771	4 109	4 447	4 785	5 124	5 462	5 800	6 139	6 477	6 815	7 154
450	r_L	0.006 0	r			0.037 4	0.043 3	0.049 3	0.055 3	0.061 3	0.067 2	0.073 2	0.079 2	0.085 1	0.091 1	0.097 1	0.103 1	0.109 0	0.115 0	0.121 0	0.127 0
	U_L	1.4	U			8.9	10.3	11.7	13.1	14.6	16.0	17.4	18.8	20.2	21.7	23.1	24.5	25.9	27.4	28.8	30.2
	P_L	341	P			2 117	2 455	2 794	3 432	3 470	3 809	4 147	4 485	4 823	5 162	5 500	5 838	6 177	6 515	6 853	7 193
500	r_L	0.006 7	r			0.038 1	0.044 0	0.050 0	0.056 0	0.062 0	0.067 9	0.073 9	0.079 9	0.085 8	0.091 8	0.097 8	0.103 8	0.109 7	0.115 7	0.121 7	0.127 7
	U_L	1.6	U			9.1	10.5	11.9	13.3	14.8	16.2	17.6	19.0	20.4	21.9	23.3	24.7	26.1	27.6	29.0	30.4
	P_L	378	P			2 154	2 492	2 831	3 169	3 507	3 846	4 184	4 522	4 860	5 199	5 537	5 875	6 214	6 552	6 890	7 229
550	r_L	0.007 3	r				0.044 0	0.050 6	0.056 6	0.062 6	0.068 5	0.074 5	0.080 5	0.086 4	0.092 4	0.098 4	0.104 4	0.110 3	0.116 3	0.122 3	0.128 3
	U_L	1.7	U				10.6	12.0	13.4	14.9	16.3	17.7	19.1	20.5	22.0	23.4	24.8	26.2	27.7	29.1	30.5
	P_L	416	P				2 530	2 869	3 207	3 545	3 884	4 222	4 560	4 898	5 237	5 575	5 913	6 252	6 590	6 928	7 267
600	r_L	0.008 0	r				0.045 3	0.051 3	0.057 3	0.663 3	0.069 2	0.075 2	0.081 2	0.087 1	0.093 1	0.099 1	0.105 1	0.111 0	0.117 0	0.123 0	0.129 1
	U_L	1.9	U				10.8	12.2	13.6	15.1	16.5	17.9	19.3	20.7	22.2	23.6	25.0	26.4	27.9	29.3	30.7
	P_L	454	P				2 568	2 907	3 245	3 583	3 922	4 260	4 598	4 936	5 275	5 613	5 951	6 290	6 628	6 966	7 305

续表

				150	200	250	300	350	400	450	500	550	600	650	700	750	800	850	900	950	1000
	l_1			150	200	250	300	350	400	450	500	550	600	650	700	750	800	850	900	950	1000
	l_2			325	425	525	625	725	825	925	1 025	1 125	1 225	1 325	1 425	1 525	1 625	1 725	1 825	1 925	2 025
l_2	r_R			0.019 4	0.025 4	0.031 4	0.037 3	0.043 3	0.049 3	0.055 3	0.061 2	0.067 2	0.073 2	0.079 1	0.085 1	0.091 1	0.097 1	0.103 0	0.109 0	0.115 0	0.121 0
	U_R			4.6	6.0	7.5	8.9	10.3	11.7	13.2	14.6	16.0	17.4	18.8	20.3	21.7	23.1	24.5	26.0	27.4	28.8
	P_R			1 099	1 438	1 776	2 114	2 453	2 791	3 129	3 468	3 806	4 144	4 482	4 821	5 159	5 497	5 836	6 174	6 512	6 851
650	r_L	0.008 7	r				0.046 0	0.052 0	0.058 0	0.064 0	0.069 9	0.075 9	0.081 9	0.087 8	0.093 8	0.099 8	0.105 8	0.111 7	0.117 7	0.123 7	0.129 7
	U_L	2.1	U				11.0	12.4	13.8	15.3	16.7	18.1	19.5	20.9	22.4	23.8	25.2	26.6	28.1	29.5	30.9
	P_L	492	P				2 606	2 945	3 283	3 621	3 960	4 298	4 636	4 974	5 313	5 651	5 989	6 328	6 666	7 004	7 343
700	r_L	0.009 4	r				0.046 7	0.052 7	0.058 7	0.064 7	0.070 6	0.076 6	0.082 6	0.088 5	0.094 5	0.106 5	0.106 5	0.112 4	0.118 4	0.1 244	0.130 4
	U_L	2.2	U				11.1	12.5	13.9	15.4	16.8	18.2	19.6	21.0	22.5	23.9	25.3	26.7	28.2	29.6	31.0
	P_L	530	P				2 644	2 983	3 321	3 659	3 998	4 336	4 674	5 012	5 351	5 689	6 027	6 366	6 704	7 042	7 381
750	r_L	0.010 0	r				0.047 3	0.533	0.059 3	0.065 3	0.071 2	0.077 2	0.083 2	0.089 1	0.095 1	0.101 1	0.107 1	0.113 0	0.119 0	0.125 0	0.131 0
	U_L	2.4	U				11.3	12.7	14.1	15.6	17.0	18.4	19.8	21.2	22.7	24.1	25.5	26.9	28.4	29.8	31.2
	P_L	568	P				2 682	3 021	3 359	3 697	4 036	4 374	4 712	5 050	5 389	5 727	6 065	6 404	6 742	7 080	7 419
800	r_L	0.010 7	r				0.048 0	0.054 0	0.060 0	0.06 6	0.071 9	0.077 9	0.083 9	0.089 8	0.095 8	0.101 8	0.107 8	0.113 7	0.119 7	0.125 7	0.131 7
	U_L	2.5	U				11.4	12.8	14.2	15.7	17.1	18.5	19.9	21.3	22.8	24.2	25.6	27.0	28.5	29.9	31.3
	P_L	605	P				2 719	3 058	3 396	3 734	4 073	4 411	4 749	5 087	5 426	5 764	6 102	6 441	6 779	7 117	7 456

注：同表 10 –7。

2. 硅钼棒使用注意事项

（1）硅钼棒加热元件用于电炉时，其安装方法有垂直吊挂和水平安装两种。在一般情况下，硅钼棒元件用于电炉中时多为垂直吊挂。当需要水平安装时，电炉连续使用最高工作温度不得超过1 550℃。

（2）当元件在400～800℃温度范围内长期使用时，会破坏元件表面的石英玻璃层而使元件发生低温氧化，因而不能在此温度长期使用。

10.2.4　管状电热元件

管状电热元件又称电热管，是由铁铬铝或镍铬铝电热材料作为发热体，外面包有金属套管，中间填以电熔结晶氧化镁填料组成，如图10－2所示。管状电热元件的选用如表10－2所示。

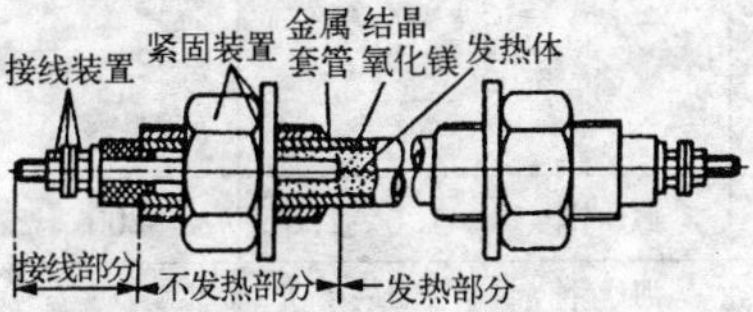

图10－2　管状电热元件结构示意图

表10－9　管状电热元件的选用

型号	加热介质	管子材料	表面负荷/（W/cm²）	工作温度/℃	每支元件的功率/kW	
					220V	380V
JGQ	非流动空气	#10钢 1Cr18Ni9Ti	1.2～1.8 1.2～3.0	300　500（管子温度800℃）	0.5～1.5	2～3
	流动空气（风速＞6m/s）	#10钢 1Cr18Ni9Ti	1.8～3.0 2～4	300		
JGY	油	#10钢	2.5～2.8	300	1～8	5～8
JGS	水	铜，#10钢 1Cr18Ni9Ti	5～10	100～105	1～5	4～7
JGX	硝盐	1Cr18Ni9Ti	3～3.5	550		2～7

续表

型号	加热介质	管子材料	表面负荷/（W/cm²）	工作温度/℃	每支元件的功率/kW	
					220V	380V
JGJ	碱	#10 钢	3~3.5	550		2~7
JGM	金属模具	#10 钢 1Cr18Ni9Ti	2~4	220	36V 0.2~1.5 55V 0.2~0.3 110V 0.4~0.5 220V 0.2~1.5	
	石蜡	#10 钢	1.6~1.8	200		
	低熔点金属	#10 钢 1Cr18Ni9Ti	3~4 （嵌入式）	500		

各种型号的管状电热元件的技术数据见表 10－10～表 10－18。

表 10－10　JGQ 型管状电热元件的技术数据

型　号	电压/V	功率/kW	外形尺寸/mm			每支重/kg
			总长 *A*	*B*	*C*	
JGQ1－220/0.5	220	0.5	490	330	—	1.25
JGQ1－220/0.75	220	0.75	690	530	—	1.60
JGQ2－220/1.0	220	1.0	490	330	200	1.83
JGQ2－220/1.5	220	1.5	690	530	400	2.62
JGQ3－380/2.0	380	2.0	590	430	300	3.43
JGQ3－380/2.5	380	2.5	690	530	400	4.00
JGQ3－380/3.0	380	3.0	790	630	500	4.50
JGQ4－220/0.8	220	0.8	800	128	53	1.20
JGQ4－220/1.0	220	1.0	1 000	128	53	1.42
JGQ4－220/1.2	220	1.2	1 200	128	53	1.65
JGQ4－220/1.4	220	1.4	1 400	128	53	1.87

续表

型　号	电压 /V	功率 /kW	外形尺寸/mm			每支重 /kg
			总长 *A*	*B*	*C*	
JGQ5 -220/0.7	220	0.7	860	660	100	0.97
JGQ5 -220/0.8	220	0.8	1 260	860	200	1.40
JGQ5 -220/0.9	220	0.9	1 560	960	300	1.72
JGQ5 -220/1.1	220	1.1	1 860	1 160	350	2.04
JGQ5 -220/1.2	220	1.2	2 060	1 260	400	2.26
JGQ5 -220/1.3	220	1.3	2 260	1 260	500	2.48
JGQ5 -220/1.5	220	1.5	2 560	1 560	500	2.80
JGQ6 -36/0.25	36	0.25	260	120	70	—
JGQ6 -55/0.25	55	0.25	260	120	70	—
JGQ6 -55/0.3	55	0.3	340	200	70	—
JGQ6 -110/0.4	110	0.4	390	250	70	—
JGQ6 -110/0.5	110	0.5	440	300	70	—
JGQ6 -220/0.6	220	0.6	660	500	70	—

表 10 -11　JGY 型管状电热元件的技术数据

型　号	功率 /kW	电压 /V	总长 *A* /mm	*B* 浸入油中长度 /mm	每支重 /kg
JGY2—220/1	1	220	307	230	1.45
JGY2—220/2	2	220	507	430	1.90
JGY2—220/3	3	220	707	630	2.35
JGY2—220/4	4	220	922	845	2.83
JGY4—220/5	5	220	697	620	2.45
JGY4—220/6	6	220	807	730	2.70
JGY4—220/8	8	220	1 007	930	3.05
JGY3—220/1	1	220	625	595	0.77
JGY3—220/2	2	220	825	795	1.01
JGY3—220/3	3	220	925	895	1.13
JGY3—220/4	4	220	1 125	1 095	1.37

表 10-12　JGS1 型管状电热元件的技术数据

型　号	电压/V	功率/kW	外形尺寸/mm				每支重/kg
			总长 *A*	*B* 最低液段	*C*	每根引出棒长	
JGS1—380/1	380	1	440	360	340	230	2.00
JGS1—380/2	380	2	480	400	380	230	2.15
JGS1—380/3	380	3	580	500	480	230	2.53
JGS1—380/4	380	4	675	575	490	255	2.80
JGS1—380/5	380	5	775	675	540	255	3.08
JGS1—380/6	380	6	870	770	560	255	3.33
JGS1—380/7	380	7	875	755	660	275	3.50

表 10-13　JGS2 型管状电热元件的技术数据

型　号	电压/V	功率/kW	外形尺寸/mm			每支重/kg
			总长 *A*	*B* 浸入水中尺寸	*C*	
JGS2—220/1	220	1	330	275	—	0.50
JGS2—220/2	220	2	480	425	—	0.67
JGS2—220/3	220	3	390	335	250	0.83
JGS2—220/4	220	4	515	460	375	1.13
JGS2—220/5	220	5	640	585	500	1.43

表 10-14　JGS3 型管状电热元件的技术数据

型　号	电压/V	功率/kW	外形尺寸/mm				每支重/kg
			总长 *A*	*B* 浸入水中尺寸	φ*D*	引出棒长	
JGS3—220/0.5	220	0.5	145	100	60	60	0.40
JGS3—220/1	220	1	175	130	60	70	0.48
JGS3—220/1.5	220	1.5	200	155	60	70	0.65
JGS3—220/2	220	2	250	205	60	125	0.70
JGS3—220/2.5	220	2.5	120	75	80	90	0.55

表 10-15　JGS4 型管状电热元件的技术数据

型　号	电压/V	功率/kW	外形尺寸/mm						每支重/kg
			A	*B*	*C*	引出棒	φ	*H*	
JGS4—220/1	220	1	435	405	380	200	12	50	0.50
JGS4—220/2	220	2	585	555	530	200	12	50	0.73
JGS4—220/3	220	3	785	755	730	200	12	50	0.98
JGS4—380/4	380	4	700	670	625	225	16	80	1.60
JGS4—380/5	380	5	850	820	775	225	16	80	1.93
JGS4—380/6	380	6	1075	1045	1000	250	16	80	2.41
JGS4—380/7	380	7	1225	1195	1150	250	16	80	2.73

表 10－16　JGX1、JGJ1 型管状电热元件的技术数据

型　号	电压 /V	功率 /kW	外形尺寸/mm				每支重 /kg
			A	B 最低液面	每根引出棒长度	总长	
JGX1—380/2	380	2	800	550	635	2 315	4.0
JGX1—380/3	380	3	1 080	830	635	2 875	4.9
JGX1—380/4	380	4	1 380	1 130	635	3 475	6.0
JGX1—380/5	380	5	1 800	1 450	735	4 315	7.5
JGX1—380/6	380	6	2 100	1 750	735	4 915	8.7
JGX1—380/7	380	7	2 500	2 150	735	5 710	9.7
JGJ1—380/2	380	2	800	550	635	2 315	3.7
JGJ1—380/3	380	3	1 080	830	635	2 875	4.5
JGJ1—380/4	380	4	1 380	1 130	635	3 475	5.4
JGJ1—380/5	380	5	1 800	1 450	735	4 315	6.8
JGJ1—380/6	380	6	2 100	1 750	735	4 915	7.6
JGJ1—380/7	380	7	2 500	2 150	735	5 710	9.0

表 10－17　JGX2、JGX3、JGJ2、JGJ3 型管状电热元件的技术数据

型　号	电压 /V	功率 /kW	外形尺寸/mm				每支重 /kg
			A	B 最低液面	每根引出棒长度	总长	
JGX2—380/2	380	2	540	430	260	2 315	3.7
JGX2—380/3	380	3	680	570	400	2 875	4.7
JGX2—380/4	380	4	850	650	530	3 475	5.4
JGX3—380/5	380	5	770	570	460	4 315	7.2
JGX3—380/6	380	6	870	670	560	4 915	8.0
JGX3—380/7	380	7	1 020	820	685	5 710	9.0
JGJ2—380/2	380	2	540	430	260	2 315	3.5
JGJ2—380/3	380	3	680	570	400	2 875	4.4
JGJ2—380/4	380	4	850	650	530	3 475	5.1
JGJ3—380/5	380	5	770	570	460	4 315	7.0
JGJ3—380/6	380	6	870	670	560	4 915	7.8
JGJ3—380/7	380	7	1 020	820	685	5 710	8.7

表 10－18　JGM3 型管状电热元件的技术数据

型　号	总长 L /mm	发热长 L_1 /mm	电压 /V	功率 /kW	每支重 /kg
JGM3—220/0.3	150±10	80	220	0.3	0.25
JGM3—220/0.5	200±10	130	220	0.5	0.29
JGM3—220/0.8	300±10	230	220	0.8	0.44
JGM3—220/1.0	350±10	280	220	1.0	0.49
JGM3—220/1.2	450±10	380	220	1.2	0.67
JGM3—220/1.5	550±20	180	220	1.5	0.83
JGM3—220/1.8	650±20	580	220	1.8	0.97
JGM3—220/2.2	750±20	680	220	2.2	1.16
JGM3—220/2.6	850±20	780	220	2.6	1.25
JGM3—220/3.0	1 000±20	930	220	3.0	1.53
JGM3—220/3.2	1 100±20	1 030	220	3.2	1.56

10.2.5　JGW 型远红外电热管

JGW 型远红外电热管的外形见图 10－3，规格及外形尺寸见表 10－19。

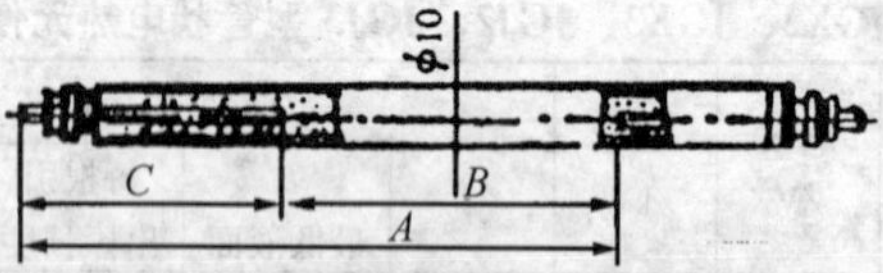

图 10－3　JGW 型电热管的外形

表 10－19　JGW 型电热管的规格及外形尺寸

型　号	电压 /V	功率 /kW	外形及安装尺寸/mm			每支重 /kg
			A	B	C	
JGW1—220/0.5	220	0.5	860	660	100	0.89
JGW1—220/0.65		0.65	1 260	860	200	1.32
JGW1—220/0.75		0.75	1 560	960	300	1.64
JGW1—220/0.9		0.9	1 860	1 160	350	1.96
JGW1—220/1.0		1.0	2 060	1 260	400	2.18

管状电热元件使用时的注意事项：

（1）各种型号的元件是根据各种加热介质采用不同的管子表面负荷进行设计的，所以不能互换使用。因水的散热条件比空气好，用于水中的 JGS 型的管子表面负荷大于在空气中使用的 JGQ 型。如果用 JGS 型电热元件加热空气，则由于它的管子表面负荷过大，将使元件温度过高而烧坏。

(2) 用于液体中的电热元件必须把其有效长度全部浸入液体中，防止暴露于液面以上的部分过热而烧坏。

(3) 因固体的散热条件不如液体，所以在盐浴或碱浴炉中，当盐或碱尚在固态时，电热元件必须降低电压使用，以降低其表面负荷，待其全部熔化成液态后，方可升至额定电压。

(4) 元件的工作电压不得超过其额定值的10%。

(5) 元件外壳应有效地接地，以利安全。

10.2.6 板状电热器

电热板是管状元件的一种变形体，它以电阻丝作发热体，以氧化镁作绝缘物。它的外形如图10－4所示。

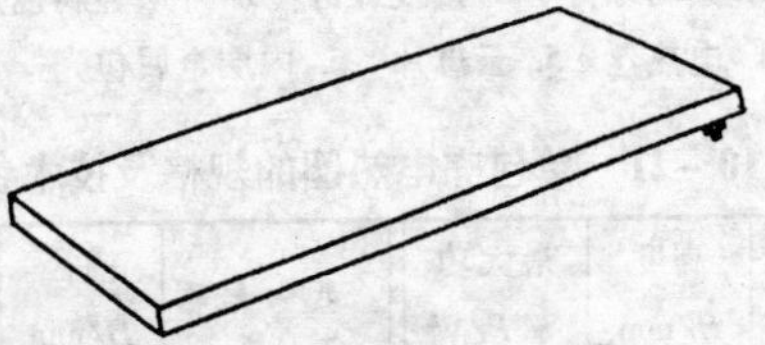

图10－4 电热板外形

电热板一般用于干燥作业，安装在各种敞开或封闭式的烘道、烘箱中用来干燥木纤维、烘漆等；可作为红外线发生器；可熔铅、熔锡、熔蜡等；还可以作为实验室加热器和食品工业中烘面包、饼干等用。电热板的规格及外形尺寸见表10－20。

表10－20 电热板的规格及外形尺寸

尺寸/mm	150×300×12				
电压/V	220				
功率/W	200	400	600	800	1 000

10.2.7 电热圈

电热圈用于塑料机械、挤出机及管道加热，外壳为金属板材，发热材料为镍铬或铁铬铝电热合金材料，用云母片做绝缘骨架。有圆形、半圆形、弧形、平面及异形等多种。其中的一种电热圈型号组成如下：

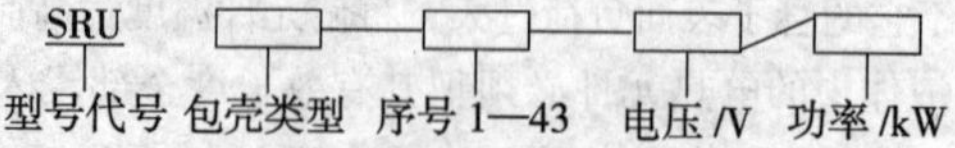

电热圈的外形见图 10－5，规格及技术参数见表 10－21 和表 10－22。

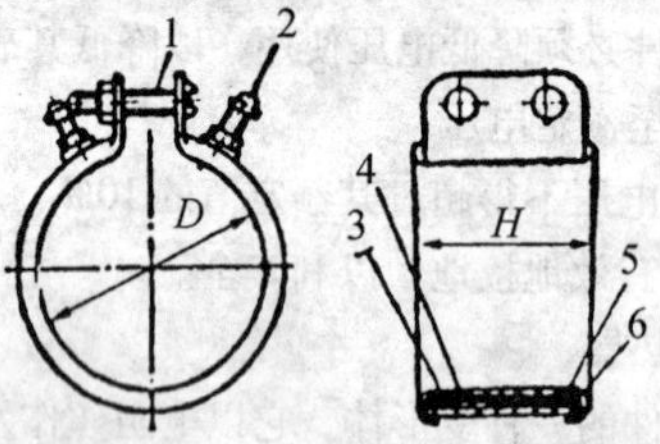

图 10－5　电热圈的结构图

1. 紧固螺钉　2. 接线螺钉　3. 外层金属包壳

4. 电热丝　5. 云母片　6. 内层金属包壳

表 10－21　单包壳电热圈的规格及技术参数

型　号	内径 D/mm	高度 H/mm	最大功率 P/W	型　号	内径 D/mm	高度 H/mm	最大功率 P/W
SRU1. 2—1	42	30	120	SRU1. 2—23	100	60	600
SRU1. 2—2	45	30	130	SRU1. 2—24	110	40	400
SRU1. 2—3	50	30	150	SRU1. 2—25	110	50	530
SRU1. 2—4	53	30	160	SRU1. 2—26	110	60	650
SRU1. 2—5	53	40	200	SRU1. 2—27	115	40	450
SRU1. 2—6	53	50	250	SRU1. 2—28	115	50	550
SRU1. 2—7	60	30	170	SRU1. 2—29	120	40	450
SRU1. 2—8	60	40	250	SRU1. 2—30	120	50	600
SRU1. 2—9	60	50	300	SRU1. 2—31	120	60	700
SRU1. 2—10	65	30	180	SRU1. 2—32	130	40	500
SRU1. 2—11	65	40	250	SRU1. 2—33	130	50	600
SRU1. 2—12	70	40	280	SRU1. 2—34	140	40	530

续表

型　号	内径 D/mm	高度 H/mm	最大功率 P/W	型　号	内径 D/mm	高度 H/mm	最大功率 P/W
SRU1. 2—13	70	50	350	SRU1. 2—35	140	50	650
SRU1. 2—14	75	30	220	SRU1. 2—36	140	60	800
SRU1. 2—15	75	40	300	SRU1. 2—37	150	40	550
SRU1. 2—16	80	30	230	SRU1. 2—38	150	50	700
SRU1. 2—17	80	40	300	SRU1. 2—39	160	40	600
SRU1. 2—18	80	50	380	SRU1. 2—40	160	50	750
SRU1. 2—19	90	30	250	SRU1. 2—41	160	60	900
SRU1. 2—20	90	40	350	SRU1. 2—42	170	50	800
SRU1. 2—21	90	50	450	SRU1. 2—43	170	60	1 000
SRU1. 2—22	100	50	500				

表 10－22　双包壳电热圈的规格及技术参数

型　号	内径 D/mm	高度 H/mm	最大功率 P/W	型　号	内径 D/mm	高度 H/mm	最大功率 P/W
SUR3. 4—1	70	50	350	SUR3. 4—15	120	70	850
SUR3. 4—2	70	70	500	SUR3. 4—16	120	90	1 000
SUR3. 4—3	80	50	400	SUR3. 4—17	130	50	600
SUR3. 4—4	80	70	550	SUR3. 4—18	130	70	850
SUR3. 4—5	90	50	450	SUR3. 4—19	130	90	1 100
SUR3. 4—6	90	70	650	SUR3. 4—20	140	50	650
SUR3. 4—7	100	50	500	SUR3. 4—21	140	70	900
SUR3. 4—8	100	70	700	SUR3. 4—22	140	90	1 200
SUR3. 4—9	110	50	550	SUR3. 4—23	150	50	700
SUR3. 4—10	110	70	800	SUR3. 4—24	150	70	1 000
SUR3. 4—11	115	50	550	SUR3. 4—25	150	90	1 300
SUR3. 4—12	115	70	800	SUR3. 4—26	170	50	800
SUR3. 4—13	115	90	1 000	SUR3. 4—27	170	70	1 100
SUR3. 4—14	120	50	600	SUR3. 4—28	170	90	1 500

10.2.8 远红外加热（辐射）元件

工业生产中，不仅有大量的无机物需要加热，而且有愈来愈多的有机物和高分子化合物需要加热。由于电热丝等构成的电热元件辐射的红外线频率不能与大多数有机高分子的振动频率相匹配，吸收的只是一小部分，所以热效率不高。远红外辐射元件就是为提高热效率，节约能源而发展起来的。其原理是根据每种物质都有其自身的振动光谱特性，物质吸收了与其本身固有波谱相适应的远红外线后能产生自燃效应，由于这种效应直接产生在物体内部，所以能快速有效的加热物体。一般有机高分子物质的振动波谱在 3～100μm 之间，因此用于构成远红外辐射元件的辐射涂层材料的固有波谱也必须在 3～100μm 这个远红外光谱范围内。

1. 远红外辐射元件的组成

（1）远红外涂层：它黏结在基体上，其功能是在一定温度下能发射出具有所需波段宽度和较大辐射功率的远红外线。

（2）发热体或热源：发热体主要为电热式的电阻发热体。热源指蒸气、燃烧的气体或余热烟气等。其功能是向远红外涂层提供足够的能量。

（3）基体及附件：是用来安装发热体或涂层的。

远红外辐射元件的形状一般分管状、灯状和板状三种，如图 10－6 所示，也可以根据需要而特制。金属管状辐射元件的结构如图 10－7 所示。

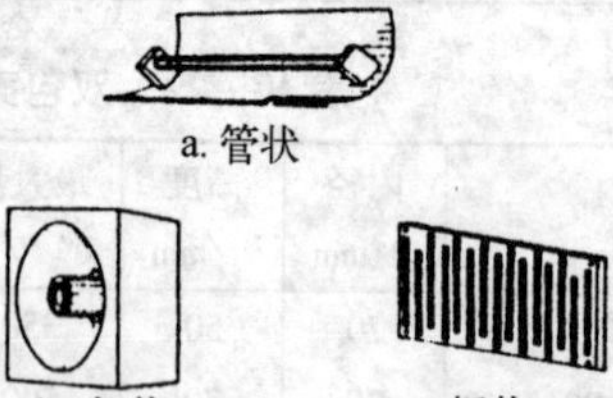

a. 管状　b. 灯状　c. 板状

图 10－6　三种远红外辐射元件

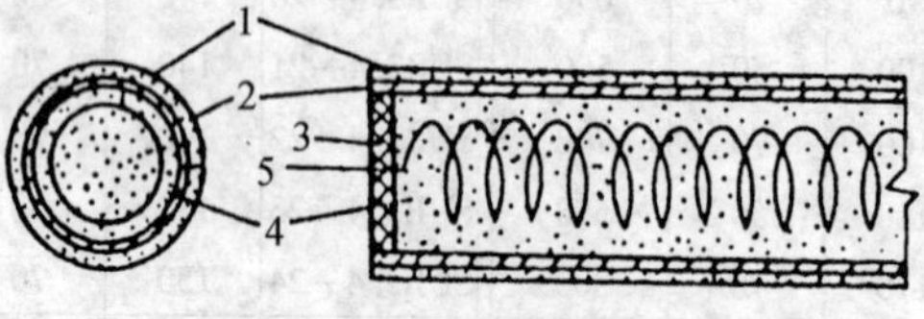

图 10－7　金属管状辐射元件的结构

1. 远红外辐射涂料　2. 铬管　3. 绝缘端盖
4. 氧化镁　5. 电阻丝发热体元件

2. 远红外辐射加热技术应用分类

远红外辐射加热技术应用范围大体可分为四大类：

（1）对物体的加热处理，如塑料的加热注塑成型。

（2）脱水干燥与烘烤，如纺织品、谷物的脱水干燥及食品行业的烘烤。

（3）涂料的固化与干燥，如漆膜或树脂涂层的干燥。

（4）其他应用，如 TDP 治疗仪、频谱仪用于治疗冻疮、关节炎、腰肌损伤等疾病。

各种远红外涂料，它们的辐射波谱范围、部分远红外辐射器的主要技术性能见表 10－23～表 10－31。

表 10－23 常用的远红外涂料

元素	氧化物	碳化物	氮化物	硼化物
B	B_2O_3	B_4C	BN	$CrB-Cr_3B_4$
Cr	Cr_2O_3	Cr_3C_2	CrN	
Si	SiO_2	SiC	SiN	
Ti	TiO_2	TiC	TiN	TiB_2
Zr	ZrO_2	ZrC	ZrN	ZrB_2
Al	Al_2O			
Fe	Fe_2O_3			
Mn	MnO_2			
Ni	Ni_2O_3			
Co	Co_2O_3			

表 10－24 铝系远红外涂料

Al_2O_3	Fe_2O_3	Co_2O_3	Cr_2O_3	SiO_2	TiO_2
72	1			2	5
85	7.5	5	2.5		
90	5	3.3	1.7		
98	0.95	0.7	0.35		

表 10－25 氟化镁系远红外涂料配比表

MgF_2	ZrO_2	TiO_2	NiO	BnO_2	BN
50	8	2			40
50	20	5	5	3	17
70	7	2	1		20
80	15	4	1		
90	7	2	1		

表 10-26　氧化硅系远红外涂料配比表

材料	配方 1	配方 2	配方 3	配方 4	配方 5	配方 6	配方 7	配方 8
SiO_2	80	40	30	30	30	30	30	79.8
SiC				10		10		
ZrO_2	8			10	30	30	10	
MgO	7	10	30	10	10	10	10	
CaO	5			10				
Fe_2O_3				10			10	
TiO_2		40		10		15	10	
Cr_2O_3			20	10				
TiC			10		10	5		
BN		10	10		10	5		
WC					10	5		
Mo_3B_4								
CN							10	
V_2O_5							10	
C								20.2

表 10-27　各种涂料的辐射波谱范围

涂料系列名称	辐射波谱范围/μm	涂料系列名称	辐射波谱范围/μm
铝系远红外	5~40	稀土复合氧化物系远红外	3~50
氟化镁系远红外	2~25	碳化硅（金刚砂）远红外	0.8~10
氧化钴系远红外	1~10	高硅分子筛远红外	2.6~3 5.5~6.5 8~12.5
氧化硅系远红外	3~50		
钛—锆系远红外	5~50		
铁系远红外	2~9		

表 10-28　常用远红外黏结剂配方

原料名称	基材种类（按质量比）	
	陶瓷复合物	金属
中性水玻璃	1	
有机硅酸盐		1
填　料	1	1
水	适量	适量

表 10－29　合金电阻带远红外辐射器规格

型　号	单件额定功率/kW	单件额定电压/V	单件额定电流/A	冷态电阻/Ω	电阻带功率密度W/cm^2	尺寸/mm（长×宽×高）
DYF—220/55－1.6－A	1.6	55	29.1	1.88	1.1	680×1 000×80
DYF—380/63－3－A	3.0	63	47.4	1.33	2.91	750×460×80
DYF—220/73.7－4－A	4.0	73.3	54.5	1.33	1.97	680×1 145×80
DYF—380/95－5－A	5.0	95	52.7	1.8	1.83	1 020×1 020×80
DYF—220/110－6－A	6.0	110	54.5	2	1.97	1 080×770×80
DYF—220/110－6－B	6.0	110	54.5	2	1.97	850×1 370×80
DYF—220/110－7－A	7.0	110	64	1.73	2.69	1 020×900×80
DYF—380/190－8－A	8.0	190	42.3	4.52	1.83	1 200×14 000×80
DYF—220/220－10－A	10.0	220	45	4.84	2.68	1 960×800×80
DYF—220/110－14－A	14.0	110	127.3	0.86	2.52	1 280×600×80
DYF—220/110－14－B	14.0	110	127.3	0.86	2.52	1 190×1 120×80

注：合金电阻带辐射器其波长 3～50μm。

表 10－30　远红外高温板式辐射器主要技术性能

名　称	额定电压/V	额定功率/kW	介质使用温度/℃	外形尺寸/mm	质量/kg
HDO—13J	73.3	13	800	612×406×170	12
HDO—6J	36	6	800	612×203×170	7

注：高温板式辐射器，其波长 0.7～20μm。

表 10－31　碳化硅远红外加热器（波长大于 4μm）

型　号	规格/mm	名称	功率/W	说　明
HT—1	240×160×11	板式	800～1 000	广泛应用于金属表面油漆的烘烤印刷、印染、皮革、食品的加热与脱水
HT—2	330×240×14		2 000～2 500	
HT—3	330×240×18		2 000×2 500	
HT—4	1 000×50×18		1 000～1 200	
HT—5	400×250×18		2 500	
HT—6	800×50×18		1 000	
HT—7	280×135×12		1 200	
HT—8	720×180×14		2 500	

续表

型　号	规格/mm	名称	功率/W	说　明
JRQ—K61	250×170×40	加热器	800~1 000	用于各种油漆的烘烤，蔬菜、食品的脱水、加热以及塑料加热
JRQ—K62	280×135×40		1 000~1 200	
JRQ—K63	330×240×40		2 000~2 500	
JRQ—K64	736×196×50		2 500	
JRQ—K65	1 410×52×28		1 200	
JRG—1	420×25×10	加热管	500	用于小型烘道、烘箱、橡胶压机、皮革、食品、油漆的烘干
JRG—2	500×25×10		600	
JRG—3	600×25×10		600	
JRG—4	800×25×10		800	
JRG—5	1 000×25×10		800~1 000	
JRG—6	1 200×25×10		1 000	
JRG—7	340×25×15			
JRG—8	490×25×15			
JRG—9	650×25×15			
JRG—300	300×16×15		300W 组装	
HC—01	ϕ80×50	加热圈	600	用于各种挤塑机、注塑机、橡胶挤出机
HC—02	ϕ90×50		600	
HC—03	ϕ95×50		800	
HC—04	ϕ100×50		800	
HC—05	ϕ80×70		800	
HC—06	ϕ90×70		800	
HC—07	ϕ100×70		1 000	
HC—08	ϕ80×100		1 000	
HC—09	ϕ90×100		1 000	
HC—10	ϕ100×100		1 200	
HC—11	ϕ120×100		1 500	
2SK—1	290×180×50		800	
2SK—2	290×180×50		1 000	
2SK—3	290×180×50		1 200	

10.2.9 电热元件的焊接与连接方法

1. 电热元件的焊接方法

铁-铬-铝合金是属于铁素体的单相合金，焊接时焊接部分晶粒容易长大，因而塑性降低，容易脆断。合金如用作电热元件，其焊接处应能承受安装时的外力而不折断。焊接的方法有多种，如气焊、保护气体焊、电弧焊、点焊等。下面仅介绍常用的电弧焊法。

电弧焊比气焊好，而电弧焊接中以直流为佳，它可以得到均匀的电弧。电焊条最好采用铁-铬-铝焊条，也可以用石墨焊条，用石墨焊条时焊条先用砂轮磨尖，焊接时不用溶剂。无上述焊条时，可用高温不锈钢焊条（如1Cr18Ni9）。焊条焊接处最好在680~750℃下进行消除内应力退火（用各种方法将焊接处烧红10min左右即可）。电流数值可参考表10-32。

表10-32 根据不同材料尺寸应用的电流数值

带材厚度/mm	线材直径/mm	电流/A
0.5	1.0	30~50
1.0	2.0	50~75
1.5	3.0	75~100
2.0	4.0	100~125
2.6	5.0	125~150

（1）引出棒（或带）与电热元件的焊接：为了降低电热元件引出炉外一端的温度，以利于与电源连接，通常采用较大截面积的（一般应在三倍以上）引出棒或引出带，材料可以采用铁-铬-铝、镍-铬或镍-铬-铁、1Cr18Ni9不锈钢等。其常用焊接方法如图10-8~图10-13。

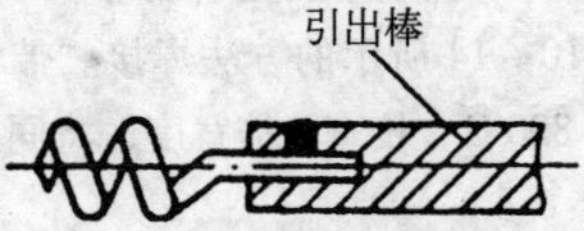

图10-8 引出棒钻中心后焊接法
（ϕ2mm以上电热丝适用）

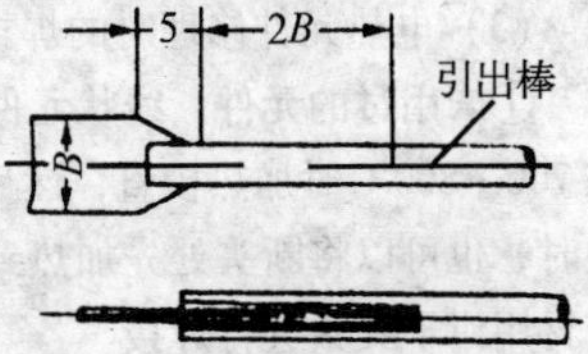

图10-9 引出棒开槽与电热元件带材焊接法

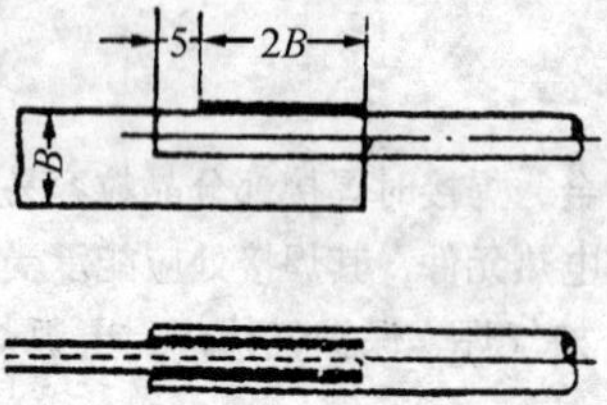

图 10-10　电热元件带材与引出棒的焊接方法

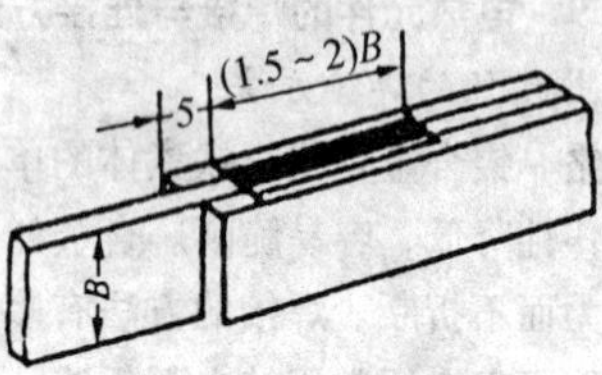

图 10-11　电热元件带材与引出带的焊接方法

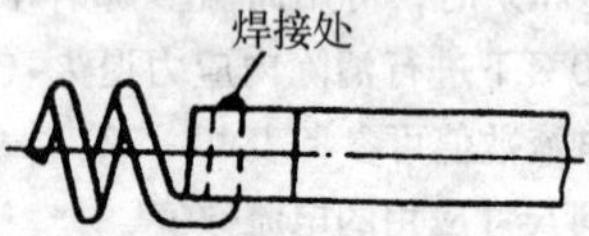

图 10-12　电热丝与引出带的焊接方法

图 10-13　电热丝与引出带的焊接方法

（2）电热元件间的焊接：在巨型电炉中，往往需用很长的电热元件，元件单根的重量超过标准重量，或者超过制造厂可能制造的长度，则需要焊接。在焊接处应该具有与元件本身同样的热稳定性，因此焊接处与其他部分的尺寸力求一致，这在实际施工上是困难的。我们应该尽量避免焊接，或者选用适当的形式来避免接合处过热，使用适当的形状降低它的表面负荷。几种常用的焊接办法如图 10-14 所示。

（3）电热元件修理时的焊接法：

①未用过的元件：线状元件若在搬运、安装中发生断裂时，可将断头处在 700 ~ 800℃时加热校直，然后用图 10-14 所示的方法焊接。带状元件断裂时，也可以将断头处先加热到 700 ~ 800℃，校直 3 倍宽度，将同样尺寸的带材用钳子夹紧进行焊接。

②已经高温用过的元件：方法与未用过的相同。应特别注意的是铁-铬-铝合金使用过后塑性很低，不可用力拉伸或重绕，最好在炉内焊接。

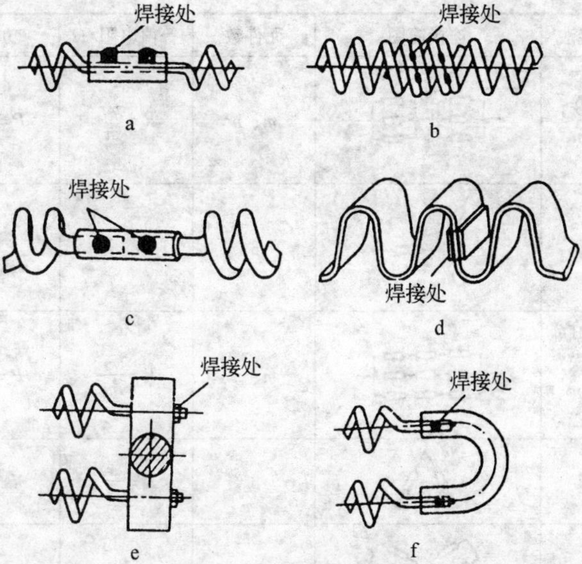

图 10－14　电热元件的焊接法

2. 电热元件连接方法（供电电压）的选择

常用的电阻炉、小功率（5～10kW）电热设备都使用单相 220V 或 380V，对于温度较低的电炉也可设计成三相 380V；大于 10kW 的电热元件一般均采用三相 380V。

每组加热元件以 30～60kW 为宜，即每相 10～20kW（相应的电热元件直径为 4～6mm），在设计时可根据总功率，用几组并联方式来达到上述参数。

一般连接方式可参阅表 10－33。

表 10－33　电热元件连接方式

元件连接法	连接简图	元件数	等值电阻/Ω	功率/kW
串　联		n	$R = nr$	$P = \frac{U^2}{10^3 nr}$
并　联	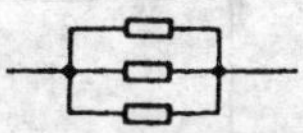	n	$R = \frac{r}{n}$	$P = \frac{nU^2}{10^3 r}$

续表

元件连接法	连接简图	元件数	等值电阻/Ω	功率/kW
串—并联（n组并联，每组由m个串联）	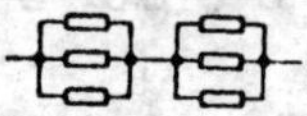	m、n	$R=\frac{mr}{n}$	$P=\frac{nU^2}{10^3mr}$
星　形	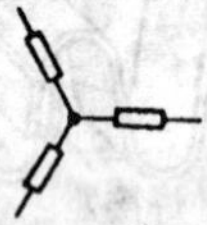	3	$R=r$	$P=\frac{U^2}{10^3r}$
并联—串联（n组串联，每组由m个并联）	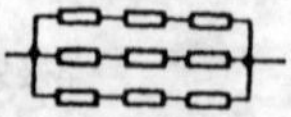	m、n	$R=\frac{nr}{m}$	$P=\frac{mU^2}{10^3nr}$
三角形		3	$R=\frac{r}{3}$	$P=\frac{3U^2}{10^3r}$
双星形	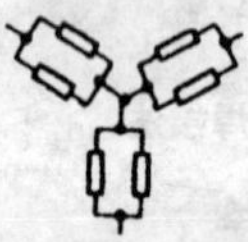	6	$R=\frac{r}{2}$	$P=\frac{2U^2}{10^3r}$
双三角形		6	$R=\frac{r}{2}$	$P=\frac{6U^2}{10^3r}$
串联星形（由n个串联，组成三组，作星形连接）	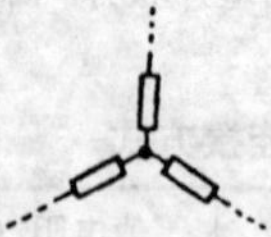	6	$R=\frac{r}{2}$	$P=\frac{6U^2}{10^3r}$
串联三角形（由n个串联，组成三组，作三角形连接）		$3n$	$R=\frac{nr}{3}$	$P=\frac{3U^2}{10^3nr}$

续表

元件连接法	连接简图	元件数	等值电阻/Ω	功率/kW
并联—星形（n个并联，组成三组，连成星形）	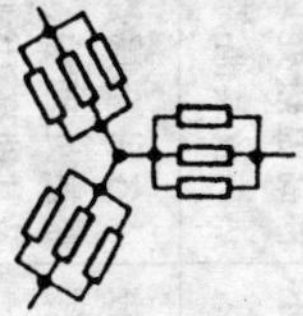	$3n$	$R=\frac{r}{n}$	$P=\frac{nU^2}{10^3r}$
并联—三角形（n个并联，组成三组，连成三角形）		$3n$	$R=\frac{r}{3n}$	$P=\frac{3nU^2}{10^3r}$

10.2.10　热电偶

热电偶广泛用于测量和控制温度，其优点是精度高、结构简单、使用方便。

热电偶是由两根成分不同，但具有一定热电特性的材料（热电极）焊接一端构成的。热电偶的焊接端称为工作端或热端，测温时将它插测温部位，其温度为 t_1；另一端为自由端或冷端，其温度为 t_2。如果两端的温度不同（$t_1>t_2$）在回路中将产生热电动势，即可由指示仪表 M 显示出来，如图 10－15 所示。

主要热电偶材料的特点和用途见表 10－34，热电偶主要规格见表 10－35，常用热电偶的热电势见表 10－36。

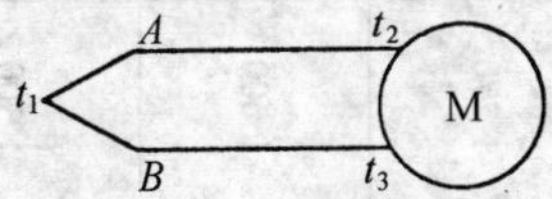

图 10－15　热电偶测温原理示意图

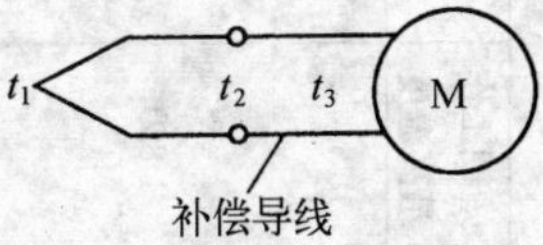

图 10－16　热电偶连接补偿导线的电路

各种温度仪表的刻度，都是按照热电偶冷端处于 0℃时制造的，因此，冷端温度变化将影响被测温度指示的正确性。为了消除这个影响，在工业上常采用补偿导线法，如图 10－16 所示。

常用补偿导线的性能与用途见表 10－37。

表 10－34　主要热电偶材料的特点和用途

热电偶材料（主要成分）/（%）		工作温度/℃		容许误差	主要特点	主要用途
正极	负极	短期工作最高温度	推荐工作温度			
铂铑 40（Pt60 Rh40）	铂铑 20（Pt80 Rh20）	1 850	1 600～1 800	≤600℃：±3℃ >600℃：±0.5%t	最有良好的化学稳定性、热稳定性和高温抗氧化性。适用于真空（短期使用）、惰性及氧化性气氛中。不能用于还原性气氛或含有铅、锌等金属蒸气和磷、硫、砷等非金属蒸气的气氛，一般不必进行自由端温度校正	用于测量 1 800℃高温
铂铑 20（Pt80 Rh20）	铂铑 5（Pt95 Rh5）	1 770	1 300～1 600	≤600℃：±3℃ >600℃：±0.5%t	晶粒长大的倾向性少，稳定性好。气氛适用情况同上，一般不必进行自由端温度修正	用于钢水温度、各种高温热处理炉、加热炉及其他高温测量
铂铑 10（Pt90Rh10）	铂（Pt100）	1 600	1 000～1 300	≤600℃：±2.4℃ >600℃：±0.4%t	精度较高，稳定性和重现性较好，可作一、二等标准温度传递。气氛适用情况同上	各种金属熔炼、高温热处理炉、加热炉及其他高温测量
镍铬（Ni90.5 Cr9.5）	镍硅（Ni97.5 Si2.5）	1 300	600～1 250	≤600℃：±2.4℃ >600℃：±0.4%t	在较廉价金属热电偶中具有最好的抗氧化性能。适用于真空（短期使用）惰性及氧化性气氛。磷、硫及硅会影响其寿命	有色金属熔炼、各种高温热处理炉、加热炉及航空、石油、化工等高温测量

续表

热电偶材料（主要成分）/%		工作温度/℃		容许误差	主要特点	主要用途
正极	负极	短期工作最高温度	推荐工作温度			
镍铬（Ni90.5 Cr9.5）	镍铝（Ni95A12 Mn2Si1）	1 200	600～1 000	≤600℃：±2.4℃ >600℃：±0.4%t	有良好抗氧化性能，能耐中子辐照。气氛适用情况同上	可用于核场中测温，余同上
铁（Fe100）	康铜（Cu55 Ni45）	800	300～600	≤100℃：±3℃ >400℃：±0.75%t	热电势与热电势率较高，价格较廉，在真空中可长期使用。缺点是在潮湿空气中易生锈。在500℃以上易氧化。气氛适用情况同上	石油、化工等生产中测温
镍铬（Ni90.5 Cr9.5）	考铜（Cu56.5 Ni43 Mn0.5）	800	0～600	≤400℃：±4℃ >400℃：±1%t	在常用热电偶材料中，它具有最高热电势和热电势率。耐蚀性及耐热性比铁－康铜优良。气氛适用情况同上	石油、化工等生产中测温
镍铬（Ni90.5 Cr9.5）	康铜（Cu55 Ni45）	800	0～600	≤400℃：±4℃ >400℃：1%t	耐中子辐照，其热电势和热电势率比镍铬－考铜热电偶小，其他性能基本相同。适用气氛同上	石油、化工等生产中测温
铜（Cu100）	康铜（Cu55 Ni45）	300	0～300	−40～100℃：±0.8℃ 100～300℃：±0.75%t 精密级的误差减半	均匀性和稳定性都较好。在潮湿空气中有抗蚀性。气氛适用情况同上	石油、化工等生产中测温

表 10-35　热电偶主要规格

型　号	适用范围	保护管材料	惰性时间/min	总长度/mm	插入深度/mm	工作压力/Pa
铂铑-铂热电偶						
WRP-110	测1 300℃以下加热炉温度	耐高温瓷	8	475,725,975,1 225,1 475,1 975	300,300,500,500,750,750	接近 1×10^6（1个大气压）
镍铬-镍铝热电偶						
WRN-110	测量900℃以下窑炉、反射炉或其他非液体介质加热炉中温度	耐高温瓷	8	500、750、1 000、1 250 1 500、2 000	300,300,500,500,750,1 000	接近 1×10^6（1个大气压）
WRN-111	测量1 000℃以下加热炉中气体或液体的温度	非工作部分用碳钢,工作部分用耐热不锈钢	8	500,750,1 000,1 250,1 500,2 000,2 500,3 000	300,300,500,500,750,1 000,1 250,1 500	接近 1×10^6（1个大气压）
WRN-112X	测量800℃以下加热炉中气体或液体的温度	耐热不锈钢	1.5	450,650,900,1 150,2 150	300,500,750,1 000,2 000	0.003
WRN-210	测量800℃以下管道和锅炉内气体或液体的温度	非工作部分用碳钢,工作部分用耐热不锈钢	8	300,450,650,900,1 150	150,300,500,750,1 000	0.006

续表

型　号	适用范围	保护管材料	惰性时间/min	总长度/mm	插入深度/mm	工作压力/Pa
镍铬－镍铝热电偶						
WRN—610X	测量温度在600℃以下以及流速小于80m/s蒸汽和水的温度	耐热不锈钢	1.5	250,300,450	100,150,300	0.100
WRN—010	测量退火炉内钢板加热温度，长时间使用温度为800℃以下	瓷管绝缘无外保护套管		3 200		接近 1×10^6（1个大气压）
镍铬－考铜热电偶						
WRK—111	测量600℃以下加热炉中气体和液体的温度	非工作部分用碳钢，工作部分用耐热不锈钢	8	500,750,1 000,1 250,1 500,2 000,2 500,3 000	300,300,500,500,750,1 000,1 250,1 500	接近 1×10^6（1个大气压）
WRK—112X	测量600℃以下加热炉中气体和液体的温度	耐热不锈钢	1.5	450,650,800,1 150,2 150	300,500,750,1 000,2 000	0.003
WRK—210	测量600℃以下管道和锅炉内气体或液体温度	非工作部分用碳钢，工作部分用耐热不锈钢	8	300,450,650,900,1 150	150,300,500,750,1 000	0.010
WRK—610X	测量600℃以下流速小于80m/s蒸汽和水的温度	耐热不锈钢	1.5	250,300,450	100,150,300	0.100

表 10－36　常用热电偶的热电势

热端温度 t/℃	冷端温度为 0℃时热电偶的热电势/mV								
	康铜－铜	康铜－银	康铜－铁	镍－碳	镍－镍铬合金	康铜－镍铬合金	铂铑 40－铂铑 20	铂铑 20－铂铑 5	铂铑 10－铂
－200	－5.46	—	－7.50	—	—	—	—	—	—
－100	－3.32	—	－4.40	—	—	—	—	—	—
0	0	0	0	—	0	0	—	—	—
20	0.76	0.78	—	—	0.82	1.25	—	—	0.113
100	4.1	4.12	5.15	1.76	4.07	5.62	0.041	0.074	0.643
200	8.8	8.84	10.48	4.17	8.12	11.08	0.093	0.268	1.436
300	14.1	14.1	15.77	6.54	12.22	19.09	0.161	0.569	2.315
400	19.9	19.77	20.96	8.38	16.32	26.48	0.250	0.966	3.250
500	26.3	25.79	26.12	10.28	20.62	34.18	0.363	1.447	4.220
600	—	32.15	31.47	12.50	24.87	41.95	0.505	2.005	5.222
700	—	—	37.15	15.29	29.12	50.02	0.678	2.633	6.256
800	—	—	43.25	18.30	33.12	57.94	0.884	3.327	7.322
900	—	—	49.26	21.80	37.27	65.75	1.124	4.084	8.421
1 000	—	—	—	25.63	41.45	—	1.397	4.902	9.556
1 100	—	—	—	29.79	45.62	—	1.703	5.767	10.723
1 200	—	—	—	34.35	49.77	—	2.041	6.678	11.915
1 300	—	—	—	—	—	—	2.409	7.633	13.116
1 400	—	—	—	—	—	—	2.806	8.618	14.313
1 500	—	—	—	—	—	—	3.228	9.619	15.504
1 600	—	—	—	—	—	—	3.667	10.622	16.688
1 700	—	—	—	—	—	—	4.119	11.613	—
1 800	—	—	—	—	—	—	4.572	—	—

表 10－37　常用补偿导线的性能与用途

品　种	热电势/mV					往复电阻值①/Ω	补偿导线极性及绝缘皮颜色标志		配用热电偶
	100℃	150℃	200℃	300℃	400℃				
铜－铜镍0.6(Cu－CuNi0.6)	0.643(±0.023)	1.025(+0.024－0.055)	1.436(±0.064)	2.315(±0.072)	3.250(±0.072)	<0.04	铜(+) 铜镍(－)	红(+) 绿(－)	铂铑10(+)铂(－)
镍铬－考铜(NiCr10－CuNi43Mn0.5)	6.95(±0.30)	10.69(±0.38)	14.66(±0.43)	22.90(±0.43)	31.48(±0.43)	<1.25	镍铬(+) 考铜(－)	红(+) 黄(－)	镍铬(+) 考铜(－)
铜－康铜(Cu－CuNi40－Mn1.5)	4.10(±0.15)	8.13(±0.20)	8.13(±0.23)	12.21(±0.23)	16.40(±0.23)	<0.684	铜(+) 康铜(－)	红(+) 蓝(－)	镍铬(+) 镍硅(－) (镍铝)
铜－铜镍1.8(Cu－CuNi1.8)	1.35(±0.05)	2.05(±0.09)	2.96(±0.11)	4.61(±0.16)	6.37(±0.16)	<0.04	铜(+) 铜镍(－)	红(+) 白(－)	钨铼5(+) 钨铼20(－)

注:①补偿导线的往复电阻值是指当温度为20℃,长度各为1m,截面积各为$1mm^2$时的两导线总阻值。

第11章　接地、防雷及电气安全技术

11.1　接地与接零

安全用电是指在使用电气设备过程中怎样来防止电气事故及保证设备和人身安全。电气事故一般分为自然事故和人为事故。自然事故是指非人为原因引起的诸如设备绝缘老化引起漏电以及雷击产生的破坏等。人为事故是指因违反安全操作规程而引起的设备损坏甚至人员伤亡。

11.1.1　人身触电及预防

当人体触及带电体，或者带电体与人体之间闪击放电，或者电弧触及人体时，电流通过人体进入大地或其他导体，形成导电回路，这种情况就叫触电。

1. 电流对人体的伤害

电击时，电流流经人体内部，引起疼痛发麻，肌肉抽搐，严重的会引起强烈痉挛。心室颤动或呼吸停止，甚至由于因人体心脏、呼吸系统以及神经系统的致命伤害而造成死亡。电伤时，人体与带电体接触不良部分发生的电弧灼伤，或者是人体与带电体接触部分的电烙印，又由于被电流熔化和蒸发的金属微粒等侵入人体皮肤引起的皮肤金属化。这种伤害会给人体留下伤痕，严重时也可能致人于死命。电流对人体的伤害程序，与通过人体电流的大小、频率、时间、途径及个体特征等因素有关。

（1）电流大小的因素：按照电流通过人体时的不同生理反应，可分为：

①感觉电流：引起人的感觉的最小电流称为感觉电流。成年女性的平均感觉电流为0.7mA，成年男性约为1.1mA。

②摆脱电流：人体触电后能自主摆脱电源的最大电流称为摆脱电流。成年女性的摆脱电流约为6mA，成年男性约为9mA。根据国际电工委员会标准中的提议，男女老少均采用10mA为摆脱电流。

③致命电流：是通过人体引起心室发生纤维性颤动的最小电流。一般为大于 10mA 的电流。

（2）电流频率的因素：电流频率在小于或大于工频时，摆脱电流及感觉电流都变高。考虑到所设计的电气设备的合理性，目前世界上通用的工频交流为 50Hz 或 60Hz，而 50 ~ 100Hz 的电流对人体的危害最严重。

（3）电流持续时间的因素：触电时间短，对人体的影响小。触电时间长，能量积累多，较小的电流也会引起心室颤动；另外因触电时间长，使人体电阻下降，导致电流增加，对人体的伤害更加严重。

（4）电流途径的因素：电流通过人体大脑是最危险的，它会立即引起死亡，但是这种触电事故极为罕见。大多数的触电死亡是由于电流刺激人体心脏而引起的，所以触电危险程度主要取决于流过心脏的电流大小。电流从左手流到脚是最危险的途径，其次是电流从一只手到另一只手及从右手到脚的途径。

（5）个体特征的因素：身体越健康，摆脱电流就越大。摆脱同样大小电流的能力：男性 > 女性 > 儿童 。

2. 安全电压

安全电压是指人体较长时间触电而不会发生触电事故的电压。世界各国对安全电压的规定各不相同。日本为 50V 和 25V，德国为 65V，美国为 40V。我国规定的安全电压额定等级为 42V，36V，24V，12V，6V。

我国一般采用 36V 安全电压，凡工作在潮湿或危险性较大的场所，应采用 24V 安全电压。凡工作在条件恶劣或操作者容易大面积接触带电体的场所，应采用不超过 12V 的安全电压。凡人体浸在水中工作时，应采用 6V 安全电压。当电气设备采用超过 24V 的安全电压等级时，仍然需要采取防止直接接触带电体的保护措施。

3. 常见触电形式

（1）单相触电（电网中性点接地）：电流从一根火线经过人体再经过大地回到中性点，如图 11 – 1 所示。此时人体承受的电压是相电压，流过人体的电流为

$$I_{人} = U_{相} / (R_{人} + R_0 + R_1)$$

即在相电压一定的情况下，触电的危险程度取决于人体电阻 $R_{人}$、中性线接地电阻 R_0 及人与地的接触电阻 R_1。

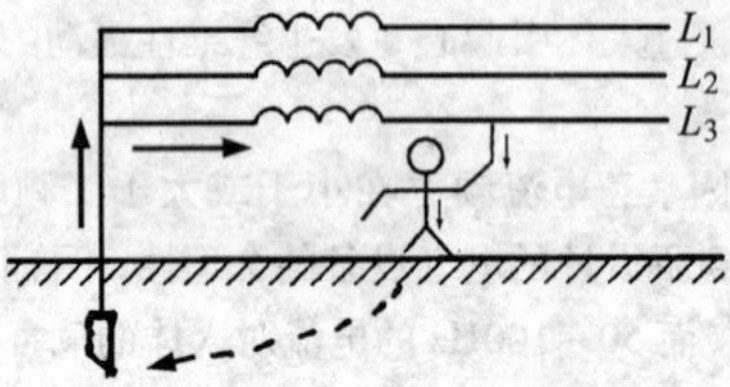

图 11－1　电网中性点接地的单相触电

（2）单相触电（电网中性点不接地）如图 11－2 所示。

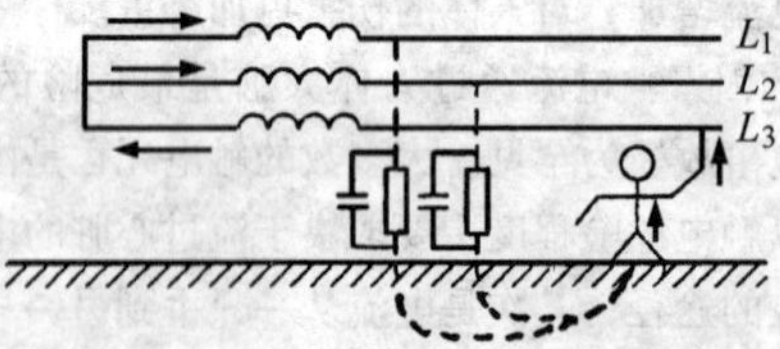

图 11－2　电网中性点不接地的单相触电

①在 1 000V 以下，人碰到任何一根火线后，电流从这根火线经过人体到大地再分成两路到另外两根火线及对地绝缘阻抗而形成回路。如果线路对地绝缘良好，通过人体的电流就小，危险就小。如果线路对地绝缘不良，就有触电危险。

②在 6～10kV，由于电压高，因此触电大，很危险。

（3）两相触电：如图 11－3 所示。人体不同部分同时接触两根火线，人体承受的电压为两根火线间的线电压。流过人体的电流为 $I_{人} = U_{线}/R_{人}$，显然 两相触电比单相触电更危险。

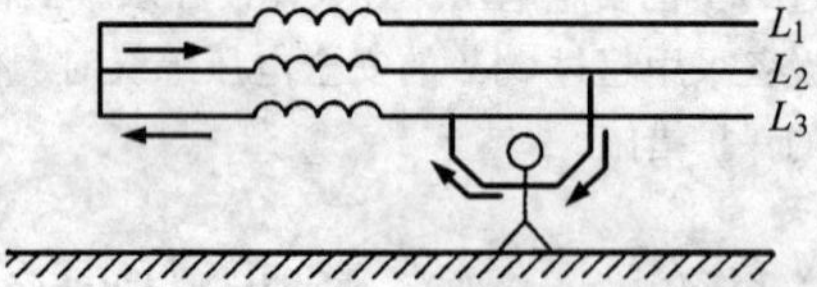

图 11－3　两相触电

（4）跨步电压触电：如图 11－4 所示。由于外力（如雷电、大风）的破坏等原因，电气设备、避雷针的接地点，或者断落电线断头着地点附近，将有大量的扩散电流向大地流入，而使周围 8～20m 的地面上形成大电场，此电场分布着不同的电位而以接地点（或着地点）的电位为最高。当人的脚与脚之间同时踩在不同电位的地表面两点时，会引起跨步电压触电。

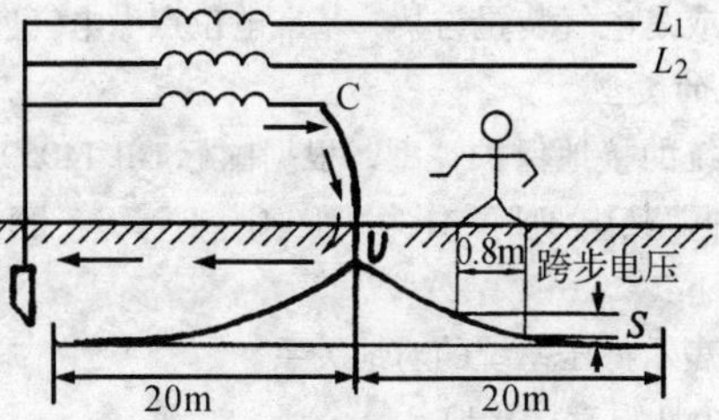

图 11－4　跨步电压触电

（5）电器设备外壳漏电触电：当电器设备漏电使金属外壳带电时，在有保护接地的情况下，人体若与金属外壳接触，流过人体的电流很小，不会对人体造成伤害。但当线路故障或绝缘破损又无保护接地的情况下时，人体接触这此漏电或带电的设备外壳时，流过人体的电流就会超过致命电流而发生触电事故，大部分触电事故属于这一类间接触电事故。

4. 触电事故的预防

总结安全用电经验和事故教训，应采取以下的预防措施：

（1）加强安全管理，建立和建全安全工作规程和制度，并严格执行。

（2）保证电气设备制造质量和安装质量，做好保护接地或保护接零，在电气设备的带电部分安装防护罩、防护网。

（3）使用、维护、检修电气设备，严格遵守有关安全规程和操作规程。

（4）尽量不进行带电作业，特别在危险场所（如高温、潮湿地点）严禁带电工作；必须带电作业时，应该用各种安全防护用具、安全工具，如使用绝缘棒、绝缘夹钳和必要的仪表，带绝缘手套、穿绝缘靴等，并设专人监护。

（5）对各种电气设备按照规定进行定期试验检查和检修，发现故障应及时处理；对不能修复的设备，不可使其带“病”运行，应立即更换。

（6）根据规定，在不宜使用 220/380V 电压的场所，应使用 12～36V 的安全电压。

（7）禁止非电工人员乱装乱拆电气设备，更不得乱接导线。

（8）加强技术培训和安全培训，提高安全生产和安全用电水平。

11.1.2　保护接地与保护接零

电气装置为了达到安全和功能的目的，采用接地系统（包括地中的接地极、建筑物内设置的总接地端子或接地母线、接地线）与大地做电气连接，即接大地；或是电气装置与某一基准电位点做电气连接，即接基准地。

1. 保护接地的类型

低压配电系统的接地保护类型，根据国标 GB 14050—93 的规定，分为 IT、TT、TN 三种，其中 TN 又分为 TN—C、TN—S、TN—C—S 三种，其文字代号的意义如下：

第一个字母表示低压系统的对地关系。

T 表示电源中性点直接接地。

I 表示电源中性点不接地，或经高阻抗接地。

第二个字母表示电气装置的外露可导电部分的对地关系：

T 表示电气装置的外露可导电部分直接接地，与电源侧的接地相互独立。

N 表示电气装置的外露可导电部分与电源侧的接地直接作电气连接，即接在系统中性线上。

S 表示中性线和保护线是分开的，中性线（N）称为工作零线，保护线（PE）称为保护零线。

C 表示中性线和保护线是合一的（PEN）线，中性线（N）和保护线（PE）合为一 PEN 线。

（1）IT 系统：IT 系统是电源中性点不接地，或经高阻抗接地，一般为三相三线制系统，负载侧电气设备的外露可导电部分经各自的保护零线直接接地，与电源侧的接地相互独立。这种系统应用在不间断供电要求较高的场所，如矿井供电。当发生一相接地故障时，因单相短路电流很小，三相用电设备可以继续正常运行，同时相关的监测装置会报警，有关人员及时排除故障。图 11－5 为 IT 系统的原理图。

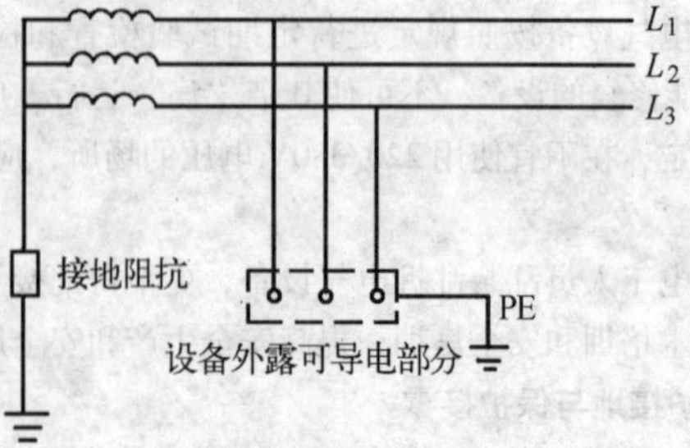

图 11－5　IT 系统

(2) TT 系统：电力系统有一点与地直接连接，负荷侧电气装置的外露可导电部分接到电气设备上与电力系统接地点无关的独立接地装置上。

在 TT 系统中，除变压器低压侧中性点直接接地外，中性线不再接地，而且应保持与相线同等的绝缘水平。当设备发生接地故障时，接地电流通过设备的接地电阻和系统的接地电阻形成回路，在两电阻上产生压降，所以设备的对地电压远比相电压小，即保护接地降低了接触电压，但这个电压对人身还存在很大危险，因此在 TT 系统中还应使用过电流保护器或剩余电流动作保护器作保护。图 11－6 为 TT 系统的原理图。

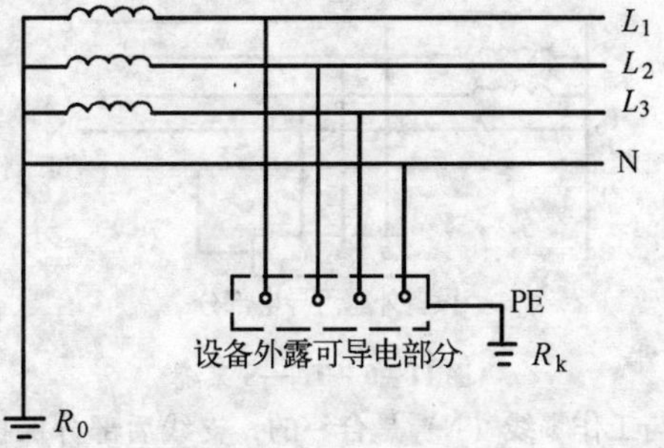

图 11－6　TT 系统

(3) TN 系统：TN 系统的电源中性点接地，并引出中性线 N，属于三相四线制供电系统，电气设备的外露可导电部分直接与中性线相连，称作保护接零。在 TN 系统中，当某一相线直接连接电气设备的外露可导电部分时，即形成单相短路，线路的短路保护装置迅速动作，在规定的时间内将故障设备与电源断开，消除触电危险。TN 系统有三种类型：

①TN—C 系统：电气系统设备的工作零线（N）和保护零线（PE）合为一 PEN 线。这种系统用于没有爆炸危险及安全条件较好的场所。图 11－7 为 TN—C 系统的原理图。

②TN—S 系统：三相五线制中性线直接接地，电气系统设备的工作零线（N）与保护零线（PE）是分开的，此系统安全可靠，为欧美各国普遍采用。我国正在逐步推广，这种系统主要用在爆炸危险性大、安全条件要求较高的场所及独立变电所的车间。图 11－8 为 TN—S 系统的原理图。

③TN—C—S 系统：三相四线制中性线直接接地，整个系统干线部分保

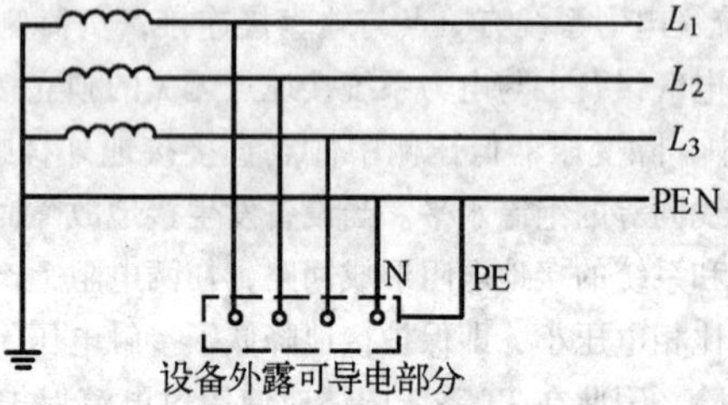

图 11－7　TN—C 系统

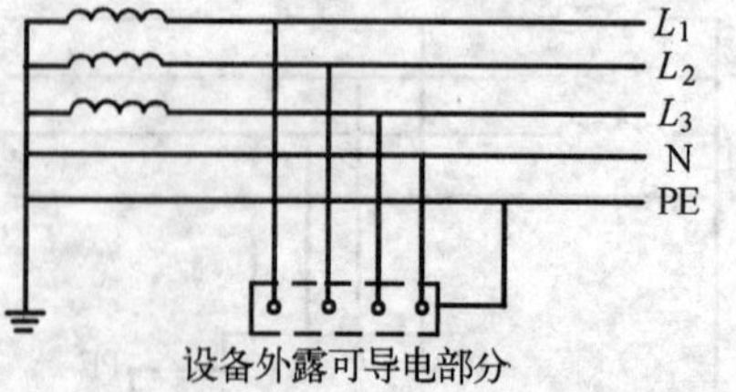

图 11－8　TN—S 系统

护零线（PE）与工作零线（N）是合一的，支线后部分保护零线（PE）与工作零线（N）是分开的。这种系统用于配电变压器的低压电网及配电系统末端环境条件较差或有精密电子设备的场所。图 11－9 为 TN—C—S 系统的原理图。

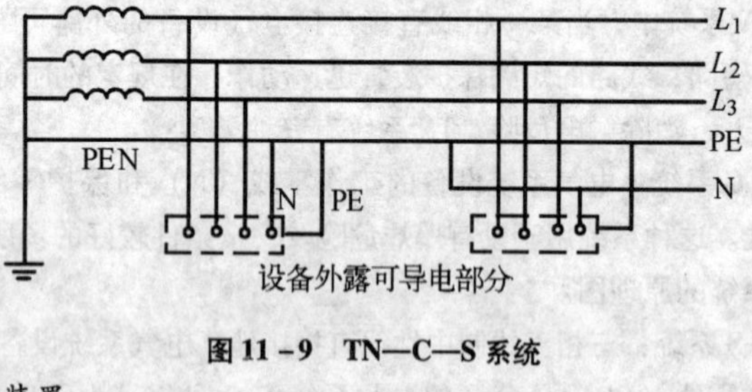

图 11－9　TN—C—S 系统

2. 接地装置

接地装置包括埋入地下金属接地体和接地线两部分，接地线又可分为接地干线和接地支线。其中，接地点对地电压与接地电流的比值叫接地电阻。接地电阻的规定值见表 11－1。

表 11-1　接地电阻的规定值

序号	类别	使用条件	接地电阻/Ω	备注
1	高压大接地短路电流系统（I≥500A）	仅用于此类系统的电气装置	R≤2 000/I	一般情况
			R≤0.5	I>4 000A 时
2	高压小接地短路电流系统（I<500A）	高、低压电气装置共用的接地装置	R≤120/I 一般 R≤4	高土壤电阻率地区，R≤30Ω 变电所、发电厂 R≤15Ω
		高压电气装置单独使用的接地装置	R≤250/I 一般 R≤10	
3	低压系统电源中性点直接接地	100kVA 以上的变压器（发电机）	R≤4	高土壤电阻率地区，R≤30Ω
		100kVA 以上的变压器（发电机）供电线路重复接地	R≤10	
		100kVA 以下的变压器（发电机）	R≤10	
4	低压系统电源中性点不接地	一般情况	R≤4	
		100kVA 以下的变压器（发电机）	R≤10	
5	钢筋混凝土杆和铁杆接地	中性点不直接接地的低压系统（IT 系统）	R≤50	
		3～10kV 架空线路，钢筋混凝土杆的钢筋应兼作接地引线路	R≤30	
6	雷电保护设备	变电所的独立避雷针	R≤10	
		架空进线上管形避雷器	R≤10	
		母线上阀形避雷器	R≤10	与旋转电机无电气联系
		母线上阀形避雷器	R≤5	与旋转电机有电气联系
		10kV 架空线路交叉跨越处的管形避雷器	R≤10～25	

11.1.3 电气装置接地的要求

1. 一般要求

（1）按照电气装置的要求，保护性接地和功能性接地可采用共同或分开的接地系统，但采用共用接地系统时，应首先满足保护性接地要求。

（2）建筑物内每套电气装置在电源进线处，都应设置总接地端子以连接保护干线、接地线和工作接地线，并用等电位联结干线*分别与装置外导电部分及建筑的金属构件相连接。

（3）交流电力设备应充分利用自然接地设施接地，但应校验其热稳定性，不合格者不能做为接地设施；金属水管在得到所属部门同意后可当接地极使用，但同时还应有其他接地设施。

（4）人工接地设施应首先推荐在直接与大地接触的建筑物外墙基础内底部埋置环形水平接地体。

2. 架空线路杆塔的接地系统

（1）在土壤电阻率（不同土壤和水的电阻率见表 11 -2）$\rho \leqslant 100\Omega \cdot m$ 的潮湿地区，可利用铁塔和电杆的自然接地，不必再另设接地极，但变电所的进线段除外。

在居民区，若自然接地电阻值符合要求，也可不另设人工接地极。

（2）在土壤电阻率 $100\Omega \cdot m < \rho \leqslant 300\Omega \cdot m$ 的地区，除利用铁塔、电杆的自然接地外，还应设置人工接地极，其埋深不宜小于 0.6 ~ 0.8m。

（3）在 $300\Omega \cdot m < \rho \leqslant 2\,000\Omega \cdot m$ 的地区，一般采用水平敷设的接地极，其埋深不宜小于 0.5m。

敷设在耕地中的接地极，埋深还应同时低于耕作深度。

（4）在 $\rho > 2\,000\Omega \cdot m$ 的地区，可采用 6 ~ 8 根总长度不超过 500m 的放射形接地极或连续伸长形接地极；放射形接地极可采用长短结合的方式。接地极埋深不宜小于 0.3m。

（5）居民区和水田中的接地极，宜围绕杆塔基础敷设成闭合环形。

（6）在土壤电阻较高的地区，当采用放射形接地体时，如杆塔基础附近有土壤电阻率较低的地带，可部分采用外引式接地。

---

* 等电位联结干线是用于总等电位联结的导线。总等电位联线是使建筑物电气装置的各外露导电体与装置外导电部分的电位基本相等的电气连接。

3. 35kV 及以下变电所的接地设施

（1）对于屋内变电所，若利用建筑物钢筋混凝土基础内钢筋体作接地体，且接地电阻又满足要求时，可不另设人工接地极。

（2）变电所的接地系统，除可利用自然接地设施外，若还需设置人工接地设置时，则首先推荐利用基础槽底部在混凝土内或垫层内埋置环形水平接地体。

用于变电所露天部分电气装置的人工接地网应以水平接地体为主，其外缘应闭合。

杆上配电变压器的接地极宜敷设成闭合环形。

（3）35kV 变电所的接地网，应在地下与进线避雷线的接地体相连接，以降低变电所接地网的接地电阻值。连接线埋设长度不应小于 15m。连接处应便于分开以便测量变电所的接地电阻值。

（4）35 ~ 6kV 小接地短路电流系统发生单相接地故障时，一般不迅速切除故障，此时变电所及电气设备的接地设施的接触电压不应大于 50V。

表 11 - 2　不同土壤和水的电阻率 ρ　　　/Ω · m

类别	名　称	ρ 的近似值	变化范围		
			较湿时（多雨区）	较干时（少雨区）	地下水含有盐碱时
泥土	陶黏土	10	5 ~ 20	10 ~ 100	3 ~ 10
	泥炭、沼泽地	20	10 ~ 30	50 ~ 300	3 ~ 10
	捣碎木炭	40			
	黑土、园田土、陶土、白垩土	50	30 ~ 100	50 ~ 300	10 ~ 30
	黏土	60	30 ~ 100	50 ~ 300	10 ~ 30
	砂质黏土	100	30 ~ 300	80 ~ 1000	10 ~ 30
	黄土	200	100 ~ 200	250	30
	含砂黏土、砂土	300	100 ~ 1000	> 1000	30 ~ 100
	河滩中的砂		300		
	煤		350		
	多石土壤	400			
	上层红色风化黏土，下层红色页岩	500（湿度 30%）			

续表

类别	名　称	ρ的近似值	变化范围		
			较湿时（多雨区）	较干时（少雨区）	地下水含有盐碱时
	表层土夹石，下层石子	600（湿度15%）			
砂	砂子、砂砾	1 000	250～1 000	1 000～2 500	
矿	金属矿石	0.01～1			
岩石	砾石、碎石	5000			
	多岩石地	5000			
	花岗岩	200 000			
混凝土	在水中	40～55			
	在湿土中	100～200			
	在干土中	500～13 000			
	在干净的大气中	12000～18 000			
水	海水	1～5			
	湖水池水	30			
	泥水	15～20			
	泉水	40～50			
	地下水	20～70			
	溪水	50～100			
	河水	30～280			
	污秽水	300			
	蒸馏水	1 000 000			

11.1.4　保护接零及重复接地的基本要求

1. 保护接零

保护接零宜用于中性点直接接地的220/380V三相四线制电力系统中。保护接零的原理在于当设备发生漏电时，能迅速切断电源。其基本要求：

（1）线路的阻抗不宜过大，以保证发生漏电时有足够大的断路电流，迫使线路上的保护装置迅速动作。

（2）在用于保护接零的中性线或专用保护接地线上不得装设熔断器和开关。

（3）在同一供电系统中，不允许个别设备接地不接零。特别应当注意，由同一台变压器供电的采取保护接零的系统中，所有电气设备都必须同零线连接起来，构成一个零线网。避免当采用接地的设备一旦出现故障或外壳带电时，将使所有采取保护接零的设备外壳都带电而产生触电事故。

2. 重复接地

将零线上工作接地以外的一处或多处通过接地装置与大地再次连接，称为重复接地。重复接地在降低漏电设备对地电压、减轻零线断线的危险性、缩短故障时间、改善防雷性能等方面起着重要作用。其基本要求：

（1）重复接地可以从零线上直接接地，也可以从接零设备外壳接地。

（2）以金属外皮作为零线的低压电缆，要求重复接地。

（3）户外架空线路宜采用集中重复接地。架空线路干线、分支线的终端、沿线路每 1km 处、分支线长度超过 200m 的分支处，以及高压线路与低压线路同杆敷设时，共同敷设段的两端均应在零线上装设重复接地。

（4）车间内部宜采用环形重复接地。零线与接地装置至少有两点连接。除进线处一点外，其对角处最远点也应该连接，当车间周边长超过 400m 时，每 200m 应有一点连接。

（5）每一重复接地电阻，一般不应超过 10Ω。当变压器低压工作接地的接地电阻允许不超过 10Ω 的场合，每一重复接地的接地电阻可以不超过 30Ω，但是不得少于三处。

11.2 防　雷

11.2.1 建（构）筑物的防雷分类

1. 工业用建筑物的防雷分类

建筑物根据其生产性质、发生雷电事故的可能性和后果，按对防雷的要求分为以下三类：

（1）第一类工业建筑物：

①凡建筑物中制造、使用或贮存大量爆炸物质，如火药、炸药、起爆物、化工品等，因电火花而引起爆炸，会造成巨大破坏和人身伤亡者。

②Q—1 级或 G—1 级爆炸危险场所。

（2）第二类工业建筑物：

①凡建筑物中制造、作用或贮存爆炸物质，但电火花不易引起爆炸或不

致造成巨大破坏和人身伤亡者。

②Q—2 级或 G—2 级爆炸危险场所。

（3）第三类工业建筑物：

①根据雷击后对工业生产的影响，并结合当地气象、地形、地质及周围环境等因素，确定需要防雷的 Q—3 级爆炸危险场所或 H—1、H—2、H—3 级火灾危险场所；

②历史上雷害事故较多地区的较重要建筑物；

③高度在 15m 及以上的烟囱、水塔等孤立的高耸建筑物，在年雷暴日数少于 30 的地区其高度为 20m 及以上。

2. 民用建筑物的防雷分类

（1）第一类民用建筑：具有特别重要用途的属于国家级的大型建筑物，如国家级的会堂、办公建筑、大型博展建筑、特等火车站、国际性航空港、通讯枢纽、国宾馆、大型旅游建筑、超高层建筑物、国家级重点文物保护的建筑物和构筑物等。

（2）第二类民用建筑：重要的或人员密集的大型建筑物，如部、省级办公楼，省级大型的集会、博展、体育、交通、通讯、广播、商业、影剧院建筑等。

（3）第三类民用建筑：

①建筑物年计算雷击次数为 0.01 及以上的确定为第三类防雷建筑物。

年计算雷击次数 N 的经验公式为：

$$N=0.015nk\ (l+5h)\ (b+5h)\ \times 10^{-6}$$

式中 n——年平均雷暴日数，根据当地气象台、站资料确定；

l、b、h——建筑物的长、宽、高（m）；

k——雷击次数校正系数，在一般情况下取 1，在下列情况下取 1.5~2：位于旷野孤立的建筑物或金属屋面的砖木结构建筑物；位于河边、湖边、山坡下或山地及特别潮湿的建筑物；建筑群中高于 25m、旷野高于 20m 的建筑物。

②建筑物边缘地带的高度为 20m 以上的建筑物，在雷电活动强烈地区高度可为 15m 以上，雷电活动较弱地区其高度可为 25m 以上。

③高度超过 15m 的烟囱、水塔等孤立的建筑物或构筑物。在雷电活动较弱地区，其高度可为 20m 以上。

④历史上雷害事故较多地区的建筑物。

11.2.2 建（构）筑物的防雷措施

1. 建（构）筑物的防雷措施

第一、二类工业民用建筑防直击雷、防雷电感应和防雷电波侵入的措施及第三类工业民用建筑防直击雷和防雷电波侵入的措施见表11－3～表11－5。

2. 有不同类别防雷房间的建筑物的防雷措施

（1）兼有第一类、第二类、第三类防雷房间的建筑物，当第一类防雷房间的面积占建筑物所有面积的30%及以上时，整栋建筑物宜按第一类防雷建筑物考虑。当第一类防雷房间的面积小于建筑物面积的30%，而第二类防雷房间的面积占30%及以上时或当这两类防雷房间的面积均小于30%，但其面积和大于30%时，整栋建筑宜按第二类防雷建筑物处理。而对第一类防雷房间的防雷电感应和防雷电波侵入应按该类所要求的措施处理。当第一、二类防雷房间面积之和小于建筑物面积的30%，且这些房间不可能受到直接雷击时，整栋建筑可按第三类防雷建筑物处理，但对第一、二类防雷房间的防雷电感应和防雷电波侵入应按相应类的要求处理。

（2）仅建筑物的一部分为第一、第二、第三类防雷房间的建筑，当要求防雷的房间可能遭受直接雷击时，宜按各自类别考虑防雷措施；不可能遭受直接雷击时，可不考虑防直击雷，仅考虑各自要求的防雷电感应和防雷电波侵入的措施。当要求防雷的房间的面积占建筑物所有面积之和的一半以上时，整栋建筑物宜按（1）考虑防雷措施。

（3）对防直击雷，在确定滚球法所得出的接闪器保护范围是否保护到建筑物、封闭气罐时，可不计及其外表面的2区爆炸危险环境。

3. 其他防雷措施

（1）固定在建筑上的节日彩灯、航空障碍信号灯及其他用电设备的线路，根据建筑物的重要性采取相应的防止雷电波侵入措施。在一般情况下应符合下列要求：

①无金属外壳或保护罩的用电设备应处在接闪器的保护范围内；

②从配电屏引出的线路应穿钢管。钢管的一端与配电屏相连，另一端与用电设备外壳、保护罩相连，并就近与屋顶防雷装置相连。钢管因接设备而中间断开时应跨接。

③在配电屏内，应在开关的电源侧与外壳之间装设过电压保护器。

（2）粮棉及易燃物大量集中的露天堆场，应采取适当的防直击雷措施。在一般情况下，当其年计算雷击数 $N \geqslant 0.06$ 时，宜采用独立避雷针或架空避雷线防直击雷。避雷针、线保护范围的滚球半径可取100m。在计算雷击次数时，建筑物的高度按堆放物可能堆放的高度考虑；长度和宽度按可能堆放面积的长度和宽度考虑。

（3）不应利用安装在接收电视广播的共用天线杆顶的接闪器作为保护建筑物的接闪器。

（4）为了防止雷电波侵入，严禁在独立避雷针、架空避雷网和避雷线支柱上悬挂电话线、广播线及低压架空线等。

表 11－3　第一类民用与工业建筑物的防雷措施

项目	防　雷　措　施
防[④]直击雷	（1）装设独立避雷针[①]作保护，对排放有爆炸危险的气体、蒸汽或粉尘的管道，其保护范围高出管顶不应小于2m （2）独立避雷针应有独立的接地装置，冲击接地电阻 R_{ch} 宜 $\leqslant 10\Omega$[②] （3）独立避雷针及其接地装置，至被保护建筑物及与其有联系的金属物（如管道、电缆、防雷电感应的接地装置等）之间的距离，空气中距离应 $\geqslant 0.3R_{ch}+0.1h_x$）[③]（m），地中距离应 $\geqslant 0.3R_{ch}$（m），但均不得小于3m
防雷电感应	（1）为防止静电感应产生火花，建筑物内的金属物（如设备、管道、构架、电缆外皮、钢屋架、钢窗等较大金属构件）和突出屋面的金属物（如放散管、风管等）均应接地，金属屋面和钢筋混凝土屋面（其中钢筋宜绑扎或焊接成电气闭合回路）沿周边每隔18m应用下引线接地一次 （2）为防止电磁感应产生火花，平行敷设的长金属物如管道、构架和电缆外皮等，其相互间净距小于100mm时应每隔20～30m用金属线跨接，净距小于100mm的交叉处及管道连接处（如弯头、阀门、法兰盘等），应用金属线跨接，用丝扣紧密连接的∅25及以上的管接头及法盘兰，在非腐蚀环境中可不跨接 （3）防雷电感应的接地装置，其接地电阻[⑤] R 应 $\leqslant 10\Omega$。并应和电气设备接地装置共用[⑥]，屋内接地干线与接地装置的连接不应少于2处

续表

项目	防 雷 措 施
防雷电波侵入	（1）低压线路宜全线采用电缆直接埋地敷设，在入户端应将电缆的金属外皮接到防雷电感应的接地装置上。当全线采用电缆有困难时，在入户端可采用一段铠装电缆引入，直接埋地的长度不应小于50m；在电缆与架空线连接处还应装阀型避雷器。避雷器、电缆金属外皮和绝缘子铁脚应连在一起接地，冲击接地电阻 $R_{ch} \leqslant 10\Omega$ （2）架空、埋地或地沟内的金属管道，在进入建筑物处应与防雷电感应的接地装置相连。距离建筑物100m内的架空管道，还应每隔25m左右接地一次，冲击接地电阻 $R_{ch} \leqslant 20\Omega$，金属或钢筋混凝土支架的基础可作为接地装置

注：①也可用架空避雷线作保护。

②在高土壤电阻率地区，可适当增大冲击接地电阻值，但应符合防直击雷项目中第（3）项的间距要求。

③h_x 为被保护建筑物或计算点的高度（m）。如有树木高于建筑物且不在避雷针保护范围内，建筑物距树木的净距不应小于5m，以防反击。

④由于建筑物太高等原因难以装独立避雷针时，可将避雷针或网格≤6m×6m的避雷网直接装在建筑物上，但必须同时符合下列要求：

a. 建筑物上所有避雷针应用避雷带互相连接。

b. 防直击雷接地装置应围绕建筑物敷设成闭合回路，冲击接地电阻应≤10Ω，并应和电气设备接地装置及所有进入建筑物的金属管道相连，此接地装置兼作防雷电感应之用。

c. 下引线不应少于2根，其间隔不应大于18m，沿建筑物外墙均匀布置。

d. 建筑物应装设均压环，环间垂直距离不应大于12m，下引线，建筑物内的金属结构和金属设备均应连在环上。

e. 排放有爆炸危险气体、蒸汽或粉尘的突出屋面的管阀等，应采用避雷针保护，管口上方2m应在保护范围内，避雷针针尖应设在爆炸危险区之外，但高出管阀及其水平间距均不得小于3m。

⑤未标明冲击接地电阻时，均指工频接地电阻。以下同此。

⑥有特殊要求的电力、电子设备的接地装置能否与防雷电感应的接地装置共用，按有关专用规程执行。以下同此。

表 11－4　第二类民用与工业建筑物的防雷措施

项目	防　雷　措　施
防直击雷	（1）一般在建筑物上装避雷网或避雷针作保护，避雷网应沿屋角、屋脊、屋檐和檐角等易受雷击的部位敷设，并应在整个屋面组成≤10m×10m 的网格，避雷针应用避雷带互相连接 （2）对排放具有爆炸危险的气体、蒸汽或粉尘的突出屋面的放散管、呼吸阀和排风管等，宜在管口或其附近装设避雷针保护，且针尖高出管口不应小于 3m，管口上方 1m 应在保护范围内。有煤气放散管和装有阻火器的上述管阀，排放无爆炸危险的气体、蒸汽或粉尘的放散管、烟囱以及 Q—2 级和 G—2 级爆炸危险场所的自然通风管等，如为金属物体一般不装接闪器，但应和屋面防雷装置相连。如为屋面接闪器保护范围之外的非金属物体则应装接闪器并和屋面防雷装置相连 （3）下引线不应少于 2 根，其间距不宜大于 20m。下引线至金属物的空气中距离应≥$0.05l_x$①（m），其间有混凝土墙右砖墙隔开时，其墙厚的等铲距离可按其厚度的 5 倍计算；如不能满足上述距离要求时，金属物应与下引线相连；当其间有自然接地或人工接地的钢筋混凝土构件等隔开时，距离不受限制 （4）防直击雷和防雷电感应宜共用接地装置，冲击接地电阻 $R_{ch}\leqslant 10\Omega$②，并应和电气设备接地装置及埋地金属管道相连 （5）钢筋混凝土屋面板、梁、柱和基础内的钢筋③宜用作下引线和接地装置（当钢筋直径≥10mm 时可接 1 根，当钢筋直径＜10mm 时宜接 2 根），构件内钢筋的接点应绑扎或焊接，与外部连接的钢筋与预留连接板的连接宜焊接，各构件之间必须连接成电气通路 （6）金属屋面宜用作接闪器
防雷电感应	（1）建筑物内的主要金属物，如设备、管道、构架等，应与接地装置相连 （2）平行敷设的长金属物，要求同第一类工业建筑物；用丝扣和法兰盘连接的金属管道，连接处可不跨接 （3）屋内接地干线与接地装置的连接不应少于两处

续表

项目	防　雷　措　施
防雷电波侵入	（1）低压架空线宜用长度不小于50m的金属铠装电缆直接埋地引入，其余要求同第一类工业建筑物 （2）爆炸危险性较小或年平均雷暴日数在30以下地区，可采用低压架空线引入，但在入户处墙上应装阀型避雷器或2～3mm的空气间隙，并应与绝缘子铁脚连在一起接到防雷接地装置上，其总冲击接地电阻应≤5Ω；同时入户端的三基电杆绝缘子铁脚也应接地，靠近建筑物的电杆，其冲击接地电阻 R_{ch}≤10Ω，其余两基电杆 R_{ch}≤20Ω （3）架空或直接埋地的金属管道在入户处应与接地装置相连，架空金属管道在距建筑物约25m处还应接地一次，冲击接地电阻 R_{ch}≤20Ω

注：①l_x 为引下线计算点到地面的长度（m）。

②对高土壤电阻率地区，如接地装置的接地电阻难以符合要求，可用均衡电位的方法，即沿建筑物外面四周敷设一条水平闭合接地体。其所形成闭环的尺寸如大于24m×24m时应增设均压带，并将所有引入屋内的金属管道及电缆金属外皮等与闭合接地体连接。

③作为接地装置的基础内钢筋，雷电流通过其与混凝土接触表面的允许电流密度为：对温度值要求不超过80℃的基础为72kA/m²，对无温度值要求的基础为87kA/m²。

表11－5　第三类民用与工业建筑物的防雷措施

项目	防　雷　措　施
防直击雷	（1）在建筑物易受雷击的部位[①]装设避雷带或针。当采用避雷带时，屋面上任何一点距避雷带不应大于20m，如有三条及以上平行避雷带时，每隔30～40m宜跨接。屋面上装设多支避雷针时，可不按第四节计算保护范围，但两针间距离不宜大于30m，并不应大于避雷针有效高度的15倍。屋面上单支避雷针的保护范围宜按60°保护角确定 （2）突出屋面的物体，如排放无爆炸危险的气体、蒸汽或粉尘的放散管、风管、烟囱以及Q—2级和G—2级爆炸危险场所的自然通风管等，如为金属物体一般不装接闪器，但应和屋面防雷装置相连；在屋面接闪器保护范围以外的非金属物体应装接闪器，并和屋面防雷装置相连

续表

项目	防雷措施
防直击雷	（3）接地装置的冲击接地电阻 $R_{ch} \leqslant 30\Omega$②，并应与电气设备接地装置及埋地金属管道相连 （4）下引线不宜少于 2 根，间距不宜大于 25m。 （5）钢筋混凝土屋面板、梁、柱、基础内的钢筋宜用作接闪器、下引线和接地装置。钢筋直径和连接的要求同第二类工业建筑物 （6）金属屋面宜用作接闪器，金属容器当壁厚大于 4mm 时宜用作接闪器、下引线和接地装置
防雷电波侵入	（1）低压架空线在入户处，应将绝缘子铁脚接到防雷及电气设备的接地装置上 （2）进入建筑物的架空金属管道在入户处，宜与上述接地装置相连

注：①建筑物易受雷击的部位：当坡度≤1/10 的屋面时为檐角、女儿墙和屋檐；当坡度＜1/2 的屋面为屋角、屋脊、檐角和屋檐；当坡度≥1/2 的屋面为屋角、屋脊和檐角。参考图 11－10。

②同表 11－4 注②。

11.2.3 避雷针的保护范围

1. 单支避雷针的保护范围

如图 11－10，地面上的保护半径为：

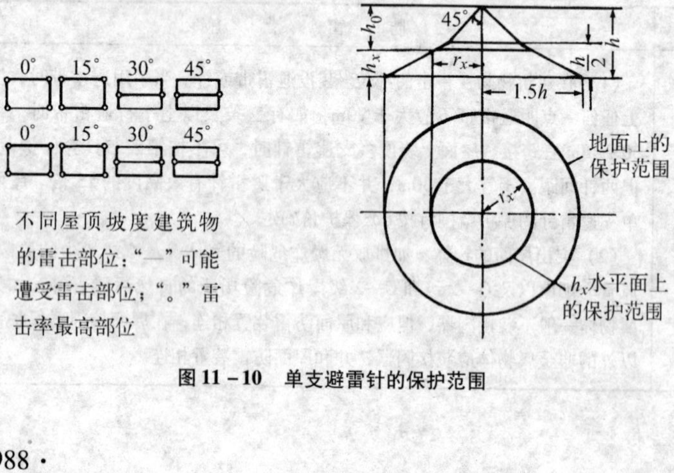

图 11－10　单支避雷针的保护范围

$$r_0 = 15h \text{ (m)}$$

式中　h——避雷针的高度（m）。高度为 h_x 时水平面上的保护半径为 r_x。

当 $h_x \geqslant \frac{h}{2}$ 时，$r_x = (h - h_x)\ \rho = h_a \cdot \rho$　（m）

h_x——被保护物的高度。

h_a——避雷针的有效高度（m）。

ρ——高度影响系数，

当 $h \leqslant 30$m 时，$\rho = 1$；

当 $30 < h \leqslant 120$m 时，$\rho = \frac{5.5}{\sqrt{h}}$；

当　$h_x < \frac{h}{2}$ 时，

$r_x = (1.5h - 2h_x) \cdot \rho$　（m）。

单支避雷针在保护高度 h_x 平面上的保护半径 r_x 的值见表 11－6。

2. 两支等高避雷针的保护范围

见图 11－11 两针外侧的保护范围应按单支避雷针的计算方法确定。两针间的保护范围应连接两针顶点和中点的圆弧确定，其高度即为：

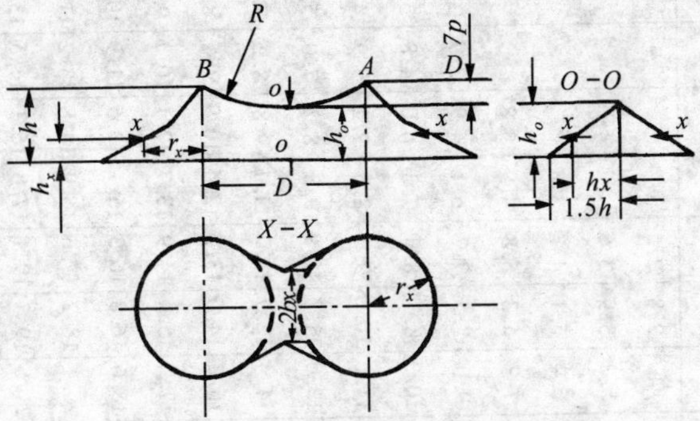

图 11－11　两支等高避雷针的保护范围

$$h_0 = h - \frac{D}{7\rho}.$$

式中　h_0——两针间保护范围上部边缘最低点高度（m）；

D——两避雷针间距离（m）；

表 11－6　单支避雷针在保护高度 h_x 平面上的保护半径 r_x/m

ρ	r_x \ h_x \ h	5	6	7	7.3	8	9	10	11	12	13	14	15	16	17	18	19	20	21	22
1	10	5.3	4	2.8	2.5															
1	11	6.6	5.2	3.9	3.6															
1	12	7.9	6.4	5.1	4.7	3.8														
1	13	9.3	7.7	6.2	5.8	4.9	3.8													
1	14	10.6	9.0	7.5	7.7	6.1	4.9	3.7												
1	15	12.0	10.3	8.7	8.3	7.3	6.0	4.8	3.7											
1	16	13.4	11.6	10.0	9.6	8.5	7.2	5.9	4.7	3.7										
1	17	14.8	13.0	11.3	10.9	9.8	8.2	7.0	5.8	4.7	3.6									
1	18	16.2	14.4	12.7	12.2	11.1	9.8	8.2	7.0	5.8	4.7	3.6								
1	19	17.7	15.8	14.0	13.5	12.4	10.9	9.4	8.1	6.9	5.6	4.6	3.6							
1	20	19.2	17.2	15.4	14.9	13.7	12.1	10.7	9.3	8.0	6.8	5.6	4.6	3.6						
1	21	20.7	18.6	16.8	16.3	15.1	13.5	11.9	10.5	9.2	7.9	6.7	5.6	4.6	3.6					
1	22	22.1	20.1	18.2	17.6	16.9	14.8	13.2	11.7	10.4	9.1	7.8	6.7	5.5	4.5	3.5				
1	23	23.7	21.6	19.7	19.1	17.8	16.1	14.5	13.0	11.6	10.2	8.9	7.7	6.6	5.5	4.5	3.5			
1	24	25.0	23.0	21.0	20.5	19.1	17.4	15.8	14.2	12.8	11.4	10.1	8.9	7.7	6.5	5.5	4.5	3.5		
1	25	26.7	24.5	22.5	21.9	20.6	18.8	17.1	15.6	14.0	12.6	11.3	10.0	8.8	7.6	6.5	5.5	4.5	3.5	

续表

ρ	h \ r_x \ h_x	5	6	7	7.3	8	9	10	11	12	13	14	15	16	17	18	19	20	21	22
1	26	28.2	26.0	24.0	23.3	22.0	20.2	18.5	16.8	15.4	13.9	12.5	11.2	9.9	8.7	7.6	6.5	5.4	4.4	3.5
1	27	29.6	27.5	25.4	24.8	23.4	21.6	19.8	18.2	16.6	15.2	13.7	12.4	11.0	9.8	8.6	7.5	6.4	5.4	4.4
1	28	31.2	29.0	26.9	26.2	24.8	23.0	21.2	19.6	17.9	16.4	15.0	13.5	12.2	10.9	9.7	8.6	7.5	6.4	5.4
1	29	32.8	30.5	28.4	27.7	26.4	24.4	22.6	21.0	19.3	17.7	16.2	14.8	13.4	12.1	10.9	9.7	8.5	7.4	6.4
1	30	34.3	32.0	30.0	29.2	27.8	25.9	24.1	22.2	20.6	19.0	17.5	16.0	14.6	13.3	12.0	10.8	9.6	8.5	7.4
0.988	31	35.3	33.0	30.8	30.7	28.9	26.9	25.0	23.3	21.7	20.1	18.5	17.0	15.7	14.2	13.0	11.7	10.6	9.4	8.3
0.972	32	36.3	34.0	31.9	32.2	29.9	27.9	26.1	24.4	22.7	21.1	19.4	18.0	16.6	15.2	14.0	12.7	11.5	10.3	9.2
0.958	33	37.3	35.0	32.9	33.6	30.8	28.6	27.0	25.2	23.5	22.0	20.4	18.9	17.5	16.2	14.9	13.6	12.4	11.2	10.1
0.944	34	38.6	35.9	33.7	35.2	31.8	29.8	28.0	26.2	24.5	23.0	21.4	19.8	18.4	17.1	15.8	14.5	13.3	12.1	11.0
0.93	35	39.0	36.8	34.6		32.7	30.7	29.0	27.0	26.0	23.8	22.3	20.8	19.4	18.0	16.7	15.4	14.2	13.0	11.8
0.917	36	40.0	37.7	35.6		33.5	31.6	29.8	28.0	26.4	24.8	23.2	21.1	20.3	18.9	17.6	16.3	15.0	13.9	12.7
0.905	37	40.7	38.4	36.3		34.5	32.5	30.7	28.8	27.4	25.7	24.0	22.6	21.3	19.8	18.4	17.4	16.0	14.7	13.6
0.893	38	41.6	39.4	37.3		35.2	33.5	31.5	29.8	28.2	26.6	25.0	23.4	22.1	20.6	19.4	18.0	16.8	15.6	14.4
0.88	39	42.3	40.0	38.2		36.2	34.3	32.5	30.7	29.1	27.5	25.9	24.3	23.0	21.6	20.3	18.9	17.7	16.5	15.3
0.87	40	43.3	41.2	39.0		37.0	35.0	33.3	31.6	30.0	28.3	26.7	25.2	23.8	22.3	21.5	20.2	18.6	17.3	16.3

h——避雷针的高度，为高度影响系数，其计算与单支避雷针相同。

两针间 h_x 水平面上保护范围的一侧最小宽度应为：

$$bx = 1.5\ (h_0 - h_x)$$

式中　b_x——保护范围的一侧最小宽度（m）；

当两针间距增大至 $D = 7h\rho$ 时，$h_0 = 0$，则两针之间不再构成联合保护范围。因此，D/h 不宜大于5。

3. 三支等高避雷针的保护范围

见图 11－12，三支等高避雷针所形成三角形 1—2—3 外侧保护范围应分别按两支等高避雷针的计算方法确定；三角形内侧也按两支等高避雷针的计算方法确定。若两针之间均能满足 $b_x \geqslant 0$ 的条件，则高度 h_x 水平面上三角形内侧的全部面积都在三针联合保护范围之内。

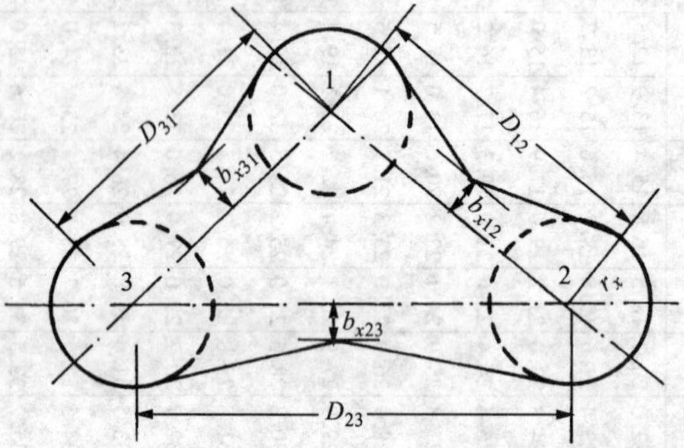

图 11－12　三支等高避雷针 1、2 及 3 在 h_x 水平面上的保护范围

4. 四支及以上等高避雷针的保护范围

见图 11－13 先将四支及以上等高避雷针所形成的四边形或多边形分为两个三角形或若干个三角形，然后分别按三支等高避雷针的计算方法计算，若各边保护范围的一侧最小宽度 $b_x \geqslant 0$，则全部面积都在保护范围之内。

5. 两支不等高避雷针的保护范围

见图 11－14 两支不等高避雷针的保护范围的确定应按单支避雷针的计算方法，首先确定较高避雷针 1 的保护范围，然后由较低避雷针 2 的顶点 B 作水平线与避雷针 1 的保护范围相交于点 C，取 C 点为等效避雷针的顶点，

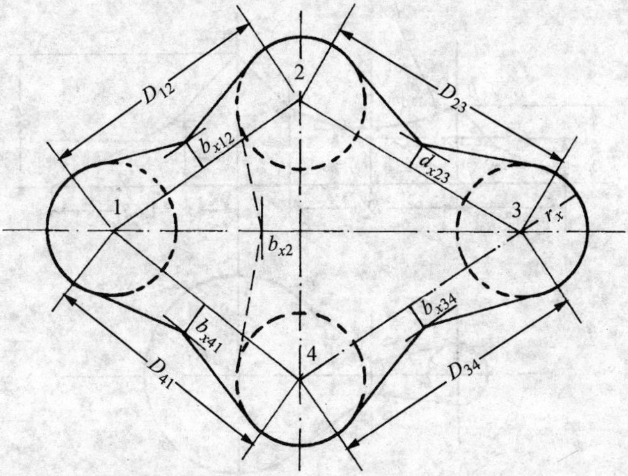

图 11－13　四支等高避雷针 1、2、3 及 4 在 h_x 水平面上的保护范围

再按两支等高避雷针的方法来确定其保护范围。避雷针顶点 B、C 的连线与保护范围上部边缘低点圆弧的弓高为：

$$f = \frac{D'}{7P}$$

式中　f——圆弧的弓高（m）。

D'——避雷针 2 和等效避雷针 3 间的距离（m）。

11.2.4　避雷线的保护范围

1. 单根避雷线的保护范围

如图 11－15。

当 $h_x \geqslant \frac{h}{2}$ 时，

$r_x = 0.47(h - h_x)\rho$

当 $h_x \leqslant \frac{h}{2}$ 时，

$r_x = (h - 1.53h_x)\rho$

式中　h——避雷线最大弧垂点高度（m）。

h_x——被保护物高度（m）。

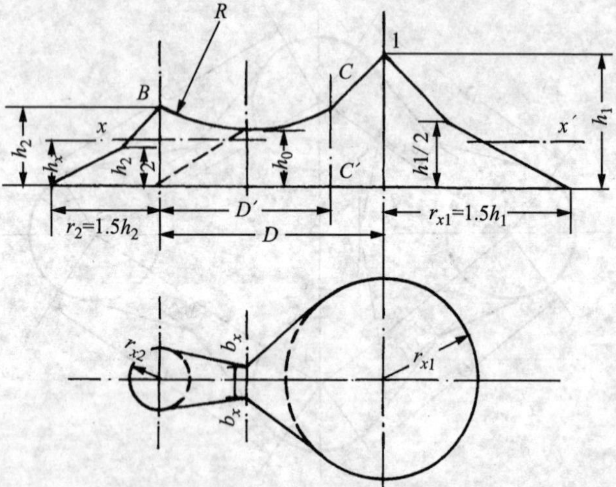

x x'平面上的保护范围

图 11－14　两支不等高避雷针 1 及 2 的保护范围

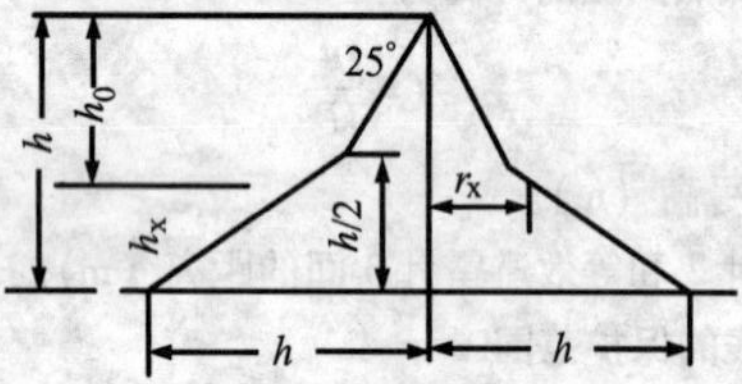

在h_x水平面上保护范围的截面

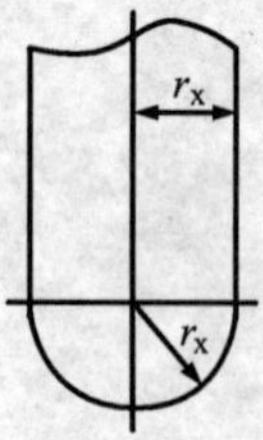

图 11－15　单根避雷线的保护范围

r_x——h_x 高度水平面上避雷线一侧保护宽度（m）。

ρ——高度影响系数。

2. 两根平行等高避雷线的保护范围

如图 11－16 所示：

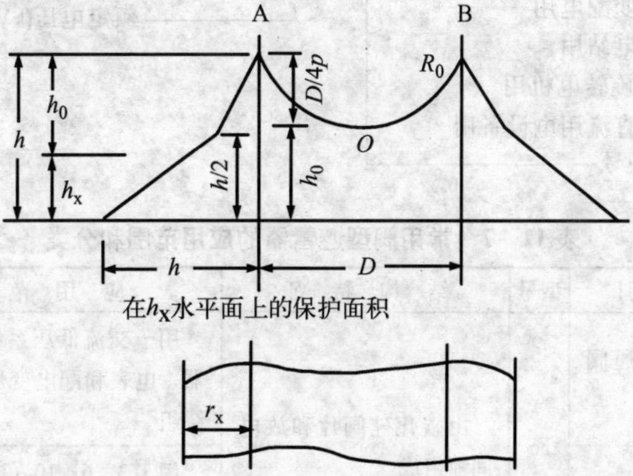

图 11－16　两根平行等高避雷线的保护范围

（1）两根避雷线外侧的保护范围，按照单根避雷线计算方法确定。

（2）两根避雷线之间各横截面的保护范围，由通过两根避雷线 A、B 点及保护范围上部边缘最低点 O 的圆弧来确定。O 点的高度为

$$h_0 = h - \frac{D}{4p}$$

（3）两根避雷线端部的保护范围，可按两支等高避雷针计算方法来确定，等效避雷针的高度，可近似取避雷线悬点高度的 80%。

11.2.5　避雷器

（1）阀型避雷器：阀型避雷器的型号含义如下：

常用阀型避雷器的应用范围和分类以及主要技术数据见表 11－7、表 11－8。

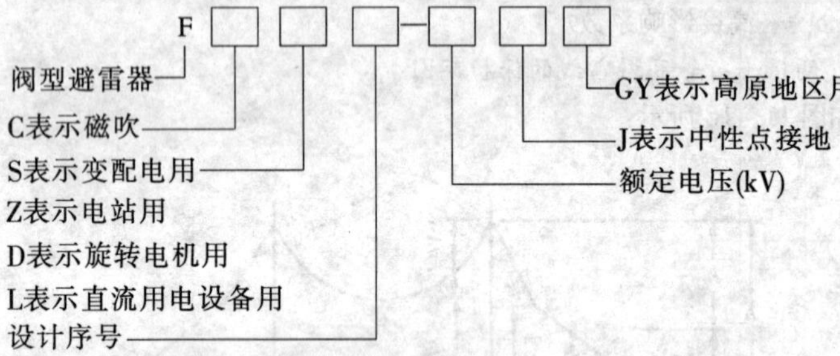

表 11－7　常用阀型避雷器的应用范围和分类

类　别	型号	结 构 特 征	应 用 范 围
低压普通阀型避雷器	FS	由碳化硅阀片和放电间隙组成	用于交流低压系统，保护电器、电表和配电变压器的低压绕组
配电用普通阀型避雷器			用于3，6，10（kV）交流配电系统保护柱上开关、熔断器和电缆头以及配电变压器
电站用普通阀型避雷器	FZ	由碳化硅阀片串联放电间隙、并联分路电阻组成，灭弧能力较强	用于保护3～220kV交流配电系统，保护配变电所及电站内的电气设备
电站用磁吹式阀型避雷器	FCZ	由碳化硅高温阀片与串联放电间隙和磁吹灭弧线圈组成，灭弧能力强	用于35kV以上变电所电气设备和部分操作过电压保护
保护旋转电机用磁吹式阀型避雷器	FCD	同FCZ型，但部分间隙并联电容器，以改善伏秒特性及保护性能	用于旋转电机及干式变压器保护
直流阀型避雷器	FCL	同FCZ型，但元件有良好的直流灭弧性能	用于保护直流电气系统的电气设备

表 11－8　阀型避雷器的主要技术数据

型　号	额定电压/kV(有效值)	灭弧电压/kV(有效值)	工频放电电压/kV(有效值)		冲击放电电压(预放时间为1.5～20μs)不大于/kV(有效值)	不同冲击电流(波形8～20μs)下,残压不高于/kV(有效值)		主要尺寸/mm		自重/kg
			不小于	不大于		3kA	5kA	全高	最大直径	
FS—0.22	0.22	0.25	0.5	0.9	1.7	1.5		61	69	0.21
FS—0.38	0.38	0.5	1.1	1.6	3.0	3.0		119	97	0.53
FS—0.5	0.5	0.5	1.1	1.6	3.0	3.0		92	96	0.5
FS—3	3	3.8	9	11	21		17	297	138	4
FS—6	6	7.6	16	19	35		30	357	138	5
FS—10	10	12.7	26	31	50		50	480	138	7.5
FS2—0.22	0.22	0.25	0.5	0.9	1.7	1.5		61	69	0.22
FS2—0.38	0.38	0.5	1.1	1.6	3.0	3.0		95	86	0.38
FS2—0.5	0.5	0.5	1.15	1.65	2.6		2.5	85	86	0.5
FS2—3	3	3.8	9	11	21		17	260	140	3.4
FS2—6	6	7.6	16	19	35		30	330	140	5
FS2—10	10	12.7	26	31	50		50	440	140	6.7
FS3—3	3	3.8	9	11	21		17	235	110	2.6
FS3—6	6	7.6	16	19	35		30	335	110	4.2
FS3—10	10	12.7	26	31	50		50	470	110	5.97
FS4—3	3	3.8	9.0	11	21		17	230	114	2.2
FS4—6	6	7.6	16	19	35		30	310	114	3.0
FS4—10	10	12.7	26	31	50		50	430	114	4.2
FS4—3GY	3	3.8	9.0	11	21		17	230	114	2.5
FS4—6GY	6	7.6	16	19	35		30	315	114	3.6
FS4—10GY	10	12.7	26	31	50		50	425	114	5.0
FS5—10	10	12.7	26	31	50		50	450	124	
FS6—3	3	3.8	9	11	21		17	196	123	3.04
FS6—6	6	7.6	16	19	35		30	278	123	4.19
FS6—10	10	12.7	26	31	50		50	385	123	6.08
FZ—2	2	2.3	4.5	5.5	10	10	11			
FZ—3	3	3.8	9	11	20	14.5	16			
FZ—4	4	4.6				20	22			

续表

型号	额定电压/kV（有效值）	灭弧电压/kV（有效值）	工频放电电压/kV（有效值）		冲击放电电压（预放时间为1.5～20μs）不大于/kV（有效值）	不同冲击电流（波形8～20μs）下，残压不高于/kV（有效值）		主要尺寸/mm		自重/kg
			不小于	不大于		3kA	5kA	全高	最大直径	
FZ—6	6	7.6	16	19	30	27	30			
FZ—10	10	12.7	26	31	45	45	50			
FZ1—10	10	12.7	26	31	45	45	50			

注：FS—0.22～FS—0.5 和 FS2—0.22～FS2—0.5 型低压避雷器，常用来保护对应电压等级的交流电动机、电度表、配电变压器等电气设备。

在中性点非直接接地的电力系统中，阀型避雷器的额定电压不应低于设备的最高运行线电压。保护旋转电机中性点绝缘的阀型避雷器的额定电压不能低于该电机运行时的最高相电压。

（2）管型避雷器：管型避雷器的组成见图 11－17。

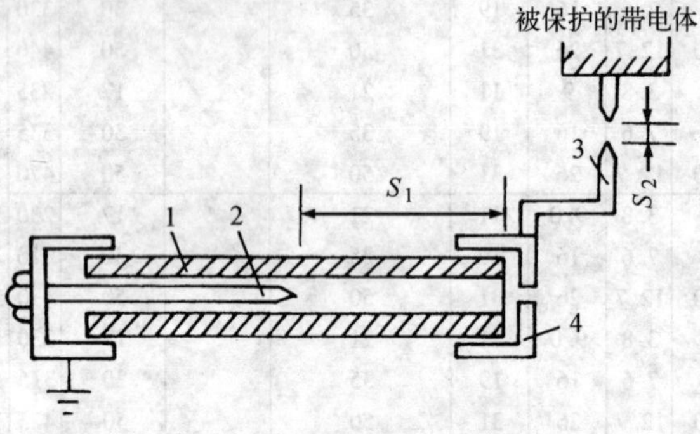

图 11－17　管型避雷器

1. 产气管　2、3. 棒状电极　4. 环状电极　S_1 为内部间隙　S_2 为外部间隙

管型避雷器具有通流能力大、使用寿命长、冲击放电电压低、无工频续流、体积小、质量轻、价格便宜等优点，但内部容易积尘，造成绝缘电阻急剧降低，不起保护作用，因此适用于灰尘少或多雨潮湿地区。

选择管型避雷器时要检验其安装处的短路电流值是否在其工频短路有效

值的上下限范围以内。若超出上限,避雷器要爆炸;若低于下限,避雷器不能消弧,反而导致烧毁。

管型避雷器型号的含义如下:

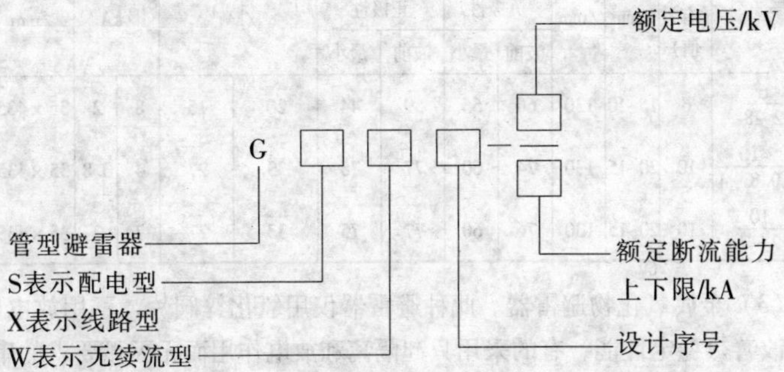

管型避雷器的主要技术数据见表11-9。

表11-9 管型避雷器的主要技术数据

型号	额定电压/kV(有效值)	额定断流能力/kA(有效值)	灭弧电压/kV(有效值)	隔离间隙/mm	工频耐受电压/kV(有效值)	冲击放电电压(1.5~40μs)/kV		2μs冲击放电电压/kV(峰值)	冲击通量容量(波形10~20μs)/kV(峰值)	主要尺寸/mm		自重/kg
						波前	最小			全高	最大直径	
GSW2-$\frac{10}{3}$	10	3	12.7	17~30	18	90~122	65~99		20	325	128	3.5
GSW2-$\frac{10}{6.3}$	10	6.3	12.7	17^{+1}~30^{+1}	30	90~122	65~99	60	20	450	75	
GSW2-$\frac{6}{6.3}$	6	6.3	7.6	10^{+1}	17.6	63	50	50	20	270	128	
GSW2-$\frac{6}{12.5}$	6	12.5	7.6	17^{+1}~25^{+1}	17.6	63~93	50~76	50	20	450	75	

型号	额定电压/kV(有效值)	外部间隙/mm	内部间隙/mm	冲击放电电压(1.5~40μs)/kV 负极性		正极性		工频耐受电压/kV		额定断流能力/kA		外形尺寸直径×长/mm	自重/kg
				波前	最小	波前	最小						
GX2-$\frac{6}{0.5\sim3}$	6	15~10	130	60	55	59	44	20	16	3	0.5	35×435	1.0

续表

型号	额定电压/kV(有效值)	外部间隙/mm	内部间隙/mm	冲击放电电压(1.5~40μs)/kV				工频耐受电压/kV		额定断流能力/kA		外形尺寸直径×长/mm	自重/kg
				负极性		正极性							
				波前	最小	波前	最小						
$GX2\text{-}\frac{6}{2\sim8}$	6	15~10	130	60	55	59	44	20	15	8	2	35×435	1.5
$GX2\text{-}\frac{10}{0.8\sim4}$	10	20~15	130	74	60	77	75	33	27	4	0.8	35×435	1.5
$GX2\text{-}\frac{10}{2\sim7}$	10	20~15	130	76	60	77	75	33	27	7	2	35×435	1.5

（3）金属氧化物避雷器。此种避雷器仅用氧化锌阀片，不用放电间隙。为了改善热稳定性能，有的采用只起隔离和放电作用而无灭弧要求的串联间隙或并联间隙；有的采用硅橡胶和石英砂等非导热材料；也有采用并联陶瓷电容器，以改善高电压等级的电位分布。

由于氧化锌阀片具有良好的非线性特性，不再需要灭弧间隙，且具有动作响应快、耐多重雷电或操作过电压作用，吸收能量的能力大，有较强的耐污秽性能，适用于电气设备的过电压保护，35kV 及以下切合电动机、电容器等的操作过电压保护。常用型号有 Y3W、Y5W、Y10W 几种。

11.2.6 防雷装置的制作要求

防雷装置包括接闪器（针、线、网、带）、引下线和接地装置。避雷针、避雷线、避雷网、避雷带等都是一些常见的防雷装置。

1. 接闪器

避雷针一般采用圆钢或焊接钢管制成，其具体制作要求如下：针长 1m 以下时，圆钢直径不应小于 12mm；钢管直径不应小于 20mm。

针长 1~2m 时，圆钢直径不应小于 16mm；钢管直径不应小于 25mm。

烟囱顶上的针采用圆钢时，直径不应小于 20mm；采用钢管时，直径不应小于 40mm。

避雷网和避雷带一般采用圆钢或扁钢，其制作要求如下：

采用圆钢时，其直径不应小于 8mm。

采用扁钢时，其截面不应小于 12mm×4mm。

对于烟囱顶上的避雷环一般采用圆钢或扁钢。采用圆钢时，其直径不应小于12mm；采用扁钢时，其截面不应小于25mm×4mm，但应优先考虑使用圆钢。

避雷线一般采用截面不小于35mm^{2}的镀锌钢绞线制作。

除第一类防雷建筑物外，金属屋面的建筑物均宜利用其屋面作为接闪器。

接闪器应做热镀锌或涂漆处理，但利用钢筋混凝土构件内钢筋作接闪器除外。在腐蚀性较强的环境，接闪器应适当加大其截面或采取其他防腐措施。

2. 引下线

明装引下线一般采用圆钢或扁钢，优先采用圆钢。采用圆钢时，其直径不应小于8mm；采用扁钢时，其截面不应小于12mm×4mm。装在烟囱上的引下线，圆钢直径不应小于12mm；扁钢截面不应小于25mm×4mm。

引下线应沿建筑物外墙敷设，并经最短路径接地；当建筑艺术有要求时，也可暗敷，但其直径或截面应加大一级。

建筑物的金属构件（如钢柱、消防梯等）可作为引下线，但其所有部件之间均应连成电气通路。

采用多根引下线时，为了便于测量接地电阻以及检查引下线、接地线的连接情况，宜在各引下线距地面1.8m处设置断接卡。

在易受机械损伤的地方，地面上约1.7m至地下0.3m的一段接地线应加保护措施。

当利用建筑物的金属结构物作引下线（如混凝土内的钢筋、钢柱等），且同时采用基础作接地体时，对被利用作引下线的钢筋应在室内外的适当地点设置供测量、当需要时又可接人工接地体和作等电位连接用的连接板。当仅利用钢筋作引下线，接地采用人工接地体时，应在每根引下线距地面不小于0.3m处设置接地体的连接板。当采用人工接地体时，应设置断接卡，其上端与连接板或钢柱焊接。连接板处宜有明显标志。

3. 接地装置

垂直埋设的接地体一般采用角钢、钢管、圆钢等，水平埋设的接地体一般采用扁钢、圆钢等。

采用扁钢时，其截面不应小于25mm×4mm；采用圆钢时，其直径不应小于10mm；采用角钢时，其厚度不应小于4mm；采用钢管时，其壁厚不应小于3.5mm；

在腐蚀性较强的土壤中，应采用镀锌等防腐措施或加大截面。接地线应与水平埋设接地体截面相同。

垂直接地体的长度一般为2.5m。为了减少相邻接地体的屏蔽效应，垂直接地体间的距离一般为5m，当受地方限制时可适当减少。

接地体的埋深不应小于0.5m，接地体应远离由高温影响（如烟道、砖窑等）使土壤电阻率升高的地方。

在高土壤电阻率地区，为了降低接地装置的接地电阻，可采用以下措施：

（1）换土。

（2）采用多支线外引接地装置，外引长度不应大于有效长度$2\sqrt{\rho}$m。式中ρ为埋设外引线处的土壤电阻率，单位为Ω·m（土壤电阻率见表11-2）。

（3）接地体埋入低电阻率的较深土壤中。

（4）采用降阻剂。

为降低跨步电压，防直击雷的人工接地装置距建筑物出入口及人行道不应小于3m。否则应采取下列措施之一：

（1）水平接地体局部埋深不应小于1m。

（2）水平接地体局部敷以绝缘物（如50~80mm厚的沥青层）。

（3）采用沥青碎石地面或在接地装置上面敷设50~80mm的沥青层，其宽度应超过接地装置2m。

同时，埋在土壤中的接地装置，其连接应采用焊接，并在焊接处做防腐处理。

11.2.7 变、配电所的防雷保护

1. 防直击雷

应首先利用建筑物群中的高耸建筑物上设置的避雷针，使变配电所在其保护范围之内。若不能达到要求，则室内电气装置可在建筑物上设置避雷带进行保护。室外电气装置，则设避雷针杆塔予以保护。贮存易燃、易爆物料的场所和露天设施均应在保护范围内。同时，还应考虑以下两点要求：

（1）独立避雷针设独立接地设施，接地电阻不超过10Ω。独立避雷针不应设置在有人经常通行的地方，一般离道路或出入口3m以上，否则采取均压措施或铺设沥青路面，以保证人身安全。严禁在安装避雷针的构架上架设通信线路或电力线路，装在避雷针构架上的照明线必须利用直接埋入地下的有金属外皮的电缆或穿钢管的导线，埋设 10m 以上才能引入室内。

若设置独立接地装置有困难，该接地装置可与主接地网相连，但避雷针与主接地网的地下连接点至 35kV 及以下设备与主接地网的地下连接点沿接地极长度不应小于 15m。

（2）为了防止反击，独立避雷针与被保护物在空间的距离不应小于 5m，地下接地设施间的距离不应小于 3m。

2. 防雷电波侵入

为了防止近区内雷击闪路，雷电侵入变配电所，应采取以下措施：

（1）架空进线的变配电所。全线未架设的避雷线的 35 ~ 110kV 架空进线，在近变电所 1 ~ 2km 处的进线段架设避雷线，避雷线的保护角一般不超过 20°，最大不超过 30°。若 35 ~ 110kV 进线隔离开关或断路器在雷季经常断路运行，同时其线路侧又带电，则在靠近隔离开关或断路器处装设一组管型避雷器 *GB*。*GB* 外间隙值的整定为：应在断路运行时，能可靠保护隔离开关或断路器；闭路运行时不应动作。若没有适当参数的管式避雷器，可用阀型避雷器（35kV 架空进线防雷措施见图 11 - 18）。

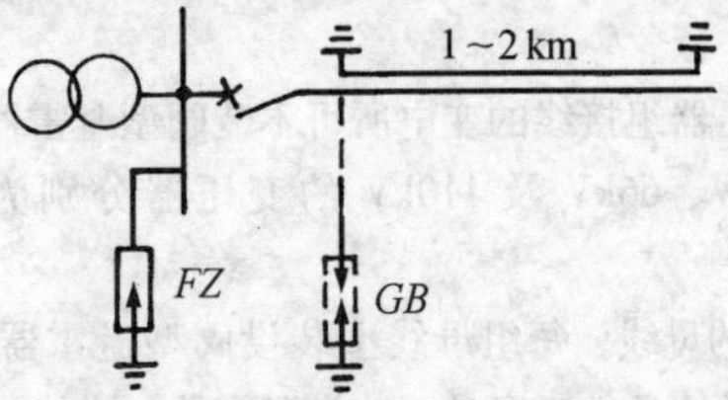

图 11 - 18　35kV 架空进线变电所的防雷措施

FZ 为阀型避雷器；*GB* 为管型避雷器

（2）电缆进线的变配电所。电缆与架空线的连接处装设阀型避雷器，其接地端与电缆金属外皮相连，三芯电缆末端的金属外皮直接接地（见图 11 - 19a），单芯电缆则经空气间隙或无间隙金属氧化物电缆保护层保护器（YWDL）接地（见图 11 - 19b）。

当电缆长度不超过 50m，或虽超过 50m 但经验说明装设一组阀型避雷器能符合要求时，可只在电缆首端或母线上装设一组阀型避雷器。

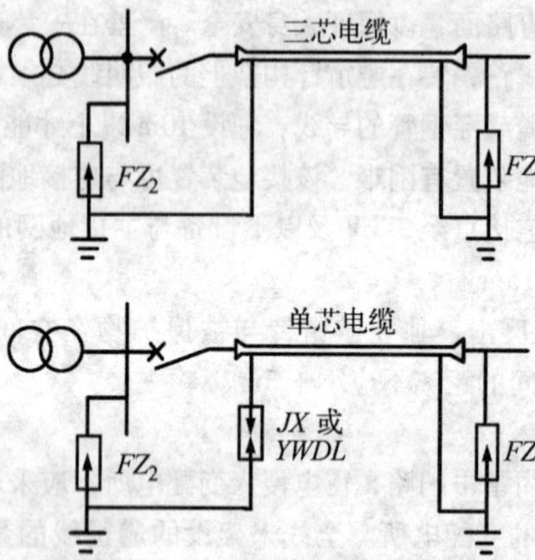

图 11－19　35～110kV 电缆进线变电所的防雷措施

a. 三芯电缆进线　b. 单芯电缆进线

FZ_1、FZ_2 为阀型避雷器；*JX* 为保护间隙；*YWDL* 为

无间隙金属氧化物电缆保护层保护器

当电缆长度超过 50m，且断路器在雷季可能经常断路运行，则在电缆末端装设管型避雷器或阀型避雷器，连接电缆段的 1km 架空线路应架设避雷线。

电缆线路：变压器组接线的变电所可不装阀型避雷器，其雷电冲击全波耐受电压对于 35kV、66kV 及 110kV 的变压器分别为 200kV、325kV 及 480kV。

（3）变配电所的母线，每组母线上装设阀型避雷器。每路进线根据重要性和进线路数等具体条件决定是否装设避雷器。进线隔离开关或断路器在雷雨季可能经常断路运行，同时线路又带电，则须在隔离开关或断路器附近必须装设管型或阀型避雷器。

（4）不接地。消弧线圈接地和高电阻接地的变压器中性点一般不装设保护装置，但多雷区单进线变电所且变压器中性点引出时，宜装设保护装置；中性点接有消弧线圈的变压器，如有单进线运行可能，则在中性点装设保护装置。该保护装置可选用有串联间隙金属氧化物避雷器、碳化硅普通阀型避雷器或无间隙金属氧化物避雷器。

（5）变电所的 3～10kV 配电装置及电力变压器。在每组母线和每路架空进线上装设阀型避雷器（见图 11 - 10）。母线上的避雷器与 3 ~ 10kV 变压器间的最大电气距离见表 11 - 10。若各架空进线都有电缆段，避雷器与变压器的最大电气距离可不受表 11 - 10 中的数值限制。

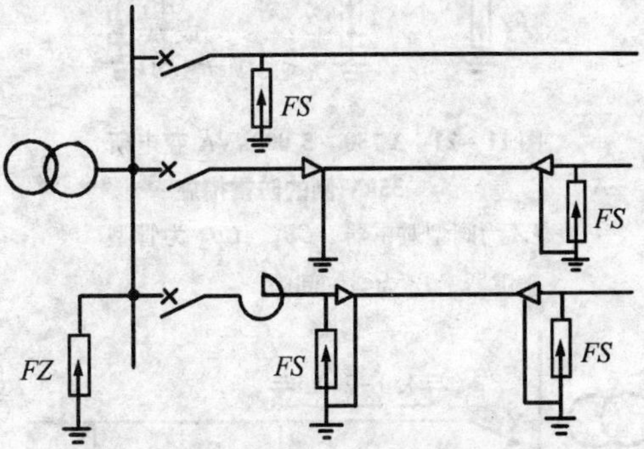

图 11 - 20　3 ~ 10kV 配电装置防雷措施

FZ、*FS* 为阀型避雷器

3 ~ 10kV 配电所，如无所用变压器，可仅在每路进线上装设阀型避雷器或管型避雷器。

有电缆段的架空线，避雷器应装在电缆头附近，其接地端应和电缆金属外皮相连。避雷器以最短的接地线或通过电缆金属外皮与变配电所的主接地网连接，并在避雷器附近装设集中接地设施。

表 11 - 10　母线上的避雷器与 3 ~ 10kV 变压器间的最大电气距离

雷季经常运行的进线线路数	1	2	3	4 以上
最大电气距离/m	15	23	27	30

3. 工业与民用供电系统常用变压器的保护

工业与民用供电系统中常用的变压器大都不超过 5 000kVA，而且不超过 2 台。对于这类的变电所，可采取一些简化措施：

（1）3 150 ~ 5 000kVA 变电所的 35kV 侧，若雷电活动不太强或非重要负荷，可采用图 11 - 21 中的接线方法，将进线段避雷线的长度减至 500 ~ 600m，其首端可用管型避雷器 GB_1，也可用保护间隙 JX，其接地电阻不应超过 5Ω。

（2）3 150kVA 及以下的变电所，当其供电负荷不足时，35kV 侧可采用

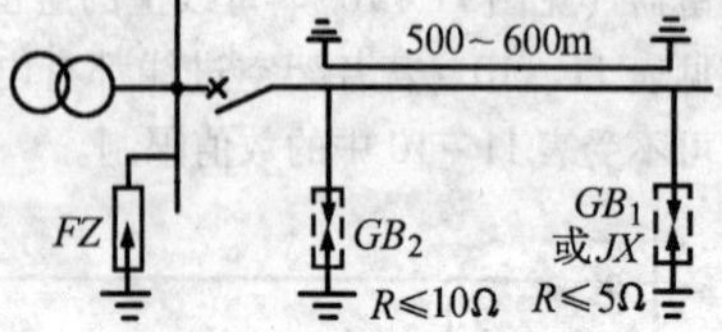

图 11－21　3 150～5 000kVA 变电所 35kV 侧的防雷措施

FZ 为阀型避雷器　GB_1、GB_2 为管型避雷器　*JZ* 为空气间隙

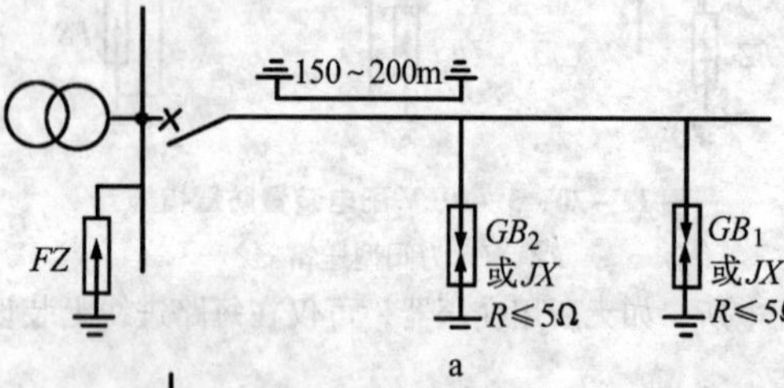

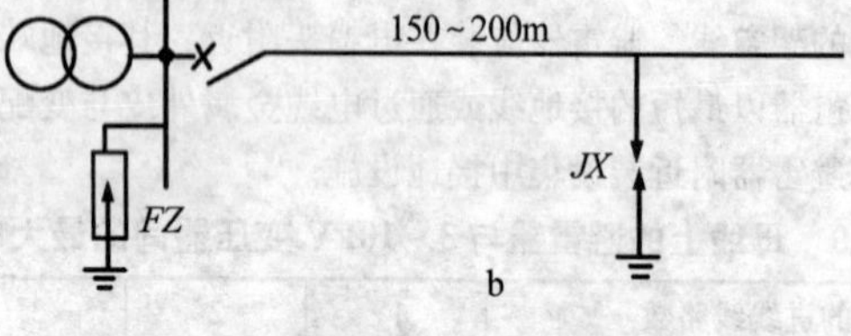

图 11－22　3 150kVA 及以下变电所供电给非重要负荷时 35kV 侧的简化防雷措施

a. 当变压器的容量在 1 000～3 150kVA 之间时　b. 当变压器的容量为 1 000kVA 及以下时

FZ 为阀型避雷器　GB_1、GB_2 为管型避雷器　*JX* 为空气间隙

简化接线（图 11－22a）；当容量不大于 1000KVA，则采用图 11－22b 的接线方法。

（3）3 150kVA 及以下 35kV 非重要负荷的分支变电所可采用图 11－23 所示保护措施。

图 11－21～图 11－23 中的避雷器、变压器和电流互感器的最大电气距离不超过 10m。

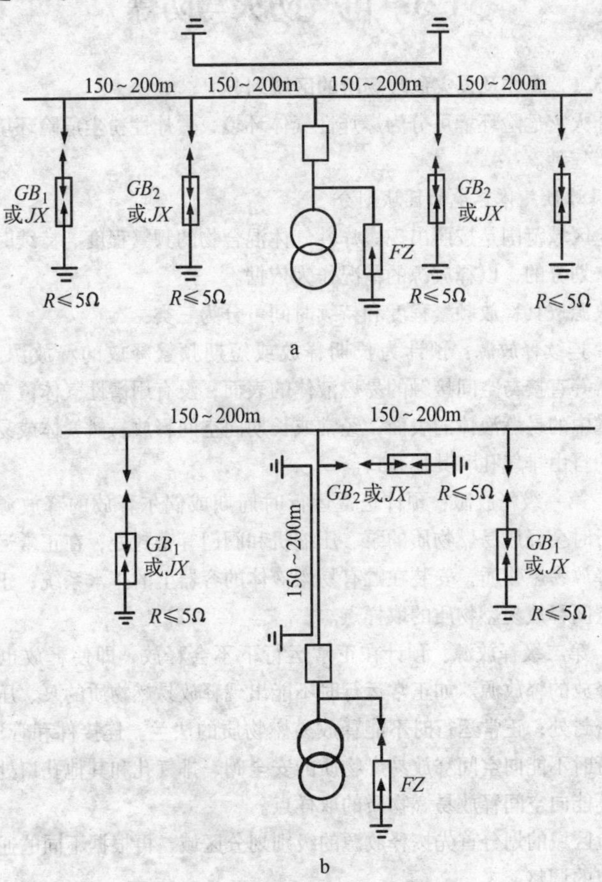

图 11－23　3 150kVA 及以下，供电给非重要负荷的分支变电所的 35kV 侧防雷措施

a. 在给变压器供电线路分支点两侧设有架空避雷线　b. 在变压器供电线路上设有架空避雷线

11.3　电气防火与防爆

11.3.1　爆炸及火灾危险场所的区域划分

爆炸火灾危险环境可分为爆炸性气体环境、爆炸性粉尘危险环境和火灾危险环境三种。

1. 爆炸性气体环境的区域划分

危险区域范围是按照出现爆炸性气体混合物的频繁程度、持续时间及通风情况来划分的，以释放源的情况作为依据。

释放源按其释放频繁程度和持续时间可分为三类：

（1）连续释放源：预计为长期释放或短期频繁释放的释放源。如油、水分离器等直接与空间接触的易燃液体的表面；没有用惰性气体覆盖的固定顶盖贮罐中的易燃液体的表面，经常或长期向空间释放易然气体或易燃液体的蒸气的自由排气孔和其他孔口。

（2）第一级释放源：预计正常运行时周期或偶尔释放的释放源。如在正常运行时会释放易燃物质的泵、压缩机和阀门等密封处；在正常运行时会向空间释放易燃物质，安装在贮有易燃液体的容器上的排水系统；正常运行时会向空间释放易燃物质的取样点。

（3）第二级释放源：预计在正常运行下不会释放，即使释放也仅是偶尔短时释放的释放源。如正常运行时不能出现释放易燃物质的泵、压缩机和阀门的密封处；正常运行时不能释放易燃物质的法兰、连接件和管道接口；正常运行时不能向空间释放易燃物质的安全阀、排气孔和其他孔口处；正常运行时不能向空间释放易燃物质的取样点。

危险区域的划分首先按释放源的级别划分区域，再根据不同的通风情况作出相应的调整。

0 区：存在连续释放源的区域，即连续出现或长期出现爆炸性气体混合物的环境。

1 区：存在第一级释放源的区域，即在正常状态*时可能出现爆炸性气体混合物的环境。

2 区：存在第二级释放源的区域，即在正常运行时不可能出现爆炸性气体混合物的环境，或即使出现也只是短时存在的爆炸性气体混合物环境。

另外，当通风良好时，应降低危险区域等级；通风不畅时，应提高危险区域等级；在凹处、死角和障碍物处应局部提高危险区域等级；利用堤或墙等障碍物，限制比空气重的爆炸气体混合物的扩散，可缩小危险区域的范围；当局部通风在降低爆炸性气体混合物浓度方面比自然通风和一般机械通风更为有效时，可利用局部机械通风降低危险区域的等级。

2. 爆炸性粉尘环境

根据爆炸性粉尘出现的频繁程度和持续时间可分为以下两个区：

10 区：连续出现或长期出现爆炸性粉尘的环境。

11 区：有时会将积留下的粉尘扬起而偶然出现爆炸性混合物的环境。

3. 火灾危险环境的区域划分

火灾危险环境按火灾发生的可能性和后果、危险程度及物质状态等划分为以下三个区域：

21 区：具有闪点高于环境温度的可燃液体，在数量上和配置上能引起火灾危险的环境。

22 区：具有悬浮状、堆积状可燃粉尘或可燃纤维，虽不能形成爆炸混合物，但在数量上和配置上能引起火灾危险的环境。

23 区：具有固体状可燃物质，在数量上和成分上能引起火灾危险的环境。

11.3.2 电气火灾和爆炸的原因

电气线路、电动机、油浸电力变压器、开关设备、电灯、电热等电气设备，由于其结构、运行各有特点，火灾和爆炸的危险性和原因也各不相同。但是归纳起来，除了设备本身缺陷、安装不当等设计和施工方面的原因外，在运行中，电流的热量和各种电火花或电弧是引起火灾和爆炸的直接原因。电气火灾和爆炸的原因见表 11－11。

---

* 正常状态是指正常的开车、运转、停车、易燃物质产品的装卸、密封容器盖的开闭、安全阀、排放阀以及所有工厂设备都在其设计参数范围内工作的状态。

表 11－11　电气火灾和爆炸的原因

类型	名　称	原　　因
危险温度	短路	当电气设备的绝缘老化变质，或受到高温、潮湿或腐蚀的作用而失去绝缘能力；设备安置不当使电气设备的绝缘受到机械损伤；由于雷击等过电压的作用，电气设备的绝缘遭到击穿；操作或维护不当等。短路电流为正常电流的几倍甚至几十倍，引起电气设备过热，导致火灾
	过载	设计选用的设备或线路不合理；实际使用时设备或线路的负载超过额定值；设备故障运行造成设备或线路过载等引起电气设备过热，导致火灾
	接触不良	电气线路或设备上相互连接部分和接头部分若接触不良，会增加接触电阻而导致接头过热
	散热不良	当环境温度过高，或使用方式不当，以及散热设施工作条件不合要求，导致电气设备温度过高
	漏电	当漏电电流集中在某一点时，引起火灾
电火花、电弧	工作原因	电气设备正常工作和操作过程中产生的火花，如开关的切合
	事故原因	当线路和设备发生故障以及不正常操作时产生的火花，如短路、绝缘损坏、误操作等
	外部原因	静电、雷电、高频感应电火花等
	其他原因	机械碰撞高温工作器件、变压器周围不合理堆放易燃物、外界存在爆炸混合物等，都可能引起电气设备发生火灾和爆炸

11.3.3　火灾及爆炸危险场所电气设备的选择

火灾危险场所电气设备选型见表 11－12 爆炸危险场所电气设备选型见表 11－13。

表 11－12 火灾危险场所电力设备选型表

<table>
<tr><th colspan="2">场所等级
选型
使用条件
种类</th><th>21 区
（H—1 级）</th><th>22 区
（H—2 级）</th><th>23 区
（H—3 级）</th></tr>
<tr><td rowspan="2">电机</td><td>固定安装</td><td>IP4X 型①</td><td rowspan="2">IP5X 型</td><td>IPIX 型②</td></tr>
<tr><td>移动式和携带式</td><td>IP5X 型</td><td>IP5X 型</td></tr>
<tr><td rowspan="2">电器和仪表</td><td>固定安装</td><td>充油型、IP6X 型、IP4X 型③</td><td rowspan="2">IP6X 型</td><td>IP2X 型</td></tr>
<tr><td>移动式和携带式</td><td>IP6X 型</td><td>IP4X 型</td></tr>
<tr><td rowspan="2">照明灯具</td><td>固定安装</td><td>保护型</td><td rowspan="2">防尘型⑤</td><td>开启型</td></tr>
<tr><td>移动式和携带式④</td><td>防尘型</td><td>保护型</td></tr>
<tr><td colspan="2">配电装置</td><td colspan="2" rowspan="2">防尘型</td><td rowspan="2">保护型</td></tr>
<tr><td colspan="2">接线盒</td></tr>
</table>

注：①H—1 级场所内 IP4X 型电机正常运行时有火花的部件（如滑环）应装在全封闭的罩子内。

②H—3 级场所内不应采用正常运行时有火花的 IP1X 型电机（如带滑环的电机），而应选用 IP4X 型。

③H—1 级场所内，固定安装的电器和仪表，在正常运行有火花时，不宜选用 IP4X 型。

④照明灯具的玻璃罩，应有金属网保护。

⑤介质为可燃纤维的 H—2 级火灾危险的场所，固定安装的照明灯具，可选用普通荧光灯。

表 11－13　爆炸危险场所电力设备选型表

<table>
<tr><th colspan="2">种类　使用条件　选型　场所等级</th><th>Q—1 级①</th><th>Q—2 级</th><th>Q—3 级</th><th>G—1 级</th><th>G—2 级</th></tr>
<tr><td colspan="2">电机</td><td>隔爆型、防爆通风型</td><td>任意一种防爆类型</td><td>IP5X 型②、③</td><td>任意一级隔爆型、防爆通风型</td><td>IP5X 型②</td></tr>
<tr><td rowspan="3">电器和仪表</td><td>固定安装</td><td>隔爆型、防爆充油型、防爆通风、充气型、安全火花型</td><td>任意一种防爆类型④</td><td>IP6X 型、IP6X 型⑤</td><td>任意一级隔爆型、防爆通风、充气型、防爆充油型</td><td rowspan="3">IP6X 型</td></tr>
<tr><td>移动式</td><td>隔爆型、防爆充气型、安全火花型</td><td rowspan="2">除防爆充油型以外任意一种防爆类型</td><td rowspan="2">除防爆充油型以外任意一种防爆类型、IPX6 型、IPX7 型</td><td>任意一级隔爆型、防爆充气型</td></tr>
<tr><td>携带式</td><td>隔爆型、安全火花型</td><td rowspan="3">任意一级隔爆型</td></tr>
<tr><td rowspan="2">照明灯具</td><td>固定安装及移动式</td><td>隔爆型、防爆充气型</td><td>任意一种防爆类型</td><td>防尘型</td><td rowspan="4">防尘型</td></tr>
<tr><td>携带式⑥</td><td colspan="2">隔爆型</td><td>隔爆型、防爆安全型</td></tr>
<tr><td colspan="2">变压器</td><td>隔爆型、防爆通风、充气型</td><td rowspan="2">任意一种防爆类型</td><td>防尘型</td><td>任意一级隔爆型、防爆充油型、防爆通风、充气型</td></tr>
<tr><td colspan="2">配电装置</td><td>隔爆型、防爆通风、充气型</td><td>密封型</td><td>任意一级隔爆型、防爆通风、充气型</td></tr>
</table>

注：①Q—1 级场所内正常情况下连续或经常存在爆炸性混合物的地点（如贮存易燃液体的贮罐或工艺设备内的上部空间）不宜设置电力设备。但为了测量、保护或控制的要求，可装设安全火花型设备。

②Q—3 级和 G—2 级场所内电机正常运行时有火花的部件（如滑环）应采用下列类型之一的罩子：防爆通风、充气型乃至 IP5X 型等。

③Q—3 级场所内事故排风电动机应选用任意一种防爆类型。

④Q—2 级场所内正常运行时不发生火花的部件和按工作条件发热不超过 80℃的固定安装的电器和仪表，可选用 IP6X 型。

⑤Q—3 级场所内事故排风机用电动机的固定安装的控制设备（如按钮）应选用任意一种防爆类型。

⑥携带式照明灯具的玻璃罩应有金属网保护。

11.4 高层民用建筑的自动防火

11.4.1 探测器的种类和性能

1. 探测器的种类

我们在工程中常用到以下几种火灾探测器：

（1）感烟式火灾探测器：

①定点型：离子感烟式探测器，光电感烟式探测器。

②线型：红外光束线型探测器。

（2）感温式火灾探测器：

①定温式探测器：双金属定温探测器、热敏电阻探测器、半导体定温探测器、易熔合金定温探测器。

②差温式火灾探测器：双金属差温式探测器，热敏电阻探测器，膜盒差温式探测器，半导体差温探测器。

③差定温式探测器：膜盒差定温式探测器，热敏电阻差定温式探测器，半导体差定温式探测器。

（3）感光式火灾探测器：

①紫外线火焰式探测器。

②红外线火焰式探测器。

2. 探测器的性能

不同类型的探测器都有不同使用场所及不同的性能，各种探测器的性能如下：

（1）离子感烟探测器：离子感烟探测器适用于火灾的前期及早期报警，具有较好的报警功能。一般适用于大厦 、宾馆、影剧院等公共场所；以及计算机房、通讯机房、科研机构等重要设备场所；还有银行、重要仓库、商场、工厂 、矿山、码头、轮船、地下重要设施等的易燃物资存放堆积场所。

使用离子感烟探测器时应注意：

①探测微小颗粒如油漆味、烧焦味均能敏感反应，对于相对分子质量大的气体均能引起探测器的动作。

②当风速大于 10m/s 时，探测器工作不稳定，甚至发生误动作。

③不应使用感烟探测器的场所有：餐厅厨房，在正常情况下多烟的场所；有粉尘及水蒸气等固体与液体的场所；生产与储运易燃易爆物的场所，如火药库、汽油库等发火迅速场所；安装场所高度大于20m且烟不易到达的场所；维护管理十分困难的场所。

（2）光电式感烟探测器：光电式感烟探测器，它对光电敏感。在一般程度上克服了离子探测器的缺点，适用于某些特定场所。

但当附近有过强的红外光源，可导致探测器工作不稳定，且其敏感元件的寿命较离子探测器的短。

（3）感温探测器：感温探测器在火灾早期、中期产生一定温度时报警，但此时火灾已引起一定的物质损失。

感温探测器在火灾形成一定温度时工作比较稳定，不会受非火灾性烟尘雾汽等的干扰。

凡没有可能采用感烟探测器的场所，并允许产生一定损失、非爆炸性场所，均可采用感温探测器。

（4）差温探测器：差温探测器适用于火灾早期报警，它以环境温度升高速率为其动作报警参数，当环境温度达到一定要求时发出报警信号。同时为了避免火灾温度升高过慢而引起漏报，在感温探测器的基础上附加一个固定温度阀值，超过阀值即可发出报警信号，差定感温探测器具有感温探测器的一切优点而且更加可靠。

（5）定温探测器：定温探测器只以固定限度的温度值发出火灾报警信号，允许环境温度有较大变化而工作比较稳定，但火灾引起的损失较大。

11.4.2 火灾自动报警系统

火灾自动报警系统主要由区域报警系统、集中报警系统和控制中心报警系统三部分组成。

1. 区域报警系统

区域报警是由电子元件组成的自动报警和监控装置。当火灾探测器检测到火灾信号时，电子线路将火灾信号转换为电压信号，通过导线传输到区域报警器，经处理后发出声光报警信号，同时将火灾部位传送给集中报警器，然后进行消防处理。

2. 集中报警系统

集中报警器是由电子线路组成的集中自动监控报警装置，各个区域报警器巡回检测到的信号均集中到这一总的监控报警装置。它可以完成部位指示、区域显示、巡检、自检、火灾报警音响、计时、故障报警、记录打印等一系列功能，在发出报警信号同时可自动进行系统的消防控制动作，达到消防的目的。

3. 控制中心报警系统

11.4.3 自动灭火系统

自动灭火系统包括联动相关的消防设备和设置固定式灭火装置两大类。

根据楼宇的消防要求，其要有能维持10min以上的自救能力，因此既要求消防控制做到：火灾探测器报警后，首先按空调系统分区停止与报警区域有关的空调机、送风机及关闭管道上的防火阀；并同时起动与报警区域有关的排烟风机、防烟垂壁及管道上的排烟阀，并返回信号；在火灾被确认后，关闭有关部位电动防火门、防火卷帘门，同时按照防火分区和疏散顺序切断非消防用电源、接通火灾事故照明及疏散标志灯具；向电梯控制屏发出信号并使全部电梯下行并停于底层，除消防电梯外，其他所有电梯停止使用。此外，消防控制中心应设置与值班室、消防水泵房、总配电室、空调机房、电梯机房直通的对讲电话，并设有向当地公安消防部门直接报警的专用中继线。

自动灭火装置是自动灭火系统的具体执行装置。当它接到控制器的指令信号时，自动起动灭火系统，喷洒灭火介质扑灭火灾。

灭火介质可分为两大类：

（1）基于物理机理的灭火介质：水（冷却燃烧物体）、泡沫灭火剂（隔离空气）、鼓风机等（使火不稳定）。

（2）基于化学机理的灭火介质：二氧化碳和卤素灭火剂，是利用化学方法抑制燃烧过程的化学反应。

由于二氧化碳和卤素灭火剂不会对设备机械有污染腐蚀作用或作用很小且灭火能力强，国外已倾向于使用该种灭火剂。

常见卤素灭火剂见表11－14。

表 11－14　卤素灭火剂的种类

名　　称	化学式	介质代号
一氯一溴甲烷	CH_2BrCl	1101
二氟一氯一溴甲烷	$CBrClF_2$	1211
二氟二溴甲烷	CBr_2F_2	1202
三氟一溴甲烷	$CBrF_3$	1301
四氟二溴乙烷	$CBrF_3CBrF$	2402

其中的“1211”和“1301”灭火能力强，对电气火灾和油类火灾效果更好，且毒性小，易氧化，灭火后不留任何污迹，对机构设备无腐蚀污染作用；电气绝缘性能好，化学性能稳定，长期贮存不会变质，是现时最为常见的卤素灭火剂。

11.4.4　火灾事故广播及事故照明和疏散指示

1. 火灾事故广播

控制中心报警系统必须设置火灾事故广播，集中报警系统宜设置火灾事故广播。

当火灾事故广播与广播音响系统合用时，在发生火灾时应能将火灾疏散层的扬声器和广播音响扩音机强制转入火灾事故广播状态；床头控制柜内设置的扬声器应有事故广播功能；消防控制室应能显示火灾事故广播扩音机的工作状态，并可用话筒播音；备用扩音机容量不应小于火灾事故广播扬声器容量较大的三层扬声器容量的总和。

2. 事故照明和疏散指示

在火灾发生时，电线可能已被烧断，同时为了防止事故扩大，必须切断部分电源。但为了保证人员安全疏散和组织扑救等，就必须设置事故照明和疏散指示灯。

对于高层民用建筑，事故照明和火灾疏散指示的设置应遵循一定原则。

（1）事故照明需设置在：

①疏散楼梯、消防电梯及其前室。

②配电室、消防控制室、消防水泵房和自备发电机房。

③电信楼、广播楼、省级邮政楼等重要机房或房间。

(2) 火灾疏散指示应设置在:

①观众厅、展览厅、多功能厅、餐厅和商场营业厅等人员密集的地方。

②公共建筑内疏散走道和居住建筑内长度超过20m的内走道。

③建筑物(二类建筑的住宅除外)的疏散通道和公共出入口应设疏散指示标志。

疏散指示标志灯一般安装于走道(设在墙面或顶棚上)、厅堂(设在顶棚或墙面上)、楼梯口、太平门(设在上方)。

事故照明照度要求达到正常工作时所要求的照度水平。疏散指示灯应保证主要通道上的照度不低于0.5lx。

11.5 电气安全技术措施

11.5.1 漏电保护装置

漏电保护器分为电压型和电流型两大类。

电压型漏电保护器是利用中性点的偏移电压触发继电器动作,以切断电源。这种漏电保护器可把变压器低压电网全部纳入保护范围,因此引起动作时影响范围过大,保护器的检测线圈容易烧坏,电网的中性线不允许重复接地,设备也不允许接零,因此,现在已经很少使用。

电流型漏电保护器采用一个零序电流互感器,将低压电网中的电线穿入互感器中,正常时,三相电流向量和为零,保护器不动作;当单相接地时,三相电流向量和不为零,当此电流达到保护器的动作电流值时,保护器动作,迅速切断电源。这种漏电保护器可以安装在低压电网的任一分支线路上或任一用户处,可实现分级保护和减少保护器动作时的停电范围。在安装这种保护器的低压电路中,保护之外的设备也可以接零,保护范围之外的中性点可以重复接地。

表11-15~表11-17列出了几种漏电保护器的一些技术数据。

表 11－15　中性点接地式漏电开关和漏电继电器主要技术参数

额定电压 U_n/V			380					
额定电流 I_n/A			100			250		
过载脱扣器额定整定电流 I_nr/A			63	80	100	100 25	160 200	250
额定漏电动作电流 $I_{\Delta n}$/mA			30 50 100	50 100 200	75 150 300	30 50 200	50 100 200	75 150 300
额定漏电不动作电流 $I_{\Delta no}$/mA			15 25 50	25 50 100	37 75 150	15 25 100	25 50 100	37.5 75 150
漏电动作时间/s	快速型	$I_{\Delta n}$	≤0.2	≤0.2	≤0.2	≤0.2	≤0.2	≤0.2
		$2I_{\Delta n}$	≤0.1	≤0.1	≤0.1	≤0.1	≤0.1	≤0.1
		0.25A	≤0.04	≤0.04	≤0.04	≤0.04	≤0.04	≤0.04
		$5I_{\Delta n}$	≤0.04	≤0.04	≤0.04	≤0.04	≤0.04	≤0.04
	反时限型	$I_{\Delta n}$	—	>0.2	>0.2	—	>0.2	>0.2
		$1.4I_{\Delta n}$	—	>0.1	>0.1	—	>0.1	>0.1
		$4.4I_{\Delta n}$	—	≤0.05	≤0.05	—	≤0.05	≤0.05

注：①额定漏电动作电流可分级调整。

表 11－16　FIN、FN 型的漏电保护器

<table>
<tr><td>系列</td><td colspan="8">交流漏电保护开关</td><td colspan="7">交流、脉动直流漏电保护开关</td><td colspan="5">小型断路器</td><td colspan="2">漏电断路器</td></tr>
<tr><td>型号</td><td colspan="8">FIN</td><td colspan="7">FN</td><td colspan="5">PX—200</td><td colspan="2">FI/LS</td></tr>
<tr><td>动作特性</td><td colspan="8">~</td><td colspan="7">~ ⎍⎍</td><td colspan="2">L</td><td>U</td><td colspan="2">G</td><td>L</td><td>U</td></tr>
<tr><td>额定电流/A</td><td colspan="8">25　40　63</td><td>16</td><td colspan="2">25</td><td colspan="2">40</td><td colspan="2">63</td><td colspan="5">6　10　16　20
25　32　40</td><td>6 10 16
20 25 32</td><td>5 10 15
20 25 32</td></tr>
<tr><td>额定漏电动作电流/A</td><td colspan="2">0.03</td><td colspan="2">0.1</td><td colspan="2">0.3</td><td colspan="2">0.5</td><td>0.01</td><td colspan="2">0.03</td><td colspan="2">0.3</td><td colspan="2">0.5</td><td colspan="5"></td><td>0.03</td><td>0.3</td></tr>
<tr><td>额定电压/V</td><td>220</td><td>380</td><td>220</td><td>380</td><td>220</td><td>380</td><td>220</td><td>380</td><td>220</td><td>220</td><td>380</td><td>220</td><td>380</td><td>220</td><td>380</td><td>220</td><td colspan="4">380</td><td>220</td><td>380</td></tr>
<tr><td>极数</td><td>2</td><td>4</td><td>2</td><td>4</td><td>2</td><td>4</td><td>2</td><td>4</td><td>2</td><td>2</td><td>4</td><td>2</td><td>4</td><td>2</td><td>4</td><td>1</td><td>1</td><td>2</td><td>3</td><td>4</td><td>2</td><td>4</td></tr>
<tr><td rowspan="2">短路强度</td><td colspan="3">额定电流/A</td><td colspan="2">25</td><td colspan="2">40</td><td>63</td><td>16</td><td colspan="2">25</td><td colspan="2">40</td><td colspan="2">63</td><td colspan="5" rowspan="2"></td><td colspan="2" rowspan="2"></td></tr>
<tr><td colspan="3">短路强度</td><td colspan="2">1.5</td><td colspan="2">2.0</td><td>3.0</td><td>1.5</td><td colspan="2">1.5</td><td colspan="2">2.0</td><td colspan="2">3.0</td></tr>
<tr><td>用途</td><td colspan="15">用于漏电保护，防止人身触电和漏电引起设备、房屋火灾</td><td colspan="5">用于过载、短路保护</td><td colspan="2">用于漏电、过载、短路保护</td></tr>
</table>

表 11－17　漏电保护器

系列	漏电断路器	漏电继电器
型号	DZ15L—40	JD1—100　JD1—200
额定电流/A	40	100　200
热脱扣器额定电流/A	6、10、16、20、25、32、40	
辅助触头发热电流/A		5
漏电动作电流/A	0.03　0.05　0.075　0.1	0.1　0.2
额定电压/V	380	380
用　途	用于防止人身触电、线路过载和短路的保护	可以和分励脱扣器或失压脱扣器的断路器、交流接触器、磁力起动器等组合成漏电断路器，作为漏电或触电保护之用；也可与蜂鸣器、灯泡等各种声光指示器组成漏电报警装置

11.5.2　电工安全用具的定期试验

为了避免发生触电事故，在电气设备上作业时必须使用安全用具。安全用具的分类与作用见表 11－18。

表 11－18　安全用具的作用和分类

安全用具的类别	电　压		
	1kV 以上	1kV 以下（高压）	1kV 以下（低压）
基本用具（带电工作）	绝缘棒、绝缘夹、高压指示器	绝缘棒、绝缘夹、高压指示器	绝缘手套、绝缘柄工具、低压指示器
辅助用具（使人和地面及带电部分绝缘）	绝缘手套、绝缘靴、橡皮毯、绝缘站台	绝缘手套、绝缘靴、橡皮毯、绝缘站台	绝缘鞋、橡皮毯、绝缘站台

为了使安全用具使用安全，就必须对其进行定期的检查和试验，其试验要求见表11－19。

表11－19　安全用具的试验周期和标准

<table>
<tr><th rowspan="3">名称</th><th rowspan="3">电力设备电压/kV</th><th colspan="4">电气试验标准</th><th rowspan="3">试验周期</th><th rowspan="3">检查内容及周期</th></tr>
<tr><th rowspan="2">试验电压/kV</th><th rowspan="2">持续时间/min</th><th colspan="2">泄漏电流</th></tr>
<tr><th>/(mA/kV)</th><th>/mA</th></tr>
<tr><td>绝缘棒
绝缘夹</td><td>≤35</td><td>线电压的3倍，不少于40</td><td>5</td><td></td><td></td><td>每年1次</td><td>确定机械强度，瓷瓶上有无裂纹，表面有无裂纹；每3个月检查1次，检查时将表面擦干净</td></tr>
<tr><td>绝缘手套</td><td>高压
低压</td><td>8
2.5</td><td>1</td><td>1.125
1</td><td>≤9
≤2.5</td><td>每6个月1次</td><td>使用前仔细检查，3个月擦拭1次</td></tr>
<tr><td>绝缘靴</td><td>高压</td><td>15</td><td>1</td><td>0.5</td><td>≤7.5</td><td>每6个月1次</td><td>使用前仔细检查，户外用的，用后除污；3个月检查擦洗1次</td></tr>
<tr><td>绝缘鞋</td><td>≤1</td><td>3.5</td><td>1</td><td>0.5</td><td>≤2</td><td>每6个月1次</td><td>同绝缘靴</td></tr>
<tr><td rowspan="2">橡皮毯</td><td>>1</td><td>15</td><td rowspan="2">以2～3cm/s的速度拉过</td><td>1</td><td>≤15</td><td rowspan="2">2年1次</td><td rowspan="2">仔细检查有无破洞、裂纹、表面损坏；3个月清洗1次</td></tr>
<tr><td>≤1</td><td>5</td><td>1</td><td>≤5</td></tr>
<tr><td>绝缘站台</td><td>各种电压</td><td>40</td><td>2</td><td></td><td></td><td>3年1次</td><td>仔细检查台面和台脚；3个月清理1次</td></tr>
<tr><td>绝缘柄工具</td><td>低压</td><td>3</td><td>1</td><td></td><td></td><td>6个月1次</td><td>使用前检查绝缘部分是否完整</td></tr>
</table>

续表

<table>
<tr><th colspan="2" rowspan="3">名称</th><th rowspan="3">电力设备电压/kV</th><th colspan="4">电气试验标准</th><th rowspan="3">试验周期</th><th rowspan="3">检查内容及周期</th></tr>
<tr><th rowspan="2">试验电压/kV</th><th rowspan="2">持续时间/min</th><th colspan="2">泄漏电流</th></tr>
<tr><th>/(mA/kV)</th><th>/mA</th></tr>
<tr><td rowspan="2">验电器</td><td>本体</td><td rowspan="2">≤10</td><td>25</td><td>1</td><td></td><td></td><td>6 个月 1 次</td><td rowspan="2">检查外部有无裂纹,灯泡和防护玻璃是否良好;每次使用前要在确知有电的设备上检验一下</td></tr>
<tr><td>握柄</td><td>40</td><td>5</td><td></td><td></td><td>6 个月 1 次</td></tr>
<tr><td rowspan="2">钳形电表</td><td>绝缘部分</td><td rowspan="2">≤1</td><td>40</td><td>1</td><td rowspan="2"></td><td rowspan="2"></td><td rowspan="2">每年 1 次</td><td rowspan="2">检查外部绝缘是否完整、有无裂纹等</td></tr>
<tr><td>铁芯绝缘</td><td>20</td><td>1</td></tr>
</table>

11.6 电涌保护器

11.6.1 电涌保护器的分类、特点及选用

电涌保护器（SPD）是抑制由雷电、电气系统操作或静电等所产生的冲击电压，保护电子信息技术产品必不可少的器件。随着各种电子信息技术产品越来越多地渗入到社会和家庭生活的各个领域，SPD 的使用范围日益扩大，市场需求量日益增长。

1. 电涌保护器的适用范围

电涌保护器适用于交流 50Hz/60Hz、400V 及以下的 TT、IT、TN－S、TN－C－S 等低压工频交流电源系统中的等电位连接，对电网因雷击或浪涌过电压进行保护。电涌保护器应符合标准如下。

国际标准：IEC 61643—1：1998 低压配电系统的电涌保护器（SPD）第一部分：性能要求和试验方法。

国家标准：GB 18802.1—2002 低压配电系统的电涌保护器（SPD）第一部分：性能要求和试验方法。

2. 电涌保护器的分类

(1) 按电源特性可分为单相，三相和直流三种。

(2) 按电源电涌保护器的功能结构可分为电压开关型、限压型和组合型三种。

(3) 按电源电涌保护器安装位置可分为室内和室外两种。

(4) 按安装方法可分为固定式和移动式两种。

(5) 按接线方式可分为串联和并联。

(6) 按外形可分为箱式、模块式、插座式和机架式。

(7) 按保护方式分：共模保护、差模保护、共差模保护。

3. 电涌保护器的产品特点

(1) 通流量大，最大通流量 120kA (8/20μs)，残压低。

(2) 组合式结构，可实现不同的保护方式。

(3) 模块化设计，安装方便，带电操作简单，减少维护费用。

(4) 采用专利技术的故障脱离指示机构，动作可靠，告警指示明显。

(5) 配有遥信接口和声光报警模块，能实现远程监控和声光报警功能。

4. 保护线路的制式选择和应用

(1) 开关型电源浪涌保护，采用放电间隙器件电涌保护器，其特点：雷电通流量大，无漏电电流，泄能级保护。多用于建筑物大楼的总配电系统中，适用于各种电源制式中。

(2) 限压型浪涌保护，采用氧化锌压敏器件的电涌保护器，其特点：雷电通流量大，反应时间快，残压低。在 TT 制式中如有压敏漏流，可能引起地电位的升高，可用于 TN 制式保护效果较好。

(3) 组合型浪涌保护，采用氧化锌和气放串联方式电涌保护器，其特点：用在 3 +1 方式或 1 + 1 方式中，线对零反应时间快，残压低；当线对地反应时间较慢，残压高时，可用以 TT \ TN 制，最好使用在供电质量和地网较差的地方。

(4) 模块和箱式电源电涌保护器的正确选择。模块和箱式电源电涌保护器的最大区别在于它们体积的大小和防护的等级。箱式电涌保护器外壳多采用金属材料制成，有较高的防护等级，防火、防爆能力强。模块式电涌保护器安装体积小，多用于建筑内低压末端配电箱等安装尺寸较小的区域，不应安装在无人值守的机站和易燃易爆的场所。

5. 电涌保护器的安装与维护

（1）周围空气温度正常范围：－5℃～＋40℃，扩展范围：－40℃～＋80℃。

（2）海拔高度：海拔不超过 2 000m。

（3）空气相对湿度：室温条件下 50%～90%。

（4）与垂直面的倾斜角度：不超过 5°。

（5）无显著摇动和冲击振动的地方。

（6）无爆炸危险的介质中，且介质中无足以腐蚀金属和破坏绝缘的气体与尘埃（包括导电尘埃）。

（7）电源电涌保护器和设备接好后，要求安装牢固，连接可靠，不得反接。

（8）平时应注意检查电源电涌保护器的输入、输出和接地线的连接是否可靠。

（9）雷雨后，发现系统工作不正常，可将电源电涌保护器卸下，用仪表分别检查输入、输出是否符合说明书所列的值，判断保护器是否损坏或用电涌保护器产品做替换试验，来判断是否损坏，是否应予更换。

11.6.2 系统防雷工程中电涌器的三级保护

当前住宅建筑中有大量较贵重的家用电器，个人电脑也逐渐在家庭中普及。由于家用电器耐冲击电压水平低于低压配电装置，加强住宅建筑低压电源防雷措施是很现实的事情。

高电位引入的高电压源有三种。第一种是传导雷，直击金属导线上，高压雷电以波的形式沿导线向两端传播进入室内；第二种是感应雷的高压脉冲，即由于雷云之间放电或雷云对地放电所形成的静电感应及电磁感应，通过场耦合到各种电线中，产生几千伏乃至几十千伏以上的感应高电位，也以波的形式传入户内；第三种是直击雷，在建筑物和建筑物附近入地，或建筑物防雷装置采用共同接地，其接地极上泄放雷电流，都会在接地极上因电阻耦合发生数十千伏乃至上百千伏的高电位，该电位通过电力系统的 PE 线或弱电系统的地线，也以波的形式传入室内设备外壳（此刻设备芯线呈低电位），形成过电压危害，这类情况往往被忽视。

直击雷击中室外线路，击中点的电位相当高，可能达数百万数千万伏，但是冲击波每经过一根电杆，杆上瓷瓶将对地闪络放电，降落为瓷瓶的闪络电压30～40kV。设波阻抗为300～600Ω，则终端入地电流约80A左右，若雷击点距建筑物入户处很近也会到10kA以上。至于感应雷引起的高压源，实际电压及电流决不会超过直击雷高压源的数值。共用接地装置上雷电流电阻耦合的高电位是多少呢？设接地装置上泄放20kA雷电流，接地电阻4Ω，也有80kV之高。无论强弱电设备均无法承受。这一点在GB50057—94防雷规范条文说明中第3.2.3条已有论述。降低接地电阻也无能为力，所以《电子计算机机房设计规范》GB50174—93第6、4、3条不规定共用接地电阻小于1Ω的要求，而改为服从于交流、直流、安全、防雷共同接地中最小值要求。

防止雷电波入侵危害的措施通常有下列方法：

①室外线路全线埋地敷设。

②采用电缆段进线方式供电。

③进出建筑物的架空线路，进出户处加装放电间隙和避雷器等。

④建筑物防直击雷同各种电气系统共用接地装置时总进户装置处加避雷器。

第一种方法：防止高电位引入效果最佳，只要将电缆金属外皮、钢管等在进出建筑物处同电气设备的接地极相连就可以了。这种方式几乎不存在高电位引入的威胁。应该注意的是，建筑物防直击雷接地极同电气接地极共同泄放建筑物直击雷电流时，会出现接地极上雷电流经电阻耦合的高电位引入情况，这就需要在进户处总配电装置上装设一组避雷器，将高电位钳制在安全值即可解决。

第二种方法：当进出建筑物采用铠装电缆段或无铠装电缆段穿钢管，距进户处15m之外转换为架空线路时，不仅在电缆进出户处要将装电缆外皮及保护钢管与电气设备接地极连接，在转换处应装设低压配电线路适用的避雷器，还要将避雷器、电缆金属外皮、绝缘子铁脚、金具连在一起接地，冲击接地电阻不大于30Ω。建筑物防直击雷接地极若同电气接地极共用，同样要在总配电装置上加装避雷器，以防止电阻耦合的高电位引入。电缆外导体对内导体有静电屏蔽作用，电缆的外导体同内导体形成电容很容易将芯线上高频性质的感应电荷泄放入地，可一定程度上限制了较低的感应雷电波侵入；采用电缆段进出线限制高位电引入是利用“电磁封锁”原理，将侵入的高电压限制在允许范围内。

第三种方法：对低压架空进出线者，应在进出线处装设避雷器并与瓷瓶铁脚、金具连在一起接到电气设备的接地的装置上。当多回路进出线时，可仅在母线或总配电箱处装设一组避雷器或其他方式的过电压保护器，但瓷瓶铁脚、金具等应接到接地装置上。这种架空进线引入的高电位最高，进出线处瓷瓶铁脚、金具接地仅可把高电位钳制在400kV水平，仅对保护人身安全是可靠的，必须再装避雷器进一步把高电位继续钳制在电气设备可承受的范围内。是两级曳放雷电波能量。对保护耐压较低的家电产品而言，有必要在分配电箱处设第二级避雷器，逐级泄放雷电能量，逐步降低所钳制的过电压限值。GB50057—1994《建筑物防雷设计规范》条文说明中第3.1.1条强调，信息系统装置附近的供电是否设过电压保护器，应由信息线路设计者，设备制造厂解决。所以，强电设计人员目前执行GB50057—1994，仅解决了电源进线部分的过电压保护，已泄放掉大部分雷电波能量。但为在末级配电箱装二级细保护功能的避雷器打下了基础。例如：用户要对电脑电源实施过电压保护，只要在电脑电源处装一组电脑专用电源避雷器就可以了。

正因为目前只做到住宅楼进线处粗保护，所以当选用避雷器件时，要选用冲击残压不大于1.3kV，响应时间短，通流容量当8/20μs时大于30kA的产品，有利于覆盖大多数家用电器电源安全保护范围，可在一定程度上减少家用电器遭雷电波侵入危害而造成的损失。图11－24为建筑物系统防雷工程示意图。

在图11－24中：

A1电源第一级保护；A2电源第二级保护；A3电源第三级保护。

B1信号第一级保护；B2信号第二级保护。

C1有线电视线路保护；C2天馈线保护。

11.6.3 电涌保护器的主要技术参数

1. 一级电源电涌保护器的主要技术参数

一级电源电涌保护器主要是防止低压设备受到过压干扰和直接雷击。可安装在总配电柜处电表的前端，适用于各种供电系统。

一级电源电涌保护器的主要制造单位及产品型号有德国DEHN公司的DEHNport Maxi、DEHNbloc和DEHNport；德国OBO公司的MC50—B、MC125—B；德国菲尼克斯的FTL系列、法国杜尔－梅森公司ASP Asafe系列以及中国南通信达TDXDG31系列、中达电通MDLS系列等，一级电源防

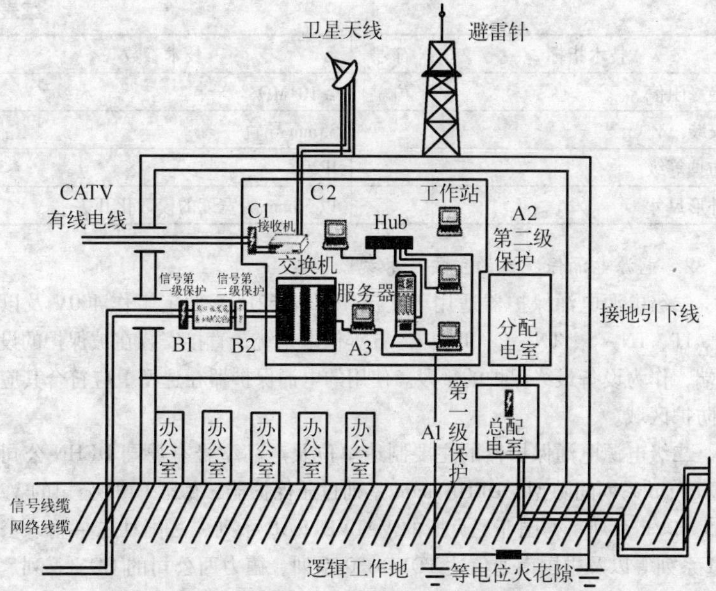

图 11-24 系统防雷工程示意图

雷器电源电涌保护器的主要技术参数见表 11-20。

表 11-20 一级电源防雷器电源电涌保护器的主要技术参数

技术指标		符号	技术参数
额定工作电压		U_c	255V/50Hz，440V/50Hz
U_c 时最大允许后续电流		I_f	50kA
雷电测试电流（10/350μs）	单极	Iimp	60kA，100kA
电压保护水平		Up	≤4kV
响应时间		t_A	≤100ns
工作温区			-40℃…+80℃
建议连接导体截面			最小 $10mm^2$ 的单股线 最大 $50mm^2$ 的多股线或 $35mm^2$ 的单股线

续表

技术指标	符号	技术参数
绝缘阻值	R_{isol}	≥10^3MΩ
安装		35mm 导轨
防护等级		IP20
外形尺寸		以 36mm 为宽度的模数化开关

2.、电源电涌保护器的主要技术参数

二级电源电涌保护器适用于交流 48Hz～62Hz，额定工作 400V 及以下 TT、IT、TN－S、TN－C、TN－C－S 等供电系统，直接安装在被保护的设备前端，作为设备最终保护的手段。使用的电涌保护器在选型上应符合其应用的防护区域。

二级电源电涌保护器的主要制造单位及产品型号有德国 DEHN 公司的 DEHNgap 系列间隙型、DEHNguard 系列过压保护器；德国 OBO 公司的 V20、V25 和 VF 系列；德国菲尼克斯的 VALVETRAB 系列、法国杜尔－梅森公司 AM 系列等以及中国南通信达 TDXDG50 系列、德力西公司的 CDY 系列、上海方科 HYS4－D 系列等。二级电源防雷器电源电涌保护器的主要技术参数见表 11－21。

表 11－21　二级电源防雷器电源电涌保护器的主要技术参数

技术指标	符号	技术参数				
保护等级		B 级、C 级、D 级				
标称工作电压	U_N	230V/50Hz，400V/50Hz、420V/50Hz				
额定工作电压	U_c	255V/50Hz，275V/50Hz、385V/50Hz				
标称放电电流（8/20μs）	I_n	10kA	30kA	40kA	50kA	60kA
最大放电电流（8/20μs）	I_{max}	20kA	60kA	80kA	100kA	120kA
电压保护水平（kV）	U_p/kV	1.8	2.0	2.2	2.5	2.5
响应时间	t_A	≤25ns				
工作温区		－40℃…＋80℃				
连接导体截面		10～35mm^2				

续表

技术指标	符号	技术参数
绝缘阻值	R_{isol}	$\geqslant 10^3$ MΩ
安装		35mm 导轨
防护等级		IP20
外形尺寸		以 18mm 为宽度的模数化开关

3. 三级电源电涌保护器的主要技术参数

第三级电源电涌保护器应安装在靠近电源设备的电源接口处。电涌保护器接地端与电源工作接地（PE）连接，连线应尽可能的短和直，长度一般不应大于0.5m。若电源无工作接地，应另做防雷接地。防雷接地的做法可采取把建筑物墙柱凿开小孔，露出钢筋，焊上一根带螺栓的钢条，再用一根带圆孔接头的铜导线与 SPD 连接，接地电阻≤10Ω。

第三级电源电涌保护器的主要性能包括标称放电电流、最大浪涌放电电流、保护水平和响应时间等。对第三级电源电涌保护器，通常采用 5 至 15kA 的标称放电电流（8/20μs）或 10 至 25kA 的最大放电电流（8/20μs）。主要特点是

（1）共模、差模全保护模式，残压低；

（2）响应快，响应时间≤25ns；

（3）PE 与 N 隔离，安全可靠，避免地电位升高对电源和设备的影响；

（4）接地线极短，有利于电涌释放。

4. 信号防雷器的主要技术参数

（1）SR/2S 系列模块化通信信号电涌保护器。SR/2S 系列模块化通信信号电涌保护器是依据 IEC 电涌保护器的标准设计。适用于通讯专线、遥测信号、遥控信号等信号设备的防雷保护，SPD 为两端口，复合型。当通讯线路对地短路断开时即失效，防护等级为 IP30。主要技术数据见表 11－22。

表 11－22　SR/2S 系列电涌保护器主要技术数据

型号	SR－E06V /2S	SR－E12V /2S	SR－E24V /2S	SR－E86V /2S	SR－E90V /2S	SR－E170V /2S
额定电压	6V	12V	24V	48V	90V	170V
额定负载电流	500mA	500mA	500mA	500mA	500mA	500mA
最大持续运行电压 Uc	8V	15V	30V	52V	95V	175V
标称放电电流 In	5kA	5kA	5kA	5kA	5kA	5kA
限制电压 Uxx	15V	42V	42V	90V	220V	240V
最大传输速度	2Mbit/s	2Mbit/s	2Mbit/s	2Mbit/s	2Mbit/s	2Mbit/s

（2）RJ45－TELE 系列电涌保护器：RJ45－TELE 系列电涌保护器是依据 IEC 通讯电涌保护器的标准而设计，接口为标准 RJ11/45 共用水晶接头，适用于 1 至 4 对 PSTN 线路普通专线通讯设备的信号防雷保护。SPD 为两端口，复合型。额定电压 140V，额定负载电流 145mA，最大持续运行电压 160V，其他主要技术数据见表 11－23。

表 11－23　RJ45－TELE 系列电涌保护器主要技术数据

型号	RJ45－TELE /2S	RJ45－TELE /4S	RJ45－TELE/2	RJ45－TELE/4	RJ45－TELE/8
标称放电电流 In	5k				
限制电压 Uxx	220V				
最大传输速度	10Mbit/s				
插入损耗	<0.2db				
保护线路（RJ11 接口）	3，4	2，3，4，5	3，4	2，3，4，5	2，3，4，5
保护线路（RJ45 接口）	4，5	3，4，5，6	4，5	3，4，5，6	1～8
外壳防护等级	IP20				

（3）ST 系列电涌保护器：ST 系列同轴高频通讯信号电涌保护器依据 IEC 标准设计，适用于高频通信的发射接收、卫星电视接收等系统以及无线

宽带网络等同轴通讯设备，专用于设备端的雷击及浪涌保护，安装便捷，无需维护，反应速度微秒*级，低插损。ST/4 为 1/4 波长技术高频通信电涌保护器。适用于 GSM、CDMA、PHS、WLAN 系统的防雷保护。SPD 为两端口，电压开关型，其中 ST50N/4 和 ST50D/4 为 1/4 波长型。最大放电电流为 10kA，限制电压为 600V。主要技术参数见表 11－24。

表 11－24　ST 系列电涌保护器主要技术参数

型号	ST50N	ST50L	ST50SL	ST50T	ST50B	ST75F	ST50N/4	ST50D/4
接口类型	N FM	L16 FM	SL FM	TNC FM	BNC FM	F 头 F/F	N FM	DIN7/16FM
匹配阻抗	50	50	50	50	50	75	50	50
最大容许功率	300W	300W	300W	300W	300W	300W	400W	700W
标称放电电流	5kA	5kA	5kA	5kA	5kA	5kA	50kA	100kA
驻波比	<1.2	<1.2	<1.2	<1.2	<1.2	<1.2	<1.2	<1.2（典型值 1.08）
插入损耗	<0.2db	<0.2db	<0.2db	<0.2db	<0.2db	<0.2db	<0.1db	<0.1db
频率范围	0～2.5GHz						824～970MHz 或 1710～2000MHz	

（4）DB 系列电涌保护器：DB 系列电涌保护器依据 IEC 的标准而设计，分为 D 型（串行口）接口 9 针、25 针两个系列，为 RS232、RS485/422、有线遥感、遥测、遥控等到采用 9 针和 25 针等 D 型接口的设备提供线线间、线地间的雷击及其他浪涌保护，安全便捷，无需维护，反应速度皮秒*级。可充分保护采用最新半导体器件的设备。主要技术数据见表 11－25。

表 11－25　DB 系列电涌保护器主要技术数据

型号	DB09－V11/9	DB09－V24/9	DB09－V11/25	DB09－V24/25
典型适用系统	RS485/422	RJ232	RS485/422	RJ232
最大允许工作电压 U_c	6V	12V	6V	12V
限制电压	9V	18V	9V	18V
标称放电电流	500A	500A	500A	500A

* 微秒：0.000001 秒 $=10^{-6}$ 秒，皮秒：10^{-12} 秒。

续表

型号	DB09 - V11/9	DB09 - V24/9	DB09 - V11/25	DB09 - V24/25
保护线路（DB 接口）	1 ~ 9	1 ~ 9	1 ~ 25	1 ~ 25
最大传输速度	1Mbits	1Mbits	1Mbits	1Mbits
插入损耗	<0.2db	<0.2db	<0.2db	<0.2db
反应速度	10^{-12}秒	10^{-12}秒	10^{-12}秒	10^{-12}秒
失效机制	通讯线路对地短路或通讯线路断开			

（5）Coax 系列电涌保护器：Coax 系列同轴通讯信号电涌保护器依据 IEC 标准设计，分为 F 头、N 头、BNC 头等同轴接口，适用于有线电视、公共电视、卫星电视接收、监控等系统以及视频点播系统等同轴通讯设备，专用于设备端的雷击及浪涌保护。主要技术数据见表 11 - 26。

表 11 - 26　Coax 系列电涌保护器主要技术数据

型号	CoaxN - CATV/S	Coaxb - CATV/S	CoaxB - E2/S	CoaxB - TV/16S
SPD 端口分类	两端口	两端口	两端口	两端口
SPD 类别	复合型	复合型	复合型	复合型
接口形式	F 头 F/F	BNC F/M	BNC 细缆网络	BNC F/F 16 路输入/输出
额定电压 Un	8Vrms	8Vrms	8Vrms	8Vrms
标称放电电流 In	5 000A	5 000A	5 000A	5 000A
最大放电电流 Imax	10 000A	10 000A	10 000A	10 000A
限制电压 Uxx	15V	15V	15V	15V
最大传输速率	10Mbps	10Mbps	10Mbps	10Mbps
插入损耗	<0.15db	<0.15db	<0.15db	<0.15db
外壳防护等级	IP20	IP20	IP20	IP20

11.6.4　安装示意图

电源电涌保护器的安装示意图见图 11 - 25。

（1）TN - S 系统安装示意图见 11 - 25a。

（2）TN - C - S 系统安装示意图见 11 - 25b。

（3）TT 系统安装示意图见 11 - 25c。

（4）IT 系统安装示意图见 11－25d。

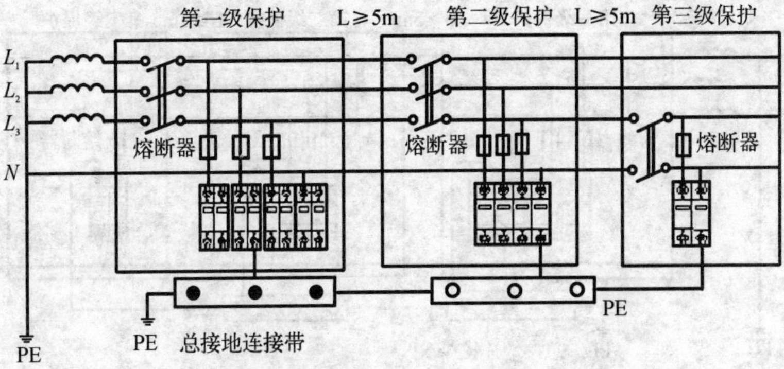

图 11－25a　TN－S 系统安装示意图

说明：L1、L2、L3—相线；N—中性线；PE—地线

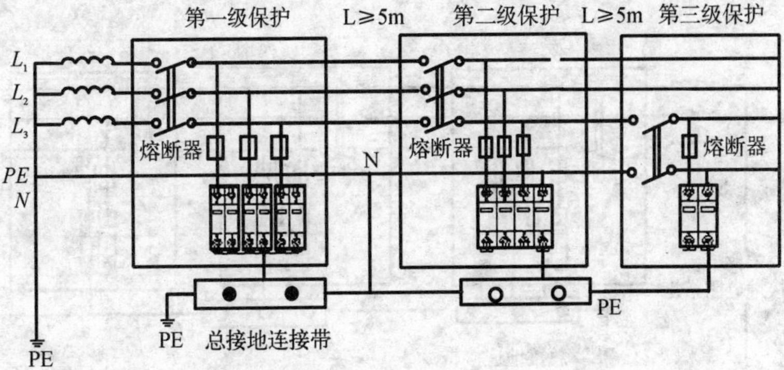

图 11－25b　TN－C－S 系统安装示意图

说明：L1、L2、L3—相线；N—中性线；PE—地线

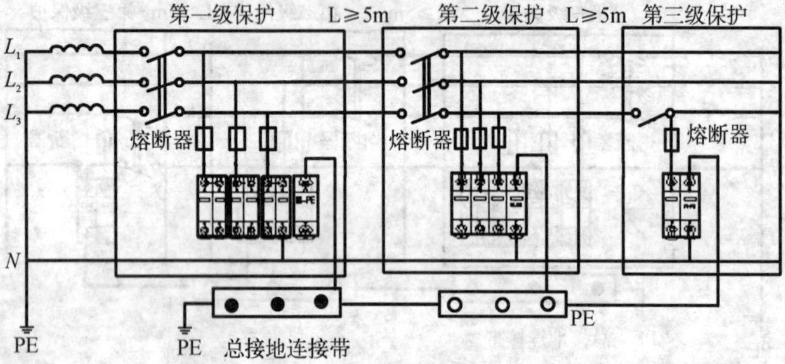

图 11－25c　TT 系统安装示意图

说明：L1、L2、L3—相线；N—中性线；PE—地线

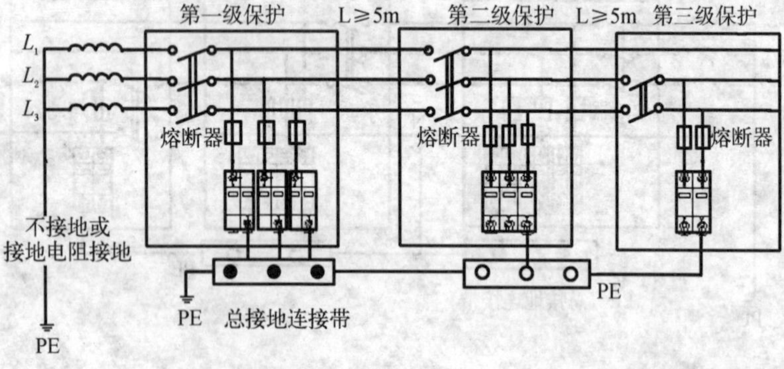

图 11－25d　IT 系统安装示意图

说明：L1、L2、L3—相线；N—中性线；PE—地线

第12章　电线、电缆及户内外电气线路

12.1　电线、电缆的型号及主要技术数据

12.1.1　电线、电缆的分类及型号

1. 电线和电缆的分类

电线和电缆主要用于电力的传输与分配；电气信号的传递和转换以及绕制电气装备用线圈或绕组等，在电气工程中用量很大。

我国现有的电线电缆有112个系列，913个品种约10万种规格，根据产品的结构、性能和使用特点可分为裸电线、电磁线、电气装备用电线电缆、电力电缆、通信电缆和通信光纤等五大类。

2. 电线和电缆型号和含义

电线电缆的型号和编制方法通常为：

分类代号或用途 → 导电线芯 → 绝缘 → 护套 → 派生

例如铝芯橡胶绝缘固定敷设电线的型号：BLXW。其中，B——固定敷设；L—铝芯；X—橡胶绝缘；F（省略）—氯丁橡胶护套；W—户外使用。

铜芯橡胶绝缘丁腈护套电机绕组引接电缆（电线）的型号：JXN。其中J—电机引接线；T（省略）—铜芯；X—橡胶绝缘；N—丁腈橡胶护套。

铜芯聚氯乙烯绝缘软线的型号：RVS—300/300V。其中R—连接用软线；T（省略）—铜芯；V—聚氯乙烯绝缘；S—双芯绞合型。额定电压为300/300V。

铝芯纸绝缘电缆的型号：ZLQ。其中Z—纸绝缘；L—铝芯；Q—铅包护套。

由于电线电缆品种多，产品结构及材料组成差异大，因此产品型号和代号说明较为复杂，可参见相应各类产品标准以及有关文献资料。以下对一些常用代号作简单说明：

（1）有关产品名称：B—固定敷设电线电缆；N—农用直埋线；R—软线；Y—橡套软电缆；H—电焊机电缆；K—控制电缆；A—安装线；YT（T）—电梯电缆；D—带状电缆；J—电机引接线；Q—汽车低压线；QG—汽车高压点火线；DC—铁路机车车辆电缆；C—船用电缆；F—航空电线电缆；W—承荷探测电缆；WQ—潜油泵电力电缆；WQJ—潜油泵引接电缆；U—矿用电缆；UC—采煤机电缆；UY—矿用移动橡胶软电缆；UZ—矿用电钻电缆；UM—矿工帽灯线；X—X 射线机电缆；GZ—直流高压电子设备电缆。

（2）有关特性或用途：W—适用户外；R—软或较软；H—适用寒带；Y—有白蚁地区；Q—轻型；Z—中型；C—重型；F—不延燃烧性；C—彩色；Z—阻尼；J—加强型。

（3）有关材料和结构特征：T—铜芯或铜套；L—铝芯；V—聚氯乙烯绝缘或护套；Y—聚乙烯绝缘或护套；X—天然丁苯橡胶绝缘或护套；F—氯丁橡胶护套；E—乙丙橡胶绝缘；H—氯磺化聚乙烯绝缘或护套。N—丁腈橡胶护套；M—氯醚橡胶护套；G—硅橡胶绝缘；Z—聚酯薄膜或纤维绝缘（即纸绝缘）；F46—聚全氟乙丙烯绝缘；YJ（J）—交联聚乙烯绝缘；B—聚丙烯绝缘；Y—聚酰亚胺/聚全氟乙丙烯薄膜绝缘；F—可溶性聚四氟乙烯绝缘；B—平行或扁型；S—双绞；H—扩套；P1—金属编织屏蔽（包括非金属）；PT—金属屏蔽；P1—铜线缠绕屏蔽；P2—铜带绕包屏蔽；80—铜线编织；82—铜丝编织外挤聚氯乙烯护套。

（4）铠装结构：多用数字表达，22—钢带铠装；32—细钢丝铠装；10—油泵电缆钢带联锁铠装；20—油泵电缆钢带联锁铠装外挤聚氯乙烯护套；90—钢丝编织；92—钢丝编织外挤聚氯乙烯护套。

常用的电线、电缆的名称型号列于表 12－1。

表 12－1　常用电线、电缆的名称、型号

名　　称	型号
铝绞线	LJ
轻型钢芯绞线	LGJQ
铜母线	TMY

续表

名　　称	型号
铝母线	LMY
铜芯橡皮线（绝缘棉纱编织涂蜡）	BX
铜芯橡皮软线（绝缘棉纱编织涂蜡）	BXR
铜芯橡皮线（绝缘玻璃丝编织涂蜡）	BBX
双芯橡皮线	BXS
铜芯穿管橡皮线	BXG
铝芯橡皮线（绝缘棉纱编织涂蜡）	BLX
铝芯橡皮线（绝缘玻璃丝编织涂蜡）	BBLX
铝芯穿管橡皮线	BLXG
橡皮花线	BXH
铜芯橡皮绝缘卡普龙丝总编织花线	BXHK
铜芯橡皮绝缘聚氯乙烯护套线	BXV
铜芯橡皮绝缘聚氯乙烯护套软线	BXVR
铝芯橡皮绝缘聚氯乙烯护套线	BLXV
铝芯氯丁橡皮绝缘线	BLXL
铜芯塑料绝缘线	BV
铜芯塑料绝缘软线	BVR
铝芯塑料绝缘线	BLV
铜芯橡皮绝缘棉纱编织蜡克线	BXL
铜芯橡皮绝缘棉纱编织蜡克软线	BXLR

续表

名　　称	型号
铜芯橡皮绝缘聚氯乙烯护套电力电缆	XV
铝芯橡皮绝缘聚氯乙烯护套电力电缆	XLV
铜芯橡皮绝缘聚氯乙烯护套电力电缆	XV_{29}
铝芯橡皮绝缘聚乙烯护套电力电缆	XLV_{29}
铜芯聚氯乙烯绝缘聚乙烯护套电力电缆	VV
铝芯聚氯乙烯绝缘聚乙烯护套电力电缆	VLV
铜芯聚氯乙烯绝缘聚乙烯护套内钢带铠装电力电缆	VV_{29}
铝芯聚氯乙烯绝缘聚乙烯护套内钢带铠装电力电缆	VLV_{29}
铜芯聚氯乙烯绝缘聚氯乙烯护套控制电缆	KVV
铅芯聚氯乙烯绝缘聚氯乙烯护套控制电缆	KLVV
铜芯聚乙烯绝缘聚乙烯护套控制电缆	KYV
铝芯聚乙烯绝缘聚乙烯护套控制电缆	KLYV
铜芯橡皮绝缘聚氯乙烯护套控制电缆	KXV
铝芯橡皮绝缘聚氯乙烯护套控制电缆	KLXY
铜芯聚氯乙烯绝缘聚乙烯护套内钢带铠装电缆	KYV_{29}
铜芯聚氯乙烯绝缘聚氯乙烯护套内钢带铠装电缆	KVV_{29}
铝芯聚氯乙烯绝缘聚氯乙烯护套内钢带铠装电缆	$KLVY_{29}$ $KLVV_{29}$
铜芯橡皮绝缘聚氯乙烯护套内钢带铠装电缆	KXV_{29}
铝芯橡皮绝缘聚氯乙烯护套内钢带铠装电缆	$KLXV_{29}$
中型橡套电缆	YZ

12.1.2　裸导线

裸导线主要用于电力、交通、电信工程以及电机、变压器、电器制造，按产品结构和用途分为单线、裸绞线、软接线、型线和型材四大系列。

裸导线的型号及其代号含义见表 12－2，其分类、名称、特性和用途列于表 12－3。

表 12-2　裸电线的型号及其代号含义

类别（以导体区分）	特征				派生
	形状	加工	类型	软硬	
C—电车线	B—扁形	F—防腐	J—加强型	R—柔软	A—第一种
G—钢(铁)线	D—带形	J—绞制	K—扩径型	Y—硬	B—第二种
L—铝线	G—沟形	X—纤维编织	Q—轻型	YB(BY)—半硬	1—第一种
M—母线	K—空心	X—镀锡	Z—支撑型	YT—特硬	2—第二种
QC—汽车、拖拉机蓄电池线	P—排状	YD—镀银	C—触头用		
S—电刷线	T—梯形	Z—编织			
T—铜线	Y—圆形				
T—天线					
TY—银铜合金					

表 12-3　裸导线的分类、名称、特性和用途

分类	名称	型号	特性	主要用途
圆线	圆铜线	TY TR	硬线的抗拉强度比软线大一倍，半硬线有一定的抗拉强度和延伸率，软线的延伸率高	硬线主要用作架空导线；半硬线、软线主要用作电线、电缆及电磁线的线芯，亦用于其他电器制品
	圆铝线	LY LYB LR		
	镀锡圆铜线	TRX	具有很好的耐蚀性与焊接性能，并起铜线与被覆绝缘（如橡皮）之间的隔离作用	电线、电缆用线芯、屏蔽线及用于其他电器制品
	铝合金圆线	HL (Al-Mg-Si) HL_2 (Al-Mg)	具有比钝铝线高的抗拉强度	硬线用于制造架空导线，软线用于电线、电缆线芯等

续表

分类	名称	型号	特性	主要用途
绞线	铝绞线	LJ	导电性、机械性能良好，钢芯铝绞线比铝绞线拉断力大1倍左右	用于低压或高压的架空电力路线
	钢芯铝绞线	LGJ		
型线	扁铜线	TBY TBR	铜、铝扁线和母线的机械特性和圆线相同。扁线、母线的结构形状均为矩形，仅在规格尺寸和公差上有所区别	铜、铝扁线，主要用于电机、电器等线圈或绕组。铜、铝母线主要作汇流排用，亦用于其他电器制品
	扁铝线	LBY LBBY LBR		
	铜母线	TMY TMR		
	铝母线	LMY LMR		
软绞线	铜电刷线	TS TSX TSR TSXR	多股铜线或镀锡铜线绞制，柔软，耐震动，耐弯曲	电刷连接线
	铜软绞线	TRJ TRJ－1 TRJ－2 TRJ－3 TRJ－4	柔软，TRJ—4特别柔软，为提高抗腐蚀性，TRJ—2，TRJ—3，TRJ—4可用镀锡铜线绞制	引出线，接地线，整流器和晶闸管的引出线等，电气设备部件间连接用线
	铜编织线	TYZ TYZX TRZ－1 TRZX－1 TRZ－2 TRZX－2	柔　软	小型电炉和电气设备等连接线
	铜线编织线	QC	柔　软	汽车、拖拉机、蓄电池连接线

1. 单线

（1）圆单线：圆单线具有抗拉强度大，弯曲性能好等优点。主要用作各种电线、电缆的导线芯，或用于加工制造裸绞线，也可用于通信线路作为架空的通信明线、广播线等，还可用于小容量电力线路中作为配电传输线。

圆铜线及圆铝线的主要技术参数见表 12－4。

表 12－4　圆铜线及圆铝线的主要技术参数

项　目	圆　铜　线			圆　铝　线				
	软 TR	硬 TY	特硬 TYT	软 LR	硬 LY4	硬 LY6	硬 LY8	硬 LY9
直径范围 /mm	0.02～14.00	0.02～14.00	1.50～5.00	0.30～10.00	0.30～6.00	0.30～10.00	0.30～5.00	1.25～5.00
电阻率（20℃）不大于 /(Ω·mm²/m)	0.017 241	0.017 96～0.017 77		0.028 00	0.028 264	0.028 264	0.028 264	0.028 264
电阻温度系数/(℃$^{-1}$)	0.003 93	0.003 77～0.003 81		0.004 07	0.004 03	0.004 03	0.004 03	0.004 03
弹性模量 /MPa	—	117 000	117 000	—	64 000	64 000	64 000	65 700
线胀系数 /(℃)$^{-1}$	—	17×10^{-6}	17×10^{-6}	23×10^{-6}	23×10^{-6}	23×10^{-6}	23×10^{-6}	23×10^{-6}

（2）扁单线：扁单线的拉伸强度比相应的圆单线低、主要用于制造电机、电器的绕组线和电器设备的连接线。常用的有铜扁线和铝扁线。扁线的规格以厚度 a 乘以 b 表示，宽度比为 $1.4\leqslant b/a\leqslant8$，厚度为 0.8～7.10mm，宽度为 2.00～16.00mm。

2. 裸绞线

裸绞线是由多股单线绞合而成的裸导线，它可以被制成较大截面的导线，以传输较大的电流，而且比较柔软，具有较高抗拉强度和耐震动性能及较小的蠕变性能，主要用作架空导线。

（1）常用裸绞线品种、型号及主要用途见表 12－5。

表 12－5　常用裸绞线品种、型号及主要用途

名　　称	型　　号	截面面积/mm²	主要用途
铝绞线	LJ	16～800	挡距（杆塔距离）不大，受力较小的配电线路

续表

名　称	型　号	截面面积/mm^2	主要用途
钢芯铝绞线	LGJ	10 ~ 800	各种电压等级的架空电力传输线路
铝合金绞线	LH_AJ　LH_BJ	10 ~ 1 000	架空输配电线路
钢芯铝合金绞线	LH_AGJ　LH_BGJF_2	10 ~ 1 000	大挡距和重冰区的架空电线

（2）常用铝绞线、钢芯铝绞线的结构与技术参数见表 12 – 6、表 12 – 7。

表 12 – 6　铝绞线的结构和主要技术参数

标称截面/mm^2	结构根数（直径）/mm	外径/mm	计算拉断力/N	计算重/(kg/km)	直流电阻(20℃)（不大于）/(Ω/km)	计算载流量/A		
						70℃	80℃	90℃
16	7(1.70)	5.10	2 840	42.5	1.802	84	100	112
25	7(2.15)	6.45	4 355	69.6	1.127	112	133	151
35	7(2.50)	7.50	5 760	94.1	0.833 2	135	161	183
50	7(3.00)	9.00	7 930	135.5	0.578 6	168	202	230
70	7(3.60)	10.80	10 950	195.1	0.401 8	210	253	289
95	7(4.16)	12.48	14 450	260.5	0.300 9	250	304	347
120	19(2.85)	14.25	19 420	333.5	0.237 3	289	353	405
150	19(3.15)	15.75	23 310	407.4	0.194 3	327	400	460
185	19(3.50)	17.50	28 440	503.0	0.157 4	371	456	526
210	19(3.75)	18.75	32 260	577.4	0.137 1	403	497	574
240	19(4.00)	20.00	36 260	656.9	0.120 5	435	538	622
300	37(3.20)	22.40	46 850	820.4	0.096 89	496	617	715
400	37(3.70)	25.90	61 150	1 097	0.072 47	588	738	859
500	37(4.16)	29.12	76 370	1 387	0.05733	674	852	995
630	61(3.63)	32.67	91 940	1 744	0.045 77	768	977	1 145
800	61(4.10)	36.90	115 900	2 225	0.035 88	880	1 129	1 328

表 12－7　钢芯铝绞线的结构及其主要技术参数

标称截面/mm² 铝/钢	结构根数(直径)/mm 铝	结构根数(直径)/mm 钢	外　径/mm	计算拉断力/N	计算重/(kg/km)	直流电阻/(Ω/km)(20℃)	计算载流量/A 70℃	计算载流量/A 80℃	计算载流量/A 90℃
10/2	6(1.50)	1(1.50)	4.50	4 120	42.9	2.706	66	78	87
16/3	6(1.85)	1(1.85)	5.55	6 130	65.2	1.779	85	100	113
25/4	6(2.32)	1(2.32)	6.96	9 290	102.6	1.131	111	131	149
35/6	6(2.72)	1(2.72)	8.16	12 630	141.0	0.823	134	158	180
50/8	6(3.20)	1(3.20)	9.60	16 870	195.1	0.594 6	161	191	218
50/30	12(2.32)	7(2.32)	11.60	42 620	372.0	0.569 2	166	195	218
70/10	6(3.80)	1(3.80)	11.40	23 390	275.2	0.421 7	194	232	266
70/40	12(2.72)	7(2.72)	13.60	58 300	511.3	0.414 1	196	230	257
95/15	26(2.15)	7(1.67)	13.61	35 000	380.8	0.305 8	252	306	351
95/20	7(4.16)	7(1.85)	13.87	37 200	408.9	0.301 9	233	277	319
95/55	12(3.20)	7(3.20)	16.00	78 110	707.7	0.299 2	230	270	301
120/7	18(2.90)	1(2.90)	14.50	27 570	379.0	0.242 2	287	350	401
120/20	26(2.38)	7(1.85)	15.07	41 000	466.8	0.249 6	285	348	399
120/25	7(4.72)	7(2.10)	15.74	47 880	526.6	0.234 5	265	315	365
120/70	12(3.60)	7(3.60)	18.00	98 370	895.6	0.236 4	258	301	335
150/8	18(3.20)	1(3.20)	16.00	32 860	461.4	0.198 9	323	395	454
150/20	24(2.78)	7(1.85)	16.67	46 630	549.4	0.198 0	326	400	461
150/25	26(2.70)	7(2.10)	17.10	54 110	601.0	0.193 9	331	407	469
150/35	30(2.50)	7(2.50)	17.50	65 020	676.2	0.196 2	331	407	469
185/10	18(3.60)	1(3.60)	18.00	40 800	584.0	0.157 2	372	458	528
185/25	24(3.15)	7(2.10)	18.90	59 420	706.1	0.154 2	379	468	540
185/30	26(2.98)	7(2.32)	18.88	64 320	732.6	0.159 2	373	460	531
185/45	30(2.80)	7(2.80)	19.60	80 190	848.2	0.156 4	379	469	541
210/10	18(3.80)	1(3.80)	19.00	45 140	650.7	0.141 1	397	490	565
210/25	24(3.33)	7(2.22)	19.98	65 990	789.1	0.138 0	405	501	579

续表

标称截面/mm² 铝/钢	结构根数(直径)/mm 铝	钢	外　径/mm	计算拉断力/N	计算重/(kg/km)	直流电阻/(Ω/km)(20℃)	计算载流量/A 70℃	80℃	90℃
210/35	26(3.22)	7(2.50)	20.38	74 250	853.9	0.136 3	409	507	586
210/50	30(2.98)	7(2.98)	20.86	90 830	960.8	0.138 1	409	507	586
240/30	24(3.60)	7(2.40)	21.60	75 620	922.2	0.118 1	445	552	639
240/40	26(3.42)	7(2.66)	21.66	83 370	964.3	0.120 9	440	546	633
240/55	30(3.20)	7(3.20)	22.40	102 100	1 108	0.119 8	445	554	641
300/15	42(3.00)	7(1.67)	23.01	68 060	939.8	0.097 24	495	615	711
300/20	45(2.93)	7(1.95)	23.43	75 680	1 002	0.095 20	502	624	722
300/25	48(2.85)	7(2.22)	23.76	83 410	1 058	0.094 33	505	628	726
300/40	24(3.99)	7(2.66)	23.94	92 220	1 133	0.096 14	503	628	728
300/50	26(3.83)	7(2.98)	24.26	103 400	1 210	0.096 36	504	629	730
300/70	30(3.60)	7(3.60)	25.20	128 000	1 402	0.094 63	512	641	745
400/20	42(3.51)	7(1.95)	26.91	88 850	1 286	0.071 04	595	746	864
400/25	45(3.33)	7(2.22)	26.64	95 940	1 295	0.073 70	584	730	845
400/35	48(3.22)	7(2.50)	26.82	103 900	1 349	0.073 89	583	729	844
400/50	54(3.07)	7(3.07)	27.63	123 400	1 511	0.072 32	592	741	857
400/65	26(4.42)	7(3.44)	28.00	135 200	1 611	0.072 36	597	752	876
400/95	30(4.16)	19(2.50)	29.14	171 300	1 860	0.070 87	608	767	895
500/35	45(3.75)	7(2.50)	30.00	119 500	1 642	0.058 12	670	842	977
500/45	48(3.60)	7(2.80)	30.00	128 100	1 688	0.059 12	664	834	967
500/65	54(3.44)	7(3.44)	30.96	154 000	1 897	0.057 60	676	850	983
630/45	45(4.20)	7(2.80)	33.60	148 700	2 060	0.046 33	763	964	1 120
630/55	48(4.12)	7(3.20)	34.32	164 400	2 209	0.045 14	775	979	1 136
630/80	54(3.87)	19(2.32)	34.82	192 900	2 388	0.045 51	774	977	1 131
800/55	45(4.80)	7(3.20)	38.40	191 500	2 690	0.035 47	887	1 126	1 310
800/70	48(4.63)	7(3.60)	38.58	207 000	2 791	0.035 74	884	1 121	1 301
800/100	54(4.33)	19(2.60)	38.98	241 100	2 991	0.036 35	878	1 113	1 288
1 400/135	88(4.50)	19(3.00)	51.00	329 500	4 962	0.021 38	1 272	1 563	1 808

12.1.3 软接线

软接线是指质地柔软的各种编织线、铜绞线等连接线。具有良好的多次弯曲性能和一定的柔软性。主要用于耐震动、耐弯曲的软连接场合。

软接线包括软铜绞线、裸铜天线、铜电刷线和铜编织线等。

软接线的品种、型号、规格及主要用途见表 12－8。

表 12－8 软接线的品种、型号、规格及主要用途

产品名称	型 号	截面范围/mm^2	主 要 用 途
铜电刷线	TS，TSX	0.3～16	电刷连接线
	TSR，TSXR	0.16～2.5	
裸铜天线	TT，TTR	1～25	通信架空电线
软铜绞线	TJR1，TJRX1	0.06～500	电气装置的接线和地线
	TJR2，TJRX2	6～50	
	TJR3，TJRX3	0.012～300	电子电器或元件用接线
特软铜绞线	TTJR	0.5～6.0	电气装置或电子元件耐震线
铜编织线（斜纹）	TZ—1	16～800	电气装置、电器、电炉及蓄电池等接线
	TZ—2，TZX—2	4～120	
	TZ—3，TZX—3	4～35	
	TZ—4，TZX—4	0.03～0.3	电子电器设备或元件、扬声器音圈接线
直纹铜编织线	TZZ—07，TZZ—10，TZZ—15	4～50	小型精密电器装置等接线
镀锡铜编织线	TZXP	1～60（套径）	屏蔽保护

常见软接线的主要技术参数见表 12－9～表 12－14。

表 12－9 TS 型及 TSX 型硬铜电刷线主要技术数据

标称截面/mm^2	股数×根数×外径/mm	电线外径/mm		线重/（kg/km）		直流电阻（20℃）不大于/（Ω/km）	伸长率不小于/%
		TSR	TSXR	TSR	TSXR		
0.3	7×11×0.07	1.0	1.8	3.0	4.0	63.00	
0.5	7×19×0.07	1.4	2.2	5.0	6.1	36.40	

续表

标称截面/mm^2	股数×根数×外径/mm	电线外径/mm		线重/(kg/km)		直流电阻(20℃)不大于/(Ω/km)	伸长率不小于/%
		TSR	TSXR	TSR	TSXR		
0.75	7×14×0.10	1.5	2.3	7.2	8.5	24.20	
1.0	7×18×0.10	1.7	2.5	10.3	11.7	18.80	
1.5	7×27×0.10	2.1	2.9	13.4	15.1	12.60	
2.0	7×36×0.10	2.4	3.2			9.40	18
2.5	7×46×0.10	2.8	3.6	24.0	26.3	7.36	
3	7×54×0.10	3.0	3.8			6.27	
4	7×72×0.10	3.6	4.4	37.0	39.6	4.70	
5	7×90×0.10	3.8	4.6			3.74	
6	7×75×0.12	4.3	5.1	57.0	62.2	3.14	
8	12×59×0.12	5.1	5.9			2.40	
10	12×75×0.12	6.0	6.8	96.0	99.7	1.90	
12	12×88×0.12	6.3	7.1			1.62	
16	19×75×0.12	7.1	7.9			1.20	

表12-10　TSR型及TSXR型软铜电刷线主要技术数据

标称截面/mm^2	股数×根数×外径/mm	电线外径/mm		线重/(kg/km)		直流电阻(20℃)不大于/(Ω/km)	伸长率不小于/%
		TSR	TSXR	TSR	TSXR		
0.16	7×12×0.05	0.65	—			113.00	
0.3	7×22×0.05	1.0	—			61.60	
0.5	12×22×0.05	1.4	—			37.20	
0.75	12×32×0.05	1.5	—			25.60	15
1.0	12×43×0.05	2.0	2.8	10.4	11.9	19.00	
1.5	19×41×0.05	2.4	3.2	13.7	15.4	12.60	
2.5	19×67×0.05	3.0	3.8	24.6	27.0	7.70	

表 12－11 裸铜天线主要技术数据

标称截面 /mm²	股数×根数×线径/mm	外径 /mm	线重 /(kg/km)	拉断力不小于 /N		直流电阻(20℃) ≤/(Ω/km)	
				TT	TTR	TT	TTR
1.0	7×7×0.16	1.44	9.4	343	161	19.0	18.5
1.5	7×7×0.20	1.80	14.6	539	255	12.2	12.0
2.5	7×7×0.25	2.25	22.8	833	392	7.8	7.6
4	7×7×0.32	2.88	37.3	1 370	657	4.8	4.6
6	7×7×0.39	3.51	55.5	2 060	980	3.2	3.1
10	7×7×0.51	4.59	94.8	3 480	1 660	1.9	1.8
16	7×7×0.64	5.76	150.0	5 490	2 595	1.2	1.15
25	7×7×0.81	7.20	233.0	8 580	4 070	0.8	0.75

表 12－12 TJR－1 型及 TJRX－1 型铜软绞线主要技术数据

标称截面 /mm²	股数×根数×外径/mm	外径 /mm	线重 /(kg/km)	直流电阻(20℃) ≤/(Ω. km)	
				TJR－1	TJRX－1
0.06	7/0.10	0.30	0.51	330.5	349.8
0.12	7/0.15	0.45	1.14	146.6	155.2
0.20	12/0.15	0.62	1.96	85.8	90.8
0.30	16/0.15	0.71	2.61	64.2	68.0
0.40	12/0.20	0.83	3.49	48.2	51.0
0.50	16/0.20	0.94	4.65	36.1	38.3
0.75	19/0.23	1.15	7.30	23.0	24.4
1.00	19/0.26	1.30	9.33	18.0	19.0
1.50	19/0.32	1.60	14.13	11.9	12.6
2.00	7×7/0.23	2.07	18.82	8.91	9.43
2.50	7×7/0.26	2.31	24.05	6.99	7.40
4	7×7/0.32	2.88	36.44	4.61	
6	7×7/0.39	3.51	54.08	3.11	
10	12×7/0.39	4.86	92.71	1.77	

续表

标称截面 /mm²	股数×根数×线径/mm	外径 /mm	线重 /(kg/km)	直流电阻(20℃) ≤/(Ω/km)	
				TJR-1	TJRX-1
16	12×7/0.49	6.11	146.5	1.15	
25	19×7/0.49	7.35	231.9	0.72	
35	19×7/0.58	8.7	325	0.52	
50	19×7/0.68	10.2	447	0.38	
70	27×7/0.68	12.6	635	0.26	
95	37×7/0.68	14.3	870	0.19	
120	27×12/0.68	17.4	1 088	1.15	
150	14×19/0.85	18.8	1 396	0.12	
185	27×12/0.85	21.8	1 700	0.099	
240	37×12/0.85	24.7	2 330	0.072	
300	27×19/0.85	26.2	2 691	0.062	
400	37×19/0.85	29.8	3 688	0.046	
500	37×19/0.95	33.3	4 607	0.036	

表12-13 TJR-2型及TJRX-2型铜软绞线主要技术数据

标称截面 /mm²	股数×根数/线径/mm	外径 /mm	线重 /(kg/km)	直流电阻(20℃) ≤/(Ω/km)	
				TJR-2	TJRX-2
6	7×27/0.20	3.7	35	3.06	54.9
10	7×46/0.20	4.9	94	1.91	93.5
16	7×3×23/0.20	7.8	140	1.27	140.3
25	7×5×23/0.20	9.7	234	0.76	233.8
35	7×4×42/0.20	11.6	342	0.52	341.6
50	7×5×42/0.20	13.0	427	0.41	427.0

表 12－14　TJR－3 型及 TJRX－3 型铜软绞线主要技术数据

标称截面 /mm²	股数×根数/线径/mm	外径 /mm	线重 /(kg/km)	直流电阻(20℃) ≤/(Ω/km)	
				TJR－3	TJRX－3
0.012	7/0.05	0.15	0.13	1 298.6	1 374.4
0.03	7/0.07	0.21	0.25	673.3	712.6
0.06	15/0.07	0.33	0.53	313.4	331.7
0.12	30/0.07	0.45	1.1	151.5	160.3
0.20	56/0.07	0.61	2.0	82.6	87.4
0.30	7×11/0.07	0.87	2.7	60.6	64.1
0.40	7×15/0.07	0.99	3.7	45.5	48.2
0.50	7×19/0.07	1.05	4.7	35.6	37.7
0.75	7×28/0.07	1.35	7.0	24.2	25.6
1.0	7×37/0.07	1.47	9.2	18.2	19.3
1.5	7×50/0.07	1.77	12.1	13.5	14.3
2.5	7×3×30/0.07	2.90	22.4	7.48	7.92
4.0	7×5×30/0.07	3.64	37.4	4.50	4.76
6.0	7×7×30/0.07	4.04	52.3	3.21	3.40
10	7×4×45/0.07	5.80	87	1.92	2.03
16	12×4×43/0.10	8.02	150	1.12	1.19
25	7×3×3×50/0.10	11.7	229	0.74	0.78
35	7×4×3×50/0.10	13.1	305	0.55	0.58
50	14×3×3×50/0.10	17.2	457	0.37	0.39
70	12×7×50/0.15	15.7	686	0.24	0.25
95	27×4×50/0.15	18.8	882	0.19	0.20
120	19×7×50/0.15	18.9	1 086	0.15	0.16
150	27×6×50/0.15	23.3	1 325	0.13	0.14
185	14×14×50/0.15	24.6	1 600	0.10	0.11
240	37×7×50/0.15	26.5	2 131	0.079	0.084
300	27×7×50/0.20	31.1	2 745	0.061	0.065

12.1.4 型线与型材

型线与型材是指横截面为矩形或其他非圆异形的裸导线或裸导体，包括母线（汇流排）、扁线、异形排、接触线（电车线）等。主要用于电机的换向器、电器开关触头、电力牵引机车的接触电线等。

常用的型线和型材的品种、型号及用途见表 12－15。

表 12－15 型线和型材的品种、型号及用途

<table>
<tr><th>产品名称</th><th>型号</th><th>规格范围</th><th>主 要 用 途</th></tr>
<tr><td>铜扁线</td><td>TBR，TBY1，TBY2</td><td>厚 0.80～7.1mm
宽 2.00～16.0mm</td><td rowspan="5">供电机、电器、配电设备及其他电工方面应用</td></tr>
<tr><td>铝扁线</td><td>LBR，LBY2，LBY4
LBY8</td><td>厚 4.0～31.5mm
宽 16.0～125mm</td></tr>
<tr><td>铜带</td><td>TDR，TDY1，TDY2</td><td>厚 1.00～3.55mm
宽 9.0～100mm</td></tr>
<tr><td>铜母线</td><td>TMR，TMY</td><td>厚 4.0～31.5mm
宽 16.00～125mm</td></tr>
<tr><td>铝母线</td><td>LMR，LMY</td><td>厚 4.0～31.5mm
宽 16.0～125mm</td></tr>
<tr><td>异形铜排</td><td>TPT，TPQ
TPA，TPY</td><td></td><td>电机换向器整流片，大型电机绕组，电气开关触头等</td></tr>
<tr><td>空心铜导线</td><td>TBRK</td><td>厚 5～18mm
宽 5～18mm</td><td rowspan="2">电机、变压器绕组</td></tr>
<tr><td>空心铝导线</td><td>LBRK</td><td>厚 6.5～14mm
宽 8.5～22.5mm</td></tr>
<tr><td rowspan="5">接触线
（电车线）</td><td>CT</td><td>65～150mm²</td><td rowspan="5">电力运输系统的架空接触导线</td></tr>
<tr><td>CTY</td><td>50～110mm²</td></tr>
<tr><td>CGLN</td><td>195～250mm²</td></tr>
<tr><td>CGLW</td><td>173～215mm²</td></tr>
<tr><td>CLHA</td><td>130～200mm²</td></tr>
</table>

12.1.5 空气加强绝缘型母线槽

空气加强绝缘型母线槽主要技术参数：额定电压380V、660V；额定电流250～5 000A；常态下单元绝缘电阻不小于20MΩ；长期通过额定电流时，导电体温升不超过60℃；工频耐压3 750V/min，无闪络或击穿。空气加强绝缘型母线槽的动热稳定性列于表12－16。

母线槽导电排的规格及每米阻抗列于表12－17。母线槽的外形尺寸及质量列于表12－18。与之相配套的插接箱外形参考尺寸见表12－19。

表12－16 空气加强绝缘型母线槽的动热稳定性

额定电流 I_e/A	热稳定电流(有效值)I_s/kA	动热稳定电流(峰值)/kA
$100<I_e\leqslant250$	15	30
$250<I_e\leqslant400$	30	63
$400<I_e\leqslant630$	30	63
$630<I_e\leqslant1\ 000$	30	63
$1\ 000<I_e\leqslant1\ 600$	50	110
$1\ 600<I_e\leqslant2\ 500$	50	110
$2\ 500<I_e\leqslant5\ 000$	50	110

表12－17 空气加强绝缘型母线槽导电排规格及阻抗

额定电流/A	每相导电排规格/mm	电阻值 $R\times10^{-6}$/(Ω/m)	电抗值 $X\times10^{-6}$/(Ω/m)	阻抗值 $Z\times10^{-6}$/(Ω/m)
250	6×30	94.4	47.2	105.2
400	6×40	73.0	43.6	85.1
630	6×50	69.1	38.2	78.9
800 轻型	6×60	53.3	34.6	68.2
重型	6×80	46.9	32.1	56.8
1 000 轻型	6×80	46.9	32.1	56.8
重型	6×100	35.2	25.7	43.6
1 250 轻型	6×100	35.2	25.7	43.6
重型	6×120	31.7	19.6	37.3
1 600 轻型	6×120	26.9	14.8	30.7
重型	6×150			

续表

额定电流/A		每相导电排规格/mm	电阻值 $R\times10^{-6}$/(Ω/m)	电抗值 $X\times10^{-6}$/(Ω/m)	阻抗值 $Z\times10^{-6}$/(Ω/m)
2 000	轻型	6×150	23.1	10.5	25.4
	重型	6×180			
2 500	轻型	2×6×100	16.9	8.4	18.9
	重型	2×6×120			
3 150	轻型	2×6×120	13.5	7.5	15.4
	重型	2×6×150			
4 000	轻型	2×6×150	9.6	5.6	12.2
	重型	2×6×180			
5 000	轻型	2×6×180	6.8	5.1	8.5
	重型	2×6×230			

表 12-18　母线槽外形尺寸及每米重量

额定电流/A	三相四线		三相五线	
	$W\times H$/mm	质量/(kg/m)	$W\times H$/mm	质量/(kg/m)
160	160×95	22.1	160×95	23.7
250	160×95	25.4	160×95	26.9
400	160×105	28.6	160×105	30.0
630	160×115	31.9	160×115	33.5
800	160×130	37.1	160×130	37.7
1 000	160×145	42.3	160×145	45.0
1 250	160×180	55.3	160×180	59.2
1 600	160×200	59.2	160×200	63.3
2 000	160×220	76.7	160×220	81.5
2 500	160×260	99.8	160×260	104.7
3 150	160×375	119.6	160×375	127.9
3 500	160×395	128.7	160×395	138.5
4 000	160×420	141.1	160×420	151.5
5 000	160×500	163.8	160×500	176.8

注：母线槽的规格是每 3m 一节，*W*、*H* 对应位置尺寸参照表 12-93、表 12-94 中的外形图。

表 12－19　插接管外形参考尺寸

型　号	箱体材质	内装电器元件	外形参考尺寸/mm
X－100A	钢制	各种塑壳式空气开关	500×250×155
X－200A	钢制	各种塑壳式空气开关	680×250×185
X－400A	钢制	各种塑壳式空气开关	760×320×195
X－630A	钢制	各种塑壳式空气开关	760×365×195
X－63A	钢制	各种塑壳式空气开关	400×225×125
X－100A	钢制	各种塑壳式空气开关	400×225×150
X－63A	钢制	各种塑壳式空气开关	350×250×150

12.2　电线和电缆的载流量

12.2.1　橡皮绝缘、塑料绝缘电线的载流量

橡皮绝缘电线穿管敷设的载流量列于表 12－20、表 12－21。塑料绝缘电线明敷设及穿管敷设的载流量列于表 12－22～表 12－24。BV—105 型耐热聚氯乙烯铜芯电线的载流量列于表 12－25。

12.2.2　塑料绝缘软线、护套线的载流量

塑料绝缘软线、护套线明敷设载流量见表 12－26。

12.2.3　纸绝缘电力电缆的载流量

黏性油浸纸绝缘电力电缆在空气中敷设的载流量见表 12－27。黏性油浸纸绝缘电力电缆直埋地敷设的载流量见表 12－28。不滴流油浸纸绝缘电力电缆在空气中敷设的载流量见表 12－29。直埋地敷设的载流量见表12－30。

12.2.4　塑料绝缘电力电缆的载流量

塑料（聚氯乙烯）绝缘电力电缆在空气中敷设以及直埋地敷设的载流量列于表 12－31、表 12－32。

12.2.5　橡套软电缆的载流量

通用橡套软电缆的载流量见表 12－33。

表 12－20　橡皮绝缘电线穿钢管敷设的载流量　（$\theta_n = 65℃$）

截面/mm^2		2 根单芯/A				管径/mm 支线		管径/mm 干线		3 根单芯/A				管径/mm 支线		管径/mm 干线		4 根单芯/A				管径/mm 支线		管径/mm 干线	
		25℃	30℃	35℃	40℃	G	DG	G	DG	25℃	30℃	35℃	40℃	G	DG	G	DG	25℃	30℃	35℃	40℃	G	DG	G	DG
	2.5	21	19	18	16	15	19			19	17	16	15	15	19			16	14	13	12	20	25		
	4	28	26	24	22	20	25			25	23	21	19	20	25			23	21	19	18	20	25		
	6	37	34	32	29	20	25			34	31	29	26	20	25			30	28	25	23	20	25		
	10	52	48	44	41	25	32	25	32	46	43	39	36	25	32	25	32	40	37	34	31	25	32	32	38
BLX	16	66	61	57	52	25	32	32	38	59	55	51	46	32	32	32	38	52	48	44	41	32	38	40	
	25	86	80	74	68	32	38	32		76	71	65	60	32	38	32		68	63	58	53	40		40	
BLXF	35	106	99	91	83	32		50		94	87	81	74	32		50		83	77	71	65	40		50	
铝芯	50	133	124	115	105	50		50		118	110	102	93	50		50		105	98	90	83	50		65	
	70	165	154	142	130	50		65		150	140	129	118	50		65		133	124	115	105	65		65	
	95	200	187	173	158	65		65		180	168	155	142	65		65		160	149	138	126	65		65	
	120	230	215	198	181	65		65		210	196	181	166	65		65		190	177	164	150	65		80	
	150	260	243	224	205	65		80		240	224	207	189	65		80		220	205	190	174	80		80	
	185	295	275	255	233	80		80		270	252	233	213	80		80		250	233	216	197	80		100	
	1	15	14	12	11	15	19			14	13	12	11	15	19			12	11	10	9	15	19		
	1.5	20	18	17	15	15	19			18	16	15	14	15	19			17	15	14	13	20	25		
	2.5	28	26	24	22	15	19			25	23	21	19	15	19			23	21	19	18	20	25		
	4	37	34	32	29	20	25			33	30	28	26	20	25			30	28	25	23	20	25		
	6	49	45	42	38	20	25			43	40	37	34	20	25			39	36	33	30	20	25		
BX	10	68	63	58	53	25	32	25	32	60	56	51	47	25	32	25	32	53	49	45	41	25	32	32	38
	16	86	80	74	68	25	32	32	38	77	71	66	60	32	32	32	38	69	64	59	54	32	38	40	
BXF	25	113	105	97	89	32	38	32		100	93	86	79	32	38	32		90	84	77	71	40		40	
铜芯	35	140	130	121	110	32		50		122	114	105	96	32		50		110	102	95	87	40		50	
	50	175	163	151	138	50		50		154	143	133	121	50		50		137	128	118	108	50		65	
	70	215	201	185	170	50		65		193	180	166	152	50		65		173	161	149	136	65		65	
	95	260	243	224	205	65		65		235	219	203	185	65		65		210	196	181	166	65		65	
	120	300	280	259	237	65		65		270	252	233	213	65		65		245	229	211	193	65		80	
	150	340	317	294	268	65		80		310	289	268	245	65		80		280	261	242	221	80		80	
	185	385	359	333	304	80		80		355	331	307	280	80		80		320	229	276	253	80		100	

注：表 12－20 至表 12－38 中，θ_n 表示线芯允许长期工作温度；θ_n 表示导线敷设处的环境温度；ρ_T 表示土壤热阻系数。

表 12-21　橡皮绝缘电线穿塑料管敷设的载流量　　($\theta_n = 65℃$)

截面 /mm²		2 根单芯/A				管径/mm		3 根单芯/A				管径/mm		4 根单芯/A				管径/mm	
		25℃	30℃	35℃	40℃	支线	干线	25℃	30℃	35℃	40℃	支线	干线	25℃	30℃	35℃	40℃	支线	干线
BLX BLXF 铝芯	2.5	19	17	16	15	20		17	15	14	13	20		15	14	12	11	20	
	4	25	23	21	19	20		23	21	19	18	20		20	18	17	15	25	
	6	33	30	28	26	20		29	27	25	22	20		26	24	22	20	35	
	10	44	41	38	34	25	32	40	37	34	31	32	32	35	32	30	27	32	40
	16	58	54	50	45	32	40	52	48	44	41	32	40	46	43	39	36	40	40
	25	77	71	66	60	40	40	68	63	58	53	40	40	60	56	51	47	40	50
	35	95	88	82	75	40	50	84	78	72	66	40	50	74	69	64	58	50	63
	50	120	112	103	94	50	50	108	100	93	85	50	50	95	88	82	75	63	63
	70	153	143	132	121	50	63	135	126	116	106	50	63	120	112	103	94	63	
	95	184	172	159	145	63	63	165	154	142	130	63	63						
	120	210	196	181	166	63		190	170	164	150	63							
BX BXF 铜芯	1	13	12	11	10	16		12	11	10	9	16		11	10	9	8	20	
	1.5	17	15	14	13	16		16	14	13	12	16		14	13	12	11	20	
	2.5	25	23	21	19	20		22	20	19	17	20		20	18	17	15	20	
	4	33	30	28	26	20		30	28	25	23	20		26	24	22	20	25	
	6	43	40	37	34	20		38	35	32	30	20		34	31	29	26	25	
	10	59	55	51	46	25	32	52	48	44	41	32	32	46	43	39	36	32	40
	16	76	71	65	60	32	40	68	63	58	53	32	40	60	56	51	47	40	40
	25	100	93	86	79	40	40	90	84	77	71	40	40	80	74	69	63	40	50
	35	125	116	108	98	40	50	110	102	95	87	40	50	98	91	84	77	50	63
	50	160	149	138	126	50	50	140	130	121	110	50	50	123	115	106	97	63	63
	70	195	182	168	154	50	63	175	163	151	138	50	63	155	144	134	122	63	
	95	240	224	207	189	63	63	215	201	185	170	63	63						
	120	278	259	240	219	63		250	233	216	197	63							

12.2.6　交联聚氯乙烯绝缘电力电缆的载流量

交联聚氯乙烯绝缘电力电缆在空气中及直埋地敷设的载流量列于表12－34、表12－35。

12.2.7　铜、铝母线的载流量

单片铜母线、单片铝母线在不同温度下允许通过的交流、直流载流量列于表12－36。

12.2.8　裸铝绞线的载流量

铝绞线LJ、HLJ钢芯铝绞线LGJ的载流量列于表12－37。

12.2.9　扁钢的载流量

扁钢根据不同尺寸、不同截面积的载流量列于表12－38。

12.2.10　电压10～35kV架空绝缘电缆的技术特性及载流量

10～35kV架空绝缘电缆的型号、用途列于表12－39、表12－40。各种型号10～35kV架空绝缘电缆的载流量及相关数据列于表12－42～表12－45。

表12－22　塑料绝缘电线明敷设的载流量（θ_n＝70℃）

截面/mm^2	铝　芯（BLV型）				铜　芯（BV、BVR型）			
	25℃	30℃	35℃	40℃	25℃	30℃	35℃	40℃
1					20	19	18	17
1.5	19	18	17	16	25	24	23	21
2.5	27	25	24	22	34	32	30	28
4	34	32	30	28	45	42	40	37
6	45	42	40	37	58	55	52	48
10	63	59	55	51	80	75	71	65
16	85	80	75	70	111	105	99	91
25	111	105	99	91	146	138	130	120
35	138	130	122	113	180	170	160	148
50	175	165	155	144	228	215	202	187
70	217	205	193	178	281	265	249	231
95	265	250	235	218	345	325	306	283
120	302	285	268	248	398	375	353	326
150	345	325	306	283	456	430	404	374
185	403	380	357	311	519	490	461	426

表 12－23　聚氯乙烯绝缘电线穿钢管敷设的载流量　（$\theta_n=70℃$）

截面/mm²		2 根单芯/A				管径/mm 支线		管径/mm 干线		3 根单芯/A				管径/mm 支线				4 根单芯/A				管径/mm 支线		管径/mm 干线	
		25℃	30℃	35℃	40℃	G	DG	G	DG	25℃	30℃	35℃	40℃	G	DG	G	DG	25℃	30℃	35℃	40℃	G	DG	G	DG
	2.5	21	20	19	17	15	16			19	18	17	16	15	16			16	15	14	13	15	19		
	4	29	27	25	23	15	19			25	24	23	21	15	19			23	22	21	19	20	25		
	6	37	35	33	30	20	25			34	32	30	28	20	25			30	28	26	24	20	25		
	10	52	49	46	43	20	25	25	32	47	44	41	38	25	32	25	32	40	38	36	33	25	32	32	38
BLV 型	16	67	63	59	55	25	32	32	38	59	56	53	49	25	32	32	38	53	50	47	44	32	38	32	
	25	94	89	84	77	32	38	32	38	74	70	66	61	32	38	32		69	65	61	57	32		50	
	35	106	100	94	87	32	38	40		95	90	85	78	32		40		85	80	75	70	50		50	
	50	133	125	118	109	40		50		117	110	103	96	40		50		106	100	94	87	50		65	
铝芯	70	164	155	146	135	50		50		152	143	134	124	50		65		135	127	119	110	65		65	
	95	201	190	179	165	50		65		180	170	160	148	65		65		161	152	143	132	65		65	
	120	233	220	207	191	65		65		207	195	183	170	65		65		182	172	162	150	65		80	
	150	265	250	235	218	65		65		239	225	212	196	65		80		212	200	188	174	80		100	
	185	302	285	268	248	65				270	255	240	222	80		80		244	230	216	200	100		100	
	1	15	14	13	12	15	16			14	13	12	11	15	16			12	11	10	9	15	16		
	1.5	20	19	18	17	15	16			18	17	16	15	15	16			17	16	15	14	15	16		
	2.5	28	26	24	23	15	16			25	24	23	21	15	16			23	22	21	19	15	19		
	4	37	35	33	30	15	19			33	31	29	27	15	19			30	28	26	24	20	25		
	6	50	47	44	41	20	25			43	41	39	36	20	25			39	37	35	32	20	25		
BV 型	10	69	65	61	57	20	25	25	32	60	57	54	50	25	32	25	32	53	50	47	44	25	32	32	38
	16	87	82	77	71	25	32	32	38	77	73	69	64	25	32	32	38	69	65	61	57	32	38	32	
	25	113	107	101	93	32	38	32	38	101	95	89	83	32	38	32		90	85	80	74	32		50	
铜芯	35	141	133	125	116	32	38	40		122	115	108	100	32		40		111	105	99	91	50		50	
	50	175	165	155	144	40		50		155	146	137	127	40		50		138	130	122	113	50		65	
	70	217	205	193	178	50		50		194	183	172	159	50		65		175	165	155	144	65		65	
	95	265	250	235	218	50		65		239	225	212	196	65		65		212	200	188	174	65		65	
	120	307	290	273	252	65		65		276	260	244	226	65		65		244	230	216	200	65		80	
	150	350	330	310	287	65		65		318	300	282	261	65		80		281	265	249	231	80		100	
	185	403	380	357	331	65				360	340	320	296	80		80		318	300	282	261	100		100	

表 12－24　塑料绝缘电线穿塑料管敷设的载流量　（θ_n = 70℃）

截面		2 根单芯/A				管径/mm		3 根单芯/A				管径/mm		4 根单芯/A				管径/mm	
/mm²		25℃	30℃	35℃	40℃	支线	干线	25℃	30℃	35℃	40℃	支线	干线	25℃	30℃	35℃	40℃	支线	干线
	2.5	19	18	17	16	16		17	16	15	14	16		15	14	13	12	20	
	4	25	24	23	21	16		23	22	21	19	20		20	19	18	17	20	
	6	33	31	29	27	20		29	27	25	22	20		27	25	24	22	25	
BLV 型	10	45	42	39	37	25	25	40	38	36	33	25	32	35	33	31	29	32	32
	16	58	55	52	48	25	32	52	49	46	43	32	40	47	44	41	38	32	40
	25	77	73	69	64	32	40	69	65	61	57	40	40	60	57	54	50	40	50
铝芯	35	95	90	85	78	40	50	85	80	75	70	40	50	74	70	66	61	50	63
	50	121	114	107	99	50	50	108	102	96	89	50	63	95	90	85	78	63	63
	70	154	145	136	126	50	63	138	130	122	113	63	63	122	115	108	100	63	63
	95	186	175	165	152	63	63	167	158	149	137	63		148	140	132	122	63	
	120	212	200	188	174	63	63												
	1	13	12	11	10	16		12	11	10	10	16		11	10	9	9	16	
	1.5	17	16	15	14	16		16	15	14	13	16		14	13	12	11	16	
	2.5	25	24	23	21	16		22	21	20	18	16		20	19	18	17	20	
	4	33	31	29	27	16		30	28	26	24	20		27	25	24	22	20	
	6	43	41	39	36	20		38	36	34	31	20		34	32	30	28	25	
BV 型	10	59	56	53	49	25	25	52	49	46	43	25	32	47	44	41	38	32	32
	16	76	72	68	63	25	32	69	65	61	57	32	40	60	57	54	50	32	40
铜芯	25	101	95	89	83	32	40	90	85	80	74	40	40	80	75	71	65	40	50
	35	127	120	113	104	40	50	111	105	99	91	40	50	99	93	87	81	50	63
	50	159	150	141	131	50	50	140	132	124	115	50	63	124	117	110	102	63	63
	70	196	185	174	161	50	63	177	167	157	145	63	63	157	148	139	129	63	63
	95	244	230	216	200	63	63	217	205	193	178	63		196	185	174	161	63	
	120	286	270	254	235	63	63												

表 12－25　BV—105 型耐热聚氯乙烯绝缘铜芯电线的载流量　　（$\theta_n=105℃$）

截面/mm^2	明敷/A				2 根穿管/A				管径/mm		3 根穿管/A				管径/mm		4 根穿管/A				管径/mm	
	50℃	55℃	60℃	65℃	50℃	55℃	60℃	65℃	G	DG	50℃	55℃	60℃	65℃	G	DG	50℃	55℃	60℃	65℃	G	DG
1.5	25	23	22	21	19	18	17	16	15	16	17	16	15	14	15	16	16	15	14	13	15	16
2.5	34	32	30	28	27	25	24	23	15	16	25	23	22	21	15	16	23	21	20	19	15	19
4	47	44	42	40	39	37	35	33	15	19	34	32	30	28	15	19	31	29	28	26	20	25
6	60	57	54	51	51	48	46	43	20	25	44	41	39	37	20	25	40	38	36	34	20	25
10	89	84	80	75	76	72	68	64	20	25	67	63	60	57	25	32	59	56	53	50	25	32
16	123	117	111	104	95	90	85	81	25	32	85	81	76	72	25	32	75	71	67	63	32	38
25	165	157	149	140	127	121	114	108	32	38	113	107	102	96	32	38	101	96	91	86	32	(51)
35	205	191	185	174	160	152	144	136	32	38	138	131	124	117	32	(51)	126	120	113	107	50	(51)
50	264	251	238	225	202	192	182	172	40	(51)	179	170	161	152	40	(51)	159	151	143	135	50	(51)
70	310	295	280	264	240	228	217	204	50	(51)	213	203	192	181	50	(51)	193	184	174	164	65	
95	380	362	343	324	292	278	264	249	50		262	249	236	223	65		233	222	210	198	65	
120	448	427	405	382	347	331	314	296	65		311	296	281	265	65		275	261	248	234	65	
150	519	494	464	442	399	380	360	340	65		362	345	327	308	65		320	305	289	272	80	

注：①BV—105 型电线的聚氯乙烯绝缘中加了耐热增塑剂，线芯允许工作温度可达 105℃，适用于高温场所，但要求电线接头用焊接或绞接后表面镀锡处理。电线实际允许工作温度还取决于电线与电线及电线与电器接头的允许温度，当接头允许温度为 95℃时，表中数据应乘以 0.92，85℃时应乘以 0.84。

②BLV—105 型铝芯耐热线的载流量可按表中数据乘以 0.78。

表 12-26　塑料绝缘软线、护套线明敷设的载流量　　（θ_n = 70℃）

截面 /mm²		1 芯/A				2 芯/A				3 芯/A			
		25℃	30℃	35℃	40℃	25℃	30℃	35℃	40℃	25℃	30℃	35℃	40℃
BLVV 铝芯	2.5	27	25	24	22	21	20	19	17	17	16	15	14
	4	36	34	32	30	28	26	24	23	23	22	21	19
	6	46	43	40	37	35	33	31	29	27	25	24	22
	10	63	59	55	51	54	51	48	44	42	40	38	35
RV RVV RVB RVS RFB RFS BVV 铜芯	0.12	5.3	5	4.7	4.4	4.2	4	3.8	3.5	3.2	3	2.8	2.6
	0.2	7.4	7	6.6	6	5.8	5.5	5.2	4.8	4.2	4	3.8	3.5
	0.3	9.5	9	8.5	7.8	7.4	7	6.6	6	5.3	5	4.7	4.4
	0.4	11.7	11	10.3	9.6	9	8.5	8	7.4	6.4	6	5.6	5.2
	0.5	13.3	12.5	11.8	10.9	10	9.5	9	8	7.4	7	6.6	6
	0.75	17	16	15	14	13	12.5	12	11	9.5	9	8.5	7.8
	1.0	20	19	18	17	16	15	14	13	12	11	10	9.6
	1.5	25	24	23	21	20	19	18	17	15	14	13	12
	2.0	30	28	26	24	23	22	20	19	18	17	16	15
	2.5	34	32	30	28	28	26	24	23	21	20	19	17
	4	45	42	39	37	38	36	34	31	28	26	24	23
	6	58	55	52	48	50	47	44	41	34	32	30	28
	10	80	75	71	65	69	65	61	57	55	52	49	45

表 12－27　黏性油浸纸绝缘电力电缆在空气中敷设的载流量

截面/mm^2		0.6/1kV～3kV/A(θ_n=80℃)						6kV/A(θ_n=65℃)						10kV/A(θ_n=60℃)						35kV/A(θ_n=50℃)		
		3 芯				单芯(θ_a=30℃)		3 芯				单芯(θ_a=30℃)		3 芯				单芯(θ_a=30℃)		3 芯	单芯(θ_a=30℃)	
		25℃	30℃	35℃	40℃	○○○	∴	25℃	30℃	35℃	40℃	○○○	∴	25℃	30℃	35℃	40℃	○○○	∴	30℃	○○○	∴
铝芯	2.5	24	22	21	20																	
	4	32	30	28	27																	
	6	40	38	36	34																	
	10	55	52	49	46			48	44	41	37											
	16	70	66	63	59			60	56	51	47			60	55	50	45					
	25	93	89	85	79			79	74	69	63			75	69	63	57					
	35	116	110	105	98			97	91	85	77			91	84	76	69					
	50	137	130	124	116			118	110	102	94			108	100	91	82			94		
	70	179	170	162	151	220	200	150	140	130	119	185	165	140	130	118	107	175	150	115	140	125
	95	215	205	195	182	265	240	182	170	158	145	225	200	167	155	141	127	210	185	140	170	150
	120	252	240	228	214	310	275	214	200	186	170	255	235	194	180	164	148	240	215	160	175	175
	150	294	280	266	249	355	320	263	230	214	196	300	260	227	210	191	172	275	240	185	225	200
	185	336	320	304	285	410	365	284	265	246	225	335	305	259	240	218	197	310	280	210	255	230
	240	399	380	361	338	475	430	337	315	293	268	395	360	308	285	259	234	365	335	250	295	270
	300	452	430	409	383	550	500	375	350	326	298	450	410	346	320	291	262	380	380		340	310
	400					660	600					540	495				500	460			405	375
	500					750	690					610	565				565	525			460	435
	630					840	780					685	650				630	600			515	490

续表

	截面/mm^2	0.6/1kV～3kV/A(θ_n=80℃)						6kV/A(θ_n=65℃)						10kV/A(θ_n=60℃)						35kV/A(θ_n=50℃)		
		3 芯				单芯(θ_a=30℃)		3 芯				单芯(θ_a=30℃)		3 芯				单芯(θ_a=30℃)		3 芯	单芯(θ_a=30℃)	
		25℃	30℃	35℃	40℃	○○○	∴	25℃	30℃	35℃	40℃	○○○	∴	25℃	30℃	35℃	40℃	○○○	∴	30℃	○○○	∴
铜芯	2.5	30	28	27	25																	
	4	40	38	36	34																	
	6	52	49	47	44																	
	10	70	66	63	59			60	56	51	47											
	16	95	90	85	81			80	74	69	63			75	69	63	56					
	25	121	115	109	102			103	96	89	82			96	89	81	73					
	35	147	140	133	125			123	115	107	98			119	110	100	90					
	50	179	170	162	151			150	140	130	119			140	130	118	107			120		
	70	226	215	204	191	285	250	193	180	167	153	235	210	178	165	150	135	215	195	180	175	160
	95	278	265	252	236	350	300	235	220	205	187	280	255	216	200	182	164	260	235	180	210	190
	120	326	310	295	276	400	350	273	255	237	217	325	295	254	235	214	193	305	275	210	245	225
	150	373	355	337	316	460	405	316	295	274	251	380	335	292	270	246	221	350	310	235	285	255
	185	431	410	390	365	520	460	364	340	316	289	425	390	335	310	282	254	395	360	270	320	295
	240	515	490	466	436	605	545	428	400	372	340	500	450	394	365	332	299	465	390	315	380	340
	300	572	545	518	485	685	625	476	445	414	378	560	525	443	410	373	336	520	455		425	395
	400					815	755					655	625					605	540		495	475
	500					900	855					730	705					675	610		550	535
	630					1000	960					805	790					745	685		610	600

表 12－28　黏性油浸纸绝缘电力电缆直埋地敷设的载流量　（ρ_τ = 1.2K · m/W）

截面 /mm²		0.6/1kV～3kV/A(θ_n = 80℃)					6kV/A(θ_n = 65℃)					10kV/A(θ_n = 60℃)					35kV/A(θ_n = 50℃)		
		3 芯			单芯(θ_a = 25℃)		3 芯			单芯(θ_a = 25℃)		3 芯			单芯(θ_a = 25℃)		3 芯	单芯(θ_a = 25℃)	
		20℃	25℃	30℃	○○○	∴	20℃	25℃	30℃	○○○	∴	20℃	25℃	30℃	○○○	∴	25℃	○○○	∴
	2.5	29	28	26															
	4	38	37	35															
	6	47	46	43															
	10	62	60	57			58	55	51										
	16	83	80	76			74	70	65			69	65	60					
	25	97	93	88			84	79	73			79	74	68					
	35	119	110	105			101	95	88			95	89	82					
铝	50	140	135	128			122	115	107			112	105	97			96		
	70	172	165	157	205	185	148	140	130	170	155	139	130	120	160	145	115	140	125
	95	208	200	190	240	220	180	170	158	205	199	171	160	147	195	180	140	160	150
芯	120	239	230	219	275	250	207	195	181	235	215	193	180	166	220	205	160	185	170
	150	270	260	247	315	285	233	220	205	260	250	219	205	189	250	230	180	205	195
	185	302	290	276	350	320	265	250	233	295	275	251	235	216	275	250	205	235	215
	240	354	340	323	405	370	307	290	270	335	320	289	270	248	315	295	240	265	250
	300	395	380	361	445	415	345	325	302	375	355	326	305	281	355	330		300	275
	400				515	485				435	420				410	390		345	330
	500				565	540				485	470				455	435		380	370
	630				620	610				525	525				490	490		420	415

注：ρ_τ 为土壤热阻系数。是指土壤与电缆表面界面的热阻，它和界面大小、土质、土壤密度、含水量及电缆表面温度等因素有关。当电缆直埋地或穿管埋地时，土壤热阻系数也是影响电缆载流量的主要因素。普通土壤 ρ_τ 为 1.2(K · m)/W。K(开尔文)热力学温度。

续表

截面/mm²		0.6/1kV～3kV/A(θ_n=80℃)					6kV/A(θ_n=65℃)					8.7/10kV/A(θ_n=60℃)					2.6/35kV/A(θ_n=50℃)		
		3芯			单芯(θ_a=25℃)		3芯			单芯(θ_a=25℃)		3芯			单芯(θ_a=25℃)		3芯	单芯(θ_a=25℃)	
		20℃	25℃	30℃	○○○	∴	20℃	25℃	30℃	○○○	∴	20℃	25℃	30℃	○○○	∴	25℃	○○○	∴
铜芯	2.5	38	37	35															
	4	48	47	44															
	6	62	60	57															
	10	83	80	76			74	70	65										
	16	109	105	100			95	90	84			90	85	78					
	25	125	120	114			106	100	93			102	95	87					
	35	151	145	138			133	125	116			123	115	106					
	50	177	170	162			154	145	135			144	135	124			125		
	70	224	215	204	260	235	191	180	167	215	205	182	170	156	205	195	150	170	160
	95	270	260	247	310	285	233	220	205	260	245	219	205	187	245	225	180	205	195
	120	307	295	280	355	325	265	250	233	295	275	251	235	216	275	260	205	235	215
	150	343	330	314	400	365	302	285	265	335	315	284	265	244	320	295	230	265	250
	185	390	375	356	445	400	339	320	298	375	355	321	300	276	355	330	260	300	280
	240	452	435	413	510	475	392	370	344	430	405	375	350	322	400	375	300	340	320
	300	499	480	456	560	530	440	415	386	470	450	412	385	354	435	425		375	360
	400				630	610				535	530				500	490		425	420
	500				685	675				575	575				540	540		455	455
	630				740	745				625	645				585	605		495	505

表 12－29　不滴流油浸纸绝缘电力电缆在空气中敷设的载流量

截面 /mm²		0.6/1kV,6kV/A($\theta_n=80℃$) 3 芯				单芯 ($\theta_a=30℃$)		8.7/10kV/A 3 芯 ($\theta_a=65℃$)				单芯 ($\theta_n=70℃$) ($\theta_a=35℃$)		26/35kV 3 芯 ($\theta_n=65℃$ $\theta_a=30℃$) /A
		25℃	30℃	35℃	40℃	○○○	∴	25℃	30℃	35℃	40℃	○○○	∴	
铝芯	25	93	89	85	79			80	75	70	64			
	35	116	110	105	98			97	91	85	77			
	50	137	130	124	116			118	110	102	94			125
	70	173	165	157	147	225	195	150	140	130	119	200	175	155
	95	215	205	195	182	270	240	182	170	158	145	240	215	190
	120	252	240	228	214	310	280	214	200	186	170	275	250	215
	150	289	275	261	245	360	315	241	225	209	191	320	280	245
	185	331	315	299	280	400	365	278	260	242	221	360	325	280
	240	394	375	356	334	470	430	332	310	288	264	420	385	330
	300	441	420	399	374	535	490	375	350	326	298	480	440	
	400					645	590					575	530	
	500					725	675					650	605	
	630					815	775					730	695	

续表

截面/mm²		0.6/1kV,6kV/A($\theta_n=80℃$)						8.7/10kV/A						26/35kV 3芯 ($\theta_n=65℃$ $\theta_a=30℃$) /A
		3芯				单芯 ($\theta_a=30℃$)		3芯 ($\theta_a=65℃$)				单芯 ($\theta_n=70℃$) ($\theta_a=30℃$)		
		25℃	30℃	35℃	40℃	○○○	⁂	25℃	30℃	35℃	40℃	○○○	⁂	
铜芯	25	121	115	109	102			103	96	89	82			
	35	147	140	133	125			123	115	107	98			
	50	179	170	162	151			150	140	130	119			160
	70	226	215	204	191	280	250	193	180	167	153	250	225	200
	95	273	260	247	231	335	300	235	220	205	187	300	270	240
	120	320	305	290	271	390	350	273	255	237	217	350	315	275
	150	368	350	333	311	455	400	310	290	270	247	405	360	315
	185	425	405	385	360	508	465	358	335	312	285	455	415	360
	240	504	480	456	427	600	535	423	395	367	336	535	480	420
	300	562	535	508	476	670	625	471	440	409	374	600	560	
	400					785	750					700	670	
	500					870	845					780	755	
	630					960	945					860	845	

表 12－30　不滴流油浸纸绝缘电力电缆直埋地敷设的载流量（$\rho_{\tau}=1.2(\text{K}\cdot\text{m})/\text{W}$）

截面 /mm²		0.6/1kV,6kV/A（$\theta_n=80$℃）					8.7/10kV/A					26/35kV 3 芯（$\theta_n=65$℃ $\theta_a=25$℃）/A
		3 芯			单芯（$\theta_a=25$℃）		3 芯（$\theta_n=65$℃）			单芯（$\theta_n=70$℃ $\theta_a=25$℃）		
		20℃	25℃	30℃	○○○	∞	20℃	25℃	30℃	○○○	∞	
铝芯	25	94	90	86			83	78	73			
	35	114	110	105			100	94	87			
	50	135	130	124			122	115	107			120
	70	166	160	152	190	185	148	140	130	185	165	145
	95	203	195	185	225	220	180	170	158	215	200	175
	120	234	225	214	275	255	201	190	177	250	225	200
	150	260	250	238	310	290	233	220	205	280	260	220
	185	302	290	276	350	320	265	250	233	315	295	250
	240	348	335	318	395	375	307	290	270	360	335	295
	300	390	375	356	445	415	345	325	302	400	395	
	400				510	490				465	445	
	500				570	550				515	500	
	630				615	615				555	555	

续表

截面/mm^2		0.6/1kV,6/6kV/A($\theta_n=80℃$)					8.7/10kV/A					26/35kV 3芯 ($\theta_n=65℃$ $\theta_a=25℃$) /A
		3芯			单芯($\theta_a=25℃$)		3芯($\theta_n=65℃$)			单芯($\theta_n=70℃$ $\theta_a=25℃$)		
		20℃	25℃	30℃	○○○	∞	20℃	25℃	30℃	○○○	∞	
铜芯	25	120	115	109			106	100	93			
	35	146	140	133			127	120	112			
	50	177	170	162			154	145	135			150
	70	218	210	200	260	240	191	180	167	230	215	185
	95	260	250	238	305	285	228	215	200	275	260	220
	120	302	290	276	350	320	265	250	233	315	295	250
	150	338	325	309	395	370	297	280	260	360	330	285
	185	385	370	352	440	415	339	320	298	400	375	325
	240	447	430	409	500	475	392	370	344	460	430	375
	300	494	475	451	550	530	435	410	381	495	480	
	400				625	615				565	555	
	500				675	675				610	610	
	630				735	750				665	680	

表 12－31 聚氯乙烯绝缘电力电缆在空气中敷设的载流量 （$\theta_n = 70$℃）

主线芯截面 /mm²		中性线截面 /mm²	1～3kV/A										6kV/A			
			2 芯				3 芯				单芯 （$\theta_a = 30$℃）		3 芯			
			25℃	30℃	35℃	40℃	25℃	30℃	35℃	40℃	○○○	∞	25℃	30℃	35℃	40℃
铝芯	2.5		22	21	20	18	19	18	17	16						
	4	2.5	30	28	26	24	25	24	23	21						
	6	4	38	36	34	31	33	31	29	27						
	10	6	54	51	48	44	47	44	41	38			50	47	44	41
	16	10	74	70	66	61	64	60	56	52			67	63	59	55
	25	10	98	92	86	80	84	79	74	69			87	82	77	71
	35	16	117	110	103	96	101	95	89	83			105	99	93	86
	50	25	148	140	132	122	127	120	113	104			133	125	118	109
	70	35	180	170	160	148	159	150	141	131	185	170	159	150	141	131
	95	50	223	210	197	183	191	180	169	157	215	205	196	185	174	161
	120	70	260	245	230	213	223	210	197	183	250	235	228	215	202	187
	150	70	297	280	263	244	260	245	230	213	285	275	260	245	230	213
	185	95					302	285	268	248	320	310	302	285	268	248
	240	120					360	340	320	296	370	365	360	340	320	296
	300	150					403	380	357	331	420	425	398	375	352	326
	400										485	500				
	500										545	565				
	630										620	645				

续表

	主线芯截面 /mm²	中性线截面 /mm²	1～3kV/A										6kV/A			
			2 芯				3 芯				单芯 (θ_a =30℃)		3 芯			
			25℃	30℃	35℃	40℃	25℃	30℃	35℃	40℃	○○○	௸	25℃	30℃	35℃	40℃
铜芯	1.5		21	20	19	17	18	17	16	15						
	2.5		29	27	25	23	24	23	22	20						
	4	2.5	39	37	35	32	33	31	29	27						
	6	4	50	47	44	41	42	40	38	35						
	10	6	71	67	63	58	60	57	54	50			65	61	57	53
	16	10	95	90	85	78	82	77	72	67			86	81	76	70
	25	10	127	120	113	104	106	100	94	87			111	105	99	91
	35	16	148	140	132	122	127	120	113	104			138	130	122	113
	50	25	191	180	169	157	164	155	146	135			170	160	150	139
	70	35	233	220	207	191	201	190	179	165	230	215	207	195	183	170
	95	50	286	270	254	235	249	235	221	204	275	260	254	240	226	209
	120	70	334	315	296	274	286	270	254	235	310	300	292	275	259	239
	150	70	387	365	343	318	339	320	301	278	355	345	339	320	301	278
	185	95					387	365	343	318	395	390	387	365	343	318
	240	120					461	435	409	378	455	455	456	430	404	374
	300	150					514	485	456	422	505	525	509	480	451	418
	400										575	615				
	500										640	700				
	630										710	795				

表 12-32　聚氯乙烯绝缘电力电缆直埋地敷设的载流量　　$\rho_\tau = 1.2(K \cdot m)/W$

主线芯截面 /mm²		中性线截面 /mm²	1~3kV/A($\rho_r = 1.2$℃·m/W　$\theta_n = 70$℃)								6kV　3 芯/A ($\theta_n = 70$℃)		
			2 芯			3 芯			单芯 ($\theta_a = 25$℃)				
			20℃	25℃	30℃	20℃	25℃	30℃	○○○	⁂	20℃	25℃	30℃
	4	2.5	37	35	33	30	29	27					
	6	4	45	43	40	39	37	35					
	10	6	62	59	55	53	50	47			50	48	45
	16	10	83	79	74	68	65	61			68	65	61
	25	10	105	100	94	87	83	78			87	83	78
	35	16	131	125	118	116	110	103			105	100	94
	50	25	158	150	141	131	125	118			131	125	118
铝	70	35	189	180	169	152	145	136	180	165	158	150	141
	95	50	231	220	207	184	175	165	205	195	189	180	169
芯	120	70	257	245	230	210	200	188	230	225	210	200	188
	150	70	294	280	263	242	230	216	250	255	242	230	216
	185	95				273	260	244	275	285	273	260	244
	240	120				320	305	287	315	330	320	305	287
	300	150				357	340	320	350	375	347	330	310
	400								395	435			
	500								430	495			
	630								480	530			

续表

	主线芯截面 /mm^2	中性线截面 /mm^2	1～3kV/A(ρ_r = 1.2℃·m/W　θ_n = 70℃)								6kV　3芯/A (θ_n = 70℃)		
			2芯			3芯			单芯 (θ_a = 25℃)				
			20℃	25℃	30℃	20℃	25℃	30℃	○○○	ஃ	20℃	25℃	30℃
铜芯	4	2.5	46	44	41	39	37	35					
	6	4	58	55	52	49	47	44					
	10	6	79	75	66	68	65	61			67	64	60
	16	10	105	100	94	89	85	80			88	84	79
	25	10	137	130	122	116	110	103			110	105	99
	35	16	168	160	150	142	135	127			137	130	122
	50	25	205	195	183	173	165	155			168	160	150
	70	35	247	235	221	205	195	183	230	210	200	190	179
	95	50	294	280	263	247	235	221	260	255	242	230	216
	120	70	336	320	301	278	265	249	290	285	273	260	244
	150	70	378	360	338	320	305	287	320	325	310	295	277
	185	95				357	340	320	350	365	352	335	315
	240	120				420	400	376	395	415	404	385	362
	300	150				462	440	414	430	465	446	425	400
	400								480	530			
	500								520	580			
	630								570	640			

表 12－33　通用橡套软电缆的载流量　（$\theta_n = 65$℃）

主线芯数截面/mm²	中性线截面/mm²	YZ、YZW、YHZ 型/A								YQ、YQW、YHQ 型/A		YC、YCW、YHC 型/A							
		2 芯				3 芯,4 芯				2 芯	3 芯	2 芯				3 芯,4 芯			
		25℃	30℃	35℃	40℃	25℃	30℃	35℃	40℃	25℃	25℃	25℃	30℃	35℃	40℃	25℃	30℃	35℃	40℃
0.5	0.5	12	11	10	9	9	8	7	7	11	9								
0.75	0.75	14	13	12	11	11	10	9	8	14	12								
1.0	1.0	17	15	14	13	13	12	11	10										
1.5	1.0	21	19	18	16	18	16	15	14										
2.0	2.0	26	24	22	20	22	20	19	17										
2.5	2.5	30	28	25	23	25	23	21	19			30	28	25	23	26	24	22	20
4	2.5	41	38	35	32	36	32	30	27			39	36	33	30	34	31	29	26
6	4	53	49	45	41	45	42	38	35			51	47	44	40	43	40	37	34
10	6											74	69	64	58	63	58	54	49
16	6											98	91	84	77	84	78	72	66
25	10											135	126	116	106	115	107	99	90
35	10											167	156	144	132	142	132	122	112
50	16											208	194	179	164	176	164	152	139
70	25											259	242	224	204	224	209	193	177
95	35											318	297	275	251	273	255	236	215
120	35											371	346	320	293	316	295	273	249

表 12 - 34　交联聚乙烯绝缘电力电缆在空气中敷设的载流量

截面 /mm²		0.6/1kV/A(θ_n = 90℃)						6kV ~ 8.7/10kV/A(θ_n = 90℃)						26/35kV/A(θ_n = 80℃)		
		4 芯				单芯(θ_a = 30℃)		3 芯				单芯(θ_a = 30℃)		3 芯	单芯(θ_a = 30℃)	
		25℃	30℃	35℃	40℃	○○○	∴	25℃	30℃	35℃	40℃	○○○	∴	30℃	○○○	∴
铝芯	4	31	30	28	27											
	6	42	40	38	36											
	10	52	50	47	45											
	16	67	65	62	58			109	105	101	96					
	25	94	90	85	81			130	125	120	114					
	35	114	110	104	99			161	155	149	141					
	50	135	130	123	117			198	190	182	173			150		
	70	177	170	161	153			239	230	221	209	245	225	186		
	95	213	205	195	184			281	270	259	243	300	270	222		
	120	250	240	228	216			317	305	293	278	335	310	255		
	150	286	275	261	247			369	355	341	323	380	355	286		
	185	333	320	304	288			432	415	398	378	420	410			
	240	400	385	366	346			494	475	456	432	495	470			
	300											555	545			
	400											655	655			
	500											725	745			
	630											805	845			

续表

截面/mm²		0.6/1kV/A(θ_n=90℃)						6/6kV～8.7/10kV/A(θ_n=90℃)						26/35kV/A(θ_n=80℃)		
		4芯				单芯(θ_a=30℃)		3芯				单芯(θ_a=30℃)		3芯	单芯(θ_a=30℃)	
		25℃	30℃	35℃	40℃	○○○	∴	25℃	30℃	35℃	40℃	○○○	∴	30℃	○○○	∴
铜芯	4	42	40	38	36											
	6	52	50	47	45											
	10	67	65	62	58											
	16	88	85	81	76											
	25	120	115	109	103			135	130	125	118					
	35	151	145	138	130			172	165	158	150					
	50	182	175	166	157			208	200	192	182			193		
	70	229	220	209	198			255	245	235	223	305	285	240		
	95	281	270	256	243			307	295	283	268	365	340	286		
	120	328	315	299	283			359	345	331	314	415	395	329		
	150	374	360	342	324			411	395	379	359	460	445	369		
	185	437	420	399	378			468	450	432	410	515	515			
	240	520	500	475	450			551	530	509	482	590	595			
	300							629	605	581	551	660	675			
	400											755	800			
	500											835	905			
	630											920	995			

表 12－35　交联聚乙烯绝缘电力电缆直埋地敷设的载流量　($\rho_{\tau}=1.2(\mathrm{K\cdot m})/\mathrm{W}$)

截面/mm²		0.6/1kV/A($\theta_n=90$℃)					6/6kV、8.7/10kV/A($\theta_n=90$℃)					26/35kV/A($\theta_n=80$℃)		
		4 芯			单芯($\theta_a=25$℃)		3 芯			单芯($\theta_a=25$℃)		3 芯	单芯($\theta_a=25$℃)	
		20℃	25℃	30℃	○○○	∴	20℃	25℃	30℃	○○○	∴	25℃	○○○	∴
铝芯	4	42	40	38										
	6	47	45	43										
	10	62	60	58										
	16	83	80	77										
	25	104	100	96			109	105	101					
	35	125	120	115			130	125	120					
	50	146	140	134			151	145	139			137		
	70	182	175	168			187	180	173	215	205	172		
	95	218	210	202			224	215	206	255	235	206		
	120	244	235	226			255	245	235	280	265	224		
	150	276	265	254			286	275	264	320	305	243		
	185	317	305	293			322	310	298	350	335			
	240	369	355	341			374	360	346	400	390			
	300						416	400	384	440	430			
	400									505	515			
	500									555	575			
	630									610	640			

续表

截面/mm²		0.6/1kV/A($\theta_n=90$℃)					6/6kV、8.7/10kV/A($\theta_n=90$℃)					26/35kV/A($\theta_n=80$℃)		
		4芯			单芯($\theta_a=25$℃)		3芯			单芯($\theta_a=25$℃)		3芯	单芯($\theta_a=25$℃)	
		20℃	25℃	30℃	○○○	∴	20℃	25℃	30℃	○○○	∴	25℃	○○○	∴
铜芯	4	52	50	48										
	6	62	60	58										
	10	83	80	77										
	16	104	100	96										
	25	135	130	125			140	135	130					
	35	161	155	149			166	160	154					
	50	192	185	178			198	190	182					
	70	234	225	216			239	230	221	270	260	177		
	95	281	270	259			286	275	264	320	300	221		
	120	317	305	293			322	310	298	355	340	267		
	150	359	345	331			364	350	336	390	385	288		
	185	406	390	374			411	395	379	430	430	313		
	240	473	455	437			473	455	437	490	490			
	300						536	515	494	535	550			
	400									595	570			
	500									655	630			
	630									710	765			

表 12－36　单片母线的载流量(θ_n =70℃)

母线尺寸/mm (宽×厚)	铝/A								铜/A							
	交流				直流				交流				直流			
	25℃	30℃	35℃	40℃	25℃	30℃	35℃	40℃	25℃	30℃	35℃	40℃	25℃	30℃	35℃	40℃
15×3	165	155	145	134	165	155	145	134	210	197	185	170	210	197	185	170
20×3	215	202	189	174	215	202	189	174	275	258	242	223	275	258	242	223
25×3	265	249	233	215	265	249	233	215	340	320	299	276	340	320	299	276
30×4	365	343	321	296	370	348	326	300	475	446	418	385	475	446	418	385
40×4	480	451	422	389	480	451	422	389	625	587	550	506	625	587	550	506
40×5	540	507	475	438	545	512	480	446	700	659	615	567	705	664	620	571
50×5	665	625	585	539	670	630	590	543	860	809	756	697	870	818	765	705
50×6.3	740	695	651	600	745	700	655	604	955	898	840	774	960	902	845	778
63×6.3	870	818	765	705	880	827	775	713	1125	1056	990	912	1145	1079	1010	928
80×6.3	1 150	1 080	1 010	932	1 170	1 100	1 030	950	1 480	1 390	1 300	1 200	1 510	1 420	1 330	1 225
100×6.3	1 425	1 340	1 255	1 155	1 455	1 368	1 280	1 180	1 810	1 700	1 590	1 470	1 875	1 760	1 650	1 520
63×8	1 025	965	902	831	1 040	977	915	844	1 320	1 240	1 160	1 070	1 345	1 265	1 185	1 090
80×8	1 320	1 240	1 160	1 070	1 355	1 274	1 192	1 100	1 690	1 590	1 490	1 370	1 755	1 650	1 545	1 420
100×8	1 625	1 530	1 430	1 315	1 690	1 590	1 488	1 370	2 080	1 955	1 830	1 685	2 180	2 050	1 920	1 770
125×8	1 900	1 785	1 670	1 540	2 040	1 918	1 795	1 655	2 400	2 255	2 110	1 945	2 600	2 445	2 290	2 105
63×10	1 155	1 085	1 016	936	1 180	1 110	1 010	956	1 475	1 388	1 300	1 195	1 525	1 432	1 340	1 235
80×10	1 480	1 390	1 300	1 200	1 540	1 450	1 355	1 250	1 900	1 786	1 670	1 540	1 990	1 870	1 750	1 610
100×10	1 820	1 710	1 600	1 475	1 910	1 795	1 680	1 550	2 310	2 170	2 030	1 870	2 470	2 320	2 175	2 000
125×10	2 070	1 945	1 820	1 680	2 300	2 160	2 020	1 865	2 650	2 490	2 330	2 150	2 950	2 770	2 595	2 390

表 12－37　LJ、HLJ、LGJ 型裸铝绞线的载流量($\theta_n = 70℃$)

截面/mm²	LJ 型/A								HLJ 型/A				LGJ 型/A			
	室　内				室　外				室　外				室　外			
	25℃	30℃	35℃	40℃	25℃	30℃	35℃	40℃	25℃	30℃	35℃	40℃	25℃	30℃	35℃	40℃
10	55	52	48	45	75	70	66	61	74	70	66	61				
16	80	75	70	65	105	99	92	85	96	91	85	79	105	98	92	85
25	110	103	97	89	135	127	119	109	126	119	111	103	135	127	119	109
35	135	127	119	109	170	160	150	138	154	145	136	126	170	159	149	137
50	170	160	150	138	215	202	189	174	193	182	170	158	220	207	193	178
70	215	202	189	174	265	249	233	215	236	222	208	193	275	259	228	222
95	260	244	229	211	325	305	286	247	283	266	249	231	335	315	295	272
120	310	292	273	251	375	352	330	304	324	306	286	265	380	357	335	307
150	370	348	326	300	440	414	387	356	375	353	330	306	445	418	391	360
185	425	400	374	344	500	470	440	405	425	400	374	347	515	484	453	416
240					610	574	536	494	496	467	437	405	610	574	536	494
300					680	640	597	550	570	536	502	465	700	658	615	566

表 12－38　扁钢的载流量（$\theta_n=70℃$，$\theta_a=25℃$）

扁钢尺寸/mm（宽×厚）	截面/mm²	载流量/A		扁钢尺寸/mm（宽×厚）	截面/mm²	载流量/A	
		交流	直流			交流	直流
20×3	60	65	100	63×4	252	195	325
25×3	75	80	120	70×4	280	225	375
30×3	90	94	140	80×4	320	260	430
40×3	120	125	190	90×4	360	290	480
50×3	150	155	230	100×4	400	325	535
63×3	189	185	280	25×5	125	95	170
70×3	210	215	320	30×5	150	115	200
75×3	225	230	345	40×5	200	145	265
80×3	240	245	365	50×5	250	180	325
90×3	270	275	410	63×5	315	215	390
100×3	300	305	460	80×5	400	280	510
20×4	80	70	115	100×5	500	350	640
25×4	100	85	140	63×6.3	397	210	
30×4	120	100	165	80×6.3	504	275	
40×4	160	130	220	80×8	640	290	
50×4	200	165	270	100×10	1 000	390	

表 12－39　电缆型号与主要用途

型号	名　　称	主要用途
JKY	铜芯聚乙烯绝缘架空电缆	架空固定敷设，软铜芯产品用于变压器引下线
JKLY	铝芯聚乙烯绝缘架空电缆	电缆架设时，应考虑电缆和树木保持一定的距离，电缆运行时允许电缆和树木频繁接触
JKYJ	铜芯交联聚乙烯绝缘架空电缆	
JKTRYJ	软铜芯交联聚乙烯绝缘架空电缆	
JKLYJ	铝芯交联聚乙烯绝缘架空电缆	
JKLHYJ	铝合金芯交联聚乙烯绝缘架空电缆	
JKTRY	软铜芯聚乙烯绝缘架空电缆	

续表

型号	名称	主要用途
JKLHY	铝合金芯聚乙烯绝缘架空电缆	
JKLYJ/B	铝芯本色交联聚乙烯绝缘架空电缆	架空固定敷设 电缆架设时，应考虑电缆和树木保持一定的距离，电缆运行时允许电缆和树木频繁接触
JKLHYJ/B	铝合金芯本色交联聚乙烯绝缘架空电缆	
JKLYJ/Q	铝芯轻型交联聚乙烯绝缘架空电缆	架空固定敷设 电缆架设时，应考虑电缆和树木保持一定的距离，电缆运行时，只允许电缆和树木短时接触
JKLYHJ/Q	铝合金芯轻型交联聚乙烯绝缘架空电缆	
JKLY/Q	铝芯轻型聚乙烯绝缘架空电缆	
JKLHY/Q	铝合金芯轻型聚乙烯薄绝缘架空电缆	

表 12－40　架空绝缘电缆规格

型号	芯数	额定电压/kV	
		10	35
		标称截面/mm^2	
JKYJ JKTRYJ JKLYJ JKLHYJ	1	10～300	50～300
	3	25～300	
	3＋K(A)或3＋K(B)	25～300 其中K25～120	
JKLYJ/Q、JKY JKLYHJ/Q、JKTRY JKLY/Q、JKLY JKLHY/Q、JKLHY	1	10～300	50～300
JKLYJ/B JKLHYJ/B	3	25～300	50～300
	3＋K(A)或3＋K(B)	25～300 其中K25～120	

常用架空电缆的主要技术特性列于表 12－41。

表 12－41　1kV 及以下 JKYJ－0.6/1、JKLYJ－0.6/1JKLHYJ－0.6/1 型交联聚乙烯绝缘架空电缆主要特性

标称截面 /mm^2	电缆最大外径 /mm	20℃时导体最大直流电阻 /(Ωkm)			90℃时最小绝缘电阻 /(MΩ·km)	电缆拉断力 /N			电缆近似质量 /(kg/km)	
		铜芯	铝芯	铝合金芯		铜芯	铝芯	铝合金芯	Cu	Al
10	6.5	1.906	3.08	3.574	0.67	3 471	1 650	2 514	106	43
16	8.0	1.198	1.91	2.217	0.65	5486	2 571	4 022	168	68
25	9.4	0.749	1.20	1.393	0.54	8465	3 762	6 284	254	97
35	11.0	0.540	0.868	1.007	0.54	11 731	5 177	8 800	354	135
50	12.3	0.399	0.641	0.744	0.46	16 502	7 011	12 569	496	182
70	14.1	0.276	0.443	0.514	0.40	23 461	10 354	17 596	683	244
95	16.5	0.199	0.320	0.371	0.39	31 759	13 737	23 880	925	330
120	18.1	0.158	0.253	0.294	0.35	39 911	17 339	30 164	1 157	406
150	20.2	0.128	0.206	0.239	0.35	49 505	21 033	37 706	1 448	508
185	22.5	0.102 1	0.164	0.190	0.35	61 846	26 732	46 503	1 786	626
240	25.6	0.077 7	0.125	0.145	0.34	79 823	34 679	60 329	2 310	806

不同型号架空绝缘电缆的载流量列于表 12－42～表 12－45。

表 12－42　35kV JKTRYJ、JKLYJ、JKLHYJ、JKYJ 型架空绝缘电缆载流量

标称截面 /mm^2	绝缘标称厚度 /mm	计算外径 /mm	电　容 /(μF/km)	电　感 /(mH/km)	载流量 /A	产品近似质量 /(kg/km)
50	9.3	31.7	0.122	0.915	273.2	1 164.6
70	9.3	33.5	0.136	0.868	341.0	1 407.5
95	9.3	35.5	0.148	0.839	410.4	1 688.0
120	9.3	36.5	0.158	0.817	472.2	1 961.2
150	9.3	38.1	0.170	0.794	538.8	2 286.5
185	9.3	39.7	0.181	0.774	618.5	2 656.4
240	9.3	42.0	0.198	0.748	733.3	3 230.2
300	9.3	44.2	0.213	0.725	846.6	3 840.2

表 12-43　10kV JKTRYJ、JKLYJ、JKLHYJ、JKLYJ/B、JKLHYJ/B、JKYJ 三芯普通型架空绝缘电缆的载流量

标称截面 /mm^2	绝缘标称厚度 /mm	计算外径 /mm	电容 /(μF/km)	电感 /(mH/km)	载流量/A			产品近似质量/(kg/km)		
					软铜芯	铝芯	铝合金芯	软铜芯	铝芯	铝合金芯
25	3.4	34.5	0.264	0.715	140.6	119	119	1 201.9	731.8	731.8
35	3.4	36.6	0.281	0.697	170.8	145.2	145.2	1 519.8	862.6	862.6
50	3.4	39.4	0.300	0.679	205.9	180.3	180.3	1 988.1	1 048.9	1 048.9
70	3.4	41.1	0.341	0.650	260.7	224.4	224.4	2 616.3	1 301.4	1 301.4
95	3.4	47.2	0.369	0.639	316.9	269.9	269.9	3 392.7	1 608.1	1 608.1
120	3.4	50.2	0.390	0.629	366.5	312	312	4 138.7	1 844.6	1 844.6
150	3.4	53.6	0.411	0.619	420.3	359.5	359.5	5 028.7	2 211.1	2 211.1
185	3.4	57.1	0.431	0.611	484.4	410.9	410.9	6 085.4	2 853.3	2 853.3
240	3.4	62.0	0.485	0.602	581.5	458.5	458.5	7 663.2	3 155.1	3 155.1
300	3.4	67.9	0.522	0.595	670.6	508.6	508.6	9 399.2	3 764.1	3 764.1

表 12-44　10kV JKYJ、JKTRYJ、JKLYJ、JKLHYJ、JKY、JKLHYJ、JKLHYJ、JKLY、JKTRY 普通型单芯架空绝缘电缆的载流量

标称截面 /mm^2	绝缘标称厚度 /mm	计算外径 /mm	电容 /(μF/km)	电感 /(mH/km)	载流量/A				产品近似质量/(kg/km)		
					软铜芯	硬铜芯	铝芯	铝合金芯	铜芯	铝芯	铝合金芯
10	3.4	11.6	0.145	1.076	103		86.3	86.3	177.9	116.1	116.1
16	3.4	12.7	0.167	1.026	135		113.7	113.7	244.4	145.5	145.5
25	3.4	14.0	0.193	0.978	178.6	173.6	146.9	146.9	340.3	185.6	185.6
35	3.4	15.0	0.212	0.949	216	210	178.5	178.5	441.3	224.8	224.8
50	3.4	16.3	0.237	0.915	257	251.2	219.9	219.9	590.7	281.4	281.4
70	3.4	17.1	0.272	0.868	318	313	269.4	269.4	790.9	357.0	357.0
95	3.4	19.9	0.306	0.839	386.4	379.4	323.2	323.2	1 040.0	452.2	452.2
120	3.4	21.3	0.333	0.817	447	441.1	375.5	375.5	1 288.5	538.1	538.1
150	3.4	22.9	0.364	0.794		503.3	430.5	430.5	1 568.4	640.3	640.3
185	3.4	24.5	0.394	0.774		583.4	494.9	494.9	1 901.0	756.4	756.4
240	3.4	26.8	0.438	0.748		692.5	546	546	2 421.0	936.2	936.2
300	3.4	29.0	0.468	0.725		807.6	607.7	607.7	2 984.7	1 128.6	1 128.6

表 12-45 10kV JKLYJ/Q、JKLHYJ/Q、JKLY/Q、JKLHY/Q 轻型单芯架空绝缘电缆的载流量

标称截面 /mm^2	绝缘标称厚度 /mm	计算外径 /mm	电容 /(μF/km)	电感 /(mH/km)	载流量 /A		产品近似质量 /(kg/km)	
					铝芯	铝合金芯	铝芯	铝合金芯
10	2.5	8.8	0.153	1.076	79.8	79.8	73.2	73.2
16	2.5	9.7	0.182	1.026	106.1	106.1	97.7	97.7
25	2.5	11.2	0.218	0.976	140.0	140.0	132.1	132.1
35	2.5	12.2	0.243	0.949	171.1	171.1	166.7	166.7
50	2.5	13.5	0.277	0.915	212.8	212.8	217.4	217.4
70	2.5	15.3	0.324	0.868	262.9	262.9	285.7	285.7
95	2.5	16.9	0.365	0.839	314.5	314.5	366.2	366.2
120	2.5	18.3	0.401	0.817	361.8	361.8	455.2	455.2
150	2.5	19.9	0.443	0.794	414.7	414.7	539.4	539.4
185	2.5	21.5	0.484	0.744	478.9	478.9	647.5	647.5
240	2.5	23.8	0.543	0.748	531.3	531.3	815.8	815.8
300	2.5	26.0	0.599	0.725	587.1	587.1	997.0	997.0

12.3 电气线路允许电压降

12.3.1 架空线路单位电压降

电压 380V、6kV、10kV、35kV 三相平衡负荷的架空线路的单位电压降分别列于表 12-46～表 12-49。

12.3.2 电缆线路的单位电压降

35kV、10kV、6kV、1kV 油浸纸绝缘电力电缆的电压损失列于表 12-50～表 12-54。

12.3.3 铝、铜母线单位电压降

不同尺寸的铝母线、铜母线电压损失列于表 12-55。

12.3.4 单相线路的单位电压降

单相 300Hz、400Hz、500Hz、1 000Hz 穿管电线及 2 芯电缆线路的电压损失列于表 12-56～表 12-59。

表 12-46 35kV 三相平衡负荷架空线路的电压损失

型号	截面/mm^2	电阻(θ=55℃)/(Ω/km)	感抗(D_j=3m)/(Ω/km)	环境温度35℃时的允许负荷/(MVA)	电压损失/[%/(MW·km)]			按经济电流密度的允许负荷/MVA		
					cosφ			最大负荷年利用小时/(h/a)		
					0.8	0.85	0.9	<3 000	3 000~5 000	>5 000
LGJ	35	0.938	0.434	9.0	0.103	0.098	0.094	3.50	2.44	1.91
	50	0.678	0.424	11.7	0.081	0.077	0.072	5.00	3.48	2.73
	70	0.481	0.413	13.8	0.064	0.060	0.055	6.95	4.87	3.82
	95	0.349	0.399	17.9	0.053	0.049	0.044	9.48	6.60	5.19
	120	0.285	0.392	20.3	0.047	0.043	0.039	11.90	8.35	6.56
	150	0.221	0.384	23.7	0.042	0.038	0.033	14.90	10.48	8.20
	185	0.181	0.378	27.5	0.038	0.034	0.030	18.40	12.90	10.12
	240	0.138	0.369	32.5	0.034	0.030	0.026	24.00	16.70	13.10
TJ	35	0.602	0.440	11.8	0.076	0.071	0.066	6.36	4.76	3.72
	50	0.423	0.429	14.4	0.061	0.056	0.051	9.10	6.82	5.32
	70	0.300	0.415	18.2	0.050	0.045	0.041	12.72	9.55	7.48
	95	0.221	0.405	22.1	0.045	0.041	0.036	17.40	12.95	10.08
	120	0.176	0.398	25.8	0.039	0.034	0.030	21.80	16.35	12.74
	150	0.138	0.390	30.4	0.035	0.031	0.027	27.25	20.40	16.00
	185	0.114	0.383	34.4	0.033	0.029	0.025	33.50	25.20	19.60
	240	0.088	0.375	41.4	0.030	0.026	0.022	43.50	32.75	25.45

注：D_j 为架空线 A、B、C 三相的几何均距，$D_j=\sqrt[3]{D_{AB}\cdot D_{BC}\cdot D_{CA}}$。

表 12 – 47　10kV 三相平衡负荷架空线路的电压损失

型 号	截面 /mm²	电 阻 (θ=55℃) /(Ω/km)	感抗 (D_i=1.25) /(Ω/km)	环境温度35℃时的允许负荷 /(MVA)	电压损失/[%/(MW·km)]			按经济电流密度的允许负荷/MVA		
					cosφ			最大负荷年利用小时/(h/a)		
					0.8	0.85	0.9	<3 000	3 000~5 000	>5 000
LJ	16	2.054	0.408	1.59	2.358	2.305	2.250	0.46	0.32	0.25
	25	1.285	0.395	2.06	1.578	1.527	1.474	0.72	0.50	0.39
	35	0.950	0.385	2.60	1.235	1.186	1.134	1.00	0.70	0.54
	50	0.660	0.373	3.27	0.936	0.888	0.838	1.43	1.00	0.78
	70	0.458	0.363	4.04	0.727	0.680	0.632	2.00	1.40	1.09
	95	0.343	0.350	4.95	0.604	0.559	0.512	2.70	1.89	1.48
	120	0.271	0.343	5.72	0.526	0.482	0.436	3.43	2.39	1.87
	150	0.222	0.335	6.70	0.473	0.430	0.384	4.28	3.00	2.34
	185	0.179	0.329	7.62	0.426	0.384	0.340	5.28	3.68	2.88
	240	0.137	0.321	9.28	0.378	0.337	0.293	6.84	4.77	3.73
TJ	16	1.321	0.410	1.97	1.625	1.573	1.520	0.83	0.62	0.48
	25	0.838	0.395	2.74	1.131	1.080	1.027	1.30	0.97	0.76
	35	0.602	0.385	3.36	0.887	0.838	0.786	1.82	1.36	1.06
	50	0.423	0.374	4.12	0.700	0.652	0.602	2.60	1.94	1.51
	70	0.300	0.360	5.20	0.568	0.522	0.473	3.64	2.72	2.12
	95	0.221	0.350	6.32	0.509	0.464	0.416	4.94	3.70	2.87
	120	0.176	0.343	7.38	0.431	0.387	0.341	6.22	4.67	3.64
	150	0.138	0.335	8.68	0.389	0.348	0.301	7.78	5.83	4.55
	185	0.114	0.328	9.82	0.361	0.318	0.274	9.60	7.20	5.60
	240	0.088	0.320	11.74	0.328	0.286	0.243	12.42	9.35	7.27

表 12－48　6kV 三相平衡负荷架空线路的电压损失

型号	截面 /mm²	电阻 (θ=55℃) /(Ω/km)	感抗 (D_j=1.25) /(Ω/km)	环境温度35℃时的允许负荷 /(MVA)	电压损失/[%/(MW·km)]			按经济电流密度的允许负荷/(MVA)		
					cosφ			最大负荷年利用小时/(h/a)		
					0.8	0.85	0.9	<3 000	3 000～5 000	>5 000
LJ	16	2.054	0.408	0.96	6.549	6.403	6.251	0.27	0.19	0.15
	25	1.285	0.395	1.24	4.383	4.241	4.094	0.43	0.30	0.23
	35	0.950	0.385	1.56	3.431	3.293	3.150	0.60	0.42	0.33
	50	0.660	0.373	1.96	2.601	2.467	2.328	0.86	0.60	0.47
	70	0.458	0.363	2.42	2.019	1.889	1.754	1.19	0.84	0.66
	95	0.343	0.350	2.97	1.678	1.551	1.421	1.63	1.13	0.88
	120	0.271	0.343	3.43	1.462	1.339	1.210	2.06	1.43	1.12
	150	0.222	0.335	4.02	1.314	1.193	1.068	2.56	1.80	1.40
	185	0.179	0.329	4.57	1.184	1.065	0.942	3.16	2.21	1.74
	240	0.137	0.321	5.57	1.050	0.935	0.815	4.10	2.86	2.24
TJ	16	1.321	0.410	1.19	4.516	4.369	4.221	0.50	0.37	0.29
	25	0.838	0.395	1.64	3.143	3.001	2.854	0.78	0.59	0.46
	35	0.602	0.385	2.02	2.464	2.327	2.184	1.09	0.82	0.64
	50	0.423	0.374	2.47	1.944	1.811	1.672	1.59	1.17	0.91
	70	0.300	0.360	3.12	1.579	1.449	1.314	2.18	1.63	1.27
	95	0.221	0.350	3.79	1.414	1.288	1.156	2.98	2.22	1.72
	120	0.176	0.343	4.43	1.198	1.075	0.947	3.73	2.80	2.18
	150	0.138	0.335	5.21	1.081	0.960	0.835	4.67	3.50	2.73
	185	0.114	0.328	5.89	1.001	0.883	0.760	5.75	4.32	3.37
	240	0.088	0.320	7.05	0.911	0.796	0.676	7.48	5.60	4.36

表 12－49　380V 三相平衡负荷架空线路的电压损失

型号	截面/mm²	电阻 (θ=60℃) /(Ω/km)	感抗 (D_j=0.8m) /(Ω/km)	环境温度35℃时的允许负荷/(kVA)	电压损失/[%/(kW·km)] cosφ						电压损失/[%/(A·km)] cosφ					
					0.5	0.6	0.7	0.8	0.9	1.0	0.5	0.6	0.7	0.8	0.9	1.0
LJ	16	2.090	0.381	61	1.889	1.795	1.714	1.643	1.574	1.448	0.625	0.709	0.790	0.865	0.932	0.953
	25	1.307	0.367	78	1.340	1.240	1.162	1.094	1.027	0.905	0.441	0.490	0.535	0.576	0.608	0.596
	35	0.967	0.357	99	1.092	0.995	0.918	0.852	0.788	0.669	0.359	0.393	0.423	0.449	0.467	0.441
	50	0.671	0.345	124	0.070	0.780	0.706	0.642	0.579	0.465	0.288	0.308	0.325	0.338	0.343	0.306
	70	0.466	0.335	153	0.719	0.628	0.556	0.494	0.434	0.323	0.235	0.248	0.256	0.260	0.257	0.212
	95	0.349	0.322	188	0.626	0.537	0.468	0.408	0.349	0.242	0.206	0.212	0.216	0.215	0.207	0.159
	120	0.275	0.315	217	0.566	0.480	0.412	0.353	0.296	0.191	0.186	0.190	0.190	0.186	0.175	0.126
	150	0.225	0.307	255	0.524	0.439	0.373	0.316	0.260	0.157	0.172	0.175	0.172	0.166	0.154	0.103
	185	0.183	0.301	290	0.486	0.404	0.539	0.283	0.228	0.128	0.160	0.159	0.156	0.149	0.135	0.084
	240	0.140	0.293	371	0.447	0.367	0.303	0.249	0.195	0.098	0.147	0.142	0.140	0.131	0.116	0.064
TJ	16	1.344	0.381	75	1.384	1.280	1.198	1.127	1.058	0.931	0.456	0.505	0.552	0.594	0.627	0.613
	25	0.853	0.367	104	1.026	0.926	0.847	0.779	0.712	0.590	0.338	0.366	0.393	0.412	0.422	0.389
	35	0.612	0.357	128	0.847	0.749	0.673	0.607	0.542	0.424	0.279	0.296	0.310	0.320	0.321	0.279
	50	0.430	0.346	157	0.708	0.613	0.539	0.475	0.413	0.298	0.233	0.242	0.249	0.250	0.244	0.196
	70	0.305	0.332	197	0.607	0.516	0.444	0.383	0.322	0.211	0.200	0.204	0.205	0.202	0.191	0.139
	95	0.225	0.322	240	0.540	0.452	0.382	0.322	0.263	0.156	0.178	0.178	0.176	0.170	0.156	0.103
	120	0.179	0.315	280	0.499	0.413	0.345	0.286	0.229	0.124	0.164	0.163	0.160	0.151	0.136	0.081
	150	0.140	0.307	330	0.465	0.380	0.314	0.256	0.201	0.098	0.153	0.150	0.145	0.135	0.119	0.065
	185	0.116	0.300	373	0.440	0.357	0.293	0.237	0.181	0.081	0.145	0.141	0.135	0.125	0.103	0.053
	240	0.089	0.292	446	0.412	0.331	0.268	0.214	0.160	0.063	0.135	0.131	0.124	0.113	0.095	0.041

表 12 - 50　35kV 油浸纸绝缘电力电缆的电压损失

芯数×截面/mm^2		电 阻(θ=55℃)/(Ω/km)	感抗/(Ω/km)	埋地 25℃时的允许负荷/(MVA)		明敷 35℃时的允许负荷/(MVA)		电压损失/[%/(MW·km)]			电压损失/[%/(A·km)]		
								cosφ			cosφ		
				黏性	不滴流	黏性	不滴流	0.8	0.85	0.9	0.8	0.85	0.9
铝	3×50	0.656	0.137	5.820	7.275	4.958	6.593	0.062	0.060	0.059	0.003	0.003	0.003
	3×70	0.468	0.128	6.972	8.790	6.065	8.175	0.046	0.045	0.043	0.002	0.002	0.002
	3×95	0.344	0.121	8.487	10.609	7.384	10.021	0.035	0.034	0.033	0.002	0.002	0.002
	3×120	0.273	0.116	9.699	12.124	8.439	11.339	0.029	0.028	0.027	0.001	0.002	0.002
	3×150	0.219	0.112	10.912	13.337	9.757	12.922	0.025	0.024	0.022	0.001	0.001	0.001
	3×185	0.177	0.109	12.427	15.155	11.076	14.767	0.021	0.020	0.019	0.001	0.001	0.001
	3×240	0.136	0.104	14.549	17.883	13.185	17.405	0.017	0.016	0.015	0.001	0.001	0.001
铜	3×50	0.400	0.137	7.758	9.903	6.329	8.439	0.041	0.040	0.038	0.002	0.002	0.002
	3×70	0.286	0.128	9.093	11.215	7.911	10.548	0.031	0.030	0.028	0.002	0.002	0.002
	3×95	0.210	0.121	10.912	13.337	9.493	12.658	0.025	0.023	0.022	0.001	0.001	0.001
	3×120	0.166	0.116	12.427	15.155	11.076	14.504	0.021	0.019	0.018	0.001	0.001	0.001
	3×150	0.134	0.112	13.943	17.277	12.394	16.613	0.018	0.017	0.015	0.001	0.001	0.001
	3×185	0.108	0.109	15.762	19.702	14.240	18.987	0.015	0.014	0.013	0.001	0.001	0.001
	3×240	0.083	0.104	18.187	22.733	16.613	22.151	0.013	0.012	0.011	0.001	0.001	0.001

表 12 – 51　10kV 油浸纸绝缘电力电缆的电压损失

芯数×截面 /mm^2		电阻 (θ=55℃) /(Ω/km)	感抗 /(Ω/km)	埋地 25℃时的允许负荷 /(MVA)		明敷 35℃时的允许负荷 /(MVA)		电压损失 /[%/(MW·km)]			电压损失 /[%/(A·km)]		
								cosφ			cosφ		
				黏性	不滴流	黏性	不滴流	0.8	0.85	0.9	0.8	0.85	0.9
铝	3×16	2.050	0.110					2.135	2.120	2.105	0.030	0.031	0.033
	3×25	1.311	0.098	1.282	1.351	1.091	1.212	1.385	1.372	1.359	0.019	0.020	0.021
	3×35	0.937	0.092	1.542	1.628	1.316	1.472	1.008	0.996	0.983	0.014	0.015	0.015
	3×50	0.656	0.087	1.819	1.992	1.576	1.767	0.724	0.712	0.700	0.010	0.011	0.011
	3×70	0.468	0.083	2.252	2.425	2.044	2.252	0.533	0.521	0.510	0.007	0.008	0.008
	3×95	0.344	0.080	2.771	2.944	2.442	2.737	0.406	0.395	0.384	0.006	0.006	0.006
	3×120	0.273	0.078	3.118	3.291	2.841	3.222	0.334	0.323	0.312	0.005	0.005	0.005
	3×150	0.219	0.077	3.551	3.811	3.308	3.620	0.278	0.268	0.257	0.004	0.004	0.004
	3×185	0.177	0.075	4.070	4.330	3.776	4.192	0.235	0.225	0.214	0.003	0.003	0.003
	3×240	0.136	0.073	4.677	5.023	4.486	4.988	0.192	0.183	0.172	0.003	0.003	0.003
铜	3×16	1.250	0.110					1.335	1.320	1.305	0.020	0.019	0.020
	3×25	0.800	0.098	1.645	1.732	1.403	1.542	0.874	0.861	0.848	0.012	0.013	0.013
	3×35	0.571	0.092	1.992	2.078	1.732	1.853	0.642	0.630	0.617	0.009	0.009	0.010
	3×50	0.400	0.087	2.338	2.511	2.044	2.252	0.468	0.456	0.444	0.007	0.007	0.007
	3×70	0.286	0.083	2.944	3.118	2.598	2.893	0.351	0.339	0.328	0.005	0.005	0.005
	3×95	0.210	0.080	3.551	3.724	3.152	3.551	0.272	0.261	0.250	0.004	0.004	0.003
	3×120	0.166	0.078	4.070	4.330	3.707	4.105	0.227	0.216	0.205	0.003	0.003	0.003
	3×150	0.134	0.077	4.590	4.850	4.261	4.677	0.193	0.183	0.172	0.003	0.003	0.002
	3×185	0.108	0.075	5.196	5.543	4.884	5.404	0.166	0.156	0.145	0.002	0.002	0.002
	3×240	0.083	0.073	6.062	6.409	5.750	6.357	0.139	0.130	0.119	0.002	0.002	0.002

表 12－52　6kV 油浸纸绝缘电力电缆的电压损失

芯数×截面/mm^2		电阻(θ=60℃)/(Ω/km)	感抗/(Ω/km)	埋地25℃时的允许负荷/(MVA)		明敷35℃时的允许负荷/(MVA)		电压损失/[%/(MW·km)]			电压损失/[%/(A·km)]		
								cosφ			cosφ		
				黏性	不滴流	黏性	不滴流	0.8	0.85	0.9	0.8	0.85	0.9
铝	3×16	2.085	0.099					6.004	5.967	5.929	0.050	0.053	0.056
	3×25	1.334	0.088	0.821	0.935	0.665	0.883	3.895	3.862	3.828	0.032	0.034	0.036
	3×35	0.954	0.083	0.987	1.143	0.883	1.091	2.831	2.800	2.767	0.024	0.025	0.026
	3×50	0.668	0.079	1.195	1.351	1.060	1.289	2.029	1.998	1.967	0.017	0.018	0.018
	3×70	0.476	0.076	1.455	1.663	1.351	1.632	1.489	1.460	1.430	0.012	0.013	0.013
	3×95	0.351	0.074	1.767	2.026	1.642	2.026	1.138	1.109	1.080	0.010	0.010	0.010
	3×120	0.278	0.072	2.026	2.338	1.933	2.369	0.931	0.903	0.874	0.008	0.008	0.008
	3×150	0.223	0.072	2.286	2.598	2.224	2.712	0.774	0.747	0.719	0.006	0.007	0.007
	3×185	0.180	0.070	2.598	3.014	2.557	3.107	0.652	0.626	0.598	0.005	0.006	0.006
	3×240	0.139	0.069	3.014	3.481	3.045	3.700	0.534	0.508	0.482	0.004	0.005	0.005
铜	3×16	1.272	0.099					3.746	3.709	3.671	0.031	0.033	0.034
	3×25	0.814	0.088	1.039	1.195	0.925	1.133	2.451	2.418	2.384	0.020	0.021	0.022
	3×35	0.581	0.083	1.299	1.455	1.112	1.382	1.795	1.764	1.731	0.015	0.016	0.016
	3×50	0.407	0.079	1.507	1.767	1.351	1.684	1.304	1.273	1.242	0.011	0.011	0.012
	3×70	0.291	0.076	1.871	2.182	1.736	2.120	0.975	0.946	0.916	0.008	0.008	0.009
	3×95	0.214	0.074	2.286	2.598	2.130	2.567	0.757	0.728	0.699	0.006	0.006	0.007
	3×120	0.169	0.072	2.598	3.014	2.463	3.014	0.628	0.600	0.572	0.005	0.005	0.005
	3×150	0.136	0.072	2.962	3.377	2.847	3.461	0.532	0.505	0.477	0.004	0.005	0.005
	3×185	0.110	0.070	3.326	3.845	3.284	4.001	0.458	0.431	0.404	0.004	0.004	0.004
	3×240	0.085	0.069	3.845	4.469	3.866	4.739	0.384	0.358	0.332	0.003	0.003	0.003

表 12－53　1kV 油浸纸绝缘电力电缆用于三相 380V 系统的电压损失

截面/mm^2		电阻/(Ω/km)	感抗/(Ω/km)	电压损失/[%/(A·km)](θ_n=75℃) cosφ 0.5	0.6	0.7	0.8	0.9	1.0
铝	2.5	13.762	0.098	3.175	3.799	4.423	5.045	5.665	6.273
	4	8.601	0.091	1.996	2.385	2.774	3.161	3.545	3.920
	6	5.734	0.087	1.338	1.600	1.858	2.115	2.370	2.614
	10	3.510	0.081	0.832	0.990	1.146	1.302	1.456	1.600
	16	2.194	0.077	0.530	0.628	0.725	0.821	0.915	1.000
	25	1.404	0.067	0.346	0.408	0.470	0.530	0.589	0.640
	35	1.002	0.065	0.254	0.298	0.341	0.383	0.424	0.457
	50	0.702	0.063	0.185	0.215	0.245	0.273	0.301	0.320
	70	0.502	0.062	0.139	0.160	0.180	0.200	0.218	0.229
	95	0.370	0.061	0.108	0.123	0.138	0.152	0.164	0.169
	120	0.292	0.062	0.091	0.103	0.113	0.123	0.132	0.133
	150	0.234	0.062	0.078	0.087	0.095	0.102	0.108	0.107
	185	0.190	0.062	0.068	0.075	0.072	0.086	0.090	0.087
	240	0.146	0.062	0.058	0.063	0.067	0.070	0.072	0.067
铜	2.5	8.393	0.098	1.952	2.331	2.710	3.087	3.463	3.826
	4	5.246	0.091	1.232	1.468	1.703	1.938	2.170	2.391
	6	3.497	0.087	0.831	0.988	1.144	1.299	1.452	1.594
	10	2.141	0.081	0.520	0.615	0.710	0.803	0.894	0.976
	16	1.338	0.077	0.335	0.394	0.452	0.509	0.564	0.610
	25	0.856	0.067	0.222	0.259	0.295	0.331	0.365	0.390
	35	0.611	0.065	0.165	0.191	0.216	0.241	0.264	0.279
	50	0.428	0.063	0.122	0.140	0.157	0.173	0.188	0.195
	70	0.306	0.062	0.094	0.106	0.118	0.129	0.138	0.140
	95	0.225	0.061	0.075	0.084	0.092	0.099	0.104	0.103
	120	0.179	0.062	0.065	0.072	0.077	0.082	0.086	0.082
	150	0.143	0.062	0.057	0.062	0.066	0.069	0.071	0.065
	185	0.116	0.062	0.051	0.054	0.057	0.059	0.060	0.053
	240	0.089	0.062	0.045	0.047	0.049	0.049	0.049	0.041

表 12-54　1kV 聚氯乙烯电力电缆用于三相 380V 系统的电压损失

截面/mm²		电阻(θ=60℃)/(Ω/km)	感抗/(Ω/km)	电压损失/[%/(A·km)]					
				cosφ					
				0.5	0.6	0.7	0.8	0.9	1.0
铝	2.5	13.085	0.100	3.022	3.615	4.208	4.799	5.388	5.964
	4	8.178	0.093	1.901	2.270	2.640	3.008	3.373	3.728
	6	5.452	0.093	1.279	1.525	1.770	2.014	2.255	2.485
	10	3.313	0.087	0.789	0.938	1.085	1.232	1.376	1.510
	16	2.085	0.082	0.508	0.600	0.692	0.783	0.872	0.950
	25	1.334	0.075	0.334	0.392	0.450	0.507	0.562	0.608
	35	0.954	0.072	0.246	0.287	0.328	0.368	0.406	0.435
	50	0.668	0.072	0.181	0.209	0.237	0.263	0.288	0.305
	70	0.476	0.069	0.136	0.155	0.175	0.192	0.209	0.217
	95	0.351	0.069	0.107	0.121	0.135	0.147	0.158	0.160
	120	0.278	0.069	0.091	0.101	0.111	0.120	0.128	0.127
	150	0.223	0.070	0.078	0.087	0.094	0.101	0.105	0.102
	185	0.180	0.070	0.069	0.075	0.080	0.085	0.088	0.082
	240	0.139	0.070	0.059	0.064	0.067	0.070	0.071	0.063
铜	2.5	7.981	0.100	1.858	2.219	2.579	2.938	3.294	3.638
	4	4.988	0.093	1.174	1.398	1.622	1.844	2.065	2.274
	6	3.325	0.093	0.795	0.943	1.091	1.238	1.383	1.516
	10	2.035	0.087	0.498	0.588	0.678	0.766	0.852	0.928
	16	1.272	0.082	0.322	0.378	0.433	0.486	0.538	0.580
	25	0.814	0.075	0.215	0.250	0.284	0.317	0.349	0.371
	35	0.581	0.072	0.161	0.185	0.209	0.232	0.253	0.265
	50	0.407	0.072	0.121	0.138	0.153	0.168	0.181	0.186
	70	0.291	0.069	0.094	0.105	0.115	0.125	0.133	0.133
	95	0.214	0.069	0.076	0.084	0.091	0.097	0.102	0.098
	120	0.169	0.069	0.066	0.071	0.076	0.081	0.083	0.077
	150	0.136	0.070	0.059	0.063	0.066	0.069	0.070	0.062
	185	0.110	0.070	0.053	0.056	0.058	0.059	0.059	0.050
	240	0.085	0.070	0.047	0.049	0.050	0.050	0.049	0.039

表 12 – 55　三相 380V 矩形母线的电压损失/[%/(A · km)]

母线尺寸/mm (宽×厚)		电阻 (θ=65℃) /(Ω/km)	感抗/(Ω/km) 母线中心间距 250mm		母线中心间距 250mm,竖放或平放					
					cosφ					
			竖放	平放	0.5	0.6	0.7	0.8	0.9	1.0
铝	25×3	0.457	0.240	0.217	0.199	0.213	0.224	0.232	0.235	0.208
	30×4	0.286	0.227	0.205	0.155	0.161	0.165	0.166	0.162	0.130
	40×4	0.215	0.212	0.188	0.133	0.136	0.138	0.136	0.130	0.098
	40×5	0.172	0.210	0.187	0.122	0.124	0.123	0.120	0.112	0.078
	50×5	0.138	0.199	0.174	0.110	0.110	0.109	0.105	0.096	0.063
	50×6.3	0.116	0.197	0.173	0.104	0.104	0.101	0.096	0.087	0.053
	63×6.3	0.097	0.188	0.163	0.096	0.095	0.092	0.087	0.077	0.044
	80×6.3	0.074	0.172	0.146	0.085	0.083	0.080	0.074	0.065	0.034
	100×6.3	0.060	0.160	0.132	0.077	0.075	0.071	0.066	0.057	0.028
	63×8	0.074	0.185	0.162	0.090	0.088	0.084	0.078	0.067	0.034
	80×8	0.057	0.170	0.145	0.080	0.078	0.074	0.067	0.057	0.026
	100×8	0.047	0.158	0.132	0.073	0.070	0.066	0.060	0.051	0.021
	125×8	0.040	0.149	0.121	0.068	0.065	0.061	0.055	0.046	0.018
	63×10	0.060	0.182	0.160	0.086	0.083	0.079	0.072	0.061	0.028
	80×10	0.047	0.168	0.143	0.077	0.074	0.070	0.063	0.053	0.021
	100×10	0.039	0.156	0.131	0.071	0.068	0.063	0.057	0.047	0.018
	125×10	0.034	0.147	0.123	0.066	0.063	0.059	0.053	0.043	0.016

续表

母线尺寸/mm (宽×厚)		电阻 ($\theta=65℃$) /(Ω/km)	感抗/(Ω/km) 母线中心间距250mm		母线中心间距250mm,竖放或平放 cosφ					
			竖放	平放	0.5	0.6	0.7	0.8	0.9	1.0
铜	25×3	0.279	0.240	0.217	0.158	0.164	0.167	0.167	0.162	0.127
	30×4	0.175	0.227	0.205	0.130	0.131	0.130	0.126	0.17	0.080
	40×4	0.132	0.212	0.188	0.114	0.113	0.111	0.106	0.096	0.060
	40×5	0.107	0.210	0.187	0.107	0.106	0.102	0.096	0.086	0.049
	50×5	0.087	0.199	0.174	0.098	0.096	0.092	0.086	0.075	0.039
	50×6.3	0.072	0.197	0.173	0.094	0.092	0.087	0.080	0.069	0.033
	63×6.3	0.062	0.188	0.163	0.088	0.085	0.081	0.074	0.063	0.028
	80×6.3	0.047	0.172	0.146	0.079	0.076	0.071	0.064	0.054	0.022
	100×6.3	0.039	0.160	0.132	0.072	0.069	0.065	0.058	0.048	0.018
	63×8	0.047	0.185	0.162	0.084	0.080	0.075	0.068	0.056	0.022
	80×8	0.037	0.170	0.145	0.075	0.072	0.067	0.060	0.049	0.017
	100×8	0.031	0.158	0.132	0.069	0.066	0.061	0.054	0.044	0.014
	125×8	0.027	0.149	0.121	0.065	0.062	0.057	0.051	0.041	0.012
	63×10	0.039	0.182	0.160	0.079	0.077	0.072	0.064	0.052	0.018
	80×10	0.031	0.168	0.143	0.073	0.070	0.065	0.057	0.046	0.014
	100×10	0.026	0.156	0.131	0.068	0.064	0.059	0.052	0.042	0.012
	125×10	0.022	0.147	0.123	0.063	0.060	0.055	0.048	0.038	0.010

表 12－56　单相 300Hz 穿管电线及 2 芯电缆线路的电压损失　（$\theta_n = 60℃$）

截面 /mm²		电阻 /(Ω/km)	感抗 /(Ω/km)	电压损失/[V/(A·km)]						
				cosφ						
				0.4	0.5	0.6	0.7	0.8	0.9	1.0
铝芯	2.5	27.035	1.526	12.21	14.84	17.44	20.02	22.54	25.00	27.04
	4	16.625	1.428	7.96	9.55	11.12	12.66	14.16	15.59	16.63
	6	11.143	1.340	5.69	6.73	7.76	8.76	9.72	10.61	11.14
	10	6.700	1.298	3.87	4.47	5.06	5.62	6.14	6.60	6.70
	16	4.197	1.224	2.80	3.16	3.50	3.81	4.09	4.31	4.19
	25	2.639	1.190	2.15	2.35	2.54	2.70	2.83	2.89	2.64
	35	1.894	1.142	1.81	1.94	2.05	2.14	2.20	2.20	1.89
	50	1.305	1.088	1.52	1.60	1.65	1.69	1.70	1.65	1.31
	70	1.011	1.060	1.38	1.42	1.46	1.47	1.45	1.37	1.01
	95	0.762	1.066	1.28	1.30	1.31	1.29	1.25	1.15	0.76
	120	0.642	0.998	1.17	1.19	1.18	1.16	1.11	1.01	0.64
铜芯	1.5	27.868	1.654	12.66	15.37	18.04	20.69	23.29	25.80	27.87
	2.5	16.721	1.526	8.09	9.68	11.25	12.80	14.29	15.71	16.72
	4	10.344	1.428	5.45	6.41	7.35	8.26	9.13	9.93	10.34
	6	6.934	1.340	4.00	4.63	5.23	5.81	6.35	6.83	6.93
	10	4.080	1.298	2.82	3.16	3.49	3.78	4.04	4.24	4.08
	16	2.497	1.224	2.12	2.31	2.48	2.62	2.73	2.78	2.50
	25	1.611	1.190	1.74	1.84	1.92	1.98	2.00	1.97	1.61
	35	1.157	1.142	1.51	1.57	1.61	1.63	1.61	1.54	1.16
	50	0.832	1.088	1.33	1.36	1.37	1.36	1.32	1.22	0.83
	70	0.628	1.060	1.22	1.26	1.23	1.20	1.14	1.03	0.63
	95	0.505	1.066	1.18	1.18	1.16	1.12	1.04	0.92	0.51
	120	0.436	0.998	1.09	1.08	1.06	1.02	0.95	0.83	0.44

表 12－57　单相 400Hz 穿管电线及 2 芯电缆线路的电压损失　($\theta_n = 60℃$)

截面/mm²		电阻/(Ω/km)	感抗/(Ω/km)	电压损失/[V/(A·km)]						
				cosφ						
				0.4	0.5	0.6	0.7	0.8	0.9	1.0
铝芯	2.5	26.845	2.036	12.60	15.19	17.76	20.25	22.70	25.05	26.85
	4	16.625	1.904	8.40	9.96	11.50	12.00	14.44	15.79	16.63
	6	11.143	1.788	6.10	7.12	8.12	9.01	9.99	10.81	11.14
	10	6.700	1.730	4.27	4.85	5.40	5.93	6.40	6.78	6.70
	16	4.197	1.632	3.17	3.51	3.82	4.10	4.33	4.48	4.19
	25	2.639	1.586	2.51	2.69	2.85	2.98	3.06	3.07	2.64
	35	1.894	1.524	2.16	2.27	2.36	2.41	2.43	2.37	1.89
	50	1.317	1.450	1.86	1.92	1.96	1.95	1.92	1.82	1.32
	70	1.029	1.412	1.71	1.74	1.75	1.73	1.67	1.54	1.03
	95	0.860	1.422	1.65	1.66	1.65	1.62	1.54	1.39	0.86
	120	0.694	1.330	1.50	1.50	1.48	1.44	1.35	1.21	0.69
铜芯	1.5	27.868	2.206	13.17	15.84	18.49	21.08	23.62	26.04	27.87
	2.5	16.721	2.036	8.55	10.12	11.66	13.16	14.60	15.94	16.72
	4	10.344	1.904	5.88	6.82	7.73	8.60	9.42	10.14	10.34
	6	6.934	1.788	4.41	5.02	5.59	6.13	6.62	7.02	6.93
	10	4.080	1.730	3.22	3.54	3.83	4.09	4.30	4.43	4.08
	16	2.497	1.632	2.50	2.66	2.80	2.91	2.98	2.96	2.50
	25	1.611	1.586	2.10	2.18	2.24	2.26	2.24	2.14	1.61
	35	1.184	1.524	1.87	1.91	1.93	1.92	1.86	1.73	1.18
	50	0.878	1.450	1.68	1.70	1.69	1.65	1.57	1.42	0.88
	70	0.678	1.412	1.57	1.56	1.54	1.48	1.39	1.23	0.68
	95	0.557	1.422	1.53	1.51	1.47	1.41	1.30	1.12	0.56
	120	0.494	1.330	1.42	1.40	1.36	1.30	1.19	1.03	0.49

表 12－58　单相 500Hz 穿管电线及 2 芯电缆线路的电压损失　（$\theta_n = 60℃$）

截面/mm²		电阻/(Ω/km)	感抗/(Ω/km)	电压损失/[V/(A·km)] cosφ 0.4	0.5	0.6	0.7	0.8	0.9	1.0
铝芯	2.5	26.845	2.544	13.07	15.63	18.14	20.61	23.00	25.27	26.85
	4	16.625	2.380	8.83	10.37	11.88	13.34	14.73	16.00	16.63
	6	11.143	2.234	6.50	7.51	8.47	9.40	10.25	11.00	11.14
	10	6.700	2.162	4.66	5.22	5.75	6.23	6.66	6.97	6.70
	16	4.197	2.040	3.55	3.87	4.15	4.40	4.58	4.67	4.20
	25	2.639	1.984	2.87	3.04	3.17	3.26	3.30	3.24	2.64
	35	1.895	1.904	2.50	2.60	2.66	2.69	2.66	2.54	1.89
	50	1.433	1.814	2.24	2.29	2.31	2.30	2.23	2.08	1.43
	70	1.081	1.766	2.05	2.07	2.06	2.02	1.93	1.74	1.08
	95	0.885	1.776	1.98	1.98	1.95	1.89	1.77	1.57	0.88
	120	0.756	1.662	1.83	1.82	1.78	1.72	1.60	1.40	0.75
铜芯	1.5	27.868	2.758	13.67	16.32	18.93	21.48	23.95	26.28	27.87
	2.5	16.721	2.544	9.02	10.56	12.07	13.52	14.90	16.16	16.72
	4	10.344	2.380	6.32	7.23	8.11	8.94	9.70	10.35	10.34
	6	6.934	2.234	4.82	5.40	5.95	6.45	6.89	7.22	6.93
	10	4.080	2.162	3.61	3.91	4.18	4.40	4.56	4.61	4.08
	16	2.497	2.040	2.87	3.01	3.13	3.21	3.22	3.14	2.50
	25	1.611	1.984	2.46	2.52	2.55	2.55	2.48	2.32	1.61
	35	1.203	1.904	2.23	2.25	2.25	2.20	2.10	1.91	1.20
	50	0.919	1.814	2.03	2.03	2.00	1.94	1.82	1.62	0.92
	70	0.727	1.766	1.91	1.89	1.85	1.77	1.64	1.42	0.73
	95	0.602	1.776	1.87	1.84	1.78	1.69	1.55	1.32	0.60
	120	0.548	1.662	1.74	1.71	1.66	1.57	1.44	1.22	0.55

表 12－59　单相 1 000Hz 穿管电线及 2 芯电缆线路的电压损失（θ_n = 60℃）

截面 /mm²		电阻 /(Ω/km)	感抗 /(Ω/km)	电压损失/[V/(A·km)]						
				cosφ						
				0.4	0.5	0.6	0.7	0.8	0.9	1.0
铝芯	2.5	26.845	5.080	15.40	17.83	20.18	22.43	24.53	26.38	26.85
	4	16.625	4.760	11.01	12.44	13.78	15.74	16.16	17.04	16.63
	6	11.143	4.468	8.55	9.44	10.26	10.99	11.59	11.98	11.14
	10	6.700	4.324	6.64	7.10	7.48	7.78	7.95	7.92	6.70
	16	4.197	4.080	5.42	5.63	5.78	5.58	5.80	5.56	4.20
	25	2.833	3.968	4.77	4.85	4.87	4.82	4.64	4.28	2.83
	35	2.141	3.808	4.35	4.37	4.33	4.22	3.99	3.59	2.14
	50	1.645	3.628	3.98	3.97	3.89	3.67	3.49	3.06	1.64
	70	1.301	3.532	3.76	3.71	3.61	3.43	3.16	2.71	1.30
	95	1.107	3.552	3.70	3.63	3.51	3.31	3.01	2.54	1.11
	120	0.992	3.324	3.44	3.38	3.25	3.07	2.78	2.34	0.99
铜芯	1.5	27.868	5.516	16.20	18.71	21.13	23.45	25.60	27.49	27.87
	2.5	16.721	5.080	11.35	12.77	14.10	15.34	16.43	17.27	16.72
	4	10.373	4.760	8.50	9.29	10.01	10.64	11.13	11.39	10.34
	6	6.934	4.468	6.87	7.34	7.73	8.05	8.73	8.19	6.93
	10	4.080	4.324	5.60	5.79	5.91	5.94	5.86	5.56	4.08
	16	2.497	4.080	4.74	4.78	4.76	4.66	4.45	4.03	2.50
	25	1.805	3.968	4.36	4.34	4.76	4.10	3.83	3.36	1.81
	35	1.426	3.808	4.06	4.01	3.90	3.72	3.43	2.94	1.43
	50	1.147	3.628	3.78	3.72	3.59	3.39	3.10	2.61	1.15
	70	0.942	3.532	3.61	3.53	3.39	3.18	2.87	2.39	0.94
	95	0.805	3.552	3.58	3.48	3.33	3.10	2.78	2.27	0.81
	120	0.740	3.324	3.34	3.25	3.10	2.89	2.59	2.12	0.74

12.4　架空配电线路

架空配电线路一般可分为输电线、高压配电线和低压配电线三种。

电力网中，从发电厂将电能输送到变电所的高压架空电力线叫做输电线；电压等级一般为35kV及以上。

从变电站将电能送至配电用变压器的架空（或电缆）电力线，叫做高压配电线；电压等级一般为10kV、6kV。

从配电变压器将电能送至各个用电点的低压电力线，我们称之为低压配电线，按我国标准其电压等级一般为0.38kV、0.22kV。

12.4.1　架空线路导线允许的最小截面

架空线路导线截面的最小允许值见表12-60。

表12-60　架空线路导线最小允许截面/mm^2

导线种类	35kV线路	3~10kV线路		3kV以下线路
		居民区	非居民区	
铝绞线及铝合金线	35	35	25	16
钢芯铝绞线	35	25	16	16
铜线		16	16	10（线径3.2mm）

注：①居民区指厂矿地区、港口、码头、火车站、城镇及乡村等人口密集地区。
②非居民区指居民区以外的地区。此外，虽有车辆、行人或农业机械到达但未建房屋或房屋稀少地区，亦属非居民区。

12.4.2　接户线导线允许的最小截面

所谓接户线，即是从低压电力线路到用户室外第一个支持点的一段线路，或由一个用户接到另一用户的架空线路（或电缆）。

接户线导线截面的最小允许值见表12-61。

表 12－61　接户线导线截面的最小允许值

敷设方式	挡　距/m	最　小　截　面/mm^2	
		绝缘铝线	绝缘铜线
自电杆引下	<10	4.0	2.5
	10～25	6.0	4.0
沿墙敷设	≤6	4.0	2.5

注：接户线挡距不宜大于25m，如有超过宜增设接户杆。

12.4.3　架空配电线路的安全距离

架空配电线路与建筑物之间的允许最小距离见表12－62。

表 12－62　导线与建筑物间的最小距离/m

线　路　经　过　地　区	线路电压/kV		
	35	3～10	<3
导线跨越建筑物垂直距离（最大计算弧垂）	4.0	3.0	2.5
边导线与建筑物水平距离（最大计算风偏）	3.0	1.5	1.0

注：架空线路不应跨越屋顶为易燃材料的建筑物，对其他建筑物也应尽量不跨越。

架空配电线路与地面的最小距离见表12－63。

表 12－63　导线与地面的最小距离/m

线　路　经　过　地　区	线路电压/kV		
	35	3～10	<3
居民区	7.0	6.5	6.0
非居民区	6.0	5.5	5.0
交通困难地区	5.0	4.5	4.0

架空配电线路与街道行道树间的最小距离见表12－64。

表 12－64　导线与街道行道树间的最小距离/m

线路电压/kV	35	3～10	<3
最大计算弧垂情况下的垂直距离	3.0	1.5	1.0
最大计算风偏情况下的水平距离	3.5	2.0	1.0

12.4.4 钢筋混凝土电杆主要技术数据

电杆按其在线路上所起的作用，可分为直线杆、转角杆、耐张杆、终端杆和分支杆等。

钢筋混凝土电杆主要技术数据见表 12－65。

表 12－65 环形预应力钢筋混凝土电杆规格及制造用料表

梢径 /mm	底径 /mm	杆长 /m	配用钢筋 /mm	许用弯矩 /（kg·m）	质量 /kg	耗用材料	
						水泥 400/m³	钢材 /kg
100	160	6	8×∅5	320	148	0.057	8.07
100	180	6	8×∅5	360	160	0.062	8.15
120	214	7	8×∅6	550	270	0.1	13.4
150	243	7	12×∅6	950	330	0.124	20.49
150	250	7.5	12×∅6	990	365	0.135	21.84
150	257	8	12×∅6	1020	400	0.149	23.21
150	263	8.5	12×∅6	1 075	420	0.16	24.65
150	270	9	16×∅6	1 370	465	0.172	33.97
150	283	10	16×∅6	1 475	540	0.2	37.94
170	277	8	12×∅8	1 950	500	0.186	41.83
170	284	8.5	12×∅8	2 020	540	0.2	44.6
170	290	9	12×∅8	2 100	580	0.215	47.26
170	303	10	12×∅8	2 200	675	0.25	52.55
170	317	11	12×∅8	2 320	760	0.282	57.9
190	350	12	16×∅8	3 470	940	0.345	84.06
190	390	9+6	12×∅8 16×∅8	3 600	9 米上杆 642 6 米下杆 630	0.238 0.233	58.7 53.83
190	430	12+6	16×∅8 20×∅8	4 400	12 米上杆 930 6 米下杆 715	0.345 0.265	83.56 54.75

为了更加经济合理地使用电杆，杆型和杆高的确定就显得格外重要。

根据电杆所处的不同地形和所起的作用，确定应该采用哪种杆型，应尽量采用简单杆型，以降低工程造价。

电杆的长度应包括地上及埋入地下部分。

当使用针式绝缘子，长度计算如下：

$$L = a + f + h + c - b \tag{12-1}$$

式中 L——电杆长度（m）；

a——由横担中心至杆顶的距离（m）；

f——最大弧垂（m）；

h——最大弧垂时导线对地面允许距离（m）；

b——针式绝缘子的高度（m）；

c——电杆埋入地下长度，取电杆长度的1/6（m）。

当采用悬式绝缘子，计算如下：

$$L = a + f + h + c + d$$

式中 L、a、f、h、c 同上式；

d——悬式绝缘子的高度（m）。

若是耐张杆，杆长计算如下：

$$L = a + f + h + c$$

高压配电线路的电杆，主杆杆长一般不小于9m，低压配电线路的电杆，杆长一般为7.5m。

12.4.5 线路最小线间距离

架空线路导线间的最小距离见表12-66。

表12-66 架空线路导线间的最小距离/m

电压 \ 档距/m	40及以下	50	60	70	80	90	100
高压	0.60	0.65	0.70	0.75	0.85	0.90	1.00
低压	0.30	0.40	0.45	—	—	—	—

注：①表中所列数值适用于导线的各种排列方式；

②靠近电杆的两导线间的水平距离，对于低压线路不应小于0.50m。

12.5　电缆线路

12.5.1　电缆护层及适用场所

电缆外护层型号的含义见表 12－67。

表 12－67　电缆外护层型号含义

标记	铠装层	标记	外被层
0	无	0	无
1	—	1	纤维层
2	双钢带	2	聚氯乙烯套
3	细圆钢丝	3	聚乙烯套
4	粗圆钢丝	4	—

电缆外护层的适用场所见表 12－68。

表 12－68　各种电缆外护层及铠装的适用敷设场合

护套或外护层	铠装	代号	敷设方式								环境条件					备注
			室内	电缆沟	电缆桥架	隧道	管道	竖井	埋地	水下	火灾危险	移动	多烁石	一般腐蚀	严重腐蚀	
裸铅护套（铅包）	无	Q	✓	✓	✓	✓	✓				✓					
一般橡套	无		✓	✓	✓	✓	✓					✓		✓		
不延燃橡套	无	F	✓	✓	✓	✓	✓				✓	✓		✓		耐油
聚氯乙烯护套	无	V	✓	✓	✓	✓	✓		✓		✓	✓		✓	✓	
聚乙烯护套	无	Y	✓	✓	✓	✓	✓		✓			✓		✓	✓	
普通外护层（仅用于铅护套）	裸钢带	20	✓	✓	✓	✓					✓					
	钢带	2	✓	✓	✓	○		✓	✓							
	裸细钢丝	30						✓			✓					
	细钢丝	3						○	✓	✓	○		✓			
	裸粗钢丝	50						✓			✓					
	粗钢丝	5						○	✓	✓	○		✓			

续表

护套或外护层	铠装	代号	敷设方式								环境条件					备注
			室内	电沟	电缆桥架	隧道	管道	竖井	埋地	水下	火灾危险	移动	多烁石	一般腐蚀	严重腐蚀	
一级防腐外护层	裸钢带	120	✓	✓	✓	✓					✓			✓		
	钢带	12	✓	✓	✓	○				✓			✓	✓		
	裸细钢丝	130						✓			✓			✓		
	细钢丝	13						○	✓	✓	○		✓	✓		
	裸粗钢丝	150						✓			✓			✓		
	粗钢丝	15						○	✓	✓	○		✓	✓		
二级防腐外护层	钢带	22							✓		✓		✓		✓	
	细钢丝	23						✓	✓	✓	✓		✓		✓	
	粗钢丝	25						○	✓	✓	○		✓		✓	
内铠装塑料（全塑电缆）	钢带	22 29	✓	✓		✓			✓		✓		✓		✓	
	细钢丝	39						✓	✓	✓	✓		✓		✓	
	粗钢丝	59						✓		✓	✓		✓		✓	

注：①“✓”表示适用；“○”表示外被层为玻璃纤维时适用；无标记则不推荐采用。

②裸金属护套一级防腐外护层由沥青复合物加聚氯乙烯护套组成。

③铠装一级防腐外护层由衬垫层、铠装层、外被层组成。衬垫层由两个沥青复合物、聚氯乙烯带和浸渍皱纸带的防水组合层组成；外被层由沥青复合物、浸渍电缆麻（或浸渍玻璃纤维）和防止黏合的涂料组成。

④裸铠装一级防腐外护层的衬垫层与铠装一级外护层的衬垫层相同，但没有外被层。

⑤铠装二级防腐外护层的衬垫层与铠装一级外护层的衬垫层相同；钢带和细钢丝铠装的外被层由沥青复合物和聚氯乙烯护套组成；粗钢丝铠装的镀锌钢丝外面挤包一层聚氯乙烯护套或其他同等效能的防腐涂层，以保护钢丝免受外界腐蚀。

⑥如需要用于湿热带地区的防霉特种护层可在型号规格后加代号“TH”。

⑦单芯钢带铠装电缆不适用于交流线路。

12.5.2　电缆敷设的基本要求

根据国家标准 GB 50168—92《电气装置安装工程电缆线路施工及验收规范》，电缆敷设应符合以下规定：

（1）电缆敷设时，不应损坏电缆沟、隧道、电缆井和人井的防水层。

（2）三相四线制系统中应采用四芯电力电缆，不应采用三芯电缆另加一根单芯电缆或以导线、电缆金属护套做中性线。

（3）并联使用的电力电缆其长度、型号、规格宜相同。

（4）电力电缆在终端头与接头附近宜留有备用长度。

（5）电缆各支持点间的距离应符合设计规范，当设计无规定时，不应大于表 12－69 中的数值。

表 12－69　电缆各支持点间的距离/mm

电缆种类		敷设方式	
		水平	垂直
电力电缆	全塑型	400	1 000
	除全塑型外的中低压电缆	800	1 500
	35kV 及以上高压电缆	1 500	2 000
控制电缆		800	1 000

注：全塑型电力电缆水平敷设沿支架能把电缆固定时，支持点间的距离允许为 800mm。

（6）电缆的最小弯曲半径应符合表 12－70 中的规定。

表 12－70　电缆最小弯曲半径

电缆型式		多芯	单芯
控制电缆		10*D*	
橡皮绝缘电力电缆	无铅包、钢铠护套	10*D*	
	裸铅包护套	15*D*	
	钢铠护套	20*D*	
聚氯乙烯绝缘电力电缆		10*D*	
交联聚乙烯绝缘电力电缆		15*D*	20*D*

续表

<table>
<tr><th colspan="3">电缆型式</th><th>多芯</th><th>单芯</th></tr>
<tr><td rowspan="3">油浸纸绝缘电力电缆</td><td colspan="2">铅包</td><td colspan="2">30D</td></tr>
<tr><td rowspan="2">铅包</td><td>有铠装</td><td>15D</td><td>20D</td></tr>
<tr><td>无铠装</td><td>20</td><td></td></tr>
<tr><td colspan="3">自容式充油（铅包）电缆</td><td></td><td>20D</td></tr>
</table>

注：表中 D 为电缆外径。

（7）黏性油浸纸绝缘电缆最高点与最低点之间的最大位差，不应超过表 12－71 中的规定，当不能满足时，应采用适应于高位差的电缆。

表 12－71　黏性油浸纸绝缘铅包电力电缆的最大允许敷设位差

电　压/kV	电缆护层结构	最大允许敷设位差/m
1	无铠装	20
	铠装	25
6～10	铠装或无铠装	15
35	铠装或无铠装	5

（8）电缆敷设时，电缆应从盘的上端引出，不应使电缆在支架上及地面摩擦拖拉，电缆上不得有铠装压扁、电缆绞拧、护层折裂等未消除的机械损伤。

（9）用机械敷设电缆时的最大牵引强度宜符合表 12－72 中的规定。充油电缆总拉力不应超过 27kN。

表 12－72　电缆最大牵引强度/MPa

牵引方式	牵引头		钢丝钢套		
受力部位	铜芯	铝芯	铅套	铝套	塑料护套
允许牵引强度	70	40	10	40	7

（10）机械敷设电缆的速度不宜超过 15m/min，110kV 及以上电缆或在较复杂的路径上敷设时，其速度应适当放慢。

（11）在复杂的条件下用机械敷设大截面电缆时，应进行施工组织设计，确定敷设方法、线盘架设位置、电缆牵引方向，并校核牵引力和侧压力，还应配备敷设人员和机具。

(12) 机械敷设电缆时，应在牵引头或钢丝网套与牵引钢缆之间装设防捻器。

(13) 110kV及以上电缆敷设时，转弯处的侧压力不应大于3kN/m。

(14) 油浸纸绝缘电力电缆在切断后，应将端头立即铅封；塑料绝缘电缆应有可靠的防潮封端；充油电缆在切断后尚应符合下列要求：

①在任何情况下，充油电缆的任一段都应有压力油箱保持油压。

②连接油管路时，应排除管内空气，并采用喷油连接。

③充油电缆的切断处必须高于邻近两侧的电缆。

④切断电缆时不应有金属屑及污物进入电缆。

(15) 敷设电缆时，电缆允许敷设最低温度；在敷设前24h内的平均温度以及敷设现场的温度不应低于表12－73的规定；当温度低于规定值时，应采取措施。

表12－73 电缆允许敷设最低温度

电缆类型	电缆结构	允许敷设最低温度/℃
油浸纸绝缘电力电缆	充油电缆	－10
	其他油纸电缆	0
橡皮绝缘电力电缆	橡皮或聚氯乙烯护套	－15
	裸铅套	－20
	铅护套钢带铠装	－7
塑料绝缘电力电缆		0
控制电缆	耐寒护套	－20
	橡皮绝缘聚氯乙烯护套	－15
	聚氯乙烯绝缘聚氯乙烯护套	－10

(16) 电力电缆接头的布置应符合下列要求：

①并列敷设的电缆，其接头位置宜相互错开。

②电缆明敷时的接头，应用托板托置固定。

③直埋电缆接头盒外面应有防止机械损伤的保护盒（环氧树脂接头盒除外），位于冻土层内的保护盒，盒内宜注以沥青。

（17）电缆敷设时应排列整齐，不宜交叉，应加以固定，并及时装设标志牌。

（18）标志牌的装设应符合下列要求：

①在电缆终端头、电缆接间、拐弯处、夹层内、隧道及竖井的两端以及人井内等地方，电缆上应装设标志牌。

②标志牌上应注明线路编号。当无编号时，应写明电缆型号、规格及起迄地点；并联使用的电缆应有顺序号。标志牌的字迹应清晰不易脱落。

③标志牌规格宜统一。标志牌应能防腐，挂装应牢固。

（19）电缆的固定，应符合下列要求：

①在以下地方应将电缆加以固定：

a. 垂直敷设或超过45°倾斜敷设的电缆在每个支架上；桥架上每隔2m处；

b. 水平敷设的电缆，在电缆首末两端及转弯处；电缆接头的两端处；当对电缆间距有要求时，每隔5～10m处；

c. 单芯电缆的固定应符合设计要求。

②交流系统的单芯电缆或分相后的分相铅套电缆的固定夹具不应构成闭合磁路。

③裸铅（铝）套电缆的固定处，应加软衬垫保护。

④护层有绝缘要求的电缆，在固定处应加绝缘衬垫。

（20）沿电气化铁路或有电气化铁路通过的桥梁上明敷电缆的金属护层或电缆金属管道，应沿其全长与金属支架或桥梁的金属构件做好绝缘。

（21）电缆进入电缆沟、隧道、竖井、建筑物、盘（柜）以及穿入管子时，出入口应封闭，管口应密封。

12.5.3　电缆埋地敷设时与其他设施的安全距离

电缆埋地敷设时，电缆之间及至各种设施平行或交叉时的最小净距见表12－74。

表 12-74　埋地敷设的电缆之间及至各种设施平行或交叉时的最小净距/m

项　目	敷设条件	
	平行时	交叉时
建筑物、构筑物基础	0.5	
电杆	0.6	
乔木	1.5	
灌木丛	0.5	
10kV 以上电力电缆之间及其与 10kV 及以下和控制电缆之间	0.25	0.5（0.25）
10kV 及以下电力电缆之间及其与控制电缆之间	0.1	0.5（0.25）
控制电缆之间	—	0.5（0.25）
通信电缆，不同使用部门的电缆	0.5（0.1）	0.5（0.25）
热力管沟	2.0	（0.5）
水管、压缩空气管	1.0（0.25）	0.5（0.25）
可燃气体及易燃液体管道	1.0	0.5（0.25）
铁路（平行时与轨道，交叉时与轨底，电气化铁路除外）	3.0	1.0
道路（平行时与路边，交叉时与路面）	1.5	1.0
排水明沟（平行时与沟边，交叉时与沟底）	1.0	0.5

注：①表中所列净距，应自各种设施（包括防护外层）的外缘算起。

②路灯电缆与道路灌木丛平行距离不限。

③表中括号内数字，是指局部地段电缆穿管，加隔板保护或加隔热层保护后允许的最小净距。

12.5.4　电缆在隧道内敷设

当电缆在隧道内敷设时，应符合下列要求：

（1）电缆隧道长度大于 7m 时，两端应设出口（包括人孔井）。当两个出口间距离超过 75m 时，应增加出口。人孔井的直径不应小于 0.7m。

（2）电缆隧道内应有照明，电压不应超过 36V，否则需采取安全措施。

（3）隧道内净高不应低于 1.9m，局部或与管道交叉处净高不宜低于 1.4m。

（4）电缆隧道应有防水措施，底部还应做成不小于 0.5% 的纵向排水坡度，而排水边沟向集水井也应有0.5%的坡度。

(5) 隧道进入建筑物（或变电所）处、在变电所围墙处以及在长距离隧道中每隔100m处，应设置带门的防水隔墙。该门应采用非燃烧材料或难燃材料制作，并应装锁。电缆过墙时的保护管两端应用阻燃材料堵塞。

(6) 电缆隧道应尽量采用自然通风。当隧道内的电缆电力损失超过150～200W/m时，需考虑采用机械通风。

(7) 电缆在隧道内敷设时，支架的长度不应大于500mm。

(8) 与电缆隧道无关的管线不得通过电缆隧道。电缆隧道与其他地下管线交叉时，应尽可能避免隧道局部下降。

电缆在隧道内敷设时的最小净距见表12－75。

12.5.5 电缆在电缆沟内敷设

当电缆在电缆沟内敷设时，应符合下列要求：

(1) 屋内电缆沟的盖板应与屋内地坪相平，在容易积水积灰处，宜用水泥砂浆或沥青将盖板抹死。

(2) 屋外电缆沟的沟口宜高出地面50mm，以减少地面排水进入沟内。但当盖板高出地面影响地面排水或交通时，可采用具有覆盖层的电缆沟，盖板顶部一般低于地面300mm。

(3) 屋外电缆沟在进入建筑物（或变电所）处，应设有防火隔墙。

(4) 电缆沟一般采用钢筋混凝土盖板，盖板重量不宜超过50kg。在屋内需经常开启的电缆沟盖板，宜采用花纹钢盖板。

(5) 电缆沟应采取防水措施。底部还应做不小于0.5%的纵向排水坡度，并设集水坑（井）。积水的排出，有条件时可直接排入下水道，否则可经集水井用泵排出。电缆沟较长时，应考虑分段排水，每隔50m左右设置一个集水井。

(6) 电缆在多层支架上敷设时，电力电缆应放在控制电缆的上层，但1kV以下的电力电缆可和控制电缆并列敷设。

当两侧均有支架时，1kV以下的电力电缆和控制电缆，宜与1kV以上的电力电缆分别敷设于两侧支架上。盐雾地区或化学腐蚀地区的支架宜涂防腐漆或采用混凝土支架。

(7) 电缆在沟内敷设时，支架长度不宜大于350mm。

电缆在电缆沟内敷设的最小净距见表12－75。

表 12－75　电缆在电缆沟、隧道内敷设时的最小净距/mm

敷设方式			电缆隧道净高 ≥1 900	电缆沟	
				沟深≤600	沟深＞600
通道宽度	两边有支架时，架间水平净距		1000	300	500
	一边有支架时，架与壁间水平净距		900	300	450
支架层间的垂直净距	电力电缆	35kV	250	200	200
		≤10kV	200	150	150
	控制电缆		120	100	100
电力电缆间的水平净距（单芯电缆品字形布置时除外）			35，但不小于电缆外径		

12.5.6　电缆穿管敷设

电缆穿保护管敷设时，保护管的内径应不小于电缆外径（包括外护层）的 1.5 倍，保护管弯曲半径为保护管外径的 10 倍，且不应小于所穿电缆的最小允许弯曲半径。

电缆穿保护管的最小内径见表 12－76。

表 12－76　电缆穿保护管的最小内径

三芯电缆芯线截面/mm^2			四芯电缆芯线截面/mm^2	保护管最小内径/mm
1kV	6kV	10kV	≤1kV	
≤70	≤25	—	≤50	50
95～150（95～120）	35～70（16～70）	≤50	70～120	70
185（150～185）	95～150（95～120）	70～120	150～185	80
240	185～240（150～240）	150～240	240	100

注：表中括号内截面用于塑料护套电缆。

12.5.7　电缆在桥梁上敷设

电缆在木桥上敷设时，应穿管敷设。在其他结构的桥上敷设时，应在人行道下设电缆沟或穿入由耐火材料制成的管道中。在人不易接触处，电缆可在桥上裸露敷设，但应采取防止太阳直接照射的措施。

桥梁架构与悬吊架设的电缆之间距离不应小于 0.5m。

此外，在经常受到震动的桥梁上敷设的电缆应有防震措施。桥墩两端和伸缩缝处的电缆，应留有松弛部分。

12.5.8 电缆沿桥架敷设

电缆桥架敷设一般用于电缆数量较多或较集中的场所。

（1）电缆桥架敷设应符合下列要求：

①在室内采用电缆桥架敷设时，其电缆不应有黄麻或其他易延燃材料护层。

②在有腐蚀或特别潮湿的场所采用电缆桥架敷设时，应根据不同的腐蚀介质采取相应的防护措施，并宜选塑料护套电缆。

③电缆桥架（梯架、托盘）水平敷设时的距地高度一般不宜低于2.5m，垂直敷设时距地1.8m以下部分均应加金属盖板保护，但敷设在电气专用房间（如配电室、电气竖井、技术层等）内时除外。

④电缆桥架水平敷设时，宜按荷载曲线选取最佳跨距进行支撑，跨距一般为1.50~3m。垂直敷设时，其固定点间距不宜大于2m。

⑤电缆桥架多层敷设时，其层间距离一般为：控制电缆间不应小于0.2m；电力电缆间不应小于0.3m；弱电电缆与电力电缆间不应小于0.5m，如有屏蔽板可减至0.3m；桥架上部距顶棚或其他障碍物不应小于0.3m。

⑥几组电缆桥架在同一高度平行敷设时，各相邻电缆桥架间应考虑设置维护检修距离。

⑦在电缆桥架上可以无间距敷设电缆，电缆在桥架内横断面的填充率：电力电缆不应大于40%；控制电缆不应大于50%。

⑧下列不同电压、不同用途的电缆，不宜敷设在同一层桥架上：

a. 1kV以上和1kV以下的电缆；

b. 同一路径的一级负荷供电的双路电源电缆；

c. 应急照明和其他照明的电缆；

d. 强电和弱电电缆。

若受条件限制需安装在同一桥架上时，应用隔板隔开。

（2）电缆桥架与各种管道平行或交叉时，其最小净距应符合表12－77中的规定。

表 12-77　电缆桥架与各种管道的最小净距

管 道 类 别		平行净距/m	交叉净距/m
一般工艺管道		0.4	0.3
具有腐蚀性液体（或气体）管道		0.5	0.5
热力管道	有保温层	0.5	0.5
	无保温层	1.0	1.0

电缆桥架不宜敷设在腐蚀性气体管道和热力管道的上方及腐蚀性液体管道的下方，否则应采取防腐、隔热措施。

（3）电缆桥架内的电缆应在下列部位进行固定：

①垂直敷设时，电缆的上端及每隔 1.5～2m 处。

②水平敷设时，电缆的首尾两端、转弯及每隔 5～10m 处。

（4）电缆桥架内的电缆应在首端、尾端、转弯及每隔 50m 处，设有编号、型号及起、止点等标记。

（5）电缆桥架在穿过防火墙及防火楼板时，应采取防火隔离措施。

12.6　室内外布线

12.6.1　布线的基本要求和布线方式的选择

室内外布线应避免由外部热源产生的有害影响；防止在使用过程中因水的侵入或因进入固体物而带来的损害；应防止外部的机械损害；在有大量灰尘的场所，还应避免由于灰尘聚集在布线上所带来的有害影响；且应避免由于强烈日光辐射而带来的损害。

布线方式的选择应遵循下列条件：

（1）符合场所的环境特征。

（2）符合建构筑物的特征。

（3）符合人与布线之间可接近的程度。

（4）应考虑短路可能出现的机械应力。

（5）在安装期间或运行中，布线可能遭受的其他应力（包括导线的自重）。

线路敷设方式按环境条件选择见表 12-78。

表 12-78　线路敷设方式按环境条件选择

导线类型	敷设方式	常用导线型号	环境性质																	
			干燥		潮湿	特别潮湿	高温	多尘	化学腐蚀	火灾危险区			爆炸危险区				户外	高层建筑	一般民用	进户线
			生活	生产						21	22	23	1	2	10	11				
塑料护套线	直敷配线	BLVV、BVV	✓	✓	×	×	×	×	×	×	×	×	×	×	×	×	×	+	✓	×
绝缘线	瓷夹(塑料卡)	BLV、BV、BLX、BX	✓	✓	×	×	×	×	×	×	×	×	×	×	×	×	×		+	×
	鼓形绝缘子		+	✓	✓		✓	✓	×	+①	+①	+	×	×	×	×	+			×
	蝶针式绝缘子		×	✓	✓	✓	✓	✓	+	+①	+①	+	×	×	×	×	✓⑤			✓
	钢管明敷			+	+	+	✓	+	+②	✓	✓	✓	✓	✓	✓	✓	+	✓	✓	✓
	钢管埋地			✓	✓	✓	✓	✓	+	✓	✓	✓	✓	✓	✓	✓	+②	✓	✓	✓
	电线管明敷		+	+	+	×	+	+	×	+	+	+	×	×	×	×		✓	✓	×
	硬塑料管明敷		+	✓	✓	✓	+	✓	✓	+	+	+	×	×	×	×				+
	硬塑料管埋地		+	+	+	+		+	✓				×	×	×	×	+			+
	波纹管敷设		✓		+	+	+		+	+	+	+	×	×	×	×	×		✓	×
	线槽配线		✓	✓	×	×	×	×	×	×	×	×	×	×	×	×	×	✓	✓	×
裸导体	瓷瓶明敷	LJ、TJ、LMY、TMY	×	✓	+		✓	+		+⑥	+⑥	+⑥	×	×	×	×	✓⑤			×
母线槽	支架明敷	各型号		✓	+		+	+	×	+	+	+	+	+	+	+	+			+

续表

导线类型	敷设方式	常用导线型号	环境性质																	
			干燥		潮湿	特别潮湿	高温	多尘	化学腐蚀	火灾危险区			爆炸危险区				户外	高层建筑	一般民用	进户线
			生活	生产						21	22	23	1	2	10	11				
电缆	地沟内敷设	VLV、VV、ZLQ、ZQ、XLV、XV		✓	+		✓	+		+	+	+	+④	+④			+	✓	✓	✓
	支架明敷	VLV、VV YJLV、YJV		✓	✓	✓	+	✓	✓	+	+	+	+③	+③	+	+				+
	直埋地	VLV_{22}、VV_{22}、$YJLV_{22}$、YJV_{22}、ZLQ_{22}、ZQ_{22}															✓			✓
	桥架敷设	各型号		✓	+		+	✓	+	+	+	+	+③	+③	+③	+	+	✓		+
架空电缆	支架明敷																✓			✓

注：表中“✓”推荐使用，“+”可以采用，无记号建议不用，“×”不允许使用。

①应远离可燃物，且不应敷设在木质吊顶、墙壁及可燃液体管道栈桥上。

②应采用镀锌钢管并做好防腐处理。

③应采用铠装电缆。

④地沟内应埋沙并设排水措施。

⑤屋外架空用裸导体，沿墙用绝缘线。

⑥可用硬裸母线，但应连接可靠，尽量采用焊接；在 21 区和 23 区内，母线宜装防护罩，孔径不大于 12mm，在 22 区内应有防尘罩。

12.6.2 钢索布线

钢索布线首先要准确地根据环境不同而选用不同的钢索。屋内场所钢索的材料宜采用镀锌钢绞线；屋外布线及敷设在潮湿或有酸碱盐腐蚀的场所，应采取防腐蚀措施，如选用塑料护套钢索。

钢索所用钢绞线的截面，根据跨距、荷重和机械强度选择，最小截面不宜小于 $10mm^2$（屋内场所吊挂重量较小时，也可用 3 股直径 4mm 的镀锌铁线）。同时，钢索固定件应镀锌或涂防腐漆。钢索的安全系数不应小于 2.5。钢索两端需拉紧，且其弛度不应大于 100mm。跨距较大时应在钢索中间增加支持点，中间的支持点间距不应大于 12m。

钢索布线用绝缘导线明敷时，应采用瓷（塑料）夹、鼓形绝缘子或针式绝缘子固定在钢索上。用护套绝缘导线、电缆、金属管或硬质塑料管布线时，可直接固定在钢索上。采用瓷（塑料）夹的钢索布线仅适用于屋内布线。

钢索上吊装金属管或硬质塑料管布线的支持点最大间距应符合表 12－79 中所列数值。吊装接线盒和管路的扁钢卡子宽度不应小于 20mm，吊装接线盒的卡子不应少于 2 个。

在钢索上吊装护套线时，用铝卡子直接敷设在钢索上，其支持点间距不应大于 500mm，卡子距接线盒不应大于 100mm；用橡胶及塑料护套线时，接线盒应用塑料制品。

在钢索上吊装瓷瓶布线时，支持点间距不应大于 1.5m，线间距离在屋内不小于 50mm，在屋外不小于 100mm；扁钢吊架终端应加镀锌铁丝拉线，其直径不应小于 3mm。

表 12－79 钢索上吊装金属（或硬塑料）管支持点最大间距

布线类型	支持点最大间距/mm	支持点距灯头盒/mm
钢管、电线管	1 500	200
硬塑料管	1 000	150

12.6.3 管子布线

穿管敷设的绝缘导线的电压等级不应低于 500V。

（1）管子布线的管材选择如下：

①明敷于潮湿环境或直接埋于素土内的金属管布线，应采用焊接钢管

（以下简称钢管）。明敷或暗敷于干燥环境的金属管布线，可采用管壁厚度不小于1.5mm的电线钢管（以下简称电线管）。

②在酸碱盐腐蚀的环境，应采用硬聚氯乙烯管敷设。

③爆炸危险环境，应采用镀锌钢管敷设（管子连接螺纹啮合不少于5扣，用于1区时应有锁紧螺母；用于1区、2区管径≥32mm时，不少于6扣）。

（2）多根导线同穿一根管时：3根及以上绝缘导线同穿一根管时，导线的总截面积不应大于管内净面积的40%（2根绝缘导线穿同一根管时，管内径不应小于2根导线直径之和的1.35倍），并应符合下列要求：

①管子没有弯时的长度不超过30m。

②管子有一个弯（90°~105°）时的长度不超过20m。

③管子有二个弯（90°~105°）时的长度不超过15m。

④管子有三个弯（90°~105°）时的长度不超过8m。

每两个120°、135°或150°的弯，相当于90°或105°的弯。若长度超过上述要求时，应加设拉线盒、箱或加大管径。

（3）不同回路、不同电压、不同电流种类的导线，不得穿入同一管内。但下述情况除外：

①一台电机的所有回路（包括操作回路）。

②同一设备或同一流水作业线设备的电力回路和无防干扰要求的控制回路。

③无防干扰要求的各种用电设备的信号回路、测量回路和控制回路。

④同一照明花灯的几个回路。

⑤同类照明的几个回路，但不应超过8根，工作照明和事故照明不得同管敷设。

⑥标称电压在50V以下的回路。

互为备用的线路不得共管。控制线和动力线共管时，当线路较长或弯头较多时，控制线截面不应小于动力线截面的10%。

管线埋地时不宜穿过设备基础。

管线明敷时（沿水平或垂直方向敷设），其固定点间最大间距不应大于表12-80中所列数值。

表 12－80 管线明敷时固定点间最大间距/m

管子类别	管径（公称口径/mm）				
	15～20	25～32	38～40	50～51	63～100
钢管	1.5	2	2	2.5	3.5
电线管	1	1.5	2	2	2
硬塑料管	1	1.5	1.5	2	2

注：①钢管的公称管径指内径，电线管和硬塑料管管径指外径。

②钢管规格根据 GB 3092—1993《低压液体输送用焊接钢管》，电线管规格根据 GB 3640—1988《普通碳素钢电线套管》。

绝缘电线穿管管径选择见表 12－81～表 12－90。

常用绝缘电线的型号、名称和主要用途见表 12－91。

12.6.4 线槽布线

线槽布线的要求如下：

（1）线槽有塑料（PVC）线槽、金属线槽、地面线槽等。塑料线槽应为难燃型材料。

（2）线槽内导线或电缆总截面积不应超过线槽内截面积的 40%，载流导线不超过 30 根。

（3）金属线槽的吊装支架固定间距：直线段一般为 1500～2000mm，在线槽始末端 200mm 处及线槽走向改变或转角处应加装支架。

表 12－92 列出了 GC 型线槽技术数据。

12.6.5 母线槽布线

母线槽分为空气绝缘型和密集绝缘型两种。母线槽布线的要求如下：

（1）母线槽（又称封闭式母线、保护式母线、插接式母线等），一般适用于干燥、无腐蚀性气体、无冷热急剧变化的屋内。

（2）母线槽至地面的距离不应小于 2.2m，但安装在配电室、电机室、电气竖井等电气专用房间内时不受此限制。

（3）母线槽终端无引出、引入线时，端头应封闭。

（4）母线槽的引出支线不宜埋地敷设。

表 12－93、表 12－94 列出了 AFW－2A、CFW－2 母线槽的有关技术数据。

表 12－81　BV、BLV 型绝缘线穿钢管管径选择/mm

导线截面/mm^2	导线根数 2	3	4	5	6	7	8	9	10	11	12
1.0											
1.5		15						20			
2.5											
4											
6		20						25			
10			25					32		40	
16		25						40			
25		32			40			50			
35			50								
50		40						65			
70		50	65		65			80			
95											
120		65			80			100			
150			80								
185											
240		100									

注：①钢管的管径指内径。

②钢管规格根据 GB 3092—1993《低压流体输送用焊接钢管》。

表 12－82　BV、BLV 型绝缘线穿电线管管径选择/mm

导线截面/mm^2	导线根数										
	2	3	4	5	6	7	8	9	10	11	12
1.0							19				
1.5		16			19		25				
2.5			19								
4		19									
6			25				32			38	
10							38			51	
16			32		38						
25		38			51					64	
35											
50		51			64					76	
70											
95		64			76						
120											
150											
185		76									

注：电线管的管径指外径。

表 12 – 83　BV、BLV 型绝缘线穿硬塑料管（重型）管径选择/mm

导线截面 /mm²	导线根数 2	3	4	5	6	7	8	9	10	11	12
1.0											
1.5		16			20				25		
2.5											
4		20			25				32		
6					32				40		
10		25	32		40				50		
16											
25		40			50						
35											
50		50									
70											

注:硬塑料管（重型）的管径指外径。

表 12－84　BV、BLV 型绝缘线穿硬塑料管（轻型）管径选择/mm

导线截面/mm^2	导线根数										
	2	3	4	5	6	7	8	9	10	11	12
1.0											20
1.5		16				20					25
2.5											
4						25					32
6		20				32					40
10		25		32		40					50
16											
25		32		40		50					63
35		40		50		63					
50											
70		50									
95											
120		63									
150											

注：硬塑料管（轻型）的公称管径指外径。

表 12 – 85　BV、BLV 型绝缘线穿半硬塑料管、波纹管管径选择/mm

导线截面 /mm^2	导线根数										
	2	3	4	5	6	7	8	9	10	11	12
1.0											
1.5		16			20				25		
2.5					25				32		
4		20									
6		25			32				40		
10		32			40				50		
16											
25		40			50				63		
35											
50		50			63						
70											
95		63									
120											

注：半硬塑料管、波纹管的公称管径指外径。

表 12－86　BX、BLV 型绝缘线穿钢管管径选择/mm

导线截面 /mm^2	导线根数										
	2	3	4	5	6	7	8	9	10	11	12
1.0											
1.5		15	20								
2.5							25				
4										32	
6											
10		25					40			50	
16					40						
25		32	40		50					65	
35											80
50		50			65						
70							80			100	
95											
120		65			80						
150											
185					100						
240		80									

注:钢管的管径指内径。

表 12－87　BX、BLX 型绝缘线穿电线管管径选择/mm

导线截面/mm^2	导线根数										
	2	3	4	5	6	7	8	9	10	11	12
1.0											
1.5		19		25				32			
2.5											
4								38			
6											
10											
16		32		38				51			
25		38						64		76	
35											
50		51		64		76					
70											
95		64	76								
120											
150		76									
185											

注:电线管的管径指外径。

表 12－88　BX、BLX 型绝缘线穿硬塑料管(重型)管径选择/mm

导线截面/mm^2	导线根数 2	3	4	5	6	7	8	9	10	11	12
1.0											
1.5		20			25			32			
2.5											
4		25									
6					32			40			50
10		32			40			50			
16											
25		40	50								
35											
50		50									

注:硬塑料管(重型)的公称管径指外径。

表 12－89　BX、BLX 型绝缘线穿硬塑料管（轻型）管径选择/mm

导线截面 /mm^2	导线根数										
	2	3	4	5	6	7	8	9	10	11	12
1.0											
1.5		20				25			32		
2.5											
4						32			40		
6											
10	25	32				40			50		
16											
25		40		50					63		
35											
50		50		63							
70											
95		63									
120											

注：硬塑料管（轻型）的管径指外径。

表 12－90　BX、BLX 型绝缘线穿半硬塑料管、波纹管管径选择/mm

导线截面/mm^2	导线根数 2	3	4	5	6	7	8	9	10	11	12
1.0											
1.5		20		25			32			40	
2.5											
4		25		32			40				
6										50	
10		32					50			63	
16											
25		40					63				
35		50									
50		63									
70											

注：半硬塑料管、波纹管的管径指外径。

表 12－91　常用绝缘电线的型号、名称和主要用途

型号		名称	主要用途
铜芯	铝芯		
BX	BLX	棉纱编织橡皮绝缘电线	固定敷设用，可明敷或暗敷
BXF	BLXF	氯丁橡皮绝缘电线	固定敷设用，可明敷或暗敷，尤其适于户外
BBX	BBLX	玻璃丝编织橡皮绝缘电线	同 BX、BLX，但不宜穿管敷设
BXR		棉纱编织橡皮绝缘软线	室内安装要求较柔软时用
BV	BLV	聚氯乙烯绝缘电线	室内外电器、动力、照明用，固定敷设
BVV	BLVV	聚氯乙烯绝缘聚氯乙烯护套电线	同 BV、BLV
BVR		聚氯乙烯软线	同 BV 型，安装要求较柔软时用
RVB RVS		聚氯乙烯绝缘平型软线 聚氯乙烯绝缘绞型软线	日用电器、无线电设备和照明灯头接线
RFB		丁腈聚氯乙烯复合物平型软线	适用于收音机、电风扇等日用电器的连接线
RFS		丁腈聚氯乙烯复合物绞型软线	适用室内照明灯头线等

表 12－92　GC 型走线槽的外形尺寸

名称	尺寸 /mm				备注
	长 L	宽 b	高 h	直径	
线槽	2 000	150	25	—	出线口处高度为 41mm
	2 000	90	25	—	
接线盒	210	210	33.5	120	有二通、转角、三通、四通四种
	—	—	33.5	120	

表 12－93　AFW－2A 铝母线槽规格尺寸

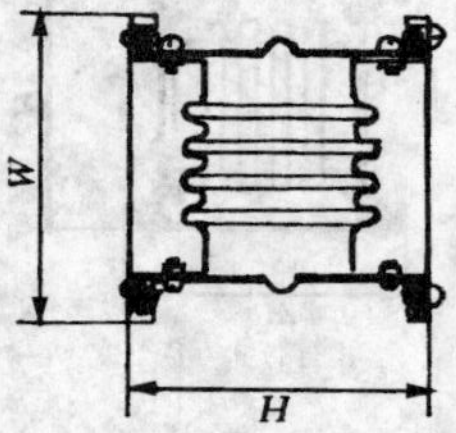

额定电流/A	三线制 W/mm	三线制 H/mm	三线制 自重/(kg/m)	四线制 W/mm	四线制 H/mm	四线制 自重/(kg/m)	五线制 W/mm	五线制 H/mm	五线制 自重/(kg/m)
250	159	104	14	159	104	15	159	104	15.5
400	159	116	15	159	116		159	116	16.5
630	159	132	17	159	132	18.5	159	132	20
800	159	148	19	159	148	21	159	148	22.5
1 000	159	188	20	159	188	22	159	188	24
1 250	159	196	21.5	159	196	5	159	196	26
1 600	159	216	24	159	216	27	159	216	30.5

表 12－94　CFW－2 铜母线槽规格尺寸

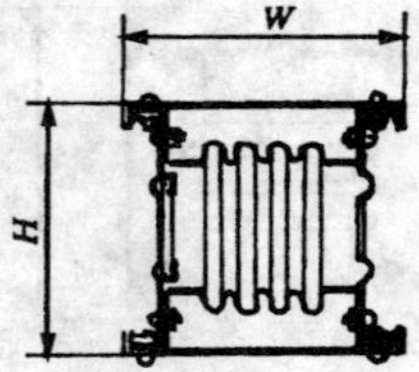

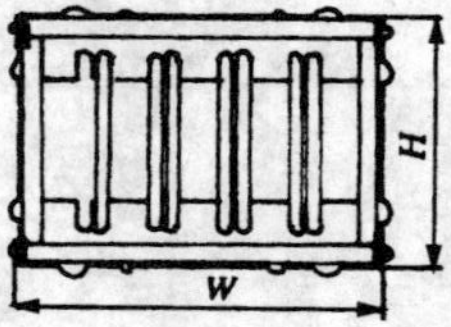

额定电流 /A	三线制			四线制			五线制		
	W /mm	*H* /mm	自重 /(kg/m)	*W* /mm	*H* /mm	自重 /(kg/m)	*W* /mm	*H* /mm	自重 /(kg/m)
250	159	91	17	159	91	19	159	91	21
400	159	101	19	159	101	1.5	159	101	24
630	159	111	1	159	111	24	159	111	27
800	159	16	24	19	126	28	19	126	31.5
1 000	159	141	26.5	19	141	32	19	141	35.5
1 250	159	176	33.5	19	176	42	19	176	46
1 600	159	196	41.5	159	196	45	159	196	59
2 000	254	136	74	254	136	76	254	136	
2 500	254	165	75	254	165	90	254	165	
3 150	254	201	85	254	201	107	254	201	120

第 13 章　常用电工材料

13.1　常用绝缘材料

13.1.1　概述

在电工技术中，电阻系数大于 $10^9\Omega \cdot cm$ 的材料叫做绝缘材料，它可以把电气设备中电位不同的带电部分隔离开来。所以，它具有较高的绝缘电阻率，并能避免漏电、击穿等事故。

1. 电气绝缘材料的分类

电气绝缘材料产品按大类、小类、温度指数及品种的差异进行分类。

（1）大类：电气绝缘材料产品按形态结构、组成或生产工艺特征划分为八大类，并用数字 1～8 来分别表示，见表 13－1。如云母制品类用 5 表示。

（2）小类：各大类电气绝缘材料产品中按应用范围、应用工艺特征或组成划分小类。小类代号也用一位阿拉伯数字表示，具体情况见表 13－1，表中的空号供今后新型材料使用。如云母制品类中的云母纸的小类代号为 0。

（3）温度指数：是指绝缘材料所能承受的最高温度。对于表 13－1 所列第 5 大类中第 0 小类（云母纸）、第 6 小类（电热设备用云母纸），第 7 大类中的第 2 小类（绝缘纸）、第 3 小类（绝缘纸板），第 8 大类等产品允许不按温度指数进行分类。其余产品应按温度指数进行分类。温度指数的分类代号也用一位阿拉伯数字表示，见表 13－2。

（4）品种：电气绝缘材料的基本分类单元为品种，同一品种产品的组成基本相同。品种代号用一位阿拉伯数字表示。

绝缘材料的产品型号由四位阿拉伯数字组成，对允许不按温度指数分类的电气绝缘材料，用三位数字表示。对有些产品，有必要时可增加附加代号

（英文字母或连字符后接阿拉伯数字）来表示不同的品种，其含义应在产品标准中规定。对于云母制品，其型号连字符后接的阿拉伯数字的含义为："1"表示粉云母制品；"2"表示金云母制品；"3"表示金粉云母制品。

示例1：1032三聚氰胺醇酸浸渍漆，其中：第一位数字"1"表示该产品归属第1大类；第二位数字"0"表示该产品归属第1大类中的第0小类；第三位数字"3"表示该产品的温度指数不低于130；第四位数字"2"为该类产品的品种代号。

示例2：501云母纸，其中：第一位数字"5"表示该产品归属第5大类；第二位数字"0"表示该产品归属第5大类中的第0小类；第三位数字"1"表示该产品的品种代号。

绝缘材料的主要性能指标有绝缘耐压强度、抗张强度、耐热等级、相对密度（比重）、膨胀系数等。电工绝缘材料按其正常运行条件下允许的最高工作温度分级叫做耐热等级，见表13-3。

表13-1 电气绝缘材料产品的大类代号与小类代号

大类代号	大类名称	小类代号	小类名称
1	漆、可聚合树脂和胶类	0	有溶剂漆
		1	无溶剂可聚合树脂
		2	覆盖漆、防晕漆、半导电漆
		3	硬质覆盖漆、瓷漆
		4	胶黏漆、树脂
		5	熔敷粉末
		6	硅钢片漆
		7	漆包线漆、丝包线漆
		8	灌注胶、包封胶、浇注树脂、胶泥、腻子
		9	—
2	树脂浸渍纤维制品类	0	棉纤维漆布
		1	—
		2	漆绸
		3	合成纤维漆布、上胶布
		4	玻璃纤维漆布、上胶布
		5	混织纤维漆布、上胶布
		6	防电晕漆布、防晕带
		7	漆管
		8	树脂浸渍无纬绑扎带
		9	树脂浸渍适形材料

续表

大类代号	大类名称	小类代号	小类名称
3	层压制品、卷绕制品、真空压力浸胶制品和引拔制品类	0	有机底材层压板
		1	真空压力浸胶制品
		2	无机底材层压板
		3	防电晕板及导磁层压板
		4	—
		5	有机底材层压管
		6	无机底材层压管
		7	有机底材层压棒
		8	无机底材层压棒
		9	引拔制品
4	模塑料类	0	木粉填料为主的模塑料
		1	其他有机填料为主的模塑料
		2	石棉填料为主的模塑料
		3	玻璃纤维填料为主的模塑料
		4	云母填料为主的模塑料
		5	其他有机填料为主的模塑料
		6	无填料塑料
		7	—
		8	—
		9	—
5	云母制品类	0	云母纸
		1	柔软云母板
		2	塑型云母板
		3	—
		4	云母带
		5	换向器云母板
		6	电热设备云母板
		7	衬垫云母板
		8	云母箔
		9	云母管

续表

大类代号	大类名称	小类代号	小类名称
6	薄膜、黏带和柔软复合材料类	0	薄膜
		1	薄膜上胶带
		2	薄膜黏带
		3	织物黏带
		4	树脂浸渍柔软复合材料
		5	薄膜绝缘纸柔软复合材料、薄膜漆布柔软复合材料
		6	薄膜合成纤维纸柔软复合材料、薄膜合成纤维非织布柔软复合材料
		7	多种材质柔软复合材料
		8	—
		9	—
7	纤维制品类	0	非织布
		1	合成纤维纸
		2	绝缘纸
		3	绝缘纸板
		4	玻璃纤维制品
		5	纤维毡
		6	—
		7	—
		8	—
		9	—
8	绝缘液体类	0	合成芳香烃绝缘液体
		1	有机硅绝缘液体
		2	—
		3	—
		4	—
		5	—
		6	—
		7	—
		8	—
		9	—

表 13-2　电气绝缘材料的温度指数代号

代号	温度指数≥/℃
1	105
2	120
3	130
4	155
5	180
6	200
7	220

表 13-3　电气绝缘材料的耐热等级

级别	绝　缘　材　料	极限工作温度/℃
Y	木材、棉花、纸、纤维等天然棉纺织品，以醋酸纤维和聚酰胺为基础的纺织品，以及易于热分解和熔化点较低的塑料（脲醛树脂）	90
A	工作于矿物油中的和用油或油树脂复合胶浸过的 Y 级材料，漆包线、漆布、漆丝的绝缘及油性漆、沥青漆等	105
E	聚酯薄膜和 A 级材料复合、玻璃布、油性树脂漆、聚乙烯醇缩醛高强度漆包线、乙酸乙烯耐热漆包线	120
B	聚酯薄膜、经合适树脂黏合式浸渍涂覆的云母、玻璃纤维、石棉等，聚酯漆、聚酯漆包线	130
F	以有机纤维材料补强和石带补强的云母片制品，玻璃丝和石棉，玻璃漆布，以玻璃丝布和石绵纤维为基础的层压制品，以无机材料作补强和石带补强的云母粉制品，化学热稳定性较好的聚酯和醇酸类材料，复合硅有机聚酯漆	155
H	无补强或以无机材料为补强的云母制品、加厚的 F 级材料、复合云母、有机硅云母制品、硅有机漆、硅有机橡胶聚酰亚胺复合玻璃布、复合薄膜、聚酰亚胺漆等	180
C	不采用任何有机黏合剂及浸渍剂的无机物如石英、石棉、云母、玻璃和电瓷材料等	180 以上

2. 绝缘材料选用的基本原则

（1）使用者首先要熟悉各种绝缘材料的型号、组成及其特性和用途，这是选用绝缘材料的基础。

（2）要明确绝缘材料的使用范围和环境条件，了解被绝缘物件的性能要求，如绝缘、抗电弧、耐热等级、耐腐蚀性能，以便正确使用。

（3）注意各种相关材料之间的配套性，即各相关材料选用同一绝缘耐热等级的产品，以免因材料不配套而造成浪费。

（4）要充分考虑选用的绝缘材料经济效益，可用低档的就不用高档的，可用一般的就不要用特殊的，但同时要将当前与长远效益结合。

（5）要充分考虑材料的施工条件和自身的施工条件。

13.1.2　绝缘纸

绝缘纸可分为植物纤维纸和合成纤维纸两大类。电话纸、电缆纸和电容器纸属于植物纤维纸。聚酯纤维纸、芳香族聚酰胺纤维纸、芳香聚砜酰胺纤维纸和聚恶二唑纤维纸等属于合成纤维纸。

绝缘纸和其他绝缘材料相比，其特点是价格低廉，物理性能、化学性能、电气性能、耐老化等综合性能良好。

1. 电缆纸

电缆纸有高压电缆、低压电缆纸二大类。低压电缆纸主要用作于35kV及以下的电力电缆、控制电缆和通信电缆的绝缘，主要牌号有DLZ—08、DLZ—12等。

常用电缆纸的性能见表13－4。

表13－4　常用电缆纸和电话纸的性能

性能	低压电缆纸		高压电缆纸		电话纸	
	DLZ－08	DLZ－12	GDL－075	GDL－125	DH－50	DH－75
厚度/mm	0.08	0.12	0.075	0.125	0.05	0.075
紧度 /($g \cdot cm^{-2}$)	0.7～0.82	0.7～0.86	0.85	0.85	0.7～0.82	0.74～0.82
透气度 /($mL \cdot min^{-1}$)	19～25	18～25	1～25	8～20	—	—

续表

性能		低压电缆纸		高压电缆纸		电话纸	
		DLZ-08	DLZ-12	GDL-075	GDL-125	DH-50	DH-75
横向撕裂度/N		0.6	1.2	0.6~0.7	1.5~1.9	—	—
抗张力/N	纵向	≥88	156~176	88~98	137~152	54~60	71~89
	横向	≥44	68~78	41~49	64~74	24~25	29~39
伸长率/%	纵向	≥4.5	2~2.2	2.3~3	2.3~3	2~2.7	2~2.8
	横向	≥2.0	6~7.2	7~10	7~9	4~8.4	4~9.8
耐折度（次数）	常态	≥1 000	2 000~3 000	1 500~2 300	2 500	≥500	≥500
	热态	—	—	1 200~1 600	2 000	—	—
介质损耗角正切（$\times 10^{-3}$）	干纸	—	—	1.3~2.3	1.4~2.3	—	—
	油纸	—	—	3	3	—	—
水抽出物电导率/$\times 10^{-7}\Omega \cdot m$		—	—	0.9~2.5	0.9~2.5	—	—
水分/%		6~9	6~9	6~9	6~9	5~8	5~8
水抽出物 pH 值		7~9.5	7~9.5	6.5~8	6.5~8	—	—

2. 电话纸

主要用于电线电缆绝缘，也可作为云母箔的补强材料用于电机绝缘。主要牌号有 DH-50、DH-75 等，性能见表 13-4。

3. 电容器纸

电容器纸的特点是紧度大，厚度薄而偏差小。按使用情况可分为 A、B 两类。A 类主要用于电子工业中的电容器极间介质；B 类主要用作电力电容器的极间介质。电容器纸的主要性能见表 13-5。

合成纤维纸的主要性能见表 13-6。

表 13-5 各种电容器纸的性能

类别	型号	厚度 /μm	紧度 /(g/cm^3)	透气度 /(ml/min)	纵向断裂长度 /km	水抽出物导电率 /($\times10^{-5}$ $\Omega^{-1}cm^{-1}$)	导电质点 /(个/m^2)	交流击穿电压/V	介质损耗角正切 (60 ℃) /($\times10^{-3}$)
A	A—Ⅱ型	4	1.2	0.4~15	8~10	0.6~4	1 000~2 000	220~280	1.4~2
		6	1.2	0.4~8	8.5~10	0.7~4	300~1 000	270~330	1.5~2
		8	1.2	0.3~3	8~9.2	0.8~4	25~500	310~470	1.6~2
		10	1.2	0.3~3	7.5~9.7	0.6~4	20~250	350~550	1.7~2
		12	1.2	0.3~3	7~9.2	0.6~4	20~150	380~550	1.6~2
B	B—Ⅰ型	10	1.0	0.5~7	7~9.6	0.8~4	30~300	300~450	1.5~1.7
		12	1.0	0.1~5	7~9.3	0.9~4	10~150	325~470	≤1.7
		15	1.0	0.3~5	7~8.7	0.7~4	≤80	350~500	≤1.7
	B—Ⅱ型	8	1.2	0.9~3	8~9.4	0.9~4	40~800	310~430	1.6~2
		10	1.2	0.5~3	7.5~10	1~4	50~400	350~450	≤2
		12	1.2	0.7~3	7~9.5	0.7~4	30~200	380~670	≤2
		15	1.2	0.2~2	7~8.5	1.1~4	10~100	430~600	1.8~2
	BD—Ⅰ型	10	1.0	≤7	≥7	≤2	≤300	≥300	≤1.4
		12	1.0	0.7~5	7~8.7	0.7~2	10~150	325~540	1.2~1.4
		15	1.0	≤5	≥7	≤2	≤80	≥430	≤1.4
	BD—Ⅱ型	8	1.2	≤3	≥8	≤2	≤800	≥310	≤2
		10	1.2	0.6~3	7.5~8.4	0.6~2	30~400	350~500	≤2
		12	1.2	≤2	≥7	≤2	≤200	≥380	≤2
		15	1.2	≤2	≥7	≤2	≤100	≥430	≤2
	BD—0 型	15	0.8	1~5	7~8	1~2	2~50	380~490	≤1.1

表 13-6 合成纤维纸的性能

名称	厚度 /mm	定量 /(g/m^2)	抗张力		延伸率 /%	收缩率 /%	体积电阻率 /(Ω·cm)	介质强度 /(kV/mm)
			纵向	横向				
聚酯纤维纸	0.08~0.09	28~32	12~18	12~18	15~40	1~3.5	—	—
聚芳酰胺纤维纸	0.08~0.09	70~80	≥39	≥20	≥5	≤2	10.5	14
聚芳砜酰胺纤维纸	0.15	158	94	73	—	≤2	10.3	22
聚恶二唑纤维纸	0.16	16.9	105	75	—	1	10.5	20

13.1.3 纤维绝缘制品

浸渍纤维制品是以绝缘纤维制品作为底材，浸以绝缘漆制成的。浸渍纤维制品的底材，一般使用棉布、薄绸、玻璃纤维、玻璃布、玻璃纤维和合成纤维交织物等。浸渍纤维制品主要用于电机、电器、仪器仪表等电工产品的线圈层间绝缘或作衬垫及引出线或连接线的绝缘。

1. 漆布

漆布是以不同的底材浸以相应的绝缘漆，经烘干后制成。其品种、组成、特性和用途及电气、机械性能分别见表13－7、表13－8。

表13－7　漆布的品种、组成、特性和用途

名称	型号	组成		耐热等级	特性和用途
		底材	绝缘漆		
油性漆布（黄漆布）	2010 2012	白细布	油性漆	A	2010柔软性好,但不耐油。可用于一般电机、电器的衬垫或线圈绝缘。2012耐油性好,可用于有变压器油或汽油汽侵蚀的环境中工作的电机、电器的衬垫或线圈绝缘
油性漆绸（黄漆绸）	2210 2212	薄绸	油性漆	A	具有较好的电气性能和良好的柔软性。2210适用于电机、电器薄层衬垫或线圈绝缘;2212耐油性好,适用于有变压器油或汽油汽侵蚀的环境中工作的电机、电器的薄层衬垫或线圈绝缘
油性玻璃漆布（黄玻璃漆布）	2412	无碱玻璃布	油性漆	E	耐热性较2010、2012漆布好。适用于一般电机、电器的衬垫和线圈绝缘,以及在油中工作的变压器、电器的线圈绝缘
沥青醇酸玻璃漆布	2430	无碱玻璃布	沥青醇酸漆	B	耐潮性较好,但耐苯和耐变压器油性差。适用于一般电机、电器的衬垫和线圈绝缘

续表

名称	型号	组成		耐热等级	特性和用途
		底材	绝缘漆		
醇酸玻璃漆布	2432	无碱玻璃布	醇酸三聚氰胺漆	B	耐油性较好，并具有一定的防霉性。可用作油浸变压器、油断路器线圈绝缘
醇酸玻璃-聚酯交织漆布	2432-1	玻璃纤维聚酯纤维交织布			
醇酸薄玻璃漆布	—	无碱玻璃布	醇酸三聚氰胺漆	B	具有良好的弹性和韧性，较高的机械性能、电气性能和耐热性，并具有一定的防霉性和耐油性。可代替漆绸作电器线圈绝缘
醇酸薄玻璃-聚酯交织漆布	—	玻璃纤维聚酯纤维交织布			
环氧玻璃漆布	2433	无碱玻璃布	环氧酯漆	B	具有良好的耐化学药品腐蚀性，良好的耐湿热性和较高的机械性能和电气性能，适用于化工电机、电器槽绝缘，衬垫和线圈绝缘
环氧玻璃-聚酯交织漆布	2433-1	玻璃纤维聚酯纤维交织布			
有机硅玻璃漆布	2450	无碱玻璃布	有机硅漆	H	具有较高的耐热性，良好的柔软性，耐霉、耐油和耐寒性好。适用于H级电机、电器的衬垫和线圈绝缘
有机硅薄玻璃漆布	—	无碱玻璃布	有机硅漆	H	具有较高的耐热性，良好的柔软性，耐霉、耐油和耐寒性好。适用于H级特种电器线圈绝缘
硅橡胶玻璃漆布	2550	无碱玻璃布	甲基硅橡胶瓷漆	H	具有较高的耐热性，良好的柔软性和耐寒性。适用于特种用途的低压电机端部绝缘和导线绝缘
聚酰亚胺玻璃漆布	2560	无碱玻璃布	聚酰亚胺漆	C	具有很高的耐热性，良好的电气性能，耐溶剂和耐辐照性好，但较脆。适用于工作温度高于200℃的电机槽绝缘和端部衬垫绝缘，以及电器线圈和衬垫绝缘
有机硅防电晕玻璃漆布	2650	无碱玻璃布	有机硅防电晕瓷漆	H	具有稳定的低电阻率，耐热性好。适于作高压电机定子线圈防电晕材料

表 13－8　绝缘漆布的性能

性能		油性漆布		油性漆绸		油性玻璃漆布	沥青醇酸漆布
		2010	2012	2210	2212	2412	2430
标称厚度/mm		0.15	0.15	0.15	0.15	0.15	0.15
抗拉强度，不低于/(N/mm)	经向	60	60	24~30	24~30	100	100
	纬向	45	45	18~22	18~22		
	45°向	35	35	18~22	18~22	54	54
体积电阻率，不低于/Ω·m	室温下			1.0×10^{11}	1.0×10^{11}	1.0×10^{10}	1.0×10^{11}
	高温下			1.0×10^{8}	1.0×10^{8}	1.0×10^{7}	1.0×10^{7}
	受潮(24h)后			1.0×10^{8}	1.0×10^{8}	1.0×10^{8}	1.0×10^{8}
击穿电压，不低于/kV	室温下	6.0	6.5	5.2~8.7	6.5~9.8	3.7~5.7	4.2~6.6
	室温弯折后			3.8~6.9	4.2~7.7	2.0~3.4	2.6~4.2
	高温下	4.0	4.4	3.1~5.8	3.7~7.4	1.8~3.2	1.8~3.4
	热处理弯折后			2.7~4.2	3.2~5.8		
	受潮24h后			2.8~4.7	3.0~5.5	1.9~3.4	2.6~3.8
	标定延伸时		4.2	3.1~6.1	3.1~6.1	2.2~3.4	2.8~4.6
	耐热等级	A	A	A	A	A	B

性　能		醇酸玻璃漆布	聚酯玻璃漆布	有机硅玻璃漆布	硅橡胶玻璃漆布	聚酰亚胺玻璃漆布
		2432	2440	2450 2451	2550	2560
标称厚度/mm		0.15	0.15	0.15	0.11	0.15
抗拉强度，不低于/(N/mm)	经向	105	100	100	50~80	80
	纬向	65		60		
	45°向	65	53	65		
体积电阻率，不低于/Ω·m	室温下		1.0×10^{10}		1.0×10^{10}	1.0×10^{12}
	高温下		1.0×10^{7}			1.0×10^{10}
	受潮(24h)后		1.0×10^{8}		1.0×10^{8}	1.0×10^{11}

续表

性　能		醇酸玻璃漆布 2432	聚酯玻璃漆布 2440	有机硅玻璃漆布 2450 2451	硅橡胶玻璃漆布 2550	聚酰亚胺玻璃漆布 2560
击穿电压，不低于/kV	室温下	6.0~7.0	4.2~6.6	7.0	1.5	3.0~5.5
	室温弯折后	3.5	2.6~4.2			2.4~3.8
	高温下		1.8~3.4	3.0		2.2~3.5
	热处理弯折后				1.0	
	受潮24h后		2.6~3.5	3.5	0.8	2.5~4.0
	标定延伸时		2.8~4.6	2.8		
	耐热等级	B	F	H	H	H

注：有机硅玻璃漆布中2450为软型，2451为硬型，后者具有较高的抗拉强度。

漆布在使用过程中要注意下列几个问题：

（1）经纬线垂直编织的漆布在使用时可按平行于经纬线或与经线成45°±2°角切成带子。平行剪切的延伸率较小，适宜于包绕截面相同、形状规则的线棒、线圈等；斜切的延伸率较大，包绕时可紧贴被包物，减少形成折皱和气囊，但应注意不要用力太大，以免损伤漆膜。

（2）玻璃漆布一般均按45°±2°角斜切，以增加延伸率。使用玻璃漆布时要严格防止180°的折叠，对已包绕好的绝缘件不能敲击，否则会造成机械损伤。

（3）由漆布组成的电机、电器绝缘结构，一般都须进行浸渍处理。因此，应当注意漆布和浸漆的相容性问题。如果浸渍漆选择不当，在浸渍处理过程中会发生漆布表面漆膜膨胀或脱落现象。常用漆布与绝缘漆的相容性见表13－9。

表13－9　常用浸渍漆与漆布的相容性

浸渍漆 / 漆布	油性漆—石油溶剂	醇酸漆—苯类溶剂	醇酸酚醛漆—苯醇溶剂	醇酸三聚氰胺漆—苯石油溶剂	环氧树脂漆—苯醇溶剂	聚酯漆—苯类溶剂	有机硅漆—苯类溶剂	二苯醚漆—酮类溶剂	聚酰亚胺漆—强极性溶剂
油性漆布	优	良	良	良	良	0	0	0	0
沥青醇酸玻璃漆布	良	良	良	良	可	可	0	0	0
醇酸玻璃漆布	良	优	优	优	良	良	0	0	0

续表

浸渍漆 / 漆布	油性漆—石油溶剂	醇酸漆—苯类溶剂	醇酸酚醛漆—苯醇溶剂	醇酸二聚氰胺漆—苯石油溶剂	环氧树脂漆—苯醇溶剂	聚酯漆—苯类溶剂	有机硅漆—苯类溶剂	二苯醚漆—酮类溶剂	聚酰亚胺漆—强极性溶剂
环氧玻璃漆布	0	良	良	良	优	良	0	0	0
有机硅玻璃漆布	0	0	0	0	0	0	良	可	0
硅橡胶玻璃漆布	0	0	0	0	0	0	可	可	0
聚酰亚胺玻璃漆布	0	0	0	0	0	0	0	0	可

注：相容性顺序是：优、良、可。0 表示不推荐。

2. 漆管

绝缘漆管是由相应的纤维管浸以不同的绝缘漆经烘干而成。绝缘漆管的常用品种、组成、性能及用途见表 13－10，漆管的规格见表 13－11。

表 13－10　漆管的品种、组成、性能和用途

名称	型号	组成		耐热等级	击穿电压/kV				特性和用途
		底材	绝缘漆		常态	缠绕后	受潮后	热态	
油性漆管	2710	棉纱管	油性漆	A	5～7	2～6	1.5～5	—	具有良好的电气性能和弹性，但耐热性、耐潮性和耐霉性差。可作电机、电器和仪表等设备引出线和连接线绝缘
油性玻璃漆管	2714	无碱玻璃纱管	油性漆	E	>5	>2	>2.5	—	
聚氯酯涤纶漆管	—	涤纶纱管	聚氨酯漆	E	3～5	2.5～3	2～4	3～5 (105℃)	具有优良的弹性和一定的电气性能和机械性能。适用于电机、电器、仪表等设备的引出线和连接线绝缘

续表

名称	型号	组成		耐热等级	击穿电压/kV				特性和用途
		底材	绝缘漆		常态	缠绕后	受潮后	热态	
醇酸玻璃漆管	2730	无碱玻璃纱管	醇酸漆	B	5~7	2~6	2.5~5	—	具有良好的电气性能和机械性能。耐油性和耐热性好，但弹性稍差，可代替油性漆管作电机、电器及仪表等设备的引出线和连接线绝缘
聚氯乙烯玻璃漆管	2731	无碱玻璃纱管	改性聚氯乙烯树脂	B	5~7	4~6	2.5~4	—	具有优良的弹性和一定的电气性能、机械性能和耐化学性，适于作电机、电器及仪表等设备引出线和连接线绝缘
有机硅玻璃漆管	2750	无碱玻璃纱管	有机硅漆	H	4~7	1.5~4	2~6	—	具有较高的耐热和耐潮性，良好的电气性能。适于作H级电机、电气等设备的引出线和连接线绝缘
硅橡胶玻璃丝管	2751	无碱玻璃纱管	硅橡胶	H	4~9	—	2~7	3~7 (180℃)	具有优良的弹性、耐热性和耐寒性，电气性能和机械性能良好。适用于在-60~180℃工作的电机、电器及仪表等设备的引出线和连接线绝缘

表 13－11　常用漆管的规格

名　称	型　号	标称厚度/mm	内　径/mm	长　度/mm
油性漆管	2710	0.4 0.5 0.6 0.7 0.8 0.9	0.5、0.7 1.0、1.5 2、2.5、3、3.5 4、4.5、5、6 7、8、9 10、11、12	$10\pm_{10}^{20}$ 允许有总质量的5%以下的短段（不短于250mm）
油性玻璃漆管 醇酸玻璃漆管 硅橡胶玻璃丝漆管	2714 2730 2751	0.3(2751 无此厚度) 0.4 0.5 0.6 0.7 0.8	0.5、0.7（2751）无此内径） 1.0、1.5 2、2.5、3、3.5 4、4.5、5、6 7、8、9 10、11、12	
有机硅玻璃漆管	2750	0.3 0.4 0.5 0.6 0.7	1、1.5 2、2.5、3、3.5 4、4.5、5、6 7、8、9 10、11、12	$10\pm_{10}^{20}$ 允许有总质量的5%以下的短段（不短于250mm）

3. 绑扎带

绑扎带是以经过硅烷处理的长玻璃纤维，经过整纱并浸以热固性树脂制成的半固化带状材料，又称无纬带。绑扎带按所用树脂种类分为聚酯型、环氧型等几类。绑扎带主要用来绑扎变压器铁芯和代替无磁性合金钢丝、钢带等金属合金材料、绑扎电机转子。电工绑扎带的名称、型号、用途见表13－12。

表 13－12　绑扎带

绑扎带名称	型号	耐热等级	特 点 与 用 途
聚酯玻璃纤维绑扎带	2830 2850	B	具有较高的拉伸强度，适用于直流电机转子和变压器芯等的紧固绑扎

续表

绑扎带名称	型号	耐热等级	特点与用途
改性聚酯玻璃纤维网状无纬绑扎带	2843 - W	B、F	主要用于电机转子、变压器铁芯及大型特种电机的紧固绑孔。网状结构使其具有高抗张、抗冲击、高模量、低延伸、无磁滞和无涡流损耗等特点
电子用树脂浸渍玻璃纤维网状无纬绑扎带	2843 - W	F	有优良的柔软性和粘结性、储存期达到1年(5℃)，拉开呈网状结构，是电机和变压器的理想紧固绑扎材料
树脂玻璃纤维快固化无纬绑扎带	2845 - W	F	固化时间缩短（3h)，其他性能同2843 - W，是汽车电机的理想紧固绑扎材料
聚酯纤维带	DT100 DT170		具有耐磨性，耐挠曲性和一定的热缩性与绝缘性，弹性好，柔软，适于作电机的绝缘包扎
无碱玻璃纤维带	ET100 ET170		适于作电机、电器的绕组绑扎，具有一定的耐热性和绝缘性
半导体防电晕带		F	主要用于大中型高压电机绕组的外层包扎，消除电晕
聚酯非织布半导体带	H264—1	F	可以用作35kV以下环氧浇注互感器绕组屏蔽隔离层，也可用作高压电机绕组的防电晕材料。因为该绑扎带不黏附导体，无储存期限制，不需冷冻设备储存，拉伸张度高，柔软性好，有一定的弹性和延伸性，耐热性好

13.1.4 层压绝缘制品

层压制品是以纤维制品作底材，浸渍或涂覆以不同的胶黏剂，经热压或卷制而成的层状结构的绝缘材料。其主要制品有层压板，管（筒)、棒和其他特殊型材。按使用要求，可制成具有优良的电气性能、机械性能和耐热、耐油、耐霉、耐电弧、防电晕等不同特性的制品。

1. *层压板*

(1) 层压纸板：层压纸板的特点、用途及电气性能以及层压纸板的厚度见表 13－13～表 13－15。

表 13－13　酚醛层压纸板的特点和用途

型号	耐热等级	性能与用途
3020	E	具有较好的介电性能、机械强度、良好的耐油性，适用于作对介电性能要求较高的电机、电器设备的绝缘结构件，可以在变压器油中使用
3021	E	适用于对机械性能要求较高的电机、电器的绝缘结构件。因为该层压板具有高的力学性能，也可在变压器油中使用
3022	E	具有一定的耐潮性，适用于潮湿条件下工作的电气设备的绝缘结构件
3022—2	E	具有较好的力学性能和电性能，适于高频电子和电信等装置中作绝缘结构件
3023	E	具有优良的力学、电气性能，介质损耗较低等。适用于作电子和电气设备的绝缘件
（企）9301	E	色泽美观，有较高的机械性能和电气性能。适用于电机电器中作绝缘结构零部件和装饰品。可在变压器油中使用
（企）324	E	有良好的冲剪性，适用于电信、无线电设备中作绝缘零部件
（企）320	E	有较好的抗劈强度和较好的机械加工性能，适用于电器设备中做绝缘零部件，可在变压器油中使用
（企）上 3022—2	E	有较好的冲剪性能和电气性能，适用于高频线路、无线电和电信等装置中
（企）上 6075	E	有一定的机械冲剪性能和电气性能，适用于电信，无线电的电位器中作绝缘零部件

表 13－14　酚醛层压纸板的电气性能

型号	平行层向绝缘电阻不低于/Ω		平行层向耐压（变压器油中耐压 5min 温度 20℃ ±5℃时）/kV	垂直层向耐压/kV（变压器油中耐压 5min，温度 20℃ ±5℃）			
				板　厚/mm			
	常态	受潮后		0.2～1.0	1.1～2	2.1～3	3 以上经面加工者
3020	10^{10}	10^{8}	16	25	22	19	19
3021	10^{9}	10^{7}	14	16	15	13	13
3022	10^{10}	（浸盐水后）10^{7}	14	17	16	14	14
3023	10^{11}	（浸盐水后）10^{8}		33	27	25	25
（企）9301			14				
（企）324				17	16	14	14
（企）329	10^{8}		（板厚 10mm 及以上）14	16	15	13	13
（企）上 3022－2				14	12	11	11
（企）上 6075				板厚/mm 1 2 3		耐压/kV 17 32 42	

表 13－15　酚醛层压纸板的厚度

型号	标称厚度/mm
3020	0.2；0.3；0.4；0.5；0.6；0.8；1.0；1.2；1.5；1.8；2.0～8.0（相隔 0.5）；9.0～40（相隔 1）；42～50（相隔 2）
3021	0.2；0.3；0.4；0.5；0.6；0.8；1.0；1.2；1.5；1.8；2.0～8.0（相隔 0.5）；9.0～40（相隔 1）；42～50（相隔 2）

续表

型号	标称厚度/mm
3022	0.5；0.6；0.8；1.0；1.2；1.5；1.8；2.0 ~ 8.0（相隔 0.5）；9.0 ~40（相隔 1）；42 ~ 50（相隔 2）
3023	0.4；0.5；0.6；0.8；1.0；1.2；1.5；1.8；2.0 ~ 4.0（相隔 0.5）
（企）9301	0.2；0.3；0.4；0.5；0.6；0.8；1.0；1.2；1.5；1.8；2.0 ~ 8.0（相隔 0.5）；9.0 ~40（相隔 1）；42 ~50（相隔 2）
（企）324	0.5；0.6；0.7；0.8；1.0；1.2；1.5；1.6；1.8；2.0 ~ 4.0（相隔 0.5）
（企 329）	0.5；0.8；1.0；1.2；1.5；1.8；2.0 ~ 8.0（相隔 0.5）；9.0 ~ 50（相隔 1）
（企）上 3022 -2	0.2；0.3；0.4；0.5；0.6；0.8；1.0；1.2；1.5；1.8；2.0 ~ 4.0（相隔 0.5）
（企）上 6075	0.5；0.6；0.8

（2）层压布板：层压布板的特点、用途及电气性能、层压布板的厚度见表 13 - 16 ~ 表 13 - 18。

表 13 - 16　层压布板的特点和用途

名称	型号	耐热等级	性能特点与用途
酚醛层压布板	3025	E	机械性能高，可在机械、电机、电气设备中作绝缘结构零部件。可有变压器油中使用。
酚醛层压布板	3027	E	具有一定的电气性能，可在机械、电机、电气设备中作绝缘结构零部件。可在变压器油中使用
三聚氰层压布板	（企）上 3137	E	有良好的耐电弧性，可作少油断路器灭弧结构材料
酚醛层压布板	（企）上 3321 -1	E	有较高的电气性能和耐潮性，适用于电信仪表等电气设备中作绝缘配件

表 13－17　层压布板的厚度

型　号	标 称 厚 度/mm
3025	0.5；0.8；1.0；1.2；1.5；1.8；2.0～7.0（相隔0.5）；8.0～40（相隔1）；42～50（相隔2）
3027	0.5；0.8；1.0；1.2；1.5；1.8；2.0～7.0（相隔0.5）；8.0～40（相隔1）；42～50（相隔2）
（企）上3137	0.5；0.8；1.0；1.2；1.5；1.8；2.0～7.0（相隔0.5）；8.0～40（相隔1）；42～50（相隔2）
（企）上3321－1	0.5；0.6；0.8；1.0；1.2；1.5；1.8；2.0～4.0（相隔0.5）

表 13－18　层压布板的电气性能

名　　称	平行层向绝缘电阻不低于/Ω		垂直层向击穿强度（90℃ ±2℃变压器油中）不低于/（kV/mm）			
			板　厚/mm			
	常态时	受潮后	0.5～1.0	1.1～2.0	2.1～3.0	3.0 以上经一面加工
3025 酚醛层压布板			4.0	3.0	2.0	2.0
3027 酚醛层压布板	10^{10}	10^{7}	8.0	6.0	5.0	5.0
（企）上 3137 三聚氰胺层压布板	10^{12}	10^{8}	4.0	3.5	2.0	2.0
（企）上 3321－1 酚醛层压布板		10^{8}	3.5	3.5	3.5	3.5

（3）层压玻璃布板：层压玻璃布板的用途及电气性能、层压玻璃布的厚度见表 13－19～表 13－21。

表 13－19　层压玻璃布板的特点和用途

名称	型号	耐热等级	性能特点与用途
环氧酚醛层压玻璃布板	3240	F	具有较高的电气性能和机械性能，适用于电气设备中作绝缘结构零部件。可在变压器油中和潮湿环境中使用

续表

名称	型号	耐热等级	性能特点与用途
有机硅环氧层压玻璃布板	3250	H	具有较高的机械性能，耐热性和电气性能，适用于H级电机电器中作槽楔、垫块和其他绝缘件
有机硅层压玻璃布板	3251	H	具有较高的耐热性 适用于H级电机电器绝缘
酚醛层压玻璃布板	（企）331	F	在较高温度下具有良好的电气性能，适用于较高工作温度下的电机、电气设备中
二苯醚层压玻璃布板	（企）338	H	具有较高的机械性能，耐热性，可耐辐射、耐腐蚀、能自熄，用于H级电机电气绝缘件
有机硅层压玻璃布板	（企）322	H	具有较高的机械性能，耐热性，可长期在350℃使用或短期在400℃下使用的高温绝缘结构材料

表13－20　层压玻璃布板的电气性能

<table>
<tr><th rowspan="3">型 号</th><th colspan="2">表面电阻系数不低于/Ω</th><th colspan="2">电阻率不低于/（Ω·cm）</th><th colspan="4">垂直板层击穿强度/（kV/mm）</th></tr>
<tr><th rowspan="2">常态</th><th rowspan="2">受潮后</th><th rowspan="2">常态</th><th rowspan="2">受潮后</th><th colspan="4">板　厚/mm</th></tr>
<tr><th>0.5～1.0</th><th>1.1～2.0</th><th>2.1～3.0</th><th>3.0以上，经一面加工者</th></tr>
<tr><td rowspan="2">3240</td><td rowspan="2">10^{13}</td><td rowspan="2">10^{11}（浸水）</td><td rowspan="2">10^{13}</td><td rowspan="2">10^{11}（浸水）</td><td colspan="4">于90℃±2℃的变压器油中试验</td></tr>
<tr><td>22</td><td>20</td><td>18</td><td>18</td></tr>
<tr><td>3250</td><td>10^{13}</td><td>10^{11}</td><td>10^{13}</td><td>10^{11}</td><td>18</td><td>18</td><td></td><td></td></tr>
<tr><td>3251</td><td>10^{12}</td><td>10^{10}</td><td>10^{12}</td><td>10^{10}</td><td>10</td><td>10</td><td>8</td><td>8</td></tr>
<tr><td>（企）331</td><td>10^{12}</td><td>10^{10}</td><td>10^{12}</td><td>10^{10}</td><td colspan="4">12</td></tr>
<tr><td>（企）338</td><td>10^{13}</td><td>10^{11}</td><td>10^{13}</td><td>10^{11}</td><td colspan="4">18（常态），12（受潮后）</td></tr>
</table>

表 13 – 21　层压玻璃布板的厚度

型　号	标称厚度/mm
3240	0.2；0.3；0.5；0.8；1.0；1.2；1.5；1.8；2.0 ~ 7.0（相隔0.5）；8.0 ~ 30（相隔1）；32 ~ 60（相隔2）；65 ~ 80（相隔5）
3250	0.5；0.8；1.0；1.2；1.5；1.8；2.0 ~ 7.0（相隔0.5）；8.0 ~ 30（相隔1）

2. 层压管

各种层压管的组成、特性和用途性能见表 13 – 22、表 13 – 23。

表 13 – 22　层压管的组成、特性和用途

名称	型号	组成		耐热等级	特性和用途
		底材	胶黏剂		
酚醛纸管	3520	卷绕纸	苯酚甲醛树脂	E	电气性能好，适于作电机、电器绝缘结构件。可在变压器油中使用
	3522	卷绕纸	苯酚甲醛树脂	E	电气性能好，介质损耗较小。适于作无线电和电信装置中的绝缘结构件
	3523	卷绕纸	苯酚甲醛树脂	E	具有良好的机械加工性。适于作电机、电器绝缘结构件，可在变压器油中使用
酚醛布管	3526	煮炼布	苯酚甲醛树脂	E	具有较高的机械强度和一定的电气性能。适于作电机、电器绝缘结构件，可在变压器油中使用
环氧酚醛玻璃布管	3640	无碱玻璃布	环氧酚醛树脂	B – F	具有高的电气性能和机械性能，耐潮性和耐热性较好，适于作电机、电器绝缘结构件，可在高电场强度、潮湿环境或变压器油中使用
有机硅玻璃布管	3650	无碱玻璃布	改性有机硅树脂	H	具有高的耐热性，耐潮性好。适于作H级电机、电器绝缘结构件

表 13－23　层压管的物理性能

性能名称	酚醛纸管				酚醛布管	环氧酚醛玻璃布管	有机硅玻璃布管
	3520		3522	3523	3526	3640	3650
	内径16mm及以上	内径15mm及以下					
吸水率/%			3～12		<4		
热稳定性/℃不低于	105	105(12h)	—	105	130(4h)	—	200
耐油性/℃（变压器油中经4h）	—	—	—	—	>130	—	—
抗弯强度/MPa	78.5～125.5	—	>78.5	—	78.5～119.6	176.5～308.9	—
抗压强度/MPa	39.2～92.2	—	>49	—	44.1～140.2	68.6～199	—
抗剪强度/MPa	—	—	—	—	—	14.7～26.5	—
表面电阻率/Ω							
常态	—	—	$>10^{10}$	—	$10^{9}\sim10^{12}$		$>10^{11}$
受潮后	—	—	$>10^{8}$	—	$10^{7}\sim10^{11}$		$>10^{10}$
体积电阻率/(Ω·cm)							
常态	—	—	$>10^{12}$	—	$10^{9}\sim10^{13}$	$10^{12}\sim10^{14}$	$>10^{13}$
受潮后	—	—	$>10^{9}$	—	$10^{7}\sim10^{12}$	$10^{10}\sim10^{11}$（浸水后）	$>10^{10}$
平行层向绝缘							
常态						$>10^{10}$	
浸水后						$>10^{7}$	
介质损耗角正切(50Hz)							
常态	<0.03	—	0.05② <0.04③	—	—	<0.03	<0.035
受潮后	—	—	<0.08② <0.06③	—	—	—	<0.1
180℃±2℃	—	—	—	—	—	—	<0.3
相对介电系数/10^{6}Hz	—	—	9	—	—	—	—

续表

性能名称	酚醛纸管				酚醛布管	环氧酚醛玻璃布管	有机硅玻璃布管
	3520		3522	3523	3526	3640	3650
	内径16mm及以上	内径15mm及以下					
垂直壁层耐电压/kV							
(90℃ ±2℃变压器油中试验5min)不小于							
壁厚1.0mm	—	11	—	—	—	—	—
壁厚1.5mm	16	—	—	16	—	12	—
壁厚2.0mm	20	22	—	20	—	14	10
壁厚2.5mm	22	—	—	22	—	16	—
壁厚3.0mm	24	27	—	24	—	18	15
壁厚4.0mm	28	34	—	28	—	20	18
壁厚5.0mm	32	38	—	32	—	24	20
壁厚6.0mm	36	39	—	36	—	28	22
壁厚7.0mm	40	43	—	40	—	32	24
壁厚8.0mm	44	48	—	44	—	36	26
壁厚9.0mm	48	—	—	48	—	40	—
平行于壁层耐电压/kV							
不小于	25	—	—	25	—	25	—
表面耐电压/kV							
(受潮后)不小于	12	—	—	12	—	12	—
垂直壁层击穿强度/(kV/mm)不小于(在变压器油中)							
20℃ ±5℃		—	6	—	3.5	—	—
90℃ ±5℃	—	—	—	—	2	—	—

注：①壁厚10mm及以上；90℃ ±2℃变压器油中试验5min。

②壁厚1.5mm及小于1.5mm者，在10^6Hz测量。

③壁厚大于1.5mm者在10^6Hz测量。

3. *层压棒*

各种层压棒的组成、性能及其用途见表13－24。

表 13 – 24　层压棒的组成、性能和用途

名称	组成		耐热等级	吸水率 /%	耐油性 /℃①	抗弯强度 /MPa	抗张强度 /MPa	平行层向绝缘电阻 /Ω		平行层向击穿电压 /kV（在变压器油中）		特性和用途
	底材	胶黏剂						常态	浸水后	20℃ ±5℃	90℃ ±2℃	
酚醛纸棒 3720	浸渍纸	酚醛树脂	E	—	105	98 ~ 245.2	68.6 ~ 156.9	$>10^{10}$②	—	8 ~ 22③	—	具有一定的电气性能和机械性能。适于作电机、电器及其他电工设备中的绝缘结构件，并可在变压器中使用
酚醛布棒 3721	棉布	酚醛树脂	E	<10.0	—	117.7 ~ 176.5	78.5 ~ 166.7	$>10^{8}$	—	10 ~ 40	—	具有较好的电气性能和机械性能。适于作电机、电器及其他电工设备的绝缘结构件，并可在变压器油中使用
环氧酚醛玻璃布棒 3840	无碱玻璃布	环氧酚醛树脂	B、F	—	—	343.2 ~ 549.2	196.1 ~ 411.9	10^{10} ~ 10^{12}	10^{7} ~ 10^{10}	—	15 ~ 30	具有良好的电气性能和机械性能。适于作电机、电器及其他电工设备中的绝缘结构件，可在湿热地区或变压器油中使用

注：①在变压器油中 4h。
②系内电阻率，单位为（Ω · cm）。
③电极间距为 10mm。

4. 覆铜箔板

覆铜箔板有硬质板和柔性板两大类品种，广泛用作电器、电子设备的印刷电路板。其主要性能见表 13－25。

表 13－25　各种覆铜箔板的主要性能

性　能	酚醛覆铜箔板					环氧覆铜箔板		
	CPFCP 01～02	CPFCP 03～04	CPFCP 05F～06F	CPFCP 07F～08F	P－112 (FR－2)	CEPCP 21～22F	CEPCP 31～32F	P－124 (FR－4)
铜箔电阻（最大值）/MΩ								
152g/m²	≤3.5	≤3.5	≤3.5	≤3.5	—	≤3.5	≤3.5	—
305g/m²	≤1.75	≤1.75	≤1.75	≤1.75	—	≤1.75	≤1.75	—
表面电阻（最小值）/MΩ								
常态	>10 000	>10 000	>10 000	>1 000	>10 000	>20 000	>50 000	>10 000
100℃	>100	>100	>100	>30	>1 000	>1 000	>1 000	>1 000
相对介电常数(1MHz)，不小于	<5.5	—	<5.5	<5.5	<5	<5	<5	<5.5
损耗角正切(1MHz)，不大于	<0.05	—	<0.05	<0.07	<0.04	<0.05	<0.035	<0.030
拉脱强度(最小值)/N	≥50	≥50	≥50	≥50	—	≥60	≥60	—
剥离强度（最小值）/(N/mm)								
100℃干热后	≥1.0	≥1.0	≥1.0	≥1.0	>1.2	>1.2	—	>1.6
125℃干热后	—	—	—	—	—	—	>1.1① >1.4②	—
暴露于氯乙烯蒸气后								
152g/m²	≥1.0	≥1.0	≥1.0	≥1.0	—	>1.2	≥1.1	—
305g/m²	≥1.0	≥1.0	≥1.0	≥1.0	—	≥1.2	≥1.4	—

续表

性能	酚醛覆铜箔板					环氧覆铜箔板		
	CPFCP 01~02	CPFCP 03~04	CPFCP 05F~06F	CPFCP 07F~08F	P-112 (FR-2)	CEPCP 21~22F	CEPCP 31~32F	P-124 (FR-4)
模拟电镀条件处理后								
$152g/m^2$	≥0.6	—	≥0.6	≥0.6	—	≥0.8	≥0.9	—
$305g/m^2$	≥0.1	—	≥0.6	≥0.6	—	≥0.8	≥0.11	—
在260℃时的可焊性(s)					>10			>20
润湿试验后								
(1)板厚<1.6mm 铜箔 $152g/m^2$	>2	—	—	>2		>2	>2	
(2)板厚≥1.6mm 铜箔 $305g/m^2$	>3	—	—	>3		>3	>3	
半润湿试验后	5_0^{+1}	—	—	5_0^{+1}		5_0^{-1}	5_0^{+1}	

注：①铜箔为152（g/m^2）。

②铜箔为305（g/m^2）。

13.1.5 绝缘云母及其制品

云母分为天然云母、合成云母和粉云母。云母及其制品在电机、电子设备和家用电器中常作为高温绝缘材料。

各种云母的性能见表13-26。云母片的级别和用途见表13-27。云母制品主要有云母带、云母板、云母箔和云母玻璃。

表13-26 云母的性能

名称	密度 /(g/cm^2)	介电强度 /(kV/mm)	体积电阻率 /(Ω·cm)	介电损耗正切(1MC)	介电常数	吸水率 /%	工作温度 /℃
天然白云母	0.7~2.9	150~280	$\geqslant 10^{15}$	0.000 5	6~8	1.82	600
天然金云母	2.7~2.85	125~200	$10^{13}\sim 10^{14}$	0.001	5~7	0.29	850
合成云母	2.7~2.85	185~238	$\geqslant 10^{15}$	0.000 3	5~6.3	0.14	1 100

表 13－27　云母片的级别和用途

级别	杂质所占面积/%	用　　途
特级		用于大型、高压电机主绝缘和标准电容器、电子管绝缘
甲级	10	用于电压不高的中型电机主绝缘和一般电器绝缘
乙级	25	用于低压电器、电机的绝缘
丙级	50	

1. *云母带*

云母带和粉云母带的名称、型号及性能和用途参见表 13－28。

表 13－28　云母带和粉云母带的名称、型号及性能和用途

名　称	耐热等级	厚度 /mm	云母含量[①] /%	胶含量[①] /%	介电强度 /(kV/mm)	抗拉力 /N	特性用途
单面玻璃中胶粉云母带（5443—1，云447—1）	F	0.11 0.15	≥60	27～32	30～32	117～156	耐热性好，云母含量高，可作高压电机主绝缘
单面玻璃少胶粉云母带	F	0.11 0.15	≥70	10 以下	≥14	≥117	耐热性好，云母含量高，可作中型高压电机整体浸渍绝缘
有机硅玻璃云母带(5450)	H	0.10 0.13 0.16	≥40	≥15	16～25	80～166	耐热性好，可作耐高温电机绝缘
醇酸玻璃云母带(5434)	B	0.10 0.13 0.16	≥45	15～30	16～25	80～137	耐热性和耐潮性差，可作电机匝间绝缘

续表

名称	耐热等级	厚度/mm	云母含量①/%	胶含量①/%	介电强度/(kV/mm)	抗拉力/N	特性用途
环氧玻璃粉云母带(5438－1)	B	0.10 0.14 0.17 0.20	≥65② ≥82② ≥115② ≥150②	≥56② ≥74② ≥96② ≥110②	35～45	100～190	电气、力学性能好,可作高压电机主绝缘
硼铵环氧玻璃粉云母带(9438－1,云431－1)	B	0.11 0.13	≥37	28～40	24～45	98～190	
酚醛环氧玻璃粉云母带(哈41,云448－1)	F	0.15	≥40	32～38	26～33	127～176	
有机硅玻璃粉云母带(5450－1)	H	0.14 0.17	≥37	≥20	16～30	80～166	耐热性好,可作耐高温电机绝缘
有机硅玻璃金粉云母带(5450－2)	H	0.10 0.13 0.16	≥40	15～35	16～20	68～166	
有机硅单面玻璃金粉云母带(云46－22)	H、C	0.11	≥70	5～15	10～18	60～109	耐燃阻燃性好,可作耐火电缆绝缘

注:①指质量分数。

②单位面积的质量(g/cm^2)。

2. *云母板*

云母板是由胶黏剂黏合云母片或粉云母纸与补强材料,经烘焙或烘烩热压而成。按组成的材料不同分主要分为柔软云母板、塑型云母板等。柔软云母板在室温下具有良好的柔软性,电气性能较好,主要用于中小型电机的槽绝缘和端部绝缘。塑型云母板的可塑性好,主要用于塑制直流电机换向器V形绝缘环和其他成型绝缘件。各种柔软云母板、塑型云母板的主要性能、用途见表 13－29。

表 13－29　柔软和塑型云母板的主要性能、用途

名　称	型号	耐热等级	介电强度/(kV/mm)			体积电阻率/(Ω·cm)		特性用途
			0.15mm	0.2～0.25mm	0.3～1.2mm	常态	受潮24h	
醇酸玻璃柔软云母板	5131	B	≥16	≥18	≥16	—	—	机械强度高，适宜作电机槽绝缘和线圈匝间电阻
醇酸玻璃柔软粉云母板	5131－1	B	≥16	≥18	≥16	—	—	柔软性好，适宜作电机槽绝缘和线圈匝间电阻
醇酸柔软云母板	5133	B	25～30	25～32	25～28	$\geqslant 10^{13}$	$\geqslant 10^{12}$	电性能、柔软性好，无补强材料，可作中小型电机线圈匝间电阻及电器仪表的柔软衬垫
有机硅柔软云母板	5150	H	≥20	≥25	≥20	$\geqslant 10^{12}$	$\geqslant 10^{10}$	可作H级中小型电机线圈槽绝缘匝间电阻，常态下柔软，具有高的耐热性，介电性和耐潮性
有机硅玻璃柔软云母板	5151	H	16～26	18～28	16～26	$\geqslant 10^{12}$	$\geqslant 10^{10}$	适宜作H级中小型电机线圈槽绝缘匝间电阻，常态下柔软，机械强度高

续表

名　称	型号	耐热等级	介电强度/(kV/mm)			体积电阻率/(Ω·cm)		特性用途
			0.15mm	0.2～0.25mm	0.3～1.2mm	常态	受潮24h	
有机硅玻璃柔软粉云母板	5151-1	H	≥15	≥25	≥20	—	—	可作H级中小型电机线圈槽绝缘匝间电阻，常态下柔软，具有较高的耐热性
虫胶塑型云母板	5231	B	35～47	35～47	30～38	$\geqslant 10^{13}$	$\geqslant 10^{12}$	可作塑制绝缘管、环等电机、电器的绝缘件。胶黏剂含量15%～25%，具有可塑性
醇酸塑型云母板	5235	B	35～50	35～50	30～40	$\geqslant 10^{13}$	$\geqslant 10^{12}$	可作塑制绝缘管、环和其他绝缘件以及牵引电动机、起重电动机和转速较高的电机绝缘。具有可塑性
有机硅塑型云母板	5250	H	35～50	35～50	30～40	$\geqslant 10^{13}$	$\geqslant 10^{12}$	具有可塑性、较高的耐热性的介电性能，可塑制成H级电机、电器用的不同形状的绝缘件

续表

名称	型号	耐热等级	介电强度/(kV/mm)			体积电阻率/(Ω·cm)		特性用途
			0.15mm	0.2～0.25mm	0.3～1.2mm	常态	受潮24h	
聚酰亚胺塑型云母板	9531	H	≥35	≥35	≥30	$\geqslant 10^{13}$	$\geqslant 10^{12}$	可塑制成F、H级电机的绝缘件，具有高耐热性，良好的可塑性

3. *云母箔和云母管*

云母箔是用热固性胶黏剂黏合片石母或粉云母纸与补强材料，在低温低压下制成的弹性板材。适用于电机电器卷烘绝缘和模压成型绝缘。云母管主要用作电机、电气设备的引出线绝缘和电极绝缘套管。各种云母箔、云母管的性能、特性用途见表13－30。

表13－30　各种云母箔、云母管的性能、特性用途

名称	型号	耐热等级	厚度/mm	云母含量/%	胶含量/%	介电强度/(kV/mm)	特性用途
醇酸纸云母箔	5830	B	0.15 0.20 0.25 0.30	≥50	12～30	16～35	具有可塑性，适宜作电机、电器的卷烘绝缘，槽补绝缘和磁极绝缘
虫胶纸云母箔	5831	E	0.15 0.20 0.25 0.30	≥50	12～30	16～35	具有可塑性，适宜作电机、电器的卷烘绝缘，槽补绝缘和磁极绝缘
虫胶玻璃云母箔	5833	B	0.15 0.20 0.25 0.30	≥45	15～30	16～35	单面补强，具有可塑性，适宜于作电机的卷烘式绝缘，槽补绝缘和磁极绝缘

续表

名　称	型号	耐热等级	厚度/mm	云母含量/(%)	胶含量/(%)	介电强度/(kV/mm)	特性用途
聚酚醚聚酰亚胺薄膜玻璃粉云母箔	云840-1	F	0.20	—	—	≥40	具有良好的可塑性，耐热性，电气机械性能，适用于工作温度155℃的电器绝缘
有机硅玻璃云母箔	5850	H	0.15 0.20 0.25 0.30	≥45	15～30	16～35	具有可塑性、耐热性，适宜作H级电机的卷烘绝缘和磁极绝缘

13.1.6　电工用薄膜、复合制品及粘带

1. 电工常用薄膜和复合制品

电工薄膜是由高分子化合物——合成树脂制成的，厚度薄、质柔软、耐潮，具有良好的电气性能和机械性能，可制成透明、半透明，不透明或不同颜色的各种产品。其厚度一般为0.006～0.5mm。常用电工薄膜和复合制品的规格、性能及用途见表13－31。

2. 绝缘粘带

电工用粘带有薄膜粘带、织物粘带和无底材粘带三类。常用粘带的特性和用途见表13－32。

表13－31　电工常用薄膜和复合制品的规格、性能和用途

名　称	型号	规格标称厚度/mm	耐热等级	常态击穿电压/(kV/mm)	主　要　用　途
聚酯薄膜	6020	0.006－0.10、0.125、0.19、0.25	E	6020：≥130 0.125厚膜：≥96 0.19厚膜：≥84 0.25厚膜：≥72	绝缘性、机械性和防潮性都较好，耐电晕性较差，适用于中小型低压电机槽绝缘、匝间及相间绝缘，以及E级电机槽绝缘和电容器介质

续表

名　称	型号	规格标称厚度/mm	耐热等级	常态击穿电压/(kV/mm)	主　要　用　途
聚四氟乙烯薄膜	6021－1 (SFM－2) 定向	0.008、0.01、0.015、0.02、0.025、0.03、0.035、0.04	C	平均值:200	用作工作温度为－60～250℃的电容器介质、电器、仪表、无线电装置的层间衬垫绝缘,和耐热电磁铁、安装线、耐油电缆、耐热导线绝缘
	6021－2 (SFM－2) 半定向	0.01、0.015、0.03、0.035、0.04、0.05、0.06、0.08、0.1		平均值:60	
	6021－2 (SFM－2) 不定向	0.02、0.025、0.03、0.035、0.04、0.05		平均值:40	
	6021－3 (SFM－3) 定向	0.01、0.015、0.02、0.025、0.03、0.035、0.04、0.06、0.07、0.08、0.1		平均值:60	
	6021－3 (SFM－3) 不定向	0.02、0.025、0.03、0.035、0.04、0.05、0.06、0.07、0.08、0.09、0.1、0.12、0.14、0.16、0.18、0.2、0.3、0.4、0.5		平均值:30	
聚萘酯薄膜		0.02～0.10	F	≥210	耐热性比聚酯薄膜好,弹性好,断裂伸长率小,适用于中小型电机槽、线圈端部、导线绕包绝缘用
芳香族聚酰胺薄膜		0.03～0.06	H	90～130	熔点高、耐溶剂性好、耐变压器油性能好,但耐潮性稍差,用作F、H级电机槽绝缘以及变压器线圈绕包绝缘

续表

名称	型号	规格标称厚度/mm	耐热等级	常态击穿电压/(kV/mm)	主要用途
聚酰亚胺薄膜	6050	0.03、0.05	C	≥100	具有优异的耐高温、耐低温、耐辐射和电气与机械性能,且有优良的抗燃性和耐化学性能,可在220℃以上长期使用,适用于电机、变压器线圈绝缘层和槽衬绝缘用
聚酯薄膜绝缘纸复合箔	6520	0.15、0.17、0.20、0.22、0.25、0.30	E	6.5~12	用于E级电机槽绝缘、匝间绝缘和端部层间绝缘
聚酯薄膜玻璃布复合箔	6530	0.17、0.20、0.24	B	8~12	具有良好的介电性能、一定的机械强度,适用于湿热带地区的电机、电器中作槽绝缘、衬垫绝缘和匝间绝缘
聚酯薄膜芳香族聚酰胺纤维纸复合箔	NMN	0.20~0.35	F	6~13	用于F级电机槽绝缘、端部层间绝缘、匝间绝缘和衬垫绝缘
聚酰亚胺薄膜芳香族聚酰胺纤维纸复合箔	NHN	0.20~0.25	H	6~7.5	用于H级电机槽绝缘、端部层间绝缘、匝间绝缘和衬垫绝缘
聚砜酰胺纤维纸与聚酰亚胺薄膜复合箔	SHS	0.20~0.35	H	8~10	用于H级电机槽绝缘、端部层间绝缘、匝间绝缘和衬垫绝缘
652聚芳酰胺纤维纸与聚酰亚胺薄单面复合箔	NH	0.10~0.15	H	3~4.5	用于H级电机槽绝缘、端部层间绝缘、匝间绝缘和衬垫绝缘

表 13-32 电工常用粘带的特性和用途

名 称	厚度 /mm	常态击穿电压 /(kV/mm)	主 要 用 途
聚乙烯薄膜粘带	0.22~0.26	>30	有一定的电气性能和机械性能,柔软性好,粘接力较强,但耐热级低于Y级,可用于一般电线接头包扎绝缘
聚乙烯薄膜纸粘带	0.10	>10	包扎紧密,使用方便,可代替黑胶布带作电线接头包扎绝缘
聚氯乙烯薄膜粘带	0.14~0.19	>10	有一定的电气性能和机械性能,较柔软,粘接力强,但耐热性低于Y级,供作电压为500~6 000V电线接头包扎绝缘
聚酯薄膜粘带	0.055~0.17	>100	耐热性较好,机械强度高,可用于半导体元件密封绝缘和电机线圈绝缘
环氧玻璃粘带	0.17	>6	具有较高的电气性能和机械强度,可作变压器铁芯绑扎材料,属B级绝缘材料
有机硅玻璃粘带	0.15	>0.6	有较高的耐热性,耐寒性和耐潮性,以及较好的电气性能和机械性能,可用于H级电机、电器线圈绝缘和导线连接绝缘
硅橡胶玻璃粘带		3~5	柔软性好,其他同上

13.1.7 电工塑料

电工塑料是由合成树脂、填料和各种添加剂等配制而成的粉状、粒状或纤维状材料，在一定温度和压力下，能够加工成各种规格形状的绝缘、结构、传动和装饰等零部件以及绝缘电线保护层材料。按树脂类型及热状态的特性塑料可分为热固性和热塑性两大类。

1. 热固性塑料

热固性塑料主要用于塑制电机、电器、仪器仪表及开关等绝缘结构件。各种热固性塑料性能见表13-33。

2. 热塑性塑料

热塑性塑料可制成各种形状及规格的零部件和绝缘结构件。各种热塑性塑料性能见表 13－34。

表 13－33 热固性塑料性能

	酚醛塑料（4010）	酚醛塑料（4013）	丁腈橡胶改性酚醛塑料（4511）	酚醛玻璃纤维塑料（4330）	三聚氰胺甲醛玻璃塑料（34）	三聚氰胺甲醛石棉塑料（4220）	聚酰亚胺塑料
密度/(g/cm^3)	1.4	1.5	1.7	1.9	2.0	1.75	1.3
吸水率/%	≤0.1	≤0.04	≤0.05	≤0.05	≤0.1	≤0.1	≤0.035
收缩率/%	0.5～0.9	0.5～0.9	0.5～0.9	—	≤0.3	0.3～0.6	—
流动性/mm	100～180	100～190	90～190	—	—	90～190	150～180
马丁温度/℃	125～140	125～140	125～140	200～250	160～180	150～160	≥210
抗弯强度/MPa	59～88	69～89	44～79	≥245	118～196	44～71	≥86
抗冲击强度/(J/cm^2)	0.6～0.9	0.6～0.9	0.8～1.0	15～23	≥9.8	≥0.5	≥0.75
表面电阻率/(Ω·cm)	10^{11}～10^{13}	10^{12}～10^{13}	10^{12}～10^{13}	10^{12}～10^{14}	10^{11}～10^{14}	10^{11}～10^{14}	≥10^{16}
介电强度/(kV/mm)	10～15	13～16	13～15	13～19	10～12	10～14	≥14
耐电弧性/s	—	—	—	—	≥60	≥60	—
耐雷性	差	良	良	良	优	优	良
体积电阻率/(Ω·cm)	10^{10}～10^{13}	10^{11}～10^{13}	10^{11}～10^{13}	10^{12}～10^{14}	10^{11}～10^{14}	10^{10}～10^{13}	≥10^{14}

表 13－34 电工用热塑性塑料性能

性能参数	聚苯乙烯		ABS		聚甲基丙烯酸甲脂	聚酰胺(1010)		聚碳酸脂		聚砜
	纯料	含玻璃纤维	抗冲击型	耐热型		纯料	含玻璃纤维	纯料	含玻璃纤维	
密度/(g/cm^3)	1.04～1.09	1.2～1.3	1.02～1.04	1.06～1.08	1.17～1.2	1.04～1.09	1.23～1.3	1.2	1.4～1.45	1.24
吸水率/%	0.03～0.1	0.05～0.07	0.3	0.2	0.3～0.4	0.5～1.0	0.05	0.13～0.24	0.07～0.1	0.12～0.22
热变形温度(18.2MPa)/℃	96	1.04	87～103	96～118	70～90	45	—	132～142	140～149	174

续表

性能参数	聚苯乙烯		ABS		聚甲基丙烯酸甲脂	聚酰胺(1010)		聚碳酸脂		聚砜
	纯料	含玻璃纤维	抗冲击型	耐热型		纯料	含玻璃纤维	纯料	含玻璃纤维	
马丁温度/℃	≥56	—	≥50	—	≥65	42~48	90~180	110~140	150~152	156
熔点/℃	200	—	217~237	217~237	>108	200~210	—	220~230	—	243~360
线膨胀系数/($\times10^{-5}$/℃)	8	3~4.5	9.5~10.5	6~9	5~9	8.5~16	3.1	5~7	1.6~2.7	5~5.2
模塑收缩率/%	0.4~0.7	0.1~0.3	0.3~0.8	0.3~0.8	0.5	1.0~2.5	1.2~1.5	0.5~0.8	—	0.8
伸长率/%	1.0~2.5	0.75~1.1	5.0~60	3.0~20	2~10	50~250	—	60~130	1~5	20~100
抗张强度/MPa	34~82	75~103	34~43	44~60	48~76	44~54	68~176	54~69	108 167	71~83
抗弯强度/MPa	69~96	103~127	51~79	69~83	89~118	76~87	108~304	93~109	137~192	106~124
抗冲击强度/(J/cm^2)	0.14~0.21	1.31	5.19	0.16~0.31	1.57	9.8~48	5.9~9.8	74~86.2	6.4	16.7~36.3
体积电阻率/(Ω·cm)	10^{16}~10^{17}	≥10^{16}	≥10^{16}	5×10^{16}	≥10^{14}	≥10^{14}	10^{11}~10^{15}	≥10^{16}	≥10^{16}	≥10^{16}
表面电阻率/Ω	—	—	≥10^{15}	≥10^{15}	≥10^{15}	≥10^{14}	≥10^{15}	≥10^{15}	—	≥10^{16}
介电强度/(kV/mm)	20~28	14~17	13~18	14~16	18~22	15~24	18~29	17~22	19~29	16~20
耐燃性	易燃	易燃	缓慢	缓慢	可燃	自熄	自燃	自燃	不燃	自熄

13.1.8　电工橡胶

橡胶分天然橡胶和合成橡胶。天然橡胶主要用作天线、电缆绝缘和护层材料及其他橡胶制品等。合成橡胶主要用作船用电缆、控制电缆和电力电缆的绝缘、电机、电器引出线绝缘等。各种橡胶的特性见表 13－35。

13.1.9　绝缘漆

绝缘漆主要是一种涂于电机、电器、仪表等组件上，经固化后可提供介电的、机械的和保护等性能的液体树脂体系。常用绝缘漆按用途可分为漆包线漆、覆盖漆浸渍漆、硅钢片漆等。

表 13－35　橡胶的性能

性能	天然橡胶 NR	丁苯橡胶 SBR	乙丙橡胶 EPDM	丁基橡胶 HR	氯丁橡胶 CR	丁腈橡胶 NBR	氯磺化聚乙烯	硅橡胶	氟橡胶
密度/(g/cm³)	0.92～0.96	0.94	0.86	0.91	1.23～1.25	0.96～1.02	1.12～1.28	0.97	1.85
脆化温度/℃	－50～－60	－30～－60	－40～－60	－40～－55	－35～－55	－15～－40	－40～－60	－70～－115	－34～－45
工作温度/℃	60～65	65～70	80～90	80～85	70～80	80～85	90～105	180～200	200
耐辐照剂量/rad	5×10^{6}	10^{6}	—	10^{6}	10^{7}	—	5×10^{7}	10^{8}	10^{6}～10^{7}
伸长率/%	750～850	400～800	300～800	400～800	400～900	450～700	100～600	200～800	100～500
体积电阻率/(Ω·cm)	10^{15}～10^{16}	10^{15}	10^{15}～10^{16}	10^{16}～10^{17}	10^{10}～10^{11}	10^{10}	10^{14}	10^{12}～10^{13}	10^{12}～10^{13}
介电强度/(kV/mm)	≥20	≥20	30～40	25～30	10～20	15～20	15～20	20～30	20～25
介质损耗角正切(10^{3}Hz)	0.003	0.0032	—	0.003	0.03	0.055	0.03～0.07	0.001～1.001	0.3～0.4
介电常数(10^{3}Hz)	2.3～3	2.9	3～3.5	1～2.4	7.5～9	13	7～10	3～3.5	—
热导率/[W/(m·K)]	0.167	0.293	—	0.083	0.209	0.125	—	0.251	—
回弹性	0.167	0.293	—	0.083	0.209	0.125	—	0.251	—
耐水性	优	优	优	优	良	良	良	优	优
阻燃性	差	差	差	差	良	差	良	不优	良

1. 漆包线漆

漆包线漆主要作为导线的涂覆绝缘，具有良好的涂覆性，漆膜的附着力强，且柔软、富有耐挠曲件，具有一定的耐磨性和弹性。有较高的耐热性和耐溶剂性，具有光滑的漆膜走向，对导体无腐蚀性。因而能够耐受电磁线绕制加工过程中的各种机械应力以及热和化学的作用，如卷绕、整形、嵌线和浸漆烘干等工艺过程中的外来因素影响。

常用漆包线漆的型号、特性及用途详见表 13－36。

表 13－36　常用漆包线漆的型号、特性及用途

名　称	型号	耐热等级	特性与用途
聚乙烯醇缩甲醛漆包线漆	143	E	漆膜耐溶剂，附着力好、弹性强，适于涂制电磁线
聚氨脂漆包线漆	TJ1721	E	高频性能好，可着不同颜色，具有自焊性，适于仪器仪表用漆包线漆的涂制
聚氨脂漆包线漆	J106－1	B	具有直焊性，适用于高速涂线工艺
聚氨脂漆包线漆	9170 GE234 常 1736	B	具有优异的直焊性、耐潮性、耐溶剂性和高频特性，适合于涂制仪器、仪表及各种家用电器用的各种颜色的 B 级直焊性漆包线
聚氨脂漆包线漆	T722 1731	B	漆膜拉伸无针孔，适合涂制配线用和彩色显像管垂直偏转线圈用
聚酰胺自粘性漆包线漆	T733	B	有优异的自粘性，适合于涂制彩电水平线圈及扫描线圈用自粘性漆包线
聚酯漆包扁线漆	1731	B	漆膜边角覆盖性好，适合于涂制各种扁漆包线
低黏度聚酯漆包线漆	T734	B	低黏度，适合涂制 B 级漆包线
聚酯漆包线漆	1730	B	具有优良的介电性，耐溶剂性、耐化学腐蚀性、耐溶剂性，适合于涂制各种高强度漆包线
快速聚酯漆包线漆	1732 1741	B	具有优良的介电性、耐溶剂性、耐磨性、耐化学腐蚀性，漆膜固化快，流线性好，适宜于快速漆包机涂制漆包线
自粘性漆包线漆	1761	B	漆膜具有热粘性能，适合于制作自行黏合的特种漆包线
水溶性聚酯成型电磁线电泳漆	JD－1730－5	B	以蒸馏水作为溶剂，无毒，不燃，使用安全，工艺简单，漆膜附着力强，绝缘性能好，机械强度高，均匀性好，适合成型绕组导体的静止电泳涂漆处理
聚酯漆包线漆	1740－1	F	漆膜表面光滑、涂线工艺幅度宽、性能稳定、具有优良的耐热性、力学性能及电气性能

续表

名称	型号	耐热等级	特性与用途
改性聚酯漆包线漆	1745 TJ1741	F	漆膜相容性优异、涂线工艺幅度宽、流平性好
聚氨脂漆包线漆	S－1741	F	具有直焊性，可着不同颜色
改性聚酯亚胺漆包线漆	1740	F	涂漆工艺幅度宽、电气性能和力学性能优异，适合涂制温度系数为155的漆包线
耐热聚酯漆包线漆	1755	H	涂膜附着性好，耐冷媒性和化学性能好，适合作复合线的底漆
聚酯酰亚胺漆包线漆	1754	H	固体含量高，流平性好，适合涂制大规格线，也可作单涂层涂包线漆和复合线底漆
聚酯亚胺漆包线漆	9175 S－1750 GZ308	H	具有优良的耐热、耐冲击和耐氟利昂性能以及较高机械强度，适合涂制H级漆包线
聚酰胺酰亚胺漆包线漆	T751 GZ595	H	耐氟利昂性好、机械强度高，涂线工艺好，适合涂制H级漆包线
聚酰胺酰亚胺漆包线漆	1766	200	漆膜耐溶剂性、耐冷媒性优良，适合作冷媒复合线的面漆
聚酰胺酰亚胺漆包线漆	1767	200	黏度低、工艺性好、固体含量高，适合作耐冷媒复合线面漆、扁线的表层涂漆以及∅0.025～∅4.00mm复合线的涂制
聚酰亚胺漆包线漆	191	H	耐水、耐高温、耐辐射、耐氟利昂性能好，具有优良的机械、电气性能
	1770	220	

2. 浸渍漆

主要用于浸渍电机、电器绕组绝缘，以填充绕组、线槽或其他绝缘物的间隙或气孔。浸渍漆固化后使绕组黏合成一个结实的整体，并在浸渍物表面形成连续平整的漆膜，以提高绝缘结构的防潮性、机械强度和击穿强度等性能。

使用过程中对浸渍漆的要求：

（1）黏度要小，浸渍能力要良好，以便于漆的渗透并填充浸渍物。

（2）固化时间要短，黏结力强，干燥性好，以便使浸渍的绝缘绕组牢固，并有热弹性。在设备运转过程中承受一定的位移和变形。

（3）应具有较高的耐潮、耐热、耐油性和化学稳定性。

（4）具有较高的电气性能。

各种常用浸渍漆的品种、特性与用途见表 13 – 37。

表 13 – 37 常用浸渍漆的品种和特性

名称	型号	特性					特点和用途
		干燥时间/h 干燥温度/℃	击穿强度/(kV/mm)		体积电阻率/(Ω·cm)		
			常态	浸水 24h 后	常态	浸水 24h 后	
沥青浸渍漆	1010	(5 ~ 6)/105 ± 2	55	22	—	—	耐潮性好，适于浸渍电机线圈及不要求耐油的电器零部件
醇酸浸渍漆	1030	(1.5 ~ 2)/105 ± 2	70	30	—	—	具有较好的耐油性和耐电弧性，适于浸渍在油中工作的线圈和绝缘零部件
酚醛醇酸浸渍漆	1031	(2/120) ± 2	70	40	10^{14}	10^{12}	具有较好的流动性，干透性、耐潮和耐热性，供浸渍线圈，适用于湿热地区
三聚氰胺醇酸浸清漆	1032	(1.5 ~ 2)/105 ± 2	70	40	—	—	具有较好的耐热性、耐油性、内干性和附着力，且耐电弧，供浸渍在湿热地区使用的线圈

续表

名称	型号	特性						特点和用途
		干燥时间/h 干燥温度/℃	击穿强度/(kV/mm)		体积电阻率/(Ω·cm)			
			常态	浸水24h后	常态	浸水24h后		
环氧脂浸渍漆	1033	(1~2)/120±2	70	40	$10^{14}\sim10^{16}$	$10^{13}\sim10^{14}$		具有较好的耐油性、耐热性和耐潮性，机械强度高，黏结力强，可供浸渍用于湿热地区的线圈
醇酸玻璃丝包线浸渍漆	C34-1	(2~3)/105±2	45	—	—	—		耐油性好，弹性好，黏结力较强，供浸涂玻璃丝包线
环氧醇酸浸渍漆	H30-6	1.5/105±2	60	30	—	—		耐热性、耐潮性较好，机械强度高，黏结力强，可供浸渍用于湿热地区的线圈
聚酯浸渍漆	Z30-2	(1~3)/130±2	65	50	$10^{14}\sim10^{15}$	—		耐热性、电气性能较好，黏结力强，适于浸渍F级电机、电器的线圈
有机硅浸渍漆	W30-1	(1.5~2)/200±2	65	40	$10^{14}\sim10^{15}$	—		耐热性和电气性能好，在高温和受潮后仍有良好的电绝缘性能，适于H级电机电器线圈和绝缘零部件浸渍

续表

名称	型号	特性					特点和用途
		干燥时间/h 干燥温度/℃	击穿强度/(kV/mm)		体积电阻率/(Ω·cm)		
			常态	浸水24h后	常态	浸水24h后	
低温干燥有机硅浸渍漆	9111	(1/4~1)/150±2	50	35	$10^{13}\sim10^{15}$	—	耐热性较W30-1稍差,但烘干温度低,干燥快,适于H级线圈
有机硅聚酯浸渍漆	W30—P	(0.5~1)/180±2	90	70	$10^{14}\sim10^{15}$	—	黏结力较强,耐潮性和电气性能好,具有较高耐热性,适于H级浸渍用
有机硅玻璃丝包浸渍漆	1152	(1.5~2)/200±2	65	40	$10^{13}\sim10^{14}$	—	漆膜柔软,机械强度高,供浸渍H级玻璃丝包线
聚酰胺酰亚胺浸渍漆	PAI—Z	$<\frac{1}{6}$/180±2	90	70	$10^{14}\sim10^{15}$	$10^{13}\sim10^{14}$	耐热性优于有机硅漆,电气性能优良,黏结力强,耐辐射性好。供浸渍耐高温或特殊条件下工作的电机、电器线圈
环氧无溶剂浸渍漆	110	2/130	70	40	$10^{14}\sim10^{15}$	$10^{12}\sim10^{15}$	黏度低,击穿强度高,具有良好的防潮、防霉性能及良好的电气和机械性能。适用浸渍热带E、B级小型低压电机、电器线圈

续表

名称	型号	特性					特点和用途
		干燥时间/h 干燥温度/℃	击穿强度/(kV/mm)		体积电阻率/(Ω·cm)		
			常态	浸水24h后	常态	浸水24h后	
环氧无溶剂浸渍漆	111	116/120 (胶凝时间)	70	40	$10^{14}\sim10^{15}$	$10^{12}\sim10^{14}$	黏度低,固化快,具有良好的防潮、防霉性和良好的电气和机械性能。适用于快干滴浸小型低压电机、电器线圈
环氧无溶剂浸渍漆	672-1	3~4min/130 (胶化时间)	18~25	—	$>10^{16}$	$10^{14}\sim10^{15}$	挥发物少,固化快,体积电阻高,适用于浸渍小型电机、电器线圈
环氧无溶剂浸渍漆	9101	1/140±2 (胶凝时间)	20	20	$10^{16}\sim10^{17}$	$>10^{15}$	固化前渗透性较高,固化后有一定热稳定性,耐热性及附着力。适于浸渍中型高压电机线圈
环氧无溶剂浸渍漆	9102	14~17min/130	—	—	$10^{13}\sim10^{15}$	—	挥发物少,固化较快,可用于滴浸小型低压电机、电器线圈
环氧聚酯无溶剂浸渍漆	1034	6~12min/120 (胶化时间)	20~35	18~25	$10^{13}\sim10^{14}$	$10^{12}\sim10^{13}$	挥发物较少,固化快,但耐霉性较差,适用于浸渍小型低压电机、电器线圈

续表

名称	型号	特性					特点和用途
		干燥时间/h 干燥温度/℃	击穿强度/(kV/mm)		体积电阻率/(Ω·cm)		
			常态	浸水24h后	常态	浸水24h后	
环氧聚酯无溶剂浸渍漆	EIV	—	70	40	$10^{15}\sim10^{16}$	$10^{14}\sim10^{15}$	黏度低,挥发物较少,贮存稳定性好。适用于浸渍小型F级电机、电器线圈
环氧聚酯酚醛无溶剂浸渍漆	5152-2	—	70	45	$10^{14}\sim10^{15}$	$10^{12}\sim10^{14}$	黏度低,击穿强度高,贮存稳定性好。适用于浸渍小型低压电机、电器线圈
不饱和聚酯无溶剂浸渍漆	319-2	3/155	20~30	—	$>10^{15}$	$10^{14}\sim10^{15}$	黏度较低,电气性能较好,贮存稳定性好。适于浸渍小型F级电机、电器线圈

3. 覆盖漆

覆盖漆主要用于涂覆电机、电器表面和绝缘部件表面以防止机械损伤和受大气、润滑油或化学药品的侵蚀，提高表面的放电电压。常用的覆盖漆的特点、组成与用途见表13-38。

4. 硅钢片漆

硅钢片漆涂覆硅钢片，可降低铁损，增加防锈和耐腐蚀能力。常用的硅钢片漆的特点、组成与用途见表13-39。

表 13－38　常用覆盖漆的特点、组成和用途

名　称	型号	主要组成	耐热等级	特性和用途
晾干醇酸漆	1231 C31—1	干性植物油或脂肪酸改性邻苯二甲酸季戊四醇醇酸树脂、干燥剂	B	晾干或低温干燥，漆膜的弹性、电气性能、耐气候性和耐油性较好。用于覆盖电器或绝缘零部件
晾干醇酸灰瓷漆	1321 C32—9	油改性醇酸树脂、干燥剂、颜料	B	晾干或低温干燥，漆膜硬度较高，耐电弧性和耐油性好。用于覆盖电机、电器线圈及绝缘零部件表面修饰
醇酸灰瓷漆	1320 C32—8	油改性醇酸树脂、颜料	B	烘焙干燥，漆膜坚硬，机械强度高，耐电弧性和耐油性好。用于覆盖电机、电器线圈
晾干环氧酯漆	9120 H31—3	干性植物油酸与环氧酯化物、干燥剂	B	晾干或低温干燥，干燥快，漆膜附着力好，耐潮、耐油和耐气候性好，有弹性。用于覆盖电器或绝缘零部件，可用于湿热地区
环氧酯灰瓷漆	163 H31—4	环氧树脂酯化物、氨基树脂、防霉剂	B	烘焙干燥，漆膜硬度大，耐潮、耐霉、耐油性好。用于覆盖电机、电器线圈，可用于湿热地区
晾干环氧酯灰瓷漆	164 H31—2	环氧树脂酯化物、颜料、干燥剂、防霉剂	B	晾干或低温干燥，漆膜坚硬，耐潮、耐霉、耐油性好，用于覆盖电机、电器线圈及绝缘零部件表面修饰，可用于湿热地区
环氧聚酯铁红瓷漆	6341 H31—7	环氧树脂、酚醛树脂、己二酸聚酯树脂	B	烘焙干燥，漆膜附着力强，耐潮、耐霉、耐油性好，用于覆盖电机、电器线圈，可用于湿热地区

续表

名称	型号	主要组成	耐热等级	特性和用途
晾干有机硅红瓷漆	167	有机硅树脂、醇酸树脂、颜料	H	晾干或低温干燥，漆膜耐热性高，电气性能好。用于覆盖耐高温电机、电器线圈或绝缘零部件表面修饰
有机硅红瓷漆	1350 W32—3	有机硅树脂、颜料	H	烘焙干燥，漆膜耐热性、电气性能比167好，且硬度大，耐油。用途同晾干有机硅红瓷漆

13.2 电　　刷

电刷作为电机的主要部件，对于电机的运行正常与否有着很大的关系，主要用于电机的换向器或集电环上，作为使电流导通和滑动接触器。

电刷的主要技术特性与运行特性见表13－40。电刷的常见故障及处理方法见表13－41。

表13－40　电刷的主要技术特性及运行特性

类别	型号	电阻率①/($\Omega\cdot mm^2/m$)	HRC②/(9.8×10^6Pa)	一对电刷接触电压降③/V	摩擦系数不大于	额定电流密度/(A/cm^2)	最大圆周速度/(m/s)	应用范围
天然石墨电刷	S—3	14	22.5	1.9	0.25	11	25	电压为80～120V的直流电机
树脂石墨电刷	S—201	200	20④	4.5	0.20	12	25	电动工具用电机
	S—4	115	6.25	4.25	0.20	12	40	换向困难的交流换向器电机和高速微型直流电机
	S—5	120	≥15	3.65	0.19	10	35	换向困难的交流换向器电机
	S—9	250	≥15	4.75	0.19	8	35	换向困难的交流换向器电机

续表

类别	型号	电阻率①/(Ω·mm^2/m)	HRC②/(9.8×10^6Pa)	一对电刷接触电压降③/V	摩擦系数不大于	额定电流密度/(A/cm^2)	最大圆周速度/(m/s)	应用范围
电化石墨电刷	D104	11	6	2.5	0.20	12	40	轧钢用直流发电机、汽轮发电机
	D106	9.5	5	2.35	0.25	12	40	电压为 80 ~ 120V 的直流电机
	D172	13	25④	2.9	0.25	12	70	大型汽轮发电机集电环、励磁机、水轮发电机集电环和换向正常的直流电机
	D202	24.5	31	2.6	0.23	10	45	电力机车用牵引电动机、电压为 120 ~ 400V 的直流发电机
	D213	31	30	3.0	0.25	10	40	汽车、拖拉机的发电机，有机械振动的牵引电动机
	D214	29	45④	2.5	0.25	10	40	汽轮发电机的励磁机，换向困难，电压在 200V 以上的有冲击负荷的直流电机、轧钢电机、牵引电动机等
	D215	30	40④	2.9	0.25	10	40	汽轮发电机的励磁机，换向困难，电压在 200V 以上的有冲击负荷的直流电机、轧钢电机、牵引电动机等
	D252	13	15.5	2.6	0.23	15	45	换向困难的直流电机、牵引电动机、汽轮发电机的励磁机
	D308	40.5	48.5④	2.4	0.25	10	40	牵引电动机、小型直流电机和功率扩大机等
	D309	35.5	45.5④	2.9	0.25	10	40	牵引电动机、小型直流电机和功率扩大机等

续表

类别	型号	电阻率①/(Ω·mm²/m)	HRC②/(9.8×10⁶Pa)	一对电刷接触电压降③/V	摩擦系数不大于	额定电流密度/(A/cm²)	最大圆周速度/(m/s)	应用范围
电化石墨电刷	D374	55	26	3.0	0.25	12	50	换向困难的高速直流电机、牵引电机，汽轮发电机的励磁机，轧钢电动机
	D479	31.5	18.5	2.1	0.25	12	40	换向困难的直流电动机
金属石墨电刷	J101	0.09	12⑤	0.2	0.20	20	20	低电压、大电流直流发电机
	J102	0.23	10⑤	0.5	0.20	20	20	低电压、大电流直流发电机
	J103	0.23	10⑤	0.5	0.20	20	20	低电压、大电流直流发电机
	J151	0.08	7.5⑤	0.28	0.20	25	25	低电压、大电流直流发电机
	J164	0.10	12⑤	0.28	0.20	20	20	低电压、大电流直流发电机
	J201	3.1	23.5	1.25	0.25	15	25	电压在60V以下的低电压、大电流直流发电机和绕线式转子异步电动机集电环
	J202	20	10	2.2	0.25	12		交流发电机集电环
	J203	8.5	18.5	1.9	0.25	12	20	电压在80V以下的充电发电机，小型牵引电动机，异步电动机的集电环

续表

类别	型号	电阻率[1] /(Ω·mm^2/m)	HRC[2] /(9.8×10^6Pa)	一对电刷接触电压降[3]/V	摩擦系数不大于	额定电流密度/(A/cm^2)	最大圆周速度/(m/s)	应用范围
金属石墨电刷	J204	1.1	20	1.1	0.20	15	20	电压在40V以下的低电压、大电流直流电机，汽车辅助电动机，异步电动机的集电环
	J205	6.5	18	<2.0	0.25	15	35	电压在60V以下的直流发电机，汽车、拖拉机用起动电动机，异步电动机的集电环
	J206	3.5	20	1.5	0.20	15	25	电压在25~80V的小型直流电机
	J220	8	16.5	1.4	0.26	12	20	电压在80V以下的充电发电机，小型牵引电动机，异步电动机的集电环

注：①电阻率的数值为平均值。

②HRC（洛氏硬度），是用直径为7.94mm的钢球压入测定。对中等硬度的试样，载荷58.8N，预压98.1N，对于较软的试样，载荷294N，预压98.1N。表内数值为平均值。

③为额定电流密度下之值。表内数值为平均值。

④肖氏硬度。

⑤布氏硬度。

表13-41　电刷运行中的常见故障及处理方法

故障现象	产生故障的原因	处理方法
电刷磨损异常	电刷选型不当	应根据电机的运行条件，选配合适的电刷
	换向器偏摆偏心	车削并研磨换向器等
	换向片、绝缘云母凸起等	整修或更换

续表

故障现象	产生故障的原因	处理方法
电刷磨损不均匀	不同品种电刷混用 同一种电刷的质量不均匀 弹簧压力不均匀 电刷有卡紧现象	更换电刷 检查电刷与刷盒是否配合良好 调整弹簧压力 检查有无油污或炭粉卡塞
电刷下出现火花	机械原因：换向器偏摆、偏心；换向片、绝缘云母凸起；电机或电刷振动 电气原因：负荷变化迅速；电机换向困难；换向极磁场太强或太弱；电刷选型不当；弹簧压力不适当、不均匀；电刷承受的电流密度过大	车削并研磨换向器或集电环；排除外部机械故障 调整气隙：移动换向极位置；调整弹簧压力；选用换向性能好的电刷；调整电刷负荷
电刷导线烧坏或变色	电刷导线装配不良 弹簧压力不均 电刷接触不良 电刷的电流分布不均匀	更换新电刷 调整弹簧压力 调整或修理 排除电刷下的气垫现象
电刷导线松脱	震动大 电刷导线装配不良	排除震源 更换新电刷
换向器或集电环表面拉成沟槽	电刷工作表面有研磨性颗粒 长期轻载、严重油污、有害气体等损害接触点间表面薄膜的形成	更换新电刷 清扫换向器或集电环与电刷的工作面；选择适合运行条件的电刷
电刷或刷握过热	弹簧压力太大或不均匀 通风不良或电机过载 电刷的摩擦系数大 电刷安装不良 电流分布不均	调整弹簧压力 改善通风或减小电机负荷 选用合适的电刷 正确安装电刷 排除电刷下的气垫现象

续表

故障现象	产生故障的原因	处理方法
刷体碎裂、边缘碎裂	震动大 电刷跳动 电刷材质太脆	排除震源，采取增加缓冲压板等防振措施 车削或研磨换向器或集电环 选用韧性好的电刷
电机运行中出现噪声	电刷的摩擦系数大 电机及刷握震动大 空气湿度小	选用摩擦系数小的电刷 排除震源 选用适合于低湿度的电刷，调整周围湿度
电刷表面“镀铜”	由于电刷与换向器间接触不好而产生电镀作用，在电刷表面粘附铜粒 由于产生火花，使铜粒脱落，并积聚在电刷面上 局部电流密度过高	排除换向器偏摆、电刷跳动、弹簧压力低而不均等故障 调整空气湿度，消除产生火花的原因 排除电流密度不均的故障
换向器表面膜过厚或过薄	过厚：电刷品种不合适，温度过高，湿度过大 过薄：电刷品种不合适，温度过低，湿度过小	采用带研磨性的电刷，调整温度与湿度 采用易于形成氧化膜的电刷，调整温度与湿度

13.3 特殊电工材料

13.3.1 发光材料和压电材料

1. 半导体发光材料

发光材料在电场激发下能产生发光现象，能将电能直接转换成光能。这类材料大多数是半导体材料。主要半导体发光材料及其物理性能见表13－42。

表 13-42　半导体发光材料

半导体材料	跃迁方式	发射光波长/ $\times 10^{-10}$ m	光（色）
ZnS	直　接	3 400	近紫外
SiC	间　接	4 500	蓝
ZnSe	直　接	4 800	蓝
GaP	间　接	{ 5 650 6 800	黄、绿 红
ZnTe		6 200	橙
CdTe		8 500	近红外
GaAs	直　接	9 000	近红外
InP	直　接	9 200	近红外
GaSb		15 000	中红外
InAs	直　接	34 000	远红外
PbS	直　接	43 000	远红外
InSb	直　接	53 000	远红外
PbTe	直　接	65 000	远红外
PbSe	直　接	85 000	远红外
GaAsP		5 500 ~ 9 000	红
InPAs		9 100 ~ 31 500	近红外 ~ 远红外
InGaAs		8 500 ~ 31 500	近红外 ~ 远红外

2. 激光材料

（1）半导体激光材料：直接跃迁型半导体材料几乎都可以做激光器，它们发出的激光波长主要依赖于该材料的禁带宽度、杂质浓度和温度等因素。半导体激光器起振方法主要有电子束激励法、光激励法和PN结电注入法等。半导体激光器材料的发光波长及激励方法见表13-43。

（2）晶体激光材料：晶体激光材料分氟化物、盐类和氧化物三类，目前使用的主要有红宝石等晶体，见表13-44。

3. 压电材料

具有压电效应的电介质称为压电材料。常见的压电材料可以分为压电晶体、压电陶瓷和高分子压电材料三大类。

表 13－43　各种半导体激光器材料发光波长及激励方法

半导体材料	发光波长 λ/μm	激 励 方 法
ZnS	0. 33	O、E
ZnO	0. 37	E
$Zn_{1-x}Cd_xS$	0. 49 ~ 0. 32	O
ZnSe	0. 46	E
CdS	0. 49	O、E
ZnTe	0. 53	E
GaSe	0. 59	E
$CdSe_{1-x}S_x$	0. 49 ~ 0. 68	O、E
$CdSe_{0.95}S_{0.05}$	0. 675	E
CdSe	0. 675	O、E
$Al_xCa_{1-x}As$	0. 63 ~ 0. 90	I
$GaAs_{1-x}P_x$	0. 61 ~ 0. 90	E、I
$Ga_{1-x}In_xP$	0. 695	O
CdTe	0. 785	E
GaAs	0. 83 ~ 0. 91	O、E、I、A
InP	0. 91	I、A
$GaA_{s_{1-x}} \sim Sb_x$	0. 9 ~ 1. 5	I
$CdSnP_2$	1. 01	E
$InAs_{1-x}P_x$	0. 9 ~ 3. 2	I
$InAs_{0.94}P_{0.06}$	0. 942	I
$InAs_{0.51}P_{0.49}$	1. 6	I
GaSb	1. 55	E、I
$In_{1-x}Ga_xAs$	0. 85 ~ 3. 1	I
InGaAsP	1. 1 ~ 1. 7	O、E、I
$In_{0.65}Ga_{0.35}As$	1. 77	I
$In_{0.75}Ga_{0.25}As$	2. 07	I
Cd_5P_2	2. 1	O
InAs	3. 1	O、E、I

续表

半导体材料	发光波长 λ/μm	激励方法
$InAs_{1-x}Sb_x$	3.1~5.4	I
$InAs_{0.98}Sb_{0.02}$	3.19	I
$Cd_{1-x}Hg_xTe$	3~15	O、E
$Cd_{0.32}Hg_{0.68}Te$	3.8	O
Te	3.72	E
PbS	4.3	E
InSb	5.2	O、E、I、A
PbTe	6.5	E、I
$PbA_{1-x}Se_x$	3.9~8.5	E、I
PbSe	8.5	E、I
$Pb_{1-x}Sn_xTe$	6~28	I
$Pb_{1-x}Sn_xSe$	8~31.2	I

注：A 为引起“雪崩”的激励方法；E 为电子束激励方法；O 为光激励法；I 为电子注入法。

表 13-44　主要晶体激光材料

材料名称	分子式	熔点 /℃	硬度（莫氏）	热导率(室温) /[mW/(cm·℃)]	特　点
红宝石	Al_2O_3	2 040	9	320	有很高的重复频率
钇铝石榴石	$Y_3Al_5O_{12}$	1 950	8.5	140	有较高的重复频率室温下连续输出
铝酸钇	$YAlO_3$	1 875	8.5~9	140	与钇铝石榴石相似
氟磷酸钙	$Ca_5(PO_4)_3F$	1 705	5~5.5	24 (a), 20 (c)	增益大
氟钇钙钠	$NaCaYF_6$	1 400			可在 800℃ 的高温下正常工作

续表

材料名称	分子式	熔点/℃	硬度（莫氏）	热导率（室温）/[mW/(cm·℃)]	特点
氟钒酸钙	$Ca_5(VO_4)_3F$	1 420			
硫代氧化镧	La_2O_2S	2 070		350	高增益
硅酸氧灰石	$CaLa_4(SiO_4)_3O$	2 180	7	19（a），19（c）	高贮能高效率
钨酸钙	$CaWO_4$	1 580	4.5	46	可在常温下连续振荡
氧化钇	Y_2O_3	2 450	6.8	134	高效率
铌酸锂	$LiNbO_3$	1 260	5		

典型单晶材料的声表面波特性见表 13-45。

常用压电陶瓷和各种特性见表 13-46。

压电陶瓷的分类、特点和应用见表 13-47。

表 13-45　典型单晶材料的声表面波特性

晶体名称	切型	传播方向	传播速度 v/(m/s)	机电耦合系数 k^2/%	温度系数/(ppm/℃)	介电常数 ε_r	传播损耗/(dB/m)(GHz)
石英单晶	Y	X	3 159	0.23	-22	4.5	0.82（1）
	ST	X	3 158	0.16	0	4.5	0.95（1）
$LiNbO_3$	Y	Z	3 485	4.5	-85	38.5	0.31（1）
	131°Y	X	4 000	5.5	-74	38.5	0.26（1）
	128°Y	X	4 000	5.5	-72		
	Y	Z	3230	0.74	-37	44	0.35（1）
$LiTaO_3$	X	112°Y	3 295	0.64	-18	44	
$Bi_{12}SiO_{20}$	[001]	[110]	1 622	0.69	-118*	42	
$Bi_{12}GeO_{20}$	[001]	[110]	1 681	1.5	-130	38	0.89（1）

表 13-46 常用压电陶瓷的各种特性

名称	弹性刚性系数 /(×10^{11} N/m^2)	压电常数 d_{31} /(×10^{-11} C/N)	压电常数 d_{33} /(×10^{-11} C/N)	介电常数 ε_{33}^T /(×10^{-11} F/m)	机电耦合系数/%	
					k_{31}	k_{32}
$BaTiO_3$	1.18	-5.6	16	1250	17	45
97$BaTiO_3$ 3$CaTiO_3$	1.22	-5.3	13.5	1230	17	43
90$BaTiO_3$ 4$PbTiO_3$ 6$CaTiO_3$	1.24	-4.0	11.5	710	16.7	48
96$BaTiO_3$ 4$PbTiO_3$	1.14	-3.8	10.5	880	14	39
PZT-4	0.815	-9.7	23.5	875	28	63
PZT-5	0.675	-14.0	32.0	1200	32	70
PZT-6	0.865	-7.8	19.1	860	25	60
Pb(NbO_3)$_2$	0.29	-3.3	9.0	240	11.5	31

注：①PZT 为锆钛酸铅；$BaTiO_3$ 为钛酸钡；Pb(NbO_3)$_2$ 为铌酸铅。

②符号前的数字是成分的质量分数（%）。

表 13-47 压电陶瓷的分类、特点和应用

分类	材料	特点	应用
二元系压电陶瓷	$BaTiO_3$	高相对介电常数，对温度很敏感	声纳发生器，超声换能器
	PZT-4	压电常数高，良好的驱动性，高耦合	声纳发声器，超声换能器，高压发生器
	PZT-5A	高时间常数，低老化，压电常数高	水听器，仪表换能器，传声器和扬声器
	PZT-7A	低电容率，低老化，压电常数高	延迟线换能器
	PZT-8	显著的高驱动特性，压电常数高	声纳发声器，超声换能器
	Pb(NbO_3)$_2$	相对介电常数小，居里点*高	水声换能器

*居里点：在一定的温度范围内，该材料的压电性质存在。但温度超过时，压电性质完全消失，这个高温即是“居里点”。

续表

分类	材料	特点	应用
三元系压电陶瓷	$xPb(Mg_{1/3}\cdot Nb_{2/3})O_3$ $yPbTiO_3$ $zPbZrO_3$	高介电常数，较大的机械品质因素，较好的稳定性	拾音器，换能器，超声延迟线，引爆引燃火花塞
	$xPb(Zn_{1/3}\cdot Nb_{2/3})O_3$ $yPbTiO_3$ $zPbZrO_3$	高介电常数，稳定性好，致密度高，绝缘性能良好	陶瓷滤波器，机械滤波器的换能器
	$xPb(Co_{1/3}\cdot Nb_{2/3})O_3$ $yPbTiO_3$ $zPbZrO_3$	机构品质因素和机电耦合系数可大幅度地调节	超声波振子，滤波器拾音器

注：x、y、z 表示三元系压电陶瓷配比中各元所占的质量分数（%）。

13.3.2 光电材料

1. 光电阴极材料

光电阴极材料是由 Cs、K、Na、Ag、Bi 等当中的两种或多种元素经适当工艺制成的。该材料广泛应用于光电倍增管、摄像管、显像管等，属于光-光转换器件。

（1）光电阴极材料分类：常见的光电阴极材料有 Sb-Cs 阴极、Ag-O-Cs 阴极、Sb-K-Na-Cs 多碱面阴极、紫外光阴极、半导体阴极。

（2）光电阴极材料的特点、性质：选用光电阴极材料时应要求该材料满足以下基本条件：

①光吸收系数大。

②光电子在体内传输中能量损失小，逸出深度大。

③电子亲和势低，表面逸出几率大。

部分光电阴极材料的特点和性质见表 13-48、表 13-49。

表 13－48　部分光电阴极材料的特点

材　　料		适用光区	特　点
多碱	锑铯	可见光、紫外光	暗电流大
	银氧铯	红外光	暗电流大
	锑钾钠铯	可见光、红光、红外光	灵敏度高、光谱特性均匀
	铋银氧铯、钠钾锑、钾铯锑	可见光	灵敏度高
	碘化铯、碲铯	紫外光	灵敏度高
零电子亲和势	铯被吸附在掺锌的 P 型砷化镓表面	可见光、红外光	灵敏度更高、暗电流小
负电子亲和势	重掺杂的砷化镓覆盖 Cs_2O 层	可见光、红外光	灵敏度更高、暗电流小

表 13－49　某些光电阴极材料的性质

光阴极	峰值波长 $\lambda_0/\times10^{-10}$ m	峰值时最大外量子效率 $\eta_{eq}^{m}/\%$	最大发射 /（μA/lm）	热离子发射 /（A/cm^2）
Ag－O－Cs	8 500	1	60	10^{-12}
Cs_3Sb	4 000	30	90	10^{-15}
Bi－Ag－O－Cs	4 500	10	90	10^{-14}
Na_2KSb	3 700	30	60	$<10^{-61}$
$CsNa_2KSb$	4 000	40	230	10^{-16}

2. 光敏电阻和光电导探测器材料

（1）光电导探测器材料：本征光电导材料的光电特性参量见表 13－50。杂质光电导材料的光电特性参量见表 13－51。

表 13－50　本征光电导材料的光电特性参量

半导体材料	禁带宽度 E_g /eV	波长限 λ_c /μm	工作温度 T /K
Te_2S	1.38	0.9	295
Bi_2S_3		0.9	295
CdS	2.4	0.52	295

续表

半导体材料	禁带宽度 E_g /eV	波长限 λ_c /μm	工作温度 T /K
CdSe	1.8	0.69	295
CdTe	1.5	0.83	295
ZnS	3.6		295
ZnSe	2.6		295
ZnTe	2.15		295
Si	1.11	1.1	295
Ge	0.67	1.8	295
PbS	0.42	2.9	295
PbSe	0.23	5.4	195
InAs	0.39	3.2	195
InSb	0.23	5.4	77
$Pb_{0.2}Sn_{0.8}Te$	0.1	12	77
$Hg_{0.8}Cd_{0.2}Te$	0.1	12	77

表 13-51　杂质光电导材料的光电特性参量

半导体材料：杂质	禁带宽度 E_i/eV	波长限 λ_c/μm
Ge：Au	0.15	8.3
Ge：Hg	0.09	14
Ge：Cd	0.06	21
Ge：Cu	0.041	30
Si：In	0.155	8
Si：Ga	0.065	18
Si：Al	0.0685	18
Si：B	0.0439	28

（2）光敏电阻材料列于表 13-52。

表 13－52　主要光敏电阻材料

类　　别	材　　料
元　　素	Se Ce Si
氧 化 物	ZnO PbO
镉化合物	CdS CsSe CdTe
铅化合物	PbS PbSe PbTe
其　　他	InSb Sb_2S_3

（3）光敏电阻的主要类型及参数列于表 13－53。

表 13－53　常用几种国产光敏电阻的参数

型号	亮阻 /kΩ	暗阻 /kΩ	峰值波长 /nm	时间常数 /ms	极限电压 /V	温度系数 %℃$^{-1}$	工作温度 /℃	耗散功率 /mW	材料
RG－CdS－A	<5×10	>100	520	<50	100	<1	－40～80	<100	CdS
RG－CdS－B	$<1\times10^2$	>100	520	<50	150	<0.5	－40～80	<100	CdS
RG－CdS－C	$<5\times10^2$	>100	520	<50	150	<0.5	－40～80	<100	CdS
JN54C384	3～20	最低 0.5	—	—	>100	—	－30～60	30	CdS
JN54C69	50～100	最低 20	—	—	>100	—	－30～60	60	CdS

13.4　其他材料

13.4.1　磁性材料

磁性材料可分为软磁材料和硬磁材料两大类。软磁材料主要用于电机、电器和变压器上作铁芯导磁体，如电工用硅钢板及电工纯铁；还可用作变压器、扼流器及继电器作铁芯，如铁镍合金以及在很高频率上使用的软磁铁氧体等。硬磁材料用作储藏和提供磁能的永久磁铁，如磁电式仪表用的钨钢和铬钢；测量仪表和微电机用的铝镍钴、硬磁铁氧体、稀土永磁材料等。

以下着重介绍常用硅网板的分类、用途及国内外常用硅钢片代用牌号对照，列于表 13－54、表 13－55。一些硬磁材料的品种规格及性能列于表 13－56。

13.4.2 润滑脂

电工用润滑脂的性能用途列于表 13－57。

表 13－54 硅钢片的分类和用途

分类			牌号		厚度/mm	应用范围
热轧硅钢片	热轧电机钢片		DR1 200－100 DR1 100－100	DR740－50 DR650－50	1.0， 0.50	中小型发电机和电动机
			DR610－500 DR510－50	DR530－50 DR490－50	0.5	要求损耗小的发电机和电动机
			DR440－50	DR400－50	0.5	中小型发电机和电动机
			DR360－50 DR290－50	DR315－50 DR265－50	0.5	控制微电机、大型汽轮发电机
	热轧变压器钢片		DR360－35	DR320－35	0.35	电焊变压器、扼流圈
			DR360－50 DR315－50 DR280－35	DR320－35 DR290－35 DR250－35	0.35， 0.50	电抗器和电感线圈
冷轧硅钢片	无取向	电机用	DW530－50	DW470－50	0.50	大型直流电机、大中小型交流电机
			DW360－50	DW330－50	0.50	大型交流电机
		变压器用	DW530－50	DW470－50	0.50	电焊变压器、扼流圈
			DW360－50 DW310－35	DW330－50 DW270－35	0.35， 0.50	电力变压器、电抗器
	单取向	电机用	DQ350－50 DQ290－50 DQ230－35 DQ170－35	DQ320－50 DQ260－50 DQ200－35 DQ151－35	0.35， 0.50	大型发电机
		变压器用	DQ230－35 DQ170－35	DQ200－35 DQ151－35	0.35	电力变压器、高频变压器
			DQ290－35 DQ230－35	DQ260－35 DQ200－35	0.35	电抗器、互感器

表 13-55　国内外常用硅钢片代用牌号对照

厚度/mm	中国			德国	欧洲共同市场	法国	日本		美国	英国
	部标 GBT221/沪标 Q/BQB480		武标 Q/WG (GC)-4	DIN 46400 1973	106-71	NFC 28-90-71	NSC 1975	JIS C2552-75	AISI	BS601 (1973)
	新	旧								
0.5		D21	W23	V260-50A			H23	S23	M45	C630
	DR530-50	D22	W20	V230-50A			H20	S20		
	DR510-50	D23							M43	G500
	DR490-50	D24	W18	V200-50A			H18	S18		G450
	DR420-52	D25								
	DR400-50	D26	W14	V170-50A			H14	S14	M36	G400
			W12	V150-50A			H12	S12	M22	G335
			W10	V135-50A			H10		M19	
0.35			W23				H23	S23		
		D21	W20				H20	S20		
			W18				H18	S18	M43	
		D27	W14				H14	S14	M36	G335
		D28	W12	V130-35A			H12	S12	M22	G315
			W10	V110-35A			H10		M19	G265
							H9		M15	G250
0.5	DR360-50	D41		V150-50B	FeV150-50HB	FeV150-50HB				
	DR315-50	D42		V135-50B	FeV135-50HB	FeV135-50HB				
	DR290-50	D43		V125-50B	FeV125-50HB	FeV125-50HB				
	DR265-50	D44		V110-50B	FeV110-50HB	FeV110-50HB				
0.35	DR320-35	D41		V130-35B	FeV130-35HB	FeV130-35HB				
	DR280-35	D42		V110-35B	FeV110-35HB	FeV110-35HB				
	DR255-35	D43		V100-35B	FeV100-35HB	FeV100-35HB				
	DR225-35	D44		V90-35B	FeV90-35HB	FeV90-35HB				
轧制方式	热轧	热轧	冷轧	热轧	冷轧	冷轧	冷轧		冷轧	冷轧

表 13－56 硬磁性材料的主要品种磁性能及用途

类　别	品种名称（代号）	系列	剩磁/T	矫顽力/(kA/m)	居里点/℃	主要用途
铸造铝镍钴系永磁材料	铝镍(10)	各向同性	0.60	36	760	一般磁电式仪表、永磁电机、磁分离器、微电机、里程表
	铝镍钴(13)		0.68	48	810	
	铝镍钴(32)	热磁处理各向异性	1.20	44	890	精密磁电式仪表、永磁电机、流量计、微电机、磁性支座、传感器、扬声器、微波器件
	铝镍钴(32H)		1.10	56		
	铝镍钴钛(32)		0.80	100	850	
	铝镍钴钛(40)		0.72	140		
	铝镍钴(52)	定向结晶各向异性	1.30	56	890	精密磁电式仪表、永磁电机、微电机、地震检波器、磁性支座、扬声器、微波器件
	铝镍钴(60)		1.35	60	890	
	铝镍钴钛(56)		0.95	104	850	
	铝镍钴钛(70)		0.90	145		
	铝镍钴钛(72)		1.05	111	850	
	铝镍钴钛(85)		1.08	120	850	
粉末烧结铝镍钴系永磁材料	烧结铝镍(9)	各向同性	0.50	35	760	微电机、永磁电机、继电器、小型仪表
	烧结铝镍钴(25)	热磁处理各向异性	1.05	46	890	
	烧结铝镍钴钛(28)		0.70	95	850	
铁氧体永磁材料	铁氧体(10T)	各向同性	0.20	128～160	450	永磁点火电机、永磁电机、永磁选矿机、永磁吊头、磁推轴承、磁分离器、扬声器、微波器件
	铁氧体(15)	各向异性	0.28～0.36	128～192	450	
	铁氧体(20)		0.32～0.38	128～192	450	
	铁氧体(25)		0.35～0.39	152～208	450	
	铁氧体(30)		0.38～0.42	160～216	450	
	铁氧体(35)		0.40～0.44	176～224	450	

续表

类别	品种名称（代号）	系列	剩磁/T	矫顽力/(kA/m)	居里点/℃	主要用途
稀土钴永磁材料	铈钴铜(60)	各向异性	0.55 ~ 0.70	270 ~ 400	≈500	低速转矩电动机、起动电机、力矩电机、传感器、磁推轴承、助听器、电子聚焦装置
	混合稀土钴(95)		0.70 ~ 0.80	320 ~ 480	≈475	
	混合稀土钴(110)		0.80 ~ 0.95	440 ~ 550	≈525	
	钐钴(125)		0.80 ~ 0.95	500 ~ 660	≈725	
塑性复形永磁材料	铁铬钴(15)	各向同性	0.85	44		里程表、罗盘仪
	铁铬钴(30)	各向异性	1.10	48		

表 13 - 57 常用润滑脂的牌号、组成、性能及用途

名称	牌号	锥入度(25℃) 1/(10/mm)	滴点/℃ 不低于	组成物	主要用途
通用锂基润滑脂	1号 2号 3号	310 - 340 265 - 295 220 - 250	170 175 180	脂肪酸锂皂稠化中黏度矿物油	具有良好的抗水性、机械安定性、防锈性和氧化安定性。适用于 - 20 ~ 120℃宽温度范围内各种机械设备的滚动轴承及其他摩擦部位的润滑
钙钠基润滑脂	ZGN - 1 ZGN - 2	250 ~ 290 200 ~ 240	120 135	钙钠混合基油脂其 Na_2O: CaO 应在 3.5:1 ~ 4:1范围内	在上限为 80 ~ 100℃的较高工作温度(不适用于低温),具耐水和耐熔性。适用于铁路机车和列车的滚珠轴承、小电动机和发电机的滚动轴承以及其他高温轴承等的润滑

续表

名称	牌号	锥入度(25℃)1/(10/mm)	滴点/℃不低于	组成物	主要用途
钙基润滑脂	ZG-1 ZG-2 ZG-3 ZG-4 ZG-5	310~340 265~295 220~250 175~205 130~160	75 80 85 90 95	脂肪酸钙皂稠化中黏度矿物油	中滴点,具有良好抗水性的普通钙基脂。适用于工农业和交通运输等一般工作温度的机械设备的润滑。1号与2号脂使用温度不高于55℃;3号和4号脂不高于60℃;5号脂不高于65℃
复合钙基润滑脂	ZFG-1 ZFG-2 ZFG-3 ZFG-4	310~340 265~295 220~250 175~205	180 200 220 240	以乙酸钙复合的脂肪酸钙皂稠化机械油制成	具有较好的机械安定性和胶体安定性。适用于较高温度(150~200℃)和潮湿条件下工作的轴承,以及其他摩擦部分的润滑
合成复合铝基润滑脂	ZFU-1H ZFU-2H ZFU-3H ZFU-4H	310~340 265~295 220~250 175~205	180 190 200 210	以低分子有机酸和合成脂肪酸的馏分酸复合铝皂稠化中等黏度的润滑油制成	高滴点,具有良好的抗水性及防护性能和较好的机械安定性、胶体安定性。适用于较高温度和潮湿条件下摩擦部位的润滑,使用温度不高于120℃
通用航空润滑脂	7007号 7008号	55~76 55~76	160 160	由硬脂酸锂皂稠化双酯,加有结构改善剂及抗氧添加剂制成7008号另加有防锈剂	适用于航空电机和微型电机的轴承,齿轮及某些仪器、仪表的润滑。使用温度范围为:-60~120℃

续表

名称	牌号	锥入度(25℃)1/(10/mm)	滴点/℃不低于	组成物	主要用途
宽温航空润滑脂	7112号	66~78	225	由酰胺和脂肪酸复合锂皂稠化硅油，加有抗氧、抗腐蚀等添加剂制成	适用于宽温度范围(-70~+180℃)，轻负荷下工作的仪器、仪表轴承和其他滚动轴承的润滑，以及其他一些低温起动性能要求高的仪器、仪表和微电机的润滑

第 14 章　电气图形符号标识及单位换算

14.1　电气图形符号与标号

20 世纪 80 年代全国电气图形符号标准化委员会相继制定了新的电气图用图形符号标准 13 项，取代了原来使用的标准。国家技术监督局明确规定，自 1990 年起所有电气技术文件和图纸一律采用新标准，不再使用旧标准。本书列出了常用电气图形符号新旧对照表，以便读者对照。应说明的是，因国家标准也在不断修订，在此期间，本书所列电气图形符号如与国家最新标准不符时，应以国家标准为准。

表 14-1　国标图形符号新旧对照表

旧图形符号	新图形符号	说　　明
	一、基本符号	
(1) ~	(1)—— 或 ═══ (2)≂	(1)直流 (2)交直流
(1)∽	(1)～ (2)≈ (3)≋	(1)交流或低频(如线路不是 50Hz 时,可在符号后面注上频率) (2)中频 (3)高频
(1)N	(1)N (2)M (3)PE (4)PEN	(1)中性(中性线) (2)中间线 (3)保护线 (4)保护和中性共同线

续表

旧图形符号	新图形符号	说　　明
(1)A (2)B (3)C	(1)L1 (2)L2 (3)L3 (4)U (5)V (6)W	交流电的相序 (1)A相,交流电的第一相 (2)B相,交流电的第二相 (3)C相,交流电的第三相 (4)交流系统设备端第一相 (5)交流系统设备端第二相 (6)交流系统设备端第三相
m ~ f (1)3 ~ 50Hz (2)3N ~ 50Hz		相数m,频率f的交流电 例:(1)3相,50Hz的交流电 (2)3相带中性线50Hz的交流电 注:在一张图上仅有50Hz的一种频率时,允许不注明频率数
2N ~ 220V	2M ~ 220/110V	二线带中性线220伏直流电(各线与中性线间为110伏)
+		正极
−		负极
|		旧:有两个引出线端的单相绕组 新:一个绕组
|||		旧:三个单相绕组,每个都有两个出线端 新:三个独立绕组
Y		星形连接的三相绕组
		有中点引出线的星形连接三相绕组
△		三角形连接的三相绕组
●或○		电气连接的一般符号 新:端子

旧图形符号	新图形符号	说　明
∅	可拆卸的端子	
(1)	(1) (2)	(1)接地 (2)保护接地
		等电位
 或 	 或 	旧:机壳接地 新:接机壳或接地板
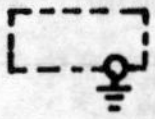		旧:屏蔽接地 新:屏蔽 注:屏蔽可画成任何方便的形状
二、导线、电缆、母线及连接		
		导线、电缆 新:包括导线、导线组、电路、线路
		母线
		软电缆,软导线
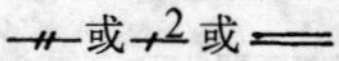		二根导线(或电缆)组成的电路
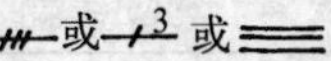		三根导线(或电缆)组成的电路
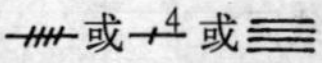		三相四线制电路的导线(或电缆,母线)
		*n* 根导线(或电缆)组成的电路
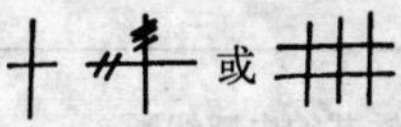		不连接的跨越导线(或电缆,母线)
		互相连接的交叉导线(或电缆,母线)
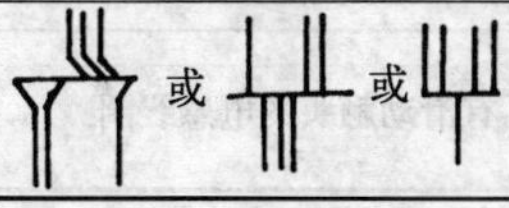		导线(或电缆)的合并和分支

续表

旧图形符号	新图形符号	说　明
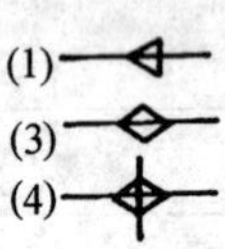	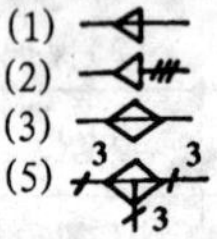	电缆配件 (1)终端头(终端套管) (2)密封终端头(示出带一根三芯电缆) (3)连接头(结合套管) (4)两个分支线的分支套管 (5)单线表示电缆分线盒(三根导线T接)
三、电感线圈、变压器		
 或		双绕组变压器
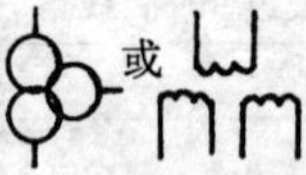		三绕组变压器
 或	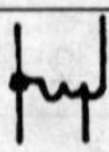	自耦变压器
	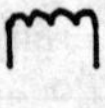	电感线圈
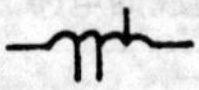	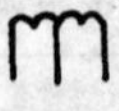	带抽头的电感线圈
		有铁芯的电感线圈
(1) 	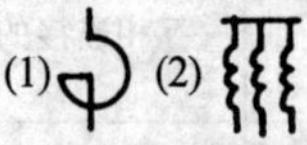	(1)电抗器　新:扼流圈 (2)频敏变阻器
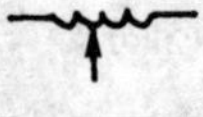	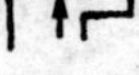	有滑动触头的电感线圈

续表

旧图形符号	新图形符号	说　　明
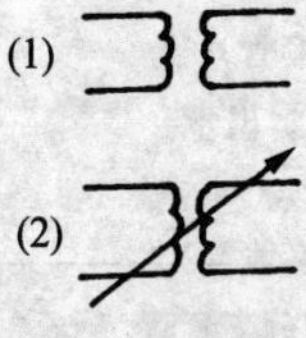	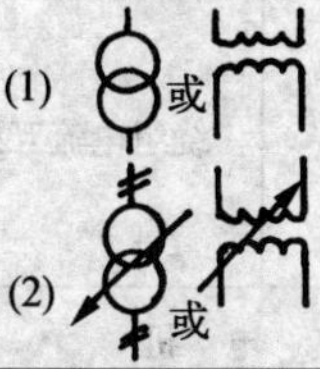	无铁芯变压器 (1)耦合固定 (2)耦合可变
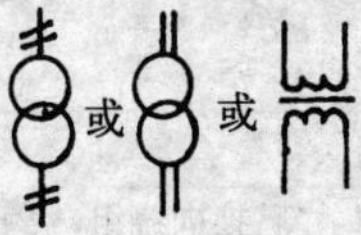		有铁芯的单相双绕组变压器
		有铁芯的三相双绕组变压器 绕组连接:星形－三角形(Y－△)
		可带负荷调整有铁芯的三相双绕组变压器 绕组连接:星形－三角形(Y－△)
		单相自耦变压器
		连续调压的单相自耦变压器
		有铁芯的三相自耦变压器,绕组连接为星形

续表

旧图形符号	新图形符号	说　　明
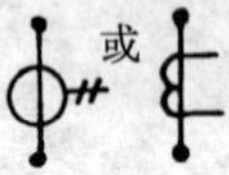	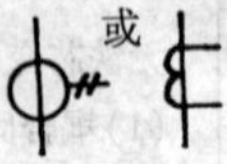	绕组电流互感器
四、旋　转　电　机		
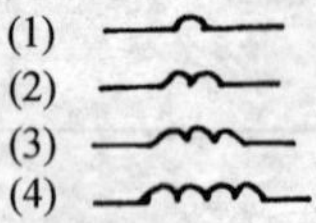		旋转电机的绕组 (1)旧:换向绕组 (2)旧:补偿绕组　新:换向绕组 (3)直流电机串励绕组或交流电机定子绕组 (4)直流电机并励或他励绕组
		旋转电机一般符号,圆圈内“ * ”必须用下述字母代替:C 为同步变流机,G 为发电机,GS 为同步发电机,M 为电动机,MG 为能作发电机或电动机使用的电机,MS 为同步电动机,SM 为伺服电机,TG 为测速发电机,TM 为力矩电动机,IS 为感应同步器。注:可在上面符号下加符号“ ～ ”代表交流或“—”代表直流
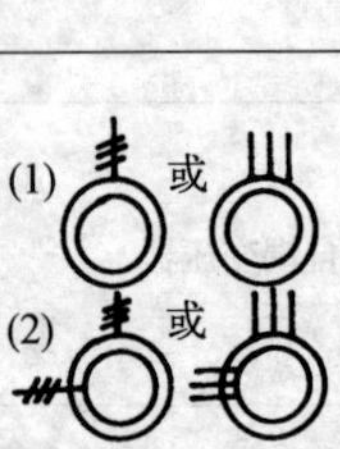	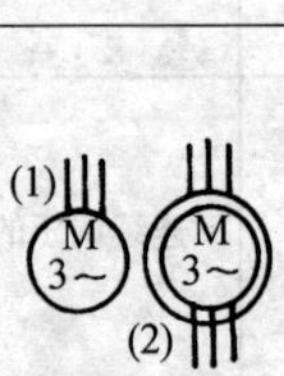	(1)三相鼠笼异步电动机 (2)三相滑环异步电动机
五、换　接　装　置		

续表

旧图形符号	新图形符号	说　　明
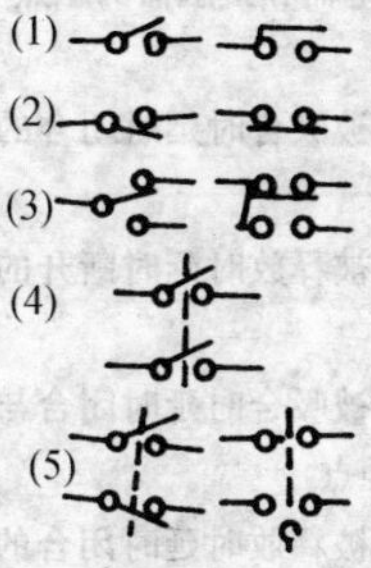	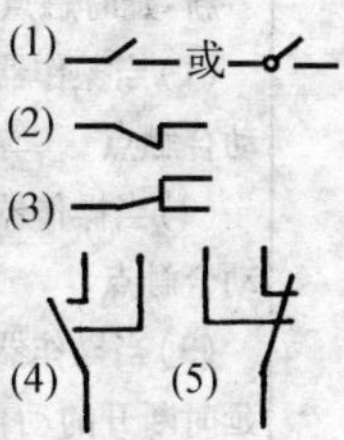	开关和转换开关触点: (1)动合触点 (2)动断触点 (3)切换触点 (4)双动合触点 (5)双动断触点 图(4)、(5)用于复杂系统的开关和转换开关(图示出二极)
		自动开关的动合触点(常开触点)
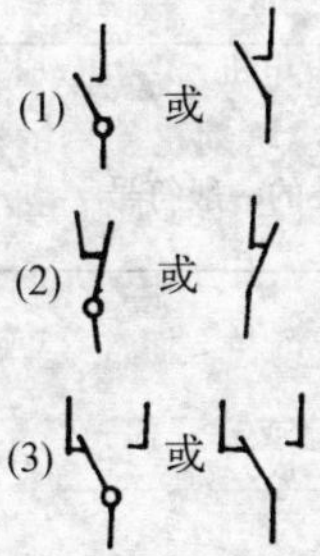	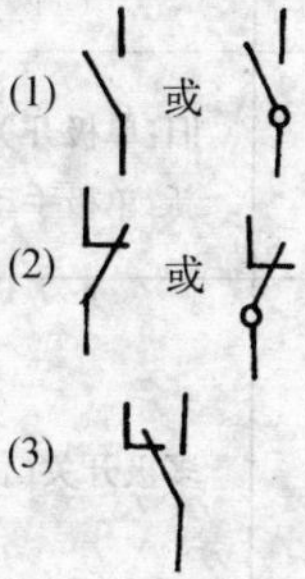	旧:继电器触点　新:触点 (1)动合触点(常开) (2)动断触点(常闭) (3)切换触点(先断后合) 注:触点引出线方向不作规定 新:(1)符号可用作开关的一般符号
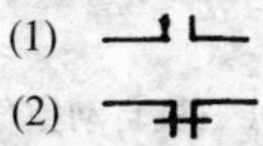	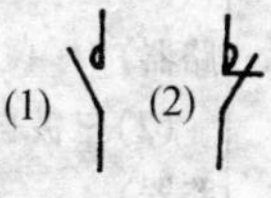	接触器、起动器、电力控制器的主触点 (1)动合触点 (2)动断触点 注:本项电器的辅助触点应和该设备主触点符号一致

续表

旧图形符号	新图形符号	说　　明
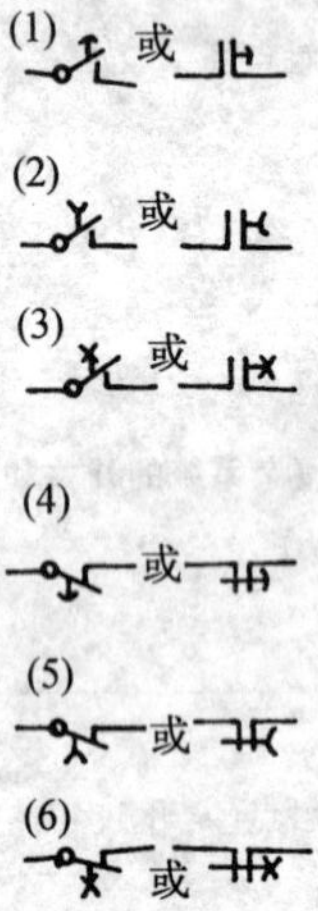	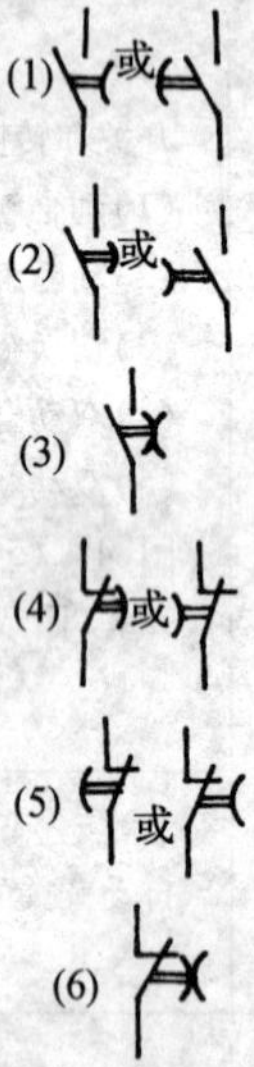	旧:带时限的继电器和接触器的触点 新:延时触点 (1)当操作器件被吸合时延时闭合的动合触点 (2)当操作器件被释放时延时断开的动合触点 (3)当操作器件被吸合时延时闭合与延时断开的动合触点 (4)当操作器件被释放时延时闭合的动断触点 (5)当操作器件被吸合时延时断开的动断触点 (6)当操作器件被释放时延时闭合与延时断开的动断触点
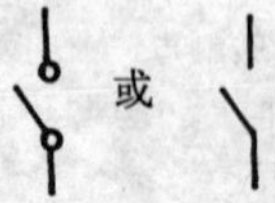	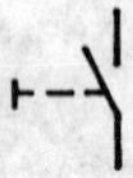	旧:单极开关 新:单极手动开关的一般符号
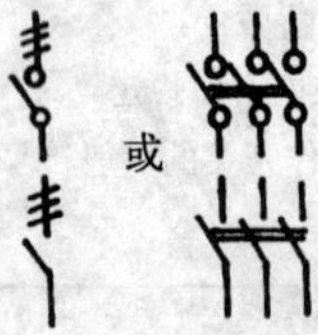		多极开关(例如三极)
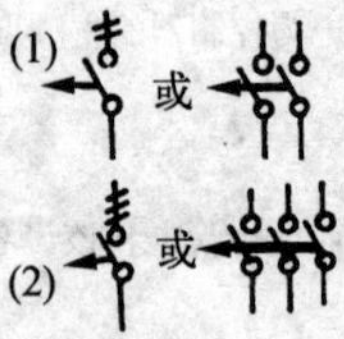		(1)二极自动开关(二极自动空气断路器) (2)三极自动开关(三极自动空气断路器)

旧图形符号	新图形符号	说　　明
(1) 	(2) 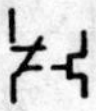	(1)保护触点的动断触点 (2)热继电器的触点
(1) 	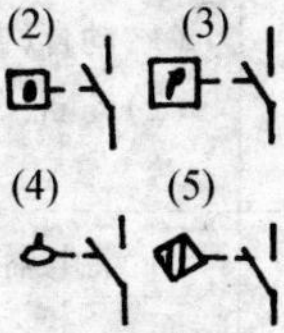	(1)非电继电器(反映非电物理量的变化触点)一般符号 (2)温度控制动合触点 (3)压力控制动合触点 (4)液位控制动合触点 (5)接近开关动合触点
	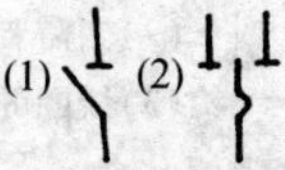	旧:单极高压隔离开关 新:(1)隔离开关 (2)有中间断开位置的双向隔离开关
		旧:三极高压隔离开关 新:三极隔离开关
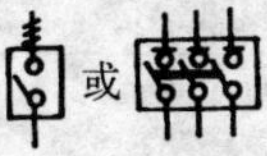		旧:三极高压负荷开关 新:负荷开关
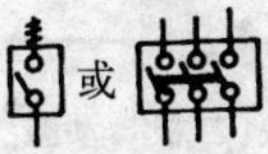		旧:三极高压断路器 新:断路器
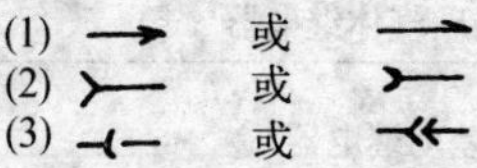		(1)插头一般符号 (2)插座一般符号 (3)插头座

续表

旧图形符号	新图形符号	说　　明
	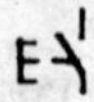	动合(常开)按钮
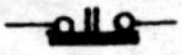	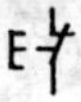	动断(常闭)按钮
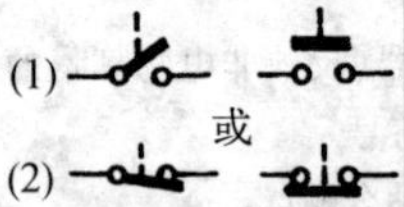	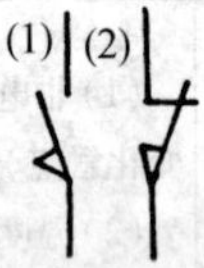	行程开关触点 (1)动合(常开)触点 (2)动断(常闭)触点
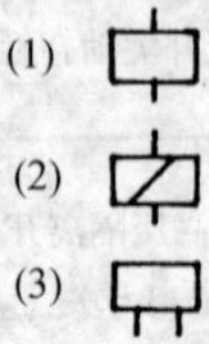		旧:继电器、接触器和磁力起动器的线圈 新:操作器件的线圈 (1)一般符号 (2)当需要指出继电器为单线圈时 (3)线圈的引出线允许绘于符号的一侧
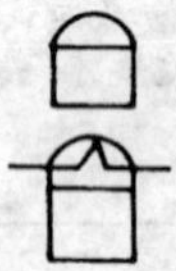		旧:继电器的一般符号 注:继电器的触点和线圈的引出线允许在图例中绘制。 例:有一个动合触点的继电器 新:交流继电器的线圈
		信号继电器
		中间继电器
	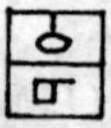	旧:瓦斯继电器 新:气体继电器
	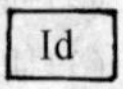	差动继电器

旧图形符号	新图形符号	说　　明
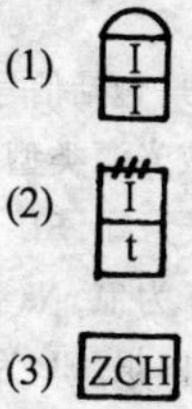	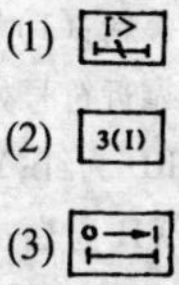	(1)反比延时的过电流继电器 (2)三相继电保护的定时电流保护装置 (3)自动重合闸装置 (4)自动重闭合器件
六、电气测量仪表及信号器件		
		测量仪表的电压线圈一般符号
		测量仪表的电流线圈一般符号
	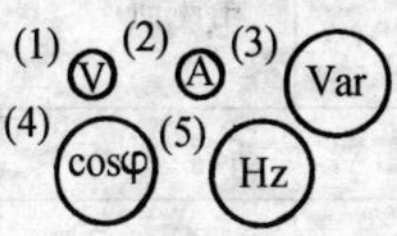	旧:指示式测量仪表一般符号 新:(1)电压表 (2)电流表 (3)无功功率表 (4)功率因数表 (5)频率表
	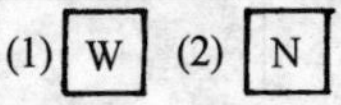	旧:记录式测量仪表一般符号 新:(1)记录式功率表 (2)记录式示波器
	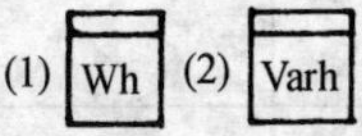	旧:积算式仪表一般符号 新:(1)电度表(瓦特时计) (2)无功电度表
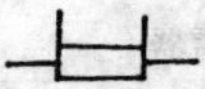		旧:分流器 新:分路器(带分流和分压的电阻器)

旧图形符号	新图形符号	说　　明
	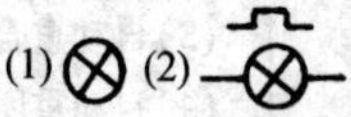	旧:信号灯 新:(1)灯的一般符号(包括信号灯),靠近符号处可标颜色或光源类型字母:RD 为红,YE 为黄,GN 为绿,BU 为蓝,WH 为白;Ne 为氖,Xe 为氙,Na 为钠,Hg 为汞,I 为碘,IN 为白炽,EL 为电发光,ARC 为弧光,FL 为荧光,IR 为红外线,UV 为紫外线,LED 为发光二极管 (2)闪光型信号灯
		蜂鸣器
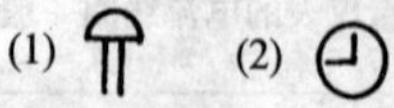		(1)电铃一般符号 (2)钟
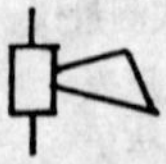		电喇叭
七、避雷器、熔断器		
		火花间隙
		避雷器
		管形避雷器

续表

旧图形符号	新图形符号	说　　明
		阀型避雷器、磁吹避雷器
		击穿保险器
		熔断器一般符号
		熔断器式开关
(1) 	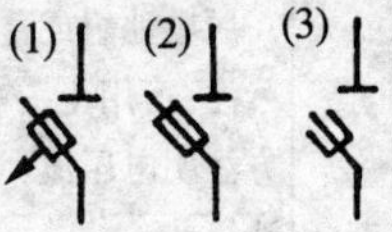	(1)跌开式熔断器 (2)熔断器式隔离开关 (3)熔断器式负荷开关
八、电　　阻		
	 或 	电阻的一般符号(固定电阻)
		有固定抽头的电阻(二个抽头)
(1) 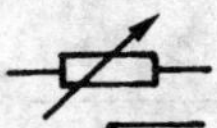 (2) 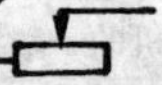		可变电阻器,可调电阻 (1)一般符号 (2)滑线式变阻器
	(1) 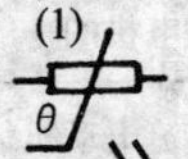 (2) 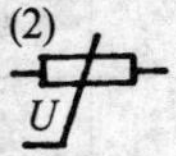 (3) 	(1)热敏电阻器 (2)压敏电阻器 (3)光敏电阻 注:θ 可用 t° 代替,U 可用 V 代替

旧图形符号	新图形符号	说　　明
九、其他设备及元件		
		电炉一般符号
		旧:热元件 新:热继电器的驱动元件
(1) 	(1) (2) (3) 	(1)整流器的一般符号 (2)桥式全波整流器 (3)逆变器
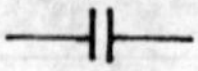	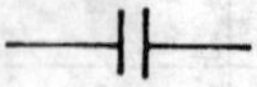	电容器的一般符号
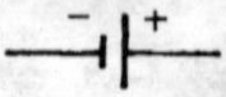	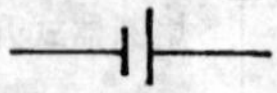	原电池或蓄电池(注:允许不注出极性符号)
 48V 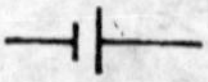	 或 	原电池组或蓄电池组 注:可用上一项绘制,但应在图形上方注明电压值。例如:电压为48V的电池组
	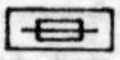	熔断器箱(盒)
		按钮的一般符号(注:若不引起混淆,小圆允许涂黑)
十、电机、变流器、电容器、变电所变压器		
		电动机的一般符号或鼠笼电动机
		发电机的一般符号
		直流电动机
		电容器或电容器组

续表

旧图形符号	新图形符号		说明
			半导体整流器
	规划的	运行的	总降压变电站
			配电所
	V/V	V/V	变电所
			杆上变电所
			移动式变电所
			地下变电所
			发电站(厂),当需要区别直流或交流时,在中间加注“-”或“~”号
			变压器

十一、配电箱(屏)、控制台

		屏、台、箱、柜一般符号
(1)	(2)	(1)控制站 (2)组合开关箱
		电力或照明配电箱 注:需要时符号内可标示电流种类符号
(1)	(1)或 (2)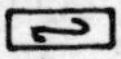	(1)直流配电盘(箱、屏) (2)交流配电盘(箱、屏)

十二、起动、控制

		起动器一般符号

续表

旧图形符号	新图形符号	说　　明
(1) 	(2)  (3) 	(1)变阻器 (2)阀的一般符号 (3)电磁阀
(1) 	(1)  (2)  (3) 	(1)电阻箱 (2)电动阀 (3)电磁分离器
(1)  (2)  (3) 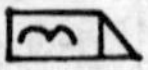		(1)自耦变压器 新:(2)电磁制动器 新:(3)电锁
		自动开关箱
		刀开关箱
十三、照明灯具、开关、插座		
		各种灯具的一般符号 旧:圆圈内的字母代表灯罩:J为水晶底罩灯,T为圆筒形罩灯,W为碗形罩灯,P为乳白玻璃平盘罩灯,S为搪瓷伞形罩灯(铁盆罩)
		深照型灯
(1) 	(2) 	(1)无磨砂玻璃罩的万能型灯 (2)广照型灯(配照型灯)
(1)  (2) 	(2) 	(1)瓷质半密闭式灯　(2)花灯
(1)  (2)  (3) 		(1)安全灯 新(2)在专用电路上的事故照明灯 新:(3)自带电源的事故照明灯(应急灯)

续表

旧图形符号	新图形符号	说　　明
	隔爆灯	
	球型灯	
	天棚灯	
		局部照明灯
	—	指示灯
	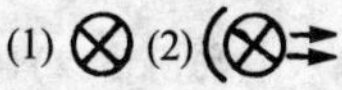	(1)信号灯　(2)聚光灯
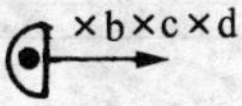		投光灯 a 为灯泡瓦数;b 为倾斜角度;c 为安装高度;d 为灯具型号
		(1)弯灯　(2)泛光灯
	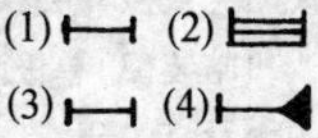	(1)荧光灯一般符号 (2)三管荧光灯 (3)五管荧光灯 (4)防爆荧光灯
		防水防尘灯
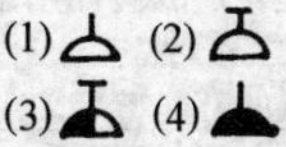	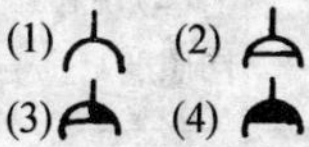	单相插座:(1)一般(2)保护或密闭(防水)(3)防爆(4)暗装
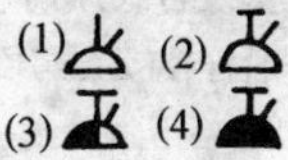	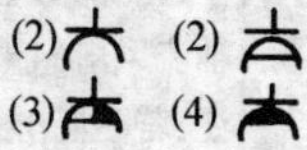	单相插座带接地插孔 (1)一般(2)保护或密闭(防水)(3)防爆(4)暗装
	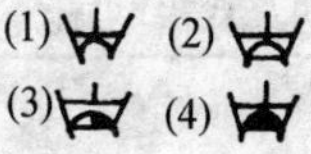	三相插座带接地插孔 (1)一般(2)保护或密闭(防水)(3)防爆(4)暗装

续表

旧图形符号	新图形符号	说　　明
		开关的一般符号:(1)单极开关(2)明装(3)暗装(4)保护或防水(密闭)(5)防爆
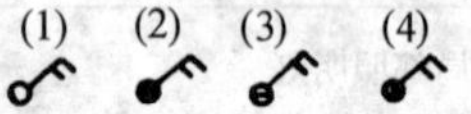		双极开关 (1)明装(2)暗装(3)保护或防水(密闭)(4)防爆
		三极开关 (1)明装(2)暗装(3)保护或防水(密闭)(4)防爆
		拉线开关 (1)一般(2)瓷质(3)瓷质防水(4)单极拉线开关
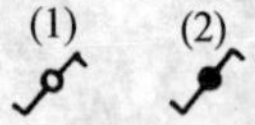	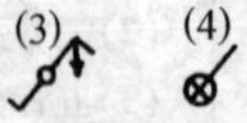	双控开关(单极三级):(1)明装(2)暗装(3)单极双控拉线开关(4)具有指示灯的开关
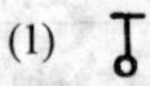	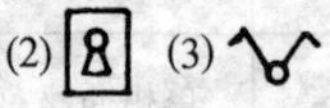	(1)风扇调速开关 (2)钥匙开关(3)多拉开关(如用于不同照度)
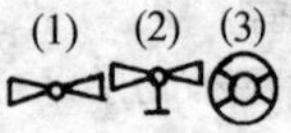		(1)吊式风扇(2)壁装台式风扇(3)轴流风扇(4)风扇一般符号(示出引线) 注:若不混淆,方框可省略不画
十四、室外照明及架空线电杆		

旧图形符号	新图形符号	说　　明
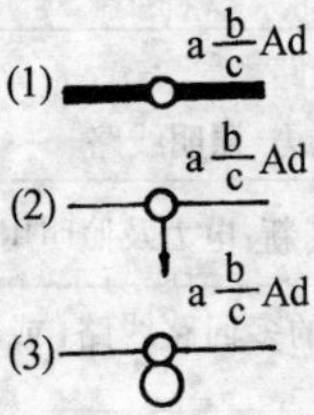	2、3 图形符号同旧标准 	(1)引上杆(小黑点表示电缆);(2)~(4)为带照明灯具的电杆一般画法(灯具型号统一说明) a 为编号,b 为杆型,c 为杆高,单位 m A 为连接相序,d 为容量,单位 W (2)不需要表示灯具投照方向 (3)需要表示灯具投照方向 (4)用灯具本身图形符号表示
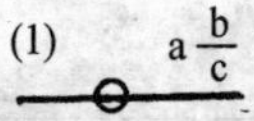		(1)不带照明灯具的电杆 a 为编号,b 为杆型,c 为杆高,单位 m (2)电杆的一般符号(单杆、中间杆),可加注: A 为杆材或所属部门,B 为杆长,C 为杆号
十五、电　气　线　路		
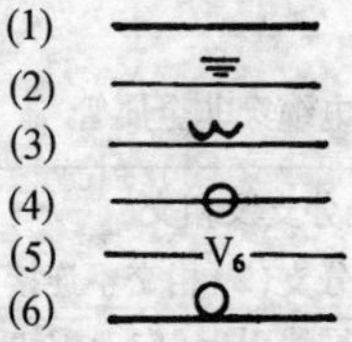		(1)配电线路一般符号 (2)地下线路 (3)水下线路 (4)架空线路,画电杆时 (5)架空线路,不画电杆,需要注明电压等级时,加注电压,单位(kV)。如 6kV 架空线路不画电杆时 (6)管道线路
	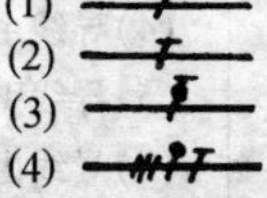	(1)中性线 (2)保护线 (3)保护和中性共用线 (4)具有保护和中性线的三相配线

续表

旧图形符号	新图形符号	说明
		移动式用电设备的软电缆或软导线
		事故照明线路
		旧:36V 及以下线路 新:50V 及以下电力、照明线路
		控制及信号线路(新:电力及照明用)
		(1)用单线表示的多回路线路(或电缆管束) 新:(2)用单线表示的多种线路
		接地或接零线路(包括避雷接地网)
(1) (2) 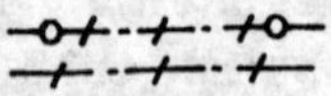		接地装置 (1)有垂直接地体 (2)无垂直接地体
(1) (2) (3) (4) 		电缆与其他设施交叉点 a 为交叉点编号 (1)旧:单线图;新:电缆无保护 (2)复线图 (3)旧:电缆穿钢管保护;新:电缆有保护 (4)电缆穿非金属管
(1) (2) 		导线分支及相交 (1)分支(2)相交不连接
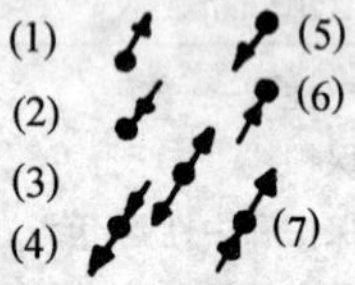		(1)导线引上(向上配线) (2)导线由上引来 (3)导线引上并引下(垂直通过配线) (4)导线由上引来并引下 (5)导线引下(向下配线) (6)导线由下引来 (7)导线由下引来并引上

旧图形符号	新图形符号	说　明
		母线伸缩接头
		电缆中间接线盒
(1) 	(2) 	(1)电缆分支接线盒　(2)电缆终端头
		放电间隙
		避雷针
(1) 	(2) 	(1)电缆沟 (2)电缆穿管保护 注:可加注文字符号表示其规格数量
		接地、重复接地
(2)  (3)	(1) 	(1)避雷器 (2)阀形避雷器 (3)管形避雷器

十六、标注的文字及符号

$\frac{a}{b}$或$\frac{a/c}{b/d}$	用电设备 a 为设备编号;b 为额定容量(千瓦);c 为线路首端熔体或自动开关脱扣器的额定电流(A);d 为标高(m)
$a\frac{b}{c}$或 a—b—c	电力或照明配电设备 a 为设备编号;b 为型号;c 为设备容量(kW)
$a\frac{b}{c/d}$或 a—b—c/I	开关箱及熔断器 a 为设备编号;I 为熔体电流(A);b 为型号;c 为熔断器电流(A);d 为导线牌号

续表

旧图形符号	新图形符号	说　　明
a/b—c		照明变压器 a 为一次电压(V);b 为二次电压(V);c 为额定容量(VA)
$a-b\frac{c\times d}{e}f$ 吸顶式 $a-b\frac{c\times d}{-}$	$a-b\frac{c\times d\times L}{e}f$ $a-b\frac{c\times d\times L}{-}$	照明灯具 a 为灯数;b 为型号或符号;c 为每盏照明灯具的灯泡数(一个可以不标);d 为灯泡容量(W);e 为安装高度(m);f 为安装方式;L 为光源种类 注:(1)安装高度:壁灯时,指灯具中心与地距离;吊灯时,为灯具底部与地距离 (2)灯具符号内已标注编号者,不再注明型号 (3)安装方式:X 为线吊式,L 为链吊式;G 为管吊式;B 为壁装式;R 为嵌入式;D 为吸顶式或直附式;DR 为顶棚内安装;T 为台上安装,BR 为墙壁内安装;J 为支架上安装;Z 为柱上安装,ZH 为座装。上述符号 X、L、G 为国标符号,其余均为非国标符号,仅供参考
⑮		最低照度(例如 15_{lx})
▼ ±0.000 ▼ ±0.000		安装或敷设标高(m) (1)用于室内平面、剖面图上 (2)用于总平面图上的室外地面

续表

旧图形符号	新图形符号	说明
$a\frac{b-c/i}{n[d(e\times f)-gh]}$或$an[d(e\times f)-gh]$ 或$d(e\times f)-gh$		配电线路 a 为线路编号;b 为编电设备型号;c 为保护线路熔丝电流(A);d 为导线型号;e 为导线或电缆芯根数;f 为导线截面(mm^2);g 为线路敷设方式(管径);h 为线路敷设部位;i 为保护线路熔体电流(A);n 为并列电缆或管线根数(一根可以不标) 注:本标注是推荐标注方法。工程设计图允许在表示清楚前提下,按照规定格式适当简化标注
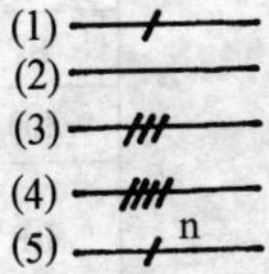	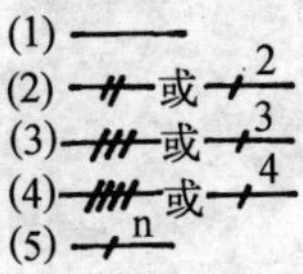	导线根数 (1)表示单根 (2)表示 2 根 (3)表示 3 根 (4)表示 4 根 (5)表示 n 根

14.2 电气设备的文字符号

电气设备的基本文字符号见表 14-2。电气设备的常用辅助文字符号见表 14-3。

表 14－2　电气设备的基本文字符号（GB 7159—87）

设备、装置和元器件种类	中文名称	基本文字符号	
		单字母	双字母
组件 部件	分离元件放大器 激光器 调节器	A	
	电桥		AB
	晶体管放大器		AD
	集成电路放大器		AJ
	磁放大器		AM
	电子管放大器		AV
	印刷电路板		AP
	抽屉柜		AT
	支架盘		AR
非电量到电量变换器或电量到非电量变换器	热电传感器 热电池 光电池 测功计 晶体换能器 送话器 拾音器 扬声器 耳机 自整角机旋转变压器 模拟和多级数字 变换器或传感器 （用作指示和测量）	B	
	压力变换器		BP
	位置变换器		BQ
	旋转变换器 （测速发电机）		BR
	温度变换器		BT
	速度变换器		BV

续表

设备、装置和元器件种类	中文名称	基本文字符号	
		单字母	双字母
电容器	电容器	C	
二进制元件延迟器件存储器件	数字集成电路和器件： 延迟线 双稳态元件 单稳态元件 磁芯存储器 寄存器 磁带记录机 盘式记录机	D	
其他元器件	本表其他地方未规定的器件	E	
	发热器件		EH
	照明灯		EL
	空气调节器		EV
保护器件	过电压放电器件、避雷器	F	
	具有瞬时动作的限流保护器件		FA
	具有延时动作的限流保护器件		FR
	具有延时和瞬时动作的限流保护器件		FS
	熔断器		FU
	限压保护器件		FV
发生器 发电机 电源	旋转发电机 振荡器	G	
	发生器 同步发电机		GS
	异步发电机		GA
	蓄电池		GB
	旋转式或固定式变频机		GF

续表

设备、装置和元器件种类	中文名称	基本文字符号	
		单字母	双字母
信号器件	声响指示器	H	HA
	光指示器		HL
	指示灯		HL
继电器 接触器	瞬时接触继电器	K	KA
	瞬时有或无继电器		KA
	交流继电器		KA
	闭锁接触继电器 （机械闭锁或永磁铁式有或无继电器）		KL
	双稳态继电器		KL
	接触器		KM
	极化继电器		KP
	簧片继电器		KR
	延时有或无继电器		KT
	逆流继电器		KR
电感器 电抗器	感应线圈 线路陷波器 电抗器（并联和串联）	L	
电动机	电动机	M	
	同步电动机		MS
	可作发电机和电动机用的电机		MG
	力矩电动机		MT
模拟元件	运算放大器 混合模拟/数字器件	N	

续表

设备、装置和元器件种类	中文名称	基本文字符号	
		单字母	双字母
测量设备 试验设备	指示器件 记录器件 积算测量器件 信号发生器	P	
	电流表		PA
	（脉冲）计数器		PC
	电度表		PJ
	记录仪器		PS
	时钟、操作时间表		PT
	电压表		PV
电力电路的开关器件	断路器	Q	QF
	电动机保护开关		QM
	隔离开关		QS
电阻器	电阻器 变阻器	R	
	电位器		RP
	测量分路表		RS
	热敏电阻器		RT
	压敏电阻器		RV
控制、记忆、信号电路的开关器件选择器	拨号接触器 连接级	S	
	控制开关		SA
	选择开关		SA
	按钮开关		SB
	液体标高传感器		SL
	压力传感器		SP
	位置传感器（包括接近传感器）		SQ
	转数传感器		SR
	温度传感器		ST

续表

<table>
<tr><th rowspan="2">设备、装置和元器件种类</th><th rowspan="2">中文名称</th><th colspan="2">基本文字符号</th></tr>
<tr><th>单字母</th><th>双字母</th></tr>
<tr><td rowspan="5">变压器</td><td>电流互感器</td><td rowspan="5">T</td><td>TA</td></tr>
<tr><td>控制电路电源用变压器</td><td>TC</td></tr>
<tr><td>电力变压器</td><td>TM</td></tr>
<tr><td>磁稳压器</td><td>TS</td></tr>
<tr><td>电压互感器</td><td>TV</td></tr>
<tr><td>调制器
变换器</td><td>鉴频器
解调器
变频器
编码器
交流器
逆变器
整流器</td><td>U</td><td></td></tr>
<tr><td rowspan="3">电子管
晶体管</td><td>气体放电管
二极管
晶体管
晶闸管</td><td rowspan="3">V</td><td></td></tr>
<tr><td>电子管</td><td>VE</td></tr>
<tr><td>控制电路用电源整流器</td><td>VC</td></tr>
<tr><td>传输通道
波导
天线</td><td>导线
电缆
母线
波导
波导定向耦合器
偶极天线
抛物天线</td><td>W</td><td></td></tr>
</table>

续表

设备、装置和元器件种类	中文名称	基本文字符号	
		单字母	双字母
端子 插头 插座	连接插头和插座 接线柱 电缆封端和接头 焊接端子板	X	
	连接片		XB
	测试插孔		XJ
	插头		XP
	插座		XS
	端子板		XT
电气操作的机械器件	气阀	Y	
	电磁铁		YA
	电磁制动器		YB
	电磁离合器		YC
	电磁吸盘		YH
	电动阀		YM
	电磁阀		YV
终端设备 混合变压器 滤波器 均衡器 限幅器	电缆平衡网络 压缩扩展器 晶体滤波器 网络	Z	

表 14-3　电气设备的常用辅助文字符号（GB 7159—87）

序号	文字符号	名称	序号	文字符号	名称
1	A	电流	19	D	数字
2	A	模拟	20	D	降
3	AC	交流	21	DC	直流
4	A AUT	自动	22	DEC	减
5	ACC	加速	23	E	接地
6	ADD	附加	24	EM	紧急
7	ADJ	可调	25	F	快速
8	AUX	辅助	26	FB	反馈
9	ASY	异步	27	FW	正，向前
10	B BRK	制动	28	GN	绿
11	BK	黑	29	H	高
12	BL	蓝	30	IN	输入
13	BW	向后	31	INC	增
14	C	控制	32	IND	感应
15	CW	顺时针	33	L	左
16	CCW	逆时针	34	L	限制
17	D	延时（延迟）	35	L	低
18	D	差动	36	LA	闭锁
37	M	主	55	RES	备用

续表

序号	文字符号	名称	序号	文字符号	名称
38	M	中	56	RUN	运转
39	M	中间线	57	S	信号
40	M MAN	手动	58	ST	起动
41	N	中性线	59	S SET	置位，定位
42	OFF	断开	60	STA	饱和
43	ON	闭合	61	STE	步进
44	OUT	输出	62	STP	停止
45	P	压力	63	SYN	同步
46	P	保护	64	T	温度
47	PE	保护接地	65	T	时间
48	PEN	保护接地与中性线共用	66	TE	无噪声（防干扰）接地
49	PU	不接地保护	67	V	真空
50	R	记录	68	V	速度
51	R	右	69	V	电压
52	R	反	70	WH	白
53	RD	红	71	YE	黄
54	R RST	复位			

14.3　电工常用物理量的单位换算

14.3.1　国际单位制（SI）的基本单位及电磁量的法定计量单位

国际单位制（SI）的基本单位列于表 14－4。电磁量的计量单位与克厘米秒制（GCS）换算列于表 14－5。

表 14－4　国际单位制（SI）的基本单位

量的名称	单位名称	单位符号
长度	米	m
质量（重量）	千克，（公斤）	kg
时间	秒	s
电流	安（培）	A
热力学温度	开（尔文）	K
物质的量	摩托（尔）	mol
发光的量	坎（德拉）	cd

表 14－5　电磁量的法定计量单位与克厘米秒制（GCS）换算

量	符号	法定计量单位	量　纲	法定计量单位换算到GCS时的系数	
				GCSM	GCSE
电　量	Q	库仑（C）	A·S	10^{-1}	3×10^{9}
电　流	I	安培（A）	A	10^{-1}	3×10^{9}
电　压 电位差	V U	伏特（V）	$J/C=\frac{kg\cdot m^2}{A\cdot s^3}$	10^{8}	$\frac{1}{300}$
电场强度	E	伏特/米（V/m）	$\frac{kg\cdot m}{A\cdot s^3}$	10^{6}	$\frac{1}{3}\times10^{-4}$
电　阻	R	欧姆（Ω）	$V/A=\frac{kg\cdot m^2}{A^2\cdot s^3}$	10^{9}	$\frac{1}{9}\times10^{-11}$
电　容	C	法拉（F）	$s/\Omega=\frac{A\cdot s}{V}=\frac{A^2\cdot s^4}{kg\cdot m^2}$	10^{-9}	9×10^{11}

续表

量	符号	法定计量单位	量　纲	法定计量单位换算到GCS时的系数	
				GCSM	GCSE
电　感	L	亨利（H）	$\frac{V\cdot s}{A}=\Omega\cdot s=\frac{kg\cdot m^2}{A^2\cdot s^2}$	10^9	$\frac{1}{9}\times10^{-11}$
磁　通	Φ	韦　伯（Wb）	$V\cdot s=\frac{kg\cdot m^2}{A\cdot s^2}$	10^8（麦克斯韦）	$\frac{1}{300}$
磁感应强度 磁通密度	B	特斯拉（T）	$\frac{V\cdot s}{m^2}=\frac{kg}{A\cdot s^2}$	10^4（高斯）	$\frac{1}{3}\times10^{-6}$
磁场强度	H	安培/米（A/m）	A/m	$4\pi\times10^{-3}$（奥斯特）	$12\pi\times10^7$
磁通势	F	安培（A）	A	$4\pi\times10^{-1}$（吉伯）	$12\pi\times10^9$
磁　阻	R_m	1/亨利（1/H）	$(\Omega\cdot s)^{-1}=\frac{A^2\cdot s^2}{kg\cdot m^2}$	$4\pi\times10^{-9}$	$36\pi\times10^{11}$
力	F	牛顿（N）	$\frac{kg\cdot m}{s^2}$	10^5（达因）	10^5（达因）
功　能	A	焦耳（J）	$N\cdot m=\frac{kg\cdot m^2}{s^2}$	10^7（尔格）	10^7（尔格）
功　率	P	瓦特（W）	$J/s=\frac{kg\cdot m^2}{s^3}$	10^7（尔格/秒）	10^7（尔格/秒）
真空介电常数	ε_0	法拉/米（F/m）	$\frac{A^2\cdot s^4}{kg\cdot m^3}$	$4\pi\times10^{-11}$	$36\pi\times10^9$
真空导磁率	μ_0	亨利/米（H/m）	$\frac{kg\cdot m}{A^2\cdot s^2}$	$\frac{1}{4\pi}\times10^7$	$\frac{1}{36\pi}\times10^{-12}$

注：法定计量单位中

$$\varepsilon_0=\frac{1}{36\pi\times10^9}=8.85\times10^{-12}\mathrm{F/m};\ \mu_0=4\pi\times10^{-7}=1.26\times10^{-6}\mathrm{H/m}$$

14.3.2　常用物理量的单位换算

（1）长度单位换算见表14－6。

表 14－6　长度单位换算表

单位	米 (m)	厘米 (cm)	毫米 (mm)	埃 A°	英里 (mile)	英寻 (fm)	英尺 (ft)	英寸 (in)	海里 (nmile)	链	码 (yd)	密尔 (mil)	杆 (rad)
米 (m)	1	100	1 000	10^{10}	6.214×10^{-4}	0.546 7	3.281	39.369	5.399×10^{-4}	0.049 7	1.094	3.937×10^{4}	0.198 8
厘米 (cm)	0.01	1	10	10^{8}	6.214×10^{-6}	5.467×10^{-3}	3.281×10^{-2}	0.394	5.399×10^{-6}	4.97×10^{-4}	1.094×10^{-2}	3.937×10^{2}	1.988×10^{-3}
毫米 (mm)	0.001	0.1	1	10^{7}	6.214×10^{-7}	5.467×10^{-4}	3.281×10^{-3}	0.394	5.399×10^{-7}	4.97×10^{-5}	1.094×10^{-3}	39.37	1.988×10^{-4}
埃 A°	10^{-10}	10^{-8}	10^{-7}	1	6.214×10^{-14}	5.467×10^{-11}	3.281×10^{-10}	3.937×10^{-9}	5.399×10^{-14}	4.97×10^{-12}	1.094×10^{-10}	3.937×10^{-6}	1.988×10^{-11}
英里 (mile)	1 609.344	1.609×10^{5}	1.609×10^{5}	1.609×10^{13}	1	879.828	5 280	63 358.264	0.868 9	79.948	1 760.622	6.336×10^{7}	319.938
英寻 (fm)	1.829	182.9	1 829	1.829×10^{10}	1.137×10^{-3}	1	6.001	72.006	9.875×10^{-4}	0.090 9	2.001	7.201×10^{4}	0.363 6

续表

单位	米 (m)	厘米 (cm)	毫米 (mm)	埃 A°	英里 (mile)	英寻 (fm)	英尺 (ft)	英寸 (in)	海里 (nmile)	链	码 (yd)	密尔 (mil)	杆 (rad)
英尺 (ft)	0. 304 8	30. 48	304. 8	3.048×10^9	1.894×10^{-4}	0. 168 6	1	12	1.665×10^{-4}	0. 0151	0. 333 5	1.199×10^4	0. 060 6
英寸 (in)	0. 0254	2. 54	25. 4	2.54×10^8	1.578×10^{-5}	1.389×10^{-2}	8.334×10^{-2}	1	1.37×10^{-5}	1.262×10^{-3}	2.779×10^{-2}	999. 998	5.050×10^{-3}
海里 (nmile)	1 852	1.852×10^5	1.852×10^6	$1.852\ 10^{13}$	1. 151 6	1 012. 488	6 076. 412	72 911. 388	1	92. 044	2 026. 088	7.291×10^7	368. 178
链	20. 116 8	2 011. 68	20 116. 8	2.012×10^{11}	0. 012 5	10. 998	66	791. 978	1.086×10^{-2}	1	22. 088	7.912×10^5	3. 999
码 (yd)	0. 914 4	91. 44	914. 4	9.144×10^9	5.682×10^{-4}	0. 499 9	3	35. 999	4.937×10^{-4}	0. 045 4	1	3.560×10^4	0. 1818
密尔 (mil)	2.54×10^{-5}	2.54×10^{-3}	0. 025 4	2.54×10^5	1.58×10^{-8}	1.39×10^{-5}	8.33×10^{-5}	10^{-3}	1.371×10^{-8}	1.26×10^{-6}	2.78×10^{-5}	1	5.050×10^{-6}
杆(rad)	5. 029 2 < td												

（2）面积单位换算见表 14－7。

表 14－7　面积单位换算表

单位	平方米（m^2）	公亩（a）	平方英尺（ft^2）	平方英寸（in^2）	平方英里（$mile^2$）	平方码（yd^2）	英亩（acre）	亩
平方米（m^2）	1	0.01	10.763 9	1 550.003 1	3.861×10^{-7}	1.196 0	0.000 2	0.001 5
公亩（a）	100	1	1 076.39	155 000.31	3.861×10^{-5}	119.6	0.02	0.15
平方英尺（ft^2）	0.092 9	0.000 9	1	144.000 1	3.586×10^{-8}	0.1111	1.858×10^{-5}	0.000 1
平方英寸（in^2）	$6.451\ 6\times10^{-4}$	$6.451\ 6\times10^{-6}$	0.006 9	1	2.4×10^{-10}	$7.717\ 6\times10^{-7}$	1.290×10^{-7}	$9.677\ 4\times10^{-7}$
平方英里（$mile^2$）	$2.589\ 99\times10^6$	25 900.025 9	$2.787\ 9\times10^7$	$4.015\ 6\times10^9$	1	$3.097\ 6\times10^6$	518.000 5	3 885.003 9
平方码（yd^2）	0.836 127	0.008 3	8.999 9	1 295.989 2	$3.228\ 2\times10^{-7}$	1	0.000 1	0.001 2
英亩（acre）	4 046.856	50	53 819.5	7.75×10^6	0.001 9	5 980	1	7.5
亩	666.6	6.666 6	7175.933 3	$1.033\ 4\times10^6$	0.000 2	797.333 3	0.133 3	1

（3）质量（重量）单位换算见表 14－8。

表 14－8　质量（重量）单位换算

单位	吨（t）	千克（kg）	英吨（UKton）	磅（lb）	盎司（oz）	短吨（sh. ton）	长吨（longton）
吨(t)	1	1 000	0.984 2	2 205	3.527×10^4	1.102	0.984
千克（kg）	0.001	1	9.842×10^{-4}	2.205	35.27	1.1×10^{-3}	9.8×10^{-4}
英吨（UKton）	1.016 1	1 016.1	1	2 240.5	3.584×10^4	1.12	1

续表

单位	吨 (t)	千克 (kg)	英吨 (UKton)	磅 (lb)	盎司 (oz)	短吨 (sh. ton)	长吨 (longton)
磅 (lb)	4.535×10^{-4}	0.454	4.463×10^{-4}	1	15.995	5.0×10^{-4}	4.462×10^{-4}
盎司 (oz)	2.835×10^{-5}	0.028 35	2.79×10^{5}	6.251×10^{-2}	1	3.124×10^{-5}	2.79×10^{-5}
短吨 (sh. ton)	0.907	907	0.893	2 000	3.2×10^{4}	1	0.892
长吨 (longton)	1.016	1 016	1	2240.28	3.583×10^{4}	1.12	1

（4）力的单位换算见表 14－9。

表 14－9　力单位换算表

单位	牛顿（N）	千克力（kgf）	磅力（lbf）	达因（dyn）
牛顿（N）	1	0.102	0.225	10^{5}
千克力（kgf）	9.81	1	2.21	9.8×10^{5}
磅力（lbf）	4.45	0.453 6	1	4.45×10^{5}
达因（dyn）	10^{-5}	1.02×10^{-6}	2.25×10^{-6}	1

（5）密度单位换算见表 14－10。

表 14－10　密度单位换算表

单位	千克/米^3 (kg/m^3)	磅/英尺^3 (lb/ft^3)	磅/英寸^3 (lb/in^3)	磅/美加仑 (lb/gal)	磅/英加仑 (lb/gal)	磅/（石油）桶 (lb/bbl)
千克/米^3 (kg/m^3)	1	0.062 4	3.6×10^{-5}	8.3×10^{-3}	0.01	0.35
磅/英尺^3 (lb/ft^3)	16.02	1	5.8×10^{-3}	0.132	16.18	5.61
磅/英寸^3 (lb/in^3)	27 679.9	1 727.22	1	226.42	276.8	9 688

续表

单位	千克/米³ (kg/m^3)	磅/英尺³ (lb/ft^3)	磅/英寸³ (lb/in^3)	磅/美加仑 (lb/gal)	磅/英加仑 (lb/gal)	磅/(石油)桶 (lb/bbl)
磅/美加仑 (lb/gal)	119.826	7.48	0.043	1	1.2	41.94
磅/英加仑 (lb/gal)	99.776	6.23	0.036	0.83	1	34.92
磅/(石油)桶(lb/bbl)	2.853	0.18	1.03×10^{-3}	0.024	0.028 5	1

(6) 压力单位换算见表 14-11。

表 14-11 压力单位换算表

单位	牛顿/米² (帕斯卡) (N/m^2) (Pa)	公斤力/米² (kgf/m^2)	公斤力/厘米² (kgf/cm^2)	巴 (bar)	标准大气压(atm)	毫米水柱 4℃ (mmH_2O)	毫米水银柱 0℃ (mmHg)	磅/英寸² (lb/in^2, psi)
牛顿/米² (帕斯卡) (N/m^2) (Pa)	1	0.102 0	$10.197\ 2\times10^{-6}$	1×10^{-5}	$0.986\ 9\times10^{-5}$	0.102 0	$7.500\ 6\times10^{-3}$	145.038×10^{-6}
公斤力/米² (kgf/m^2)	9.806 7	1	1×10^{-4}	$9.806\ 65\times10^{-5}$	$9.678\ 41\times10^{-5}$	1×10^{-8}	0.073 555 9	0.001 422 33
公斤力/厘米² (kgf/cm^2)	$98.066\ 5\times10^3$	1×10^4	1	0.980 665	0.967 841	10×10^3	735.559	14.223 3
巴 (bar)	1×10^5	10 197.2	1.019 7	1	0.986 923	$10.197\ 2\times10^3$	750.061	14.503 8
标准大气压(arm)	$1.013\ 3\times10$	10 332.3	1.033 2	1.01 3 25	1	$10.332\ 3\times10^3$	760	14.695 9
毫米水柱 4℃ (mmH_2O)	0.101 9	1×10^{-8}	1×10^{-4}	$9.806\ 65\times10^{-5}$	$9.678\ 41\times10^{-5}$	1	$73.555\ 9\times10^{-3}$	$1.422\ 33\times10^{-3}$

续表

单位	牛顿/米^2（帕斯卡）（N/m^2）（Pa）	公斤力/米^2（kgf/m^2）	公斤力/厘米^2（kgf/cm^2）	巴（bar）	标准大气压（arm）	毫米水柱4℃（mmH_2O）	毫米水银柱0℃（mmHg）	磅/英寸^2（lb/in^2，psi）
毫米水银柱0℃（mmHg）	133.322	13.595 1	0.001 3	0.001 3	0.001 3	13.595 1	1	0.019 3
磅/英寸^2（lb/in^2，psi）	$6.894\ 8 \times 10^3$	703.072	0.070 3	0.068 9	0.068 0	703.072	51.715 1	1

（7）力矩、力偶矩、转矩转换单位见表14－12。

表14－12　力矩、力偶矩、转矩转换单位

单位	牛[顿]米（N·m）	千克力米（kgf·m）	磅力英尺（lbf·ft）	磅力英寸（lbf·in）	达因厘米（dyn·cm）	盎司力英寸（ozf·in）
牛[顿]米（N·m）	1	0.102 0	0.737 6	8.849 6	10^7	$1.416\ 1 \times 10^2$
千克力米（kgf·m）	9.806 7	1	7.231 4	86.760 8	$9.803\ 9 \times 10^7$	$1.388\ 3 \times 10^3$
磅力英尺（lbf·ft）	1.355 8	0.138 3	1	11.997 8	$1.355\ 7 \times 10^7$	191.987 5
磅力英寸（lbf·in）	0.113	0.011 5	0.083 4	1	1.13×10^6	16.001 9
达因厘米（dyn·cm）	10^{-7}	1.02×10^{-8}	7.376×10^{-8}	$8.849\ 6 \times 10^{-7}$	1	0.000 01
盎司力英寸（ozf·in）	$7.061\ 6 \times 10^{-3}$	0.000 7	0.005 2	0.062 5	7.062×10^4	1

（8）运动黏度换算单位见表14－13。动力黏度单位换算见表14－14。

表 14－13　运动黏度换算单位

单位	米^2/秒 (m^2/s)	英尺^2/秒 (ft^2/s)	英寸^2/秒 (in^2/s)	斯 (St)	厘斯 (cSt)
米^2/秒 (m^2/s)	1	10.76	1 550.003 1	10^4	10^6
英尺^2/秒 (ft^2/s)	$9.290\ 30\times10^{-2}$	1	144.052 3	929	9.3×10^4
英寸^2/秒 (in^2/s)	$6.451\ 6\times10^{-4}$	0.006 9	1	6.451 6	645.16
斯 (St)	10^{-4}	1.1×10^{-3}	0.155 0	1	100
厘斯 (cSt)	10^{-6}	1.1×10^{-5}	0.001 6	0.01	1

表 14－14　动力黏度单位换算

单位	国际单位制(SI)		物理单位制(CGS)		工程单位制	英制工程单位
	Pa·S(帕斯卡·秒)	mPa·S 毫帕斯卡·秒	P (泊)	CP (厘泊)	kgf·s/m^2(千克力秒,每平方米)	1bf·s/ft^2(磅力秒每平方英尺)
Pa·S	1	1 000	10	1 000	0.101 972	$2.088\ 54\times10^{-2}$
mPa·s	0.001	1	0.01	1	1.01972×10^{-4}	2.08854×10^{-5}
P	0.1	100	1	100	1.01972×10^{-2}	2.08854×10^{-3}
CP	0.001	1	0.01	1	1.01972×10^{-4}	2.08854×10^{-5}
kgf·s/m^2	9.80665	9.80665×10^3	98.0665	9.80665×10^3	1	0.204816
1bf·s/ft^2	47.8803	4.78803×10^4	478.803	4.78803×10^4	4.88243	1

(9)能量和功率单位换算见表 14－15,表 14－16。

表 14－15　能量单位换算表

单位	焦[耳] (J)	尔格 (erg)	千克力·米 (kgf·m)	卡 (cal)	热化学卡 (cal_{th})	英热单位 (Btu)	英尺磅力 (ft·blf)
焦[耳] (J)	1	10^7	0.102 0	0.238 8	0.239 0	0.000 9	0.737 6
尔格 (erg)	10^{-7}	1	1.02×10^{-8}	2.388×10^{-8}	2.39×10^{-8}	9.478×10^{-8}	7.376×10^{-8}
千克力·米 (kgf·m)	9.806 7	$9.803\ 9\times10^7$	1	2.341 2	2.343 1	9.292 2	7.231 4
卡 (cal)	4.186 8	$4.187\ 6\times10^7$	0.427 1	1	1.000 8	3.969 0	3.088 8
热化学卡 (cal_{th})	4.184 0	$4.184\ 1\times10^7$	0.426 8	0.999 2	1	3.965 7	3.086 2
英热单位 (Btu)	1055.06	$1.111\ 1\times10^{10}$	113.333 3	265.333 3	265.555 6	1	819.555 6
英尺磅力 (ft·blf)	1.355 8	$1.355\ 7\times10^7$	0.138 3	0.323 8	0.324 0	1.285 0	1

表 14－16　功率单位换算表

单位	瓦[特]（W）	千克力·米/秒（kgf·m/s）	马力，[米制]马力法（ch,CV;）德 PS	英马力（hp）	电工马力	卡/秒（cal/s）	千卡/[小]时（kcal/h）	热化学卡/秒（cal_{th}/s）	英尺磅力/秒（ft·lbf/s）	尔格/秒（erg/s）
瓦[特]（W）	1	0.102 0	0.001 4	0.001 3	0.001 3	0.238 8	0.859 8	0.239 0	0.737 6	$1.428\ 6\times10^{6}$
千克力·米/秒（kgf·m/s）	9.806 6	1	0.013 7	0.012 7	0.012 7	2.341 2	8.429 4	2.343 1	7.231 4	$1.400\ 6\times10^{7}$
马力，[米制]马力法（ch,CV;）德 PS	735.499	72.857 1	1	0.928 6	0.928 6	170.571 4	614.142 9	170.714 3	526.857 1	$1.020\ 4\times10^{9}$
英马力（hp）	745.700	78.461 5	1.076 9	1	1	183.692 3	661.384 6	183.846 2	567.384 6	$1.098\ 9\times10^{9}$
电工马力	746	77.846 2	1.076 9	1	1	183.692 3	661.384 6	183.846 2	567.384 6	$1.098\ 9\times10^{9}$

续表

单位	瓦[特] (W)	千克力·米/秒 (kgf·m/s)	马力，[米制]马力法 (ch,CV;) 德 PS	英马力 (hp)	电工马力	卡/秒 (cal/s)	千卡/[小]时 (kcal/h)	热化学卡/秒 (cal_{th}/s)	英尺磅力/秒 (ft·lbf/s)	尔格/秒 (erg/s)
卡/秒 (cal/s)	4.186 8	0.427 1	0.005 9	0.005 4	0.005 4	1	3.600 5	1.000 8	3.088 8	5.982 4 $\times 10^{6}$
千卡/[小]时 (kcal/h)	1.163	0.118 6	0.001 6	0.001 5	0.001 5	0.277 7	1	0.278 0	0.857 9	1.661 5 $\times 10^{6}$
热化学卡/秒 (cal_{th}/s)	4.184	0.426 8	0.004 1	0.005 4	0.005 4	0.999 1	3.597 5	1	3.086 2	5.997 4 $\times 10^{6}$
英尺磅力/秒 (ft·lbf/s)	1.355 82	0.138 3	0.001 9	0.001 8	0.001 8	0.323 8	1.165 7	0.324 0	1	1.936 8 $\times 10^{6}$
尔格/秒 (erg/s)	10^{-7}	7.139 $\times 10^{-8}$	9.7 $\times 10^{-10}$	9×10^{-10}	9×10^{-10}	1.671 5 $\times 10^{-7}$	6.018 4 $\times 10^{-7}$	1.672 9 $\times 10^{-7}$	5.163 $\times 10^{-7}$	1

(9)用于构成十进倍数和分数单位的词头见表14－17。

表14－17 用于构成十进倍数和分数单位的词头

表示数	词头名称	词头符号	表示数	词头名称	词头符号
10^{18}	艾[可萨]	E	10^{-1}	分	d
10^{15}	拍[它]	P	10^{-2}	厘	c
10^{12}	太[拉]	T	10^{-3}	毫	m
10^{9}	吉[咖]	G	10^{-6}	微	μ
10^{6}	兆	M	10^{-9}	纳[诺]	n
10^{3}	千	k	10^{-12}	皮[可]	p
10^{2}	百	h	10^{-15}	飞[母托]	f
10^{1}	十	da	10^{-18}	阿[托]	a

参 考 文 献

1 《电工手册》编写组. 电工手册. 第三版. 上海:上海科学技术出版社,1994
2 《电工技师手册》编辑委员会. 电工技师手册. 北京:机械工业出版社,2003
3 刘行川等. 简明电工手册. 第二版. 福州:福建科学技术出版社,2003
4 沙振舜等. 电工实用技术手册. 南京:江苏科学技术出版社,2002
5 周文森等. 新编实用电工手册. 北京:北京科学技术出版社,2001
6 李正吾等. 新电工手册. 合肥:安徽科学技术出版社,2000
7 刘光源等. 电工实用手册. 北京:中国电力出版社,2001
8 何利民等. 简明电工手册. 修订版. 北京:中国建筑工业出版社,2002
9 中国航空工业规划设计研究院编. 工业与民用配电设计手册. 第三版. 北京:中国电力出版社,2005
10 邓先和. 电机修理实用技术. 沈阳:辽宁科学技术出版社,2004
11 潘月飞. 电工材料. 北京:中国劳动社会保障出版社,2002
12 靳计全. 实用电工手册. 郑州:河南科学技术出版社,2000
13 芮静康. 袖珍电子材料手册. 北京:中国建筑工业出版社,2004
14 曾凡奎. 新简明电工手册. 北京:机械工业出版社,2005
15 应去非. 常用电工材料及其选用方法. 北京:机械工业出版社,2003